BKI OBJEKTDATEN

Kosten abgerechneter Bauwerke
Holzbau, Holz-Hybridbau

N22
Neubau

BKI Objektdaten:
Kosten abgerechneter Bauwerke - Holzbau, Holz-Hybridbau
N22 Neubau

BKI Baukosteninformationszentrum (Hrsg.)
Stuttgart: BKI, 2026

Mitarbeit:
Hannes Spielbauer (Geschäftsführer)
Brigitte Lechler (Geschäftsführerin)
Dokumentation: Catrin Baumeister, Julia Bellmann, Anna Bertling, Michael Blank, Annette Dyckmans, Heike Elsäßer, Sabine Egenberger, Irmgard Schauer, Sibylle Vogelmann
Produktmanagement: Michael Blank
Jeannette Sturm

Layout, Satz:
Marvin Bisceglie
Hans-Peter Freund
Thomas Fütterer

Fachliche Begleitung:
Beirat Baukosteninformationszentrum
Stephan Weber (Vorsitzender)
Markus Lehrmann (stellv. Vorsitzender)
Prof. Dr. Bert Bielefeld
Markus Fehrs
Andrea Geister-Herbolzheimer
Prof. Dr. Wolfdietrich Kalusche
David Meuer
Elise Pischetsrieder
Markus Weise

Seelbergstraße 4
70372 Stuttgart
Kundenbetreuung: 0711 954 854-0
Telefax: 0711 954 854-54
Baukosten-Hotline: 0711 954 854-41
info@bki.de
www.bki.de

Titelabbildungen:
Einfamilienhaus (6100-1718) Arch.: SES Architektur; Bad Doberan
Mensa (6500-0065) Arch.: punkt4 architekten Part mbB; Kassel; Fotograf: René Graf
Salzlagerhalle (7700-0100) Planer: Dr. Gollwitzer, Dr. Linse und Partner Ingenieure mbB und Architekturbüro Ilg, München

Vorwort

Die Planung der Baukosten ist ein wesentlicher Bestandteil der Architekt*innenleistung und genauso wichtig wie räumliche, gestalterische oder konstruktive Planungen. Den Kostenermittlungen in den verschiedenen Planungsphasen kommt dabei eine besondere Bedeutung zu. Sie bilden die Grundlage weiterer Leistungen wie Kostenvergleiche, Kostenkontrolle und Kostensteuerung.

Kostenermittlungen sind meist nur so gut wie die angewendeten Daten und Methoden. Das Baukosteninformationszentrum BKI wurde 1996 von den Architektenkammern aller Bundesländer gegründet. Ziel des BKI ist die Bereitstellung aktueller Daten sowie die Entwicklung und Vermittlung zielführender Methoden.

Wertvolle Erfahrungswerte liegen in Form von abgerechneten Bauleistungen oder Kostenfeststellungen in den Architekturbüros vor. Oft fehlt im Büro-Alltag die Zeit, diese qualifiziert zu dokumentieren. Diese Dienstleistung erbringt BKI und unterstützt damit sowohl die Datenliefernden als auch die Nutzer*innen der BKI Datenbanken.

Die neu erhobenen Objekte veröffentlicht BKI kontinuierlich in der Fachbuch-/eBook-Reihe BKI Objektdaten und aktualisiert auf diese Weise die BKI-Baukostendatenbanken.

Mit dieser Ausgabe „Holzbau, Holz-Hybridbau" wurde die Trennung der Buchinhalte nach konstruktiven Schwerpunkten für die Neubau-Reihe fortgesetzt. Dieser Band enthält 123 Objektdokumentationen mit Tragwerken in Holzbau oder Holz-Hybridbau. Die Objekte reichen vom Wohnungsbau über Verwaltungsgebäude bis hin zu Schulen, Kindergärten und weiteren Gebäudearten.

Enthalten sind wie gewohnt vollständige Baukostendaten nach aktueller DIN276 – eine verlässliche Grundlage für praxisnahe Kostenvergleiche und Planungen.

In der folgenden Neubau-Ausgabe N23 werden ausschließlich Objekte in „Mauerwerk, Stahl und Stahlbeton" enthalten sein.

In den BKI-Objekt-Datenbanken stehen nun mehrere tausend Objekte zur Verfügung.

Die energetische Qualität der Gebäude wird insbesondere durch die Angabe der energetischen Kennwerte transparent. Zusätzlich wird auch die unterschiedliche regionale Baupreis-Entwicklung berücksichtigt. Mit den integrierten BKI Regionalfaktoren 2026 können die Bundesdurchschnittswerte an den jeweiligen Stadt- bzw. Landkreis angepasst werden.

Der Dank des BKI gilt allen Architektinnen und Architekten, die Daten und Unterlagen zur Verfügung stellen. Sie profitieren von der Dokumentationsarbeit des BKI und unterstützen zusätzlich den eigenen Berufsstand. Die in Buch-/eBook-Form veröffentlichten Architekt*innen-Projekte bilden eine fundierte und anschauliche Dokumentation gebauter Architektur. Zudem ermöglichen sie eine kompetente Kostenermittlung von Folgeobjekten und eignen sich hervorragend zur Akquisition neuer Planungsaufgaben.

Zur Pflege der Baukostendatenbanken sucht BKI weitere Objekte aus allen Bundesländern. Weitere Informationen dazu werden im Internet unter „Daten an BKI liefern" zur Verfügung gestellt. BKI berät gerne über alle Möglichkeiten, realisierte Projekte zu veröffentlichen. Datenliefernden erhalten eine Vergütung und können weitere Vorteile nutzen.

Besonderer Dank gilt abschließend auch dem BKI-Beirat, der mit seinem Expert*innenwissen aus der Architektenpraxis, den Architekten- und Ingenieurkammern, Normausschüssen und Universitäten zum Gelingen der BKI-Fachinformationen beiträgt.

Wir wünschen allen Anwender*innen des Fachbuchs/eBooks viel Erfolg in allen Phasen der Kostenplanung und vor allem eine große Übereinstimmung zwischen geplanten und realisierten Baukosten im Sinne zufriedener Bauherr*innen. Anregungen und Kritik zur Verbesserung der BKI-Fachbücher/-eBooks sind uns jederzeit willkommen.

Hannes Spielbauer - Geschäftsführer
Brigitte Lechler - Geschäftsführerin

Baukosteninformationszentrum
Deutscher Architektenkammern GmbH
Stuttgart, im Juli 2026

Inhalt

Benutzerhinweise

Kosten abgerechneter Objekte

Obj.-Nr.	Objektbezeichnung	Holzskelettbau	Holzrahmenbau	Holztafelbau	Massivholzbau	Holzmodulbau	Hybridbau (Holz + massiv)	Holzdecken, Balken	Holzdecken, massiv	Holzdach, Balken	Holzdach, massiv	Seite
Büro- und Verwaltungsgebäude												
1300-0318	Bürogebäude, Forschung (34 AP)		•		•		•				•	72
1300-0330	Bürogebäude (15 AP)		•					•		•		78
1300-0331	Bürogebäude (120 AP)			•	•		•		•		•	88
1300-0335	Verwaltungsgebäude (40 AP)						•					96
1300-0341	Bürogebäude (10 AP)				•				•		•	104
1300-0342	Verwaltungsgebäude (9 AP)		•							•		114
1300-0344	Bürogebäude (50 AP), Garage		•		•		•		•			120
1300-0349	Büro- und Betriebsgebäude		•					•		•		126
Gebäude des Gesundheitswesens												
3100-0039	Praxis für Physiotherapie		•							•		132
Schulen und Kindergärten												
4100-0248	Grundschule (200 Schüler)			•	•		•				•	138
4100-0257	Ganztagsschule (100 Schüler)		•		•		•			•		144
4100-0267	Hort, Schulmensa (199 Schüler)			•	•				•		•	150
4100-0271	Grundschule (360 Schüler)		•				•			•		156
4100-0274	Grundschule (400 Schüler)				•				•		•	162
4200-0042	Akademiegebäude				•		•		•		•	168
4400-0333	Kindertagesstätte (35 Kinder)		•		•				•	•		174
4400-0367	Kindergarten (130 Kinder)		•		•					•		184
4400-0389	Kindertagesstätte (100 Kinder)					•					•	194
4400-0392	Kindertagesstätte (70 Kinder)		•				•			•		204
4400-0395	Kindertagesstätte (130 Kinder)		•				•			•		210
4400-0398	Kindertagesstätte (60 Kinder)				•						•	216
4400-0401	Kindertagesstätte, Familienzentrum				•		•		•		•	222
4400-0403	Kindertagesstätte (75 Kinder)			•	•				•		•	228
4400-0407	Kindertagesstätte (90 Kinder)		•					•		•		234
4400-0408	Kinderhaus (6 Gruppen, 174 Kinder)				•		•		•		•	240
4400-0409	Kindertagesstätte (60 Kinder)		•	•						•		246
4400-0417	Kindergarten (100 Kinder)		•		•		•		•		•	252
4400-0418	Kita, Mehrgenerationenhaus				•		•		•		•	258
4400-0419	Kinderhaus (2 Gruppen, 40 Kinder)		•		•		•			•		264
4400-0423	Kindertagesstätte (106 Kinder)		•				•	•		•		270
4400-0424	Kindertagesstätte (152 Kinder)				•				•		•	276
4400-0427	Kindertagesstätte (138 Kinder)		•		•						•	282
4400-0428	Kindertagesstätte (70 Kinder)					•			•		•	288
4400-0430	Kindertagesstätte (124 Kinder)		•				•			•		294
4400-0431	Kindertagesstätte (70 Kinder)		•		•		•		•		•	300
4400-0432	Kindertagesstätte (125 Kinder)		•		•				•	•		306
4400-0433	Naturkindergarten (44 Kinder)		•							•		312

Obj.-Nr.	Objektbezeichnung	Holzskelettbau	Holzrahmenbau	Holztafelbau	Massivholzbau	Holzmodulbau	Hybridbau (Holz + massiv)	Holzdecken, Balken	Holzdecken, massiv	Holzdach, Balken	Holzdach, massiv	Seite
4400-0434	Kindertagesstätte (130 Kinder)		•		•		•		•	•		318
4400-0435	Kindertagesstätte (95 Kinder)		•		•						•	324
4400-0436	Kindertagesstätte (86 Kinder)				•		•				•	330
4400-0437	Kindertagesstätte (94 Kinder)		•		•		•		•		•	336
4500-0021	Bildungsgebäude				•				•		•	342
Sportbauten												
5100-0144	Sporthalle (Dreifeldhalle)		•							•		348
5100-0148	Mehrzweckhalle (1.650 Sitzplätze)		•		•		•			•	•	356
5600-0013	Driving Range, Clubhaus		•							•		362
Wohngebäude												
6100-1593	Mehrfamilienhaus (3 WE)		•				•	•		•		368
6100-1671	Einfamilienhaus		•		•				•		•	376
6100-1672	Einfamilienhaus		•		•						•	384
6100-1685	Mehrfamilienhäuser (9 WE), Kita		•									394
6100-1696	Zweifamilienhaus		•				•	•		•		400
6100-1698	Zweifamilienhaus		•		•				•	•		406
6100-1702	Mini-Wohnhaus					•				•		412
6100-1710	Einfamilienhaus				•		•		•	•		418
6100-1715	Einfamilienhaus, Doppelgarage				•		•		•		•	424
6100-1718	Einfamilienhaus		•					•		•		430
6100-1721	Mehrfamilienhaus (4 WE), Praxis		•		•		•		•		•	436
6100-1727	Mehrfamilienhaus (4 WE)		•									442
6100-1730	Einfamilienhaus, Gästewohnung		•		•		•		•	•		448
6100-1732	Einfamilienhaus		•							•		454
6100-1734	Einfamilienhaus		•				•	•		•		460
6100-1739	Einfamilienhaus		•		•		•		•	•		466
6100-1740	Einfamilienhaus		•						•	•		472
6100-1742	Einfamilienhaus		•		•				•	•		478
6100-1744	Mehrfamilienhaus (12 WE)		•				•			•		484
6100-1752	Atelier, Ferienwohnung		•		•				•	•		490
6100-1761	Wohnen für Geflüchtete (13 WE)		•		•				•		•	496
6100-1764	Einfamilienhaus		•		•		•			•		504
6100-1766	Wohnheim, Tagesbetreuung				•		•		•	•		510
6100-1767	Mehrfamilienhaus (8 WE), TG		•				•			•		516
6100-1768	Einfamilienhaus		•		•				•	•		522
6100-1769	Reihenmittelhaus		•		•				•		•	528
6100-1772	Mehrfamilienhaus (9 WE, 3 STP)				•		•		•	•	•	536
6100-1778	Reihenhäuser (6 WE)				•		•		•	•		542
6100-1783	Einfamilienhaus, Garage		•		•		•		•	•		548
6100-1786	Einfamilienhaus, Garage (2 STP)		•		•		•		•	•		554
6100-1787	Zweifamilienhaus		•		•				•	•		560

Holzbau Attribute - Übersicht nach Objekten

Obj.-Nr.	Objektbezeichnung	Holzskelettbau	Holzrahmenbau	Holztafelbau	Massivholzbau	Holzmodulbau	Hybridbau (Holz + massiv)	Holzdecken, Balken	Holzdecken, massiv	Holzdach, Balken	Holzdach, massiv	Seite
6100-1792	Einfamilienhaus, Garage				•		•	•		•		566
6100-1795	Mehrfamilienhaus (20 WE)		•		•		•		•		•	572
6100-1799	Einfamilienhaus		•				•			•		578
6100-1800	Einfamilienhaus		•					•		•		586
6100-1802	Einfamilienhaus, Doppelgarage		•		•		•		•	•		592
6100-1803	Wohnanlage (88 WE), TG		•		•		•		•	•		598
6100-1804	Mehrfamilienhäuser (28 WE)		•		•		•				•	604
6100-1806	Mehrfamilienhaus (18 WE)		•	•	•		•		•	•		610
6100-1811	Einfamilienhaus, Carport		•					•		•		616
6100-1813	Einfamilienhaus, Garage		•					•		•		622
6100-1815	Einfamilienhaus, Doppelgarage				•		•		•		•	630
6200-0129	Hospiz (12 Betten)		•				•			•		636
6200-0131	Wohnanlage (32 WE)		•		•		•		•	•	•	642
6200-0134	Studierendenwohnheim (174 WE)			•	•		•					648
6200-0135	Übergangswohnheim (48 Betten)					•					•	654
6200-0136	Übergangswohnheim (120 Betten)					•			•		•	660
6200-0141	Übergangswohnheim (81 Betten)					•			•		•	666
6400-0120	Jugendfreizeitstätte (100 Kinder)		•		•						•	676
6400-0126	Gemeindehaus (140 Sitzplätze)				•					•		686
6400-0129	Dorfgemeinschaftshaus		•					•				692
6400-0130	Gemeindehaus (199 Sitzplätze)		•		•					•		698
6400-0134	Gemeindezentrum (100 Sitzplätze)			•	•				•	•		704
6400-0135	Wohnpflegeheim (14 Kinder)		•		•		•		•	•		710
6400-0138	Begegnungszentrum (80 Sitzplätze)		•		•		•		•		•	716
6400-0140	Gemeindehaus, Mehrzweckraum				•		•		•	•		722
6400-0141	Jugendtreff, Veranstaltungssaal				•		•					730
6500-0065	Mensa (70 Sitzplätze)		•		•		•				•	736
6600-0038	Gästehaus, Hotel (28 Betten)					•	•		•		•	742
6600-0039	Boardinghouse (40 Zimmer)				•		•					748
Gewerbegebäude												
7300-0112	Funktionsgebäude Bahnhof	•							•	•		754
7300-0114	Werkstattgebäude (10 AP)				•				•		•	760
7300-0116	Betriebsgebäude, Lagerhalle		•									766
7600-0089	Rettungswache (2 Fahrzeuge)		•		•				•		•	772
7600-0111	Feuerwehrhaus (8 Fahrzeuge)				•		•		•	•		782
7700-0096	Wirtschaftsgebäude		•							•		788
7700-0100	Salzlagerhalle	•								•		794
7700-0101	Lagerhalle (4 AP)		•		•		•		•	•		800
7800-0034	Fahrradparkhaus (604 STP)	•						•		•		806
7800-0037	Parkhaus (77 STP)	•							•		•	812
7800-0046	Fahrradhaus (62 STP)	•								•		820

Obj.-Nr.	Objektbezeichnung	Holzskelettbau	Holzrahmenbau	Holztafelbau	Massivholzbau	Holzmodulbau	Hybridbau (Holz + massiv)	Holzdecken, Balken	Holzdecken, massiv	Holzdach, Balken	Holzdach, massiv	Seite
7800-0049	Doppelgarage, Carport (4 STP)		•							•		826
7800-0050	Parkhaus (347 STP)	•			•				•		•	834
Kulturgebäude												
9100-0219	Musikschule		•							•		840
9100-0232	Gemeindesaal, Gaststätte		•		•						•	846
9100-0233	Aussichtsturm	•					•					852
9100-0234	Bürgerhaus (150 Sitzplätze)		•							•		858
9100-0235	Kirche		•		•					•	•	864

Obj.-Nr.	Objektbezeichnung	Spez. Jahresprimärenergie-bedarf kWh/(m²*a)	Spez. Jahresendenergiebedarf kWh/(m²*a)	Spez. Transmissionswärme-verlust W/(m²*K)	Mittlerer U-Wert (opake Bauteile)	Mittlerer U-Wert (transparente Bauteile)	CO_2-Emissionen kg/(m²*a)	Schichtaufbauten	Seite
1300-0318	Bürogebäude, Forschung (34 AP)	51	–	–	–	–	16		72
1300-0330	Bürogebäude (15 AP)	80	137	0,35	0,18	1,20	23	•	78
1300-0335	Verwaltungsgebäude (40 AP)	38	–	–	–	–	23		96
1300-0341	Bürogebäude (10 AP)	46	–	–	0,18	1,00	13	•	104
4100-0248	Grundschule (200 Schüler)	65	–	–	0,17	1,03	–		138
4100-0257	Ganztagsschule (100 Schüler)	133	–	–	0,13	0,95	–	•	144
4100-0271	Grundschule (360 Schüler)	64	–	–	0,10	0,90	21		156
4200-0042	Akademiegebäude	88	–	–	–	–	–	•	168
4400-0333	Kindertagesstätte (35 Kinder)	64	35	0,23	0,12	0,89	24	•	174
4400-0367	Kindergarten (130 Kinder)	22	–	–	0,14	0,90	1	•	184
4400-0389	Kindertagesstätte (100 Kinder)	52	–	–	0,09	0,80	27	•	194
4400-0392	Kindertagesstätte (70 Kinder)	71	–	0,32	0,17	0,90	–	•	204
4400-0395	Kindertagesstätte (130 Kinder)	62	–	–	0,17	0,98	–	•	210
4400-0398	Kindertagesstätte (60 Kinder)	115	–	–	0,14	1,00	–	•	216
4400-0401	Kindertagesstätte, Familienzentrum	67	–	–	0,27	1,10	–	•	222
4400-0403	Kindertagesstätte (75 Kinder)	71	–	–	–	–	31		228
4400-0407	Kindertagesstätte (90 Kinder)	197	–	–	0,15	1,00	–		234
4400-0408	Kinderhaus (6 Gruppen, 174 Kinder)	95	143	–	–	–	15		240
4400-0409	Kindertagesstätte (60 Kinder)	99	–	–	0,15	0,95	35	•	246
4400-0417	Kindergarten (100 Kinder)	99	–	0,29	0,14	0,95	–		252
4400-0418	Kita, Mehrgenerationenhaus	105	–	–	0,16	0,90	–	•	258
4400-0419	Kinderhaus (2 Gruppen, 40 Kinder)	97	–	–	0,15	0,95	–	•	264
4400-0423	Kindertagesstätte (106 Kinder)	115	–	–	–	–	51		270
4400-0424	Kindertagesstätte (152 Kinder)	24	–	–	–	–	8		276
4400-0427	Kindertagesstätte (138 Kinder)	95	–	–	–	–	30	•	282
4400-0428	Kindertagesstätte (70 Kinder)	33	–	–	–	–	13		288
4400-0431	Kindertagesstätte (70 Kinder)	74	–	–	0,16	0,98	22	•	300
4400-0435	Kindertagesstätte (95 Kinder)	88	–	–	–	–	31		324
4400-0436	Kindertagesstätte (86 Kinder)	82	–	–	–	–	26		330
4400-0437	Kindertagesstätte (94 Kinder)	65	–	–	–	–	20		336
4500-0021	Bildungsgebäude	146	–	–	–	–	48		342
5100-0148	Mehrzweckhalle (1.650 Sitzplätze)	49	–	–	–	–	14		356
6100-1593	Mehrfamilienhaus (3 WE)	18	10	0,20	–	–	7		368
6100-1671	Einfamilienhaus	21	14	0,20	–	–	–		376
6100-1672	Einfamilienhaus	58	–	0,35	–	–	–	•	384
6100-1685	Mehrfamilienhäuser (9 WE), Kita	18	42	0,19	–	–	5	•	394
6100-1696	Zweifamilienhaus	36	20	0,29	–	–	11	•	400
6100-1698	Zweifamilienhaus	20	–	0,26	–	–	–	•	406
6100-1710	Einfamilienhaus	40	–	0,22	–	–	12		418
6100-1715	Einfamilienhaus, Doppelgarage	16	67	0,27	–	–	2		424

Obj.-Nr.	Objektbezeichnung	Spez. Jahresprimärenergiebedarf kWh/(m²*a)	Spez. Jahresendenergiebedarf kWh/(m²*a)	Spez. Transmissionswärmeverlust W/(m²*K)	Mittlerer U-Wert (opake Bauteile)	Mittlerer U-Wert (transparente Bauteile)	CO_2-Emissionen kg/(m²*a)	Schichtaufbauten	Seite
6100-1718	Einfamilienhaus	11	–	0,22	–	–	–		430
6100-1721	Mehrfamilienhaus (4 WE), Praxis	18	53	0,31	–	–	–		436
6100-1727	Mehrfamilienhaus (4 WE)	18	–	0,21	–	–	–		442
6100-1730	Einfamilienhaus, Gästewohnung	22	–	0,22	–	–	–	•	448
6100-1732	Einfamilienhaus	111	–	0,25	–	–	–		454
6100-1734	Einfamilienhaus	29	–	0,23	–	–	9		460
6100-1739	Einfamilienhaus	12	7	0,21	–	–	11		466
6100-1740	Einfamilienhaus	30	–	0,20	–	–	9	•	472
6100-1742	Einfamilienhaus	41	–	0,26	–	–	15		484
6100-1744	Mehrfamilienhaus (12 WE)	8	–	0,31	–	–	6	•	484
6100-1752	Atelier, Ferienwohnung	45	45	0,29	–	–	10		490
6100-1767	Mehrfamilienhaus (8 WE), TG	14	12	0,22	–	–	4		516
6100-1768	Einfamilienhaus	28	24	0,31	–	–	9		522
6100-1769	Reihenmittelhaus	25	–	0,25	–	–	–		528
6100-1772	Mehrfamilienhaus (9 WE, 3 STP)	13	43	0,33	–	–	3		536
6100-1778	Reihenhäuser (6 WE)	24	22	0,30	–	–	7		542
6100-1783	Einfamilienhaus, Garage	32	18	0,25	–	–	10		548
6100-1786	Einfamilienhaus, Garage (2 STP)	41	23	0,27	–	–	13	•	554
6100-1795	Mehrfamilienhaus (20 WE)	40	23	–	–	–	12		572
6100-1799	Einfamilienhaus	28	27	0,52	–	–	9		578
6200-0129	Hospiz (12 Betten)	8	52	0,31	–	–	–	•	636
6200-0131	Wohnanlage (32 WE)	495	–	–	0,14	0,92	–	•	642
6200-0134	Studierendenwohnheim (174 WE)	–	48	0,23	–	–	-15		648
6200-0135	Übergangswohnheim (48 Betten)	34	–	0,31	–	–	11		654
6200-0136	Übergangswohnheim (120 Betten)	43	–	0,33	–	–	12	•	660
6200-0141	Übergangswohnheim (81 Betten)	21	97	0,32	–	–	–	•	666
6400-0120	Jugendfreizeitstätte (100 Kinder)	59	79	0,20	0,10	0,82	–	•	676
6400-0126	Gemeindehaus (140 Sitzplätze)	108	–	–	0,14	0,80	34	•	686
6400-0130	Gemeindehaus (199 Sitzplätze)	73	–	–	–	–	–		698
6400-0134	Gemeindezentrum (100 Sitzplätze)	67	–	–	–	–	33		704
6400-0135	Wohnpflegeheim (14 Kinder)	18	18	0,24	–	–	6		710
6400-0138	Begegnungszentrum (80 Sitzplätze)	88	–	–	–	–	28		716
6400-0140	Gemeindehaus, Mehrzweckraum	57	77	–	0,13	0,97	29	•	722
6400-0141	Jugendtreff, Veranstaltungssaal	50	–	–	0,13	0,91	14	•	730
6600-0038	Gästehaus, Hotel (28 Betten)	87	–	–	0,15	0,95	–	•	742
6600-0039	Boardinghouse (40 Zimmer)	60	–	–	–	–	16		748
7300-0114	Werkstattgebäude (10 AP)	99	–	–	–	–	35		760
7600-0089	Rettungswache (2 Fahrzeuge)	50	–	–	0,17	1,00	–	•	772
7600-0111	Feuerwehrhaus (8 Fahrzeuge)	58	–	–	–	–	34		782
9100-0219	Musikschule	61	–	–	0,14	0,90	–	•	840
9100-0232	Gemeindesaal, Gaststätte	154	–	–	–	–	11		846
9100-0234	Bürgerhaus (150 Sitzplätze)	169	–	–	–	–	53		858

Einführung

In der Fachbuchreihe „BKI Objektdaten" werden für Kostenermittlungszwecke und Wirtschaftlichkeitsvergleiche bereits realisierte und vollständig abgerechnete Bauwerke aus allen Bundesländern veröffentlicht. Dieser Band enthält die Dokumentationen von 123 Neubau-Objekten.

Die Kostenkennwerte der Objekte dienen dazu, die Kosten von Bauprojekten im Vergleich mit den Kosten bereits realisierter Objekte zu ermitteln bzw. Kostenermittlungen mit büroeigenen Daten oder den Daten Dritter zu überprüfen, solange Kostenanschläge auf der Grundlage von Ausschreibungsergebnissen noch nicht vorliegen.

Dieser Vergleich wird erleichtert durch die „Anpassung der Kostenkennwerte auf Bundesniveau". Die BKI Regionalfaktoren ermöglichen es, die Objekte auch hinsichtlich des Bauorts zu bewerten. Dadurch werden die Baupreise der Objekte so dargestellt, als ob diese in einer mit dem Bundesdurchschnitt identischen Region gebaut worden wären. Diese regionale Normierung vereinfacht die Bewertung der Kostenkennwerte für den Anwender erheblich.

Die Daten in „BKI Objektdaten Neubau" unterstützen die Kostenermittlungen nach DIN 276 in den frühen Projektphasen. Für die Kostenentwicklung eines Projekts sind dies die entscheidenden Planungsphasen.

Für überschlägige Kostenermittlungen wie z.B. das Aufstellen eines Kostenrahmens oder für Plausibilitätsprüfungen sind die im Buch angegebenen Kostenkennwerte bestens geeignet. Für differenziertere Kostenermittlungen auf der Ebene der Bauelemente bieten sich die Kosteninformationen aus dem Download an.

Darüber hinaus enthält das Buch Planungskennwerte, mit denen wertvolle Wirtschaftlichkeitsprüfungen anhand von Flächenvergleichen möglich sind.

Dieser Band enthält die neuen in den BKI-Baukostendatenbanken erfassten Neubau-Objekte. Die BKI Baukostendatenbanken selbst umfassen einen wesentlich größeren Bestand an Altbau-, Neubau-, Innenraum- und auch Freianlagen-Objekten. Zugriff auf alle Einzelobjekte bietet auch die Software „BKI Kostenplaner".

Die große Anzahl der neu dokumentierten Objekte hat BKI veranlasst einen Teil der Kostendaten als Datei online zur Verfügung zu stellen.

Folgende Daten sind im Download enthalten:
- die Kostendaten der 2. und 3. Ebene aller neu dokumentierten Objekte - sortiert nach Objektnummern
- die Zusammenstellung der Kostenkennwerte der 3. Ebene nach DIN 276 - sortiert nach Kostengruppen.

Den Download-Link und die Beispielseiten finden Sie im Kapitel „Erläuterungen" auf den Seiten 54-55.

Benutzerhinweise

1. Definitionen

Kostenkennwerte sind Werte, die das Verhältnis von Kosten bestimmter Kostengruppen nach DIN 276:2018-12 zu bestimmten Bezugseinheiten nach DIN 277:2021-08 darstellen. Planungskennwerte im Sinne dieser Veröffentlichung sind Werte, die das Verhältnis bestimmter Flächen und Rauminhalte zur Nutzungsfläche (NUF) und Brutto-Grundfläche (BGF) darstellen, angegeben als Prozentsätze oder als Faktoren.

2. Kostenstand und Umsatzsteuer

Kostenstand aller Kennwerte ist das 1. Quartal 2026. Alle Kostendaten enthalten die Umsatzsteuer. Maßgeblich für die Fortschreibung ist der Baupreisindex für Wohnungsbau insgesamt, inkl. Umsatzsteuer des Statistischen Bundesamtes. Den vierteljährlich erscheinenden aktuellen Index können Sie im Internet beim Statistischen Bundesamt oder unter www.bki.de abrufen. Die Umrechnung von Kostendaten dieses Buches wird durch ein Beispiel erläutert:

Ein Kostenkennwert von € 500,-/m² BGF mit dem Kostenstand 1. Quartal 2026 soll auf den Kostenstand 4. Quartal 2021 umgerechnet werden. Verwendet wird die Brutto-Indexreihe mit dem Basisjahr 2021=100.

Index 1. Quartal 2026 (2021=100) = 137,0
Index 4. Quartal 2021 (2021=100) = 104,2

$$\frac{500\ €/m^2\ \text{BGF} \times 104{,}2}{137{,}0} = 380\ €/m^2\ \text{BGF}$$

3. Datengrundlage

Grundlage der Tabellen sind die uns zur Verfügung gestellten Unterlagen von abgerechneten Bauwerken. Die Daten wurden mit größtmöglicher Sorgfalt daraus erhoben. Die vorliegenden Kosten- und Planungskennwerte dienen als Orientierungswerte für Projekte vergleichbarer Art. Sie sind dem Verwendungszweck entsprechend anzupassen unter Berücksichtigung der projektspezifisch unterschiedlichen Kosteneinflussgrößen. Für die Richtigkeit der im Rahmen einer Kostenermittlung eingesetzten Werte kann der Herausgeber keine Haftung übernehmen.

4. Blatt-Typ Objektübersicht: Kostenkennwerte

Die jeder Objektdokumentation vorangestellten Kostenkennwerte €/m³ BRI, €/m² BGF und €/m² NUF beziehen sich auf die Kosten des Bauwerks (DIN 276: Summe Kostengruppe 300+400).

5. Kosteneinflüsse

Kosteneinflussgrößen sind beim Bauen von besonderer Bedeutung, da umwelt-, standort-, nutzer- und besonders herstellungs- sowie objektbedingte Faktoren eine erhebliche Relevanz aufweisen. Aus diesen Gründen ist eine genaue Anpassung der Kosten- und Planungskennwerte an die projektspezifisch unterschiedlichen Kosteneinflussgrößen erforderlich. (s. dazu BKI Handbuch Kostenplanung im Hochbau, Stgt. 2019).

Die in der Fachbuch-Reihe „BKI Baukosten" angebotenen Kostenkennwerte sind dafür nur bedingt geeignet, da sie Mittelwerte, gebildet auf der Grundlage verschiedener Objekte, darstellen. Das vorliegende Buch „BKI Objektdaten Neubau" bietet hingegen die Möglichkeit, einen Kostenwert durch eine Analyse der entsprechenden Eigenschaften des Objekts genau zu bewerten. Eine projektspezifische Anpassung bzw. die Auswahl eines Kostenkennwerts ist damit besser möglich.

6. Regionalisierung der Daten

Grundlage der BKI Regionalfaktoren sind Daten aus der amtlichen Bautätigkeitsstatistik der statistischen Landesämter, eigene Berechnungen auch unter Verwendung von Schwerpunktpositionen und regionale Umfragen. Zusätzlich wurden von BKI Verfahren entwickelt, um die Eingangsdaten auf Plausibilität prüfen und ggf. anpassen zu können. Auf der Grundlage dieser Berechnungen hat BKI einen bundesdeutschen Mittelwert gebildet. Anhand des Mittelwertes lassen sich die einzelnen Land- und Stadtkreise prozentual einordnen. Diese Prozentwerte wurden die Grundlage der BKI Deutschlandkarte mit „Regionalfaktoren für Deutschland".

Für die größeren Inseln Deutschlands wurden separate Regionalfaktoren ermittelt. Dazu wurde der zugehörige Landkreis in Festland und Inseln unterteilt. Alle Inseln eines Landkreises erhalten durch dieses Verfahren den gleichen Regionalfaktor. Der Regionalfaktor des Festlandes enthält keine Inseln mehr und ist daher gegenüber früheren Ausgaben verringert.

Die Kosten der Objekte der BKI Datenbanken wurden auf den Bundesdurchschnitt umgerechnet. Für den*die Anwender*in bedeutet die Umrechnung der Daten auf den Bundesdurchschnitt, dass einzelne Kostenkennwerte oder das Ergebnis einer Kostenermittlung mit dem Regionalfaktor des Standorts des geplanten Objekts multipliziert werden können. Die BKI Stadt-/Landkreisfaktoren befinden sich im Anhang des Buchs.

7. Urheberrechte

Alle Objektinformationen sind urheberrechtlich geschützt. Dies gilt auch für die daraus abgeleiteten Auswertungen (Statistiken). Die Urheberrechte liegen bei den jeweiligen Büros, Personen bzw. beim BKI. Es ist ausschließlich eine Anwendung der Daten im Rahmen der praktischen Kostenplanung im Hochbau zugelassen. Die Nutzung der Objektinformationen für einen anderen als den Vertragszweck ist nicht zulässig. Dies gilt auch für die daraus abgeleiteten Auswertungen (Statistiken). Eine Vervielfältigung des Werks oder von Teilen daraus außer für den Vertragszweck ist nur mit ausdrücklicher Genehmigung des Herausgebers gestattet. Auch eine Übersetzung oder Bearbeitung, insbesondere eine Übertragung des Werks oder Teilen daraus in elektronische Systeme, ist nur mit ausdrücklicher Genehmigung des Herausgebers gestattet.

Fotopräsentation der Objekte

Fotopräsentation der Objekte

1300-0318 Bürogebäude, Forschung (34 AP) Seite 72

pwpMAS Architekten PartG mbB
Darmstadt

1300-0330 Bürogebäude (15 AP) Seite 78

pier7 architekten gmbh
Düsseldorf

1300-0331 Bürogebäude (120 AP) Seite 88

graadwies GmbH
Kiel

1300-0335 Verwaltungsgebäude (40 AP) Seite 96

VON M GmbH
Stuttgart

1300-0341 Bürogebäude (10 AP) Seite 104

Siegmund Bölke und Partner mbB
Treuenbrietzen

1300-0342 Verwaltungsgebäude (9 AP) Seite 114

SIEKER ARCHITEKTEN
Bielefeld

Fotopräsentation der Objekte

1300-0344 Bürogebäude (50 AP), Garage Seite 120

⌂ STUDIO LEK Architekt:innen PartG mbB
München

1300-0349 Büro- und Betriebsgebäude Seite 126

⌂ Shakti Haus
Bad König

3100-0039 Praxis für Physiotherapie Seite 132

⌂ Arge Katrin Gallner & Christine Hastenteufel
Ransbach-Baumbach

4100-0248 Grundschule (200 Schüler) Seite 138

⌂ Architektur.SCHÖN
Wiesbaden

4100-0257 Ganztagsschule (100 Schüler) Seite 144

⌂ Goergens Miklautz Partner, München und
dreier + lauterbach architekten, München

4100-0267 Hort (4 Gruppen), Schulmensa Seite 150

⌂ Christl + Bruchhäuser GmbH
Frankfurt am Main

Fotopräsentation der Objekte

4100-0271 Grundschule (360 Schüler) Seite 156

BKS Architekten GmbH
Lübbecke

4100-0274 Grundschule (400 Schüler) Seite 162

prosa Architektur + Stadtplanung BDA
Quasten Rauh PartGmbB, Darmstadt

4200-0042 Akademiegebäude Seite 168

Numrich Albrecht Klumpp Gesellschaft von
Architekten mbH, Berlin

4400-0333 Kindertagesstätte (35 Kinder) Seite 174

Wolfgang Helmle Freier Architekt
Ellwangen

4400-0367 Kindergarten (130 Kinder) Seite 184

K9 Architekten Borgards Lösch Pichl Piribauer BDA
DWB, Freiburg

4400-0389 Kindertagesstätte (100 Kinder) Seite 194

Hochbauamt Heidelberg und AAg Architekten GmbH
Heidelberg

4400-0392 Kindertagesstätte (70 Kinder) Seite 204

ZIEBELL + PARTNER Architektur- und Planungs GmbH
Lübeck

4400-0395 Kindertagesstätte (130 Kinder) Seite 210

OKF Architekten GmbH
Osnabrück

4400-0398 Kindertagesstätte (60 Kinder) Seite 216

cubus plan gmbh
Berlin

4400-0401 Kindertagesstätte, Familienzentrum Seite 222

Fischer Rüdenauer Architekten, Stuttgart und
Karl Kaffenberger Architektur, Erbach

4400-0403 Kindertagesstätte (75 Kinder) Seite 228

abdelkader architekten bda Partnerschaft mbB
Münster

4400-0407 Kindertagesstätte (90 Kinder) Seite 234

ra plus | mevißen hillmann harder hille architekten-
partnerschaft mbB, Hannover

Fotopräsentation der Objekte

4400-0408 Kinderhaus (6 Gruppen, 174 Kinder) Seite 240

HILGARTH Architekten-Stadtplaner
Marktredwitz

4400-0409 Kindertagesstätte (60 Kinder) Seite 246

MTTR ARCHITEKTEN+STADTPLANER und
studioplus Tobias Buschbeck, Berlin

4400-0417 Kindergarten (100 Kinder) Seite 252

köhler architekten + beratende Ingenieure GmbH
Gauting

4400-0418 Kita, Mehrgenerationenhaus Seite 258

Dipl.-Ing. (FH) Christian Gerhardy Stadtverwaltung
Wittlich, Wittlich

4400-0419 Kinderhaus (2 Gruppen, 40 Kinder) Seite 264

Goergens Miklautz Partner, München und
dreier + lauterbach architekten, München

4400-0423 Kindertagesstätte (106 Kinder) Seite 270

Knoche Architektur PartGmbB
Leipzig

4400-0424 Kindertagesstätte (152 Kinder) Seite 276

Stadt Regensburg Amt für Hochbau
Regensburg

4400-0427 Kindertagesstätte (138 Kinder) Seite 282

TRU Architekten Partnerschaft mbB
Berlin

4400-0428 Kindertagesstätte (70 Kinder) Seite 288

Hochbauamt Heidelberg und AAg Architekten GmbH
Heidelberg

4400-0430 Kindertagesstätte (124 Kinder) Seite 294

foundation 5+ architekten BDA
Kassel

4400-0431 Kindertagesstätte (70 Kinder) Seite 300

D:4 Architektur
Berlin

4400-0432 Kindertagesstätte (125 Kinder) Seite 306

Bau Eins Architekten - Andernach Bahnemann -
PartGmbB, Kaiserslautern

Fotopräsentation der Objekte

4400-0433 Naturkindergarten (44 Kinder) Seite 312

Architekt Peter Naumburg
Mamming

4400-0434 Kindertagesstätte (130 Kinder) Seite 318

mz3 architekten ingenieure GmbH
Mainz

4400-0435 Kindertagesstätte (95 Kinder) Seite 324

Jan Braker Architekt
Hamburg

4400-0436 Kindertagesstätte (86 Kinder) Seite 330

JURETZKA ARCHITEKTEN PartG mbB
Weiden

4400-0437 Kindertagesstätte (94 Kinder) Seite 336

MICHAEL KOPPETSCH ARCHITEKT
Burscheid

4500-0021 Bildungsgebäude Seite 342

prosa Architektur + Stadtplanung BDA
Darmstadt

© Christiane von Reinersdorff

5100-0144 Sporthalle (Dreifeldhalle) Seite 348

MRO Partnerschaft mbB Architekt Kahnert, Beratender Ingenieur Martens, Hamburg

© Oliver Heinl

5100-0148 Mehrzweckhalle (1.650 Sitzplätze) Seite 356

Fuchs und Rudolph Architekten und Stadtplaner München

© Vanessa Battré

5600-0013 Driving Range, Clubhaus Seite 362

brüchner-hüttemann pasch bhp Architekten + Generalplaner GmbH, Bielefeld

© Wolfgang Grümer

6100-1593 Mehrfamilienhaus (3 WE) Seite 368

bonfanti ARCHITEKTEN Anke und Ralph Bonfanti Wiehl-Weiershagen

© Herbert Bucher

6100-1671 Einfamilienhaus Seite 376

BUCHER | HÜTTINGER - ARCHITEKTUR INNEN ARCHITEKTUR, Betzenstein

© Nicolas Felder

6100-1672 Einfamilienhaus Seite 384

brack architekten Kempten

6100-1685 Mehrfamilienhäuser (9 WE), Kita Seite 394

ZRS Architekten GvA mbH
Berlin

6100-1696 Zweifamilienhaus Seite 400

grotheer architektur
Wyk auf Föhr

6100-1698 Zweifamilienhaus Seite 406

sunder plaßmann . noll plan+bau gmbh
Kassel

6100-1702 Mini-Wohnhaus Seite 412

Peter Gröbmayr GmbH & Co.KG
Glonn

6100-1710 Einfamilienhaus Seite 418

Martin Wäsler Architekturbüro
Glonn

6100-1715 Einfamilienhaus, Doppelgarage Seite 424

pfanzelt architekten GmbH
Lechbruck am See

Fotopräsentation der Objekte

6100-1718 Einfamilienhaus Seite 430

⌂ SES Architektur
Bad Doberan

6100-1721 Mehrfamilienhaus (4 WE), Praxis Seite 436

⌂ ASUNA Dipl.Ing.(FH) Architekt Dirk Stenzel
Leipzig

6100-1727 Mehrfamilienhaus (4 WE) Seite 442

⌂ Freie Architektin Carina Zoth
Westernohe

6100-1730 Einfamilienhaus, Gästewohnung Seite 448

⌂ Architekturbüro Huber
Kempten

6100-1732 Einfamilienhaus Seite 454

⌂ arminschmitz architekt bda
Bad Neuenahr-Ahrweiler

6100-1734 Einfamilienhaus Seite 460

⌂ Wirth Architekten BDA PartgmbB
Bremen

Fotopräsentation der Objekte

6100-1739 Einfamilienhaus Seite 466

drauschke & fliegel Architektur
Dresden

6100-1740 Einfamilienhaus Seite 472

Zimmerei Müller GmbH Merle Müller, Architektin
Soest

6100-1742 Einfamilienhaus Seite 478

Regina Bruchhäuser Architektin
Alzenau

6100-1744 Mehrfamilienhaus (12 WE) Seite 484

Christoph Harney Architekt
Kassel

6100-1752 Atelier, Ferienwohnung Seite 490

Elmar Paul Sommer Dipl.-Ing. Architekt + Stadtplaner
Monschau

6100-1761 Wohnen für Geflüchtete (13 WE) Seite 496

Werkgruppe Freiburg Architekten
Freiburg

Fotopräsentation der Objekte

6100-1764 Einfamilienhaus Seite 504

feldhaus architekten partnerschaft mbb
Ibbenbüren

6100-1766 Wohnheim, Tagesbetreuung Seite 510

Modersohn & Freiesleben Architekten Part mbB
Berlin

6100-1767 Mehrfamilienhaus (8 WE), TG Seite 516

HKR+ Architekten und Partner mbB
Köln

6100-1768 Einfamilienhaus Seite 522

AX5 architekten, Kiel und
Wolf Weiss, Bönebüttel

6100-1769 Reihenmittelhaus Seite 528

Claudia Gräfe Marion Schonhoven Architektur BDA in
Partnerschaft mbB, Bremen

6100-1772 Mehrfamilienhaus (9 WE, 3 STP) Seite 536

foundation 5+ architekten BDA
Kassel

Fotopräsentation der Objekte

6100-1778 Reihenhäuser (6 WE) Seite 542

Hölzl Knote Frischholz Architekten und Innenarchitektin PartG mbB, Tegernsee

6100-1783 Einfamilienhaus, Garage Seite 548

Knopp Wassmer Architekten PartG mbB
München

6100-1786 Einfamilienhaus, Garage (2 STP) Seite 554

LIESL BAUMEISTER Architekten
Frankfurt am Main

6100-1787 Zweifamilienhaus Seite 560

LIESL BAUMEISTER Architekten
Frankfurt am Main

6100-1792 Einfamilienhaus, Garage Seite 566

QueckArchitektur
Pielenhofen

6100-1795 Mehrfamilienhaus (20 WE) Seite 572

STUDIO LOES GMBH
Berlin

Fotopräsentation der Objekte

6100-1799 Einfamilienhaus Seite 578

Architekturbüro Stefan Adlich
Leipzig

6100-1800 Einfamilienhaus Seite 586

dasfeine architekten
Berlin

6100-1802 Einfamilienhaus, Doppelgarage Seite 592

Wimmer Architekten GbR
Rosenheim

6100-1803 Wohnanlage (88 WE), TG Seite 598

WWA Architekten PartmbB
München

6100-1804 Mehrfamilienhäuser (28 WE) Seite 604

baut architektur partmbb
Köln

6100-1806 Mehrfamilienhaus (18 WE) Seite 610

Weidner Architektur
Weiden

6100-1811 Einfamilienhaus, Carport Seite 616

evh_architekten gmbh
Amberg

6100-1813 Einfamilienhaus, Garage Seite 622

bonfanti ARCHITEKTEN Anke und Ralph Bonfanti
Wiehl-Weiershagen

6100-1815 Einfamilienhaus, Doppelgarage Seite 630

cl.ar Carsten Larusch Architektur
Bitburg

6200-0129 Hospiz (12 Betten) Seite 636

Planungsring Mumm + Partner GbR
Treia

6200-0131 Wohnanlage (32 WE) Seite 642

consilio pro
Möhnesee-Günne

6200-0134 Studierendenwohnheim (174 WE) Seite 648

ACMS Architekten GmbH
Wuppertal

Fotopräsentation der Objekte

6200-0135 Übergangswohnheim (48 Betten) Seite 654

⌂ W. u. J. Derix GmbH & Co.
Niederkrüchten

6200-0136 Übergangswohnheim (120 Betten) Seite 660

⌂ Dienstleistungsbetrieb Stadt Xanten und
W. u. J. Derix GmbH & Co., Niederkrüchten

6200-0141 Übergangswohnheim (81 Betten) Seite 666

⌂ W. u. J. Derix GmbH & Co.
Niederkrüchten

6400-0120 Jugendfreizeitstätte (100 Kinder) Seite 676

⌂ brück.jordan architekten ingenieure PartGmbB
Würzburg

6400-0126 Gemeindehaus (140 Sitzplätze) Seite 686

⌂ Bindhammer Architekten, Stadtplaner und Beratender
Ingenieur Part mbB, Bayerbach

6400-0129 Dorfgemeinschaftshaus Seite 692

⌂ HILGARTH Architekten-Stadtplaner
Marktredwitz

6400-0130 Gemeindehaus (199 Sitzplätze) Seite 698

PLAN@K Architekten Kress PartGmbB
Erlangen

6400-0134 Gemeindezentrum (100 Sitzplätze) Seite 704

Irlenbusch von Hantelmann Architekten BDA
Leipzig

6400-0135 Wohnpflegeheim (14 Kinder) Seite 710

eap Architekten . Stadtplaner PartGmbB
München

6400-0138 Begegnungszentrum (80 Sitzplätze) Seite 716

Deppisch Architekten GmbH
Freising

6400-0140 Gemeindehaus, Mehrzweckraum Seite 722

Lechner · Lechner Architekten GmbH
Traunstein

6400-0141 Jugendtreff, Veranstaltungssaal Seite 730

Lechner · Lechner Architekten GmbH
Traunstein

6500-0065 Mensa (70 Sitzplätze) Seite 736

punkt4 architekten Part mbB
Kassel

6600-0038 Gästehaus, Hotel (28 Betten) Seite 742

A-Z Architekten BDA
Wiesbaden

6600-0039 Boardinghouse Seite 748

ACMS Architekten GmbH
Wuppertal

7300-0112 Funktionsgebäude Bahnhof Seite 754

ott_architekten BDA partnerschaft mbB
Laichingen

7300-0114 Werkstattgebäude (10 AP) Seite 760

Arc Architekten Partnerschaft mbB
Bad Birnbach

7300-0116 Betriebsgebäude, Lagerhalle Seite 766

Michael van Ooyen Freie Architekten Partnerschaft mbB, Straelen

Fotopräsentation der Objekte

7600-0089 Rettungswache (2 Fahrzeuge) Seite 772

brack architekten
Kempten

7600-0111 Feuerwehrhaus (8 Fahrzeuge) Seite 782

wulf architekten gmbh
Stuttgart

7700-0096 Wirtschaftsgebäude Seite 788

Smits + Tandler Freie Architekten und Ingenieure
Partnerschaft BDA, Erfurt

7700-0100 Salzlagerhalle Seite 794

Dr. Gollwitzer, Dr. Linse und Partner Ingenieure mbB
und Architekturbüro Ilg, München

7700-0101 Lagerhalle (4 AP) Seite 800

STUDIO LEK Architekt:innen PartG mbB
München

7800-0034 Fahrradparkhaus (604 STP) Seite 806

Leitplan GmbH Planungs- und Entwicklungsgesell-
schaft, Berlin

© Andreas Wiese

7800-0037 Parkhaus (77 STP) Seite 812

kg5 architekten GmbH
Düsseldorf

© Steffen Roller Photography

7800-0046 Fahrradhaus (62 STP) Seite 820

ott_architekten BDA partnerschaft mbB
Laichingen

© PHILIP KISTNER

7800-0049 Doppelgarage, Carport (4 STP) Seite 826

Glück Höng Beratender Ingenieur
Düsseldorf

© Roland Halbe

7800-0050 Parkhaus (347 Stellplätze) Seite 834

hermann+bosch architekten
Stuttgart

© Daniel Sieker

9100-0219 Musikschule Seite 840

SIEKER ARCHITEKTEN
Bielefeld

© David Matthiessen Fotografie

9100-0232 Gemeindesaal, Gaststätte Seite 846

f64 Architekten und Stadtplaner GmbH
Kempten

9100-0233 Aussichtsturm Seite 852

Tang & Buhl Architekten
Berlin

9100-0234 Bürgerhaus (150 Sitzplätze) Seite 858

Atelier Fanelsa
Berlin

9100-0235 Kirche Seite 864

Reiter Architekten GmbH
Dresden

Erläuterungen

(1) 4400-0389
Kindertagesstätte
(6 Gruppen)
(100 Kinder)

(2)

(7) Holz-Raumzellen

Kostenkennwerte für die Kosten des Bauwerks (Kostengruppen 300+400 nach DIN 276)

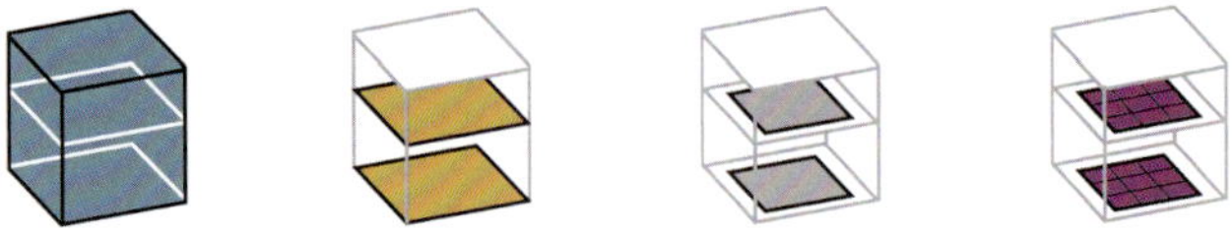

BRI 866 €/m³ | BGF 3.810 €/m² | NUF 5.143 €/m² | NE 62.901 €/NE

NE: Kinder

(3)

Objekt:
a) Kennwerte: 3. Ebene DIN 276
b) BRI: 7.264 m³
BGF: 1.651 m²
NUF: 1.223 m²
c) Bauzeit: 26 Wochen
d) Bauende: 2022
e) Standard: hoch
f) Bundesland: Baden-Württemberg
Kreis: Heidelberg, Stadt

(4)

Architekt*in:
Entwurf des Modulbaukastens:
Stadt Heidelberg
Hochbauamt

Grundstücksbezogene Planerleistungen:
AAg Architekten GmbH
Eppelheimer Straße 46
69115 Heidelberg

(5)

Bauherr*in:
Stadt Heidelberg
Hochbauamt
Römerstraße 5
69115 Heidelberg

Ausführung:
KAUFMANN
BAUSYSTEME
Baien 115
A-6870 Reuthe

Kostenstand: 1. Quartal 2026, Bundesdurchschnitt, inkl. 19% MwSt.

(6)

Erläuterungen nebenstehender Tabellen und Abbildungen

Alle Kostenkennwerte enthalten die Mehrwertsteuer. Kostenstand 1. Quartal 2026.
Kosten und Kostenkennwerte umgerechnet auf den Bundesdurchschnitt.

Objektübersicht

(1)
BKI-Objektnummer und -bezeichnung.

(2)
Kostenkennwerte für Bauwerkskosten (Kostengruppe 300+400 nach DIN 276) bezogen auf:

- BRI: Brutto-Rauminhalt (DIN 277)
- BGF: Brutto-Grundfläche (DIN 277)
- NUF: Nutzungsfläche (DIN 277)
- NE: Nutzeinheiten (z. B. Betten bei Heimen, Stellplätze bei Garagen)
  Wohnfläche nach der Wohnflächenverordnung WoFlV, nur bei Wohngebäuden

(3)
a) „Kennwerte" gibt die Kostengliederungstiefe nach DIN 276 an. Die BKI Objekte sind unterschiedlich detailliert dokumentiert: Eine Kurzdokumentation enthält Kosteninformationen bis zur 1. Ebene DIN 276, eine Grobdokumentation bis zur 2. Ebene DIN 276 und eine Langdokumentation bis zur 3. Ebene (teilweise darüber hinaus bis zu den Elementarten einzelner Kostengruppen).
b) Angaben zu BRI, BGF und NUF
c) Angaben zur Bauzeit
d) Angaben zum Bauende
e) Angaben zum Standard
f) Angaben zum Kreis, Bundesland

(4)
Planendes und/oder ausführendes Architektur- oder Planungsbüro, sowie teilweise Angaben zum/zur Bauherr*in.

(5)
Abbildungen des Objekts

(6)
Anzeige des Kostenstands

(7)
Bei Modulbauten: Angabe zur Konstruktionsart der Raumzellen

4400-0389
Kindertagesstätte
(6 Gruppen)
(100 Kinder)

①

②

Objektbeschreibung

Allgemeine Objektinformationen

Als erstes Projekt einer Reihe von Kindertagesstätten in Modulbauweise wurde ein sechsgruppiger Kindergarten mit vier Kita- und zwei Krippengruppen in Niedrigenergiebauweise umgesetzt. Zur Ausführung kam eine Kammstruktur, die den Kitagruppen jeweils einen eigenen intimen Außenspielbereich bietet. Im linearen Verbindungstrakt sind die Verwaltungs- und Servicebereiche sowie Personal- und Mehrzweckraum untergebracht. Die Wände, Decken und Trennwände der Sanitärbereiche wurden jeweils unterschiedlich monochrom gestaltet und dienen zur Identifikationssteigerung der Kinder mit „ihrer" Gruppe.

Nutzung

1 Erdgeschoss
vier Gruppen Ü3: Gruppenräume, Schlafräume, Intensivräume, Garderoben, Sanitärräume, Spielflure
zwei Gruppen U3: Gruppenräume, Schlafräume, Garderoben, Sanitärräume, Materialräume, WCs/Duschen, Putzmittelräume, Besucher-WC, barrierefreies WC, Personalraum, Technikräume, Aufwärmküche, Küchenlager, Umkleideraum, Windfang, Kinderwagenraum, Büroleitung, Mehrzweckraum, Geräteraum, HWR, Besprechungsraum, Bildungsangebotsräume, Werkraum, Flur

Besonderer Kosteneinfluss Nutzung
Energiekonzeption Stadt Heidelberg

Nutzeinheiten

Gruppen: 6
Kinder: 100

Grundstück

Bauraum: Freier Bauraum
Neigung: Ebenes Gelände
Bodenklasse: BK 1 bis BK 5

Markt

Hauptvergabezeit: 2.Quartal 2021
Baubeginn: 3.Quartal 2021
Bauende: 1.Quartal 2022
Konjunkturelle Gesamtlage: über Durchschnitt
Regionaler Baumarkt: Durchschnitt

Baukonstruktion

Alle 60 Module des Kindergartens wurden aus Brettsperrholz einschließlich Außenwanddämmung in einer Montagehalle innerhalb eines Monats vorgefertigt. Die Raumeinheiten mit einem Modulmaß von 2,89x6,75m sind nahezu vollständig ausgebaut und oberflächenfertig geliefert. Die Montage der Module an der Baustelle erfolgte innerhalb weniger Tage auf die zuvor konventionell erstellte Stahlbetonbodenpatte. Der Boden und das Dach im Flurbereich bestehen aus Brettsperrholzelementen. Vor Ort wurde ein schwimmender Estrich eingebracht. Ebenso sind die Außenfassaden aus Lärchenholz und die Dachabdichtung samt Begrünung an der Baustelle montiert. Die sichtbaren Holzoberflächen wurden lasiert, die Böden sind mit Linoleum oder Fliesen belegt

Technische Anlagen

Das Gebäude ist an das Fernwärmenetz angeschlossen. Die gesamte Heizungs-, Sanitär-, Lüftungs- und Elektroinstallation wurde bereits in den Modulen vorinstalliert angeliefert und vor Ort endmontiert. Sämtliche Sanitärobjekte, Leuchten und Heizkörper werden bereits in der Montagehalle montiert.

Sonstiges

Um eine möglichst schnelle und sehr wirtschaftliche Umsetzung von Kindertagesstätten zu ermöglichen, hat das Heidelberger Hochbauamt in Zusammenarbeit mit Modulbaufirmen ein serielles Baukastensystem für Kindertagesstätten in Holzmodulbauweise entwickelt. Mit diesem lassen sich eine Vielzahl von ein- und zweigeschossigen Gebäudetypen mit differenzierten Grundrisstypologien realisieren. Das kleinteilige Modulraster kann flexibel auf unterschiedliche Rahmenbedingungen reagieren.

Energetische Kennwerte

Gesetzliche Grundlage: GEG 2020
Gebäudenutzfläche: 1.514,00m²
Gebäudevolumen: 5.354,00m³
A/V_e-Verhältnis (Kompaktheit): 0,77m^{-1}
Hüllfläche des beheizten Volumens: 4.098,00m²
Mittlerer U-Wert (opake Bauteile): 0,09
Mittlerer U-Wert (transparente Bauteile): 0,80
Mittlerer U-Wert (Glasdächer, etc.): 0,80
Spez. Jahresprimärenergiebedarf: 51,80kWh/(m²·a)
CO_2-Emissionen: 26,65kg/(m²·a)

Kostenstand: 1.Quartal 2026, Bundesdurchschnitt, inkl. 19% MwSt.

Erläuterungen nebenstehender Tabellen und Abbildungen

Objektbeschreibung

①
Objektbeschreibung mit:
- Allgemeine Objektinformationen
- Angaben zur Nutzung
- Nutzeinheiten
- Grundstück
- Markt
- Baukonstruktion
- Technische Anlagen
- Sonstiges

②
Energetische Kennwerte:
Die Angaben stammen aus dem Energieausweis (EnEV / GEG), bzw. der Energiebedarfsberechnung oder aus dem Passivhaus-Projektierungspaket (PHPP). Die Werte unterscheiden sich aufgrund unterschiedlicher Rechenverfahren. Die Zielsetzung bundesweit vergleichbarer Ergebnisse bedingt bei der EnEV bundesweit einheitliche Klimadaten und weitere einheitliche Randbedingungen. Das PHPP Verfahren verfolgt das Ziel, den späteren Energieverbrauch möglichst genau zu prognostizieren. Es berücksichtigt daher individuelle Klimadaten und Randbedingungen und bezieht mehr energetisch wirksame Faktoren mit ein.

Energetische Angaben zu Außenbauteilen

4400-0389
Kindertagesstätte
(6 Gruppen)
(100 Kinder)

(1)

Bodenplatte
U-Wert: 0,10 W/(m²·K)

Gesamtdicke: 78,50 cm	d[cm]	λ[W/(mK)]
Estrich	6,50	1,400
Dämmung	3,00	0,035
Dämmung	3,00	0,035
Schüttung	3,00	0,110
Holz	10,00	13,000
Dämmung	10,00	0,035
Stahlbeton	25,00	2,100
Dämmung	18,00	0,037

(2)

Außenwand hinterlüftet
U-Wert: 0,11 W/(m²·K)

Gesamtdicke: 40,75 cm	d[cm]	λ[W/(mK)]
GK-Platte	1,25	0,360
OSB-Platte	1,50	0,130
Holz	28,00	0,130
Dämmung	28,00	0,032
Holzfaserplatte	10,00	0,042

(3)

Dach
U-Wert: 0,09 W/(m²·K)

Gesamtdicke: 43,25 cm	d[cm]	λ[W/(mK)]
Holz	9,00	0,692
Bitumenbahn	0,25	0,170
Dämmung	34,00	0,032

Erläuterungen nebenstehender Tabellen und Abbildungen

Energetische Angaben zu Außenbauteilen

(1)
Angabe des U-Werts und der Gesamtdicke des Bauteils. Es werden meist nur die wärmetechnisch wirksamen Schichten dargestellt und berücksichtigt. Es werden nicht immer alle Außenbauteile aufgeführt, sondern die für eine Beurteilung der energetischen Qualität des Objekts wesentlichen.
Die Berechnung erfolgt auf der Grundlage der DIN EN ISO 6946. Die U-Werte können von Berechnungen der Datenlieferanten aus verschiedenen Gründen leicht abweichen:
- Die DIN 6946 wurde auch für die Objekte aus Österreich herangezogen, die originär abweichend berechnet wurden.
- Falls nur Angaben zu Schichten und Schichtdicken vorlagen, jedoch keine Lambda-Werte, wurden für die verwendeten Materialien übliche Lambda-Werte von BKI eingesetzt.
- Es gibt leichte Abweichungen bei der Berechnung des U-Werts im PHPP Verfahren und bei Berechnungen die auf Finiten Elementen beruhen.

(2)
Schichtenfolge der Materialien der Außenbauteile, mit Angabe der Schichtdicke und des Lambda-Werts

(3)
Kennzeichnung inhomogener Schichten

4400-0389
Kindertagesstätte
(6 Gruppen)
(100 Kinder)

Planungskennwerte für Flächen und Rauminhalte nach DIN 277

1

	Flächen des Grundstücks	Menge Einheit	% an GF
BF	Bebaute Fläche	1.651,00 m²	25,0
UF	Unbebaute Fläche	4.950,00 m²	75,0
GF	Grundstücksfläche	6.601,00 m²	100,0

2

	Grundflächen des Bauwerks	Menge Einheit	% an NUF	% an BGF
NUF	Nutzungsfläche	1.223,00 m²	100,0	74,1
TF	Technikfläche	50,12 m²	4,1	3,0
VF	Verkehrsfläche	95,00 m²	7,8	5,8
NRF	Netto-Raumfläche	1.368,12 m²	111,9	82,9
KGF	Konstruktions-Grundfläche	282,88 m²	23,1	17,1
BGF	Brutto-Grundfläche	1.651,00 m²	135,0	100,0

3

4

	Brutto-Rauminhalt des Bauwerks	Menge Einheit	BRI/NUF (m)	BRI/BGF (m)
BRI	Brutto-Rauminhalt	7.264,40 m³	5,94	4,40

5

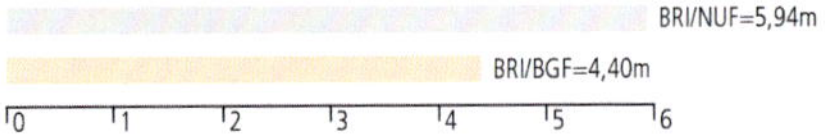

6

KG	Kostengruppen (2. Ebene)	Menge Einheit	Menge/NUF	Menge/BGF
310	Baugrube / Erdbau	1.619,60 m³BGI	1,32	0,98
320	Gründung, Unterbau	1.504,55 m²GRF	1,23	0,91
330	Außenwände/Vertikale Baukonstruktionen, außen	1.385,00 m²AWF	1,13	0,84
340	Innenwände/Vertikale Baukonstruktionen, innen	1.341,00 m²IWF	1,10	0,81
350	Decken/Horizontale Baukonstruktionen	–	–	–
360	Dächer	1.570,00 m²DAF	1,28	0,95

Kostenstand: 1. Quartal 2026, Bundesdurchschnitt, inkl. 19% MwSt.

Erläuterungen nebenstehender Planungskennwerte- und Baukostentabellen

Alle Kostenkennwerte enthalten die Mehrwertsteuer. Kostenstand 1. Quartal 2026.
Kosten und Kostenkennwerte umgerechnet auf den Bundesdurchschnitt.

Planungskennwerte für Flächen und Rauminhalte nach DIN 277

In Ergänzung der Kostenkennwerttabellen werden für jedes Objekt Planungskennwerte angegeben, die zur Überprüfung der Vergleichbarkeit des Objekts mit der geplanten Baumaßnahme dienen.
Ein Planungskennwert im Sinne dieser Veröffentlichung ist ein Wert, der das Verhältnis bestimmter Flächen und Rauminhalte zur Nutzungsfläche (NUF) und Brutto-Grundfläche (BGF) darstellt, angegeben als Prozentwert oder als Faktor (Mengenverhältnis).

①
Bebaute und unbebaute Flächen des Grundstücks sowie deren Verhältnis in Prozent zur Grundstücksfläche (GF).

②
Grundflächen im Verhältnis zur Nutzungsfläche (NUF = 100%) und Brutto-Grundfläche (BGF = 100%) in Prozent.

③
Grafische Darstellung der Grundflächen im Verhältnis zur Nutzungsfläche (NUF = 100%)

④
Verhältnis von Brutto-Rauminhalt (BRI) zur Nutzungsfläche (NUF) und Brutto-Grundfläche (BGF), (BRI / BGF = mittlere Geschosshöhe), angegeben als Faktor (in Meter).

⑤
Grafische Darstellung der Verhältnisse Brutto-Rauminhalt (BRI) zur Nutzungsfläche (NUF = 100%) und Brutto-Grundfläche (BGF); (BRI / BGF = mittlere Geschosshöhe), angegeben als Faktor (in Meter).

⑥
Verhältnis der Mengen dieser Kostengruppen nach DIN 276 („Grobelemente") zur Nutzungsfläche (NUF) und Brutto-Grundfläche (BGF), angegeben als Faktor. Wenn aus der Grundlagenermittlung die Nutzungs- oder Brutto-Grundfläche für ein Projekt bekannt ist, ein Vorentwurf als Grundlage für Mengenermittlungen aber noch nicht vorliegt, so können mit diesen Faktoren die Grobelementmengen überschlägig ermittelt werden.

4400-0389
Kindertagesstätte
(6 Gruppen)
(100 Kinder)

Kostenkennwerte für die Kostengruppen der 1.Ebene DIN 276

①

KG	Kostengruppen (1. Ebene)	Einheit	Kosten €	€/Einheit	€/m² BGF	€/m³ BRI	% 300+400
100	Grundstück	m²GF	–	–	–	–	–
200	Vorbereitende Maßnahmen	m²GF	107.056	16,22	64,84	14,74	1,7
300	Bauwerk – Baukonstruktionen	m²BGF	4.714.441	2.855,51	2.855,51	648,98	75,0
400	Bauwerk – Technische Anlagen	m²BGF	1.575.622	954,34	954,34	216,90	25,0
	Bauwerk 300+400	**m²BGF**	**6.290.063**	**3.809,85**	**3.809,85**	**865,88**	**100,0**
500	Außenanlagen und Freiflächen	m²AF	180.795	36,52	109,51	24,89	2,9
600	Ausstattung und Kunstwerke	m²BGF	2.671	1,62	1,62	0,37	< 0,1
700	Baunebenkosten	m²BGF	–	–	–	–	–
800	Finanzierung	m²BGF	–	–	–	–	–

②

③

KG	Kostengruppe	Menge Einheit	Kosten €	€/Einheit	%
200	**Vorbereitende Maßnahmen**	6.601,00 m²GF	107.056	**16,22**	1,7
	Fläche freimachen, Grasnarbe abschieben; Abwasserentsorgung, Wasserversorgung, Stromversorgung				
3+4	**Bauwerk**				**100,0**
300	**Bauwerk – Baukonstruktionen**	1.651,00 m²BGF	4.714.441	**2.855,51**	75,0
	Stb-Flachgründung, Abdichtung, EPS-Dämmung, Brettsperrholz-Modulböden, TSD, Estrich, Linoleum, Bodenfliesen, Perimeterdämmung; Holzrahmen/Brettsperrholz-Modulaußenwände, innen Wohnsicht, lasiert, außen hinterlüftete Holzschalung, Holz-Alufenster, Sonnenschutz; Brettsperrholz-Modulinnenwände, Wohnsicht, lasiert, teilweise Industriesicht, Vorsatzschalen, Beschichtung; Brettsperrholz-Modulflachdach, Brettsperrholz-Flachdach, Gefälledämmung, Abdichtung, Dachbegrünung, Dachentwässerung, abgehängte Akustikdecken, Lasur, GK-Decken; Einbaumöbel, Spanplatte: Einbauschränke, WC-Regale, Garderoben, Wickeltische, WC-Trennwandsysteme, Teeküche, Rettungswegpläne, Briefkasten				
400	**Bauwerk – Technische Anlagen**	1.651,00 m²BGF	1.575.622	**954,34**	25,0
	Gebäudeentwässerung, Anschlusskasten für Fettabscheider, Kaltwasserleitungen, Sanitärobjekte, Durchlauferhitzer; Fernwärmeanschluss, Heizungsrohre, Heizkörper; Kompaktlüftungsgeräte mit WRG, Küchenlüftungsgerät, Einzelraumlüfter; Elektroinstallation, Blitzschutzanlage, Erdung; Brandmeldeanlage, Datenübertragungsnetz; Aufwärmküche, Feuerlöscher; Gebäudeautomation				
500	**Außenanlagen und Freiflächen**	4.950,00 m²AF	180.795	**36,52**	2,9
	Grabenaushub; Fettabscheider, Doppelpumpenstation, Gebäudeentwässerung, Betonschächte; Kabelschutzrohre, Kabelzugschacht; Schließanlage Außenzäune				
600	**Ausstattung und Kunstwerke**	1.651,00 m²BGF	2.671	**1,62**	< 0,1
	Sanitärausstattung; Beschilderung				

Kostenstand: 1. Quartal 2026, Bundesdurchschnitt, **inkl. 19% MwSt.**

Erläuterung nebenstehender Baukostentabelle

Alle Kostenkennwerte enthalten die Mehrwertsteuer. Kostenstand 1. Quartal 2026.
Kosten und Kostenkennwerte umgerechnet auf den Bundesdurchschnitt

Kostenkennwerte für die Kostengruppen der 1. Ebene DIN 276

①
Kostenübersicht, Kostenkennwerte in €/Einheit, €/m² BGF und €/m³ BRI für die Kostengruppen der 1. Ebene DIN 276. Anteil der jeweiligen Kostengruppe in Prozent an den Bauwerkskosten (Spalte: % 300+400). Die Bezugseinheiten der Kostenkennwerte entsprechen der DIN 277-3: 2005-04: Mengen und Bezugseinheiten.

②
Codierung und Bezeichnung der Ausführung zur Kostengruppe entsprechend der 1. Ebene nach DIN 276

③
Abgerechnete Leistungen zu dokumentierten Objekten mit Beschreibung, Menge, Einheit, Kosten, Kostenkennwert bezogen auf die Kostengruppeneinheit oder alternativ bezogen auf die übergeordnete Einheit.

Bei den Mengen handelt es sich um ausgeführte Mengen.

4400-0389
Kindertagesstätte
(6 Gruppen)
(100 Kinder)

Kostenkennwerte für die Kostengruppen 300 der 2. und 3.Ebene DIN 276 (Übersicht)

(1) (2)

KG	Kostengruppe	Menge Einheit	Kosten €	€/Einheit	% an 3+4
300	**Bauwerk – Baukonstruktionen**	**1.651,00 m² BGF**	**4.714.440,52**	**2.855,51**	**75,0**
310	**Baugrube / Erdbau**	**1.619,60 m³ BGI**	**227.041,05**	**140,18**	**3,6**
311	Herstellung	–	–	–	–
312	Umschließung	–	–	–	–
313	Wasserhaltung	–	–	–	–
314	Vortrieb	–	–	–	–
319	Sonstiges zur KG 310	–	–	–	–
320	**Gründung, Unterbau**	**1.504,55 m² GRF**	**1.448.801,80**	**962,95**	**23,0**
321	Baugrundverbesserung	–	–	–	–
322	Flachgründungen und Bodenplatten	1.504,55 m²	173.350,87	115,22	2,8
323	Tiefgründungen	–	–	–	–
324	Gründungsbeläge	1.368,12 m²	1.098.432,66	802,88	17,5
325	Abdichtungen und Bekleidungen	2.122,45 m²	177.018,29	83,40	2,8
326	Dränagen	–	–	–	–
329	Sonstiges zur KG 320	–	–	–	–
330	**Außenwände/Vert. Baukonstrukt., außen**	**1.385,00 m² AWF**	**1.077.029,46**	**777,64**	**17,1**
331	Tragende Außenwände	–	–	–	–
332	Nichttragende Außenwände	–	–	–	–
333	Außenstützen	–	–	–	–
334	Außenwandöffnungen	–	–	–	–
335	Außenwandbekleidungen, außen	–	–	–	–
336	Außenwandbekleidungen, innen	–	–	–	–
337	Element. Außenwandkonstruktionen	–	–	–	–
338	Lichtschutz zur KG 330	–	–	–	–
339	Sonstiges zur KG 330	–	–	–	–
340	**Innenwände/Vert. Baukonstrukt., innen**	**1.341,00 m² IWF**	**824.220,69**	**614,63**	**13,1**
341	Tragende Innenwände	–	–	–	–
342	Nichttragende Innenwände	–	–	–	–
343	Innenstützen	–	–	–	–
344	Innenwandöffnungen	–	–	–	–
345	Innenwandbekleidungen	–	–	–	–
346	Elementierte Innenwandkonstruktionen	–	–	–	–
347	Lichtschutz zur KG 340	–	–	–	–
349	Sonstiges zur KG 340	–	–	–	–
350	**Decken/Horizontale Baukonstruktionen**	**–**	**–**	**–**	**–**
351	Deckenkonstruktionen	–	–	–	–
352	Deckenöffnungen	–	–	–	–
353	Deckenbeläge	–	–	–	–
354	Deckenbekleidungen	–	–	–	–
355	Elementierte Deckenkonstruktionen	–	–	–	–
359	Sonstiges zur KG 350	–	–	–	–
360	**Dächer**	**1.570,00 m² DAF**	**525.783,51**	**334,89**	**8,4**
361	Dachkonstruktionen	–	–	–	–
362	Dachöffnungen	–	–	–	–
363	Dachbeläge	–	–	–	–
364	Dachbekleidungen	–	–	–	–
365	Elementierte Dachkonstruktionen	–	–	–	–
366	Lichtschutz zur KG 360	–	–	–	–
369	Sonstiges zur KG 360	–	–	–	–
370	**Infrastrukturanlagen**	**–**	**–**	**–**	**–**
380	**Baukonstruktive Einbauten**	**1.651,00 m² BGF**	**310.181,15**	**187,87**	**4,9**
390	**Sonst. Maßnahmen für Baukonstrukt.**	**1.651,00 m² BGF**	**301.382,85**	**182,55**	**4,8**

Kostenstand: 1.Quartal 2026, Bundesdurchschnitt, inkl. 19% MwSt.

Erläuterung nebenstehender Baukostentabelle

Alle Kostenkennwerte enthalten die Mehrwertsteuer. Kostenstand 1. Quartal 2026.
Kosten und Kostenkennwerte umgerechnet auf den Bundesdurchschnitt

Kostenkennwerte für Kostengruppen der 2. und 3. Ebene DIN 276 (Übersicht)

①
Codierung und Bezeichnung der Kostengruppe entsprechend der 2. und 3. Ebene nach DIN 276

②
Abgerechneten Leistungen mit Menge, Einheit, Kostenkennwert in Euro pro Einheit, Kosten in Euro und prozentualer Anteil an den Kostengruppen 300 und 400 DIN 276

4400-0389
Kindertagesstätte
(6 Gruppen)
(100 Kinder)

(1)

(2)

(3)

Kostenkennwerte für Leistungsbereiche nach STLB (Kosten des Bauwerks nach DIN 276)

LB	Leistungsbereiche	Kosten €	€/m² BGF	€/m³ BRI	% an 3+4
000	Baustellen-, Sicherheitseinr. inkl. 001, 089	262.083	158,70	36,10	4,2
002	Erdarbeiten	250.241	151,60	34,40	4,0
006	Spezialtiefbauarbeiten inkl. 005	–	–	–	–
009	Entwässerungskanalarbeiten inkl. 011	17.158	10,40	2,40	0,3
010	Drän- und Versickerarbeiten	–	–	–	–
012	Mauerarbeiten	–	–	–	–
013	Betonarbeiten	182.277	110,40	25,10	2,9
014	Natur-, Betonwerksteinarbeiten	–	–	–	–
016	Zimmer- und Holzbauarbeiten	2.424.602	1.468,60	333,80	38,5
017	Stahlbauarbeiten	–	–	–	–
018	Abdichtungsarbeiten	216.698	131,30	29,80	3,4
019	Kampfmittelräumarbeiten	–	–	–	–
020	Dachdeckungsarbeiten	–	–	–	–
021	Dachabdichtungsarbeiten	–	–	–	–
022	Klempnerarbeiten	–	–	–	–
	Rohbau	**3.353.059**	**2.030,90**	**461,60**	**53,3**
023	Putz- und Stuckarbeiten, Wärmedämmsysteme	–	–	–	–
024	Fliesen- und Plattenarbeiten	–	–	–	–
025	Estricharbeiten	–	–	–	–
026	Fenster, Außentüren inkl. 029, 032	30.493	18,50	4,20	0,5
027	Tischlerarbeiten	418.947	253,80	57,70	6,7
028	Parkett-, Holzpflasterarbeiten	–	–	–	–
030	Rollladenarbeiten	2.168	1,30	0,30	< 0,1
031	Metallbauarbeiten inkl. 035	–	–	–	–
034	Maler- und Lackiererarb. - Beschicht. inkl. 037	255	0,15	0,04	< 0,1
036	Bodenbelagarbeiten	1.026.626	621,80	141,30	16,3
038	Vorgehängte hinterlüftete Fassaden	–	–	–	–
039	Trockenbauarbeiten	–	–	–	–
	Ausbau	**1.478.489**	**895,50**	**203,50**	**23,5**
040	Wärmeversorgungsanl. - Betriebseinr. inkl. 041	292.973	177,50	40,30	4,7
042	Gas- u. Wasseranl. - Leitung., Armat. inkl. 043	316.437	191,70	43,60	5,0
044	Abwasseranl. - Leitungen, Abläufe, Armaturen	–	–	–	–
045	Gas, Wasser, Entwässerung - Ausstattung inkl. 046	1.471	0,89	0,20	< 0,1
047	Dämm- und Brandschutzarb. an techn. Anlagen	–	–	–	–
049	Feuerlöschanlagen, Feuerlöschgeräte	2.359	1,40	0,32	< 0,1
050	Blitzschutz-/Erdungsanlagen, Überspannungssch.	25.252	15,30	3,50	0,4
053	Niederspannungsanl. - Kabel inkl. 052, 054	615.707	372,90	84,80	9,8
055	Sicherheits- u. Ersatzstromversorgungsanl.	–	–	–	–
057	Gebäudesystemtechnik	–	–	–	–
058	Leuchten und Lampen inkl. 059	–	–	–	–
060	Such, Signal, Zeit, Anten., akust. Anl. inkl. 064	–	–	–	–
061	Kommunikations- u. Übertragungsnetze inkl. 063	676	0,41	0,09	< 0,1
069	Aufzüge	–	–	–	–
070	Gebäudeautomation	–	–	–	–
075	Raumlufttechnische Anlagen inkl. 078	193.202	117,00	26,60	3,1
	Gebäudetechnik	**1.448.076**	**877,10**	**199,30**	**23,0**
084	Abbruch, Rückbau, Schadstoffsanierung	–	–	–	–
	Abbrucharbeiten	**–**	**–**	**–**	**–**
	Sonstige Leistungsbereiche	**10.439**	**6,30**	**1,40**	**0,2**

Kostenstand: 1.Quartal 2026, Bundesdurchschnitt, inkl. 19% MwSt.

Erläuterung nebenstehender Baukostentabelle

Alle Kostenkennwerte enthalten die Mehrwertsteuer. Kostenstand 1. Quartal 2026.
Kosten und Kostenkennwerte umgerechnet auf den Bundesdurchschnitt.

Kostenkennwerte für Leistungsbereiche nach STLB

①
LB-Nummer nach Standardleistungsbuch (STLB).
Bezeichnung des Leistungsbereichs (zum Teil abgekürzt).

Kostenkennwerte für Bauwerkskosten (Kostengruppe 300+400 nach DIN 276) je Leistungsbereich in €/m² Brutto-Grundfläche (BGF nach DIN 277).
Anteil der jeweiligen Leistungsbereiche in Prozent an den Bauwerkskosten (100%).

②
Kostenkennwerte und Prozentanteile für „Leistungsbereichspakete" als Zusammenfassung bestimmter Leistungsbereiche. Leistungsbereiche mit relativ geringem Kostenanteil wurden in Einzelfällen mit anderen Leistungsbereichen zusammengefasst.
Beispiel:
LB 000 Baustelleneinrichtung zusammengefasst mit
LB 001 Gerüstarbeiten und LB 089 Verkehrssicherungsarbeiten (Angabe: inkl. 001, 089).

③
Ergänzende, den STLB-Leistungsbereichen nicht zuzuordnende Leistungsbereiche, zusammengefasst mit den LB-Nr. 008, 033, 051.

4400-0389
Kindertagesstätte
(6 Gruppen)
(100 Kinder)

Kostenkennwerte für die Kostengruppen der 3.Ebene DIN 276

KG	Kostengruppe	Menge Einheit	Kosten €	€/Einheit	%
320	**Gründung, Unterbau**				**100,0**
322	**Flachgründungen und Bodenplatten**	1.504,55 m²	173.351	**115,22**	12,0
	Fundamentaushub, BK 3-4 (447m³), Stb-Streifenfundamente, Schalung, Bewehrung (101m³), Stb-Bodenplatte, d=20cm, Randschalung, Bewehrung (1.505m²)				
324	**Gründungsbeläge**	1.368,12 m²	1.098.433	**802,88**	75,8
	Bitumenabdichtung, EPS-Dämmung, d=100mm (1.593m²), Brettsperrholz-Modulböden, d=8cm, Schwellen, d=2cm (972m²), Ausgleichsdämmung, d=100mm (397m²), TSD, d=20-30mm, Estrich, d=60-65mm (1.368m²), Linoleum (1.238m²), Abdichtung, Bodenfliesen (130m²)				
325	**Abdichtungen und Bekleidungen**	2.122,45 m²	177.018	**83,40**	12,2
	Geotextil (1.455m²), KFT-Schotter 0/45mm, d=20cm (323m³), Sauberkeitsschicht C8/10, d=5cm (1.233m²), PE-Folie (1.428m²), XPS-Dämmung WLS 039, d=240mm (1.428m²), d=140mm, unter Fundamenten (126m²), vertikal (618m²), Noppenbahn (518m²)				

①
②

330
Außenwände/
Vertikale
Baukonstruktionen,
außen

Kostenkennwerte für die Kostengruppen 300 der 3.Ebene DIN 276

KG	Kostengruppe	Menge Einheit	Kosten €	€/Einheit	%
331	**Tragende Außenwände**				
	1300-0330 Bürogebäude (15 AP)	266,49 m²	97.911	**367,41**	19,6
	Stb-Wandsockel C25/30, d=20cm, h=50cm, Schalung, Bewehrung (20m²), Wanddurchführungen (7St), Holzrahmenwände, d=27cm, KVH 8x24cm, außen MDF-Schalung, d=16mm, innen OSB-Schalung, d=15mm, Mineralwolldämmung WLG 035, d=240mm (246m²), Aussteifungsrahmen HEB180, h=2,89m, b=3,08m (1St)				
	1300-0331 Bürogebäude (120 AP)	1.058,00 m²	492.375	**465,38**	17,9
	Holztafelwände, d=25,2cm, Holzständer/Schwellen 6x20cm, Holzfaserdämmung WLG 040, d=200mm, außen Holzfaserdämmplatte, d=22mm, BSH-Rähme 20x28-40cm, Deckenauflager, Gurtholz 12x12cm, innen leimfreie Massivholzschalung, d=30mm (778m²), Kreuzverbände (20St), Stb-Elementwände C20/25, d=30cm, Bewehrung (280m²), Mehrsparteneinführung (1St)				

①
③

Ergänzende Daten (online verfügbar)

Erläuterung nebenstehender Baukostentabelle

Alle Kostenkennwerte enthalten die Mehrwertsteuer. Kostenstand 1. Quartal 2026.
Kosten und Kostenkennwerte umgerechnet auf den Bundesdurchschnitt.

Kostenkennwerte für die Kostengruppen 200-600 der 2. und 3. Ebene nach DIN 276

①
Codierung und Bezeichnung der Ausführung zur Kostengruppe entsprechend der 2. und 3. Ebene nach DIN 276

Sortierung nach Objekten

②
Abgerechnete Leistungen zu den dokumentierten Objekten mit Beschreibung, Menge, Einheit, Kosten, Kostenkennwert bezogen auf die Kostengruppeneinheit oder alternativ bezogen auf die übergeordnete Einheit.

Sortierung nach Kostengruppen

③
Abgerechnete Leistungen zu dokumentierten Objekten mit BKI Objektnummer, Beschreibung, Menge, Einheit, Kosten, Kostenkennwert bezogen auf die Kostengruppeneinheit oder alternativ bezogen auf die übergeordnete Einheit.

Bei den Mengen handelt es sich um ausgeführte Mengen.

Hinweis:
Aufgrund der großen Datenmenge werden die Daten der 2. und 3. Ebene DIN 276 nur online zur Verfügung gestellt. Bitte rufen Sie den folgenden Download-Link auf, um das BKI Dokument herunterzuladen: www.bki.de/bki_n22_ergaenzung

Nach dem Download erhalten Sie die Datei BKI_N22_Ergaenzungslieferung mit zusätzlichen Inhalten:
- die Kostendaten der 2. und 3. Ebene aller dokumentierten Objekte - sortiert nach Objektnummern
- die Zusammenstellung der Kostenkennwerte der 3. Ebene nach DIN 276 - sortiert nach Kostengruppen.

Bitte beachten Sie, dass das BKI Dokument an den Kauf des Buches gebunden ist.

Hilfe und Support:
Bei technischen Fragen zum Download wenden Sie sich direkt an unsere IT-Hotline:
Telefon: 0711 954 854-43
hotline-it@bki.de

Vollständige Gliederung der Leistungsbereiche nach STLB-Bau

Als Beispiel für eine ausführungsorientierte Ergänzung der Kostengliederung werden im Folgenden die Leistungsbereiche des Standardleistungsbuches für das Bauwesen in einer Übersicht dargestellt.

000 Baustelleneinrichtungen, Sicherheitseinrichtungen
001 Gerüstarbeiten
002 Erdarbeiten
003 Landschaftsbauarbeiten
004 Landschaftsbauarbeiten, Pflanzen
005 Brunnenbauarbeiten und Aufschlussbohrungen
006 Spezialtiefbauarbeiten
007 Untertagebauarbeiten
008 Wasserhaltungsarbeiten
009 Entwässerungskanalarbeiten
010 Drän- und Versickerungsarbeiten
011 Abscheider- und Kleinkläranlagen
012 Mauerarbeiten
013 Betonarbeiten
014 Natur-, Betonwerksteinarbeiten
016 Zimmer- und Holzbauarbeiten
017 Stahlbauarbeiten
018 Abdichtungsarbeiten
019 Kampfmittelräumarbeiten
020 Dachdeckungsarbeiten
021 Dachabdichtungsarbeiten
022 Klempnerarbeiten
023 Putz- und Stuckarbeiten, Wärmedämmsysteme
024 Fliesen- und Plattenarbeiten
025 Estricharbeiten
026 Fenster, Außentüren
027 Tischlerarbeiten
028 Parkett-, Holzpflasterarbeiten
029 Beschlagarbeiten
030 Rollladenarbeiten
031 Metallbauarbeiten
032 Verglasungsarbeiten
033 Baureinigungsarbeiten
034 Maler- und Lackierarbeiten - Beschichtungen
035 Korrosionsschutzarbeiten an Stahlbauten
036 Bodenbelagsarbeiten
037 Tapezierarbeiten
038 Vorgehängte hinterlüftete Fassaden
039 Trockenbauarbeiten
040 Wärmeversorgungsanlagen - Betriebseinrichtungen
041 Wärmeversorgungsanlagen - Leitungen, Armaturen, Heizflächen
042 Gas- und Wasseranlagen - Leitungen und Armaturen
043 Druckrohrleitungen für Gas, Wasser und Abwasser
044 Abwasseranlagen - Leitung, Abläufe, Armaturen
045 Gas-, Wasser- und Entwässerungsanlagen - Ausstattung, Elemente, Fertigbäder
046 Gas-, Wasser- und Entwässerungsanlagen - Betriebseinrichtungen
047 Dämm- und Brandschutzarbeiten an technischen Anlagen
049 Feuerlöschanlagen, Feuerlöschgeräte
050 Blitzschutz- / Erdungsanlagen, Überspannungsschutz
051 Kabelleitungstiefbauarbeiten
052 Mittelspannungsanlagen
053 Niederspannungsanlagen - Kabel / Leitungen, Verlegesysteme, Installationsgeräte
054 Niederspannungsanlagen - Verteilersysteme und Einbaugeräte
055 Sicherheits- und Ersatzstromversorgungsanlagen
057 Gebäudesystemtechnik
058 Leuchten und Lampen
059 Sicherheitsbeleuchtungsanlagen
060 Such-, Signal-, Zeitdienst-, Antennen-, elektroakustische Anlagen, Medientechnik
061 Kommunikations- und Übertragungsnetze
062 Kommunikationsanlagen
063 Gefahrenmeldeanlagen
064 Zutrittskontroll-, Zeiterfassungssysteme
069 Aufzüge
070 Gebäudeautomation
075 Raumlufttechnische Anlagen
078 Kälteanlagen für raumlufttechnische Anlagen
080 Straßen, Wege, Plätze
081 Betonerhaltungsarbeiten
082 Bekämpfender Holzschutz
084 Abbruch-, Rückbau- und Schadstoffsanierungsarbeiten
085 Rohrvortriebsarbeiten
087 Abfallentsorgung, Verwertung und Beseitigung
089 Verkehrssicherungsarbeiten
090 Baulogistik
091 Stundenlohnarbeiten
096 Bauarbeiten an Bahnübergängen
097 Bauarbeiten an Gleisen und Weichen
098 Witterungsschutzmaßnahmen

Häufig gestellte Fragen

Fragen zur Flächenberechnung (DIN 277):

1. Wie wird die BGF berechnet?	Die Brutto-Grundfläche ist die Summe der Grundflächen aller Grundrissebenen. Nicht dazu gehören die Grundflächen von nicht nutzbaren Dachflächen (Kriechböden) und von konstruktiv bedingten Hohlräumen (z. B. über abgehängter Decke). (DIN 277:2021-08) Bei den Gebäudearten Dachausbau und Aufstockung nur bezogen auf die Grundrissebene des Dachs.
2. Gehört der Keller bzw. eine Tiefgarage mit zur BGF?	Ja, im Gegensatz zur Geschossfläche nach § 20 Baunutzungsverordnung (BauNVo) gehört auch der Keller bzw. die Tiefgarage zur BGF.
3. Wie werden Luftgeschosse (z. B. Züblinhaus) nach DIN 277 berechnet?	Die Rauminhalte der Luftgeschosse zählen zum Regelfall der Raumumschließung (R) BRI (R). Die Grundflächen der untersten Ebene der Luftgeschosse und Stege, Treppen, Galerien etc. innerhalb der Luftgeschosse zählen zur Brutto-Grundfläche BGF (R). Vorsicht ist vor allem bei Kostenermittlungen mit Kostenkennwerten des Brutto-Rauminhalts geboten.
4. Welchen Flächen ist die Garage zuzurechnen?	Die Stellplatzflächen von Garagen werden zur Nutzungsfläche gezählt, die Fahrbahn ist Verkehrsfläche.
5. Wird die Diele oder ein Flur zur Nutzungsfläche gezählt?	Normalerweise nicht, da eine Diele oder ein Flur zur Verkehrsfläche gezählt wird. Wenn die Diele aber als Wohnraum genutzt werden kann, z. B. als Essplatz, wird sie zur Nutzungsfläche gezählt.
6. Zählt eine nicht umschlossene oder nicht überdeckte Terrasse einer Sporthalle, die als Eingang und Fluchtweg dient, zur Nutzungsfläche?	Die Terrasse ist nicht Bestandteil der Grundflächen des Bauwerks nach DIN 277. Sie bildet daher keine BGF und damit auch keine Nutzungsfläche. Die Funktion als Eingang oder Fluchtweg ändert daran nichts.

7. Zählt eine Außentreppe zum Keller zur BGF?	Wenn die Treppe allseitig umschlossen ist, z. B. mit einem Geländer, ist sie als Verkehrsfläche zu werten. Nach DIN 277:2021-08 gilt: Grundflächen und Rauminhalte sind nach ihrer Zugehörigkeit zu den folgenden Bereichen getrennt zu ermitteln: Regelfall der Raumumschließung (R): Räume und Grundflächen, die Nutzungen der Netto-Raumfläche entsprechend Tabelle 1 aufweisen und die bei allen Begrenzungsflächen des Raums (Boden, Decke, Wand) vollständig umschlossen sind. Dazu gehören nicht nur Innenräume, die von der Witterung geschützt sind, sondern auch solche allseitig umschlossenen Räume, die über Öffnungen mit dem Außenklima verbunden sind; Sonderfall der Raumumschließung (S): Räume und Grundflächen, die Nutzungen der Netto-Raumfläche entsprechend Tabelle 1 aufweisen und mit dem Bauwerk konstruktiv verbunden sind, jedoch nicht bei allen Begrenzungsflächen des Raums (Boden, Decke, Wand) vollständig umschlossen sind (z. B. Loggien, Balkone, Terrassen auf Flachdächern, unterbaute Innenhöfe, Eingangsbereiche, Außentreppen). Die Außentreppe stellt also demnach einen Sonderfall der Raumumschließung (S) dar. Wenn die Treppe allerdings über einen Tiefgarten ins UG führt, wird sie zu den Außenanlagen gezählt. Sie bildet dann keine BGF. Die Kosten für den Tiefgarten mit Treppe sind bei den Außenanlagen zu erfassen.
8. Ist eine Abstellkammer mit Heizung eine Technikfläche?	Es kommt auf die überwiegende Nutzung an. Wenn über 50% der Kammer zum Abstellen genutzt werden können, wird sie als Abstellraum gezählt. Es kann also Gebäude ohne Technikfläche geben.
9. Ist die NUF gleich der Wohnfläche?	Nein, die DIN 277 kennt den Begriff Wohnfläche nicht. Zur Nutzungsfläche gehören grundsätzlich keine Verkehrsflächen, während bei der Wohnfläche zumindest die Verkehrsflächen innerhalb der Wohnung hinzugerechnet werden. Die Abweichungen sind dadurch meistens nicht unerheblich.

Fragen zur Wohnflächenberechnung (WoFIV):

10. Wie wird die Wohnfläche (NE: Wohnfläche) bei Wohngebäuden bei BKI berechnet?	Die Berechnung der bei BKI auf der Startseite der Wohngebäude angegebenen "NE: Wohnfläche" erfolgt nach der Wohnflächenberechnung WoFlV.

11. Wird ein Hobbyraum im Keller zur Wohnfläche gezählt?	Wenn der Hobbyraum nicht innerhalb der Wohnung liegt, wird er nicht zur Wohnfläche gezählt. Beim Einfamilienhaus gilt: Das ganze Haus stellt die Wohnung dar. Der Hobbyraum liegt also innerhalb der Wohnung und wird mitgezählt, wenn er die Qualitäten eines Aufenthaltsraums nach LBO aufweist.
12. Wird eine Diele oder ein Flur zur Wohnfläche gezählt?	Wenn die Diele oder der Flur in der Wohnung liegt ja, ansonsten nicht.
13. In welchem Umfang sind Balkone oder Terrassen bei der Wohnfläche zu rechnen?	Balkone und Terrassen werden von BKI zu einem Viertel zur Wohnfläche gerechnet. Die Anrechnung zur Hälfte wird nicht verwendet, da sie in der WoFIV als Ausnahme definiert ist.
14. Zählt eine Empore/Galerie im Zimmer als eigene Wohnfläche oder Nutzungsfläche?	Wenn es sich um ein unlösbar mit dem Baukörper verbundenes Bauteil handelt, zählt die Empore mit. Anders beim nachträglich eingebauten Hochbett, das zählt zum Mobiliar. Für die verbleibende Höhe über der Empore ist die 1 bis 2m Regel nach WoFIV anzuwenden: „Die Grundflächen von Räumen und Raumteilen mit einer lichten Höhe von mindestens zwei Metern sind vollständig, von Räumen und Raumteilen mit einer lichten Höhe von mindestens einem Meter und weniger als zwei Metern sind zur Hälfte anzurechnen."

Fragen zur Kostengruppenzuordnung (DIN 276):

15. Wo werden Abbruchkosten zugeordnet?	Abbruchkosten ganzer Gebäude im Sinne von „Bebaubarkeit des Grundstücks herstellen" werden der KG 212 Abbruchmaßnahmen zugeordnet. Abbruchkosten einzelner Bauteile, insbesondere bei Sanierungen werden den jeweiligen Kostengruppen der 2. oder 3. Ebene (Wände, Decken, Dächer) zugeordnet. Wo diese Aufteilung nicht möglich ist, werden die Abbruchkosten der KG 394 Abbruchmaßnahmen zugeordnet, weil z. B. die Abbruchkosten verschiedenster Bauteile pauschal abgerechnet wurden. Analog gilt dies auch für die Kostengruppen 400 und 500.

16. Wo muss ich die Kosten des Aushubs für Abwasser- oder Wasserleitungen zuordnen?	Diese Kosten werden wie auch alle anderen Rohrgraben- und Schachtaushubskosten der KG 311 zugeordnet, sofern der Aushub unterhalb des Gebäudes anfällt. Die Kosten für Rohrgraben- und Schachtaushub zwischen Gebäudeaußenkante und Grundstücksgrenze gehören in die KG 511. Die Kosten des Rohrgraben- und Schachtaushubs innerhalb von Erschließungsflächen werden der KG 220 ff. oder KG 230 ff. zugeordnet.
17. Wie werden Eigenleistungen bewertet?	Nach DIN 276:2018-12, gilt: 4.2.11 Die Werte von unentgeltlich eingebrachten Gütern und Leistungen (z. B. Materialien, Eigenleistungen) sind den betreffenden Kostengruppen zuzurechnen, aber gesondert auszuweisen. Dafür sind die aktuellen Marktwerte dieser Güter und Leistungen zu ermitteln und einzusetzen. Nach HOAI §4 (2) gilt: Als anrechenbare Kosten nach Absatz 2 gelten ortsübliche Preise, wenn der Auftraggeber: • selbst Lieferungen oder Leistungen übernimmt • von bauausführenden Unternehmern oder von Lieferanten sonst nicht übliche Vergünstigungen erhält • Lieferungen oder Leistungen in Gegenrechnung ausführt oder • vorhandene oder vorbeschaffte Baustoffe oder Bauteile einbauen lässt.

Fragen zu Kosteneinflussfaktoren:

18. Welchen Einfluss hat die Konjunktur auf die Baukosten?	Der Einfluss der Konjunktur auf die Baukosten wird häufig überschätzt. Er ist meist geringer als der anderer Kosteneinflussfaktoren. BKI Untersuchungen haben ergeben, dass die Baukosten bei mittlerer Konjunktur manchmal höher sind als bei hoher Konjunktur.

19. Gibt es beim BKI Regionalfaktoren?

Der Anhang dieser Ausgabe enthält eine Liste der Regionalfaktoren aller deutschen Land- und Stadtkreise, sowie für die Nord- und Ostsee-Inseln. Die Faktoren wurden auf Grundlage von Daten aus den statistischen Landesämtern gebildet, die wiederum aus den Angaben der Antragsteller von Bauanträgen entstammen. Die Regionalfaktoren werden von BKI zusätzlich als farbiges Poster im DIN A1 Format angeboten.

Die Faktoren geben Aufschluss darüber, inwiefern die Baukosten in einer bestimmten Region Deutschlands teurer oder günstiger liegen als im Bundesdurchschnitt. Sie können dazu verwendet werden, die BKI Baukosten an das besondere Baupreisniveau einer Region anzupassen.

Die Angaben wurden durch Untersuchungen des BKI weitgehend verifiziert. Dennoch können Abweichungen zu den angegebenen Werten entstehen. In Grenznähe zu einem Land-Stadtkreis mit anderen Baupreisfaktoren sollte dessen Baupreisniveau mit berücksichtigt werden, da die Übergänge zwischen den Land-Stadtkreisen fließend sind. Die Besonderheiten des Einzelfalls können ebenfalls zu Abweichungen führen.

Siehe auch Benutzerhinweise, 6. Regionalisierung der Daten (Seite 15).

20. Standardzuordnung

Einige Gebäudearten werden vom BKI nach ihrem Standard in „einfach", „mittel" und „hoch" unterteilt. Diese Unterteilung wurde immer dann vorgenommen, wenn der Standard als ein wesentlicher Kostenfaktor festgestellt wurde. Grundsätzlich gilt, dass immer mehrere Kosteneinflussfaktoren auf die Kosten und damit auf die Kostenkennwerte einwirken. Einige dieser vielen Faktoren seien hier aufgelistet:

- Zeitpunkt der Ausschreibung
- Art der Ausschreibung
- Regionale Konjunktur
- Gebäudegröße
- Lage der Baustelle, Erreichbarkeit

usw.

Wenn bei einem Gebäude große Mengen an Bauteilen hoher Qualität die übrigen Kosteneinflussfaktoren überlagern, dann wird von einem „hohen Standard" gesprochen.

Für Gebäudearten mit Standardunterteilung gibt es in „BKI Baukosten Gebäude, Statistische Kostenkennwerte" zu Beginn der jeweiligen Gebäudeart ein Arbeitsblatt zur Standardeinordnung.

21. Wie gehe ich mit der aktuellen Baukostenentwicklung um?	Zur Bewertung aktueller Baukostenentwicklungen führen wir zusätzlich Befragungen zur regionalen Baukosten-Niveaus nach Leistungsbereichen durch. Die Ergebnisse stellen wir den Anwender*innen der BKI-Fachbuchreihe zur Verfügung, unter: www.bki.de/baukostenentwicklungen. Damit können die Risiken kurzfristiger Materialpreis- und Lohnkosten-Veränderungen verbessert prognostiziert werden, wie sie die normkonforme Kostenplanung nach DIN 276 verlangt.

Fragen zur Handhabung der von BKI herausgegebenen Bücher:

22. Ist die MwSt. in den Kostenkennwerten enthalten?	Bei allen Kostenkennwerten in „BKI Baukosten" ist die gültige MwSt. enthalten (zum Zeitpunkt der Herausgabe 19%). In „BKI Baukosten Positionen Neubau, Statistische Kostenkennwerte" und „BKI Baukosten Positionen Altbau, Statistische Kostenkennwerte" werden die Kostenkennwerte, wie bei Positionspreisen üblich, zusätzlich ohne MwSt. dargestellt. Kostenstand und MwSt. wird auf jeder Seite als Fußzeile angegeben.
23. Hat das Baujahr der Objekte einen Einfluss auf die angegebenen Kosten?	Nein, alle Kosten wurden über den Baupreisindex auf einen einheitlichen zum Zeitpunkt der Herausgabe aktuellen Kostenstand umgerechnet. Der Kostenstand wird auf jeder Seite als Fußzeile angegeben. Allenfalls sind Korrekturen zwischen dem Kostenstand zum Zeitpunkt der Herausgabe und dem aktuellen Kostenstand durchzuführen.
24. Wo finde ich weitere Informationen zu den einzelnen Objekten einer Gebäudeart?	Alle Objekte einer Gebäudeart sind einzeln mit Kurzbeschreibung, Angabe der BGF und anderer wichtiger Kostenfaktoren aufgeführt. Die Objektdokumentationen sind veröffentlicht in den Fachbüchern „Objektdaten" und können als PDF-Datei unter ihrer Objektnummer bei BKI bestellt werden, Telefon: 0711 954 854-41.
25. Was mache ich, wenn ich keine passende Gebäudeart finde?	In aller Regel findet man verwandte Gebäudearten, deren Kostenkennwerte der 2. Ebene (Grobelemente) wegen ähnlicher Konstruktionsart übernommen werden können.

26. Wo findet man Kostenkennwerte für Abbruch?	Im Fachbuch „BKI Baukosten Gebäude Altbau - Statistische Kostenkennwerte" gibt es Elementarten zu Abbruch und Demontagearbeiten. Im Fachbuch „BKI Baukosten Positionen Altbau - Statistische Kostenkennwerte" gibt es Mustertexte für Teilleistungen zu „LB 384 - Abbruch und Rückbauarbeiten". Im Fachbuch „BKI Baupreise kompakt Altbau" gibt es Positionspreise und Kurztexte zu „LB 384 - Abbruch und Rückbauarbeiten". Die Mustertexte für Teilleistungen zu „LB 384 - Abbruch und Rückbauarbeiten" und deren Positionspreise sind auch bei den BKI Positionen und im BKI Kostenplaner enthalten.
27. Warum ist die Summe der Kostenkennwerte in der Kostengruppen (KG) 310-390 nicht gleich dem Kostenkennwert der KG 300, aber bei der KG 400 ist eine Summenbildung möglich?	In den Kostengruppen 310-390 ändern sich die Einheiten (310 Baugrube/Erdbau gemessen in m^3, 320 Gründung, Unterbau gemessen in m^2); eine Addition der Kostenkennwerte ist nicht möglich. In den Kostengruppen 410-490 ist die Bezugsgröße immer BGF, dadurch ist eine Addition prinzipiell möglich.
28. Manchmal stimmt die Summe der Kostenkennwerte der 2. Ebene der Kostengruppe 400 trotzdem nicht mit dem Kostenkennwert der 1. Ebene überein; warum nicht?	Die Anzahl der Objekte, die auf der 1. Ebene dokumentiert werden, kann von der Anzahl der Objekte der 2. Ebene abweichen. Dann weichen auch die Kostenkennwerte voneinander ab, da es sich um unterschiedliche Stichproben handelt. Es fallen auch nicht bei allen Objekten Kosten in jeder Kostengruppe an (Beispiel KG 461 Aufzugsanlagen).
29. Nutzungskosten, Lebenszykluskosten	Seit 2010 bringt BKI in Zusammenarbeit mit dem Institut für Bauökonomie der Universität Stuttgart ein Fachbuch mit Nutzungskosten ausgewählter Objekte heraus. Die Reihe wird kontinuierlich erweitert. Das Fachbuch Nutzungskosten Gebäude 2020/2021 fasst einzelne Objekte zu statistischen Auswertungen zusammen.
30. Lohn- und Materialkosten	BKI dokumentiert Baukosten nicht getrennt nach Lohn- und Materialanteil.
31. Gibt es Angaben zu Kostenflächenarten?	Nein, BKI hält die Grobelementmethode für geeigneter. Solange Grobelementmengen nicht vorliegen, besteht die Möglichkeit der Ableitung der Grobelementmengen aus den Verhältniszahlen von Vergleichsobjekten (siehe Planungskennwerte und Baukostensimulation).

Fragen zu weiteren BKI Produkten:

32. Sind die Inhalte von „BKI Baukosten Gebäude (Teil 1), Statistische Kostenkennwerte" und „BKI Baukosten Bauelemente (Teil 2), Statistische Kostenkennwerte" auch im Kostenplaner enthalten?

Ja, im BKI Kostenplaner Statistik sind alle Objekte mit den Kosten bis zur 3. Ebene nach DIN 276 enthalten. Im BKI Kostenplaner Statistik plus sind zudem die vom BKI gebildeten Ausführungsklassen und Elementarten enthalten. Darüber hinaus ermöglicht der BKI Kostenplaner den Zugriff auf alle Einzeldokumentationen von tausenden Objekten.

33. Worin unterscheiden sich die Fachbuchreihen „BKI Baukosten" und „BKI Objektdaten"

In der Fachbuchreihe BKI Objektdaten erscheinen abgerechnete Einzelobjekte eines bestimmten Teilbereichs des Bauens (A=Altbau, N=Neubau, E=Energieeffizientes Bauen, IR=Innenräume, F=Freianlagen). In der Fachbuchreihe BKI Baukosten erscheinen hingegen statistische Kostenkennwerte von Gebäudearten, die aus den Einzelobjekten gebildet werden.

Die Kostenplanung mit Einzelobjekten oder mit statistischen Kostenkennwerten haben spezifische Vor- und Nachteile:

Planung mit Objektdaten (BKI Objektdaten):

- Vorteil: Wenn es gelingt ein vergleichbares Einzelobjekt oder passende Bauausführungen zu finden ist die Genauigkeit besser als mit statistischen Kostenkennwerten. Die Unsicherheit, die der Streubereich (von-bis-Werte) mit sich bringt, entfällt.
- Nachteil: Passende Vergleichsobjekte oder Bauausführungen zu finden kann mühsam oder erfolglos sein.

Planung mit statistischen Kostenkennwerten (BKI Baukosten):

- Vorteil: Über die BKI Gebäudearten ist man recht schnell am Ziel, aufwändiges Suchen entfällt.
- Nachteil: Genauere Prüfung, ob die Mittelwerte übernommen werden können oder noch nach oben oder unten angepasst werden müssen, ist unerlässlich.

34. In welchen Produkten dokumentiert BKI Positionspreise?

Preise für Positionen mit statistischer Auswertung werden in „BKI Baukosten Positionen, Statistische Kostenkennwerte Neubau (Teil 3) und Altbau (Teil 5)" und „BKI Baupreise kompakt Neu- und Altbau" herausgegeben.
In Software-Form sind Preise mit den vorformulierten BKI-Mustertexten in der Software „BKI Kostenplaner - Statistik plus [Positionen]" und „BKI Positionen" enthalten.
Ausgewählte Positionspreise enthalten die Fachbücher „Konstruktionsdetails K1 bis K4", „Objektdaten Technische Gebäudeausrüstung G1 bis G7" sowie die BKI „Objektdaten Freianlagen".
Im Sonderband Objektdaten S2 - Barrierefreies Bauen erscheint eine Auswahl von besonderen Positionen zum Barrierefreien Bauen.

35. Worin unterscheiden sich die Bände N1 bis N22 (A1 bis A13)

Die Bücher unterscheiden sich lediglich durch die Auswahl der dokumentierten Einzelobjekte. Der Aufbau der Bände ist gleich. In der BKI Fachbuchreihe Objektdaten erscheinen in unregelmäßigen Abständen Folgebände mit neu dokumentierten Einzelobjekten. Speziell bei den Altbaubänden A1 bis A13 ist es nützlich, alle Bände zu besitzen, da es im Bereich Altbau notwendig ist, mit passenden Vergleichsobjekten zu planen. Je mehr Vergleichsobjekte vorhanden sind, desto höher ist die „Trefferquote". Bände der Fachbuchreihe Objektdaten sollten deshalb langfristig aufbewahrt werden.

BKI plant für zukünftige Ausgaben des vorliegenden Fachbuchs zusätzlich sogenannte Aufwandsdaten zu erfassen. Sofern ausreichend Daten akquiriert werden können, erfolgt die Publikation dieser Daten wie im Folgenden beschrieben:

36. Was ist mit Aufwandsdaten gemeint?

Aufwandsdaten stellen den Zeitaufwand für Produktivleistungen eines Architekturauftrags dar. Als Produktivleistungen gelten:

- Beratung bzgl. Planung und die Ausführung des Bauvorhabens
- Erstellung von Zeichnungen, Berechnungen und Beschreibungen
- Koordination und Integration der Beiträge fachlich Beteiligter
- Erstellung von Genehmigungsunterlagen
- Vorbereitung und Mitwirken bei der Vergabe
- Objektüberwachung und Mitwirken bei der Abnahme u.v.m.

Produktivleistungen werden nicht nur von Mitarbeiter*innen, sondern auch von Inhaber*innen/Partner*innen und Dritten erbracht und den Personalaufwendungen zugeordnet.

In den BKI-Objektdokumentationen werden – soweit vom Objektplaner angegeben – die Aufwandsdaten für Produktivleistungen der Leistungsphasen 1 bis 8 dargestellt. Die Angabe des Zeitaufwands erfolgt in Arbeitstagen (1 AT = 8 Stunden).

Diese Liste wird laufend erweitert und im Internet unter www.bki.de/faq-kostenplanung.html veröffentlicht.

Abkürzungsverzeichnis

Abkürzung	Bezeichnung
a	Jahr (lat. annus)
AF	Außenanlagenfläche
Alu	Aluminium
AP	Arbeitsplätze
APP	Appartement
AWF	Außenwandfläche
BGF	Brutto-Grundfläche (Summe der Regelfall (R)- und Sonderfall (S)-Flächen nach DIN 277)
BGI	Baugrubeninhalt
BHKW	Blockheizkraftwerk
bis	oberer Grenzwert des Streubereichs um einen Mittelwert
BK	Bodenklasse
BRI	Brutto-Rauminhalt (Summe der Regelfall (R)- und Sonderfall (S)-Rauminhalte nach DIN 277)
BRI/BGF (m)	Verhältnis von Brutto-Rauminhalt zur Brutto-Grundfläche angegeben in Meter
BRI/NUF (m)	Verhältnis von Brutto-Rauminhalt zur Nutzungsfläche angegeben in Meter
BSH	Brettschichtholz
CO_2	Kohlendioxid
d	Dicke
DN	Durchmesser Nennmaß
DAF	Dachfläche
DEF	Deckenfläche
DHH	Doppelhaushälfte
DIN 276	Kosten im Bauwesen (DIN 276:2018-12)
DIN 277	Grundflächen und Rauminhalte im Hochbau (DIN 277:2021-08)
EDV	elektronische Datenverarbeitung
EFH	Einfamilienhaus
EG	Erdgeschoss
ELW	Einliegerwohnung
EnEV	Energieeinsparverordnung
EPS	Expandierter Polystyrol-Hartschaum
ESG	Einscheiben-Sicherheitsglas
ETW	Etagenwohnung
EVA	Ethylenvinylacetatcopolymer
FBH	Fußbodenheizung
Fläche/BGF (%)	Anteil der angegebenen Fläche zur Brutto-Grundfläche in Prozent
Fläche/NUF (%)	Anteil der angegebenen Fläche zur Nutzungsfläche in Prozent
€/Einheit	Spaltenbezeichnung für Mittelwerte zu den Kosten bezogen auf eine Einheit der Bezugsgröße
€/m^2 BGF	Spaltenbezeichnung für Mittelwerte zu den Kosten bezogen auf Brutto-Grundfläche
GE	Gewerbeeinheit
GF	Grundstücksfläche
GK	Gipskarton
GRF	Gründungsfläche
HF	Holzfaser
HLz	Hochlochziegel
HPL	Laminatbeschichtung im Hochdruckpressverfahren (eng. High Pressure Laminate)
HT	Hochtemperatur-Abflussrohr
HW	Holzwolle
inkl.	einschließlich
IWF	Innenwandfläche
Kfz	Kraftfahrzeug
KG	Kanalgrund(rohr) / Kostengruppe
kg	Kilogramm

Abkürzungsverzeichnis (Fortsetzung)

Abkürzung	Bezeichnung
Kita	Kindertagesstätte
KGF	Konstruktions-Grundfläche (Summe der Regelfall (R)- und Sonderfall (S)-Flächen nach DIN 277)
KS	Kalksandstein
KVH	Konstruktionsvollholz
kW	Kilowatt
KWK	Kraftwärmekopplung
LB	Leistungsbereich
MDF	mitteldichte Faserplatte (Spanplatte)
Menge/BGF	Menge der genannten Kostengruppen-Bezugsgröße bezogen auf die Menge der Brutto-Grundfläche
Menge/NUF	Menge der genannten Kostengruppen-Bezugsgröße bezogen auf die Menge der Nutzungsfläche
MINT-Raum	Mathematik, Informatik, Naturwissenschaft und Technik-Raum
MSR-Technik	Messen, Steuern und Regeln (Teilbereich der Automatisierungstechnik)
MW	Mineralwolle
MwSt.	Mehrwertsteuer
NE	Nutzeinheit
NUF	Nutzungsfläche (Summe der Regelfall (R)- und Sonderfall (S)-Flächen nach DIN 277)
NRF	Netto-Raumfläche (Summe der Regelfall (R)- und Sonderfall (S)-Flächen nach DIN 277)
Obj.-Nr.	Nummer des Objekts in den BKI Baukostendatenbanken
OSB	Grobspanplatten (engl. oriented strand board)
OTS	Obertürschließer
PA	Polyamid
PE / PP / PS	Polyethylen / Polypropylen / Polystyrol
PHPP	Passivhaus-Projektierungspaket
PIR	Polyisocyanurate
PU/PUR	Polyurethan
PV	Photovoltaik
PVC	Polyvinylchlorid
restl.	restlich
RH	Reihenhaus
STLB	Standardleistungsbuch
St	Stück
STP	Stellplatz
TF	Technikfläche (Summe der Regelfall (R)- und Sonderfall (S)-Flächen nach DIN 277)
TG	Tiefgarage
UK	Unterkonstruktion
UP	Unterputz
Uw	U-Wert Fenster (engl. window)
VF	Verkehrsfläche (Summe der Regelfall (R)- und Sonderfall (S)-Flächen nach DIN 277)
VIP	Vakuumisolationspaneel
VSG	Verbund-Sicherheitsglas
von	unterer Grenzwert des Streubereichs um einen Mittelwert
WDVS	Wärmedämmverbundsystem
WE	Wohneinheit
WFL	Wohnfläche
WLG	Wärmeleitgruppe
WU	wasserundurchlässig (Betonqualität)
XPS	Extrudierter Polystyrol-Hartschaum
Ø	Mittelwert
300+400	Zusammenfassung der Kostengruppen Bauwerk-Baukonstruktionen und Bauwerk-Technische Anlagen
% an 300+400	Kostenanteil der jeweiligen Kostengruppe an den Kosten des Bauwerks
% an 300	Kostenanteil der jeweiligen Kostengruppe an der Kostengruppe Bauwerk-Baukonstruktion
% an 400	Kostenanteil der jeweiligen Kostengruppe an der Kostengruppe Bauwerk-Technische Anlagen

Kosten abgerechneter Objekte

Büro- und Verwaltungsgebäude

1

1300-0318
Bürogebäude (29 AP)
Forschung (5 AP)

Kostenkennwerte für die Kosten des Bauwerks (Kostengruppen 300+400 nach DIN 276)

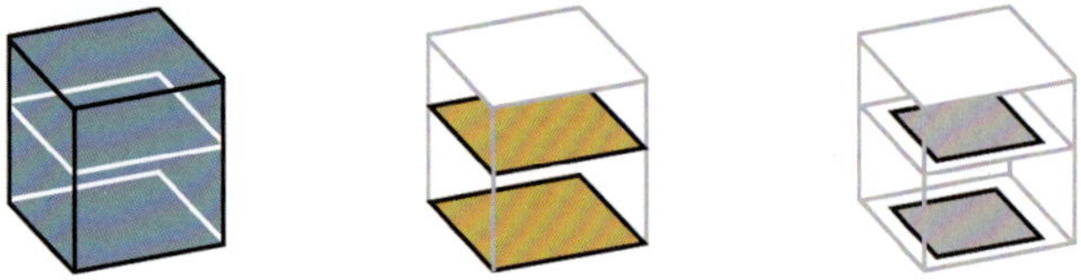

BRI 1.154 €/m³ **BGF** 5.542 €/m² **NUF** 7.090 €/m²

Objekt:
Kennwerte: 1.Ebene DIN 276
BRI: 11.351 m³
BGF: 2.364 m²
NUF: 1.848 m²
Bauzeit: 104 Wochen
Bauende: 2023
Standard: hoch
Bundesland: Nordrhein-Westfalen
Kreis: Siegen-Wittgenstein

Architekt*in:
Pahl + Weber-Pahl
Planungsgesellschaft
mbH & Co.KG
Spreestraße 3
64295 Darmstadt

seit 2024:
pwpMAS Architekten
PartG mbB
Spreestraße 3
64295 Darmstadt

Bauherr*in:
EJOT GmbH & Co. KG
Im Herrengarten 1
57319 Bad Berleburg

© Martin Granacher

© Roman Mensing

Zeichnungen

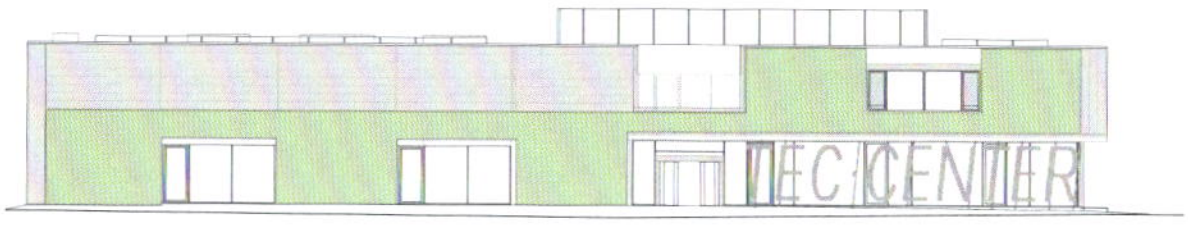

Ansicht West

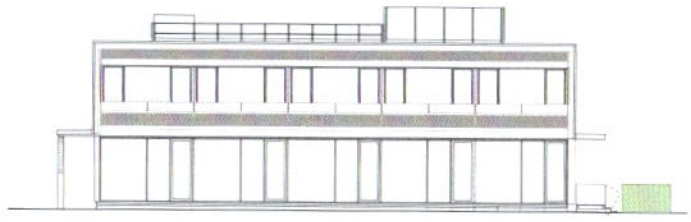

Ansicht Süd

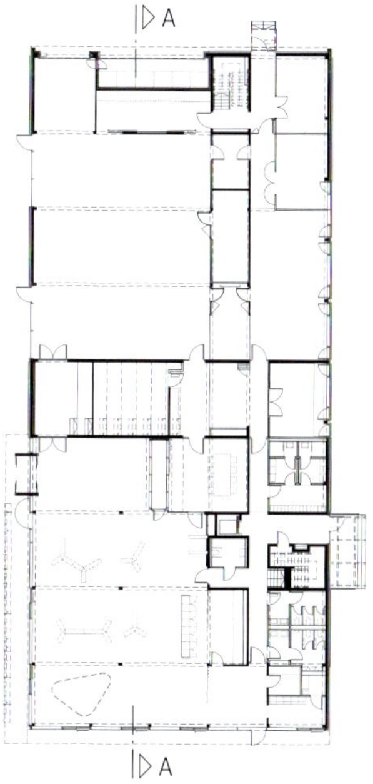

Erdgeschoss

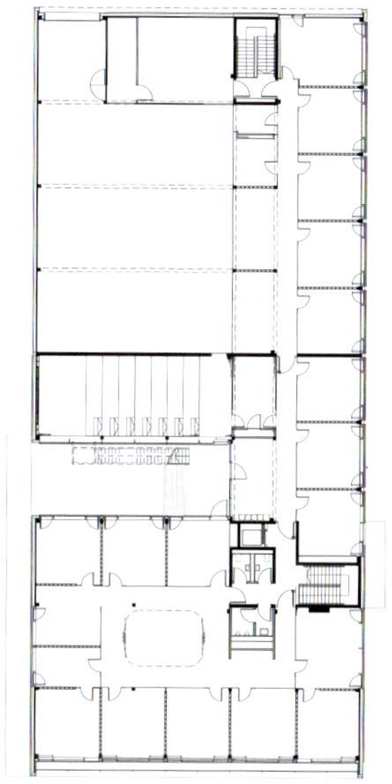

Obergeschoss

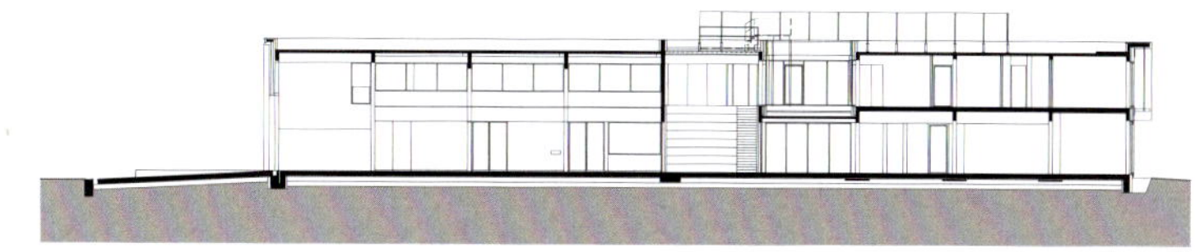

Schnitt A-A

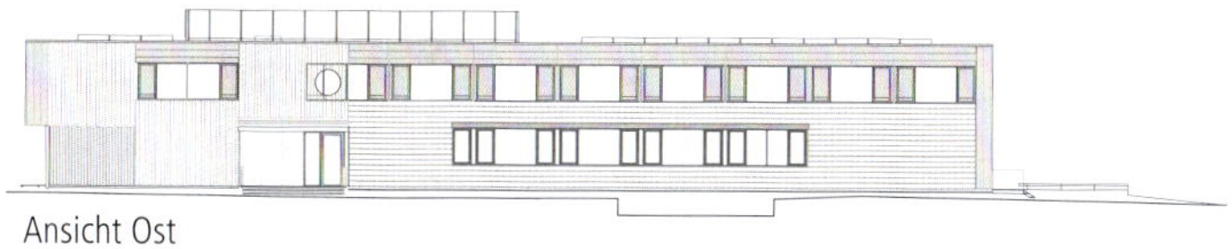

Ansicht Ost

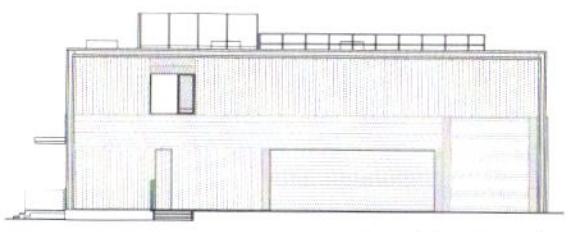

Ansicht Nord

Objektbeschreibung

Allgemeine Objektinformationen

Mit dem Neubau definiert sich das entstandene Ensemble mit einem großen grünen Zwischenraum als eine Einheit in der Forschung, Entwicklung sowie Schulung und Verwaltung des Bauherren vereint werden. Auf der dem Eingang abgewandten Ostseite bildet das neue Gebäude einen Zwischenraum. Die neue Eingangssituation nimmt die Richtung des Bestandsgebäudes auf und reagiert mit einem tiefen Einschnitt in der Gebäudekubatur auf das zweigeschossige Eingangsportal des Bestandswerks. Dieser erlaubt die Belichtung des tiefen Gebäudevolumens im Ober- und Erdgeschoss.

Nutzung

1 Erdgeschoss
Foyer und Showroom mit Buffetbereich, Halle, Klimakammern, Werkstatt, Prüflabor, Monitoring, Kreativraum, Musterfertigung, Personalraum, Teeküche, WCs, Duschen, Umkleiden, Lagerräume, Technik, Hausanschlussräume

1 Obergeschoss
Büroräume, Besprechungsraum, Seminarraum, WCs, Teeküchen, EDV-Raum, Plotterraum, Lager, Technik

Nutzeinheiten

Arbeitsplätze: 34

Grundstück

Bauraum: Freier Bauraum
Neigung: Ebenes Gelände
Bodenklasse: BK 3 bis BK 7

Markt

Hauptvergabezeit: 1. Quartal 2021
Baubeginn: 3. Quartal 2021
Bauende: 3. Quartal 2023
Konjunkturelle Gesamtlage: über Durchschnitt
Regionaler Baumarkt: Durchschnitt

Baukonstruktion

Das Haupttragwerk trägt eine Holz-Beton-Verbund-Geschossdecke mit integrierter Bauteiltemperierung sowie eine Brettstapeldecke als Dachtragwerk. Die Spannrichtung des Tragwerks aus Baubuchestützen und -bindern ist gleichzeitig Ordnungs- und Tragstruktur. Zur Gründung liegt eine einfache Stahlbetonbodenplatte mit integrierter Bauteiltemperierung auf Rüttelstopfsäulen und einer Dämmung aus Glasschaumschotter. Im Sinne des Brandschutzes und zur Aussteifung wurden die Treppenhäuser in Stahlbeton errichtet. Wo immer sinnvoll machbar, sind die tragenden Bauteile als raumbildende Konstruktion belassen. Ein großer Teil des Trockenbaus ist in Holzständerbauweise mit Lehmtrockenbauplatten ausgeführt. Die Westfassade zum grünen Zwischenraum ist eine Grünfassade.

Technische Anlagen

Die haustechnischen Anlagen und Leitungsführungen sind in großen Teilen sichtbar belassen. Beheizt wird das Gebäude über eine Sole-Wasser-Wärmepumpe, die Verteilung erfolgt über Fußbodenheizung. Eine Lüftungsanlage mit adiabater Kühlung sorgt im Sommer für angenehme Temperierung. Eine PV-Anlage mit 290m² wurde installiert. Außerdem verfügt das Gebäude über eine Brandmeldeanlage, eine Einbruchmeldeanlage und einen Personenaufzug.

Sonstiges

Auf gut 2.200m² sind Nutzungen von Forschung und Entwicklung, Schulung sowie Verwaltung synergetisch miteinander verknüpft. Der Showroom als Schnittstelle zur Öffentlichkeit öffnet sich zum Campusplatz. Der Seminarraum fungiert als Auditorium mit Stufenanlage. In seiner Materialisierung wurde Wert auf CO_2-Reduktion in Betrieb und Erstellung sowie auf Rückbaubarkeit der Konstruktion gelegt.

Energetische Kennwerte

Gesetzliche Grundlage: GEG 2020
Gebäudenutzfläche: 1.987,00 m²
Spez. Jahresprimärenergiebedarf: 51,43 kWh/(m²·a)
CO_2-Emissionen: 16,00 kg/(m²·a)

Planungskennwerte für Flächen und Rauminhalte nach DIN 277

Flächen des Grundstücks		Menge Einheit	% an GF
BF	Bebaute Fläche	8.340,00 m²	46,5
UF	Unbebaute Fläche	9.607,00 m²	53,5
GF	Grundstücksfläche	17.947,00 m²	100,0

Grundflächen des Bauwerks		Menge Einheit	% an NUF	% an BGF
NUF	Nutzungsfläche	1.847,57 m²	100,0	78,2
TF	Technikfläche	52,03 m²	2,8	2,2
VF	Verkehrsfläche	129,32 m²	7,0	5,5
NRF	Netto-Raumfläche	2.028,92 m²	109,8	85,8
KGF	Konstruktions-Grundfläche	335,04 m²	18,1	14,2
BGF	Brutto-Grundfläche	2.363,96 m²	127,9	100,0

Brutto-Rauminhalt des Bauwerks		Menge Einheit	BRI/NUF (m)	BRI/BGF (m)
BRI	Brutto-Rauminhalt	11.351,00 m³	6,14	4,80

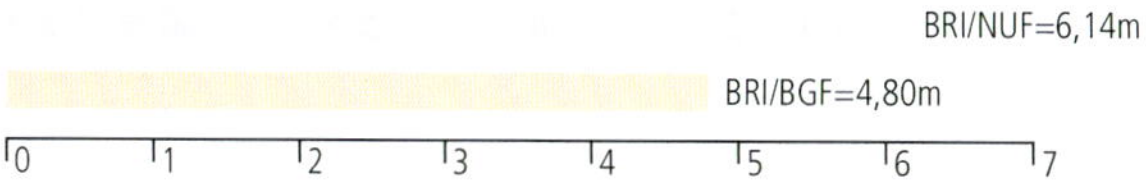

1300-0318
Bürogebäude (29 AP)
Forschung (5 AP)

Kostenkennwerte für die Kostengruppen der 1. Ebene DIN 276

KG	Kostengruppen (1. Ebene)	Einheit	Kosten €	€/Einheit	€/m² BGF	€/m³ BRI	% 300+400
100	Grundstück	m² GF	–	–	–	–	–
200	Vorbereitende Maßnahmen	m² GF	–	–	–	–	–
300	Bauwerk – Baukonstruktionen	m² BGF	9.559.489	4.043,85	4.043,85	842,17	73,0
400	Bauwerk – Technische Anlagen	m² BGF	3.540.551	1.497,72	1.497,72	311,92	27,0
	Bauwerk 300+400	**m² BGF**	**13.100.040**	**5.541,57**	**5.541,57**	**1.154,09**	**100,0**
500	Außenanlagen und Freiflächen	m² AF	–	–	–	–	–
600	Ausstattung und Kunstwerke	m² BGF	–	–	–	–	–
700	Baunebenkosten	m² BGF	–	–	–	–	–
800	Finanzierung	m² BGF	–	–	–	–	–

KG	Kostengruppe	Menge Einheit	Kosten €	€/Einheit	%
3+4	**Bauwerk**				**100,0**
300	**Bauwerk – Baukonstruktionen**	2.363,96 m² BGF	9.559.489	**4.043,85**	73,0

Baugrubenaushub; Stb-Fundamente, Stb-Bodenplatte, Heizestrich, Bodenbeschichtungen, Eicheparkett, Teppichboden, Abdichtung, Glasschaumschotter-Dämmung, Dränage; Baubuche-Holzwände, Stb-Wände, Sichtbeton, Baubuchestützen, Stb-Stützen, Holz-Alu-Pfosten-Riegelfassade, Alufenster, Dreifachverglasung, Sandwichtor, Wärmedämmung, vorgehängte Stahlblech-Paneelfassade, hinterlüftete Grünfassade, Brettsperrholz-Bekleidung, Raffstores; Stb-Wände Sichtbeton, Holzständerwände mit Lehmplatten, GK-Wände, Glaswände, Schallschutzvorhänge, Baubuchestützen, Alu-Glastüren, HPL-Wandbekleidungen, WC-Trennwände, mobile Trennwand; Holz-Beton-Verbunddecken, Stb-Decke, Stb-Treppen, Heizestrich, Eicheparkett, Teppichboden, Bodenbeschichtungen, Treppengeländer; Holz-Brettstapeldach, Stb-Dach, Oberlichter, Dämmung, Abdichtung, Attika, Retentionsdach mit extensiver Dachbegrünung, Dachentwässerung, Betonplatten; Teeküchen

KG	Kostengruppe	Menge Einheit	Kosten €	€/Einheit	%
400	**Bauwerk – Technische Anlagen**	2.363,96 m² BGF	3.540.551	**1.497,72**	27,0

Gebäudeentwässerung, Kalt- und Warmwasserleitungen, Sanitärobjekte; Sole-Wasser-Wärmepumpe, Fußbodenheizung, Deckenstrahlplatten; Lüftungsanlage mit adiabater Kühlung (Verdunstungskühlung), RWA-Anlage; Elektroinstallation, PV-Anlage (290m²), Beleuchtung; Datenverkabelung, Telefonanlage, Brandmeldeanlage, Einbruchmeldeanlage; Personenaufzug

1300-0330
Bürogebäude
(15 AP)

Kostenkennwerte für die Kosten des Bauwerks (Kostengruppen 300+400 nach DIN 276)

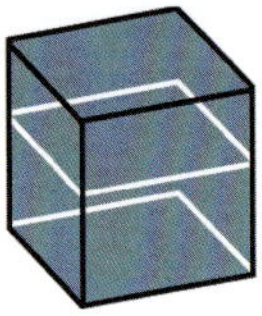

BRI 952 €/m³

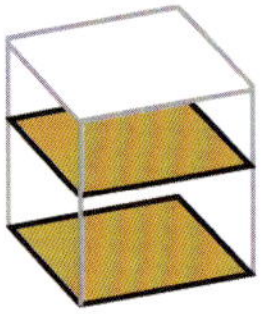

BGF 3.415 €/m²

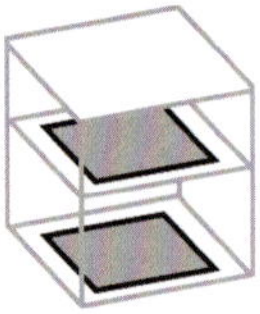

NUF 4.463 €/m²

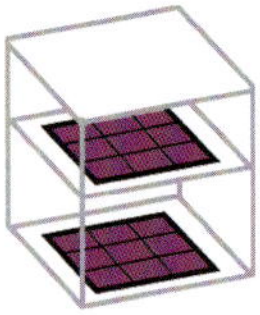

NE 99.344 €/NE

NE: Arbeitsplätze

Objekt:
Kennwerte: 3.Ebene DIN 276
BRI: 1.565 m³
BGF: 436 m²
NUF: 334 m²
Bauzeit: 48 Wochen
Bauende: 2022
Standard: mittel
Bundesland: Nordrhein-Westfalen
Kreis: Oberbergischer Kreis

Architekt*in:
pier7 architekten gmbh
Faunastraße 41
40239 Düsseldorf

Bauherr*in:
BAV - Bergischer Abfallwirtschaftsverband
Braunswerth 1-3
51766 Engelskirchen

Zeichnungen

Ansicht Nord

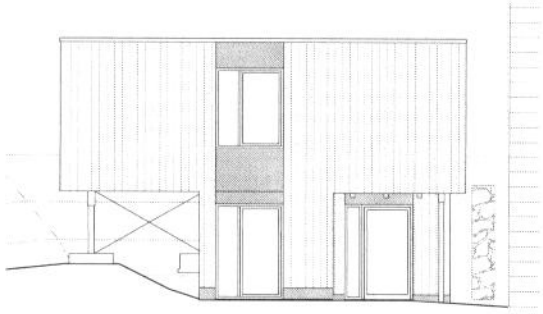
Ansicht Ost

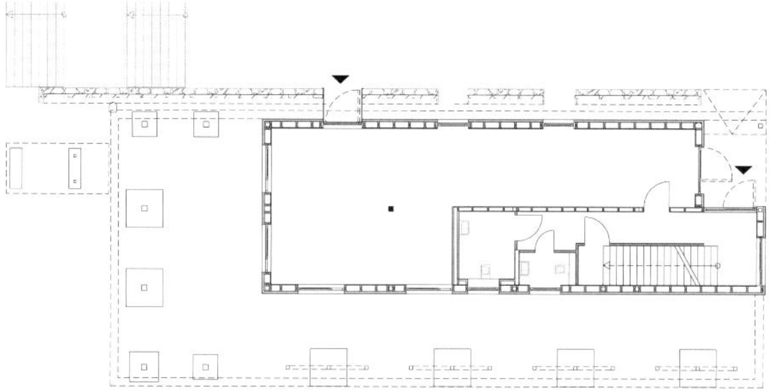
Erdgeschoss

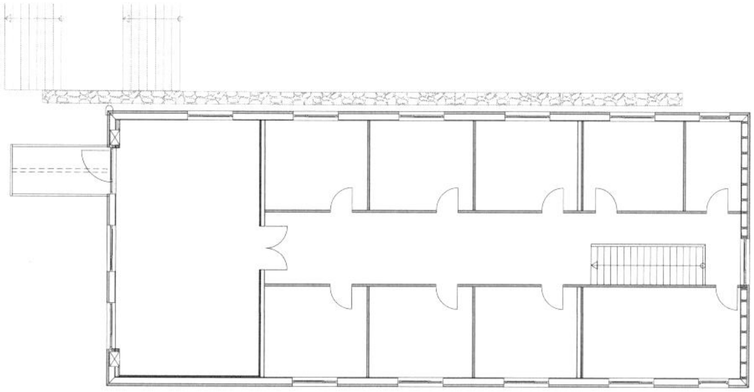
Obergeschoss

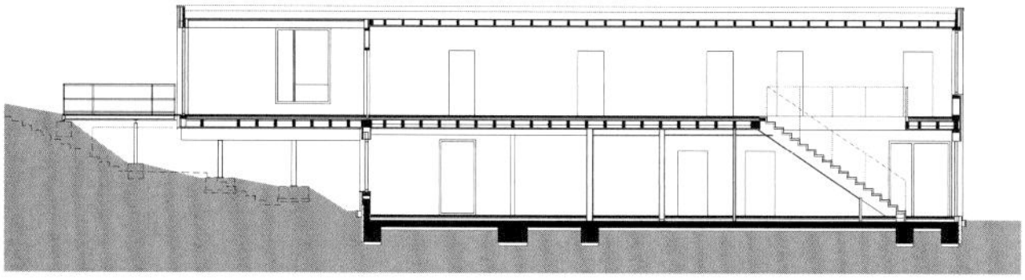
Schnitt A-A

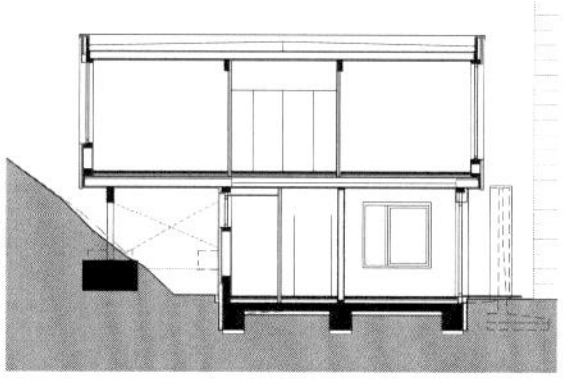
Schnitt B-B

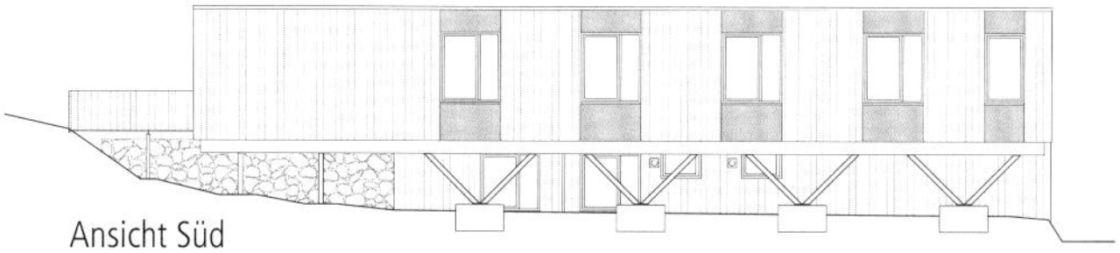
Ansicht Süd

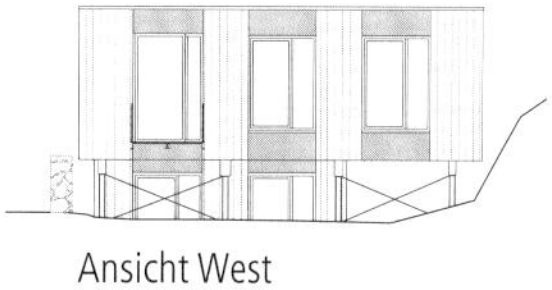
Ansicht West

Objektbeschreibung

Allgemeine Objektinformationen

Das zweigeschossige Büro- und Ausstellungsgebäude erweitert das Raumangebot eines Forschungs- und Lernstandorts auf einer ehemaligen Mülldeponie. Das Bauwerk rahmt, parallel mit dem bestehenden Transferzentrum, den Blick auf die Recyclingachse und den Deponiekegel. Der Eingriff erfolgte durch die geringe Grundfläche des Erdgeschosses mit kleinem Fußabdruck, das Obergeschoss ragt an zwei Seiten darüber hinaus. Der Ausstellungsbereich für Individualbesucher im Erdgeschoss kann später in Büroräume unterteilt werden. Im Obergeschoss flankieren die Büroräume einen Kombibereich mit offener Besprechungszone, am Ende ist der große Veranstaltungsraum. Die Trennwände zwischen den Büros können zugunsten eines Großraums rückgebaut werden. Beide Geschosse sind barrierefrei erschlossen.

Nutzung

1 Erdgeschoss
Ausstellung, WC, Technik, Flur

1 Obergeschoss
Büros, Meetingzone, Seminarräume, Veranstaltungsraum

Nutzeinheiten

Arbeitsplätze: 15

Grundstück

Bauraum: Beengter Bauraum
Neigung: Hanglage
Bodenklasse: BK 1 bis BK 3

Besonderer Kosteneinfluss Grundstück
Baufeld auf Deponiegelände

Markt

Hauptvergabezeit: 4. Quartal 2021
Baubeginn: 4. Quartal 2021
Bauende: 4. Quartal 2022
Konjunkturelle Gesamtlage: über Durchschnitt
Regionaler Baumarkt: unter Durchschnitt

Baukonstruktion

Das Gebäude wurde in Holzrahmenbauweise mit tragenden und aussteifenden Wänden, sowie Holz- und Stahlstützen konzipiert und besteht somit aus FSC-zertifizierten, nachwachsenden Rohstoffen. Die Gründung erfolgt über eine tragende Bodenplatte für das Erdgeschoss, sowie Punktfundamente für die V-Stützen im Bereich des Gebäudeüberstands. Die Geschossdecke und das Flachdach sind als Holzbalkendecken ausgeführt. Die nahezu bodentiefen Holzfenster sind im Obergeschoss teilweise mit Raffstores ausgestattet. Durch die Vorhangfassade mit offener Holzlattung ist die hellgrüne Wetterschutzbahn zu sehen. Die durch Schraubverbindungen montierten Bauteile können rückgebaut und sortenrein getrennt werden.

Technische Anlagen

Der Neubau wurde an das bestehende Nahenergienetz angeschlossen. Eine Fußbodenheizung sorgt für eine angenehme Raumtemperatur. Die Warmwasserbereitung erfolgt über einen Durchlauferhitzer. Der Veranstaltungsraum wird über ein dezentrales Lüftungsgerät mit Frischluft versorgt. Das Gebäude verfügt über ein Datennetzwerk und Gebäudeautomation.

Sonstiges

Energielieferant ist die Deponie selbst. Aus Bioabfällen wird Biogas gewonnen, die Abwärme der Deponie wird in Energie umgewandelt, die Photovoltaikanlagen auf den Dächern des Standorts produzieren Strom. Diese Energie wird in das Standorteigene Blockheizkraftwerk bzw. ins allgemeine Stromnetz eingespeist.

Energetische Kennwerte

Gesetzliche Grundlage: GEG 2020
Gebäudenutzfläche: 356,54 m^2
Gebäudevolumen: 1.461,32 m^3
A/V_e-Verhältnis (Kompaktheit): 0,74 m^{-1}
Hüllfläche des beheizten Volumens: 1.092,50 m^2
Spez. Transmissionswärmeverlust: 0,35 $W/(m^2 \cdot K)$
Mittlerer U-Wert (opake Bauteile): 0,18
Mittlerer U-Wert (transparente Bauteile): 1,20
Mittlerer U-Wert (Glasdächer, etc.): 1,40
Spez. Jahresprimärenergiebedarf: 79,80 $kWh/(m^2 \cdot a)$
Spez. Jahresendenergiebedarf: 136,89 $kWh/(m^2 \cdot a)$
CO_2-Emissionen: 22,79 $kg/(m^2 \cdot a)$

Energetische Angaben zu Außenbauteilen

Bodenplatte

U-Wert: 0,29 W/(m²·K)

Gesamtdicke: 55,50 cm	d [cm]	λ [W/(mK)]
Bodenbelag	0,50	0,230
Estrich	6,50	1,400
Trittschalldämmung	3,00	0,040
Dämmung	8,00	0,035
Bitumenbahn	0,50	0,170
Stahlbeton	22,00	2,100
Kies	15,00	1,600

Außenwand Sockel

U-Wert: 0,31 W/(m²·K)

Gesamtdicke: 32,10 cm	d [cm]	λ [W/(mK)]
GK-Platte	1,50	0,250
Dampfsperre	0,20	0,170
Dämmung	2,00	0,035
Bitumenabdichtung	0,20	0,170
Stahlbeton	20,00	2,100
Bitumenabdichtung	0,20	0,170
Dämmung	8,00	0,035

Außenwand hinterlüftet

U-Wert: 0,19 W/(m²·K)

Gesamtdicke: 28,60 cm	d [cm]	λ [W/(mK)]
GK-Platte	1,50	0,250
OSB-Platte	1,50	0,170
Holz	24,00	0,130
Dämmung	24,00	0,035
Holzfaserplatte	1,50	0,070
Abdichtung	0,10	0,170

Flachdach

U-Wert: 0,20 W/(m²·K)

Gesamtdicke: 38,10 cm	d [cm]	λ [W/(mK)]
GK-Platte	1,50	0,250
Holz	18,00	0,130
Luftschicht ruhend	18,00	2,500
OSB-Platte	2,20	0,170
Dampfsperre	0,20	0,170
Dämmung	16,00	0,035
Abdichtung	0,20	0,170

1300-0330
Bürogebäude
(15 AP)

Planungskennwerte für Flächen und Rauminhalte nach DIN 277

Flächen des Grundstücks		Menge Einheit	% an GF
BF	Bebaute Fläche	–	–
UF	Unbebaute Fläche	–	–
GF	Grundstücksfläche	–	–

Grundflächen des Bauwerks		Menge Einheit	% an NUF	% an BGF
NUF	Nutzungsfläche	333,90 m²	100,0	76,5
TF	Technikfläche	4,79 m²	1,4	1,1
VF	Verkehrsfläche	30,22 m²	9,1	6,9
NRF	Netto-Raumfläche	368,91 m²	110,5	84,5
KGF	Konstruktions-Grundfläche	67,43 m²	20,2	15,5
BGF	Brutto-Grundfläche	436,34 m²	130,7	100,0

Brutto-Rauminhalt des Bauwerks		Menge Einheit	BRI/NUF (m)	BRI/BGF (m)
BRI	Brutto-Rauminhalt	1.564,90 m³	4,69	3,59

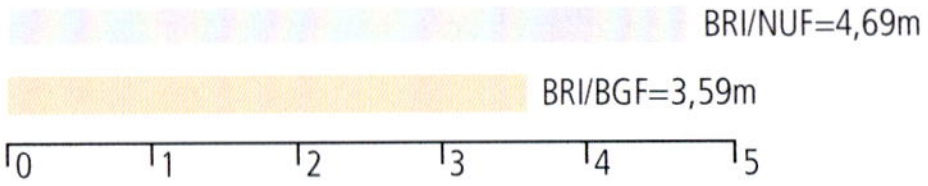

KG	Kostengruppen (2. Ebene)	Menge Einheit	Menge/NUF	Menge/BGF
310	Baugrube / Erdbau	174,35 m³ BGI	0,52	0,40
320	Gründung, Unterbau	296,14 m² GRF	0,89	0,68
330	Außenwände/Vertikale Baukonstruktionen, außen	365,29 m² AWF	1,09	0,84
340	Innenwände/Vertikale Baukonstruktionen, innen	323,95 m² IWF	0,97	0,74
350	Decken/Horizontale Baukonstruktionen	296,14 m² DEF	0,89	0,68
360	Dächer	291,19 m² DAF	0,87	0,67

Kostenkennwerte für die Kostengruppen der 1.Ebene DIN 276

KG	Kostengruppen (1.Ebene)	Einheit	Kosten €	€/Einheit	€/m² BGF	€/m³ BRI	% 300+400
100	Grundstück	m² GF	–	–	–	–	–
200	Vorbereitende Maßnahmen	m² GF	1.674	–	3,84	1,07	0,1
300	Bauwerk – Baukonstruktionen	m² BGF	1.181.167	2.706,99	2.706,99	754,79	79,3
400	Bauwerk – Technische Anlagen	m² BGF	308.988	708,13	708,13	197,45	20,7
	Bauwerk 300+400	**m² BGF**	**1.490.155**	**3.415,12**	**3.415,12**	**952,24**	**100,0**
500	Außenanlagen und Freiflächen	m² AF	22.832	–	52,33	14,59	1,5
600	Ausstattung und Kunstwerke	m² BGF	5.699	13,06	13,06	3,64	0,4
700	Baunebenkosten	m² BGF	–	–	–	–	–
800	Finanzierung	m² BGF	–	–	–	–	–

KG	Kostengruppe	Menge Einheit	Kosten €	€/Einheit	%
200	**Vorbereitende Maßnahmen**	–	1.674	–	0,1
	Abbruch von Rohrleitungen; Entsorgung				
3+4	**Bauwerk**				**100,0**
300	**Bauwerk – Baukonstruktionen**	436,34 m² BGF	1.181.167	**2.706,99**	79,3
	Stb-Fundamente, Stb-Bodenplatte, Abdichtung, Heizestrich, Vinyl, Bodenfliesen; Stb-Sockel, Holzrahmenwände, Stahlstützen, Holzfenster, Holz-Glastüren, hinterlüftete Lattenbekleidung, Faserzementbekleidung, GK-Bekleidung, Spachtelung, Beschichtung, Wandfliesen, Raffstores, Glasabsturzsicherungen; GK-Wände, Holzstützen, Glastüren, Holztüren; Holzbalkendecke, Holztreppe; Holz-Flachdach, Gefälledämmung, Kunststoffabdichtung, Dachentwässerung				
400	**Bauwerk – Technische Anlagen**	436,34 m² BGF	308.988	**708,13**	20,7
	Gebäudeentwässerung, Kaltwasserleitungen, Durchlauferhitzer; Nahwärmeübergabestation, Heizungsrohre, Fußbodenheizung; dezentrale Lüftungsgeräte; Elektroinstallation, Beleuchtung, Blitzschutz; Ruf-Kompaktset, Datennetzwerk; Gebäudeautomation				
500	**Außenanlagen und Freiflächen**	–	22.832	–	1,5
	Böschungsprofilierung; Abwasserleitung, Wasserleitung, Nahwärmeleitung				
600	**Ausstattung und Kunstwerke**	436,34 m² BGF	5.699	**13,06**	0,4
	Sanitärausstattung				

Kostenkennwerte für die Kostengruppen 300 der 2. und 3.Ebene DIN 276 (Übersicht)

KG	Kostengruppe	Menge Einheit	Kosten €	€/Einheit	% an 3+4
300	**Bauwerk – Baukonstruktionen**	**436,34 m²BGF**	**1.181.167,38**	**2.706,99**	**79,3**
310	**Baugrube / Erdbau**	**174,35 m³BGI**	**14.518,13**	**83,27**	**1,0**
311	Herstellung	174,35 m³BGI	14.518,13	83,27	1,0
312	Umschließung	–	–	–	–
313	Wasserhaltung	–	–	–	–
314	Vortrieb	–	–	–	–
319	Sonstiges zur KG 310	–	–	–	–
320	**Gründung, Unterbau**	**296,14 m²GRF**	**123.557,96**	**417,23**	**8,3**
321	Baugrundverbesserung	–	–	–	–
322	Flachgründungen und Bodenplatten	296,14 m²	91.923,60	310,41	6,2
323	Tiefgründungen	–	–	–	–
324	Gründungsbeläge	108,66 m²	20.955,01	192,85	1,4
325	Abdichtungen und Bekleidungen	340,65 m²	8.106,06	23,80	0,5
326	Dränagen	296,14 m²GRF	2.573,27	8,69	0,2
329	Sonstiges zur KG 320	–	–	–	–
330	**Außenwände/Vert. Baukonstrukt., außen**	**365,29 m²AWF**	**500.140,33**	**1.369,16**	**33,6**
331	Tragende Außenwände	266,49 m²	97.911,19	367,41	6,6
332	Nichttragende Außenwände	–	–	–	–
333	Außenstützen	31,67 m	14.195,02	448,22	1,0
334	Außenwandöffnungen	98,80 m²	163.165,06	1.651,47	10,9
335	Außenwandbekleidungen, außen	365,03 m²	144.887,76	396,92	9,7
336	Außenwandbekleidungen, innen	268,56 m²	50.991,58	189,87	3,4
337	Element. Außenwandkonstruktionen	–	–	–	–
338	Lichtschutz zur KG 330	28,24 m²	10.140,38	359,08	0,7
339	Sonstiges zur KG 330	365,29 m²AWF	18.849,32	51,60	1,3
340	**Innenwände/Vert. Baukonstrukt., innen**	**323,95 m²IWF**	**131.944,97**	**407,30**	**8,9**
341	Tragende Innenwände	82,14 m²	21.306,16	259,39	1,4
342	Nichttragende Innenwände	213,39 m²	29.184,43	136,77	2,0
343	Innenstützen	16,65 m	986,31	59,24	< 0,1
344	Innenwandöffnungen	28,42 m²	46.981,57	1.653,12	3,2
345	Innenwandbekleidungen	559,24 m²	33.486,51	59,88	2,2
346	Elementierte Innenwandkonstruktionen	–	–	–	–
347	Lichtschutz zur KG 340	–	–	–	–
349	Sonstiges zur KG 340	–	–	–	–
350	**Decken/Horizontale Baukonstruktionen**	**296,14 m²DEF**	**186.680,32**	**630,38**	**12,5**
351	Deckenkonstruktionen	296,14 m²	80.159,96	270,68	5,4
352	Deckenöffnungen	–	–	–	–
353	Deckenbeläge	259,51 m²	40.718,67	156,91	2,7
354	Deckenbekleidungen	276,28 m²	40.401,43	146,23	2,7
355	Elementierte Deckenkonstruktionen	–	–	–	–
359	Sonstiges zur KG 350	296,14 m²DEF	25.400,27	85,77	1,7
360	**Dächer**	**291,19 m²DAF**	**171.275,59**	**588,19**	**11,5**
361	Dachkonstruktionen	288,58 m²	49.842,12	172,72	3,3
362	Dachöffnungen	–	–	–	–
363	Dachbeläge	291,19 m²	82.542,53	283,47	5,5
364	Dachbekleidungen	265,89 m²	38.890,93	146,27	2,6
365	Elementierte Dachkonstruktionen	–	–	–	–
366	Lichtschutz zur KG 360	–	–	–	–
369	Sonstiges zur KG 360	–	–	–	–
370	**Infrastrukturanlagen**	**–**	**–**	**–**	**–**
380	**Baukonstruktive Einbauten**	**436,34 m²BGF**	**5.270,28**	**12,08**	**0,4**
390	**Sonst. Maßnahmen für Baukonstrukt.**	**436,34 m²BGF**	**47.779,81**	**109,50**	**3,2**

Kostenkennwerte für die Kostengruppen 400 der 2. und 3.Ebene DIN 276 (Übersicht)

KG	Kostengruppe	Menge Einheit	Kosten €	€/Einheit	% an 3+4
400	**Bauwerk – Technische Anlagen**	**436,34 m²BGF**	**308.987,51**	**708,13**	**20,7**
410	**Abwasser-, Wasser-, Gasanlagen**	**436,34 m²BGF**	**28.678,80**	**65,73**	**1,9**
411	Abwasseranlagen	436,34 m²BGF	8.665,86	19,86	0,6
412	Wasseranlagen	436,34 m²BGF	17.867,96	40,95	1,2
413	Gasanlagen	–	–	–	–
419	Sonstiges zur KG 410	436,34 m²BGF	2.144,98	4,92	0,1
420	**Wärmeversorgungsanlagen**	**436,34 m²BGF**	**55.354,78**	**126,86**	**3,7**
421	Wärmeerzeugungsanlagen	436,34 m²BGF	17.110,18	39,21	1,1
422	Wärmeverteilnetze	436,34 m²BGF	13.297,86	30,48	0,9
423	Raumheizflächen	436,34 m²BGF	24.946,74	57,17	1,7
424	Verkehrsheizflächen	–	–	–	–
429	Sonstiges zur KG 420	–	–	–	–
430	**Raumlufttechnische Anlagen**	**436,34 m²BGF**	**45.418,62**	**104,09**	**3,0**
431	Lüftungsanlagen	436,34 m²BGF	45.418,62	104,09	3,0
432	Teilklimaanlagen	–	–	–	–
433	Klimaanlagen	–	–	–	–
434	Kälteanlagen	–	–	–	–
439	Sonstiges zur KG 430	–	–	–	–
440	**Elektrische Anlagen**	**436,34 m²BGF**	**129.023,21**	**295,69**	**8,7**
441	Hoch- und Mittelspannungsanlagen	–	–	–	–
442	Eigenstromversorgungsanlagen	–	–	–	–
443	Niederspannungsschaltanlagen	–	–	–	–
444	Niederspannungsinstallationsanlagen	436,34 m²BGF	66.921,76	153,37	4,5
445	Beleuchtungsanlagen	436,34 m²BGF	48.955,67	112,20	3,3
446	Blitzschutz- und Erdungsanlagen	436,34 m²BGF	13.145,79	30,13	0,9
447	Fahrleitungssysteme	–	–	–	–
449	Sonstiges zur KG 440	–	–	–	–
450	**Kommunikationstechnische Anlagen**	**436,34 m²BGF**	**18.886,14**	**43,28**	**1,3**
451	Telekommunikationsanlagen	–	–	–	–
452	Such- und Signalanlagen	436,34 m²BGF	645,78	1,48	< 0,1
453	Zeitdienstanlagen	–	–	–	–
454	Elektroakustische Anlagen	–	–	–	–
455	Audiovisuelle Medien- u. Antennenanl.	–	–	–	–
456	Gefahrenmelde- und Alarmanlagen	–	–	–	–
457	Datenübertragungsnetze	436,34 m²BGF	18.240,36	41,80	1,2
458	Verkehrsbeeinflussungsanlagen	–	–	–	–
459	Sonstiges zur KG 450	–	–	–	–
460	**Förderanlagen**	**–**	**–**	**–**	**–**
461	Aufzugsanlagen	–	–	–	–
462	Fahrtreppen, Fahrsteige	–	–	–	–
463	Befahranlagen	–	–	–	–
464	Transportanlagen	–	–	–	–
465	Krananlagen	–	–	–	–
466	Hydraulikanlagen	–	–	–	–
469	Sonstiges zur KG 460	–	–	–	–
470	**Nutzungsspez. u. verfahrenstechn. Anl.**	**–**	**–**	**–**	**–**
480	**Gebäude- und Anlagenautomation**	**436,34 m²BGF**	**29.674,88**	**68,01**	**2,0**
490	**Sonst. Maßnahmen für techn. Anlagen**	**436,34 m²BGF**	**1.951,09**	**4,47**	**0,1**

Kostenkennwerte für Leistungsbereiche nach STLB (Kosten des Bauwerks nach DIN 276)

LB	Leistungsbereiche	Kosten €	€/m² BGF	€/m³ BRI	% an 3+4
000	Baustellen-, Sicherheitseinr. inkl. 001, 089	39.226	89,90	25,10	2,6
002	Erdarbeiten	49.406	113,20	31,60	3,3
006	Spezialtiefbauarbeiten inkl. 005	–	–	–	–
009	Entwässerungskanalarbeiten inkl. 011	4.360	10,00	2,80	0,3
010	Drän- und Versickerarbeiten	2.573	5,90	1,60	0,2
012	Mauerarbeiten	–	–	–	–
013	Betonarbeiten	72.513	166,20	46,30	4,9
014	Natur-, Betonwerksteinarbeiten	–	–	–	–
016	Zimmer- und Holzbauarbeiten	318.803	730,60	203,70	21,4
017	Stahlbauarbeiten	14.227	32,60	9,10	1,0
018	Abdichtungsarbeiten	16.839	38,60	10,80	1,1
019	Kampfmittelräumarbeiten	–	–	–	–
020	Dachdeckungsarbeiten	–	–	–	–
021	Dachabdichtungsarbeiten	68.145	156,20	43,50	4,6
022	Klempnerarbeiten	17.943	41,10	11,50	1,2
	Rohbau	**604.036**	**1.384,30**	**386,00**	**40,5**
023	Putz- und Stuckarbeiten, Wärmedämmsysteme	–	–	–	–
024	Fliesen- und Plattenarbeiten	4.620	10,60	3,00	0,3
025	Estricharbeiten	18.145	41,60	11,60	1,2
026	Fenster, Außentüren inkl. 029, 032	200.800	460,20	128,30	13,5
027	Tischlerarbeiten	37.814	86,70	24,20	2,5
028	Parkett-, Holzpflasterarbeiten	–	–	–	–
030	Rollladenarbeiten	10.140	23,20	6,50	0,7
031	Metallbauarbeiten inkl. 035	14.057	32,20	9,00	0,9
034	Maler- und Lackiererarb. - Beschicht. inkl. 037	58.554	134,20	37,40	3,9
036	Bodenbelagarbeiten	30.760	70,50	19,70	2,1
038	Vorgehängte hinterlüftete Fassaden	78.354	179,60	50,10	5,3
039	Trockenbauarbeiten	128.639	294,80	82,20	8,6
	Ausbau	**581.884**	**1.333,60**	**371,80**	**39,0**
040	Wärmeversorgungsanl. - Betriebseinr. inkl. 041	55.062	126,20	35,20	3,7
042	Gas- u. Wasseranl. - Leitung., Armat. inkl. 043	10.502	24,10	6,70	0,7
044	Abwasseranl. - Leitungen, Abläufe, Armaturen	2.562	5,90	1,60	0,2
045	Gas, Wasser, Entwässerung - Ausstattung inkl. 046	9.480	21,70	6,10	0,6
047	Dämm- und Brandschutzarb. an techn. Anlagen	3.941	9,00	2,50	0,3
049	Feuerlöschanlagen, Feuerlöschgeräte	–	–	–	–
050	Blitzschutz-/Erdungsanlagen, Überspannungssch.	13.146	30,10	8,40	0,9
053	Niederspannungsanl. - Kabel inkl. 052, 054	63.876	146,40	40,80	4,3
055	Sicherheits- u. Ersatzstromversorgungsanl.	–	–	–	–
057	Gebäudesystemtechnik	–	–	–	–
058	Leuchten und Lampen inkl. 059	48.956	112,20	31,30	3,3
060	Such, Signal, Zeit, Anten., akust. Anl. inkl. 064	646	1,50	0,41	< 0,1
061	Kommunikations- u. Übertragungsnetze inkl. 063	18.240	41,80	11,70	1,2
069	Aufzüge	–	–	–	–
070	Gebäudeautomation	29.675	68,00	19,00	2,0
075	Raumlufttechnische Anlagen inkl. 078	45.419	104,10	29,00	3,0
	Gebäudetechnik	**301.504**	**691,00**	**192,70**	**20,2**
084	Abbruch, Rückbau, Schadstoffsanierung	–	–	–	–
	Abbrucharbeiten	**–**	**–**	**–**	**–**
	Sonstige Leistungsbereiche	**2.730**	**6,30**	**1,70**	**0,2**

1300-0331
Bürogebäude
(120 AP)

Kostenkennwerte für die Kosten des Bauwerks (Kostengruppen 300+400 nach DIN 276)

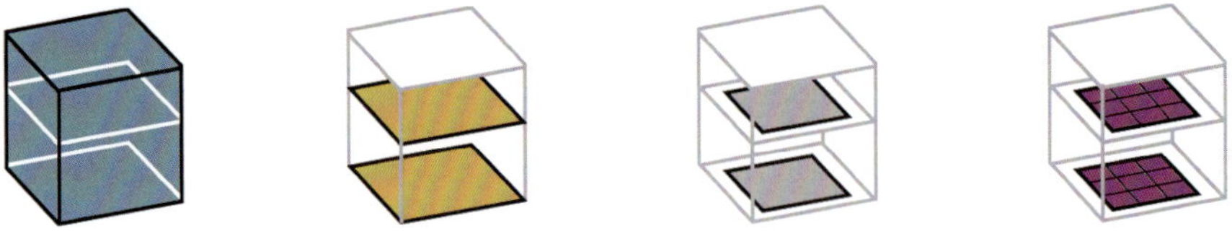

BRI 1.030 €/m³ | **BGF** 3.269 €/m² | **NUF** 4.646 €/m² | **NE** 73.531 €/NE

NE: Arbeitsplätze

Objekt:
Kennwerte: 3. Ebene DIN 276
BRI: 8.565 m³
BGF: 2.699 m²
NUF: 1.899 m²
Bauzeit: 83 Wochen
Bauende: 2023
Standard: mittel
Bundesland: Schleswig-Holstein
Kreis: Rendsburg-Eckernförde

Architekt*in:
graadwies GmbH
Holtenauer Straße 129
24118 Kiel

Bauherr*in:
Stuthagen 25 GbR
Rönner Straße 19
24211 Honigsee

© 3KOMMA3

© 3KOMMA3

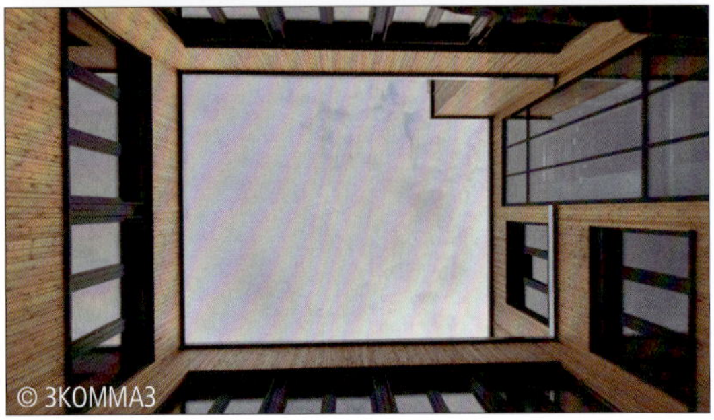
© 3KOMMA3

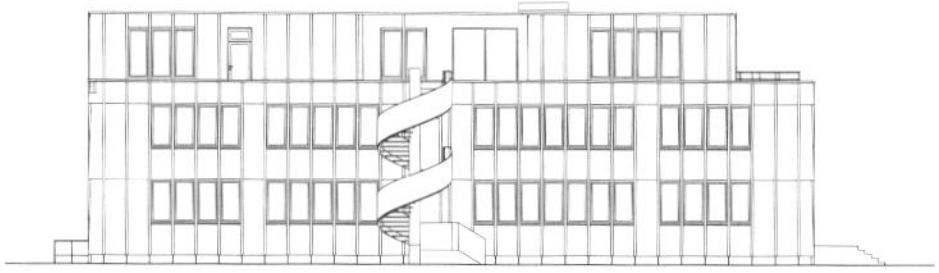

Ansicht Nord

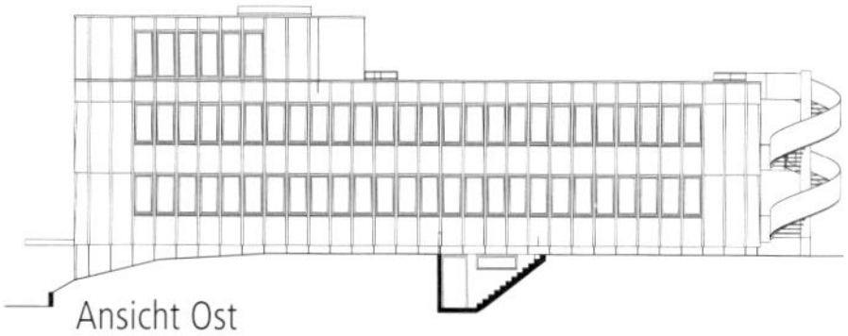

Ansicht Ost

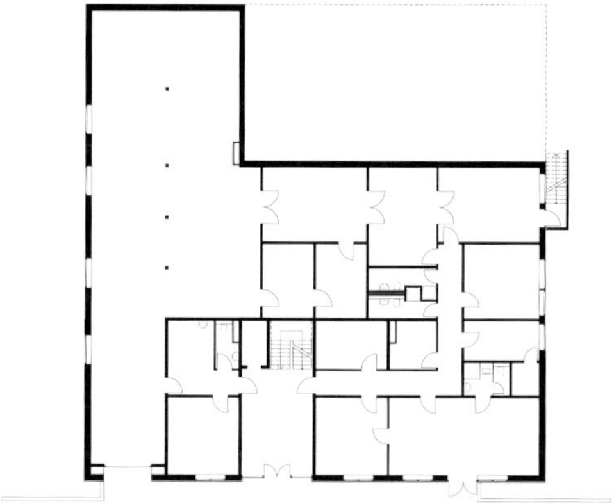

Untergeschoss

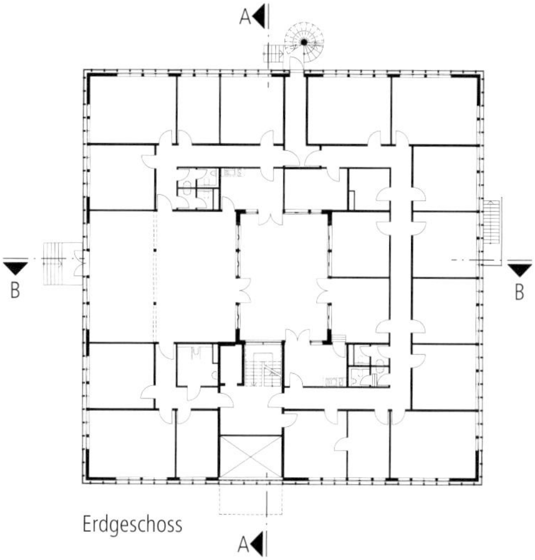

Erdgeschoss

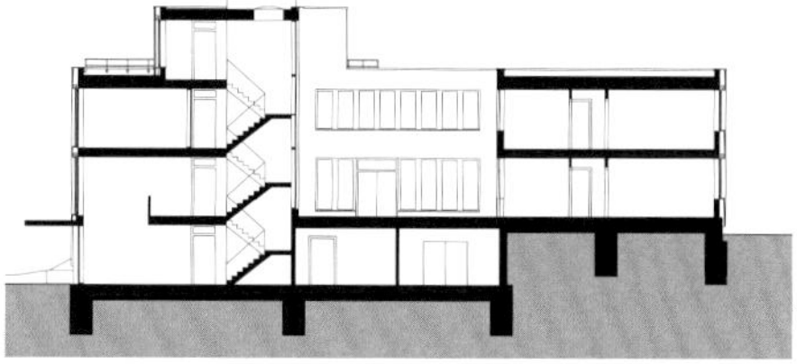

Schnitt A-A

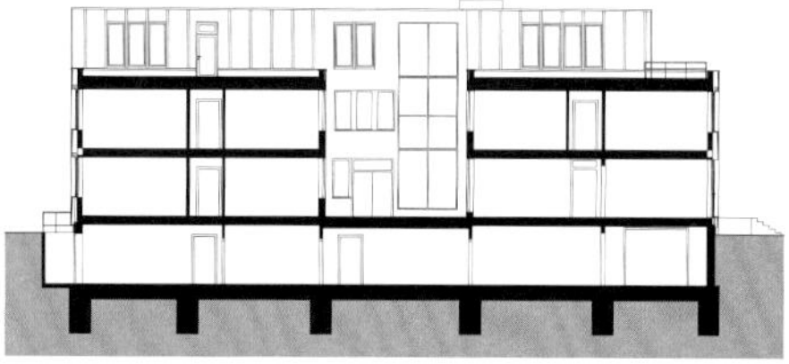

Schnitt B-B

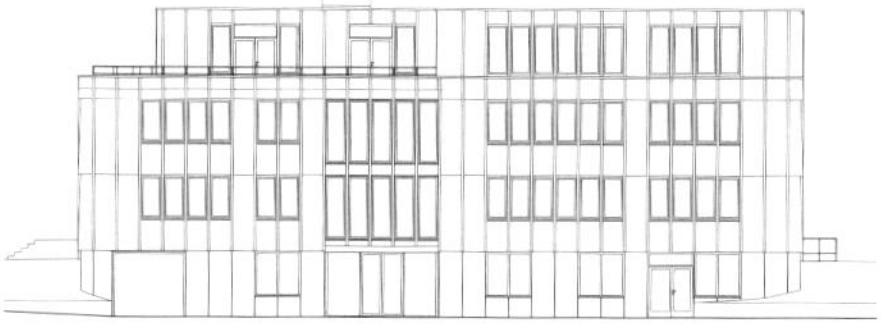

Ansicht Süd

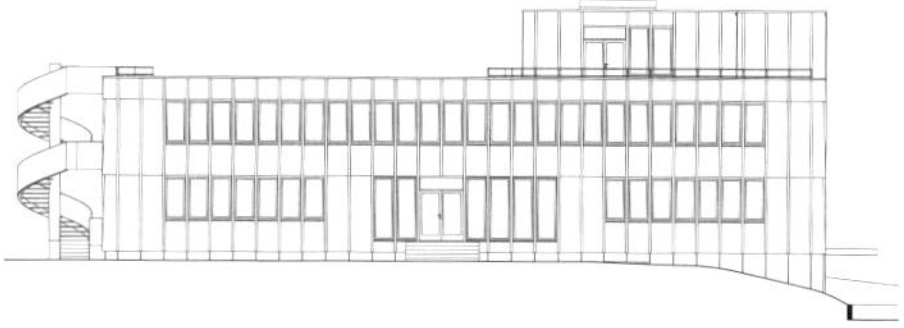

Ansicht West

Objektbeschreibung

Allgemeine Objektinformationen

Das mehrstöckige Bürogebäude in Holztafelbauweise sorgt durch einen quadratischen und symmetrischen Grundriss für eine flexible Raumnutzung. Dies ermöglicht neue temporäre Konstellationen und langfristige Umnutzungen. Die Holzbauteile werden überwiegend sichtbar belassen, dadurch werden Baukosten reduziert und die Bauweise zum identitätsbildenden Merkmal für das Bauwerk. Durch die Gliederung der Holzfassade wird das große Volumen des Gebäudes strukturiert und an die angrenzende Wohnbebauung angepasst. Das Gebäude ist mit Ausnahme der Gründung zirkulär konzipiert. So wurde mit dem vollständigen Verzicht auf Verbundwerkstoffe dafür gesorgt, dass die eingesetzten Materialien bei einem Um- oder Rückbau schadlos zu trennen sind. Dafür wurden innovative Produkte wie beispielsweise GFM-Platten (Massivholzplatten) als luftdichte Schicht und innerer Raumabschluss verwendet. Auf diese Weise ist es möglich, Baustoffe und Bauteile in den Materialkreislauf rückzuführen oder wieder zu verwenden.

Nutzung

1 Untergeschoss
Lagerräume, Schmutzschleuse, Büros, Labor, Ruheraum, Fitnessraum, WCs, WC/Duschen, Technikräume

1 Erdgeschoss
Büros, Pausenraum, Teeküche, WCs, Lagerraum, Innenhof

2 Obergeschosse
1.OG: Büros, Besprechungsräume, Lounge, Teeküchen, WCs, Lagerraum
2.OG: Büros, Pausen-/Besprechungsraum, Teeküche, WC

Nutzeinheiten

Arbeitsplätze: 120
Bürofläche: 1.100 m^2
Lagerfläche: 369 m^2

Grundstück

Bauraum: Freier Bauraum
Neigung: Geneigtes Gelände
Bodenklasse: BK 1 bis BK 3

Markt

Hauptvergabezeit: 3.Quartal 2021
Baubeginn: 1.Quartal 2022
Bauende: 4.Quartal 2023
Konjunkturelle Gesamtlage: über Durchschnitt
Regionaler Baumarkt: über Durchschnitt

Baukonstruktion

Die Gründung erfolgte als Stahlbeton-Flachgründung. Die Außenwände und die Decke Teilunterkellerung sowie die Treppenhäuser wurden in Stahlbeton ausgeführt, die tragenden Innenwände sind aus Mauerwerk. Die Außenwände der oberen Geschosse wurden in Holztafelbauweise einschließlich Stützen, Holz-Alufenstern und Raffstores vorgefertigt. Im Bereich des Zugangs und des Treppenhauses kamen Pfosten-Riegelfassaden zum Einsatz. Eine hinterlüftete Holzfassade und im Zugangsgeschoss eine gedämmte Stahl-Stehfalzfassade bekleiden die Außenwände. Innen wurden Massivholz- und Leichtbauwände ausgeführt. Die Oberflächen sind lasiert, mit Vliestapete und Beschichtung versehen oder mit Fliesen bekleidet. Holzinnentüren mit Holzzargen wurden eingebaut. Die Brettstapeldecken sind mit Teppichfliesen, Linoleum oder Bodenfliesen auf Trocken-Heizestrich belegt. Das BSH-Flachdach erhielt eine Gefälledämmung mit Dachabdichtung und extensiver Begrünung. Die Deckenuntersichten sind mit abgehängten Akustik- und Gipskartondecken gestaltet.

Technische Anlagen

Die Wärmeerzeugung erfolgt durch Luft-Wasser-Wärmepumpen, die Wärmeverteilung über eine Fußbodenheizung. Zur Be- und Entlüftung der Räume wurde eine Anlage mit Wärmerückgewinnung installiert und mehrere Einzelraumlüfter verbaut. Der Neubau ist durch eine Brandmeldeanlage und eine Einbruchmeldeanlage gesichert sowie über einen Personenaufzug barrierefrei erschlossen.

Planungskennwerte für Flächen und Rauminhalte nach DIN 277

Flächen des Grundstücks		Menge Einheit	% an GF
BF	Bebaute Fläche	888,98 m²	39,7
UF	Unbebaute Fläche	1.353,02 m²	60,3
GF	Grundstücksfläche	2.242,00 m²	100,0

Grundflächen des Bauwerks		Menge Einheit	% an NUF	% an BGF
NUF	Nutzungsfläche	1.899,40 m²	100,0	70,4
TF	Technikfläche	11,50 m²	0,6	0,4
VF	Verkehrsfläche	427,93 m²	22,5	15,9
NRF	Netto-Raumfläche	2.338,83 m²	123,1	86,7
KGF	Konstruktions-Grundfläche	360,19 m²	19,0	13,3
BGF	Brutto-Grundfläche	2.699,02 m²	142,1	100,0

Brutto-Rauminhalt des Bauwerks		Menge Einheit	BRI/NUF (m)	BRI/BGF (m)
BRI	Brutto-Rauminhalt	8.564,71 m³	4,51	3,17

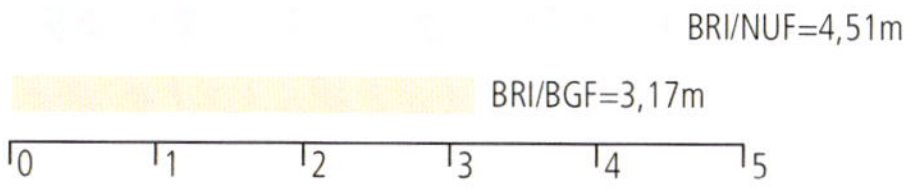

KG	Kostengruppen (2. Ebene)	Menge Einheit	Menge/NUF	Menge/BGF
310	Baugrube / Erdbau	–	–	–
320	Gründung, Unterbau	865,17 m² GRF	0,46	0,32
330	Außenwände/Vertikale Baukonstruktionen, außen	1.733,12 m² AWF	0,91	0,64
340	Innenwände/Vertikale Baukonstruktionen, innen	2.301,75 m² IWF	1,21	0,85
350	Decken/Horizontale Baukonstruktionen	1.620,85 m² DEF	0,85	0,60
360	Dächer	918,00 m² DAF	0,48	0,34

Kostenkennwerte für die Kostengruppen der 1. Ebene DIN 276

KG	Kostengruppen (1. Ebene)	Einheit	Kosten €	€/Einheit	€/m² BGF	€/m³ BRI	% 300+400
100	Grundstück	m² GF	–	–	–	–	–
200	Vorbereitende Maßnahmen	m² GF	–	–	–	–	–
300	Bauwerk – Baukonstruktionen	m² BGF	7.219.693	2.674,93	2.674,93	842,96	81,8
400	Bauwerk – Technische Anlagen	m² BGF	1.604.056	594,31	594,31	187,29	18,2
	Bauwerk 300+400	**m² BGF**	**8.823.749**	**3.269,24**	**3.269,24**	**1.030,24**	**100,0**
500	Außenanlagen und Freiflächen	m² AF	124.159	200,26	46,00	14,50	1,4
600	Ausstattung und Kunstwerke	m² BGF	–	–	–	–	–
700	Baunebenkosten	m² BGF	–	–	–	–	–
800	Finanzierung	m² BGF	–	–	–	–	–

KG	Kostengruppe	Menge Einheit	Kosten €	€/Einheit	%
3+4	**Bauwerk**				**100,0**
300	**Bauwerk – Baukonstruktionen**	2.699,02 m² BGF	7.219.693	**2.674,93**	81,8

Stb-Flachgründung, Estrich, Beschichtung, Trocken-Heizestrich, Teppichfliesen, Linoleum, Bodenfliesen; Holztafelwände, Stb-Elementwände, BSH-Stützen, Holz-Alufenster/-türen, Raffstores, Sektionaltor, Holzfassade, Stehfalzfassade, Pfostenriegelfassaden; BSH-Wände, Stb-Wände, KS-Wände, GK-Wände, Holztüren, Innenputz, Vliestapete, Beschichtungen, Wandfliesen; BSH-Decken, Stb-Elementdecken, Stb-FT-Treppen, Stahl-Spindeltreppe mit Geländer; BSH-Flachdach, Stb-Elementflachdach, RWA-Kuppel, Dachabdichtung, Dachbegrünung, Dachentwässerung, Akustikdecken, GK-Decken

KG	Kostengruppe	Menge Einheit	Kosten €	€/Einheit	%
400	**Bauwerk – Technische Anlagen**	2.699,02 m² BGF	1.604.056	**594,31**	18,2

Gebäudeentwässerung, Kalt- und Warmwasserleitungen, Sanitäranlagen; Luft-Wasser-Wärmepumpen, Pufferspeicher, Heizungsrohre, Fußbodenheizung; Zu-/Abluftanlage, Heizregister, Einzelraumlüfter; Elektroinstallation, Beleuchtung, Erdung; Kommunikationsverkabelung, Einbruchmeldeanlage, Zugangskontrollanlage, RWA-Anlage, Datenübertragungsnetz; Personenaufzug

KG	Kostengruppe	Menge Einheit	Kosten €	€/Einheit	%
500	**Außenanlagen und Freiflächen**	620,00 m² AF	124.159	**200,26**	1,4

Erdarbeiten; Fundamente; Geländer, Winkelstützwände, Blockstufen; Gebäudeentwässerung, Türstation-Videosprechanlage

Kostenkennwerte für die Kostengruppen 300 der 2. und 3. Ebene DIN 276 (Übersicht)

KG	Kostengruppe	Menge Einheit	Kosten €	€/Einheit	% an 3+4
300	**Bauwerk – Baukonstruktionen**	**2.699,02 m²BGF**	**7.219.692,93**	**2.674,93**	**81,8**
310	**Baugrube / Erdbau**	**–**	**240.492,73**	**–**	**2,7**
311	Herstellung	–	150.362,81	–	1,7
312	Umschließung	–	90.129,92	–	1,0
313	Wasserhaltung	–	–	–	–
314	Vortrieb	–	–	–	–
319	Sonstiges zur KG 310	–	–	–	–
320	**Gründung, Unterbau**	**865,17 m²GRF**	**505.018,11**	**583,72**	**5,7**
321	Baugrundverbesserung	–	–	–	–
322	Flachgründungen und Bodenplatten	865,17 m²	241.085,48	278,66	2,7
323	Tiefgründungen	–	–	–	–
324	Gründungsbeläge	749,15 m²	186.068,07	248,37	2,1
325	Abdichtungen und Bekleidungen	1.056,11 m²	66.499,27	62,97	0,8
326	Dränagen	865,17 m²GRF	11.365,28	13,14	0,1
329	Sonstiges zur KG 320	–	–	–	–
330	**Außenwände/Vert. Baukonstrukt., außen**	**1.733,12 m²AWF**	**2.750.688,05**	**1.587,13**	**31,2**
331	Tragende Außenwände	1.058,00 m²	492.375,08	465,38	5,6
332	Nichttragende Außenwände	119,07 m²	31.380,39	263,55	0,4
333	Außenstützen	593,00 m	45.475,90	76,69	0,5
334	Außenwandöffnungen	494,15 m²	1.211.696,58	2.452,08	13,7
335	Außenwandbekleidungen, außen	1.296,87 m²	614.065,82	473,50	7,0
336	Außenwandbekleidungen, innen	893,79 m²	58.909,18	65,91	0,7
337	Element. Außenwandkonstruktionen	61,90 m²	169.072,12	2.731,38	1,9
338	Lichtschutz zur KG 330	–	95.332,28	–	1,1
339	Sonstiges zur KG 330	1.733,12 m²AWF	32.380,70	18,68	0,4
340	**Innenwände/Vert. Baukonstrukt., innen**	**2.301,75 m²IWF**	**1.141.139,49**	**495,77**	**12,9**
341	Tragende Innenwände	1.300,84 m²	406.505,16	312,49	4,6
342	Nichttragende Innenwände	749,03 m²	136.775,50	182,60	1,6
343	Innenstützen	–	–	–	–
344	Innenwandöffnungen	251,88 m²	362.619,43	1.439,65	4,1
345	Innenwandbekleidungen	3.448,68 m²	231.624,47	67,16	2,6
346	Elementierte Innenwandkonstruktionen	–	–	–	–
347	Lichtschutz zur KG 340	–	–	–	–
349	Sonstiges zur KG 340	2.301,75 m²IWF	3.614,92	1,57	< 0,1
350	**Decken/Horizontale Baukonstruktionen**	**1.620,85 m²DEF**	**1.201.846,72**	**741,49**	**13,6**
351	Deckenkonstruktionen	1.605,40 m²	564.545,36	351,65	6,4
352	Deckenöffnungen	–	–	–	–
353	Deckenbeläge	1.435,91 m²	353.738,57	246,35	4,0
354	Deckenbekleidungen	1.138,64 m²	173.669,86	152,52	2,0
355	Elementierte Deckenkonstruktionen	15,45 m²	83.559,47	5.408,38	0,9
359	Sonstiges zur KG 350	1.620,85 m²DEF	26.333,44	16,25	0,3
360	**Dächer**	**918,00 m²DAF**	**808.764,97**	**881,01**	**9,2**
361	Dachkonstruktionen	833,72 m²	220.853,67	264,90	2,5
362	Dachöffnungen	1,00 m²	6.019,12	6.019,12	< 0,1
363	Dachbeläge	917,00 m²	462.885,91	504,78	5,2
364	Dachbekleidungen	665,47 m²	95.409,49	143,37	1,1
365	Elementierte Dachkonstruktionen	–	–	–	–
366	Lichtschutz zur KG 360	–	–	–	–
369	Sonstiges zur KG 360	918,00 m²DAF	23.596,77	25,70	0,3
370	**Infrastrukturanlagen**	**–**	**–**	**–**	**–**
380	**Baukonstruktive Einbauten**	**–**	**–**	**–**	**–**
390	**Sonst. Maßnahmen für Baukonstrukt.**	**2.699,02 m²BGF**	**571.742,86**	**211,83**	**6,5**

Kostenkennwerte für die Kostengruppen 400 der 2. und 3.Ebene DIN 276 (Übersicht)

KG	Kostengruppe	Menge Einheit	Kosten €	€/Einheit	% an 3+4
400	**Bauwerk – Technische Anlagen**	**2.699,02 m²BGF**	**1.604.055,60**	**594,31**	**18,2**
410	**Abwasser-, Wasser-, Gasanlagen**	**2.699,02 m²BGF**	**156.233,55**	**57,89**	**1,8**
411	Abwasseranlagen	2.699,02 m²BGF	54.859,80	20,33	0,6
412	Wasseranlagen	2.699,02 m²BGF	101.373,74	37,56	1,1
413	Gasanlagen	–	–	–	–
419	Sonstiges zur KG 410	–	–	–	–
420	**Wärmeversorgungsanlagen**	**2.699,02 m²BGF**	**475.624,14**	**176,22**	**5,4**
421	Wärmeerzeugungsanlagen	2.699,02 m²BGF	107.432,78	39,80	1,2
422	Wärmeverteilnetze	2.699,02 m²BGF	53.110,82	19,68	0,6
423	Raumheizflächen	2.699,02 m²BGF	315.080,54	116,74	3,6
424	Verkehrsheizflächen	–	–	–	–
429	Sonstiges zur KG 420	–	–	–	–
430	**Raumlufttechnische Anlagen**	**2.699,02 m²BGF**	**116.977,30**	**43,34**	**1,3**
431	Lüftungsanlagen	2.699,02 m²BGF	116.977,30	43,34	1,3
432	Teilklimaanlagen	–	–	–	–
433	Klimaanlagen	–	–	–	–
434	Kälteanlagen	–	–	–	–
439	Sonstiges zur KG 430	–	–	–	–
440	**Elektrische Anlagen**	**2.699,02 m²BGF**	**562.495,50**	**208,41**	**6,4**
441	Hoch- und Mittelspannungsanlagen	–	–	–	–
442	Eigenstromversorgungsanlagen	–	–	–	–
443	Niederspannungsschaltanlagen	2.699,02 m²BGF	43.849,39	16,25	0,5
444	Niederspannungsinstallationsanlagen	2.699,02 m²BGF	352.283,53	130,52	4,0
445	Beleuchtungsanlagen	2.699,02 m²BGF	151.307,93	56,06	1,7
446	Blitzschutz- und Erdungsanlagen	2.699,02 m²BGF	15.054,65	5,58	0,2
447	Fahrleitungssysteme	–	–	–	–
449	Sonstiges zur KG 440	–	–	–	–
450	**Kommunikationstechnische Anlagen**	**2.699,02 m²BGF**	**209.678,88**	**77,69**	**2,4**
451	Telekommunikationsanlagen	2.699,02 m²BGF	3.105,74	1,15	< 0,1
452	Such- und Signalanlagen	2.699,02 m²BGF	1.968,76	0,73	< 0,1
453	Zeitdienstanlagen	–	–	–	–
454	Elektroakustische Anlagen	–	–	–	–
455	Audiovisuelle Medien- u. Antennenanl.	–	–	–	–
456	Gefahrenmelde- und Alarmanlagen	2.699,02 m²BGF	82.176,98	30,45	0,9
457	Datenübertragungsnetze	2.699,02 m²BGF	122.427,39	45,36	1,4
458	Verkehrsbeeinflussungsanlagen	–	–	–	–
459	Sonstiges zur KG 450	–	–	–	–
460	**Förderanlagen**	**2.699,02 m²BGF**	**81.839,31**	**30,32**	**0,9**
461	Aufzugsanlagen	2.699,02 m²BGF	81.839,31	30,32	0,9
462	Fahrtreppen, Fahrsteige	–	–	–	–
463	Befahranlagen	–	–	–	–
464	Transportanlagen	–	–	–	–
465	Krananlagen	–	–	–	–
466	Hydraulikanlagen	–	–	–	–
469	Sonstiges zur KG 460	–	–	–	–
470	**Nutzungsspez. u. verfahrenstechn. Anl.**	**–**	**–**	**–**	**–**
480	**Gebäude- und Anlagenautomation**	**–**	**–**	**–**	**–**
490	**Sonst. Maßnahmen für techn. Anlagen**	**2.699,02 m²BGF**	**1.206,92**	**0,45**	**< 0,1**

Kostenkennwerte für Leistungsbereiche nach STLB (Kosten des Bauwerks nach DIN 276)

LB	Leistungsbereiche	Kosten €	€/m² BGF	€/m³ BRI	% an 3+4
000	Baustellen-, Sicherheitseinr. inkl. 001, 089	530.402	196,50	61,90	6,0
002	Erdarbeiten	153.077	56,70	17,90	1,7
006	Spezialtiefbauarbeiten inkl. 005	90.130	33,40	10,50	1,0
009	Entwässerungskanalarbeiten inkl. 011	21.217	7,90	2,50	0,2
010	Drän- und Versickerarbeiten	11.365	4,20	1,30	0,1
012	Mauerarbeiten	3.227	1,20	0,38	< 0,1
013	Betonarbeiten	968.737	358,90	113,10	11,0
014	Natur-, Betonwerksteinarbeiten	–	–	–	–
016	Zimmer- und Holzbauarbeiten	1.655.349	613,30	193,30	18,8
017	Stahlbauarbeiten	–	–	–	–
018	Abdichtungsarbeiten	74.875	27,70	8,70	0,8
019	Kampfmittelräumarbeiten	–	–	–	–
020	Dachdeckungsarbeiten	–	–	–	–
021	Dachabdichtungsarbeiten	368.624	136,60	43,00	4,2
022	Klempnerarbeiten	162.276	60,10	18,90	1,8
	Rohbau	**4.039.280**	**1.496,60**	**471,60**	**45,8**
023	Putz- und Stuckarbeiten, Wärmedämmsysteme	40.417	15,00	4,70	0,5
024	Fliesen- und Plattenarbeiten	96.724	35,80	11,30	1,1
025	Estricharbeiten	11.469	4,20	1,30	0,1
026	Fenster, Außentüren inkl. 029, 032	1.209.967	448,30	141,30	13,7
027	Tischlerarbeiten	457.574	169,50	53,40	5,2
028	Parkett-, Holzpflasterarbeiten	–	–	–	–
030	Rollladenarbeiten	104.540	38,70	12,20	1,2
031	Metallbauarbeiten inkl. 035	159.519	59,10	18,60	1,8
034	Maler- und Lackiererarb. - Beschicht. inkl. 037	236.887	87,80	27,70	2,7
036	Bodenbelagarbeiten	137.643	51,00	16,10	1,6
038	Vorgehängte hinterlüftete Fassaden	–	–	–	–
039	Trockenbauarbeiten	715.777	265,20	83,60	8,1
	Ausbau	**3.170.516**	**1.174,70**	**370,20**	**35,9**
040	Wärmeversorgungsanl. - Betriebseinr. inkl. 041	422.401	156,50	49,30	4,8
042	Gas- u. Wasseranl. - Leitung., Armat. inkl. 043	19.167	7,10	2,20	0,2
044	Abwasseranl. - Leitungen, Abläufe, Armaturen	32.021	11,90	3,70	0,4
045	Gas, Wasser, Entwässerung - Ausstattung inkl. 046	71.694	26,60	8,40	0,8
047	Dämm- und Brandschutzarb. an techn. Anlagen	62.520	23,20	7,30	0,7
049	Feuerlöschanlagen, Feuerlöschgeräte	–	–	–	–
050	Blitzschutz-/Erdungsanlagen, Überspannungssch.	15.055	5,60	1,80	0,2
053	Niederspannungsanl. - Kabel inkl. 052, 054	396.835	147,00	46,30	4,5
055	Sicherheits- u. Ersatzstromversorgungsanl.	–	–	–	–
057	Gebäudesystemtechnik	–	–	–	–
058	Leuchten und Lampen inkl. 059	151.308	56,10	17,70	1,7
060	Such, Signal, Zeit, Anten., akust. Anl. inkl. 064	5.075	1,90	0,59	< 0,1
061	Kommunikations- u. Übertragungsnetze inkl. 063	204.604	75,80	23,90	2,3
069	Aufzüge	81.839	30,30	9,60	0,9
070	Gebäudeautomation	–	–	–	–
075	Raumlufttechnische Anlagen inkl. 078	103.235	38,20	12,10	1,2
	Gebäudetechnik	**1.565.754**	**580,10**	**182,80**	**17,7**
084	Abbruch, Rückbau, Schadstoffsanierung	–	–	–	–
	Abbrucharbeiten	**–**	**–**	**–**	**–**
	Sonstige Leistungsbereiche	**48.198**	**17,90**	**5,60**	**0,5**

1300-0335
Verwaltungsgebäude
(40 AP)

Kostenkennwerte für die Kosten des Bauwerks (Kostengruppen 300+400 nach DIN 276)

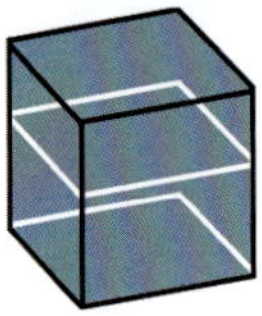

BRI **993 €/m³**

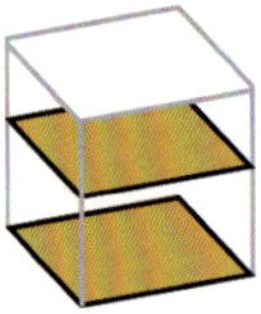

BGF **3.609 €/m²**

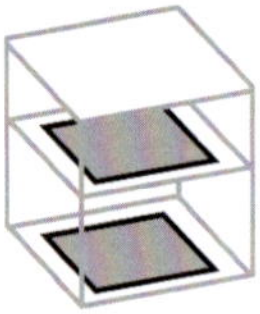

NUF **5.848 €/m²**

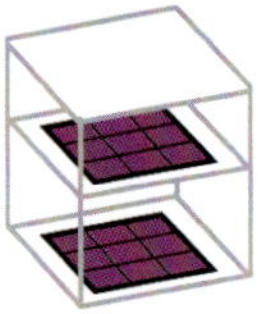

NE **200.947 €/NE**
NE: Arbeitsplätze

Objekt:
Kennwerte: 3. Ebene DIN 276
BRI: 8.097 m³
BGF: 2.227 m²
NUF: 1.374 m²
Bauzeit: 104 Wochen
Bauende: 2023
Standard: hoch
Bundesland: Baden-Württemberg
Kreis: Tübingen

Architekt*in:
VON M GmbH
Rosenbergstraße 76a
70176 Stuttgart

Bauherr*in:
GWG Tübingen mbH
Eisenbahnstraße 8
72072 Tübingen

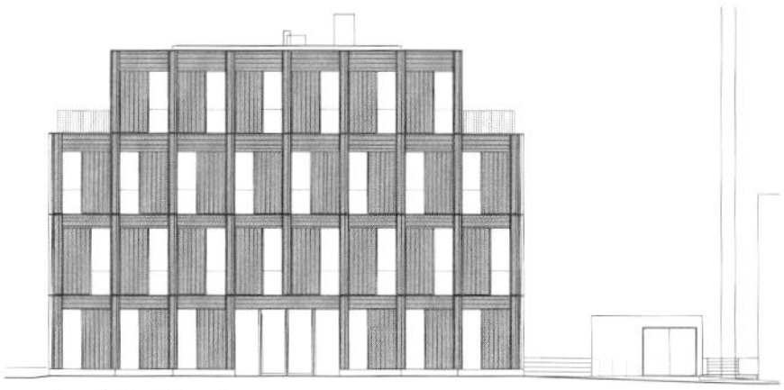

Ansicht Nord

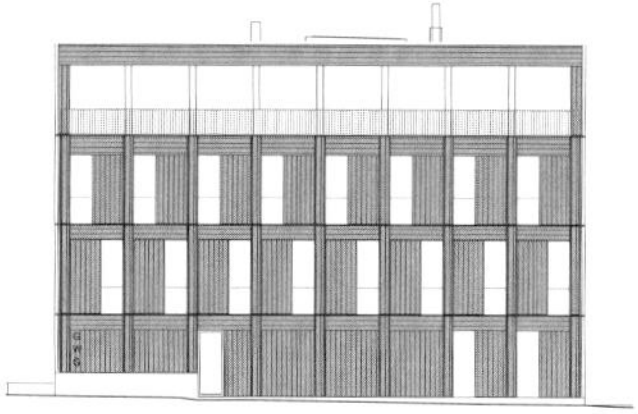

Ansicht Ost

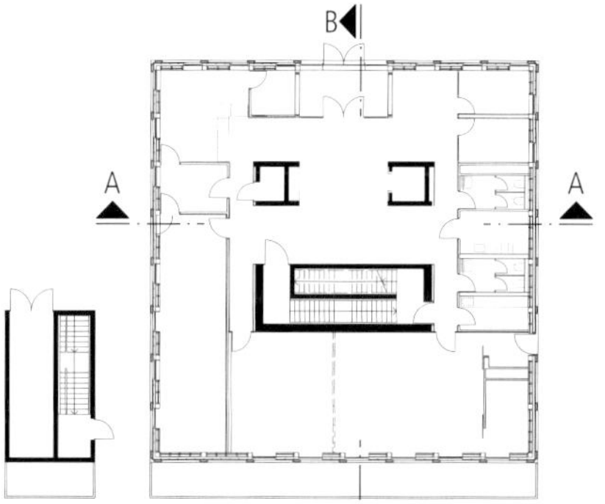

Erdgeschoss

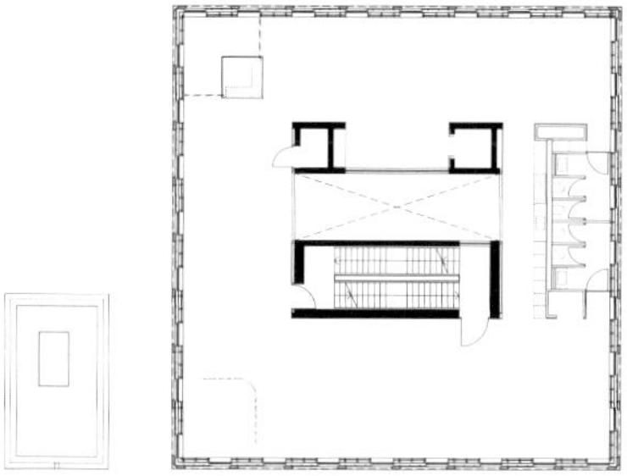

1. Obergeschoss

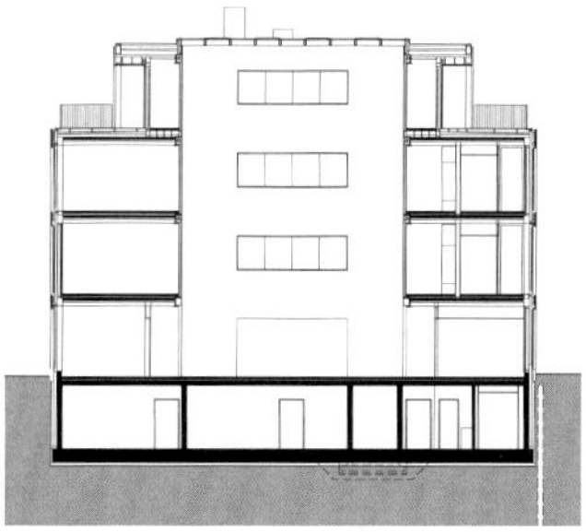

Schnitt A-A

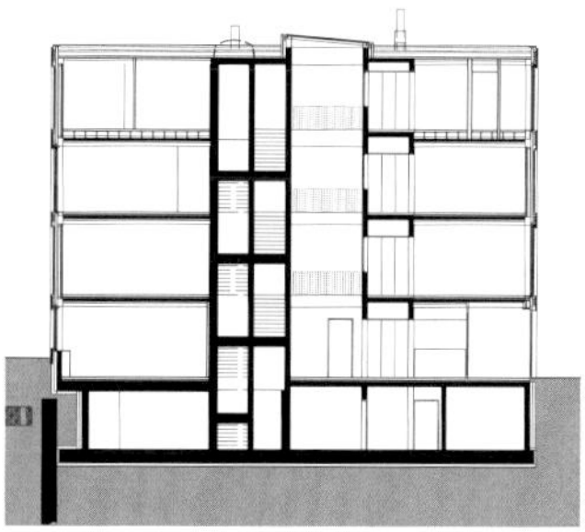

Schnitt B-B

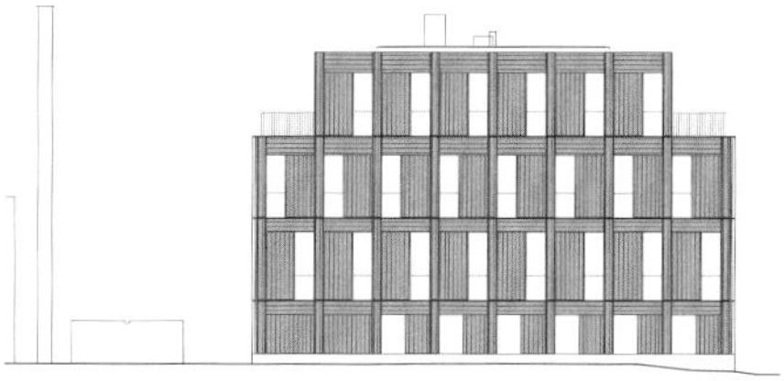

Ansicht Süd

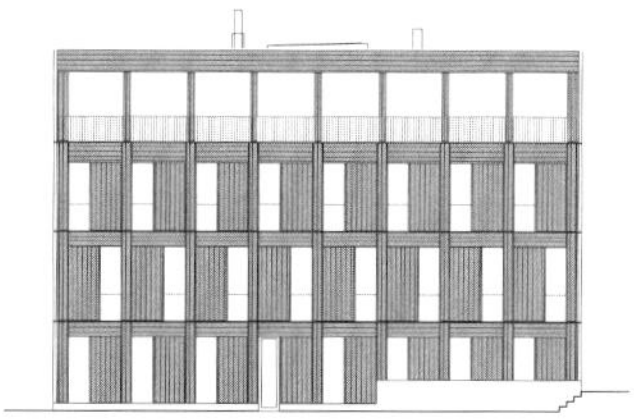

Ansicht West

Objektbeschreibung

Allgemeine Objektinformationen

Das Verwaltungsgebäude bringt durch sein offenes und kommunikationsförderndes Arbeitsklima sowie seiner nachhaltigen Bauweise die soziale und ökologische Haltung der Nutzerin zum Ausdruck. Die vertikal als auch horizontal offen konzipierte Arbeitswelt wird durch das zentral gelegene Atrium und den angrenzenden Kernen gegliedert. Der Baukörper vertritt eine eigene klare, dennoch zurückgenommene Haltung. Er nimmt die Höhen der Nachbargebäude auf und schafft Höhenbezüge.

Nutzung

1 Untergeschoss
Archiv, Fahrradraum, Nebenräume, Umkleiden, Technikräume, Flure, Treppenhaus

1 Erdgeschoss
Foyer, Windfang, Büros, Besprechungsräume, Ausstellungsfläche, Wartebereich, Infopoint, Teeküche, Sanitärräume, Flure, Treppenhaus, Fahrradabstellraum, Müllraum, Fluchttreppe

2 Obergeschosse
Büros, Besprechungsräume, Sanitärräume, Kopierräume, Serverraum, Coffee-Points, Kopierräume, Sanitärräume, Flure, Treppenhaus

1 Dachgeschoss
Multifunktionsraum, Küche, Coffee-Point, Sanitärräume, Flure, Treppenhaus, Dachterrasse

Nutzeinheiten

Arbeitsplätze: 40

Grundstück

Bauraum: Freier Bauraum
Neigung: Ebenes Gelände
Bodenklasse: BK 1 bis BK 5

Markt

Hauptvergabezeit: 2.Quartal 2021
Baubeginn: 1.Quartal 2021
Bauende: 1.Quartal 2023
Konjunkturelle Gesamtlage: über Durchschnitt
Regionaler Baumarkt: Durchschnitt

Baukonstruktion

Der Neubau in Holz-Hybridbauweise gründet auf einer Stahlbeton-Fundamentplatte. Die Wände und die Decke des Untergeschosses sowie die aussteifenden Treppenkerne wurden in Stahlbeton ausgeführt. Stützen und Balken aus Brettschichtholz tragen die Holz-Betonverbunddecken der oberen Geschosse. Die nichttragenden Holzrahmen-Außenwände sind außen mit einer hinterlüfteten Nut- und Federschalung und innen mit Holz-Vorsatzschalen bekleidet. Der Sockel wird durch Stahlbeton-Fertigteile geschützt. Die Holz-Alufenster sind mit Sonnenschutzscreens ausgestattet, über dem Atrium ist ein Pfosten-Riegeloberlicht angeordnet. Ein wesentlicher Bestandteil für Raumeindruck und Atmosphäre sind die komplett sichtbar belassene Holzkonstruktion der Decken sowie die Holz- und Sichtbetonoberflächen der Wände. Die Böden wurden mit Teppich und Terrazzo belegt. Die Dächer sind bekiest und extensiv begrünt bzw. zur Nutzung mit Holzbelag auf Stelzlagern ausgeführt.

Technische Anlagen

Das Gebäude ist an ein Fernwärmenetz angebunden und mit einer Fußbodenheizung ausgestattet. Die Trinkwarmwasserbereitung erfolgt über eine Frischwarmwasserstation. Die Grundlüftung mit einfachem Luftwechsel kann vom Nutzer durch Fensterlüftung unterstützt werden. Die Zuluft kommt durch den Doppelboden, die Abluft wird durch Überströmung in die Flure und das Atrium zurückgeführt. Die niedrigen Druckverluste führen zu minimalen Förderkosten. Die Luftaufbereitung mit hochwertiger Wärmerückgewinnung und adiabatischer Abluftkühlung sitzt im Untergeschoss. Das zentrale Atrium kann im Sommer zusätzlich über den Erdkanal und Lüftungsöffnungen im Dach mit kühler Luft durchspült werden. Der Energiebedarf für den Anlagenbetrieb wir durch die Photovoltaikelemente auf dem Dach unterstützt. Das Gebäude verfügt über Brandmelde-, RWA- und Zutrittskontrollanlagen, ein Video-Präsentationssystem, einem Datenübertragungsnetz sowie Gebäudeautomation.

Energetische Kennwerte

Gesetzliche Grundlage: EnEV 2013
Gebäudenutzfläche: 1.743,00 m^2
Spez. Jahresprimärenergiebedarf: 38,00 kWh/($m^2 \cdot a$)
CO_2-Emissionen: 23,00 kg/($m^2 \cdot a$)

Planungskennwerte für Flächen und Rauminhalte nach DIN 277

Flächen des Grundstücks		Menge Einheit	% an GF
BF	Bebaute Fläche	532,96 m²	42,2
UF	Unbebaute Fläche	730,14 m²	57,8
GF	Grundstücksfläche	1.263,10 m²	100,0

Grundflächen des Bauwerks		Menge Einheit	% an NUF	% an BGF
NUF	Nutzungsfläche	1.374,42 m²	100,0	61,7
TF	Technikfläche	87,25 m²	6,3	3,9
VF	Verkehrsfläche	375,24 m²	27,3	16,8
NRF	Netto-Raumfläche	1.836,91 m²	133,6	82,5
KGF	Konstruktions-Grundfläche	390,20 m²	28,4	17,5
BGF	Brutto-Grundfläche	2.227,11 m²	162,0	100,0

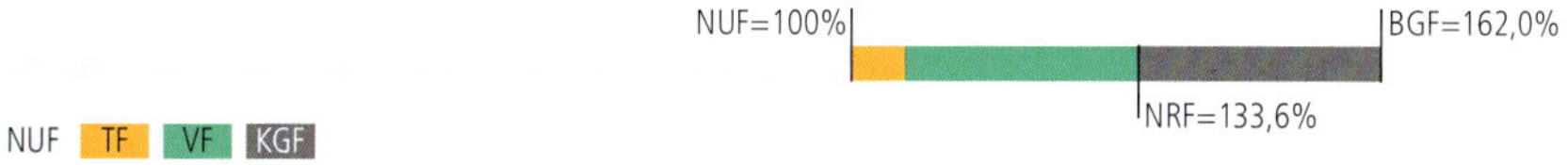

Brutto-Rauminhalt des Bauwerks		Menge Einheit	BRI/NUF (m)	BRI/BGF (m)
BRI	Brutto-Rauminhalt	8.097,10 m³	5,89	3,64

KG	Kostengruppen (2. Ebene)	Menge Einheit	Menge/NUF	Menge/BGF
310	Baugrube / Erdbau	2.295,10 m³ BGI	1,67	1,03
320	Gründung, Unterbau	526,58 m² GRF	0,38	0,24
330	Außenwände/Vertikale Baukonstruktionen, außen	1.457,63 m² AWF	1,06	0,65
340	Innenwände/Vertikale Baukonstruktionen, innen	1.907,05 m² IWF	1,39	0,86
350	Decken/Horizontale Baukonstruktionen	1.462,94 m² DEF	1,06	0,66
360	Dächer	591,59 m² DAF	0,43	0,27

Kostenkennwerte für die Kostengruppen der 1. Ebene DIN 276

KG	Kostengruppen (1. Ebene)	Einheit	Kosten €	€/Einheit	€/m² BGF	€/m³ BRI	% 300+400
100	Grundstück	m² GF	–	–	–	–	–
200	Vorbereitende Maßnahmen	m² GF	20.387	16,14	9,15	2,52	0,3
300	Bauwerk – Baukonstruktionen	m² BGF	6.402.061	2.874,60	2.874,60	790,66	79,6
400	Bauwerk – Technische Anlagen	m² BGF	1.635.812	734,50	734,50	202,02	20,4
	Bauwerk 300+400	**m² BGF**	**8.037.872**	**3.609,10**	**3.609,10**	**992,69**	**100,0**
500	Außenanlagen und Freiflächen	m² AF	86.218	–	38,71	10,65	1,1
600	Ausstattung und Kunstwerke	m² BGF	18.524	8,32	8,32	2,29	0,2
700	Baunebenkosten	m² BGF	–	–	–	–	–
800	Finanzierung	m² BGF	–	–	–	–	–

KG	Kostengruppe	Menge Einheit	Kosten €	€/Einheit	%
200	**Vorbereitende Maßnahmen**	1.263,10 m² GF	20.387	**16,14**	0,3

Abbruch von Bitumenbelag, Betonmauer, Zaun; Entsorgung, Deponiegebühren, Aufnehmen und Lagern von Bordsteinen

KG	Kostengruppe	Menge Einheit	Kosten €	€/Einheit	%
3+4	**Bauwerk**				**100,0**
300	**Bauwerk – Baukonstruktionen**	2.227,11 m² BGF	6.402.061	**2.874,60**	79,6

Verbau, Wasserhaltung; Stb-Fundamentplatten, Stahltreppe, Hydrophobierung; Stb-Wände, Holzrahmenwände, BSH-Stützen, Holz-Alufenster/-türen, Abdichtung, Perimeterdämmung, Holzfassaden, Stb-FT-Fassaden, Holz-Vorsatzschalen, Holz-Alu-Fassadenelemente, -Windfang, Sonnenschutz; GK-Wände, Stb-Stützen, Innentüren, Innenfenster, Tapete, Beschichtung, Holzbekleidungen, Wandfliesen, mobile Trennwand, WC-Trennwände; Holz-Beton-Verbunddecken, Stb-Decken, Stb-Treppen, Heizestrich, Hohlböden, Teppich, Terrazzo, GK-Decken, Gitterrostdecken; Holz-Beton-Verbunddächer, Holzdächer, Stb-Flachdächer, Pfosten-Riegeloberlicht, Dachfenster, Dämmung, Abdichtung, Kies, Holzterrassen, Dachbegrünung, Dachentwässerung; Einbaumöbel, Brandschutzvorhänge

KG	Kostengruppe	Menge Einheit	Kosten €	€/Einheit	%
400	**Bauwerk – Technische Anlagen**	2.227,11 m² BGF	1.635.812	**734,50**	20,4

Gebäudeentwässerung, Hebeanlagen, Kalt- und Warmwasserleitungen, Sanitärobjekte; Fernwärme-Übergabestation, Frischwarmwasserstation, Heizungsrohre, Fußbodenheizung, Heizkörper; Zu-/Abluftanlage mit WRG, Abluftanlage, Split-Klimageräte; Photovoltaikanlage, Elektroinstallation, Beleuchtung, Blitzschutzanlage; Rufkompaktset, Video-Präsentationssystem, Brandmeldeanlage, RWA-Anlage, Zutrittskontrollanlage, Datenübertragungsnetz; Personenaufzug; Gebäudeautomation

KG	Kostengruppe	Menge Einheit	Kosten €	€/Einheit	%
500	**Außenanlagen und Freiflächen**	–	86.218	**–**	1,1

Asphaltbelag; Gebäudeentwässerung, Wärmetauscherrohre, Sprechanlagensäule

KG	Kostengruppe	Menge Einheit	Kosten €	€/Einheit	%
600	**Ausstattung und Kunstwerke**	2.227,11 m² BGF	18.524	**8,32**	0,2

Sanitärausstattungen

Kostenkennwerte für die Kostengruppen 300 der 2. und 3.Ebene DIN 276 (Übersicht)

KG	Kostengruppe	Menge Einheit	Kosten €	€/Einheit	% an 3+4
300	**Bauwerk – Baukonstruktionen**	**2.227,11 m² BGF**	**6.402.060,60**	**2.874,60**	**79,6**
310	**Baugrube / Erdbau**	**2.295,10 m³ BGI**	**367.591,66**	**160,16**	**4,6**
311	Herstellung	2.295,10 m³ BGI	108.417,70	47,24	1,3
312	Umschließung	531,97 m²	244.661,80	459,92	3,0
313	Wasserhaltung	2.295,10 m³	14.512,16	6,32	0,2
314	Vortrieb	–	–	–	–
319	Sonstiges zur KG 310	–	–	–	–
320	**Gründung, Unterbau**	**526,58 m² GRF**	**222.738,82**	**422,99**	**2,8**
321	Baugrundverbesserung	–	–	–	–
322	Flachgründungen und Bodenplatten	526,58 m²	173.766,26	329,99	2,2
323	Tiefgründungen	–	–	–	–
324	Gründungsbeläge	136,23 m²	1.160,12	8,52	< 0,1
325	Abdichtungen und Bekleidungen	572,86 m²	47.812,44	83,46	0,6
326	Dränagen	–	–	–	–
329	Sonstiges zur KG 320	–	–	–	–
330	**Außenwände/Vert. Baukonstrukt., außen**	**1.457,63 m² AWF**	**1.590.236,04**	**1.090,97**	**19,8**
331	Tragende Außenwände	328,93 m²	161.173,26	489,99	2,0
332	Nichttragende Außenwände	757,08 m²	233.607,90	308,56	2,9
333	Außenstützen	389,28 m	77.086,81	198,02	1,0
334	Außenwandöffnungen	236,81 m²	315.981,70	1.334,33	3,9
335	Außenwandbekleidungen, außen	1.041,71 m²	364.523,40	349,93	4,5
336	Außenwandbekleidungen, innen	632,45 m²	161.639,07	255,58	2,0
337	Element. Außenwandkonstruktionen	134,81 m²	150.148,92	1.113,78	1,9
338	Lichtschutz zur KG 330	415,00 m²	119.703,90	288,44	1,5
339	Sonstiges zur KG 330	1.457,63 m² AWF	6.371,06	4,37	< 0,1
340	**Innenwände/Vert. Baukonstrukt., innen**	**1.907,05 m² IWF**	**1.342.695,65**	**704,07**	**16,7**
341	Tragende Innenwände	1.013,31 m²	543.254,41	536,12	6,8
342	Nichttragende Innenwände	586,32 m²	109.566,41	186,87	1,4
343	Innenstützen	5,40 m	3.599,87	666,64	< 0,1
344	Innenwandöffnungen	254,68 m²	415.148,11	1.630,08	5,2
345	Innenwandbekleidungen	1.088,57 m²	197.167,00	181,12	2,5
346	Elementierte Innenwandkonstruktionen	52,74 m²	58.588,82	1.110,90	0,7
347	Lichtschutz zur KG 340	–	–	–	–
349	Sonstiges zur KG 340	1.907,05 m² IWF	15.371,03	8,06	0,2
350	**Decken/Horizontale Baukonstruktionen**	**1.462,94 m² DEF**	**1.468.943,18**	**1.004,10**	**18,3**
351	Deckenkonstruktionen	1.462,94 m²	993.636,26	679,21	12,4
352	Deckenöffnungen	–	–	–	–
353	Deckenbeläge	1.314,78 m²	374.244,97	284,64	4,7
354	Deckenbekleidungen	276,40 m²	85.296,28	308,60	1,1
355	Elementierte Deckenkonstruktionen	–	–	–	–
359	Sonstiges zur KG 350	1.462,94 m² DEF	15.765,67	10,78	0,2
360	**Dächer**	**591,59 m² DAF**	**725.862,01**	**1.226,97**	**9,0**
361	Dachkonstruktionen	547,64 m²	331.295,47	604,95	4,1
362	Dachöffnungen	43,95 m²	134.685,47	3.064,52	1,7
363	Dachbeläge	535,18 m²	188.513,22	352,24	2,3
364	Dachbekleidungen	107,09 m²	17.576,68	164,13	0,2
365	Elementierte Dachkonstruktionen	–	–	–	–
366	Lichtschutz zur KG 360	37,50 m²	13.909,08	370,91	0,2
369	Sonstiges zur KG 360	591,59 m² DAF	39.882,09	67,42	0,5
370	**Infrastrukturanlagen**	**–**	**–**	**–**	**–**
380	**Baukonstruktive Einbauten**	**2.227,11 m² BGF**	**228.270,76**	**102,50**	**2,8**
390	**Sonst. Maßnahmen für Baukonstrukt.**	**2.227,11 m² BGF**	**455.722,46**	**204,63**	**5,7**

Kostenkennwerte für die Kostengruppen 400 der 2. und 3. Ebene DIN 276 (Übersicht)

KG	Kostengruppe	Menge Einheit	Kosten €	€/Einheit	% an 3+4
400	**Bauwerk – Technische Anlagen**	**2.227,11 m²BGF**	**1.635.811,56**	**734,50**	**20,4**
410	**Abwasser-, Wasser-, Gasanlagen**	**2.227,11 m²BGF**	**183.445,24**	**82,37**	**2,3**
411	Abwasseranlagen	2.227,11 m²BGF	59.813,59	26,86	0,7
412	Wasseranlagen	2.227,11 m²BGF	94.379,96	42,38	1,2
413	Gasanlagen	–	–	–	–
419	Sonstiges zur KG 410	2.227,11 m²BGF	29.251,69	13,13	0,4
420	**Wärmeversorgungsanlagen**	**2.227,11 m²BGF**	**183.525,17**	**82,41**	**2,3**
421	Wärmeerzeugungsanlagen	2.227,11 m²BGF	25.879,02	11,62	0,3
422	Wärmeverteilnetze	2.227,11 m²BGF	58.440,67	26,24	0,7
423	Raumheizflächen	2.227,11 m²BGF	99.205,47	44,54	1,2
424	Verkehrsheizflächen	–	–	–	–
429	Sonstiges zur KG 420	–	–	–	–
430	**Raumlufttechnische Anlagen**	**2.227,11 m²BGF**	**181.815,73**	**81,64**	**2,3**
431	Lüftungsanlagen	2.227,11 m²BGF	152.671,26	68,55	1,9
432	Teilklimaanlagen	2.227,11 m²BGF	29.144,48	13,09	0,4
433	Klimaanlagen	–	–	–	–
434	Kälteanlagen	–	–	–	–
439	Sonstiges zur KG 430	–	–	–	–
440	**Elektrische Anlagen**	**2.227,11 m²BGF**	**609.040,12**	**273,47**	**7,6**
441	Hoch- und Mittelspannungsanlagen	–	–	–	–
442	Eigenstromversorgungsanlagen	2.227,11 m²BGF	41.866,91	18,80	0,5
443	Niederspannungsschaltanlagen	–	–	–	–
444	Niederspannungsinstallationsanlagen	2.227,11 m²BGF	321.799,87	144,49	4,0
445	Beleuchtungsanlagen	2.227,11 m²BGF	216.966,20	97,42	2,7
446	Blitzschutz- und Erdungsanlagen	2.227,11 m²BGF	28.407,15	12,76	0,4
447	Fahrleitungssysteme	–	–	–	–
449	Sonstiges zur KG 440	–	–	–	–
450	**Kommunikationstechnische Anlagen**	**2.227,11 m²BGF**	**228.766,09**	**102,72**	**2,8**
451	Telekommunikationsanlagen	–	–	–	–
452	Such- und Signalanlagen	2.227,11 m²BGF	713,31	0,32	< 0,1
453	Zeitdienstanlagen	–	–	–	–
454	Elektroakustische Anlagen	–	–	–	–
455	Audiovisuelle Medien- u. Antennenanl.	2.227,11 m²BGF	52.125,29	23,40	0,6
456	Gefahrenmelde- und Alarmanlagen	2.227,11 m²BGF	76.555,15	34,37	1,0
457	Datenübertragungsnetze	2.227,11 m²BGF	99.372,34	44,62	1,2
458	Verkehrsbeeinflussungsanlagen	–	–	–	–
459	Sonstiges zur KG 450	–	–	–	–
460	**Förderanlagen**	**2.227,11 m²BGF**	**71.226,91**	**31,98**	**0,9**
461	Aufzugsanlagen	2.227,11 m²BGF	71.226,91	31,98	0,9
462	Fahrtreppen, Fahrsteige	–	–	–	–
463	Befahranlagen	–	–	–	–
464	Transportanlagen	–	–	–	–
465	Krananlagen	–	–	–	–
466	Hydraulikanlagen	–	–	–	–
469	Sonstiges zur KG 460	–	–	–	–
470	**Nutzungsspez. u. verfahrenstechn. Anl.**	**–**	**–**	**–**	**–**
480	**Gebäude- und Anlagenautomation**	**2.227,11 m²BGF**	**175.576,90**	**78,84**	**2,2**
490	**Sonst. Maßnahmen für techn. Anlagen**	**2.227,11 m²BGF**	**2.415,42**	**1,08**	**< 0,1**

Kostenkennwerte für Leistungsbereiche nach STLB (Kosten des Bauwerks nach DIN 276)

LB	Leistungsbereiche	Kosten €	€/m² BGF	€/m³ BRI	% an 3+4
000	Baustellen-, Sicherheitseinr. inkl. 001, 089	418.151	187,80	51,60	5,2
002	Erdarbeiten	112.244	50,40	13,90	1,4
006	Spezialtiefbauarbeiten inkl. 005	246.627	110,70	30,50	3,1
009	Entwässerungskanalarbeiten inkl. 011	9.346	4,20	1,20	0,1
010	Drän- und Versickerarbeiten	–	–	–	–
012	Mauerarbeiten	–	–	–	–
013	Betonarbeiten	1.294.067	581,10	159,80	16,1
014	Natur-, Betonwerksteinarbeiten	7.358	3,30	0,91	< 0,1
016	Zimmer- und Holzbauarbeiten	1.616.316	725,70	199,60	20,1
017	Stahlbauarbeiten	204.913	92,00	25,30	2,5
018	Abdichtungsarbeiten	3.726	1,70	0,46	< 0,1
019	Kampfmittelräumarbeiten	–	–	–	–
020	Dachdeckungsarbeiten	–	–	–	–
021	Dachabdichtungsarbeiten	156.754	70,40	19,40	2,0
022	Klempnerarbeiten	49.421	22,20	6,10	0,6
	Rohbau	**4.118.924**	**1.849,40**	**508,70**	**51,2**
023	Putz- und Stuckarbeiten, Wärmedämmsysteme	–	–	–	–
024	Fliesen- und Plattenarbeiten	6.162	2,80	0,76	< 0,1
025	Estricharbeiten	218.613	98,20	27,00	2,7
026	Fenster, Außentüren inkl. 029, 032	564.750	253,60	69,70	7,0
027	Tischlerarbeiten	631.005	283,30	77,90	7,9
028	Parkett-, Holzpflasterarbeiten	–	–	–	–
030	Rollladenarbeiten	132.246	59,40	16,30	1,6
031	Metallbauarbeiten inkl. 035	317.030	142,40	39,20	3,9
034	Maler- und Lackiererarb. - Beschicht. inkl. 037	65.707	29,50	8,10	0,8
036	Bodenbelagarbeiten	81.899	36,80	10,10	1,0
038	Vorgehängte hinterlüftete Fassaden	–	–	–	–
039	Trockenbauarbeiten	196.352	88,20	24,20	2,4
	Ausbau	**2.213.764**	**994,00**	**273,40**	**27,5**
040	Wärmeversorgungsanl. - Betriebseinr. inkl. 041	171.164	76,90	21,10	2,1
042	Gas- u. Wasseranl. - Leitung., Armat. inkl. 043	32.881	14,80	4,10	0,4
044	Abwasseranl. - Leitungen, Abläufe, Armaturen	32.798	14,70	4,10	0,4
045	Gas, Wasser, Entwässerung - Ausstattung inkl. 046	95.365	42,80	11,80	1,2
047	Dämm- und Brandschutzarb. an techn. Anlagen	46.688	21,00	5,80	0,6
049	Feuerlöschanlagen, Feuerlöschgeräte	–	–	–	–
050	Blitzschutz-/Erdungsanlagen, Überspannungssch.	28.407	12,80	3,50	0,4
053	Niederspannungsanl. - Kabel inkl. 052, 054	353.621	158,80	43,70	4,4
055	Sicherheits- u. Ersatzstromversorgungsanl.	–	–	–	–
057	Gebäudesystemtechnik	–	–	–	–
058	Leuchten und Lampen inkl. 059	216.966	97,40	26,80	2,7
060	Such, Signal, Zeit, Anten., akust. Anl. inkl. 064	52.839	23,70	6,50	0,7
061	Kommunikations- u. Übertragungsnetze inkl. 063	175.927	79,00	21,70	2,2
069	Aufzüge	68.092	30,60	8,40	0,8
070	Gebäudeautomation	175.577	78,80	21,70	2,2
075	Raumlufttechnische Anlagen inkl. 078	170.032	76,30	21,00	2,1
	Gebäudetechnik	**1.620.357**	**727,60**	**200,10**	**20,2**
084	Abbruch, Rückbau, Schadstoffsanierung	–	–	–	–
	Abbrucharbeiten	**–**	**–**	**–**	**–**
	Sonstige Leistungsbereiche	**84.827**	**38,10**	**10,50**	**1,1**

1300-0341
Bürogebäude
(10 AP)

Kostenkennwerte für die Kosten des Bauwerks (Kostengruppen 300+400 nach DIN 276)

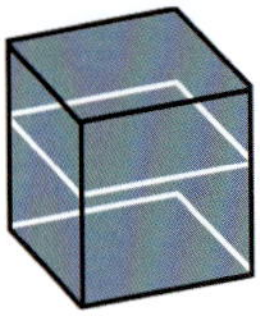

BRI **946 €/m³**

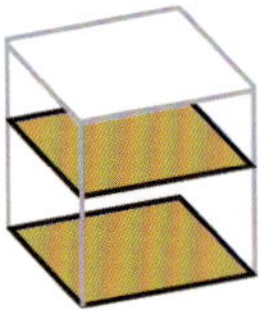

BGF **4.673 €/m²**

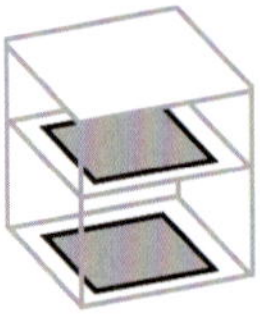

NUF **7.555 €/m²**

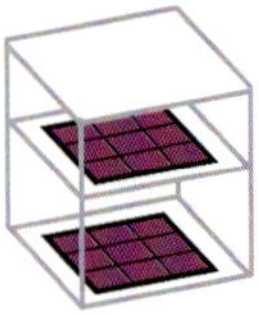

NE **171.378 €/NE**

NE: Arbeitsplätze

Objekt:
Kennwerte: 3.Ebene DIN 276
BRI: 1.811 m³
BGF: 367 m²
NUF: 227 m²
Bauzeit: 44 Wochen
Bauende: 2024
Standard: hoch
Bundesland: Brandenburg
Kreis: Potsdam-Mittelmark

Planer*in:
Architektur- und
Ingenieurbüro
Siegmund Bölke
und Partner mbB
Leipziger Straße 175
14929 Treuenbrietzen

Bauherr*in:
Energiequelle Invest GmbH
Hauptstraße 44
15806 Zossen

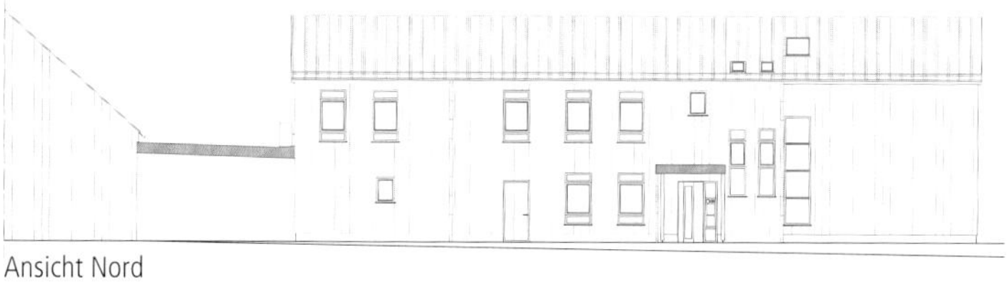

Ansicht Nord

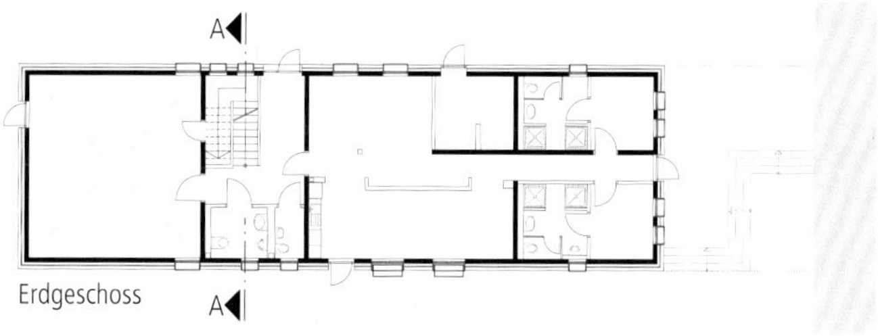

Erdgeschoss

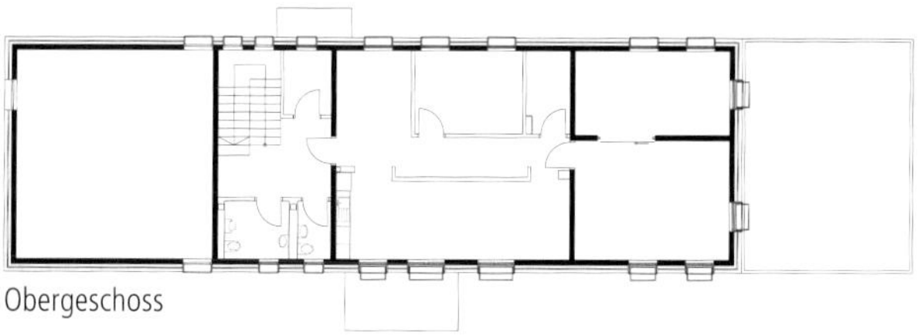

Obergeschoss

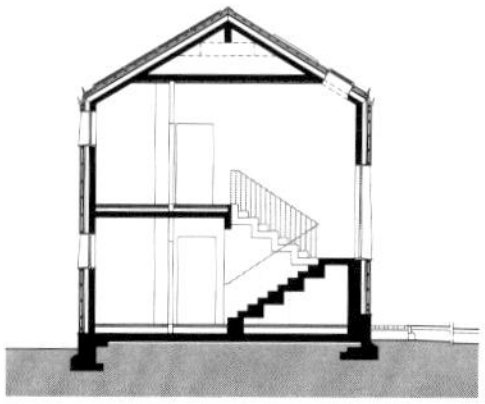

Schnitt A-A

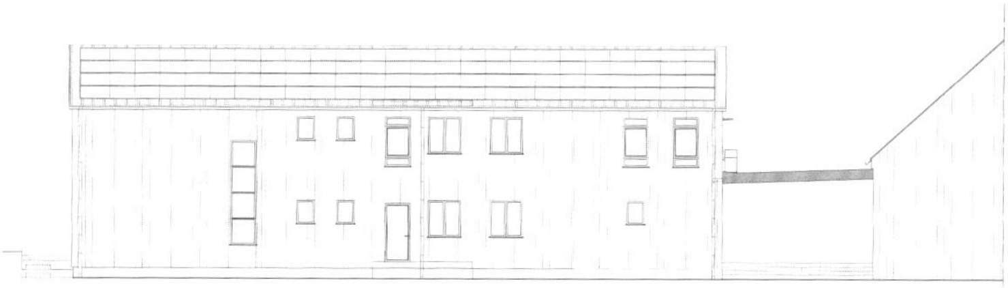

Ansicht Süd

Ansicht Ost

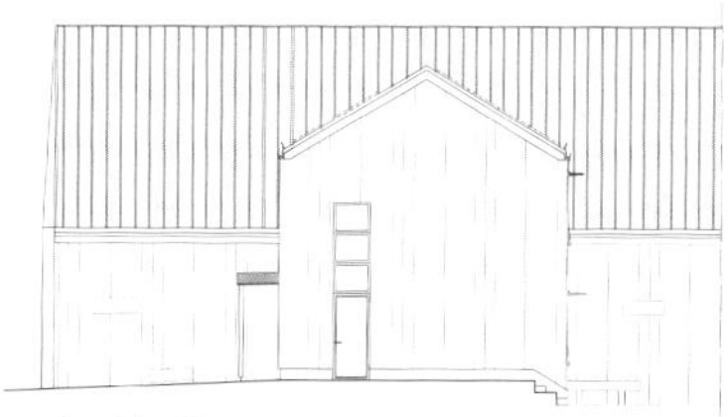

Ansicht West

1300-0341
Bürogebäude
(10 AP)

Objektbeschreibung

Allgemeine Objektinformationen

Das Bürogebäude ist Teil eines Ensembles aus vier Gebäuden auf dem Grundstück eines ehemals geschlossenen Vierseithofs. Der Neubau ist durch eine Überdachung mit der bereits sanierten Scheune verbunden. Die Nutzungseinheiten des Bürogebäudes sind horizontal geschossweise angeordnet. Der Besprechungsraum nimmt den kompletten Westgiebel über zwei Etagen ein und kann wechselseitig genutzt werden.

Nutzung

1 Erdgeschoss
Büro, Beratungsraum, Pausenraum, Umkleiden, Sanitärräume, WCs, Stuhllager, Eingangsbereich, Hausanschussraum

1 Obergeschoss
Empfang, Büros, Archiv, Lager, Serverraum, Pausenraum, WCs

Nutzeinheiten

Arbeitsplätze: 10

Grundstück

Bauraum: Freier Bauraum
Neigung: Ebenes Gelände
Bodenklasse: BK 1 bis BK 5

Markt

Hauptvergabezeit: 3. Quartal 2023
Baubeginn: 4. Quartal 2023
Bauende: 3. Quartal 2024
Konjunkturelle Gesamtlage: über Durchschnitt
Regionaler Baumarkt: unter Durchschnitt

Baukonstruktion

Das Massivholzhaus gründet mit einer Stahlbeton-Fundamentplatte auf Schaumglasschotter. Winkelstützmauern dienen als Fassadensockel. Alle tragenden Wände, die Decke und das Satteldach wurden aus leimfreiem Dübelholz hergestellt. Ca. 90% der Wände und der Decke sind in Sichtqualität ausgeführt und als fertige Oberfläche belassen. Eine zusätzliche Kehlbalkendecke im Dachgeschoss dient zur Leitungsführung der Haustechnik. Eine Holzunterkonstruktion trägt die Dämmung und die sibirisch Lärchenfassadenschalung. Fenster und Türen sowie Fensterbänke und Laibungsbekleidungen wurden ebenfalls aus Holz gefertigt. Extra tiefe Eichenfensterbänke dienen im Pausenraum zusätzlich als Tische. Alte Eichenbalken wurden aufgearbeitet und als Blockstufen verwendet. Nichttragende Trennwände wurden mit Lehmbauplatten ausgeführt, gespachtelt und beschichtet. Die Hohlböden sind mit Linoleum belegt.

Technische Anlagen

Das Bürogebäude ist über einen Wärmetauscher an das örtliche Nahwärmenetz angeschlossen. Die Verteilung der Heizwärme erfolgt über eine Fußbodenheizung. Warmwasser wird mit Durchlauferhitzern erzeugt. Split-Klimageräte kühlen die Büroräume, den Besprechungsraum sowie den Serverraum. Leuchten, Rauchmelder, eine Sprechanlage und ein Datenübertragungsnetz wurden installiert. Die Haustechnik ist über ein KNX-System geregelt.

Sonstiges

Das Bürogebäude befindet sich in einem energieautarken Ort mit zertifizierter Biogasanlage und regenerativer Stromerzeugung aus Windkraft. Es gibt keinen Anschluss an das öffentlich Abwasser-Entsorgungsnetz, daher sind Abwassersammelgruben eingebaut.

Energetische Kennwerte

Gesetzliche Grundlage: GEG 2020
Gebäudenutzfläche: 301,00 m^2
Gebäudevolumen: 1.522,80 m^3
A/V_e-Verhältnis (Kompaktheit): 0,59 m^{-1}
Hüllfläche des beheizten Volumens: 897,70 m^2
Mittlerer U-Wert (opake Bauteile): 0,18
Mittlerer U-Wert (transparente Bauteile): 1,00
Spez. Jahresprimärenergiebedarf: 45,90 kWh/($m^2 \cdot a$)
CO_2-Emissionen: 13,15 kg/($m^2 \cdot a$)

Energetische Angaben zu Außenbauteilen

Bodenplatte

U-Wert: 0,17 W/(m²·K)

Gesamtdicke: 47,02 cm	d [cm]	λ [W/(mK)]
Schüttung	25,00	0,045
Abdichtung	0,02	0,300
Stahlbeton	22,00	2,500

Außenwand Sockel

U-Wert: 0,22 W/(m²·K)

Gesamtdicke: 46,23 cm	d [cm]	λ [W/(mK)]
Holz	18,50	0,130
Dampfbremse	0,03	0,220
Luftschicht ruhend	4,00	0,250
Schüttung	10,00	0,037
Abdichtung	1,00	0,170
Stahlbeton	12,70	2,000

Außenwand

U-Wert: 0,20 W/(m²·K)

Gesamtdicke: 32,03 cm	d [cm]	λ [W/(mK)]
Holz	18,50	0,130
Dampfsperre	0,03	0,040
Holz	10,00	0,130
Dämmung	10,00	0,036
Holzfaserplatte	3,50	0,038

Dach

U-Wert: 0,19 W/(m²·K)

Gesamtdicke: 29,43 cm	d [cm]	λ [W/(mK)]
Holz	12,00	0,130
Dampfbremse	0,03	0,220
Holz	1,90	0,090
Holzfaserplatte	12,00	0,038
Holzfaserplatte	3,50	0,045

Planungskennwerte für Flächen und Rauminhalte nach DIN 277

Flächen des Grundstücks		Menge Einheit	% an GF
BF	Bebaute Fläche	–	–
UF	Unbebaute Fläche	–	–
GF	Grundstücksfläche	–	–

Grundflächen des Bauwerks		Menge Einheit	% an NUF	% an BGF
NUF	Nutzungsfläche	226,84 m2	100,0	61,9
TF	Technikfläche	5,37 m2	2,4	1,5
VF	Verkehrsfläche	56,61 m2	25,0	15,4
NRF	Netto-Raumfläche	288,82 m2	127,3	78,8
KGF	Konstruktions-Grundfläche	77,90 m2	34,3	21,2
BGF	Brutto-Grundfläche	366,72 m2	161,7	100,0

Brutto-Rauminhalt des Bauwerks		Menge Einheit	BRI/NUF (m)	BRI/BGF (m)
BRI	Brutto-Rauminhalt	1.811,28 m3	7,99	4,94

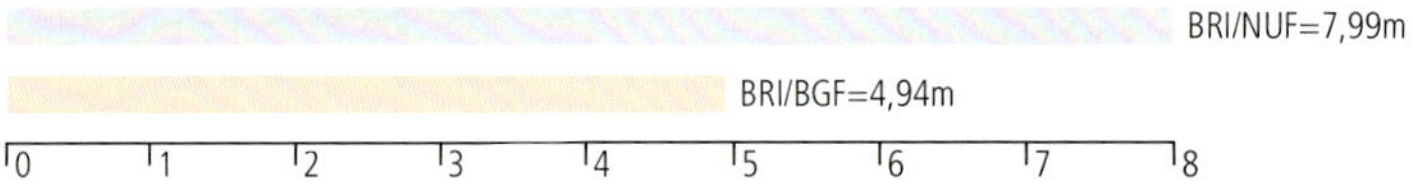

KG	Kostengruppen (2. Ebene)	Menge Einheit	Menge/NUF	Menge/BGF
310	Baugrube / Erdbau	194,01 m3 BGI	0,86	0,53
320	Gründung, Unterbau	190,92 m2 GRF	0,84	0,52
330	Außenwände/Vertikale Baukonstruktionen, außen	491,09 m2 AWF	2,17	1,34
340	Innenwände/Vertikale Baukonstruktionen, innen	371,90 m2 IWF	1,64	1,01
350	Decken/Horizontale Baukonstruktionen	136,65 m2 DEF	0,60	0,37
360	Dächer	286,03 m2 DAF	1,26	0,78

Kostenkennwerte für die Kostengruppen der 1.Ebene DIN 276

KG	Kostengruppen (1.Ebene)	Einheit	Kosten €	€/Einheit	€/m² BGF	€/m³ BRI	% 300+400
100	Grundstück	m² GF	–	–	–	–	–
200	Vorbereitende Maßnahmen	m² GF	16.833	–	45,90	9,29	1,0
300	Bauwerk – Baukonstruktionen	m² BGF	1.350.471	3.682,57	3.682,57	745,59	78,8
400	Bauwerk – Technische Anlagen	m² BGF	363.312	990,71	990,71	200,58	21,2
	Bauwerk 300+400	**m² BGF**	**1.713.783**	**4.673,27**	**4.673,27**	**946,17**	**100,0**
500	Außenanlagen und Freiflächen	m² AF	30.322	–	82,68	16,74	1,8
600	Ausstattung und Kunstwerke	m² BGF	5.894	16,07	16,07	3,25	0,3
700	Baunebenkosten	m² BGF	–	–	–	–	–
800	Finanzierung	m² BGF	–	–	–	–	–

KG	Kostengruppe	Menge Einheit	Kosten €	€/Einheit	%
200	**Vorbereitende Maßnahmen**	–	16.833	–	1,0

Aufnehmen und Lagern von Feldsteinen, Abbruch von Abwassergrube, Wandscheibe; Entsorgung, Deponiegebühren; archäologische Dokumentation

KG	Kostengruppe	Menge Einheit	Kosten €	€/Einheit	%
3+4	**Bauwerk**				**100,0**
300	**Bauwerk – Baukonstruktionen**	366,72 m² BGF	1.350.471	**3.682,57**	78,8

Stb-Fundamentplatte, Hohlböden, Linoleum, Bodenfliesen, Schaumglasschotter, Abdichtung, Stb-Winkelstützelemente; Massivholzwände, Stahlstützen, Holzfenster, Holz-Eingangstüren, Holzbekleidung, Sonnenschutz; Lehmbauwände, BSH-Stütze, Holztüren, Glastür, Lehmspachtelung, Lehmfarbbeschichtung, UV-Schutzbeschichtung, Wandfliesen, WC-Trennwände; Brettstapeldecke, Stb-Treppe, Holzstufen, Stahlgeländer; Brettstapel-Satteldach, Stahl-Überdachung, Trapezblech, Dachflächenfenster, Dämmung, Ziegeldeckung, Dachentwässerung, Dachbegrünung, Einschubtreppen; Teeküchen

KG	Kostengruppe	Menge Einheit	Kosten €	€/Einheit	%
400	**Bauwerk – Technische Anlagen**	366,72 m² BGF	363.312	**990,71**	21,2

Gebäudeentwässerung, Kalt- und Warmwasserleitungen, Sanitärobjekte, Durchlauferhitzer; Nahwärmeanschluss, Warmwasserspeicher, Heizungsrohre, Fußbodenheizung, Heizkörper; Einzelraumlüfter, Split-Klimageräte; Elektroinstallation, Beleuchtung; Videosprechanlage, Rauchmelder, Datenübertragungsnetz; Gebäudeautomation

KG	Kostengruppe	Menge Einheit	Kosten €	€/Einheit	%
500	**Außenanlagen und Freiflächen**	–	30.322	**–**	1,8

Erdarbeiten, Pumpensumpf; Stb-Abwassersammelgruben, Sickerschächte, Trinkwasserleitung, Kabelschutzrohre

KG	Kostengruppe	Menge Einheit	Kosten €	€/Einheit	%
600	**Ausstattung und Kunstwerke**	366,72 m² BGF	5.894	**16,07**	0,3

Sanitärausstattung

Kostenkennwerte für die Kostengruppen 300 der 2. und 3.Ebene DIN 276 (Übersicht)

KG	Kostengruppe	Menge Einheit	Kosten €	€/Einheit	% an 3+4
300	**Bauwerk – Baukonstruktionen**	**366,72 m² BGF**	**1.350.470,63**	**3.682,57**	**78,8**
310	**Baugrube / Erdbau**	**194,01 m³ BGI**	**40.491,17**	**208,71**	**2,4**
311	Herstellung	194,01 m³ BGI	40.491,17	208,71	2,4
312	Umschließung	–	–	–	–
313	Wasserhaltung	–	–	–	–
314	Vortrieb	–	–	–	–
319	Sonstiges zur KG 310	–	–	–	–
320	**Gründung, Unterbau**	**190,92 m² GRF**	**148.399,15**	**777,28**	**8,7**
321	Baugrundverbesserung	–	–	–	–
322	Flachgründungen und Bodenplatten	190,92 m²	30.782,46	161,23	1,8
323	Tiefgründungen	–	–	–	–
324	Gründungsbeläge	165,11 m²	54.243,44	328,53	3,2
325	Abdichtungen und Bekleidungen	265,51 m²	62.347,05	234,82	3,6
326	Dränagen	190,92 m² GRF	1.026,21	5,38	< 0,1
329	Sonstiges zur KG 320	–	–	–	–
330	**Außenwände/Vert. Baukonstrukt., außen**	**491,09 m² AWF**	**502.023,58**	**1.022,26**	**29,3**
331	Tragende Außenwände	427,86 m²	185.947,56	434,60	10,9
332	Nichttragende Außenwände	–	–	–	–
333	Außenstützen	12,18 m	1.519,76	124,78	< 0,1
334	Außenwandöffnungen	63,23 m²	119.359,33	1.887,70	7,0
335	Außenwandbekleidungen, außen	428,52 m²	149.131,85	348,02	8,7
336	Außenwandbekleidungen, innen	326,53 m²	11.390,28	34,88	0,7
337	Element. Außenwandkonstruktionen	–	–	–	–
338	Lichtschutz zur KG 330	50,38 m²	27.662,57	549,08	1,6
339	Sonstiges zur KG 330	491,09 m² AWF	7.012,21	14,28	0,4
340	**Innenwände/Vert. Baukonstrukt., innen**	**371,90 m² IWF**	**232.780,95**	**625,92**	**13,6**
341	Tragende Innenwände	134,09 m²	63.476,66	473,39	3,7
342	Nichttragende Innenwände	188,97 m²	39.402,55	208,51	2,3
343	Innenstützen	2,74 m	140,45	51,26	< 0,1
344	Innenwandöffnungen	38,92 m²	61.923,99	1.591,06	3,6
345	Innenwandbekleidungen	646,95 m²	64.048,45	99,00	3,7
346	Elementierte Innenwandkonstruktionen	9,92 m²	3.788,87	381,94	0,2
347	Lichtschutz zur KG 340	–	–	–	–
349	Sonstiges zur KG 340	–	–	–	–
350	**Decken/Horizontale Baukonstruktionen**	**136,65 m² DEF**	**126.658,20**	**926,88**	**7,4**
351	Deckenkonstruktionen	136,65 m²	70.732,45	517,62	4,1
352	Deckenöffnungen	–	–	–	–
353	Deckenbeläge	116,53 m²	42.072,25	361,04	2,5
354	Deckenbekleidungen	176,28 m²	5.073,57	28,78	0,3
355	Elementierte Deckenkonstruktionen	–	–	–	–
359	Sonstiges zur KG 350	136,65 m² DEF	8.779,94	64,25	0,5
360	**Dächer**	**286,03 m² DAF**	**212.801,73**	**743,98**	**12,4**
361	Dachkonstruktionen	269,30 m²	84.190,06	312,63	4,9
362	Dachöffnungen	2,23 m²	6.524,46	2.925,77	0,4
363	Dachbeläge	283,80 m²	94.182,25	331,86	5,5
364	Dachbekleidungen	139,91 m²	22.331,57	159,61	1,3
365	Elementierte Dachkonstruktionen	–	–	–	–
366	Lichtschutz zur KG 360	–	–	–	–
369	Sonstiges zur KG 360	286,03 m² DAF	5.573,41	19,49	0,3
370	**Infrastrukturanlagen**	**–**	**–**	**–**	**–**
380	**Baukonstruktive Einbauten**	**366,72 m² BGF**	**19.219,35**	**52,41**	**1,1**
390	**Sonst. Maßnahmen für Baukonstrukt.**	**366,72 m² BGF**	**68.096,51**	**185,69**	**4,0**

Kostenkennwerte für die Kostengruppen 400 der 2. und 3.Ebene DIN 276 (Übersicht)

KG	Kostengruppe	Menge Einheit	Kosten €	€/Einheit	% an 3+4
400	**Bauwerk – Technische Anlagen**	**366,72 m² BGF**	**363.312,21**	**990,71**	**21,2**
410	**Abwasser-, Wasser-, Gasanlagen**	**366,72 m² BGF**	**60.382,80**	**164,66**	**3,5**
411	Abwasseranlagen	366,72 m² BGF	12.080,46	32,94	0,7
412	Wasseranlagen	366,72 m² BGF	43.391,30	118,32	2,5
413	Gasanlagen	–	–	–	–
419	Sonstiges zur KG 410	366,72 m² BGF	4.911,04	13,39	0,3
420	**Wärmeversorgungsanlagen**	**366,72 m² BGF**	**66.176,86**	**180,46**	**3,9**
421	Wärmeerzeugungsanlagen	366,72 m² BGF	11.900,91	32,45	0,7
422	Wärmeverteilnetze	366,72 m² BGF	19.715,64	53,76	1,2
423	Raumheizflächen	366,72 m² BGF	34.560,31	94,24	2,0
424	Verkehrsheizflächen	–	–	–	–
429	Sonstiges zur KG 420	–	–	–	–
430	**Raumlufttechnische Anlagen**	**366,72 m² BGF**	**58.934,48**	**160,71**	**3,4**
431	Lüftungsanlagen	366,72 m² BGF	6.712,04	18,30	0,4
432	Teilklimaanlagen	–	–	–	–
433	Klimaanlagen	366,72 m² BGF	52.222,45	142,40	3,0
434	Kälteanlagen	–	–	–	–
439	Sonstiges zur KG 430	–	–	–	–
440	**Elektrische Anlagen**	**366,72 m² BGF**	**110.106,86**	**300,25**	**6,4**
441	Hoch- und Mittelspannungsanlagen	–	–	–	–
442	Eigenstromversorgungsanlagen	–	–	–	–
443	Niederspannungsschaltanlagen	–	–	–	–
444	Niederspannungsinstallationsanlagen	366,72 m² BGF	55.261,22	150,69	3,2
445	Beleuchtungsanlagen	366,72 m² BGF	54.646,82	149,02	3,2
446	Blitzschutz- und Erdungsanlagen	366,72 m² BGF	198,82	0,54	< 0,1
447	Fahrleitungssysteme	–	–	–	–
449	Sonstiges zur KG 440	–	–	–	–
450	**Kommunikationstechnische Anlagen**	**366,72 m² BGF**	**15.705,92**	**42,83**	**0,9**
451	Telekommunikationsanlagen	–	–	–	–
452	Such- und Signalanlagen	366,72 m² BGF	3.318,14	9,05	0,2
453	Zeitdienstanlagen	–	–	–	–
454	Elektroakustische Anlagen	–	–	–	–
455	Audiovisuelle Medien- u. Antennenanl.	–	–	–	–
456	Gefahrenmelde- und Alarmanlagen	366,72 m² BGF	3.567,09	9,73	0,2
457	Datenübertragungsnetze	366,72 m² BGF	8.820,69	24,05	0,5
458	Verkehrsbeeinflussungsanlagen	–	–	–	–
459	Sonstiges zur KG 450	–	–	–	–
460	**Förderanlagen**	**–**	**–**	**–**	**–**
461	Aufzugsanlagen	–	–	–	–
462	Fahrtreppen, Fahrsteige	–	–	–	–
463	Befahranlagen	–	–	–	–
464	Transportanlagen	–	–	–	–
465	Krananlagen	–	–	–	–
466	Hydraulikanlagen	–	–	–	–
469	Sonstiges zur KG 460	–	–	–	–
470	**Nutzungsspez. u. verfahrenstechn. Anl.**	**–**	**–**	**–**	**–**
480	**Gebäude- und Anlagenautomation**	**366,72 m² BGF**	**49.053,73**	**133,76**	**2,9**
490	**Sonst. Maßnahmen für techn. Anlagen**	**366,72 m² BGF**	**2.951,52**	**8,05**	**0,2**

Kostenkennwerte für Leistungsbereiche nach STLB (Kosten des Bauwerks nach DIN 276)

LB	Leistungsbereiche	Kosten €	€/m² BGF	€/m³ BRI	% an 3+4
000	Baustellen-, Sicherheitseinr. inkl. 001, 089	57.246	156,10	31,60	3,3
002	Erdarbeiten	40.491	110,40	22,40	2,4
006	Spezialtiefbauarbeiten inkl. 005	–	–	–	–
009	Entwässerungskanalarbeiten inkl. 011	2.986	8,10	1,60	0,2
010	Drän- und Versickerarbeiten	1.026	2,80	0,57	< 0,1
012	Mauerarbeiten	–	–	–	–
013	Betonarbeiten	98.915	269,70	54,60	5,8
014	Natur-, Betonwerksteinarbeiten	–	–	–	–
016	Zimmer- und Holzbauarbeiten	529.809	1.444,70	292,50	30,9
017	Stahlbauarbeiten	–	–	–	–
018	Abdichtungsarbeiten	13.373	36,50	7,40	0,8
019	Kampfmittelräumarbeiten	–	–	–	–
020	Dachdeckungsarbeiten	67.065	182,90	37,00	3,9
021	Dachabdichtungsarbeiten	19.965	54,40	11,00	1,2
022	Klempnerarbeiten	20.741	56,60	11,50	1,2
	Rohbau	**851.616**	**2.322,30**	**470,20**	**49,7**
023	Putz- und Stuckarbeiten, Wärmedämmsysteme	49.384	134,70	27,30	2,9
024	Fliesen- und Plattenarbeiten	29.843	81,40	16,50	1,7
025	Estricharbeiten	–	–	–	–
026	Fenster, Außentüren inkl. 029, 032	99.815	272,20	55,10	5,8
027	Tischlerarbeiten	107.880	294,20	59,60	6,3
028	Parkett-, Holzpflasterarbeiten	–	–	–	–
030	Rollladenarbeiten	27.663	75,40	15,30	1,6
031	Metallbauarbeiten inkl. 035	23.879	65,10	13,20	1,4
034	Maler- und Lackiererarb. - Beschicht. inkl. 037	20.963	57,20	11,60	1,2
036	Bodenbelagarbeiten	26.524	72,30	14,60	1,5
038	Vorgehängte hinterlüftete Fassaden	–	–	–	–
039	Trockenbauarbeiten	114.935	313,40	63,50	6,7
	Ausbau	**500.886**	**1.365,90**	**276,50**	**29,2**
040	Wärmeversorgungsanl. - Betriebseinr. inkl. 041	61.824	168,60	34,10	3,6
042	Gas- u. Wasseranl. - Leitung., Armat. inkl. 043	17.665	48,20	9,80	1,0
044	Abwasseranl. - Leitungen, Abläufe, Armaturen	8.981	24,50	5,00	0,5
045	Gas, Wasser, Entwässerung - Ausstattung inkl. 046	26.056	71,10	14,40	1,5
047	Dämm- und Brandschutzarb. an techn. Anlagen	9.783	26,70	5,40	0,6
049	Feuerlöschanlagen, Feuerlöschgeräte	–	–	–	–
050	Blitzschutz-/Erdungsanlagen, Überspannungssch.	199	0,54	0,11	< 0,1
053	Niederspannungsanl. - Kabel inkl. 052, 054	54.985	149,90	30,40	3,2
055	Sicherheits- u. Ersatzstromversorgungsanl.	–	–	–	–
057	Gebäudesystemtechnik	–	–	–	–
058	Leuchten und Lampen inkl. 059	54.647	149,00	30,20	3,2
060	Such, Signal, Zeit, Anten., akust. Anl. inkl. 064	3.318	9,00	1,80	0,2
061	Kommunikations- u. Übertragungsnetze inkl. 063	12.388	33,80	6,80	0,7
069	Aufzüge	–	–	–	–
070	Gebäudeautomation	49.054	133,80	27,10	2,9
075	Raumlufttechnische Anlagen inkl. 078	58.475	159,50	32,30	3,4
	Gebäudetechnik	**357.375**	**974,50**	**197,30**	**20,9**
084	Abbruch, Rückbau, Schadstoffsanierung	–	–	–	–
	Abbrucharbeiten	**–**	**–**	**–**	**–**
	Sonstige Leistungsbereiche	**3.906**	**10,70**	**2,20**	**0,2**

1300-0342
Verwaltungsgebäude
(9 AP)

Kostenkennwerte für die Kosten des Bauwerks (Kostengruppen 300+400 nach DIN 276)

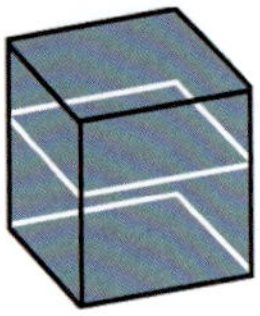

BRI 1.048 €/m³

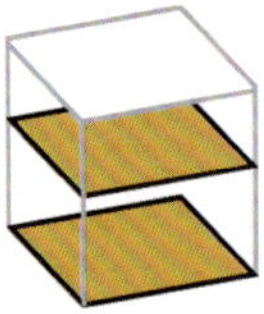

BGF 4.237 €/m²

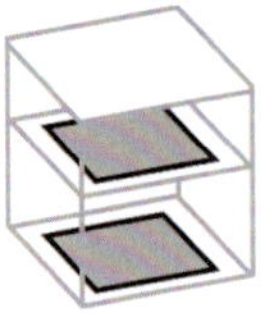

NUF 6.434 €/m²

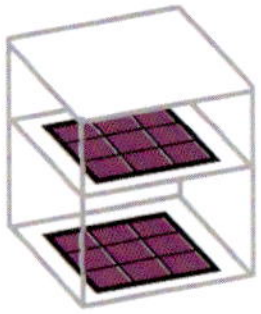

NE 64.517 €/NE
NE: Arbeitsplätze

Objekt:
Kennwerte: 1. Ebene DIN 276
BRI: 554 m³
BGF: 137 m²
NUF: 90 m²
Bauzeit: 35 Wochen
Bauende: 2023
Standard: mittel
Bundesland: Nordrhein-Westfalen
Kreis: Bielefeld, Stadt

Architekt*in:
SIEKER ARCHITEKTEN
Siechenmarschstraße 8
33615 Bielefeld

Bauherr*in:
ISB – Immobilienservice-betrieb d. Stadt Bielefeld
August-Bebel-Straße 92
33602 Bielefeld

vorher

nachher

nachher

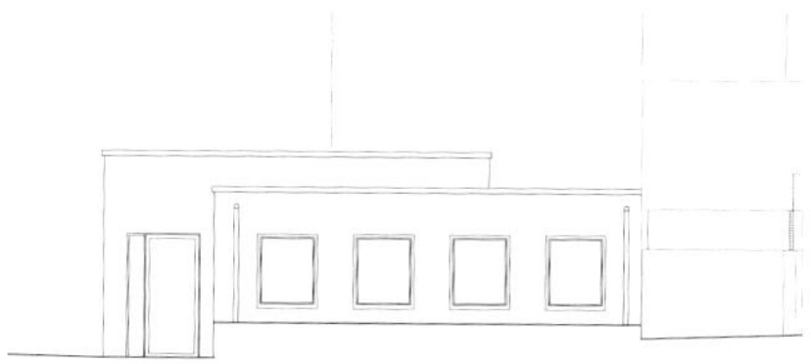

Ansicht Nord

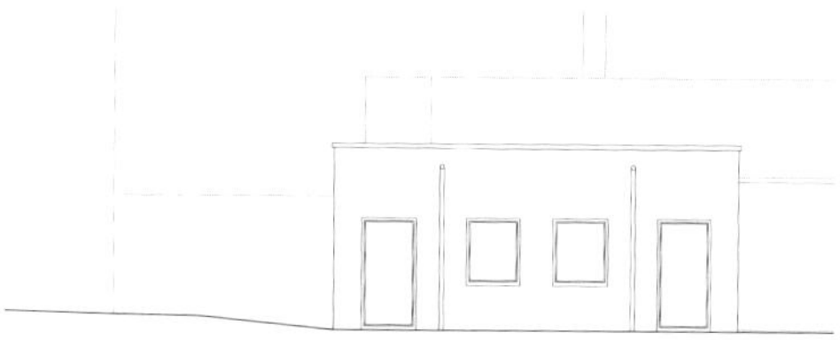

Ansicht Ost

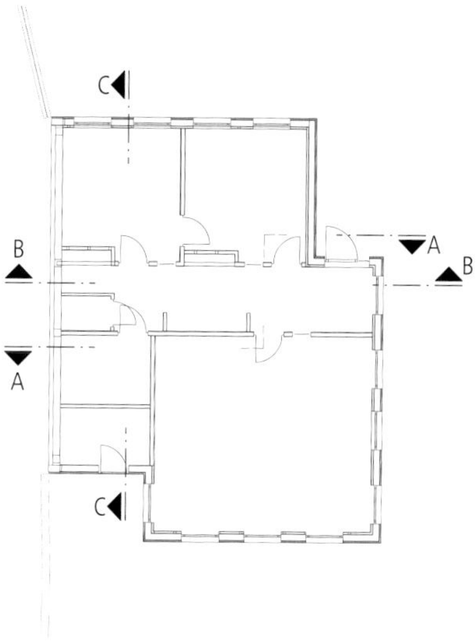

Erdgeschoss

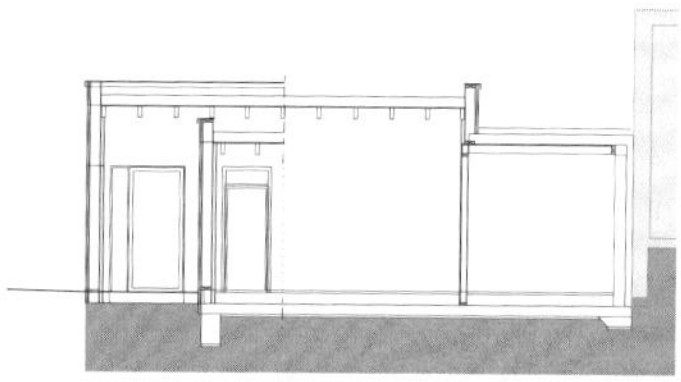

Schnitt A-A

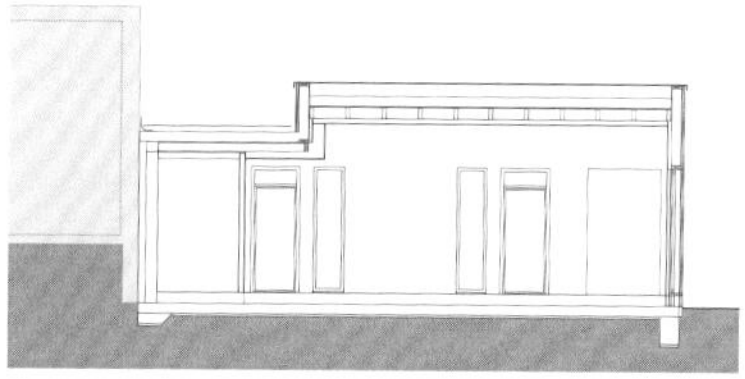

Schnitt B-B

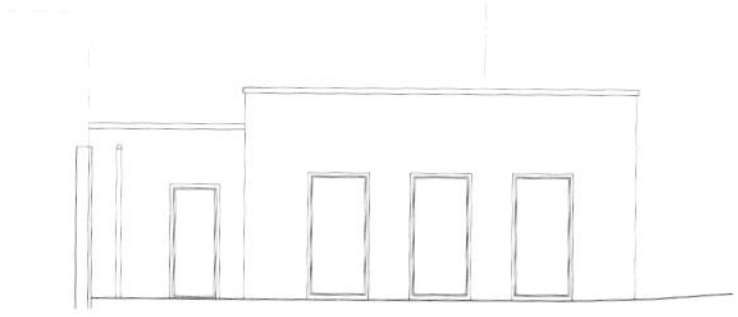

Ansicht Süd

Schnitt C-C

1300-0342
Verwaltungsgebäude
(9 AP)

Objektbeschreibung

Allgemeine Objektinformationen

Bei dieser Dokumentation handelt es sich um ein barrierefreies eingeschossiges Verwaltungsgebäude für eine Grundschule.

Nutzung

1 Erdgeschoss
Büros, Multifunktionsraum, Kopierraum, Putzmittelraum, Küchenzeile, Flur, WC, Technikraum

Nutzeinheiten

Arbeitsplätze: 9

Grundstück

Bauraum: Beengter Bauraum
Neigung: Ebenes Gelände
Bodenklasse: BK 1 bis BK 6

Markt

Hauptvergabezeit: 2. Quartal 2022
Baubeginn: 3. Quartal 2022
Bauende: 2. Quartal 2023
Konjunkturelle Gesamtlage: Durchschnitt
Regionaler Baumarkt: über Durchschnitt

Baukonstruktion

Der Neubau gründet auf einer gedämmten Betonsohle und Streifenfundamenten. Das Tragwerk wurde in Holzrahmenbauweise erstellt. Die Fassade ist mit einer vertikal angeordneten Holzverschalung aus Weißtanne und weiß verputzten Wandelementen versehen. Dreifachverglaste Holz-Alufenster sorgen für ausreichende Belichtung. Auf dem Heizestrich im Innenbereich liegen Bodenbeläge aus Fliesen und Linoleum. Ein Holzdach mit extensiver Dachbegrünung schließt das Gebäude nach oben ab.

Technische Anlagen

Das Verwaltungsgebäude wird mit Fernwärme beheizt. Eine Fußbodenheizung überträgt die Wärme in die Räume.

Planungskennwerte für Flächen und Rauminhalte nach DIN 277

Flächen des Grundstücks		Menge Einheit	% an GF
BF	Bebaute Fläche	1.056,00 m²	23,9
UF	Unbebaute Fläche	3.367,00 m²	76,1
GF	Grundstücksfläche	4.423,00 m²	100,0

Grundflächen des Bauwerks		Menge Einheit	% an NUF	% an BGF
NUF	Nutzungsfläche	90,25 m²	100,0	65,9
TF	Technikfläche	5,55 m²	6,1	4,0
VF	Verkehrsfläche	18,73 m²	20,8	13,7
NRF	Netto-Raumfläche	114,53 m²	126,9	83,6
KGF	Konstruktions-Grundfläche	22,51 m²	24,9	16,4
BGF	Brutto-Grundfläche	137,04 m²	151,8	100,0

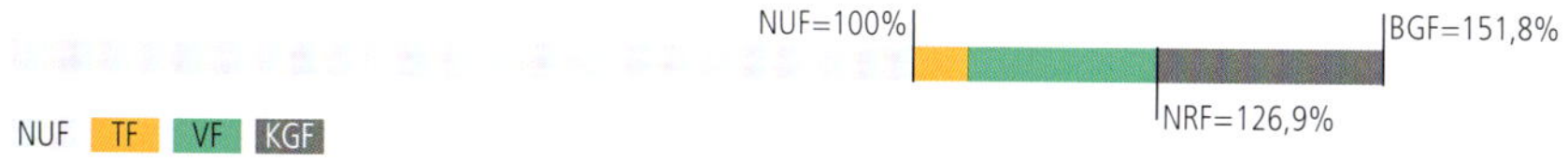

Brutto-Rauminhalt des Bauwerks		Menge Einheit	BRI/NUF (m)	BRI/BGF (m)
BRI	Brutto-Rauminhalt	554,00 m³	6,14	4,04

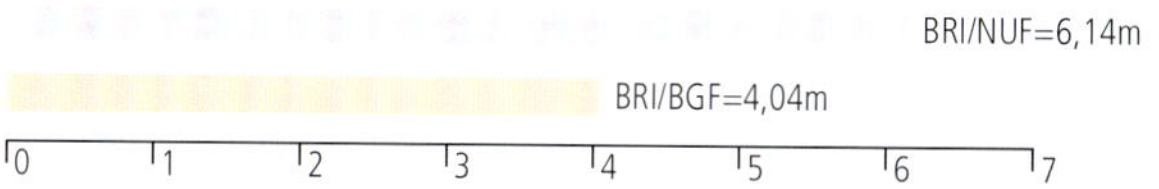

Kostenkennwerte für die Kostengruppen der 1. Ebene DIN 276

KG	Kostengruppen (1. Ebene)	Einheit	Kosten €	€/Einheit	€/m² BGF	€/m³ BRI	% 300+400
100	Grundstück	m² GF	–	–	–	–	–
200	Vorbereitende Maßnahmen	m² GF	–	–	–	–	–
300	Bauwerk – Baukonstruktionen	m² BGF	441.502	3.221,70	3.221,70	796,93	76,0
400	Bauwerk – Technische Anlagen	m² BGF	139.150	1.015,40	1.015,40	251,17	24,0
	Bauwerk 300+400	**m² BGF**	**580.652**	**4.237,10**	**4.237,10**	**1.048,11**	**100,0**
500	Außenanlagen und Freiflächen	m² AF	–	–	–	–	–
600	Ausstattung und Kunstwerke	m² BGF	–	–	–	–	–
700	Baunebenkosten	m² BGF	–	–	–	–	–
800	Finanzierung	m² BGF	–	–	–	–	–

KG	Kostengruppe	Menge Einheit	Kosten €	€/Einheit	%
3+4	**Bauwerk**				**100,0**
300	**Bauwerk – Baukonstruktionen**	137,04 m² BGF	441.502	**3.221,70**	76,0

Baugrubenaushub, Stb-Bodenplatte, Stb-Streifenfundamente, Heizestrich, Linoleum, Bodenfliesen, Sauberkeitsschicht, Kiesfilter; Holzrahmen-Außenwände, KS-Mauerwerk mit Stahlbetonstützen als F60-Gebäudeabschlusswand, Holz-Alu-Fensterelemente, dreifachverglast, Holz-Alu-Türelemente, Holzfaserdämmplatten, Zelluloseeinblasdämmung, Weißtannen-Holzfassade, mineralischer Außenputz, Wandfliesen; Holzrahmen-Innenwände, GK-Wände, Holztüren, Stahlzargen, Putz, Beschichtung; Holzbalkendach, Dachabdichtung, Dachentwässerung, extensive Dachbegrünung, abgehängte Rasterdecke mit umlaufendem Fries; Einbaumöbel, Kücheneinrichtung

KG	Kostengruppe	Menge Einheit	Kosten €	€/Einheit	%
400	**Bauwerk – Technische Anlagen**	137,04 m² BGF	139.150	**1.015,40**	24,0

Gebäudeentwässerung, Kalt- und Warmwasserleitungen, Sanitärobjekte; Fernwärmeanschluss, Fußbodenheizung; Elektroinstallation, Beleuchtung, Blitzschutzanlage

1300-0344
Bürogebäude (50 AP)
Garage (16 STP)

Kostenkennwerte für die Kosten des Bauwerks (Kostengruppen 300+400 nach DIN 276)

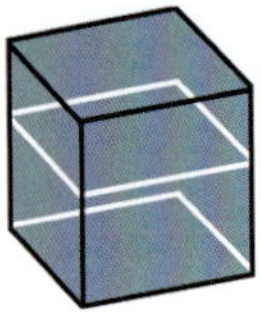

BRI 643 €/m³

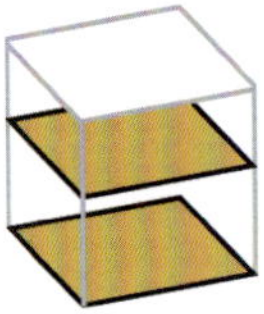

BGF 2.693 €/m²

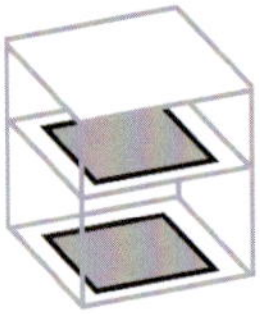

NUF 3.727 €/m²

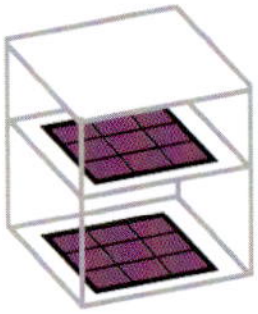

NE 56.518 €/NE
NE: Arbeitsplätze

Objekt:
Kennwerte: 1. Ebene DIN 276
BRI: 4.392 m³
BGF: 1.049 m²
NUF: 758 m²
Bauzeit: 65 Wochen
Bauende: 2025
Standard: hoch
Bundesland: Bayern
Kreis: München

Architekt*in:
STUDIO LEK
Albrecht Heidecker Sack
Architekt:innen PartG mbB
Kreittmayrstraße 32
80335 München

© Matthias Kestel

© Matthias Kestel

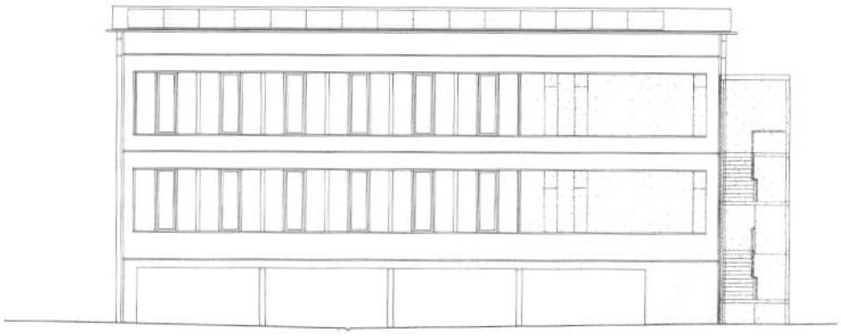

Ansicht Nord-Ost

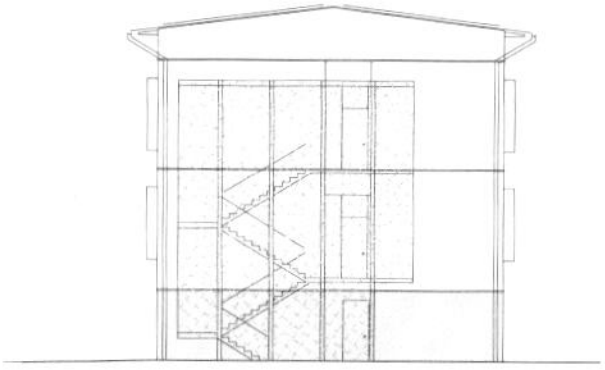

Ansicht Nord-West

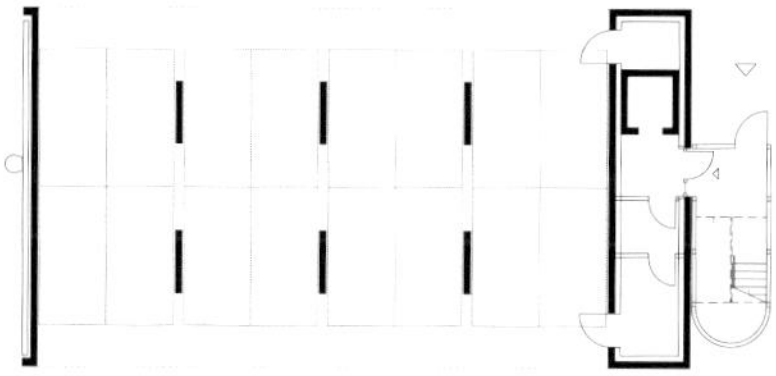

Erdgeschoss

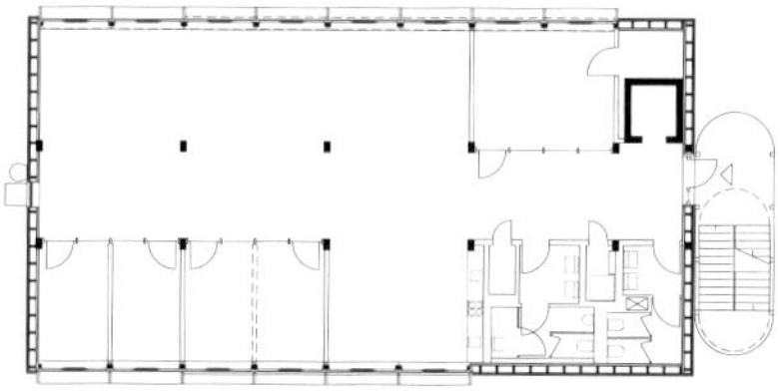

1. Obergeschoss

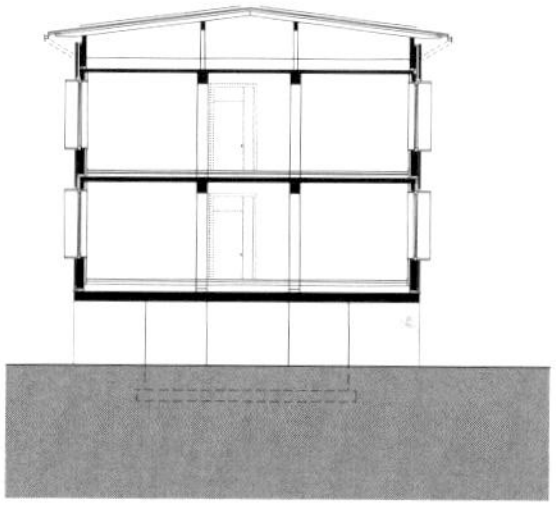

Schnitt A-A

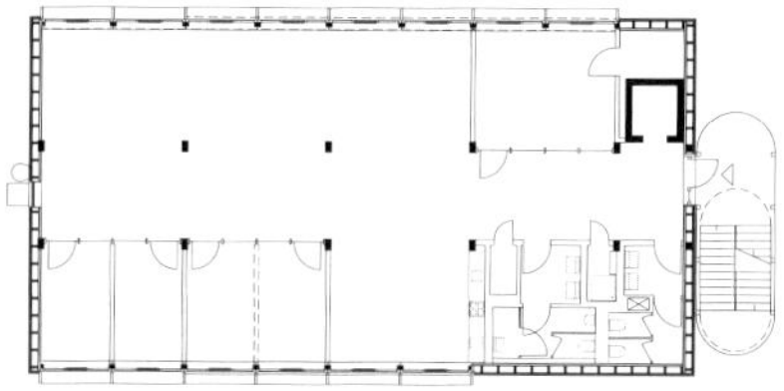

2. Obergeschoss

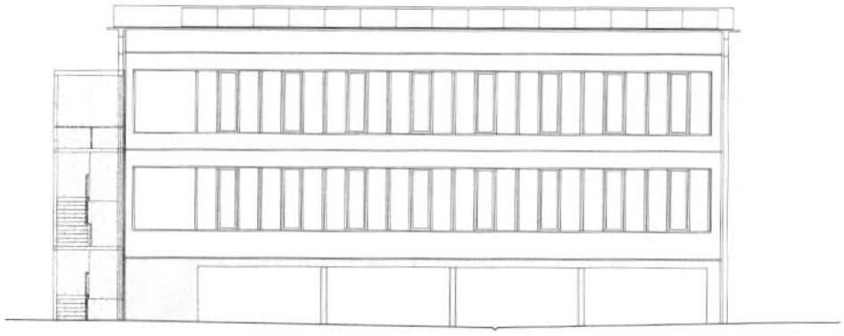

Ansicht Süd-West

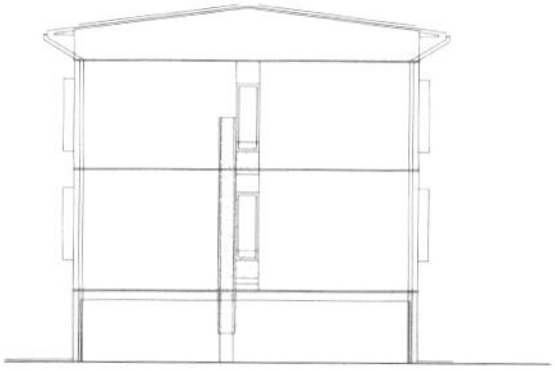

Ansicht Süd-Ost

1300-0344
Bürogebäude (50 AP)
Garage (16 STP)

Objektbeschreibung

Allgemeine Objektinformationen

Das Bürogebäude für 50 Mitarbeiter steht auf einer aufgeständerten Parkebene und ist nicht unterkellert. Die Erschließung der beiden Obergeschosse erfolgt über ein offenes Treppenhaus das auf der Schmalseite des Gebäudes als Stahlkonstruktion vorgebaut wurde. Das Baugrundstück konnte durch eine Befreiung der Baugrenzen optimal ausgenutzt werden. Das außenliegende Treppenhaus durften außerhalb der Baugrenzen angeordnet werden.

Nutzung

1 Erdgeschoss
16 Parkplätze, Technikräume, Aufzug

2 Obergeschosse
Büros, Besprechungsräume, WCs

Nutzeinheiten

Arbeitsplätze: 50
Bürofläche: 534 m²
Fahrradstellplätze: 4
Stellplätze: 16

Grundstück

Bauraum: Freier Bauraum
Neigung: Geneigtes Gelände
Bodenklasse: BK 3 bis BK 5

Besonderer Kosteneinfluss Grundstück
effiziente Ausnutzung des Grundstücks, kurze Planungs- und Bauzeit

Markt

Hauptvergabezeit: 4. Quartal 2023
Baubeginn: 2. Quartal 2024
Bauende: 3. Quartal 2025
Konjunkturelle Gesamtlage: über Durchschnitt
Regionaler Baumarkt: über Durchschnitt

Baukonstruktion

Die Baukonstruktion des Bürogebäudes basiert auf einem massiven Betontisch, der mit einer leichten Holzkonstruktion in den darüberliegenden Geschossen kombiniert ist. Der Betontisch ist in roher Sichtqualität ausgeführt. Die Erschließung erfolgt über ein außenliegendes, feuerverzinktes Stahltreppenhaus. Im Erdgeschoss befinden sich die offenen Stellplätze für die Mitarbeiter. Sowohl die Stellplätze als auch die Fahrbahnen sind mit Dränpflaster belegt. Beide Obergeschosse weisen identische Grundrissdimensionen auf. Vorgefertigte, vertikale Holzelemente erstrecken sich über die gesamte Fassadenhöhe. Die Fassaden sind mit vorgegrauter Fichtenschalung bekleidet und durch Holz-Alufenster mit weißer Deckschale ergänzt. Außenliegende textile Sonnenschutzelemente in dunklem Blau gewährleisten den sommerlichen Wärmeschutz. Das einfache Pfettendach mit Kalt-Dachraum ist mit einer aluverzinkten Stahlblechwelle gedeckt. Der Aufzugskern ist statisch freistehend und aus Sichtbetonfertigteilen hergestellt.

Technische Anlagen

Das Bürogebäude ist an ein Nahwärmenetz angeschlossen. Die Heizwärme wird über eine Fußbodenheizung verteilt, die in den Sommermonaten auch zur Kühlung genutzt werden kann. Der Luftaustausch erfolgt über eine natürliche Lüftung, ergänzt durch eine dezentrale Abluftführung in den Sanitärräumen.

Sonstiges

Direkt neben dem Bürogebäude steht das dazugehörige Lagergebäude, das mit der BKI-Objektnummer 7700-0101 dokumentiert wurde.

Planungskennwerte für Flächen und Rauminhalte nach DIN 277

Flächen des Grundstücks		Menge Einheit	% an GF
BF	Bebaute Fläche	349,80 m²	18,7
UF	Unbebaute Fläche	1.523,70 m²	81,3
GF	Grundstücksfläche	1.873,50 m²	100,0

Grundflächen des Bauwerks		Menge Einheit	% an NUF	% an BGF
NUF	Nutzungsfläche	758,14 m²	100,0	72,2
TF	Technikfläche	15,43 m²	2,0	1,5
VF	Verkehrsfläche	128,18 m²	16,9	12,2
NRF	Netto-Raumfläche	901,75 m²	118,9	85,9
KGF	Konstruktions-Grundfläche	147,65 m²	19,5	14,1
BGF	Brutto-Grundfläche	1.049,40 m²	138,4	100,0

Brutto-Rauminhalt des Bauwerks		Menge Einheit	BRI/NUF (m)	BRI/BGF (m)
BRI	Brutto-Rauminhalt	4.392,47 m³	5,79	4,19

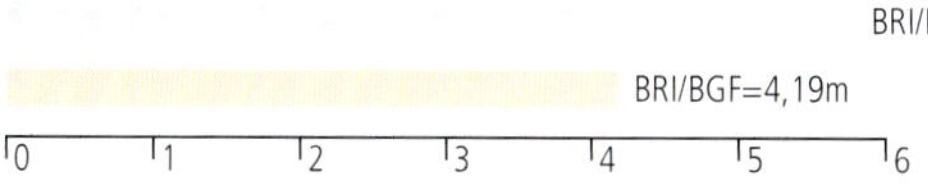

Kostenkennwerte für die Kostengruppen der 1. Ebene DIN 276

KG	Kostengruppen (1. Ebene)	Einheit	Kosten €	€/Einheit	€/m² BGF	€/m³ BRI	% 300+400
100	Grundstück	m² GF	–	–	–	–	–
200	Vorbereitende Maßnahmen	m² GF	–	–	–	–	–
300	Bauwerk – Baukonstruktionen	m² BGF	1.993.735	1.899,88	1.899,88	453,90	70,6
400	Bauwerk – Technische Anlagen	m² BGF	832.180	793,01	793,01	189,46	29,4
	Bauwerk 300+400	**m² BGF**	**2.825.915**	**2.692,89**	**2.692,89**	**643,35**	**100,0**
500	Außenanlagen und Freiflächen	m² AF	–	–	–	–	–
600	Ausstattung und Kunstwerke	m² BGF	–	–	–	–	–
700	Baunebenkosten	m² BGF	–	–	–	–	–
800	Finanzierung	m² BGF	–	–	–	–	–

KG	Kostengruppe	Menge Einheit	Kosten €	€/Einheit	%
3+4	**Bauwerk**				**100,0**
300	**Bauwerk – Baukonstruktionen**	1.049,40 m² BGF	1.993.735	**1.899,88**	70,6

Baugrubenaushub, Stb-Fundamente, Stb-Bodenplatte; Stb-Wände, WU, Stb-Stützen, vorgefertigte Holzelemente, Holz-Alu-Fensterelemente, Stahl-Türelemente, Zelluloseeinblasdämmung, Fichte-Holzfassade, Holzplatten, oberflächenfertig, GK-Wände, Glastrennwände, BSH-Stützen, Holztüren, Beschichtung, Wandfliesen; Stb-Decken, Brettsperrholzdecken, Holzfaserdämmung, Estrich, außenliegendes Stahltreppenhaus, Geländer, Handläufe; BSH-Unterzüge, flachgeneigtes Satteldach, Stahlblechwelle, Dämmung, Dachentwässerung

KG	Kostengruppe	Menge Einheit	Kosten €	€/Einheit	%
400	**Bauwerk – Technische Anlagen**	1.049,40 m² BGF	832.180	**793,01**	29,4

Gebäudeentwässerung, Rigolen, Kaltwasserleitungen, Warmwasser dezentral, Sanitärobjekte; Fernwärme, Heizleitungen, Fußbodenheizung; Tischrückkühler, Leitungen; dezentrale Lüftung im Sanitärbereich; Elektroinstallation, Wallbox, Beleuchtung, Blitzschutzanlage; Sprechanlage, Gebäudeautomation, KNX, Datenübertragung; Personenaufzug

1300-0349
Büro- und
Betriebsgebäude
(12 AP)

Kostenkennwerte für die Kosten des Bauwerks (Kostengruppen 300+400 nach DIN 276)

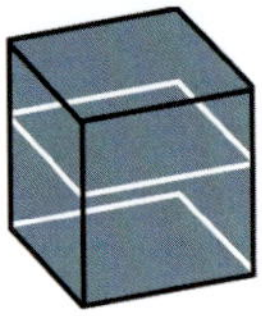

BRI 1.047 €/m³

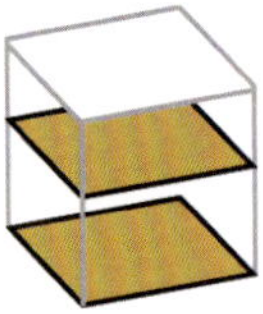

BGF 3.639 €/m²

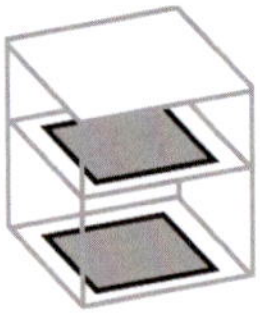

NUF 5.699 €/m²

Objekt:
Kennwerte: 1.Ebene DIN 276
BRI: 1.388 m³
BGF: 399 m²
NUF: 255 m²
Bauzeit: 104 Wochen
Bauende: 2025
Standard: hoch
Bundesland: Hessen
Kreis: Odenwaldkreis

Architekt*in:
Shakti Haus
Fürstengrunderstraße 100c
64732 Bad König

Bauherr*in:
Abwasserverband
Mittlere Mümling
Michelstadt

© Axel Hartmann Fotografie

Ansicht Nord

Ansicht Ost

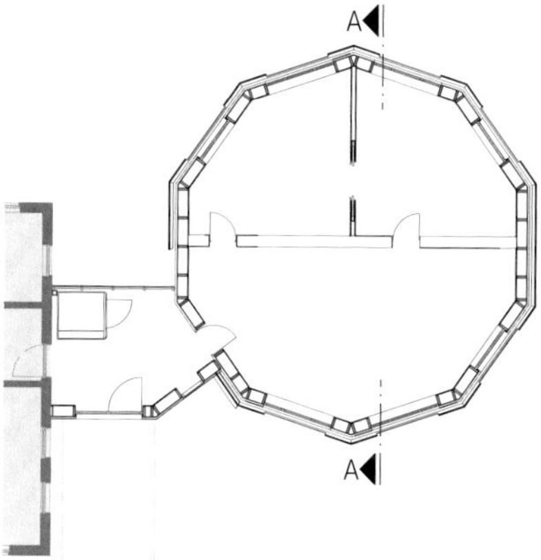

Erdgeschoss

Schnitt A-A

Ansicht Süd

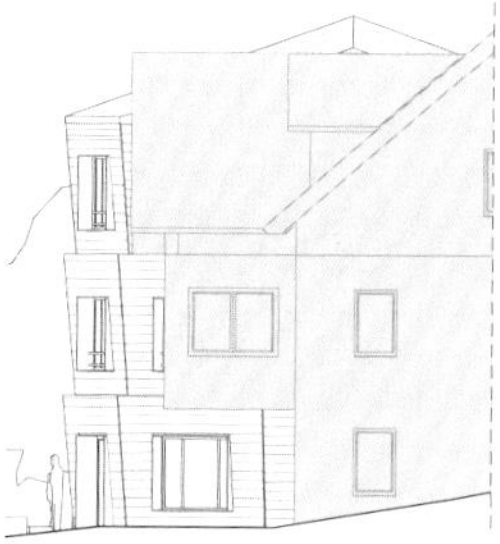

Ansicht West

1300-0349
Büro- und
Betriebsgebäude
(12 AP)

Objektbeschreibung

Allgemeine Objektinformationen

Mit rund 20 Mitarbeitenden war das bestehende Gebäude zu klein geworden. Der Anbau mit rund 310m² Nutzungsfläche bietet Raum für weitere Betrieb- und Büroräume sowie einen großen Besprechungsraum.

Nutzung

1 Untergeschoss
Umkleiden, Sozialraum

1 Erdgeschoss
Büros

1 Obergeschoss
Besprechungsraum

Nutzeinheiten

Arbeitsplätze: 12

Grundstück

Bauraum: Beengter Bauraum
Neigung: Geneigtes Gelände
Bodenklasse: BK 1 bis BK 4

Markt

Hauptvergabezeit: 4.Quartal 2022
Baubeginn: 1.Quartal 2023
Bauende: 1.Quartal 2025
Konjunkturelle Gesamtlage: Durchschnitt
Regionaler Baumarkt: unter Durchschnitt

Baukonstruktion

Das Gebäude ist in Holzständer-Rahmenbauweise mit einer Strohballendämmung errichtet. Die Holzkonstruktion für Dach, Wände, Geschossdecken und Fassade besteht zu fast 100% aus regionalem Holz. Insgesamt wurden ca. 130m³ Fichte- und Douglasienholz zu Bauholz verarbeitet. Die 1.200 Strohballen für die Wand- und Dachdämmung stammen ebenfalls von regionalen Landwirten. Die Vorfertigung des Holzbaus, einschließlich der Strohballendämmung durch eine lokale Zimmerei, fand auf dem Werksgelände selbst statt. Die Fassadenflächen aus lasierten Douglasiebrettern sind leicht geneigt eingebaut, um die Hölzer vor Regen zu schützen und damit die Lebensdauer der Fassade zu erhöhen. Die Gründung erfolgte mit Recyclingbeton auf einer Schaumglasschotterdämmung. Lehmputze, Verschnittholz, Ziegenhaarteppiche und Kautschukböden wurden für den hochwertigen Innenausbau eingesetzt und bieten den Mitarbeitenden ein nachhaltiges Wohlfühlambiente.

Technische Anlagen

Das Heizungskonzept mit einer Wärmeversorgung über das betriebseigene Blockheizkraftwerk (Nahwärme) und einer Lüftungsanlage mit natürlicher Rückkühlung mittels Erdwärmetauscher hält langfristig den Energieverbrauch des Gebäudes sehr niedrig.

Sonstiges

Die Rückbaubarkeit ist durch die Auswahl der eingesetzten Baustoffe schadstofffrei und energiesparend umsetzbar.

Planungskennwerte für Flächen und Rauminhalte nach DIN 277

Flächen des Grundstücks		Menge Einheit	% an GF
BF	Bebaute Fläche	131,56 m²	0,2
UF	Unbebaute Fläche	57.307,44 m²	99,8
GF	Grundstücksfläche	57.439,00 m²	100,0

Grundflächen des Bauwerks		Menge Einheit	% an NUF	% an BGF
NUF	Nutzungsfläche	255,00 m²	100,0	63,9
TF	Technikfläche	4,00 m²	1,6	1,0
VF	Verkehrsfläche	50,00 m²	19,6	12,5
NRF	Netto-Raumfläche	309,00 m²	121,2	77,4
KGF	Konstruktions-Grundfläche	90,28 m²	35,4	22,6
BGF	Brutto-Grundfläche	399,28 m²	156,6	100,0

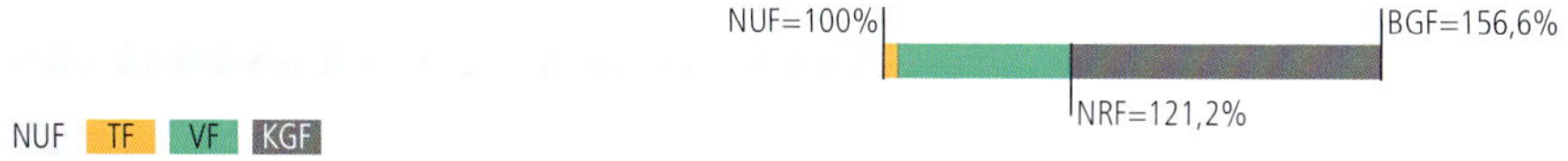

Brutto-Rauminhalt des Bauwerks		Menge Einheit	BRI/NUF (m)	BRI/BGF (m)
BRI	Brutto-Rauminhalt	1.388,00 m³	5,44	3,48

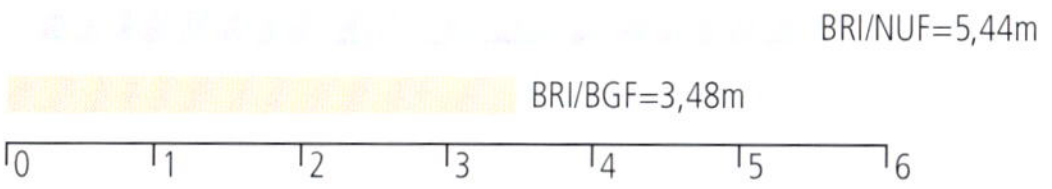

1300-0349
Büro- und
Betriebsgebäude
(12 AP)

Kostenkennwerte für die Kostengruppen der 1. Ebene DIN 276

KG	Kostengruppen (1. Ebene)	Einheit	Kosten €	€/Einheit	€/m² BGF	€/m³ BRI	% 300+400
100	Grundstück	m² GF	–	–	–	–	–
200	Vorbereitende Maßnahmen	m² GF	–	–	–	–	–
300	Bauwerk – Baukonstruktionen	m² BGF	1.147.726	2.874,49	2.874,49	826,89	79,0
400	Bauwerk – Technische Anlagen	m² BGF	305.443	764,99	764,99	220,06	21,0
	Bauwerk 300+400	**m² BGF**	**1.453.169**	**3.639,47**	**3.639,47**	**1.046,95**	**100,0**
500	Außenanlagen und Freiflächen	m² AF	–	–	–	–	–
600	Ausstattung und Kunstwerke	m² BGF	–	–	–	–	–
700	Baunebenkosten	m² BGF	–	–	–	–	–
800	Finanzierung	m² BGF	–	–	–	–	–

KG	Kostengruppe	Menge Einheit	Kosten €	€/Einheit	%
3+4	**Bauwerk**				**100,0**
300	**Bauwerk – Baukonstruktionen**	399,28 m² BGF	1.147.726	**2.874,49**	79,0

Baugrubenaushub; Stb-Bodenplatte (Recyclingbeton), Heizestrich, Bodenfliesen, Abdichtung, Schaumglas-Schotterdämmung; Holzständerkonstruktion, Alufenster, Dreifachverglasung, hinterlüftete Holzfassade, Douglasie, Holzbekleidung, Strohballendämmung, Beschichtungen, Raffstores; Holzständerwände, Lehmbauplatten, Lehmputz, Wandfliesen; Holzdeckenkonstruktion, Calciumsulfat-Estrich, Kautschukbelag, Ziegenhaarteppich, Holzweichfaserdämmung, abgehängte GK-Decken, Akustikdecken; Holzdachkonstruktion, Holzschalung, Alu-Stehfalzeindeckung, Strohballendämmung, abgehängte GK-Decken, Akustikdecken, Dachentwässerung

KG	Kostengruppe	Menge Einheit	Kosten €	€/Einheit	%
400	**Bauwerk – Technische Anlagen**	399,28 m² BGF	305.443	**764,99**	21,0

Gebäudeentwässerung, Kalt- und Warmwasserleitungen, Sanitärobjekte; Anschluss an betriebseigenes Blockheizkraftwerk (Nahwärme), Fußbodenheizung; Lüftungsanlage mit Erdwärmetauscher; Elektroinstallation, Beleuchtung; KNX-Bussystem

Gebäude des Gesundheitswesens

3

3100-0039
Praxis für Physiotherapie (6 Behandlungsräume)

Kostenkennwerte für die Kosten des Bauwerks (Kostengruppen 300+400 nach DIN 276)

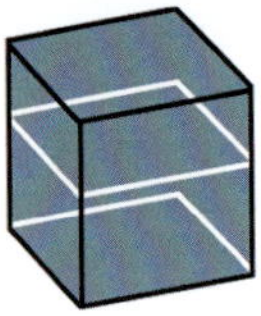

BRI **926€/m³**

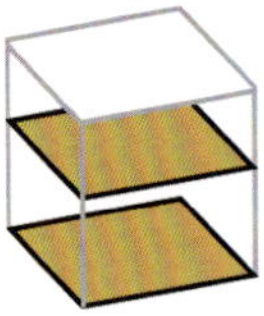

BGF **3.319€/m²**

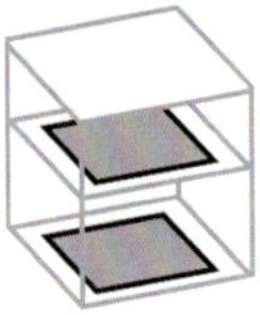

NUF **6.269€/m²**

Objekt:
Kennwerte: 1.Ebene DIN 276
BRI: 1.112m³
BGF: 310m²
NUF: 164m²
Bauzeit: 43 Wochen
Bauende: 2023
Standard: mittel
Bundesland: Rheinland-Pfalz
Kreis: Westerwaldkreis

Architekt*in:
Arge Katrin Gallner &
Christine Hastenteufel
Im Grauert 23
56235 Ransbach-Baumbach

Bauherr*in:
Meyer & Vogel GbR
56206 Hilgert

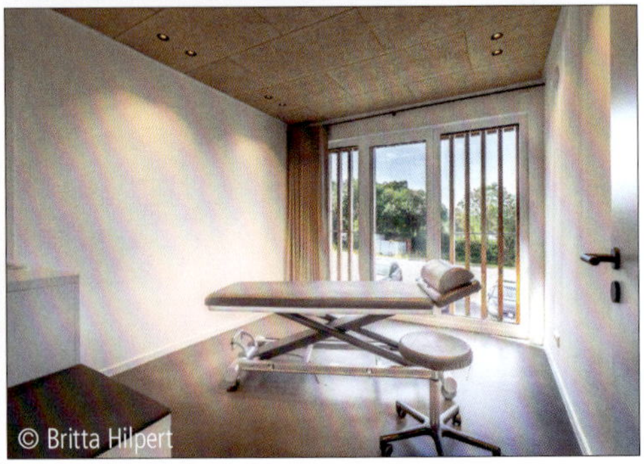

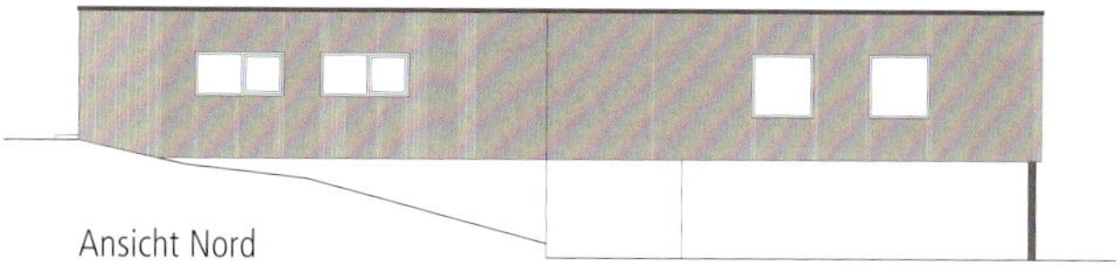
Ansicht Nord

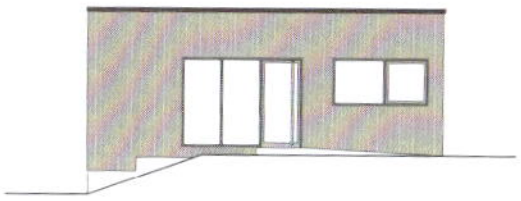
Ansicht Ost

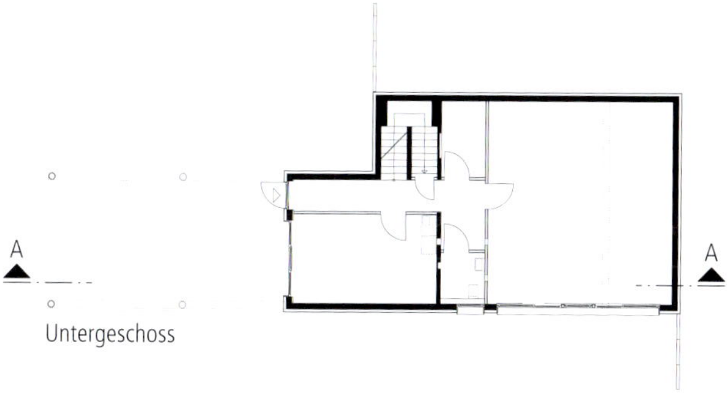

Untergeschoss

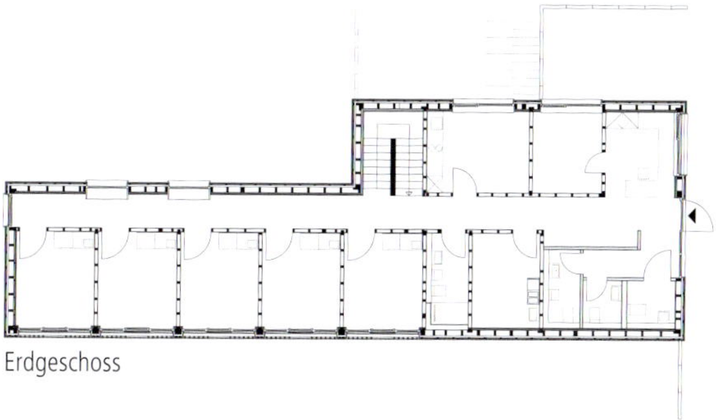
Erdgeschoss

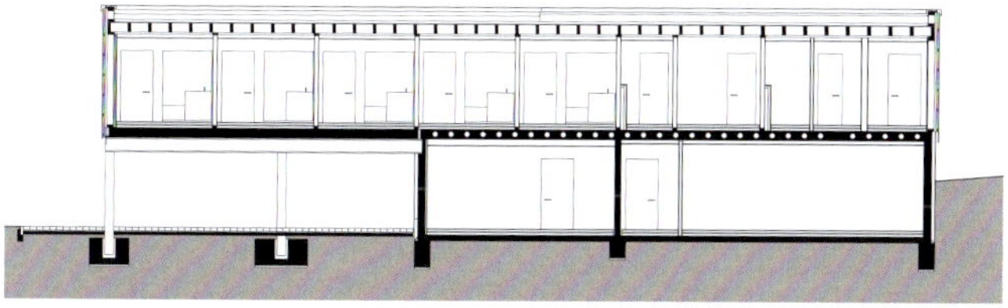
Schnitt A-A

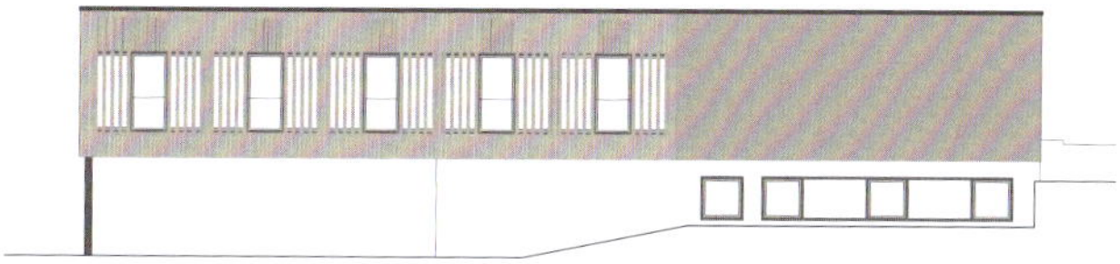
Ansicht Süd

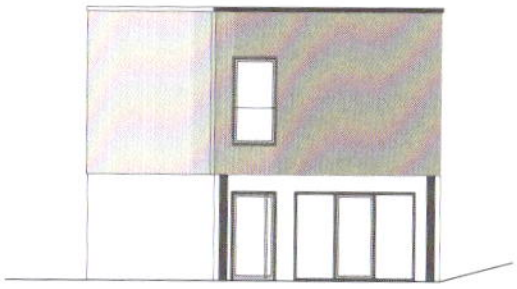
Ansicht West

3100-0039
Praxis für
Physiotherapie
(6 Behandlungsräume)

Objektbeschreibung

Allgemeine Objektinformationen

Die Bauherrn sind Eigentümer und Nutzer der Physiotherapiepraxis. Aufgrund des mangelnden Platzangebots in der angemieteten Immobilie (angrenzendes Fitnessstudio) entschieden sich die Bauherrn für einen Neubau in direkter Nachbarschaft.

Nutzung

1 Untergeschoss
Behandlungsraum mit Geräten (KGG-Raum), Behandlungsraum, Umkleide, WC, Abstellraum

1 Erdgeschoss
Behandlungsräume (5St), Anmeldung, Pausenraum, Büro, WCs, Technikraum, Flur

Nutzeinheiten

Behandlungsräume: 6
Stellplätze: 8

Grundstück

Bauraum: Freier Bauraum
Neigung: Hanglage
Bodenklasse: BK 1 bis BK 6

Markt

Hauptvergabezeit: 4. Quartal 2022
Baubeginn: 1. Quartal 2023
Bauende: 4. Quartal 2023
Konjunkturelle Gesamtlage: Durchschnitt
Regionaler Baumarkt: unter Durchschnitt

Baukonstruktion

Das Untergeschoss wurde aufgrund der starken Hanglage als Stb-Konstruktion errichtet. Die weit auskragende Decke über dem UG ist als Spannbetondecke, sowie mit einer Stahlträgerkonstruktion mit aufliegenden Filigrandeckenelementen ausgeführt. Die Wände wurden in Holzrahmenbauweise mit einer Holzfaserdämmung errichtet. Die Fassadenbekleidung besteht aus einer Holzschalung aus regionalem Eifelholz. Die Böden sind mit einem Vinylbelag und Bodenfliesen belegt. Unter dem Holzsparren-Flachdach wurden zementgebundene Holzfaserplatten als Akustikelemente eingebaut.

Technische Anlagen

Die Heizungsanlage ist als Luft-Wasser-Wärmepumpe ausgeführt. Zudem verfügt das Gebäude über eine kontrollierte Be- und Entlüftungsanlage mit Wärmerückgewinnung. Die gesamte Flachdachfläche wurde mit einer PV-Anlage (21kWp) belegt.

Sonstiges

Der Neubau des Erdgeschosses ergänzt als schlichter Holzbau zwei in direkter Nachbarschaft gelegene Fitnesshallen. Die rhythmisch gegliederte vertikale Holzverschalung aus regionaler Douglasie unterstreicht den schlichten Charakter des Gebäudes und schafft eine einladende Atmosphäre für Therapie und Heilung. Gleichzeitig bietet die Auskragung des Holzbaus oberhalb des Untergeschosses Platz für 3 Stellplätze oder auch eine Therapiefläche im Freibereich. Das Untergeschoss dient als ruhender Sockel, der zu 60% im erdberührten Bereich liegt.

Planungskennwerte für Flächen und Rauminhalte nach DIN 277

Flächen des Grundstücks		Menge Einheit	% an GF
BF	Bebaute Fläche	191,15 m²	32,3
UF	Unbebaute Fläche	399,85 m²	67,7
GF	Grundstücksfläche	591,00 m²	100,0

Grundflächen des Bauwerks		Menge Einheit	% an NUF	% an BGF
NUF	Nutzungsfläche	164,23 m²	100,0	53,0
TF	Technikfläche	27,69 m²	16,9	8,9
VF	Verkehrsfläche	52,75 m²	32,1	17,0
NRF	Netto-Raumfläche	244,67 m²	149,0	78,9
KGF	Konstruktions-Grundfläche	65,48 m²	39,9	21,1
BGF	Brutto-Grundfläche	310,15 m²	188,9	100,0

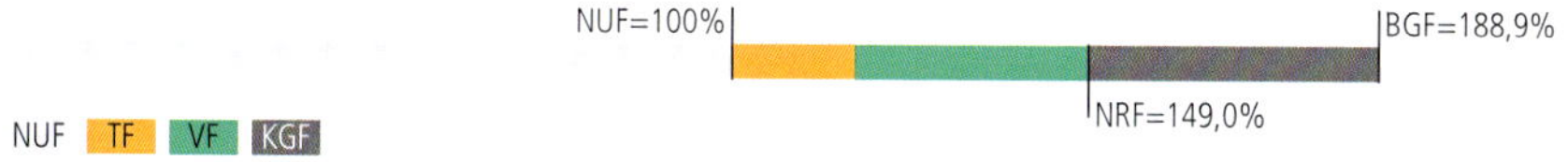

Brutto-Rauminhalt des Bauwerks		Menge Einheit	BRI/NUF (m)	BRI/BGF (m)
BRI	Brutto-Rauminhalt	1.112,21 m³	6,77	3,59

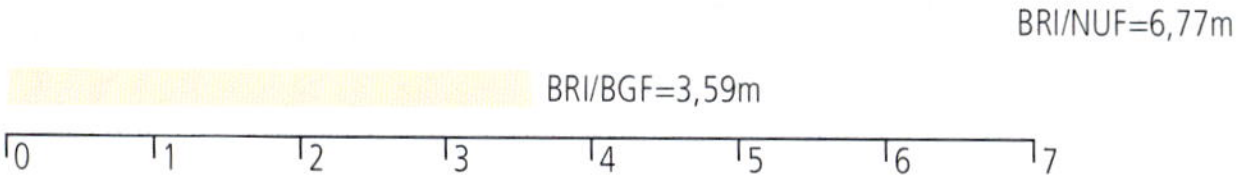

Kostenkennwerte für die Kostengruppen der 1. Ebene DIN 276

KG	Kostengruppen (1. Ebene)	Einheit	Kosten €	€/Einheit	€/m² BGF	€/m³ BRI	% 300+400
100	Grundstück	m² GF	–	–	–	–	–
200	Vorbereitende Maßnahmen	m² GF	9.948	16,83	32,07	8,94	1,0
300	Bauwerk – Baukonstruktionen	m² BGF	786.074	2.534,50	2.534,50	706,77	76,4
400	Bauwerk – Technische Anlagen	m² BGF	243.464	784,99	784,99	218,90	23,6
	Bauwerk 300+400	**m² BGF**	**1.029.537**	**3.319,48**	**3.319,48**	**925,67**	**100,0**
500	Außenanlagen und Freiflächen	m² AF	75.574	382,36	243,67	67,95	7,3
600	Ausstattung und Kunstwerke	m² BGF	44.752	144,29	144,29	40,24	4,3
700	Baunebenkosten	m² BGF	–	–	–	–	–
800	Finanzierung	m² BGF	–	–	–	–	–

KG	Kostengruppe	Menge Einheit	Kosten €	€/Einheit	%
200	**Vorbereitende Maßnahmen**	591,00 m² GF	9.948	**16,83**	1,0
	Erschließungskosten für Wasser, Abwasser, Strom, Telekom				
3+4	**Bauwerk**				**100,0**
300	**Bauwerk – Baukonstruktionen**	310,15 m² BGF	786.074	**2.534,50**	76,4
	Baugrubenaushub; Stb-Fundamente, Stb-Bodenplatte, Abdichtung, Dämmung, Heizestrich, Vinylbelag; Stb-Wände (UG), Holzrahmenkonstruktion (EG), Holzfaserdämmung, Holzfenster, Holzschalung, GK-Bekleidung, WDVS, Aufsetz-Markisen; Holzständerwände, Holztüren, GK-Bekleidung, Anstrich; Spannbetondecke, Filigrandecken auf Stahlträgerkonstruktion (Auskragung), Dämmung, Heizestrich, Vinylbelag; Holzsparren-Flachdach, Zwischensparrendämmung, Gefälledämmung, Abdichtung, zementgebundene Holzfaser-Akustikplatten, Dachentwässerung				
400	**Bauwerk – Technische Anlagen**	310,15 m² BGF	243.464	**784,99**	23,6
	Gebäudeentwässerung, Kalt- und Warmwasserleitungen, Sanitärobjekte (vier WC-Anlagen, Personalbad); Luft-Wasser-Wärmepumpe; Fußbodenheizung; kontrollierte Be- und Entlüftungsanlage mit Wärmerückgewinnung; Elektroinstallation, PV-Anlage 21kWp, Kameraüberwachung, zentrale Steuerung Licht und Sonnenschutz				
500	**Außenanlagen und Freiflächen**	197,65 m² AF	75.574	**382,36**	7,3
	Bodenarbeiten; Betonpflaster, Betonborde; Winkelstützmauern; Oberbodenarbeiten, Bepflanzung				
600	**Ausstattung und Kunstwerke**	310,15 m² BGF	44.752	**144,29**	4,3
	Küche, Einbaumöbel Behandlungsräume, Anmeldung				

Schulen und Kindergärten

4

4100-0248
Grundschule
(8 Klassen)
(200 Schüler)

Kostenkennwerte für die Kosten des Bauwerks (Kostengruppen 300+400 nach DIN 276)

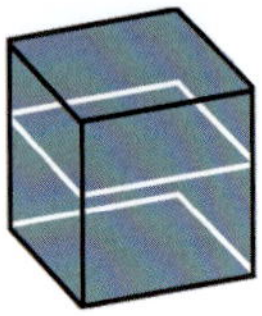

BRI 802 €/m³

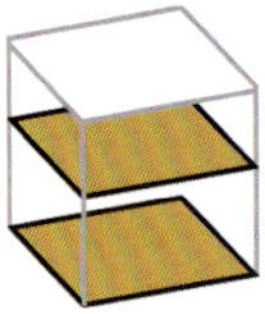

BGF 3.362 €/m²

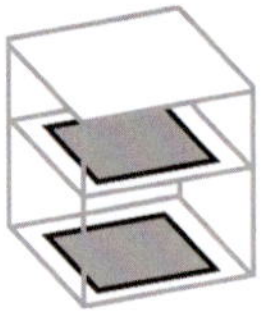

NUF 5.764 €/m²

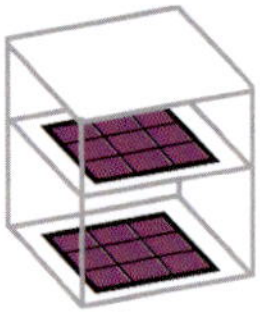

NE 51.269 €/NE

NE: Schüler

Objekt:
Kennwerte: 1.Ebene DIN 276
BRI: 12.783 m³
BGF: 3.050 m²
NUF: 1.779 m²
Bauzeit: 43 Wochen
Bauende: 2023
Standard: hoch
Bundesland: Hessen
Kreis: Wiesbaden, Stadt

Architekt*in:
Architektur.SCHÖN
Venatorstraße 10
65191 Wiesbaden

Bauherr*in:
WiBau Gesellschaft mbH
Konrad-Adenauer-Ring 11
65187 Wiesbaden

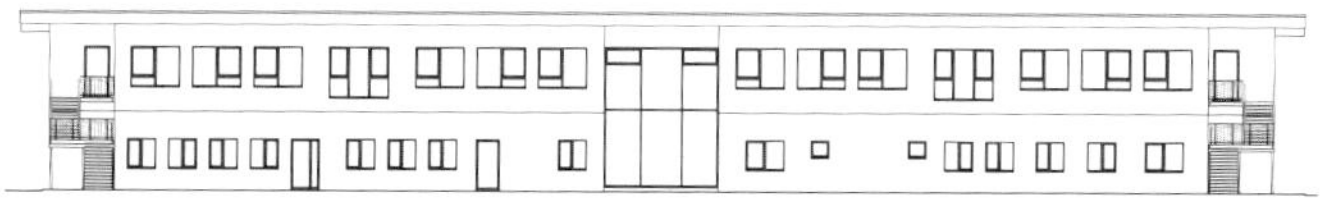

Ansicht Ost

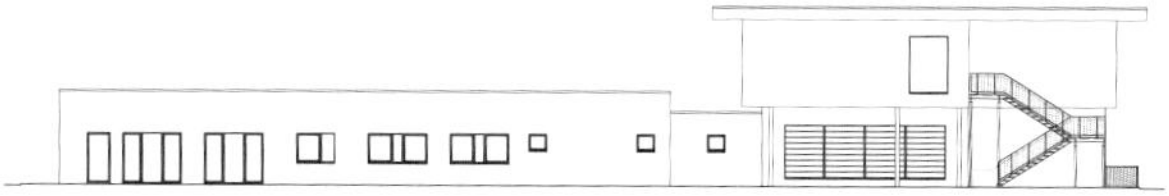

Ansicht Süd

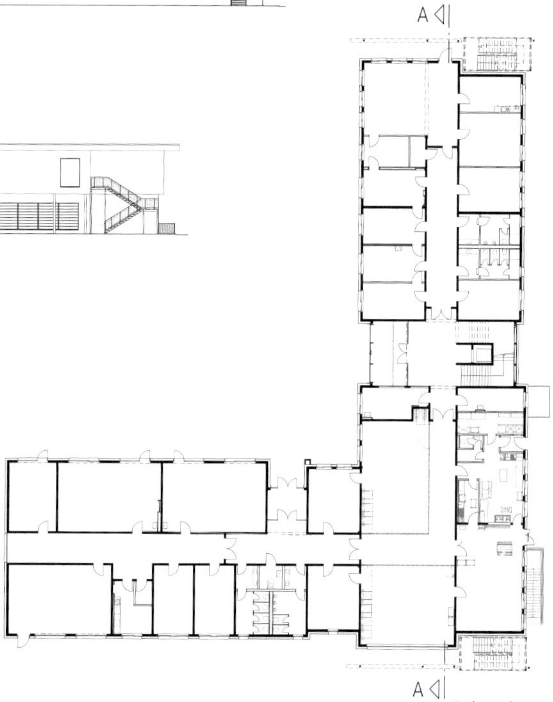

Erdgeschoss

Ansicht Nord

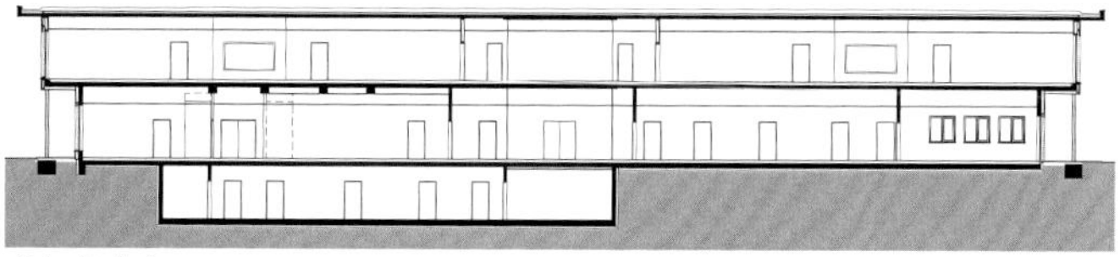

Schnitt A-A

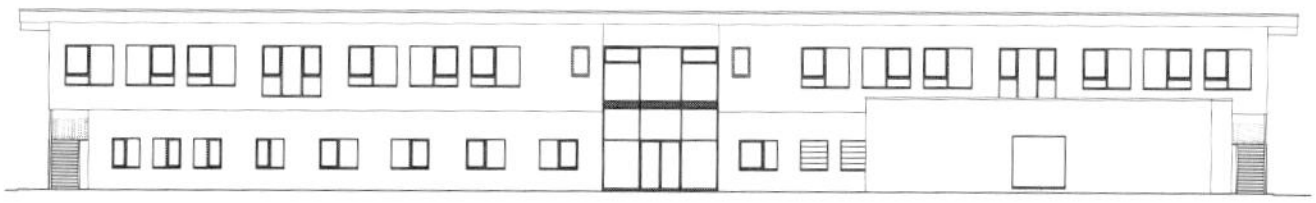

Ansicht West

4100-0248
Grundschule
(8 Klassen)
(200 Schüler)

Objektbeschreibung

Allgemeine Objektinformationen

Die Schule ist als winkelförmiges Gebäude ausgeführt. Sie wurde so ausgerichtet, dass der Schulhof wie von einem schützenden Arm umfasst wird. Die Sport-und Kulturhalle bietet hierbei eine wichtige dritte Raumkante und schützt den Schulhof vor dem Straßenlärm der vorbeiführenden Autobahn. Zum Kleinsportfeld im Norden öffnet sich der Pausenhof. Die innere Gebäudeorganisation sieht im nördlichen, massiv gebauten Erdgeschoss die Unterbringung der kompletten schulischen Verwaltung vor, im Süden schließen sich eine Mensa sowie ein Musik- und ein Multifunktionsraum an, die durch bewegliche Trennwände zu einer Art Aula für schulische Veranstaltungen zusammengelegt werden können. Im eingeschossigen Querbau befindet sich die Nachmittagsbetreuung.

Nutzung

1 Untergeschoss
Archiv, Abstellraum, Lagerräume, Pelletlager, Hausanschlussraum, Elektroraum, Batterieraum, Lüftungstechnik, Heizungsraum, Treppenhäuser, Flure

1 Erdgeschoss
Foyers, Sekretariat, Mensa, Regenerierküche, Kühllager, Spülküche, Gruppenräume, Rückzugsraum, Inklusionsraum, Musikraum, Lehrmittelraum, Bibliothek, Mehrzweckraum, Brennofen, Büros, Lehrerzimmer, Teeküche, Kopierraum, Krankenzimmer, Garderoben, Hausmeister, WCs, Umkleiden, Lager, Elektroraum, Treppenhäuser, Flure

1 Obergeschoss
Klassenräume, Differenzierungsräume, WCs, Treppenhäuser, Flure

Nutzeinheiten

Klassen: 8
Schüler: 200

Grundstück

Bauraum: Freier Bauraum
Neigung: Ebenes Gelände
Bodenklasse: BK 4 bis BK 5

Markt

Hauptvergabezeit: 1. Quartal 2022
Baubeginn: 2. Quartal 2022
Bauende: 1. Quartal 2023
Konjunkturelle Gesamtlage: über Durchschnitt
Regionaler Baumarkt: unter Durchschnitt

Baukonstruktion

Das Gebäude gründet auf einer Stb-Fundamentplatte und besteht aus einem massiven Sockel aus Stahlbeton und Mauerwerk. Die Fassade des Erdgeschosses ist gedämmt und mit Klinkerriemchen bekleidet. Die Wände des Obergeschoss sind in Holzrahmenbauweise ausgeführt und verputzt. Die Alufenster sind mit einer Dreifachverglasung ausgestattet und können mit Raffstores verschattet werden. Die Flachdächer wurden aus Brettstapeldecken sowie Stahlbeton gefertigt und mit einer extensive Dachbegrünung versehen.

Technische Anlagen

Das Gebäude ist mit einer Lüftungsanlage mit Wärmerückgewinnung zur kontinuierlichen Belüftung der Klassenzimmer und Mensa ausgestattet. Zur Unterstützung der Pelletheizung sind Photovoltaikelemente auf dem Dach installiert. Ein Personenaufzug erschließt das Obergeschoss barrierefrei.

Energetische Kennwerte

Gesetzliche Grundlage: GEG 2020
Gebäudenutzfläche: 2.220,00 m^2
Gebäudevolumen: 12.420,00 m^3
A/V_e-Verhältnis (Kompaktheit): 0,30 m^{-1}
Hüllfläche des beheizten Volumens: 3.728,00 m^2
Mittlerer U-Wert (opake Bauteile): 0,17
Mittlerer U-Wert (transparente Bauteile): 1,03
Spez. Jahresprimärenergiebedarf: 64,60 kWh/($m^2 \cdot a$)
Differenzdruck-Messverfahren: 1,00 h^{-1}

Planungskennwerte für Flächen und Rauminhalte nach DIN 277

Flächen des Grundstücks		Menge Einheit	% an GF
BF	Bebaute Fläche	1.480,90 m²	31,7
UF	Unbebaute Fläche	3.186,10 m²	68,3
GF	Grundstücksfläche	4.667,00 m²	100,0

Grundflächen des Bauwerks		Menge Einheit	% an NUF	% an BGF
NUF	Nutzungsfläche	1.778,97 m²	100,0	58,3
TF	Technikfläche	155,65 m²	8,7	5,1
VF	Verkehrsfläche	673,75 m²	37,9	22,1
NRF	Netto-Raumfläche	2.608,37 m²	146,6	85,5
KGF	Konstruktions-Grundfläche	441,26 m²	24,8	14,5
BGF	Brutto-Grundfläche	3.049,63 m²	171,4	100,0

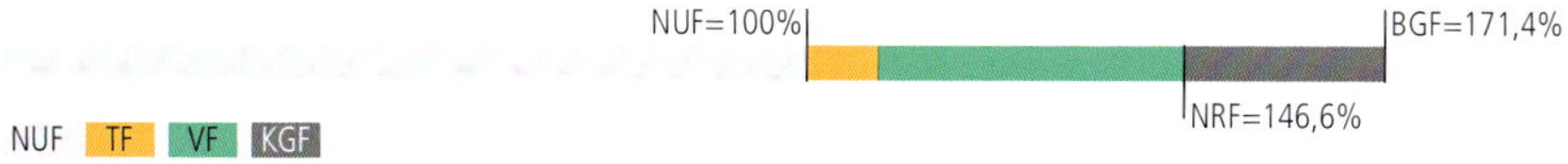

Brutto-Rauminhalt des Bauwerks		Menge Einheit	BRI/NUF (m)	BRI/BGF (m)
BRI	Brutto-Rauminhalt	12.783,32 m³	7,19	4,19

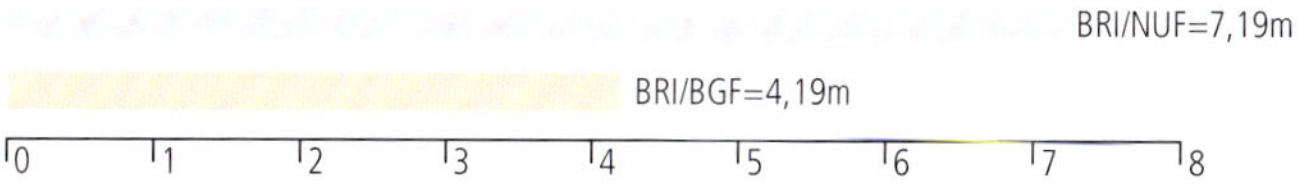

4100-0248
Grundschule
(8 Klassen)
(200 Schüler)

Kostenkennwerte für die Kostengruppen der 1. Ebene DIN 276

KG	Kostengruppen (1. Ebene)	Einheit	Kosten €	€/Einheit	€/m² BGF	€/m³ BRI	% 300+400
100	Grundstück	m² GF	–	–	–	–	–
200	Vorbereitende Maßnahmen	m² GF	–	–	–	–	–
300	Bauwerk – Baukonstruktionen	m² BGF	6.843.847	2.244,16	2.244,16	535,37	66,7
400	Bauwerk – Technische Anlagen	m² BGF	3.410.051	1.118,18	1.118,18	266,76	33,3
	Bauwerk 300+400	**m² BGF**	**10.253.897**	**3.362,34**	**3.362,34**	**802,13**	**100,0**
500	Außenanlagen und Freiflächen	m² AF	1.144.573	359,24	375,32	89,54	11,2
600	Ausstattung und Kunstwerke	m² BGF	–	–	–	–	–
700	Baunebenkosten	m² BGF	–	–	–	–	–
800	Finanzierung	m² BGF	–	–	–	–	–

KG	Kostengruppe	Menge Einheit	Kosten €	€/Einheit	%
3+4	**Bauwerk**				**100,0**
300	**Bauwerk – Baukonstruktionen**	3.049,63 m² BGF	6.843.847	**2.244,16**	66,7

Baugrubenaushub; Stb-Fundamentplatte, Stb-Fundamente, Stb-Bodenplatte, WU, Estrich, Bodenbeschichtung, PVC, Linoleum, Parkett, Bodenfliesen, Abdichtung, Kiesfilterschicht, Perimeterdämmung, Dränage; Stb-Wände, Sichtbeton, WU, Mauerwerkswände, Holzrahmenwände, Alu-Pfosten-Riegelfassade, Alufenster, Dreifachverglasung, Schallschutzverglasung, Sonnenschutzverglasung, WDVS, Klinkerriemchenfassade, textiler Sonnenschutz, Alu-Sonnenschutzlamellen; Innenmauerwerk, Stb-Wände, Sichtbeton, GK-Wände, Holztüren, Brandschutztüren, Innenfenster, Wandfliesen, WC-Trennwände, mobile Trennwand; Stb-Decken, Stb-Treppen, Dämmung, Estrich, Heizestrich, PVC, Linoleum, Parkett, Bodenfliesen, abgehängte GK-Decken, Schallschutzdecken, Stahlgeländer, Treppengeländer; Stb-Dach, Brettstapeldach, Oberlichter, Dämmung, Abdichtung, Attika, extensive Dachbegrünung, Dachentwässerung, abgehängte GK-Decken, Schallschutzdecken; Teeküche

KG	Kostengruppe	Menge Einheit	Kosten €	€/Einheit	%
400	**Bauwerk – Technische Anlagen**	3.049,63 m² BGF	3.410.051	**1.118,18**	33,3

Gebäudeentwässerung, Hebeanlage, Kalt- und Warmwasserleitungen, Sanitärobjekte; Pelletheizung, Solaranlage, Plattenheizkörper, Fußbodenheizung, Schornstein; kontrollierte Be- und Entlüftung mit Wärmerückgewinnung, Abluftanlage, RWA-Anlage; Photovoltaikanlage, Elektroinstallation, Beleuchtung, Sicherheitsleuchten, Notstromversorgung; Elektroakustische Anlagen, Fernseh-/Antennenanlage, Brandmeldeanlage, Rauchmelder, Datenübertragungsnetz; Personenaufzug; Regenerierküche, Feuerlöscher; Gebäudeautomation

KG	Kostengruppe	Menge Einheit	Kosten €	€/Einheit	%
500	**Außenanlagen und Freiflächen**	3.186,10 m² AF	1.144.573	**359,24**	11,2

Oberbodenarbeiten, Bodenarbeiten; Fundamente; Pflasterbeläge für Wege, Plätze, Terrassen, Spielplatzflächen; Mauern, Zäune, Tore, Winkelstützmauern, Treppen, Rampen, Geländer; Außenbeleuchtung; Außenmöblierung, Fahrradständer, Abfallbehälter, Müllplatzeinhausung, Spielgeräte, Klettereinrichtungen; Oberbodenauftrag, Böschungssicherungen, Pflanzung von Gehölze, Stauden, Bäume, Fertigstellungspflege

4100-0257
Ganztagsschule
(4 Klassen)
(100 Schüler)
Mensa
(135 Sitzplätze)

Kostenkennwerte für die Kosten des Bauwerks (Kostengruppen 300+400 nach DIN 276)

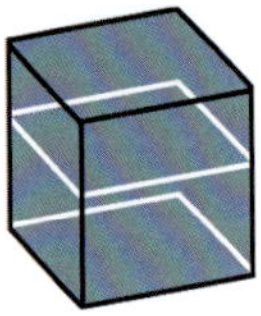

BRI 733 €/m³

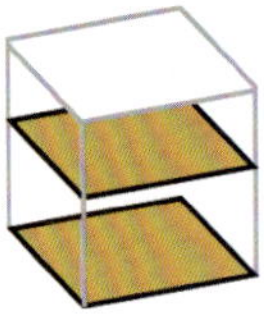

BGF 3.470 €/m²

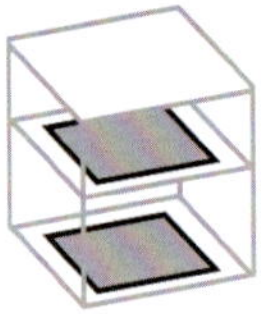

NUF 5.903 €/m²

Objekt:
Kennwerte: 1. Ebene DIN 276
BRI: 6.288 m³
BGF: 1.328 m²
NUF: 781 m²
Bauzeit: 78 Wochen
Bauende: 2021
Standard: mittel
Bundesland: Bayern
Kreis: Ebersberg

Architekt*in:
LPH 1-5:
Goergens Miklautz
Partner GmbH
Prinzregentenplatz 17
81675 München

LPH 6-9:
dreier + lauterbach
architekten und
ingenieure gmbh
Schulstraße 46
80634 München

Bauherr*in:
Gemeinde Anzing
Schulstraße 1
85646 Anzing

© Hans Engels

© Georgens Miklautz GmbB

© Hans Engels

© Georgens Miklautz GmbB

Zeichnungen

4100-0257
Ganztagsschule
(4 Klassen)
(100 Schüler)
Mensa
(135 Sitzplätze)

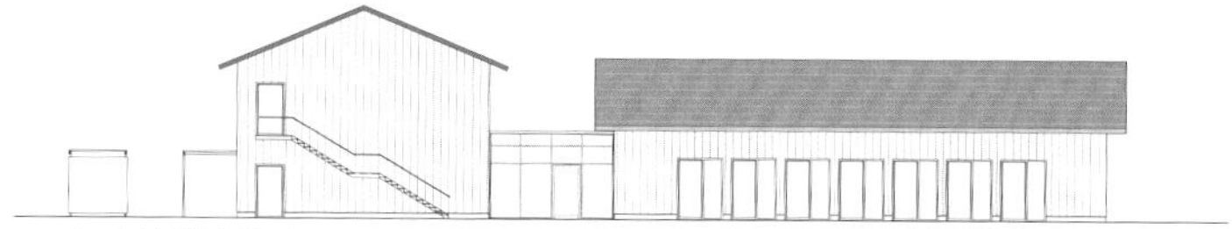

Ansicht Süd Flexhaus

Ansicht Süd Mensa

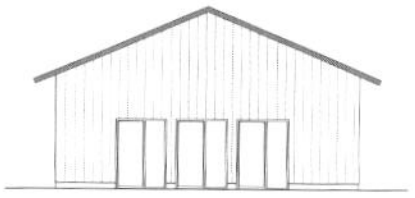

Ansicht Ost Mensa

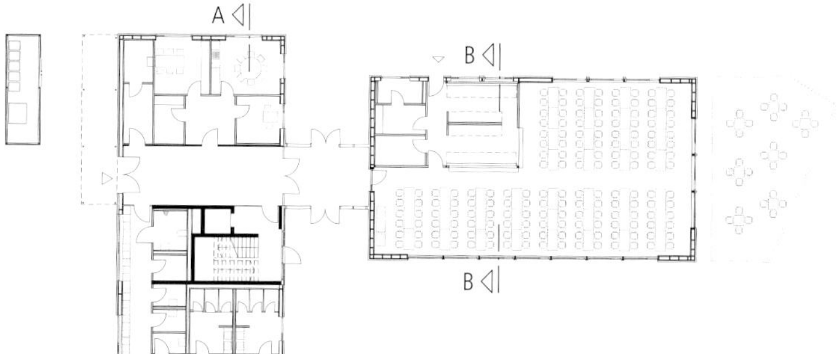
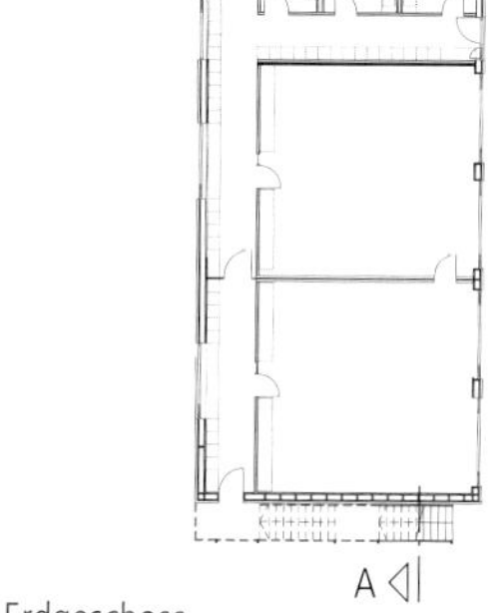

Erdgeschoss

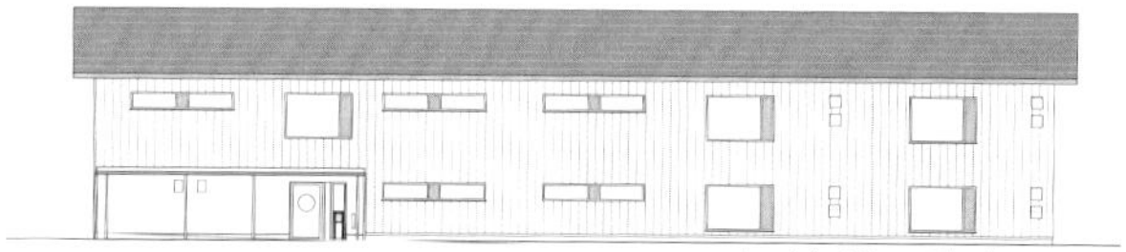

Ansicht West Flexhaus

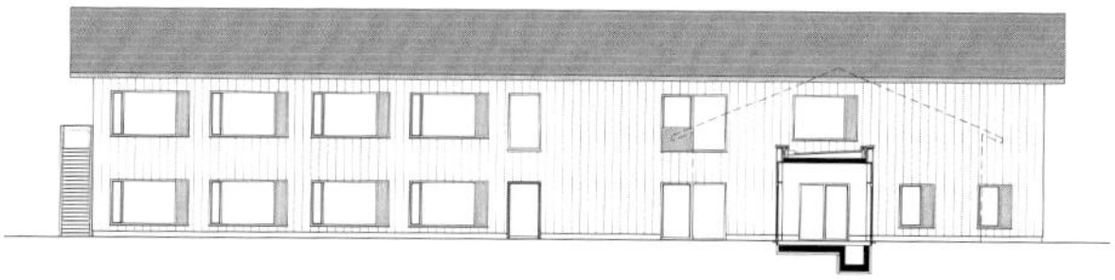

Ansicht Ost Flexhaus

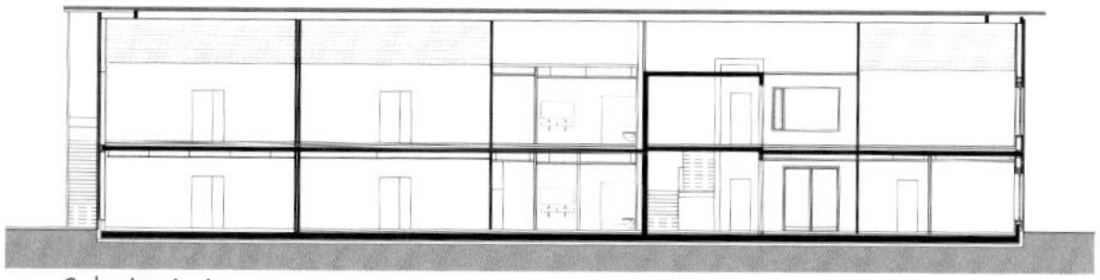

Schnitt A-A

Schnitt B-B

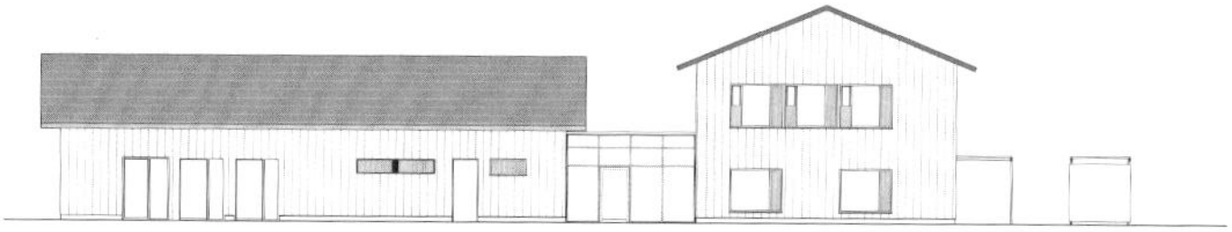

Ansicht Nord Mensa

Ansicht Nord Flexhaus

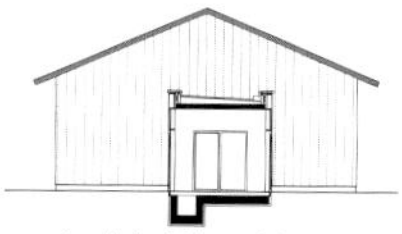

Ansicht West Mensa

4100-0257
Ganztagsschule
(4 Klassen)
(100 Schüler)
Mensa
(135 Sitzplätze)

Objektbeschreibung

Allgemeine Objektinformationen

Der Neubau erweitert die Gesamtschule um vier Klassenräume für jeweils 25 Kinder mit der Möglichkeit der Erweiterung um nochmals 25 Kinder. Die Mensa kann über einen Verbindungsgang erreicht werden und ist nur eingeschossig. Die Räume der Mensa können neben dem Schulbetrieb noch für Veranstaltungen der Gemeinde genutzt werden.

Nutzung

1 Erdgeschoss
Mensa: Speisesaal, Übergabeküche, Umkleideraum, Haustechnik, Sanitärräume
Schule: Gruppenräume (2St), Foyer, Verbindungsraum, Sanitärräume, Treppenhaus, Lager, Personalraum, Büro, Hausanschlussraum

1 Obergeschoss
Mensa: Technikempore
Schule: Gruppenräume (3St), Foyer, Flur, Garderobe, Treppenhaus, Sanitärräume

Nutzeinheiten

Gebäude: 2
Klassen: 4
Schüler: 100
Sitzplätze: 135

Grundstück

Bauraum: Freier Bauraum
Neigung: Ebenes Gelände
Bodenklasse: BK 1 bis BK 3

Markt

Hauptvergabezeit: 1. Quartal 2020
Baubeginn: 2. Quartal 2020
Bauende: 4. Quartal 2021
Konjunkturelle Gesamtlage: über Durchschnitt
Regionaler Baumarkt: unter Durchschnitt

Baukonstruktion

Konstruktiv wurde eine Holzhybridbauweise als wirtschaftlichste Bauweise gewählt. Aufgrund der Bodenverhältnisse sind die Gebäude nicht unterkellert, alle Technikräume sind räumlich optimiert in den beiden oberirdischen Geschossen untergebracht. Die Gründung erfolgt auf einer Stahlbeton-Fundamentplatte, die Außenwände bestehen aus einer gedämmten Holzrahmenkonstruktion, die sich konstruktiv auch im Dach fortsetzt. Die tragenden Innenwände sind aus massivem Brettsperrholz in Sichtqualität ausgeführt. Die Geschossdecken bestehen aus Holzbetonverbunddecken, die Treppenhauskerne sind massiv in Stahlbeton errichtet. Die Holz-Alufenster sind mit einer Dreifachverglasung ausgestattet und können mit einem textilen Sonnenschutz verschattet werden. Die Fassaden sind mit einer senkrechten Holzschalung bekleidet. Den oberen Gebäudeabschluss bildet ein Pfettendach. Innerhalb der Mensa ist über dem Küchenbereich eine Empore eingebaut, auf der die Lüftungstechnik untergebracht ist.

Technische Anlagen

Beheizt werden die Gebäude über einen Nahwärmeanschluss an den Hauptgebäuden. Die Fußbodenheizung ermöglicht auch die Gebäudekühlung im Sommer. Ein zentrales Lüftungsgerät versorgt die Räume mit der benötigten Frischluft. Die Küche wird mit einem separaten Lüftungssystem versorgt. Ein Personenaufzug erschließt das Obergeschoss barrierefrei.

Sonstiges

Die Baumaßnahme wurde während des laufenden Schulbetriebs durchgeführt.

Energetische Kennwerte

Gesetzliche Grundlage: EnEV 2013
Gebäudenutzfläche: 1.076,00 m²
Gebäudevolumen: 4.094,00 m³
Hüllfläche des beheizten Volumens: 2.759,90 m²
Mittlerer U-Wert (opake Bauteile): 0,13
Mittlerer U-Wert (transparente Bauteile): 0,95
Mittlerer U-Wert (Vorhangfassade): 0,95
Spez. Jahresprimärenergiebedarf: 133,00 kWh/(m²·a)

Energetische Angaben zu Außenbauteilen

Bodenplatte

U-Wert: 0,17 W/(m²·K)

Gesamtdicke: 61,00 cm	d [cm]	λ [W/(mK)]
Bodenbelag	1,00	1,300
Estrich	8,00	1,400
Trittschalldämmung	2,00	0,040
Dämmung	4,00	0,035
Stahlbeton	30,00	2,300
Dämmung	16,00	0,040

Außenwand Sockel

U-Wert: 0,26 W/(m²·K)

Gesamtdicke: 32,00 cm	d [cm]	λ [W/(mK)]
Dämmung	4,00	0,040
Luftschicht ruhend	2,00	0,139
Stahlbeton	16,00	2,300
Dämmung	10,00	0,040

Außenwand hinterlüftet

U-Wert: 0,15 W/(m²·K)

Gesamtdicke: 32,00 cm	d [cm]	λ [W/(mK)]
Dämmung	4,00	0,040
OSB-Platte	2,00	0,130
Holz	20,00	0,130
Dämmung	20,00	0,040
Holzfaserplatte	6,00	0,050

Flachdach begrünt

U-Wert: 0,15 W/(m²·K)

Gesamtdicke: 34,00 cm	d [cm]	λ [W/(mK)]
Holz	16,00	0,130
Dämmung	18,00	0,035

Steildach

U-Wert: 0,14 W/(m²·K)

Gesamtdicke: 40,00 cm	d [cm]	λ [W/(mK)]
Holz	36,00	0,130
Dämmung	36,00	0,040
Dämmung	4,00	0,046

4100-0257
Ganztagsschule
(4 Klassen)
(100 Schüler)
Mensa
(135 Sitzplätze)

Planungskennwerte für Flächen und Rauminhalte nach DIN 277

Flächen des Grundstücks		Menge Einheit	% an GF
BF	Bebaute Fläche	496,75 m²	9,4
UF	Unbebaute Fläche	4.803,25 m²	90,6
GF	Grundstücksfläche	5.300,00 m²	100,0

Grundflächen des Bauwerks		Menge Einheit	% an NUF	% an BGF
NUF	Nutzungsfläche	780,87 m²	100,0	58,8
TF	Technikfläche	82,63 m²	10,6	6,2
VF	Verkehrsfläche	275,14 m²	35,2	20,7
NRF	Netto-Raumfläche	1.138,64 m²	145,8	85,7
KGF	Konstruktions-Grundfläche	189,54 m²	24,3	14,3
BGF	Brutto-Grundfläche	1.328,18 m²	170,1	100,0

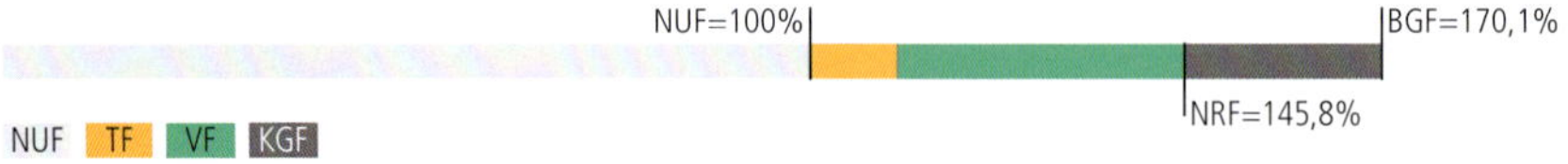

Brutto-Rauminhalt des Bauwerks		Menge Einheit	BRI/NUF (m)	BRI/BGF (m)
BRI	Brutto-Rauminhalt	6.287,88 m³	8,05	4,73

Kostenkennwerte für die Kostengruppen der 1.Ebene DIN 276

KG	Kostengruppen (1.Ebene)	Einheit	Kosten €	€/Einheit	€/m² BGF	€/m³ BRI	% 300+400
100	Grundstück	m² GF	–	–	–	–	–
200	Vorbereitende Maßnahmen	m² GF	–	–	–	–	–
300	Bauwerk – Baukonstruktionen	m² BGF	3.292.582	2.479,02	2.479,02	523,64	71,4
400	Bauwerk – Technische Anlagen	m² BGF	1.316.667	991,33	991,33	209,40	28,6
	Bauwerk 300+400	**m² BGF**	**4.609.249**	**3.470,35**	**3.470,35**	**733,04**	**100,0**
500	Außenanlagen und Freiflächen	m² AF	–	–	–	–	–
600	Ausstattung und Kunstwerke	m² BGF	–	–	–	–	–
700	Baunebenkosten	m² BGF	–	–	–	–	–
800	Finanzierung	m² BGF	–	–	–	–	–

KG	Kostengruppe	Menge Einheit	Kosten €	€/Einheit	%
3+4	**Bauwerk**				**100,0**
300	**Bauwerk – Baukonstruktionen**	1.328,18 m² BGF	3.292.582	**2.479,02**	71,4

Erdarbeiten; Stb-Fundamentplatte, Abdichtung, Dämmung, Heizestrich, Bodenfliesen, Linoleum, Sauberlaufzonen; Holzrahmenwände, Holz-Alufenster, Alutüren, Holzfaserdämmung, OSB, senkrechte Holzschalung, GK-Bekleidung, zementgebundene Plattenbekleidung, Beschichtung, textiler Sonnenschutz außen/innen; Brettsperrholzwände, Stb-Wände, GK-Wände, Holztüren, Stahl-Rohrrahmentüren, GK-Bekleidung, Beschichtung, Wandfliesen; Holz-Betonverbunddecken, Stb-Treppen, Dämmung, Heizestrich, Bodenfliesen, Linoleum, Holzakustikdecken, Gipskartondecken, Stahl-Fluchttreppe, Stahlwangengeländer; Pfettendach, Holzfaserdämmung, Ziegeldach, Dachentwässerung; Einbaumöbel

KG	Kostengruppe	Menge Einheit	Kosten €	€/Einheit	%
400	**Bauwerk – Technische Anlagen**	1.328,18 m² BGF	1.316.667	**991,33**	28,6

Gebäudeentwässerung, Kalt- und Warmwasserleitungen, Sanitärobjekte; Anschluss an die Nahwärmeversorgung, Fußbodenheizung; zentrale Lüftungsanlage, Küchenentlüftung, Abluftanlagen für innenliegende Sanitärräume; Elektroinstallation, Beleuchtung, Blitzschutzanlage; Telekommunikationsanlage, Sprechanlage, Zutrittskontrolle über Türsteuerung, Rauchwarnmelder, Brandmeldeanlage, Netzwerkverkabelung; Personenaufzug; küchentechnische Anlagen; Gebäudeautomation

4100-0267
Hort
(4 Gruppen)
Schulmensa
(199 Schüler)

Kostenkennwerte für die Kosten des Bauwerks (Kostengruppen 300+400 nach DIN 276)

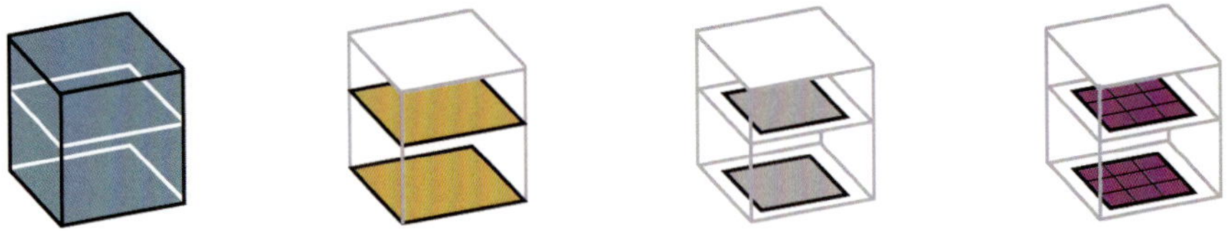

BRI	BGF	NUF	NE
1.579 €/m³	6.290 €/m²	10.172 €/m²	28.949 €/NE

NE: Schüler

Objekt:
Kennwerte: 1. Ebene DIN 276
BRI: 3.650 m³
BGF: 916 m²
NUF: 566 m²
Bauzeit: 52 Wochen
Bauende: 2024
Standard: mittel
Bundesland: Hessen
Kreis: Offenbach am Main, Stadt

Architekt*in:
Christl + Bruchhäuser GmbH
Neue Kräme 26
60311 Frankfurt am Main

Bauherr*in:
Stadt Offenbach am Main
Amt für Planen und Bauen
Berliner Straße 60
63065 Offenbach

© Eva Hanewinckel

© Eva Hanewinckel

© Eva Hanewinckel

© Eva Hanewinckel

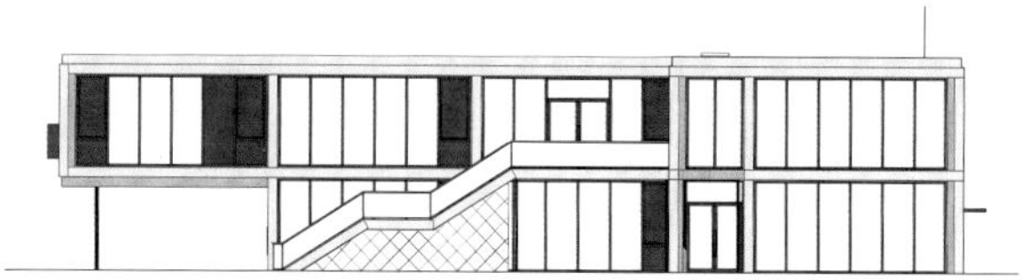

Ansicht Ost

Ansicht Nord

Ansicht Süd

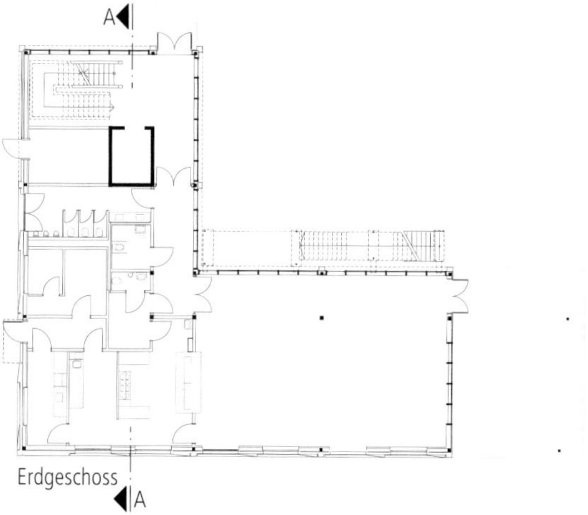

Erdgeschoss

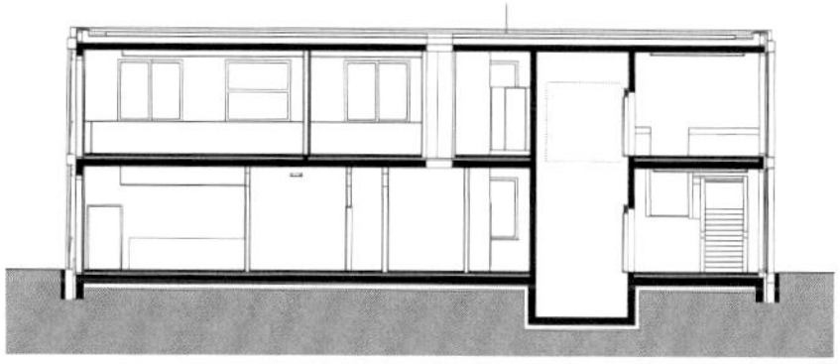

Schnitt A-A

Ansicht West

4100-0267
Hort
(4 Gruppen)
Schulmensa
(199 Schüler)

Objektbeschreibung

Allgemeine Objektinformationen

Der zweigeschossige Erweiterungsbau ersetzt einen nicht mehr nutzbaren Pavillon und schafft mit Mensa, Betreuungsräumen sowie einem Büro für die Betreuungsleitung moderne Räume, die optimal auf die Anforderungen einer Ganztagsschule zugeschnitten sind. Im Erdgeschoss befinden sich die neue Mensa mit Küche und Nebenräumen. Die Betreuungsräume im Obergeschoss sind zusätzlich über eine Außentreppe direkt mit dem Schulhof verbunden. Durch das auskragende Obergeschoss entstehen zudem überdachte Bereiche, die als Terrasse für die Mensa/Cafeteria genutzt werden.

Nutzung

1 Erdgeschoss
Eingang, Cafeteria, Großküche, Anlieferung, Lager, Spülen, Umkleide, WCs, Hausanschlussraum, Flur, Aufzug, Treppenhaus, Terrasse

1 Obergeschoss
Betreuungsräume (4St), Büro, WCs, Elektrotechnikraum, Flur, Aufzug, Treppenhaus

Nutzeinheiten

Gruppen: 4
Schüler: 199

Grundstück

Bauraum: Beengter Bauraum
Neigung: Ebenes Gelände
Bodenklasse: BK 1 bis BK 5

Markt

Hauptvergabezeit: 4.Quartal 2022
Baubeginn: 2.Quartal 2023
Bauende: 2.Quartal 2024
Konjunkturelle Gesamtlage: über Durchschnitt
Regionaler Baumarkt: über Durchschnitt

Besonderer Kosteneinfluss Markt
Deutliche Holzpreissteigerung aufgrund der Corona-Pandemie

Baukonstruktion

Der Anbau gründet auf einer Stahlbetonbodenplatte. Decken und Flachdach sind in Brettstapelholzbauweise ausgeführt, während die Außenwände aus vorgefertigten Holzrahmenelementen bestehen. Die Holz-Alufenster mit Dreifachverglasung sind in wärmegedämmte Aluminiumkassetten integriert und prägen die Fassadengestaltung. Außenliegende Raffstores ermöglichen eine flexible Verschattung. Das Flachdach ist extensive begrünt. Im Innenraum schaffen sichtbare Holzoberflächen eine warme, behagliche Atmosphäre, regulieren die Luftfeuchtigkeit und unterstützen ein gesundes Raumklima. Zur Verbesserung des Schallschutzes sowie zur passiven Kühlung wurde im Obergeschoss eine erhöhte Schüttung im Fußboden eingesetzt. Die Bodenflächen sind mit Linoleum bzw. keramischen Fliesen belegt. Aus akustischen Gründen wurden die Decken mit Holzwolle-Leichtbauplatten versehen oder als sichtbare Schichtholzdecken belassen.

Technische Anlagen

Das „Low-Tech"-Konzept setzt auf ressourcenschonende, robuste und zugleich funktionale Lösungen. Eine kontrollierte Lüftung kommt ausschließlich in den Sanitärbereichen und der Küche zum Einsatz, während die übrigen Räume natürlich belüftet werden. Die Beheizung des Gebäudes erfolgt über einen Fernwärmeanschluss in Kombination mit einer Fußbodenheizung. Zur nachhaltigen Nutzung von Ressourcen wird Regenwasser in einer Zisterne gesammelt und weiterverwendet. Ergänzend sind eine Uhrenanlage, eine Beschallungsanlage sowie eine Gefahrenmeldeanlage installiert.

Sonstiges

Dank der vorgefertigten Holzbauweise konnte der Schulbetrieb im angrenzenden Bestandsgebäude während der Bauzeit ohne Unterbrechung fortgeführt werden.

Planungskennwerte für Flächen und Rauminhalte nach DIN 277

Flächen des Grundstücks		Menge Einheit	% an GF
BF	Bebaute Fläche	–	–
UF	Unbebaute Fläche	–	–
GF	Grundstücksfläche	–	–

Grundflächen des Bauwerks		Menge Einheit	% an NUF	% an BGF
NUF	Nutzungsfläche	566,32 m²	100,0	61,8
TF	Technikfläche	20,17 m²	3,6	2,2
VF	Verkehrsfläche	181,87 m²	32,1	19,9
NRF	Netto-Raumfläche	768,36 m²	135,7	83,9
KGF	Konstruktions-Grundfläche	147,48 m²	26,0	16,1
BGF	Brutto-Grundfläche	915,84 m²	161,7	100,0

Brutto-Rauminhalt des Bauwerks		Menge Einheit	BRI/NUF (m)	BRI/BGF (m)
BRI	Brutto-Rauminhalt	3.649,50 m³	6,44	3,99

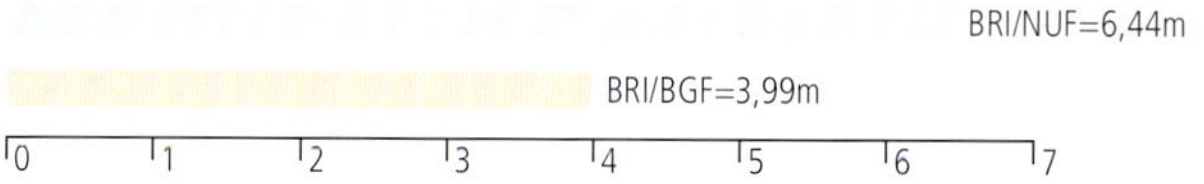

Kostenkennwerte für die Kostengruppen der 1. Ebene DIN 276

KG	Kostengruppen (1. Ebene)	Einheit	Kosten €	€/Einheit	€/m² BGF	€/m³ BRI	% 300+400
100	Grundstück	m² GF	–	–	–	–	–
200	Vorbereitende Maßnahmen	m² GF	138.630	–	151,37	37,99	2,4
300	Bauwerk – Baukonstruktionen	m² BGF	4.097.636	4.474,18	4.474,18	1.122,79	71,1
400	Bauwerk – Technische Anlagen	m² BGF	1.663.140	1.815,97	1.815,97	455,72	28,9
	Bauwerk 300+400	**m² BGF**	**5.760.776**	**6.290,16**	**6.290,16**	**1.578,51**	**100,0**
500	Außenanlagen und Freiflächen	m² AF	1.355.173	–	1.479,71	371,33	23,5
600	Ausstattung und Kunstwerke	m² BGF	134.300	146,64	146,64	36,80	2,3
700	Baunebenkosten	m² BGF	–	–	–	–	–
800	Finanzierung	m² BGF	–	–	–	–	–

KG	Kostengruppe	Menge Einheit	Kosten €	€/Einheit	%
200	**Vorbereitende Maßnahmen**	–	138.630	–	2,4
	Rückbau Pavillonbau				
3+4	**Bauwerk**				**100,0**
300	**Bauwerk – Baukonstruktionen**	915,84 m² BGF	4.097.636	**4.474,18**	71,1
	Baugrubenaushub; Stb-Fundamente, Stb-Bodenplatte, Heizestrich, Bodenbeschichtung, Bodenfliesen, Abdichtung, Sauberkeitsschicht, Perimeterdämmung; vorgefertigte Holztafelwände, Stahlstützen, Holz-Alu-Pfosten-Riegelfassade, Holz-Alufenster, Dreifachverglasung, Wärmedämmung, Alu-Kassettenfassade, Raffstores; vorgefertigte Holztafelwände, Massivholzwand (Aufzug), Holz-Innentüren, F30-Seitenteile, GK-Beplankung, Beschichtung, Wandfliesen, WC-Trennwände; Massivholzdecken, Sichtqualität, Unterzüge, Stahl-Außentreppe, Massivholztreppen, Heizestrich, Bodenbeschichtung, Linoleum, Bodenfliesen, Holzwolle-Leichtbauplatten, Stahl-Stahlgewebe-Geländer, Treppenhandlauf; Massivholzdach, Unterzüge, Dämmung, Abdichtung, Attika, extensive Dachbegrünung, Dachentwässerung, Holzwolleleichtbauplatten-Bekleidung, Eingangsüberdachung				
400	**Bauwerk – Technische Anlagen**	915,84 m² BGF	1.663.140	**1.815,97**	28,9
	Gebäudeentwässerung, Kalt- und Warmwasserleitungen, Sanitärobjekte; Fernwärmeversorgung, Fußbodenheizung; kontrollierte Be- und Entlüftung mit Wärmerückgewinnung, RWA-Anlage; Elektroinstallation, Beleuchtung, Sicherheitsleuchten, Blitzschutzanlage; Datenübertragungsanlage, Uhrenanlage, Beschallungsanlage, Gefahrenmeldeanlagen, Rauchmelder; Personenaufzug; Großküche, Feuerlöscher				
500	**Außenanlagen und Freiflächen**	–	1.355.173	–	23,5
	Oberbodenarbeiten, Bodenarbeiten; Wege, Plätze, Terrassen, Spielplatzflächen; Zisterne; Bruchstein-Sitzbänke, Fahrradständer, Pflanzbehälter, Spielgeräte, Schulgarten, Klettereinrichtungen; Oberbodenauftrag, Gehölze, Bäume				
600	**Ausstattung und Kunstwerke**	915,84 m² BGF	134.300	**146,64**	2,3
	Raumausstattung der Betreuungsräume, Bestuhlung der Cafeteria				

4100-0271
Grundschule
(12 Klassen)
(360 Schüler)

Kostenkennwerte für die Kosten des Bauwerks (Kostengruppen 300+400 nach DIN 276)

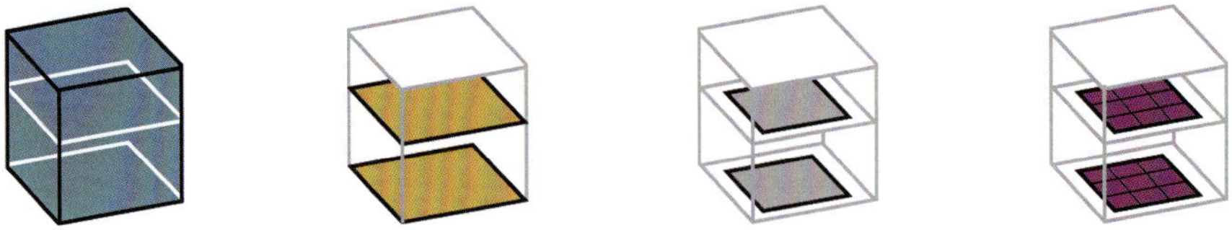

BRI 792 €/m³ **BGF 3.518 €/m²** **NUF 4.514 €/m²** **NE 38.561 €/NE**

NE: Schüler

Objekt:
Kennwerte: 1. Ebene DIN 276
BRI: 17.539 m³
BGF: 3.946 m²
NUF: 3.075 m²
Bauzeit: 109 Wochen
Bauende: 2024
Standard: hoch
Bundesland: Nordrhein-Westfalen
Kreis: Gütersloh

Architekt*in:
BKS Architekten GmbH
Ostertorstraße 6
32312 Lübbecke

© Ralf Buscher Photography

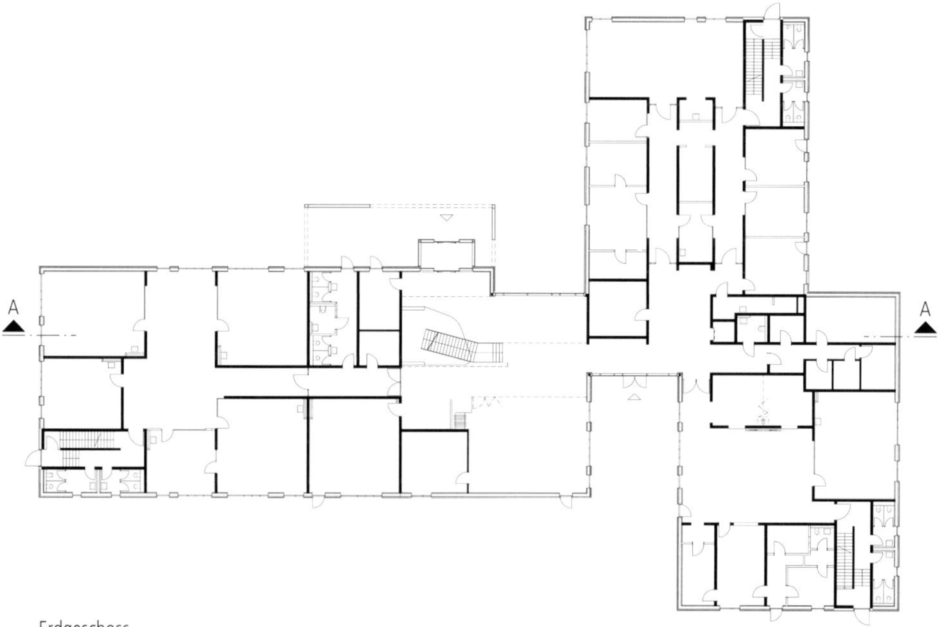

Erdgeschoss

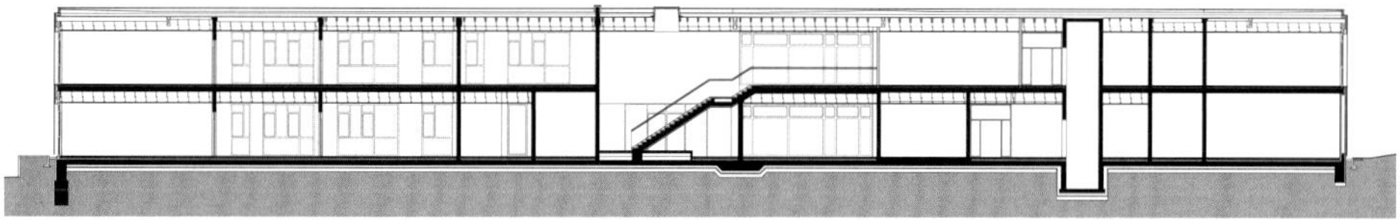

Schnitt A-A

Objektbeschreibung

Allgemeine Objektinformationen

Die dreizügige Grundschule mit Ganztagsbereich, Forum und Mensa ist als zweigeschossiger Baukörper mit Flachdach realisiert. Raumprogramm und Entwurf der Grundschule basieren auf dem pädagogischen Konzept des gemeinschaftlichen Lernens und Erziehens im Ganztagsbetrieb. Im Fokus stehen lernen, bewegen, verweilen, reden, essen sowie auch Rückzug und Ausruhen in einem angemessenen Rhythmus.

Nutzung

1 Erdgeschoss
Eingang, Forum, Verwaltung, Küche und Mensa, Lerncluster, Bücherei, Theater

1 Obergeschoss
Lerncluster, Werken und Kunst, Ruhe und Früherziehung

Nutzeinheiten

Klassen: 12
Schüler: 360

Grundstück

Bauraum: Freier Bauraum
Neigung: Ebenes Gelände
Bodenklasse: BK 3 bis BK 4

Markt

Hauptvergabezeit: 1. Quartal 2022
Baubeginn: 2. Quartal 2022
Bauende: 2. Quartal 2024
Konjunkturelle Gesamtlage: Durchschnitt
Regionaler Baumarkt: Durchschnitt

Baukonstruktion

Das Gebäude besteht aus einer Hybrid-Bauweise aus Stahlbeton, Mauerwerk und Holz. Die Fassade ist als Holzrahmenfassade mit einer äußeren Sichtschalung aus Lärche und großzügigen Verglasungen ausgeführt. Innenwände, Decken und die Kerne der Treppenhäuser bestehen aus massiven Bauteilen. Der obere Abschluss wird von einem Holzsparren-Flachdach mit Bitumenabdichtung gebildet.

Technische Anlagen

Die Wärmeversorgung erfolgt durch ein Nahwärmenetz in Kombination mit einer Erdwärmepumpe. Das Gebäude ist mit Lüftungsanlagen in den Klassenräumen und der Mensa ausgestattet. Zusätzlich ist eine Photovoltaikanlage auf dem Flachdach sowie ein Batteriespeicher installiert worden.

Sonstiges

Aufgrund des gesetzten Anspruchs auf Nachhaltigkeit ist die Schule als Hybridkonstruktion realisiert, wobei die Materialien entsprechend ihrer jeweiligen Vorzüge in Hinblick auf Tragfähigkeit, Schallschutz, Brandschutz und Wärmeschutz gezielt eingesetzt werden. Das Gebäude ist als barrierefreies Gebäude mit KfW 55-EE Förderung errichtet.

Energetische Kennwerte

Gesetzliche Grundlage: GEG 2020
Mittlerer U-Wert (opake Bauteile): 0,10
Mittlerer U-Wert (transparente Bauteile): 0,90
Spez. Jahresprimärenergiebedarf: 63,50 kWh/(m^2·a)
CO_2-Emissionen: 21,10 kg/(m^2·a)

Planungskennwerte für Flächen und Rauminhalte nach DIN 277

Flächen des Grundstücks		Menge Einheit	% an GF
BF	Bebaute Fläche	3.702,82 m²	18,7
UF	Unbebaute Fläche	16.083,94 m²	81,3
GF	Grundstücksfläche	19.786,76 m²	100,0

Grundflächen des Bauwerks		Menge Einheit	% an NUF	% an BGF
NUF	Nutzungsfläche	3.075,09 m²	100,0	77,9
TF	Technikfläche	71,05 m²	2,3	1,8
VF	Verkehrsfläche	256,71 m²	8,3	6,5
NRF	Netto-Raumfläche	3.402,85 m²	110,7	86,2
KGF	Konstruktions-Grundfläche	543,32 m²	17,7	13,8
BGF	Brutto-Grundfläche	3.946,17 m²	128,3	100,0

Brutto-Rauminhalt des Bauwerks		Menge Einheit	BRI/NUF (m)	BRI/BGF (m)
BRI	Brutto-Rauminhalt	17.538,52 m³	5,70	4,44

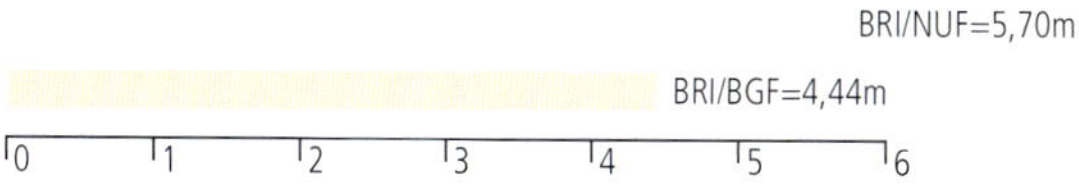

Kostenkennwerte für die Kostengruppen der 1. Ebene DIN 276

KG	Kostengruppen (1. Ebene)	Einheit	Kosten €	€/Einheit	€/m² BGF	€/m³ BRI	% 300+400
100	Grundstück	m² GF	–	–	–	–	–
200	Vorbereitende Maßnahmen	m² GF	–	–	–	–	–
300	Bauwerk – Baukonstruktionen	m² BGF	10.273.714	2.603,46	2.603,46	585,78	74,0
400	Bauwerk – Technische Anlagen	m² BGF	3.608.343	914,39	914,39	205,74	26,0
	Bauwerk 300+400	**m² BGF**	**13.882.058**	**3.517,86**	**3.517,86**	**791,52**	**100,0**
500	Außenanlagen und Freiflächen	m² AF	1.527.207	547,89	387,01	87,08	11,0
600	Ausstattung und Kunstwerke	m² BGF	319.914	81,07	81,07	18,24	2,3
700	Baunebenkosten	m² BGF	–	–	–	–	–
800	Finanzierung	m² BGF	–	–	–	–	–

KG	Kostengruppe	Menge Einheit	Kosten €	€/Einheit	%
3+4	**Bauwerk**				**100,0**
300	**Bauwerk – Baukonstruktionen**	3.946,17 m² BGF	10.273.714	**2.603,46**	74,0

Baugrubenaushub; Baugrundverbesserung (Magerbeton), Stb-Fundamente, Stb-Bodenplatte, schwimmender Heizestrich, Linoleum, Nadelvlies, Betonwerkstein, Parkett, Bodenfliesen; Hybridbauweise, Holzrahmenwände, Stb-Wände, Holz-Alufenster, Alu-Außentüren, Holzlamellenfassade Lärche, Weichfaserplatten, OSB- und Gipsbauplatten, Zellulosedämmung, Raffstores; Stb-Wände, KS-Mauerwerkswände, GK-Wände, Systemtrennwände, Holzwerkstofftüren mit Stahlzargen, Holz-/Glaselemente, Putz, Wandfliesen, Beschichtung; Stb-Decken, Stb-Treppen, Holzbelag (Forumtreppe), schwimmender Heizestrich, Linoleum, Bodenfliesen, abgehängte GK-Lochplatten, Rasterdecken, Stahlgeländer; Holzbalken-Flachdach, Lichtkuppeln, Mineralfaserdämmung, Bitumenabdichtung, abgehängte GK-Lochplatten, Rasterdecken; Einbaumöbel Garderoben, Sitznischen

KG	Kostengruppe	Menge Einheit	Kosten €	€/Einheit	%
400	**Bauwerk – Technische Anlagen**	3.946,17 m² BGF	3.608.343	**914,39**	26,0

Gebäudeentwässerung, Kalt- und Warmwasserleitungen, Sanitärobjekte; Nahwärmeanschluss, Erdsonden und Wärmesondenanlage, Wärmepumpe, Heizleitungen, Fußbodenheizung; Lüftungsanlage Einzelgeräte; PV-Anlage; Elektroinstallation, Beleuchtung, Blitzschutzanlage; Sprechanlage, Brandmeldezentrale, Datenübertragungsnetz; Aufzugsanlage

KG	Kostengruppe	Menge Einheit	Kosten €	€/Einheit	%
500	**Außenanlagen und Freiflächen**	2.787,44 m² AF	1.527.207	**547,89**	11,0

Abbruch von Belägen; Erdarbeiten; Drän- und Entwässerungsarbeiten, Entwässerungskanalarbeiten; Tragschichten, Frostschutzschichten, Pflaster- und Plattenbeläge; Betonstützwände, Außentreppen Betonblocksteine; Stahlgeländer, Außenbeleuchtung; Sitzbänke, Müllbehälter, Fahrradständer; Pflanzarbeiten, Raseneinsaat

KG	Kostengruppe	Menge Einheit	Kosten €	€/Einheit	%
600	**Ausstattung und Kunstwerke**	3.946,17 m² BGF	319.914	**81,07**	2,3

Lose Möblierung: Tische, Stühle, Schränke, Regale, Rollcontainer, mobile Bühne; Lehrküche; Mensaküche

4100-0274
Grundschule
(16 Klassen)
(400 Schüler)

Kostenkennwerte für die Kosten des Bauwerks (Kostengruppen 300+400 nach DIN 276)

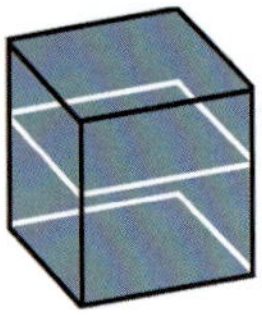

BRI **908 €/m³**

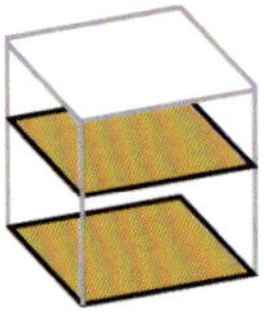

BGF **4.256 €/m²**

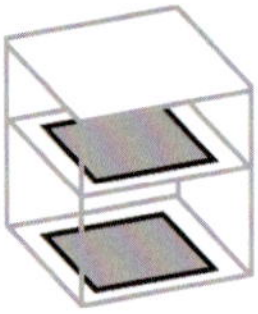

NUF **7.023 €/m²**

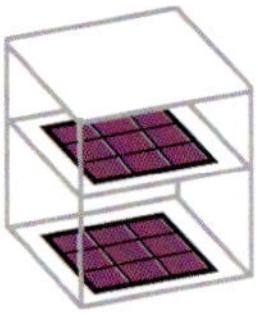

NE **57.407 €/NE**
NE: Schüler

Objekt:
Kennwerte: 1.Ebene DIN 276
BRI: 25.284 m³
BGF: 5.395 m²
NUF: 3.270 m²
Bauzeit: 131 Wochen
Bauende: 2024
Standard: mittel
Bundesland: Hessen
Kreis: Groß-Gerau

Architekt*in:
prosa Architektur +
Stadtplanung BDA
Quasten Rauh PartGmbB
Schleiermacher Straße 8
64283 Darmstadt

Bauherr*in:
Kreisausschuss
des Kreises Groß-Gerau
Vertreten durch
FB Gebäudemanagement

Ansicht Ost

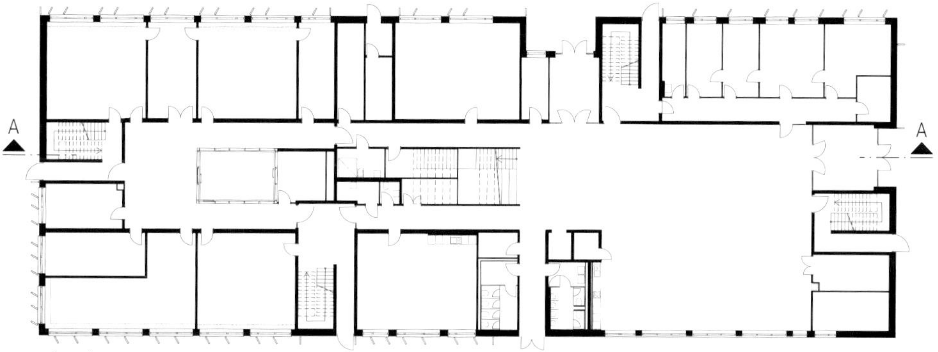

Erdgeschoss

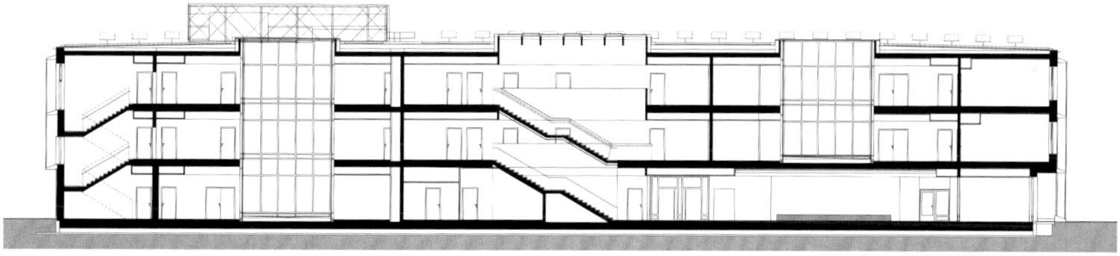

Schnitt A-A

Ansicht West

Ansicht Nord

Ansicht Süd

Objektbeschreibung

Allgemeine Objektinformationen

Direkt neben einer weiterführenden Schule entstand der Neubau für die neue vierzügige Grundschule. Das Erdgeschoss nimmt die gemeinschaftlichen Nutzungen auf, in den Obergeschossen sind die Klassen zügeweise in Clustern organisiert. Eine gemeinsame Mitte, um ein integriertes Atrium angeordnet, bietet Platz für Ganztagsnutzungen und offenes Lernen.

Nutzung

2 Erdgeschosse
Verwaltung, Fachräume, Gemeinschaftsnutzung

1 Obergeschoss
Klassenräume, Gruppenräume

Nutzeinheiten

Klassen: 16
Schüler: 400

Grundstück

Bauraum: Beengter Bauraum
Neigung: Ebenes Gelände
Bodenklasse: BK 1 bis BK 4

Markt

Hauptvergabezeit: 1.Quartal 2022
Baubeginn: 1.Quartal 2022
Bauende: 3.Quartal 2024
Konjunkturelle Gesamtlage: über Durchschnitt
Regionaler Baumarkt: Durchschnitt

Baukonstruktion

Der Neubau gründet auf einer Stb-Bodenplatte. Das Gebäude ist als dreigeschossiger Bau in Gebäudeklasse fünf nahezu komplett in Holz ausgeführt, der im Passivhausstandard höchste energetische Ansprüche erfüllt. Die Wände sind als Brettsperrholzwände erstellt, die Fassade ist als Alu-Pfosten-Riegelfassade und Alu-Holzfenster mit Dreifachverglasung ausgeführt. Die hinterlüftete Lärchenholzfassade wird durch vorgesetzte Lamellen horizontal und vertikal strukturiert, die auch einen passiven Sonnenschutz ermöglichen. Die Decken und das Flachdach sind aus Brettsperrholz realisiert.

Technische Anlagen

Die Heizungsversorgung erfolgt über einen Nahwärmeanschluss vom bestehende Nachbargebäude. Zusätzlich ist eine Luft-Wasserwärmepumpe eingebaut. Die Schule wird über eine zentrale Lüftungsanlage mit Wärmerückgewinnung belüftet.

Planungskennwerte für Flächen und Rauminhalte nach DIN 277

Flächen des Grundstücks		Menge Einheit	% an GF
BF	Bebaute Fläche	26.630,00 m²	55,6
UF	Unbebaute Fläche	21.224,00 m²	44,4
GF	Grundstücksfläche	47.854,00 m²	100,0

Grundflächen des Bauwerks		Menge Einheit	% an NUF	% an BGF
NUF	Nutzungsfläche	3.269,90 m²	100,0	60,6
TF	Technikfläche	117,70 m²	3,6	2,2
VF	Verkehrsfläche	1.199,40 m²	36,7	22,2
NRF	Netto-Raumfläche	4.587,00 m²	140,3	85,0
KGF	Konstruktions-Grundfläche	807,93 m²	24,7	15,0
BGF	Brutto-Grundfläche	5.394,93 m²	165,0	100,0

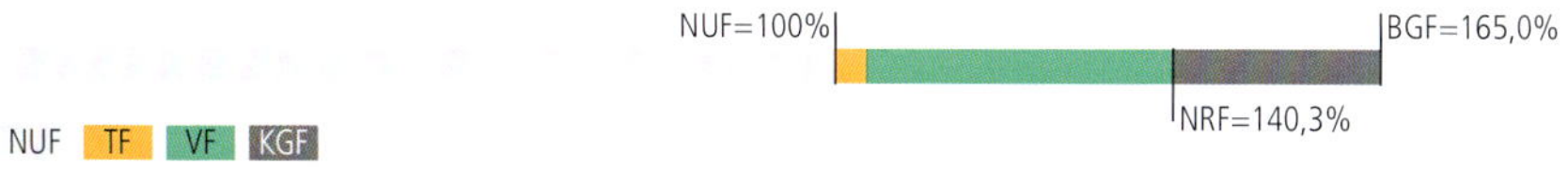

Brutto-Rauminhalt des Bauwerks		Menge Einheit	BRI/NUF (m)	BRI/BGF (m)
BRI	Brutto-Rauminhalt	25.284,00 m³	7,73	4,69

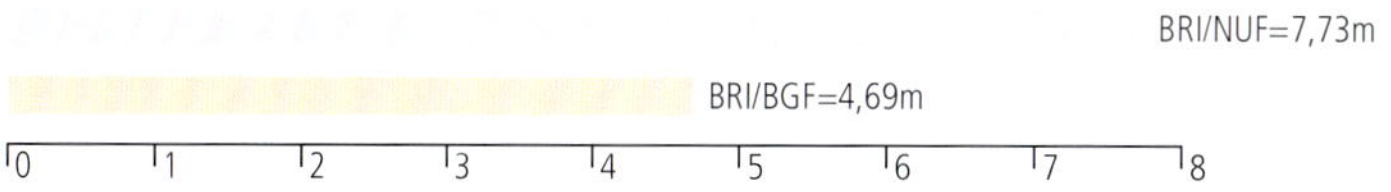

Kostenkennwerte für die Kostengruppen der 1.Ebene DIN 276

KG	Kostengruppen (1.Ebene)	Einheit	Kosten €	€/Einheit	€/m² BGF	€/m³ BRI	% 300+400
100	Grundstück	m² GF	–	–	–	–	–
200	Vorbereitende Maßnahmen	m² GF	–	–	–	–	–
300	Bauwerk – Baukonstruktionen	m² BGF	18.939.993	3.510,70	3.510,70	749,09	82,5
400	Bauwerk – Technische Anlagen	m² BGF	4.022.918	745,68	745,68	159,11	17,5
	Bauwerk 300+400	**m² BGF**	**22.962.911**	**4.256,39**	**4.256,39**	**908,20**	**100,0**
500	Außenanlagen und Freiflächen	m² AF	–	–	–	–	–
600	Ausstattung und Kunstwerke	m² BGF	–	–	–	–	–
700	Baunebenkosten	m² BGF	–	–	–	–	–
800	Finanzierung	m² BGF	–	–	–	–	–

KG	Kostengruppe	Menge Einheit	Kosten €	€/Einheit	%
3+4	**Bauwerk**				**100,0**
300	**Bauwerk – Baukonstruktionen**	5.394,93 m² BGF	18.939.993	**3.510,70**	82,5

Baugrubenaushub; Stb-Fundamente, Stb-Bodenplatte, Estrich, Linoleum, Abdichtung, Kiesfilterschicht, Perimeterdämmung; Stb-Wände, Brettsperrholzwände, Alu-Pfosten-Riegelfassade, Alu-Holzfenster, Dreifachverglasung, teilw. Schallschutzverglasung, teilw. Sonnenschutzverglasung, hinterlüftete Lärchenholzfassade, Metallfassade (brandschutzrelevante Bereiche), Gipsfaserbekleidung, Alu-Sonnenschutzlamellen; Stb-Wände, teilw. Sichtbeton, GK-Wände, Holztrennwand, Stb-Stützen, Stahlstützen, Wandfliesen, WC-Trennwände, mobile-Trennwände; Brettsperrholzdecken, Stb-Treppen, Sichtbeton, Holztreppe, Estrich, teilw. Sichtestrich, Linoleum, Bodenfliesen, Schallschutzdecken, Stahlgeländer; Brettsperrholzdach, Oberlichter, Dämmung, Abdichtung, extensive Dachbegrünung, Dachentwässerung, Schallschutzdecken; Einbauküchen, Einbauschränke, Garderoben, Einbauregale

KG	Kostengruppe	Menge Einheit	Kosten €	€/Einheit	%
400	**Bauwerk – Technische Anlagen**	5.394,93 m² BGF	4.022.918	**745,68**	17,5

Gebäudeentwässerung, Kalt- und Warmwasserleitungen, Sanitärobjekte; Luft-Wasserwärmepumpe, Nahwärmeversorgung über Nachbargebäude, Plattenheizkörper; kontrollierte Be- und Entlüftungsanlage mit Wärmerückgewinnung, RWA-Anlage; PV-Anlage; Elektroinstallation, Beleuchtung, Notstromversorgung, Blitzschutzanlage; Datenübertragungsanlage, Such- und Signalanlagen, elektroakustische Anlagen, Brandmeldeanlage, Rauchmelder; Personenaufzug; küchentechnische Anlage, Sprinkleranlage, elektronische Zugangskontrolle mit Chipkarten; Gebäudeleittechnik

4200-0042
Akademiegebäude
(160 Auszubildende)

Kostenkennwerte für die Kosten des Bauwerks (Kostengruppen 300+400 nach DIN 276)

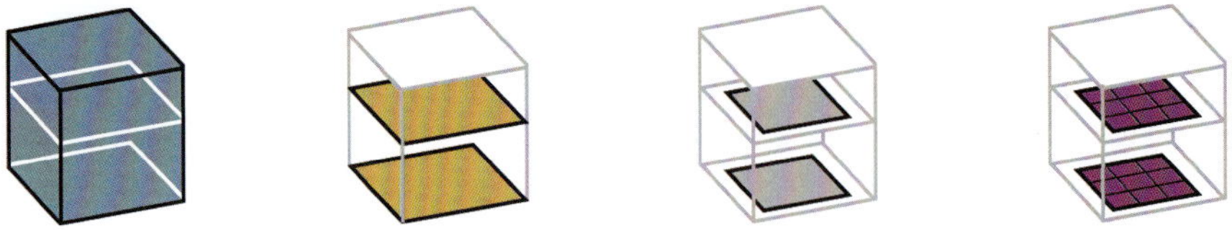

BRI 1.454 €/m³ | BGF 5.844 €/m² | NUF 11.225 €/m² | NE 38.448 €/NE

NE: Auszubildende

Objekt:
Kennwerte: 1. Ebene DIN 276
BRI: 4.231 m³
BGF: 1.053 m²
NUF: 548 m²
Bauzeit: 126 Wochen
Bauende: 2022
Standard: mittel
Bundesland: Berlin
Kreis: Berlin, Stadt

Architekt*in:
Numrich Albrecht Klumpp
Gesellschaft von
Architekten mbH
Stromstraße 3
10555 Berlin

Bauherr*in:
Berliner Immobilien-
management GmbH
Alexanderstraße 3
10178 Berlin

© Adel Bikulov

© Adel Bikulov

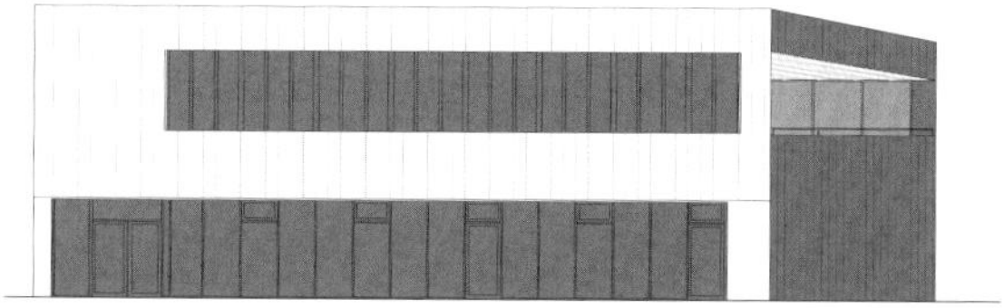
Ansicht West

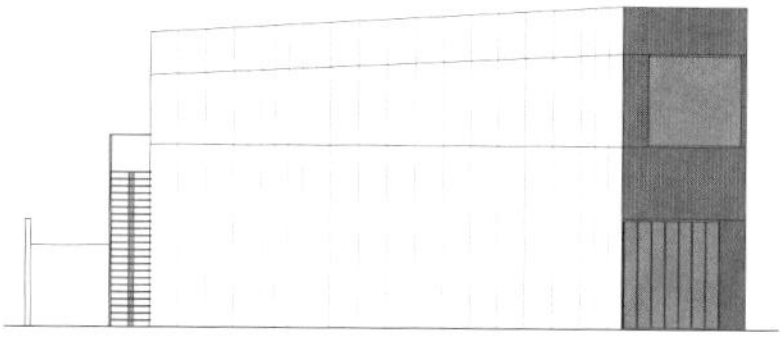
Ansicht Nord

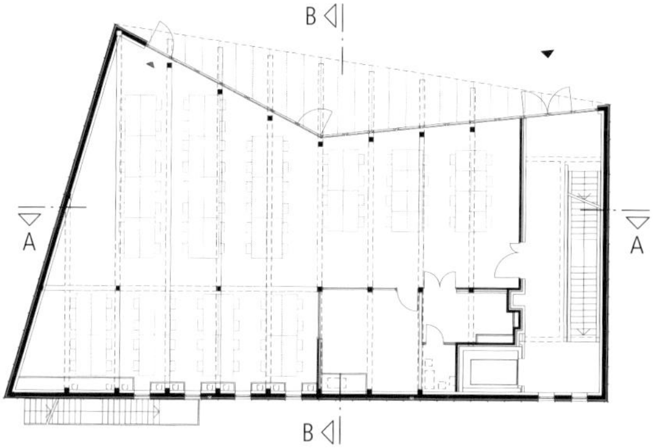

Erdgeschoss

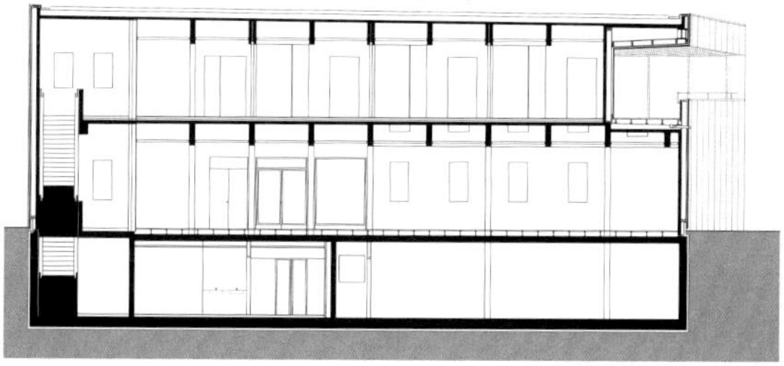
Schnitt A-A

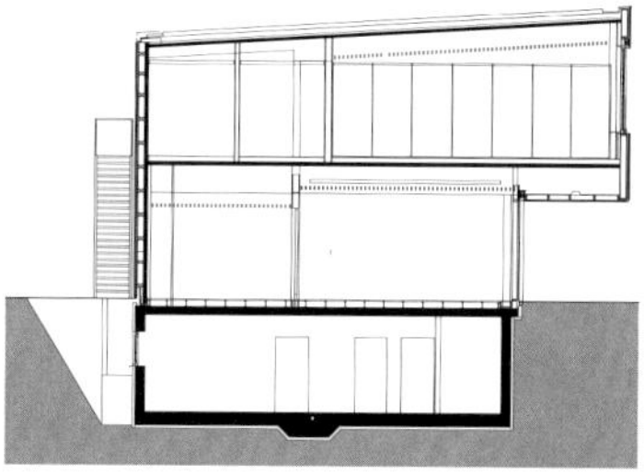
Schnitt B-B

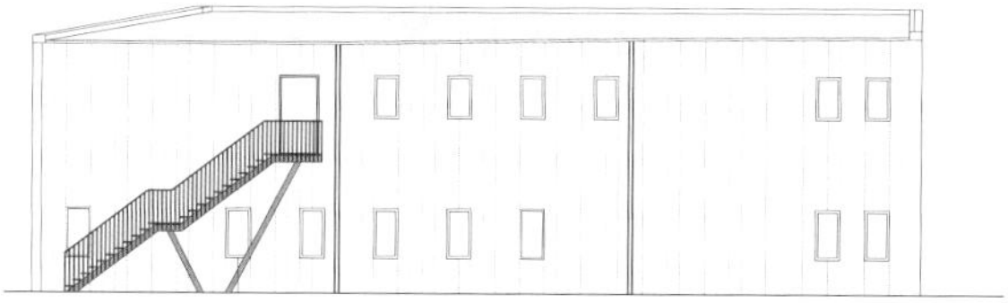
Ansicht Ost

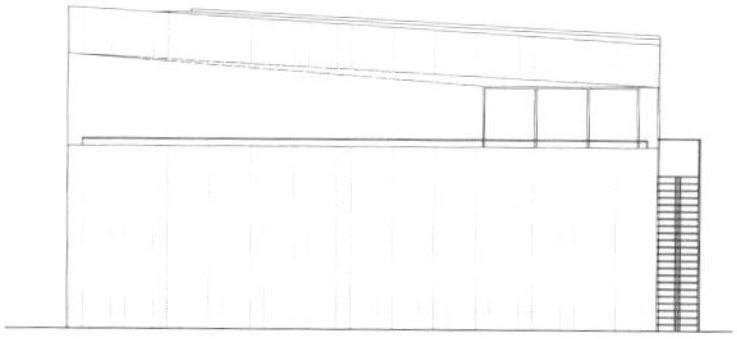
Ansicht Süd

Objektbeschreibung

Allgemeine Objektinformationen

Der klare zweigeschossige Erweiterungsbau im Garten der denkmalgeschützten Verwaltungsakademie wurde als Holzbau konzipiert. Das sehr begrenzte Baufeld im Hinterhof zwischen Grundstücksgrenze und dem erhaltenswerten Baumbestand wird durch die Geometrie des Neubaus optimal ausgenutzt. Die Holzkonstruktion des Hauses bleibt im Innenraum vollständig sichtbar und schafft somit eine hohe Aufenthaltsqualität.

Nutzung

1 Untergeschoss
WC-Anlagen, Abstellraum, Technikräume, Flure, Treppenhaus, Aufzug

1 Erdgeschoss
Prüfungsraum, Regieraum, Lagerraum, Treppenhaus, Aufzug

1 Obergeschoss
Seminarraum, unterteilbar, Büro, Teeküche, Treppenhaus, Aufzug, Loggia

Nutzeinheiten

Auszubildende: 160

Grundstück

Bauraum: Beengter Bauraum
Neigung: Ebenes Gelände
Bodenklasse: BK 3 bis BK 5

Besonderer Kosteneinfluss Grundstück
Bestehender Baumbestand musste berücksichtigt werden. Absenkung des Grundwassers.

Markt

Hauptvergabezeit: 2. Quartal 2020
Baubeginn: 1. Quartal 2020
Bauende: 2. Quartal 2022
Konjunkturelle Gesamtlage: Durchschnitt
Regionaler Baumarkt: über Durchschnitt

Baukonstruktion

Das Untergeschoss wurde in WU-Beton ausgeführt und gründet auf einer 50cm starken Fundamentplatte. Die darüberliegenden Geschosse sind in Holz ausgeführt. Die Fassaden wurden mit Zink-Stehfalzblech bekleidet und die Holzfenster mit einer Dreifachverglasung ausgestattet. Die Holzkonstruktion ist weitgehend sichtbar gehalten. Im Westen öffnet sich das Gebäude über eine fast vollständig verglaste und nach innen gerückte Fassade, die genügend Abstand zum Baumbestand hält. Flexible Trennwände ermöglichen es, die Nutzung zwischen vier Seminarräumen und einer vollständig offenen Fläche zu variieren, die im Süden durch eine Loggia erweitert werden kann. Das leicht geneigte Dach wurde als Gründach angelegt.

Technische Anlagen

Die Wärmeversorgung erfolgt über den Anschluss ans Fernwärmenetz. Die Sanitärräume und der Prüfungsraum im EG wurden mit Lüftungsanlagen mit Wärmerückgewinnung ausgestattet. Aufgrund der Wärmelasten der Computer mussten die Räume im EG und OG mit Kühlbalken ausgeführt werden.

Sonstiges

Das Gebäude erhält die Nachhaltigkeitszertifizierung des Bewertungssystems Nachhaltiges Bauen (BNB) in Silber.

Energetische Kennwerte

Gesetzliche Grundlage: EnEV 2013
Gebäudenutzfläche: 853,00 m^2
Spez. Jahresprimärenergiebedarf: 87,70 kWh/($m^2 \cdot a$)

Energetische Angaben zu Außenbauteilen

Bodenplatte

U-Wert: 0,43 W/(m²·K)

Gesamtdicke: 48,00 cm	d [cm]	λ [W/(mK)]
Stahlbeton	40,00	2,300
Dämmung	8,00	0,040

Außenwand gegen Erdreich

U-Wert: 0,45 W/(m²·K)

Gesamtdicke: 33,00 cm	d [cm]	λ [W/(mK)]
Stahlbeton	25,00	2,300
Dämmung	8,00	0,040

Außenwand hinterlüftet - Holzständer

U-Wert: 0,16 W/(m²·K)

Gesamtdicke: 32,50 cm	d [cm]	λ [W/(mK)]
Holz	2,50	0,130
Holz	4,00	0,130
Dämmung	4,00	0,040
OSB-Platte	2,00	0,130
Holz	22,00	0,130
Dämmung	22,00	0,040
Holzfaserplatte	2,00	0,100

Außenwand hinterlüftet - Massivholz

U-Wert: 0,16 W/(m²·K)

Gesamtdicke: 30,00 cm	d [cm]	λ [W/(mK)]
Holz	12,00	0,130
Dämmung	18,00	0,035

Decke gegen Außenluft oben

U-Wert: 0,16 W/(m²·K)

Gesamtdicke: 30,40 cm	d [cm]	λ [W/(mK)]
Holz	12,00	0,130
Dämmung	18,00	0,035
Abdichtung	0,40	0,170

Dach begrünt

U-Wert: 0,20 W/(m²·K)

Gesamtdicke: 29,00 cm	d [cm]	λ [W/(mK)]
Holz	9,00	0,130
Schüttung	6,00	0,700
Dämmung	14,00	0,035

4200-0042
Akademiegebäude
(160 Auszubildende)

Planungskennwerte für Flächen und Rauminhalte nach DIN 277

Flächen des Grundstücks		Menge Einheit	% an GF
BF	Bebaute Fläche	339,89 m²	8,5
UF	Unbebaute Fläche	3.660,11 m²	91,5
GF	Grundstücksfläche	4.000,00 m²	100,0

Grundflächen des Bauwerks		Menge Einheit	% an NUF	% an BGF
NUF	Nutzungsfläche	548,02 m²	100,0	52,1
TF	Technikfläche	125,17 m²	22,8	11,9
VF	Verkehrsfläche	220,29 m²	40,2	20,9
NRF	Netto-Raumfläche	893,48 m²	163,0	84,9
KGF	Konstruktions-Grundfläche	159,12 m²	29,0	15,1
BGF	Brutto-Grundfläche	1.052,60 m²	192,1	100,0

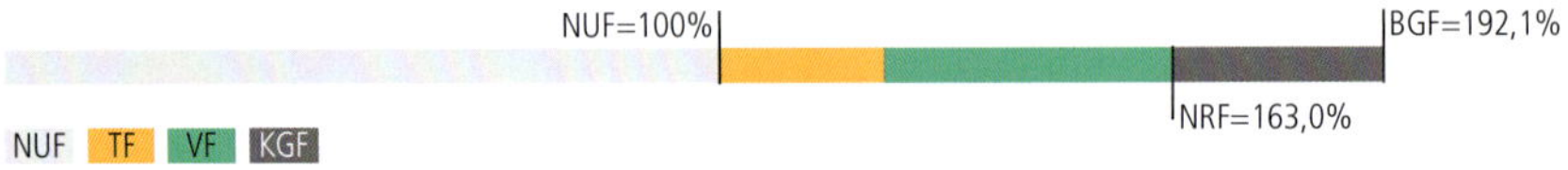

Brutto-Rauminhalt des Bauwerks		Menge Einheit	BRI/NUF (m)	BRI/BGF (m)
BRI	Brutto-Rauminhalt	4.231,05 m³	7,72	4,02

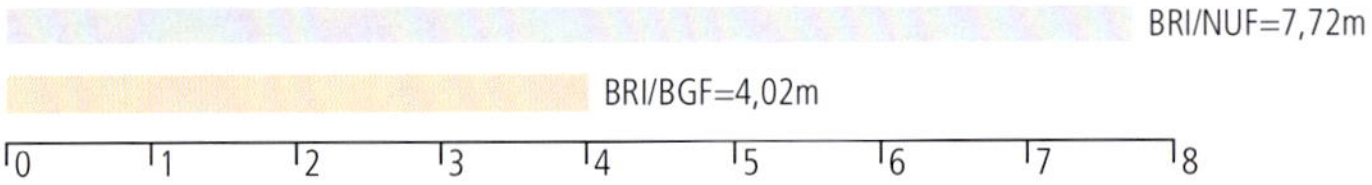

Kostenkennwerte für die Kostengruppen der 1.Ebene DIN 276

KG	Kostengruppen (1.Ebene)	Einheit	Kosten €	€/Einheit	€/m² BGF	€/m³ BRI	% 300+400
100	Grundstück	m² GF	–	–	–	–	–
200	Vorbereitende Maßnahmen	m² GF	352.339	88,08	334,73	83,27	5,7
300	Bauwerk – Baukonstruktionen	m² BGF	4.402.990	4.182,97	4.182,97	1.040,64	71,6
400	Bauwerk – Technische Anlagen	m² BGF	1.748.733	1.661,35	1.661,35	413,31	28,4
	Bauwerk 300+400	**m² BGF**	**6.151.723**	**5.844,31**	**5.844,31**	**1.453,95**	**100,0**
500	Außenanlagen und Freiflächen	m² AF	589.577	–	560,11	139,35	9,6
600	Ausstattung und Kunstwerke	m² BGF	–	–	–	–	–
700	Baunebenkosten	m² BGF	–	–	–	–	–
800	Finanzierung	m² BGF	–	–	–	–	–

KG	Kostengruppe	Menge Einheit	Kosten €	€/Einheit	%
200	**Vorbereitende Maßnahmen**	4.000,00 m² GF	352.339	**88,08**	5,7
	Umverlegung Fernwärmeleitung				
3+4	**Bauwerk**				**100,0**
300	**Bauwerk – Baukonstruktionen**	1.052,60 m² BGF	4.402.990	**4.182,97**	71,6
	Baugrubenaushub, Verbau, Grundwasserabsenkung; Stb-Fundamentplatte, WU, Dämmung, Estrich, Beschichtung, Linoleum, Bodenfliesen; Stb-Wände, gedämmte Brettsperrholzelemente, Holzfenster, Holz-Schiebetüren, Dreifachverglasung, hinterlüftete Zink-Stehfalzfassade, Beschichtung, Terrassenbrüstungen Stehfalzdeckung; Stb-Wände, Brettsperrholzwände, GK-Wände, Holztüren, Verglasungen, Akustikplatten, Beschichtung, Wandfliesen, mobile Trennwände, Sanitärtrennwände; Stb-Decken, Brettschichtbinder, Brettsperrholzdecken, Stb-Treppen, Dämmung, Estrich, Doppelboden, Bodenfliesen, textiler Bodenbelag, Parkett, Terrassendielen, Holzlamellendecken, schallabsorbierende Dämmplatten, Holz-Treppengeländer; Brettschichtbinder, Brettsperrholzdach, Dämmung, Abdichtung, Dachbegrünung, Dachentwässerung, Holzlamellendecken				
400	**Bauwerk – Technische Anlagen**	1.052,60 m² BGF	1.748.733	**1.661,35**	28,4
	Gebäudeentwässerung, Kalt- und Warmwasserleitungen, Sanitärobjekte; Fernwärmeanschluss, Heizleitungen, Heizkörper; Lüftungsanlagen mit Wärmerückgewinnung, Kühlbalken; Elektroinstallation, Kabelkanäle, Doppelböden, Beleuchtung; EDV-Verkabelung; Personenaufzüge				
500	**Außenanlagen und Freiflächen**	–	589.577	**–**	9,6
	Zufahrten, Wege, Eingang pflastern, Traufstreifen; Vegetationsflächen, Bepflanzung, Rasen				

4400-0333
Kindertagesstätte
(3 Gruppen)
(35 Kinder)

Kostenkennwerte für die Kosten des Bauwerks (Kostengruppen 300+400 nach DIN 276)

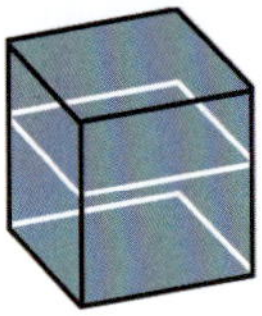

BRI 698€/m³

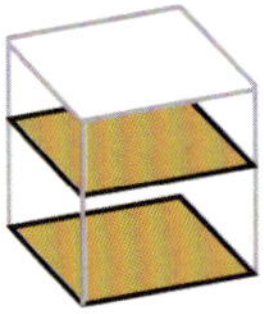

BGF 3.416€/m²

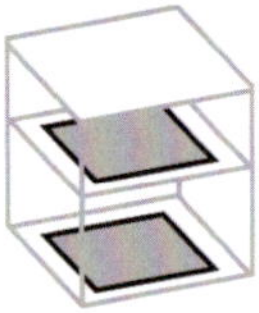

NUF 5.597€/m²

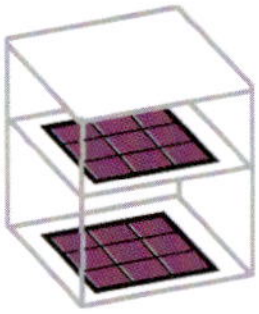

NE 62.948€/NE

NE: Kinder

Objekt:
Kennwerte: 3.Ebene DIN 276
BRI: 3.156m³
BGF: 645m²
NUF: 394m²
Bauzeit: 39 Wochen
Bauende: 2019
Standard: mittel
Bundesland: Baden-Württemberg
Kreis: Ostalbkreis

Architekt*in:
Wolfgang Helmle
Freier Architekt
Schloßvorstadt 7
73479 Ellwangen

Bauherr*in:
Reha-Südwest gGmbh
Kanalweg 40/42
76149 Karlsruhe

© Architekt Helmle

© Architekt Helmle

© Architekt Helmle

© Architekt Helmle

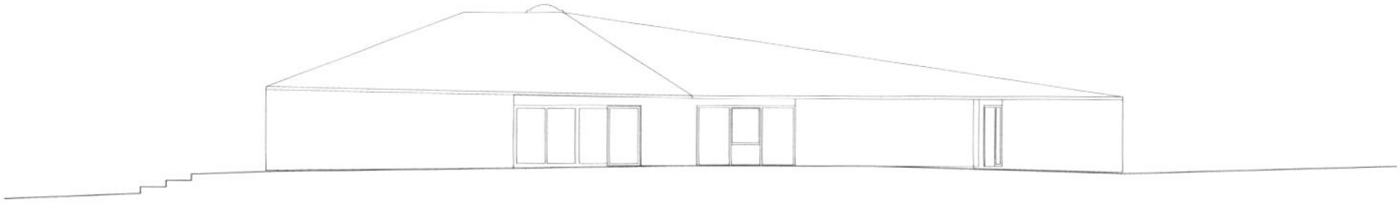

Ansicht Ost

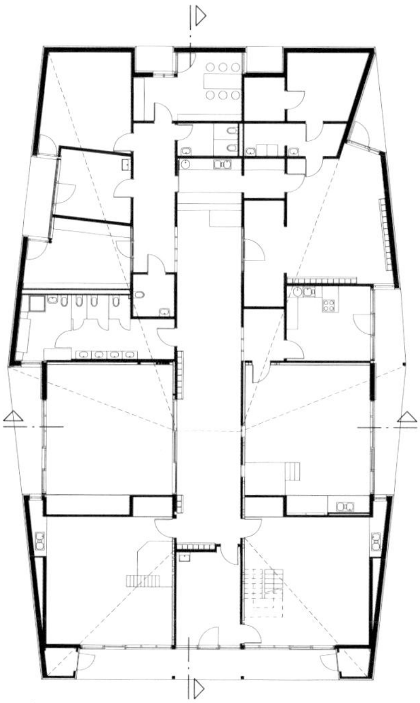

Erdgeschoss

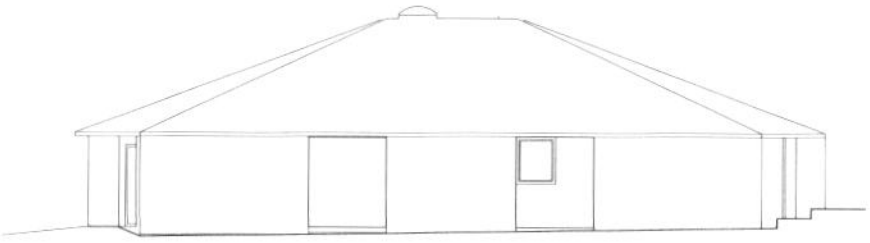

Ansicht Nord

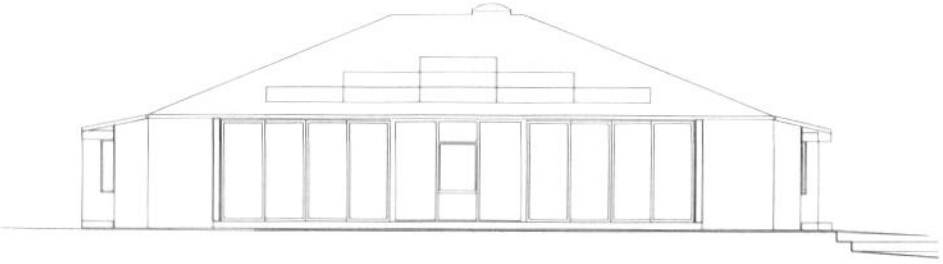

Ansicht Süd

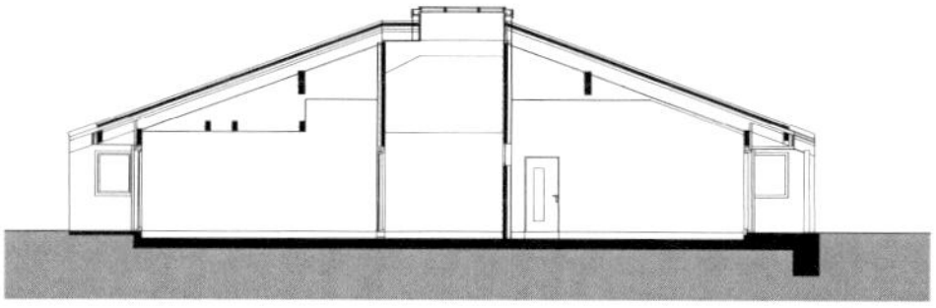

Querschnitt

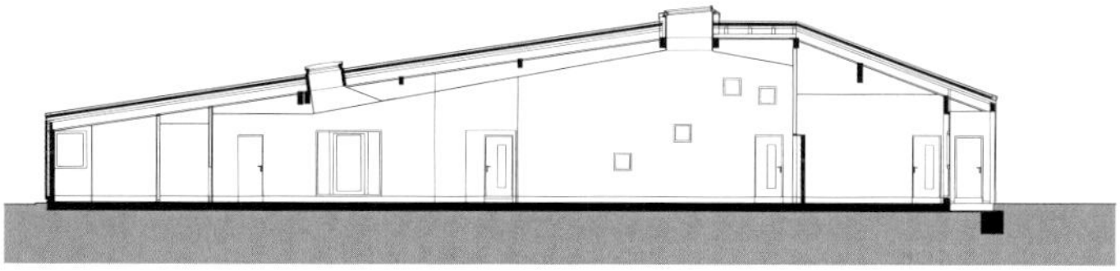

Längsschnitt

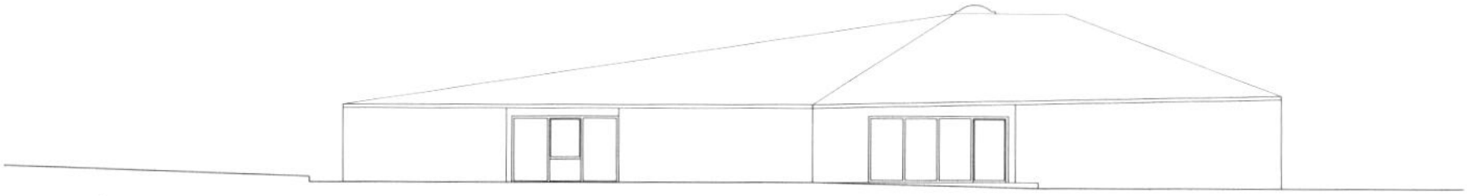

Ansicht West

4400-0333
Kindertagesstätte
(3 Gruppen)
(35 Kinder)

Objektbeschreibung

Allgemeine Objektinformationen

Der Neubau einer inklusiven Kindertagesstätte ist als eingeschossiges Gebäude mit Spielgalerie und Walmdach ohne Unterkellerung konzipiert. Die Anordnung und Gliederung der Gruppenräume ist durch Vor- und Rücksprünge der Fassaden von außen ablesbar. Innen sind die Gruppen-, Neben- und Sanitärräume um einen zentralen Flur angeordnet, der sich an ein großzügiges Foyer mit Garderoben anschließt.

Nutzung

1 Erdgeschoss
Gruppenräume (3St), Intensivräume (3St), Ruheraum, Bewegungsraum, Sanitärräume, WC barrierefrei, Büro, Personalraum, Foyer, Garderobe, Küche, Technikräume, Putzraum, Waschen

1 Dachgeschoss
Spielgalerie

Nutzeinheiten

Gruppen: 3
Kinder: 35

Grundstück

Bauraum: Beengter Bauraum
Neigung: Geneigtes Gelände
Bodenklasse: BK 3

Markt

Hauptvergabezeit: 1. Quartal 2018
Baubeginn: 2. Quartal 2018
Bauende: 1. Quartal 2019
Konjunkturelle Gesamtlage: über Durchschnitt
Regionaler Baumarkt: unter Durchschnitt

Baukonstruktion

Das Gebäude steht auf einer Stahlbetonbodenplatte und wurde komplett aus Holz errichtet. Die Böden sind mit Parkett, Linoleum und Fliesen belegt. Die Innen- und Außenwände sind als Holzrahmenbau ausgeführt. Die Außenwände sind mit Zellulose gedämmt und zusätzlich von außen mit Holzweichfaserplatten beplankt. Eine Lärche-Schindelbekleidung und in Teilen eine HPL-Bekleidungen gestalten die Fassaden. Es wurden dreifachverglaste Alu-Pfosten-Riegel-Elemente und Fenster eingebaut. In den Gruppenräumen bestehen die Innenwände aus Brettsperrholz mit Weißtannenoberfläche. Trockenbauwände und die GF-Bekleidungen der Holzwände wurden beschichtet sowie Dreischichtplatten-Bekleidungen angebracht. Eine Holztreppe führt auf eine Spielgalerie aus Brettsperrholz. Das Walmdach wurde gedämmt und extensiv begrünt. Es wurden GK-Unterdecken ausgeführt. Für eine gute Raumakustik sorgen Akustikelementen aus Weißtanne.

Technische Anlagen

Die Energieversorgung erfolgt über eine solarthermische Anlage auf dem Dach, die Ihre Energie in einen Erdsolespeicher unter der Bodenplatte einspeist. Eine Fußbodenheizung sorgt für eine angenehme Raumtemperatur. Diese wird von einer Sole-Wasser-Wärmepumpe beheizt.

Sonstiges

Auf Nachhaltigkeit bezüglich Baustoffwahl und Energieverbrauch wurde Wert gelegt. Der Einsatz erneuerbarer Energien erfolgte mit dem Ziel der Energieautarkie. Ein weiterer wichtiger Aspekt war der Einbau gesundheitlich unbedenklicher Baustoffe. Sämtliche Räume sind barrierefrei erschlossen.

Energetische Kennwerte

Gesetzliche Grundlage: EnEV 2013
Gebäudenutzfläche: 535,00 m^2
Gebäudevolumen: 1.931,50 m^3
Hüllfläche des beheizten Volumens: 1.483,40 m^2
Spez. Transmissionswärmeverlust: 0,23 W/(m^2·K)
Mittlerer U-Wert (opake Bauteile): 0,12
Mittlerer U-Wert (transparente Bauteile): 0,89
Mittlerer U-Wert (Vorhangfassade): 0,89
Mittlerer U-Wert (Glasdächer, etc.): 1,00
Spez. Jahresprimärenergiebedarf: 63,50 kWh/(m^2·a)
Spez. Jahresendenergiebedarf: 35,30 kWh/(m^2·a)
CO_2-Emissionen: 24,00 kg/(m^2·a)

Energetische Angaben zu Außenbauteilen

Bodenplatte

U-Wert: 0,15 W/(m²·K)

Gesamtdicke: 73,44 cm	d [cm]	λ [W/(mK)]
PE-Folie	0,02	2,300
Trittschalldämmung	3,00	0,040
Dämmung	10,00	0,035
Bitumenbahn	0,40	0,170
Stahlbeton	25,00	2,500
Stahlbeton	5,00	2,000
PE-Folie	0,02	2,300
Schaumglasschotter	30,00	0,110

Außenwand

U-Wert: 0,18 W/(m²·K)

Gesamtdicke: 26,84 cm	d [cm]	λ [W/(mK)]
GF-Platte	1,25	0,320
OSB-Platte	1,50	0,130
Holz	16,00	0,130
Dämmung	16,00	0,040
Holz	8,00	0,045
Unterdeckbahn	0,09	0,130

Dach

U-Wert: 0,14 W/(m²·K)

Gesamtdicke: 35,89 cm	d [cm]	λ [W/(mK)]
OSB-Platte	1,80	0,130
Holz	26,00	0,130
Dämmung	26,00	0,040
Holzfaserplatte	8,00	0,045
Unterdeckbahn	0,09	0,130

4400-0333
Kindertagesstätte
(3 Gruppen)
(35 Kinder)

Planungskennwerte für Flächen und Rauminhalte nach DIN 277

Flächen des Grundstücks		Menge Einheit	% an GF
BF	Bebaute Fläche	675,68 m2	47,8
UF	Unbebaute Fläche	738,32 m2	52,2
GF	Grundstücksfläche	1.414,00 m2	100,0

Grundflächen des Bauwerks		Menge Einheit	% an NUF	% an BGF
NUF	Nutzungsfläche	393,65 m2	100,0	61,0
TF	Technikfläche	18,19 m2	4,6	2,8
VF	Verkehrsfläche	144,09 m2	36,6	22,3
NRF	Netto-Raumfläche	555,93 m2	141,2	86,2
KGF	Konstruktions-Grundfläche	89,05 m2	22,6	13,8
BGF	Brutto-Grundfläche	644,98 m2	163,8	100,0

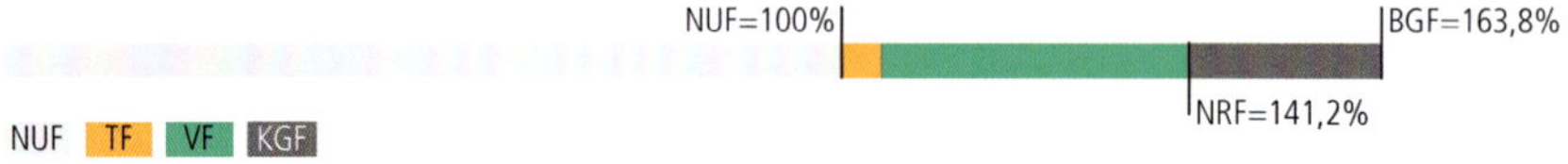

Brutto-Rauminhalt des Bauwerks		Menge Einheit	BRI/NUF (m)	BRI/BGF (m)
BRI	Brutto-Rauminhalt	3.155,63 m3	8,02	4,89

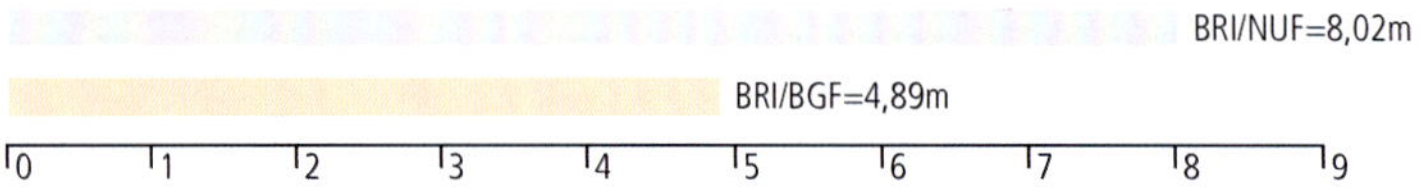

KG	Kostengruppen (2. Ebene)	Menge Einheit	Menge/NUF	Menge/BGF
310	Baugrube / Erdbau	1.330,62 m3 BGI	3,38	2,06
320	Gründung, Unterbau	602,52 m2 GRF	1,53	0,93
330	Außenwände/Vertikale Baukonstruktionen, außen	374,42 m2 AWF	0,95	0,58
340	Innenwände/Vertikale Baukonstruktionen, innen	791,22 m2 IWF	2,01	1,23
350	Decken/Horizontale Baukonstruktionen	26,62 m2 DEF	0,07	0,04
360	Dächer	722,46 m2 DAF	1,84	1,12

Kostenkennwerte für die Kostengruppen der 1.Ebene DIN 276

KG	Kostengruppen (1.Ebene)	Einheit	Kosten €	€/Einheit	€/m² BGF	€/m³ BRI	% 300+400
100	Grundstück	m² GF	–	–	–	–	–
200	Vorbereitende Maßnahmen	m² GF	9.865	6,98	15,29	3,13	0,4
300	Bauwerk – Baukonstruktionen	m² BGF	1.719.350	2.665,74	2.665,74	544,85	78,0
400	Bauwerk – Technische Anlagen	m² BGF	483.828	750,14	750,14	153,32	22,0
	Bauwerk 300+400	**m² BGF**	**2.203.178**	**3.415,89**	**3.415,89**	**698,17**	**100,0**
500	Außenanlagen und Freiflächen	m² AF	15.982	–	24,78	5,06	0,7
600	Ausstattung und Kunstwerke	m² BGF	241.408	374,29	374,29	76,50	11,0
700	Baunebenkosten	m² BGF	–	–	–	–	–
800	Finanzierung	m² BGF	–	–	–	–	–

KG	Kostengruppe	Menge Einheit	Kosten €	€/Einheit	%
200	**Vorbereitende Maßnahmen**	1.414,00 m² GF	9.865	**6,98**	0,4
	Bitumenbelag abbrechen, Asphalttragschicht einbauen, Oberboden abtragen, in Mieten lagern, Bäume fällen, Wurzelstöcke roden, beseitigen				
3+4	**Bauwerk**				**100,0**
300	**Bauwerk – Baukonstruktionen**	644,98 m² BGF	1.719.350	**2.665,74**	78,0
	Baugrundverbesserung, Stb-Flachgründung, Heizestrich, Parkett, Linoleum, Bodenfliesen, Glasschaumschotter; Holzrahmenwände, Holzstützen, Holz-Alu-Fenster-/Türelemente, Holzfaserdämmung, Holzschindelbekleidung, HPL-Bekleidung, Holz-Alu-Pfosten-Riegel-Fassaden, Markisen; Brettsperrholzwände, GK-Wände, Holz-Fenster-/Türelement, Hebeschiebetüren, GF-Bekleidungen, GK-Beplankung, Beschichtung, Dreischichtplatten-Bekleidungen, Wandfliesen, WC-Trennwandanlagen; Brettsperrholzdecke, Holztreppenanlage; Holz-Walmdach, Dachfenster, Dachbegrünung, Dachentwässerung, Akustikdecken, abgehängte Decken; Einbaumöbel				
400	**Bauwerk – Technische Anlagen**	644,98 m² BGF	483.828	**750,14**	22,0
	Gebäudeentwässerung, Kalt- und Warmwasserleitungen, Sanitärobjekte; Sole-Wasser-Wärmepumpe, Solarstation, Erdsolespeicher, Flachkollektoren, Heizungsrohre, Fußbodenheizung; Zu-/Abluftanlage; Elektroinstallation, Beleuchtung, Erdungsanlage; Personen-Notsignalanlage, Lautsprecheranlage, RWA-Anlage, Datenübertragungsnetz				
500	**Außenanlagen und Freiflächen**	–	15.982	**–**	0,7
	Pollerleuchten teilweise mit Steckdosen, Bewegungssensor, Notlicht				
600	**Ausstattung und Kunstwerke**	644,98 m² BGF	241.408	**374,29**	11,0
	Einrichtung, Möblierung, Sanitärausstattung, Ausstattung Bewegungsraum, Ausstattung Snoezelen				

Kostenkennwerte für die Kostengruppen 300 der 2. und 3. Ebene DIN 276 (Übersicht)

KG	Kostengruppe	Menge Einheit	Kosten €	€/Einheit	% an 3+4
300	**Bauwerk – Baukonstruktionen**	**644,98 m² BGF**	**1.719.350,31**	**2.665,74**	**78,0**
310	**Baugrube / Erdbau**	**1.330,62 m³ BGI**	**45.947,66**	**34,53**	**2,1**
311	Herstellung	1.330,62 m³ BGI	45.650,41	34,31	2,1
312	Umschließung	36,00 m²	297,25	8,26	< 0,1
313	Wasserhaltung	–	–	–	–
314	Vortrieb	–	–	–	–
319	Sonstiges zur KG 310	–	–	–	–
320	**Gründung, Unterbau**	**602,52 m² GRF**	**255.380,42**	**423,85**	**11,6**
321	Baugrundverbesserung	–	5.792,56	–	0,3
322	Flachgründungen und Bodenplatten	602,52 m²	93.418,35	155,05	4,2
323	Tiefgründungen	–	–	–	–
324	Gründungsbeläge	558,79 m²	97.890,47	175,18	4,4
325	Abdichtungen und Bekleidungen	632,23 m²	51.957,20	82,18	2,4
326	Dränagen	602,52 m² GRF	6.321,84	10,49	0,3
329	Sonstiges zur KG 320	–	–	–	–
330	**Außenwände/Vert. Baukonstrukt., außen**	**374,42 m² AWF**	**361.917,05**	**966,61**	**16,4**
331	Tragende Außenwände	267,26 m²	53.423,23	199,89	2,4
332	Nichttragende Außenwände	–	–	–	–
333	Außenstützen	7,35 m	456,73	62,14	< 0,1
334	Außenwandöffnungen	19,67 m²	16.924,04	860,40	0,8
335	Außenwandbekleidungen, außen	286,93 m²	90.100,82	314,02	4,1
336	Außenwandbekleidungen, innen	256,50 m²	35.031,71	136,58	1,6
337	Element. Außenwandkonstruktionen	87,49 m²	134.815,13	1.540,92	6,1
338	Lichtschutz zur KG 330	86,00 m²	26.155,07	304,13	1,2
339	Sonstiges zur KG 330	374,42 m² AWF	5.010,34	13,38	0,2
340	**Innenwände/Vert. Baukonstrukt., innen**	**791,22 m² IWF**	**340.558,39**	**430,42**	**15,5**
341	Tragende Innenwände	613,59 m²	93.097,71	151,73	4,2
342	Nichttragende Innenwände	81,62 m²	12.481,07	152,92	0,6
343	Innenstützen	–	–	–	–
344	Innenwandöffnungen	74,29 m²	105.605,79	1.421,53	4,8
345	Innenwandbekleidungen	1.031,09 m²	120.071,22	116,45	5,4
346	Elementierte Innenwandkonstruktionen	21,72 m²	6.568,69	302,43	0,3
347	Lichtschutz zur KG 340	–	–	–	–
349	Sonstiges zur KG 340	791,22 m² IWF	2.733,90	3,46	0,1
350	**Decken/Horizontale Baukonstruktionen**	**26,62 m² DEF**	**29.101,45**	**1.093,22**	**1,3**
351	Deckenkonstruktionen	21,36 m²	7.975,22	373,37	0,4
352	Deckenöffnungen	–	–	–	–
353	Deckenbeläge	–	–	–	–
354	Deckenbekleidungen	–	–	–	–
355	Elementierte Deckenkonstruktionen	5,26 m²	17.262,09	3.281,77	0,8
359	Sonstiges zur KG 350	26,62 m² DEF	3.864,15	145,16	0,2
360	**Dächer**	**722,46 m² DAF**	**580.155,30**	**803,03**	**26,3**
361	Dachkonstruktionen	686,25 m²	205.080,21	298,84	9,3
362	Dachöffnungen	6,08 m²	21.944,96	3.609,37	1,0
363	Dachbeläge	716,38 m²	226.607,82	316,32	10,3
364	Dachbekleidungen	637,36 m²	124.451,85	195,26	5,6
365	Elementierte Dachkonstruktionen	–	–	–	–
366	Lichtschutz zur KG 360	1,44 m²	639,31	443,97	< 0,1
369	Sonstiges zur KG 360	722,46 m² DAF	1.431,17	1,98	< 0,1
370	**Infrastrukturanlagen**	**–**	**–**	**–**	**–**
380	**Baukonstruktive Einbauten**	**644,98 m² BGF**	**58.883,36**	**91,29**	**2,7**
390	**Sonst. Maßnahmen für Baukonstrukt.**	**644,98 m² BGF**	**47.406,64**	**73,50**	**2,2**

Kostenkennwerte für die Kostengruppen 400 der 2. und 3. Ebene DIN 276 (Übersicht)

KG	Kostengruppe	Menge Einheit	Kosten €	€/Einheit	% an 3+4
400	**Bauwerk – Technische Anlagen**	**644,98 m²BGF**	**483.827,85**	**750,14**	**22,0**
410	**Abwasser-, Wasser-, Gasanlagen**	**644,98 m²BGF**	**100.359,90**	**155,60**	**4,6**
411	Abwasseranlagen	644,98 m²BGF	26.160,45	40,56	1,2
412	Wasseranlagen	644,98 m²BGF	63.865,42	99,02	2,9
413	Gasanlagen	–	–	–	–
419	Sonstiges zur KG 410	644,98 m²BGF	10.334,04	16,02	0,5
420	**Wärmeversorgungsanlagen**	**644,98 m²BGF**	**167.548,12**	**259,77**	**7,6**
421	Wärmeerzeugungsanlagen	644,98 m²BGF	97.129,76	150,59	4,4
422	Wärmeverteilnetze	644,98 m²BGF	34.070,84	52,82	1,5
423	Raumheizflächen	644,98 m²BGF	36.347,52	56,35	1,6
424	Verkehrsheizflächen	–	–	–	–
429	Sonstiges zur KG 420	–	–	–	–
430	**Raumlufttechnische Anlagen**	**644,98 m²BGF**	**50.968,59**	**79,02**	**2,3**
431	Lüftungsanlagen	644,98 m²BGF	50.968,59	79,02	2,3
432	Teilklimaanlagen	–	–	–	–
433	Klimaanlagen	–	–	–	–
434	Kälteanlagen	–	–	–	–
439	Sonstiges zur KG 430	–	–	–	–
440	**Elektrische Anlagen**	**644,98 m²BGF**	**128.882,57**	**199,82**	**5,8**
441	Hoch- und Mittelspannungsanlagen	–	–	–	–
442	Eigenstromversorgungsanlagen	–	–	–	–
443	Niederspannungsschaltanlagen	–	–	–	–
444	Niederspannungsinstallationsanlagen	644,98 m²BGF	67.312,12	104,36	3,1
445	Beleuchtungsanlagen	644,98 m²BGF	47.635,30	73,86	2,2
446	Blitzschutz- und Erdungsanlagen	644,98 m²BGF	13.935,15	21,61	0,6
447	Fahrleitungssysteme	–	–	–	–
449	Sonstiges zur KG 440	–	–	–	–
450	**Kommunikationstechnische Anlagen**	**644,98 m²BGF**	**31.390,71**	**48,67**	**1,4**
451	Telekommunikationsanlagen	–	–	–	–
452	Such- und Signalanlagen	644,98 m²BGF	2.596,29	4,03	0,1
453	Zeitdienstanlagen	–	–	–	–
454	Elektroakustische Anlagen	644,98 m²BGF	8.331,23	12,92	0,4
455	Audiovisuelle Medien- u. Antennenanl.	–	–	–	–
456	Gefahrenmelde- und Alarmanlagen	644,98 m²BGF	12.464,00	19,32	0,6
457	Datenübertragungsnetze	644,98 m²BGF	7.999,20	12,40	0,4
458	Verkehrsbeeinflussungsanlagen	–	–	–	–
459	Sonstiges zur KG 450	–	–	–	–
460	**Förderanlagen**	**–**	**–**	**–**	**–**
461	Aufzugsanlagen	–	–	–	–
462	Fahrtreppen, Fahrsteige	–	–	–	–
463	Befahranlagen	–	–	–	–
464	Transportanlagen	–	–	–	–
465	Krananlagen	–	–	–	–
466	Hydraulikanlagen	–	–	–	–
469	Sonstiges zur KG 460	–	–	–	–
470	**Nutzungsspez. u. verfahrenstechn. Anl.**	**–**	**–**	**–**	**–**
480	**Gebäude- und Anlagenautomation**	**–**	**–**	**–**	**–**
490	**Sonst. Maßnahmen für techn. Anlagen**	**644,98 m²BGF**	**4.677,95**	**7,25**	**0,2**

Kostenkennwerte für Leistungsbereiche nach STLB (Kosten des Bauwerks nach DIN 276)

LB	Leistungsbereiche	Kosten €	€/m² BGF	€/m³ BRI	% an 3+4
000	Baustellen-, Sicherheitseinr. inkl. 001, 089	43.920	68,10	13,90	2,0
002	Erdarbeiten	29.782	46,20	9,40	1,4
006	Spezialtiefbauarbeiten inkl. 005	–	–	–	–
009	Entwässerungskanalarbeiten inkl. 011	17.366	26,90	5,50	0,8
010	Drän- und Versickerarbeiten	6.322	9,80	2,00	0,3
012	Mauerarbeiten	–	–	–	–
013	Betonarbeiten	165.183	256,10	52,30	7,5
014	Natur-, Betonwerksteinarbeiten	–	–	–	–
016	Zimmer- und Holzbauarbeiten	575.290	891,90	182,30	26,1
017	Stahlbauarbeiten	–	–	–	–
018	Abdichtungsarbeiten	4.634	7,20	1,50	0,2
019	Kampfmittelräumarbeiten	–	–	–	–
020	Dachdeckungsarbeiten	–	–	–	–
021	Dachabdichtungsarbeiten	127.707	198,00	40,50	5,8
022	Klempnerarbeiten	22.646	35,10	7,20	1,0
	Rohbau	**992.850**	**1.539,40**	**314,60**	**45,1**
023	Putz- und Stuckarbeiten, Wärmedämmsysteme	–	–	–	–
024	Fliesen- und Plattenarbeiten	35.983	55,80	11,40	1,6
025	Estricharbeiten	33.438	51,80	10,60	1,5
026	Fenster, Außentüren inkl. 029, 032	187.963	291,40	59,60	8,5
027	Tischlerarbeiten	276.981	429,40	87,80	12,6
028	Parkett-, Holzpflasterarbeiten	25.799	40,00	8,20	1,2
030	Rollladenarbeiten	26.794	41,50	8,50	1,2
031	Metallbauarbeiten inkl. 035	4.519	7,00	1,40	0,2
034	Maler- und Lackiererarb. - Beschicht. inkl. 037	14.998	23,30	4,80	0,7
036	Bodenbelagarbeiten	11.474	17,80	3,60	0,5
038	Vorgehängte hinterlüftete Fassaden	–	–	–	–
039	Trockenbauarbeiten	122.033	189,20	38,70	5,5
	Ausbau	**739.982**	**1.147,30**	**234,50**	**33,6**
040	Wärmeversorgungsanl. - Betriebseinr. inkl. 041	164.087	254,40	52,00	7,4
042	Gas- u. Wasseranl. - Leitung., Armat. inkl. 043	26.401	40,90	8,40	1,2
044	Abwasseranl. - Leitungen, Abläufe, Armaturen	8.794	13,60	2,80	0,4
045	Gas, Wasser, Entwässerung - Ausstattung inkl. 046	41.930	65,00	13,30	1,9
047	Dämm- und Brandschutzarb. an techn. Anlagen	15.029	23,30	4,80	0,7
049	Feuerlöschanlagen, Feuerlöschgeräte	–	–	–	–
050	Blitzschutz-/Erdungsanlagen, Überspannungssch.	13.935	21,60	4,40	0,6
053	Niederspannungsanl. - Kabel inkl. 052, 054	69.852	108,30	22,10	3,2
055	Sicherheits- u. Ersatzstromversorgungsanl.	–	–	–	–
057	Gebäudesystemtechnik	–	–	–	–
058	Leuchten und Lampen inkl. 059	47.635	73,90	15,10	2,2
060	Such, Signal, Zeit, Anten., akust. Anl. inkl. 064	10.928	16,90	3,50	0,5
061	Kommunikations- u. Übertragungsnetze inkl. 063	20.463	31,70	6,50	0,9
069	Aufzüge	–	–	–	–
070	Gebäudeautomation	–	–	–	–
075	Raumlufttechnische Anlagen inkl. 078	48.971	75,90	15,50	2,2
	Gebäudetechnik	**468.026**	**725,60**	**148,30**	**21,2**
084	Abbruch, Rückbau, Schadstoffsanierung	–	–	–	–
	Abbrucharbeiten	**–**	**–**	**–**	**–**
	Sonstige Leistungsbereiche	**2.320**	**3,60**	**0,74**	**0,1**

Kostenstand: 1. Quartal 2026, Bundesdurchschnitt, **inkl. 19% MwSt.**

4400-0367
Kindergarten
(7 Gruppen)
(130 Kinder)

Kostenkennwerte für die Kosten des Bauwerks (Kostengruppen 300+400 nach DIN 276)

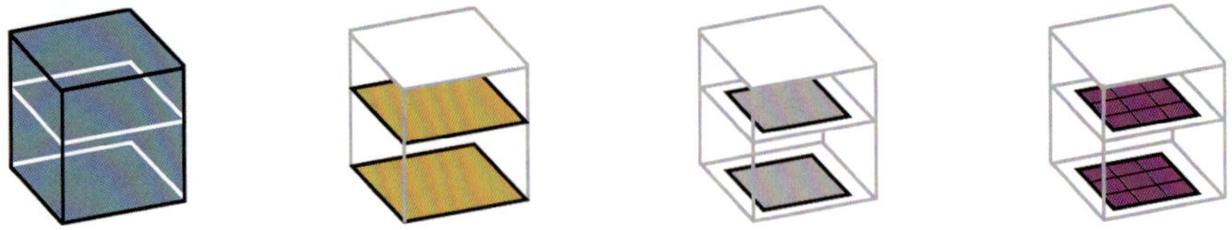

BRI 703 €/m³ | BGF 3.296 €/m² | NUF 5.028 €/m² | NE 43.894 €/NE

NE: Kinder

Objekt:
Kennwerte: 3.Ebene DIN 276
BRI: 8.116 m³
BGF: 1.731 m²
NUF: 1.135 m²
Bauzeit: 91 Wochen
Bauende: 2020
Standard: mittel
Bundesland: Baden-Württemberg
Kreis: Schwäbisch Hall

Architekt*in:
K9 Architekten
Borgards Lösch Pichl Piribauer
BDA DWB
Am Karlsplatz 1
79098 Freiburg

Bauherr*in:
Stadt Schwäbisch Hall
Gymnasiumstraße 4
74523 Schwäbisch Hall

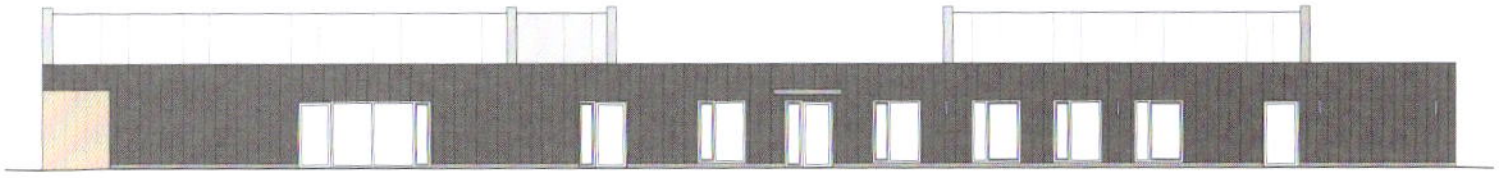

Ansicht Nord

Erdgeschoss

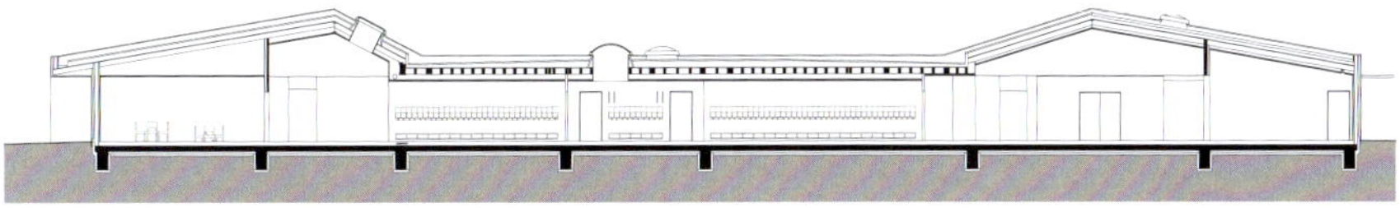

Schnitt A-A

Ansicht West

Objektbeschreibung

Allgemeine Objektinformationen

Der eingeschossige Baukörper bietet Platz für vier Kindergartengruppen und drei Krippengruppen. Das rechtwinklige Gebäude ermöglicht sowohl für die Krippe als auch für den Kindergarten eigenständige Bereiche, die sich wie zwei Häuser unter einem Dach vereinen. Beide Gebäudeteile sind über das Eingangsfoyer miteinander verbunden. Durch das Öffnen des Foyers mit dem angrenzenden Mehrzweckraum entsteht ein Forum für größere Veranstaltungen. Durch die Gruppierung der Räume um einen gemeinsamen Außenbereich bildet sich eine grüne Oase, geschützt vom Baukörper, eingerahmt von der parkähnlichen Landschaft im Süden und Westen.

Nutzung

1 Erdgeschoss
Gruppenräume, Ruheräume, Mehrzweckräume, Essbereiche, Funktionsräume, Spielzonen, Nebenräume, Lagerräume, Elternbesprechung, Büro, Teamzimmer, Sozialraum, Kinderwagen, Regenerierküche, Spülküche, Kühllager, Warenannahme, Hauswirtschaft/Putzraum, Sanitärräume/WCs, Flure, Schleusen, Foyer, Windfang, Techniräume

Nutzeinheiten

Gruppen: 7
Kinder: 130

Grundstück

Bauraum: Freier Bauraum
Neigung: Ebenes Gelände
Bodenklasse: BK 3 bis BK 5

Markt

Hauptvergabezeit: 1.Quartal 2018
Baubeginn: 4.Quartal 2018
Bauende: 3.Quartal 2020
Konjunkturelle Gesamtlage: Durchschnitt
Regionaler Baumarkt: Durchschnitt

Baukonstruktion

Die Gründung erfolgte über eine Pfahlgründung mit duktilen Gussrammpfählen. Die freitragende Bodenplatte liegt auf Stahlbetonbalken auf und wurde von unten gedämmt. Die Außenwände in Holzrahmenbauweise sind mit Zellulose gedämmt und mit OSB beplankt. Die vertikal verlegte, gebürstete Holzbekleidung der Fassaden ist teilweise dunkel lasiert, die rückversetzten Gebäudeteile sind mit einer farblosen Lasur versehen. Die Holzfenster in den überdachten Bereichen und die Holz-Alufenster wurden mit Dreifachverglasung ausgeführt. Verschattet werden können die Fenster mit außenliegenden Senkrechtmarkisen. Die Oberlichter im Dach bringen zusätzliches Licht in die Räume. Alle tragenden Innenwände sind als Massivholz- oder Holzrahmenwände erstellt. Sowohl die Flachdächer als auch die Satteldächer sind in zimmermannsmäßiger Holzkonstruktion errichtet, bituminös abgedichtet und teilweise begrünt. Die Böden sind mit Kautschuk oder Bodenfliesen belegt. Die Decken erhielten Abhängungen aus Holzlamellen oder GK-Akustikplatten.

Technische Anlagen

Beheizt wird das Gebäude über einen Anschluss ans Fernwärmenetz. Die Wärmeverteilung erfolgt über eine Fußbodenheizung. Die kontrollierten Be- und Entlüftungsanlagen mit Wärmerückgewinnung nutzt auch die Nachtabkühlung. Ebenso wurde eine Brandmeldeanlage installiert. Die Satteldachflächen bieten Platz für PV-Anlagen. Diese sind nicht Bestandteil dieser Dokumentation.

Sonstiges

Das Gebäude entspricht dem KfW-Effizienzhaus 55. Es entstand ein nachhaltiges Gebäude mit langlebigen Materialien, einem gut belichteten Grundriss und variablen Nutzungsmöglichkeiten.

Energetische Kennwerte

Gesetzliche Grundlage: EnEV 2013
Gebäudenutzfläche: 1.609,80 m²
Gebäudevolumen: 6.582,60 m³
Hüllfläche des beheizten Volumens: 4.374,60 m²
Mittlerer U-Wert (opake Bauteile): 0,14
Mittlerer U-Wert (transparente Bauteile): 0,90
Mittlerer U-Wert (Glasdächer, etc.): 1,30
Spez. Jahresprimärenergiebedarf: 22,20 kWh/(m²·a)
CO_2-Emissionen: 1,00 kg/(m²·a)

Energetische Angaben zu Außenbauteilen

Bodenplatte

U-Wert: 0,20 W/(m²·K)

Gesamtdicke: 51,00 cm	d [cm]	λ [W/(mK)]
Estrich	8,00	1,200
Trittschalldämmung	2,00	0,040
Dämmung	6,00	0,035
Stahlbeton	25,00	2,500
Dämmung	10,00	0,040

Außenwand hinterlüftet

U-Wert: 0,16 W/(m²·K)

Gesamtdicke: 30,00 cm	d [cm]	λ [W/(mK)]
GK-Platte	2,50	0,250
Dämmung	4,00	0,042
OSB-Platte	1,50	0,130
Holz	16,00	0,130
Dämmung	16,00	0,040
Holzfaserplatte	6,00	0,042

Flachdach

U-Wert: 0,16 W/(m²·K)

Gesamtdicke: 59,15 cm	d [cm]	λ [W/(mK)]
GK-Platte	1,25	0,250
Holz	26,00	0,130
Luftschicht ruhend	26,00	1,875
OSB-Platte	2,50	0,130
Dampfsperre	0,20	0,170
Dämmung	20,00	0,035
Dachdichtungsbahn	0,20	0,170
Extensive Dachbegrünung	9,00	2,000

Satteldach

U-Wert: 0,16 W/(m²·K)

Gesamtdicke: 55,15 cm	d [cm]	λ [W/(mK)]
GK-Platte	1,25	0,250
Holz	22,00	0,130
Luftschicht ruhend	22,00	1,875
OSB-Platte	2,50	0,130
Dampfsperre	0,20	0,170
Dämmung	20,00	0,037
Dachdichtungsbahn	0,20	0,170
Extensive Begrünung	9,00	2,000

4400-0367
Kindergarten
(7 Gruppen)
(130 Kinder)

Planungskennwerte für Flächen und Rauminhalte nach DIN 277

Flächen des Grundstücks		Menge Einheit	% an GF
BF	Bebaute Fläche	1.927,00 m²	31,4
UF	Unbebaute Fläche	4.203,00 m²	68,6
GF	Grundstücksfläche	6.130,00 m²	100,0

Grundflächen des Bauwerks		Menge Einheit	% an NUF	% an BGF
NUF	Nutzungsfläche	1.134,93 m²	100,0	65,6
TF	Technikfläche	11,46 m²	1,0	0,7
VF	Verkehrsfläche	397,13 m²	35,0	22,9
NRF	Netto-Raumfläche	1.543,52 m²	136,0	89,2
KGF	Konstruktions-Grundfläche	187,67 m²	16,5	10,8
BGF	Brutto-Grundfläche	1.731,19 m²	152,5	100,0

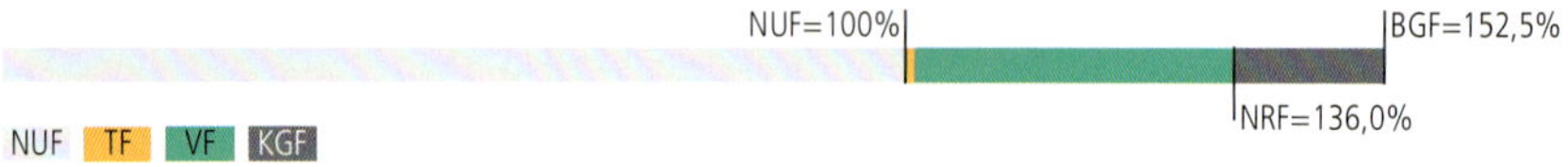

Brutto-Rauminhalt des Bauwerks		Menge Einheit	BRI/NUF (m)	BRI/BGF (m)
BRI	Brutto-Rauminhalt	8.116,00 m³	7,15	4,69

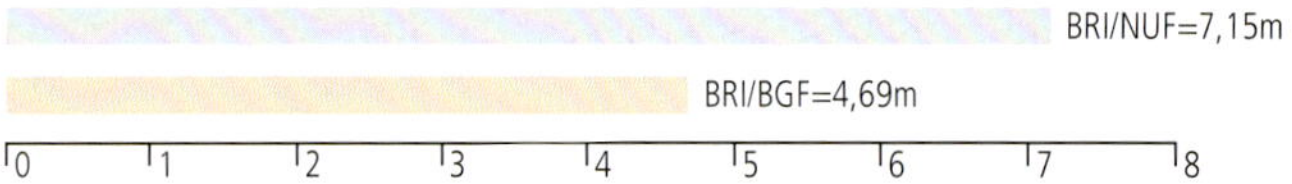

KG	Kostengruppen (2.Ebene)	Menge Einheit	Menge/NUF	Menge/BGF
310	Baugrube / Erdbau	2.734,53 m³ BGI	2,41	1,58
320	Gründung, Unterbau	1.693,27 m² GRF	1,49	0,98
330	Außenwände/Vertikale Baukonstruktionen, außen	1.103,26 m² AWF	0,97	0,64
340	Innenwände/Vertikale Baukonstruktionen, innen	1.783,13 m² IWF	1,57	1,03
350	Decken/Horizontale Baukonstruktionen	–	–	–
360	Dächer	1.957,57 m² DAF	1,73	1,13

Kostenkennwerte für die Kostengruppen der 1.Ebene DIN 276

KG	Kostengruppen (1.Ebene)	Einheit	Kosten €	€/Einheit	€/m² BGF	€/m³ BRI	% 300+400
100	Grundstück	m² GF	–	–	–	–	–
200	Vorbereitende Maßnahmen	m² GF	161.121	26,28	93,07	19,85	2,8
300	Bauwerk – Baukonstruktionen	m² BGF	4.552.433	2.629,66	2.629,66	560,92	79,8
400	Bauwerk – Technische Anlagen	m² BGF	1.153.799	666,48	666,48	142,16	20,2
	Bauwerk 300+400	**m² BGF**	**5.706.231**	**3.296,13**	**3.296,13**	**703,08**	**100,0**
500	Außenanlagen und Freiflächen	m² AF	106.427	25,32	61,48	13,11	1,9
600	Ausstattung und Kunstwerke	m² BGF	170.329	98,39	98,39	20,99	3,0
700	Baunebenkosten	m² BGF	–	–	–	–	–
800	Finanzierung	m² BGF	–	–	–	–	–

KG	Kostengruppe	Menge Einheit	Kosten €	€/Einheit	%
200	**Vorbereitende Maßnahmen**	6.130,00 m² GF	161.121	**26,28**	2,8
	Oberbodenabtrag; Hausanschlüsse Wasser, Fernwärme, Strom				
3+4	**Bauwerk**				**100,0**
300	**Bauwerk – Baukonstruktionen**	1.731,19 m² BGF	4.552.433	**2.629,66**	79,8
	Bodenaushub; Stb-Bodenplatte, Stb-Tiefgründung, Abdichtung, Estrich, Kautschukbelag, Bodenfliesen, Schottertragschicht, Perimeterdämmung; Holzrahmen-Außenwände, Stahlstützen, Holz-Alufenster, Holzfenster, hinterlüftete Holzfassade, Holz-Vorsatzschalen, Malervlies, Beschichtung, Wandfliesen, Markisen; Brettsperrholzwände, Holzrahmen-Innenwände, GK-Wände, Holztüren, Holzfenster, Holz-Glastürelemente, Trennwände; Holzflach-/Satteldächer, Dachverglasungen, Dachbegrünung, Dachentwässerung, GK-Decken, Holzdecken; Einbaumöbel, Küchenzeilen, Kletterwand				
400	**Bauwerk – Technische Anlagen**	1.731,19 m² BGF	1.153.799	**666,48**	20,2
	Gebäudeentwässerung, Kalt- und Warmwasserleitungen, Sanitärobjekte, Durchlauferhitzer; Fernwärmeübergabestation, Heizleitungen, Fußbodenheizung; Lüftungsanlagen; Elektroinstallation, Beleuchtung, Blitzschutz-/Erdungsanlage; Telekommunikationsanlage, Zeiterfassung, Brandmeldeanlage, Datenübertragungsnetz				
500	**Außenanlagen und Freiflächen**	4.203,00 m² AF	106.427	**25,32**	1,9
	Gebäudeentwässerung, Fettabscheider; Kabelschutzrohre				
600	**Ausstattung und Kunstwerke**	1.731,19 m² BGF	170.329	**98,39**	3,0
	Möblierung, Sanitärausstattung; Schlafebenen, Turnraumausstattung				

4400-0367
Kindergarten
(7 Gruppen)
(130 Kinder)

Kostenkennwerte für die Kostengruppen 300 der 2. und 3.Ebene DIN 276 (Übersicht)

KG	Kostengruppe	Menge Einheit	Kosten €	€/Einheit	% an 3+4
300	**Bauwerk – Baukonstruktionen**	**1.731,19 m² BGF**	**4.552.432,51**	**2.629,66**	**79,8**
310	**Baugrube / Erdbau**	**2.734,53 m³ BGI**	**223.936,23**	**81,89**	**3,9**
311	Herstellung	2.734,53 m³ BGI	223.936,23	81,89	3,9
312	Umschließung	–	–	–	–
313	Wasserhaltung	–	–	–	–
314	Vortrieb	–	–	–	–
319	Sonstiges zur KG 310	–	–	–	–
320	**Gründung, Unterbau**	**1.693,27 m² GRF**	**891.675,36**	**526,60**	**15,6**
321	Baugrundverbesserung	–	–	–	–
322	Flachgründungen und Bodenplatten	1.693,27 m²	215.209,14	127,10	3,8
323	Tiefgründungen	1.693,27 m²	192.873,25	113,91	3,4
324	Gründungsbeläge	1.598,58 m²	313.246,43	195,95	5,5
325	Abdichtungen und Bekleidungen	1.802,12 m²	170.346,54	94,53	3,0
326	Dränagen	–	–	–	–
329	Sonstiges zur KG 320	–	–	–	–
330	**Außenwände/Vert. Baukonstrukt., außen**	**1.103,26 m² AWF**	**857.619,60**	**777,35**	**15,0**
331	Tragende Außenwände	571,69 m²	144.930,44	253,51	2,5
332	Nichttragende Außenwände	215,23 m²	55.697,08	258,78	1,0
333	Außenstützen	50,00 m	5.555,22	111,10	< 0,1
334	Außenwandöffnungen	316,34 m²	339.202,90	1.072,27	5,9
335	Außenwandbekleidungen, außen	828,66 m²	193.339,51	233,32	3,4
336	Außenwandbekleidungen, innen	537,19 m²	51.662,55	96,17	0,9
337	Element. Außenwandkonstruktionen	–	–	–	–
338	Lichtschutz zur KG 330	177,40 m²	67.231,88	378,98	1,2
339	Sonstiges zur KG 330	–	–	–	–
340	**Innenwände/Vert. Baukonstrukt., innen**	**1.783,13 m² IWF**	**886.319,40**	**497,06**	**15,5**
341	Tragende Innenwände	1.100,81 m²	300.741,38	273,20	5,3
342	Nichttragende Innenwände	383,50 m²	63.429,29	165,40	1,1
343	Innenstützen	–	–	–	–
344	Innenwandöffnungen	180,28 m²	179.263,42	994,36	3,1
345	Innenwandbekleidungen	2.832,63 m²	258.948,96	91,42	4,5
346	Elementierte Innenwandkonstruktionen	118,54 m²	83.936,35	708,08	1,5
347	Lichtschutz zur KG 340	–	–	–	–
349	Sonstiges zur KG 340	–	–	–	–
350	**Decken/Horizontale Baukonstruktionen**	**–**	**–**	**–**	**–**
351	Deckenkonstruktionen	–	–	–	–
352	Deckenöffnungen	–	–	–	–
353	Deckenbeläge	–	–	–	–
354	Deckenbekleidungen	–	–	–	–
355	Elementierte Deckenkonstruktionen	–	–	–	–
359	Sonstiges zur KG 350	–	–	–	–
360	**Dächer**	**1.957,57 m² DAF**	**1.216.538,44**	**621,45**	**21,3**
361	Dachkonstruktionen	1.936,65 m²	234.299,17	120,98	4,1
362	Dachöffnungen	20,92 m²	37.876,97	1.810,56	0,7
363	Dachbeläge	1.906,92 m²	533.910,65	279,99	9,4
364	Dachbekleidungen	1.807,30 m²	387.394,39	214,35	6,8
365	Elementierte Dachkonstruktionen	–	–	–	–
366	Lichtschutz zur KG 360	–	–	–	–
369	Sonstiges zur KG 360	1.957,57 m² DAF	23.057,25	11,78	0,4
370	**Infrastrukturanlagen**	**–**	**–**	**–**	**–**
380	**Baukonstruktive Einbauten**	**1.731,19 m² BGF**	**290.353,67**	**167,72**	**5,1**
390	**Sonst. Maßnahmen für Baukonstrukt.**	**1.731,19 m² BGF**	**185.989,84**	**107,43**	**3,3**

Kostenkennwerte für die Kostengruppen 400 der 2. und 3. Ebene DIN 276 (Übersicht)

KG	Kostengruppe	Menge Einheit	Kosten €	€/Einheit	% an 3+4
400	**Bauwerk – Technische Anlagen**	**1.731,19 m² BGF**	**1.153.798,74**	**666,48**	**20,2**
410	**Abwasser-, Wasser-, Gasanlagen**	**1.731,19 m² BGF**	**206.938,75**	**119,54**	**3,6**
411	Abwasseranlagen	1.731,19 m² BGF	35.660,20	20,60	0,6
412	Wasseranlagen	1.731,19 m² BGF	153.416,94	88,62	2,7
413	Gasanlagen	–	–	–	–
419	Sonstiges zur KG 410	1.731,19 m² BGF	17.861,61	10,32	0,3
420	**Wärmeversorgungsanlagen**	**1.731,19 m² BGF**	**98.453,48**	**56,87**	**1,7**
421	Wärmeerzeugungsanlagen	1.731,19 m² BGF	29.465,75	17,02	0,5
422	Wärmeverteilnetze	1.731,19 m² BGF	30.756,76	17,77	0,5
423	Raumheizflächen	1.731,19 m² BGF	38.230,98	22,08	0,7
424	Verkehrsheizflächen	–	–	–	–
429	Sonstiges zur KG 420	–	–	–	–
430	**Raumlufttechnische Anlagen**	**1.731,19 m² BGF**	**267.008,43**	**154,23**	**4,7**
431	Lüftungsanlagen	1.731,19 m² BGF	267.008,43	154,23	4,7
432	Teilklimaanlagen	–	–	–	–
433	Klimaanlagen	–	–	–	–
434	Kälteanlagen	–	–	–	–
439	Sonstiges zur KG 430	–	–	–	–
440	**Elektrische Anlagen**	**1.731,19 m² BGF**	**467.656,67**	**270,14**	**8,2**
441	Hoch- und Mittelspannungsanlagen	–	–	–	–
442	Eigenstromversorgungsanlagen	–	–	–	–
443	Niederspannungsschaltanlagen	–	–	–	–
444	Niederspannungsinstallationsanlagen	1.731,19 m² BGF	303.323,39	175,21	5,3
445	Beleuchtungsanlagen	1.731,19 m² BGF	133.075,64	76,87	2,3
446	Blitzschutz- und Erdungsanlagen	1.731,19 m² BGF	31.257,62	18,06	0,5
447	Fahrleitungssysteme	–	–	–	–
449	Sonstiges zur KG 440	–	–	–	–
450	**Kommunikationstechnische Anlagen**	**1.731,19 m² BGF**	**106.872,41**	**61,73**	**1,9**
451	Telekommunikationsanlagen	1.731,19 m² BGF	1.809,29	1,05	< 0,1
452	Such- und Signalanlagen	1.731,19 m² BGF	5.486,74	3,17	< 0,1
453	Zeitdienstanlagen	1.731,19 m² BGF	1.948,82	1,13	< 0,1
454	Elektroakustische Anlagen	–	–	–	–
455	Audiovisuelle Medien- u. Antennenanl.	1.731,19 m² BGF	200,56	0,12	< 0,1
456	Gefahrenmelde- und Alarmanlagen	1.731,19 m² BGF	66.720,11	38,54	1,2
457	Datenübertragungsnetze	1.731,19 m² BGF	30.706,88	17,74	0,5
458	Verkehrsbeeinflussungsanlagen	–	–	–	–
459	Sonstiges zur KG 450	–	–	–	–
460	**Förderanlagen**	**–**	**–**	**–**	**–**
461	Aufzugsanlagen	–	–	–	–
462	Fahrtreppen, Fahrsteige	–	–	–	–
463	Befahranlagen	–	–	–	–
464	Transportanlagen	–	–	–	–
465	Krananlagen	–	–	–	–
466	Hydraulikanlagen	–	–	–	–
469	Sonstiges zur KG 460	–	–	–	–
470	**Nutzungsspez. u. verfahrenstechn. Anl.**	**–**	**–**	**–**	**–**
480	**Gebäude- und Anlagenautomation**	**–**	**–**	**–**	**–**
490	**Sonst. Maßnahmen für techn. Anlagen**	**1.731,19 m² BGF**	**6.869,00**	**3,97**	**0,1**

Kostenkennwerte für Leistungsbereiche nach STLB (Kosten des Bauwerks nach DIN 276)

LB	Leistungsbereiche	Kosten €	€/m² BGF	€/m³ BRI	% an 3+4
000	Baustellen-, Sicherheitseinr. inkl. 001, 089	179.435	103,60	22,10	3,1
002	Erdarbeiten	222.708	128,60	27,40	3,9
006	Spezialtiefbauarbeiten inkl. 005	53.469	30,90	6,60	0,9
009	Entwässerungskanalarbeiten inkl. 011	–	–	–	–
010	Drän- und Versickerarbeiten	–	–	–	–
012	Mauerarbeiten	–	–	–	–
013	Betonarbeiten	452.757	261,50	55,80	7,9
014	Natur-, Betonwerksteinarbeiten	–	–	–	–
016	Zimmer- und Holzbauarbeiten	865.581	500,00	106,70	15,2
017	Stahlbauarbeiten	48.813	28,20	6,00	0,9
018	Abdichtungsarbeiten	115.114	66,50	14,20	2,0
019	Kampfmittelräumarbeiten	–	–	–	–
020	Dachdeckungsarbeiten	–	–	–	–
021	Dachabdichtungsarbeiten	482.025	278,40	59,40	8,4
022	Klempnerarbeiten	118.678	68,60	14,60	2,1
	Rohbau	**2.538.580**	**1.466,40**	**312,80**	**44,5**
023	Putz- und Stuckarbeiten, Wärmedämmsysteme	–	–	–	–
024	Fliesen- und Plattenarbeiten	72.564	41,90	8,90	1,3
025	Estricharbeiten	80.537	46,50	9,90	1,4
026	Fenster, Außentüren inkl. 029, 032	349.790	202,10	43,10	6,1
027	Tischlerarbeiten	500.650	289,20	61,70	8,8
028	Parkett-, Holzpflasterarbeiten	–	–	–	–
030	Rollladenarbeiten	63.959	36,90	7,90	1,1
031	Metallbauarbeiten inkl. 035	14.344	8,30	1,80	0,3
034	Maler- und Lackiererarb. - Beschicht. inkl. 037	158.460	91,50	19,50	2,8
036	Bodenbelagarbeiten	149.987	86,60	18,50	2,6
038	Vorgehängte hinterlüftete Fassaden	196.291	113,40	24,20	3,4
039	Trockenbauarbeiten	376.138	217,30	46,30	6,6
	Ausbau	**1.962.720**	**1.133,70**	**241,80**	**34,4**
040	Wärmeversorgungsanl. - Betriebseinr. inkl. 041	94.460	54,60	11,60	1,7
042	Gas- u. Wasseranl. - Leitung., Armat. inkl. 043	45.079	26,00	5,60	0,8
044	Abwasseranl. - Leitungen, Abläufe, Armaturen	35.660	20,60	4,40	0,6
045	Gas, Wasser, Entwässerung - Ausstattung inkl. 046	119.170	68,80	14,70	2,1
047	Dämm- und Brandschutzarb. an techn. Anlagen	23.575	13,60	2,90	0,4
049	Feuerlöschanlagen, Feuerlöschgeräte	–	–	–	–
050	Blitzschutz-/Erdungsanlagen, Überspannungssch.	31.258	18,10	3,90	0,5
053	Niederspannungsanl. - Kabel inkl. 052, 054	284.643	164,40	35,10	5,0
055	Sicherheits- u. Ersatzstromversorgungsanl.	1.878	1,10	0,23	< 0,1
057	Gebäudesystemtechnik	32.396	18,70	4,00	0,6
058	Leuchten und Lampen inkl. 059	131.198	75,80	16,20	2,3
060	Such, Signal, Zeit, Anten., akust. Anl. inkl. 064	7.636	4,40	0,94	0,1
061	Kommunikations- u. Übertragungsnetze inkl. 063	97.427	56,30	12,00	1,7
069	Aufzüge	–	–	–	–
070	Gebäudeautomation	–	–	–	–
075	Raumlufttechnische Anlagen inkl. 078	259.441	149,90	32,00	4,5
	Gebäudetechnik	**1.163.822**	**672,30**	**143,40**	**20,4**
084	Abbruch, Rückbau, Schadstoffsanierung	–	–	–	–
	Abbrucharbeiten	**–**	**–**	**–**	**–**
	Sonstige Leistungsbereiche	**41.109**	**23,70**	**5,10**	**0,7**

Kostenstand: 1. Quartal 2026, Bundesdurchschnitt, **inkl. 19% MwSt.**

4400-0389
Kindertagesstätte
(6 Gruppen)
(100 Kinder)

Holz-Raumzellen

Kostenkennwerte für die Kosten des Bauwerks (Kostengruppen 300+400 nach DIN 276)

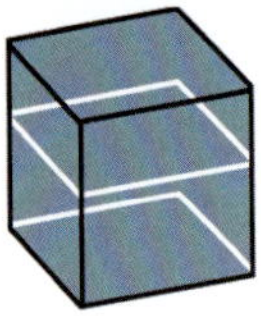
BRI 866 €/m^3

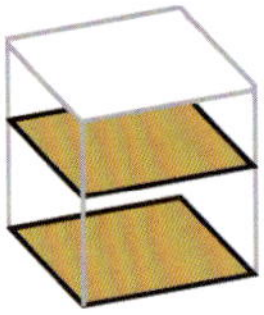
BGF 3.810 €/m^2

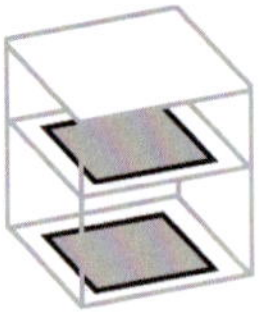
NUF 5.143 €/m^2

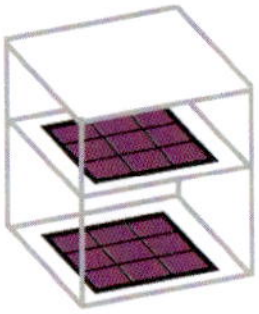
NE 62.901 €/NE
NE: Kinder

Objekt:
Kennwerte: 3.Ebene DIN 276
BRI: 7.264 m^3
BGF: 1.651 m^2
NUF: 1.223 m^2
Bauzeit: 26 Wochen
Bauende: 2022
Standard: hoch
Bundesland: Baden-Württemberg
Kreis: Heidelberg, Stadt

Architekt*in:
Entwurf des Modulbaukastens:
Stadt Heidelberg
Hochbauamt

Grundstücksbezogene Planerleistungen:
AAg Architekten GmbH
Eppelheimer Straße 46
69115 Heidelberg

Bauherr*in:
Stadt Heidelberg
Hochbauamt
Römerstraße 5
69115 Heidelberg

Ausführung:
KAUFMANN
BAUSYSTEME
Baien 115
A-6870 Reuthe

© Thilo Ross

© Thilo Ross

© Thilo Ross

© Thilo Ross

Kostenstand: 1.Quartal 2026, Bundesdurchschnitt, **inkl. 19% MwSt.**

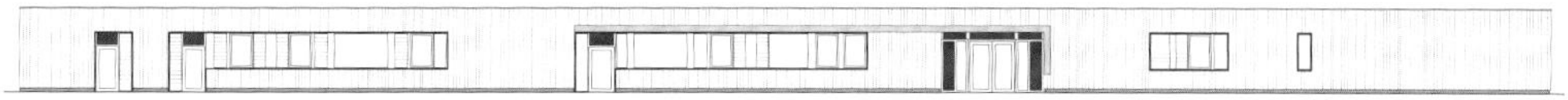

Ansicht West

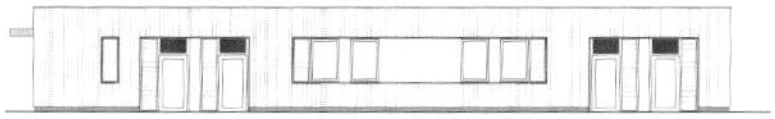

Ansicht Süd

Ansicht Nord

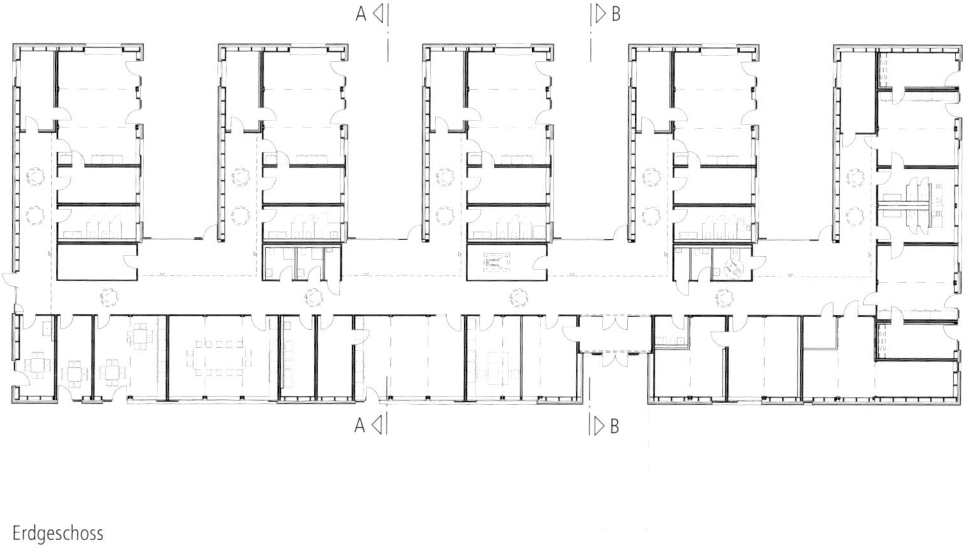

Erdgeschoss

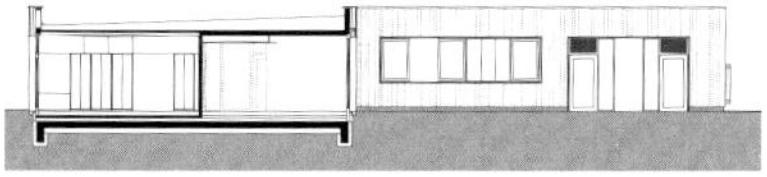

Schnitt A-A

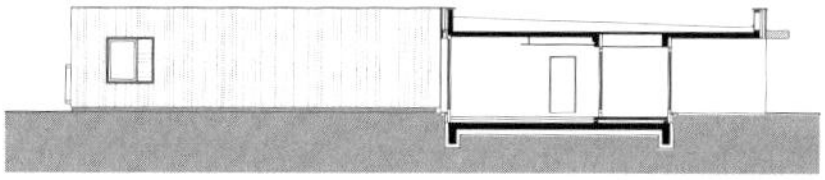

Schnitt B-B

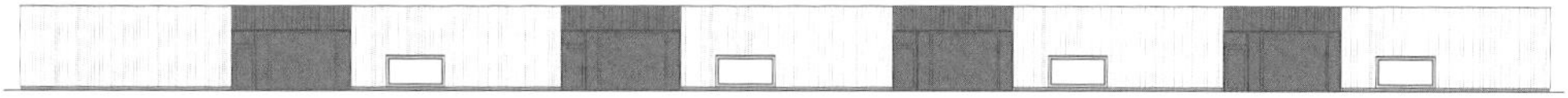

Ansicht Ost

4400-0389
Kindertagesstätte
(6 Gruppen)
(100 Kinder)

Objektbeschreibung

Allgemeine Objektinformationen

Als erstes Projekt einer Reihe von Kindertagesstätten in Modulbauweise wurde ein sechsgruppiger Kindergarten mit vier Kita- und zwei Krippengruppen in Niedrigenergiebauweise umgesetzt. Zur Ausführung kam eine Kammstruktur, die den Kitagruppen jeweils einen eigenen intimen Außenspielbereich bietet. Im linearen Verbindungstrakt sind die Verwaltungs- und Servicebereiche sowie Personal- und Mehrzweckraum untergebracht. Die Wände, Decken und Trennwände der Sanitärbereiche wurden jeweils unterschiedlich monochrom gestaltet und dienen zur Identifikationssteigerung der Kinder mit „ihrer" Gruppe.

Nutzung

1 Erdgeschoss
vier Gruppen Ü3: Gruppenräume, Schlafräume, Intensivräume, Garderoben, Sanitärräume, Spielflure
zwei Gruppen U3: Gruppenräume, Schlafräume, Garderoben, Sanitärräume, Materialräume, WCs/Duschen, Putzmittelräume, Besucher-WC, barrierefreies WC, Personalraum, Technikräume, Aufwärmküche, Küchenlager, Umkleideraum, Windfang, Kinderwagenraum, Büroleitung, Mehrzweckraum, Geräteraum, HWR, Besprechungsraum, Bildungsangebotsräume, Werkraum, Flur

Besonderer Kosteneinfluss Nutzung
Energiekonzeption Stadt Heidelberg

Nutzeinheiten

Gruppen: 6
Kinder: 100

Grundstück

Bauraum: Freier Bauraum
Neigung: Ebenes Gelände
Bodenklasse: BK 1 bis BK 5

Markt

Hauptvergabezeit: 2. Quartal 2021
Baubeginn: 3. Quartal 2021
Bauende: 1. Quartal 2022
Konjunkturelle Gesamtlage: über Durchschnitt
Regionaler Baumarkt: Durchschnitt

Baukonstruktion

Alle 60 Module des Kindergartens wurden aus Brettsperrholz einschließlich Außenwanddämmung in einer Montagehalle innerhalb eines Monats vorgefertigt. Die Raumeinheiten mit einem Modulmaß von 2,89x6,75m sind nahezu vollständig ausgebaut und oberflächenfertig geliefert. Die Montage der Module an der Baustelle erfolgte innerhalb weniger Tage auf die zuvor konventionell erstellte Stahlbetonbodenpatte. Der Boden und das Dach im Flurbereich bestehen aus Brettsperrholzelementen. Vor Ort wurde ein schwimmender Estrich eingebracht. Ebenso sind die Außenfassaden aus Lärchenholz und die Dachabdichtung samt Begrünung an der Baustelle montiert. Die sichtbaren Holzoberflächen wurden lasiert, die Böden sind mit Linoleum oder Fliesen belegt

Technische Anlagen

Das Gebäude ist an das Fernwärmenetz angeschlossen. Die gesamte Heizungs-, Sanitär-, Lüftungs- und Elektroinstallation wurde bereits in den Modulen vorinstalliert angeliefert und vor Ort endmontiert. Sämtliche Sanitärobjekte, Leuchten und Heizkörper werden bereits in der Montagehalle montiert.

Sonstiges

Um eine möglichst schnelle und sehr wirtschaftliche Umsetzung von Kindertagesstätten zu ermöglichen, hat das Heidelberger Hochbauamt in Zusammenarbeit mit Modulbaufirmen ein serielles Baukastensystem für Kindertagesstätten in Holzmodulbauweise entwickelt. Mit diesem lassen sich eine Vielzahl von ein- und zweigeschossigen Gebäudetypen mit differenzierten Grundrisstypologien realisieren. Das kleinteilige Modulraster kann flexibel auf unterschiedliche Rahmenbedingungen reagieren.

Energetische Kennwerte

Gesetzliche Grundlage: GEG 2020
Gebäudenutzfläche: 1.514,00 m^2
Gebäudevolumen: 5.354,00 m^3
A/V_e-Verhältnis (Kompaktheit): 0,77 m^{-1}
Hüllfläche des beheizten Volumens: 4.098,00 m^2
Mittlerer U-Wert (opake Bauteile): 0,09
Mittlerer U-Wert (transparente Bauteile): 0,80
Mittlerer U-Wert (Glasdächer, etc.): 0,80
Spez. Jahresprimärenergiebedarf: 51,80 kWh/(m^2·a)
CO_2-Emissionen: 26,65 kg/(m^2·a)

Energetische Angaben zu Außenbauteilen

Bodenplatte

U-Wert: 0,10 W/(m²·K)

Gesamtdicke: 78,50 cm	d [cm]	λ [W/(mK)]
Estrich	6,50	1,400
Dämmung	3,00	0,035
Dämmung	3,00	0,035
Schüttung	3,00	0,110
Holz	10,00	13,000
Dämmung	10,00	0,035
Stahlbeton	25,00	2,100
Dämmung	18,00	0,037

Außenwand hinterlüftet

U-Wert: 0,11 W/(m²·K)

Gesamtdicke: 40,75 cm	d [cm]	λ [W/(mK)]
GK-Platte	1,25	0,360
OSB-Platte	1,50	0,130
Holz	28,00	0,130
Dämmung	28,00	0,032
Holzfaserplatte	10,00	0,042

Dach

U-Wert: 0,09 W/(m²·K)

Gesamtdicke: 43,25 cm	d [cm]	λ [W/(mK)]
Holz	9,00	0,692
Bitumenbahn	0,25	0,170
Dämmung	34,00	0,032

Planungskennwerte für Flächen und Rauminhalte nach DIN 277

Flächen des Grundstücks		Menge Einheit	% an GF
BF	Bebaute Fläche	1.651,00 m²	25,0
UF	Unbebaute Fläche	4.950,00 m²	75,0
GF	Grundstücksfläche	6.601,00 m²	100,0

Grundflächen des Bauwerks		Menge Einheit	% an NUF	% an BGF
NUF	Nutzungsfläche	1.223,00 m²	100,0	74,1
TF	Technikfläche	50,12 m²	4,1	3,0
VF	Verkehrsfläche	95,00 m²	7,8	5,8
NRF	Netto-Raumfläche	1.368,12 m²	111,9	82,9
KGF	Konstruktions-Grundfläche	282,88 m²	23,1	17,1
BGF	Brutto-Grundfläche	1.651,00 m²	135,0	100,0

Brutto-Rauminhalt des Bauwerks		Menge Einheit	BRI/NUF (m)	BRI/BGF (m)
BRI	Brutto-Rauminhalt	7.264,40 m³	5,94	4,40

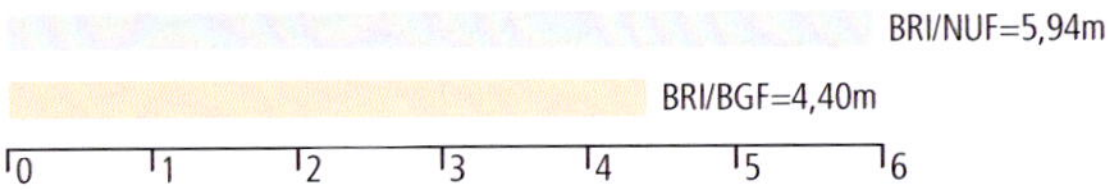

KG	Kostengruppen (2. Ebene)	Menge Einheit	Menge/NUF	Menge/BGF
310	Baugrube / Erdbau	1.619,60 m³ BGI	1,32	0,98
320	Gründung, Unterbau	1.504,55 m² GRF	1,23	0,91
330	Außenwände/Vertikale Baukonstruktionen, außen	1.385,00 m² AWF	1,13	0,84
340	Innenwände/Vertikale Baukonstruktionen, innen	1.341,00 m² IWF	1,10	0,81
350	Decken/Horizontale Baukonstruktionen	–	–	–
360	Dächer	1.570,00 m² DAF	1,28	0,95

Kostenkennwerte für die Kostengruppen der 1. Ebene DIN 276

KG	Kostengruppen (1. Ebene)	Einheit	Kosten €	€/Einheit	€/m²BGF	€/m³BRI	% 300+400
100	Grundstück	m²GF	–	–	–	–	–
200	Vorbereitende Maßnahmen	m²GF	107.056	16,22	64,84	14,74	1,7
300	Bauwerk – Baukonstruktionen	m²BGF	4.714.441	2.855,51	2.855,51	648,98	75,0
400	Bauwerk – Technische Anlagen	m²BGF	1.575.622	954,34	954,34	216,90	25,0
	Bauwerk 300+400	**m²BGF**	**6.290.063**	**3.809,85**	**3.809,85**	**865,88**	**100,0**
500	Außenanlagen und Freiflächen	m²AF	180.795	36,52	109,51	24,89	2,9
600	Ausstattung und Kunstwerke	m²BGF	2.671	1,62	1,62	0,37	< 0,1
700	Baunebenkosten	m²BGF	–	–	–	–	–
800	Finanzierung	m²BGF	–	–	–	–	–

KG	Kostengruppe	Menge Einheit	Kosten €	€/Einheit	%
200	**Vorbereitende Maßnahmen**	6.601,00 m²GF	107.056	**16,22**	1,7
	Fläche freimachen, Grasnarbe abschieben; Abwasserentsorgung, Wasserversorgung, Stromversorgung				
3+4	**Bauwerk**				**100,0**
300	**Bauwerk – Baukonstruktionen**	1.651,00 m²BGF	4.714.441	**2.855,51**	75,0
	Stb-Flachgründung, Abdichtung, EPS-Dämmung, Brettsperrholz-Modulböden, TSD, Estrich, Linoleum, Bodenfliesen, Perimeterdämmung; Holzrahmen/Brettsperrholz-Modulaußenwände, innen Wohnsicht, lasiert, außen hinterlüftete Holzschalung, Holz-Alufenster, Sonnenschutz; Brettsperrholz-Modulinnenwände, Wohnsicht, lasiert, teilweise Industriesicht, Vorsatzschalen, Beschichtung; Brettsperrholz-Modulflachdach, Brettsperrholz-Flachdach, Gefälledämmung, Abdichtung, Dachbegrünung, Dachentwässerung, abgehängte Akustikdecken, Lasur, GK-Decken; Einbaumöbel, Spanplatte: Einbauschränke, WC-Regale, Garderoben, Wickeltische, WC-Trennwandsysteme, Teeküche, Rettungswegpläne, Briefkasten				
400	**Bauwerk – Technische Anlagen**	1.651,00 m²BGF	1.575.622	**954,34**	25,0
	Gebäudeentwässerung, Anschlusskasten für Fettabscheider, Kaltwasserleitungen, Sanitärobjekte, Durchlauferhitzer; Fernwärmeanschluss, Heizungsrohre, Heizkörper; Kompaktlüftungsgeräte mit WRG, Küchenlüftungsgerät, Einzelraumlüfter; Elektroinstallation, Blitzschutzanlage, Erdung; Brandmeldeanlage, Datenübertragungsnetz; Aufwärmküche, Feuerlöscher; Gebäudeautomation				
500	**Außenanlagen und Freiflächen**	4.950,00 m²AF	180.795	**36,52**	2,9
	Grabenaushub; Fettabscheider, Doppelpumpenstation, Gebäudeentwässerung, Betonschächte; Kabelschutzrohre, Kabelzugschacht; Schließanlage Außenzäune				
600	**Ausstattung und Kunstwerke**	1.651,00 m²BGF	2.671	**1,62**	< 0,1
	Sanitärausstattung; Beschilderung				

Kostenkennwerte für die Kostengruppen 300 der 2. und 3. Ebene DIN 276 (Übersicht)

KG	Kostengruppe	Menge Einheit	Kosten €	€/Einheit	% an 3+4
300	**Bauwerk – Baukonstruktionen**	**1.651,00 m² BGF**	**4.714.440,52**	**2.855,51**	**75,0**
310	**Baugrube / Erdbau**	**1.619,60 m³ BGI**	**227.041,05**	**140,18**	**3,6**
311	Herstellung	–	–	–	–
312	Umschließung	–	–	–	–
313	Wasserhaltung	–	–	–	–
314	Vortrieb	–	–	–	–
319	Sonstiges zur KG 310	–	–	–	–
320	**Gründung, Unterbau**	**1.504,55 m² GRF**	**1.448.801,80**	**962,95**	**23,0**
321	Baugrundverbesserung	–	–	–	–
322	Flachgründungen und Bodenplatten	1.504,55 m²	173.350,87	115,22	2,8
323	Tiefgründungen	–	–	–	–
324	Gründungsbeläge	1.368,12 m²	1.098.432,66	802,88	17,5
325	Abdichtungen und Bekleidungen	2.122,45 m²	177.018,29	83,40	2,8
326	Dränagen	–	–	–	–
329	Sonstiges zur KG 320	–	–	–	–
330	**Außenwände/Vert. Baukonstrukt., außen**	**1.385,00 m² AWF**	**1.077.029,46**	**777,64**	**17,1**
331	Tragende Außenwände	–	–	–	–
332	Nichttragende Außenwände	–	–	–	–
333	Außenstützen	–	–	–	–
334	Außenwandöffnungen	–	–	–	–
335	Außenwandbekleidungen, außen	–	–	–	–
336	Außenwandbekleidungen, innen	–	–	–	–
337	Element. Außenwandkonstruktionen	–	–	–	–
338	Lichtschutz zur KG 330	–	–	–	–
339	Sonstiges zur KG 330	–	–	–	–
340	**Innenwände/Vert. Baukonstrukt., innen**	**1.341,00 m² IWF**	**824.220,69**	**614,63**	**13,1**
341	Tragende Innenwände	–	–	–	–
342	Nichttragende Innenwände	–	–	–	–
343	Innenstützen	–	–	–	–
344	Innenwandöffnungen	–	–	–	–
345	Innenwandbekleidungen	–	–	–	–
346	Elementierte Innenwandkonstruktionen	–	–	–	–
347	Lichtschutz zur KG 340	–	–	–	–
349	Sonstiges zur KG 340	–	–	–	–
350	**Decken/Horizontale Baukonstruktionen**	**–**	**–**	**–**	**–**
351	Deckenkonstruktionen	–	–	–	–
352	Deckenöffnungen	–	–	–	–
353	Deckenbeläge	–	–	–	–
354	Deckenbekleidungen	–	–	–	–
355	Elementierte Deckenkonstruktionen	–	–	–	–
359	Sonstiges zur KG 350	–	–	–	–
360	**Dächer**	**1.570,00 m² DAF**	**525.783,51**	**334,89**	**8,4**
361	Dachkonstruktionen	–	–	–	–
362	Dachöffnungen	–	–	–	–
363	Dachbeläge	–	–	–	–
364	Dachbekleidungen	–	–	–	–
365	Elementierte Dachkonstruktionen	–	–	–	–
366	Lichtschutz zur KG 360	–	–	–	–
369	Sonstiges zur KG 360	–	–	–	–
370	**Infrastrukturanlagen**	**–**	**–**	**–**	**–**
380	**Baukonstruktive Einbauten**	**1.651,00 m² BGF**	**310.181,15**	**187,87**	**4,9**
390	**Sonst. Maßnahmen für Baukonstrukt.**	**1.651,00 m² BGF**	**301.382,85**	**182,55**	**4,8**

Kostenkennwerte für die Kostengruppen 400 der 2. und 3. Ebene DIN 276 (Übersicht)

KG	Kostengruppe	Menge Einheit	Kosten €	€/Einheit	% an 3+4
400	**Bauwerk – Technische Anlagen**	**1.651,00 m²BGF**	**1.575.622,21**	**954,34**	**25,0**
410	**Abwasser-, Wasser-, Gasanlagen**	**1.651,00 m²BGF**	**335.940,51**	**203,48**	**5,3**
411	Abwasseranlagen	–	–	–	–
412	Wasseranlagen	–	–	–	–
413	Gasanlagen	–	–	–	–
419	Sonstiges zur KG 410	–	–	–	–
420	**Wärmeversorgungsanlagen**	**1.651,00 m²BGF**	**292.972,91**	**177,45**	**4,7**
421	Wärmeerzeugungsanlagen	–	–	–	–
422	Wärmeverteilnetze	–	–	–	–
423	Raumheizflächen	–	–	–	–
424	Verkehrsheizflächen	–	–	–	–
429	Sonstiges zur KG 420	–	–	–	–
430	**Raumlufttechnische Anlagen**	**1.651,00 m²BGF**	**193.202,08**	**117,02**	**3,1**
431	Lüftungsanlagen	–	–	–	–
432	Teilklimaanlagen	–	–	–	–
433	Klimaanlagen	–	–	–	–
434	Kälteanlagen	–	–	–	–
439	Sonstiges zur KG 430	–	–	–	–
440	**Elektrische Anlagen**	**1.651,00 m²BGF**	**640.759,27**	**388,10**	**10,2**
441	Hoch- und Mittelspannungsanlagen	–	–	–	–
442	Eigenstromversorgungsanlagen	–	–	–	–
443	Niederspannungsschaltanlagen	–	–	–	–
444	Niederspannungsinstallationsanlagen	–	–	–	–
445	Beleuchtungsanlagen	–	–	–	–
446	Blitzschutz- und Erdungsanlagen	–	–	–	–
447	Fahrleitungssysteme	–	–	–	–
449	Sonstiges zur KG 440	–	–	–	–
450	**Kommunikationstechnische Anlagen**	**–**	**–**	**–**	**–**
451	Telekommunikationsanlagen	–	–	–	–
452	Such- und Signalanlagen	–	–	–	–
453	Zeitdienstanlagen	–	–	–	–
454	Elektroakustische Anlagen	–	–	–	–
455	Audiovisuelle Medien- u. Antennenanl.	–	–	–	–
456	Gefahrenmelde- und Alarmanlagen	–	–	–	–
457	Datenübertragungsnetze	–	–	–	–
458	Verkehrsbeeinflussungsanlagen	–	–	–	–
459	Sonstiges zur KG 450	–	–	–	–
460	**Förderanlagen**	**–**	**–**	**–**	**–**
461	Aufzugsanlagen	–	–	–	–
462	Fahrtreppen, Fahrsteige	–	–	–	–
463	Befahranlagen	–	–	–	–
464	Transportanlagen	–	–	–	–
465	Krananlagen	–	–	–	–
466	Hydraulikanlagen	–	–	–	–
469	Sonstiges zur KG 460	–	–	–	–
470	**Nutzungsspez. u. verfahrenstechn. Anl.**	**1.651,00 m²BGF**	**112.747,45**	**68,29**	**1,8**
480	**Gebäude- und Anlagenautomation**	**–**	**–**	**–**	**–**
490	**Sonst. Maßnahmen für techn. Anlagen**	**–**	**–**	**–**	**–**

Kostenkennwerte für Leistungsbereiche nach STLB (Kosten des Bauwerks nach DIN 276)

LB	Leistungsbereiche	Kosten €	€/m² BGF	€/m³ BRI	% an 3+4
000	Baustellen-, Sicherheitseinr. inkl. 001, 089	262.083	158,70	36,10	4,2
002	Erdarbeiten	250.241	151,60	34,40	4,0
006	Spezialtiefbauarbeiten inkl. 005	–	–	–	–
009	Entwässerungskanalarbeiten inkl. 011	17.158	10,40	2,40	0,3
010	Drän- und Versickerarbeiten	–	–	–	–
012	Mauerarbeiten	–	–	–	–
013	Betonarbeiten	182.277	110,40	25,10	2,9
014	Natur-, Betonwerksteinarbeiten	–	–	–	–
016	Zimmer- und Holzbauarbeiten	2.424.602	1.468,60	333,80	38,5
017	Stahlbauarbeiten	–	–	–	–
018	Abdichtungsarbeiten	216.698	131,30	29,80	3,4
019	Kampfmittelräumarbeiten	–	–	–	–
020	Dachdeckungsarbeiten	–	–	–	–
021	Dachabdichtungsarbeiten	–	–	–	–
022	Klempnerarbeiten	–	–	–	–
	Rohbau	**3.353.059**	**2.030,90**	**461,60**	**53,3**
023	Putz- und Stuckarbeiten, Wärmedämmsysteme	–	–	–	–
024	Fliesen- und Plattenarbeiten	–	–	–	–
025	Estricharbeiten	–	–	–	–
026	Fenster, Außentüren inkl. 029, 032	30.493	18,50	4,20	0,5
027	Tischlerarbeiten	418.947	253,80	57,70	6,7
028	Parkett-, Holzpflasterarbeiten	–	–	–	–
030	Rollladenarbeiten	2.168	1,30	0,30	< 0,1
031	Metallbauarbeiten inkl. 035	–	–	–	–
034	Maler- und Lackiererarb. - Beschicht. inkl. 037	255	0,15	0,04	< 0,1
036	Bodenbelagarbeiten	1.026.626	621,80	141,30	16,3
038	Vorgehängte hinterlüftete Fassaden	–	–	–	–
039	Trockenbauarbeiten	–	–	–	–
	Ausbau	**1.478.489**	**895,50**	**203,50**	**23,5**
040	Wärmeversorgungsanl. - Betriebseinr. inkl. 041	292.973	177,50	40,30	4,7
042	Gas- u. Wasseranl. - Leitung., Armat. inkl. 043	316.437	191,70	43,60	5,0
044	Abwasseranl. - Leitungen, Abläufe, Armaturen	–	–	–	–
045	Gas, Wasser, Entwässerung - Ausstattung inkl. 046	1.471	0,89	0,20	< 0,1
047	Dämm- und Brandschutzarb. an techn. Anlagen	–	–	–	–
049	Feuerlöschanlagen, Feuerlöschgeräte	2.359	1,40	0,32	< 0,1
050	Blitzschutz-/Erdungsanlagen, Überspannungssch.	25.252	15,30	3,50	0,4
053	Niederspannungsanl. - Kabel inkl. 052, 054	615.707	372,90	84,80	9,8
055	Sicherheits- u. Ersatzstromversorgungsanl.	–	–	–	–
057	Gebäudesystemtechnik	–	–	–	–
058	Leuchten und Lampen inkl. 059	–	–	–	–
060	Such, Signal, Zeit, Anten., akust. Anl. inkl. 064	–	–	–	–
061	Kommunikations- u. Übertragungsnetze inkl. 063	676	0,41	0,09	< 0,1
069	Aufzüge	–	–	–	–
070	Gebäudeautomation	–	–	–	–
075	Raumlufttechnische Anlagen inkl. 078	193.202	117,00	26,60	3,1
	Gebäudetechnik	**1.448.076**	**877,10**	**199,30**	**23,0**
084	Abbruch, Rückbau, Schadstoffsanierung	–	–	–	–
	Abbrucharbeiten	**–**	**–**	**–**	**–**
	Sonstige Leistungsbereiche	**10.439**	**6,30**	**1,40**	**0,2**

4400-0392
Kindertagesstätte
(4 Gruppen)
(70 Kinder)

Kostenkennwerte für die Kosten des Bauwerks (Kostengruppen 300+400 nach DIN 276)

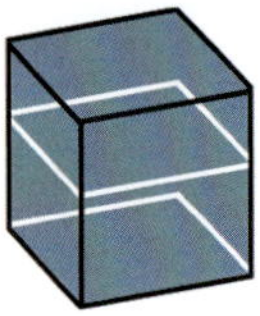

BRI 774 €/m³

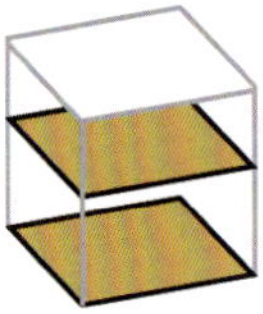

BGF 3.211 €/m²

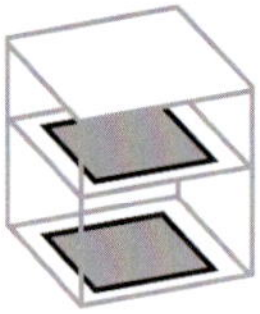

NUF 4.774 €/m²

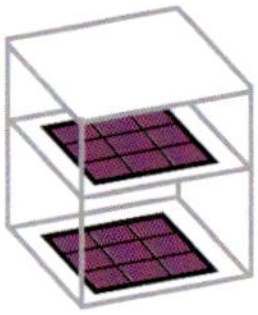

NE 47.519 €/NE

NE: Kinder

Objekt:
Kennwerte: 1.Ebene DIN 276
BRI: 4.299 m³
BGF: 1.036 m²
NUF: 697 m²
Bauzeit: 52 Wochen
Bauende: 2022
Standard: mittel
Bundesland: Schleswig-Holstein
Kreis: Lübeck, Stadt

Architekt*in:
ZIEBELL + PARTNER
Architektur- und
Planungs GmbH
Sophienstraße 1
23560 Lübeck

Bauherr*in:
Grundstücks-Gesellschaft
TRAVE mbH
Falkenstraße 11
23564 Lübeck

© Michael Nast

© Michael Nast

© Michael Nast

© Michael Nast

Zeichnungen

Ansicht Süd-West

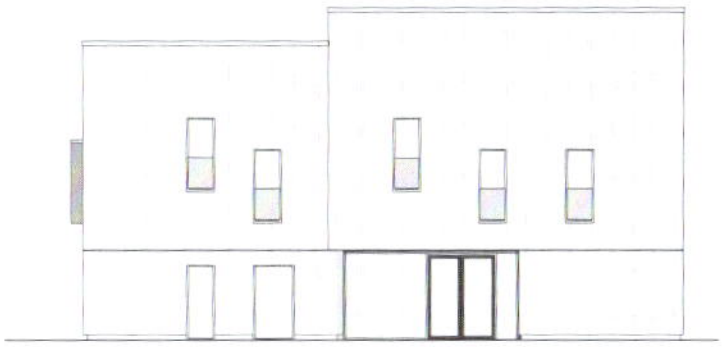
Ansicht Süd-Ost

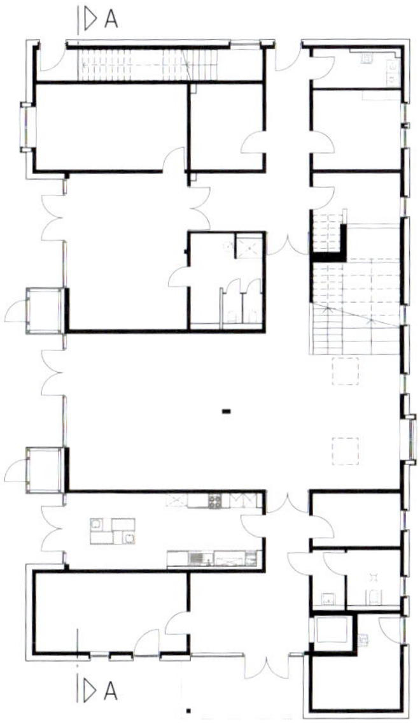

Erdgeschoss

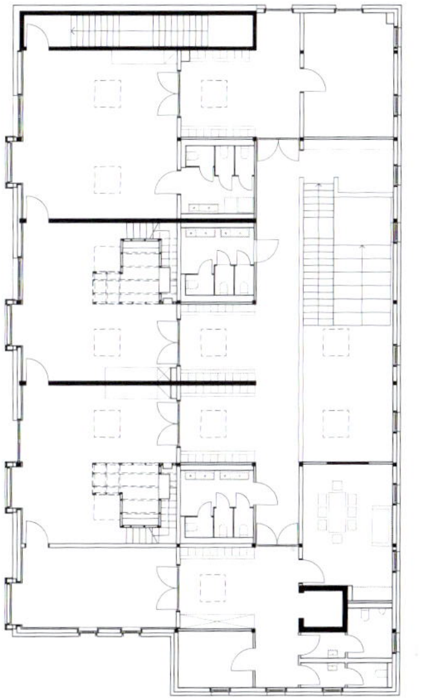
Obergeschoss

Schnitt A-A

Ansicht Nord-Ost

Ansicht Nord-West

Objektbeschreibung

Allgemeine Objektinformationen

Unter einem prägnanten Dach wurde ein zukunftsweisender Neubau in Hybridbauweise realisiert. Für drei Elementargruppen und eine Krippengruppe öffnen sich die Lufträume bis unters Dach und bieten Platz für integrierte Hochebenen, die neben zusätzlicher Spielfläche auch Stauraum bieten. Jedem Gruppenraum ist ein Garderobenbereich und ein Sanitärraum zugeordnet. Eine multifunktionale Tribünentreppe verbindet spielerisch die Geschosse und bietet gemeinsam mit der Mehrzweckhalle und der angedockten Küche unendliche Möglichkeiten der Interaktion.

Nutzung

1 Erdgeschoss
Foyer, Halle mit Veranstaltungsbereich, Mehrzweckraum, Gruppenraum, Schlafraum, Spielgeräteraum, Küche und Erlebniskochen, Büro, Garderobe, WCs, Sanitär- und Wickelraum, Lager, Abstellräume, Hausanschlussraum, Flur, Treppenhaus, Aufzug

1 Obergeschoss
Gruppenräume, Galerie, Förderräume, Personal, Garderoben, Sanitärräume, WCs, Abstellraum, Flur, Treppenhaus, Aufzug

Nutzeinheiten

Gruppen: 4
Kinder: 70

Grundstück

Bauraum: Freier Bauraum
Neigung: Ebenes Gelände
Bodenklasse: BK 1 bis BK 3

Markt

Hauptvergabezeit: 1. Quartal 2021
Baubeginn: 1. Quartal 2021
Bauende: 1. Quartal 2022
Konjunkturelle Gesamtlage: Durchschnitt
Regionaler Baumarkt: Durchschnitt

Baukonstruktion

Die Gründung erfolgte auf Stb-Streifenfundamenten und Stb-Bodenplatten. Darüber wurde das EG in Mauerwerk mit Stb-Decke erstellt, das OG besteht aus Holzrahmenbauwänden mit einer von innen sichtbaren Holz-Sheddach-Konstruktion. Auf der bituminösen Abdichtung wurde das Dach extensiv begrünt. Die Fassade besteht aus einer vertikalen, hinterlüfteten Holzschalung. Die Alufenster sind mit einer Dreifachverglasung ausgestattet, jeweils ein Fenster pro Gruppenraum wurde als auskragendes Alu-Sitzfenster hergestellt. Die Sparren des Dachs wurden zur Verbesserung der Akustik mit Schallschutzplatten bekleidet. Die Böden sind mit Bodenfliesen und Linoleum belegt.

Technische Anlagen

Das Gebäude wird über Fernwärme beheizt, die Verteilung der Heizwärme erfolgt über eine Fußbodenheizung. Der Frischluftbedarf wird über Fensterlüftung erzielt. In den Sanitärräumen wurden Einzelraumlüfter eingebaut. Auf dem Dach wurde eine PV-Anlage mit einer Fläche von 35m² realisiert. Ein Aufzug sichert die Barrierefreiheit.

Energetische Kennwerte

Gesetzliche Grundlage: EnEV 2013
Gebäudenutzfläche: 835,00 m^2
Hüllfläche des beheizten Volumens: 1.807,30 m^2
Spez. Transmissionswärmeverlust: 0,32 W/(m^2·K)
Mittlerer U-Wert (opake Bauteile): 0,17
Mittlerer U-Wert (transparente Bauteile): 0,90
Spez. Jahresprimärenergiebedarf: 71,20 kWh/(m^2·a)

Energetische Angaben zu Außenbauteilen

Bodenplatte

U-Wert: 0,19 W/(m²·K)

Gesamtdicke: 49,00 cm	d [cm]	λ [W/(mK)]
Estrich	6,00	1,400
Dämmung	3,00	0,040
Dämmung	15,00	0,035
Stahlbeton	25,00	2,300

Außenwand

U-Wert: 0,20 W/(m²·K)

Gesamtdicke: 34,50 cm	d [cm]	λ [W/(mK)]
Innenputz	1,00	1,000
Kalksandstein	17,50	1,100
Dämmung	16,00	0,035

Decke gegen Außenluft unten

U-Wert: 0,17 W/(m²·K)

Gesamtdicke: 46,00 cm	d [cm]	λ [W/(mK)]
Estrich	6,00	1,400
Dämmung	3,00	0,040
Dämmung	5,00	0,035
Stahlbeton	20,00	2,300
Dämmung	12,00	0,035

Außenwand OG

U-Wert: 0,22 W/(m²·K)

Gesamtdicke: 20,45 cm	d [cm]	λ [W/(mK)]
GK-Platte	1,25	0,250
OSB-Platte	1,60	0,130
Holz	16,00	0,130
Dämmung	16,00	0,032
Holzfaserplatte	1,60	0,063

Gründach

U-Wert: 0,17 W/(m²·K)

Gesamtdicke: 22,00 cm	d [cm]	λ [W/(mK)]
Holz	2,00	0,130
Dämmung	20,00	0,035

4400-0392
Kindertagesstätte
(4 Gruppen)
(70 Kinder)

Planungskennwerte für Flächen und Rauminhalte nach DIN 277

Flächen des Grundstücks		Menge Einheit	% an GF
BF	Bebaute Fläche	536,19 m²	21,9
UF	Unbebaute Fläche	1.914,81 m²	78,1
GF	Grundstücksfläche	2.451,00 m²	100,0

Grundflächen des Bauwerks		Menge Einheit	% an NUF	% an BGF
NUF	Nutzungsfläche	696,81 m²	100,0	67,3
TF	Technikfläche	17,03 m²	2,4	1,6
VF	Verkehrsfläche	121,33 m²	17,4	11,7
NRF	Netto-Raumfläche	835,17 m²	119,9	80,6
KGF	Konstruktions-Grundfläche	200,67 m²	28,8	19,4
BGF	Brutto-Grundfläche	1.035,84 m²	148,7	100,0

Brutto-Rauminhalt des Bauwerks		Menge Einheit	BRI/NUF (m)	BRI/BGF (m)
BRI	Brutto-Rauminhalt	4.299,00 m³	6,17	4,15

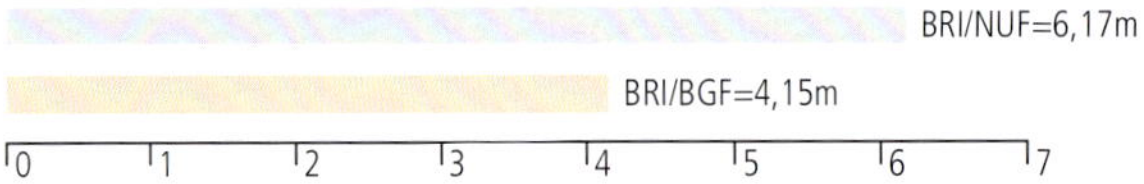

Kostenkennwerte für die Kostengruppen der 1.Ebene DIN 276

KG	Kostengruppen (1.Ebene)	Einheit	Kosten €	€/Einheit	€/m² BGF	€/m³ BRI	% 300+400
100	Grundstück	m² GF	–	–	–	–	–
200	Vorbereitende Maßnahmen	m² GF	–	–	–	–	–
300	Bauwerk – Baukonstruktionen	m² BGF	2.597.869	2.507,98	2.507,98	604,30	78,1
400	Bauwerk – Technische Anlagen	m² BGF	728.462	703,26	703,26	169,45	21,9
	Bauwerk 300+400	**m² BGF**	**3.326.331**	**3.211,24**	**3.211,24**	**773,75**	**100,0**
500	Außenanlagen und Freiflächen	m² AF	–	–	–	–	–
600	Ausstattung und Kunstwerke	m² BGF	–	–	–	–	–
700	Baunebenkosten	m² BGF	–	–	–	–	–
800	Finanzierung	m² BGF	–	–	–	–	–

KG	Kostengruppe	Menge Einheit	Kosten €	€/Einheit	%
3+4	**Bauwerk**				**100,0**
300	**Bauwerk – Baukonstruktionen**	1.035,84 m² BGF	2.597.869	**2.507,98**	78,1

Baugrubenaushub; Frostschürzen, Stb-Bodenplatte, WU, Heizestrich, Linoleum, Bodenfliesen, Abdichtung, Sauberkeitsschicht, Perimeterdämmung; Mauerwerkswände, Stb-Wände, Sichtbeton, Holzrahmenwände, Alufenster, Dreifachverglasung, Wärmedämmung, hinterlüftete Holzfassade, textiler Sonnenschutz; KS-Mauerwerk, Stb-Wände, Holzrahmenwände, Holztüren, Innenfenster, Putz, Wandfliesen, WC-Trennwände; Stb-Decken, Stb-Treppen, Stb-Spieltreppe, Heizestrich, Linoleum, Bodenfliesen, Holzstufen, abgeh. Schallschutzdecken, Brüstungsgeländer, Treppengeländer; Holzbalkendach, Dachflächenfenster, Dämmung, Abdichtung, extensive Dachbegrünung, Dachentwässerung, Schallschutzdecken; Küche, Garderoben, Hochebenen mit Treppen

KG	Kostengruppe	Menge Einheit	Kosten €	€/Einheit	%
400	**Bauwerk – Technische Anlagen**	1.035,84 m² BGF	728.462	**703,26**	21,9

Gebäudeentwässerung, Kalt- und Warmwasserleitungen, Sanitärobjekte; Fernwärmeversorgung, Fußbodenheizung; Einzelraumlüfter, RWA-Anlage; PV-Anlage (35m²), Elektroinstallation, Beleuchtung, Sicherheitsbeleuchtung, Blitzschutzanlage; Datenübertragungsanlage, elektroakustische Anlage, Brandmeldeanlage, elektronische Zugangskontrolle mit Chipkarten; Personenaufzug; Feuerlöscher

4400-0395
Kindertagesstätte
(6 Gruppen)
(130 Kinder)

Kostenkennwerte für die Kosten des Bauwerks (Kostengruppen 300+400 nach DIN 276)

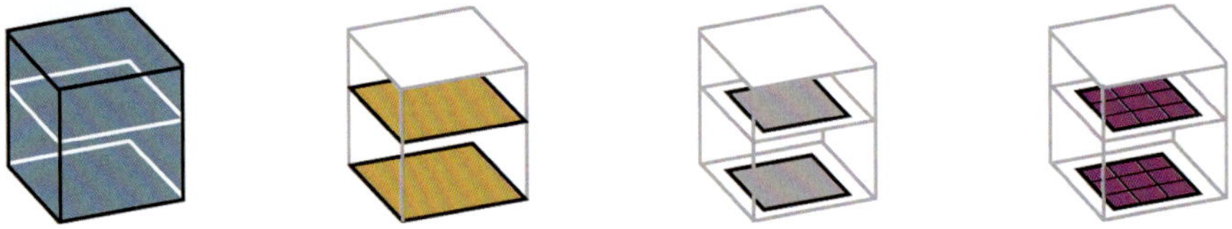

BRI	BGF	NUF	NE
945 €/m³	4.215 €/m²	5.972 €/m²	43.543 €/NE

NE: Kinder

Objekt:
Kennwerte: 1.Ebene DIN 276
BRI: 5.992 m³
BGF: 1.343 m²
NUF: 948 m²
Bauzeit: 74 Wochen
Bauende: 2023
Standard: hoch
Bundesland: Niedersachsen
Kreis: Osnabrück

Architekt*in:
OKF Architekten GmbH
Schreberstraße 32
49080 Osnabrück

© 9 sekunden, Patrick Voigt

© 9 sekunden, Patrick Voigt

Zeichnungen

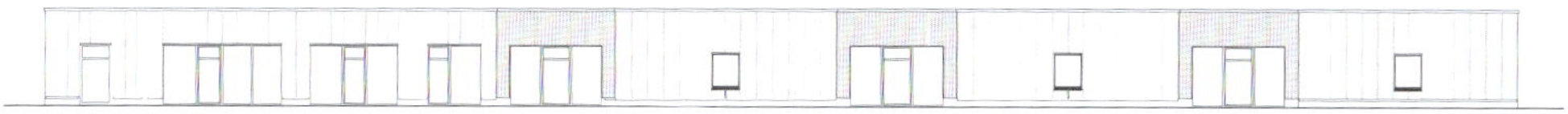

Ansicht Nord

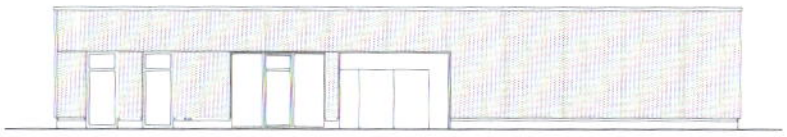

Ansicht Ost

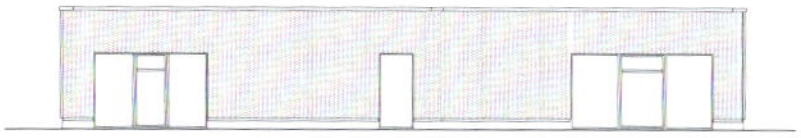

Ansicht West

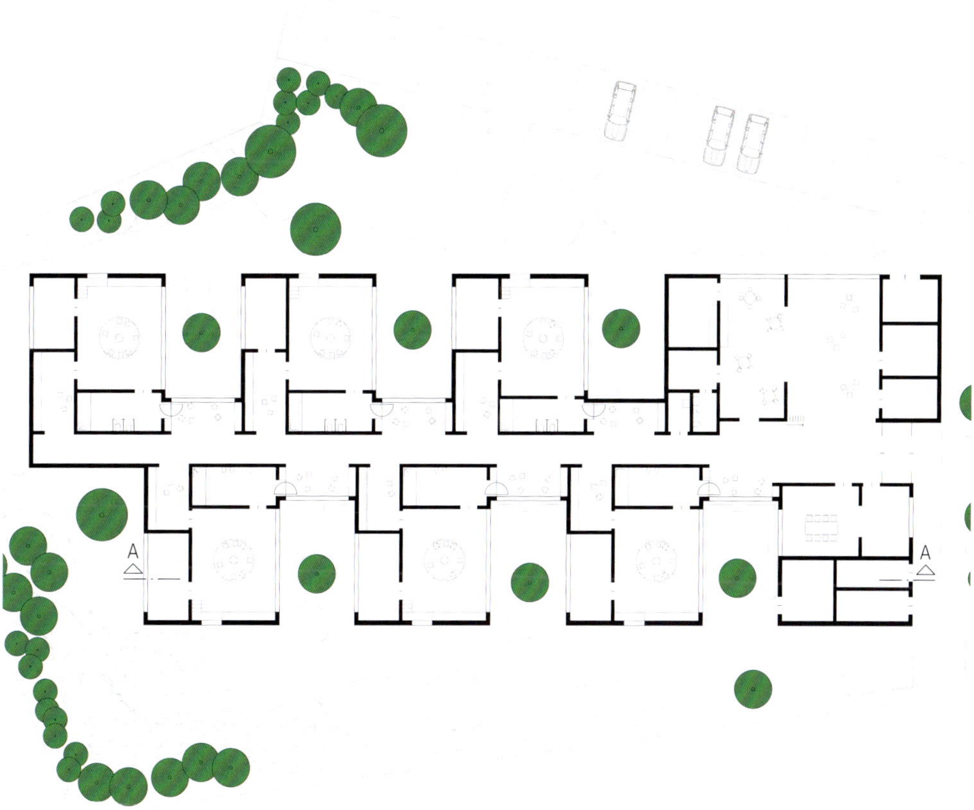

Erdgeschoss

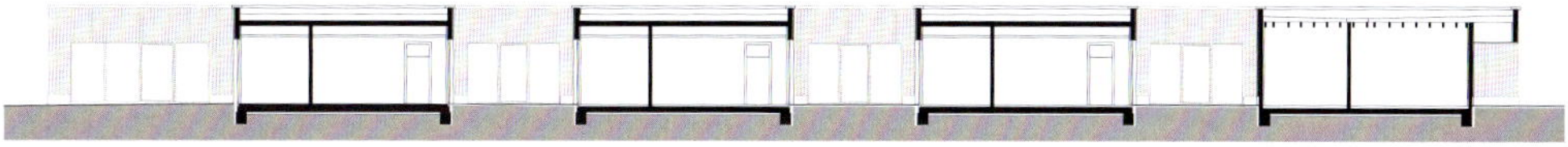

Schnitt A-A

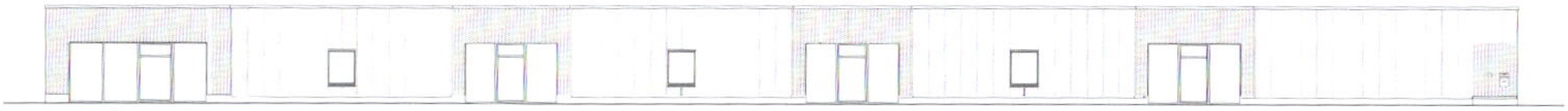

Ansicht Süd

4400-0395
Kindertagesstätte
(6 Gruppen)
(130 Kinder)

Objektbeschreibung

Allgemeine Objektinformationen

Für die Umsetzung des Gebäudes und der Außenanlagen hat sich der Bauherr ein naturnahes und ökologisches Konzept gewünscht. Die einzelnen Nutzungseinheiten werden, in einer Kammstruktur, versetzt, aneinandergereiht und über die kommunikative Raumschale miteinander verbunden. Es entsteht ein räumlich mit der Landschaft interagierendes Haus.

Nutzung

1 Erdgeschoss
Foyer, Gruppenräume, Ruheräume, Bewegungsraum, Spielnischen, Intensivräume, Cafeteria, Ausgabeküche, Hauswirtschaftsraum, Büro, Personal, Garderoben, WCs, Sanitärbereiche, Lager, Abstellräume, Müll, HAR, Technikraum

Nutzeinheiten

Gruppen: 6
Kinder: 130

Grundstück

Bauraum: Freier Bauraum
Neigung: Ebenes Gelände
Bodenklasse: BK 1 bis BK 5

Markt

Hauptvergabezeit: 3.Quartal 2021
Baubeginn: 4.Quartal 2021
Bauende: 2.Quartal 2023
Konjunkturelle Gesamtlage: über Durchschnitt
Regionaler Baumarkt: unter Durchschnitt

Baukonstruktion

Die Gründung erfolgte auf Stahlbeton-Streifenfundamenten und einer Stahlbetonbodenplatte. Holz und partiell gegossener Stein bilden die äußere und innere Haptik des Gebäudes. Der Neubau wurde in vorgefertigter Holzrahmenbauweise ausgeführt. Durch die wiederkehrende Typologie ist das Projekt zu 90% ein Holzmodulbau. In den Flurzonen wurden einige Wände aus statischen Gründen in Sichtbeton errichtet. Darum gruppieren sich die Räume der Modulelemente. Der Nachhaltigkeitsgedanke wird mit einer Dachbegrünung weitergedacht. Die Fenster sind mit einer Dreifachverglasung ausgestattet und können mit einem textilen Sonnenschutz verschattet werden. Die hinterlüftete, gedämmte Fassade wurde mit einer Lärchenholzschalung bekleidet.

Technische Anlagen

Bei der Haustechnik wurde der Leitfaden nachhaltiges Bauen angewendet. Eine Luft-Wasser-Wärmepumpe versorgen das Gebäude mit Wärme, die mit Hilfe einer Fußbodenheizung in den Räumen verteilt wird. Eine Lüftungsanlage mit Wärmerückgewinnung sorgt für die nötige Versorgung mit Frischluft.

Sonstiges

Es entsteht ein räumlich verwobenes Kinderdorf. Alle Nutzungseinheiten lassen sich von außen wie innen ablesen. Sie sind wieder erkennbare architektonische Körper in einem gesamten Gefüge. Jeder Nutzungseinheit ist ein geschützter Hof zugeschaltet und generiert für die Kinder einen intimen Rückzugsort.

Energetische Kennwerte

Gesetzliche Grundlage: GEG 2020
Gebäudenutzfläche: 1.136,00 m^2
Gebäudevolumen: 3.408,00 m^3
Hüllfläche des beheizten Volumens: 3.810,60 m^2
Mittlerer U-Wert (opake Bauteile): 0,17
Mittlerer U-Wert (transparente Bauteile): 0,98
Mittlerer U-Wert (Glasdächer, etc.): 2,00
Spez. Jahresprimärenergiebedarf: 61,90 kWh/(m^2·a)
PV-Anlage: 8,60 kWp

Energetische Angaben zu Außenbauteilen

Bodenplatte

U-Wert: 0,26 W/(m²·K)

Gesamtdicke: 41,42 cm	d [cm]	λ [W/(mK)]
Estrich	7,00	1,400
Trennlage	0,02	0,170
Trittschalldämmung	2,00	0,040
Dämmung	2,00	0,035
Abdichtung	0,40	0,170
Stahlbeton	20,00	2,300
Dämmung	10,00	0,040

Außenwand Sockel

U-Wert: 0,51 W/(m²·K)

Gesamtdicke: 24,40 cm	d [cm]	λ [W/(mK)]
GK-Platte	1,25	0,250
GK-Platte	1,25	0,250
OSB-Platte	1,50	0,130
Abdichtung	0,40	0,170
Stahlbeton	14,00	2,300
Dämmung	6,00	0,040

Außenwand

U-Wert: 0,23 W/(m²·K)

Gesamtdicke: 24,00 cm	d [cm]	λ [W/(mK)]
GK-Platte	1,25	0,250
GK-Platte	1,25	0,250
OSB-Platte	1,50	0,130
Holz	16,00	0,130
Dämmung	16,00	0,032
Holzfaserplatte	4,00	0,045

Dach

U-Wert: 0,17 W/(m²·K)

Gesamtdicke: 21,20 cm	d [cm]	λ [W/(mK)]
Dampfsperre	0,40	0,170
Dämmung	20,00	0,035
Bitumenbahn	0,80	0,170

4400-0395
Kindertagesstätte
(6 Gruppen)
(130 Kinder)

Planungskennwerte für Flächen und Rauminhalte nach DIN 277

Flächen des Grundstücks		Menge Einheit	% an GF
BF	Bebaute Fläche	1.343,00 m²	29,3
UF	Unbebaute Fläche	3.233,00 m²	70,7
GF	Grundstücksfläche	4.576,00 m²	100,0

Grundflächen des Bauwerks		Menge Einheit	% an NUF	% an BGF
NUF	Nutzungsfläche	947,86 m²	100,0	70,6
TF	Technikfläche	22,89 m²	2,4	1,7
VF	Verkehrsfläche	155,92 m²	16,4	11,6
NRF	Netto-Raumfläche	1.126,67 m²	118,9	83,9
KGF	Konstruktions-Grundfläche	216,33 m²	22,8	16,1
BGF	Brutto-Grundfläche	1.343,00 m²	141,7	100,0

Brutto-Rauminhalt des Bauwerks		Menge Einheit	BRI/NUF (m)	BRI/BGF (m)
BRI	Brutto-Rauminhalt	5.992,00 m³	6,32	4,46

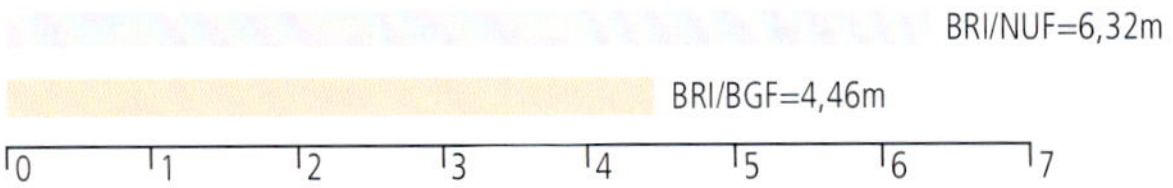

Kostenkennwerte für die Kostengruppen der 1.Ebene DIN 276

KG	Kostengruppen (1.Ebene)	Einheit	Kosten €	€/Einheit	€/m² BGF	€/m³ BRI	% 300+400
100	Grundstück	m² GF	–	–	–	–	–
200	Vorbereitende Maßnahmen	m² GF	–	–	–	–	–
300	Bauwerk – Baukonstruktionen	m² BGF	4.400.905	3.276,92	3.276,92	734,46	77,7
400	Bauwerk – Technische Anlagen	m² BGF	1.259.679	937,96	937,96	210,23	22,3
	Bauwerk 300+400	**m² BGF**	**5.660.584**	**4.214,88**	**4.214,88**	**944,69**	**100,0**
500	Außenanlagen und Freiflächen	m² AF	–	–	–	–	–
600	Ausstattung und Kunstwerke	m² BGF	–	–	–	–	–
700	Baunebenkosten	m² BGF	–	–	–	–	–
800	Finanzierung	m² BGF	–	–	–	–	–

KG	Kostengruppe	Menge Einheit	Kosten €	€/Einheit	%
3+4	**Bauwerk**				**100,0**
300	**Bauwerk – Baukonstruktionen**	1.343,00 m² BGF	4.400.905	**3.276,92**	77,7

Bodenarbeiten; Baugrundverbesserung, Stb-Fundamente, Stb-Bodenplatte, WU, Dämmung, Heizestrich, Linoleum, Bodenfliesen, Abdichtung, Gründungspolster, Sauberkeitsschicht, Perimeterdämmung; Holzrahmenwände, Holzfenster, Dreifachverglasung, Wärmedämmung, hinterlüftete Lärchenholzfassade, Gipsfaser-Bekleidung, textiler Sonnenschutz; Holzrahmenwände, Stb-Wände Sichtbeton, GK-Wände, Innenfenster, Eichenholztüren, Wandfliesen, WC-Trennwände, mobile Trennwand; Holzbalkendach, Oberlichter, Gefälledämmung, Abdichtung, extensive Dachbegrünung, Dachentwässerung, abgehängte GK-Decken, Schallschutzdecken, Eingangsüberdachung; Einbauschränke, Garderoben

KG	Kostengruppe	Menge Einheit	Kosten €	€/Einheit	%
400	**Bauwerk – Technische Anlagen**	1.343,00 m² BGF	1.259.679	**937,96**	22,3

Gebäudeentwässerung, Kalt- und Warmwasserleitungen, Sanitärobjekte; Luft-Wasser-Wärmepumpe, Fußbodenheizung; Lüftungsanlage mit Wärmerückgewinnung, RWA-Anlage; Elektroinstallation, Beleuchtung, Blitzschutzanlage; Datenverkabelung, Rauchmelder

4400-0398
Kindertagesstätte
(6 Gruppen)
(60 Kinder)

Kostenkennwerte für die Kosten des Bauwerks (Kostengruppen 300+400 nach DIN 276)

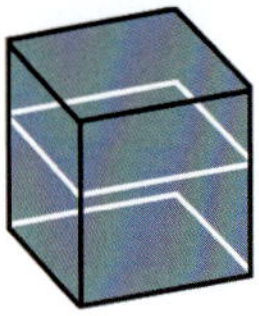

BRI 1.014 €/m³

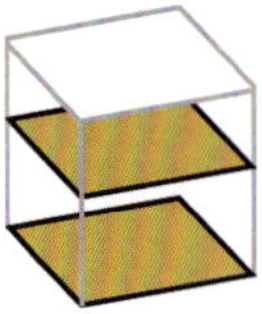

BGF 4.166 €/m²

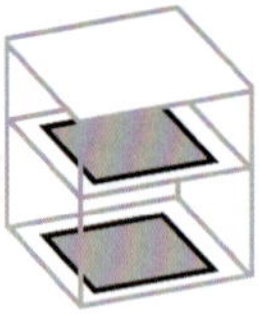

NUF 6.257 €/m²

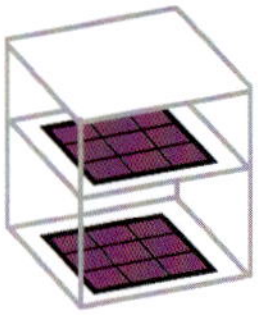

NE 42.218 €/NE

NE: Kinder

Objekt:
Kennwerte: 1.Ebene DIN 276
BRI: 2.499 m³
BGF: 608 m²
NUF: 405 m²
Bauzeit: 117 Wochen
Bauende: 2022
Standard: mittel
Bundesland: Mecklenburg-Vorpommern
Kreis: Vorpommern-Greifswald

Architekt*in:
cubus plan gmbh
Kirchstraße 2
12555 Berlin

Bauherr*in:
cjd Das Bildungs- und Sozialunternehmen
Am Kanal 1
17166 Dahmen

© Steffen Niendorf

© Steffen Niendorf

© cubus plan gmbh

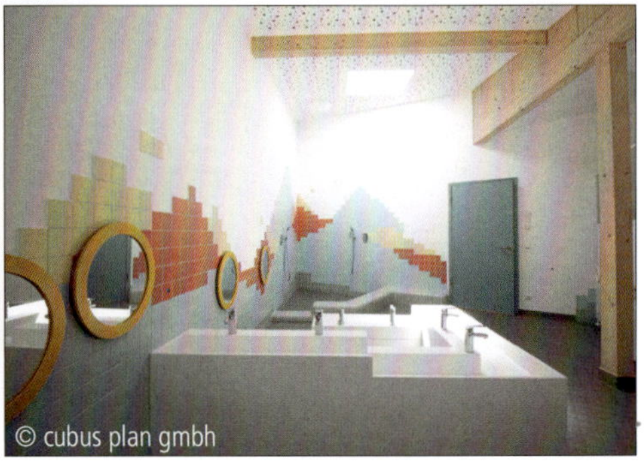

© cubus plan gmbh

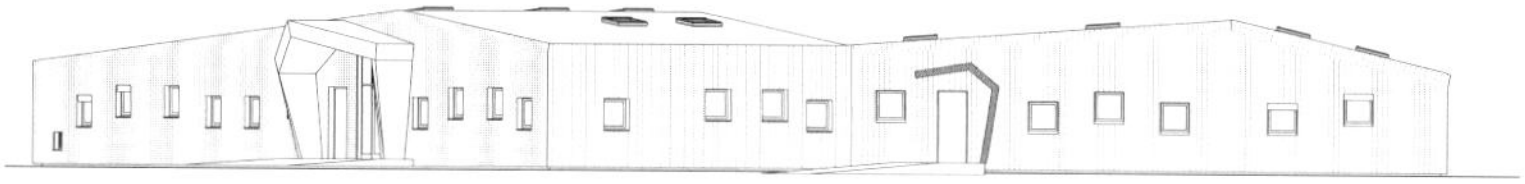

Ansicht Nord-Ost

Ansicht Süd-Ost

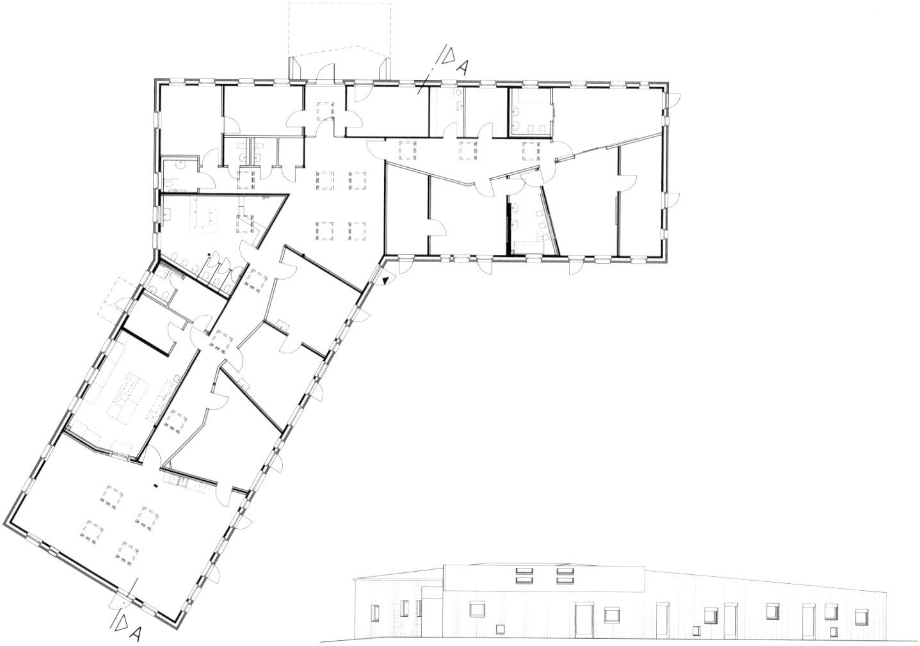

Erdgeschoss

Ansicht Nord-West

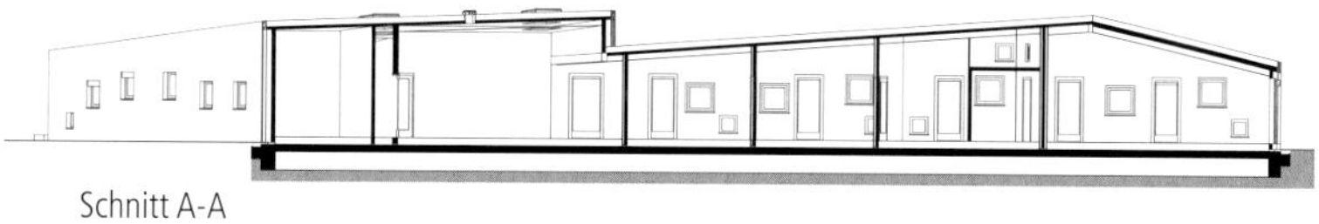

Schnitt A-A

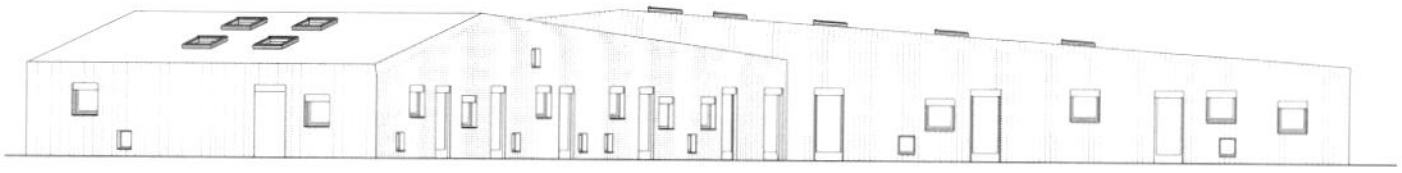

Ansicht West

4400-0398
Kindertagesstätte
(6 Gruppen)
(60 Kinder)

Objektbeschreibung

Allgemeine Objektinformationen

Die deutsch-polnische Kindertagesstätte ist Teil eines transnationalen Projekts: drei Kitas, zwei Sprachen, ein Weg. Das eingeschossige Gebäude in Holzmassivbauweise ist für 42 Kita- und 18 Krippenkinder gebaut und setzt seinen Schwerpunkt auf Sprache und Bewegung. Der Entwurf wurde im Partizipationsverfahren erarbeitet, um eine möglichst hohe Nutzeridentifikation zu erreichen.

Nutzung

1 Erdgeschoss
Eingangsbereich, Windfang, Gruppenräume, Schlafräume, Kreativraum, Mehrzweckraum mit Bühne, Spielraum, Bauraum, Küche, Kinderküche, Abstellraum, Personalräume, Büro, Kinderwagenraum, Putzmittel, Hausanschlussraum, WCs, Personalumkleiden, Duschen, Spielflure, Terrassen

Nutzeinheiten

Gruppen: 6
Kinder: 60

Grundstück

Bauraum: Freier Bauraum
Neigung: Ebenes Gelände
Bodenklasse: BK 1 bis BK 3

Markt

Hauptvergabezeit: 4. Quartal 2020
Baubeginn: 1. Quartal 2020
Bauende: 2. Quartal 2022
Konjunkturelle Gesamtlage: Durchschnitt
Regionaler Baumarkt: unter Durchschnitt

Baukonstruktion

Das Gebäude gründet auf einer Bodenplatte mit Streifenfundamenten. Die Außenwände und tragenden Innenwände sind in Holzmassivbauweise im Werk vorgefertigt. Vor Ort wurde ein Ständerwerk vor die Außenwände gestellt und mit Zellulose ausgeblasen. Die Fassaden sind mit vertikal verlegter Thermokiefer bekleidet. Die Holzfenster erhielten eine Dreifachverglasung und können mit Raffstores verschattet werden. Für das Dach wurden die Massivholzelemente vor Ort montiert und mit EPS gedämmt. Es erfolgte eine bituminöse Abdichtung. Die nicht tragenden Innenwände sind in Trockenbauweise ausgeführt. Als Bodenbeläge wurden Linoleum und in Nassbereichen Fliesen gelegt. Die Decken sind mit Akustik-Gipskartonplatten abgehängt. Das Gebäude ist barrierefrei.

Technische Anlagen

Das Gebäude ist mittels einer Fußbodenheizung durch eine Luft-Wasser-Wärmepumpe beheizt. Diese wurde als Hybridsystem ausgeführt und für Spitzenlasten mit einer Gastherme unterstützt. Die Warmwassererzeugung ist als zentrale Versorgung mit Speicher ausgeführt. Die hauseigene Küche hat ein Zu- und Abluftsystem (Zuluft beheizt) entsprechend den Raumanforderungen. Eine Alarmanlage schützt das Gebäude vor Einbrüchen. Eine Brandmeldeanlage sichert im Brandfall die rasche Lokalisierung des Brandes. Die Beleuchtungsausführung erfolgt in energiesparenden LED-Varianten.

Sonstiges

Die Grundstruktur des Holzmassivbaus aus Brettsperrholz bilden zwei ineinander verschränkte Kuben, die sich wie Flügel des Strandläufers in Richtung des großzügigen Außenbereichs öffnen. Die Wände durchkreuzen das Gebäude und vermeiden bewusst Rechtwinkligkeit. In den Gruppenräumen ist eine Hochebene zum Spielen eingebaut und eine Bühne, die zeitgleich als Kletterelement und als Matratzenstauraum dient.

Energetische Kennwerte

Gesetzliche Grundlage: EnEV 2013
Gebäudenutzfläche: 523,42 m^2
Mittlerer U-Wert (opake Bauteile): 0,14
Mittlerer U-Wert (transparente Bauteile): 1,00
Spez. Jahresprimärenergiebedarf: 114,90 kWh/(m^2·a)

Energetische Angaben zu Außenbauteilen

Bodenplatte

U-Wert: 0,20 W/(m²·K)

Gesamtdicke: 45,02 cm	d [cm]	λ [W/(mK)]
Stahlbeton	9,00	2,100
PE-Folie	0,02	0,300
Dämmung	16,00	0,035
Stahlbeton	20,00	2,100

Außenwand

U-Wert: 0,14 W/(m²·K)

Gesamtdicke: 34,00 cm	d [cm]	λ [W/(mK)]
OSB-Platte	1,80	0,130
Holz	30,00	0,130
Dämmung	30,00	0,040
Holzfaserplatte	2,20	0,050

Dach

U-Wert: 0,16 W/(m²·K)

Gesamtdicke: 28,27 cm	d [cm]	λ [W/(mK)]
Holz	10,00	0,130
PE-Folie	0,02	0,200
Dämmung	18,00	0,035
Bitumenbahn	0,25	0,170

Planungskennwerte für Flächen und Rauminhalte nach DIN 277

Flächen des Grundstücks		Menge Einheit	% an GF
BF	Bebaute Fläche	608,00 m²	8,1
UF	Unbebaute Fläche	6.875,00 m²	91,9
GF	Grundstücksfläche	7.483,00 m²	100,0

Grundflächen des Bauwerks		Menge Einheit	% an NUF	% an BGF
NUF	Nutzungsfläche	404,84 m²	100,0	66,6
TF	Technikfläche	9,84 m²	2,4	1,6
VF	Verkehrsfläche	110,04 m²	27,2	18,1
NRF	Netto-Raumfläche	524,72 m²	129,6	86,3
KGF	Konstruktions-Grundfläche	83,28 m²	20,6	13,7
BGF	Brutto-Grundfläche	608,00 m²	150,2	100,0

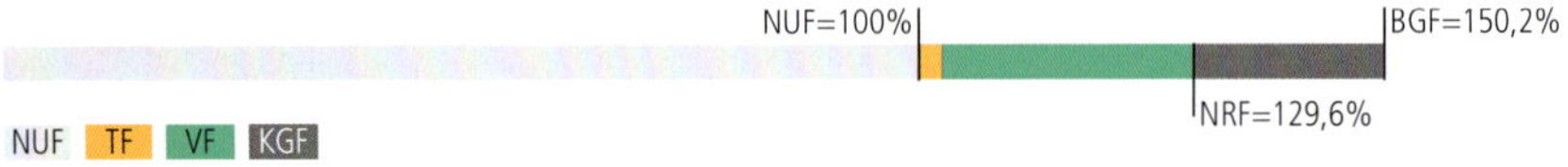

Brutto-Rauminhalt des Bauwerks		Menge Einheit	BRI/NUF (m)	BRI/BGF (m)
BRI	Brutto-Rauminhalt	2.498,55 m³	6,17	4,11

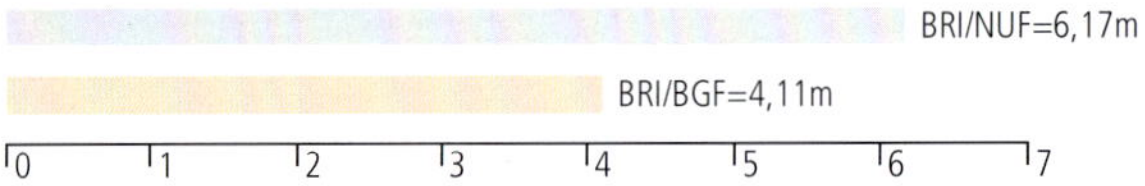

Kostenkennwerte für die Kostengruppen der 1.Ebene DIN 276

KG	Kostengruppen (1.Ebene)	Einheit	Kosten €	€/Einheit	€/m² BGF	€/m³ BRI	% 300+400
100	Grundstück	m² GF	–	–	–	–	–
200	Vorbereitende Maßnahmen	m² GF	–	–	–	–	–
300	Bauwerk – Baukonstruktionen	m² BGF	2.024.655	3.330,02	3.330,02	810,33	79,9
400	Bauwerk – Technische Anlagen	m² BGF	508.426	836,23	836,23	203,49	20,1
	Bauwerk 300+400	**m² BGF**	**2.533.081**	**4.166,25**	**4.166,25**	**1.013,82**	**100,0**
500	Außenanlagen und Freiflächen	m² AF	482.003	241,00	792,77	192,91	19,0
600	Ausstattung und Kunstwerke	m² BGF	75.031	123,41	123,41	30,03	3,0
700	Baunebenkosten	m² BGF	–	–	–	–	–
800	Finanzierung	m² BGF	–	–	–	–	–

KG	Kostengruppe	Menge Einheit	Kosten €	€/Einheit	%
3+4	**Bauwerk**				**100,0**
300	**Bauwerk – Baukonstruktionen**	608,00 m² BGF	2.024.655	**3.330,02**	79,9

Bodenarbeiten; Stb-Streifenfundamente, Stb-Bodenplatte, Abdichtung, Dämmung, Heizestrich, Linoleum, Bodenfliesen, Sauberkeitsschicht; Massivholzwände, Holzfenster, Dreifachverglasung, Holz-Eingangstür, Holzständerwerk, Zellulose-Einblasdämmung, Holzfaserplatte, vertikale Thermokieferbekleidung, Raffstores; Massivholzwände, holzsichtig, lasiert, GK-Wände, Holztüren, verglast, Innenfenster, GK-Vorsatzschalen, Beschichtung, Wandfliesen; Massivholzdachelemente, Dachflächenfenster, Dämmung, Bitumenabdichtung, Dachentwässerung, GK-Akustikdecken, Beschichtung

KG	Kostengruppe	Menge Einheit	Kosten €	€/Einheit	%
400	**Bauwerk – Technische Anlagen**	608,00 m² BGF	508.426	**836,23**	20,1

Gebäudeentwässerung, Kalt- und Warmwasserleitungen, Sanitärobjekte, Kinderwaschbecken-Anlage, Wasserspielecke: Luft-Wasser-Wärmepumpe, Gas-Brennwertgerät, Fußbodenheizung; dezentrale Abluftanlagen, Küchenzu-/Abluft, vorgeheizte Zuluft; Elektroinstallation, LED-Beleuchtung; Einbruchmeldeanlage, Brandmeldeanlage, Datenverkabelung; Küche

KG	Kostengruppe	Menge Einheit	Kosten €	€/Einheit	%
500	**Außenanlagen und Freiflächen**	2.000,00 m² AF	482.003	**241,00**	19,0

Pflasterflächen Wege, Terrassen, Eingänge, Spielsand; Vegetationsflächen, Bepflanzung

KG	Kostengruppe	Menge Einheit	Kosten €	€/Einheit	%
600	**Ausstattung und Kunstwerke**	608,00 m² BGF	75.031	**123,41**	3,0

Einbaumöbel

4400-0401
Kindertagesstätte
(7 Gruppen)
(124 Kinder)
Familienzentrum

Kostenkennwerte für die Kosten des Bauwerks (Kostengruppen 300+400 nach DIN 276)

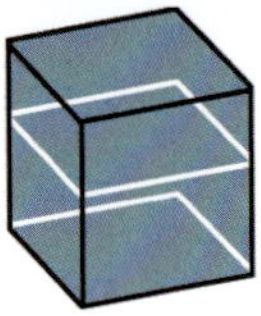

BRI 1.089 €/m³

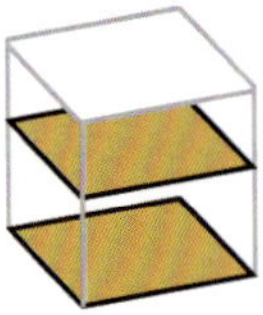

BGF 4.039 €/m²

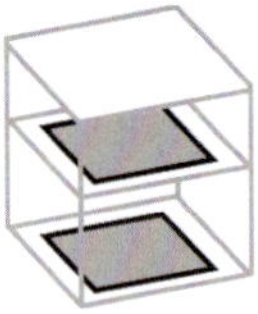

NUF 7.090 €/m²

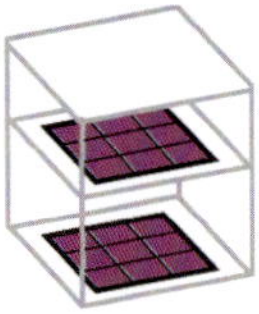

NE 69.714 €/NE

NE: Kinder

Objekt:
Kennwerte: 1. Ebene DIN 276
BRI: 7.935 m³
BGF: 2.140 m²
NUF: 1.219 m²
Bauzeit: 113 Wochen
Bauende: 2023
Standard: hoch
Bundesland: Hessen
Kreis: Odenwaldkreis

Architekt*in:
Fischer Rüdenauer
Architekten PartmbB
Gomaringer Straße 6
70597 Stuttgart

Karl Kaffenberger
Architektur
Michelstädter Straße 30
64711 Erbach

Bauherr*in:
Stadt Michelstadt
Eigenbetrieb Bauen
und Verwalten
Frankfurter Straße 3
64720 Michelstadt

© Peter Ziegner

© Karl Kaffenberger

© Karl Kaffenberger

© Karl Kaffenberger

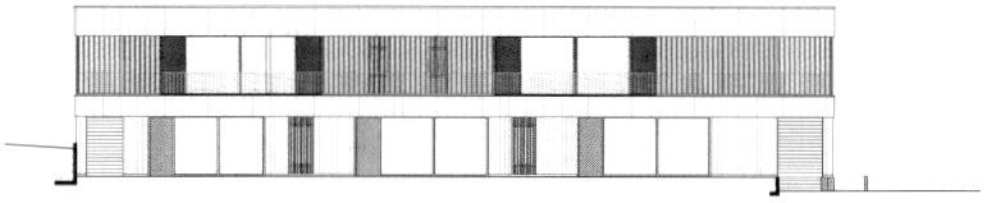

Ansicht Nord

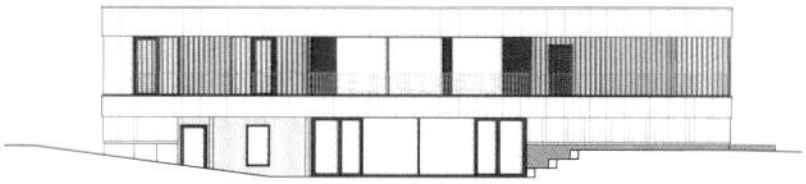

Ansicht Ost

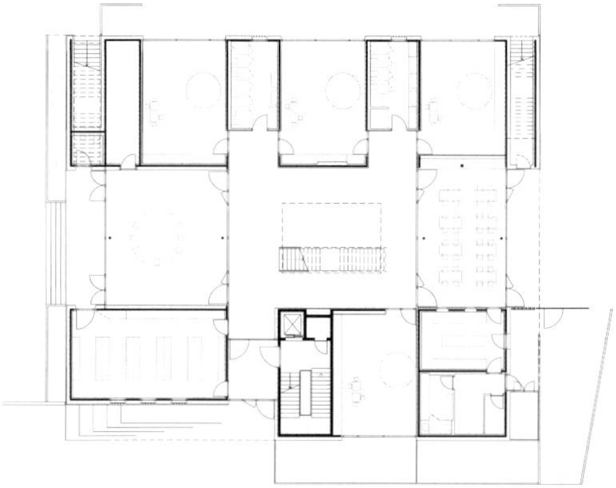

Erdgeschoss

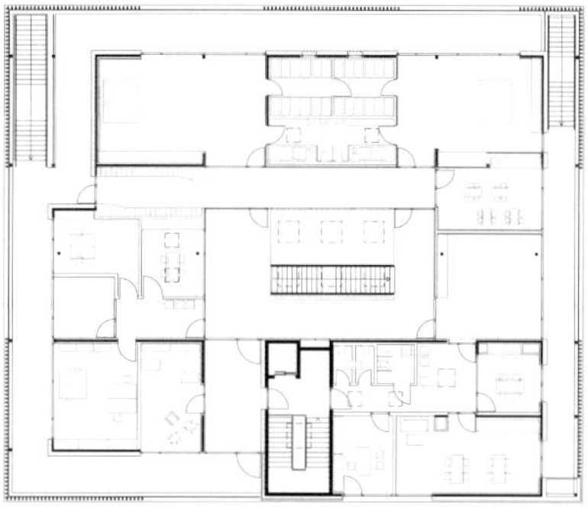

Obergeschoss

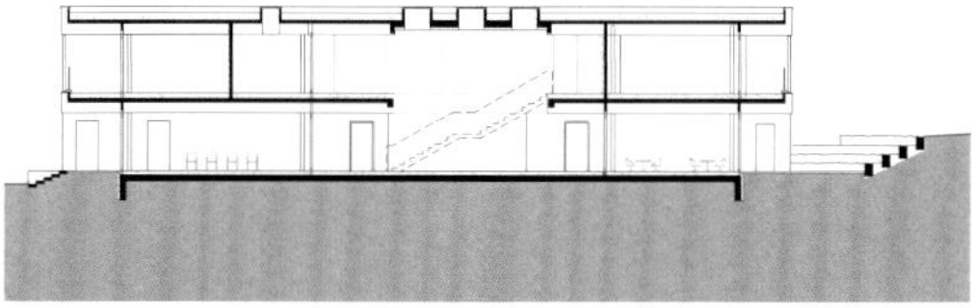

Längsschnitt

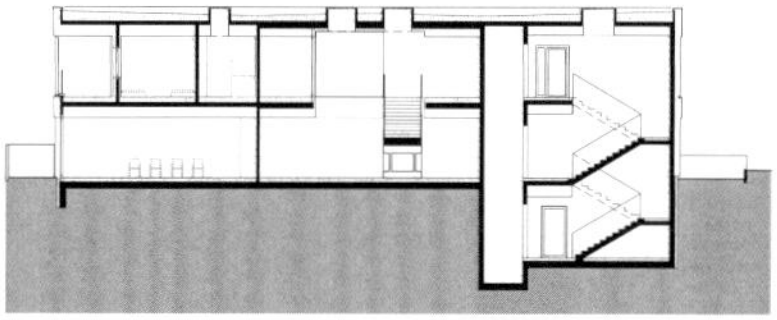

Querschnitt

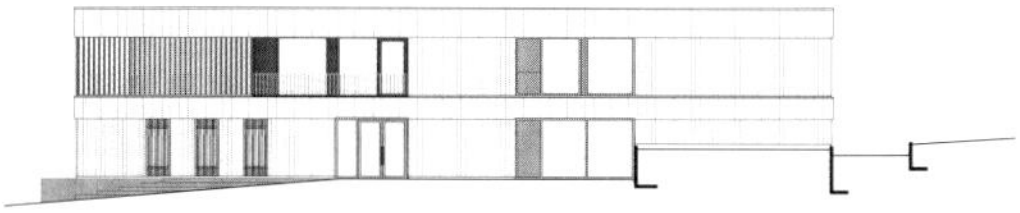

Ansicht Süd

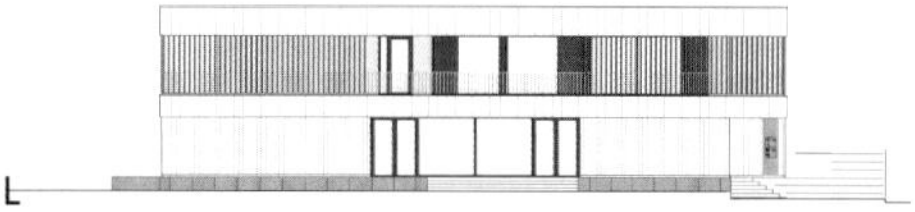

Ansicht West

4400-0401
Kindertagesstätte
(7 Gruppen)
(124 Kinder)
Familienzentrum

Objektbeschreibung

Allgemeine Objektinformationen

Das Gebäude wurde auf einem freien, innerstädtischen Grundstück mit leichter Hanglage in direkter Nachbarschaft zur Stadtverwaltung gebaut. Neben den Hauptnutzungen als Kindertagesstätte und Familienzentrum befindet sich im Untergeschoss ein Archivraum. Die Gruppenräume liegen um einen zentralen Marktplatz im Erdgeschoss.

Nutzung

1 Untergeschoss
Archiv, Abstellräume, Hauswirtschaftsraum, WCs, Technikräume, Treppenhaus, Aufzug

1 Erdgeschoss
Marktplatz, Mehrzweckraum, Gruppenräume, Werkstatt, Atelier, Rollenspielraum, Bauraum, Küche, Speiseraum, WCs, Bäder, Umkleiden, Lager, Abstellräume, Treppenhaus, Aufzug, Terrasse

1 Obergeschoss
Bibliothek, Gesprächsräume, Wartebereiche, Spielflure, Gruppenräume, Schlafräume, Büro, Personalräume, Teeküche, WCs, Bäder, Treppenhaus, Aufzug, Balkone

Nutzeinheiten

Gruppen: 7
Kinder: 124

Grundstück

Bauraum: Beengter Bauraum
Neigung: Hanglage
Bodenklasse: BK 1 bis BK 6

Markt

Hauptvergabezeit: 2.Quartal 2021
Baubeginn: 2.Quartal 2021
Bauende: 3.Quartal 2023
Konjunkturelle Gesamtlage: Durchschnitt
Regionaler Baumarkt: Durchschnitt

Baukonstruktion

Die Ausbildung des Untergeschosses und der Bodenplatte erfolgte in WU-Beton auf Grund des ständig drückenden Schichtenwassers. Ein Stahlbeton-Treppenhaus mit Aufzugsschacht steift den Holzbau aus. Ausgeführt wurde eine Holz-Massivbauweise aus Brettsperrholzelementen (CLT), ergänzt durch Stahl- und Holzstützen bzw. -träger. Die Fassaden sind aus hinterlüftetem Lärchenholz bekleidet. Die Holz-Alufenster sind mit einer Dreifachverglasung und einem textilen Sonnenschutz ausgestattet. Für die Böden kamen Bodenfliesen und PVC-Beläge zum Einsatz. Durch Oberlichter im Flachdach können die Räume im Zentrum des Neubaus bis ins EG natürlich belichtet werden.

Technische Anlagen

Die Wärmeversorgung erfolgt über die Nahwärme des benachbarten Stadthauses. Zur Belüftung des Gebäudes kam eine dezentrale Lüftungsanlage mit Wärmerückgewinnung in den Gruppenräumen, kombiniert mit einer zentralen Lüftungsanlage für die Mensa zur Ausführung. Das Dach ist für die Nachrüstung von PV-Anlagen vorgerichtet.

Sonstiges

Ein vorgelagerter, überdachter Fluchtbalkon im Obergeschoss bietet einen Witterungs- und Sonnenschutz, der gleichzeitig als Fluchtweg fungiert. Dazu vervollständigt er als raumbildendes Element den Baukörper des Holzbaus. Die Wand- und Deckenflächen sind im Gebäude aus Holz gefertigt, unterstreichen den Nachhaltigkeitsaspekt und schaffen eine warme Atmosphäre.

Energetische Kennwerte

Gesetzliche Grundlage: EnEV 2013
Mittlerer U-Wert (opake Bauteile): 0,27
Mittlerer U-Wert (transparente Bauteile): 1,10
Mittlerer U-Wert (Glasdächer, etc.): 2,00
Spez. Jahresprimärenergiebedarf: 67,20 kWh/(m²·a)

Energetische Angaben zu Außenbauteilen

Bodenplatte

U-Wert: 0,25 W/(m²·K)

Gesamtdicke: 49,00 cm	d [cm]	λ [W/(mK)]
Estrich	6,00	1,400
Trittschalldämmung	2,00	0,035
Ausgleichsdämmung	6,00	0,090
Stahlbeton WU	25,00	2,500
Dämmung	10,00	0,040

Außenwand gegen Erdreich

U-Wert: 0,34 W/(m²·K)

Gesamtdicke: 36,00 cm	d [cm]	λ [W/(mK)]
Stahlbeton WU	24,00	2,500
Dämmung	12,00	0,044

Außenwand hinterlüftet - Holz

U-Wert: 0,19 W/(m²·K)

Gesamtdicke: 35,70 cm	d [cm]	λ [W/(mK)]
Holzfaserplatte	1,90	0,130
Dämmung	3,00	0,040
Holz	3,00	0,180
Luftschicht ruhend	1,00	0,067
Holz	1,00	0,180
Holz	12,00	0,180
Dämmung	16,00	0,040
Holz	16,00	0,180
Holzfaserplatte	1,80	0,100

Außenwand hinterlüftet - Stahlbeton

U-Wert: 0,27 W/(m²·K)

Gesamtdicke: 37,80 cm	d [cm]	λ [W/(mK)]
Stahlbeton	20,00	2,500
Dämmung	16,00	0,040
Holz	16,00	0,180
Holzfaserplatte	1,80	0,070

Dach

U-Wert: 0,17 W/(m²·K)

Gesamtdicke: 34,00 cm	d [cm]	λ [W/(mK)]
Holz	16,00	0,130
Dämmung	18,00	0,040

Planungskennwerte für Flächen und Rauminhalte nach DIN 277

Flächen des Grundstücks		Menge Einheit	% an GF
BF	Bebaute Fläche	1.038,40 m²	35,9
UF	Unbebaute Fläche	1.850,40 m²	64,1
GF	Grundstücksfläche	2.888,80 m²	100,0

Grundflächen des Bauwerks		Menge Einheit	% an NUF	% an BGF
NUF	Nutzungsfläche	1.219,20 m²	100,0	57,0
TF	Technikfläche	49,90 m²	4,1	2,3
VF	Verkehrsfläche	576,70 m²	47,3	26,9
NRF	Netto-Raumfläche	1.845,80 m²	151,4	86,3
KGF	Konstruktions-Grundfläche	294,20 m²	24,1	13,7
BGF	Brutto-Grundfläche	2.140,00 m²	175,5	100,0

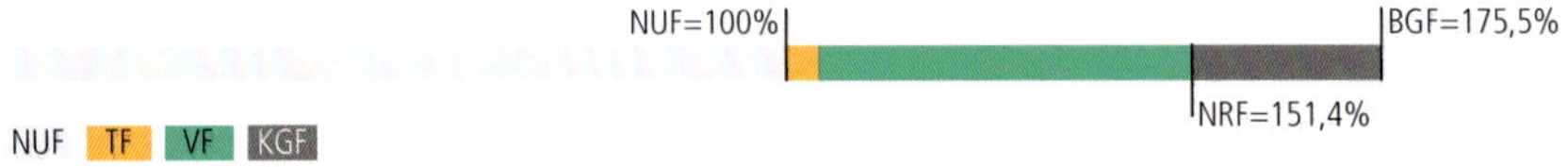

Brutto-Rauminhalt des Bauwerks		Menge Einheit	BRI/NUF (m)	BRI/BGF (m)
BRI	Brutto-Rauminhalt	7.935,00 m³	6,51	3,71

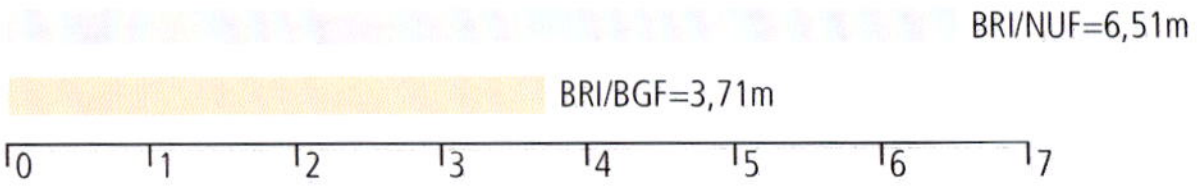

Kostenkennwerte für die Kostengruppen der 1.Ebene DIN 276

KG	Kostengruppen (1.Ebene)	Einheit	Kosten €	€/Einheit	€/m² BGF	€/m³ BRI	% 300+400
100	Grundstück	m² GF	–	–	–	–	–
200	Vorbereitende Maßnahmen	m² GF	–	–	–	–	–
300	Bauwerk – Baukonstruktionen	m² BGF	7.075.000	3.306,07	3.306,07	891,62	81,8
400	Bauwerk – Technische Anlagen	m² BGF	1.569.497	733,41	733,41	197,79	18,2
	Bauwerk 300+400	**m² BGF**	**8.644.498**	**4.039,48**	**4.039,48**	**1.089,41**	**100,0**
500	Außenanlagen und Freiflächen	m² AF	466.414	252,06	217,95	58,78	5,4
600	Ausstattung und Kunstwerke	m² BGF	112.659	52,64	52,64	14,20	1,3
700	Baunebenkosten	m² BGF	–	–	–	–	–
800	Finanzierung	m² BGF	–	–	–	–	–

KG	Kostengruppe	Menge Einheit	Kosten €	€/Einheit	%
3+4	**Bauwerk**				**100,0**
300	**Bauwerk – Baukonstruktionen**	2.140,00 m² BGF	7.075.000	**3.306,07**	81,8

Baugrubenaushub; Frostschürze, Stb-Bodenplatte, WU, Estrich, Bodenbeschichtung, Abdichtung, Kiesfilterschicht, Perimeterdämmung, Dränage; Stb-Wände, teilw. WU, Massivholzwände, Stahlstützen, Holzfenster, Holz-Alufenster, VSG, Wärmedämmung, hinterlüftete Lärchenholzfassade, textiler Sonnenschutz; Massivholzwände, Stb-Wände, GK-Wände, Glaswände, Innenfenster, Holztüren, Holz-Vorsatzschalen, Wandfliesen, Beschichtung, WC-Trennwände; Massivholzdecken, Stb-Decken, Stb-Treppen, Stahl-Außentreppen, Holztreppen, Heizestrich, Epoxidharzbeschichtung, PVC, Bodenfliesen, abgehängte GK-Decken, abgehängte Holz-Akustikdecken, Stahlgeländer, Treppengeländer; Massivholzdach, Stb-Dach, Oberlichter, Dämmung, Abdichtung, Attika, extensive Dachbegrünung, Kies, Dachentwässerung, abgehängte Holz-Akustikdecken; Teeküche, Einbauschränke, Garderoben, Einbauregale

KG	Kostengruppe	Menge Einheit	Kosten €	€/Einheit	%
400	**Bauwerk – Technische Anlagen**	2.140,00 m² BGF	1.569.497	**733,41**	18,2

Gebäudeentwässerung, Hebeanlage, Kalt- und Warmwasserleitungen, Sanitärobjekte; Fernwärmeversorgung, Fußbodenheizung; kontrollierte Be- und Entlüftung mit WRG, Abluftanlage, Tiefkühlanlage, RWA-Anlage; Elektroinstallation, Beleuchtung, Sicherheitsleuchten, Blitzschutzanlage; Datenübertragungsanlage, elektroakustische und -optische Anlagen, Brandmeldeanlage, Rauchmelder, Einbruchmeldezentrale; Personenaufzug; küchentechnische Anlage, Feuerlöscher

KG	Kostengruppe	Menge Einheit	Kosten €	€/Einheit	%
500	**Außenanlagen und Freiflächen**	1.850,40 m² AF	466.414	**252,06**	5,4

Bodenarbeiten; Fundamente; Wege, Terrassen, Stellplätze, Spielplatzflächen; Mauern, Zäune, Winkelstützmauern, Treppen, Rampe; Sitzbänke, Fahrradständer, Pflanzbehälter, Spielgeräte; Oberbodenauftrag, Bodenverbesserung, Flechtwerk, Böschungssicherungen, Gehölze, Stauden, Rasen, Fertigstellungspflege; Wasserfläche, Kiesschichten

KG	Kostengruppe	Menge Einheit	Kosten €	€/Einheit	%
600	**Ausstattung und Kunstwerke**	2.140,00 m² BGF	112.659	**52,64**	1,3

Möblierung der Kindertagesstätte

4400-0403
Kindertagesstätte
(4 Gruppen)
(75 Kinder)

Kostenkennwerte für die Kosten des Bauwerks (Kostengruppen 300+400 nach DIN 276)

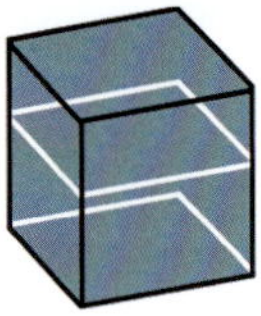

BRI 898 €/m³

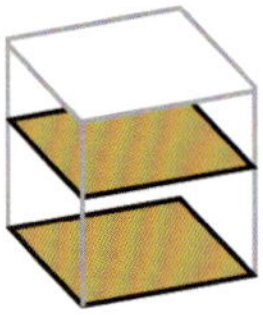

BGF 3.398 €/m²

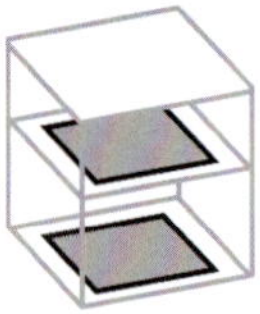

NUF 5.497 €/m²

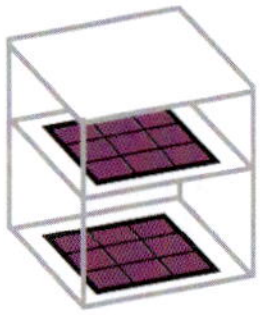

NE 48.529 €/NE

NE: Kinder

Objekt:
Kennwerte: 1.Ebene DIN 276
BRI: 4.053 m³
BGF: 1.071 m²
NUF: 662 m²
Bauzeit: 48 Wochen
Bauende: 2023
Standard: mittel
Bundesland: Nordrhein-Westfalen
Kreis: Warendorf

Architekt*in:
abdelkader architekten
bda Partnerschaft mbB
Ludgeristraße 26
48143 Münster

Bauherr*in:
Stadt Drensteinfurt
Landsbergplatz 7
48317 Drensteinfurt

© Matthias Ibeler

© Matthias Ibeler

© Matthias Ibeler

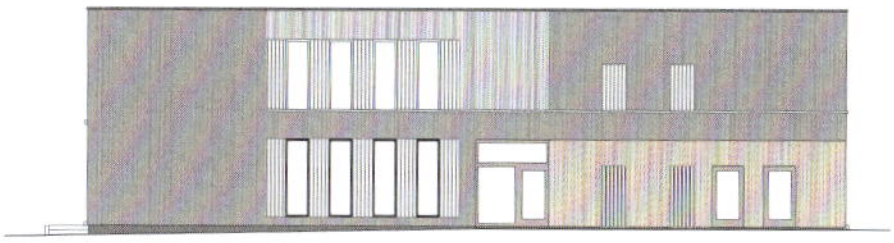

Ansicht Nord

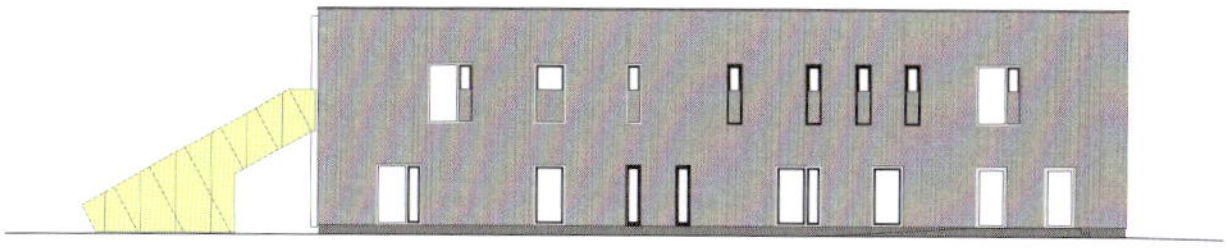

Ansicht Ost

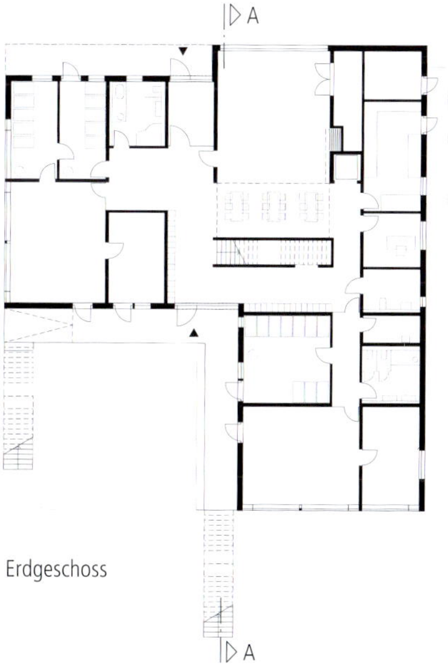

Erdgeschoss

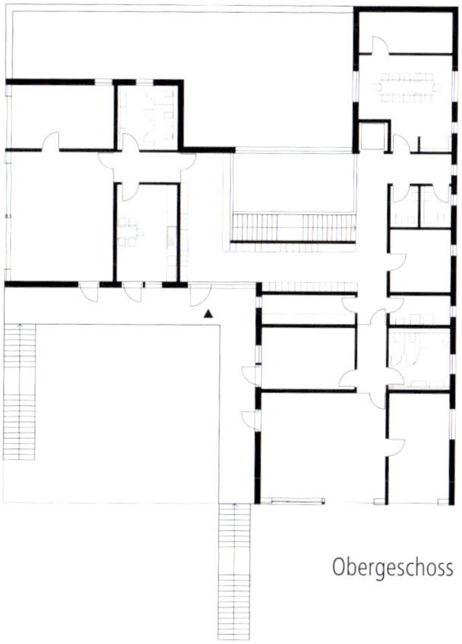

Obergeschoss

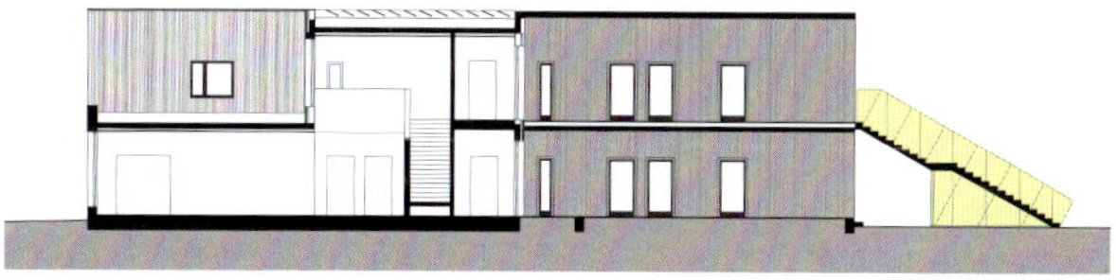

Schnitt A-A

Ansicht Süd

4400-0403
Kindertagesstätte
(4 Gruppen)
(75 Kinder)

Objektbeschreibung

Allgemeine Objektinformationen

Für den Neubau wurde ein Bautyp für vier Gruppen mit ca. 75 Kindern entwickelt, der bei Erweiterung in einem zweiten Bauabschnitt auf dem Nachbargrundstück gespiegelt werden kann. Dieser Gebäudetyp kann im Sinne einer nachhaltigen Langlebigkeit bei demografischem Wandel auch einer anderen Nutzung zugeführt werden, wie z.B. einer Tagesstätte für Senioren oder Clusterwohnungen. Jeweils zwei Gruppenräume ordnen sich um ein zweigeschossiges Foyer, das sich im Erdgeschoss mit dem Mehrzweckraum räumlich erweitern lässt. Neben der zentralen Erschließung bietet dieser großzügige Raum trotz sparsamen Flächenverbrauchs viel Platz für Ankommen, Begegnung, Spiel, Feiern und das tägliche Mittagessen. Ein Luftraum stellt den Sichtbezug zum Obergeschoss her. In sich abgeschlossene Gruppenbereiche sorgen für eine klare Orientierung und Ruhe. Alle Garderoben und die Ausgänge zum Garten sind zentral organisiert. Die größeren Gruppenkinder im Obergeschoss erreichen den Garten über einen vorgelagerten Balkon und zwei Außentreppen.

Nutzung

1 Erdgeschoss
Windfang, Foyer, Gruppenräume, Schlafräume, Mehrzweckraum, Sanitärräume, Küche, Technik, Nebenraum, Büro, Treppe, Aufzug

1 Obergeschoss
Gruppenräume, Nebenräume, Kreativraum, Sanitärräume, Personalraum, Luftraum, Kinderküche, Abstellen, HWR, Technik, Aufzug, Balkon

Nutzeinheiten

Gruppen: 4
Kinder: 75

Grundstück

Bauraum: Freier Bauraum
Neigung: Ebenes Gelände
Bodenklasse: BK 1 bis BK 4

Markt

Hauptvergabezeit: 3. Quartal 2023
Baubeginn: 1. Quartal 2023
Bauende: 4. Quartal 2023
Konjunkturelle Gesamtlage: Durchschnitt
Regionaler Baumarkt: unter Durchschnitt

Baukonstruktion

Zur Gründung wurde die Stb-Fundamentplatte aus Recyclingbeton hergestellt. Das Gebäude selbst ist in Holztafelbauweise mit BSH-Vollholzdecken und BSH-Vollholzwänden im Innenbereich errichtet. Die Fassaden wurden bis auf die äußere Senkrecht-Verschalung inklusive der Holz-Alufenster im Werk vorgefertigt. Die Fenster sind mit einer Dreifachverglasung ausgestattet und können mit außenliegenden Textilscreens verschattet werden. Die Konstruktion des überdachten Fluchtbalkons besteht aus BSH-Decken und zweigeschossigen Stützen, als Absturzsicherung kam ein Stahlgewebe zum Einsatz. Die außenliegenden Treppen auf den Balkon bestehen aus einer Stahlkonstruktion mit Betonwinkelstufen. Auf dem Flachdach ist eine extensive Dachbegrünung aufgebracht.

Technische Anlagen

Die Wärme für Heizung und Warmwasser wird über eine Holzhackschnitzelanlage erzeugt, die Verteilung erfolgt über Fußbodenheizung. Auf eine mechanische Lüftung konnte im Sinne von Low Tech verzichtet werden, dafür wurden ausreichend Querlüftungsmöglichkeiten sowie einbruchsichere Klappen zur Nachtauskühlung eingeplant. Dachbegrünung, Photovoltaik und der ressourcensparende Einsatz von klimafreundlichen und nachwachsenden Rohstoffen entsprechen der hohen ökologischen Qualität des Neubaus. Zur barrierefreien Erschließung des Obergeschosses wurde ein Personenaufzug eingebaut.

Energetische Kennwerte

Gesetzliche Grundlage: GEG 2020
Gebäudenutzfläche: 845,00 m^2
Spez. Jahresprimärenergiebedarf: 70,92 kWh/(m^2·a)
CO_2-Emissionen: 31,07 kg/(m^2·a)

Planungskennwerte für Flächen und Rauminhalte nach DIN 277

Flächen des Grundstücks		Menge Einheit	% an GF
BF	Bebaute Fläche	559,51 m²	14,6
UF	Unbebaute Fläche	3.261,24 m²	85,4
GF	Grundstücksfläche	3.820,75 m²	100,0

Grundflächen des Bauwerks		Menge Einheit	% an NUF	% an BGF
NUF	Nutzungsfläche	662,17 m²	100,0	61,8
TF	Technikfläche	23,31 m²	3,5	2,2
VF	Verkehrsfläche	249,47 m²	37,7	23,3
NRF	Netto-Raumfläche	934,95 m²	141,2	87,3
KGF	Konstruktions-Grundfläche	136,03 m²	20,5	12,7
BGF	Brutto-Grundfläche	1.070,98 m²	161,7	100,0

Brutto-Rauminhalt des Bauwerks		Menge Einheit	BRI/NUF (m)	BRI/BGF (m)
BRI	Brutto-Rauminhalt	4.052,96 m³	6,12	3,78

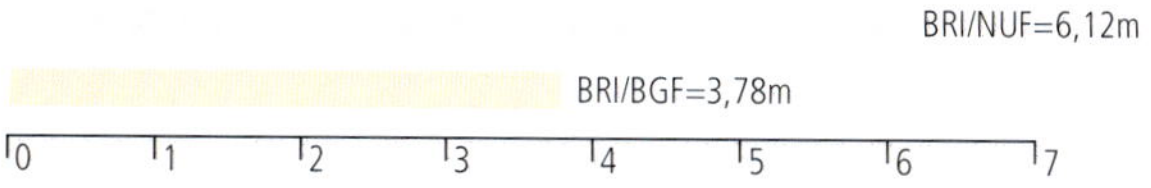

4400-0403
Kindertagesstätte
(4 Gruppen)
(75 Kinder)

Kostenkennwerte für die Kostengruppen der 1. Ebene DIN 276

KG	Kostengruppen (1. Ebene)	Einheit	Kosten €	€/Einheit	€/m² BGF	€/m³ BRI	% 300+400
100	Grundstück	m² GF	–	–	–	–	–
200	Vorbereitende Maßnahmen	m² GF	–	–	–	–	–
300	Bauwerk – Baukonstruktionen	m² BGF	3.202.221	2.989,99	2.989,99	790,09	88,0
400	Bauwerk – Technische Anlagen	m² BGF	437.417	408,43	408,43	107,93	12,0
	Bauwerk 300+400	**m² BGF**	**3.639.638**	**3.398,42**	**3.398,42**	**898,02**	**100,0**
500	Außenanlagen und Freiflächen	m² AF	–	–	–	–	–
600	Ausstattung und Kunstwerke	m² BGF	16.267	15,19	15,19	4,01	0,4
700	Baunebenkosten	m² BGF	–	–	–	–	–
800	Finanzierung	m² BGF	–	–	–	–	–

KG	Kostengruppe	Menge Einheit	Kosten €	€/Einheit	%
3+4	**Bauwerk**				**100,0**
300	**Bauwerk – Baukonstruktionen**	1.070,98 m² BGF	3.202.221	**2.989,99**	88,0

Bodenarbeiten; Stb-Fundamentplatte, WU, Dämmung, Heizestrich, Linoleum, Bodenfliesen; Stb-Aufkantung, Holztafelwände mit Flockung, Holz-Alufenster, Dreifachverglasung, Holzschalung vorbewittert, Holzdreischichtplatte, GK-Beplankung, Beschichtung, Wandfliesen, außenliegender Textilscreen; BSH-Vollholzwände, Holztüren, Stahlzargen, Tür T30 RS, Beplankung Holz-Dreischichtplatten, GK-Platten, Beschichtung, Wandfliesen; BSH-Elementdecken, BSH-Elementbalkone, Holztreppe, Dämmung, Heizestrich, Linoleum, Bodenfliesen, abgehängte Holz-Akustikdecken, Stahltreppen mit Betonwinkelstufen, Treppengeländer, Balkongeländer; BSH-Elementdach, Dachkuppeln, Gefälledämmung, Abdichtung, extensive Dachbegrünung, Dachentwässerung

KG	Kostengruppe	Menge Einheit	Kosten €	€/Einheit	%
400	**Bauwerk – Technische Anlagen**	1.070,98 m² BGF	437.417	**408,43**	12,0

Gebäudeentwässerung; Kalt- und Warmwasserleitungen, Sanitärobjekte; Holz-Hackschnitzelheizung, Fußbodenheizung; PV-Anlage, Elektroinstallation, Beleuchtung, Sicherheitsbeleuchtung; Personenaufzug

KG	Kostengruppe	Menge Einheit	Kosten €	€/Einheit	%
600	**Ausstattung und Kunstwerke**	1.070,98 m² BGF	16.267	**15,19**	0,4

Garderoben, Wickelkommoden

4400-0407
Kindertagesstätte
(4 Gruppen)
(90 Kinder)

Kostenkennwerte für die Kosten des Bauwerks (Kostengruppen 300+400 nach DIN 276)

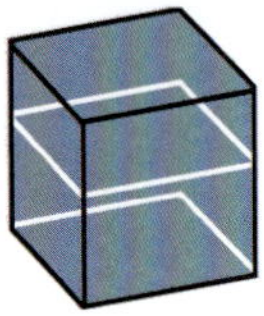

BRI 828 €/m³

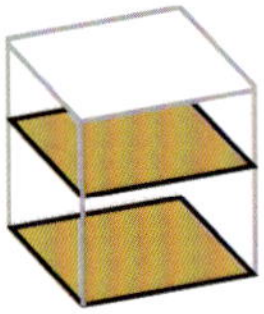

BGF 3.504 €/m²

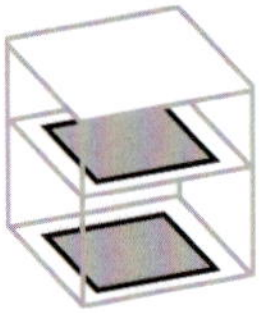

NUF 5.407 €/m²

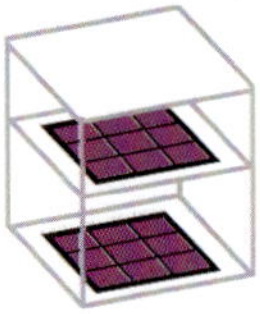

NE 43.063 €/NE
NE: Kinder

Objekt:
Kennwerte: 1. Ebene DIN 276
BRI: 4.681 m³
BGF: 1.106 m²
NUF: 717 m²
Bauzeit: 52 Wochen
Bauende: 2020
Standard: hoch
Bundesland: Niedersachsen
Kreis: Hannover, Region

Architekt*in:
ra plus | mevißen hillmann
harder hille
architektenpartnerschaft mbB
Eleonorenstraße 18
30449 Hannover

Bauherr*in:
Gemeinde Wedemark
Fritz-Sennheiser-Platz 1
30900 Wedemark

Zeichnungen

4400-0407
Kindertagesstätte
(4 Gruppen)
(90 Kinder)

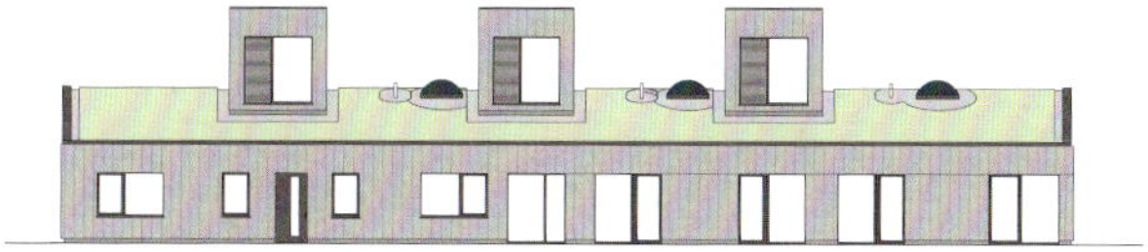

Ansicht West

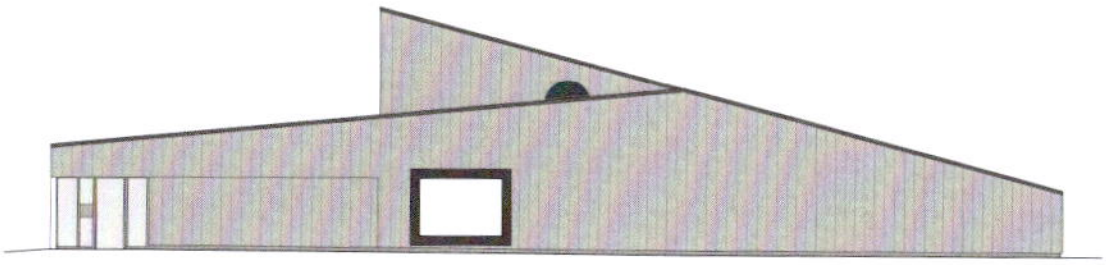

Ansicht Süd

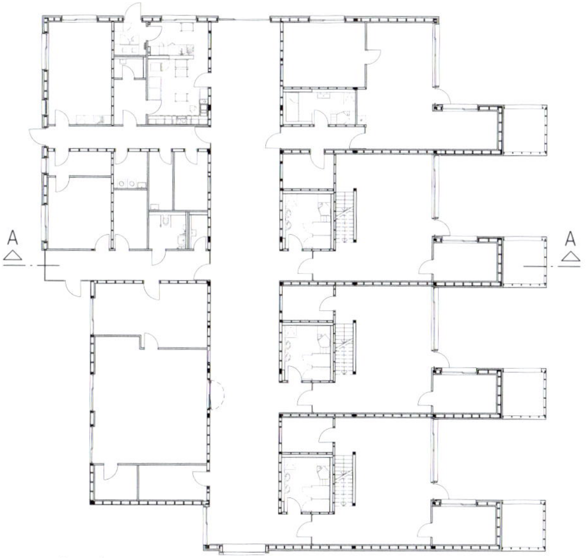

Erdgeschoss

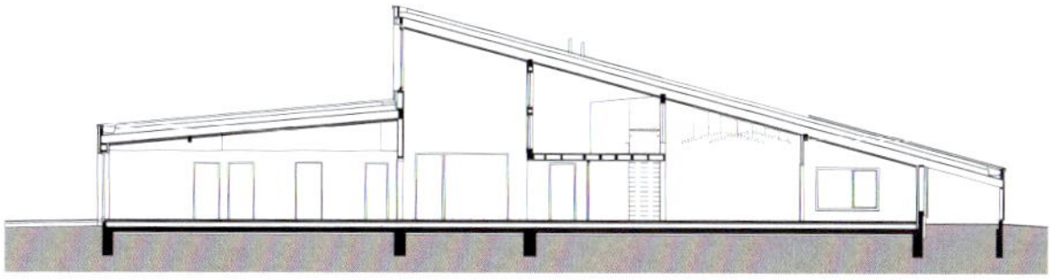

Schnitt A-A

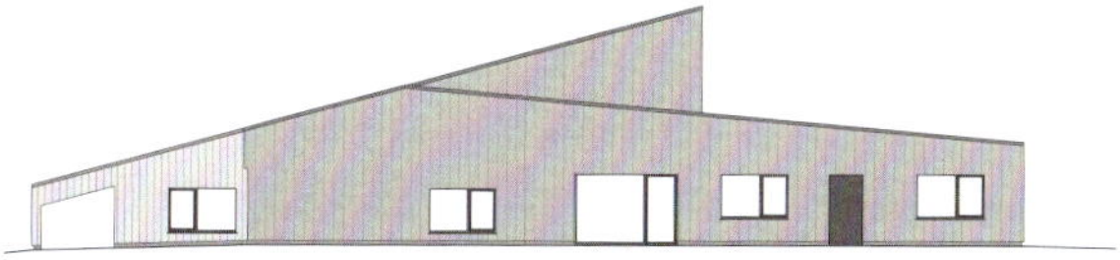

Ansicht Nord

Objektbeschreibung

Allgemeine Objektinformationen

Das eingeschossige Gebäude entstand in Holzrahmenbauweise, um eine möglichst schnelle Bauzeit durch ein hohes Maß an Vorfertigung realisieren zu können. Die Gruppenräume für 90 Kinder reihen sich an einen zentralen, großzügigen Spielflur. Durch zwei sich verschneidende, unterschiedlich geneigte Dachflächen ergeben sich in deren Schnittpunkte Lichtgauben und Hochebenen, durch diese konnten zusätzliche Spielbereiche gewonnen werden.

Nutzung

1 Erdgeschoss
Gruppenräume, Bewegungsraum, Differenzierungsraum, Schlafraum, Ruheräume, Spielflure, Küche, Spülküche, Vorräte, Hauswirtschaftsraum, Büro, Personal, Garderoben, WCs, Bäder, Lager, Abstellraum, Hausanschlussraum

1 Dachgeschoss
Spielebenen

Nutzeinheiten

Gruppen: 4
Kinder: 90

Grundstück

Bauraum: Freier Bauraum
Neigung: Geneigtes Gelände
Bodenklasse: BK 3

Markt

Hauptvergabezeit: 4. Quartal 2019
Baubeginn: 4. Quartal 2019
Bauende: 4. Quartal 2020
Konjunkturelle Gesamtlage: Durchschnitt
Regionaler Baumarkt: unter Durchschnitt

Baukonstruktion

Das barrierefreie Gebäude steht auf einer Stahlbetonsohle. Die vorgefertigten Holzrahmenwände und das Dach wurden innerhalb von wenigen Tagen aufgerichtet und vor Ort mit Zellulose gedämmt. Die Fassaden sind mit einer senkrechten Holzverschalung bekleidet, die Kunststofffenster mit Dreifachverglasung können mit Raffstores verschattet werden. Die 5° und 15° geneigten Dachflächen sind extensiv begrünt und bieten auf über 800m² Lebensräume für Insekten, Bienen und andere Lebewesen. Innenwände wurden in Trockenbau hergestellt und teilweise, für eine bessere Raumakustik, mit Holzwolleleichtbauplatten bekleidet. Die Böden sind mit Linoleum und Bodenfliesen belegt.

Technische Anlagen

Die Wärmeerzeugung erfolgt über eine Sole-Wasser-Wärmepumpe. Das warme Brauchwasser wird bedarfsgerecht über eine elektrische, dezentrale Warmwasserbereitung erzeugt. Eine Lüftungsanlage mit Wärmerückgewinnung kam aus Schallschutzgründen nur im Krippenbereich zum Einsatz; ansonsten sorgen kleine, dezentrale Lüfter in den WC-Bereichen für den Luftwechsel. Eine Nachtauskühlung über die Dachgauben sorgt für eine Verbesserung des Raumklimas, auch ohne Einsatz aufwendiger Lüftungstechnik.

Sonstiges

Zentrale Entwurfsidee ist ein Spielflur, der als gemeinsame Erschließungs- und Spielfläche zwischen den einzelnen Gruppenräumen im Osten und den Sonder- und Verwaltungsräumen im Westen fungiert. Die Verwaltungsräume verstehen sich hier auch als baulicher Puffer zwischen Bahntrasse im Westen und den Gruppenräumen der Kinder.

Energetische Kennwerte

Gesetzliche Grundlage: EnEV 2013
Gebäudenutzfläche: 973,90 m^2
Gebäudevolumen: 4.472,80 m^3
A/V_e-Verhältnis (Kompaktheit): 0,63 m^{-1}
Hüllfläche des beheizten Volumens: 2.824,80 m^2
Mittlerer U-Wert (opake Bauteile): 0,15
Mittlerer U-Wert (transparente Bauteile): 1,00
Mittlerer U-Wert (Glasdächer, etc.): 2,00
Spez. Jahresprimärenergiebedarf: 196,70 kWh/(m^2·a)

Planungskennwerte für Flächen und Rauminhalte nach DIN 277

Flächen des Grundstücks		Menge Einheit	% an GF
BF	Bebaute Fläche	1.492,00 m²	27,7
UF	Unbebaute Fläche	3.886,00 m²	72,3
GF	Grundstücksfläche	5.378,00 m²	100,0

Grundflächen des Bauwerks		Menge Einheit	% an NUF	% an BGF
NUF	Nutzungsfläche	716,72 m²	100,0	64,8
TF	Technikfläche	9,54 m²	1,3	0,9
VF	Verkehrsfläche	193,18 m²	27,0	17,5
NRF	Netto-Raumfläche	919,44 m²	128,3	83,1
KGF	Konstruktions-Grundfläche	186,49 m²	26,0	16,9
BGF	Brutto-Grundfläche	1.105,93 m²	154,3	100,0

Brutto-Rauminhalt des Bauwerks		Menge Einheit	BRI/NUF (m)	BRI/BGF (m)
BRI	Brutto-Rauminhalt	4.681,00 m³	6,53	4,23

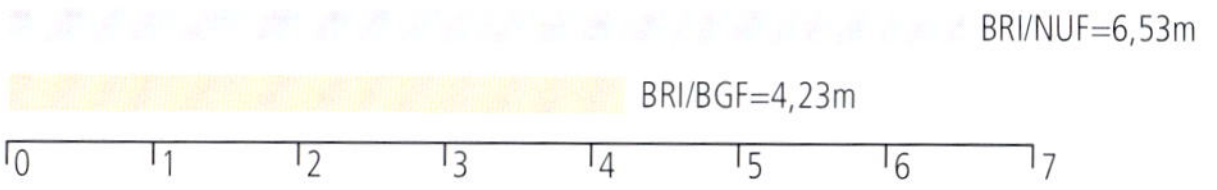

4400-0407
Kindertagesstätte
(4 Gruppen)
(90 Kinder)

Kostenkennwerte für die Kostengruppen der 1. Ebene DIN 276

KG	Kostengruppen (1. Ebene)	Einheit	Kosten €	€/Einheit	€/m² BGF	€/m³ BRI	% 300+400
100	Grundstück	m² GF	–	–	–	–	–
200	Vorbereitende Maßnahmen	m² GF	–	–	–	–	–
300	Bauwerk – Baukonstruktionen	m² BGF	2.960.405	2.676,85	2.676,85	632,43	76,4
400	Bauwerk – Technische Anlagen	m² BGF	915.228	827,56	827,56	195,52	23,6
	Bauwerk 300+400	**m² BGF**	**3.875.633**	**3.504,41**	**3.504,41**	**827,95**	**100,0**
500	Außenanlagen und Freiflächen	m² AF	–	–	–	–	–
600	Ausstattung und Kunstwerke	m² BGF	–	–	–	–	–
700	Baunebenkosten	m² BGF	–	–	–	–	–
800	Finanzierung	m² BGF	–	–	–	–	–

KG	Kostengruppe	Menge Einheit	Kosten €	€/Einheit	%
3+4	**Bauwerk**				**100,0**
300	**Bauwerk – Baukonstruktionen**	1.105,93 m² BGF	2.960.405	**2.676,85**	76,4

Baugrubenaushub; Stb-Fundamente, Stb-Bodenplatte, Heizestrich, Linoleum, Bodenfliesen, Abdichtung, Sauberkeitsschicht, Dämmung; Holzrahmenwände, Kunststofffenster, Sonnenschutzverglasung, Zellulosedämmung, hinterlüftete Holzfassade, Gipsfaser-Bekleidung, Raffstores; Holzrahmenwände, GK-Wände, Holztüren, Wandfliesen, WC-Trennwände; Holzbalkendecken, Holztreppen, Holztafeln, Linoleum, abgehängte GK-Decken, Schallschutzdecken, Holzwolleleichtbauplatten, Handläufe; Holzbalkendach, Oberlichter, Zellulosedämmung, Abdichtung, extensive Dachbegrünung, außenliegende Dachentwässerung, abgehängte GK-Decken, Schallschutzdecken; Garderoben, Einbau-Spielmöbel

KG	Kostengruppe	Menge Einheit	Kosten €	€/Einheit	%
400	**Bauwerk – Technische Anlagen**	1.105,93 m² BGF	915.228	**827,56**	23,6

Gebäudeentwässerung, Kalt- und Warmwasserleitungen, Sanitärobjekte; Sole-Wasser-Wärmepumpe, dezentrale Warmwassergeräte, Fußbodenheizung; Abluftanlagen, Lüftungsanlage mit Wärmerückgewinnung (Krippe); Elektroinstallation, Beleuchtung; Fernseh- und Antennenanlagen, Rauchmelder; Installationen für Aufwärmküche, Feuerlöscher

4400-0408
Kinderhaus
(6 Gruppen)
(174 Kinder)

Kostenkennwerte für die Kosten des Bauwerks (Kostengruppen 300+400 nach DIN 276)

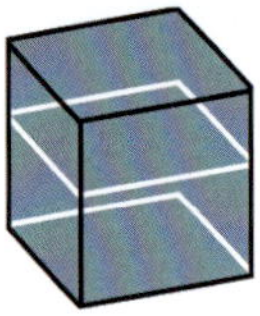

BRI 676 €/m³

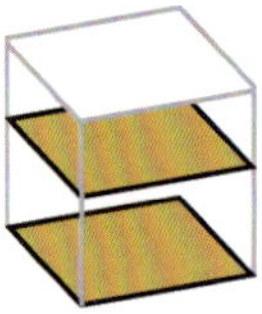

BGF 2.932 €/m²

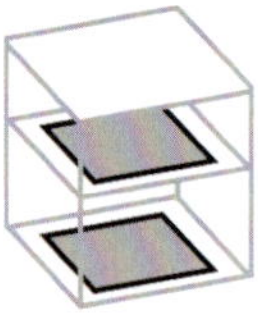

NUF 5.100 €/m²

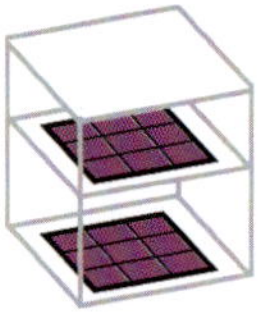

NE 47.013 €/NE

NE: Kinder

Objekt:
Kennwerte: 1.Ebene DIN 276
BRI: 12.100 m³
BGF: 2.790 m²
NUF: 1.604 m²
Bauzeit: 92 Wochen
Bauende: 2022
Standard: hoch
Bundesland: Bayern
Kreis: Wunsiedel

Architekt*in:
HILGARTH Architekten-
Stadtplaner
Egerstraße 44
DE 95615 Marktredwitz
Albisstraße 27
CH 8038 Zürich

Bauherr*in:
STEWOG Marktredwitz
Im Winkel 2
95615 Marktredwitz

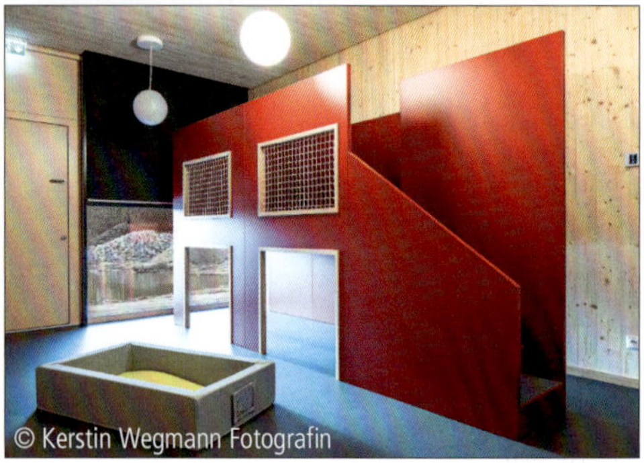

Zeichnungen

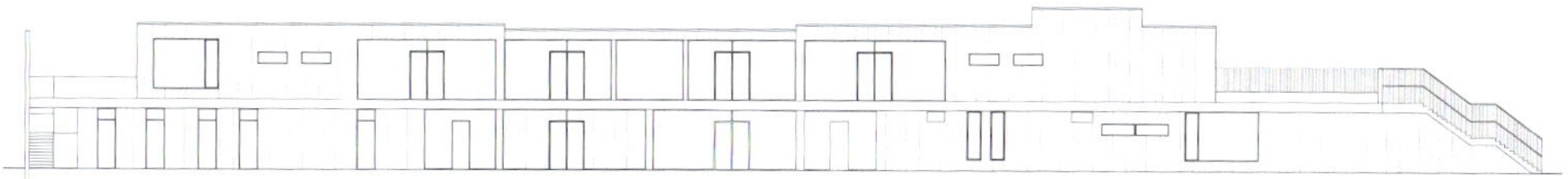

Ansicht Nord-West

Ansicht Süd-West

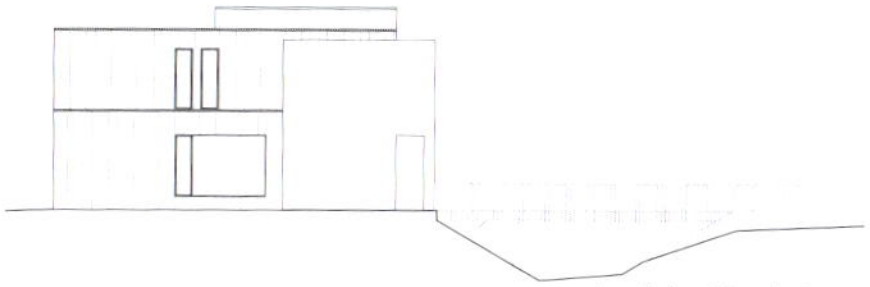

Ansicht Nord-Ost

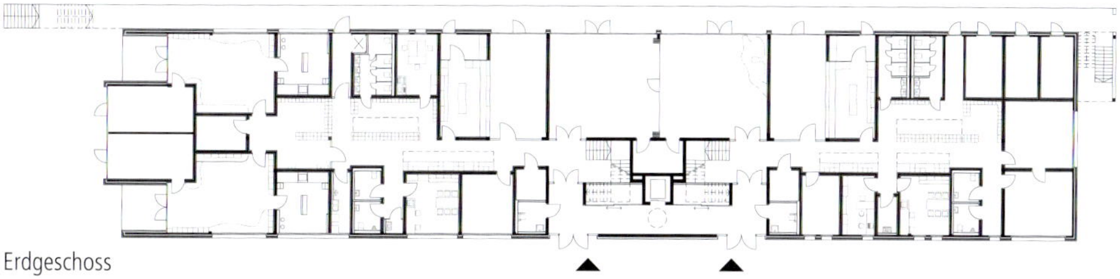

Erdgeschoss

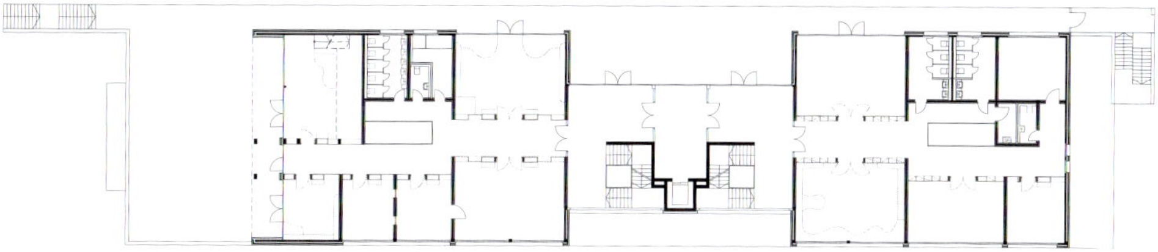

Obergeschoss

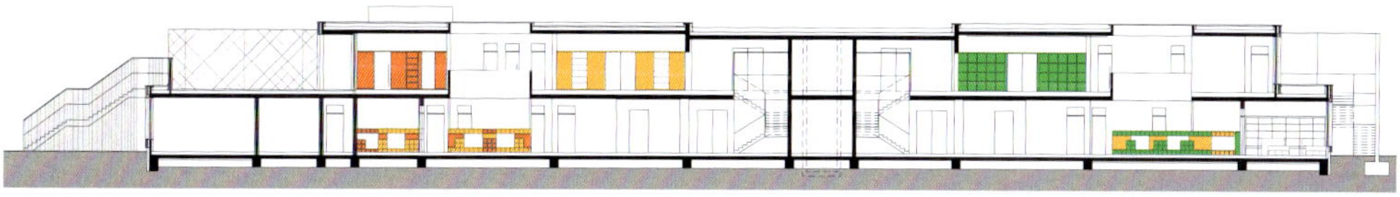

Längsschnitt

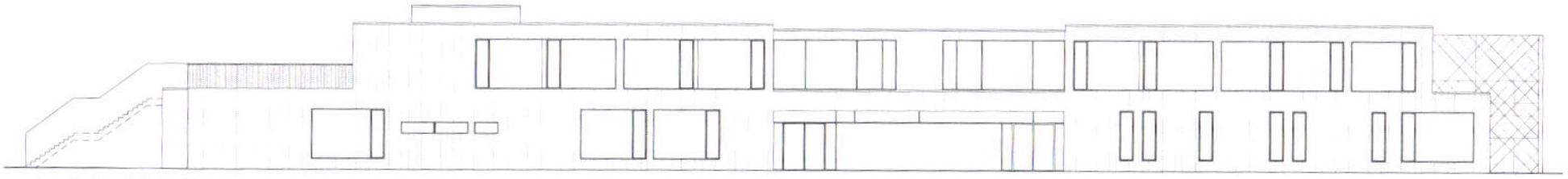

Ansicht Süd-Ost

4400-0408
Kinderhaus
(6 Gruppen)
(174 Kinder)

Objektbeschreibung

Allgemeine Objektinformationen

Das Kinderhauses bietet Platz für insgesamt 174 Kinder, davon 75 Kindergartenkinder, 75 Hortkinder und 24 Krippenkinder. Im Erdgeschoss befinden sich die Gruppenräume für die beiden Krippengruppen und Räume für die Hortkinder, die einen direkten Zugang zu ihrem abgegrenzten Garten haben. Im Obergeschoss sind die Räume für die Kindergartenkinder, die Zugang zur großen Dachterrasse haben.

Nutzung

1 Erdgeschoss
Foyer, Garderoben, Flure, Gruppenräume, Schlafräume, Nebenräume, Küchen, Speiseräume, Mehrzweckraum, Hausaufgabenräume, Sanitärräume, Personalraum, Büro, Therapie, Abstellraum, Technik, Treppen, Aufzug

1 Obergeschoss
Atelier-/Theaterräume, Kinderbibliothek, Spiel-/Intensivräume, Werkräume, Spielzimmer, Sanitärräume, Spielflure, Dachterrassen, Treppen, Außentreppen

Nutzeinheiten

Gruppen: 6
Kinder: 174

Grundstück

Bauraum: Beengter Bauraum
Neigung: Ebenes Gelände
Bodenklasse: BK 3 bis BK 5

Markt

Hauptvergabezeit: 1.Quartal 2020
Baubeginn: 2.Quartal 2020
Bauende: 1.Quartal 2022
Konjunkturelle Gesamtlage: über Durchschnitt
Regionaler Baumarkt: Durchschnitt

Baukonstruktion

Aufgrund eines hohen Grundwasserstands musste der Neubau auf 76 Brunnenfundamenten gegründet werden. Auf den darauf liegenden Streifenfundamente ist die Stb-Bodenplatte aufgesetzt. Der Mittelbau mit den Treppenhäusern und dem Aufzug ist in Stahlbeton erbaut. Alle anderen Wände und Decken, sowie das Flachdach sind in Brettsperrholzbauweise errichtet. Die Außenwände sind mit Mineralwolle gedämmt und haben eine unbehandelte Lärchenholzfassade. Die Holz-Alufenster sind mit einer Dreifachverglasung ausgestattet und können mit Raffstores verschattet werden. Das Flachdach ist mit einer extensiven Begrünung belegt. Auf der Dachterrasse und dem Laubengang über dem Erdgeschoss sind Terrassenplatten verlegt. Als Bodenbeläge sind sowohl Linoleum und Holzböden als auch Bodenfliesen in den Sanitärräumen zur Ausführung gekommen.

Technische Anlagen

Die Beheizung erfolgt über das Nahwärmenetz, an welches das Gebäude mittels erdverlegter Wärmeleitungen angebunden ist. Eine Fußbodenheizung verteilt die Wärme in den Räumen. Die eingebaute Abluftanlage mit Nachströmöffnungen wird über eine frei programmierbare Zeitschaltuhr gesteuert. Eine Aufzugsanlage gewährleistet die Barrierefreiheit im gesamten Neubau.

Sonstiges

Um in die innenliegenden Flurbereiche natürliches Licht einzubringen sind im Dach Oberlichter und im Deckenbereich über EG jeweils eine begehbare feuerfeste Verglasung eingebaut worden.

Energetische Kennwerte

Gesetzliche Grundlage: GEG 2020
Gebäudenutzfläche: 1.767,00 m^2
Spez. Jahresprimärenergiebedarf: 94,50 kWh/(m^2·a)
Spez. Jahresendenergiebedarf: 143,00 kWh/(m^2·a)
CO_2-Emissionen: 14,92 kg/(m^2·a)

Planungskennwerte für Flächen und Rauminhalte nach DIN 277

Flächen des Grundstücks		Menge Einheit	% an GF
BF	Bebaute Fläche	1.415,00 m²	4,0
UF	Unbebaute Fläche	33.866,16 m²	96,0
GF	Grundstücksfläche	35.281,16 m²	100,0

Grundflächen des Bauwerks		Menge Einheit	% an NUF	% an BGF
NUF	Nutzungsfläche	1.603,87 m²	100,0	57,5
TF	Technikfläche	13,90 m²	0,9	0,5
VF	Verkehrsfläche	800,96 m²	49,9	28,7
NRF	Netto-Raumfläche	2.418,73 m²	150,8	86,7
KGF	Konstruktions-Grundfläche	371,02 m²	23,1	13,3
BGF	Brutto-Grundfläche	2.789,75 m²	173,9	100,0

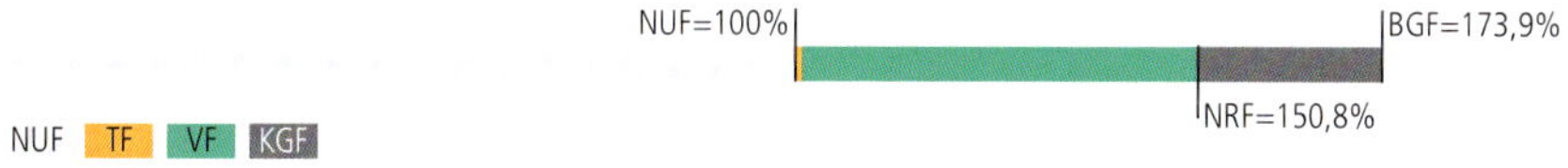

Brutto-Rauminhalt des Bauwerks		Menge Einheit	BRI/NUF (m)	BRI/BGF (m)
BRI	Brutto-Rauminhalt	12.099,73 m³	7,54	4,34

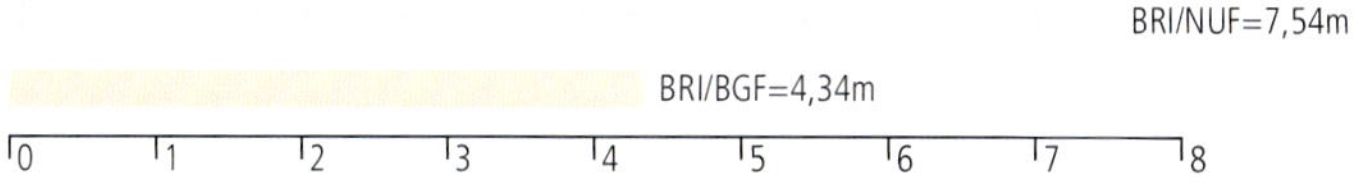

4400-0408
Kinderhaus
(6 Gruppen)
(174 Kinder)

Kostenkennwerte für die Kostengruppen der 1. Ebene DIN 276

KG	Kostengruppen (1. Ebene)	Einheit	Kosten €	€/Einheit	€/m² BGF	€/m³ BRI	% 300+400
100	Grundstück	m² GF	–	–	–	–	–
200	Vorbereitende Maßnahmen	m² GF	–	–	–	–	–
300	Bauwerk – Baukonstruktionen	m² BGF	7.030.932	2.520,27	2.520,27	581,08	85,9
400	Bauwerk – Technische Anlagen	m² BGF	1.149.408	412,01	412,01	94,99	14,1
	Bauwerk 300+400	**m² BGF**	**8.180.340**	**2.932,28**	**2.932,28**	**676,08**	**100,0**
500	Außenanlagen und Freiflächen	m² AF	–	–	–	–	–
600	Ausstattung und Kunstwerke	m² BGF	–	–	–	–	–
700	Baunebenkosten	m² BGF	–	–	–	–	–
800	Finanzierung	m² BGF	–	–	–	–	–

KG	Kostengruppe	Menge Einheit	Kosten €	€/Einheit	%
3+4	**Bauwerk**				**100,0**
300	**Bauwerk – Baukonstruktionen**	2.789,75 m² BGF	7.030.932	**2.520,27**	85,9

Stb-Streifenfundamente, Stb-Bodenplatten, Brunnengründungen, Abdichtung, Radonabdichtung, Dämmung, Estrich, Bodenfliesen, Linoleum, Holzböden, Sauberkeitsschicht; Stb-Wände, Brettsperrholzwände, Holz-Alufenster, Dreifachverglasung, Holz-Alutüren, Mineralwolldämmung, Lärchenholzfassade, Gipskarton als Installationsebene, Wandfliesen, Beschichtung, Außenraffstores; Stb-Wände, Brettsperrholzwände, GK-Wände, Holzinnentüren, Wandfliesen, Beschichtung; Stb-Decken, Brettsperrholzdecken, Stb-Treppen, Rieselschutz, trockene Schüttung, Gipskarton, Abdichtung, Installationsebene, Trittschalldämmung, Wärmedämmung, Heizestrich, Bodenfliesen, Linoleum, Holzboden, abgehängte Akustikdecken, Stahltreppen, Stahllaubengang, Treppengeländer, Stahlgeländer; Brettsperrholz-Flachdach, Oberlichter, Gefälledämmung, Abdichtung, extensive Begrünung, Dachentwässerung, Terrassenplatten; Einbaumöbel, Küchen

KG	Kostengruppe	Menge Einheit	Kosten €	€/Einheit	%
400	**Bauwerk – Technische Anlagen**	2.789,75 m² BGF	1.149.408	**412,01**	14,1

Gebäudeentwässerung, Kalt- und Warmwasserleitungen, Sanitärobjekte; Fernwärmeanschluss, Fußbodenheizung; Lüftungsanlage; Elektroinstallation, Beleuchtung, Blitzschutz; Kommunikationsanlage, Telefonanlage, Rauchmelder; Personenaufzug; küchentechnische Einrichtungen

4400-0409 Kindertagesstätte (5 Gruppen) (60 Kinder)

Kostenkennwerte für die Kosten des Bauwerks (Kostengruppen 300+400 nach DIN 276)

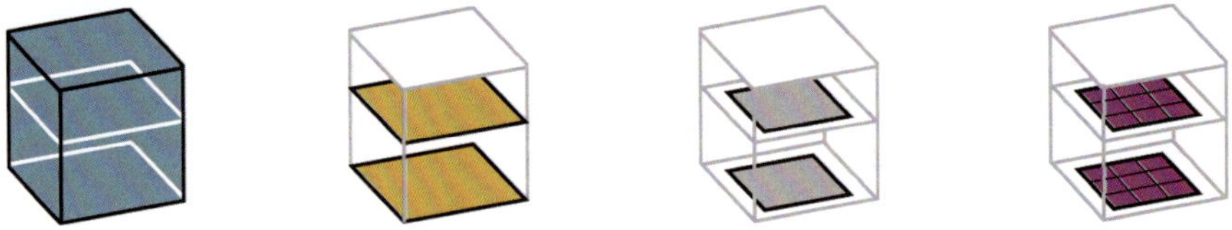

BRI 960 €/m³

BGF 4.360 €/m²

NUF 5.580 €/m²

NE 73.795 €/NE
NE: Kinder

Objekt:
Kennwerte: 1.Ebene DIN 276
BRI: 4.612 m³
BGF: 1.016 m²
NUF: 794 m²
Bauzeit: 78 Wochen
Bauende: 2023
Standard: mittel
Bundesland: Brandenburg
Kreis: Dahme-Spreewald

Architekt*in:
MTTR ARCHITEKTEN+
STADTPLANER
Am Lokdepot 13
10965 Berlin

studioplus
Tobias Buschbeck
Wilhelmine-Gemberg-Weg 14
10179 Berlin

Bauherr*in:
Stadt Mittenwalde
Rathausstraße 8
15749 Mittenwalde

© Arge MATTER & studioplus

© Arge MATTER & studioplus

© Andrew Alberts

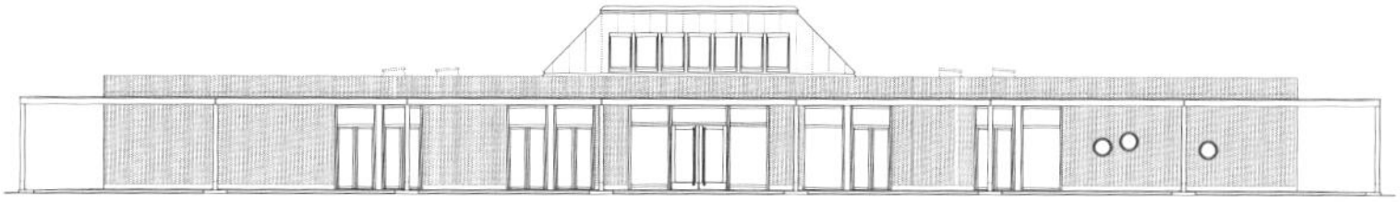

Ansicht Nord

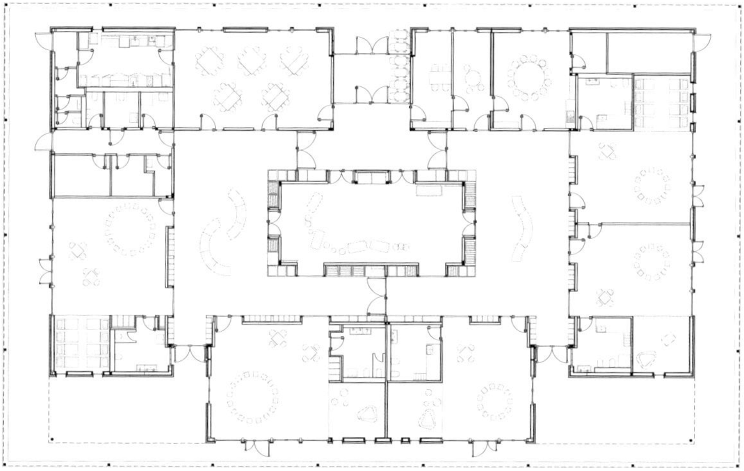

Erdgeschoss

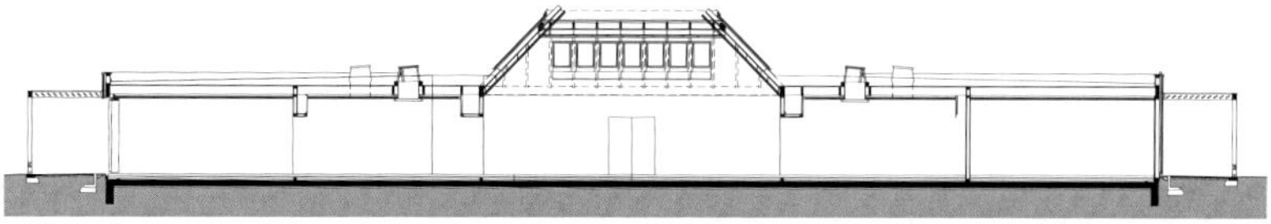

Längsschnitt

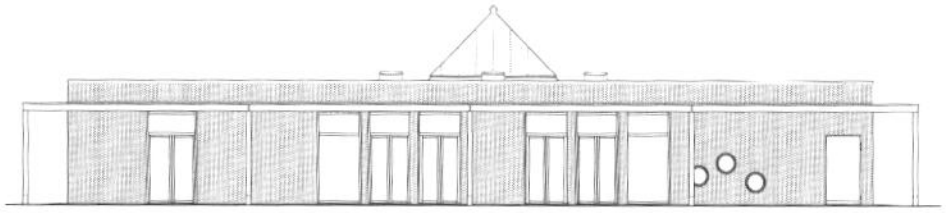

Ansicht Ost

Ansicht West

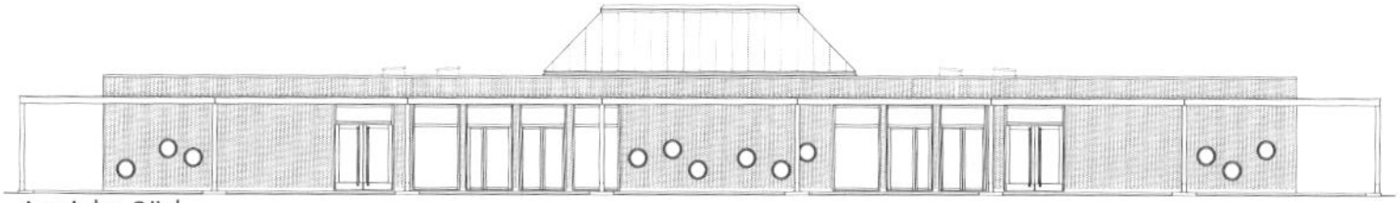

Ansicht Süd

4400-0409
Kindertagesstätte
(5 Gruppen)
(60 Kinder)

Objektbeschreibung

Allgemeine Objektinformationen

Der Entwurf setzt das Konzept einer "flurlosen" Kindertagesstätte um, in der die Erschließungsflächen als "Spieldielen" auch attraktive Aufenthaltsräume sind. Gestaltungsgrundlage ist das Konzept der Bewegung. So findet sich im Gebäude als Zentrum des Hauses der Bewegungsraum und im Garten spannen Spielinseln ein anregendes Bewegungsfeld auf.

Nutzung

1 Erdgeschoss
Windfang, Foyer, Gruppenräume, Nebenräume, Ruheräume, Küche, Sanitärräume, Speiseraum, Spieldielen, Bewegungsraum

Nutzeinheiten

Gruppen: 5
Kinder: 60

Grundstück

Bauraum: Freier Bauraum
Neigung: Ebenes Gelände
Bodenklasse: BK 1 bis BK 3

Markt

Hauptvergabezeit: 2. Quartal 2021
Baubeginn: 3. Quartal 2021
Bauende: 1. Quartal 2023
Konjunkturelle Gesamtlage: Durchschnitt
Regionaler Baumarkt: unter Durchschnitt

Baukonstruktion

Der Neubau gründet auf einer Stahlbetonbodenplatte. Die tragenden Wände sind in Holztafelbauweise gefertigt. Für die Fassade wird Holz als warmes Material und Zeichen für einen nachhaltigen Umgang mit der Natur gewählt. Die Flachdachkonstruktion, ebenfalls aus Holz, ist mit Holzwolle-Leichtbauplatten abgehängt. Eine große Dachverglasung bringt natürliche Belichtung in den Bewegungsraum. Das umlaufende Verschattungselement verleiht der Fassade ein spannungsvolles Spiel, das sich je nach Wetter und Tageslichtstimmung verändert. Die Holzfenster sind mit einer Dreifachverglasung ausgestattet. Für den Bodenbelag fiel die Wahl auf PVC und Bodenfliesen. Das Flachdach ist bekiest.

Technische Anlagen

Es wurde so wenig Technik wie möglich installiert. Eine Wärmepumpe erzeugt die Heizwärme, die über Fußbodenheizung in den Räumen verteilt wird. Die Belüftung erfolgt natürlich. Mit einer zusätzlich vorgesehenen mechanischen Grundlüftung soll ergänzend eine kontinuierliche Lüftung (mit Wärmerückgewinnung) als Basislüftung erzielt werden.

Sonstiges

Auf einer eleganten, rechteckigen Plattform ruhend tritt das Gebäude in Dialog mit den weichen organischen Formen des Gartens. Die flexible Bespielbarkeit des Hauses ermöglicht ein fein abgestuftes Erlernen von Gemeinschaft und Kommunikation. Ein zentraler Aspekt des Nachhaltigkeitskonzepts ist der hohe Holzanteil an Tragwerk und Fassade. Der Anteil von gebundener, grauer Energie wird im Wesentlichen auf die Bodenplatte reduziert. Durch die Demontierbarkeit der Konstruktion wird die gesamte Lebenszeit des Gebäudes einbezogen.

Energetische Kennwerte

Gesetzliche Grundlage: EnEV 2013
Gebäudenutzfläche: 1.042,00 m^2
Gebäudevolumen: 3.257,00 m^3
A/V_e-Verhältnis (Kompaktheit): 0,79 m^{-1}
Hüllfläche des beheizten Volumens: 2.578,00 m^2
Mittlerer U-Wert (opake Bauteile): 0,15
Mittlerer U-Wert (transparente Bauteile): 0,95
Mittlerer U-Wert (Glasdächer, etc.): 0,86
Spez. Jahresprimärenergiebedarf: 98,93 kWh/(m^2·a)
CO_2-Emissionen: 34,80 kg/(m^2·a)

Energetische Angaben zu Außenbauteilen

Bodenplatte

U-Wert: 0,21 W/(m²·K)

Gesamtdicke: 24,70 cm	d [cm]	λ [W/(mK)]
Linoleum	0,50	0,170
Estrich	8,50	1,400
Trittschalldämmung	2,50	0,035
Dämmung	8,00	0,035
Dämmung	5,00	0,035
Bitumenbahn	0,20	0,170

Außenwand

U-Wert: 0,22 W/(m²·K)

Gesamtdicke: 25,05 cm	d [cm]	λ [W/(mK)]
GK-Platte	1,25	0,250
OSB-Platte	1,80	0,130
Holz	16,00	0,130
Dämmung	16,00	0,040
Holzfaserplatte	6,00	0,045

Dach

U-Wert: 0,17 W/(m²·K)

Gesamtdicke: 24,17 cm	d [cm]	λ [W/(mK)]
OSB-Platte	1,80	0,130
Bitumenbahn	0,50	0,170
Dämmung	21,37	0,038
Bitumenbahn	0,50	0,170

Planungskennwerte für Flächen und Rauminhalte nach DIN 277

Flächen des Grundstücks		Menge Einheit	% an GF
BF	Bebaute Fläche	1.015,61 m²	13,3
UF	Unbebaute Fläche	6.644,39 m²	86,7
GF	Grundstücksfläche	7.660,00 m²	100,0

Grundflächen des Bauwerks		Menge Einheit	% an NUF	% an BGF
NUF	Nutzungsfläche	793,56 m²	100,0	78,1
TF	Technikfläche	13,56 m²	1,7	1,3
VF	Verkehrsfläche	62,48 m²	7,9	6,2
NRF	Netto-Raumfläche	869,60 m²	109,6	85,6
KGF	Konstruktions-Grundfläche	146,01 m²	18,4	14,4
BGF	Brutto-Grundfläche	1.015,61 m²	128,0	100,0

Brutto-Rauminhalt des Bauwerks		Menge Einheit	BRI/NUF (m)	BRI/BGF (m)
BRI	Brutto-Rauminhalt	4.612,00 m³	5,81	4,54

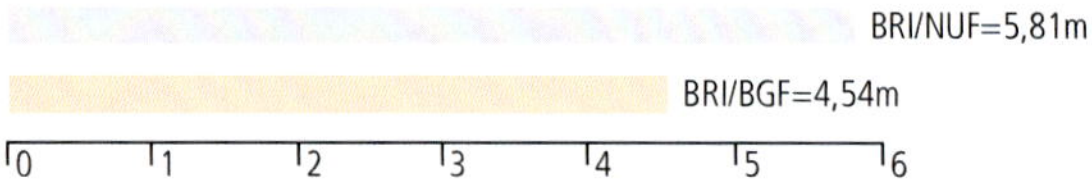

Kostenkennwerte für die Kostengruppen der 1. Ebene DIN 276

KG	Kostengruppen (1. Ebene)	Einheit	Kosten €	€/Einheit	€/m² BGF	€/m³ BRI	% 300+400
100	Grundstück	m² GF	–	–	–	–	–
200	Vorbereitende Maßnahmen	m² GF	–	–	–	–	–
300	Bauwerk – Baukonstruktionen	m² BGF	3.601.888	3.546,53	3.546,53	780,98	81,3
400	Bauwerk – Technische Anlagen	m² BGF	825.799	813,11	813,11	179,05	18,7
	Bauwerk 300+400	**m² BGF**	**4.427.687**	**4.359,63**	**4.359,63**	**960,04**	**100,0**
500	Außenanlagen und Freiflächen	m² AF	–	–	–	–	–
600	Ausstattung und Kunstwerke	m² BGF	–	–	–	–	–
700	Baunebenkosten	m² BGF	–	–	–	–	–
800	Finanzierung	m² BGF	–	–	–	–	–

KG	Kostengruppe	Menge Einheit	Kosten €	€/Einheit	%
3+4	**Bauwerk**				**100,0**
300	**Bauwerk – Baukonstruktionen**	1.015,61 m² BGF	3.601.888	**3.546,53**	81,3

Bodenarbeiten; Stb-Bodenplatte, Abdichtung, Heizestrich, Linoleum, Bodenfliesen, Betonwerkstein-Terrassen; Holztafelwände, oberflächenfertig, Holzfenster, Eingangstüren, Holzfassade; Holzrahmenwände, Holzinnentüren, Innenfenster, GK-Bekleidung, Beschichtung, Wandfliesen; Holzrahmen-Flachdach, Dachverglasung, Schalung, Dämmung, Abdichtung, Dachentwässerung, Kies, angehängte Holzfaserleichtbauplatten; Holzeinbaumöbel, Holzpergola

KG	Kostengruppe	Menge Einheit	Kosten €	€/Einheit	%
400	**Bauwerk – Technische Anlagen**	1.015,61 m² BGF	825.799	**813,11**	18,7

Gebäudeentwässerung, Hebeanlage, Kalt- und Warmwasserleitungen, Sanitärobjekte; Luft-Wasser-Wärmepumpe, Fußbodenheizung; dezentrale Be- und Entlüftung mit Wärmerückgewinnung; Elektroinstallation, Beleuchtung, Sicherheitsbeleuchtung, Blitzschutz; Brandmeldeanlage, Amok-Alarmanlage; Ausgabeküche

4400-0417
Kindergarten
(4 Gruppen)
(100 Kinder)

Kostenkennwerte für die Kosten des Bauwerks (Kostengruppen 300+400 nach DIN 276)

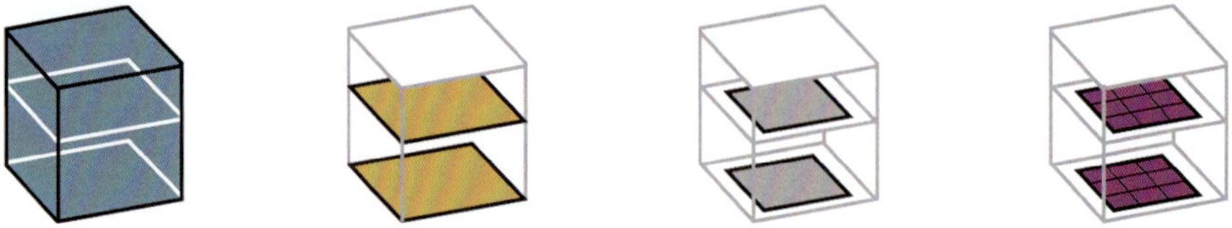

BRI 699 €/m³

BGF 2.467 €/m²

NUF 3.461 €/m²

NE 39.816 €/NE
NE: Kinder

Objekt:
Kennwerte: 1.Ebene DIN 276
BRI: 5.699 m³
BGF: 1.614 m²
NUF: 1.150 m²
Bauzeit: 52 Wochen
Bauende: 2021
Standard: mittel
Bundesland: Bayern
Kreis: Traunstein

Architekt*in:
köhler architekten +
beratende Ingenieure GmbH
Hangstraße 39a
82131 Gauting

Bauherr*in:
Erzbischöfliches Studien-
seminar, St. Michael
Kardinal-Faulhaber-Straße 6
83278 Traunstein

Zeichnungen

Ansicht Nord

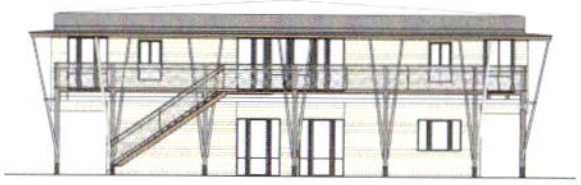

Ansicht West

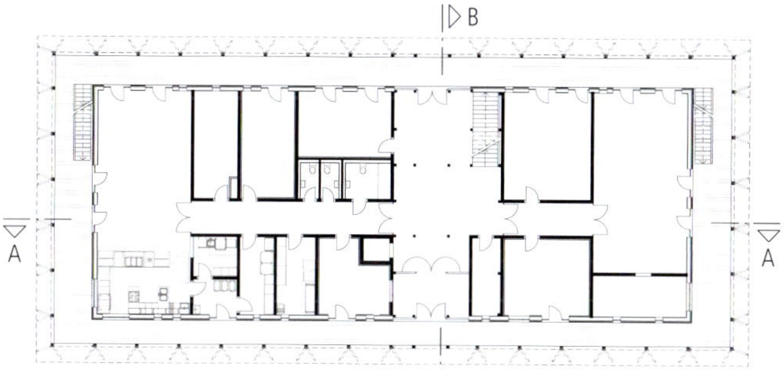

Erdgeschoss

Obergeschoss

Schnitt A-A

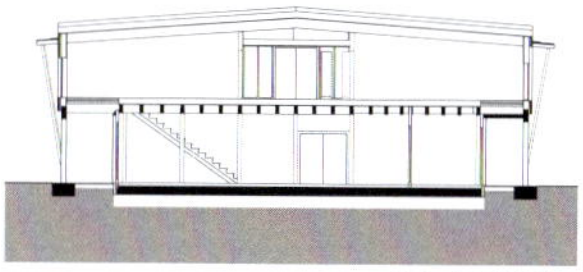

Schnitt B-B

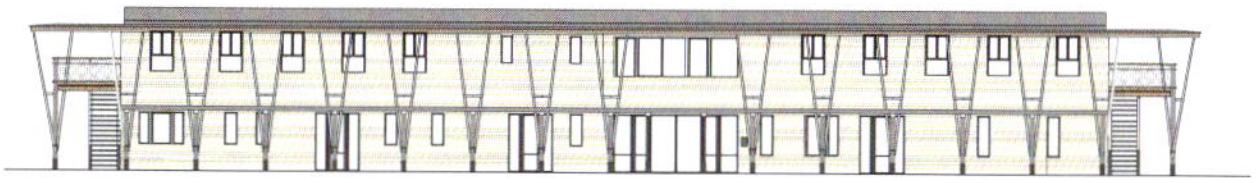

Ansicht Süd

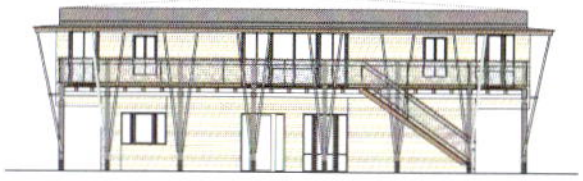

Ansicht Ost

Objektbeschreibung

Allgemeine Objektinformationen

Der Kindergarten mit Schwerpunkt Gartenpädagogik ist in Holzbauweise erstellt. Er bietet Platz für vier Gruppen und 100 Kinder. Das zweigeschossige Gebäude zeichnet sich optisch durch viel Holz aus. Das auskragende Obergeschoss und der großzügige Dachüberstand sorgen für konstruktiven Holzschutz und ermöglicht die Nutzung der Freibereiche bei Regen und Sonnenschein. Im Erdgeschoss befinden sich die Funktionsräume wie Bistro, Mehrzweckraum, Therapie- und Personalraum sowie ein Büro. Im Obergeschoss sind die Gruppenräume und deren Nebenräume angeordnet.

Nutzung

1 Erdgeschoss
Windfang, Foyer, Personalraum, Ruheraum, Mehrzweckraum, Geräte, Kreativraum, Flur, Speiseraum, Ausgabeküche, Lager

1 Obergeschoss
Gruppenräume (4St), Spielflur, Nebenräume, Garderoben, Lager, Büro, Sanitärräume

Nutzeinheiten

Gruppen: 4
Kinder: 100

Grundstück

Bauraum: Freier Bauraum
Neigung: Ebenes Gelände
Bodenklasse: BK 3 bis BK 5

Markt

Hauptvergabezeit: 2.Quartal 2020
Baubeginn: 3.Quartal 2020
Bauende: 3.Quartal 2021
Konjunkturelle Gesamtlage: über Durchschnitt
Regionaler Baumarkt: Durchschnitt

Baukonstruktion

Der Neubau gründet auf einer Stahlbetonbodenplatte ohne Frostschürzen, die durch eine verdichtete Schicht aus Schaumglasschotter gedämmt ist. Die Außenwände sind in Holzrahmenbauweise errichtet, lediglich die Aufzugswände sind betoniert. Die Massivholzdecke mit Lamellenfräsung über EG liegt auf einem Tragwerk aus Brettschichtbindern auf. Die Decke kragt rundum aus und bildet großzügige Spielbereiche im Außenbereich. Das flachgeneigte Satteldach ist ebenfalls aus massivem Brettsperrholz und ist über der Dachdämmung und der Abdichtung als Gründach ausgeführt. Die Fassaden aus Lärchenholz-Stülpschalung sind mit Zellulose und einer zusätzlichen Holzfaserdämmung gedämmt. Die Holzfenster sind ohne Deckschalung weiß lasiert und mit einer Dreifachverglasung ausgestattet. Die Böden sind mit einem Eiche-Industrieparkett belegt.

Technische Anlagen

Die Heizwärme wird in der campusübergreifenden Nahwärme-Heizanlage aus Hackschnitzeln erzeugt und über Fußbodenheizung in den Räumen verteilt. Eine Photovoltaikanlage auf dem Dach erzeugt die nötige Energie für den eigenen Verbrauch. Das anfallende Regenwasser kann auf dem Grundstück in Mulden versickern und wird nicht dem Abwasserkanal zugeführt. Ein Aufzug erschließt das Obergeschoss barrierefrei.

Sonstiges

Der Neubau bildet den ersten Bauabschnitt eines Campus-Projekts mit dem Schwerpunkt Nachhaltigkeitsbildung.

Energetische Kennwerte

Gesetzliche Grundlage: EnEV 2013
Gebäudenutzfläche: 1.103,80 m²
Gebäudevolumen: 2.879,50 m³
Hüllfläche des beheizten Volumens: 2.074,60 m²
Spez. Transmissionswärmeverlust: 0,29 W/(m²·K)
Mittlerer U-Wert (opake Bauteile): 0,14
Mittlerer U-Wert (transparente Bauteile): 0,95
Spez. Jahresprimärenergiebedarf: 99,10 kWh/(m²·a)

Planungskennwerte für Flächen und Rauminhalte nach DIN 277

Flächen des Grundstücks		Menge Einheit	% an GF
BF	Bebaute Fläche	–	–
UF	Unbebaute Fläche	–	–
GF	Grundstücksfläche	–	–

Grundflächen des Bauwerks		Menge Einheit	% an NUF	% an BGF
NUF	Nutzungsfläche	1.150,30 m²	100,0	71,3
TF	Technikfläche	32,90 m²	2,9	2,0
VF	Verkehrsfläche	231,45 m²	20,1	14,3
NRF	Netto-Raumfläche	1.414,65 m²	123,0	87,7
KGF	Konstruktions-Grundfläche	199,12 m²	17,3	12,3
BGF	Brutto-Grundfläche	1.613,77 m²	140,3	100,0

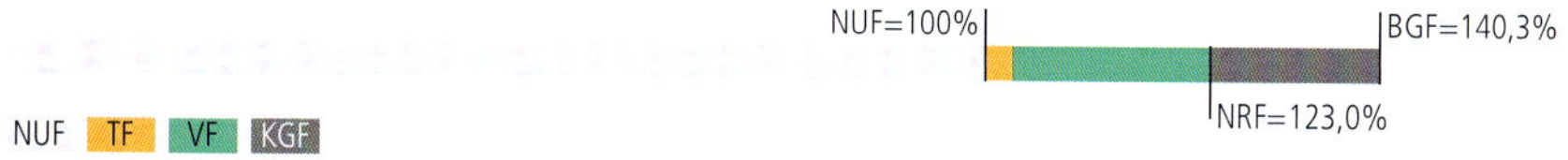

Brutto-Rauminhalt des Bauwerks		Menge Einheit	BRI/NUF (m)	BRI/BGF (m)
BRI	Brutto-Rauminhalt	5.698,63 m³	4,95	3,53

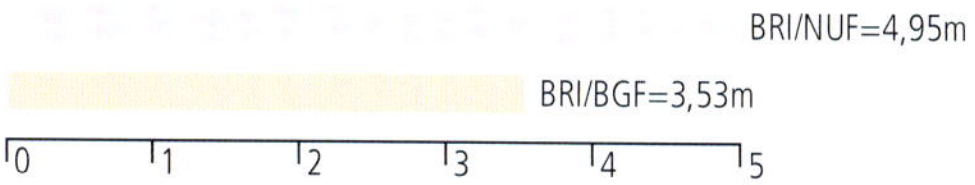

Kostenkennwerte für die Kostengruppen der 1. Ebene DIN 276

KG	Kostengruppen (1. Ebene)	Einheit	Kosten €	€/Einheit	€/m² BGF	€/m³ BRI	% 300+400
100	Grundstück	m² GF	–	–	–	–	–
200	Vorbereitende Maßnahmen	m² GF	–	–	–	–	–
300	Bauwerk – Baukonstruktionen	m² BGF	3.129.653	1.939,34	1.939,34	549,19	78,6
400	Bauwerk – Technische Anlagen	m² BGF	851.975	527,94	527,94	149,51	21,4
	Bauwerk 300+400	**m² BGF**	**3.981.629**	**2.467,28**	**2.467,28**	**698,70**	**100,0**
500	Außenanlagen und Freiflächen	m² AF	–	–	–	–	–
600	Ausstattung und Kunstwerke	m² BGF	–	–	–	–	–
700	Baunebenkosten	m² BGF	–	–	–	–	–
800	Finanzierung	m² BGF	–	–	–	–	–

KG	Kostengruppe	Menge Einheit	Kosten €	€/Einheit	%
3+4	**Bauwerk**				**100,0**
300	**Bauwerk – Baukonstruktionen**	1.613,77 m² BGF	3.129.653	**1.939,34**	78,6

Baugrubenaushub; Stb-Fundamentplatte, Stb-Einzelfundamente, Abdichtung, Dämmung, Heizestrich, Eicheparkett, Bodenfliesen, Lärche-Terrassendielen, Sauberkeitsschicht, Schaumglasschotter; Rahmenholzwände, Stb-Wände, Holzstützen, Holzfenster, Dreifachverglasung, Holztüren, Zellulosedämmung, OSB, Holzfaserdämmung, Lärchenholz-Stülpschalung, Holzbekleidung Sichtoberfläche, Fassaden-Rankgerüst; Stb-Wände, Holzrahmenwände, Holzstützen, Holztüren, Holzbekleidung, Sichtoberflächen, Wandfliesen, Sanitärtrennwände; Massiv-Brettsperrholzplatten, Brettsperrholzbalkone, Holztreppen, Dämmung, Heizestrich, Parkett, Bodenfliesen, Terrassendielen, Stahl-Außentreppen, Treppengeländer, Balkongeländer; Brettsperrholzdach als Satteldach, Brettsperrholz-Vordach, Dämmung, Abdichtung, Begrünung, Dachentwässerung, abgehängte Holzfaserplatten, Akustikdecken; Einbaumöbel

KG	Kostengruppe	Menge Einheit	Kosten €	€/Einheit	%
400	**Bauwerk – Technische Anlagen**	1.613,77 m² BGF	851.975	**527,94**	21,4

Gebäudeentwässerung, Regenwasserversickerung in Muldenversickerung, Kalt- und Warmwasserleitungen, Sanitärobjekte; Anschluss Nahwärmeheizanlage, Fußbodenheizung; Lüftungsanlage; PV-Anlage, Elektroinstallationen, Beleuchtung; Rauchmelder

4400-0418
Kindertagesstätte
(8 Gruppen)
(120 Kinder)
Haus der Jugend
Mehrgenerationenhaus

Kostenkennwerte für die Kosten des Bauwerks (Kostengruppen 300+400 nach DIN 276)

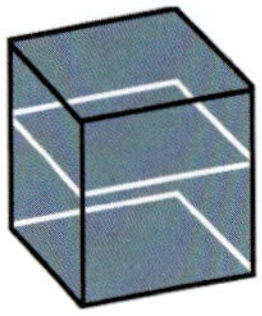

BRI 869€/m³

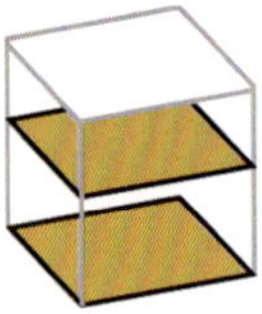

BGF 3.472€/m²

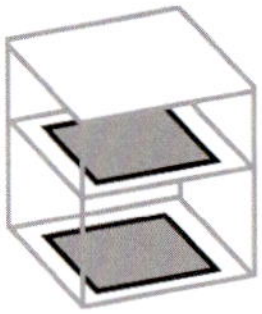

NUF 5.569€/m²

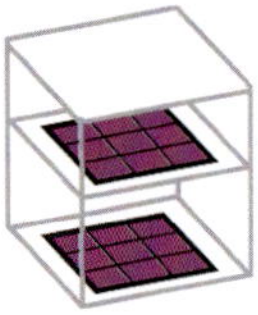

NE 121.326€/NE
NE: Kinder

Objekt:
Kennwerte: 1.Ebene DIN 276
BRI: 16.752m³
BGF: 4.194m²
NUF: 2.614m²
Bauzeit: 131 Wochen
Bauende: 2023
Standard: hoch
Bundesland: Rheinland-Pfalz
Kreis: Bernkastel-Wittlich

Architekt*in:
Dipl.-Ing. (FH)
Christian Gerhardy
Stadtverwaltung Wittlich
Schloßstraße 11
54516 Wittlich

Bauherr*in:
Stadt Wittlich
Schloßstraße 11
54516 Wittlich

© LUKAS HUNEKE PHOTOGRAPHY

© LUKAS HUNEKE PHOTOGRAPHY

© LUKAS HUNEKE PHOTOGRAPHY

© LUKAS HUNEKE PHOTOGRAPHY

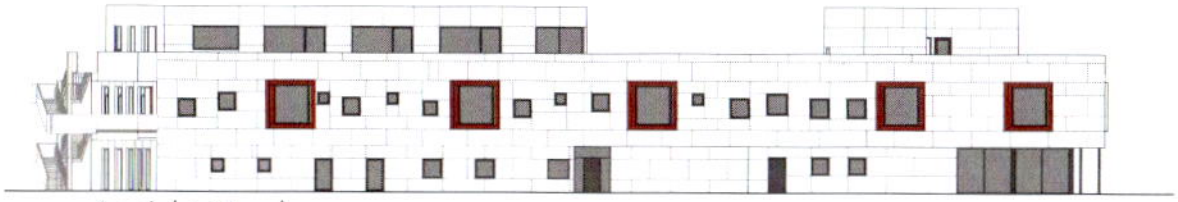

Ansicht Nord

Ansicht Ost

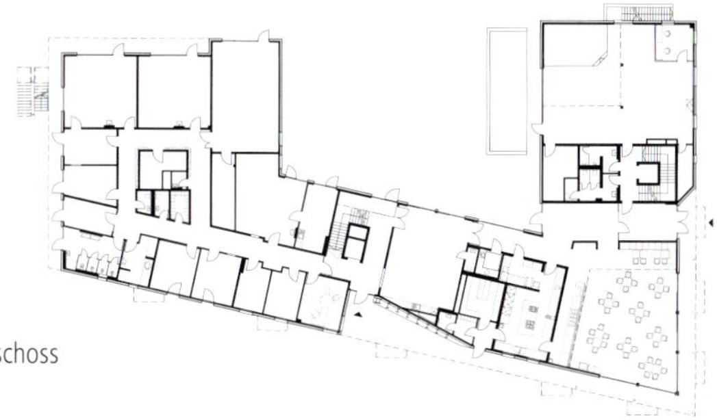

Erdgeschoss

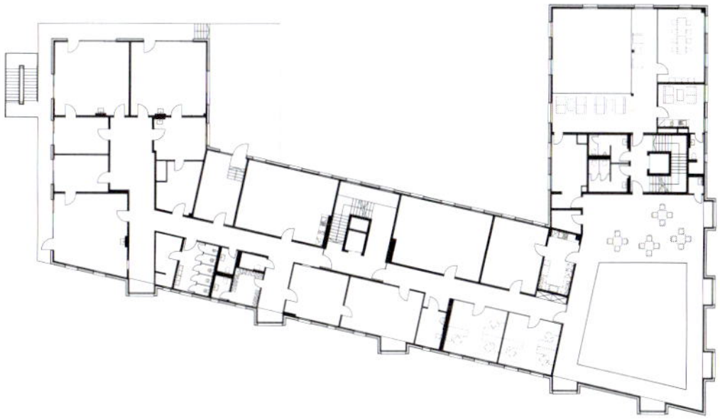

Obergeschoss

Längsschnitt

Ansicht Süd

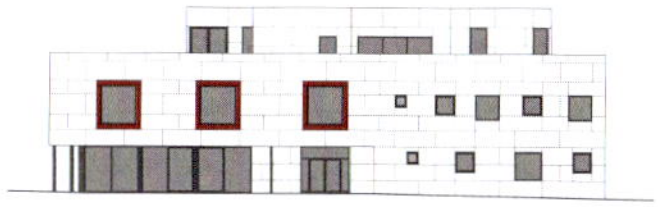

Ansicht West

4400-0418
Kindertagesstätte
(8 Gruppen)
(120 Kinder)
Haus der Jugend
Mehrgenerationenhaus

Objektbeschreibung

Allgemeine Objektinformationen

Das Gebäude vereint eine achtgruppige Kindertagesstätte, das Haus der Jugend und das Mehrgenerationenhaus unter einem Dach und dient als Anlaufstelle für Menschen aller Generationen und Herkunft. Markante Erkerfenster und eine offene, lichtdurchflutete Architektur schaffen eine einladende Atmosphäre.

Nutzung

1 Untergeschoss
Proberäume, Theaterraum, Requisitenraum, Fahrradwerkstatt, Werkstatt, HWR, HA, Technik, Abstellräume, Batterieraum, WCs

1 Erdgeschoss
Windfang, Veranstaltungsraum/Bühne, Gastronomiebereich, Theke, Küche, Lager, Mensa, Eingang Kita, Gruppenräume, Schlafräume, Nebenräume, Büros, Sanitärräume, Mehrzweckraum, Umkleideraum, Abstellraum

1 Obergeschoss
Galerien, Backstage, Betreuungsraum, Medienraum, WCs, Kursräume, Büros, Bibliothek, Personalraum, Gruppenräume, Schlafräume, Sanitärräume, Abstellen

1 Dachgeschoss
Technik, Mensa, Gruppenräume, Schlafräume, Sanitärräume, Besprechungsraum, Abstellen, Dachgarten, Dachterrassen

Nutzeinheiten

Gruppen: 8
Kinder: 120

Grundstück

Bauraum: Freier Bauraum
Neigung: Ebenes Gelände
Bodenklasse: BK 3 bis BK 4

Markt

Hauptvergabezeit: 4. Quartal 2020
Baubeginn: 1. Quartal 2021
Bauende: 3. Quartal 2023
Konjunkturelle Gesamtlage: Durchschnitt
Regionaler Baumarkt: Durchschnitt

Baukonstruktion

Das Kellergeschoss sowie die Treppenhauskerne sind aus Stahlbeton hergestellt, während die oberirdischen Geschosse vollständig in Massivholzbauweise errichtet sind. Um in statisch hochbelasteten Bereichen auf Stahl verzichten zu können, kam Baubuche zum Einsatz. Nicht genutzte Dachflächen sind in allen Ebenen mit einer extensiven Begrünung versehen. Für die Dämmung von Dachflächen, Kellerwänden und Fundamenten wurden recycelbare Glasschaumplatten verwendet. Die Gebäudehülle besteht aus einer vorgehängten Fassade aus hochverdichteten Steinwolleplatten. Die Holz-Alufenster sind mit Dreifachverglasung ausgestattet und können verschattet werden. Nichttragende Innenwände wurden in Trockenbauweise errichtet. Die Stahlbetonwände der Treppenhäuser sind in Sichtbeton ausgeführt und farblich gestaltet. Die Böden sind mit Kautschuk, Teppichböden, Bodenfliesen und Parkett belegt.

Technische Anlagen

Die Beheizung und Kühlung des Gebäudes erfolgt über eine Luft-Wasser-Gasmotorwärmepumpe mit flächendeckender Fußbodenheizung. Lüftungsanlagen mit Wärmerückgewinnung sorgen in Teilbereichen wie Keller, Nebenräumen, Küche, Kita und dem Haus der Jugend für ein angenehmes Raumklima. Eine Photovoltaikanlage mit 25kWp auf dem Dach deckt den Eigenverbrauch an Strom. Im gesamten Gebäude kam stromsparende LED-Technologie für die Beleuchtung zum Einsatz, um den Energieverbrauch nachhaltig zu reduzieren.

Sonstiges

Der Neubau besticht durch seine nachhaltige Bauweise aus Massivholz, recyclefähigen Materialien und barrierefreier Gestaltung mit zwei Aufzügen. Die Massivholz- und Brettsperrholzkonstruktion bindet langfristig ca. 1.100t CO_2, während eine PV-Anlage den Eigenstrombedarf deckt.

Energetische Kennwerte

Gesetzliche Grundlage: EnEV 2013
Gebäudenutzfläche: 4.282,00 m^2
Gebäudevolumen: 13.380,00 m^3
Hüllfläche des beheizten Volumens: 5.045,00 m^2
Mittlerer U-Wert (opake Bauteile): 0,16
Mittlerer U-Wert (transparente Bauteile): 0,90
Spez. Jahresprimärenergiebedarf: 105,40 kWh/(m^2·a)

Energetische Angaben zu Außenbauteilen

Bodenplatte

U-Wert: 0,23 W/(m²·K)

Gesamtdicke: 67,04 cm	d [cm]	λ [W/(mK)]
Kautschuk	0,50	0,150
Estrich	7,50	1,200
PE-Folie	0,02	0,200
Dämmung	2,00	0,035
Dämmung	6,00	0,035
Stahlbeton	30,00	2,300
PE-Folie	0,02	0,200
Dämmung	6,00	0,042
Sauberkeitsschicht	15,00	0,700

Außenwand gegen Erdreich

U-Wert: 0,28 W/(m²·K)

Gesamtdicke: 38,20 cm	d [cm]	λ [W/(mK)]
Stahlbeton	24,00	2,300
Abdichtung	0,20	0,170
Dämmung	14,00	0,042

Außenwand

U-Wert: 0,19 W/(m²·K)

Gesamtdicke: 28,25 cm	d [cm]	λ [W/(mK)]
GK-Platte	2,25	0,250
Holz	12,00	0,130
Dämmung	14,00	0,035

Decke gegen Außenluft unten

U-Wert: 0,13 W/(m²·K)

Gesamtdicke: 60,52 cm	d [cm]	λ [W/(mK)]
Kautschuk	0,50	0,150
Estrich	7,50	1,200
PE-Folie	0,02	0,200
Dämmung	4,00	0,035
Schüttung	6,00	0,700
Holz	28,00	0,130
Dämmung	14,00	0,035
Sperrholz	0,50	0,230

Dach

U-Wert: 0,15 W/(m²·K)

Gesamtdicke: 37,00 cm	d [cm]	λ [W/(mK)]
Holz	14,00	0,180
Abdichtung	0,50	0,170
Dämmung	22,00	0,040
Dachdichtungsbahn	0,50	0,200

4400-0418
Kindertagesstätte
(8 Gruppen)
(120 Kinder)
Haus der Jugend
Mehrgenerationenhaus

Planungskennwerte für Flächen und Rauminhalte nach DIN 277

Flächen des Grundstücks		Menge Einheit	% an GF
BF	Bebaute Fläche	1.325,10 m²	33,7
UF	Unbebaute Fläche	2.607,90 m²	66,3
GF	Grundstücksfläche	3.933,00 m²	100,0

Grundflächen des Bauwerks		Menge Einheit	% an NUF	% an BGF
NUF	Nutzungsfläche	2.614,39 m²	100,0	62,3
TF	Technikfläche	154,66 m²	5,9	3,7
VF	Verkehrsfläche	796,24 m²	30,5	19,0
NRF	Netto-Raumfläche	3.565,29 m²	136,4	85,0
KGF	Konstruktions-Grundfläche	628,32 m²	24,0	15,0
BGF	Brutto-Grundfläche	4.193,61 m²	160,4	100,0

Brutto-Rauminhalt des Bauwerks		Menge Einheit	BRI/NUF (m)	BRI/BGF (m)
BRI	Brutto-Rauminhalt	16.752,34 m³	6,41	4,00

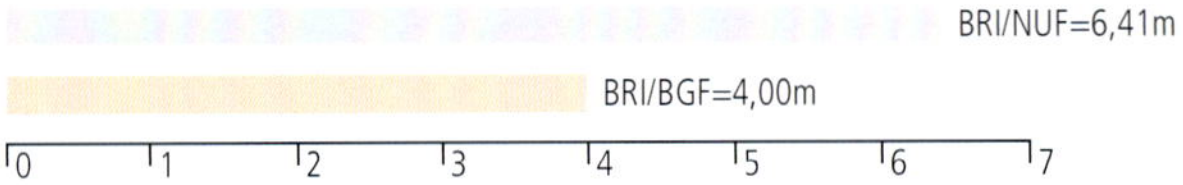

Kostenkennwerte für die Kostengruppen der 1.Ebene DIN 276

KG	Kostengruppen (1. Ebene)	Einheit	Kosten €	€/Einheit	€/m² BGF	€/m³ BRI	% 300+400
100	Grundstück	m² GF	–	–	–	–	–
200	Vorbereitende Maßnahmen	m² GF	130.318	33,13	31,08	7,78	0,9
300	Bauwerk – Baukonstruktionen	m² BGF	10.104.760	2.409,56	2.409,56	603,19	69,4
400	Bauwerk – Technische Anlagen	m² BGF	4.454.397	1.062,19	1.062,19	265,90	30,6
	Bauwerk 300+400	**m² BGF**	**14.559.157**	**3.471,75**	**3.471,75**	**869,08**	**100,0**
500	Außenanlagen und Freiflächen	m² AF	–	–	–	–	–
600	Ausstattung und Kunstwerke	m² BGF	–	–	–	–	–
700	Baunebenkosten	m² BGF	–	–	–	–	–
800	Finanzierung	m² BGF	–	–	–	–	–

KG	Kostengruppe	Menge Einheit	Kosten €	€/Einheit	%
200	**Vorbereitende Maßnahmen**	3.933,00 m² GF	130.318	**33,13**	0,9

Abbruch eines Wohnhauses; Entsorgung, Deponiegebühren; Hausanschluss von Gas, Strom, Wasser

KG	Kostengruppe	Menge Einheit	Kosten €	€/Einheit	%
3+4	**Bauwerk**				**100,0**
300	**Bauwerk – Baukonstruktionen**	4.193,61 m² BGF	10.104.760	**2.409,56**	69,4

Baugrubenaushub; Stb-Bodenplatte, WU, Splittschüttung, Heizestrich, Kautschukboden, Bodenfliesen, Teppichboden, Abdichtung, Perimeterdämmung; Stb-Außenwände, Brettsperrholzwände, Stahlstützen, Holz-Alufenster, Dreifachverglasung, vorgehängte Steinwoll-Plattenfassade, Steinwolldämmung, Schaumglasdämmung, GK-Bekleidung, Beschichtung, Wandfliesen, Raffstores, Textilscreens; Stb-Wände, Brettsperrholz-Wandelemente, teilweise sichtbar, GK-Wände, Baubuchestützen, Holztüren, Holz-Glastüren, Beschichtung, Wandfliesen, WC-Trennwände, Holz-Glaselementwände, mobile Trennwände; Stb-Decken, Brettsperrholzdecken, Stb-Treppen, Dämmung, Heizestrich, Bodenfliesen, Kautschukböden, Teppich, abgeh. Raster-Akustikdecke, Glasbrüstungen, Glastreppengeländer; Brettsperrholz-Flachdächer, Lichtkuppeln, Schaumglasdämmung, Abdichtung, Dachbegrünung, Terrassenplatten, Terrassendielen, Dachentwässerung, abgeh. Akustikdecken. Sonnenschutz, Seilsicherungssystem

KG	Kostengruppe	Menge Einheit	Kosten €	€/Einheit	%
400	**Bauwerk – Technische Anlagen**	4.193,61 m² BGF	4.454.397	**1.062,19**	30,6

Gebäudeentwässerung, Kaltwasserleitungen, Sanitärobjekte, Durchlauferhitzer, Frischwasserstation; Gas-Motor-Wärmepumpe, Gas-Brennwert-Kessel, Fußbodenheizung/-kühlung, anteilige Deckung des Wärmebedarfs über Wärmerückgewinnung der Wärmepumpe; PV-Anlage, Elektroinstallation, Beleuchtung, Blitzschutz; Telefon-, Sprechanlage, Brandmeldeanlage, Datenübertragungsnetz; Personenaufzüge (2St); küchentechnische Einrichtungen; Gebäudeautomation;

4400-0419
Kinderhaus
(2 Gruppen)
(40 Kinder)

Kostenkennwerte für die Kosten des Bauwerks (Kostengruppen 300+400 nach DIN 276)

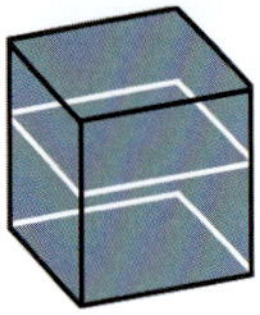

BRI 813 €/m³

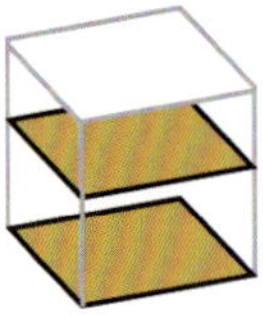

BGF 3.614 €/m²

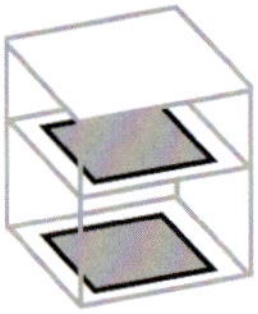

NUF 5.348 €/m²

Objekt:
Kennwerte: 1.Ebene DIN 276
BRI: 4.167 m³
BGF: 938 m²
NUF: 634 m²
Bauzeit: 78 Wochen
Bauende: 2021
Standard: mittel
Bundesland: Bayern
Kreis: Ebersberg

Architekt*in:
LPH 1-5:
Goergens Miklautz
Partner GmbB
Prinzregentenplatz 17
81675 München

LPH 6-9:
dreier + lauterbach
architekten und
ingenieure gmbh
Schulstraße 46
80634 München

Bauherr*in:
Gemeinde Anzing
Schulstraße 1
85646 Anzing

© Hans Engels

Zeichnungen

4400-0419
Kinderhaus
(2 Gruppen)
(40 Kinder)

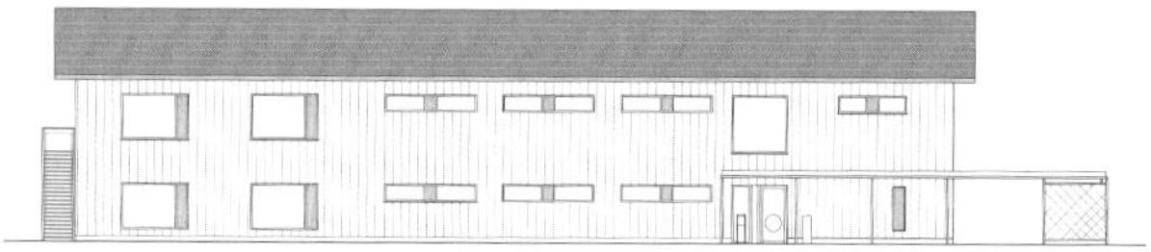

Ansicht Nord-Ost

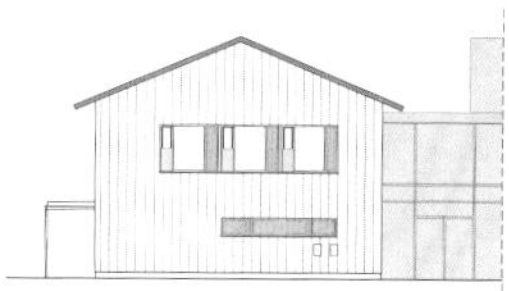

Ansicht Nord-West

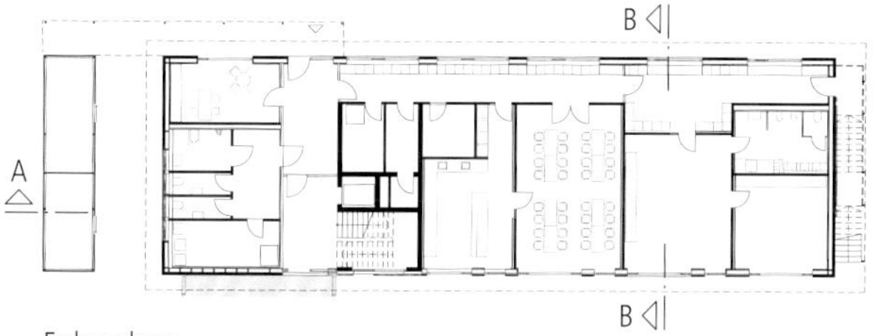

Erdgeschoss

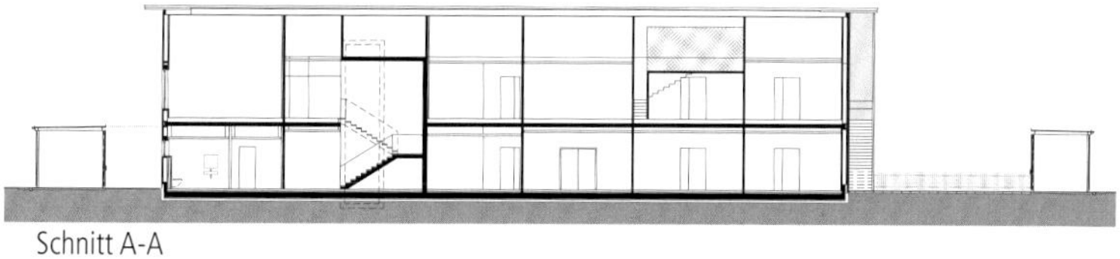

Schnitt A-A

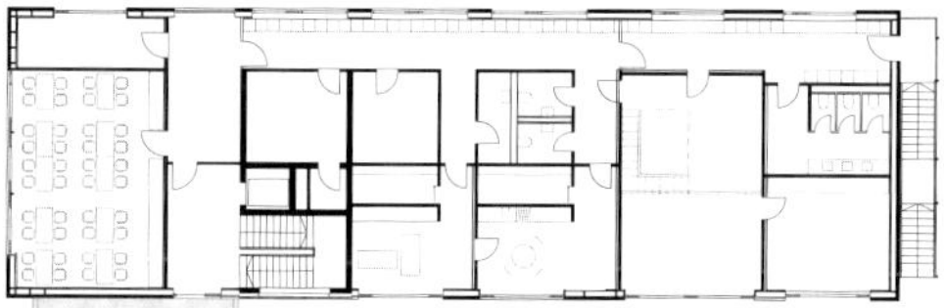

Obergeschoss

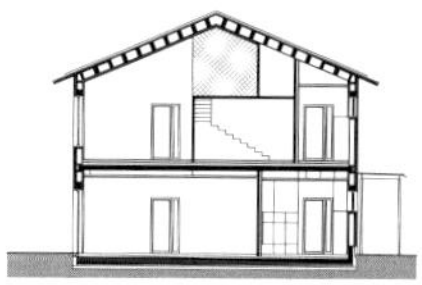

Schnitt B-B

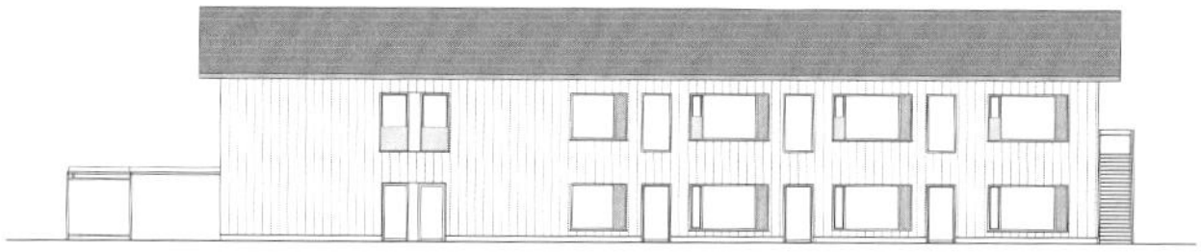

Ansicht Süd-West

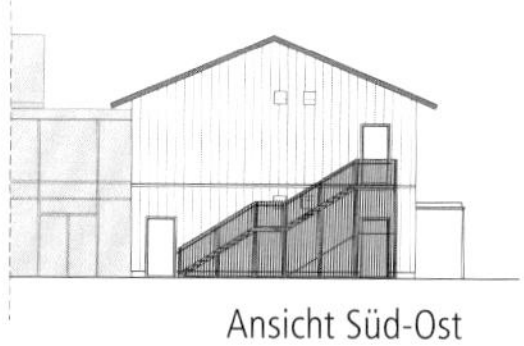

Ansicht Süd-Ost

4400-0419
Kinderhaus
(2 Gruppen)
(40 Kinder)

Objektbeschreibung

Allgemeine Objektinformationen

Die Kindertagesstätte bietet Platz für je eine einzügige Gruppe für Krippenkinder und Kindergartenkinder. Es besteht eine Erweiterungsmöglichkeit für vier weitere Gruppen.

Nutzung

1 Erdgeschoss
Gruppenräume, Nebenräume, Kinderbistro, Küche, Büro, Hausanschlussraum, Hauswirtschaftsraum, Sanitärräume, Flure, Garderoben,Treppenhaus, Aufzug

1 Obergeschoss
Gruppenräume, Nebenräume, Mehrzweckraum, Therapieraum, Personalraum, Technikraum, Lager, Sanitärräume, Flure, Garderoben,Treppenhaus, Aufzug

Nutzeinheiten

Gruppen: 2
Kinder: 40

Grundstück

Bauraum: Freier Bauraum
Neigung: Ebenes Gelände
Bodenklasse: BK 1 bis BK 3

Markt

Hauptvergabezeit: 1.Quartal 2020
Baubeginn: 2.Quartal 2020
Bauende: 4.Quartal 2021
Konjunkturelle Gesamtlage: über Durchschnitt
Regionaler Baumarkt: unter Durchschnitt

Baukonstruktion

Konstruktiv wurde eine Holzhybridbauweise als wirtschaftlichste Bauweise gewählt. Die Gründung erfolgt auf einer Stb-Bodenplatte. Das Gebäude ist nicht unterkellert, alle Technikräume sind räumlich optimiert in den beiden oberirdischen Geschossen untergebracht. Die Außenwände bestehen aus einer gedämmten Holzrahmenkonstruktion, die sich konstruktiv auch im Dach fortsetzt. Für die tragenden Innenwände wurde Brettsperrholz in Sichtqualität gewählt. Die Geschossdecken bestehen aus Holzbetonverbunddecken, die Treppenhauskerne sind massiv in Stahlbeton ausgeführt. Holzakustikdecken und GK-Decken sorgen für eine angenehme Raumakustik. Den oberen Gebäudeabschluss bildet ein Pfettendach, das mit Ziegeln gedeckt ist.

Technische Anlagen

Beheizt wird das Kinderhaus durch den Anschluss an eine Nahwärmeversorgung der benachbarten Schule. Eine vollflächig verlegte Fußbodenheizung verteilt die Wärme im Gebäude. Im Sommer kann die Heizfläche zur Kühlung eingesetzt werden. Ein zentrales Lüftungsgerät mit Wärmerückgewinnung versorgt das Gebäude mit Frischluft.

Sonstiges

Die vergleichsweise hohen Kosten pro Nutzeinheit Kind resultieren aus den im ersten Bauabschnitt bereits realisierten Räumlichkeiten, darunter eine gewerbliche Küche, ein Kinderbistro, ein großer Therapieraum, ein großer Mehrzweckraum, ein Personalraum mit Küchenzeile, ein Treppenhaus, Technikräume, ein Aufzug, Büroräume und Lagerräume. Diese Räume werden in den noch nicht realisierten Bauabschnitten 2 und 3 für die dort entstehenden Gruppenräume mitbenutzt. Der Nachweis für die energetischen Kennwerte wurde mit den noch nicht realisierten Bauabschnitten 2 und 3 geführt.

Energetische Kennwerte

Gesetzliche Grundlage: EnEV 2013
Gebäudenutzfläche: 1.270,00 m^2
Gebäudevolumen: 6.211,00 m^3
A/V_e-Verhältnis (Kompaktheit): 0,45 m^{-1}
Hüllfläche des beheizten Volumens: 2.776,00 m^2
Mittlerer U-Wert (opake Bauteile): 0,15
Mittlerer U-Wert (transparente Bauteile): 0,95
Mittlerer U-Wert (Vorhangfassade): 0,95
Spez. Jahresprimärenergiebedarf: 96,90 kWh/($m^2 \cdot a$)

Energetische Angaben zu Außenbauteilen

Bodenplatte

U-Wert: 0,17 W/(m²·K)

Gesamtdicke: 61,00 cm	d [cm]	λ [W/(mK)]
Bodenbelag	1,00	1,300
Estrich	8,00	1,400
Trittschalldämmung	2,00	0,040
Dämmung	4,00	0,035
Stahlbeton	30,00	2,300
Dämmung	16,00	0,040

Außenwand gegen Erdreich

U-Wert: 0,34 W/(m²·K)

Gesamtdicke: 28,00 cm	d [cm]	λ [W/(mK)]
Stahlbeton	18,00	2,300
Dämmung	10,00	0,037

Außenwand Sockel

U-Wert: 0,27 W/(m²·K)

Gesamtdicke: 30,00 cm	d [cm]	λ [W/(mK)]
Dämmung	4,00	0,040
Stahlbeton	16,00	2,300
Dämmung	10,00	0,040

Außenwand

U-Wert: 0,15 W/(m²·K)

Gesamtdicke: 32,00 cm	d [cm]	λ [W/(mK)]
Holz	4,00	0,130
Dämmung	4,00	0,040
OSB-Platte	2,00	0,130
Holz	20,00	0,130
Dämmung	20,00	0,040
Dämmung	6,00	0,050

Außenwand Treppenhaus

U-Wert: 0,23 W/(m²·K)

Gesamtdicke: 34,00 cm	d [cm]	λ [W/(mK)]
Stahlbeton	20,00	2,300
Dämmung	14,00	0,035

Flachdach

U-Wert: 0,15 W/(m²·K)

Gesamtdicke: 34,00 cm	d [cm]	λ [W/(mK)]
Holz	16,00	0,130
Dämmung	18,00	0,035

Steildach

U-Wert: 0,17 W/(m²·K)

Gesamtdicke: 32,00 cm	d [cm]	λ [W/(mK)]
Holz	28,00	0,130
Dämmung	28,00	0,040
Holzfaserplatte	4,00	0,046

Planungskennwerte für Flächen und Rauminhalte nach DIN 277

Flächen des Grundstücks		Menge Einheit	% an GF
BF	Bebaute Fläche	437,15 m²	17,0
UF	Unbebaute Fläche	2.133,11 m²	83,0
GF	Grundstücksfläche	2.570,26 m²	100,0

Grundflächen des Bauwerks		Menge Einheit	% an NUF	% an BGF
NUF	Nutzungsfläche	633,65 m²	100,0	67,6
TF	Technikfläche	32,83 m²	5,2	3,5
VF	Verkehrsfläche	124,17 m²	19,6	13,2
NRF	Netto-Raumfläche	790,65 m²	124,8	84,3
KGF	Konstruktions-Grundfläche	146,90 m²	23,2	15,7
BGF	Brutto-Grundfläche	937,55 m²	148,0	100,0

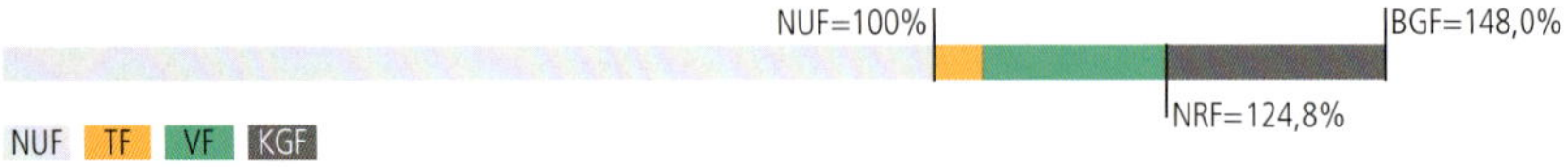

Brutto-Rauminhalt des Bauwerks		Menge Einheit	BRI/NUF (m)	BRI/BGF (m)
BRI	Brutto-Rauminhalt	4.166,82 m³	6,58	4,44

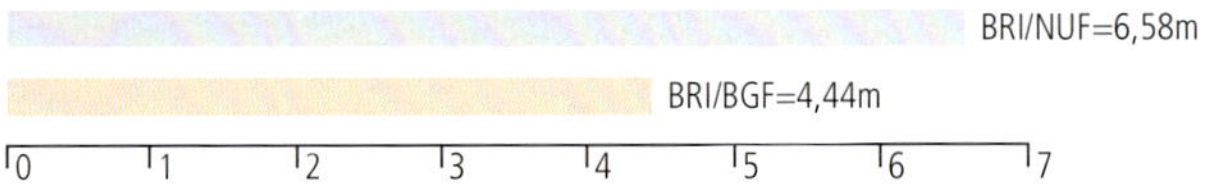

Kostenkennwerte für die Kostengruppen der 1.Ebene DIN 276

KG	Kostengruppen (1. Ebene)	Einheit	Kosten €	€/Einheit	€/m²BGF	€/m³BRI	% 300+400
100	Grundstück	m²GF	–	–	–	–	–
200	Vorbereitende Maßnahmen	m²GF	–	–	–	–	–
300	Bauwerk – Baukonstruktionen	m²BGF	2.485.166	2.650,70	2.650,70	596,42	73,3
400	Bauwerk – Technische Anlagen	m²BGF	903.407	963,58	963,58	216,81	26,7
	Bauwerk 300+400	**m²BGF**	**3.388.574**	**3.614,29**	**3.614,29**	**813,23**	**100,0**
500	Außenanlagen und Freiflächen	m²AF	–	–	–	–	–
600	Ausstattung und Kunstwerke	m²BGF	–	–	–	–	–
700	Baunebenkosten	m²BGF	–	–	–	–	–
800	Finanzierung	m²BGF	–	–	–	–	–

KG	Kostengruppe	Menge Einheit	Kosten €	€/Einheit	%
3+4	**Bauwerk**				**100,0**
300	**Bauwerk – Baukonstruktionen**	937,55 m²BGF	2.485.166	**2.650,70**	73,3

Erdarbeiten; Stb-Bodenplatte, Abdichtung, Dämmung, Heizestrich, Bodenfliesen, Linoleumboden, Sauberlaufzonen; Holzrahmenwände, Holz-Alufenster, Alutüren, Holzfaserdämmung, OSB, senkrechte Holzschalung, GK-Bekleidung, zementgebundene Plattenbekleidung, Beschichtung, textiler Sonnenschutz; Brettsperrholzwände, Stb-Wände, GK-Wände, Holztüren, Stahl-Rohrrahmentüren, GK-Bekleidung, Beschichtung, Wandfliesen; Holz-Betonverbunddecken, Stb-Treppen, Dämmung, Heizestrich, Bodenfliesen, Linoleum, Holzakustikdecke, Gipskartondecke, Stahlwangengeländer, Stahl-Fluchttreppe; Pfettendach, Holzfaserdämmung, Dachziegel, Dachentwässerung; Einbaumöbel

KG	Kostengruppe	Menge Einheit	Kosten €	€/Einheit	%
400	**Bauwerk – Technische Anlagen**	937,55 m²BGF	903.407	**963,58**	26,7

Gebäudeentwässerung, Kalt- und Warmwasserleitungen, Sanitärobjekte; Nahwärmeversorgung, Fußbodenheizung; zentrale Lüftungsanlage, Abluftanlagen; Elektroinstallation, Beleuchtung, Blitzschutzanlage; Telekommunikationsanlage, Sprechanlage, Zutrittskontrolle über Türsteuerung, Rauchwarnmelder, Brandmeldeanlage, Netzwerkverkabelung; Personenaufzug; küchentechnische Anlagen; Gebäudeautomation

4400-0423
Kindertagesstätte
(10 Gruppen)
(106 Kinder)

Kostenkennwerte für die Kosten des Bauwerks (Kostengruppen 300+400 nach DIN 276)

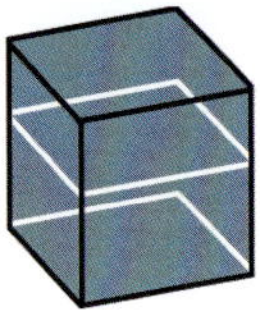

BRI **745 €/m³**

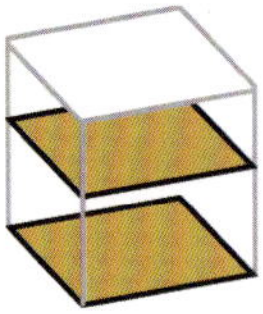

BGF **3.098 €/m²**

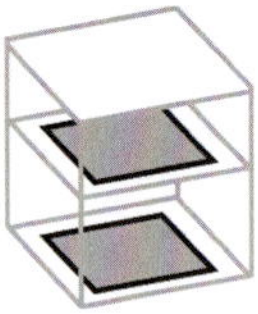

NUF **4.449 €/m²**

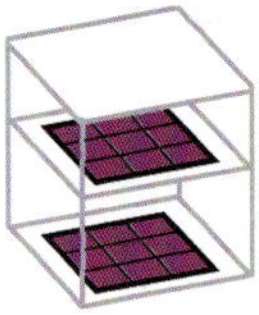

NE **44.657 €/NE**
NE: Kinder

Objekt:
Kennwerte: 1. Ebene DIN 276
BRI: 6.353 m³
BGF: 1.528 m²
NUF: 1.064 m²
Bauzeit: 78 Wochen
Bauende: 2023
Standard: mittel
Bundesland: Brandenburg
Kreis: Oberhavel

Architekt*in:
Knoche Architektur PartGmbB
Holbeinstraße 29
04229 Leipzig

Bauherr*in:
Stadt Oranienburg
Der Bürgermeister
Schloßplatz 1
16515 Oranienburg

© Simon Menges

© Simon Menges

© Simon Menges

© Simon Menges

© Simon Menges

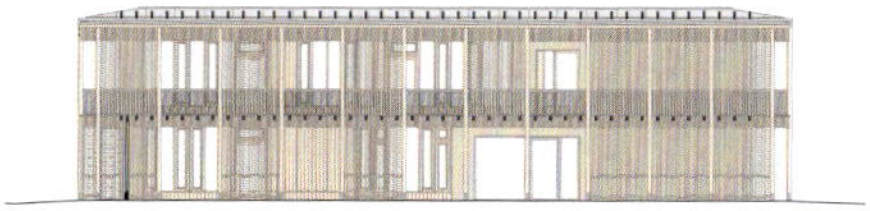

Ansicht Nord-Ost

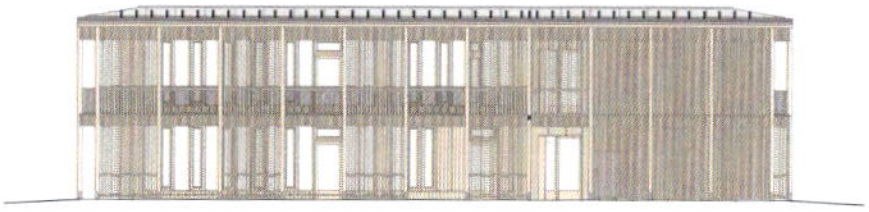

Ansicht Nord-West

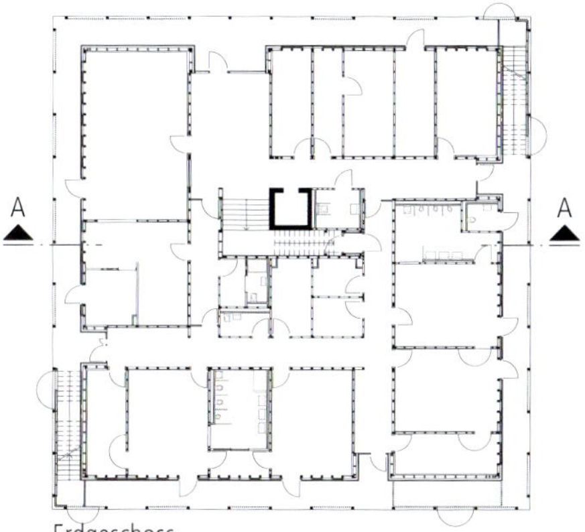

Erdgeschoss

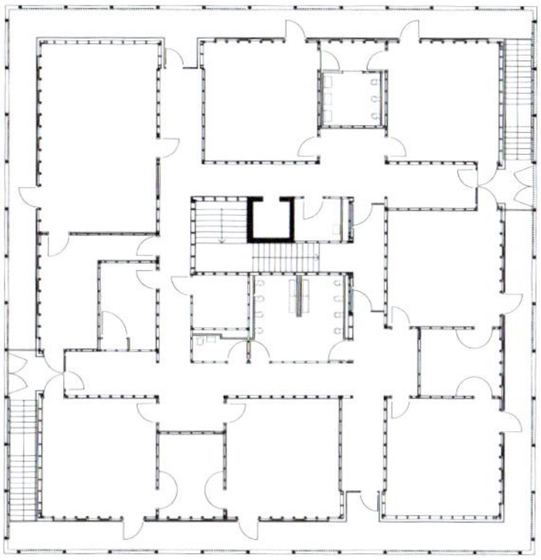

Obergeschoss

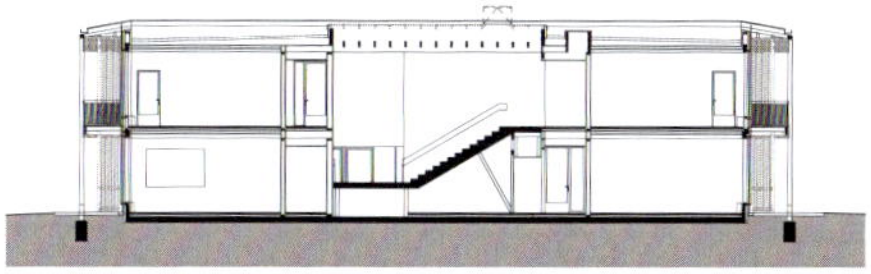

Schnitt A-A

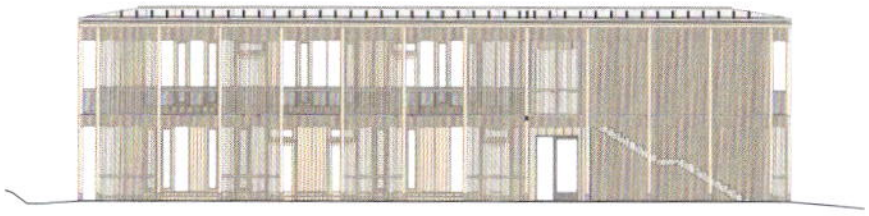

Ansicht Süd-Ost

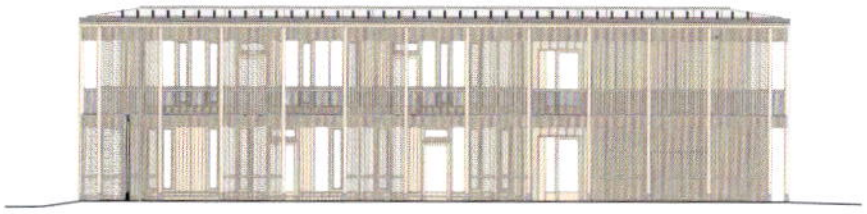

Ansicht Süd-West

Objektbeschreibung

Allgemeine Objektinformationen

Im Rahmen der Quartiersentwicklung entstand diese Kindertagesstätte für 106 Kita- und Krippenkinder. Der zweigeschossige Holzständerbau ist auf einem spitzwinkligen Grundstück ausgerichtet; eine freistehende, alte Eiche markiert den Mittelpunkt eines einladenden Vorplatzes mit Sitzgelegenheiten. Das Gebäude wird maßgeblich durch einen umlaufenden Laubengang geprägt. Rückwärtig befindet sich ein großzügiger Garten mit einem differenzierten Angebot an Außenspielflächen. Durch die Materialität der Fassade und die konsequent sichtbare Holzkonstruktion wird die Struktur und natürliche Haptik des Gebäudes für die Kinder unmittelbar erlebbar.

Nutzung

1 Erdgeschoss
Foyer, Gruppenräume, Schlafräume, Küche, Speisesaal, Aufenthaltsraum, Hausmeister, Abstellräume, Büro, Sanitärräume, Flure, Treppen, Aufzug, Technik

1 Obergeschoss
Gruppenräume, Schlafräume, Bewegungsraum, Abstellräume, Büro, Sanitärräume, Flure, Treppen, Aufzug

Nutzeinheiten

Gruppen: 10
Kinder: 106

Grundstück

Bauraum: Freier Bauraum
Neigung: Ebenes Gelände
Bodenklasse: BK 1 bis BK 3

Markt

Hauptvergabezeit: 4. Quartal 2021
Baubeginn: 1. Quartal 2022
Bauende: 3. Quartal 2023
Konjunkturelle Gesamtlage: Durchschnitt
Regionaler Baumarkt: Durchschnitt

Baukonstruktion

Gegründet wurde das Gebäude auf einer Bodenplatte aus Recyclingbeton mit einer unterseitigen Dämmung aus Schaumglasschotter. Die Tragkonstruktion besteht aus einer Kombination klassischer Holzrahmenelemente für die Innenwände sowie geschlossener Elemente für die Außenwände. Fensterbereiche und Laubengang wurden als Skelettkonstruktion mit sichtbaren, tragenden Holzbauteilen ausgeführt; auch die Holzbalkendecken bleiben sichtbar. Die gesamte Holzkonstruktion ist vorgefertigt und innerhalb weniger Wochen aufgerichtet. Verwendet wurden einheimische Hölzer – im Innenbereich Fichte, außen Lärche. Die Fassaden aus senkrecht angeordneten Lärchenholzleisten dienen zugleich als Sonnenschutz. Holz-Pfosten-Riegelfassaden mit bodentiefen Zweifachverglasungen lassen viel Tageslicht in die Räume. Ein außenliegender Sonnenschutz in Kombination mit dem Laubengang verhindert einen übermäßigen solaren Wärmeeintrag im Sommer. Außen- und Innenwände sowie das begrünte Dach sind mit Holzwolle-Leichtbauplatten gedämmt. Die Böden sind mit Kautschuk und Fliesen belegt, die Laubengänge mit Eichendielen.

Technische Anlagen

Ein Fernwärmeanschluss versorgt die Fußbodenheizung, die Lüftungsgeräte sowie die Warmwasserbereitung mit Wärme. Die Sanitärbereiche und die Küche sind mit Lüftungsgeräten mit Wärmerückgewinnung ausgestattet. Ergänzend steht für alle Gruppenräume eine einfache, aber effektive Nachtauskühlung zur Verfügung: Kühle Außenluft strömt durch Kippfenster in der Fassade ein, gelangt über die Türen in die Flure und wird von einem zentralen Dachventilator abgesaugt. Auf dem Dach ist eine Photovoltaikanlage installiert.

Sonstiges

Einfach rückzubauende und recycelbare Produkte auf Basis natürlicher Materialien machen die Kita zu einem zukunftsfähigen, ökologischen und gleichzeitig wirtschaftlichen Bauwerk.

Energetische Kennwerte

Gesetzliche Grundlage: GEG 2020
Gebäudenutzfläche: 1.152,00 m^2
Spez. Jahresprimärenergiebedarf: 114,90 kWh/(m^2·a)
CO_2-Emissionen: 51,00 kg/(m^2·a)

Planungskennwerte für Flächen und Rauminhalte nach DIN 277

Flächen des Grundstücks		Menge Einheit	% an GF
BF	Bebaute Fläche	847,00 m²	23,3
UF	Unbebaute Fläche	2.788,00 m²	76,7
GF	Grundstücksfläche	3.635,00 m²	100,0

Grundflächen des Bauwerks		Menge Einheit	% an NUF	% an BGF
NUF	Nutzungsfläche	1.064,00 m²	100,0	69,6
TF	Technikfläche	35,00 m²	3,3	2,3
VF	Verkehrsfläche	285,00 m²	26,8	18,7
NRF	Netto-Raumfläche	1.384,00 m²	130,1	90,6
KGF	Konstruktions-Grundfläche	143,81 m²	13,5	9,4
BGF	Brutto-Grundfläche	1.527,81 m²	143,6	100,0

Brutto-Rauminhalt des Bauwerks		Menge Einheit	BRI/NUF (m)	BRI/BGF (m)
BRI	Brutto-Rauminhalt	6.353,00 m³	5,97	4,16

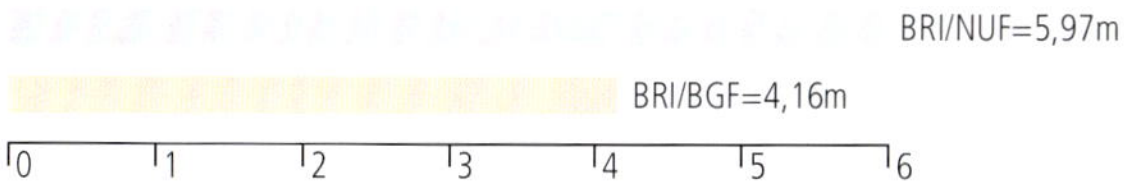

Kostenkennwerte für die Kostengruppen der 1. Ebene DIN 276

KG	Kostengruppen (1. Ebene)	Einheit	Kosten €	€/Einheit	€/m² BGF	€/m³ BRI	% 300+400
100	Grundstück	m² GF	–	–	–	–	–
200	Vorbereitende Maßnahmen	m² GF	–	–	–	–	–
300	Bauwerk – Baukonstruktionen	m² BGF	4.026.684	2.635,59	2.635,59	633,82	85,1
400	Bauwerk – Technische Anlagen	m² BGF	706.914	462,70	462,70	111,27	14,9
	Bauwerk 300+400	**m² BGF**	**4.733.598**	**3.098,29**	**3.098,29**	**745,10**	**100,0**
500	Außenanlagen und Freiflächen	m² AF	840.729	301,55	550,28	132,34	17,8
600	Ausstattung und Kunstwerke	m² BGF	417.847	273,49	273,49	65,77	8,8
700	Baunebenkosten	m² BGF	–	–	–	–	–
800	Finanzierung	m² BGF	–	–	–	–	–

KG	Kostengruppe	Menge Einheit	Kosten €	€/Einheit	%
3+4	**Bauwerk**				**100,0**
300	**Bauwerk – Baukonstruktionen**	1.527,81 m² BGF	4.026.684	**2.635,59**	85,1

Oberbodenarbeiten, Baugrubenaushub; Bodenaustausch, Stb-Fundamentplatte, Recyclingbeton, Dämmung, Heizestrich, Bodenfliesen, Kautschuk, Schaumglasschotter; Aufkantung Recyclingbeton, Holzrahmenwände, OSB, Einblasdämmung, Holzstützen, Stahlrahmen-Eingangselemente, Dreifachverglasung, Perimeterdämmung, senkrechte Lärchenholzleisten, GK-Vorsatzschalen, Beschichtung, Holz-Pfosten-Riegelfassaden, Dreifachverglasung, Sonnenschutzanlage; Halbfertigteilwände aus Recyclingbeton, Holzrahmenwände, OSB, Holzfaserdämmung, Holztüren, teilw. verglast, Vollholz-Rahmentüren, Brandschutztüren, GKF-Beplankung, GK-Beplankung, OSB-Beplankung, Beschichtung, Wandfliesen; Holzbalkendecken, Stb-Treppen, Holztreppen, Dämmung, Heizestrich, Kautschuk, Bodenfliesen, Eichenbohlen auf Laubengang, abgehängte Holzwolle-Leichtbauplatten; Holzbalken-Flachdach, Holzfaser-Gefälledämmung, Abdichtung, extensive Dachbegrünung, Dachentwässerung; Ausgabetheke, Akustikwandbekleidung, Orientierungssystem

KG	Kostengruppe	Menge Einheit	Kosten €	€/Einheit	%
400	**Bauwerk – Technische Anlagen**	1.527,81 m² BGF	706.914	**462,70**	14,9

Gebäudeentwässerung, Kalt- und Warmwasserleitungen, Sanitärobjekte; Fernwärmeanschluss, Fußbodenheizung; Lüftungsanlage mit WRG, zentraler Abluftventilator; Photovoltaikanlage, Elektroinstallation, Beleuchtung; Einbruchmeldeanlage; Personenaufzug; Gebäudeautomation; Küchenausstattung in Austeilküche

KG	Kostengruppe	Menge Einheit	Kosten €	€/Einheit	%
500	**Außenanlagen und Freiflächen**	2.788,00 m² AF	840.729	**301,55**	17,8

Pflasterbeläge für Wege, Terrassenbeläge, Spielplatz, Sandplatz, Spielgerät; Geräteschuppen; Oberbodenarbeiten, Pflanzflächen, Bepflanzungen

KG	Kostengruppe	Menge Einheit	Kosten €	€/Einheit	%
600	**Ausstattung und Kunstwerke**	1.527,81 m² BGF	417.847	**273,49**	8,8

Küchentechnik, Einbaumöbel

4400-0424
Kindertagesstätte
(7 Gruppen)
(152 Kinder)

Kostenkennwerte für die Kosten des Bauwerks (Kostengruppen 300+400 nach DIN 276)

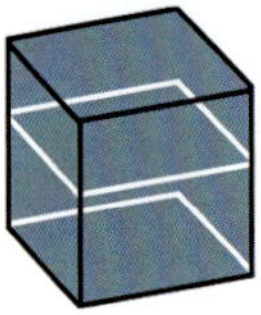

BRI 630 €/m³

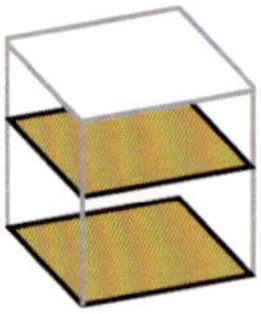

BGF 2.854 €/m²

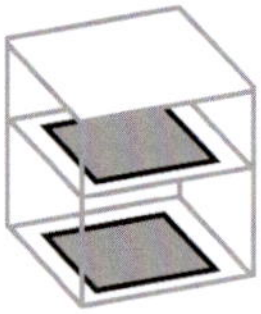

NUF 4.865 €/m²

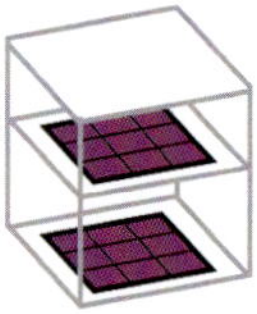

NE 47.460 €/NE

NE: Kinder

Objekt:
Kennwerte: 1.Ebene DIN 276
BRI: 11.450 m³
BGF: 2.528 m²
NUF: 1.483 m²
Bauzeit: 139 Wochen
Bauende: 2023
Standard: hoch
Bundesland: Bayern
Kreis: Regensburg, Stadt

Architekt*in:
Stadt Regensburg
Amt für Hochbau
D.-Martin-Luther-Straße 1
93047 Regensburg

Bauherr*in:
Stadt Regensburg
Amt für Tagesbetreuung
von Kindern

© Stadt Regensburg, Christian Kaister

© Christian Kaister

© Christian Kaister

© Stadt Regensburg, Christian Kaister

© Stadt Regensburg, Christian Kaister

© Christian Kaister

Kostenstand: 1. Quartal 2026, Bundesdurchschnitt, **inkl. 19% MwSt.**

Zeichnungen

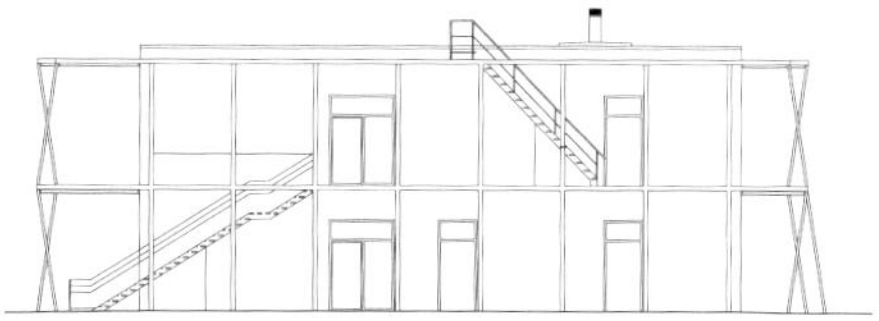

Ansicht Nord-Ost

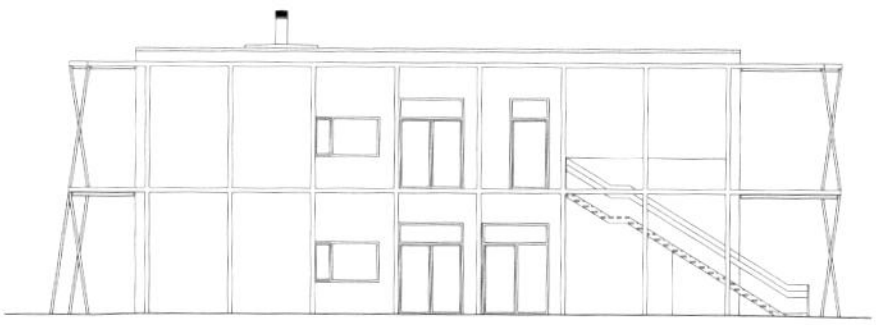

Ansicht Süd-West

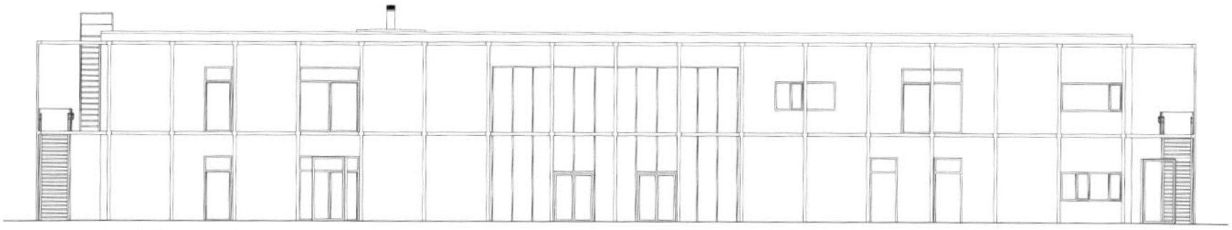

Ansicht Nord-West

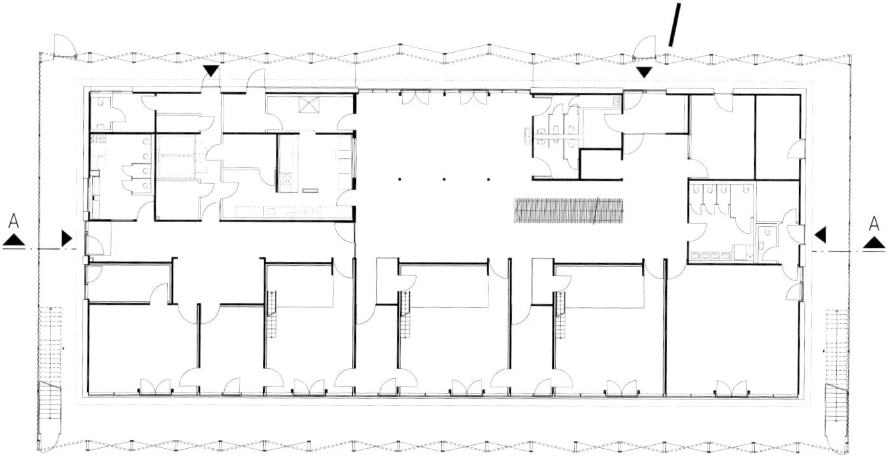

Erdgeschoss

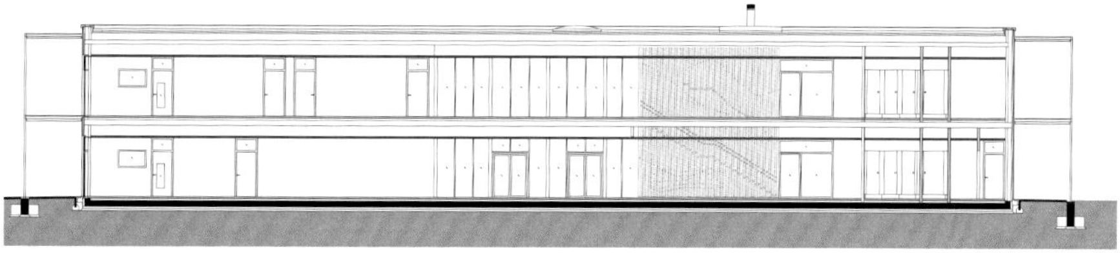

Schnitt A-A

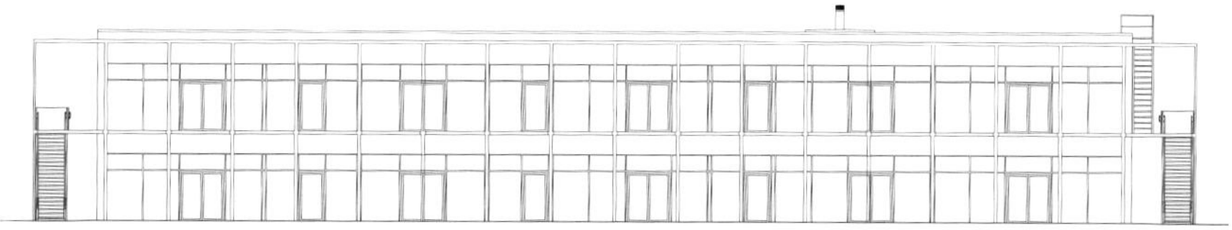

Ansicht Süd-Ost

Objektbeschreibung

Allgemeine Objektinformationen

Das zweigeschossige Kinderhaus beherbergt eine Krippen- und eine integrative Kindergruppe und fünf Kindergartengruppen. Im Herzstück befindet sich ein Spiel- und Essensbereich, der mit einer großen Pfosten-Riegelfassade nach Nordwesten über zwei Geschosse viel Tageslicht ins Gebäude bringt. Die Gruppenräume sind um diesen zentralen Bereich angeordnet. Die sichtbare Holzkonstruktion sorgt für ein angenehmes Raumklima und macht die ökologische Bauweise erlebbar. Die skulpturale Innentreppe aus 47 zweigeschossigen Holzelementen ist sowohl Spielhöhle als auch notwendiges Verbindungsglied zwischen den Geschossen.

Nutzung

1 Erdgeschoss
Gruppenräume, (eine Inklusionsgruppe), Nebenräume, Schlafraum, Mehrzweckraum als Bewegungsraum, Speisesaal, Spielflur, Sanitärräume, Küche, Büro, Abstellraum, Technik, Aufzug, Umgang

1 Obergeschoss
Gruppenräume, Nebenräume, Vortragsraum, Therapieräume, Personalraum, Sanitärräume, Luftraum Speisesaal, Lager, Putzraum, Technik, Aufzug, Fluchtbalkon

Nutzeinheiten

Gruppen: 7
Kinder: 152

Grundstück

Bauraum: Freier Bauraum
Neigung: Ebenes Gelände
Bodenklasse: BK 1 bis BK 3

Besonderer Kosteneinfluss Grundstück
Gründung auf 1m starker Schottertragschicht, Überprüfung durch Plattendruckversuche nach DIN 18134

Markt

Hauptvergabezeit: 2. Quartal 2020
Baubeginn: 2. Quartal 2020
Bauende: 1. Quartal 2023
Konjunkturelle Gesamtlage: über Durchschnitt
Regionaler Baumarkt: Durchschnitt

Baukonstruktion

Der als massiver Holzbau errichtete Baukörper gründet auf einer 30cm starken Stahlbetonbodenplatte. Die Außenwände, sowie die Decken und das Flachdach sind aus massiven Brettsperrholzelementen vorgefertigt. Die Innenwände sind soweit tragend aus Brettsperrholzelementen, die restlichen in Trockenbau gefertigt. Die geschlossene Holzfassade mit waagrechten Rhombusleisten ist hinterlüftet. Die Außenfenster und -türen sind ebenfalls aus Holz und dreifachverglast. Die Böden wurden auf Heizestrich mit Linoleum oder Bodenfliesen belegt, die Decken mit akustisch wirksamen Holzfaserplatten abgehängt.

Technische Anlagen

Die Kita wird über eine Luft-Wasser-Wärmepumpe beheizt. Warmwasser wird dezentral mit elektrischen Durchlauferhitzern bereitet. Die Wärmeverteilung erfolgt über eine Fußbodenheizung. Ein zentrales Lüftungsgerät mit Wärmerückgewinnung wurde eingebaut und versorgt die Räume mit Frischluft. Das Gebäude ist barrierefrei mit einem Aufzug ausgestattet. Es wurde eine RA-Anlage und eine Hausalarmanlage eingebaut.

Sonstiges

Die großen, mit einem Edelstahlnetz (Absturzsicherung und Rankhilfe) eingefassten Flächen im EG und OG (Fluchtbalkon), werden nach DIN 277 als Sonderfläche (S) der Verkehrsfläche zugerechnet. Daher kommt es bei den Planungskennwerten nach DIN 277 zu teilweise größeren Abweichungen.

Energetische Kennwerte

Gesetzliche Grundlage: GEG 2020
Gebäudenutzfläche: 1.592,70 m^2
Spez. Jahresprimärenergiebedarf: 24,30 kWh/(m^2·a)
CO_2-Emissionen: 7,60 kg/(m^2·a)

Planungskennwerte für Flächen und Rauminhalte nach DIN 277

Flächen des Grundstücks		Menge Einheit	% an GF
BF	Bebaute Fläche	–	–
UF	Unbebaute Fläche	–	–
GF	Grundstücksfläche	–	–

Grundflächen des Bauwerks		Menge Einheit	% an NUF	% an BGF
NUF	Nutzungsfläche	1.482,67 m²	100,0	58,6
TF	Technikfläche	46,99 m²	3,2	1,9
VF	Verkehrsfläche	773,39 m²	52,2	30,6
NRF	Netto-Raumfläche	2.303,05 m²	155,3	91,1
KGF	Konstruktions-Grundfläche	224,95 m²	15,2	8,9
BGF	Brutto-Grundfläche	2.528,00 m²	170,5	100,0

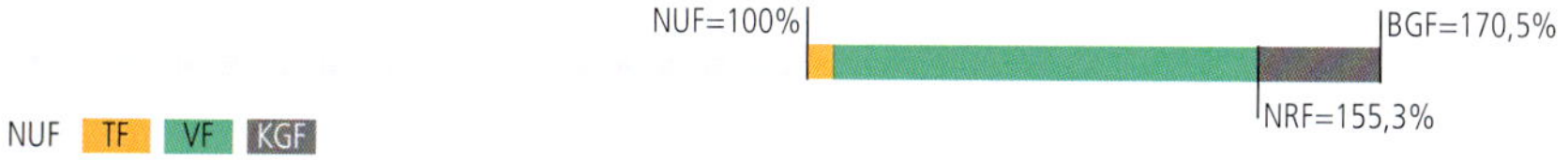

Brutto-Rauminhalt des Bauwerks		Menge Einheit	BRI/NUF (m)	BRI/BGF (m)
BRI	Brutto-Rauminhalt	11.450,00 m³	7,72	4,53

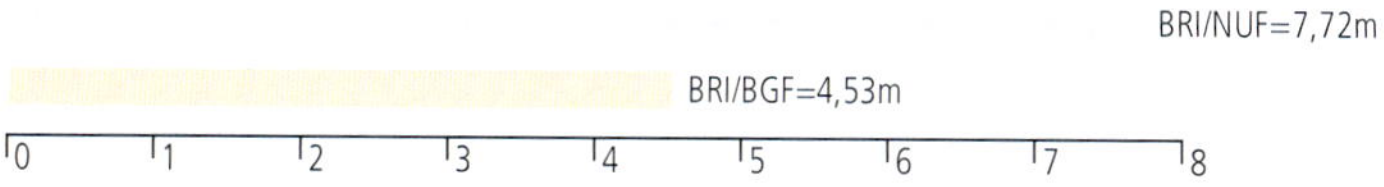

4400-0424
Kindertagesstätte
(7 Gruppen)
(152 Kinder)

Kostenkennwerte für die Kostengruppen der 1. Ebene DIN 276

KG	Kostengruppen (1. Ebene)	Einheit	Kosten €	€/Einheit	€/m² BGF	€/m³ BRI	% 300+400
100	Grundstück	m² GF	–	–	–	–	–
200	Vorbereitende Maßnahmen	m² GF	–	–	–	–	–
300	Bauwerk – Baukonstruktionen	m² BGF	5.783.685	2.287,85	2.287,85	505,13	80,2
400	Bauwerk – Technische Anlagen	m² BGF	1.430.185	565,74	565,74	124,91	19,8
	Bauwerk 300+400	**m² BGF**	**7.213.870**	**2.853,59**	**2.853,59**	**630,03**	**100,0**
500	Außenanlagen und Freiflächen	m² AF	–	–	–	–	–
600	Ausstattung und Kunstwerke	m² BGF	–	–	–	–	–
700	Baunebenkosten	m² BGF	–	–	–	–	–
800	Finanzierung	m² BGF	–	–	–	–	–

KG	Kostengruppe	Menge Einheit	Kosten €	€/Einheit	%
3+4	**Bauwerk**				**100,0**
300	**Bauwerk – Baukonstruktionen**	2.528,00 m² BGF	5.783.685	**2.287,85**	80,2

Baugrubenaushub, Baugrundverbesserung; Stahlbetonbodenplatte, unterseitig gedämmt, Heizestrich, Linoleum, Bodenfliesen; Brettsperrholz-Außenwände, Holzfenster, Holzaußentüren, Dreifachverglasung, Pfosten-Riegelfassade, hinterlüftete Holzfassade; Brettsperrholz-Innenwände, GK-Wände, Holztüren; massive Brettsperrholzdecke, Innentreppe als Holzskulptur, Linoleumbelag, Holzfaser-Akustikdecken, Stahlbalkonanlage mit Edelstahlnetz als Absturzsicherung und Rankhilfe zur Begrünung, Heizestrich, Linoleum, Bodenfliesen; Brettsperrholz-Flachdach, Oberlichter, Gefälledämmung, Abdichtung, Dachentwässerung, extensive Dachbegrünung, Akustikdecken; Einbauschränke, Einbauküchen, Garderoben

KG	Kostengruppe	Menge Einheit	Kosten €	€/Einheit	%
400	**Bauwerk – Technische Anlagen**	2.528,00 m² BGF	1.430.185	**565,74**	19,8

Gebäudeentwässerung, Kalt- und Warmwasserleitungen, Sanitärobjekte; zwei Luft-Wasser-Wärmepumpen, bivalent, dezentrale Warmwassererzeugung, Heizleitungen, Fußbodenheizung, auch zur Kühlung; mechanische Lüftungsanlage mit WRG; Elektroinstallation, LED-Beleuchtung, Blitzschutzanlage; Datennetzwerk, Sprechanlagen, Brandmeldeanlage; Aufzug, barrierefrei; Aufwärm- und Ausgabeküche

4400-0427
Kindertagesstätte
(8 Gruppen)
(138 Kinder)

Kostenkennwerte für die Kosten des Bauwerks (Kostengruppen 300+400 nach DIN 276)

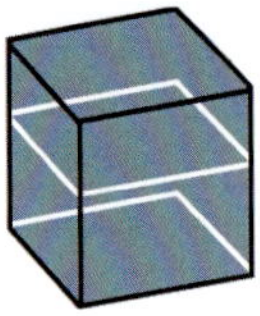

BRI 984 €/m³

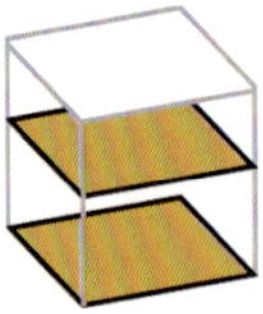

BGF 4.157 €/m²

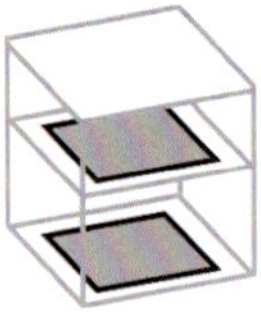

NUF 5.657 €/m²

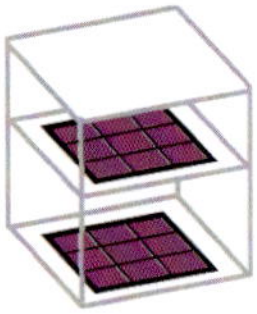

NE 58.834 €/NE

NE: Kinder

Objekt:
Kennwerte: 1.Ebene DIN 276
BRI: 8.254 m³
BGF: 1.953 m²
NUF: 1.435 m²
Bauzeit: 96 Wochen
Bauende: 2024
Standard: hoch
Bundesland: Brandenburg
Kreis: Prignitz

Architekt*in:
TRU Architekten
Partnerschaft mbB
Christopher Straße 4
10405 Berlin

Bauherr*in:
Stadt Wittenberge
August-Bebel-Straße 10
19322 Wittenberge

© Werner Huthmacher

4400-0427
Kindertagesstätte
(8 Gruppen)
(138 Kinder)

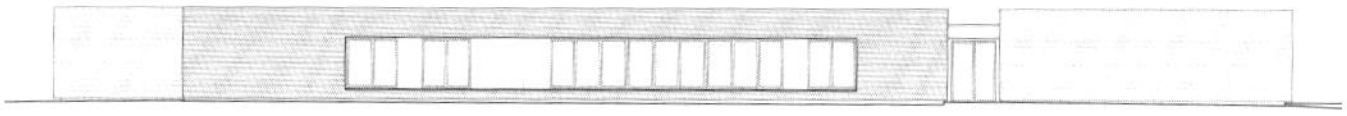
Ansicht Nord

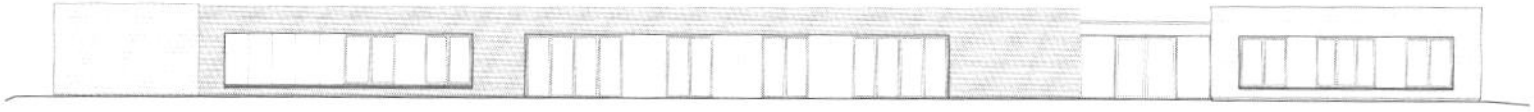
Ansicht Ost

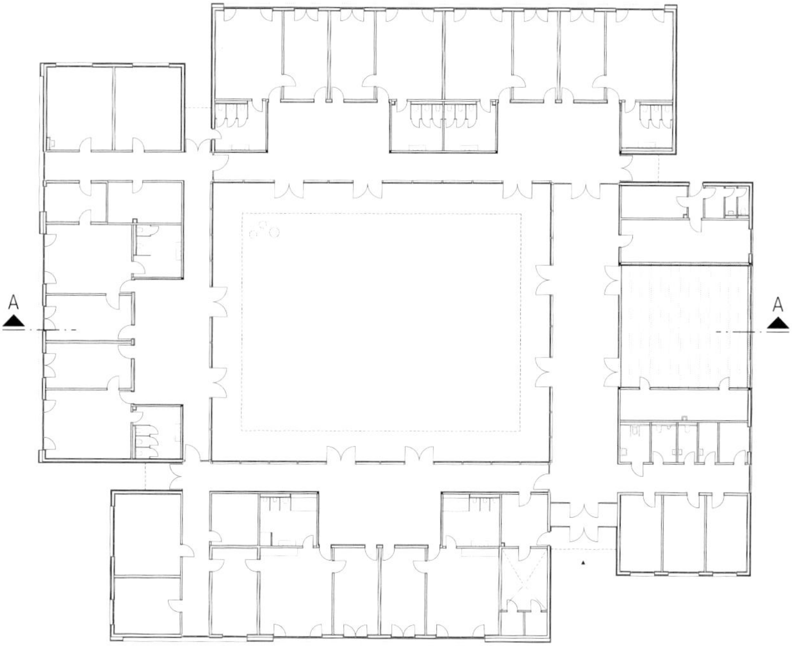

Erdgeschoss

Schnitt A-A

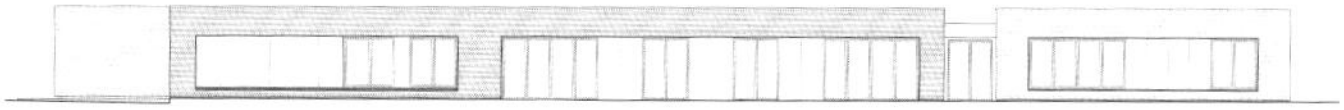
Ansicht Süd

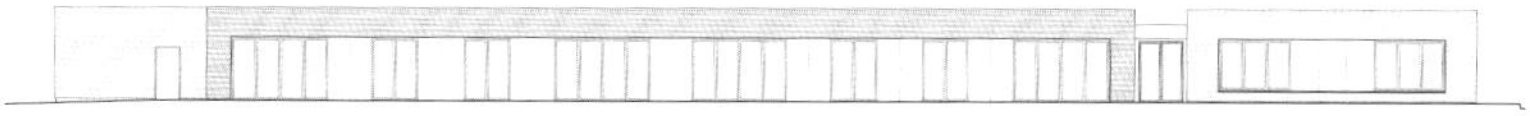
Ansicht West

4400-0427
Kindertagesstätte
(8 Gruppen)
(138 Kinder)

Objektbeschreibung

Allgemeine Objektinformationen

Der Neubau bietet Platz für zwei Krippen- und sechs Kindergartengruppen mit insgesamt 138 Kindern. Auf dem Gelände entstand ein moderner, eingeschossiger Bau aus Holz, mit großzügigen Verglasungen und einem begrünten Dach. Herzstück des Gebäudes ist ein Innenhof, der um eine bestehende Eichengruppe angelegt wurde. Alle Gruppenräume verfügen über eigene Terrassen. Zur Ausstattung gehören zudem ein Mehrzweckraum, eine Ausgabeküche sowie ein Kunst- und ein Musikraum.

Nutzung

1 Erdgeschoss
Windfang, Foyer, Spielflure, Gruppenräume, Erweiterungsräume, Schlafräume, Funktions-/Bewegungsraum, Mehrzweckraum, Therapieraum, Garderoben, Büros, Besprechungsraum, WCs, Sanitärräume, Hausmeister, Küche, Spülküche, Abstellräume, Technikräume

Nutzeinheiten

Gruppen: 8
Kinder: 138

Grundstück

Bauraum: Freier Bauraum
Neigung: Ebenes Gelände
Bodenklasse: BK 3

Markt

Hauptvergabezeit: 1.Quartal 2022
Baubeginn: 2.Quartal 2022
Bauende: 2.Quartal 2024
Konjunkturelle Gesamtlage: über Durchschnitt
Regionaler Baumarkt: unter Durchschnitt

Baukonstruktion

Das Gebäude ist als Holzbau konzipiert und auf einer Stahlbetonbodenplatte gegründet. Die Außenwände bestehen aus einer Holzrahmenkonstruktion mit Massivholzstützen. Das Dach wurde als Massivdecke aus Brettschichtholz ausgeführt; über dem Multifunktionsraum übernehmen aufgrund der großen Spannweite Brettschichtholzbinder die Tragfunktion. Das Flachdach ist als Gründach gestaltet. Die geschlossenen Fassadenflächen sind mit einer hinterlüfteten, horizontalen Holzbekleidung versehen. Die dreifachverglaste Holz-Pfosten-Riegelfassade ermöglicht eine nahezu durchgehende Verglasung der Spielflure zum Innenhof. Elektrische Raffstores sorgen für eine wirksame Verschattung. Die Bodenbeläge bestehen aus Fliesen und Linoleum.

Technische Anlagen

Der Neubau wird über eine Luft-Wärmepumpe beheizt. Die Wärmeverteilung erfolgt über eine Fußbodenheizung. Eine dezentrale Lüftungsanlage mit Wärmerückgewinnung sorgt für eine effiziente und gleichmäßige Frischluftversorgung im gesamten Gebäude.

Energetische Kennwerte

Gesetzliche Grundlage: GEG 2020
Gebäudenutzfläche: 1.667,00 m^2
Gebäudevolumen: 6.683,00 m^3
Hüllfläche des beheizten Volumens: 4.980,00 m^2
Spez. Jahresprimärenergiebedarf: 95,44 kWh/(m^2·a)
CO_2-Emissionen: 29,69 kg/(m^2·a)

Energetische Angaben zu Außenbauteilen

Bodenplatte

U-Wert: 0,25 W/(m²·K)

Gesamtdicke: 38,00 cm	d [cm]	λ [W/(mK)]
Trittschalldämmung	2,00	0,045
Dämmung	10,00	0,035
Ausgleichsdämmung	6,00	0,120
Stahlbeton	20,00	2,500

Außenwand hinterlüftet

U-Wert: 0,18 W/(m²·K)

Gesamtdicke: 28,00 cm	d [cm]	λ [W/(mK)]
GK-Platte	1,30	0,250
Dämmung	5,00	0,040
Holzwerkstoffplatte	1,50	0,130
Holz	18,00	0,130
Dämmung	18,00	0,040
Holzfaserplatte	2,20	0,045

Dach

U-Wert: 0,19 W/(m²·K)

Gesamtdicke: 30,00 cm	d [cm]	λ [W/(mK)]
Dämmung	14,00	0,035
Holz	16,00	0,130

Planungskennwerte für Flächen und Rauminhalte nach DIN 277

Flächen des Grundstücks		Menge Einheit	% an GF
BF	Bebaute Fläche	1.952,00 m²	19,7
UF	Unbebaute Fläche	7.964,00 m²	80,3
GF	Grundstücksfläche	9.916,00 m²	100,0

Grundflächen des Bauwerks		Menge Einheit	% an NUF	% an BGF
NUF	Nutzungsfläche	1.435,27 m²	100,0	73,5
TF	Technikfläche	25,40 m²	1,8	1,3
VF	Verkehrsfläche	260,99 m²	18,2	13,4
NRF	Netto-Raumfläche	1.721,66 m²	120,0	88,2
KGF	Konstruktions-Grundfläche	231,23 m²	16,1	11,8
BGF	Brutto-Grundfläche	1.952,89 m²	136,1	100,0

Brutto-Rauminhalt des Bauwerks		Menge Einheit	BRI/NUF (m)	BRI/BGF (m)
BRI	Brutto-Rauminhalt	8.254,00 m³	5,75	4,23

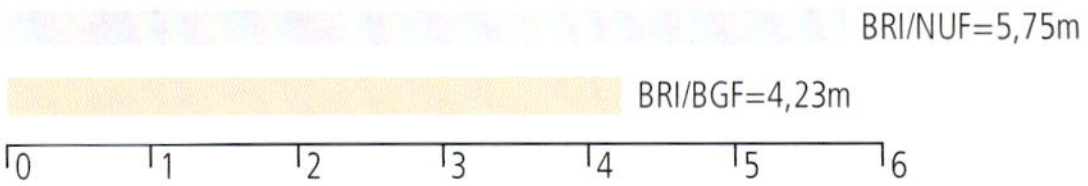

Kostenkennwerte für die Kostengruppen der 1. Ebene DIN 276

KG	Kostengruppen (1. Ebene)	Einheit	Kosten €	€/Einheit	€/m² BGF	€/m³ BRI	% 300+400
100	Grundstück	m² GF	–	–	–	–	–
200	Vorbereitende Maßnahmen	m² GF	–	–	–	–	–
300	Bauwerk – Baukonstruktionen	m² BGF	6.533.254	3.345,43	3.345,43	791,53	80,5
400	Bauwerk – Technische Anlagen	m² BGF	1.585.821	812,04	812,04	192,13	19,5
	Bauwerk 300+400	**m² BGF**	**8.119.075**	**4.157,47**	**4.157,47**	**983,65**	**100,0**
500	Außenanlagen und Freiflächen	m² AF	–	–	–	–	–
600	Ausstattung und Kunstwerke	m² BGF	–	–	–	–	–
700	Baunebenkosten	m² BGF	–	–	–	–	–
800	Finanzierung	m² BGF	–	–	–	–	–

KG	Kostengruppe	Menge Einheit	Kosten €	€/Einheit	%
3+4	**Bauwerk**				**100,0**
300	**Bauwerk – Baukonstruktionen**	1.952,89 m² BGF	6.533.254	**3.345,43**	80,5

Oberbodenarbeiten; Stb-Streifenfundamente, Stb-Bodenplatte mit Aufkantungen, Dämmung, Heizestrich, Sauberlaufzonen, Linoleum, Bodenfliesen, Perimeterdämmung; Holzrahmenwände, Holzstützen, Holzfenster, Eingangselemente, Dämmung, vorgehängte, horizontale Holzschalung, Dreischichtplatten, Wandfliesen, Holz-Pfosten-Riegelfassaden, Dreifachverglasung, Raffstores; Holzrahmenwände, Holztüren, GK-Bekleidung, Dreischichtplatten, Beschichtung, Wandfliesen; BSH-Binder, Massivholz-Flachdach, Gefälledämmung, Abdichtung, Dachentwässerung, Dachbegrünung, abgehängte GK-Decken, Holzdecken

KG	Kostengruppe	Menge Einheit	Kosten €	€/Einheit	%
400	**Bauwerk – Technische Anlagen**	1.952,89 m² BGF	1.585.821	**812,04**	19,5

Gebäudeentwässerung, Kalt- und Warmwasserleitungen, Sanitärobjekte; Luft-Wärmepumpe, Fußbodenheizung; dezentrale Lüftungsanlagen, Zu-/Abluftanlage mit Wärmerückgewinnung; Elektroinstallation, Beleuchtung

4400-0428
Kindertagesstätte
(4 Gruppen)
(70 Kinder)

Holz-Raumzellen

Kostenkennwerte für die Kosten des Bauwerks (Kostengruppen 300+400 nach DIN 276)

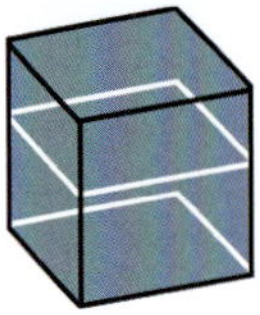

BRI 950 €/m³

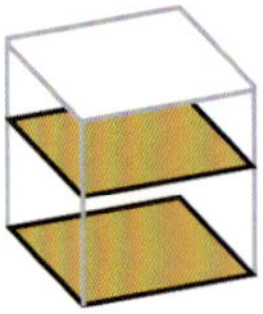

BGF 3.404 €/m²

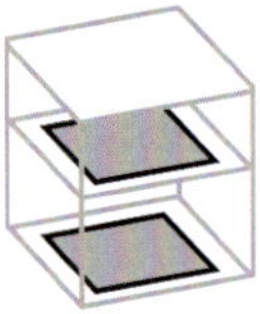

NUF 5.791 €/m²

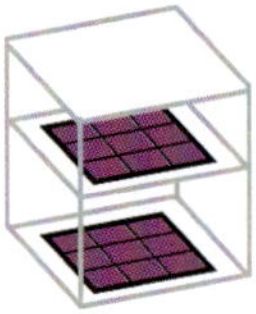

NE 67.575 €/NE
NE: Kinder

Objekt:
Kennwerte: 1. Ebene DIN 276
BRI: 4.981 m³
BGF: 1.390 m²
NUF: 817 m²
Bauzeit: 30 Wochen
Bauende: 2024
Standard: hoch
Bundesland: Baden-Württemberg
Kreis: Heidelberg, Stadt

Architekt*in:
Entwurf des Modulbaukastens:
Stadt Heidelberg
Hochbauamt

Grundstücksbezogene Planerleistungen:
AAg Architekten GmbH
Eppelheimer Straße 46
69115 Heidelberg

Bauherr*in:
Stadt Heidelberg
Hochbauamt
Römerstraße 5
69115 Heidelberg

Ausführung:
KAUFMANN BAUSYSTEME
Baien 115
A-6870 Reuthe

© Leon Schuch

© Leon Schuch

© Leon Schuch

© Leon Schuch

Kostenstand: 1. Quartal 2026, Bundesdurchschnitt, **inkl. 19% MwSt.**

Zeichnungen

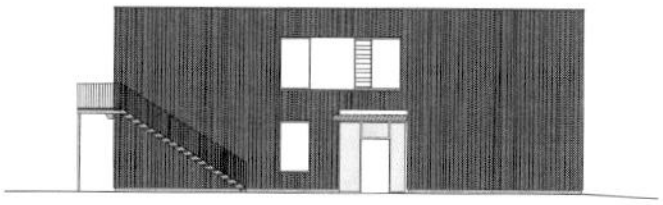
Ansicht Nord

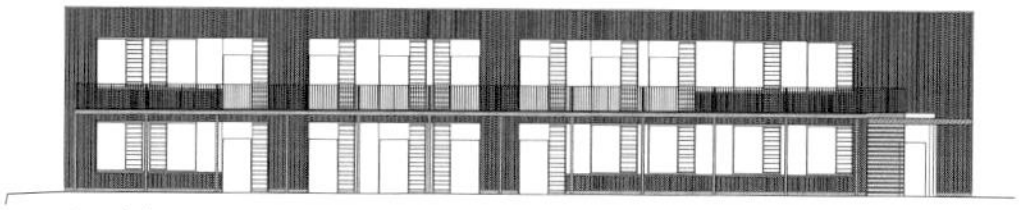
Ansicht Ost

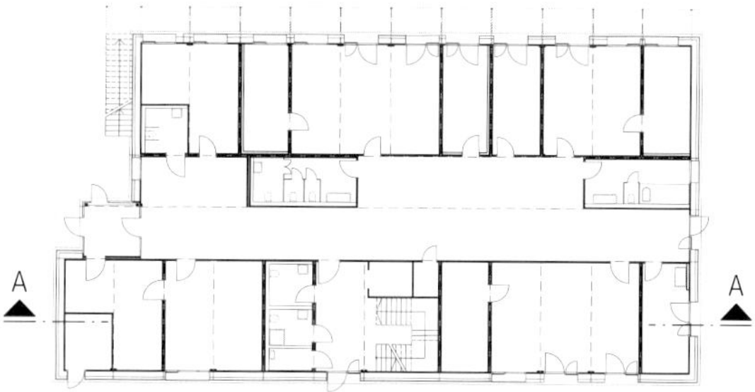

Erdgeschoss

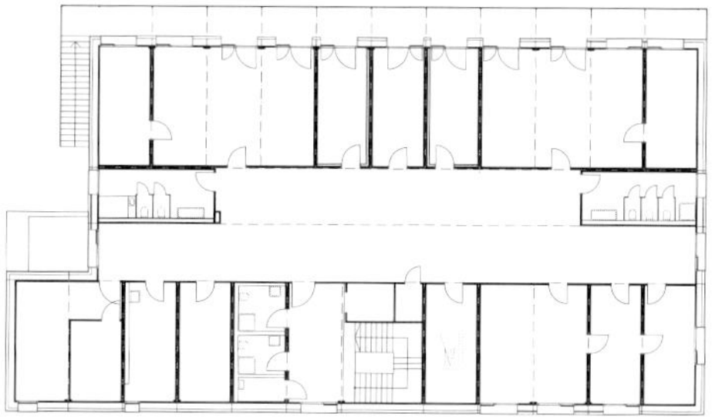
Obergeschoss

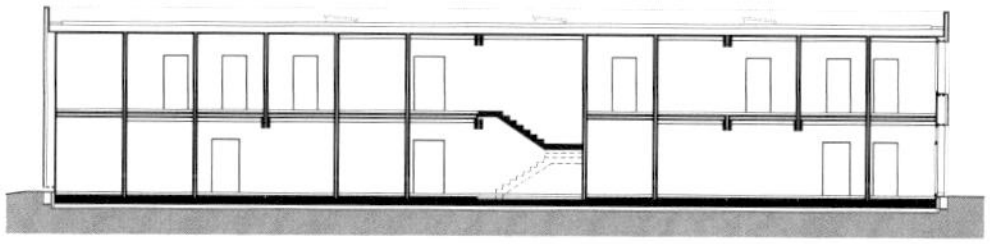
Schnitt A-A

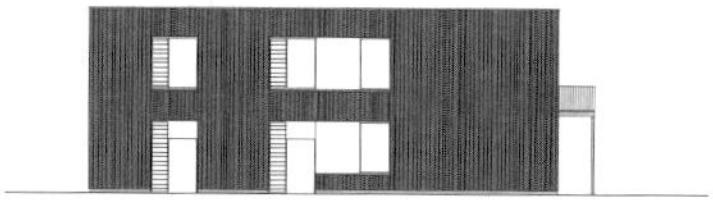
Ansicht Süd

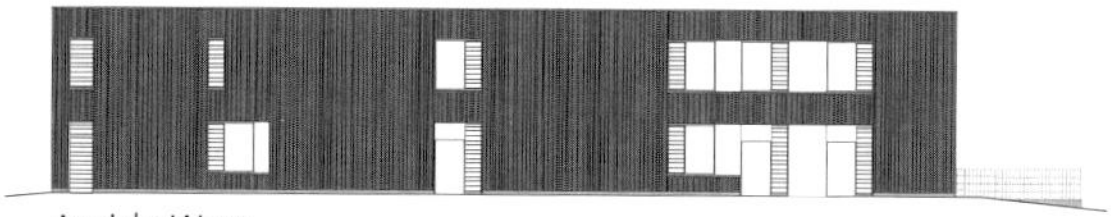
Ansicht West

Objektbeschreibung

Allgemeine Objektinformationen

Die zweigeschossige Kindertagesstätte für eine Krippen- und drei Kitagruppen mit insgesamt 70 Betreuungsplätzen ist das dritte Projekt in innovativer Modulbauweise des Baukastensystems der Stadt Heidelberg. Die Gruppenräume und der Großteil der Aufenthaltsräume der Kinder orientieren sich nach Südosten zur Außenanlage. Die Wände, Decken und Trennwände der Sanitärbereiche wurden jeweils unterschiedlich monochrom gestaltet und dienen zur Identifikationssteigerung der Kinder mit ihrer Gruppe.

Nutzung

1 Erdgeschoss
eine Gruppe Ü3: Gruppenraum, Intensivraum, Sanitärraum, eine Gruppe U3: Gruppenraum, Schlafraum, Sanitärraum, Garderoben/Spielflur, Schlafraum, Foyer, Windfang, Flur, Besucher-WC, Leitung, Küche, Küchenlager, Technik, Personal-WC, Umkleide, Putzraum, Mehrzweckraum, Geräteraum, Werkraum, Bildungsraum

1 Obergeschoss
zwei Gruppen Ü3: Gruppenräume, Intensivräume, Sanitärräume, Garderoben/Spielflur, Schlafräume, Materialräume, Flur, Personalduschen/WCs, Putzraum, Personalräume, Bildungsraum, Technikräume

Nutzeinheiten

Gruppen: 4
Kinder: 70

Grundstück

Bauraum: Freier Bauraum
Neigung: Ebenes Gelände
Bodenklasse: BK 3 bis BK 5

Markt

Hauptvergabezeit: 4.Quartal 2023
Baubeginn: 1.Quartal 2024
Bauende: 3.Quartal 2024
Konjunkturelle Gesamtlage: über Durchschnitt
Regionaler Baumarkt: über Durchschnitt

Baukonstruktion

Die Stahlbeton-Bodenplatte wurde aufgrund der Eigenschaften des Bodens mit Betonplomben ausgeführt. In insgesamt zwei Wochen erfolgte die Errichtung der 60 vorgefertigten Holzmodule; diese waren bereits fest mit allen Einbauten wie Sanitärgegenständen, Trennwänden, Leuchten und Endbeschichtung versehen. Der weitere Innenausbau bis Fertigstellung dauerte nochmals ca. 3 Monate. Der Boden, die Decke und das Dach im Flurbereich bestehen aus Brettsperrholzelementen. Vor Ort wurde ein schwimmender Estrich eingebracht. Ebenso sind die Außenfassaden aus Lärchenholz und die Dachabdichtung samt Begrünung an der Baustelle montiert. Die sichtbaren Holzoberflächen wurden lasiert, die Böden sind mit Linoleum oder Fliesen belegt. Sämtliche Einbaumöbel wurden ebenfalls durch den Holzbau-Generalunternehmer realisiert, sodass sich ein ausgesprochen harmonisches Bild durch die Verwendung identischer Hölzer ergibt.

Technische Anlagen

Das Gebäude ist an das Fernwärmenetz angeschlossen. Die gesamte Heizungs-, Sanitär-, Lüftungs- und Elektroinstallation wurde bereits in den Modulen vorinstalliert angeliefert und vor Ort endmontiert. Sämtliche Sanitärobjekte, Leuchten und Heizkörper werden bereits in der Montagehalle montiert. Die Kindertagesstätte ist mit dezentralen Lüftungsgeräten ausgestattet. Über einbruchsichere Lüftungsklappen erfolgt eine Nachtabkühlung. Die Kindertagesstätte ist mit einer Photovoltaikanlage und einem Aufzug ausgestattet.

Sonstiges

Um eine möglichst schnelle und sehr wirtschaftliche Umsetzung von Kindertagesstätten zu ermöglichen, hat das Heidelberger Hochbauamt in Zusammenarbeit mit Modulbaufirmen ein serielles Baukastensystem für Kindertagesstätten in Holzmodulbauweise entwickelt. Mit diesem lässt sich eine Vielzahl von ein- und zweigeschossigen Gebäudetypen mit differenzierten Grundrisstypologien realisieren. Das kleinteilige Modulraster kann flexibel auf unterschiedliche Rahmenbedingungen reagieren. Das energetische Konzept des Gebäudes entspricht dem Passivhaus-Standard.

Energetische Kennwerte

Gesetzliche Grundlage: GEG 2020
Gebäudenutzfläche: 1.189,00 m^2
Spez. Jahresprimärenergiebedarf: 32,71 kWh/(m^2·a)
CO_2-Emissionen: 12,66 kg/(m^2·a)

Planungskennwerte für Flächen und Rauminhalte nach DIN 277

Flächen des Grundstücks		Menge Einheit	% an GF
BF	Bebaute Fläche	731,09 m²	38,8
UF	Unbebaute Fläche	1.153,91 m²	61,2
GF	Grundstücksfläche	1.885,00 m²	100,0

Grundflächen des Bauwerks		Menge Einheit	% an NUF	% an BGF
NUF	Nutzungsfläche	816,80 m²	100,0	58,8
TF	Technikfläche	47,10 m²	5,8	3,4
VF	Verkehrsfläche	334,02 m²	40,9	24,0
NRF	Netto-Raumfläche	1.197,92 m²	146,7	86,2
KGF	Konstruktions-Grundfläche	191,81 m²	23,5	13,8
BGF	Brutto-Grundfläche	1.389,73 m²	170,1	100,0

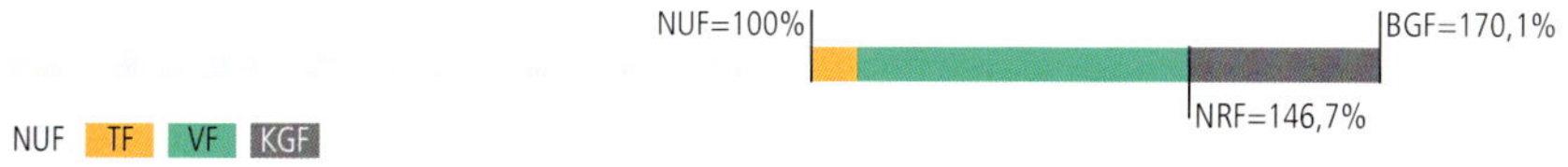

Brutto-Rauminhalt des Bauwerks		Menge Einheit	BRI/NUF (m)	BRI/BGF (m)
BRI	Brutto-Rauminhalt	4.981,39 m³	6,10	3,58

4400-0428
Kindertagesstätte
(4 Gruppen)
(70 Kinder)

Kostenkennwerte für die Kostengruppen der 1. Ebene DIN 276

KG	Kostengruppen (1. Ebene)	Einheit	Kosten €	€/Einheit	€/m² BGF	€/m³ BRI	% 300+400
100	Grundstück	m² GF	–	–	–	–	–
200	Vorbereitende Maßnahmen	m² GF	203.658	108,04	146,55	40,88	4,3
300	Bauwerk – Baukonstruktionen	m² BGF	3.516.893	2.530,63	2.530,63	706,01	74,3
400	Bauwerk – Technische Anlagen	m² BGF	1.213.330	873,07	873,07	243,57	25,7
	Bauwerk 300+400	**m² BGF**	**4.730.223**	**3.403,70**	**3.403,70**	**949,58**	**100,0**
500	Außenanlagen und Freiflächen	m² AF	142.012	–	102,19	28,51	3,0
600	Ausstattung und Kunstwerke	m² BGF	–	–	–	–	–
700	Baunebenkosten	m² BGF	–	–	–	–	–
800	Finanzierung	m² BGF	–	–	–	–	–

KG	Kostengruppe	Menge Einheit	Kosten €	€/Einheit	%
200	**Vorbereitende Maßnahmen**	1.885,00 m² GF	203.658	**108,04**	4,3

Baufeldräumung, Abtrag Haufwerk; Abwasserentsorgung, Wasserversorgung, Stromversorgung

KG	Kostengruppe	Menge Einheit	Kosten €	€/Einheit	%
3+4	**Bauwerk**				**100,0**
300	**Bauwerk – Baukonstruktionen**	1.389,73 m² BGF	3.516.893	**2.530,63**	74,3

Stb-Bodenplatte, Betonplomben, Abdichtung, EPS-Dämmung, Brettsperrholz-Modulböden, TSD, Estrich, Linoleum, Bodenfliesen, Perimeterdämmung; Brettsperrholz-Modulaußenwände, innen Wohnsicht, lasiert, außen hinterlüftete Holzschalung, Holz-Alufenster, Sonnenschutz; Brettsperrholz-Modulinnenwände, Wohnsicht, lasiert, teilweise Industriesicht, Vorsatzschalen, Beschichtung; Brettsperrholz-Moduldecke, Brettsperrholz-Decke (Flure), Stb-FT-Treppen, TSD, Estrich, Linoleum, Bodenfliesen, Linoleum, Bodenfliesen, abgehängte Akustikdecken; Brettsperrholz-Modulflachdach, Brettsperrholz-Flachdach (Flure), Gefälledämmung, Abdichtung, Dachbegrünung, Dachentwässerung, abgehängte Akustikdecken, Lasur, GK-Decken; Einbaumöbel, Spanplatte: Einbauschränke, WC-Regale, Wickeltische, WC-Trennwandsysteme, Teeküche, Rettungswegpläne, Briefkasten; Schließanlage

KG	Kostengruppe	Menge Einheit	Kosten €	€/Einheit	%
400	**Bauwerk – Technische Anlagen**	1.389,73 m² BGF	1.213.330	**873,07**	25,7

Gebäudeentwässerung, Steuerung/Überwachung Fettabscheider, Kaltwasserleitungen, Sanitärobjekte, Durchlauferhitzer; Fernwärmeanschluss, Heizungsrohre, Heizkörper; Kompaktlüftungsgeräte mit WRG (12St), Küchenlüftungsgerät; Photovoltaikanlage, Elektroinstallation, elektr. Jalousieanlage, Beleuchtung, Fluchtwegbeleuchtung, Blitzschutzanlage, Erdung; Brandwarnanlage ohne Feuerwehraufschaltung, Datenübertragungsnetz; Feuerlöscher; Gebäudeautomation

KG	Kostengruppe	Menge Einheit	Kosten €	€/Einheit	%
500	**Außenanlagen und Freiflächen**	–	142.012	–	3,0

Rohrgraben-/Schachtaushub, Grabenverbau; Abwasserleitungen, Revisionsschächte, Fettabscheider, Hebeanlage, Versorgungsleitungen, Kabelschutzrohre

4400-0430
Kindertagesstätte
(6 Gruppen)
(124 Kinder)

Kostenkennwerte für die Kosten des Bauwerks (Kostengruppen 300+400 nach DIN 276)

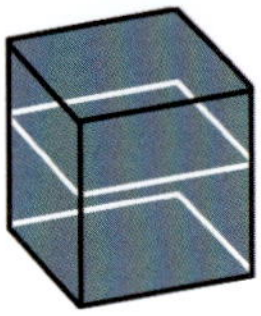

BRI 774 €/m³

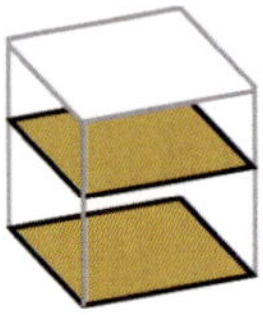

BGF 3.003 €/m²

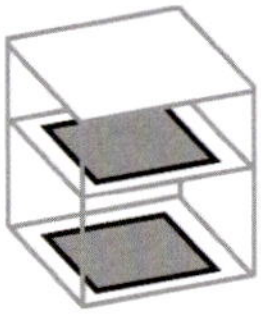

NUF 5.006 €/m²

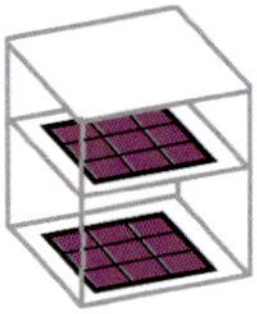

NE 35.903 €/NE
NE: Kinder

Objekt:
Kennwerte: 1. Ebene DIN 276
BRI: 5.753 m³
BGF: 1.483 m²
NUF: 889 m²
Bauzeit: 104 Wochen
Bauende: 2023
Standard: mittel
Bundesland: Hessen
Kreis: Schwalm-Eder-Kreis

Architekt*in:
foundation 5+
architekten BDA
Am Alten Sudhaus 6
34119 Kassel

Bauherr*in:
Stadt Neukirchen
Am Rathaus 10
34626 Neukirchen

Zeichnungen

Ansicht Nord-Ost

Ansicht Nord-West

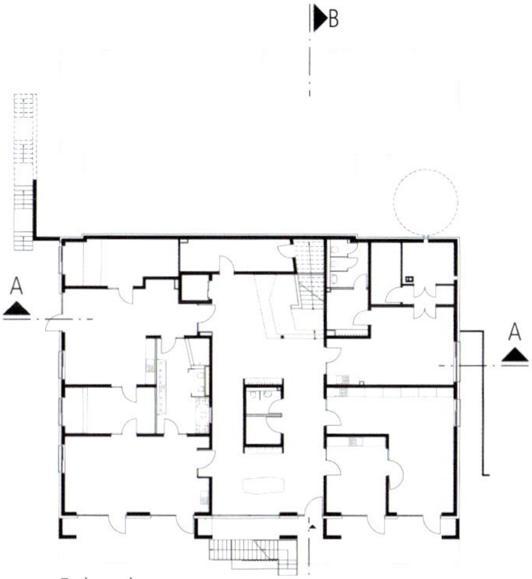

Erdgeschoss

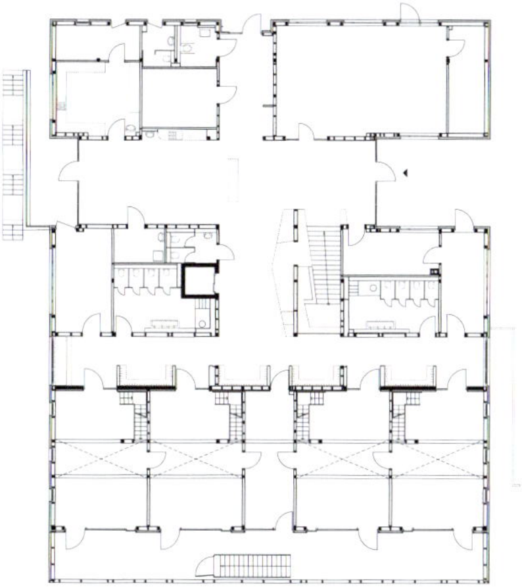

Obergeschoss

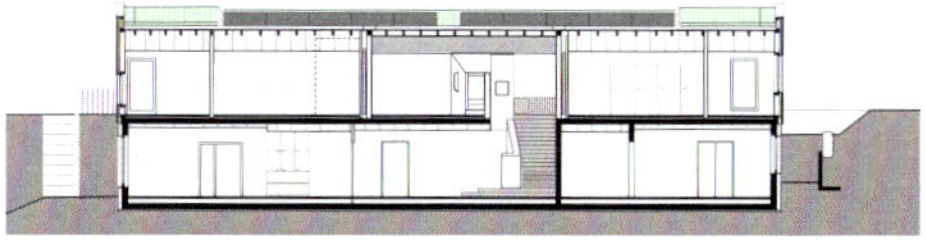

Schnitt A-A

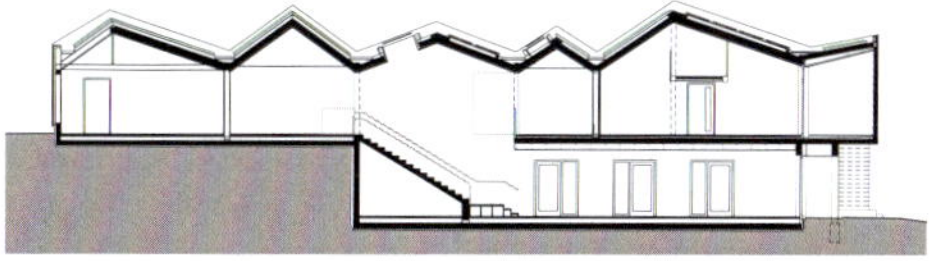

Schnitt B-B

Ansicht Süd-Ost

Ansicht Süd-West

4400-0430
Kindertagesstätte
(6 Gruppen)
(124 Kinder)

Objektbeschreibung

Allgemeine Objektinformationen

Der Neubau der Kindertagesstätte ist als teilweise zweigeschossiger Baukörper konzipiert und harmonisch in das stark abfallende Gelände eingebettet. Die Einrichtung bietet Platz für insgesamt sechs Gruppen mit bis zu 124 Kindern, darunter zwei Krippengruppen für Kinder unter drei Jahren sowie vier Kindergartengruppen. Im Erdgeschoss befinden sich der Krippenbereich sowie ein Werkraum und ein Forscherraum für die älteren Kinder. Das Obergeschoss mit altersgemischten Gruppen öffnet sich über eine Loggia nach Südosten und bietet einen direkten Außenbezug. Gestalterisches Highlight im Innenraum ist die sichtbare Dachkonstruktion, die im Spielflur, in der Cafeteria sowie im Foyer durch eine akustisch wirksame Holzlamellendecke betont wird. Diese folgt der Dachneigung und macht die Konstruktion räumlich erlebbar.

Nutzung

1 Erdgeschoss
Foyer mit Spielflur, Gruppenräume, Schlafräume, Werkraum, Forscherraum, Personalraum, Garderobe, WCs, Sanitärräume, Lager, Abstellraum, Hausalarmraum, Hausanschlussraum, Technik, Treppen, Aufzug

1 Obergeschoss
Büro, Besprechungsraum, Cafeteria, Küche, Hauswirtschaftsraum, Spielflur, Gruppenräume, Ruheraum, Multifunktionsraum, Bewegungsraum, Geräteraum, Garderoben, WCs, Sanitärräume, Lager, Loggia, Treppen, Aufzug

Nutzeinheiten

Gruppen: 6
Kinder: 124

Grundstück

Bauraum: Beengter Bauraum
Neigung: Hanglage
Bodenklasse: BK 1 bis BK 6

Markt

Hauptvergabezeit: 2.Quartal 2021
Baubeginn: 3.Quartal 2021
Bauende: 3.Quartal 2023
Konjunkturelle Gesamtlage: über Durchschnitt
Regionaler Baumarkt: unter Durchschnitt

Baukonstruktion

Das Erdgeschoss wurde in Massivbauweise auf Stahlbeton-Fundamentplatten errichtet. Der Baukörper ist so in den Hang integriert, dass er an zwei Seiten in voller Höhe sichtbar und natürlich belichtet ist. Das Obergeschoss ist als Holzrahmenkonstruktion ausgeführt und schließt im Nordwesten ebenerdig an den oberen Freibereich an. Die Konstruktion ist an den Fassaden ablesbar: Während das massive Erdgeschoss mit einem Wärmedämmverbundsystem bekleidet ist, bildet eine senkrechte Holzbekleidung die Außenhaut des Obergeschosses. Die Holzfenster sind dreifach verglast. Die gefaltete Dachkonstruktion besteht aus fünf versetzten Satteldächern, die teilweise mit begrünten Foliendächern versehen sind. Nach Süden öffnet sich der Neubau mit einer Pultdachkonstruktion zu einem überdachten Spielbereich. Der Garten ist über eine außenliegende Stahltreppe zugänglich.

Technische Anlagen

Beheizt wird das Gebäude über eine Pelletheizung in Kombination mit einer Fußbodenheizung. Dezentrale Durchlauferhitzer dienen der Warmwasserversorgung. Die Lüftung erfolgt über dezentrale Abluftanlagen in den Sanitärbereichen sowie eine sommerliche Nachtauskühlung mittels zentral gesteuerter Öffnungsflügel in Fassaden und Dach. Auf Teilflächen des Dachs sind Photovoltaik-Module zur Eigenversorgung installiert.

Planungskennwerte für Flächen und Rauminhalte nach DIN 277

Flächen des Grundstücks		Menge Einheit	% an GF
BF	Bebaute Fläche	1.442,14 m²	47,6
UF	Unbebaute Fläche	1.586,75 m²	52,4
GF	Grundstücksfläche	3.028,89 m²	100,0

Grundflächen des Bauwerks		Menge Einheit	% an NUF	% an BGF
NUF	Nutzungsfläche	889,40 m²	100,0	60,0
TF	Technikfläche	21,20 m²	2,4	1,4
VF	Verkehrsfläche	279,40 m²	31,4	18,8
NRF	Netto-Raumfläche	1.190,00 m²	133,8	80,3
KGF	Konstruktions-Grundfläche	292,50 m²	32,9	19,7
BGF	Brutto-Grundfläche	1.482,50 m²	166,7	100,0

Brutto-Rauminhalt des Bauwerks		Menge Einheit	BRI/NUF (m)	BRI/BGF (m)
BRI	Brutto-Rauminhalt	5.753,30 m³	6,47	3,88

4400-0430
Kindertagesstätte
(6 Gruppen)
(124 Kinder)

Kostenkennwerte für die Kostengruppen der 1. Ebene DIN 276

KG	Kostengruppen (1. Ebene)	Einheit	Kosten €	€/Einheit	€/m²BGF	€/m³BRI	%300+400
100	Grundstück	m²GF	–	–	–	–	–
200	Vorbereitende Maßnahmen	m²GF	130.676	43,14	88,15	22,71	2,9
300	Bauwerk – Baukonstruktionen	m²BGF	3.559.470	2.400,99	2.400,99	618,68	80,0
400	Bauwerk – Technische Anlagen	m²BGF	892.525	602,04	602,04	155,13	20,0
	Bauwerk 300+400	**m²BGF**	**4.451.994**	**3.003,03**	**3.003,03**	**773,82**	**100,0**
500	Außenanlagen und Freiflächen	m²AF	–	–	–	–	–
600	Ausstattung und Kunstwerke	m²BGF	232.763	157,01	157,01	40,46	5,2
700	Baunebenkosten	m²BGF	–	–	–	–	–
800	Finanzierung	m²BGF	–	–	–	–	–

KG	Kostengruppe	Menge Einheit	Kosten €	€/Einheit	%
200	**Vorbereitende Maßnahmen**	3.028,89 m²GF	130.676	**43,14**	2,9

Erschließung Kanalarbeiten auf Nachbargrundstück

KG	Kostengruppe	Menge Einheit	Kosten €	€/Einheit	%
3+4	**Bauwerk**				**100,0**
300	**Bauwerk – Baukonstruktionen**	1.482,50 m²BGF	3.559.470	**2.400,99**	80,0

Baugrubenaushub; Stb-Einzelfundamente, Stb-Fundamentplatten, Dämmung, Heizestrich, Linoleum, Bodenfliesen, Abdichtung, Sauberkeitsschicht, Schotterschicht, Perimeterdämmung; Stb-Wände, Stb-Stützmauer zur Hangabfangung, KS-Mauerwerk, Holzrahmenwände, Holzfenster, WDVS, Wärmedämmung, hinterlüftete Lärchenholzfassade; KS-Mauerwerk, Stb-Wände, GK-Wände, Innentüren mit Glasseitenteilen, Innenfenster, Wandfliesen, Beschichtung, WC-Trennwände; Stb-Decken, Stb-Treppe, Stahl-Außentreppen, Holztreppen, Heizestrich, Linoleum, Bodenfliesen, abgehängte GK-Decken, Schallschutzdecken, Stahlgeländer, Treppengeländer; Holzbalkendächer, Oberlichter, Dämmung, Abdichtung, Attika, extensive Dachbegrünung, Dachentwässerung, abgehängte GK-Decken, Schallschutzdecken, Holz-Lamellendecken; Einbaumöbel: Spielhöhle, Spielpodeste, Garderoben

KG	Kostengruppe	Menge Einheit	Kosten €	€/Einheit	%
400	**Bauwerk – Technische Anlagen**	1.482,50 m²BGF	892.525	**602,04**	20,0

Gebäudeentwässerung, Kalt- und Warmwasserleitungen, dezentrale elektrische Warmwasserbereitung, Sanitärobjekte; Pelletheizung, Fußbodenheizung; Abluftanlagen in Sanitärräumen; PV-Anlage, Eigenstromversorgung, Elektroinstallation, Beleuchtung; Rauchmelder, Datenübertragungsanlage; Personenaufzug

KG	Kostengruppe	Menge Einheit	Kosten €	€/Einheit	%
600	**Ausstattung und Kunstwerke**	1.482,50 m²BGF	232.763	**157,01**	5,2

bewegliches Mobiliar, Küchenzeilen, Konvektor, Spülmaschine

4400-0431
Kindertagesstätte
(5 Gruppen)
(70 Kinder)

Kostenkennwerte für die Kosten des Bauwerks (Kostengruppen 300+400 nach DIN 276)

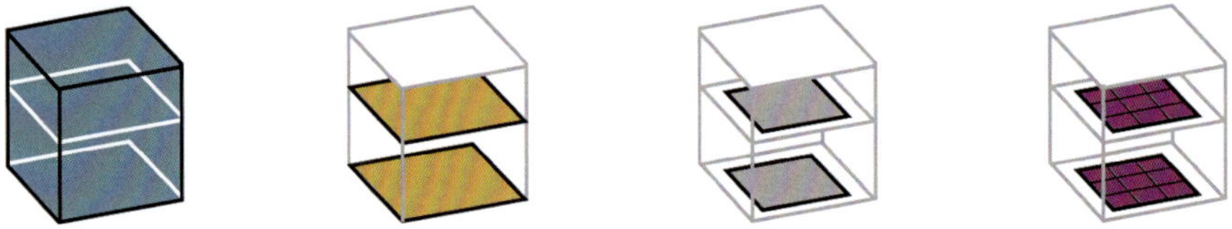

BRI **739 €/m³** | **BGF** **3.165 €/m²** | **NUF** **5.045 €/m²** | **NE** **34.779 €/NE**

NE: Kinder

Objekt:
Kennwerte: 1. Ebene DIN 276
BRI: 3.294 m³
BGF: 769 m²
NUF: 483 m²
Bauzeit: 78 Wochen
Bauende: 2024
Standard: mittel
Bundesland: Berlin
Kreis: Berlin, Stadt

Architekt*in:
D:4 Architektur
Stubenrauchstraße 7
12161 Berlin

Bauherr*in:
Ev. Andreas Kirchengemeinde
13435 Berlin

© Werner Huthmacher

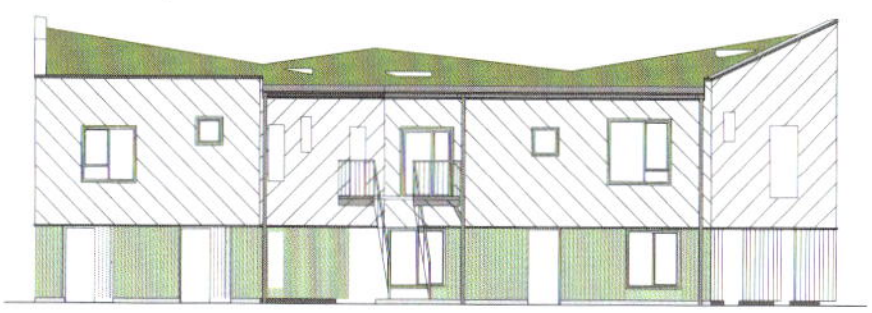
Ansicht Nord-Ost

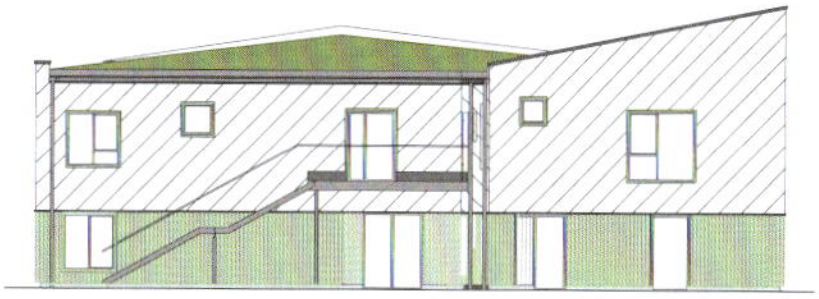
Ansicht Nord-West

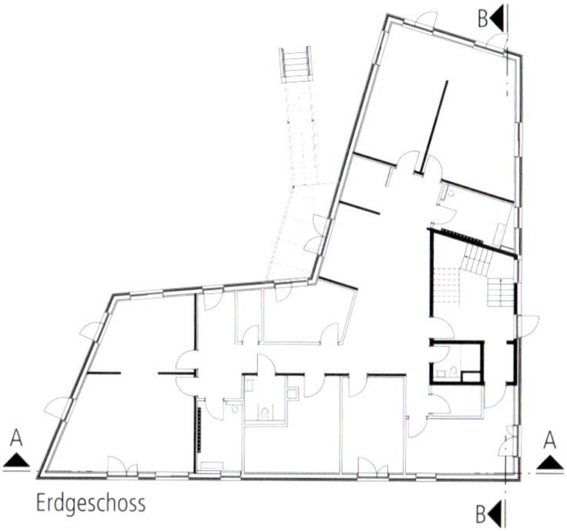

Erdgeschoss

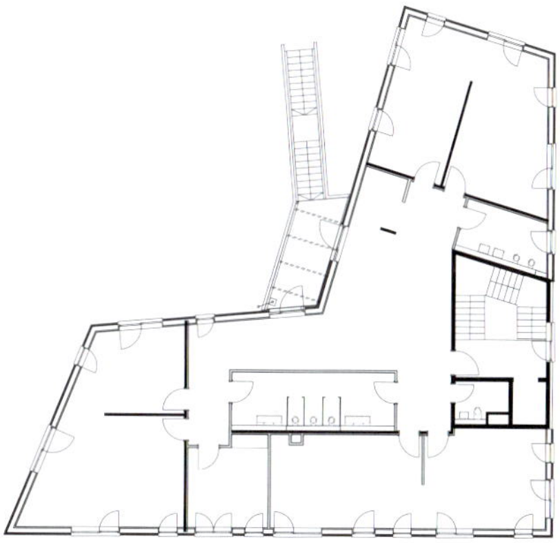
Obergeschoss

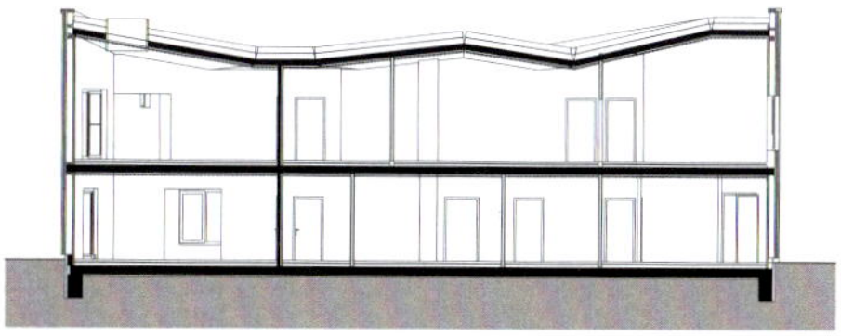
Schnitt A-A

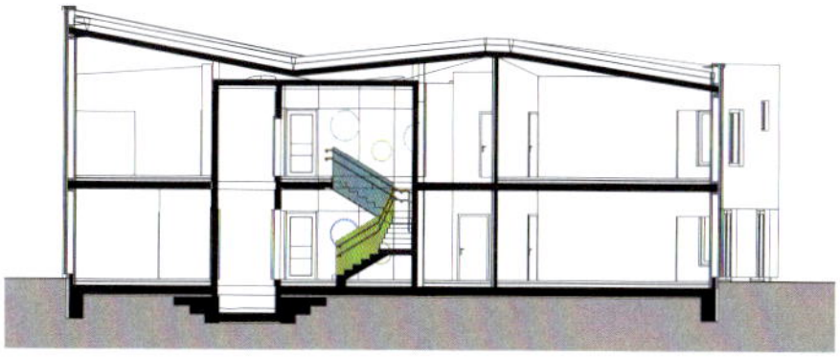
Schnitt B-B

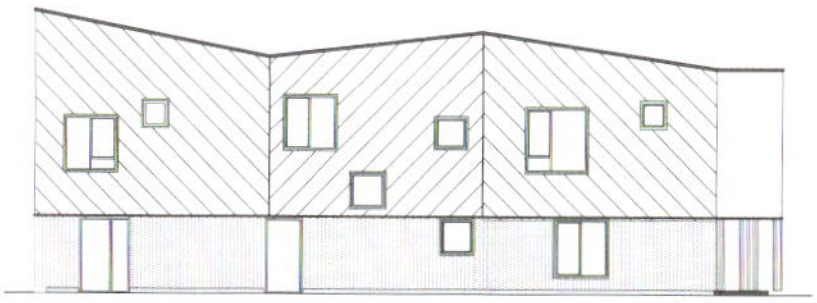
Ansicht Süd-Ost

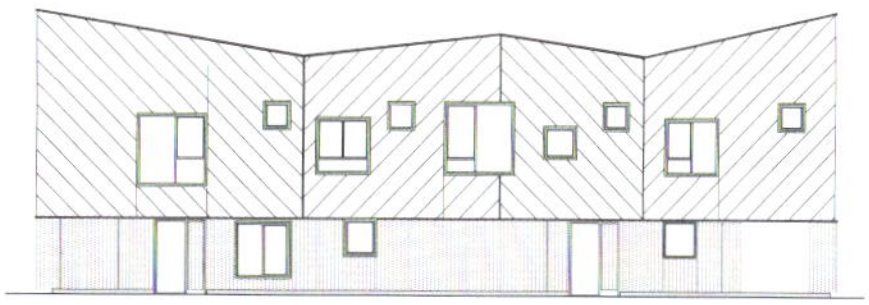
Ansicht Süd-West

4400-0431
Kindertagesstätte
(5 Gruppen)
(70 Kinder)

Objektbeschreibung

Allgemeine Objektinformationen

Die Kindertagesstätte entstand auf dem Grundstück der ehemaligen Felsen-Kirche, die Planung basiert auf einer 2018/2019 von den Architekten durchgeführten Machbarkeitsstudie. Der besondere Fokus liegt auf der Betreuung von Kindern mit Autismus-Spektrum-Störung (ASS), worauf die Architektur sowie das pädagogische Konzept abgestimmt wurden.

Nutzung

1 Erdgeschoss
Gruppenräume U3 (2St), Nebenräume U3 (2St), Personalraum, Foyer, Sanitärräume, Büro Kitaleitung, Küche, Technikraum

1 Obergeschoss
Gruppenräume (3St), Nebenräume (3St), Multifunktionsraum, Sanitärräume

Nutzeinheiten

Gruppen: 5
Kinder: 70

Grundstück

Bauraum: Freier Bauraum
Neigung: Ebenes Gelände
Bodenklasse: BK 1 bis BK 3

Markt

Hauptvergabezeit: 1. Quartal 2023
Baubeginn: 2. Quartal 2023
Bauende: 4. Quartal 2024
Konjunkturelle Gesamtlage: Durchschnitt
Regionaler Baumarkt: über Durchschnitt

Baukonstruktion

Das zweigeschossige Gebäude mit einem polygonalen Grundriss ist in nachhaltiger Holz-Hybrid-Bauweise erstellt. Die Holzständer- und Massivholzelemente schaffen ein angenehmes Raumklima, sind ressourcenschonend und rückbaubar. Ein besonderes gestalterisches Merkmal ist das mehrfach gefaltete Dach, das intensiv begrünt wurde und als ökologische Ausgleichsfläche dient.

Technische Anlagen

Energieerzeuger sind eine Luft-Wärmepumpe sowie eine Photovoltaikanlage. Beheizt wird die Kita über eine Fußbodenheizung. Die Küche wird über eine Lüftungsanlage entlüftet, die Sanitärräume über Einzelraumlüftungsgeräte. Der Neubau erfüllt den Energieeffizienzstandard GEG.

Sonstiges

Aufgrund der Corona-Pandemie wurde der Baubeginn stark verschoben.

Energetische Kennwerte

Gesetzliche Grundlage: GEG 2020
Gebäudenutzfläche: 633,00 m^2
Gebäudevolumen: 1.989,00 m^3
A/V_e-Verhältnis (Kompaktheit): 0,73 m^{-1}
Hüllfläche des beheizten Volumens: 1.452,00 m^2
Mittlerer U-Wert (opake Bauteile): 0,16
Mittlerer U-Wert (transparente Bauteile): 0,98
Mittlerer U-Wert (Glasdächer, etc.): 1,30
Spez. Jahresprimärenergiebedarf: 73,70 kWh/($m^2 \cdot a$)
CO_2-Emissionen: 22,30 kg/($m^2 \cdot a$)

Energetische Angaben zu Außenbauteilen

Bodenplatte

U-Wert: 0,24 W/(m²·K)

Gesamtdicke: 50,00 cm	d [cm]	λ [W/(mK)]
Estrich	6,50	1,400
Trittschalldämmung	2,00	0,035
Dämmung	8,00	0,035
Dämmung	3,00	0,035
Abdichtung	0,50	0,170
Stahlbeton	30,00	2,100

Außenwand Holz

U-Wert: 0,17 W/(m²·K)

Gesamtdicke: 28,00 cm	d [cm]	λ [W/(mK)]
GK-Platte	2,50	0,250
Holzwerkstoffplatte	1,50	0,130
Holz	20,00	0,130
Dämmung	20,00	0,035
Holzfaserplatte	4,00	0,045

Außenwand Stahlbeton

U-Wert: 0,28 W/(m²·K)

Gesamtdicke: 32,00 cm	d [cm]	λ [W/(mK)]
Stahlbeton	20,00	2,300
Dämmung	8,00	0,035
Holzfaserplatte	4,00	0,045

Außenwand Sockel

U-Wert: 0,27 W/(m²·K)

Gesamtdicke: 30,50 cm	d [cm]	λ [W/(mK)]
GK-Platte	2,50	0,210
Dämmung	4,00	0,035
Stahlbeton	16,00	2,300
Dämmung	8,00	0,036

Flachdach

U-Wert: 0,13 W/(m²·K)

Gesamtdicke: 50,00 cm	d [cm]	λ [W/(mK)]
Holz	20,00	0,130
Abdichtung	1,00	0,170
Schüttung	8,00	0,700
Dämmung	20,00	0,035
Abdichtung	1,00	0,230

4400-0431
Kindertagesstätte
(5 Gruppen)
(70 Kinder)

Planungskennwerte für Flächen und Rauminhalte nach DIN 277

Flächen des Grundstücks		Menge Einheit	% an GF
BF	Bebaute Fläche	372,27 m²	29,7
UF	Unbebaute Fläche	881,73 m²	70,3
GF	Grundstücksfläche	1.254,00 m²	100,0

Grundflächen des Bauwerks		Menge Einheit	% an NUF	% an BGF
NUF	Nutzungsfläche	482,60 m²	100,0	62,7
TF	Technikfläche	20,17 m²	4,2	2,6
VF	Verkehrsfläche	135,50 m²	28,1	17,6
NRF	Netto-Raumfläche	638,27 m²	132,3	83,0
KGF	Konstruktions-Grundfläche	130,88 m²	27,1	17,0
BGF	Brutto-Grundfläche	769,15 m²	159,4	100,0

Brutto-Rauminhalt des Bauwerks		Menge Einheit	BRI/NUF (m)	BRI/BGF (m)
BRI	Brutto-Rauminhalt	3.294,00 m³	6,83	4,28

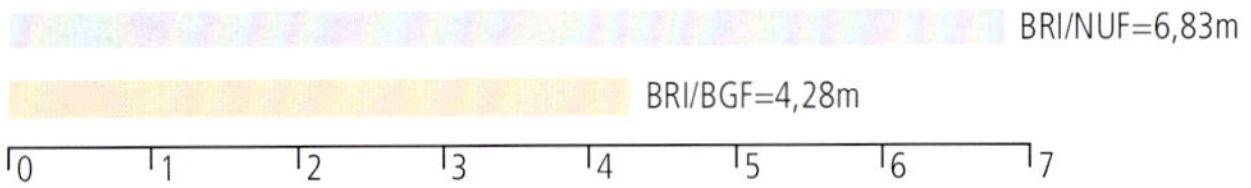

Kostenkennwerte für die Kostengruppen der 1.Ebene DIN 276

KG	Kostengruppen (1. Ebene)	Einheit	Kosten €	€/Einheit	€/m² BGF	€/m³ BRI	% 300+400
100	Grundstück	m² GF	–	–	–	–	–
200	Vorbereitende Maßnahmen	m² GF	–	–	–	–	–
300	Bauwerk – Baukonstruktionen	m² BGF	1.815.875	2.360,89	2.360,89	551,27	74,6
400	Bauwerk – Technische Anlagen	m² BGF	618.676	804,36	804,36	187,82	25,4
	Bauwerk 300+400	**m² BGF**	**2.434.551**	**3.165,25**	**3.165,25**	**739,09**	**100,0**
500	Außenanlagen und Freiflächen	m² AF	272.932	309,80	354,85	82,86	11,2
600	Ausstattung und Kunstwerke	m² BGF	–	–	–	–	–
700	Baunebenkosten	m² BGF	–	–	–	–	–
800	Finanzierung	m² BGF	–	–	–	–	–

KG	Kostengruppe	Menge Einheit	Kosten €	€/Einheit	%
3+4	**Bauwerk**				**100,0**
300	**Bauwerk – Baukonstruktionen**	769,15 m² BGF	1.815.875	**2.360,89**	74,6

Baugrubenaushub; Stb-Streifenfundamente, Stb-Bodenplatte, Abdichtung, Dämmung, Heizestrich, Linoleum, Bodenfliesen; Holzrahmenwände, Holzfenster mit Öffnungs- und Türflügeln, Isolierverglasung, GK-Bekleidung, Dämmung, hinterlüftete Holzschalungsfassade, Sonnenschutzelemente; Stb-Wände, Massivholzwände, GK-Wände; Massivholzdecken mit schwerer Schüttung, Trittschalldämmung, Heizestrich, Linoleum, Bodenfliesen; Massivholzdach, Dämmung, Abdichtung, Wurzelschutz, intensive Dachbegrünung, Akustiklamellen-Bekleidung, Dachentwässerung

KG	Kostengruppe	Menge Einheit	Kosten €	€/Einheit	%
400	**Bauwerk – Technische Anlagen**	769,15 m² BGF	618.676	**804,36**	25,4

Gebäudeentwässerung, Kalt- und Warmwasserleitungen, Sanitärobjekte; Luft-Wärmepumpe, Fußbodenheizung; Lüftungsanlage (Küche), Einzelraumentlüftungsgeräte (WCs); PV-Anlage, Elektroinstallation

KG	Kostengruppe	Menge Einheit	Kosten €	€/Einheit	%
500	**Außenanlagen und Freiflächen**	881,00 m² AF	272.932	**309,80**	11,2

Wassergebundene Wegedecke, Pflasterfläche, Rasengittersteine (Anlieferung, barrierefreier Stellplatz); Doppelstabmattenzaun, Kinderwagenunterstand aus Holz; Regenwasserentwässerung über Versickerung auf dem Grundstück (Rigolen); Sandflächen mit Spielgeräten; Pflanzbeete, Rasenflächen

4400-0432
Kindertagesstätte
(5 Gruppen)
(125 Kinder)

Kostenkennwerte für die Kosten des Bauwerks (Kostengruppen 300+400 nach DIN 276)

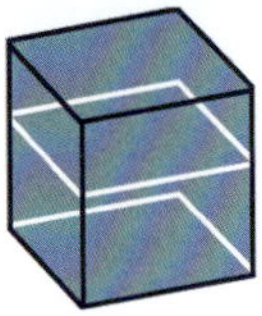

BRI 797 €/m³

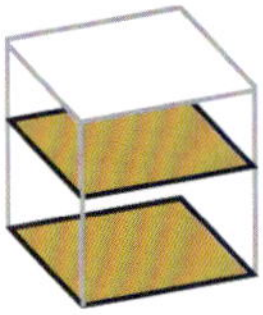

BGF 3.583 €/m²

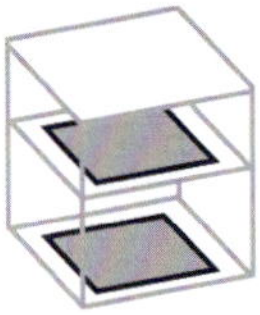

NUF 6.171 €/m²

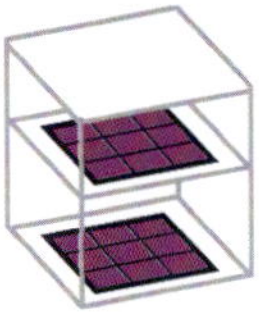

NE 44.686 €/NE

NE: Kinder

Objekt:
Kennwerte: 1. Ebene DIN 276
BRI: 7.011 m³
BGF: 1.559 m²
NUF: 905 m²
Bauzeit: 169 Wochen
Bauende: 2024
Standard: mittel
Bundesland: Rheinland-Pfalz
Kreis: Germersheim

Architekt*in:
Bau Eins Architekten -
Andernach Bahnemann -
PartGmbB
Eisenbahnstraße 63
67655 Kaiserslautern

Bauherr*in:
Stadt Kandel
Hauptstraße 61
76870 Kandel

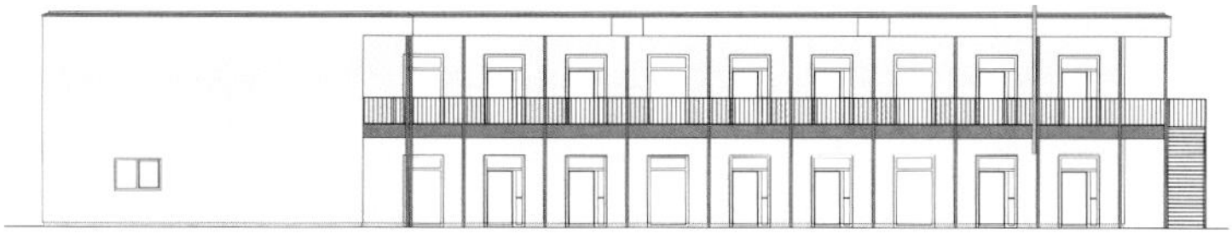

Ansicht Nord

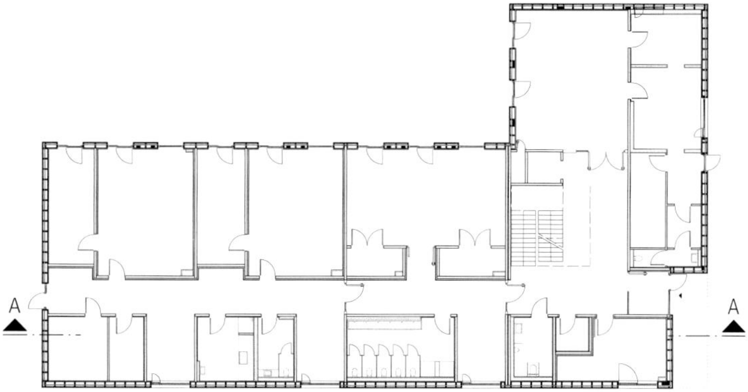

Erdgeschoss

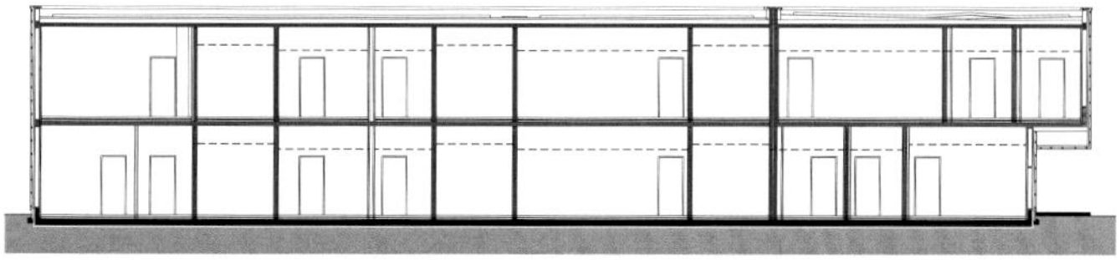

Schnitt A-A

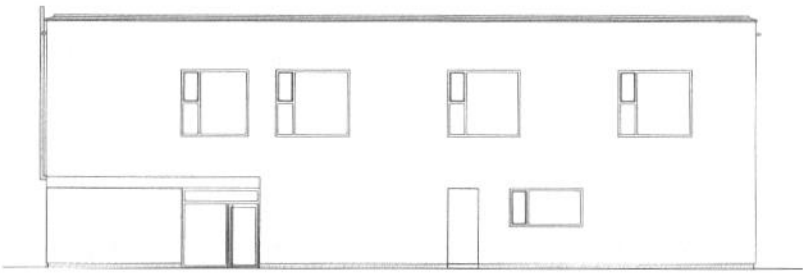

Ansicht Ost

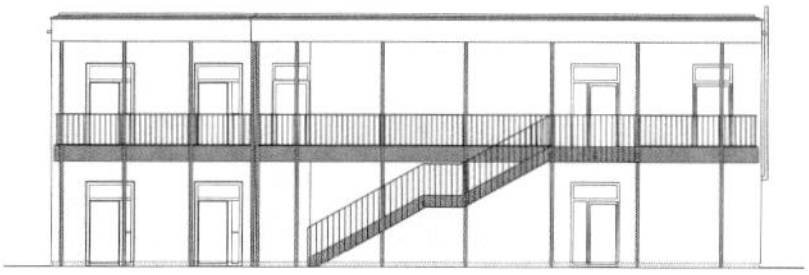

Ansicht West

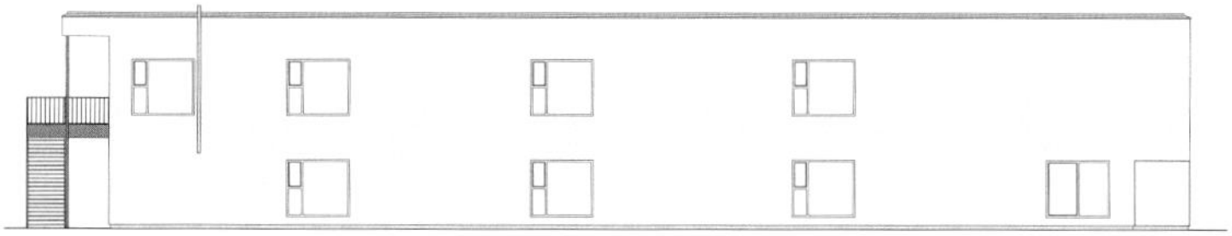

Ansicht Süd

Objektbeschreibung

Allgemeine Objektinformationen

Das zweigeschossige Gebäude zeichnet sich durch eine nachhaltige Bauweise, eine energieeffiziente Gebäudehülle und optimierte Tageslichtführung aus. Großzügige Fensterflächen sind so ausgerichtet, dass die direkte Sonneneinstrahlung reduziert wird. Das Gebäude beschattet das große Außenspielgelände. Innen sorgen Holzoberflächen für eine warme, kindgerechte Atmosphäre. Der Entwurf verbindet funktionale Raumorganisation mit klarer Formensprache und berücksichtigt ökologische sowie pädagogische Anforderungen gleichermaßen.

Nutzung

1 Erdgeschoss
Gruppenräume mit Nebenräumen (2St), Mensa, Eingangsbereich, Nebenräume

1 Obergeschoss
Gruppenräume mit Nebenräumen (3St), Funktions- und Mehrzweckräume, Nebenräume

Nutzeinheiten

Gruppen: 5
Kinder: 125

Grundstück

Bauraum: Freier Bauraum
Neigung: Ebenes Gelände
Bodenklasse: BK 2 bis BK 4

Markt

Hauptvergabezeit: 1.Quartal 2023
Baubeginn: 4.Quartal 2020
Bauende: 1.Quartal 2024
Konjunkturelle Gesamtlage: Durchschnitt
Regionaler Baumarkt: Durchschnitt

Besonderer Kosteneinfluss Markt
Kostensteigerungen durch Corona-Pandemie und Ukrainekrieg

Baukonstruktion

Die Kindertagesstätte gründet auf einer Stb-Bodenplatte. Wände und Decken sind als vorgefertigte Holzrahmen- bzw. Brettsperrholzelemente im Werk produziert und anschließend auf der Baustelle montiert. Die Fassade besteht aus Holzfenstern mit einer Dreifachverglasung und einer hinterlüfteten Holzbekleidung. Auf dem Zement-Heizestrich ist ein Linoleumbelag verlegt. Das Dach ist als Holzkonstruktion mit Zwischensparrendämmung erstellt und besitzt eine extensive Dachbegrünung.

Technische Anlagen

Die Kita ist mit modernen, energieeffizienten technischen Anlagen ausgestattet. Eine zentrale Lüftungsanlage mit Wärmerückgewinnung sorgt für kontinuierlich gute Raumluftqualität bei minimalem Energieverlust. Die Fußbodenheizung gewährleistet eine gleichmäßige, behagliche Wärmeverteilung und unterstützt den niedrigen Energiebedarf des Gebäudes. Auf dem Dach installierte Photovoltaikmodule tragen zur Eigenstromerzeugung und Reduktion des CO_2-Ausstoßes bei. Eine Aufzugsanlage stellt die barrierefreie Erschließung aller Geschosse sicher. Das technische Gesamtkonzept ist auf Nachhaltigkeit, Betriebssicherheit und Komfort ausgerichtet und unterstützt die energieeffiziente Betriebsweise des Holzbaus.

Sonstiges

Der Fluchtweg aus den Gruppenräumen im Obergeschoss erfolgt über einen Laubengang mit Fluchttreppe in den Außenbereich.

Planungskennwerte für Flächen und Rauminhalte nach DIN 277

Flächen des Grundstücks		Menge Einheit	% an GF
BF	Bebaute Fläche	700,48 m²	18,7
UF	Unbebaute Fläche	3.037,99 m²	81,3
GF	Grundstücksfläche	3.738,47 m²	100,0

Grundflächen des Bauwerks		Menge Einheit	% an NUF	% an BGF
NUF	Nutzungsfläche	905,20 m²	100,0	58,1
TF	Technikfläche	27,27 m²	3,0	1,7
VF	Verkehrsfläche	371,15 m²	41,0	23,8
NRF	Netto-Raumfläche	1.303,62 m²	144,0	83,6
KGF	Konstruktions-Grundfläche	255,30 m²	28,2	16,4
BGF	Brutto-Grundfläche	1.558,92 m²	172,2	100,0

Brutto-Rauminhalt des Bauwerks		Menge Einheit	BRI/NUF (m)	BRI/BGF (m)
BRI	Brutto-Rauminhalt	7.011,04 m³	7,75	4,50

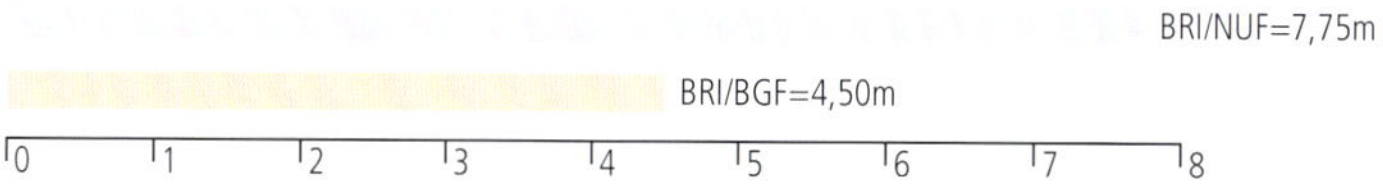

4400-0432
Kindertagesstätte
(5 Gruppen)
(125 Kinder)

Kostenkennwerte für die Kostengruppen der 1. Ebene DIN 276

KG	Kostengruppen (1. Ebene)	Einheit	Kosten €	€/Einheit	€/m² BGF	€/m³ BRI	% 300+400
100	Grundstück	m² GF	–	–	–	–	–
200	Vorbereitende Maßnahmen	m² GF	–	–	–	–	–
300	Bauwerk – Baukonstruktionen	m² BGF	3.968.376	2.545,59	2.545,59	566,02	71,0
400	Bauwerk – Technische Anlagen	m² BGF	1.617.395	1.037,51	1.037,51	230,69	29,0
	Bauwerk 300+400	**m² BGF**	**5.585.771**	**3.583,10**	**3.583,10**	**796,71**	**100,0**
500	Außenanlagen und Freiflächen	m² AF	–	–	–	–	–
600	Ausstattung und Kunstwerke	m² BGF	–	–	–	–	–
700	Baunebenkosten	m² BGF	–	–	–	–	–
800	Finanzierung	m² BGF	–	–	–	–	–

KG	Kostengruppe	Menge Einheit	Kosten €	€/Einheit	%
3+4	**Bauwerk**				**100,0**
300	**Bauwerk – Baukonstruktionen**	1.558,92 m² BGF	3.968.376	**2.545,59**	71,0

Baugrubenaushub; Stb-Bodenplatte, Abdichtung, Wärmedämmung, Zement-Heizestrich, Linoleumbelag, Perimeterdämmung; Holzständerwände, Holzfenster, Dreifachverglasung, Installationsebene, GK-Beplankung, Holzfaser-Putzträgerplatte, hinterlüftete Holzfassade, Lamellenraffstores; Holzständerwände; Brettsperrholzdecke, Splittschüttung, Zement-Heizestrich, Linoleumbelag, Holztreppe, Stahlgeländer, Laubengang aus Stahl, Stahl-Außentreppe; Holzdachkonstruktion, Zwischensparrendämmung, extensive Dachbegrünung, Dachentwässerung

KG	Kostengruppe	Menge Einheit	Kosten €	€/Einheit	%
400	**Bauwerk – Technische Anlagen**	1.558,92 m² BGF	1.617.395	**1.037,51**	29,0

Gebäudeentwässerung, Kalt- und Warmwasserleitungen, Sanitärobjekte; Luft-Wasserwärmepumpe in Außenaufstellung, Fußbodenheizung; zentrale Lüftungsanlage mit WRG; PV-Anlage, Elektroinstallation, Deckeneinbauleuchten; Tür-Sprechanlage, Telefon, EDV-Verkabelung; Aufzugsanlage; Küche, Fettabscheider

4400-0433
Naturkindergarten
(2 Gruppen)
(44 Kinder)

Kostenkennwerte für die Kosten des Bauwerks (Kostengruppen 300+400 nach DIN 276)

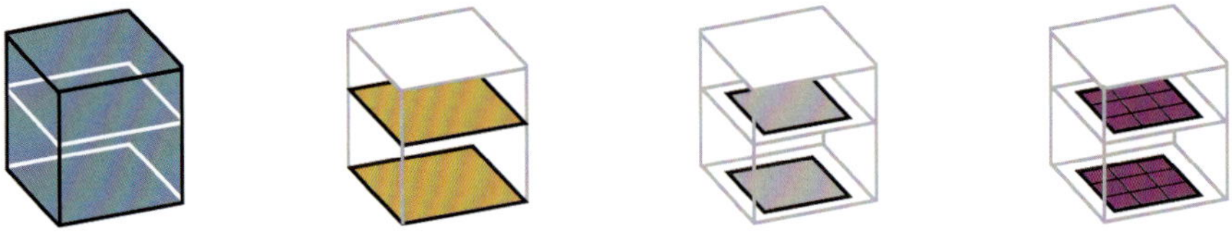

BRI 852 €/m³ | BGF 3.239 €/m² | NUF 3.782 €/m² | NE 12.327 €/NE

NE: Kinder

Objekt:
Kennwerte: 1.Ebene DIN 276
BRI: 637 m³
BGF: 167 m²
NUF: 143 m²
Bauzeit: 22 Wochen
Bauende: 2023
Standard: einfach
Bundesland: Bayern
Kreis: Dingolfing-Landau

Architekt*in:
Architekt Peter Naumburg
Benkhauser Straße 6
94437 Mamming

Bauherr*in:
Gemeinde Mamming
94437 Mamming

© Architekt Peter Naumburg

© Florian Strigl

© Architekt Peter Naumburg

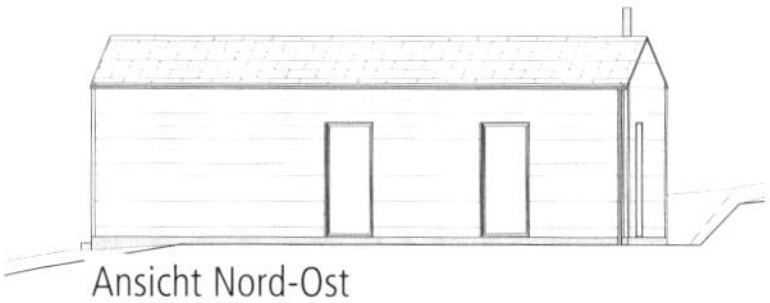

Ansicht Nord-Ost

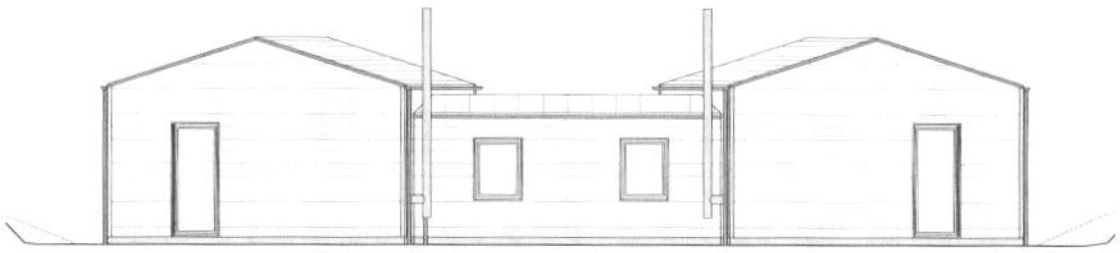

Ansicht Nord-West

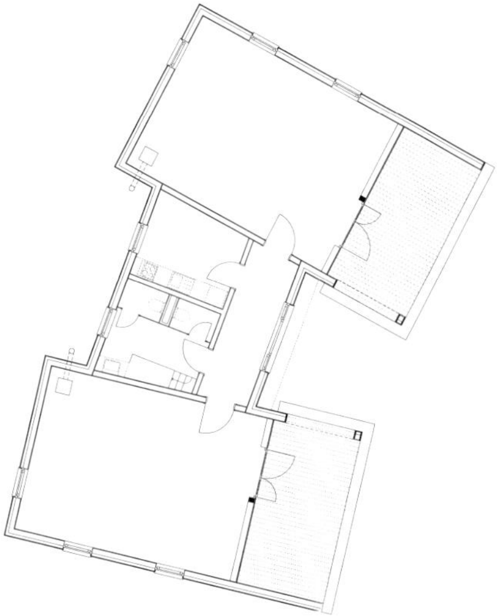

Erdgeschoss

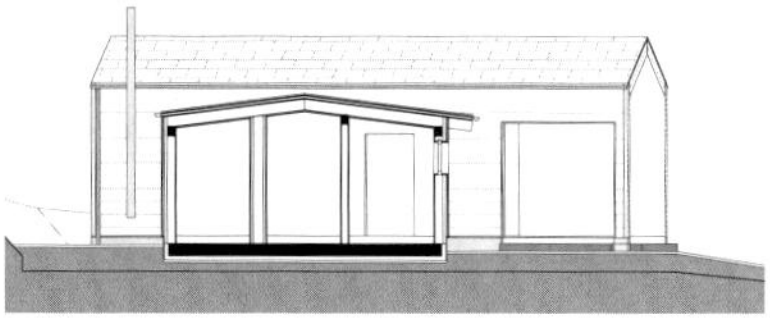

Schnitt A-A

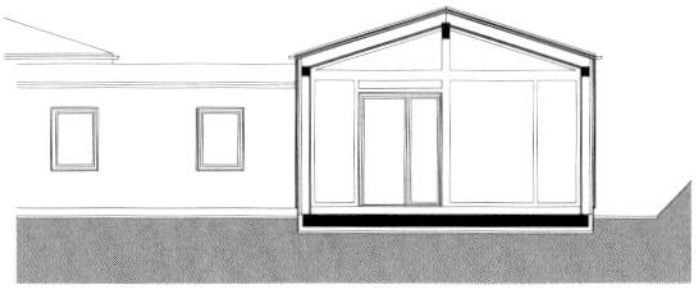

Schnitt B-B

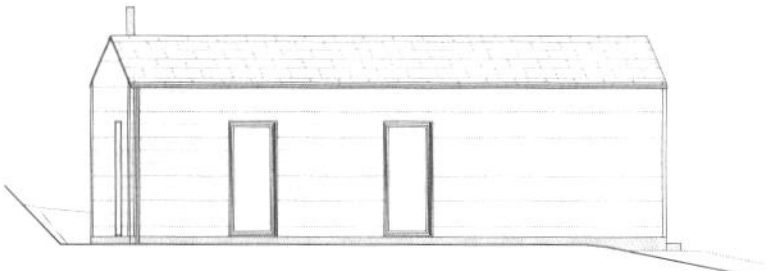

Ansicht Süd-West

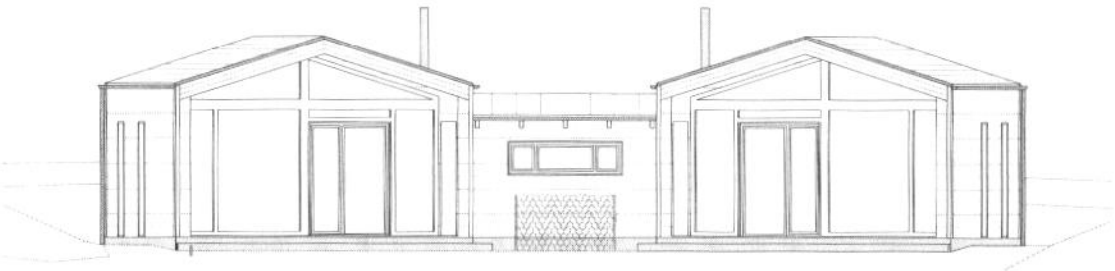

Ansicht Süd-Ost

4400-0433
Naturkindergarten
(2 Gruppen)
(44 Kinder)

Objektbeschreibung

Allgemeine Objektinformationen

Statt eines Bauwagens sollte den beiden Naturgruppen des Kindergartens ein dauerhaft nutzbares Gebäude zur Verfügung gestellt werden, das gleichzeitig auch als notwendiger Schutzraum dient. Jede Gruppe erhielt Ihr eigenes Gebäude mit separatem Eingang. Die Gebäude werden jedoch durch die Nebenräume miteinander verbunden.

Nutzung

1 Erdgeschoss
Gruppenräume (2St), Küche, WC, Garderobe, Terrasse (2St)

Nutzeinheiten

Gruppen: 2
Kinder: 44

Grundstück

Bauraum: Freier Bauraum
Neigung: Hanglage
Bodenklasse: BK 1 bis BK 3

Markt

Hauptvergabezeit: 3. Quartal 2022
Baubeginn: 4. Quartal 2022
Bauende: 2. Quartal 2023
Konjunkturelle Gesamtlage: Durchschnitt
Regionaler Baumarkt: unter Durchschnitt

Baukonstruktion

Lediglich die Bodenplatte wurde betoniert. Das Gebäude selbst, einschließlich der Fußbodenkonstruktion, ist in Holzbauweise ausgeführt. So konnte durch Vorfertigung das Gebäude in kürzester Zeit der Nutzung übergeben werden. Natürliche Rohstoffe wie Holz, Zelluloseeinblasdämmung und Holzfaserdämmplatten fanden Verwendung. Dadurch konnten lange Trocknungszeiten vermieden werden. Die Dächer über den Gruppenräumen sind als Holz-Pfettendächer mit einer Flachdachziegeldeckung ausgeführt.

Technische Anlagen

Jeder Gruppenraum besitzt einen Kaminofen zur Einbeziehung der Kinder in den Heizprozess mit Holzscheiten. Im WC und in der Küche ist jeweils ein kleiner Elektroheizkörper angebracht, auch um die Bereiche z.B. während der Weihnachtsferien frostfrei zu halten. Dezentrale Zuluft in den Gruppenräumen und zentrale Abluft in WC/Küche gewährleisten einen minimalen Luftwechsel. Die Luftdichtheit der Gebäude wurde mit einem Blower-Door-Test geprüft. Sämtliche Hausanschlüsse liegen hinter einer Schiebetür in der Küche.

Sonstiges

Die zur Straße gewandte Gebäudeseite ist relativ geschlossen. Durch die Hanglage kann man über das Gebäude zum Wald blicken. Ein gemeinsamer Platz befindet sich vor den beiden Terrassen. Die Überdachungen der Terrassen vor den Zugängen zu den Gruppenräumen dienen als baulicher Sonnenschutz, ein zusätzlicher Sonnenschutz an den Fenstern ist dadurch nicht nötig.

Planungskennwerte für Flächen und Rauminhalte nach DIN 277

Flächen des Grundstücks		Menge Einheit	% an GF
BF	Bebaute Fläche	167,46 m²	4,9
UF	Unbebaute Fläche	3.273,54 m²	95,1
GF	Grundstücksfläche	3.441,00 m²	100,0

Grundflächen des Bauwerks		Menge Einheit	% an NUF	% an BGF
NUF	Nutzungsfläche	143,42 m²	100,0	85,6
TF	Technikfläche	1,67 m²	1,2	1,0
VF	Verkehrsfläche	–	–	–
NRF	Netto-Raumfläche	145,09 m²	101,2	86,6
KGF	Konstruktions-Grundfläche	22,37 m²	15,6	13,4
BGF	Brutto-Grundfläche	167,46 m²	116,8	100,0

Brutto-Rauminhalt des Bauwerks		Menge Einheit	BRI/NUF (m)	BRI/BGF (m)
BRI	Brutto-Rauminhalt	636,71 m³	4,44	3,80

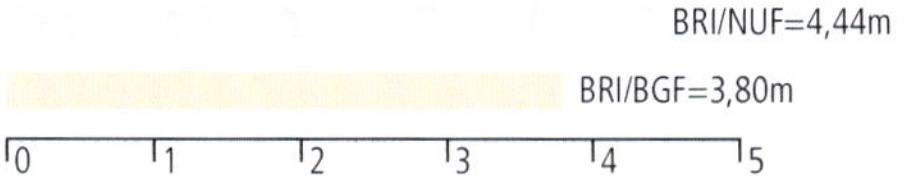

Kostenkennwerte für die Kostengruppen der 1. Ebene DIN 276

KG	Kostengruppen (1. Ebene)	Einheit	Kosten €	€/Einheit	€/m² BGF	€/m³ BRI	% 300+400
100	Grundstück	m² GF	–	–	–	–	–
200	Vorbereitende Maßnahmen	m² GF	–	–	–	–	–
300	Bauwerk – Baukonstruktionen	m² BGF	493.488	2.946,90	2.946,90	775,06	91,0
400	Bauwerk – Technische Anlagen	m² BGF	48.919	292,13	292,13	76,83	9,0
	Bauwerk 300+400	**m² BGF**	**542.408**	**3.239,03**	**3.239,03**	**851,89**	**100,0**
500	Außenanlagen und Freiflächen	m² AF	–	–	–	–	–
600	Ausstattung und Kunstwerke	m² BGF	–	–	–	–	–
700	Baunebenkosten	m² BGF	–	–	–	–	–
800	Finanzierung	m² BGF	–	–	–	–	–

KG	Kostengruppe	Menge Einheit	Kosten €	€/Einheit	%
3+4	**Bauwerk**				**100,0**
300	**Bauwerk – Baukonstruktionen**	167,46 m² BGF	493.488	**2.946,90**	91,0

Baugrubenaushub, Bodenaustausch; Stb-Streifenfundamente, Stb-Bodenplatte, Hohlraumboden, Zelluloseeinblasdämmung, Linoleum (in Nassräumen beschichtet), Terrasse aufgeständert mit Lärchenholzdielen, Granitaußenstufen; Holzrahmenwände, Holz-Alu-Fensterelemente, Dreifachverglasung, Holz-Alu-Eingangstüren mit Glasfassade, Holzfaserdämmplatten, Zelluloseeinblasdämmung, Lärchenholzfassade; Holzrahmenwände, Fichte-Dreischichtplatten, GK-Installationswand, Holztüren, Zelluloseeinblasdämmung, HPL-Wandbekleidung, HPL-Trennwände; Pfettendachstuhl, Zelluloseeinblasdämmung, Holzfaserdämmplatten, Flachdachziegel (Gruppenräume), Doppelstehfalzdeckung (Verbindungsgebäude), Dachentwässerung; Einbaumöbel, Einbauküche

KG	Kostengruppe	Menge Einheit	Kosten €	€/Einheit	%
400	**Bauwerk – Technische Anlagen**	167,46 m² BGF	48.919	**292,13**	9,0

Gebäudeentwässerung, Kalt- und Warmwasserleitungen, Außenwasserhahn, Sanitärobjekte; Stückholzofen (2St), Elektroheizkörper (2St); zentrale Abluftanlage mit dezentraler Zuluft ohne WRG; Elektroinstallation, LED-Beleuchtung, Blitzschutzanlage

4400-0434
Kindertagesstätte
(6 Gruppen)
(130 Kinder)

Kostenkennwerte für die Kosten des Bauwerks (Kostengruppen 300+400 nach DIN 276)

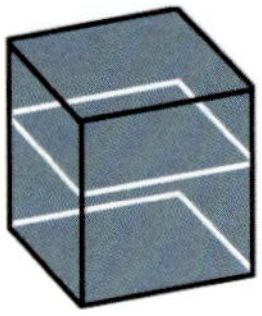

BRI 875 €/m³

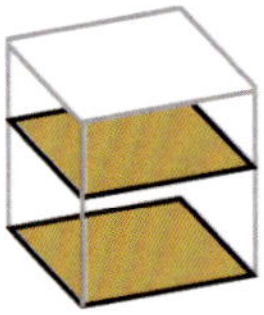

BGF 3.357 €/m²

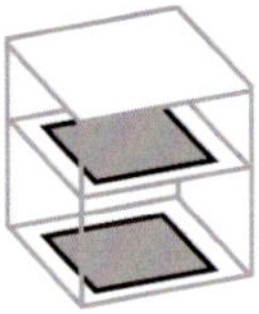

NUF 5.070 €/m²

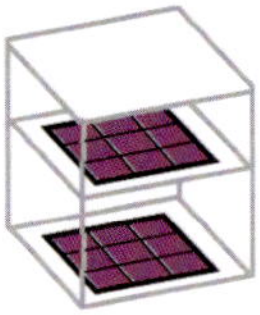

NE 46.698 €/NE

NE: Kinder

Objekt:
Kennwerte: 1.Ebene DIN 276
BRI: 6.940 m³
BGF: 1.808 m²
NUF: 1.198 m²
Bauzeit: 91 Wochen
Bauende: 2024
Standard: mittel
Bundesland: Hessen
Kreis: Main-Taunus-Kreis

Architekt*in:
mz3 architekten
ingenieure GmbH
Rheinallee 79-81
55118 Mainz

Bauherr*in:
Stadt Hochheim am Main
Burgeffstraße 30
65239 Hochheim am Main

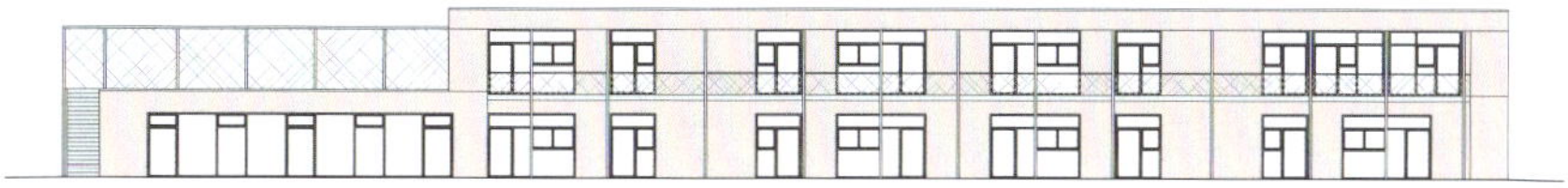

Ansicht Nord

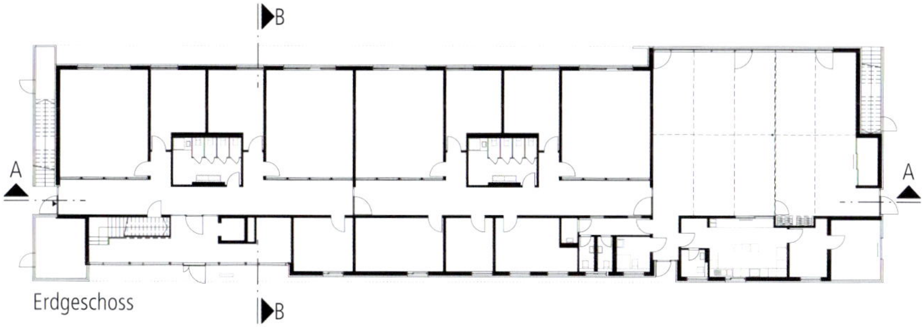

Erdgeschoss

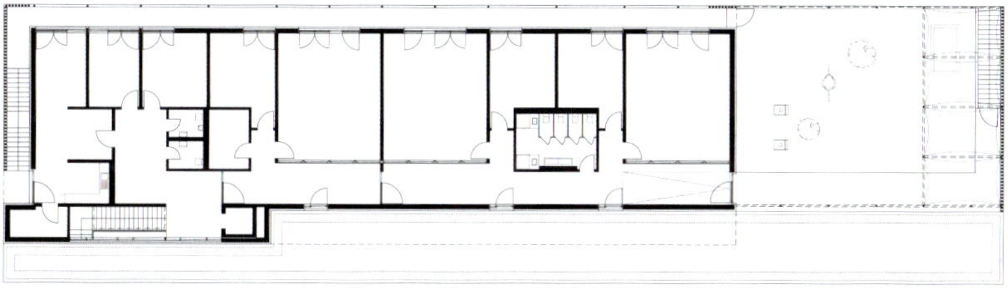

Obergeschoss

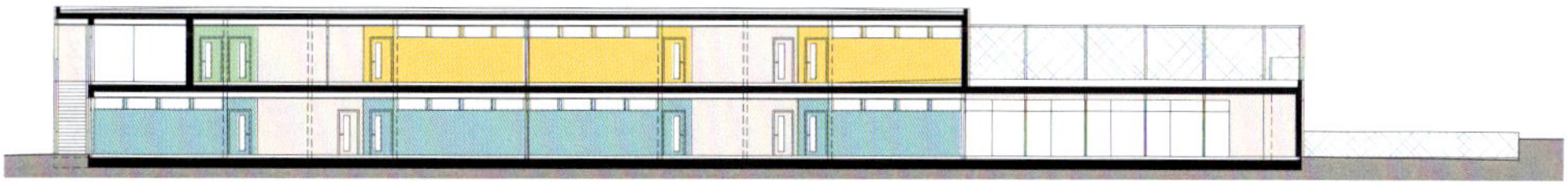

Schnitt A-A

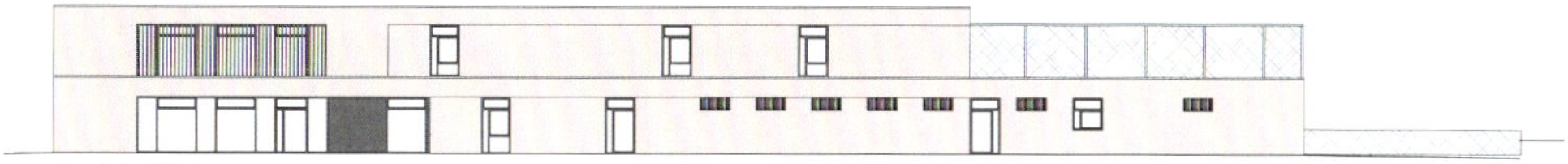

Ansicht Süd

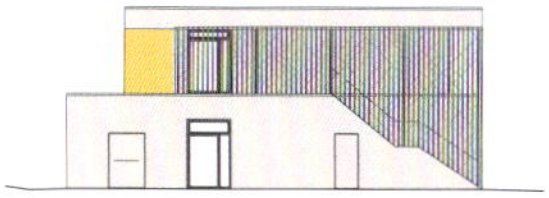

Ansicht Ost

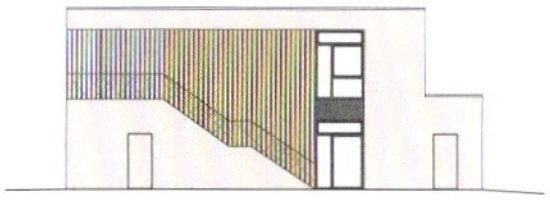

Ansicht West

Schnitt B-B

4400-0434
Kindertagesstätte
(6 Gruppen)
(130 Kinder)

Objektbeschreibung

Allgemeine Objektinformationen

Der Neubau einer sechszügigen Kindertagesstätte in Holzbauweise wurde mit einem hohen Vorfertigungsgrad realisiert. Der riegelartige, eingeschossige Baukörper mit Staffelgeschoss zeichnet sich durch eine klare Raumstruktur aus. Ein zentrales Entwurfsthema ist die Orientierung der Gruppenräume zu den angrenzenden Feldern sowie der konsequente Einsatz nachhaltiger Materialien.

Nutzung

1 Erdgeschoss
Windfang, Garderobe, Büros, Gruppenräume, Differenzierungsräume, Sanitärräume, Schlafraum, Bistro, Küche, Mehrzweckraum, Technik, Lagerräume, Flur, Treppen, Terrasse

1 Obergeschoss
Gruppenräume, Differenzierungsräume, Sanitärräume, Schlafraum, Personalraum, Büro, Elternraum, Mehrzweckraum, Laubengang, Dachterrasse

Nutzeinheiten

Gruppen: 6
Kinder: 130

Grundstück

Bauraum: Freier Bauraum
Neigung: Ebenes Gelände
Bodenklasse: BK 3 bis BK 4

Besonderer Kosteneinfluss Grundstück
Auffüllung von 1,00m Höhe war erforderlich

Markt

Hauptvergabezeit: 3.Quartal 2022
Baubeginn: 4.Quartal 2022
Bauende: 3.Quartal 2024
Konjunkturelle Gesamtlage: über Durchschnitt
Regionaler Baumarkt: Durchschnitt

Baukonstruktion

Die Gründung des Gebäudes erfolgt über eine Stahlbetonbodenplatte mit Stahlbetonfundamenten. Die Wände bestehen aus vorgefertigten Massivholzrahmenelementen. Die Decken sind – abhängig von den statischen und funktionalen Anforderungen – als Holzkastendecken, Brettstapeldecken oder Holzsparrendecken mit integrierten Stahlträgern ausgeführt. Laubengänge und Außentreppen wurden in Stahlbauweise realisiert. Die Fassaden sind mit einer vorgehängten Holzschalung bekleidet; die Holzfenster sind mit Dreifachverglasung ausgestattet. Das Flachdach wird teilweise als Dachterrasse genutzt und ist in Teilbereichen extensiv begrünt. Die Umwehrung der Dachterrasse ist als durchgehendes Edelstahlseilnetz ausgeführt.

Technische Anlagen

Die Wärmeversorgung erfolgt über eine Erdwärmepumpe, die Wärmeverteilung über eine Fußbodenheizung. Die begrünte Dachfläche ist zusätzlich mit einer Photovoltaikanlage ausgestattet. Küchen- und Sanitärbereiche werden über zwei zentrale Lüftungsanlagen belüftet, während die Gruppenräume mit Wandlüftern versehen sind.

Sonstiges

Das Gebäude ist so konzipiert, dass die beiden Geschosse potenziell von zwei unabhängigen Kindertageseinrichtungen genutzt werden können, da dies in Zukunft ein durchaus realistisches Szenario darstellt. Aus diesem Grund wurde anstelle eines offenen Foyers ein abgetrenntes Treppenhaus mit Windfang realisiert. Das Gebäude erfüllt den KfW-Effizienzhaus-Standard 40 Plus.

Planungskennwerte für Flächen und Rauminhalte nach DIN 277

Flächen des Grundstücks		Menge Einheit	% an GF
BF	Bebaute Fläche	1.066,00 m²	28,5
UF	Unbebaute Fläche	2.668,00 m²	71,5
GF	Grundstücksfläche	3.734,00 m²	100,0

Grundflächen des Bauwerks		Menge Einheit	% an NUF	% an BGF
NUF	Nutzungsfläche	1.197,50 m²	100,0	66,2
TF	Technikfläche	20,49 m²	1,7	1,1
VF	Verkehrsfläche	369,45 m²	30,9	20,4
NRF	Netto-Raumfläche	1.587,44 m²	132,6	87,8
KGF	Konstruktions-Grundfläche	220,81 m²	18,4	12,2
BGF	Brutto-Grundfläche	1.808,25 m²	151,0	100,0

Brutto-Rauminhalt des Bauwerks		Menge Einheit	BRI/NUF (m)	BRI/BGF (m)
BRI	Brutto-Rauminhalt	6.940,00 m³	5,80	3,84

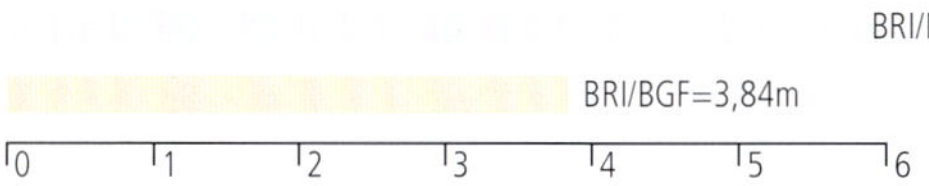

4400-0434
Kindertagesstätte
(6 Gruppen)
(130 Kinder)

Kostenkennwerte für die Kostengruppen der 1. Ebene DIN 276

KG	Kostengruppen (1. Ebene)	Einheit	Kosten €	€/Einheit	€/m² BGF	€/m³ BRI	% 300+400
100	Grundstück	m² GF	–	–	–	–	–
200	Vorbereitende Maßnahmen	m² GF	–	–	–	–	–
300	Bauwerk – Baukonstruktionen	m² BGF	4.735.213	2.618,67	2.618,67	682,31	78,0
400	Bauwerk – Technische Anlagen	m² BGF	1.335.574	738,60	738,60	192,45	22,0
	Bauwerk 300+400	**m² BGF**	**6.070.787**	**3.357,27**	**3.357,27**	**874,75**	**100,0**
500	Außenanlagen und Freiflächen	m² AF	–	–	–	–	–
600	Ausstattung und Kunstwerke	m² BGF	–	–	–	–	–
700	Baunebenkosten	m² BGF	–	–	–	–	–
800	Finanzierung	m² BGF	–	–	–	–	–

KG	Kostengruppe	Menge Einheit	Kosten €	€/Einheit	%
3+4	**Bauwerk**				**100,0**
300	**Bauwerk – Baukonstruktionen**	1.808,25 m² BGF	4.735.213	**2.618,67**	78,0

Bodenarbeiten; Stb-Streifenfundamente, Stb-Bodenplatte, Abdichtung, Dämmung, Estrich, Bodenfliesen, Linoleum, Perimeterdämmung; Holzrahmenwände, Holzfenster, Dreifachverglasung, Dämmung, Fassadenbahn, hinterlüftete Holzbekleidung, GK-Bekleidung, Beschichtung; Holzrahmenwände, Holztüren, Innenfenster, Holzbekleidung, GK-Bekleidung, Beschichtung, Wandfliesen; Holzkastendecken, Brettstapeldecken, Stahltreppen, Dämmung, Estrich, Bodenfliesen, Linoleum, Stahl-Laubengangkonstruktion, Treppengeländer, Geländer; Holz-Sparrenflachdach, Dämmung, Abdichtung, Terrassenplatten, Gitterrost, extensive Dachentwässerung, Edelstahlseilnetz

KG	Kostengruppe	Menge Einheit	Kosten €	€/Einheit	%
400	**Bauwerk – Technische Anlagen**	1.808,25 m² BGF	1.335.574	**738,60**	22,0

Gebäudeentwässerung; Kaltwasserleitungen, Durchlauferhitzer, Sanitärobjekte; Wärmepumpe (Geothermie), Fußbodenheizung; dezentrale Lüftungsanlagen mit Wärmerückgewinnung; PV-Anlage, Elektroinstallation, Beleuchtung, Blitzschutz; Personenaufzug

4400-0435
Kindertagesstätte
(6 Gruppen)
(95 Kinder)

Kostenkennwerte für die Kosten des Bauwerks (Kostengruppen 300+400 nach DIN 276)

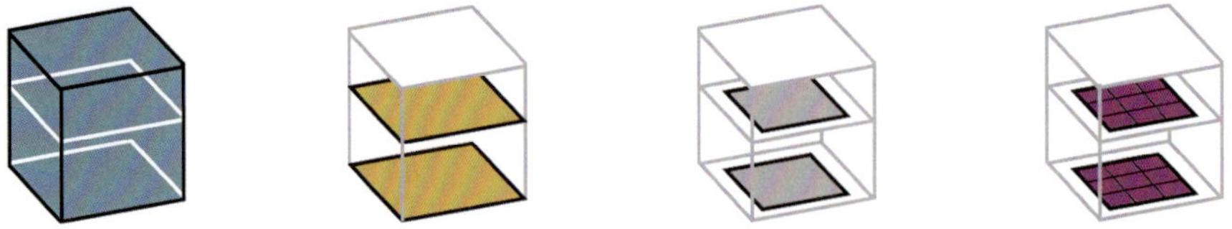

BRI 828 €/m³

BGF 3.498 €/m²

NUF 5.172 €/m²

NE 37.263 €/NE
NE: Kinder

Objekt:
Kennwerte: 1. Ebene DIN 276
BRI: 4.278 m³
BGF: 1.012 m²
NUF: 684 m²
Bauzeit: 70 Wochen
Bauende: 2022
Standard: mittel
Bundesland: Schleswig-Holstein
Kreis: Stormarn

Architekt*in:
Jan Braker Architekt
Große Reichenstraße 27
20457 Hamburg

Bauherr*in:
Gemeinde Lütjensee
Europaplatz 5
22946 Trittau

© Jan Braker Architekt | Jakob Börner

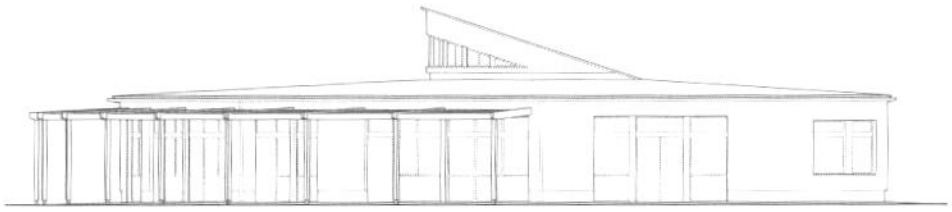

Ansicht Nord-Ost

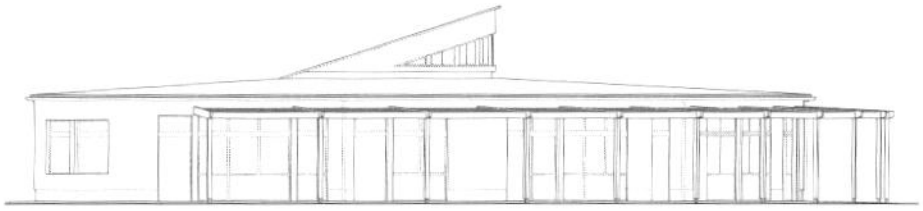

Ansicht Süd-West

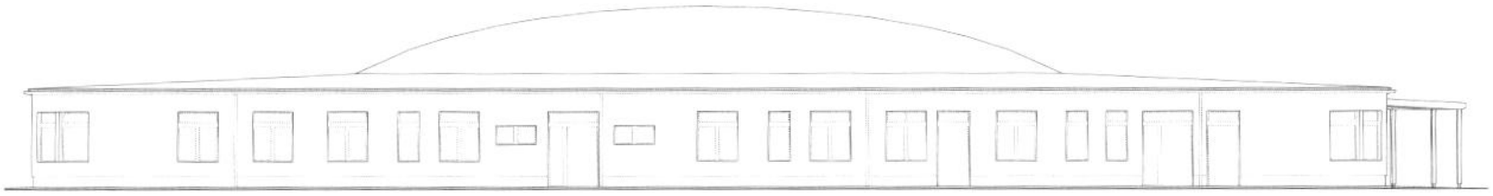

Ansicht Nord-West

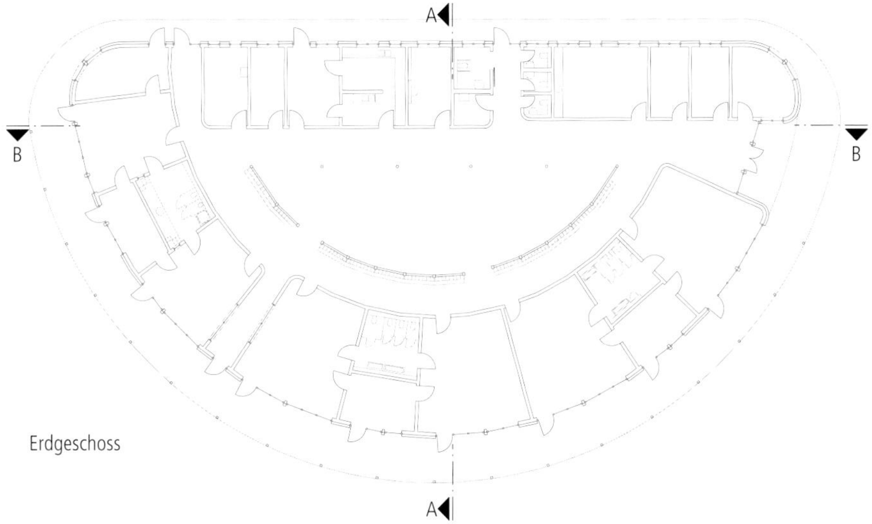

Erdgeschoss

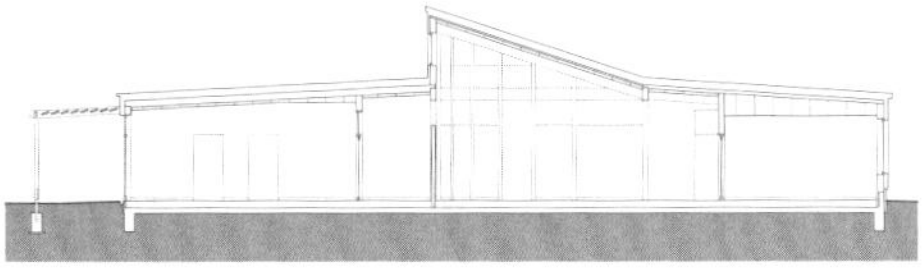

Schnitt A-A

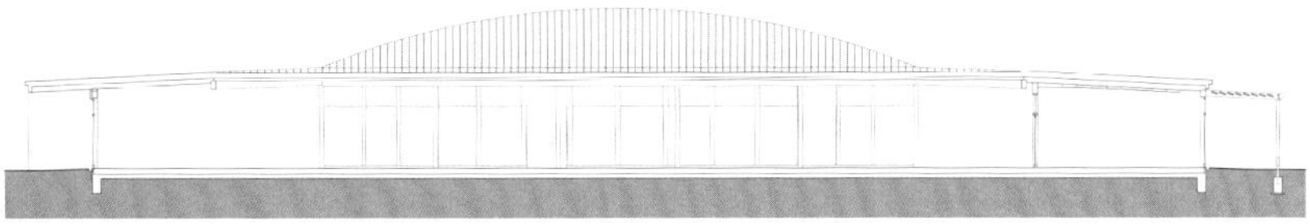

Schnitt B-B

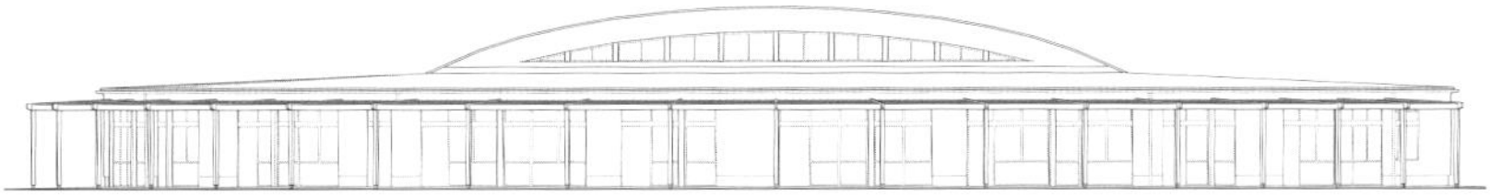

Ansicht Süd-Ost

4400-0435
Kindertagesstätte
(6 Gruppen)
(95 Kinder)

Objektbeschreibung

Allgemeine Objektinformationen

In einem Gewerbegebiet ist ein neuer Kindergarten für 100 Kinder entstanden. Vom höchsten Punkt des leicht abfallenden Grundstücks bietet sich ein wunderschöner Blick über die hügelige Landschaft. Diese Aussicht und die Form des Hanges waren die Ausgangslage für die erste Gebäudeidee: die Anordnung der Gruppenräume entlang des geschwungenen Hanges mit Ausblick ins Grüne, die versorgenden Räume gegenüber zum Gewerbegebiet orientiert und der sich ergebende Zwischenraum als zentraler Mehrzweckraum.

Nutzung

1 Erdgeschoss
Halle, Gruppenräume, Nebenräume, Küche, Hauswirtschaftsraum, Büro, Therapieräume, Personal, WCs, Bäder, Lager, Abstellraum, Technik

Nutzeinheiten

Gruppen: 6
Kinder: 95

Grundstück

Bauraum: Freier Bauraum
Neigung: Ebenes Gelände
Bodenklasse: BK 1 bis BK 4

Markt

Hauptvergabezeit: 3. Quartal 2021
Baubeginn: 2. Quartal 2021
Bauende: 4. Quartal 2022
Konjunkturelle Gesamtlage: über Durchschnitt
Regionaler Baumarkt: unter Durchschnitt

Baukonstruktion

Als Bauweise wurde eine Holzständerbauweise mit einer Dachschale aus Brettsperrholz gewählt. Während der Fertigstellung der Sohlplatte wurde die gesamte Holzkonstruktion vorfabriziert und dann auf der Baustelle zusammengesetzt. Über dem Zentralraum wurde das Dach hochgeklappt, sodass sich ein Oberlicht zur natürlichen Belichtung und Belüftung des Gebäudes ergibt. Die Gebäudehülle besteht aus einer Lärchenholzverschalung welche horizontal um das Gebäude gelegt ist. Die einzelnen Latten wurden auf der Baustelle vorgebogen und dann schrittweise befestigt. Die Fenster sind als Kunststofffenster gefertigt. Als Dachhaut wurden Aluminiumbleche gewählt, welche sich an die radiale, leicht geneigte Dachgeometrie anpassen.

Technische Anlagen

Eine Photovoltaikanlage mit ca. 100m² Fläche trägt zur Energieversorgung bei, die Wärmeversorgung wird über eine Luft-Wasser-Wärmepumpe gewährleistet und versorgt die Fußbodenheizung. Die Warmwasserversorgung erfolgt dezentral.

Energetische Kennwerte

Gesetzliche Grundlage: EnEV 2013
Gebäudenutzfläche: 808,00 m²
Spez. Jahresprimärenergiebedarf: 88,30 kWh/(m²·a)
CO_2-Emissionen: 31,10 kg/(m²·a)

Planungskennwerte für Flächen und Rauminhalte nach DIN 277

Flächen des Grundstücks		Menge Einheit	% an GF
BF	Bebaute Fläche	989,70 m²	20,8
UF	Unbebaute Fläche	3.764,15 m²	79,2
GF	Grundstücksfläche	4.753,85 m²	100,0

Grundflächen des Bauwerks		Menge Einheit	% an NUF	% an BGF
NUF	Nutzungsfläche	684,40 m²	100,0	67,6
TF	Technikfläche	15,30 m²	2,2	1,5
VF	Verkehrsfläche	228,50 m²	33,4	22,6
NRF	Netto-Raumfläche	928,20 m²	135,6	91,7
KGF	Konstruktions-Grundfläche	83,80 m²	12,2	8,3
BGF	Brutto-Grundfläche	1.012,00 m²	147,9	100,0

Brutto-Rauminhalt des Bauwerks		Menge Einheit	BRI/NUF (m)	BRI/BGF (m)
BRI	Brutto-Rauminhalt	4.277,55 m³	6,25	4,23

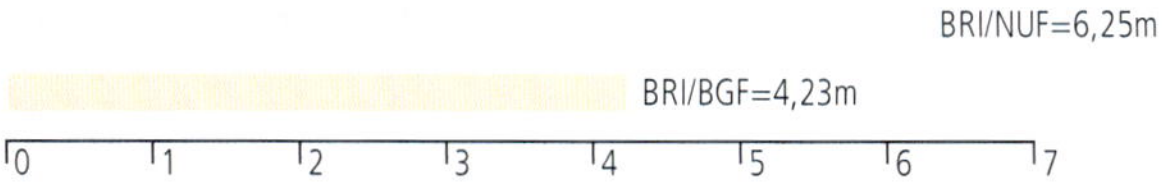

4400-0435
Kindertagesstätte
(6 Gruppen)
(95 Kinder)

Kostenkennwerte für die Kostengruppen der 1. Ebene DIN 276

KG	Kostengruppen (1. Ebene)	Einheit	Kosten €	€/Einheit	€/m² BGF	€/m³ BRI	% 300+400
100	Grundstück	m² GF	–	–	–	–	–
200	Vorbereitende Maßnahmen	m² GF	–	–	–	–	–
300	Bauwerk – Baukonstruktionen	m² BGF	2.399.539	2.371,09	2.371,09	560,96	67,8
400	Bauwerk – Technische Anlagen	m² BGF	1.140.486	1.126,96	1.126,96	266,62	32,2
	Bauwerk 300+400	**m² BGF**	**3.540.025**	**3.498,05**	**3.498,05**	**827,58**	**100,0**
500	Außenanlagen und Freiflächen	m² AF	–	–	–	–	–
600	Ausstattung und Kunstwerke	m² BGF	–	–	–	–	–
700	Baunebenkosten	m² BGF	–	–	–	–	–
800	Finanzierung	m² BGF	–	–	–	–	–

KG	Kostengruppe	Menge Einheit	Kosten €	€/Einheit	%
3+4	**Bauwerk**				**100,0**
300	**Bauwerk – Baukonstruktionen**	1.012,00 m² BGF	2.399.539	**2.371,09**	67,8

Baugrubenaushub; Bodenaustausch, Baugrundverbesserung, Stb-Fundamente, Stb-Bodenplatte, Heizestrich, Linoleum, Bodenfliesen, Abdichtung, Sauberkeitsschicht, Dämmung; Holzrahmenwände, Kunststofffenster, teilw. Sonnenschutzverglasung, Wärmedämmung, hinterlüftete Lärchenholzfassade, teilw. gebogen; GK-Wände, Holzrahmenwände, Holzstützen, Innenfenster, Wandfliesen, WC-Trennwände; Holz-Brettstapeldach, Oberlichter, Dämmung, Aluminium-Profiltafeldachdeckung, Dachentwässerung, Schallschutzdecken, Eingangsüberdachung, Sonnenschutz-Holzlamellen (Terrassendächer); Einbauschränke

KG	Kostengruppe	Menge Einheit	Kosten €	€/Einheit	%
400	**Bauwerk – Technische Anlagen**	1.012,00 m² BGF	1.140.486	**1.126,96**	32,2

Gebäudeentwässerung, Kalt- und Warmwasserleitungen, Sanitärobjekte; Luft-Wasser-Wärmepumpe, Fußbodenheizung; Einzelraumlüfter; Eigenstromversorgung, Elektroinstallation, PV-Anlage (100m²), Beleuchtung, Sicherheitsleuchten, Notstromversorgung, Blitzschutzanlage; Datenübertragungsanlage, Brandmeldeanlage, Rauchmelder; küchentechnische Anlage, Feuerlöscher

4400-0436
Kindertagesstätte
(5 Gruppen)
(86 Kinder)

Kostenkennwerte für die Kosten des Bauwerks (Kostengruppen 300+400 nach DIN 276)

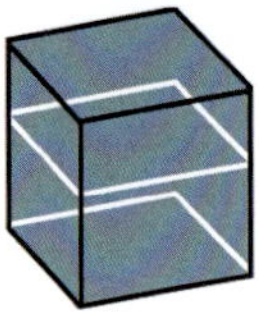

BRI 1.232 €/m³

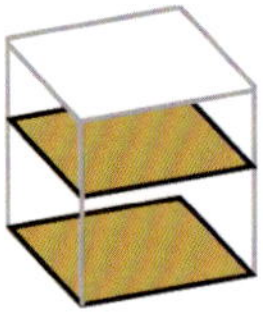

BGF 5.741 €/m²

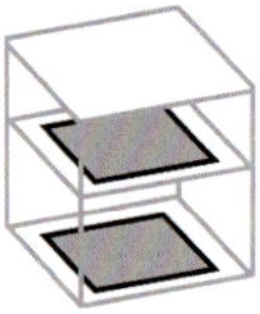

NUF 8.597 €/m²

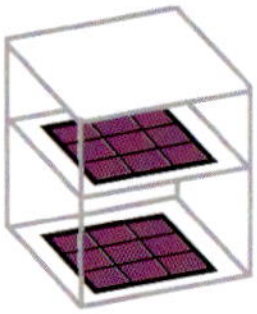

NE 91.306 €/NE

NE: Kinder

Objekt:
Kennwerte: 1.Ebene DIN 276
BRI: 6.375 m³
BGF: 1.368 m²
NUF: 913 m²
Bauzeit: 87 Wochen
Bauende: 2023
Standard: hoch
Bundesland: Bayern
Kreis: Tirschenreuth

Architekt*in:
JURETZKA ARCHITEKTEN
PartG mbB
Mooslohstraße 111
92637 Weiden

Bauherr*in:
Lebenshilfe KV
Tirschenreuth e.V.
Waldsassener Straße 9
95666 Mitterteich

© Felix Meyer

© Felix Meyer

© Felix Meyer

© Felix Meyer

Kostenstand: 1. Quartal 2026, Bundesdurchschnitt, **inkl. 19% MwSt.**

Zeichnungen

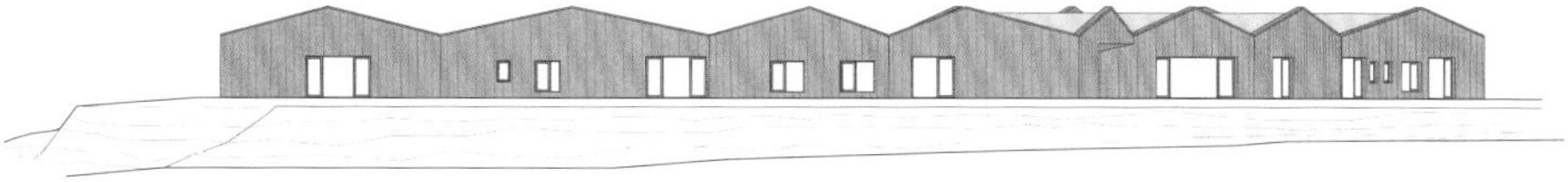

Ansicht Nord

Ansicht Ost

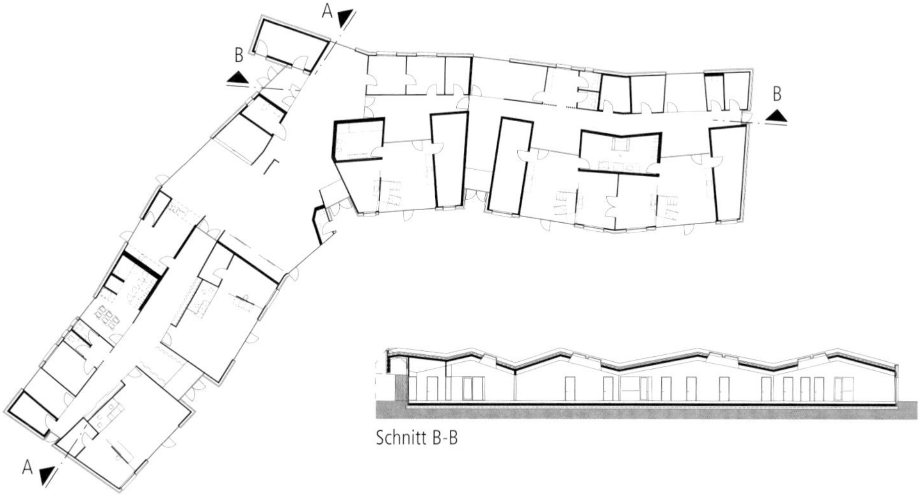

Schnitt B-B

Erdgeschoss

Schnitt A-A

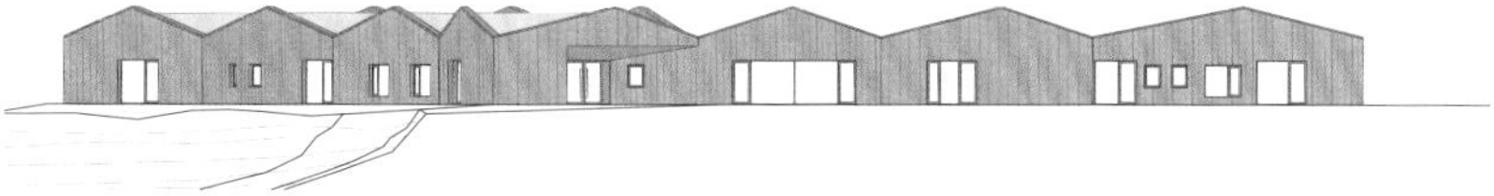

Ansicht West

Ansicht Süd

4400-0436
Kindertagesstätte
(5 Gruppen)
(86 Kinder)

Objektbeschreibung

Allgemeine Objektinformationen

Das inklusive Kinderhaus ergänzt den bestehenden Schulcampus um eine weitere Einrichtung für Bildung und Betreuung von Kindern. Das Konzept des Neubaus orientiert sich an der Idee eines kleinen Dorfes, dessen Gruppenräume sich um einen zentralen Dorfplatz mit Bistro, Mehrzweckraum und Spielfluren anordnen. Das winkelförmige Kinderhaus bildet dabei mit dem Nachbargebäude eine grüne Mitte mit gemeinschaftlich genutzten Freiflächen und bietet unter seiner gefalteten Dachlandschaft Platz für 86 Kinder.

Nutzung

1 Erdgeschoss
Windfang, Wartebereich, Spielflure, Gruppenräume, Krippenräume, Schlafräume, Nebenräume, Aufwärmküche, Bistro, Mehrzweckraum, Garderoben, Therapieräume, Personalräume, Sanitärräume, Büros, Besprechungsraum, HWR, Technikräume, Lager,

Nutzeinheiten

Gruppen: 5
Kinder: 86

Grundstück

Bauraum: Freier Bauraum
Neigung: Geneigtes Gelände
Bodenklasse: BK 3 bis BK 5

Besonderer Kosteneinfluss Grundstück
Erdauffüllung bis 3,00m Höhe

Markt

Hauptvergabezeit: 4. Quartal 2021
Baubeginn: 1. Quartal 2022
Bauende: 4. Quartal 2023
Konjunkturelle Gesamtlage: über Durchschnitt
Regionaler Baumarkt: Durchschnitt

Besonderer Kosteneinfluss Markt
Coronapandemie und Ukrainekrieg

Baukonstruktion

Der Neubau wurde konsequent in Holzbauweise realisiert. Die Holzoberflächen bleiben weitgehend sichtbar; lediglich die Bodenplatte sowie die beiden Brandwände wurden in Stahlbeton mit Bretterschalung ausgeführt. Wände und Dächer bestehen aus schlanken Brettsperrholzplatten mit Stärken von 10 bis 18cm. In Anlehnung an ein Faltwerk stützen sich die Dachelemente gegenseitig ab und werden durch Giebeldreiecke zusammengehalten. Die Dachlandschaft ist extensiv begrünt. Die Fassaden sind mit einer senkrechten Holzschalung bekleidet. Holz-Alufenster und Oberlichtkuppeln sorgen für eine großzügige Tageslichtversorgung, während Raffstores bei Bedarf den sommerlichen Sonnenschutz übernehmen. Die Tragstruktur bleibt als sichtbares Element erlebbar und prägt den Holzbau als wiederkehrendes gestalterisches Motiv im gesamten Gebäude.

Technische Anlagen

Die Räume innerhalb der hoch wärmegedämmten Gebäudehülle werden über Fußbodenheizungen beheizt. Die Wärmeversorgung erfolgt durch eine Wärmepumpe mit einer Leistung von 65kW. Die Warmwasserbereitung ist dezentral organisiert. Eine Photovoltaikanlage mit einer Leistung von 74kWp sowie ein Batteriespeicher mit 30kWh tragen dazu bei, den Energiebedarf des Kinderhauses überwiegend durch erneuerbare Energien zu decken.

Sonstiges

Das Gebäude erfüllt den KfW-Effizienzhaus-Standard 40EE.

Energetische Kennwerte

Gesetzliche Grundlage: GEG 2020
Gebäudenutzfläche: 1.259,20 m^2
Spez. Jahresprimärenergiebedarf: 81,90 kWh/($m^2 \cdot a$)
CO_2-Emissionen: 25,50 kg/($m^2 \cdot a$)

Planungskennwerte für Flächen und Rauminhalte nach DIN 277

Flächen des Grundstücks		Menge Einheit	% an GF
BF	Bebaute Fläche	1.367,65 m²	38,6
UF	Unbebaute Fläche	2.171,35 m²	61,4
GF	Grundstücksfläche	3.539,00 m²	100,0

Grundflächen des Bauwerks		Menge Einheit	% an NUF	% an BGF
NUF	Nutzungsfläche	913,37 m²	100,0	66,8
TF	Technikfläche	32,35 m²	3,5	2,4
VF	Verkehrsfläche	244,98 m²	26,8	17,9
NRF	Netto-Raumfläche	1.190,70 m²	130,4	87,1
KGF	Konstruktions-Grundfläche	176,95 m²	19,4	12,9
BGF	Brutto-Grundfläche	1.367,65 m²	149,7	100,0

Brutto-Rauminhalt des Bauwerks		Menge Einheit	BRI/NUF (m)	BRI/BGF (m)
BRI	Brutto-Rauminhalt	6.374,65 m³	6,98	4,66

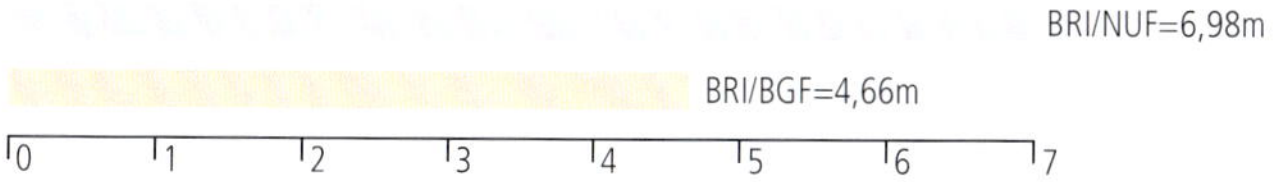

4400-0436
Kindertagesstätte
(5 Gruppen)
(86 Kinder)

Kostenkennwerte für die Kostengruppen der 1. Ebene DIN 276

KG	Kostengruppen (1. Ebene)	Einheit	Kosten €	€/Einheit	€/m² BGF	€/m³ BRI	% 300+400
100	Grundstück	m² GF	–	–	–	–	–
200	Vorbereitende Maßnahmen	m² GF	–	–	–	–	–
300	Bauwerk – Baukonstruktionen	m² BGF	6.306.785	4.611,40	4.611,40	989,35	80,3
400	Bauwerk – Technische Anlagen	m² BGF	1.545.518	1.130,05	1.130,05	242,45	19,7
	Bauwerk 300+400	**m² BGF**	**7.852.303**	**5.741,46**	**5.741,46**	**1.231,80**	**100,0**
500	Außenanlagen und Freiflächen	m² AF	–	–	–	–	–
600	Ausstattung und Kunstwerke	m² BGF	–	–	–	–	–
700	Baunebenkosten	m² BGF	–	–	–	–	–
800	Finanzierung	m² BGF	–	–	–	–	–

KG	Kostengruppe	Menge Einheit	Kosten €	€/Einheit	%
3+4	**Bauwerk**				**100,0**
300	**Bauwerk – Baukonstruktionen**	1.367,65 m² BGF	6.306.785	**4.611,40**	80,3

Bodenaustausch, Baugrubenaushub, Stb-Bodenplatte, Abdichtung, Dämmung, Heizestrich, mineralischer Bodenbelag, Bodenfliesen, Teppichböden, Perimeterdämmung; Brettsperrholzwände, Holz-Alufenster, Hauseingangstüren, Dämmung, hinterlüftete Holzbekleidung, GK-Vorsatzwände, Beschichtung, Wandfliesen, Raffstores, Markisen; Brettsperrholzwände, Sichtoberflächen, Stb-Brandwände, Glaswände, Holztüren, Brandschutztüren, GK-Vorsatzwände, Beschichtung, Wandfliesen, Sanitärtrennwände, Vorhänge; Brettsperrholz-Dachplatten, Oberlichtkuppeln, Dämmung, Abdichtung, Kiesstreifen, extensive Dachbegrünung, Dachentwässerung, Akustikdecken, Metalldecken, Sonnenschutz Oberlichter; Teeküchen

KG	Kostengruppe	Menge Einheit	Kosten €	€/Einheit	%
400	**Bauwerk – Technische Anlagen**	1.367,65 m² BGF	1.545.518	**1.130,05**	19,7

Gebäudeentwässerung, Kaltwasserleitungen, Durchlauferhitzer dezentral, Sanitärobjekte, Stiefelwaschanlage; Wärmepumpe, Heizleitungen, Fußbodenheizung, Pufferspeicher; Abluft in innenliegenden Räumen, Zuluftöffnungen an Fassade; PV-Anlage (74kWp), Batteriespeicher (30kWh), Elektroinstallation, Beleuchtung, Blitzschutzanlage; Sprechanlage, Brandmeldezentrale, Datenübertragungsnetz; Gebäudeautomation

4400-0437
Kindertagesstätte
(5 Gruppen)
(94 Kinder)

Kostenkennwerte für die Kosten des Bauwerks (Kostengruppen 300+400 nach DIN 276)

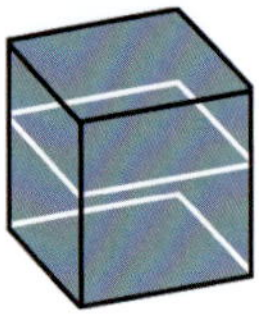

BRI 1.051 €/m³

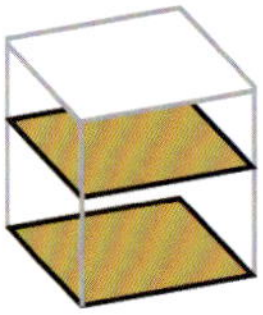

BGF 3.839 €/m²

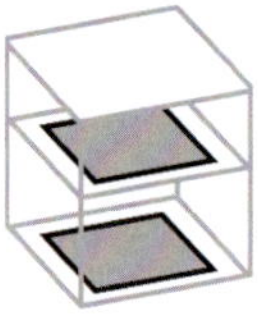

NUF 6.107 €/m²

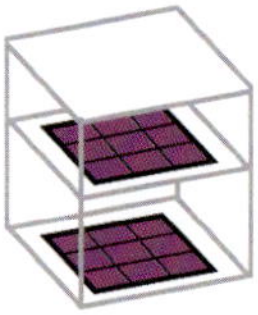

NE 76.626 €/NE

NE: Kinder

Objekt:
Kennwerte: 1.Ebene DIN 276
BRI: 6.855 m³
BGF: 1.876 m²
NUF: 1.179 m²
Bauzeit: 96 Wochen
Bauende: 2024
Standard: mittel
Bundesland: Nordrhein-Westfalen
Kreis: Rheinisch-Bergischer Kreis

Architekt*in:
MICHAEL KOPPETSCH ARCHITEKT
Pastor-Löh-Straße 78
51399 Burscheid

Entwurf:
Architektin Beate Niefanger
Architekt Michael Koppetsch

Ansicht Nord

Ansicht Ost

Erdgeschoss

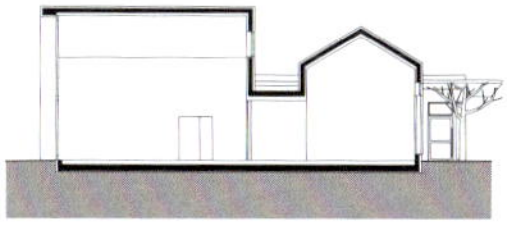
Schnitt A-A

Obergeschoss

Schnitt B-B

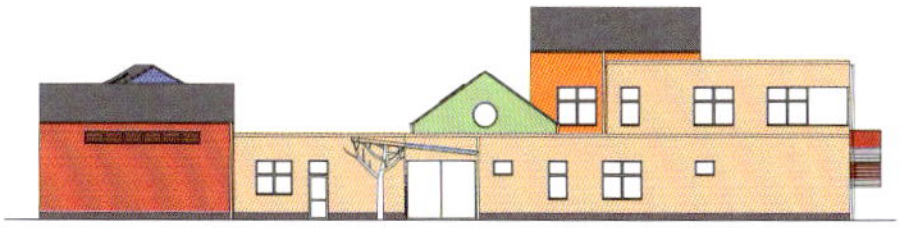
Ansicht Süd

Ansicht West

Objektbeschreibung

Allgemeine Objektinformationen

Auf dem topografisch anspruchsvollen Gelände wurde eine nachhaltige Kindertagesstätte in Massivholz- und Holzrahmenbauweise realisiert. Alle Hauptgruppenräume sind in farbig gestalteten Giebelhäuschen untergebracht. Die bewusst gewählte Nordausrichtung der Aufenthaltsräume wirkt zukunftsorientiert den Folgen der globalen Erwärmung entgegen und sorgt für eine natürliche Verschattung. Ein Biodiversitäts-Gründach auf den Flachdachflächen unterstützt zusätzlich den sommerlichen Hitzeschutz.

Nutzung

1 Untergeschoss
Trockenraum, Hausarbeitsraum, Abstellräume, HWR, Flur, Treppenhaus, Aufzug

1 Erdgeschoss
Eingang, Garderoben, Gruppenräume, Differenzierungsräume, Neben-/Schlafräume, Mehrzweckraum, Bistro, Küche, Büros, Personalraum, WCs, Sanitärräume, Abstellräume, Flure, Treppenhaus, Aufzug

1 Obergeschoss
Eingang, Garderoben, Gruppenräume, Differenzierungsräume, Nebenräume, WCs, Sanitärräume, Empore, Abstellräume, Flure, Treppenhaus, Aufzug, Fluchttreppe

Nutzeinheiten

Gruppen: 5
Kinder: 94

Grundstück

Bauraum: Freier Bauraum
Neigung: Geneigtes Gelände
Bodenklasse: BK 3 bis BK 4

Markt

Hauptvergabezeit: 2. Quartal 2022
Baubeginn: 2. Quartal 2022
Bauende: 2. Quartal 2024
Konjunkturelle Gesamtlage: Durchschnitt
Regionaler Baumarkt: Durchschnitt

Baukonstruktion

Das Bauwerk gründet auf einer Stahlbetonbodenplatte. Wände und Decke der Teilunterkellerung sind in Stahlbeton bzw. Kalksandstein ausgeführt. Die darüberliegenden Geschosse wurden in Holzrahmenbauweise und Massivholz errichtet. Die gedämmten Fassaden sind mit farbiger Holzschalung bekleidet. Kunststofffenster sowie Holz-Pfosten-Riegel-Fassaden sind mit Sonnenschutzverglasung ausgestattet und können über außenliegende Markisen verschattet werden. Die Holzwände blieben im Innenraum als Sichtflächen erhalten, die Decken wurden mit Holzwolle-Akustikplatten versehen. Als Bodenbeläge kamen Parkett und Fliesen zum Einsatz. Die Steildächer sind mit Ziegeln gedeckt, die Flachdächer extensiv begrünt. Eine außenliegende Stahltreppe mit Laubengang stellt den erforderlichen zweiten Rettungsweg sicher.

Technische Anlagen

Neben der Beheizung über eine geothermische Wärmepumpe sind auf den Steildächern Photovoltaikanlagen zur Stromerzeugung installiert. Überschüssiger Strom wird in Energiespeichern zwischengespeichert und steht in sonnenarmen Zeiten sowie für den Betrieb von Ladestationen zur Verfügung.
Das Regenwasser wird in einer den Rigolen vorgeschalteten Zisterne gesammelt und zur Nutzung für die Toilettenspülung aufbereitet.

Sonstiges

Durch die Verwendung von Holz wurde eine CO_2-Reduktion von 412t erreicht.

Energetische Kennwerte

Gesetzliche Grundlage: GEG 2020
Gebäudenutzfläche: 1.499,40 m^2
Spez. Jahresprimärenergiebedarf: 65,00 kWh/(m^2·a)
CO_2-Emissionen: 20,20 kg/(m^2·a)

Planungskennwerte für Flächen und Rauminhalte nach DIN 277

Flächen des Grundstücks		Menge Einheit	% an GF
BF	Bebaute Fläche	–	–
UF	Unbebaute Fläche	–	–
GF	Grundstücksfläche	–	–

Grundflächen des Bauwerks		Menge Einheit	% an NUF	% an BGF
NUF	Nutzungsfläche	1.179,44 m²	100,0	62,9
TF	Technikfläche	21,52 m²	1,8	1,1
VF	Verkehrsfläche	403,55 m²	34,2	21,5
NRF	Netto-Raumfläche	1.604,51 m²	136,0	85,5
KGF	Konstruktions-Grundfläche	271,82 m²	23,0	14,5
BGF	Brutto-Grundfläche	1.876,33 m²	159,1	100,0

Brutto-Rauminhalt des Bauwerks		Menge Einheit	BRI/NUF (m)	BRI/BGF (m)
BRI	Brutto-Rauminhalt	6.855,11 m³	5,81	3,65

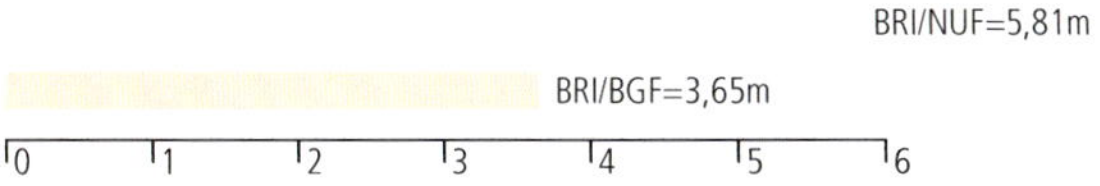

Kostenkennwerte für die Kostengruppen der 1. Ebene DIN 276

KG	Kostengruppen (1. Ebene)	Einheit	Kosten €	€/Einheit	€/m² BGF	€/m³ BRI	% 300+400
100	Grundstück	m² GF	–	–	–	–	–
200	Vorbereitende Maßnahmen	m² GF	–	–	–	–	–
300	Bauwerk – Baukonstruktionen	m² BGF	5.946.135	3.169,02	3.169,02	867,40	82,6
400	Bauwerk – Technische Anlagen	m² BGF	1.256.755	669,79	669,79	183,33	17,4
	Bauwerk 300+400	**m² BGF**	**7.202.889**	**3.838,82**	**3.838,82**	**1.050,73**	**100,0**
500	Außenanlagen und Freiflächen	m² AF	–	–	–	–	–
600	Ausstattung und Kunstwerke	m² BGF	–	–	–	–	–
700	Baunebenkosten	m² BGF	–	–	–	–	–
800	Finanzierung	m² BGF	–	–	–	–	–

KG	Kostengruppe	Menge Einheit	Kosten €	€/Einheit	%
3+4	**Bauwerk**				**100,0**
300	**Bauwerk – Baukonstruktionen**	1.876,33 m² BGF	5.946.135	**3.169,02**	82,6

Bodenarbeiten; Stb-Bodenplatte, WU, Abdichtung, Dämmung, Heizestrich, Parkett, Fliesenboden, Perimeterdämmung, Füllkies; Stb-Wände, Massivholzwände, Holzrahmenwände, Kunststofffenster, Sonnenschutzverglasung, Alu-Außentüren, OSB, Dämmung, Holzbekleidung, GK-Bekleidung, Innenputz, Beschichtung, Wandfliesen, Holz-Pfostenriegel-Fassaden, Außenmarkisen; Stb-Innenwände, KS-Wände, GK-Wände, zementgebundene Trockenbauwände, Massivholzwände, Holzrahmenwände, oberflächenfertig, Holztüren, GK-Bekleidung, Vliestapete, Beschichtung, Wandfliesen; Stb-Decken, Brettsperrholzdecken, Stb-Treppen, Holztreppen, Dämmung, Heizestrich, Parkett, Bodenfliesen, Holzwolleplatten-Akustikdecke, GK-Mineralfaser-Rasterdecken, Stahltreppen, Stahlbalkone, Stahlgeländer; Brettsperrholz-Flachdach, Brettsperrholz-Steildach, Dämmung, Gefälledämmung, Abdichtung, Biodiversitäts-Gründach, Dachentwässerung; Einbauküchen, Garderoben, Spielemporen, Holzfensterbänke

KG	Kostengruppe	Menge Einheit	Kosten €	€/Einheit	%
400	**Bauwerk – Technische Anlagen**	1.876,33 m² BGF	1.256.755	**669,79**	17,4

Gebäudeentwässerung, Rigolen, Zisterne; Kalt- und Warmwasserleitungen, Regenwasserleitungen zur WC-Spülung, Sanitärobjekte; Wärmepumpe (Geothermie), Fußbodenheizung; dezentrale Lüftungsanlagen mit Wärmerückgewinnung; PV-Anlage, Energiespeicher, Elektroinstallation, Beleuchtung, Blitzschutz; Personenaufzug; Feuerlöscher

4500-0021
Bildungsgebäude
Sportcampus

Kostenkennwerte für die Kosten des Bauwerks (Kostengruppen 300+400 nach DIN 276)

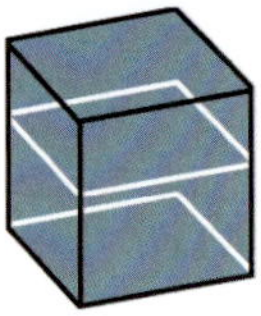

BRI 946 €/m³

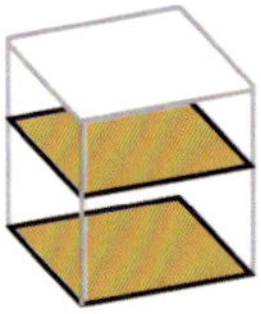

BGF 2.820 €/m²

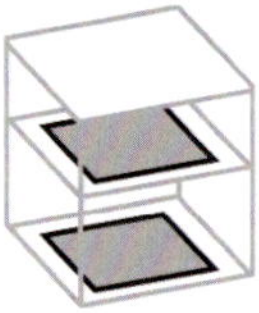

NUF 4.114 €/m²

Objekt:
Kennwerte: 1. Ebene DIN 276
BRI: 5.991 m³
BGF: 2.010 m²
NUF: 1.378 m²
Bauzeit: 104 Wochen
Bauende: 2023
Standard: mittel
Bundesland: Hessen
Kreis: Bergstraße

Architekt*in:
prosa Architektur
+ Stadtplanung BDA
Schleiermacherstraße 8
64283 Darmstadt

Bauherr*in:
Magistrat der
Stadt Bürstadt
Rathausstraße 2
68642 Bürstadt

Zeichnungen

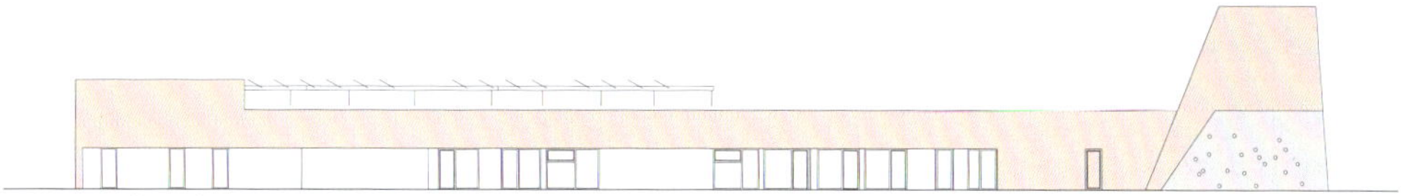

Ansicht Süd

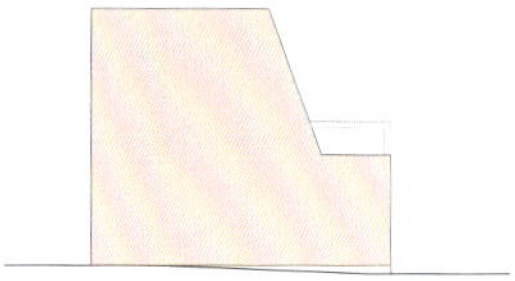

Ansicht Ost

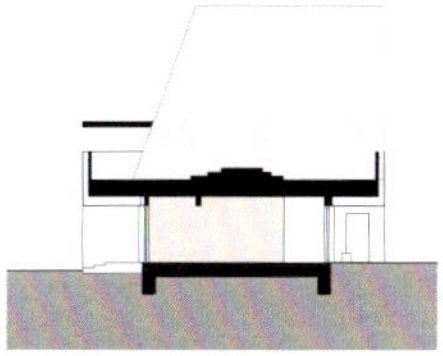

Querschnitt

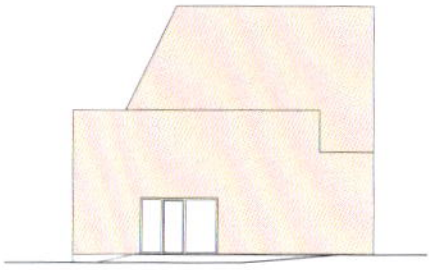

Ansicht West

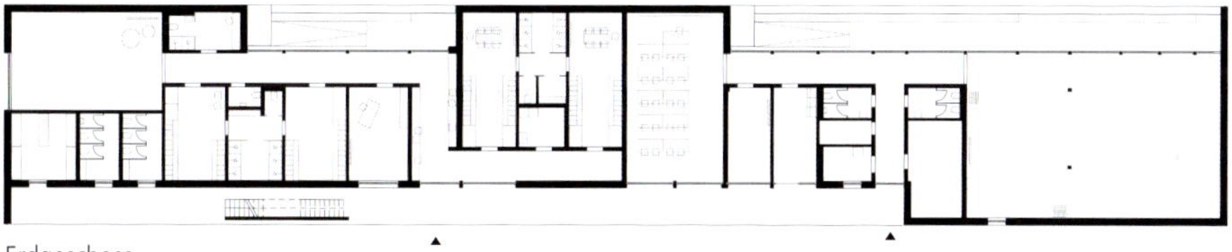

Erdgeschoss

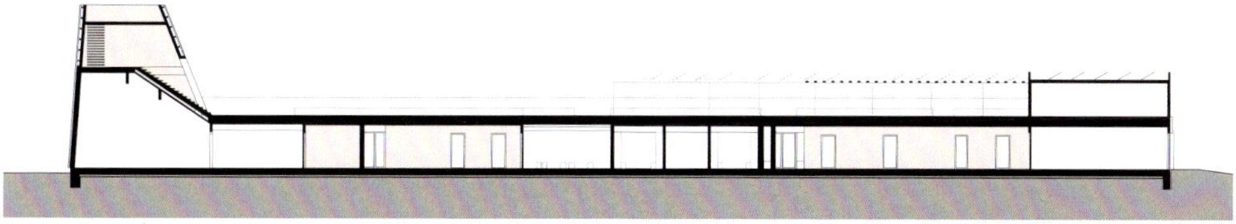

Längsschnitt

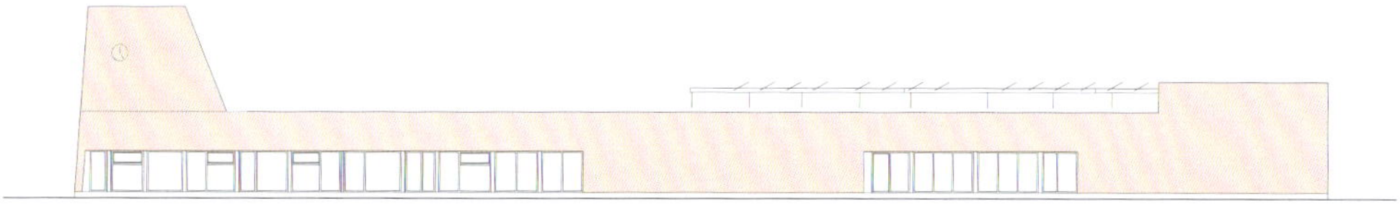

Ansicht Nord

Objektbeschreibung

Allgemeine Objektinformationen

Das Sport- und Bildungsgebäude hat eine vielfältiges Raumprogramm und dient als Versammlungsort, Aufenthaltsbereich und Rückzugsort. Das Gebäude ist zu allen Richtungen geöffnet. Basis ist der Funktionsbereich mit Umkleiden, Sanitär- und Duschbereichen für insgesamt vier Sportmannschaften. Daneben werden Seminar- und interne Sportflächen angeboten. Hier finden Tagesbetreuung, Sportbildung und Seminare statt. Große Besprechungsräume und eine kleine Halle bieten variable Nutzungsmöglichkeiten. Der markante Turmbereich formt einen hohen Turnraum im Erdgeschoss und ermöglicht von oben den Überblick über alle Sportflächen. Die Terrasse auf dem Dach ist für Zuschauer nutzbar.

Nutzung

1 Erdgeschoss
Besprechungsraum, Seminarraum, Fitnessraum, Bewegungsraum, Ruheraum, Vereinsraum Jugendförderung, Teeküche, WCs, Duschen, Umkleiden, Lager, Abstellraum, Technikräume

1 Dachgeschoss
Dachterrassen, Zugang Turm, Technikraum, Pergola mit PV-Anlage

Grundstück

Bauraum: Freier Bauraum
Neigung: Ebenes Gelände
Bodenklasse: BK 2 bis BK 3

Markt

Hauptvergabezeit: 4. Quartal 2021
Baubeginn: 3. Quartal 2021
Bauende: 3. Quartal 2023
Konjunkturelle Gesamtlage: über Durchschnitt
Regionaler Baumarkt: Durchschnitt

Besonderer Kosteneinfluss Markt
Hochpreislage durch Vergabe zwischen Corona und Ukrainekrise

Baukonstruktion

Die Bodenplatte ist aus recyceltem Beton hergestellt. Alle tragenden und aussteifenden Bauteile sind aus Brettsperrholz gefertigt. Vor den tragenden Außenwänden wurde eine hinterlüftete, komplett unbehandelte Holzschindelfassade ausgeführt. Die optimierte thermische Hülle mit Einblasdämmung aus recyceltem Altpapier sorgt für minimalen Wärmeverlust. Die Holzfenster sind mit einer Dreifachverglasung ausgestattet. Im Innern verläuft zentral eine massive Stampflehmwand. Sie wirkt als thermischer Klimapuffer. Temporäre Überhitzung und Auskühlung kann ohne den Einsatz von Technik verhindert werden. Die Bauteile sind größtenteils ohne Klebe- und Verbundmittel montiert, sodass eine reversible Konstruktion entstanden ist.

Technische Anlagen

Das Gebäude ist an das Nahwärmenetz angebunden und verteilt die Heizwärme über Fußbodenheizung. Die Nutzung intensiv genutzter Umkleide- und Duschbereiche erfordern den Einsatz von Lüftungstechnik. Es wird darauf geachtet, dass der entsprechend notwendige Energiebedarf vom Gebäude selbst erzeugt wird. Eine hocheffiziente Wärmerückgewinnung minimiert die Lüftungswärmeverluste. Der zum Betrieb nötige Strom für Wärmepumpe und sonstigen Betriebsstrom wird über eine große Photovoltaikanlage erzeugt. Überschüssige Erträge werden in ein Arealstromnetz eingespeist, das weitere Nutzer auf dem Sportcampus versorgt.

Sonstiges

Das Gebäude ist nach einem anspruchsvollen energetischen Konzept entwickelt und langfristig komplett klimaneutral.

Energetische Kennwerte

Gesetzliche Grundlage: EnEV 2013
Spez. Jahresprimärenergiebedarf: 145,60 kWh/(m^2·a)
CO_2-Emissionen: 47,50 kg/(m^2·a)

Planungskennwerte für Flächen und Rauminhalte nach DIN 277

Flächen des Grundstücks		Menge Einheit	% an GF
BF	Bebaute Fläche	890,00 m²	8,5
UF	Unbebaute Fläche	9.610,00 m²	91,5
GF	Grundstücksfläche	10.500,00 m²	100,0

Grundflächen des Bauwerks		Menge Einheit	% an NUF	% an BGF
NUF	Nutzungsfläche	1.377,98 m²	100,0	68,6
TF	Technikfläche	120,19 m²	8,7	6,0
VF	Verkehrsfläche	147,05 m²	10,7	7,3
NRF	Netto-Raumfläche	1.645,22 m²	119,4	81,9
KGF	Konstruktions-Grundfläche	364,76 m²	26,5	18,1
BGF	Brutto-Grundfläche	2.009,98 m²	145,9	100,0

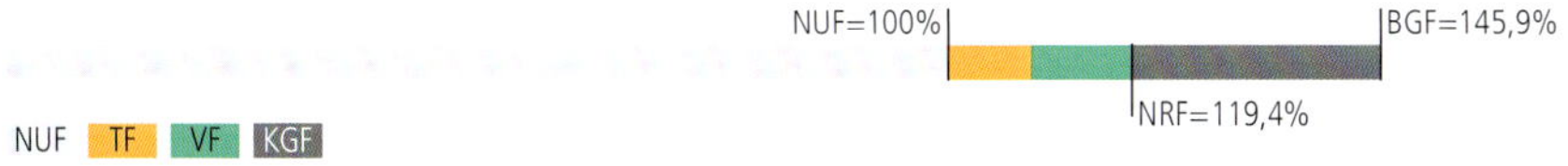

Brutto-Rauminhalt des Bauwerks		Menge Einheit	BRI/NUF (m)	BRI/BGF (m)
BRI	Brutto-Rauminhalt	5.991,40 m³	4,35	2,98

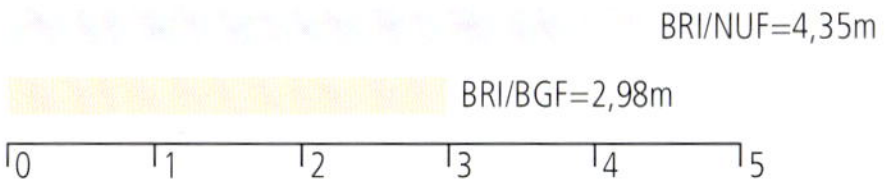

Kostenkennwerte für die Kostengruppen der 1. Ebene DIN 276

KG	Kostengruppen (1. Ebene)	Einheit	Kosten €	€/Einheit	€/m² BGF	€/m³ BRI	% 300+400
100	Grundstück	m² GF	–	–	–	–	–
200	Vorbereitende Maßnahmen	m² GF	–	–	–	–	–
300	Bauwerk – Baukonstruktionen	m² BGF	4.487.308	2.232,51	2.232,51	748,96	79,2
400	Bauwerk – Technische Anlagen	m² BGF	1.181.591	587,86	587,86	197,21	20,8
	Bauwerk 300+400	**m² BGF**	**5.668.899**	**2.820,38**	**2.820,38**	**946,17**	**100,0**
500	Außenanlagen und Freiflächen	m² AF	–	–	–	–	–
600	Ausstattung und Kunstwerke	m² BGF	–	–	–	–	–
700	Baunebenkosten	m² BGF	–	–	–	–	–
800	Finanzierung	m² BGF	–	–	–	–	–

KG	Kostengruppe	Menge Einheit	Kosten €	€/Einheit	%
3+4	**Bauwerk**				**100,0**
300	**Bauwerk – Baukonstruktionen**	2.009,98 m² BGF	4.487.308	**2.232,51**	79,2

Baugrubenaushub; Frostschürzen, Stb-Fundamentplatte, Recyclingbeton, Dämmung, Heizestrich, Sichtestrich, Linoleum, Bodenfliesen, Abdichtung, Sauberkeitsschicht, Perimeterdämmung; Brettsperrholzwände, Stahlstützen, Holzstützen, Holzfenster, Dreifachverglasung, Einblasdämmung, Lehmputz, Holzschindelfassade; Brettsperrholzwände, Stapflehmwände, GK-Wände, Holzstützen, Innenfenster, Holz-Glastüren, Holztüren, Lehmbauplatten, Lehmputz, Wandfliesen, Beschichtung, WC-Trennwände; Brettsperrholzdecken, BSH-Träger, Stahl-Außentreppen, Estrich, Beschichtung, Treppenhandlauf; Brettsperrholzdach, Dämmung, Abdichtung, Terrassenplatten, Kies, Attika, extensive/ intensive Dachbegrünung, innenliegende Dachentwässerung, abgehängte GK-Decken, Eingangsüberdachung, Pergolakonstruktion, Brückenkonstruktion; Umkleidespinde, Bänken, Sitzbänke

KG	Kostengruppe	Menge Einheit	Kosten €	€/Einheit	%
400	**Bauwerk – Technische Anlagen**	2.009,98 m² BGF	1.181.591	**587,86**	20,8

Gebäudeentwässerung, Kalt- und Warmwasserleitungen, Sanitärobjekte; Wärmepumpe mit Anschluss an Nahwärmenetz, Fußbodenheizung; kontrollierte Be- und Entlüftung mit Wärmerückgewinnung; PV-Anlage (250m²), Elektroinstallation, Beleuchtung; Fernseh- und Antennenanlagen, Rauchmelder

Sportbauten

5

- • 5100 Hallen (ohne Schwimmhallen)
- 5200 Schwimmhallen
- 5300 Gebäude für Sportplatz und Freibadanlagen
- 5400 Sportplatzanlagen (Außenanlagen)
- 5500 Freibadanlagen (Außenanlagen)
- • 5600 Sondersportanlagen

5100-0144
Sporthalle
(Dreifeldhalle)

Kostenkennwerte für die Kosten des Bauwerks (Kostengruppen 300+400 nach DIN 276)

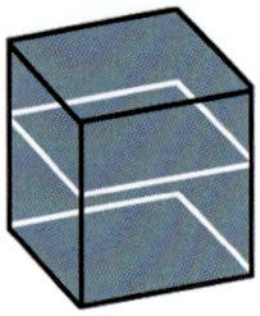
BRI 343 €/m³

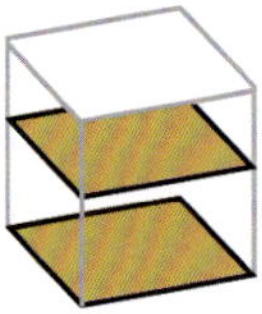
BGF 2.769 €/m²

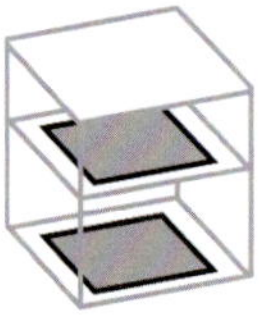
NUF 3.238 €/m²

Objekt:
Kennwerte: 3. Ebene DIN 276
BRI: 15.606 m³
BGF: 1.935 m²
NUF: 1.655 m²
Bauzeit: 87 Wochen
Bauende: 2023
Standard: mittel
Bundesland: Hamburg
Kreis: Hamburg, Stadt

Architekt*in:
MRO Partnerschaft mbB
Architekt Kahnert
Beratender Ingenieur Martens
Tempowerkring 6
21079 Hamburg

Bauherr*in:
Freie und Hansestadt
Hamburg
Finanzbehörde
SBH I Schulbau Hamburg
An der Stadthausbrücke 1
20355 Hamburg

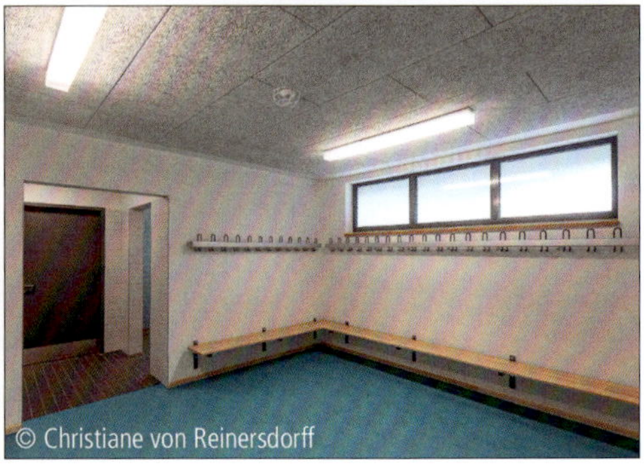

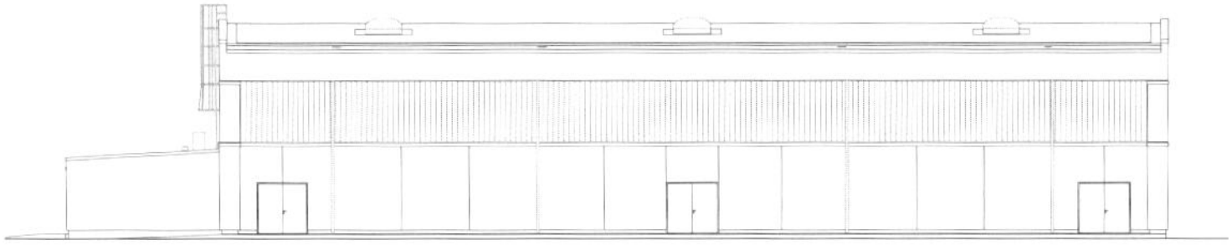
Ansicht Nord

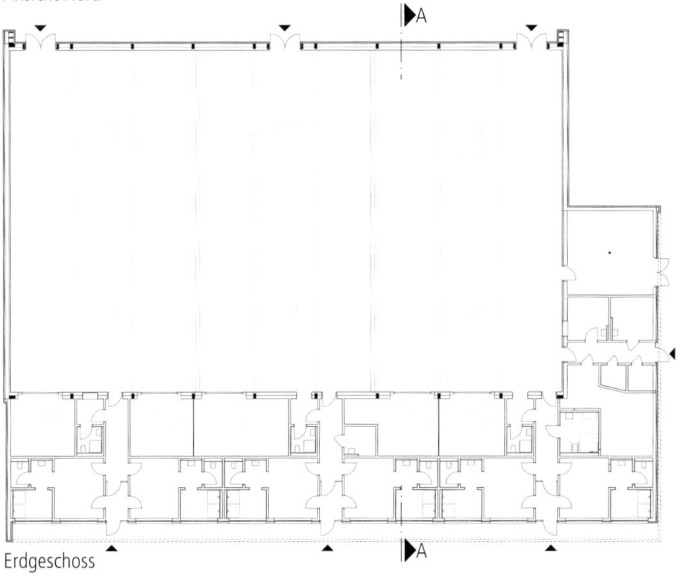

Erdgeschoss

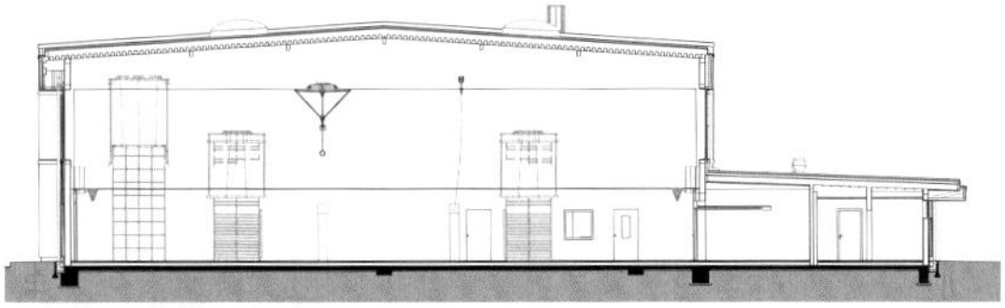
Schnitt A-A

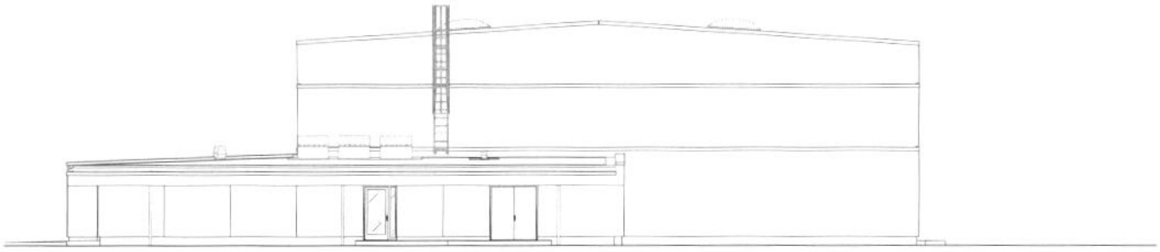
Ansicht Ost

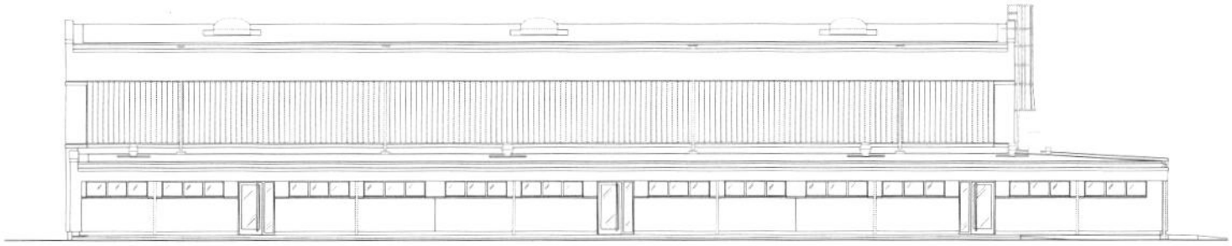
Ansicht Süd

5100-0144
Sporthalle
(Dreifeldhalle)

Objektbeschreibung

Allgemeine Objektinformationen

Am Standort einer Stadtteilschule wurde eine neue Sporthalle in Holzbauweise errichtet. Hier können verschiedene Sportarten auf drei Hallenfeldern ausgeübt werden. Die Halle dient zudem als Treffpunkt für den Stadtteil und bietet Raum für soziale, kulturelle oder sportliche Events. Errichtet wurde sie auf der Fläche eines Sportplatzes. Dieser wurde vorbereitend bauseits aufgenommen.

Nutzung

1 Erdgeschoss
Dreifeld-Sportfläche, Umkleideräume, Sanitärbereiche, barrierefreies WC, Geräteräume, Regieräume, Technikräume, Sanitätsraum, Putzmittelräume, Vorräume, Flure

Nutzeinheiten

Hallenfelder: 3
Hallenfläche: 1.215 m²

Grundstück

Bauraum: Beengter Bauraum
Neigung: Geneigtes Gelände
Bodenklasse: BK 3 bis BK 5

Besonderer Kosteneinfluss Grundstück
Erhöhter Aufwand bei der Gründung, Magerbetonauffüllungen

Markt

Hauptvergabezeit: 3. Quartal 2021
Baubeginn: 4. Quartal 2021
Bauende: 2. Quartal 2023
Konjunkturelle Gesamtlage: über Durchschnitt
Regionaler Baumarkt: über Durchschnitt

Baukonstruktion

Die Gründung erfolgt über eine Stahlbetonbodenplatte auf Streifenfundamenten mit Magerbetonauffüllungen. Das Tragwerk der Sporthalle bilden BSH-Binder auf BSH-Pendelstützen mit aufgelegtem, akustisch wirksamen Stahltrapezblech.
Die Nebenräume erhalten Dachbalken mit aufliegender, aussteifender Bretterschalung und Mineralwoll-Kerndämmung. Die tragenden Außen- und Innenwände sind vorgefertigt und in Holzrahmenbauweise ausgeführt. In der Sporthalle wurde ein flächenelastischer Sportboden verlegt, in den Nebenräume Estrich. Die Sanitärräume wurden gefliest, der Technikraum und der Außensportgeräteraum erhielten eine Bodenbeschichtung, alle anderen Räume und die Sporthalle sind mit Linoleum belegt. Die natürliche Belichtung der Halle erfolgt über Profilbauglasflächen in den Längswänden des Gebäudes. Die Funktionsräume erhielten Alufenster. Die Fassade ist mit einer hinterlüfteten Lärchenholzbekleidung gestaltet.
Im Inneren der Halle wurden Prallschutzwände angebracht. Trennvorhänge wurden installiert, um die Halle flexibel nutzen zu können. Fliesen und Beschichtungen bekleiden die Innenwände der Nebenräume. Abgehängte Decken verbessern die Raumakustik. Abschließend wurde die Halle mit fest eingebauten Sportgeräten ausgestattet.

Technische Anlagen

Die Wärmeerzeugung erfolgt über Luft-Wasser-Wärmepumpen auf dem Dach und einer Sole-Wasser-Wärmepumpe im Gebäude. Ebenfalls auf dem Dach befindet sich die Unterkonstruktion für eine Photovoltaikanlage (die Module sind nicht in den Kosten enthalten). Die Sporthalle wird mit einer Fußbodenheizung, die übrigen Räume mit Heizkörpern erwärmt. Durchlauferhitzer sorgen für die Warmwasserbereitung. Der Luftaustausch der Halle und der Nebenräume erfolgt über Abluftventilatoren. Durch Wärmerückgewinnung aus der Abluft wird Wärme auf Sole übertragen und im Pufferspeicher bevorratet. Die Daten- und Alarmierungsanlagen sind an bestehende Anlagen der Schule angebunden. Eine Gebäudeautomation wurde eingerichtet.

Planungskennwerte für Flächen und Rauminhalte nach DIN 277

Flächen des Grundstücks		Menge Einheit	% an GF
BF	Bebaute Fläche	2.063,02 m²	33,4
UF	Unbebaute Fläche	4.111,98 m²	66,6
GF	Grundstücksfläche	6.175,00 m²	100,0

Grundflächen des Bauwerks		Menge Einheit	% an NUF	% an BGF
NUF	Nutzungsfläche	1.654,93 m²	100,0	85,5
TF	Technikfläche	38,25 m²	2,3	2,0
VF	Verkehrsfläche	61,16 m²	3,7	3,2
NRF	Netto-Raumfläche	1.754,34 m²	106,0	90,7
KGF	Konstruktions-Grundfläche	180,66 m²	10,9	9,3
BGF	Brutto-Grundfläche	1.935,00 m²	116,9	100,0

Brutto-Rauminhalt des Bauwerks		Menge Einheit	BRI/NUF (m)	BRI/BGF (m)
BRI	Brutto-Rauminhalt	15.606,06 m³	9,43	8,07

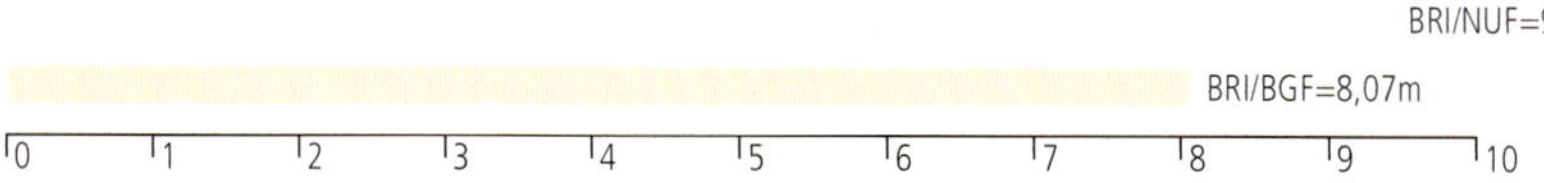

KG	Kostengruppen (2. Ebene)	Menge Einheit	Menge/NUF	Menge/BGF
310	Baugrube / Erdbau	2.903,88 m³ BGI	1,76	1,50
320	Gründung, Unterbau	1.964,25 m² GRF	1,19	1,02
330	Außenwände/Vertikale Baukonstruktionen, außen	1.494,08 m² AWF	0,90	0,77
340	Innenwände/Vertikale Baukonstruktionen, innen	1.561,84 m² IWF	0,94	0,81
350	Decken/Horizontale Baukonstruktionen	–	–	–
360	Dächer	2.037,34 m² DAF	1,23	1,05

Kostenkennwerte für die Kostengruppen der 1. Ebene DIN 276

KG	Kostengruppen (1. Ebene)	Einheit	Kosten €	€/Einheit	€/m² BGF	€/m³ BRI	% 300+400
100	Grundstück	m² GF	–	–	–	–	–
200	Vorbereitende Maßnahmen	m² GF	13.138	2,13	6,79	0,84	0,2
300	Bauwerk – Baukonstruktionen	m² BGF	4.198.857	2.169,95	2.169,95	269,05	78,4
400	Bauwerk – Technische Anlagen	m² BGF	1.159.301	599,12	599,12	74,29	21,6
	Bauwerk 300+400	**m² BGF**	**5.358.158**	**2.769,07**	**2.769,07**	**343,34**	**100,0**
500	Außenanlagen und Freiflächen	m² AF	5.253	–	2,71	0,34	< 0,1
600	Ausstattung und Kunstwerke	m² BGF	5.370	2,78	2,78	0,34	0,1
700	Baunebenkosten	m² BGF	–	–	–	–	–
800	Finanzierung	m² BGF	–	–	–	–	–

KG	Kostengruppe	Menge Einheit	Kosten €	€/Einheit	%
200	**Vorbereitende Maßnahmen**	6.175,00 m² GF	13.138	**2,13**	0,2

Sportplatzbelag abfahren

KG	Kostengruppe	Menge Einheit	Kosten €	€/Einheit	%
3+4	**Bauwerk**				**100,0**
300	**Bauwerk – Baukonstruktionen**	1.935,00 m² BGF	4.198.857	**2.169,95**	78,4

Füllboden; Stb-Bodenplatte, Stb-Fundamentbalken, Sportschwingboden, Estrich, Linoleum, Bodenfliesen; Holzrahmenwände, Holzstützen, Profilbauglas, Alu-Fensterelemente, Metallrahmentüren, Lärchenholzfassade; Kipptore, Holztüren, Regieraumfenster, Prallschutzwände, Beschichtungen, Wandfliesen, Trennvorhänge; flachgeneigte Holzdächer, BSH-Binder, Trapezblech, Holzbalken, Mineralwoll-Kerndämmung, Dachschalung, Dunkelklappen, Dämmung, Dachabdichtung, Dachbegrünung, Dachentwässerung, GK-Bekleidungen, abgehängte Decken; Sportgeräte

KG	Kostengruppe	Menge Einheit	Kosten €	€/Einheit	%
400	**Bauwerk – Technische Anlagen**	1.935,00 m² BGF	1.159.301	**599,12**	21,6

Gebäudeentwässerung, Kalt- und Warmwasserleitungen, Sanitärobjekte, Durchlauferhitzer; Luft-Wasser-Wärmepumpen, Sole-Wasser-Wärmepumpe, Pufferspeicher, Sportbodenheizung, Heizkörper; Lüftungsanlage, Einzelraumlüfter; Unterkonstruktion für Photovoltaikanlage, NSHV, Elektroinstallation, Beleuchtung, Blitzschutz; WC-Notruf, Hupen, Sportanzeigetafel, Anbindung/Erweiterung bestehende Alarmierungsanlage, Datenübertragungsnetz; Feuerlöscher; Gebäudeautomation

KG	Kostengruppe	Menge Einheit	Kosten €	€/Einheit	%
500	**Außenanlagen und Freiflächen**	–	5.253	**–**	< 0,1

Anbindung an bestehende Alarmierungsanlage: Außenkabel, Gummischlauchleitung, Ringerder

KG	Kostengruppe	Menge Einheit	Kosten €	€/Einheit	%
600	**Ausstattung und Kunstwerke**	1.935,00 m² BGF	5.370	**2,78**	0,1

Sanitärausstattungen; Transportwagen für Handballtore; Schilder

Kostenkennwerte für die Kostengruppen 300 der 2. und 3.Ebene DIN 276 (Übersicht)

KG	Kostengruppe	Menge Einheit	Kosten €	€/Einheit	% an 3+4
300	**Bauwerk – Baukonstruktionen**	**1.935,00 m² BGF**	**4.198.857,17**	**2.169,95**	**78,4**
310	**Baugrube / Erdbau**	**2.903,88 m³ BGI**	**268.794,85**	**92,56**	**5,0**
311	Herstellung	2.903,88 m³ BGI	259.084,99	89,22	4,8
312	Umschließung	–	–	–	–
313	Wasserhaltung	–	9.709,85	–	0,2
314	Vortrieb	–	–	–	–
319	Sonstiges zur KG 310	–	–	–	–
320	**Gründung, Unterbau**	**1.964,25 m² GRF**	**725.315,04**	**369,26**	**13,5**
321	Baugrundverbesserung	2.062,72 m²	66.644,07	32,31	1,2
322	Flachgründungen und Bodenplatten	1.964,25 m²	280.578,97	142,84	5,2
323	Tiefgründungen	–	–	–	–
324	Gründungsbeläge	1.742,31 m²	293.543,29	168,48	5,5
325	Abdichtungen und Bekleidungen	2.020,86 m²	46.250,79	22,89	0,9
326	Dränagen	1.964,25 m² GRF	38.297,91	19,50	0,7
329	Sonstiges zur KG 320	–	–	–	–
330	**Außenwände/Vert. Baukonstrukt., außen**	**1.494,08 m² AWF**	**1.081.910,17**	**724,13**	**20,2**
331	Tragende Außenwände	1.155,21 m²	304.626,22	263,70	5,7
332	Nichttragende Außenwände	–	–	–	–
333	Außenstützen	110,44 m	22.843,16	206,84	0,4
334	Außenwandöffnungen	338,87 m²	254.966,17	752,40	4,8
335	Außenwandbekleidungen, außen	1.178,87 m²	386.956,09	328,24	7,2
336	Außenwandbekleidungen, innen	456,04 m²	105.991,01	232,42	2,0
337	Element. Außenwandkonstruktionen	–	–	–	–
338	Lichtschutz zur KG 330	–	–	–	–
339	Sonstiges zur KG 330	1.494,08 m² AWF	6.527,50	4,37	0,1
340	**Innenwände/Vert. Baukonstrukt., innen**	**1.561,84 m² IWF**	**634.640,95**	**406,34**	**11,8**
341	Tragende Innenwände	1.019,58 m²	265.796,32	260,69	5,0
342	Nichttragende Innenwände	–	–	–	–
343	Innenstützen	54,86 m	7.078,96	129,04	0,1
344	Innenwandöffnungen	140,76 m²	159.705,28	1.134,59	3,0
345	Innenwandbekleidungen	1.093,35 m²	141.003,83	128,96	2,6
346	Elementierte Innenwandkonstruktionen	401,50 m²	61.056,56	152,07	1,1
347	Lichtschutz zur KG 340	–	–	–	–
349	Sonstiges zur KG 340	–	–	–	–
350	**Decken/Horizontale Baukonstruktionen**	**–**	**–**	**–**	**–**
351	Deckenkonstruktionen	–	–	–	–
352	Deckenöffnungen	–	–	–	–
353	Deckenbeläge	–	–	–	–
354	Deckenbekleidungen	–	–	–	–
355	Elementierte Deckenkonstruktionen	–	–	–	–
359	Sonstiges zur KG 350	–	–	–	–
360	**Dächer**	**2.037,34 m² DAF**	**1.062.536,05**	**521,53**	**19,8**
361	Dachkonstruktionen	2.004,94 m²	427.665,16	213,31	8,0
362	Dachöffnungen	32,40 m²	36.393,00	1.123,24	0,7
363	Dachbeläge	1.971,50 m²	446.682,07	226,57	8,3
364	Dachbekleidungen	670,37 m²	137.374,13	204,92	2,6
365	Elementierte Dachkonstruktionen	–	–	–	–
366	Lichtschutz zur KG 360	–	–	–	–
369	Sonstiges zur KG 360	2.037,34 m² DAF	14.421,69	7,08	0,3
370	**Infrastrukturanlagen**	**–**	**–**	**–**	**–**
380	**Baukonstruktive Einbauten**	**1.935,00 m² BGF**	**132.081,03**	**68,26**	**2,5**
390	**Sonst. Maßnahmen für Baukonstrukt.**	**1.935,00 m² BGF**	**293.579,08**	**151,72**	**5,5**

Kostenkennwerte für die Kostengruppen 400 der 2. und 3. Ebene DIN 276 (Übersicht)

KG	Kostengruppe	Menge Einheit	Kosten €	€/Einheit	% an 3+4
400	**Bauwerk – Technische Anlagen**	**1.935,00 m²BGF**	**1.159.301,06**	**599,12**	**21,6**
410	**Abwasser-, Wasser-, Gasanlagen**	**1.935,00 m²BGF**	**141.835,03**	**73,30**	**2,6**
411	Abwasseranlagen	1.935,00 m²BGF	36.842,40	19,04	0,7
412	Wasseranlagen	1.935,00 m²BGF	99.598,99	51,47	1,9
413	Gasanlagen	–	–	–	–
419	Sonstiges zur KG 410	1.935,00 m²BGF	5.393,64	2,79	0,1
420	**Wärmeversorgungsanlagen**	**1.935,00 m²BGF**	**267.183,58**	**138,08**	**5,0**
421	Wärmeerzeugungsanlagen	1.935,00 m²BGF	102.939,07	53,20	1,9
422	Wärmeverteilnetze	1.935,00 m²BGF	63.259,86	32,69	1,2
423	Raumheizflächen	1.935,00 m²BGF	100.984,65	52,19	1,9
424	Verkehrsheizflächen	–	–	–	–
429	Sonstiges zur KG 420	–	–	–	–
430	**Raumlufttechnische Anlagen**	**1.935,00 m²BGF**	**97.831,12**	**50,56**	**1,8**
431	Lüftungsanlagen	1.935,00 m²BGF	97.831,12	50,56	1,8
432	Teilklimaanlagen	–	–	–	–
433	Klimaanlagen	–	–	–	–
434	Kälteanlagen	–	–	–	–
439	Sonstiges zur KG 430	–	–	–	–
440	**Elektrische Anlagen**	**1.935,00 m²BGF**	**504.086,95**	**260,51**	**9,4**
441	Hoch- und Mittelspannungsanlagen	–	–	–	–
442	Eigenstromversorgungsanlagen	1.935,00 m²BGF	99.112,37	51,22	1,8
443	Niederspannungsschaltanlagen	1.935,00 m²BGF	35.648,07	18,42	0,7
444	Niederspannungsinstallationsanlagen	1.935,00 m²BGF	197.063,41	101,84	3,7
445	Beleuchtungsanlagen	1.935,00 m²BGF	135.797,50	70,18	2,5
446	Blitzschutz- und Erdungsanlagen	1.935,00 m²BGF	36.465,57	18,85	0,7
447	Fahrleitungssysteme	–	–	–	–
449	Sonstiges zur KG 440	–	–	–	–
450	**Kommunikationstechnische Anlagen**	**1.935,00 m²BGF**	**57.641,04**	**29,79**	**1,1**
451	Telekommunikationsanlagen	–	–	–	–
452	Such- und Signalanlagen	1.935,00 m²BGF	1.668,97	0,86	< 0,1
453	Zeitdienstanlagen	–	–	–	–
454	Elektroakustische Anlagen	1.935,00 m²BGF	908,53	0,47	< 0,1
455	Audiovisuelle Medien- u. Antennenanl.	1.935,00 m²BGF	4.730,40	2,44	< 0,1
456	Gefahrenmelde- und Alarmanlagen	1.935,00 m²BGF	32.142,76	16,61	0,6
457	Datenübertragungsnetze	1.935,00 m²BGF	18.190,38	9,40	0,3
458	Verkehrsbeeinflussungsanlagen	–	–	–	–
459	Sonstiges zur KG 450	–	–	–	–
460	**Förderanlagen**	**–**	**–**	**–**	**–**
461	Aufzugsanlagen	–	–	–	–
462	Fahrtreppen, Fahrsteige	–	–	–	–
463	Befahranlagen	–	–	–	–
464	Transportanlagen	–	–	–	–
465	Krananlagen	–	–	–	–
466	Hydraulikanlagen	–	–	–	–
469	Sonstiges zur KG 460	–	–	–	–
470	**Nutzungsspez. u. verfahrenstechn. Anl.**	**1.935,00 m²BGF**	**1.249,93**	**0,65**	**< 0,1**
480	**Gebäude- und Anlagenautomation**	**1.935,00 m²BGF**	**67.826,09**	**35,05**	**1,3**
490	**Sonst. Maßnahmen für techn. Anlagen**	**1.935,00 m²BGF**	**21.647,33**	**11,19**	**0,4**

Kostenkennwerte für Leistungsbereiche nach STLB (Kosten des Bauwerks nach DIN 276)

LB	Leistungsbereiche	Kosten €	€/m² BGF	€/m³ BRI	% an 3+4
000	Baustellen-, Sicherheitseinr. inkl. 001, 089	246.547	127,40	15,80	4,6
002	Erdarbeiten	304.249	157,20	19,50	5,7
006	Spezialtiefbauarbeiten inkl. 005	–	–	–	–
009	Entwässerungskanalarbeiten inkl. 011	11.965	6,20	0,77	0,2
010	Drän- und Versickerarbeiten	38.298	19,80	2,50	0,7
012	Mauerarbeiten	–	–	–	–
013	Betonarbeiten	337.313	174,30	21,60	6,3
014	Natur-, Betonwerksteinarbeiten	–	–	–	–
016	Zimmer- und Holzbauarbeiten	1.011.112	522,50	64,80	18,9
017	Stahlbauarbeiten	–	–	–	–
018	Abdichtungsarbeiten	29.638	15,30	1,90	0,6
019	Kampfmittelräumarbeiten	–	–	–	–
020	Dachdeckungsarbeiten	–	–	–	–
021	Dachabdichtungsarbeiten	423.147	218,70	27,10	7,9
022	Klempnerarbeiten	246.798	127,50	15,80	4,6
	Rohbau	**2.649.067**	**1.369,00**	**169,70**	**49,4**
023	Putz- und Stuckarbeiten, Wärmedämmsysteme	–	–	–	–
024	Fliesen- und Plattenarbeiten	100.526	52,00	6,40	1,9
025	Estricharbeiten	27.542	14,20	1,80	0,5
026	Fenster, Außentüren inkl. 029, 032	250.489	129,50	16,10	4,7
027	Tischlerarbeiten	283.198	146,40	18,10	5,3
028	Parkett-, Holzpflasterarbeiten	–	–	–	–
030	Rollladenarbeiten	–	–	–	–
031	Metallbauarbeiten inkl. 035	30.927	16,00	2,00	0,6
034	Maler- und Lackiererarb. - Beschicht. inkl. 037	25.439	13,10	1,60	0,5
036	Bodenbelagarbeiten	193.351	99,90	12,40	3,6
038	Vorgehängte hinterlüftete Fassaden	377.844	195,30	24,20	7,1
039	Trockenbauarbeiten	122.275	63,20	7,80	2,3
	Ausbau	**1.411.591**	**729,50**	**90,50**	**26,3**
040	Wärmeversorgungsanl. - Betriebseinr. inkl. 041	247.562	127,90	15,90	4,6
042	Gas- u. Wasseranl. - Leitung., Armat. inkl. 043	55.150	28,50	3,50	1,0
044	Abwasseranl. - Leitungen, Abläufe, Armaturen	24.877	12,90	1,60	0,5
045	Gas, Wasser, Entwässerung - Ausstattung inkl. 046	45.506	23,50	2,90	0,8
047	Dämm- und Brandschutzarb. an techn. Anlagen	25.054	12,90	1,60	0,5
049	Feuerlöschanlagen, Feuerlöschgeräte	1.039	0,54	0,07	< 0,1
050	Blitzschutz-/Erdungsanlagen, Überspannungssch.	36.466	18,80	2,30	0,7
053	Niederspannungsanl. - Kabel inkl. 052, 054	249.559	129,00	16,00	4,7
055	Sicherheits- u. Ersatzstromversorgungsanl.	–	–	–	–
057	Gebäudesystemtechnik	–	–	–	–
058	Leuchten und Lampen inkl. 059	140.307	72,50	9,00	2,6
060	Such, Signal, Zeit, Anten., akust. Anl. inkl. 064	6.399	3,30	0,41	0,1
061	Kommunikations- u. Übertragungsnetze inkl. 063	51.242	26,50	3,30	1,0
069	Aufzüge	–	–	–	–
070	Gebäudeautomation	67.826	35,10	4,30	1,3
075	Raumlufttechnische Anlagen inkl. 078	98.042	50,70	6,30	1,8
	Gebäudetechnik	**1.049.030**	**542,10**	**67,20**	**19,6**
084	Abbruch, Rückbau, Schadstoffsanierung	–	–	–	–
	Abbrucharbeiten	**–**	**–**	**–**	**–**
	Sonstige Leistungsbereiche	**248.470**	**128,40**	**15,90**	**4,6**

5100-0148
Mehrzweckhalle
(1.650 Sitzplätze)
Mensa
(200 Sitzplätze)

Kostenkennwerte für die Kosten des Bauwerks (Kostengruppen 300+400 nach DIN 276)

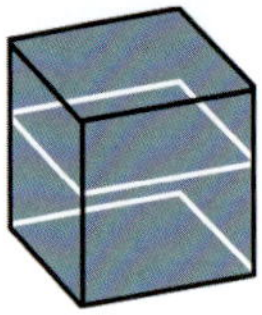

BRI 713 €/m³

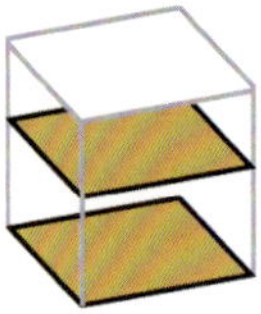

BGF 4.615 €/m²

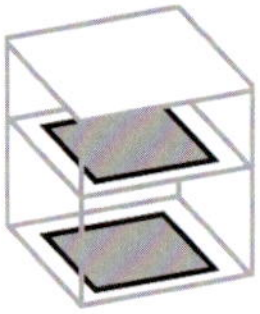

NUF 8.762 €/m²

Objekt:
Kennwerte: 1.Ebene DIN 276
BRI: 36.100 m³
BGF: 5.580 m²
NUF: 2.939 m²
Bauzeit: 148 Wochen
Bauende: 2025
Standard: hoch
Bundesland: Bayern
Kreis: Erding

Architekt*in:
Fuchs und Rudolph
Architekten und Stadtplaner
Konradinstraße 3
81543 München

Bauherr*in:
Große Kreisstadt Erding
Oberbürgermeister Gotz
Landshuter Straße 1
85435 Erding

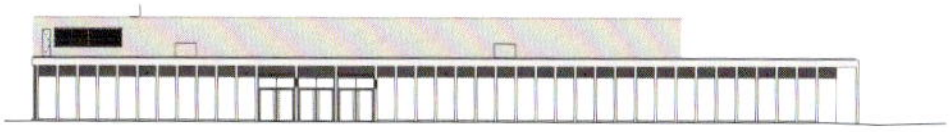
Ansicht Nord

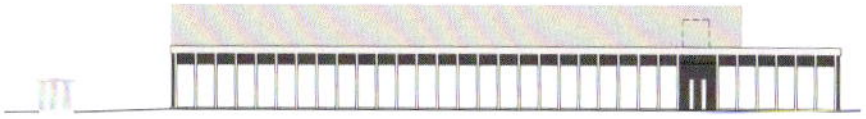
Ansicht Ost

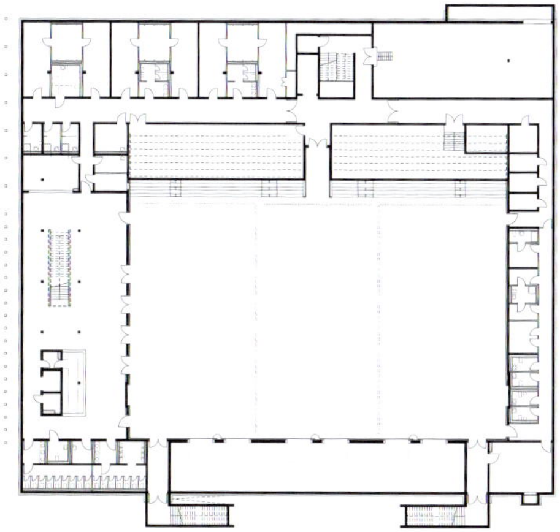
Untergeschoss

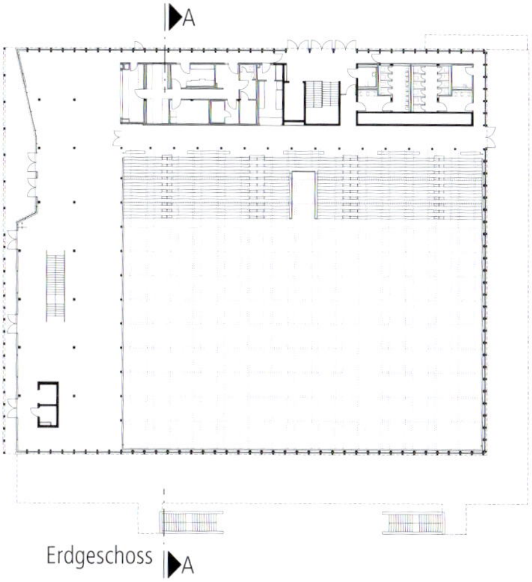

Erdgeschoss

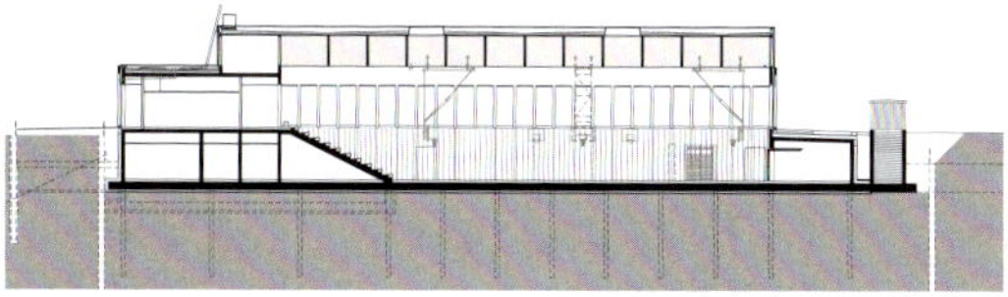
Schnitt A-A

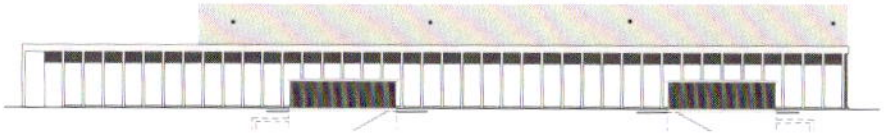
Ansicht Süd

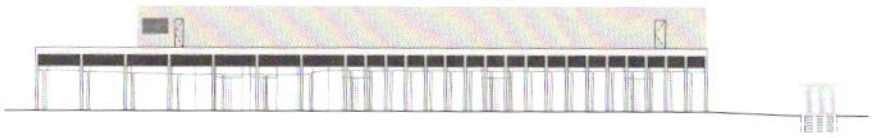
Ansicht West

5100-0148
Mehrzweckhalle
(1.650 Sitzplätze)
Mensa
(200 Sitzplätze)

Objektbeschreibung

Allgemeine Objektinformationen

Die Mehrzweckhalle wurde als Dreifeld-Sporthalle errichtet und bietet eine hohe Flexibilität für unterschiedlichste Nutzungen – von Abendveranstaltungen mit bis zu 1.650 Personen bis zu Schulsport und Turnieren für bis zu 600 Personen. Für die Schüler der im Osten angrenzenden Mittelschule wird eine Mensa für ca. 200 Essen in drei Schichten errichtet. Der Speisebereich kann bei Veranstaltungen als erweitertes Foyer genutzt werden. Ergänzend dazu gibt es einen Vereinskiosk im EG. Der offene Hallenraum ist vom Foyer aus einsehbar, klar gegliedert und durch Tageslicht geprägt. Er lässt sich durch Vorhänge in drei eigenständige Bereiche unterteilen. Schiebeelemente ermöglichen eine flexible Verbindung oder Trennung zwischen Halle und Foyer.

Nutzung

1 Untergeschoss
Unteres Foyer, Garderobe, Zugang Sporthalle, Geräteräume, Sanitärräume, Umkleiden, Technik

1 Erdgeschoss
Haupteingang mit Foyer, Garderobe, Speisebereich Mensa, Küche, Essensausgabe, Nebenräume, Vereinskiosk, Besucher WCs, Tribüne

Nutzeinheiten

Hallenfelder: 3
Hallenfläche: 1.290 m^2
Sitzplätze: 1.650

Grundstück

Bauraum: Beengter Bauraum
Neigung: Ebenes Gelände
Bodenklasse: BK 1 bis BK 4

Markt

Hauptvergabezeit: 2. Quartal 2022
Baubeginn: 2. Quartal 2022
Bauende: 1. Quartal 2025
Konjunkturelle Gesamtlage: über Durchschnitt
Regionaler Baumarkt: Durchschnitt

Baukonstruktion

Die Mehrzweckhalle wurde in Hybridbauweise aus Holz und Beton errichtet. Diese Konstruktion macht die funktionale Gliederung in der Materialität klar ablesbar: Während der Hallenraum durch sichtbare Holzoberflächen eine warme, einladende Atmosphäre erhält, sind die Nebenräume in robuster Massivbauweise aus Beton ausgeführt. Das Tragwerk der Halle besteht aus Doppelträgern aus Brettschichtholz, die mit Holzbekleidungen kombiniert sind. Die Fassadengestaltung wird maßgeblich durch Betonfertigteile geprägt. Umlaufende Stahlbetonfertigteilstützen tragen ein Fassadenband aus Betonfertigteilen. Die transparenten Fassadenbereiche wurden als Pfosten-Riegel-Konstruktionen realisiert. Für die Fassade des Hallentragwerks wurde eine vorgegraute hinterlüftete Holzbekleidung gewählt. Als Bodenbeläge kamen Steinzeugfliesen, Bodenfliesen in den Sanitärräumen und ein Sportparkett in der Halle zum Einsatz.

Technische Anlagen

Beheizt wird die Sporthalle mittels einer Geothermie-Wärmepumpe, die Verteilung der Wärme erfolgt über Fußbodenheizung. Eine zentrale Lüftungsanlage mit Wärmerückgewinnung versorgt alle Bereiche mit Frischluft. Auf dem Hallendach ist eine PV-Anlage installiert. Die Mensa mit Aufwärmküche und Getränketheke ist mit einer technischen Kücheneinrichtung mit der nötigen Kältetechnik ausgerüstet. Es wurde ein Personen- sowie ein Lastenaufzug eingebaut. Neben einer Brandmeldeanlage wurde auch eine Sprachalarmierungsanlage (SAA) installiert. Eine MSR regelt die gesamte Gebäudetechnik.

Sonstiges

Ein hoher Vorfertigungsgrad sowohl beim Hallentragwerk als auch bei der Fassadenkonstruktion ermöglichte eine kurze Bauzeit des Rohbaus. Die Technikflächen sind platzsparend im Untergeschoss unterhalb der Tribüne sowie innerhalb des Hallentragwerks untergebracht. Dadurch konnte auf Dachaufbauten verzichtet werden, was zu einer klaren Gebäudekubatur und einer reduzierten Erscheinung beiträgt. Es wurde der Effizienzhaus 40 Standard erreicht.

Energetische Kennwerte

Gesetzliche Grundlage: GEG 2020
Gebäudenutzfläche: 4.815,40 m^2
Spez. Jahresprimärenergiebedarf: 49,10 $kWh/(m^2 \cdot a)$
CO_2-Emissionen: 14,40 $kg/(m^2 \cdot a)$

Planungskennwerte für Flächen und Rauminhalte nach DIN 277

Flächen des Grundstücks		Menge Einheit	% an GF
BF	Bebaute Fläche	3.790,00 m²	46,6
UF	Unbebaute Fläche	4.347,00 m²	53,4
GF	Grundstücksfläche	8.137,00 m²	100,0

Grundflächen des Bauwerks		Menge Einheit	% an NUF	% an BGF
NUF	Nutzungsfläche	2.939,00 m²	100,0	52,7
TF	Technikfläche	403,00 m²	13,7	7,2
VF	Verkehrsfläche	1.359,00 m²	46,2	24,4
NRF	Netto-Raumfläche	4.701,00 m²	160,0	84,2
KGF	Konstruktions-Grundfläche	879,00 m²	29,9	15,8
BGF	Brutto-Grundfläche	5.580,00 m²	189,9	100,0

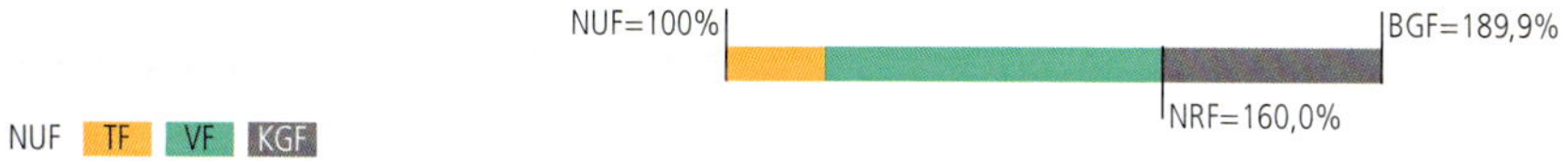

Brutto-Rauminhalt des Bauwerks		Menge Einheit	BRI/NUF (m)	BRI/BGF (m)
BRI	Brutto-Rauminhalt	36.100,00 m³	12,28	6,47

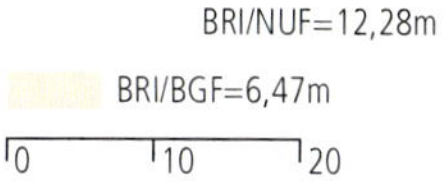

5100-0148
Mehrzweckhalle
(1.650 Sitzplätze)
Mensa
(200 Sitzplätze)

Kostenkennwerte für die Kostengruppen der 1. Ebene DIN 276

KG	Kostengruppen (1. Ebene)	Einheit	Kosten €	€/Einheit	€/m² BGF	€/m³ BRI	% 300+400
100	Grundstück	m² GF	–	–	–	–	–
200	Vorbereitende Maßnahmen	m² GF	–	–	–	–	–
300	Bauwerk – Baukonstruktionen	m² BGF	18.158.027	3.254,13	3.254,13	502,99	70,5
400	Bauwerk – Technische Anlagen	m² BGF	7.593.823	1.360,90	1.360,90	210,36	29,5
	Bauwerk 300+400	**m² BGF**	**25.751.850**	**4.615,03**	**4.615,03**	**713,35**	**100,0**
500	Außenanlagen und Freiflächen	m² AF	–	–	–	–	–
600	Ausstattung und Kunstwerke	m² BGF	–	–	–	–	–
700	Baunebenkosten	m² BGF	–	–	–	–	–
800	Finanzierung	m² BGF	–	–	–	–	–

KG	Kostengruppe	Menge Einheit	Kosten €	€/Einheit	%
3+4	**Bauwerk**				**100,0**
300	**Bauwerk – Baukonstruktionen**	5.580,00 m² BGF	18.158.027	**3.254,13**	70,5

Spundwände, Berliner Verbau, Wasserhaltung, Baugrubenaushub; Stb-Bodenplatte, Bohrpfahlgründung, Heizestrich, Sportparkettboden, Betonwerkstein, Perimeterdämmung, Sauberkeitsschicht; Stb-Wände, teilweise in Sichtbetonqualität, Betonfertigteile, Holzrahmenwände, Stb-Fertigteilstützen, Alufenster, Alu-Eingangstüren, Perimeterdämmung, hinterlüftete vertikale Holzfassade, Holzbekleidungen oberflächenfertig, Wandfliesen, Alu-Pfosten-Riegelfassaden; Stb-Innenwände, KS-Mauerwerk, GK-Installationswände, Stb-Stützen, Alutüren, HPL-Türen, Stahlzargen, Glastüren, Brandschutztüren, Prallwandbekleidungen, akustische Wandbekleidungen, Beschichtungen, Wandfliesen, mobile Trennwände, Hallentrennvorhänge, Sanitärtrennwände; Stb-Decken, Stb-Treppen, Stb-Tribünenanlage, Stb-Vordach, Dämmung, Heizestrich, Betonwerkstein, Bodenfliesen, Sportparkettboden, abgehängte GK-Decken, Beschichtungen, Metallrasterdecken, Treppengeländer, Holz-Tribünengeländer, Stahlfluchttreppen mit Überdachungen; Stb-Flachdach, BSH-Doppelträger, Brettsperrholz-Flachdach, oberflächenfertig, RWA-Anlagen, Gefälledämmung, Dachabdichtung, Auflastkies, extensive Dachbegrünung, abgehängte GK-Decken, Dachentwässerung; Thekeneinbauten, Sitzbänke, Spinde, Garderoben

KG	Kostengruppe	Menge Einheit	Kosten €	€/Einheit	%
400	**Bauwerk – Technische Anlagen**	5.580,00 m² BGF	7.593.823	**1.360,90**	29,5

Gebäudeentwässerung, Kalt- und Warmwasserleitungen, Sanitärobjekte, Reihenduschanlagen; Wärmepumpe, Fußbodenheizung, Sportbodenheizung; Be- und Entlüftungsanlage mit WRG, Kälteanlage für Küche; PV-Anlage, Elektroinstallation, Beleuchtung, Sportbeleuchtungen, Blitzschutz; Telefonanlage, Brandmeldeanlage, Sprachalarmanlage (SAA); Mess/Steuer/Regeltechnik (MSR); Personenaufzug, Materialaufzug; Aufwärmküche, Getränketheke

5600-0013
Driving Range
Clubhaus

Kostenkennwerte für die Kosten des Bauwerks (Kostengruppen 300+400 nach DIN 276)

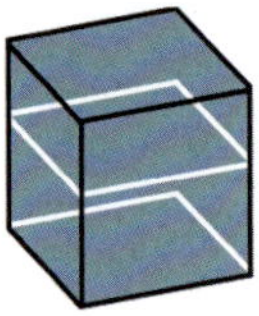

BRI **935 €/m³**

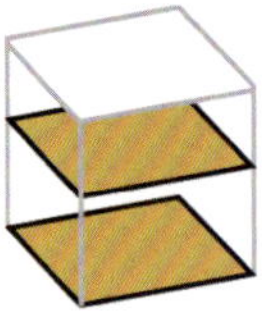

BGF **4.494 €/m²**

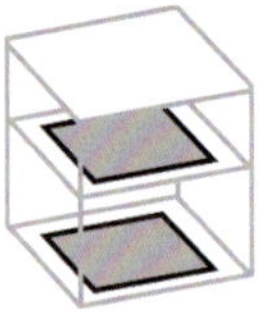

NUF **7.323 €/m²**

Objekt:
Kennwerte: 1.Ebene DIN 276
BRI: 4.563 m³
BGF: 949 m²
NUF: 582 m²
Bauzeit: 57 Wochen
Bauende: 2022
Standard: mittel
Bundesland: Nordrhein-Westfalen
Kreis: Bielefeld, Stadt

Architekt*in:
brüchner-hüttemann pasch
bhp Architekten +
Generalplaner GmbH
Niederwall 10
33602 Bielefeld

Bauherr*in:
Bielefelder Golfclub e.V.
Dornberger Straße 377
33617 Bielefeld

© Vanessa Battré

© Vanessa Battré

© Vanessa Battré

© Vanessa Battré

Ansicht Süd

Ansicht Nord

Ansicht Ost

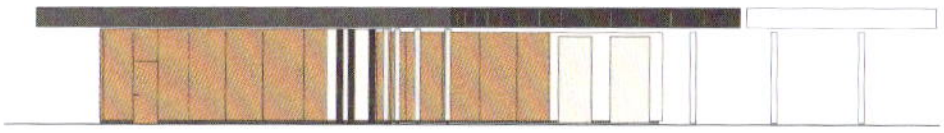

Ansicht West

Grundriss

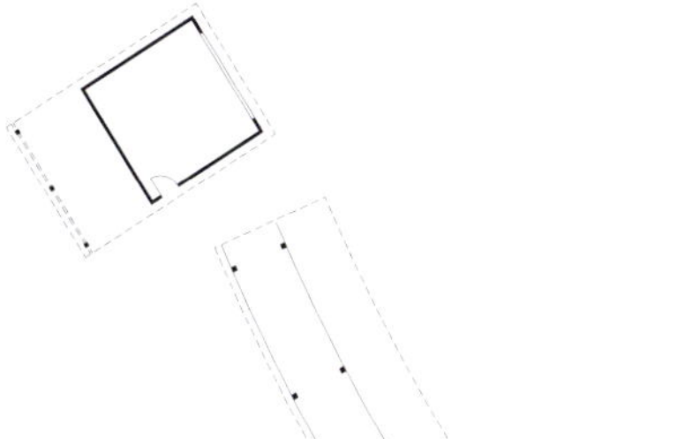

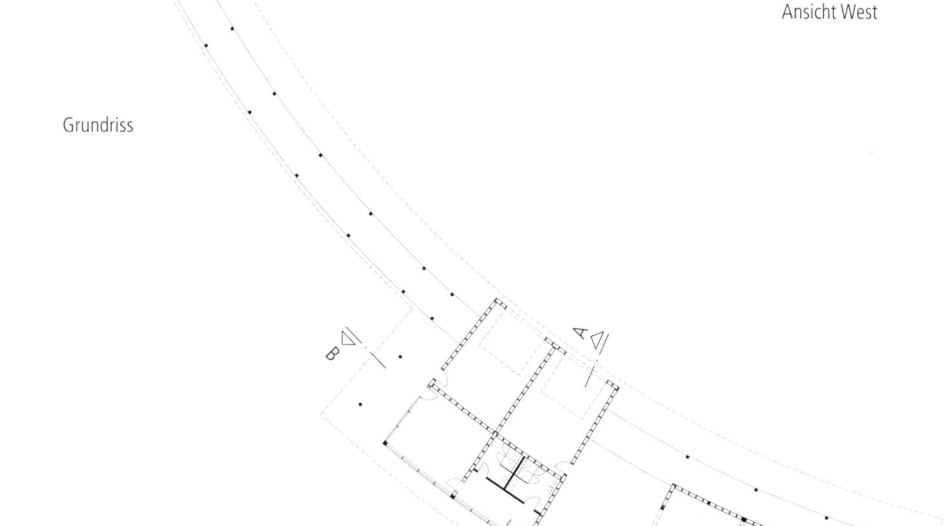

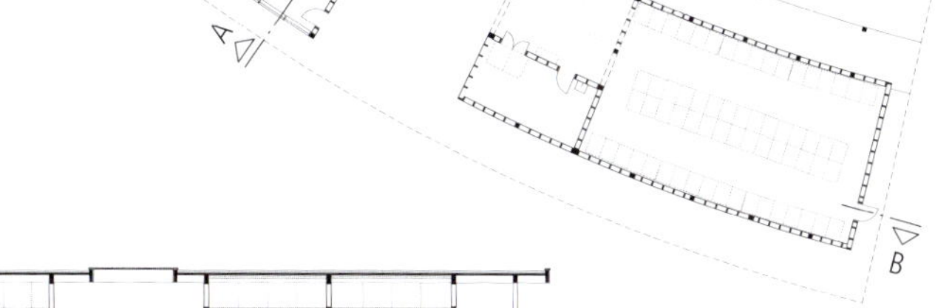

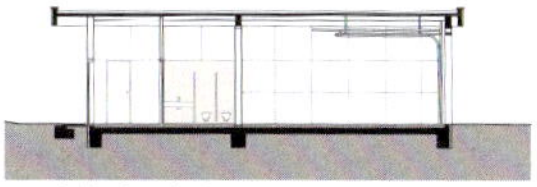

Schnitt A-A

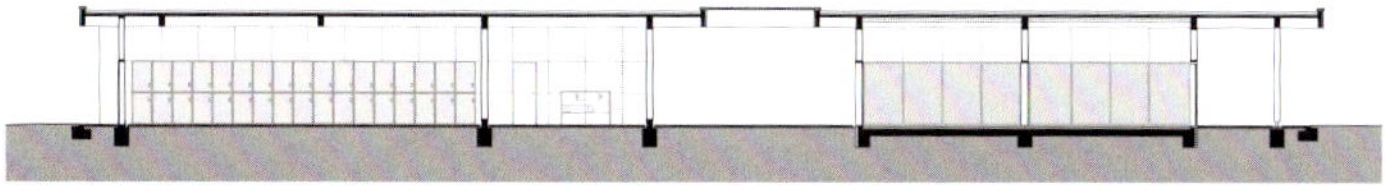

Schnitt B-B

5600-0013
Driving Range
Clubhaus

Objektbeschreibung

Allgemeine Objektinformationen

Nachdem das bestehende Rangegebäude abbrannte, musste an gleicher Stelle ein Ersatzbau erstellt werden. Alle Funktionen verteilen sich auf zwei in Holz-Ständerbauweise errichtete Gebäudeteile. Auf der linken Seite entsteht ein gedämmtes Gebäude mit zwei unter Anderem für Indoor-Golf geeigneten Pro-Boxen, einer WC-Anlage und einem Service- und Mehrzweckraum. Auf der rechten Seite sind der Reinigungsplatz, die Ballausgabe, Technikflächen und der Caddyraum in einem ungedämmten Gebäude untergebracht. Der Durchgang zwischen diesen beiden Bauteilen ist nur zum Teil überdacht. Das geschwungene Dach ist das verbindende Element über den beiden Gebäudeteilen, den Abschlagplätzen der Terrasse und den Chippingplätzen. Außerdem dient das Dach als Witterungsschutz für die Funktionsbereiche im Außenraum.

Nutzung

1 Erdgeschoss
Driving Range, Mehrzweckraum, Sanitärbereich, Reinigungsplatz, Ballausgabe, Chipping, Pro Box klein (1x), Pro Box groß (2St), Caddyraum (130 Boxen)

Grundstück

Bauraum: Freier Bauraum
Neigung: Ebenes Gelände
Bodenklasse: BK 3 bis BK 4

Markt

Hauptvergabezeit: 3. Quartal 2021
Baubeginn: 3. Quartal 2021
Bauende: 3. Quartal 2022
Konjunkturelle Gesamtlage: über Durchschnitt
Regionaler Baumarkt: unter Durchschnitt

Baukonstruktion

Die Gründung beider Gebäudeteile erfolgt auf Streifen- und Einzelfundamenten. Unter den geschlossenen Gebäudeteilen befindet sich eine Stahlbetonbodenplatte. Die Wände sind in Holzrahmenbauweise erstellt, teilweise gedämmt und mit Dreischichtplatten bekleidet. Die großen Holzfenster sind mit einer Dreifachverglasung ausgestattet und können mit Senkrechtmarkisen verschattet werden. Die Stützen, die im Außenbereich die Überdachung tragen, sind in Brettschichtholz hergestellt. Die Dachkonstruktion ist als Holzbalkenrost mit Brettsperrholzdecke ausgeführt und bituminös abgedichtet. Als Bodenbelag kam ein eingefärbter, geschliffener Estrich, Kunstrasen und Betonpflaster im Außenbereich zum Einsatz.

Technische Anlagen

Da das Gebäude nur temporär beheizt wird, sind im Mehrzweckraum und in den Sanitäranlagen elektrische Fußbodenheizungen eingebaut. Die anderen Gebäudeteile bleiben unbeheizt. Die Warmwasserversorgung wird über dezentrale Untertischgeräte erzeugt. Auf dem Flachdach ist eine Photovoltaikanlage installiert, um das neue Range Gebäude nahezu energieautark zu halten. Es wurden golftechnische Einrichtungen, Pro-Boxen usw. installiert.

Sonstiges

Da es sich bei dem Neubau um eine nachhaltige Holzkonstruktion handelt, prägt das Holz als Material den Charakter. Die Dachuntersicht sowie die Innenräume sind in hellem Holz ausgeführt. Dies steht in bewusstem Kontrast zu dem dunkleren Holz für die Außenhülle und die Dachkanten, um sich so harmonisch in die baumbestandene Umgebung einzufügen.

Planungskennwerte für Flächen und Rauminhalte nach DIN 277

Flächen des Grundstücks		Menge Einheit	% an GF
BF	Bebaute Fläche	–	–
UF	Unbebaute Fläche	–	–
GF	Grundstücksfläche	–	–

Grundflächen des Bauwerks		Menge Einheit	% an NUF	% an BGF
NUF	Nutzungsfläche	582,38 m²	100,0	61,4
TF	Technikfläche	20,61 m²	3,5	2,2
VF	Verkehrsfläche	231,49 m²	39,7	24,4
NRF	Netto-Raumfläche	834,48 m²	143,3	87,9
KGF	Konstruktions-Grundfläche	114,52 m²	19,7	12,1
BGF	Brutto-Grundfläche	949,00 m²	163,0	100,0

Brutto-Rauminhalt des Bauwerks		Menge Einheit	BRI/NUF (m)	BRI/BGF (m)
BRI	Brutto-Rauminhalt	4.562,88 m³	7,84	4,81

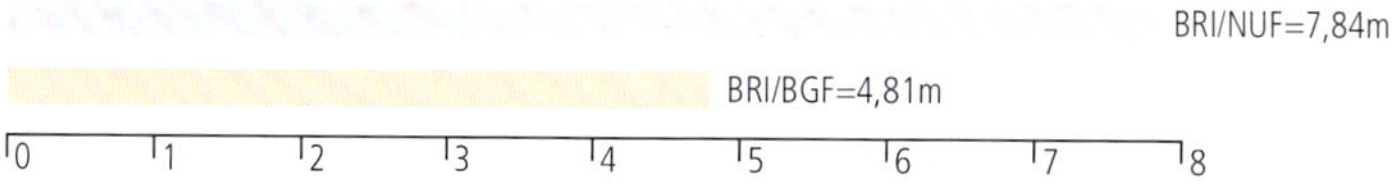

Kostenkennwerte für die Kostengruppen der 1. Ebene DIN 276

KG	Kostengruppen (1. Ebene)	Einheit	Kosten €	€/Einheit	€/m² BGF	€/m³ BRI	% 300+400
100	Grundstück	m² GF	–	–	–	–	–
200	Vorbereitende Maßnahmen	m² GF	–	–	–	–	–
300	Bauwerk – Baukonstruktionen	m² BGF	1.843.846	1.942,94	1.942,94	404,10	43,2
400	Bauwerk – Technische Anlagen	m² BGF	2.420.893	2.550,99	2.550,99	530,56	56,8
	Bauwerk 300+400	**m² BGF**	**4.264.740**	**4.493,93**	**4.493,93**	**934,66**	**100,0**
500	Außenanlagen und Freiflächen	m² AF	–	–	–	–	–
600	Ausstattung und Kunstwerke	m² BGF	–	–	–	–	–
700	Baunebenkosten	m² BGF	–	–	–	–	–
800	Finanzierung	m² BGF	–	–	–	–	–

KG	Kostengruppe	Menge Einheit	Kosten €	€/Einheit	%
3+4	**Bauwerk**				**100,0**
300	**Bauwerk – Baukonstruktionen**	949,00 m² BGF	1.843.846	**1.942,94**	43,2

Stb-Streifenfundamente, Einzelfundamente, Stb-Bodenplatte, WU, Abdichtung, Dämmung, Estrich, Beschichtung, Kunstrasen, Betonpflaster; Holzrahmenwände, BSH-Stützen, Holzfenster, Dreifachverglasung, Rolltore, Eingangstür, Dämmung, Dreischichtplatten, GK-Vorsatzschalen, Beschichtung, Mückenschutz, Senkrechtmarkise; Holzrahmenwände, GK-Wände, Holztüren, Dreischichtplatten, Beschichtung; Holzbalkenrost, Brettsperrholzschalung, Dämmung, bituminöse Abdichtung, Dachentwässerung; Einbaumöbel, Kücheneinrichtung

KG	Kostengruppe	Menge Einheit	Kosten €	€/Einheit	%
400	**Bauwerk – Technische Anlagen**	949,00 m² BGF	2.420.893	**2.550,99**	56,8

Gebäudeentwässerung, Kalt- und Warmwasserleitungen, Sanitärobjekte; elektrische Fußbodenheizung (temporäre Heizung); Lüftungsanlage dezentral; PV-Anlage, Elektroinstallation, Beleuchtung, Blitzschutz; Videoanlage, Einbruchmeldeanlage; golftechnische Einrichtungen, Pro-Boxen

Wohngebäude

6

- 6100 Wohnhäuser
- 6200 Wohnheime
- 6300 Gemeinschaftsunterkünfte
- 6400 Betreuungseinrichtungen
- 6500 Verpflegungseinrichtungen
- 6600 Beherbergungsstätten

6100-1593
Mehrfamilienhaus
(3 WE)

Kostenkennwerte für die Kosten des Bauwerks (Kostengruppen 300+400 nach DIN 276)

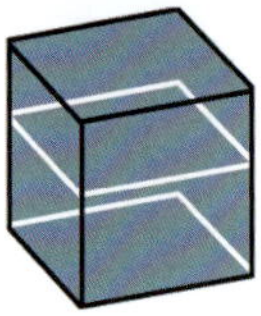

BRI 670 €/m³

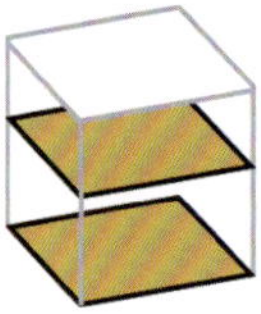

BGF 2.078 €/m²

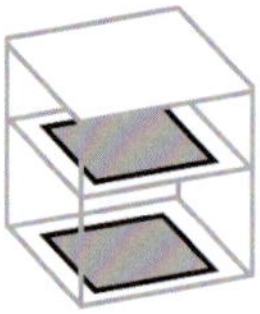

NUF 3.408 €/m²

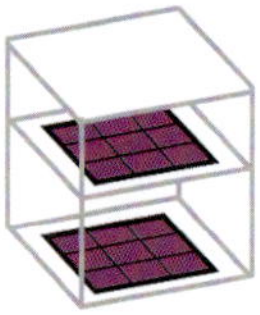

NE 3.887 €/NE

NE: Wohnfläche

Objekt:
Kennwerte: 3. Ebene DIN 276
BRI: 1.754 m³
BGF: 565 m²
NUF: 345 m²
Bauzeit: 57 Wochen
Bauende: 2021
Standard: hoch
Bundesland: Nordrhein-Westfalen
Kreis: Oberbergischer Kreis

Architekt*in:
bonfanti ARCHITEKTEN
Anke und Ralph Bonfanti
Im Ohler Garten 2a
51674 Wiehl-Weiershagen

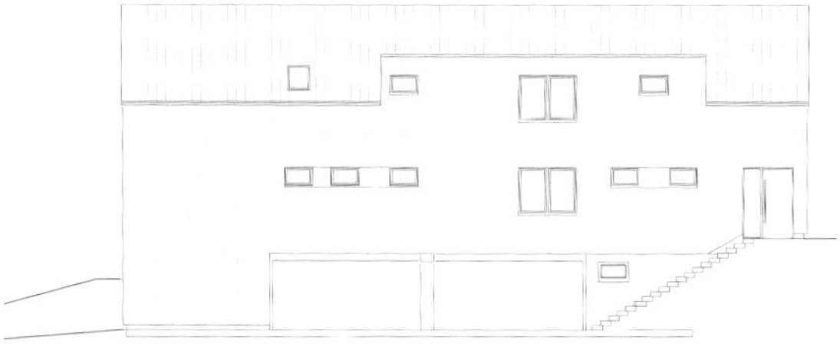
Ansicht Ost

Ansicht Süd

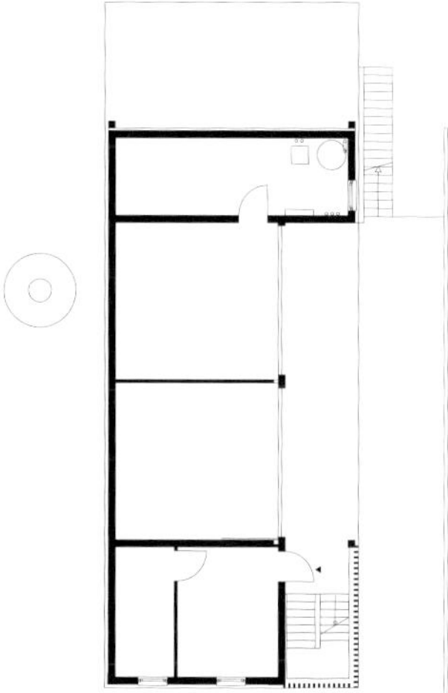
Untergeschoss

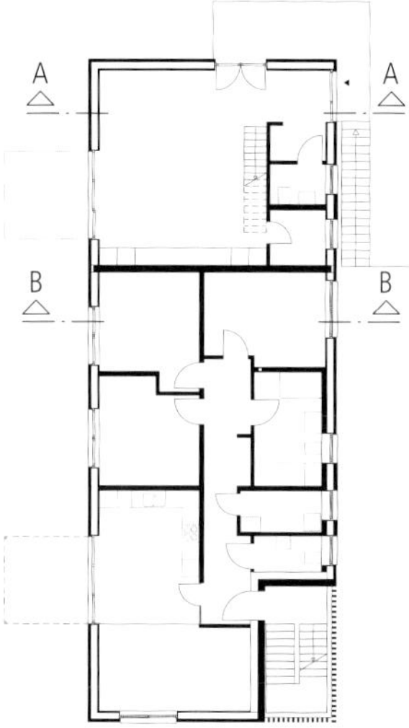

Erdgeschoss

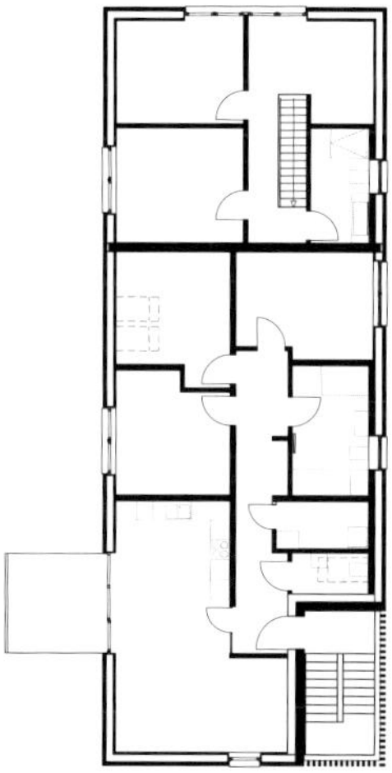
Dachgeschoss

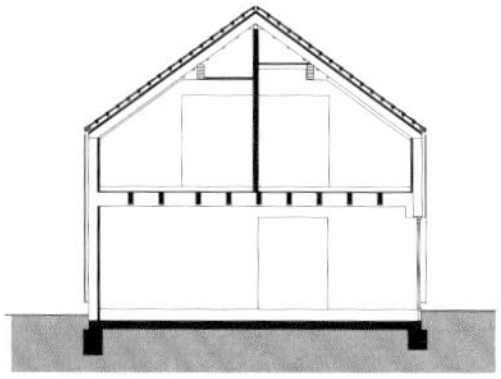
Schnitt A-A

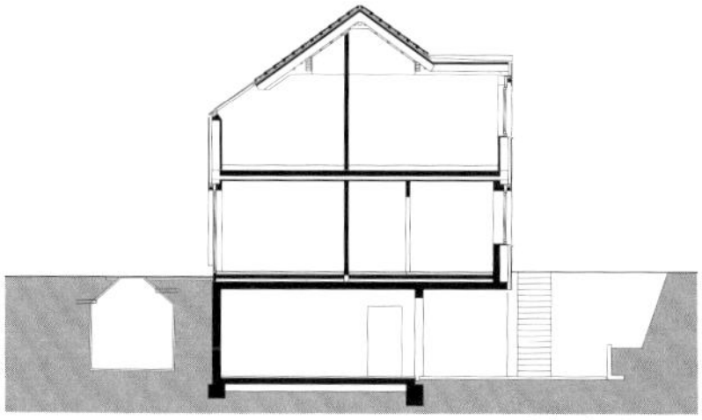
Schnitt B-B

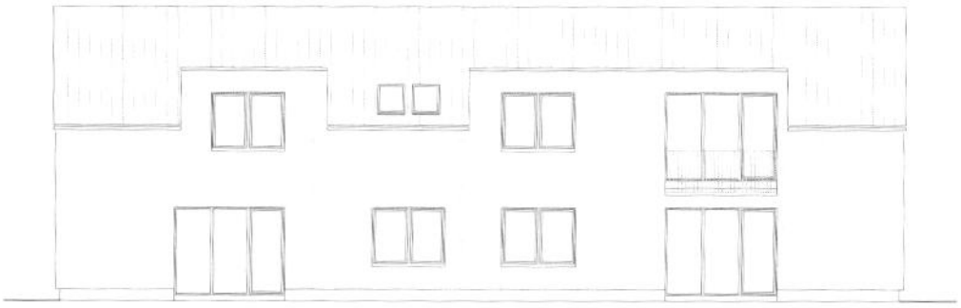
Ansicht West

Ansicht Nord

Objektbeschreibung

Allgemeine Objektinformationen

Auf dem Grundstück stand ein Wohnhaus, welches abgebrochen wurde. Das Grundstück wurde im Anschluss so geteilt, dass baurechtlich die Erstellung eines Einfamilienhauses und eines Zweifamilienhauses möglich war. Das eigengenutzte Einfamilienhaus wird von der Bauherrschaft selbst bewohnt und ist als Maisonettewohnung konzipiert. Die beiden anderen Wohnungen sind vermietet.

Nutzung

1 Untergeschoss
Garagen, Technik, Müllraum, Fahrradraum, Außentreppe

1 Erdgeschoss
Wohnräume, Küchen, Bäder, WCs, Flur, Außentreppe, Terrassen

1 Obergeschoss
Wohnräume, Küche, Bäder, WCs, Flur, Außentreppe, Balkon

Nutzeinheiten

Stellplätze: 4
Wohneinheiten: 3
Wohnfläche: 302 m^2

Grundstück

Bauraum: Freier Bauraum
Neigung: Geneigtes Gelände
Bodenklasse: BK 3 bis BK 5

Markt

Hauptvergabezeit: 3. Quartal 2020
Baubeginn: 3. Quartal 2020
Bauende: 3. Quartal 2021
Konjunkturelle Gesamtlage: Durchschnitt
Regionaler Baumarkt: unter Durchschnitt

Baukonstruktion

Aus ökologischen und energetischen Gründen wurde eine Bebauung in Holzrahmenbauweise gewählt. Da das Haus am Hang steht wurde aus statischen Gründen das untere Geschoss in Betonbauweise erstellt. Die Wände der darüberliegenden Etagen sind in Holzrahmenbauweise errichtet. Die Gebäudetrennwand musste aus brandschutztechnischen Gründen betoniert werden. Die Fassaden sind mit einer hinterlüfteten, unregelmäßig breiten, senkrechten Holzschalung bekleidet. Die Alu-Kunststofffenster sind mit einer Dreifachverglasung ausgestattet. Die Böden wurden mit Parkett und Fliesen belegt.

Technische Anlagen

Für die Heizung wurde eine Sole-Wasser-Wärmepumpe eingebaut. Dazu waren 120m tiefe Erdsondenbohrungen notwendig. Außerdem erhielt jede Wohnung eine separate Wohnungslüftungsanlage mit Wärmerückgewinnung. Eine Photovoltaikanlage kam ebenfalls zur Ausführung.

Sonstiges

Bei dem Gebäude handelt es sich um ein KfW 40+ Haus gem. Förderrichtlinien.

Energetische Kennwerte

Gesetzliche Grundlage: EnEV 2013
Gebäudenutzfläche: 271,50 m^2
Spez. Transmissionswärmeverlust: 0,20 W/(m^2·K)
Spez. Jahresprimärenergiebedarf: 18,20 kWh/(m^2·a)
Spez. Jahresendenergiebedarf: 10,10 kWh/(m^2·a)
CO_2-Emissionen: 6,90 kg/(m^2·a)

Planungskennwerte für Flächen und Rauminhalte nach DIN 277

Flächen des Grundstücks		Menge Einheit	% an GF
BF	Bebaute Fläche	204,95 m²	21,5
UF	Unbebaute Fläche	748,05 m²	78,5
GF	Grundstücksfläche	953,00 m²	100,0

Grundflächen des Bauwerks		Menge Einheit	% an NUF	% an BGF
NUF	Nutzungsfläche	344,80 m²	100,0	61,0
TF	Technikfläche	21,12 m²	6,1	3,7
VF	Verkehrsfläche	82,35 m²	23,9	14,6
NRF	Netto-Raumfläche	448,27 m²	130,0	79,3
KGF	Konstruktions-Grundfläche	117,19 m²	34,0	20,7
BGF	Brutto-Grundfläche	565,46 m²	164,0	100,0

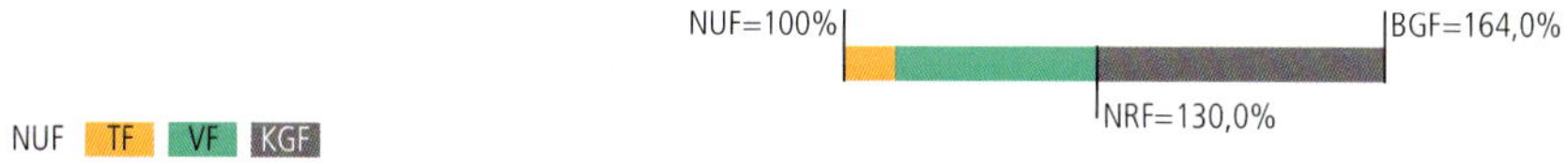

Brutto-Rauminhalt des Bauwerks		Menge Einheit	BRI/NUF (m)	BRI/BGF (m)
BRI	Brutto-Rauminhalt	1.754,30 m³	5,09	3,10

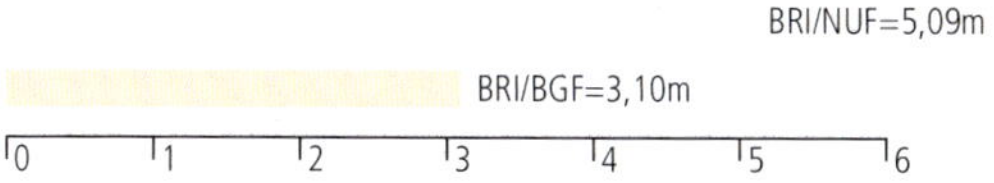

KG	Kostengruppen (2. Ebene)	Menge Einheit	Menge/NUF	Menge/BGF
310	Baugrube / Erdbau	554,44 m³ BGI	1,61	0,98
320	Gründung, Unterbau	173,48 m² GRF	0,50	0,31
330	Außenwände/Vertikale Baukonstruktionen, außen	548,43 m² AWF	1,59	0,97
340	Innenwände/Vertikale Baukonstruktionen, innen	502,71 m² IWF	1,46	0,89
350	Decken/Horizontale Baukonstruktionen	367,86 m² DEF	1,07	0,65
360	Dächer	234,16 m² DAF	0,68	0,41

Kostenkennwerte für die Kostengruppen der 1. Ebene DIN 276

KG	Kostengruppen (1. Ebene)	Einheit	Kosten €	€/Einheit	€/m² BGF	€/m³ BRI	% 300+400
100	Grundstück	m² GF	–	–	–	–	–
200	Vorbereitende Maßnahmen	m² GF	55.119	57,84	97,48	31,42	4,7
300	Bauwerk – Baukonstruktionen	m² BGF	955.808	1.690,32	1.690,32	544,84	81,3
400	Bauwerk – Technische Anlagen	m² BGF	219.230	387,70	387,70	124,97	18,7
	Bauwerk 300+400	**m² BGF**	**1.175.038**	**2.078,02**	**2.078,02**	**669,80**	**100,0**
500	Außenanlagen und Freiflächen	m² AF	37.729	–	66,72	21,51	3,2
600	Ausstattung und Kunstwerke	m² BGF	3.241	5,73	5,73	1,85	0,3
700	Baunebenkosten	m² BGF	–	–	–	–	–
800	Finanzierung	m² BGF	–	–	–	–	–

KG	Kostengruppe	Menge Einheit	Kosten €	€/Einheit	%
200	**Vorbereitende Maßnahmen**	953,00 m² GF	55.119	**57,84**	4,7
	Abbruch von Wohngebäude; Oberboden abtragen, abräumen von Sträuchern				
3+4	**Bauwerk**				**100,0**
300	**Bauwerk – Baukonstruktionen**	565,46 m² BGF	955.808	**1.690,32**	81,3
	Baugrubenaushub; Stb-Fundamenten, Stb-Bodenplatte, Abdichtung, Estrich, Epoxidharzbeschichtung, Sauberkeitsschicht, Dränage; Stb-Wände, Holzrahmenwände, Stb-Stützen, KS-Mauerwerkspfeiler, Alu-Kunststofffenster, Alu-Haustüren, Sektionaltore, Fassadenbekleidung: Lärchenholz, Faserzement-platten, Malervlies, Beschichtung, Calciumsilikatplatten, Alu-Raffstores; Stb-Wände, Holzrahmen-wände, KS-Mauerwerk, GK-Wände, Stahlstütze, Innentüren, GK-Vorsatzschalen, Wandfliesen; Stb-Elementdecken, Holzbalkendecken, Stb-Treppen, Stahlwangentreppe, Dämmung, Heizestrich, Parkett, Bodenfliesen, abgehängte Decken, Balkonanlage, Geländer; Holz-Satteldach mit Gauben, Dachflächenfenster, Holzfaserdämmung, Dachziegel, Dachentwässerung, Dämmung, GK-Platten				
400	**Bauwerk – Technische Anlagen**	565,46 m² BGF	219.230	**387,70**	18,7
	Gebäudeentwässerung, Kalt- und Warmwasserleitungen, Sanitärobjekte; Sole-Wasser-Wärmepumpe, Fußbodenheizung; zentrale Wohnungslüftungsanlagen mit WRG; PV-Anlage, Elektroinstallation, Beleuchtung, Erdung; Klingelanlagen, Sat-Anlage, EDV-Verkabelung				
500	**Außenanlagen und Freiflächen**	–	37.729	**–**	3,2
	Erdsondenbohrung für Wärmepumpe				
600	**Ausstattung und Kunstwerke**	565,46 m² BGF	3.241	**5,73**	0,3
	Duschabtrennungen				

Kostenkennwerte für die Kostengruppen 300 der 2. und 3. Ebene DIN 276 (Übersicht)

KG	Kostengruppe	Menge Einheit	Kosten €	€/Einheit	% an 3+4
300	**Bauwerk – Baukonstruktionen**	**565,46 m² BGF**	**955.808,38**	**1.690,32**	**81,3**
310	**Baugrube / Erdbau**	**554,44 m³ BGI**	**21.431,28**	**38,65**	**1,8**
311	Herstellung	554,44 m³ BGI	21.431,28	38,65	1,8
312	Umschließung	–	–	–	–
313	Wasserhaltung	–	–	–	–
314	Vortrieb	–	–	–	–
319	Sonstiges zur KG 310	–	–	–	–
320	**Gründung, Unterbau**	**173,48 m² GRF**	**80.504,75**	**464,06**	**6,9**
321	Baugrundverbesserung	–	–	–	–
322	Flachgründungen und Bodenplatten	173,48 m²	55.420,44	319,46	4,7
323	Tiefgründungen	–	–	–	–
324	Gründungsbeläge	147,21 m²	14.953,36	101,58	1,3
325	Abdichtungen und Bekleidungen	173,48 m²	6.995,30	40,32	0,6
326	Dränagen	173,48 m² GRF	3.135,67	18,08	0,3
329	Sonstiges zur KG 320	–	–	–	–
330	**Außenwände/Vert. Baukonstrukt., außen**	**548,43 m² AWF**	**382.870,17**	**698,12**	**32,6**
331	Tragende Außenwände	445,27 m²	117.262,75	263,35	10,0
332	Nichttragende Außenwände	–	–	–	–
333	Außenstützen	10,88 m	4.435,22	407,65	0,4
334	Außenwandöffnungen	103,16 m²	83.189,56	806,41	7,1
335	Außenwandbekleidungen, außen	445,82 m²	110.130,77	247,03	9,4
336	Außenwandbekleidungen, innen	339,08 m²	46.803,28	138,03	4,0
337	Element. Außenwandkonstruktionen	–	–	–	–
338	Lichtschutz zur KG 330	39,74 m²	16.728,58	420,95	1,4
339	Sonstiges zur KG 330	548,43 m² AWF	4.320,00	7,88	0,4
340	**Innenwände/Vert. Baukonstrukt., innen**	**502,71 m² IWF**	**126.972,30**	**252,58**	**10,8**
341	Tragende Innenwände	164,42 m²	32.906,87	200,14	2,8
342	Nichttragende Innenwände	178,50 m²	30.179,16	169,07	2,6
343	Innenstützen	7,20 m	205,79	28,58	< 0,1
344	Innenwandöffnungen	39,29 m²	27.074,63	689,10	2,3
345	Innenwandbekleidungen	836,91 m²	36.605,83	43,74	3,1
346	Elementierte Innenwandkonstruktionen	–	–	–	–
347	Lichtschutz zur KG 340	–	–	–	–
349	Sonstiges zur KG 340	–	–	–	–
350	**Decken/Horizontale Baukonstruktionen**	**367,86 m² DEF**	**193.735,42**	**526,66**	**16,5**
351	Deckenkonstruktionen	358,86 m²	82.396,38	229,61	7,0
352	Deckenöffnungen	–	–	–	–
353	Deckenbeläge	309,40 m²	60.465,96	195,43	5,1
354	Deckenbekleidungen	163,40 m²	29.597,40	181,13	2,5
355	Elementierte Deckenkonstruktionen	9,00 m²	8.654,67	961,63	0,7
359	Sonstiges zur KG 350	367,86 m² DEF	12.621,02	34,31	1,1
360	**Dächer**	**234,16 m² DAF**	**122.453,97**	**522,95**	**10,4**
361	Dachkonstruktionen	244,64 m²	16.157,47	66,05	1,4
362	Dachöffnungen	3,10 m²	10.625,08	3.427,45	0,9
363	Dachbeläge	231,06 m²	52.631,21	227,78	4,5
364	Dachbekleidungen	215,91 m²	43.040,20	199,34	3,7
365	Elementierte Dachkonstruktionen	–	–	–	–
366	Lichtschutz zur KG 360	–	–	–	–
369	Sonstiges zur KG 360	–	–	–	–
370	**Infrastrukturanlagen**	**–**	**–**	**–**	**–**
380	**Baukonstruktive Einbauten**	**–**	**–**	**–**	**–**
390	**Sonst. Maßnahmen für Baukonstrukt.**	**565,46 m² BGF**	**27.840,52**	**49,24**	**2,4**

Kostenkennwerte für die Kostengruppen 400 der 2. und 3. Ebene DIN 276 (Übersicht)

KG	Kostengruppe	Menge Einheit	Kosten €	€/Einheit	% an 3+4
400	**Bauwerk – Technische Anlagen**	**565,46 m² BGF**	**219.229,83**	**387,70**	**18,7**
410	**Abwasser-, Wasser-, Gasanlagen**	**565,46 m² BGF**	**30.176,75**	**53,37**	**2,6**
411	Abwasseranlagen	565,46 m² BGF	5.107,71	9,03	0,4
412	Wasseranlagen	565,46 m² BGF	20.390,28	36,06	1,7
413	Gasanlagen	–	–	–	–
419	Sonstiges zur KG 410	565,46 m² BGF	4.678,76	8,27	0,4
420	**Wärmeversorgungsanlagen**	**565,46 m² BGF**	**58.068,93**	**102,69**	**4,9**
421	Wärmeerzeugungsanlagen	565,46 m² BGF	31.260,67	55,28	2,7
422	Wärmeverteilnetze	565,46 m² BGF	26.808,26	47,41	2,3
423	Raumheizflächen	–	–	–	–
424	Verkehrsheizflächen	–	–	–	–
429	Sonstiges zur KG 420	–	–	–	–
430	**Raumlufttechnische Anlagen**	**565,46 m² BGF**	**37.528,72**	**66,37**	**3,2**
431	Lüftungsanlagen	565,46 m² BGF	37.528,72	66,37	3,2
432	Teilklimaanlagen	–	–	–	–
433	Klimaanlagen	–	–	–	–
434	Kälteanlagen	–	–	–	–
439	Sonstiges zur KG 430	–	–	–	–
440	**Elektrische Anlagen**	**565,46 m² BGF**	**84.204,43**	**148,91**	**7,2**
441	Hoch- und Mittelspannungsanlagen	–	–	–	–
442	Eigenstromversorgungsanlagen	565,46 m² BGF	30.937,79	54,71	2,6
443	Niederspannungsschaltanlagen	–	–	–	–
444	Niederspannungsinstallationsanlagen	565,46 m² BGF	49.318,68	87,22	4,2
445	Beleuchtungsanlagen	565,46 m² BGF	817,68	1,45	< 0,1
446	Blitzschutz- und Erdungsanlagen	565,46 m² BGF	3.130,27	5,54	0,3
447	Fahrleitungssysteme	–	–	–	–
449	Sonstiges zur KG 440	–	–	–	–
450	**Kommunikationstechnische Anlagen**	**565,46 m² BGF**	**9.251,01**	**16,36**	**0,8**
451	Telekommunikationsanlagen	565,46 m² BGF	740,24	1,31	< 0,1
452	Such- und Signalanlagen	565,46 m² BGF	390,96	0,69	< 0,1
453	Zeitdienstanlagen	–	–	–	–
454	Elektroakustische Anlagen	–	–	–	–
455	Audiovisuelle Medien- u. Antennenanl.	565,46 m² BGF	3.231,18	5,71	0,3
456	Gefahrenmelde- und Alarmanlagen	–	–	–	–
457	Datenübertragungsnetze	565,46 m² BGF	4.888,61	8,65	0,4
458	Verkehrsbeeinflussungsanlagen	–	–	–	–
459	Sonstiges zur KG 450	–	–	–	–
460	**Förderanlagen**	**–**	**–**	**–**	**–**
461	Aufzugsanlagen	–	–	–	–
462	Fahrtreppen, Fahrsteige	–	–	–	–
463	Befahranlagen	–	–	–	–
464	Transportanlagen	–	–	–	–
465	Krananlagen	–	–	–	–
466	Hydraulikanlagen	–	–	–	–
469	Sonstiges zur KG 460	–	–	–	–
470	**Nutzungsspez. u. verfahrenstechn. Anl.**	**–**	**–**	**–**	**–**
480	**Gebäude- und Anlagenautomation**	**–**	**–**	**–**	**–**
490	**Sonst. Maßnahmen für techn. Anlagen**	**–**	**–**	**–**	**–**

Kostenkennwerte für Leistungsbereiche nach STLB (Kosten des Bauwerks nach DIN 276)

LB	Leistungsbereiche	Kosten €	€/m² BGF	€/m³ BRI	% an 3+4
000	Baustellen-, Sicherheitseinr. inkl. 001, 089	26.425	46,70	15,10	2,2
002	Erdarbeiten	29.659	52,50	16,90	2,5
006	Spezialtiefbauarbeiten inkl. 005	–	–	–	–
009	Entwässerungskanalarbeiten inkl. 011	–	–	–	–
010	Drän- und Versickerarbeiten	5.999	10,60	3,40	0,5
012	Mauerarbeiten	2.689	4,80	1,50	0,2
013	Betonarbeiten	180.930	320,00	103,10	15,4
014	Natur-, Betonwerksteinarbeiten	–	–	–	–
016	Zimmer- und Holzbauarbeiten	137.793	243,70	78,50	11,7
017	Stahlbauarbeiten	3.819	6,80	2,20	0,3
018	Abdichtungsarbeiten	16.471	29,10	9,40	1,4
019	Kampfmittelräumarbeiten	–	–	–	–
020	Dachdeckungsarbeiten	21.647	38,30	12,30	1,8
021	Dachabdichtungsarbeiten	–	–	–	–
022	Klempnerarbeiten	9.274	16,40	5,30	0,8
	Rohbau	**434.705**	**768,80**	**247,80**	**37,0**
023	Putz- und Stuckarbeiten, Wärmedämmsysteme	15.843	28,00	9,00	1,3
024	Fliesen- und Plattenarbeiten	26.777	47,40	15,30	2,3
025	Estricharbeiten	32.221	57,00	18,40	2,7
026	Fenster, Außentüren inkl. 029, 032	63.015	111,40	35,90	5,4
027	Tischlerarbeiten	39.821	70,40	22,70	3,4
028	Parkett-, Holzpflasterarbeiten	16.386	29,00	9,30	1,4
030	Rollladenarbeiten	16.729	29,60	9,50	1,4
031	Metallbauarbeiten inkl. 035	44.090	78,00	25,10	3,8
034	Maler- und Lackiererarb. - Beschicht. inkl. 037	49.214	87,00	28,10	4,2
036	Bodenbelagarbeiten	–	–	–	–
038	Vorgehängte hinterlüftete Fassaden	95.283	168,50	54,30	8,1
039	Trockenbauarbeiten	121.833	215,50	69,40	10,4
	Ausbau	**521.211**	**921,70**	**297,10**	**44,4**
040	Wärmeversorgungsanl. - Betriebseinr. inkl. 041	56.367	99,70	32,10	4,8
042	Gas- u. Wasseranl. - Leitung., Armat. inkl. 043	7.884	13,90	4,50	0,7
044	Abwasseranl. - Leitungen, Abläufe, Armaturen	9.338	16,50	5,30	0,8
045	Gas, Wasser, Entwässerung - Ausstattung inkl. 046	8.556	15,10	4,90	0,7
047	Dämm- und Brandschutzarb. an techn. Anlagen	5.993	10,60	3,40	0,5
049	Feuerlöschanlagen, Feuerlöschgeräte	–	–	–	–
050	Blitzschutz-/Erdungsanlagen, Überspannungssch.	2.215	3,90	1,30	0,2
053	Niederspannungsanl. - Kabel inkl. 052, 054	81.844	144,70	46,70	7,0
055	Sicherheits- u. Ersatzstromversorgungsanl.	–	–	–	–
057	Gebäudesystemtechnik	–	–	–	–
058	Leuchten und Lampen inkl. 059	146	0,26	0,08	< 0,1
060	Such, Signal, Zeit, Anten., akust. Anl. inkl. 064	3.231	5,70	1,80	0,3
061	Kommunikations- u. Übertragungsnetze inkl. 063	1.398	2,50	0,80	0,1
069	Aufzüge	–	–	–	–
070	Gebäudeautomation	–	–	–	–
075	Raumlufttechnische Anlagen inkl. 078	37.529	66,40	21,40	3,2
	Gebäudetechnik	**214.501**	**379,30**	**122,30**	**18,3**
084	Abbruch, Rückbau, Schadstoffsanierung	–	–	–	–
	Abbrucharbeiten	**–**	**–**	**–**	**–**
	Sonstige Leistungsbereiche	**4.621**	**8,20**	**2,60**	**0,4**

6100-1671
Einfamilienhaus

Kostenkennwerte für die Kosten des Bauwerks (Kostengruppen 300+400 nach DIN 276)

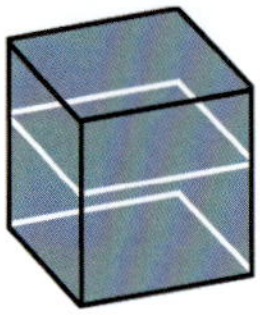

BRI 733 €/m³

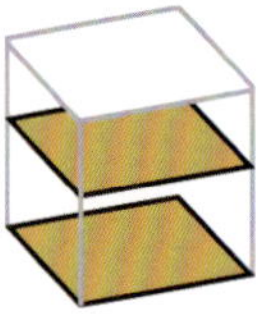

BGF 2.609 €/m²

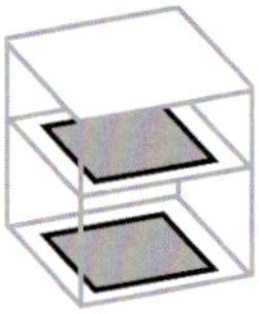

NUF 4.507 €/m²

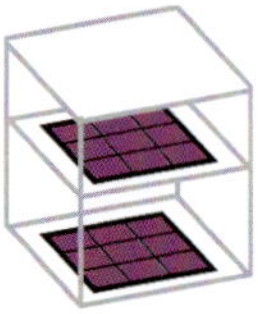

NE 3.872 €/NE
NE: Wohnfläche

Objekt:
Kennwerte: 3. Ebene DIN 276
BRI: 670 m³
BGF: 188 m²
NUF: 109 m²
Bauzeit: 52 Wochen
Bauende: 2022
Standard: mittel
Bundesland: Bayern
Kreis: Forchheim

Architekt*in:
BUCHER | HÜTTINGER -
ARCHITEKTUR
INNEN ARCHITEKTUR
Metzenbühlstraße 6
91282 Betzenstein

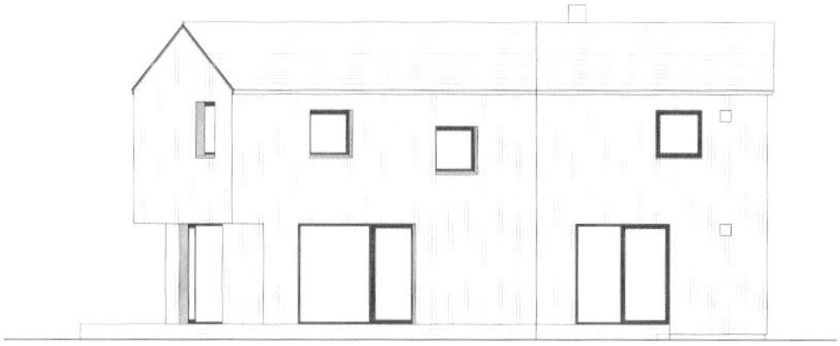

Ansicht West

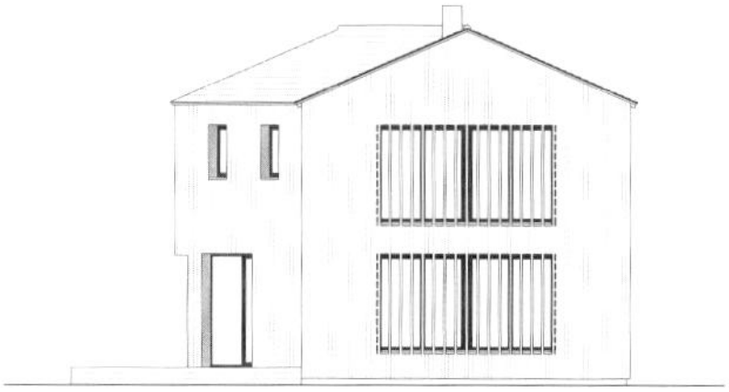

Ansicht Süd

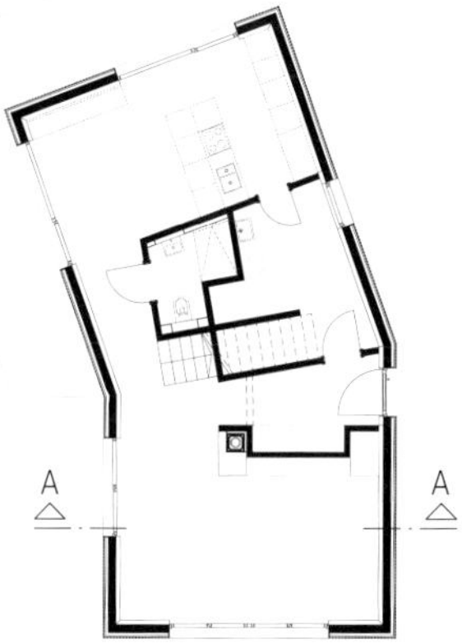

Erdgeschoss

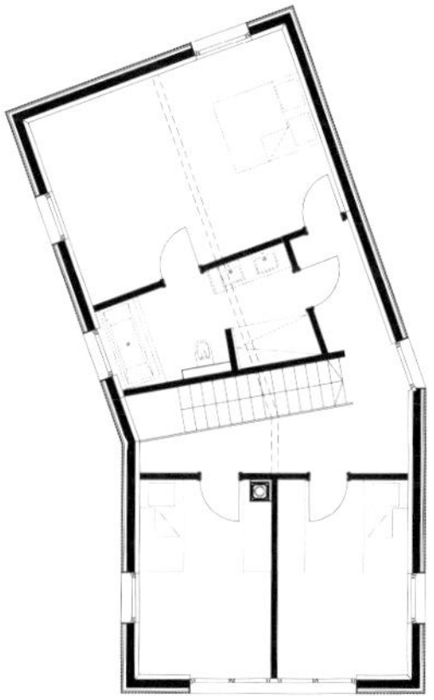

Obergeschoss

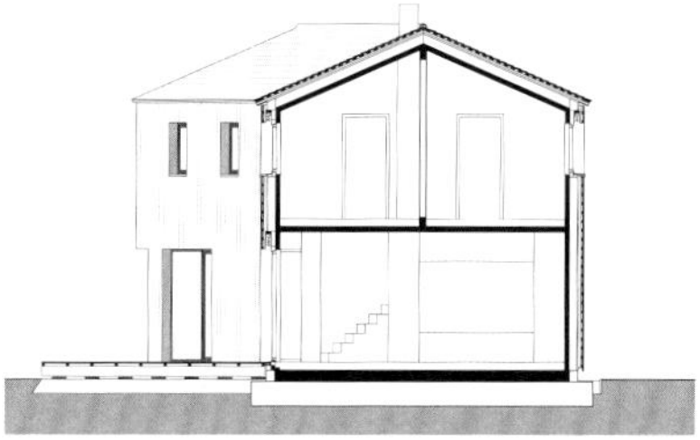

Schnitt A-A

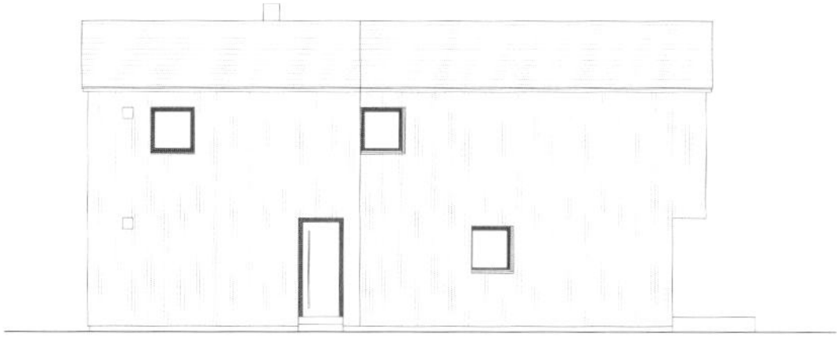

Ansicht Ost

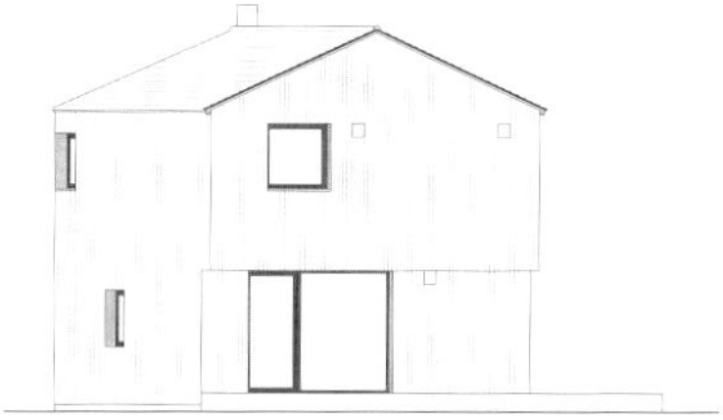

Ansicht Nord

Objektbeschreibung

Allgemeine Objektinformationen

Das Einfamilienhaus mit Knick durchbricht die strenge Orthogonalität und schafft einen spannenden Kontrast. Vom Tragwerk über Dämmmaterialien und Fassade bis hin zum Interieur dominiert der nachwachsende Baustoff Holz. Aus ökologischen und ökonomischen Gründen wurde komplett aus großformatigen, massiven Brettsperrholzelementen und Holzrahmenwänden vorgefertigt.

Nutzung

1 Erdgeschoss
Wohnen/Arbeiten, Essen/Küche, Bad, Technik/Hauswirtschaft, Garderobe

1 Obergeschoss
Schlafzimmer, Kinderzimmer (2St), Bad, Flur

Nutzeinheiten

Wohneinheiten: 1
Wohnfläche: 127 m^2

Grundstück

Bauraum: Freier Bauraum
Neigung: Ebenes Gelände
Bodenklasse: BK 1 bis BK 5

Markt

Hauptvergabezeit: 1. Quartal 2021
Baubeginn: 3. Quartal 2021
Bauende: 3. Quartal 2022
Konjunkturelle Gesamtlage: Durchschnitt
Regionaler Baumarkt: unter Durchschnitt

Baukonstruktion

Das Einfamilienhaus gründet auf einer Bodenplatte, die von unten mit Schaumglasschotter gedämmt ist. Die Außenwände sind aus Brettsperrholz gefertigt, innen in Wohnsichtqualität, außen gedämmt und mit vorgehängter hinterlüfteter Holzlattung bekleidet. Dreifach verglaste Holzfenster sind mit Alu-Lamellenraffstores ausgestattet. Die Innenwände sind Holzrahmenwände, gedämmt, mit Gipsfaserplatten bekleidet und beschichtet oder gefliest. Die Brettsperrholzdecke ist in Wohnsichtqualität. Auskragung im OG ist von unten gedämmt und mit Massivholzplatten bekleidet. Die Böden sind mit Linoleum belegt. In den Bädern und im Technikraum kamen Bodenfliesen zur Ausführung. Die Brettsperrholz-Treppe ist mit Parkett belegt. Das Geländer an der Treppe ist aus Massivholzplatten ausgeführt. Das Satteldach ist aus Brettsperrholz, innen in Wohnsichtqualität, außen gedämmt und mit Betondachsteinen bedeckt.

Technische Anlagen

Die Wärmeversorgung erfolgt über eine Luft-Wasser-Wärmepumpe. Eine Fußbodenheizung verteilt die Wärme in den Räumen. Zusätzlich sorgt ein Kamin für angenehme Wärme. Dezentrale Lüftungsgeräte mit Wärmerückgewinnung sorgen für Frischluft. In innenliegenden Räumen sind Abluftgeräte eingebaut.

Sonstiges

Nach dem Vorbild der Natur ist das Effizienzhaus 40 Plus in konsequenter Verwendung von regenerativen, gesundheits- und umweltverträglichen Baustoffen errichtet worden.

Energetische Kennwerte

Gesetzliche Grundlage: EnEV 2013
Gebäudenutzfläche: 196,00 m^2
Gebäudevolumen: 614,00 m^3
A/V_e-Verhältnis (Kompaktheit): 0,72 m^{-1}
Hüllfläche des beheizten Volumens: 444,30 m^2
Spez. Transmissionswärmeverlust: 0,20 $W/(m^2 \cdot K)$
Spez. Jahresprimärenergiebedarf: 20,70 $kWh/(m^2 \cdot a)$
Spez. Jahresendenergiebedarf: 14,30 $kWh/(m^2 \cdot a)$

Planungskennwerte für Flächen und Rauminhalte nach DIN 277

Flächen des Grundstücks		Menge Einheit	% an GF
BF	Bebaute Fläche	96,76 m²	10,0
UF	Unbebaute Fläche	866,24 m²	90,0
GF	Grundstücksfläche	963,00 m²	100,0

Grundflächen des Bauwerks		Menge Einheit	% an NUF	% an BGF
NUF	Nutzungsfläche	108,90 m²	100,0	57,9
TF	Technikfläche	10,30 m²	9,5	5,5
VF	Verkehrsfläche	21,49 m²	19,7	11,4
NRF	Netto-Raumfläche	140,69 m²	129,2	74,8
KGF	Konstruktions-Grundfläche	47,40 m²	43,5	25,2
BGF	Brutto-Grundfläche	188,09 m²	172,7	100,0

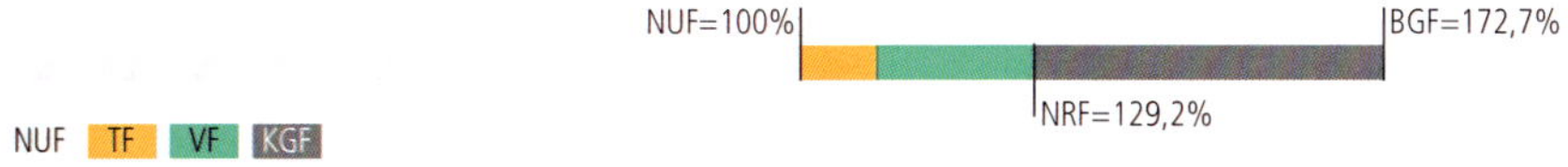

Brutto-Rauminhalt des Bauwerks		Menge Einheit	BRI/NUF (m)	BRI/BGF (m)
BRI	Brutto-Rauminhalt	669,51 m³	6,15	3,56

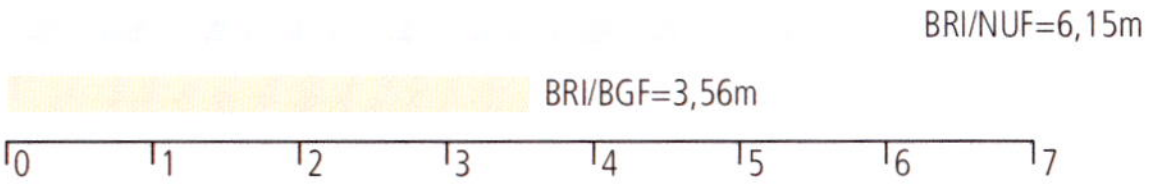

KG	Kostengruppen (2. Ebene)	Menge Einheit	Menge/NUF	Menge/BGF
310	Baugrube / Erdbau	244,00 m³ BGI	2,24	1,30
320	Gründung, Unterbau	79,65 m² GRF	0,73	0,42
330	Außenwände/Vertikale Baukonstruktionen, außen	254,26 m² AWF	2,34	1,35
340	Innenwände/Vertikale Baukonstruktionen, innen	165,59 m² IWF	1,52	0,88
350	Decken/Horizontale Baukonstruktionen	94,49 m² DEF	0,87	0,50
360	Dächer	122,00 m² DAF	1,12	0,65

Kostenkennwerte für die Kostengruppen der 1. Ebene DIN 276

KG	Kostengruppen (1. Ebene)	Einheit	Kosten €	€/Einheit	€/m² BGF	€/m³ BRI	% 300+400
100	Grundstück	m² GF	–	–	–	–	–
200	Vorbereitende Maßnahmen	m² GF	–	–	–	–	–
300	Bauwerk – Baukonstruktionen	m² BGF	378.866	2.014,28	2.014,28	565,88	77,2
400	Bauwerk – Technische Anlagen	m² BGF	111.913	595,00	595,00	167,16	22,8
	Bauwerk 300+400	**m² BGF**	**490.779**	**2.609,28**	**2.609,28**	**733,04**	**100,0**
500	Außenanlagen und Freiflächen	m² AF	–	–	–	–	–
600	Ausstattung und Kunstwerke	m² BGF	3.977	21,14	21,14	5,94	0,8
700	Baunebenkosten	m² BGF	–	–	–	–	–
800	Finanzierung	m² BGF	–	–	–	–	–

KG	Kostengruppe	Menge Einheit	Kosten €	€/Einheit	%
3+4	**Bauwerk**				**100,0**
300	**Bauwerk – Baukonstruktionen**	188,09 m² BGF	378.866	**2.014,28**	77,2

Bodenarbeiten; Stb-Bodenplatte, Einzelfundament, Abdichtung, Dämmung, Estrich, Linoleum, Bodenfliesen, Schaumglasschotter, Perimeterdämmung, Schottertragschicht, Dränage; Brettsperrholzwände, Wohnsichtqualität, Stahlstütze, Holzfenster, Haustür, Holzfaserdämmplatten, vorgehängte hinterlüftete Holzlattung, Alu-Lamellenraffstores; Holzrahmenwände, Holzfaserdämmung, Gipsfaserplatten, Holztüren, Installationswände, Gipsfaserplatten, Schornstein-Bekleidung, Beschichtung, Wandfliesen; Brettsperrholzdecke BSP, Wohnsichtqualität, BSP-Auskragung, unterhalb Wärmedämmung, sichtbare Massivholzplatte, BSP-Treppe, Dämmung, Estrich, Linoleum, Bodenfliesen, Parkett auf Stufen, Geländer, Massivholzplatten; Brettsperrholz-Satteldach, Wohnsichtqualität, Holzfaserdämmplatten, Betondachsteine, Dachentwässerung

KG	Kostengruppe	Menge Einheit	Kosten €	€/Einheit	%
400	**Bauwerk – Technische Anlagen**	188,09 m² BGF	111.913	**595,00**	22,8

Gebäudeentwässerung, Kalt- und Warmwasserleitungen, Sanitärobjekte; Luft-Wasser-Wärmepumpe, Fußbodenheizung, Luft-Abgas-Schornstein für Festbrennstoffe; dezentrale Lüftungsgeräte mit Wärmerückgewinnung, Lüftereinheiten für Abluftgeräte, Steuerungsmodul mit Zeitnachlauf; Elektroinstallation, Blitzschutz; Türsprechanlage, Rauchwarnmelder, Datenübertragungsnetze

KG	Kostengruppe	Menge Einheit	Kosten €	€/Einheit	%
600	**Ausstattung und Kunstwerke**	188,09 m² BGF	3.977	**21,14**	0,8

Duschabtrennungen, Pendeltür mit Festverglasung

Kostenkennwerte für die Kostengruppen 300 der 2. und 3. Ebene DIN 276 (Übersicht)

KG	Kostengruppe	Menge Einheit	Kosten €	€/Einheit	% an 3+4
300	**Bauwerk – Baukonstruktionen**	**188,09 m² BGF**	**378.865,51**	**2.014,28**	**77,2**
310	**Baugrube / Erdbau**	**244,00 m³ BGI**	**15.194,26**	**62,27**	**3,1**
311	Herstellung	244,00 m³ BGI	15.194,26	62,27	3,1
312	Umschließung	–	–	–	–
313	Wasserhaltung	–	–	–	–
314	Vortrieb	–	–	–	–
319	Sonstiges zur KG 310	–	–	–	–
320	**Gründung, Unterbau**	**79,65 m² GRF**	**68.223,66**	**856,54**	**13,9**
321	Baugrundverbesserung	–	–	–	–
322	Flachgründungen und Bodenplatten	79,65 m²	19.186,67	240,89	3,9
323	Tiefgründungen	–	–	–	–
324	Gründungsbeläge	72,00 m²	16.448,93	228,46	3,4
325	Abdichtungen und Bekleidungen	100,00 m²	28.812,31	288,12	5,9
326	Dränagen	79,65 m² GRF	3.775,74	47,40	0,8
329	Sonstiges zur KG 320	–	–	–	–
330	**Außenwände/Vert. Baukonstrukt., außen**	**254,26 m² AWF**	**134.214,62**	**527,86**	**27,3**
331	Tragende Außenwände	170,00 m²	36.048,21	212,05	7,3
332	Nichttragende Außenwände	–	–	–	–
333	Außenstützen	1,99 m	588,79	295,88	0,1
334	Außenwandöffnungen	44,26 m²	24.712,53	558,35	5,0
335	Außenwandbekleidungen, außen	210,00 m²	63.198,81	300,95	12,9
336	Außenwandbekleidungen, innen	3,20 m²	483,79	151,18	< 0,1
337	Element. Außenwandkonstruktionen	–	–	–	–
338	Lichtschutz zur KG 330	31,09 m²	9.182,48	295,35	1,9
339	Sonstiges zur KG 330	–	–	–	–
340	**Innenwände/Vert. Baukonstrukt., innen**	**165,59 m² IWF**	**47.343,55**	**285,91**	**9,6**
341	Tragende Innenwände	152,00 m²	23.884,35	157,13	4,9
342	Nichttragende Innenwände	–	–	–	–
343	Innenstützen	–	–	–	–
344	Innenwandöffnungen	13,59 m²	6.740,63	496,00	1,4
345	Innenwandbekleidungen	300,80 m²	16.718,58	55,58	3,4
346	Elementierte Innenwandkonstruktionen	–	–	–	–
347	Lichtschutz zur KG 340	–	–	–	–
349	Sonstiges zur KG 340	–	–	–	–
350	**Decken/Horizontale Baukonstruktionen**	**94,49 m² DEF**	**42.764,74**	**452,58**	**8,7**
351	Deckenkonstruktionen	94,49 m²	22.440,89	237,49	4,6
352	Deckenöffnungen	–	–	–	–
353	Deckenbeläge	68,64 m²	18.182,20	264,89	3,7
354	Deckenbekleidungen	–	–	–	–
355	Elementierte Deckenkonstruktionen	–	–	–	–
359	Sonstiges zur KG 350	94,49 m² DEF	2.141,65	22,67	0,4
360	**Dächer**	**122,00 m² DAF**	**48.674,50**	**398,97**	**9,9**
361	Dachkonstruktionen	100,00 m²	20.926,73	209,27	4,3
362	Dachöffnungen	–	–	–	–
363	Dachbeläge	122,00 m²	27.747,77	227,44	5,7
364	Dachbekleidungen	–	–	–	–
365	Elementierte Dachkonstruktionen	–	–	–	–
366	Lichtschutz zur KG 360	–	–	–	–
369	Sonstiges zur KG 360	–	–	–	–
370	**Infrastrukturanlagen**	**–**	**–**	**–**	**–**
380	**Baukonstruktive Einbauten**	**–**	**–**	**–**	**–**
390	**Sonst. Maßnahmen für Baukonstrukt.**	**188,09 m² BGF**	**22.450,18**	**119,36**	**4,6**

Kostenkennwerte für die Kostengruppen 400 der 2. und 3. Ebene DIN 276 (Übersicht)

KG	Kostengruppe	Menge Einheit	Kosten €	€/Einheit	% an 3+4
400	**Bauwerk – Technische Anlagen**	**188,09 m²BGF**	**111.913,40**	**595,00**	**22,8**
410	**Abwasser-, Wasser-, Gasanlagen**	**188,09 m²BGF**	**32.502,14**	**172,80**	**6,6**
411	Abwasseranlagen	188,09 m²BGF	13.994,82	74,40	2,9
412	Wasseranlagen	188,09 m²BGF	17.957,98	95,48	3,7
413	Gasanlagen	–	–	–	–
419	Sonstiges zur KG 410	188,09 m²BGF	549,34	2,92	0,1
420	**Wärmeversorgungsanlagen**	**188,09 m²BGF**	**43.148,67**	**229,40**	**8,8**
421	Wärmeerzeugungsanlagen	188,09 m²BGF	29.371,86	156,16	6,0
422	Wärmeverteilnetze	–	–	–	–
423	Raumheizflächen	188,09 m²BGF	8.882,28	47,22	1,8
424	Verkehrsheizflächen	–	–	–	–
429	Sonstiges zur KG 420	188,09 m²BGF	4.894,54	26,02	1,0
430	**Raumlufttechnische Anlagen**	**188,09 m²BGF**	**11.698,61**	**62,20**	**2,4**
431	Lüftungsanlagen	188,09 m²BGF	11.698,61	62,20	2,4
432	Teilklimaanlagen	–	–	–	–
433	Klimaanlagen	–	–	–	–
434	Kälteanlagen	–	–	–	–
439	Sonstiges zur KG 430	–	–	–	–
440	**Elektrische Anlagen**	**188,09 m²BGF**	**19.598,26**	**104,20**	**4,0**
441	Hoch- und Mittelspannungsanlagen	–	–	–	–
442	Eigenstromversorgungsanlagen	–	–	–	–
443	Niederspannungsschaltanlagen	–	–	–	–
444	Niederspannungsinstallationsanlagen	188,09 m²BGF	17.835,73	94,83	3,6
445	Beleuchtungsanlagen	–	–	–	–
446	Blitzschutz- und Erdungsanlagen	188,09 m²BGF	1.762,53	9,37	0,4
447	Fahrleitungssysteme	–	–	–	–
449	Sonstiges zur KG 440	–	–	–	–
450	**Kommunikationstechnische Anlagen**	**188,09 m²BGF**	**4.965,72**	**26,40**	**1,0**
451	Telekommunikationsanlagen	–	–	–	–
452	Such- und Signalanlagen	188,09 m²BGF	832,52	4,43	0,2
453	Zeitdienstanlagen	–	–	–	–
454	Elektroakustische Anlagen	–	–	–	–
455	Audiovisuelle Medien- u. Antennenanl.	–	–	–	–
456	Gefahrenmelde- und Alarmanlagen	188,09 m²BGF	253,78	1,35	< 0,1
457	Datenübertragungsnetze	188,09 m²BGF	3.879,42	20,63	0,8
458	Verkehrsbeeinflussungsanlagen	–	–	–	–
459	Sonstiges zur KG 450	–	–	–	–
460	**Förderanlagen**	**–**	**–**	**–**	**–**
461	Aufzugsanlagen	–	–	–	–
462	Fahrtreppen, Fahrsteige	–	–	–	–
463	Befahranlagen	–	–	–	–
464	Transportanlagen	–	–	–	–
465	Krananlagen	–	–	–	–
466	Hydraulikanlagen	–	–	–	–
469	Sonstiges zur KG 460	–	–	–	–
470	**Nutzungsspez. u. verfahrenstechn. Anl.**	**–**	**–**	**–**	**–**
480	**Gebäude- und Anlagenautomation**	**–**	**–**	**–**	**–**
490	**Sonst. Maßnahmen für techn. Anlagen**	**–**	**–**	**–**	**–**

Kostenkennwerte für Leistungsbereiche nach STLB (Kosten des Bauwerks nach DIN 276)

LB	Leistungsbereiche	Kosten €	€/m² BGF	€/m³ BRI	% an 3+4
000	Baustellen-, Sicherheitseinr. inkl. 001, 089	22.450	119,40	33,50	4,6
002	Erdarbeiten	15.918	84,60	23,80	3,2
006	Spezialtiefbauarbeiten inkl. 005	–	–	–	–
009	Entwässerungskanalarbeiten inkl. 011	8.938	47,50	13,30	1,8
010	Drän- und Versickerarbeiten	3.776	20,10	5,60	0,8
012	Mauerarbeiten	–	–	–	–
013	Betonarbeiten	46.260	245,90	69,10	9,4
014	Natur-, Betonwerksteinarbeiten	–	–	–	–
016	Zimmer- und Holzbauarbeiten	158.691	843,70	237,00	32,3
017	Stahlbauarbeiten	–	–	–	–
018	Abdichtungsarbeiten	8.793	46,70	13,10	1,8
019	Kampfmittelräumarbeiten	–	–	–	–
020	Dachdeckungsarbeiten	12.892	68,50	19,30	2,6
021	Dachabdichtungsarbeiten	–	–	–	–
022	Klempnerarbeiten	8.271	44,00	12,40	1,7
	Rohbau	**285.990**	**1.520,50**	**427,20**	**58,3**
023	Putz- und Stuckarbeiten, Wärmedämmsysteme	17.261	91,80	25,80	3,5
024	Fliesen- und Plattenarbeiten	6.082	32,30	9,10	1,2
025	Estricharbeiten	11.822	62,90	17,70	2,4
026	Fenster, Außentüren inkl. 029, 032	22.117	117,60	33,00	4,5
027	Tischlerarbeiten	6.406	34,10	9,60	1,3
028	Parkett-, Holzpflasterarbeiten	4.488	23,90	6,70	0,9
030	Rollladenarbeiten	9.182	48,80	13,70	1,9
031	Metallbauarbeiten inkl. 035	–	–	–	–
034	Maler- und Lackiererarb. - Beschicht. inkl. 037	3.505	18,60	5,20	0,7
036	Bodenbelagarbeiten	13.021	69,20	19,40	2,7
038	Vorgehängte hinterlüftete Fassaden	–	–	–	–
039	Trockenbauarbeiten	9.969	53,00	14,90	2,0
	Ausbau	**103.853**	**552,10**	**155,10**	**21,2**
040	Wärmeversorgungsanl. - Betriebseinr. inkl. 041	41.833	222,40	62,50	8,5
042	Gas- u. Wasseranl. - Leitung., Armat. inkl. 043	9.447	50,20	14,10	1,9
044	Abwasseranl. - Leitungen, Abläufe, Armaturen	4.333	23,00	6,50	0,9
045	Gas, Wasser, Entwässerung - Ausstattung inkl. 046	9.060	48,20	13,50	1,8
047	Dämm- und Brandschutzarb. an techn. Anlagen	–	–	–	–
049	Feuerlöschanlagen, Feuerlöschgeräte	–	–	–	–
050	Blitzschutz-/Erdungsanlagen, Überspannungssch.	1.763	9,40	2,60	0,4
053	Niederspannungsanl. - Kabel inkl. 052, 054	17.836	94,80	26,60	3,6
055	Sicherheits- u. Ersatzstromversorgungsanl.	–	–	–	–
057	Gebäudesystemtechnik	–	–	–	–
058	Leuchten und Lampen inkl. 059	–	–	–	–
060	Such, Signal, Zeit, Anten., akust. Anl. inkl. 064	833	4,40	1,20	0,2
061	Kommunikations- u. Übertragungsnetze inkl. 063	4.133	22,00	6,20	0,8
069	Aufzüge	–	–	–	–
070	Gebäudeautomation	–	–	–	–
075	Raumlufttechnische Anlagen inkl. 078	11.699	62,20	17,50	2,4
	Gebäudetechnik	**100.936**	**536,60**	**150,80**	**20,6**
084	Abbruch, Rückbau, Schadstoffsanierung	–	–	–	–
	Abbrucharbeiten	**–**	**–**	**–**	**–**
	Sonstige Leistungsbereiche	**–**	**–**	**–**	**–**

6100-1672
Einfamilienhaus

Kostenkennwerte für die Kosten des Bauwerks (Kostengruppen 300+400 nach DIN 276)

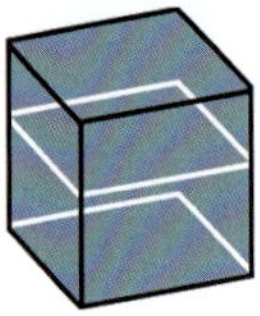

BRI 877 €/m³

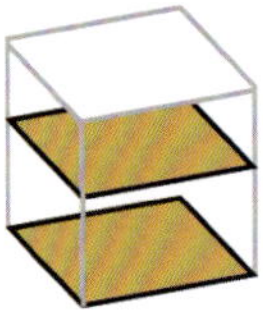

BGF 2.894 €/m²

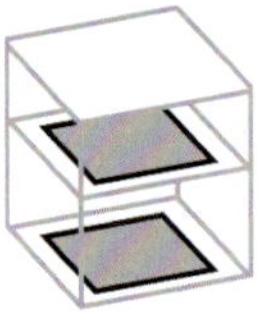

NUF 3.798 €/m²

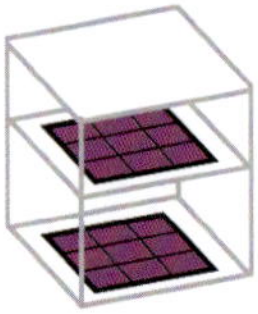

NE 3.327 €/NE

NE: Wohnfläche

Objekt:
Kennwerte: 3. Ebene DIN 276
BRI: 436 m³
BGF: 132 m²
NUF: 101 m²
Bauzeit: 39 Wochen
Bauende: 2022
Standard: mittel
Bundesland: Bayern
Kreis: Starnberg

Architekt*in:
brack architekten
Brennergasse 9
87435 Kempten

© Nicolas Felder

© Nicolas Felder

© Nicolas Felder

© Nicolas Felder

© Nicolas Felder

Kostenstand: 1. Quartal 2026, Bundesdurchschnitt, **inkl. 19% MwSt.**

Ansicht Ost

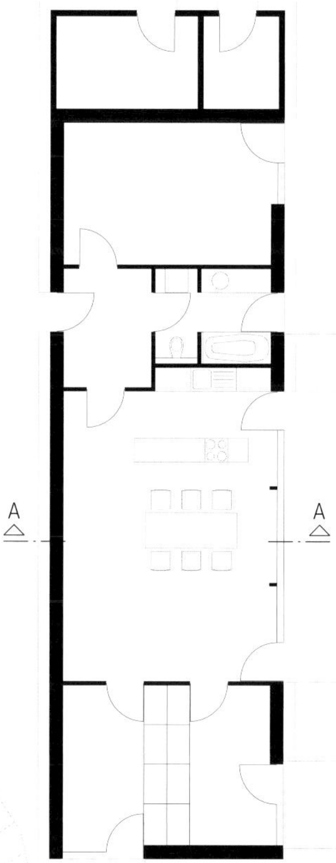

Erdgeschoss

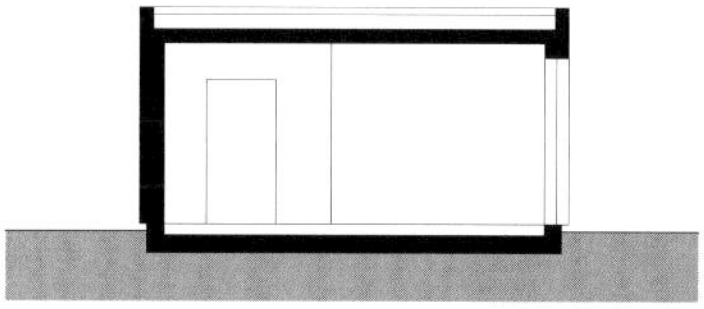

Schnitt A-A

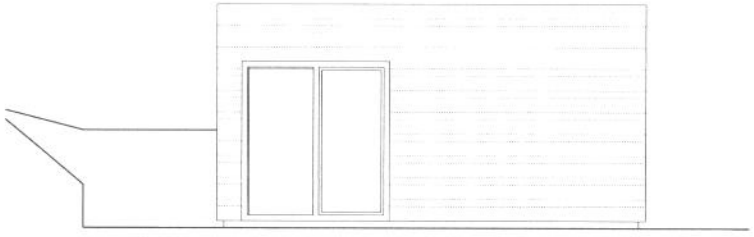

Ansicht Süd

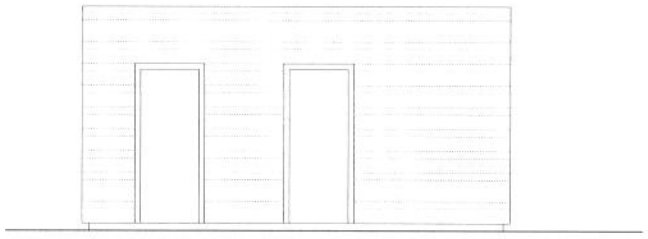

Ansicht Nord

Ansicht West

Objektbeschreibung

Allgemeine Objektinformationen

Das eingeschossige Einfamilienhaus entstand als Ersatzneubau für einen zum Wohngebäude umgebauten Hühnerstall. Für den Neubau war die Grundfläche des Bestands zu übernehmen.

Nutzung

1 Erdgeschoss
Wohnen/Essen/Küche, Schlafzimmer, Kinderzimmer (2St), Bad, Windfang, Abstellraum, Technikraum

Nutzeinheiten

Wohneinheiten: 1
Wohnfläche: 115 m²

Grundstück

Bauraum: Beengter Bauraum
Neigung: Ebenes Gelände
Bodenklasse: BK 3 bis BK 5

Markt

Hauptvergabezeit: 4. Quartal 2021
Baubeginn: 1. Quartal 2022
Bauende: 4. Quartal 2022
Konjunkturelle Gesamtlage: über Durchschnitt
Regionaler Baumarkt: unter Durchschnitt

Baukonstruktion

Der Neubau gründet mit einer Stahlbeton-Fundamentplatte auf einer Schicht aus Schaumglasschotter. Die in Holzrahmenbauweise errichteten Außenwände stehen auf einem Stahlbetonsockel. Sie sind außenseitig mit Holzfaserdämmung und einer Nut- und Federschalung aus Lärche bekleidet. Die hohen Holz-Aluminiumfenster wurden mit Dreifachverglasung ausgeführt. Die Holzeingangstüren erhielten außen eine Deckschale aus Aluminium. Das Massivholz-Flachdach wurde extensiv begrünt. Innen kamen mit Gipskarton bekleidete Massivholzwände und Gipskartonwände zur Ausführung. Die Oberflächen wurden gespachtelt und beschichtet. Linoleum und Fliesen dienen als Bodenbelag.

Technische Anlagen

Das Gebäude wird durch eine Wärmepumpe beheizt und mit Warmwasser versorgt. Die Temperierung erfolgt über eine Fußbodenheizung. Die Photovoltaikanlage mit 4,05kWp dient der Eigenstromversorgung. LED-Lichtbänder sowie eine Antennenanlage wurden installiert.

Sonstiges

Die Außenanlage ist unter der BKI-Objektnummer 6100-1676 dokumentiert.

Energetische Kennwerte

Gesetzliche Grundlage: GEG 2020
Gebäudenutzfläche: 142,00 m²
Gebäudevolumen: 443,70 m³
A/V_e-Verhältnis (Kompaktheit): 0,88 m⁻¹
Hüllfläche des beheizten Volumens: 388,60 m²
Spez. Transmissionswärmeverlust: 0,35 W/(m²·K)
Spez. Jahresprimärenergiebedarf: 58,36 kWh/(m²·a)
Anlagenaufwandszahl: 0,76
PV-Anlage: 3,64 kWp

Energetische Angaben zu Außenbauteilen

Bodenplatte

U-Wert: 0,20 W/(m²·K)

Gesamtdicke: 59,02 cm	d [cm]	λ [W/(mK)]
Estrich	6,00	1,400
PE-Folie	0,02	0,330
Trittschalldämmung	3,00	0,040
Stahlbeton	10,00	2,000
Schaumglasschotter	40,00	0,103

Außenwand hinterlüftet

U-Wert: 0,18 W/(m²·K)

Gesamtdicke: 26,95 cm	d [cm]	λ [W/(mK)]
GK-Platte	1,25	0,250
OSB-Platte	1,10	0,130
Holz	5,00	0,030
Dämmung	5,00	0,040
OSB-Platte	1,60	0,130
Holz	16,00	0,130
Dämmung	16,00	0,040
Holzfaserplatte	2,00	0,045

Dach

U-Wert: 0,12 W/(m²·K)

Gesamtdicke: 51,92 cm	d [cm]	λ [W/(mK)]
GK-Platte	1,25	0,250
Holz	16,00	0,130
Dampfsperre	0,05	0,130
Dämmung	24,00	0,035
Dachdichtungsbahn	0,31	0,190
Dachdichtungsbahn	0,31	0,190
Kies	10,00	0,700

Planungskennwerte für Flächen und Rauminhalte nach DIN 277

Flächen des Grundstücks		Menge Einheit	% an GF
BF	Bebaute Fläche	464,26 m²	10,8
UF	Unbebaute Fläche	3.851,74 m²	89,2
GF	Grundstücksfläche	4.316,00 m²	100,0

Grundflächen des Bauwerks		Menge Einheit	% an NUF	% an BGF
NUF	Nutzungsfläche	100,75 m²	100,0	76,2
TF	Technikfläche	4,70 m²	4,7	3,6
VF	Verkehrsfläche	6,90 m²	6,8	5,2
NRF	Netto-Raumfläche	112,35 m²	111,5	85,0
KGF	Konstruktions-Grundfläche	19,88 m²	19,7	15,0
BGF	Brutto-Grundfläche	132,23 m²	131,2	100,0

Brutto-Rauminhalt des Bauwerks		Menge Einheit	BRI/NUF (m)	BRI/BGF (m)
BRI	Brutto-Rauminhalt	436,34 m³	4,33	3,30

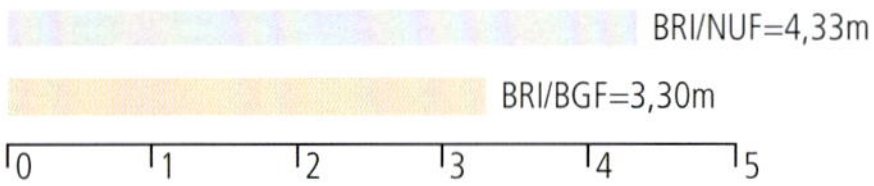

KG	Kostengruppen (2. Ebene)	Menge Einheit	Menge/NUF	Menge/BGF
310	Baugrube / Erdbau	99,98 m³ BGI	0,99	0,76
320	Gründung, Unterbau	126,74 m² GRF	1,26	0,96
330	Außenwände/Vertikale Baukonstruktionen, außen	183,41 m² AWF	1,82	1,39
340	Innenwände/Vertikale Baukonstruktionen, innen	86,51 m² IWF	0,86	0,65
350	Decken/Horizontale Baukonstruktionen	–	–	–
360	Dächer	132,23 m² DAF	1,31	1,00

Kostenkennwerte für die Kostengruppen der 1. Ebene DIN 276

KG	Kostengruppen (1. Ebene)	Einheit	Kosten €	€/Einheit	€/m² BGF	€/m³ BRI	% 300+400
100	Grundstück	m² GF	–	–	–	–	–
200	Vorbereitende Maßnahmen	m² GF	33.322	7,72	252,00	76,37	8,7
300	Bauwerk – Baukonstruktionen	m² BGF	285.460	2.158,82	2.158,82	654,21	74,6
400	Bauwerk – Technische Anlagen	m² BGF	97.179	734,93	734,93	222,71	25,4
	Bauwerk 300+400	**m² BGF**	**382.640**	**2.893,74**	**2.893,74**	**876,92**	**100,0**
500	Außenanlagen und Freiflächen	m² AF	6.000	5,33	45,37	13,75	1,6
600	Ausstattung und Kunstwerke	m² BGF	1.069	8,09	8,09	2,45	0,3
700	Baunebenkosten	m² BGF	–	–	–	–	–
800	Finanzierung	m² BGF	–	–	–	–	–

KG	Kostengruppe	Menge Einheit	Kosten €	€/Einheit	%
200	**Vorbereitende Maßnahmen**	4.316,00 m² GF	33.322	**7,72**	8,7
	Abbruch von Wohnhaus, Gartenhaus, Dachdeckungen, Betonplatten, Erdtank verfüllen, Bäume fällen				
3+4	**Bauwerk**				**100,0**
300	**Bauwerk – Baukonstruktionen**	132,23 m² BGF	285.460	**2.158,82**	74,6
	Stb-Fundamentplatte, Heizestrich, Linoleum, Bodenbeschichtung, Bodenfliesen, Schaumglasschotter; Holzrahmenwände, Stb-Sockelaufkantung, Massivholzattika, Holz-Alufenster, Holz-Alu-Eingangstüren, Dämmung, Holzschalung, Sockelputz, Beschichtung, GK-Installationsebene, Glasvordach; Massivholzwände, GK-Wände, Holztüren, GK-Bekleidung, Beschichtung, Wandfliesen; Brettsperrholz-Flachdach, Gefälledämmung, Dachabdichtung, Gründach, Kies, Dachentwässerung				
400	**Bauwerk – Technische Anlagen**	132,23 m² BGF	97.179	**734,93**	25,4
	Gebäudeentwässerung, Kalt- und Warmwasserleitungen, Sanitärobjekte; Luft-Wasser-Wärmepumpe, Heizleitungen, Fußbodenheizung; Einzelraumlüfter; Photovoltaikanlage, Elektroinstallation, Beleuchtung, Erdung; Türsprechanlage, Sat-Anlage, Rauchmelder, Datenverkabelung				
500	**Außenanlagen und Freiflächen**	1.125,00 m² AF	6.000	**5,33**	1,6
	Beton-Absetzschacht, Sprechanlage, Ladestation, Außenkabel				
600	**Ausstattung und Kunstwerke**	132,23 m² BGF	1.069	**8,09**	0,3
	Badewannenabtrennung				

Kostenkennwerte für die Kostengruppen 300 der 2. und 3.Ebene DIN 276 (Übersicht)

KG	Kostengruppe	Menge Einheit	Kosten €	€/Einheit	% an 3+4
300	**Bauwerk – Baukonstruktionen**	**132,23 m²BGF**	**285.460,25**	**2.158,82**	**74,6**
310	**Baugrube / Erdbau**	**99,98 m³BGI**	**2.849,29**	**28,50**	**0,7**
311	Herstellung	99,98 m³BGI	2.849,29	28,50	0,7
312	Umschließung	–	–	–	–
313	Wasserhaltung	–	–	–	–
314	Vortrieb	–	–	–	–
319	Sonstiges zur KG 310	–	–	–	–
320	**Gründung, Unterbau**	**126,74 m²GRF**	**60.556,55**	**477,80**	**15,8**
321	Baugrundverbesserung	–	–	–	–
322	Flachgründungen und Bodenplatten	126,74 m²	27.540,22	217,30	7,2
323	Tiefgründungen	–	–	–	–
324	Gründungsbeläge	112,78 m²	14.053,33	124,61	3,7
325	Abdichtungen und Bekleidungen	133,98 m²	16.092,44	120,11	4,2
326	Dränagen	126,74 m²GRF	2.870,54	22,65	0,8
329	Sonstiges zur KG 320	–	–	–	–
330	**Außenwände/Vert. Baukonstrukt., außen**	**183,41 m²AWF**	**104.727,29**	**571,00**	**27,4**
331	Tragende Außenwände	119,26 m²	21.152,02	177,36	5,5
332	Nichttragende Außenwände	21,48 m²	6.910,65	321,73	1,8
333	Außenstützen	–	–	–	–
334	Außenwandöffnungen	42,67 m²	31.322,46	734,06	8,2
335	Außenwandbekleidungen, außen	156,79 m²	31.185,63	198,90	8,2
336	Außenwandbekleidungen, innen	103,93 m²	10.802,89	103,94	2,8
337	Element. Außenwandkonstruktionen	–	–	–	–
338	Lichtschutz zur KG 330	–	–	–	–
339	Sonstiges zur KG 330	183,41 m²AWF	3.353,63	18,28	0,9
340	**Innenwände/Vert. Baukonstrukt., innen**	**86,51 m²IWF**	**19.098,24**	**220,76**	**5,0**
341	Tragende Innenwände	59,10 m²	6.354,61	107,52	1,7
342	Nichttragende Innenwände	18,52 m²	2.008,94	108,47	0,5
343	Innenstützen	–	–	–	–
344	Innenwandöffnungen	8,89 m²	2.727,61	306,82	0,7
345	Innenwandbekleidungen	118,30 m²	8.007,10	67,68	2,1
346	Elementierte Innenwandkonstruktionen	–	–	–	–
347	Lichtschutz zur KG 340	–	–	–	–
349	Sonstiges zur KG 340	–	–	–	–
350	**Decken/Horizontale Baukonstruktionen**	**–**	**–**	**–**	**–**
351	Deckenkonstruktionen	–	–	–	–
352	Deckenöffnungen	–	–	–	–
353	Deckenbeläge	–	–	–	–
354	Deckenbekleidungen	–	–	–	–
355	Elementierte Deckenkonstruktionen	–	–	–	–
359	Sonstiges zur KG 350	–	–	–	–
360	**Dächer**	**132,23 m²DAF**	**78.156,58**	**591,07**	**20,4**
361	Dachkonstruktionen	126,19 m²	23.133,84	183,33	6,0
362	Dachöffnungen	–	–	–	–
363	Dachbeläge	132,23 m²	48.586,34	367,44	12,7
364	Dachbekleidungen	99,74 m²	6.436,39	64,53	1,7
365	Elementierte Dachkonstruktionen	–	–	–	–
366	Lichtschutz zur KG 360	–	–	–	–
369	Sonstiges zur KG 360	–	–	–	–
370	**Infrastrukturanlagen**	**–**	**–**	**–**	**–**
380	**Baukonstruktive Einbauten**	**–**	**–**	**–**	**–**
390	**Sonst. Maßnahmen für Baukonstrukt.**	**132,23 m²BGF**	**20.072,30**	**151,80**	**5,2**

Kostenkennwerte für die Kostengruppen 400 der 2. und 3. Ebene DIN 276 (Übersicht)

KG	Kostengruppe	Menge Einheit	Kosten €	€/Einheit	% an 3+4
400	**Bauwerk – Technische Anlagen**	**132,23 m²BGF**	**97.179,49**	**734,93**	**25,4**
410	**Abwasser-, Wasser-, Gasanlagen**	**132,23 m²BGF**	**16.599,88**	**125,54**	**4,3**
411	Abwasseranlagen	132,23 m²BGF	7.353,06	55,61	1,9
412	Wasseranlagen	132,23 m²BGF	8.736,04	66,07	2,3
413	Gasanlagen	–	–	–	–
419	Sonstiges zur KG 410	132,23 m²BGF	510,79	3,86	0,1
420	**Wärmeversorgungsanlagen**	**132,23 m²BGF**	**32.522,87**	**245,96**	**8,5**
421	Wärmeerzeugungsanlagen	132,23 m²BGF	26.072,49	197,18	6,8
422	Wärmeverteilnetze	132,23 m²BGF	1.262,61	9,55	0,3
423	Raumheizflächen	132,23 m²BGF	5.187,77	39,23	1,4
424	Verkehrsheizflächen	–	–	–	–
429	Sonstiges zur KG 420	–	–	–	–
430	**Raumlufttechnische Anlagen**	**132,23 m²BGF**	**606,72**	**4,59**	**0,2**
431	Lüftungsanlagen	132,23 m²BGF	606,72	4,59	0,2
432	Teilklimaanlagen	–	–	–	–
433	Klimaanlagen	–	–	–	–
434	Kälteanlagen	–	–	–	–
439	Sonstiges zur KG 430	–	–	–	–
440	**Elektrische Anlagen**	**132,23 m²BGF**	**42.606,33**	**322,21**	**11,1**
441	Hoch- und Mittelspannungsanlagen	–	–	–	–
442	Eigenstromversorgungsanlagen	132,23 m²BGF	8.536,08	64,55	2,2
443	Niederspannungsschaltanlagen	–	–	–	–
444	Niederspannungsinstallationsanlagen	132,23 m²BGF	24.231,58	183,25	6,3
445	Beleuchtungsanlagen	132,23 m²BGF	7.157,78	54,13	1,9
446	Blitzschutz- und Erdungsanlagen	132,23 m²BGF	2.680,89	20,27	0,7
447	Fahrleitungssysteme	–	–	–	–
449	Sonstiges zur KG 440	–	–	–	–
450	**Kommunikationstechnische Anlagen**	**132,23 m²BGF**	**4.843,68**	**36,63**	**1,3**
451	Telekommunikationsanlagen	–	–	–	–
452	Such- und Signalanlagen	132,23 m²BGF	392,86	2,97	0,1
453	Zeitdienstanlagen	–	–	–	–
454	Elektroakustische Anlagen	–	–	–	–
455	Audiovisuelle Medien- u. Antennenanl.	132,23 m²BGF	3.209,20	24,27	0,8
456	Gefahrenmelde- und Alarmanlagen	132,23 m²BGF	220,01	1,66	< 0,1
457	Datenübertragungsnetze	132,23 m²BGF	1.021,61	7,73	0,3
458	Verkehrsbeeinflussungsanlagen	–	–	–	–
459	Sonstiges zur KG 450	–	–	–	–
460	**Förderanlagen**	**–**	**–**	**–**	**–**
461	Aufzugsanlagen	–	–	–	–
462	Fahrtreppen, Fahrsteige	–	–	–	–
463	Befahranlagen	–	–	–	–
464	Transportanlagen	–	–	–	–
465	Krananlagen	–	–	–	–
466	Hydraulikanlagen	–	–	–	–
469	Sonstiges zur KG 460	–	–	–	–
470	**Nutzungsspez. u. verfahrenstechn. Anl.**	**–**	**–**	**–**	**–**
480	**Gebäude- und Anlagenautomation**	**–**	**–**	**–**	**–**
490	**Sonst. Maßnahmen für techn. Anlagen**	**–**	**–**	**–**	**–**

Kostenkennwerte für Leistungsbereiche nach STLB (Kosten des Bauwerks nach DIN 276)

LB	Leistungsbereiche	Kosten €	€/m² BGF	€/m³ BRI	% an 3+4
000	Baustellen-, Sicherheitseinr. inkl. 001, 089	19.329	146,20	44,30	5,1
002	Erdarbeiten	4.833	36,60	11,10	1,3
006	Spezialtiefbauarbeiten inkl. 005	–	–	–	–
009	Entwässerungskanalarbeiten inkl. 011	5.451	41,20	12,50	1,4
010	Drän- und Versickerarbeiten	2.871	21,70	6,60	0,8
012	Mauerarbeiten	–	–	–	–
013	Betonarbeiten	43.575	329,50	99,90	11,4
014	Natur-, Betonwerksteinarbeiten	–	–	–	–
016	Zimmer- und Holzbauarbeiten	74.540	563,70	170,80	19,5
017	Stahlbauarbeiten	–	–	–	–
018	Abdichtungsarbeiten	6.336	47,90	14,50	1,7
019	Kampfmittelräumarbeiten	–	–	–	–
020	Dachdeckungsarbeiten	–	–	–	–
021	Dachabdichtungsarbeiten	44.553	336,90	102,10	11,6
022	Klempnerarbeiten	4.033	30,50	9,20	1,1
	Rohbau	**205.521**	**1.554,30**	**471,00**	**53,7**
023	Putz- und Stuckarbeiten, Wärmedämmsysteme	6.199	46,90	14,20	1,6
024	Fliesen- und Plattenarbeiten	4.227	32,00	9,70	1,1
025	Estricharbeiten	4.555	34,40	10,40	1,2
026	Fenster, Außentüren inkl. 029, 032	34.676	262,20	79,50	9,1
027	Tischlerarbeiten	2.728	20,60	6,30	0,7
028	Parkett-, Holzpflasterarbeiten	–	–	–	–
030	Rollladenarbeiten	–	–	–	–
031	Metallbauarbeiten inkl. 035	–	–	–	–
034	Maler- und Lackiererarb. - Beschicht. inkl. 037	3.616	27,30	8,30	0,9
036	Bodenbelagarbeiten	6.768	51,20	15,50	1,8
038	Vorgehängte hinterlüftete Fassaden	–	–	–	–
039	Trockenbauarbeiten	21.878	165,50	50,10	5,7
	Ausbau	**84.647**	**640,10**	**194,00**	**22,1**
040	Wärmeversorgungsanl. - Betriebseinr. inkl. 041	32.388	244,90	74,20	8,5
042	Gas- u. Wasseranl. - Leitung., Armat. inkl. 043	5.577	42,20	12,80	1,5
044	Abwasseranl. - Leitungen, Abläufe, Armaturen	1.902	14,40	4,40	0,5
045	Gas, Wasser, Entwässerung - Ausstattung inkl. 046	3.056	23,10	7,00	0,8
047	Dämm- und Brandschutzarb. an techn. Anlagen	749	5,70	1,70	0,2
049	Feuerlöschanlagen, Feuerlöschgeräte	–	–	–	–
050	Blitzschutz-/Erdungsanlagen, Überspannungssch.	2.681	20,30	6,10	0,7
053	Niederspannungsanl. - Kabel inkl. 052, 054	32.768	247,80	75,10	8,6
055	Sicherheits- u. Ersatzstromversorgungsanl.	–	–	–	–
057	Gebäudesystemtechnik	–	–	–	–
058	Leuchten und Lampen inkl. 059	7.158	54,10	16,40	1,9
060	Such, Signal, Zeit, Anten., akust. Anl. inkl. 064	3.602	27,20	8,30	0,9
061	Kommunikations- u. Übertragungsnetze inkl. 063	1.242	9,40	2,80	0,3
069	Aufzüge	–	–	–	–
070	Gebäudeautomation	–	–	–	–
075	Raumlufttechnische Anlagen inkl. 078	607	4,60	1,40	0,2
	Gebäudetechnik	**91.728**	**693,70**	**210,20**	**24,0**
084	Abbruch, Rückbau, Schadstoffsanierung	–	–	–	–
	Abbrucharbeiten	**–**	**–**	**–**	**–**
	Sonstige Leistungsbereiche	**743**	**5,60**	**1,70**	**0,2**

6100-1685
Mehrfamilienhäuser
(2 Gebäude, 9 WE)
Kindertagesstätte
(7 Gruppen)
(120 Kinder)

Kostenkennwerte für die Kosten des Bauwerks (Kostengruppen 300+400 nach DIN 276)

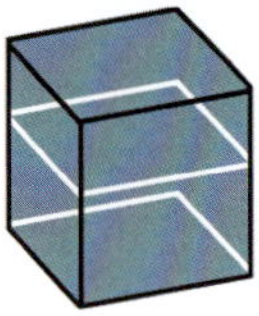

BRI 1.179€/m³

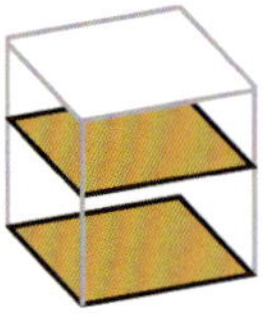

BGF 3.794€/m²

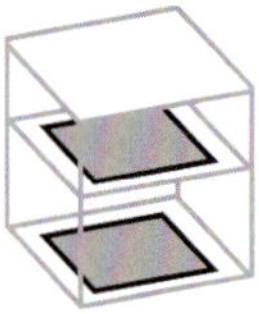

NUF 5.830€/m²

Objekt:
Kennwerte: 1.Ebene DIN 276
BRI: 10.079m³
BGF: 3.132m²
NUF: 2.038m²
Bauzeit: 122 Wochen
Bauende: 2022
Standard: mittel
Bundesland: Bremen
Kreis: Bremen, Stadt

Architekt*in:
ZRS Architekten GvA mbH
Schlesische Straße 26
10997 Berlin

Bauherr*in:
Bremer Heimstiftung
Marcusallee 39
28359 Bremen

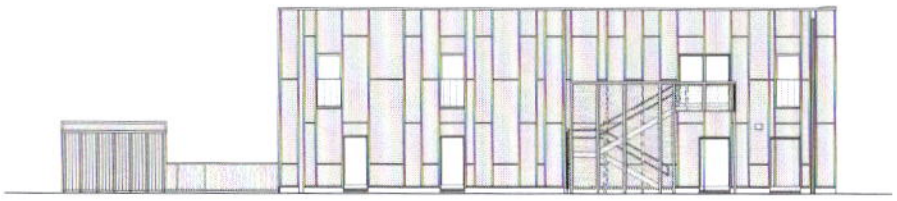

Ansicht Nord Kindertagesstätte

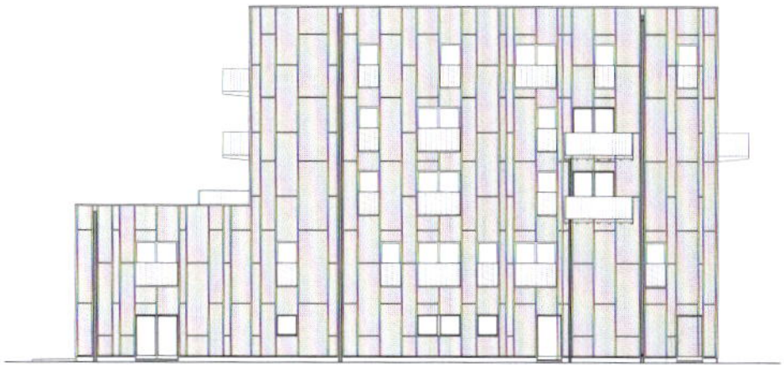

Ansicht Ost Wohnen

Erdgeschoss Kindertagesstätte und Wohnen

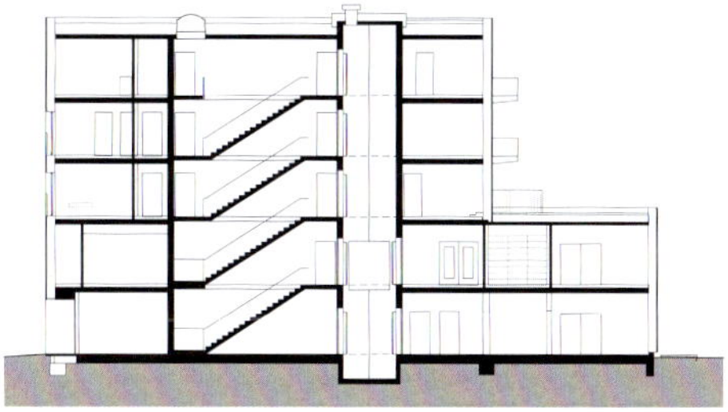

Schnitt A-A

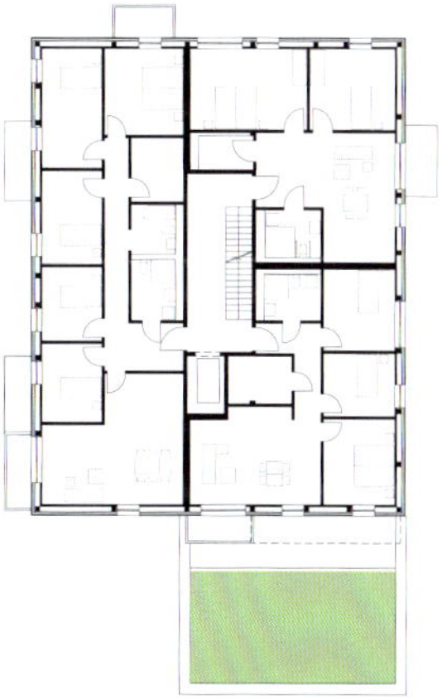

3. Obergeschoss Wohnen

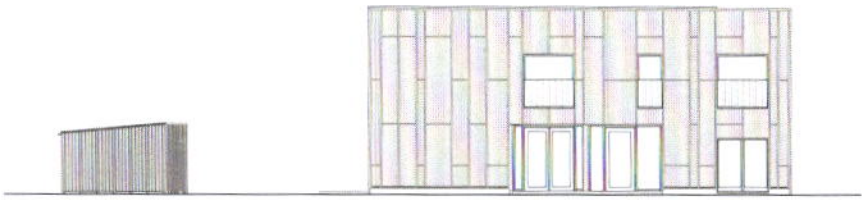

Ansicht Ost Kindertagesstätte

6100-1685
Mehrfamilienhäuser
(2 Gebäude, 9 WE)
Kindertagesstätte
(7 Gruppen)
(120 Kinder)

Objektbeschreibung

Allgemeine Objektinformationen

In den beiden zwei- und fünfgeschossigen Gebäuden wurden neun größtenteils barrierefreie Wohnungen errichtet. Die beiden unteren Etagen beider Gebäude sind der Kindertagesstätte vorbehalten. In der Kindertagesstätte für 120 Kinder wurden ein Familienzentrum, ein Elterncafé und Räume für die Frühförderung integriert.

Nutzung

1 Erdgeschoss
Eingang, Garderoben, Gruppenräume, Sanitärräume, Familienzentrum, Spielflure, Küche, Treppen, Aufzüge, Fahrradabstellraum, Technikräume, Abstellräume

2 Obergeschosse
1.OG: Kita-Gruppenräume, Garderoben, Sanitärräume, Spielflure, Personalräume, Elterncafé, Besprechungsraum, Treppen, Aufzüge
2.-4.OG: Wohnungen mit Wohnzimmer, Schlafzimmer, Küche, Bad, Flur, Balkon, Treppen, Aufzüge

Nutzeinheiten

Gebäude: 2
Gruppen: 7
Kinder: 120
Wohneinheiten: 9
Wohnfläche: 873 m^2

Grundstück

Bauraum: Beengter Bauraum
Neigung: Ebenes Gelände
Bodenklasse: BK 1 bis BK 3

Markt

Hauptvergabezeit: 4. Quartal 2019
Baubeginn: 1. Quartal 2020
Bauende: 3. Quartal 2022
Konjunkturelle Gesamtlage: über Durchschnitt
Regionaler Baumarkt: über Durchschnitt

Besonderer Kosteneinfluss Markt
Materialpreissteigerungen während der Bauphase (Pandemie, Anstieg Holzpreise, Ukrainekrieg)

Baukonstruktion

Die beiden Neubauten zeichnen sich durch den konsequenten Einsatz nachwachsender Baumaterialien aus. Lediglich die Gründung erfolgte auf einer Stahlbeton-Bodenplatte mit Streifenfundamenten. Sowohl die Tragkonstruktion und die Außenwände als auch die Trennwände, das Treppenhaus und der Aufzugsschacht sind in Holzbauweise ausgeführt. Die hinterlüfteten Holzfassaden mit innenliegender Zellulosedämmung erhielten Holzfenster mit Dreifachverglasung. Innen sind die Wände mit Gipsfaserplatten bekleidet. Die Geschossdecken aus Brettsperrholz wurden in der Kindertagesstätte mit Akustik-Unterdecken beplankt. Die Flachdächer sind als extensive Gründächer ausgeführt. Die Böden wurden mit Parkett, Linoleum und Fliesen belegt.

Technische Anlagen

Beide Häuser sind auf ein Low-Tech-Klimakonzept ausgelegt. Neben der natürlichen Belüftung über Fenster sind die Häuser mit einem bedarfsgesteuerten Abluftsystem in den innenliegenden Bädern ausgestattet. Beide Gebäude werden über Fernwärme versorgt. Über dezentrale Kompakt-Wärmestationen wird die Wärme an die jeweiligen Nutzungseinheiten weitergegeben, die Fußbodenheizung versorgt und gleichzeitig Warmwasser bereitgestellt.

Sonstiges

Die Konstruktion ermöglicht ein hohes Maß an Flexibilität für zukünftige Umnutzungen und eine lange Nutzungsdauer. Der Anteil erdölbasierter Dämmstoffe ist auf das absolute Mindestmaß reduziert. Stattdessen kommen Zellulose, Holzfaser und Schaumglas zum Einsatz. Die Kita entspricht den Anforderungen an KfW 55 Standard für Nichtwohngebäude, die Wohnungen den Anforderungen an KfW 40 Standard für Wohngebäude.

Energetische Kennwerte

Gesetzliche Grundlage: EnEV 2013
Gebäudenutzfläche: 1.236,34 m^2
Gebäudevolumen: 3.863,56 m^3
A/V_e-Verhältnis (Kompaktheit): 0,37 m^{-1}
Hüllfläche des beheizten Volumens: 1.441,90 m^2
Spez. Transmissionswärmeverlust: 0,19 $W/(m^2 \cdot K)$
Spez. Jahresprimärenergiebedarf: 18,10 $kWh/(m^2 \cdot a)$
Spez. Jahresendenergiebedarf: 42,40 $kWh/(m^2 \cdot a)$
CO_2-Emissionen: 5,20 $kg/(m^2 \cdot a)$

Energetische Angaben zu Außenbauteilen

Bodenplatte

U-Wert: 0,20 W/(m²·K)

Gesamtdicke: 68,13 cm	d [cm]	λ [W/(mK)]
Estrich	9,10	1,400
Dämmung	2,00	0,035
PE-Folie	0,02	0,330
Stahlbeton	35,00	2,300
PE-Folie	0,02	0,330
Schaumglas	17,00	0,042
Beton	5,00	1,150

Außenwand hinterlüftet

U-Wert: 0,13 W/(m²·K)

Gesamtdicke: 41,03 cm	d [cm]	λ [W/(mK)]
GK-Platte	1,25	0,350
Holzfaserplatte	5,00	0,040
GK-Platte	1,25	0,350
OSB-Platte	1,50	0,130
Holz	24,00	0,130
Dämmung	24,00	0,040
Holzfaserplatte	8,00	0,044
Fassadenbahn	0,03	2,300

Außenwand hinterlüftet aussteifend

U-Wert: 0,15 W/(m²·K)

Gesamtdicke: 41,03 cm	d [cm]	λ [W/(mK)]
GK-Platte	1,25	0,350
Holzfaserplatte	5,00	0,040
GK-Platte	2,75	0,350
Holz	11,00	0,130
Holz	13,00	0,130
Dämmung	13,00	0,040
Holzfaserplatte	8,00	0,044
Fassadenbahn	0,03	2,300

Dachterrasse

U-Wert: 0,11 W/(m²·K)

Gesamtdicke: 54,54 cm	d [cm]	λ [W/(mK)]
Holz	22,00	0,130
Dampfsperre	0,02	0,330
Dämmung	6,02	0,023
Holzfaserplatte	18,00	0,043
Bitumenbahn	0,50	0,170
Kies	8,00	2,000

Gründach

U-Wert: 0,09 W/(m²·K)

Gesamtdicke: 68,52 cm	d [cm]	λ [W/(mK)]
Holz	22,00	0,130
Dampfsperre	0,02	0,330
Holzfaserplatte	38,00	0,043
Bitumenbahn	0,50	0,170
Kies	8,00	2,000

Planungskennwerte für Flächen und Rauminhalte nach DIN 277

Flächen des Grundstücks		Menge Einheit	% an GF
BF	Bebaute Fläche	944,74 m²	42,1
UF	Unbebaute Fläche	1.298,26 m²	57,9
GF	Grundstücksfläche	2.243,00 m²	100,0

Grundflächen des Bauwerks		Menge Einheit	% an NUF	% an BGF
NUF	Nutzungsfläche	2.038,48 m²	100,0	65,1
TF	Technikfläche	39,85 m²	2,0	1,3
VF	Verkehrsfläche	531,14 m²	26,1	17,0
NRF	Netto-Raumfläche	2.609,47 m²	128,0	83,3
KGF	Konstruktions-Grundfläche	522,55 m²	25,6	16,7
BGF	Brutto-Grundfläche	3.132,02 m²	153,6	100,0

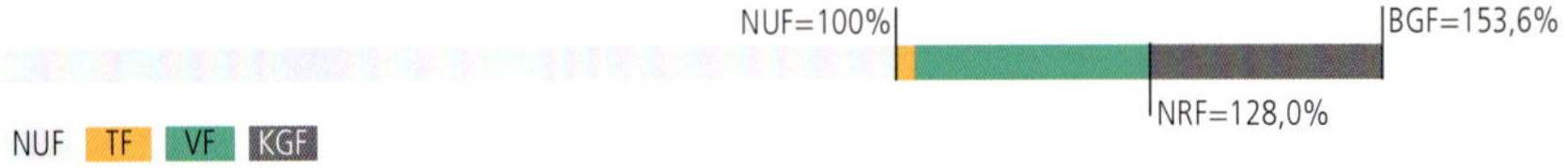

Brutto-Rauminhalt des Bauwerks		Menge Einheit	BRI/NUF (m)	BRI/BGF (m)
BRI	Brutto-Rauminhalt	10.079,28 m³	4,95	3,22

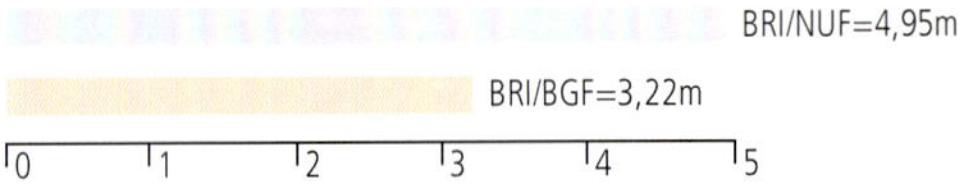

Kostenkennwerte für die Kostengruppen der 1.Ebene DIN 276

KG	Kostengruppen (1.Ebene)	Einheit	Kosten €	€/Einheit	€/m² BGF	€/m³ BRI	% 300+400
100	Grundstück	m² GF	–	–	–	–	–
200	Vorbereitende Maßnahmen	m² GF	–	–	–	–	–
300	Bauwerk – Baukonstruktionen	m² BGF	8.504.040	2.715,19	2.715,19	843,72	71,6
400	Bauwerk – Technische Anlagen	m² BGF	3.379.810	1.079,12	1.079,12	335,32	28,4
	Bauwerk 300+400	**m² BGF**	**11.883.851**	**3.794,31**	**3.794,31**	**1.179,04**	**100,0**
500	Außenanlagen und Freiflächen	m² AF	–	–	–	–	–
600	Ausstattung und Kunstwerke	m² BGF	–	–	–	–	–
700	Baunebenkosten	m² BGF	–	–	–	–	–
800	Finanzierung	m² BGF	–	–	–	–	–

KG	Kostengruppe	Menge Einheit	Kosten €	€/Einheit	%
3+4	**Bauwerk**				**100,0**
300	**Bauwerk – Baukonstruktionen**	3.132,02 m² BGF	8.504.040	**2.715,19**	71,6

Stb-Streifenfundamente, Stb-Bodenplatten, Abdichtung, Dämmung, Heizestrich, Linoleum, Bodenfliesen, Perimeterdämmung, Sauberkeitsschicht; Stb-Aufkantung, Holzrahmenwände, Zellulosedämmung, Holzfenster, Dreifachverglasung, Holz-Eingangstüren, hinterlüftete Holzfassade, Gipsfaserplatten, Silikatbeschichtung, Wandfliesen, Sonnenschutz; Holzständerwände, Holzfaserdämmung, Brettsperrholzwände, Gipsfaserwände, Holztüren, GK-Beplankung, Beschichtung, Wandfliesen; Brettsperrholzdecken, Holz-Beton-Verbunddecken, oberflächenfertig, Holztreppen, Holzbalkone, Dämmung, Heizestrich, Linoleum, Parkett, Bodenfliesen, Akustikdecken, Balkonplatten, Treppen-, Balkongeländer; Brettsperrholzdach, Oberlichter, Dämmung, Abdichtung, extensives Gründach, Dachentwässerung; Einbaumöbel, Kücheneinrichtungen

KG	Kostengruppe	Menge Einheit	Kosten €	€/Einheit	%
400	**Bauwerk – Technische Anlagen**	3.132,02 m² BGF	3.379.810	**1.079,12**	28,4

Gebäudeentwässerungen, Fettabscheider, Kalt- und Warmwasserleitungen, Sanitärobjekte; Fernwärmeanschluss, Kompaktwärmestationen, Fußbodenheizungen, Heizkörper; Lüftungsanlage mit WRG, CO_2-Ampel; Elektroinstallation, Beleuchtung, Blitzschutz; Telekommunikationsanlage, Brandmeldeanlage, Rauchmelder; Personenaufzüge; Großküche für Kita

6100-1696
Zweifamilienhaus

Kostenkennwerte für die Kosten des Bauwerks (Kostengruppen 300+400 nach DIN 276)

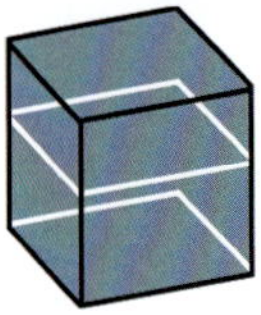

BRI 1.210 €/m³

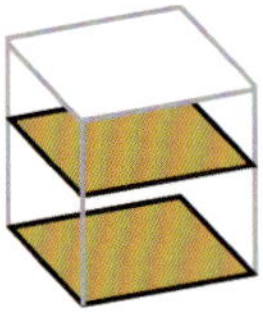

BGF 3.730 €/m²

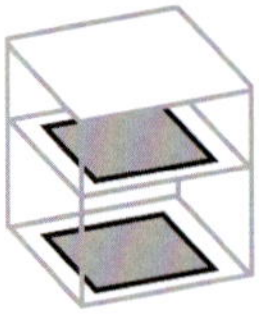

NUF 5.583 €/m²

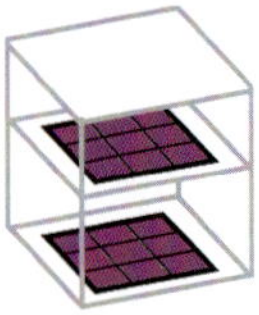

NE 5.480 €/NE

NE: Wohnfläche

Objekt:
Kennwerte: 1. Ebene DIN 276
BRI: 1.501 m³
BGF: 487 m²
NUF: 325 m²
Bauzeit: 87 Wochen
Bauende: 2023
Standard: hoch
Bundesland: Schleswig-Holstein
Kreis: Nordfriesland

Architekt*in:
grotheer architektur
Friedrichstraße 8a
25938 Wyk auf Föhr

Ansicht West

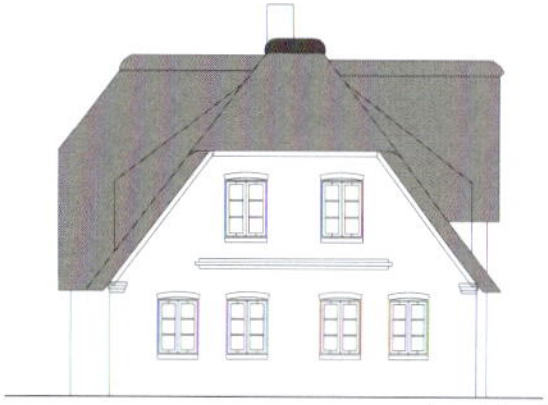

Ansicht Nord

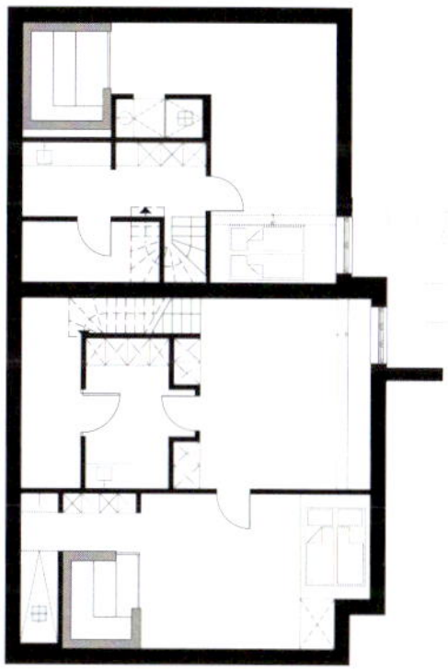

Untergeschoss

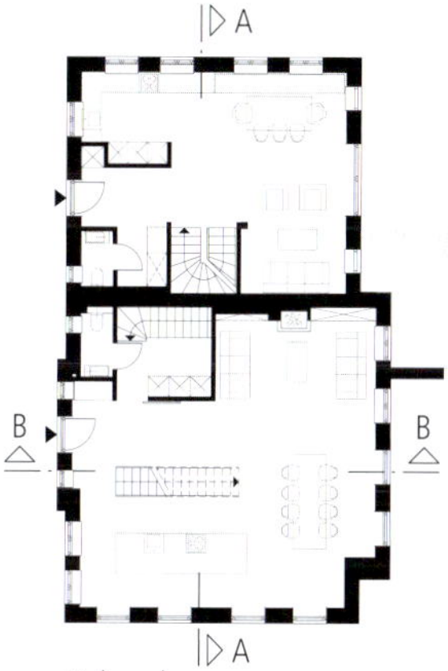

Erdgeschoss

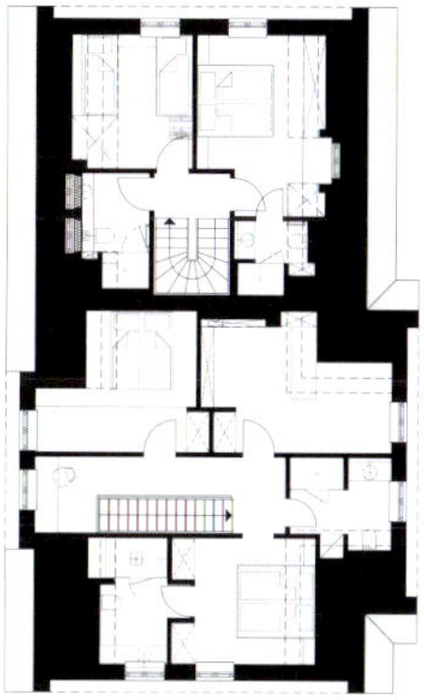

Obergeschoss

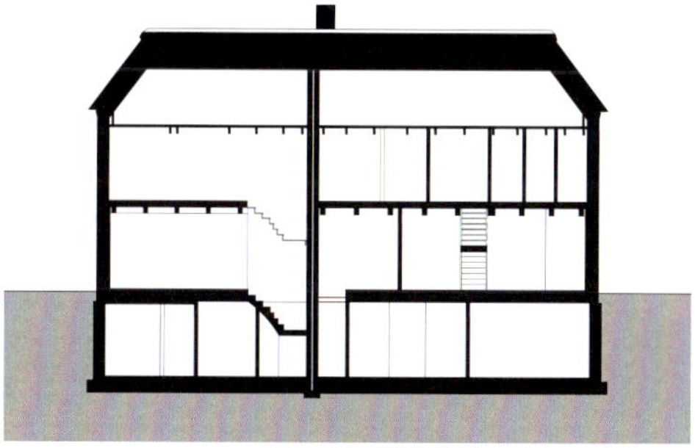

Schnitt A-A

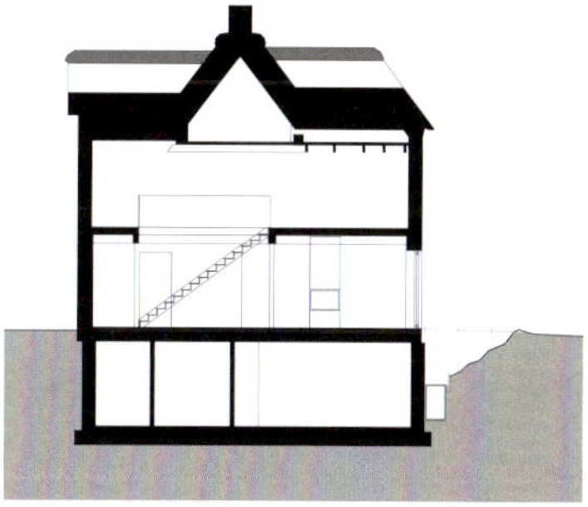

Schnitt B-B

Ansicht Ost

Ansicht Süd

Objektbeschreibung

Allgemeine Objektinformationen

Das Gebäude mit zwei Wohneinheiten wurde auf einer Insel errichtet. Es besteht aus einem Wohnhaus mit angebautem Ferienhaus.

Nutzung

1 Untergeschoss
Hobbyraum, Sauna- und Fitnessräume, Duschen, Abstell- und Hauswirtschaftsräume, Hausanschlussräume

1 Erdgeschoss
Wohn-Essräume mit Küchen, WCs, Garderoben, Treppenhaus

1 Dachgeschoss
Schlafräume, Bäder, Flure

Nutzeinheiten

Wohneinheiten: 2
Wohnfläche: 331 m²

Grundstück

Bauraum: Freier Bauraum
Neigung: Ebenes Gelände
Bodenklasse: BK 1 bis BK 3

Markt

Hauptvergabezeit: 2. Quartal 2021
Baubeginn: 4. Quartal 2021
Bauende: 3. Quartal 2023
Konjunkturelle Gesamtlage: über Durchschnitt
Regionaler Baumarkt: unter Durchschnitt

Baukonstruktion

Die Außenwände des Untergeschosses wurden in WU-Beton hergestellt und gründen auf einer Stahlbetonfundamentplatte. Die Außenwände des Erdgeschosses sind in Kalksandstein gemauert und verklinkert, dagegen wurden die Giebelwände im DG in Holzrahmenbauweise hergestellt. Die Decke über dem Erdgeschoss ist als Holzbalkendecke ausgeführt. Die Holzfenster sind mit einer Dreifachverglasung ausgestattet. Das Dach ist nach nordfriesischer Tradition mit Reet gedeckt.

Technische Anlagen

Das Wohngebäude wird durch Erdwärme geheizt. Hierfür wurden vier 60m tiefe Bohrungen erstellt und verpresst. Als Wärmeübertrager wurde eine Doppel-U-Erdwärmesonde gewählt. Die Wärmeverteilung erfolgt über eine Fußbodenheizung. Im Untergeschoss wurden zwei Saunen eingebaut.

Sonstiges

Für die Dachdeckung wurde eine Reetdeckung gewählt. Reetdächer erzeugen ein gutes Raumklima und geben Temperaturunterschiede in die Innenräumen nur verzögert weiter.

Energetische Kennwerte

Gesetzliche Grundlage: GEG 2020
Gebäudenutzfläche: 427,30 m^2
Gebäudevolumen: 1.134,40 m^3
A/V_e-Verhältnis (Kompaktheit): 0,67 m^{-1}
Hüllfläche des beheizten Volumens: 763,20 m^2
Spez. Transmissionswärmeverlust: 0,29 W/(m^2·K)
Spez. Jahresprimärenergiebedarf: 36,40 kWh/(m^2·a)
Spez. Jahresendenergiebedarf: 20,20 kWh/(m^2·a)
CO_2-Emissionen: 11,30 kg/(m^2·a)

Energetische Angaben zu Außenbauteilen

Bodenplatte

U-Wert: 0,20 W/(m²·K)

Gesamtdicke: 47,75 cm	d[cm]	λ[W/(mK)]
Estrich	6,50	1,400
Dämmung	8,00	0,035
Bitumenbahn	0,25	0,170
Stahlbeton	25,00	2,100
Dämmung	8,00	0,035

Außenwand gegen Erdreich

U-Wert: 0,32 W/(m²·K)

Gesamtdicke: 41,25 cm	d[cm]	λ[W/(mK)]
Innenputz	1,00	0,870
Stahlbeton	30,00	2,100
Bitumenanstrich	0,25	0,170
Dämmung	10,00	0,035

Außenwand hinterlüftet

U-Wert: 0,25 W/(m²·K)

Gesamtdicke: 31,00 cm	d[cm]	λ[W/(mK)]
Innenputz	1,50	0,870
Kalksandstein	17,50	0,790
Dämmung	12,00	0,035

Außenwand hinterlüftet - Giebel

U-Wert: 0,17 W/(m²·K)

Gesamtdicke: 28,75 cm	d[cm]	λ[W/(mK)]
GK-Platte	1,25	0,210
OSB-Platte	1,00	0,130
Holz	6,00	0,130
Dämmung	6,00	0,035
OSB-Platte	1,50	0,130
Holz	16,00	0,130
Dämmung	16,00	0,035
Holzfaserplatte	3,00	1,000

Dach

U-Wert: 0,14 W/(m²·K)

Gesamtdicke: 28,04 cm	d[cm]	λ[W/(mK)]
GK-Platte	2,00	0,210
Luftschicht ruhend	2,00	0,125
PE-Folie	0,02	0,200
Dämmung	24,00	0,035
Unterspannbahn	0,02	0,700

Planungskennwerte für Flächen und Rauminhalte nach DIN 277

Flächen des Grundstücks		Menge Einheit	% an GF
BF	Bebaute Fläche	311,97 m²	26,5
UF	Unbebaute Fläche	865,03 m²	73,5
GF	Grundstücksfläche	1.177,00 m²	100,0

Grundflächen des Bauwerks		Menge Einheit	% an NUF	% an BGF
NUF	Nutzungsfläche	325,19 m²	100,0	66,8
TF	Technikfläche	25,95 m²	8,0	5,3
VF	Verkehrsfläche	50,59 m²	15,6	10,4
NRF	Netto-Raumfläche	401,73 m²	123,5	82,5
KGF	Konstruktions-Grundfläche	85,08 m²	26,2	17,5
BGF	Brutto-Grundfläche	486,81 m²	149,7	100,0

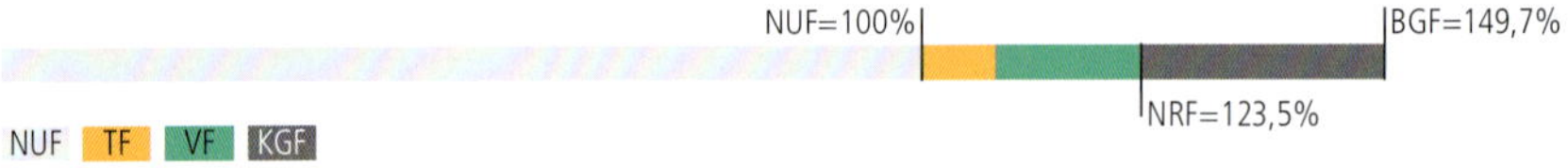

Brutto-Rauminhalt des Bauwerks		Menge Einheit	BRI/NUF (m)	BRI/BGF (m)
BRI	Brutto-Rauminhalt	1.500,96 m³	4,62	3,08

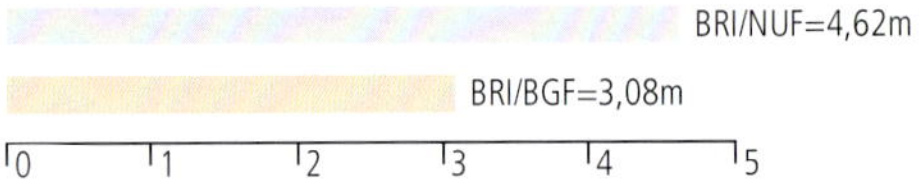

Kostenkennwerte für die Kostengruppen der 1.Ebene DIN 276

KG	Kostengruppen (1.Ebene)	Einheit	Kosten €	€/Einheit	€/m² BGF	€/m³ BRI	% 300+400
100	Grundstück	m² GF	–	–	–	–	–
200	Vorbereitende Maßnahmen	m² GF	–	–	–	–	–
300	Bauwerk – Baukonstruktionen	m² BGF	1.224.874	2.516,12	2.516,12	816,06	67,5
400	Bauwerk – Technische Anlagen	m² BGF	590.800	1.213,61	1.213,61	393,61	32,5
	Bauwerk 300+400	**m² BGF**	**1.815.673**	**3.729,74**	**3.729,74**	**1.209,67**	**100,0**
500	Außenanlagen und Freiflächen	m² AF	193.841	191,39	398,19	129,14	10,7
600	Ausstattung und Kunstwerke	m² BGF	–	–	–	–	–
700	Baunebenkosten	m² BGF	–	–	–	–	–
800	Finanzierung	m² BGF	–	–	–	–	–

KG	Kostengruppe	Menge Einheit	Kosten €	€/Einheit	%
3+4	**Bauwerk**				**100,0**
300	**Bauwerk – Baukonstruktionen**	486,81 m² BGF	1.224.874	**2.516,12**	67,5

Baugrubenaushub, Grundwasserabsenkung; Stb-Fundamentplatte, Sichtestrich, Heizestrich, Abdichtung, Perimeterdämmung, Dränage; Stb-Wände WU, KS-Mauerwerkswände, Holzrahmenwände, Holzfenster, Dreifachverglasung, Wärmedämmung, Klinkerfassade; KS-Innenmauerwerk, GK-Wände, Wandfliesen, Beschichtung; Stb-Decke, Sicht-Holzbalkendecke, Stb-Treppen, Holztreppen, Sichtestrich, Heizestrich, Dreischichtparkett, Holz-Brüstungsgeländer, Treppengeländer; Holz-Sparrendach, Dämmung, Reetdachdeckung, GK-Bekleidung, zwei Saunen

KG	Kostengruppe	Menge Einheit	Kosten €	€/Einheit	%
400	**Bauwerk – Technische Anlagen**	486,81 m² BGF	590.800	**1.213,61**	32,5

Gebäudeentwässerung, Hebeanlagen, Kalt- und Warmwasserleitungen, Sanitärobjekte; Erd-Wärmepumpe, Fußbodenheizung; zentrale Lüftungsanlage; Elektroinstallation; Sat-Anlage

KG	Kostengruppe	Menge Einheit	Kosten €	€/Einheit	%
500	**Außenanlagen und Freiflächen**	1.012,80 m² AF	193.841	**191,39**	10,7

Oberbodenarbeiten, Bodenarbeiten; Wege, Terrassen, Stellplätze; Geländer, Winkelstützmauern, Friesenwälle; Oberflächenentwässerung, Dränagen, Außenbeleuchtung; Oberbodenauftrag, Gehölze, Stauden, Gräser, Rollrasen

6100-1698
Zweifamilienhaus

Kostenkennwerte für die Kosten des Bauwerks (Kostengruppen 300+400 nach DIN 276)

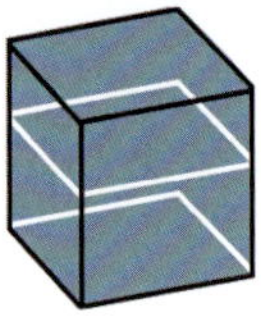

BRI 839€/m^3

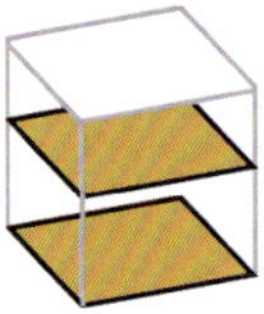

BGF 2.451€/m^2

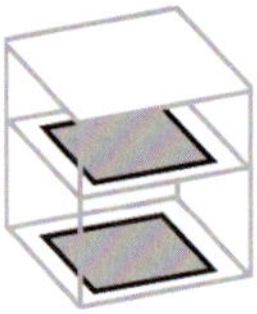

NUF 4.057€/m^2

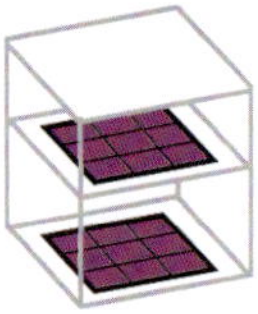

NE 4.841€/NE

NE: Wohnfläche

Objekt:
Kennwerte: 1.Ebene DIN 276
BRI: 680m^3
BGF: 233m^2
NUF: 141m^2
Bauzeit: 52 Wochen
Bauende: 2022
Standard: mittel
Bundesland: Hessen
Kreis: Kassel

Architekt*in:
sunder plaßmann . noll
plan+bau gmbh
Treppenstraße 2
34117 Kassel

Bauherr*in:
Anne Walther
Ahneweg 48
34292 Ahnatal Weimar

© sunder plaßmann . noll

© sunder plaßmann . noll

© Anne Walther

© Anne Walther

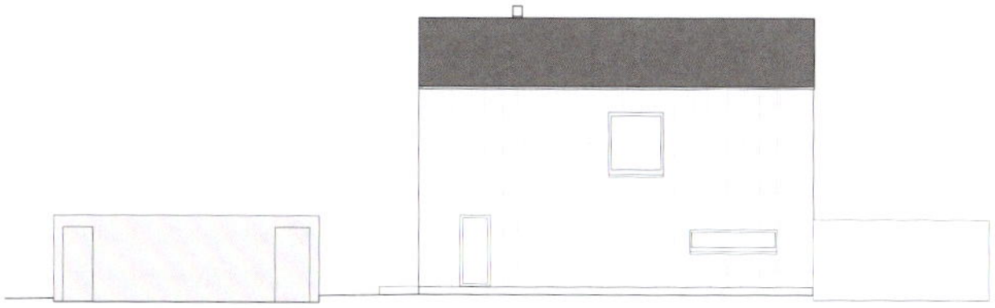

Ansicht Nord-West

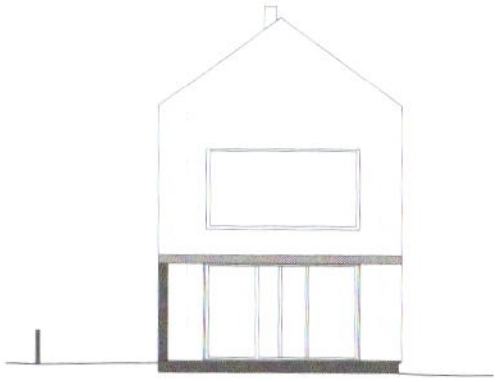

Ansicht Süd-West

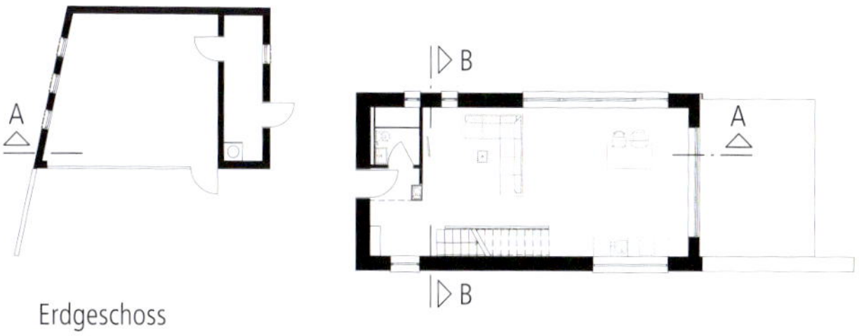

Erdgeschoss

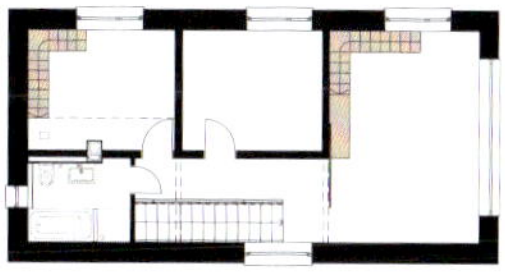

Obergeschoss

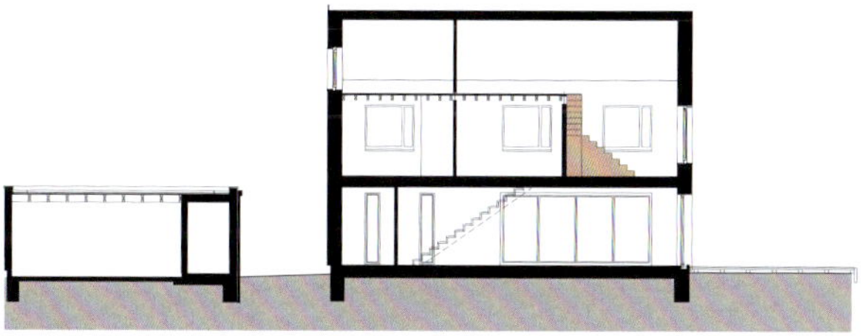

Schnitt A-A

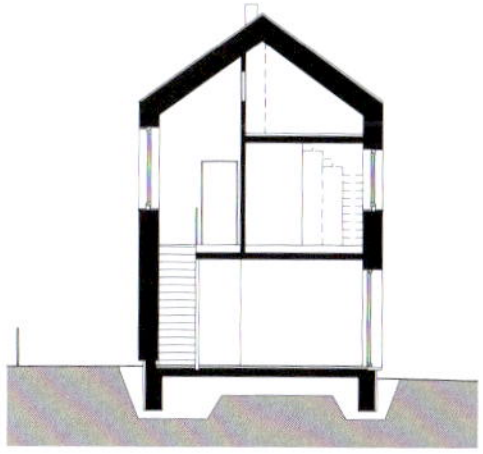

Schnitt B-B

Ansicht Süd-Ost

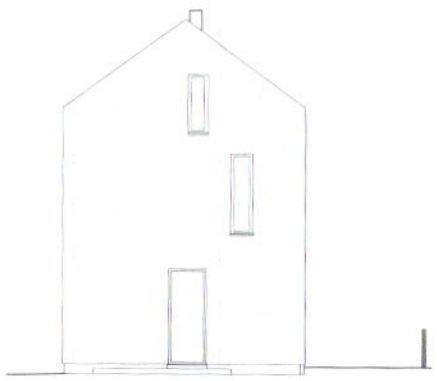

Ansicht Nord-Ost

Objektbeschreibung

Allgemeine Objektinformationen

Mit diesem Gebäude wurde der Anspruch der Bauherrin an modernes, energiesparendes und ökologisch nachhaltiges Wohnen umgesetzt. Es ist für zwei Wohneinheiten vorgesehen, wird allerdings momentan als eine Wohneinheit genutzt.

Nutzung

1 Erdgeschoss
Wohnküche, Bad, Treppe, Terrasse, Garage, Hausanschlussraum

1 Obergeschoss
Schlafräume, Bad, Flur, Treppen

1 Dachgeschoss
Galerien

Nutzeinheiten

Stellplätze: 2
Wohneinheiten: 2
Wohnfläche: 118m²

Grundstück

Bauraum: Beengter Bauraum
Neigung: Ebenes Gelände
Bodenklasse: BK 1 bis BK 3

Markt

Hauptvergabezeit: 1. Quartal 2021
Baubeginn: 1. Quartal 2021
Bauende: 1. Quartal 2022
Konjunkturelle Gesamtlage: über Durchschnitt
Regionaler Baumarkt: unter Durchschnitt

Baukonstruktion

Das Effizienzhaus 40+ gründet auf Stb-Streifenfundamenten und ist in Holzrahmenbauweise mit einer Holzfassade aus heimischer Lärche errichtet. Die sägeraue und unbehandelte Bekleidung aus unterschiedlich breiten Lärchendielen lässt das Gebäude angenehm roh erscheinen. Die geölten Holzfenster wurden mit einer Dreifachverglasung ausgestattet. Gebrauchte Innenfenster und Türen wurden recycelt und eingebaut, um dem Interieur einen einzigartigen Charme zu verleihen. Die Dachdeckung erfolgte als Ziegeldeckung. Die Böden im EG bestehen aus versiegeltem Estrich, im OG aus Holzdielen.

Technische Anlagen

Das Gebäude wird mit einer Luftwärmepumpe beheizt. Die Photovoltaik-Elemente fügen sich in die dunkle Ziegeldeckung des Daches ein. Sie dienen der Warmwassererzeugung, werden heizungsunterstützend eingesetzt und produzieren den Stromverbrauch des Hauses. Die gesamte Haustechnik wurde in der Garage untergebracht. Im EG des Wohngebäudes wurde darüber hinaus ein Scheitholzofen eingebaut.

Sonstiges

Das Atelier und das Treppenhaus erstrecken sich bis zum First und schaffen eine großzügige Raumhöhe. Das Gebäude entspricht den Kriterien eines Passivhauses.

Energetische Kennwerte

Gesetzliche Grundlage: GEG 2020
Gebäudenutzfläche: 165,90m²
Gebäudevolumen: 518,40m³
A/V_e-Verhältnis (Kompaktheit): 0,76m^{-1}
Hüllfläche des beheizten Volumens: 392,00m²
Spez. Transmissionswärmeverlust: 0,26W/(m²·K)
Spez. Jahresprimärenergiebedarf: 20,24kWh/(m²·a)
Anlagenaufwandszahl: 0,78

Energetische Angaben zu Außenbauteilen

Bodenplatte

U-Wert: 0,15 W/(m²·K)

Gesamtdicke: 64,05 cm	d [cm]	λ [W/(mK)]
Estrich	6,00	1,400
Dämmung	12,00	0,032
Bitumenbahn	0,05	0,170
Stahlbeton	16,00	2,000
Tragschicht Recyclingmaterial	30,00	0,120

Außenwand hinterlüftet

U-Wert: 0,12 W/(m²·K)

Gesamtdicke: 41,00 cm	d [cm]	λ [W/(mK)]
GK-Platte	1,20	0,250
Holz	4,00	0,130
Dämmung	4,00	0,035
OSB-Platte	1,80	0,130
Holz	24,00	0,130
Dämmung	24,00	0,040
Holzfaserplatte	10,00	0,045

Dach hinterlüftet

U-Wert: 0,12 W/(m²·K)

Gesamtdicke: 36,70 cm	d [cm]	λ [W/(mK)]
GK-Platte	1,20	0,254
Holz	4,00	0,130
Dämmung	4,00	0,035
OSB-Platte	1,50	0,130
Holz	24,00	0,092
Dämmung	24,00	0,040
Holzfaserplatte	6,00	0,040

Planungskennwerte für Flächen und Rauminhalte nach DIN 277

Flächen des Grundstücks		Menge Einheit	% an GF
BF	Bebaute Fläche	114,35 m²	21,2
UF	Unbebaute Fläche	425,65 m²	78,8
GF	Grundstücksfläche	540,00 m²	100,0

Grundflächen des Bauwerks		Menge Einheit	% an NUF	% an BGF
NUF	Nutzungsfläche	140,61 m²	100,0	60,4
TF	Technikfläche	6,85 m²	4,9	2,9
VF	Verkehrsfläche	30,88 m²	22,0	13,3
NRF	Netto-Raumfläche	178,34 m²	126,8	76,6
KGF	Konstruktions-Grundfläche	54,38 m²	38,7	23,4
BGF	Brutto-Grundfläche	232,72 m²	165,5	100,0

Brutto-Rauminhalt des Bauwerks		Menge Einheit	BRI/NUF (m)	BRI/BGF (m)
BRI	Brutto-Rauminhalt	680,29 m³	4,84	2,92

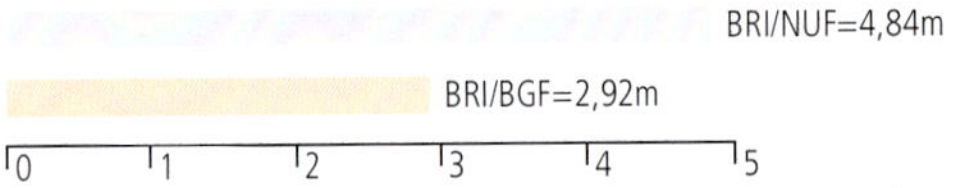

Kostenkennwerte für die Kostengruppen der 1. Ebene DIN 276

KG	Kostengruppen (1. Ebene)	Einheit	Kosten €	€/Einheit	€/m² BGF	€/m³ BRI	% 300+400
100	Grundstück	m² GF	–	–	–	–	–
200	Vorbereitende Maßnahmen	m² GF	–	–	–	–	–
300	Bauwerk – Baukonstruktionen	m² BGF	428.415	1.840,90	1.840,90	629,75	75,1
400	Bauwerk – Technische Anlagen	m² BGF	142.043	610,36	610,36	208,80	24,9
	Bauwerk 300+400	**m² BGF**	**570.459**	**2.451,27**	**2.451,27**	**838,55**	**100,0**
500	Außenanlagen und Freiflächen	m² AF	–	–	–	–	–
600	Ausstattung und Kunstwerke	m² BGF	–	–	–	–	–
700	Baunebenkosten	m² BGF	–	–	–	–	–
800	Finanzierung	m² BGF	–	–	–	–	–

KG	Kostengruppe	Menge Einheit	Kosten €	€/Einheit	%
3+4	**Bauwerk**				**100,0**
300	**Bauwerk – Baukonstruktionen**	232,72 m² BGF	428.415	**1.840,90**	75,1

Baugrubenaushub; Stb-Fundamente, Stb-Bodenplatte, Heizestrich, Beschichtung, Bodenfliesen, Abdichtung, Kiesfilterschicht, Perimeterdämmung; Holzrahmenwände, Holzfenster, Dreifachverglasung, Garagentor, Wärmedämmung, hinterlüftete Lärchenholzfassade, Gipsfaser-Bekleidung, teilw. Seekieferbekleidung, Verschattungselement mit Stahlrahmen und Holzbeplankung; GK-Wände, Holzrahmenwände, Wandfliesen, Beschichtung; Holz-Brettstapeldecken, Holztreppen, Heizestrich, Dielen, Bodenfliesen, Treppengeländer; Holzsparrendach, Dämmung, Flachdachziegel, Dachentwässerung, Dachbegrünung (Garage), Seekieferbekleidung

KG	Kostengruppe	Menge Einheit	Kosten €	€/Einheit	%
400	**Bauwerk – Technische Anlagen**	232,72 m² BGF	142.043	**610,36**	24,9

Gebäudeentwässerung, Kalt- und Warmwasserleitungen, Sanitärobjekte; Luft-Wasser-Wärmepumpe, Durchlauferhitzer, Scheitholzofen, Schornstein; Lüftungsanlage; PV-Anlage (5kWh), Elektroinstallation, Elektrospeicher; Glasfaseranlage, Rauchmelder

6100-1702
Mini-Wohnhaus

Kostenkennwerte für die Kosten des Bauwerks (Kostengruppen 300+400 nach DIN 276)

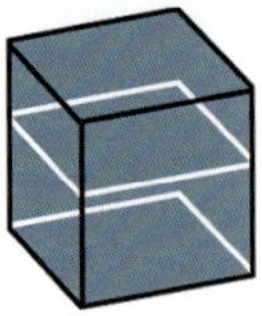

BRI 1.213 €/m³

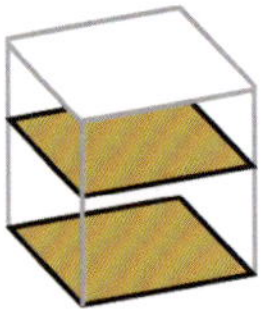

BGF 3.740 €/m²

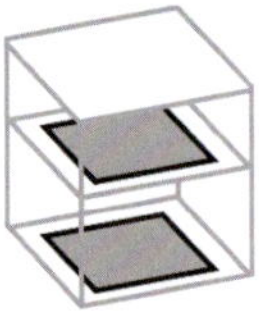

NUF 5.464 €/m²

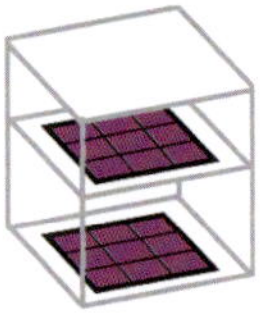

NE 4.832 €/NE

NE: Wohnfläche

Holz-Raumzellen

Objekt:
Kennwerte: 1. Ebene DIN 276
BRI: 198 m³
BGF: 64 m²
NUF: 44 m²
Bauzeit: 44 Wochen
Bauende: 2021
Standard: hoch
Bundesland: Bayern
Kreis: Ebersberg

Planer*in:
Peter Gröbmayr GmbH &
Co.KG
Schlacht 3
85625 Glonn

Bauherr*in:
Peter Gröbmayr
Feldkirchener Straße 3c
85625 Glonn

© Vera Gröbmayr

© Vera Gröbmayr

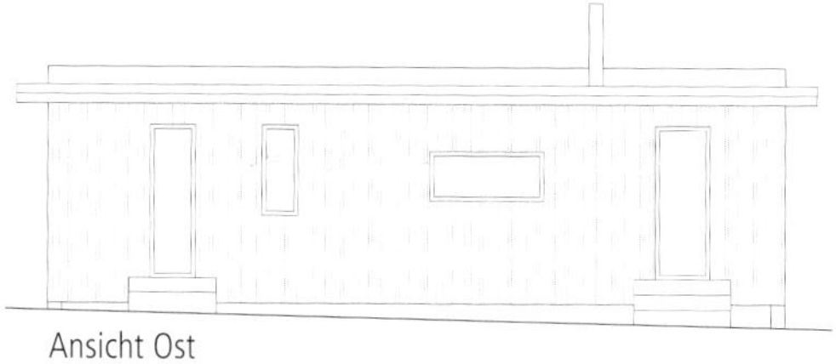
Ansicht Ost

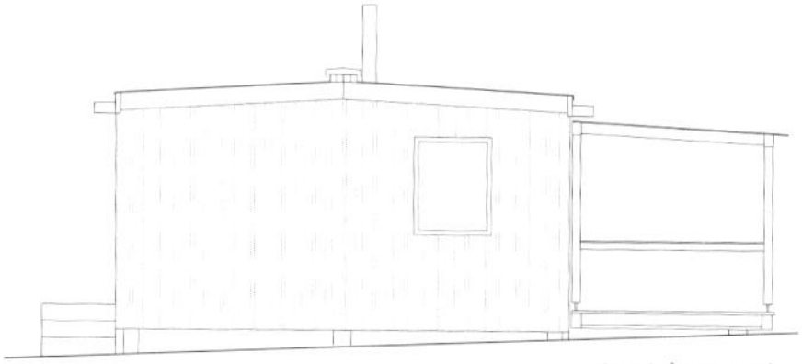
Ansicht Nord

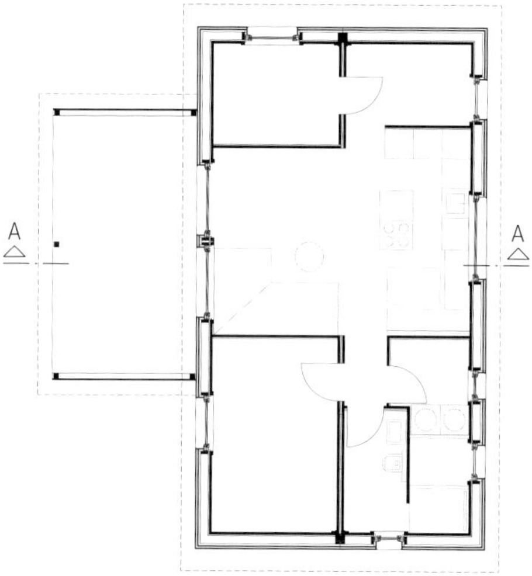

Erdgeschoss

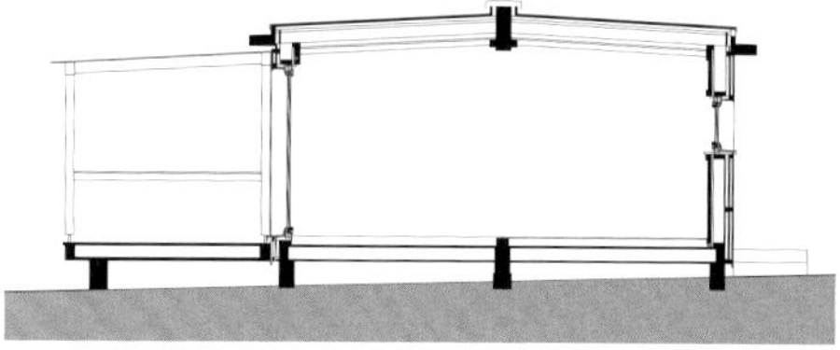
Schnitt A-A

Ansicht West

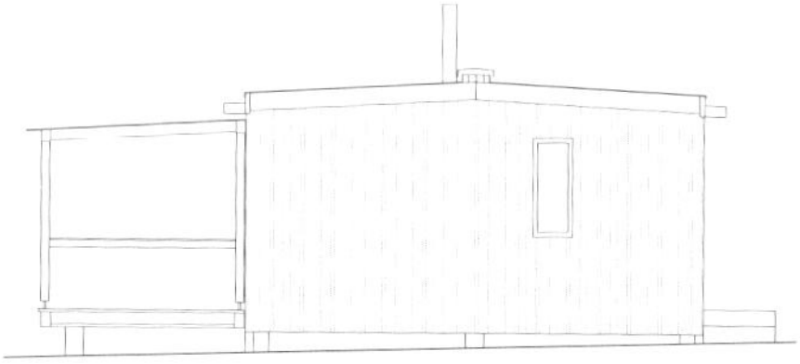
Ansicht Süd

Objektbeschreibung

Allgemeine Objektinformationen

Das Minihaus steht auf einem Grundstück mitten im Ortsgebiet. Die Baugenehmigung wurde nur temporär für zehn Jahre erteilt. Da das kleine Haus transportabel, und somit nicht ortsgebunden ist, kann es danach wieder an einem anderen Ort aufgestellt werden.

Nutzung

1 Erdgeschoss
Garderobe/Flur, offener Wohnbereich mit Küche, Schlafen, Bad, Kinderzimmer, Technik, Terrasse

Nutzeinheiten

Wohneinheiten: 1
Wohnfläche: 50 m^2

Grundstück

Bauraum: Freier Bauraum
Neigung: Ebenes Gelände
Bodenklasse: BK 3 bis BK 4

Markt

Hauptvergabezeit: 1. Quartal 2020
Baubeginn: 2. Quartal 2020
Bauende: 1. Quartal 2021
Konjunkturelle Gesamtlage: über Durchschnitt
Regionaler Baumarkt: unter Durchschnitt

Baukonstruktion

Das Haus ist in Massivholzbauweise gefertigt, wobei Fichtenbohlen und teilweise Zirbenbohlen verwendet wurden. Das Gebäude gründet auf neun Punktfundamenten. Der gesamte Boden ist mit massiven Eichenbohlen belegt. Zur Dämmung wurden ausschließlich Holzfaserdämmstoffe in Wänden und Decke verwendet. Die moderne Fassade besteht aus Leisten in Lärchenholz. Im Badezimmer und im Eingangsbereich sind die Wände mit Gipskarton bekleidet. Das Flachdach ist mit einer speziellen Abdichtung versehen. Die Terrasse hat ein Glasdach und kann seitlich mit Planen verschlossen werden.

Technische Anlagen

Für die Beheizung des Hauses dient eine elektrische Fußbodenheizung, die mit einer 12kWp Photovoltaikanlage auf dem Dach und einem 8kWh Batteriespeicher betrieben wird. Zusätzlich steht noch ein 5,5kW Holzofen mit Kamin zur Verfügung.

Planungskennwerte für Flächen und Rauminhalte nach DIN 277

Flächen des Grundstücks		Menge Einheit	% an GF
BF	Bebaute Fläche	80,73 m²	10,3
UF	Unbebaute Fläche	704,27 m²	89,7
GF	Grundstücksfläche	785,00 m²	100,0

Grundflächen des Bauwerks		Menge Einheit	% an NUF	% an BGF
NUF	Nutzungsfläche	43,97 m²	100,0	68,4
TF	Technikfläche	1,19 m²	2,7	1,9
VF	Verkehrsfläche	5,75 m²	13,1	9,0
NRF	Netto-Raumfläche	50,91 m²	115,8	79,2
KGF	Konstruktions-Grundfläche	13,33 m²	30,3	20,8
BGF	Brutto-Grundfläche	64,24 m²	146,1	100,0

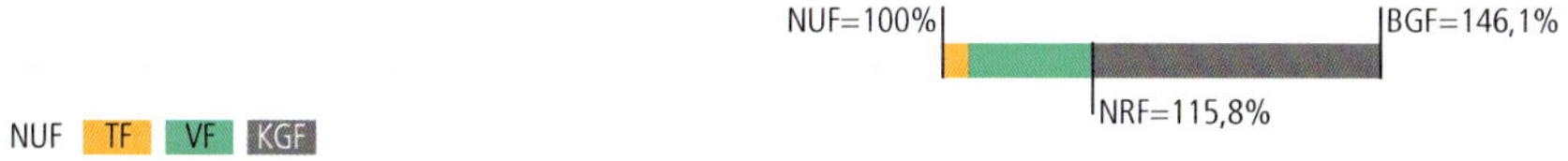

Brutto-Rauminhalt des Bauwerks		Menge Einheit	BRI/NUF (m)	BRI/BGF (m)
BRI	Brutto-Rauminhalt	198,00 m³	4,50	3,08

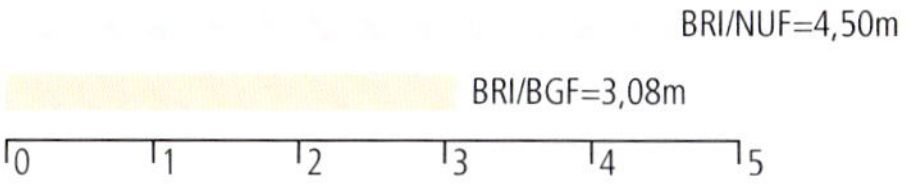

Kostenkennwerte für die Kostengruppen der 1. Ebene DIN 276

KG	Kostengruppen (1. Ebene)	Einheit	Kosten €	€/Einheit	€/m² BGF	€/m³ BRI	% 300+400
100	Grundstück	m² GF	–	–	–	–	–
200	Vorbereitende Maßnahmen	m² GF	–	–	–	–	–
300	Bauwerk – Baukonstruktionen	m² BGF	151.897	2.364,52	2.364,52	767,16	63,2
400	Bauwerk – Technische Anlagen	m² BGF	88.340	1.375,16	1.375,16	446,16	36,8
	Bauwerk 300+400	**m² BGF**	**240.237**	**3.739,68**	**3.739,68**	**1.213,32**	**100,0**
500	Außenanlagen und Freiflächen	m² AF	–	–	–	–	–
600	Ausstattung und Kunstwerke	m² BGF	–	–	–	–	–
700	Baunebenkosten	m² BGF	–	–	–	–	–
800	Finanzierung	m² BGF	–	–	–	–	–

KG	Kostengruppe	Menge Einheit	Kosten €	€/Einheit	%
3+4	**Bauwerk**				**100,0**
300	**Bauwerk – Baukonstruktionen**	64,24 m² BGF	151.897	**2.364,52**	63,2

Stb-Einzelfundamente, Holzträger, Schalung, Holzfaserdämmung, Heizestrich, Massivholz-Eichenbohlen; Holzrahmenwände, Holzfaserdämmung, Holzfenster, Dreifachverglasung, Holz-Eingangstür in Lärchenholz, UK, Lärchenholzleisten, GK-Bekleidung, Beschichtung, Holzbekleidung, Wandfliesen; Massivholz-Bohlenwände, Innentüren, Fichtenholz, GK-Bekleidung, Beschichtung, Wandfliesen; Dachbalken, Schalung, Holzfaserdämmung, Folienabdichtung, Dachentwässerung

KG	Kostengruppe	Menge Einheit	Kosten €	€/Einheit	%
400	**Bauwerk – Technische Anlagen**	64,24 m² BGF	88.340	**1.375,16**	36,8

Gebäudeentwässerung, Kalt- und Warmwasserleitungen, Wasserspeicher 80l, Sanitärobjekte; elektrische Fußbodenheizung, Holzofen; Photovoltaikanlage 12kWp, Batteriespeicher 8kWh, Elektroinstallation, Deckeneinbauleuchten; Telefonanschluss, Rauchmelder, Datenübertragungsnetz

Kostenkennwerte für die Kosten des Bauwerks (Kostengruppen 300+400 nach DIN 276)

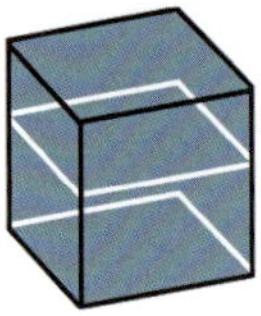

BRI 973 €/m³

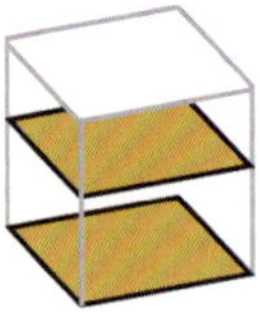

BGF 3.129 €/m²

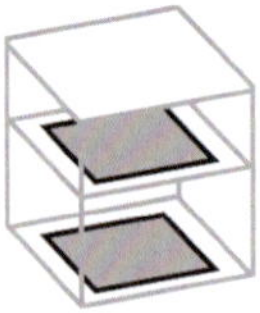

NUF 4.715 €/m²

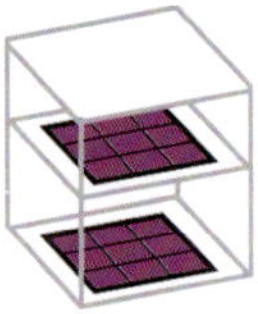

NE 7.074 €/NE

NE: Wohnfläche

Objekt:
Kennwerte: 1.Ebene DIN 276
BRI: 820 m³
BGF: 255 m²
NUF: 169 m²
Bauzeit: 74 Wochen
Bauende: 2022
Standard: mittel
Bundesland: Bayern
Kreis: Garmisch-Partenkirchen

Architekt*in:
Martin Wäsler
Architekturbüro
Lena-Christ-Straße 23
85625 Glonn

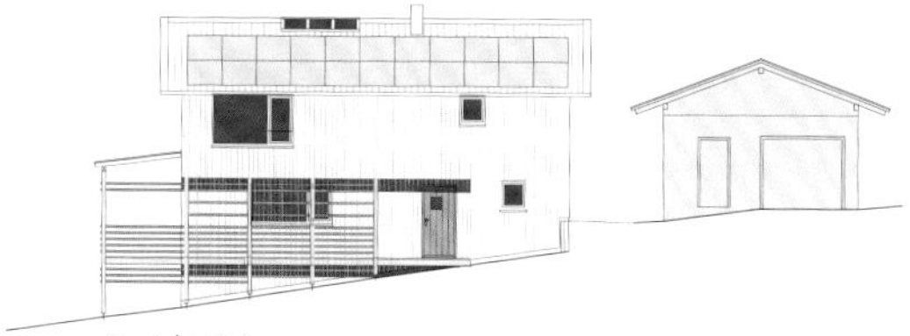

Ansicht Ost

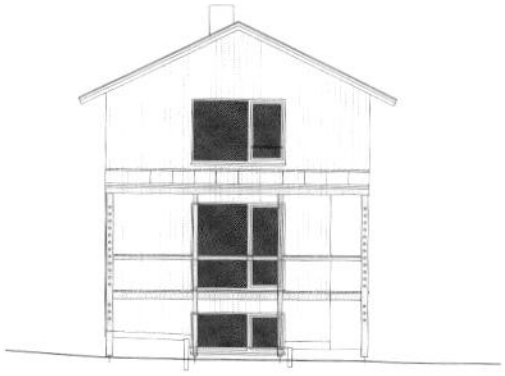

Ansicht Süd

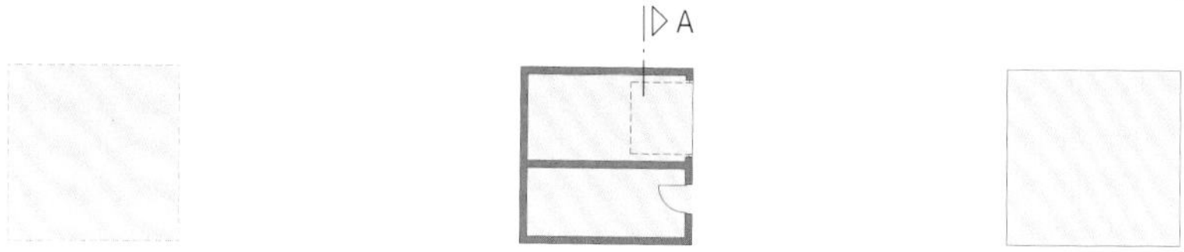

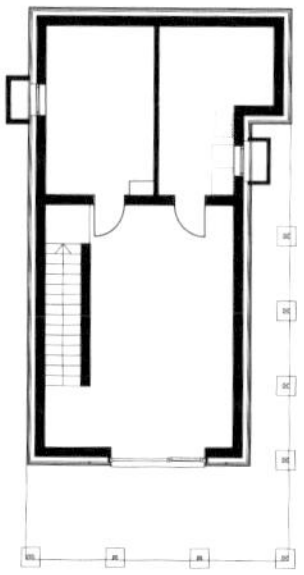

Untergeschoss

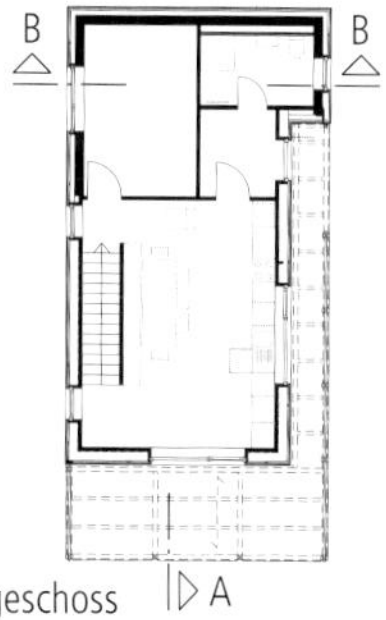

Erdgeschoss

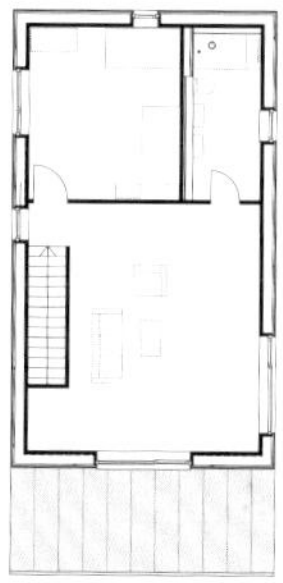

Dachgeschoss

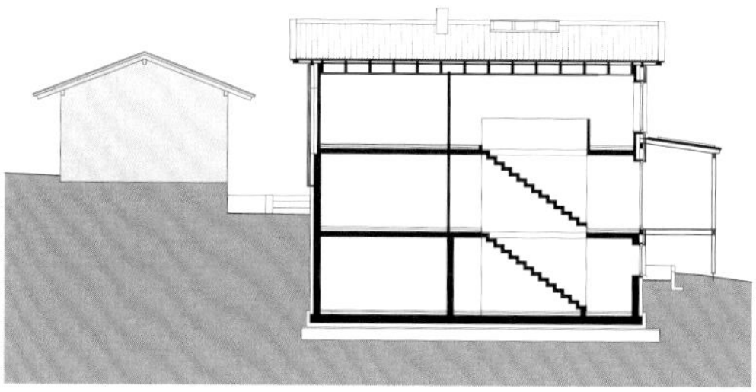

Schnitt A-A

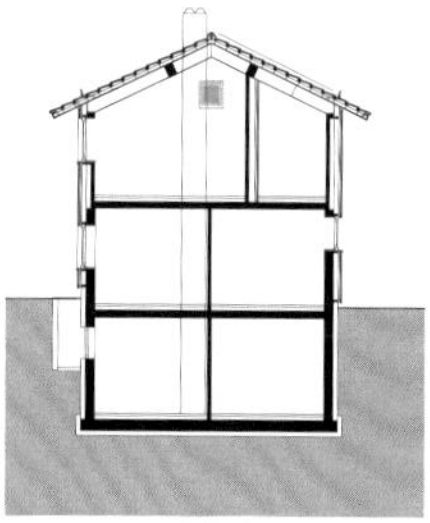

Schnitt B-B

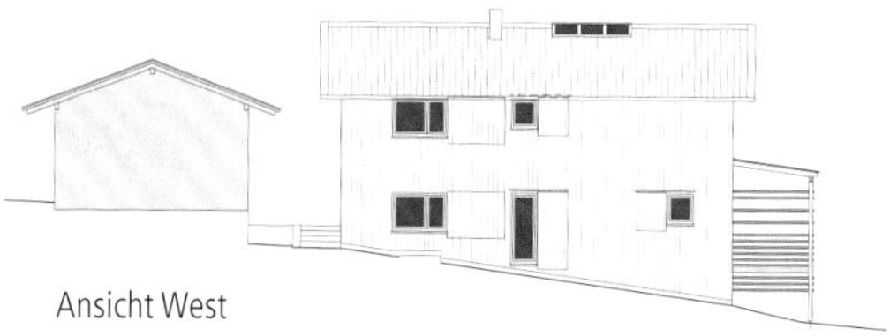

Ansicht West

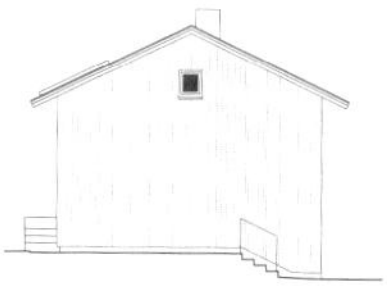

Ansicht Nord

Objektbeschreibung

Allgemeine Objektinformationen

Das kleine Einfamilienhaus ist auf einer Restfläche eines großen Hanggrundstücks errichtet. In Richtung Süden öffnet sich das Gebäude mit zwei großen Wohnräumen wohingegen die Fassade zur Straße weitgehend geschlossen gestaltet ist. Vor der Wohnküche gibt es eine große überdachte Veranda, die von außen über einen überdachten Steg zugänglich ist.

Nutzung

1 Untergeschoss
Keller, Hauswirtschaft, Technik

1 Erdgeschoss
Kochen/Essen, Schlafzimmer, Bad, Eingang, Terrasse

1 Obergeschoss
Wohnen, Kinderzimmer, Bad

Nutzeinheiten

Stellplätze: 1
Wohnfläche: 113 m²

Grundstück

Bauraum: Beengter Bauraum
Neigung: Hanglage
Bodenklasse: BK 4 bis BK 6

Markt

Hauptvergabezeit: 1. Quartal 2021
Baubeginn: 3. Quartal 2021
Bauende: 4. Quartal 2022
Konjunkturelle Gesamtlage: Durchschnitt
Regionaler Baumarkt: unter Durchschnitt

Baukonstruktion

Das Haus ist vorwiegend in Massivholzbauweise mit Kreuzlagenholz gebaut. Die Sichtseiten der Außen- und Innenwände sowie die Decken bleiben unbekleidet und naturbelassen. Die Außenwände sind mit einer Dämmung aus Holzfasern und einer hinterlüfteten sägerauen Fichtenschalung bekleidet. Der Keller und die hangseitigen Wände gegen das Erdreich sind in Stahlbeton ausgeführt. Auch hier bleiben die Innenseiten und die Kellerdecke als Sichtbeton unbekleidet. Die Holzfenster sind mit einer Dreifachverglasung ausgestattet und können mit Holzschiebeläden geschlossen werden. Im EG ist mit einem geschliffener Industrieestrich ausgeführt, im OG liegen Langholzdielen.

Technische Anlagen

Das Gebäude wird mit einer Luft-Wasser-Wärmepumpe und einer Fußbodenheizung beheizt. Im Technikraum steht ein 1.000l Pufferspeicher. Die Warmwasserbereitung erfolgt über einen Wärmetauscher/Frischwasserstation. Es ist vorgesehen, zu einem späteren Zeitpunkt das Gebäude mit einer PV-Anlage zu ergänzen. Entsprechende Leerrohre sind bereits verlegt. Die Bauherren haben bewusst auf eine mechanische Lüftung verzichtet.

Sonstiges

Durch die Hanglage, die schlechte Bodenqualität und die Nähe der Nachbarhäuser musste die Baugrube durch einen Verbau gesichert werden. Das Gebäude ist als KfW-Effizienzhaus 55 nach EnEV 2016 realisiert.

Energetische Kennwerte

Gesetzliche Grundlage: GEG 2020
Gebäudenutzfläche: 197,60 m²
Spez. Transmissionswärmeverlust: 0,22 W/(m²·K)
Spez. Jahresprimärenergiebedarf: 39,90 kWh/(m²·a)
CO_2-Emissionen: 12,40 kg/(m²·a)

Planungskennwerte für Flächen und Rauminhalte nach DIN 277

Flächen des Grundstücks		Menge Einheit	% an GF
BF	Bebaute Fläche	99,30 m²	19,1
UF	Unbebaute Fläche	420,70 m²	80,9
GF	Grundstücksfläche	520,00 m²	100,0

Grundflächen des Bauwerks		Menge Einheit	% an NUF	% an BGF
NUF	Nutzungsfläche	169,22 m²	100,0	66,4
TF	Technikfläche	10,73 m²	6,3	4,2
VF	Verkehrsfläche	12,37 m²	7,3	4,9
NRF	Netto-Raumfläche	192,32 m²	113,7	75,4
KGF	Konstruktions-Grundfläche	62,67 m²	37,0	24,6
BGF	Brutto-Grundfläche	254,99 m²	150,7	100,0

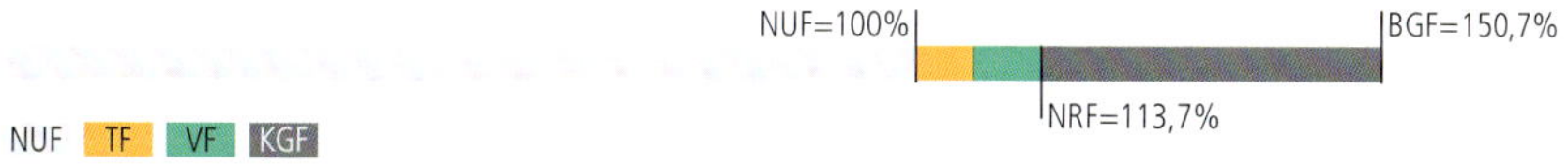

Brutto-Rauminhalt des Bauwerks		Menge Einheit	BRI/NUF (m)	BRI/BGF (m)
BRI	Brutto-Rauminhalt	820,00 m³	4,85	3,22

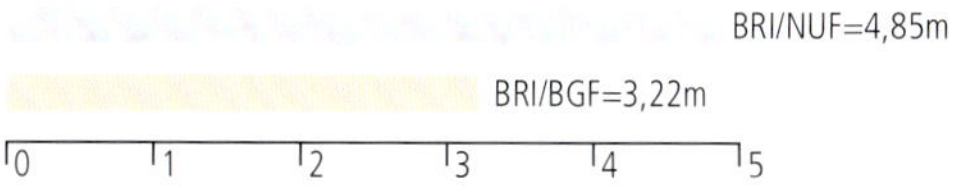

Kostenkennwerte für die Kostengruppen der 1. Ebene DIN 276

KG	Kostengruppen (1. Ebene)	Einheit	Kosten €	€/Einheit	€/m² BGF	€/m³ BRI	% 300+400
100	Grundstück	m² GF	–	–	–	–	–
200	Vorbereitende Maßnahmen	m² GF	–	–	–	–	–
300	Bauwerk – Baukonstruktionen	m² BGF	665.775	2.610,98	2.610,98	811,92	83,5
400	Bauwerk – Technische Anlagen	m² BGF	132.027	517,77	517,77	161,01	16,5
	Bauwerk 300+400	**m² BGF**	**797.801**	**3.128,76**	**3.128,76**	**972,93**	**100,0**
500	Außenanlagen und Freiflächen	m² AF	64.608	257,40	253,37	78,79	8,1
600	Ausstattung und Kunstwerke	m² BGF	–	–	–	–	–
700	Baunebenkosten	m² BGF	–	–	–	–	–
800	Finanzierung	m² BGF	–	–	–	–	–

KG	Kostengruppe	Menge Einheit	Kosten €	€/Einheit	%
3+4	**Bauwerk**				**100,0**
300	**Bauwerk – Baukonstruktionen**	254,99 m² BGF	665.775	**2.610,98**	83,5

Baugrubenaushub inkl. Hangsicherung; Bodenaustausch, Stb-Bodenplatte, Holzfaserdämmung, Heizestrich, Bodenfliesen; Stb-Wände, Massivholzwände aus Kreuzlagenholz, Holzfenster, Dreifachverglasung, Holz-Eingangstür, hinterlüftete, sägeraue Fichtenschalung, innen oberflächenfertig, Schiebeläden; KS-Mauerwerk, Massivholzwände, GK-Wände, Holztüren, Wandfliesen, Beschichtung; Stb-Decke über UG, Holzmassivdecke über EG, Holztreppen, Heizestrich, geschliffener Industrieestrich, Langholzdielen, Bodenfliesen, Terrassenbeläge, Terrassengeländer; Sparrendach, Firstoberlicht, Fichtenschalung, Zellulose-Einblasdämmung, Dachhaut, Dachziegel, Dachentwässerung

KG	Kostengruppe	Menge Einheit	Kosten €	€/Einheit	%
400	**Bauwerk – Technische Anlagen**	254,99 m² BGF	132.027	**517,77**	16,5

Gebäudeentwässerung, Kalt- und Warmwasserleitungen, Sanitärobjekte; Luft-Wasser-Wärmepumpe mit Pufferspeicher, Frischwasserstation, Fußbodenheizung; Elektroinstallation; EDV-Verkabelung

KG	Kostengruppe	Menge Einheit	Kosten €	€/Einheit	%
500	**Außenanlagen und Freiflächen**	251,00 m² AF	64.608	**257,40**	8,1

Oberbodenarbeiten; Natursteinpflaster Stellplatz, wassergebundene Deckschichten; Stb-Stützwände; Pflanzflächen, Sträucher, Rasenflächen

6100-1715
Einfamilienhaus
Doppelgarage

Kostenkennwerte für die Kosten des Bauwerks (Kostengruppen 300+400 nach DIN 276)

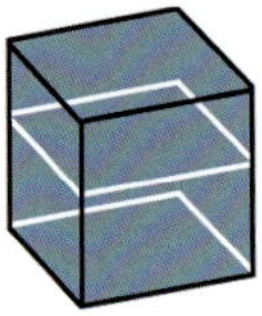

BRI 679 €/m^3

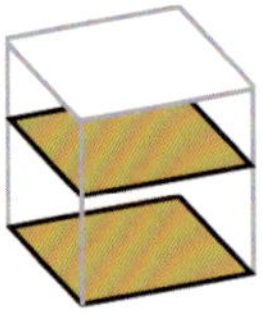

BGF 2.291 €/m^2

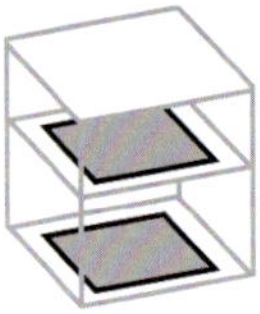

NUF 3.879 €/m^2

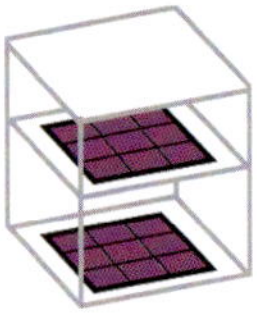

NE 4.699 €/NE

NE: Wohnfläche

Objekt:
Kennwerte: 1.Ebene DIN 276
BRI: 1.094 m^3
BGF: 324 m^2
NUF: 191 m^2
Bauzeit: 35 Wochen
Bauende: 2021
Standard: hoch
Bundesland: Bayern
Kreis: Rosenheim

Architekt*in:
pfanzelt
architekten GmbH
Brandach 39d
86983 Lechbruck am See

Ansicht West

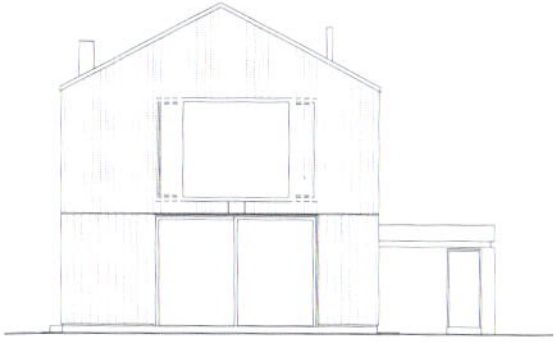
Ansicht Süd

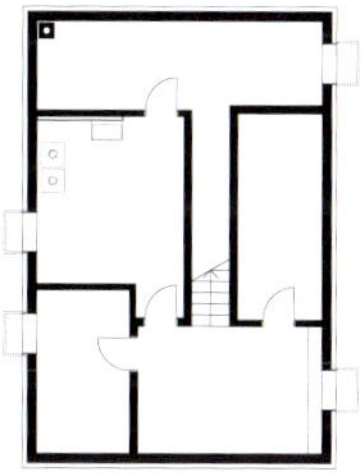
Untergeschoss

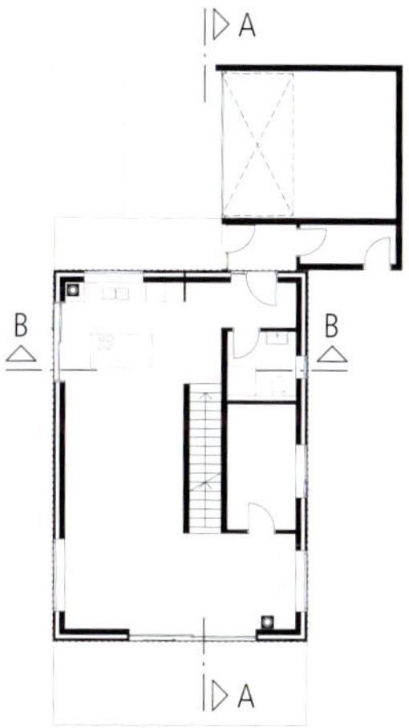

Erdgeschoss

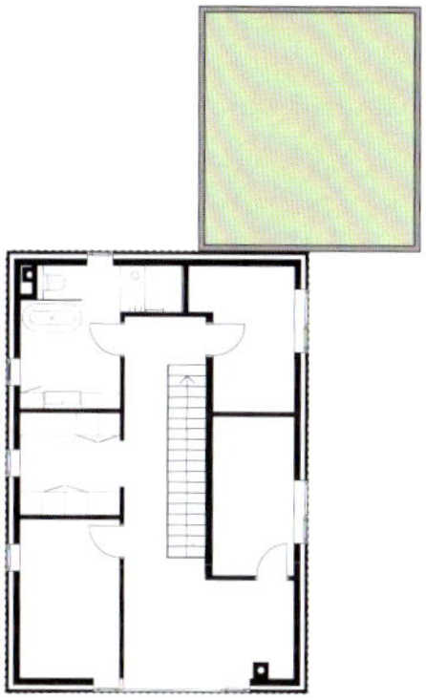
Obergeschoss

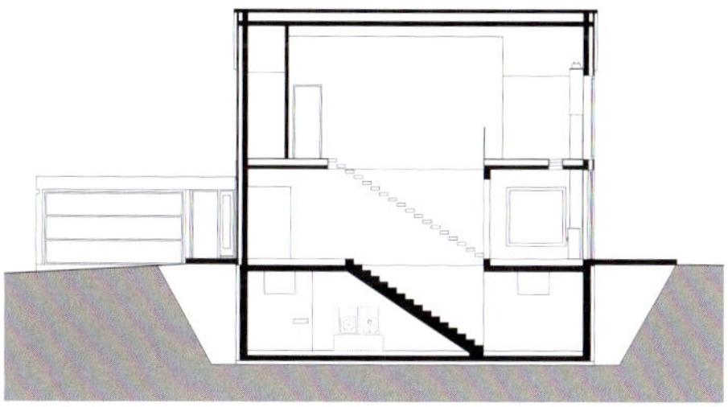
Schnitt A-A

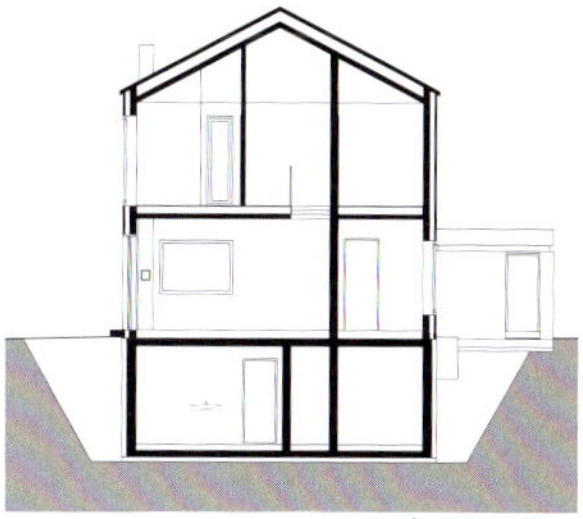
Schnitt B-B

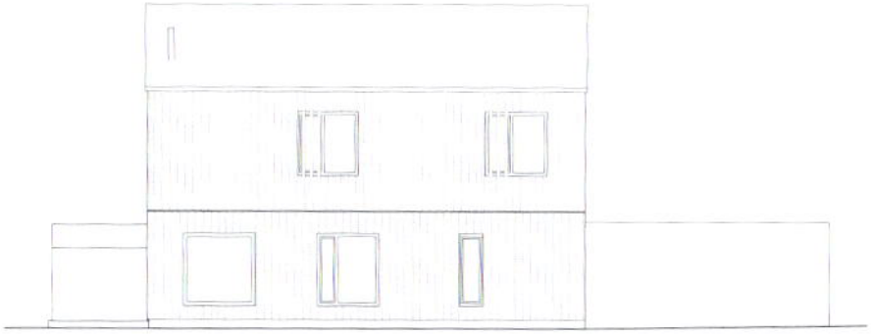
Ansicht Ost

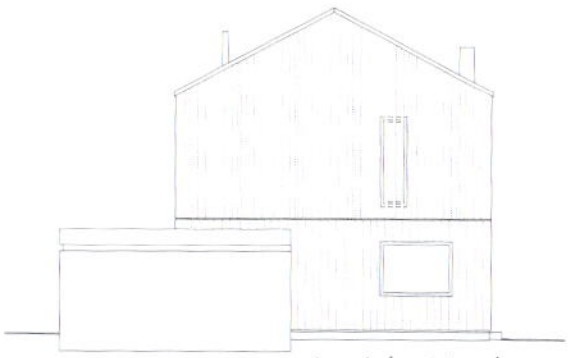
Ansicht Nord

Objektbeschreibung

Allgemeine Objektinformationen

Die Natur, klare Linien und ein durchdachtes Architektur- und Energiekonzept sind bei dem Einfamilienhauses von zentraler Bedeutung Entstanden ist ein zeitloses, unterkellertes Gebäude in Massivholzbauweise das auch noch von nachfolgenden Generationen genutzt werden kann. Das architektonische Konzept basiert auf einer zentralen, alles miteinander verbindenden Wand. Die optisch dominante Betonwand ist gleichzeitig raumtrennendes, aber auch raumbildendes Element, sie verbindet das Wohnhaus mit der Garage zu einer Einheit und dient auch im Wohngebäude als Raumteiler, der die Funktion der Treppe aufnimmt.

Nutzung

1 Untergeschoss
Diele, Technik, Abstellräume, Wasch/Trockenraum, Treppe

1 Erdgeschoss
Windfang, Wohn/Essküche, Büro, WC, Flur, Treppe, Lager, Garage, Terrasse

1 Obergeschoss
Schlafzimmer, Ankleide, Kinderzimmer, Bad, Aufenthaltsgalerie

Nutzeinheiten

Wohnfläche: 158 m^2

Grundstück

Bauraum: Freier Bauraum
Neigung: Ebenes Gelände
Bodenklasse: BK 1 bis BK 2

Markt

Hauptvergabezeit: 4. Quartal 2020
Baubeginn: 1. Quartal 2021
Bauende: 4. Quartal 2021
Konjunkturelle Gesamtlage: über Durchschnitt
Regionaler Baumarkt: unter Durchschnitt

Baukonstruktion

Der Baukörper hat zwei Vollgeschosse und ein flach geneigtes Satteldach mit Ziegeldeckung. Die Außenwände, Decken- und Dachelemente bestehen aus natürlichem, unbehandeltem Vollholz. Vertikale Holzlatten bilden die Fassade, diese werden zum Teil vor den Fensterflächen weitergeführt und fungieren als Sonnenschutz. Einen Witterungsschutz für die Fassaden bildet die natürliche Vergrauung der Hölzer. Die Vollholzfenster sind mit einer Dreifachverglasung ausgestattet und können mit Screens verschattet werden.

Technische Anlagen

Besonderes Augenmerk wurde auch auf die Wärmeenergieerzeugung gelegt. Für die Grundlast von Heizung und Warmwasser sorgt ein Pelletkessel, der mit einer sogenannten Sturzbrandtechnik ausgestattet ist und deshalb mit bis zu 1.200°C für eine restlose Verbrennung und hohe Reduktion der Kohlenstoffmonoxid-Emissionen sorgt. Mittels Fußbodenheizung erfolgt die Übergabe der Heizwärme an die Räume. Rund dreißig Prozent des Energiebedarfs werden von einer thermischen Solaranlage auf dem Dach gedeckt. Die Kollektoren sind mit einem 1.000 Liter fassenden Pufferspeicher kombiniert.

Sonstiges

Das Gebäude entspricht dem Effizienzhaus 55. Insgesamt wurden 50 m^3 Vollholz-Wandelemente und 23 m^3 Vollholz-Decken- und Dachelemente verbaut, was gegenüber einem konventionellen Bau rund 60 Tonnen CO_2 einspart. Die massiven Betonwände dienen außerdem als Wärmespeicher.

Energetische Kennwerte

Gesetzliche Grundlage: GEG 2020
Spez. Transmissionswärmeverlust: 0,27 W/(m^2·K)
Spez. Jahresprimärenergiebedarf: 16,00 kWh/(m^2·a)
Spez. Jahresendenergiebedarf: 67,00 kWh/(m^2·a)
CO_2-Emissionen: 2,40 kg/(m^2·a)

Planungskennwerte für Flächen und Rauminhalte nach DIN 277

Flächen des Grundstücks		Menge Einheit	% an GF
BF	Bebaute Fläche	134,00 m²	31,0
UF	Unbebaute Fläche	298,00 m²	69,0
GF	Grundstücksfläche	432,00 m²	100,0

Grundflächen des Bauwerks		Menge Einheit	% an NUF	% an BGF
NUF	Nutzungsfläche	191,41 m²	100,0	59,1
TF	Technikfläche	8,72 m²	4,6	2,7
VF	Verkehrsfläche	57,52 m²	30,1	17,8
NRF	Netto-Raumfläche	257,65 m²	134,6	79,5
KGF	Konstruktions-Grundfläche	66,35 m²	34,7	20,5
BGF	Brutto-Grundfläche	324,00 m²	169,3	100,0

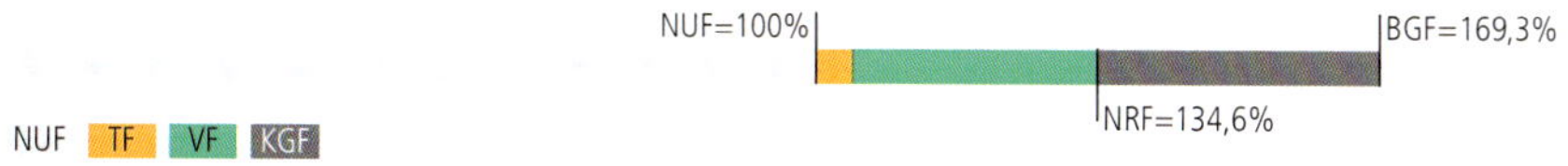

Brutto-Rauminhalt des Bauwerks		Menge Einheit	BRI/NUF (m)	BRI/BGF (m)
BRI	Brutto-Rauminhalt	1.093,81 m³	5,71	3,38

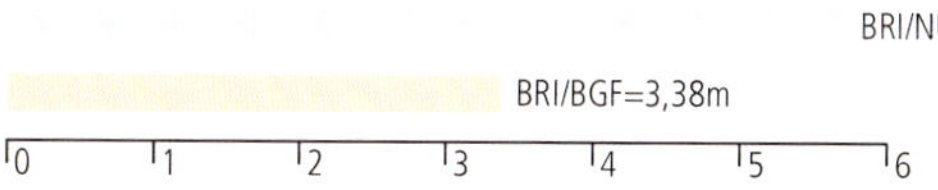

Kostenkennwerte für die Kostengruppen der 1. Ebene DIN 276

KG	Kostengruppen (1. Ebene)	Einheit	Kosten €	€/Einheit	€/m² BGF	€/m³ BRI	% 300+400
100	Grundstück	m² GF	–	–	–	–	–
200	Vorbereitende Maßnahmen	m² GF	–	–	–	–	–
300	Bauwerk – Baukonstruktionen	m² BGF	631.073	1.947,76	1.947,76	576,95	85,0
400	Bauwerk – Technische Anlagen	m² BGF	111.366	343,72	343,72	101,81	15,0
	Bauwerk 300+400	**m² BGF**	**742.439**	**2.291,48**	**2.291,48**	**678,76**	**100,0**
500	Außenanlagen und Freiflächen	m² AF	–	–	–	–	–
600	Ausstattung und Kunstwerke	m² BGF	–	–	–	–	–
700	Baunebenkosten	m² BGF	–	–	–	–	–
800	Finanzierung	m² BGF	–	–	–	–	–

KG	Kostengruppe	Menge Einheit	Kosten €	€/Einheit	%
3+4	**Bauwerk**				**100,0**
300	**Bauwerk – Baukonstruktionen**	324,00 m² BGF	631.073	**1.947,76**	85,0

Bodenarbeiten; Stb-Fundamentplatte, WU, Dämmung, Sichtestrich, Perimeterdämmung; Stb-Wände, WU, Massivholzwände, Holzfenster, Dreifachverglasung, Holzeingangstür, Garagentor, Spachteloberfläche Wand, Perimeterdämmung; Stb-Innenwand, Massivholzinnenwände, oberflächenfertig, Spachteloberflächen, Holztüren; Stb-Decke, Stb-Treppe, Massivholzdecke, Holztreppe, Dämmung, Heiz-Sichtestrich, Holzstufen, Glasgeländer; Massivholzdach, Stb-Garagendach, Dämmung, Ziegeldeckung, Flachdachabdichtung, Dachentwässerung

KG	Kostengruppe	Menge Einheit	Kosten €	€/Einheit	%
400	**Bauwerk – Technische Anlagen**	324,00 m² BGF	111.366	**343,72**	15,0

Gebäudeentwässerung, Kalt- und Warmwasserleitungen, Edelstahl, Frischwasserstation, Sanitärobjekte; Pelletheizung, thermische Solaranlage, Pufferspeicher, Fußbodenheizung; Elektroinstallation, Beleuchtung

6100-1718
Einfamilienhaus

Kostenkennwerte für die Kosten des Bauwerks (Kostengruppen 300+400 nach DIN 276)

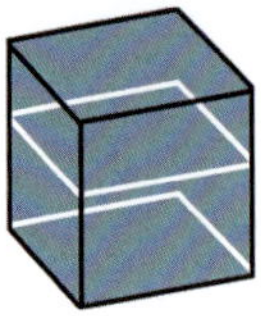

BRI 1.317€/m³

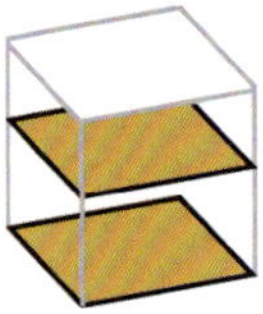

BGF 4.105€/m²

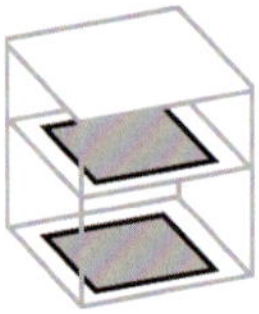

NUF 5.433€/m²

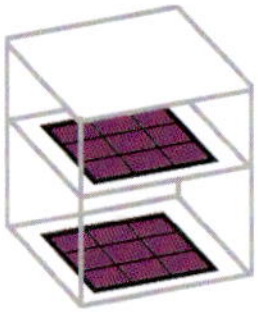

NE 6.127€/NE
NE: Wohnfläche

Objekt:
Kennwerte: 1.Ebene DIN 276
BRI: 742m³
BGF: 238m²
NUF: 180m²
Bauzeit: 56 Wochen
Bauende: 2023
Standard: hoch
Bundesland: Mecklenburg-Vorpommern
Kreis: Rostock

Architekt*in:
SES Architektur
In den Hörn 3
18209 Bad Doberan

© SES Architektur

© SES Architektur

© SES Architektur

© SES Architektur

Ansicht West

Ansicht Süd

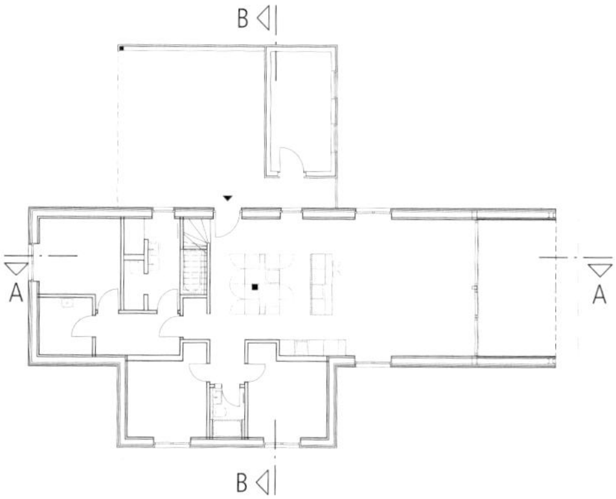

Erdgeschoss

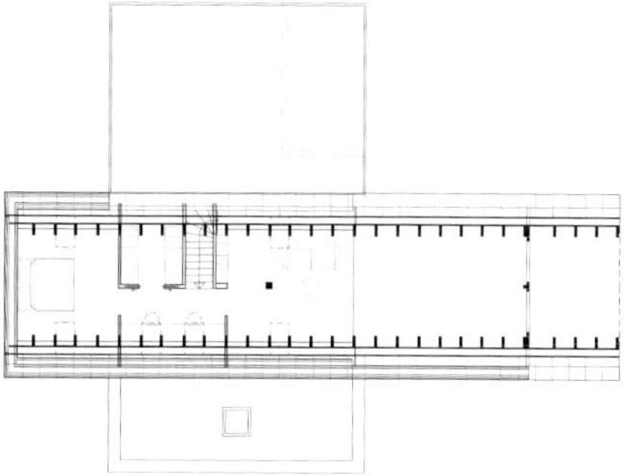

Dachgeschoss

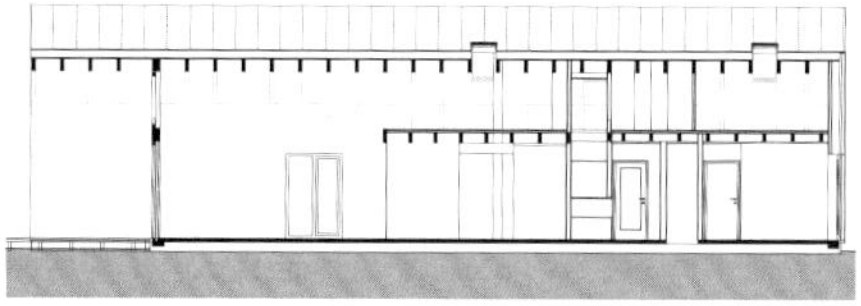

Schnitt A-A

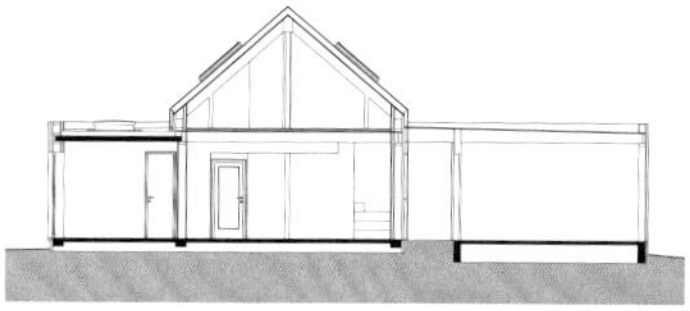

Schnitt B-B

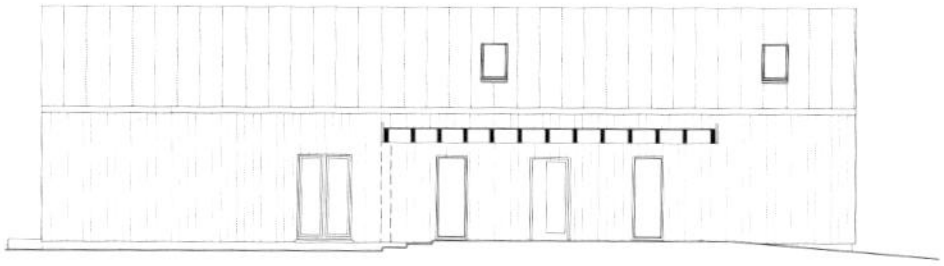

Ansicht Ost

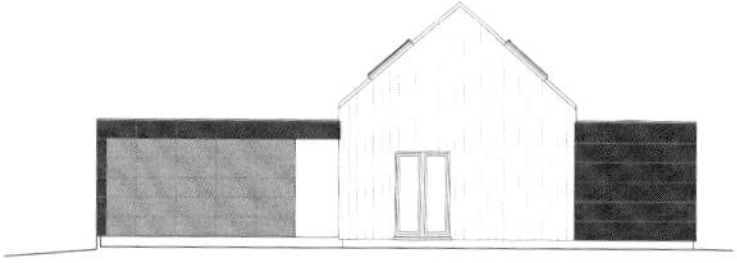

Ansicht Nord

Objektbeschreibung

Allgemeine Objektinformationen

Der Neubau weist eine auffallend lange, schmale Bauform auf, die im Dachgeschoss mit einem blechgedeckten Satteldach in Holzrahmenbauweise besticht. Lediglich der angebaute Carport im Westen und die Kinderzimmer im Osten unterbrechen den langgestreckten Baukörper im Erdgeschoss.

Nutzung

1 Erdgeschoss
Eingang, Wohnküche, Schlafzimmer, Ankleide, Bad, Kinderzimmer, Kinderbad, Hausarbeitsraum, Loggia, Schuppen, Carport

1 Dachgeschoss
Galerie, Gästezimmer, Abstellraum, Arbeitszimmer

Nutzeinheiten

Wohnfläche: 159 m^2

Grundstück

Bauraum: Freier Bauraum
Neigung: Ebenes Gelände
Bodenklasse: BK 4

Markt

Hauptvergabezeit: 3. Quartal 2022
Baubeginn: 4. Quartal 2022
Bauende: 4. Quartal 2023
Konjunkturelle Gesamtlage: über Durchschnitt
Regionaler Baumarkt: unter Durchschnitt

Baukonstruktion

Das Objekt wurde in Holzrahmenbauweise errichtet. Die Bodenplatte ist eine vollintegrierte Thermo-Bodenplatte. Die Außenwände sind aus einer 20cm starken Holzrahmenkonstruktion und auf der Innenseite mit einer Installationsebene bekleidet. Die Geschossdecke wurde als Massivholzdecke auf Holzbalken ausgeführt und mit einem Trockenestrich belegt. Die Sparren des Dachstuhls sind innenseitig sichtbar ausgeführt. Das Dach ist mit einer Stehfalzdeckung gedeckt. Als Fassadenmaterial sind Betonfaserplatten und eine vertikale Holzbekleidung realisiert. Die Holz-Alufenster sind mit einer Dreifachverglasung ausgestattet und können mit einem textilen Sonnenschutz elektrisch verschattet werden. Als Bodenbeläge kamen Spachtelböden, Vinyl und Feinsteinzeug zur Ausführung.

Technische Anlagen

Die Wärme wird mit Hilfe einer Erdwärmepumpe (Tiefenbohrung) erzeugt. Eine Fußbodenheizung verteilt die Wärme und entsprechend im Sommer die Kühle in den Räumen. Auf dem Flachdach der Kinderzimmer und des Carports ist eine Photovoltaikanlage (ca. 8kW) installiert, die erzeugte Energie wird in einen Speicher weitergeleitet. Eine zentrale Lüftungsanlage mit Wärmerückgewinnung sorgt für den nötigen Luftwechsel. Es ist eine Enthärtungsanlage eingebaut. Überwachungssysteme und Außenbeleuchtung sind um das gesamte Objekt verteilt installiert.

Sonstiges

Das Gebäude ist mit dem Siegel für nachhaltige Gebäude (QNG) ausgezeichnet. Es ist im Sinne des DGNB ein CO_2-positives Gebäude und wurde als KfW-Effizienzhaus 40 nach EnEV 2016 realisiert.

Energetische Kennwerte

Gesetzliche Grundlage: GEG 2020
Gebäudenutzfläche: 199,70 m^2
Gebäudevolumen: 624,00 m^3
A/V_e-Verhältnis (Kompaktheit): 0,85 m^{-1}
Hüllfläche des beheizten Volumens: 529,90 m^2
Spez. Transmissionswärmeverlust: 0,22 $W/(m^2 \cdot K)$
Spez. Jahresprimärenergiebedarf: 11,39 $kWh/(m^2 \cdot a)$
Anlagenaufwandszahl: 0,52

Planungskennwerte für Flächen und Rauminhalte nach DIN 277

Flächen des Grundstücks		Menge Einheit	% an GF
BF	Bebaute Fläche	288,57 m²	11,2
UF	Unbebaute Fläche	2.296,43 m²	88,8
GF	Grundstücksfläche	2.585,00 m²	100,0

Grundflächen des Bauwerks		Menge Einheit	% an NUF	% an BGF
NUF	Nutzungsfläche	179,87 m²	100,0	75,6
TF	Technikfläche	4,85 m²	2,7	2,0
VF	Verkehrsfläche	12,58 m²	7,0	5,3
NRF	Netto-Raumfläche	197,30 m²	109,7	82,9
KGF	Konstruktions-Grundfläche	40,72 m²	22,6	17,1
BGF	Brutto-Grundfläche	238,02 m²	132,3	100,0

Brutto-Rauminhalt des Bauwerks		Menge Einheit	BRI/NUF (m)	BRI/BGF (m)
BRI	Brutto-Rauminhalt	742,14 m³	4,13	3,12

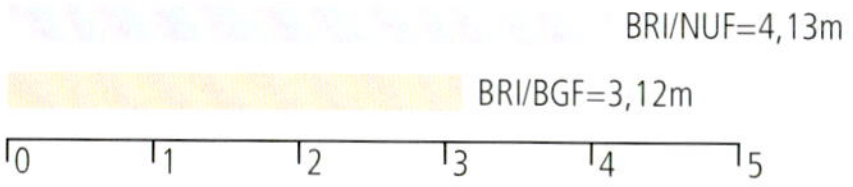

Kostenkennwerte für die Kostengruppen der 1. Ebene DIN 276

KG	Kostengruppen (1. Ebene)	Einheit	Kosten €	€/Einheit	€/m² BGF	€/m³ BRI	% 300+400
100	Grundstück	m² GF	–	–	–	–	–
200	Vorbereitende Maßnahmen	m² GF	–	–	–	–	–
300	Bauwerk – Baukonstruktionen	m² BGF	829.961	3.486,94	3.486,94	1.118,33	84,9
400	Bauwerk – Technische Anlagen	m² BGF	147.212	618,49	618,49	198,36	15,1
	Bauwerk 300+400	**m² BGF**	**977.173**	**4.105,42**	**4.105,42**	**1.316,70**	**100,0**
500	Außenanlagen und Freiflächen	m² AF	–	–	–	–	–
600	Ausstattung und Kunstwerke	m² BGF	–	–	–	–	–
700	Baunebenkosten	m² BGF	–	–	–	–	–
800	Finanzierung	m² BGF	–	–	–	–	–

KG	Kostengruppe	Menge Einheit	Kosten €	€/Einheit	%
3+4	**Bauwerk**				**100,0**
300	**Bauwerk – Baukonstruktionen**	238,02 m² BGF	829.961	**3.486,94**	84,9

Bodenarbeiten; Stb-Streifenfundamente, Stb-Bodenplatte, Heizestrich mit Kühlung, Bodenfliesen, Spachtelboden, Vinylboden, Sauberkeitsschicht, Perimeterdämmung; Holzrahmenwände, Dämmung, Holz-Alufenster, Dreifachverglasung, Holz-Alutür, Holzfaserdämmung außen, vertikale Holzbekleidung, Faserzementbekleidung, Installationsebene innen, GK-Bekleidung, Beschichtung, Wandfliesen, textiler Sonnenschutz; GK-Wände, Holzlamellenwände, Holzstützen, Holztüren, Wandfliesen Beschichtung; Holzbalkendecke, Holztreppe, Trockenestrich, Spachtelboden, Vinyl, Bodenfliesen, abgehängte GK-Decke, Glasbrüstung, Handlauf; Holzbalkendach, sichtbarer Sparrendachstuhl mit Aufdachdämmung, Dachflächenfenster, Abdichtung, Stehfalzdeckung, Flachdachabdichtung, Kunststoff, Dachentwässerung

KG	Kostengruppe	Menge Einheit	Kosten €	€/Einheit	%
400	**Bauwerk – Technische Anlagen**	238,02 m² BGF	147.212	**618,49**	15,1

Gebäudeentwässerung, Kalt- und Warmwasserleitungen, Sanitärobjekte; Erdwärmepumpe (Tiefenbohrung) für Heizung und Kühlung, Fußbodenheizung; dezentrale Be- und Entlüftungsanlage mit Wärmerückgewinnung; Photovoltaikanlage, Speicher, Elektroinstallation, Beleuchtung, Außenbeleuchtung, Blitzschutzanlage; Gegensprechanlage, Rauchmelder, Alarmanlage, LAN Netzwerk

6100-1721
Mehrfamilienhaus
(4 WE)
Praxis

Kostenkennwerte für die Kosten des Bauwerks (Kostengruppen 300+400 nach DIN 276)

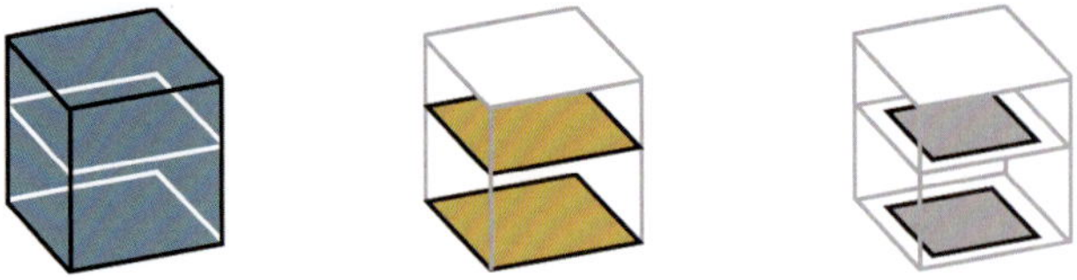

BRI 665 €/m³ **BGF** 1.782 €/m² **NUF** 2.572 €/m²

Objekt:
Kennwerte: 1. Ebene DIN 276
BRI: 4.240 m³
BGF: 1.582 m²
NUF: 1.097 m²
Bauzeit: 104 Wochen
Bauende: 2023
Standard: einfach
Bundesland: Sachsen
Kreis: Leipzig, Stadt

Architekt*in:
ASUNA
Dipl.Ing. (FH) Architekt
Dirk Stenzel
Felsenkellerstraße 1
04177 Leipzig

Bauherr*in:
KLINGE ZEHN GmbH
Klingenstraße 10
04229 Leipzig

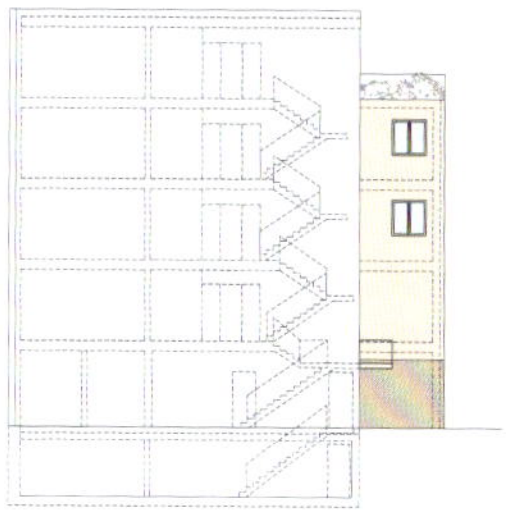

Ansicht Nord

Ansicht Ost

Ansicht Süd

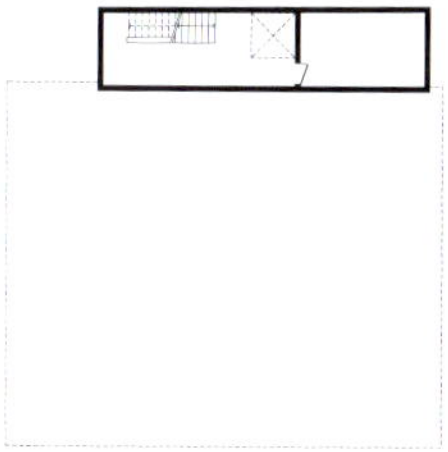

Untergeschoss

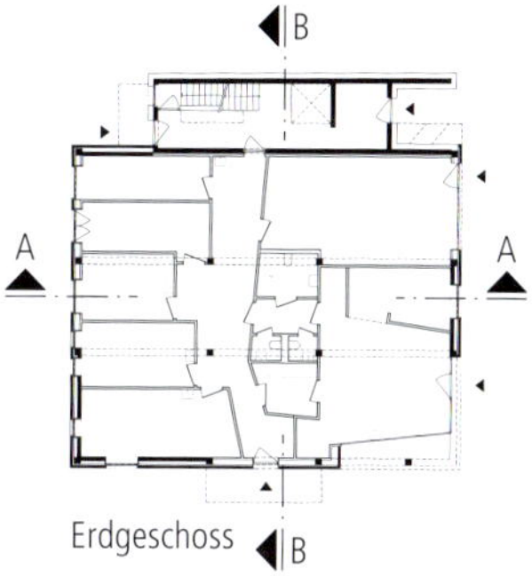

Erdgeschoss

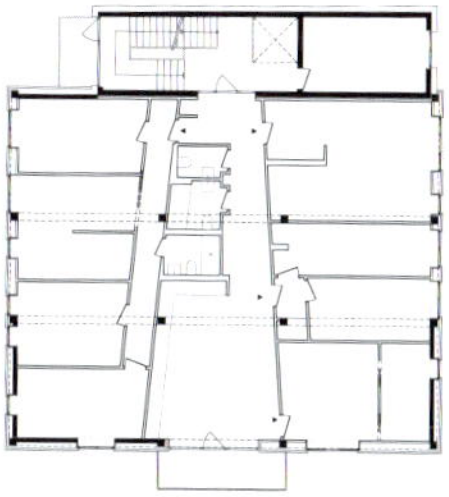

1. Obergeschoss

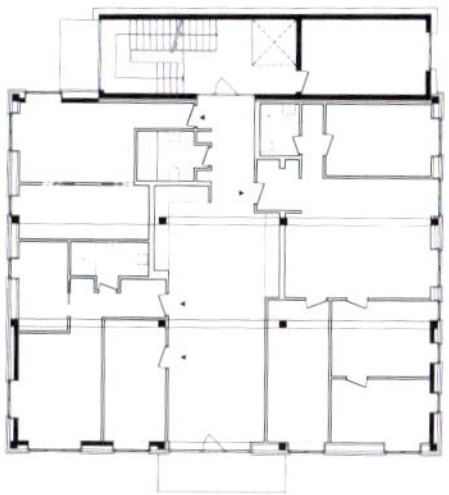

2. Obergeschoss

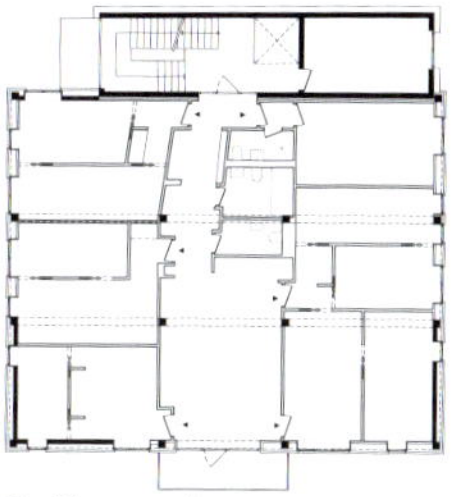

3. Obergeschoss

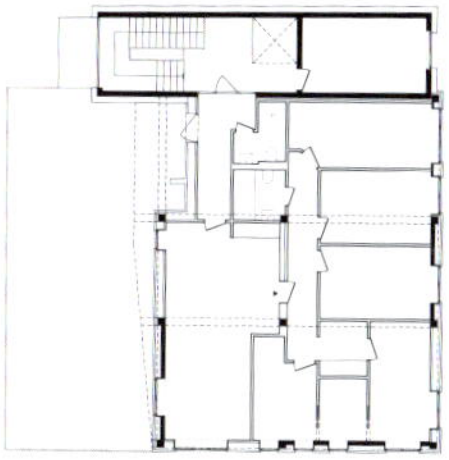

Dachgeschoss

Ansicht West

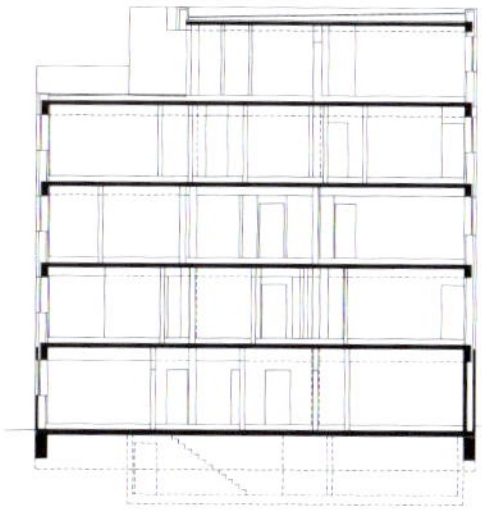

Schnitt A-A

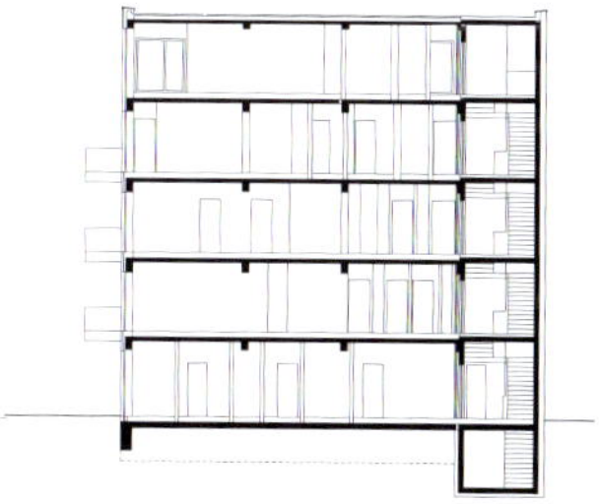

Schnitt B-B

6100-1721
Mehrfamilienhaus
(4 WE)
Praxis

Objektbeschreibung

Allgemeine Objektinformationen

Eine Bauherrengemeinschaft hat das Gebäude als Mietshäusersyndikatsprojekt realisiert und bewohnt es selbst mit insgesamt 15-20 Erwachsenen und 10-15 Kindern. Im Erdgeschoss befindet sich die Praxis eines Gesundheitskollektivs und ein Gemeinschafts- und ein Co-Workingraum.

Nutzung

1 Untergeschoss
Technik, Hausanschlussraum, Treppenhaus

1 Erdgeschoss
Eingang, Praxis, Gemeinschaftsräume, Treppenhaus

3 Obergeschosse
Je eine Clusterwohnung mit Schlafräumen, Sanitärräume, Wohnzimmer, Gemeinschaftsraum, Gemeinschaftsküche, Terrasse, Abstellraum, Treppenhaus

1 Dachgeschoss
Clusterwohnung mit Schlafräumen, Sanitärräume, Wohnzimmer, Gemeinschaftsraum, Gemeinschaftsküche, Dachterrasse, Abstellraum, Treppenhaus

Nutzeinheiten

Wohnfläche: 895 m²

Grundstück

Bauraum: Baulücke
Neigung: Ebenes Gelände
Bodenklasse: BK 5 bis BK 6

Besonderer Kosteneinfluss Grundstück
Altlasten auf dem Grundstück sowie ein Bestandskeller

Markt

Hauptvergabezeit: 3. Quartal 2022
Baubeginn: 4. Quartal 2021
Bauende: 4. Quartal 2023
Konjunkturelle Gesamtlage: Durchschnitt
Regionaler Baumarkt: über Durchschnitt

Baukonstruktion

Der Neubau gründet auf einer Stahlbetonbodenplatte. Die Teilunterkellerung und das Treppenhaus sind in Stahlbeton ausgeführt. Das Gebäude wurde als Holzrahmenbau errichtet. Die Holzrahmenwände sind mit Einblasdämmung gedämmt. Die Brettsperrholzdecken blieben sichtbar. Pro Geschoss gibt es 4 Holzstützen, so dass alle Innenwände als nicht tragende GK-Konstruktionen ausgeführt sind. Der Treppenhauskern als nördliche Grenzbebauung ist eine Stahlbetonkonstruktion. Die Holzfenster sind mit einer Dreifachverglasung ausgeführt. Die Fassadenbekleidung wurde aus recycelten Schalungshäuten und wiederverwendeten Fußbodendielen hergestellt. Die außenliegenden Verschattungen (sommerlicher Wärmeschutz) bestehen aus Gardinen aus Outdoortextilien.

Technische Anlagen

Der Neubau ist an das Fernwärmenetz angeschlossen. Eine Fußbodenheizung versorgt die Räume mit Heizwärme. Es wurde eine Regenwassernutzungsanlage eingebaut.

Sonstiges

Die Bauherrengemeinschaft fand in einem Keller auf dem Baugrundstück alte Ziegel. Im Erdgeschoss wurde daraus eine Fassadenverblendung im Eingangsbereich ausgeführt.

Energetische Kennwerte

Gesetzliche Grundlage: GEG 2020
Gebäudenutzfläche: 1.146,50 m²
Gebäudevolumen: 3.582,80 m³
A/V_e-Verhältnis (Kompaktheit): 0,34 m⁻¹
Hüllfläche des beheizten Volumens: 1.208,10 m²
Spez. Transmissionswärmeverlust: 0,31 W/(m²·K)
Spez. Jahresprimärenergiebedarf: 17,90 kWh/(m²·a)
Spez. Jahresendenergiebedarf: 52,80 kWh/(m²·a)

Planungskennwerte für Flächen und Rauminhalte nach DIN 277

Flächen des Grundstücks		Menge Einheit	% an GF
BF	Bebaute Fläche	295,00 m²	60,2
UF	Unbebaute Fläche	195,00 m²	39,8
GF	Grundstücksfläche	490,00 m²	100,0

Grundflächen des Bauwerks		Menge Einheit	% an NUF	% an BGF
NUF	Nutzungsfläche	1.096,63 m²	100,0	69,3
TF	Technikfläche	15,30 m²	1,4	1,0
VF	Verkehrsfläche	210,99 m²	19,2	13,3
NRF	Netto-Raumfläche	1.322,92 m²	120,6	83,6
KGF	Konstruktions-Grundfläche	259,45 m²	23,7	16,4
BGF	Brutto-Grundfläche	1.582,37 m²	144,3	100,0

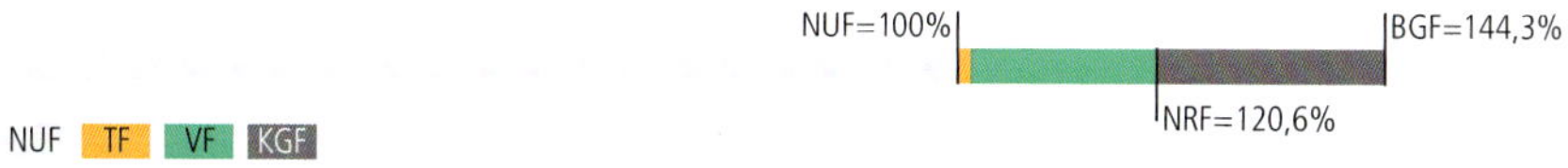

Brutto-Rauminhalt des Bauwerks		Menge Einheit	BRI/NUF (m)	BRI/BGF (m)
BRI	Brutto-Rauminhalt	4.240,00 m³	3,87	2,68

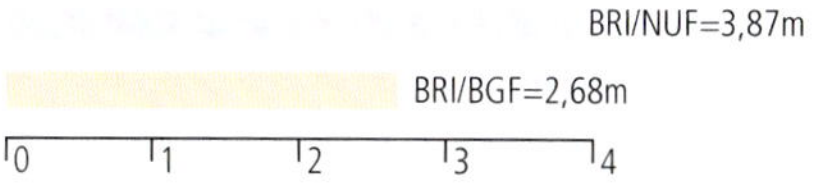

Kostenkennwerte für die Kostengruppen der 1. Ebene DIN 276

KG	Kostengruppen (1. Ebene)	Einheit	Kosten €	€/Einheit	€/m² BGF	€/m³ BRI	% 300+400
100	Grundstück	m² GF	–	–	–	–	–
200	Vorbereitende Maßnahmen	m² GF	48.111	98,18	30,40	11,35	1,7
300	Bauwerk – Baukonstruktionen	m² BGF	2.405.530	1.520,21	1.520,21	567,34	85,3
400	Bauwerk – Technische Anlagen	m² BGF	414.747	262,10	262,10	97,82	14,7
	Bauwerk 300+400	**m² BGF**	**2.820.277**	**1.782,31**	**1.782,31**	**665,16**	**100,0**
500	Außenanlagen und Freiflächen	m² AF	16.590	–	10,48	3,91	0,6
600	Ausstattung und Kunstwerke	m² BGF	–	–	–	–	–
700	Baunebenkosten	m² BGF	–	–	–	–	–
800	Finanzierung	m² BGF	–	–	–	–	–

KG	Kostengruppe	Menge Einheit	Kosten €	€/Einheit	%
200	**Vorbereitende Maßnahmen**	490,00 m² GF	48.111	**98,18**	1,7
	Hausanschlüsse, Herstellen/Schutz des öffentlichen Fußwegs				
3+4	**Bauwerk**				**100,0**
300	**Bauwerk – Baukonstruktionen**	1.582,37 m² BGF	2.405.530	**1.520,21**	85,3
	Stb-Streifenfundamente, Stb-Bodenplatte, Abdichtung. Dämmung, Heizestrich; Stb-Wände, Holzrahmenwände, Holzfaserdämmplatten, Zellulose-Einblasdämmung, Holzfenster, Dreifachverglasung, Holz-Eingangstüren, WDVS, Klinkervorsatzschale, Hinterlüftung, recycelte Schalungshäute, Fußbodendielung, Vorhänge, Outdoortextilien; Stb-Wände, GK-Wände, Holzstützen, Holztüren, Wandfliesen, Beschichtung; Stb-Decke, Brettsperrholzdecken, oberflächenfertig, Brettsperrholzbalkone, Stb-Treppen, Dämmung, Heizestrich, Bodenbeschichtung, Terrassendielen, Treppengeländer, Balkongeländer; Brettsperrholz-Flachdach, Gefälledämmung, Abdichtung, Dachentwässerung				
400	**Bauwerk – Technische Anlagen**	1.582,37 m² BGF	414.747	**262,10**	14,7
	Gebäudeentwässerung, Kalt- und Warmwasserleitungen, Sanitärobjekte, Regenwassernutzungsanlage; Contracting für Nahwärmenetz, Fußbodenheizung; Elektroinstallation; Rauchmelder; Personenaufzug				
500	**Außenanlagen und Freiflächen**	–	16.590	**–**	0,6
	Materialien für Pflasterfläche Einfahrtsbereich; Bepflanzung, Gartengestaltung				

6100-1727
Mehrfamilienhaus
(4 WE)

Kostenkennwerte für die Kosten des Bauwerks (Kostengruppen 300+400 nach DIN 276)

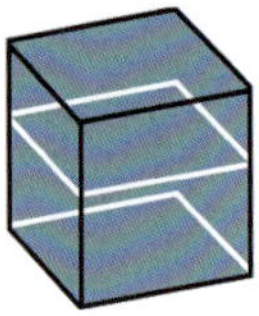

BRI 1.104 €/m³

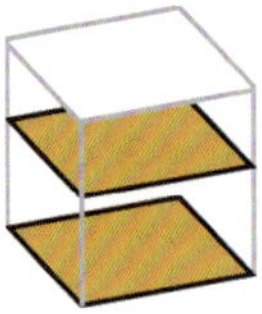

BGF 3.239 €/m²

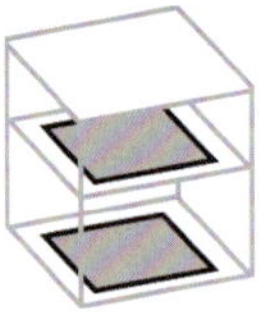

NUF 5.426 €/m²

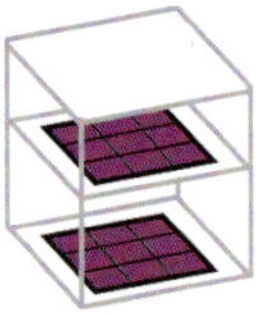

NE 4.957 €/NE

NE: Wohnfläche

Objekt:
Kennwerte: 1. Ebene DIN 276
BRI: 1.027 m³
BGF: 350 m²
NUF: 209 m²
Bauzeit: 83 Wochen
Bauende: 2022
Standard: hoch
Bundesland: Rheinland-Pfalz
Kreis: Westerwaldkreis

Architekt*in:
Freie Architektin
Carina Zoth
56479 Westernohe

Ansicht Süd-Ost

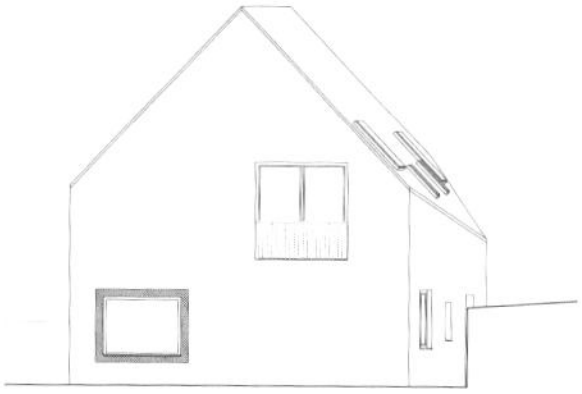

Ansicht Nord-Ost

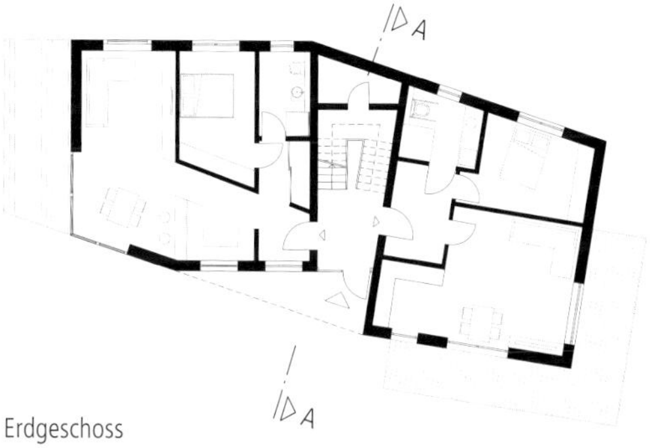

Erdgeschoss

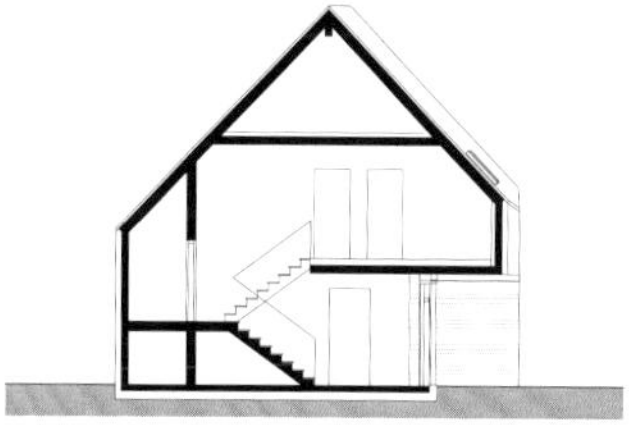

Schnitt A-A

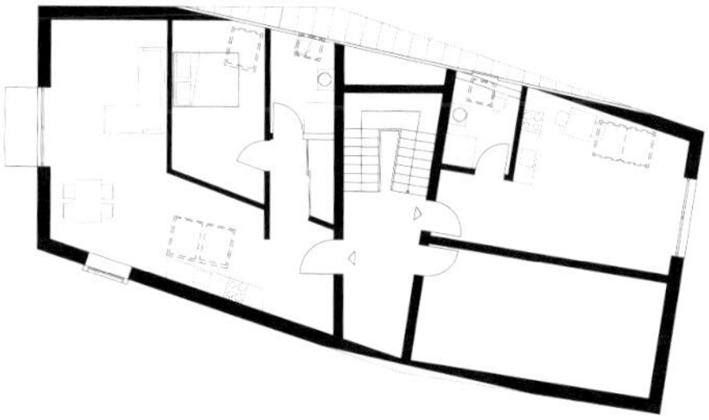

Dachgeschoss

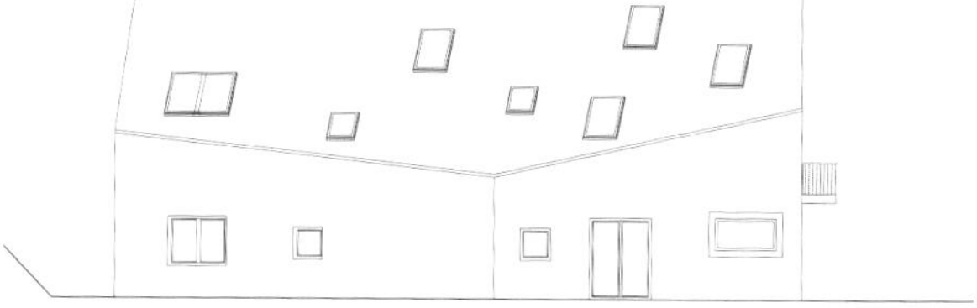

Ansicht Nord-West

Ansicht Süd-West

6100-1727
Mehrfamilienhaus
(4 WE)

Objektbeschreibung

Allgemeine Objektinformationen

Die Grundidee für dieses Wohnhaus mit vier Wohnungen war der Bedarf an kleinen Wohneinheiten im direkten Familienumfeld und der Wunsch nach einem nachhaltigen Neubau.

Nutzung

1 Erdgeschoss
Wohn-/Essküchen, Schlafen, Bäder, Flure, Technik, Treppenhaus, Terrassen

1 Dachgeschoss
Wohn-/Essküchen, Schlafen, Bäder, Flure, Technik, Treppenhaus, Balkon, Abstellräume

Nutzeinheiten

Wohnfläche: 229 m^2

Grundstück

Bauraum: Freier Bauraum
Neigung: Geneigtes Gelände
Bodenklasse: BK 3 bis BK 5

Markt

Hauptvergabezeit: 2. Quartal 2020
Baubeginn: 3. Quartal 2020
Bauende: 1. Quartal 2022
Konjunkturelle Gesamtlage: unter Durchschnitt
Regionaler Baumarkt: unter Durchschnitt

Baukonstruktion

Das Gebäude in Holzrahmenbauweise gründet auf einer Stahlbeton-Fundamentplatte aus wasserdichtem Beton. Die Außenwände sind mit Zellulosefaser aus recyceltem Zeitungspapier gedämmt. Die hochgedämmte Holzkonstruktion wurde mit einer senkrechten Sichtverschalung aus unbehandeltem Lärchenholz bekleidet. Die Holzfenster mit Dreifachverglasung können mit Raffstores und Rollläden verschattet werden. Die Innenwände sind mit GK-Platten beplankt.
Das Holzsatteldach wurde mit Betondachsteinen gedeckt. Die Böden sind mit Linoleum und Bodenfliesen belegt.

Technische Anlagen

Die Beheizung erfolgt über eine Luft-Wasser-Wärmepumpe mit Fußbodenheizung. Das Warmwasser wird direkt an den benötigten Stellen über Durchlauferhitzer erzeugt. Das Haus verfügt über ein kontrolliertes Lüftungssystem, Zuluft über Fenstermodule und Abluft über ein Rohrsystem. Mittels der Photovoltaikanlage wird der Stromverbrauch sowohl für die Heizung als auch für den Allgemeinstrom gedeckt.

Sonstiges

Damit die geplanten und zulässigen vier Wohneinheiten nicht wie ein Mehrfamilienhaus aussehen, wurde die Gebäudeform so angeordnet, dass der Betrachter ein Einfamilienhaus wahrnimmt. In Anlehnung an die im Ort befindlichen Häuser mit steilen Satteldächer ohne Dachüberstand ist ein Wohnhaus mit ungewöhnlicher Kubatur entstanden. Durch die schräg verlaufenden Trauf- und Grundrisslinien entwickeln sich in den vier Wohnungen spannende und außergewöhnliche Grundrisse mit hellen, freundlichen Räumen. Das Gebäude wurde als KfW-Effizienzhaus 40 Plus nach EnEV 2016 realisiert.

Energetische Kennwerte

Gesetzliche Grundlage: EnEV 2013
Gebäudenutzfläche: 454,10 m^2
Gebäudevolumen: 1.418,97 m^3
A/V_e-Verhältnis (Kompaktheit): 0,51 m^{-1}
Hüllfläche des beheizten Volumens: 727,60 m^2
Spez. Transmissionswärmeverlust: 0,21 $W/(m^2 \cdot K)$
Spez. Jahresprimärenergiebedarf: 18,20 $kWh/(m^2 \cdot a)$

Planungskennwerte für Flächen und Rauminhalte nach DIN 277

Flächen des Grundstücks		Menge Einheit	% an GF
BF	Bebaute Fläche	175,03 m²	20,5
UF	Unbebaute Fläche	676,97 m²	79,5
GF	Grundstücksfläche	852,00 m²	100,0

Grundflächen des Bauwerks		Menge Einheit	% an NUF	% an BGF
NUF	Nutzungsfläche	208,93 m²	100,0	59,7
TF	Technikfläche	3,89 m²	1,9	1,1
VF	Verkehrsfläche	42,98 m²	20,6	12,3
NRF	Netto-Raumfläche	255,80 m²	122,4	73,1
KGF	Konstruktions-Grundfläche	94,26 m²	45,1	26,9
BGF	Brutto-Grundfläche	350,06 m²	167,5	100,0

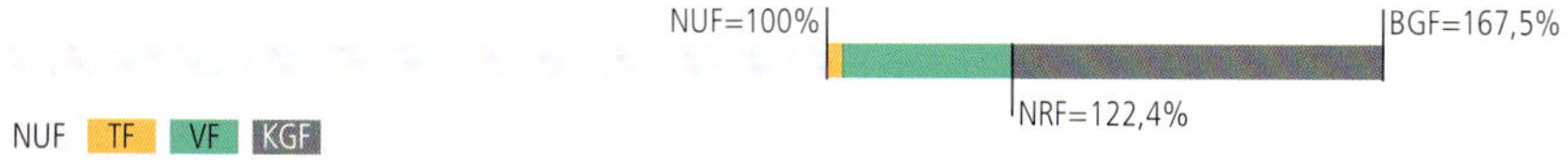

Brutto-Rauminhalt des Bauwerks		Menge Einheit	BRI/NUF (m)	BRI/BGF (m)
BRI	Brutto-Rauminhalt	1.026,52 m³	4,91	2,93

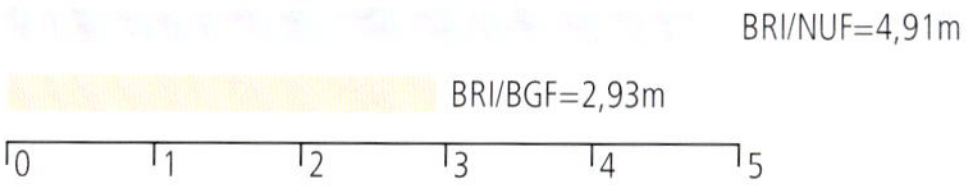

Kostenkennwerte für die Kostengruppen der 1. Ebene DIN 276

KG	Kostengruppen (1. Ebene)	Einheit	Kosten €	€/Einheit	€/m² BGF	€/m³ BRI	% 300+400
100	Grundstück	m² GF	–	–	–	–	–
200	Vorbereitende Maßnahmen	m² GF	–	–	–	–	–
300	Bauwerk – Baukonstruktionen	m² BGF	900.960	2.573,73	2.573,73	877,68	79,5
400	Bauwerk – Technische Anlagen	m² BGF	232.722	664,81	664,81	226,71	20,5
	Bauwerk 300+400	**m² BGF**	**1.133.682**	**3.238,54**	**3.238,54**	**1.104,39**	**100,0**
500	Außenanlagen und Freiflächen	m² AF	128.319	189,55	366,56	125,00	11,3
600	Ausstattung und Kunstwerke	m² BGF	39.167	111,89	111,89	38,15	3,5
700	Baunebenkosten	m² BGF	–	–	–	–	–
800	Finanzierung	m² BGF	–	–	–	–	–

KG	Kostengruppe	Menge Einheit	Kosten €	€/Einheit	%
3+4	**Bauwerk**				**100,0**
300	**Bauwerk – Baukonstruktionen**	350,06 m² BGF	900.960	**2.573,73**	79,5

Bodenarbeiten; Stb-Fundamentplatte (WU), Abdichtung, Wärmedämmung, Heizestrich, Linoleum, Bodenfliesen; Holzrahmenwände, Zellulosedämmung, Holzfaserplatten, Holzfenster, Dreifachverglasung, Holz-Eingangstür, senkrechte Holzbekleidung, GK-Beplankung, Beschichtung, Raffstores, Rollläden; Holzrahmenwände, GK-Wände, Holztüren, GK-Vorsatzschalen, Wandfliesen, Beschichtung; Holzbalkendecke, Holztreppe, Dämmung, Heizestrich, Linoleum, Bodenfliesen, Stahlgeländer; Holzsatteldach, Dachflächenfenster, Dämmung, Betondachsteine, Dachentwässerung

KG	Kostengruppe	Menge Einheit	Kosten €	€/Einheit	%
400	**Bauwerk – Technische Anlagen**	350,06 m² BGF	232.722	**664,81**	20,5

Gebäudeentwässerung, Kalt- und Warmwasserleitungen, Sanitärobjekte, Durchlauferhitzer; Luft-Wasser-Wärmepumpe, Fußbodenheizung; Lüftungsgerät; PV-Anlage, Energiespeicher, Elektroinstallation, Einbauleuchten; Telekommunikationsanschlüsse

KG	Kostengruppe	Menge Einheit	Kosten €	€/Einheit	%
500	**Außenanlagen und Freiflächen**	676,97 m² AF	128.319	**189,55**	11,3

Rasengittersteine, Pflasterbeläge, Betonterrassenplatten, Splittflächen; Betonwinkelsteine; Pflanzflächen, Bepflanzung, Rasenansaat

KG	Kostengruppe	Menge Einheit	Kosten €	€/Einheit	%
600	**Ausstattung und Kunstwerke**	350,06 m² BGF	39.167	**111,89**	3,5

Einbauküchen für drei Wohnungen

6100-1730
Einfamilienhaus
Gästewohnung

Kostenkennwerte für die Kosten des Bauwerks (Kostengruppen 300+400 nach DIN 276)

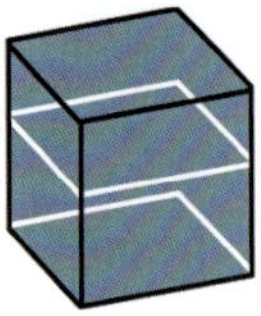

BRI 1.260 €/m³

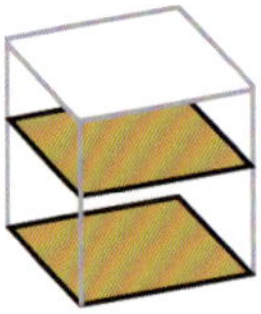

BGF 3.703 €/m²

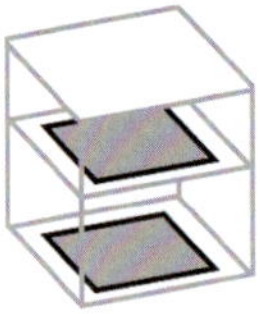

NUF 5.452 €/m²

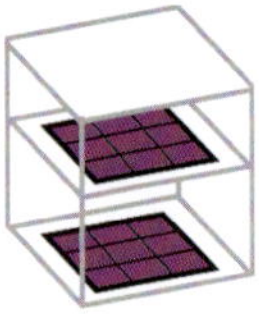

NE 7.768 €/NE

NE: Wohnfläche

Objekt:
Kennwerte: 1. Ebene DIN 276
BRI: 1.973 m³
BGF: 672 m²
NUF: 456 m²
Bauzeit: 87 Wochen
Bauende: 2022
Standard: hoch
Bundesland: Bayern
Kreis: Oberallgäu

Architekt*in:
Architekturbüro Huber
Poststraße 8
87435 Kempten

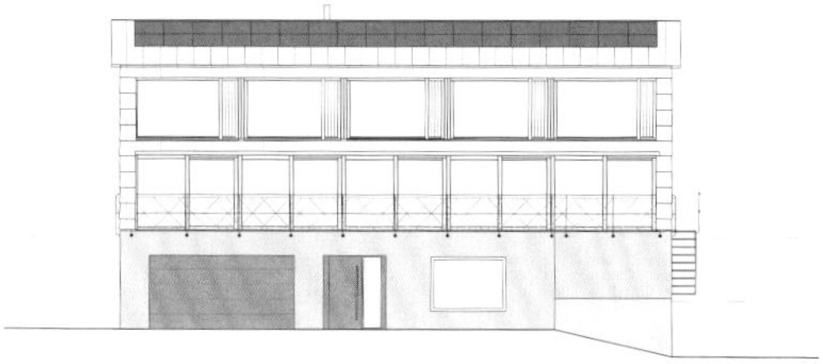
Ansicht Süd

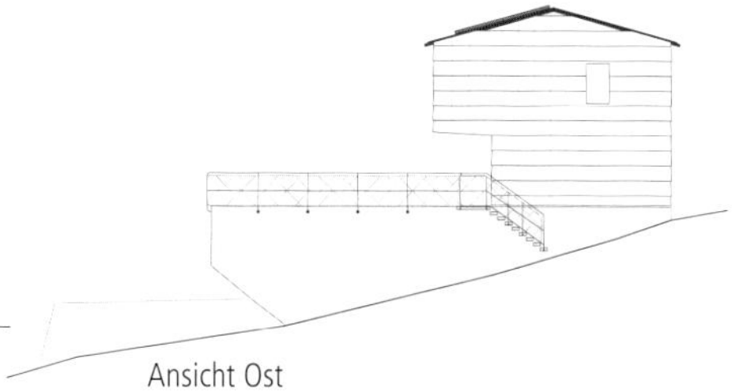
Ansicht Ost

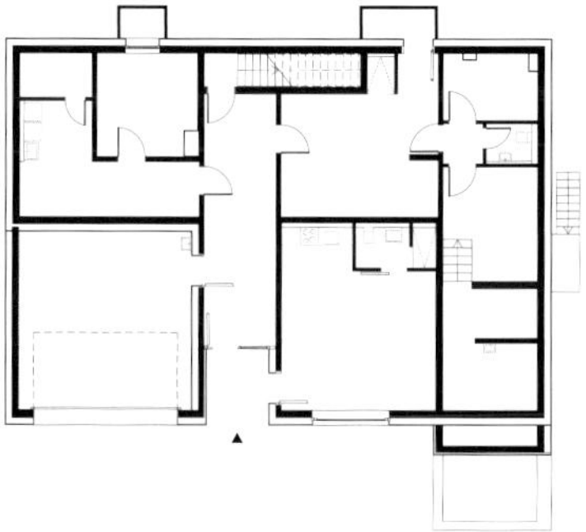
Untergeschoss

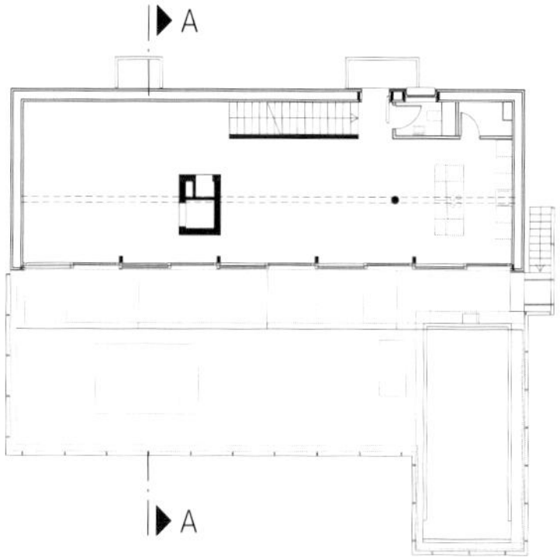

Erdgeschoss

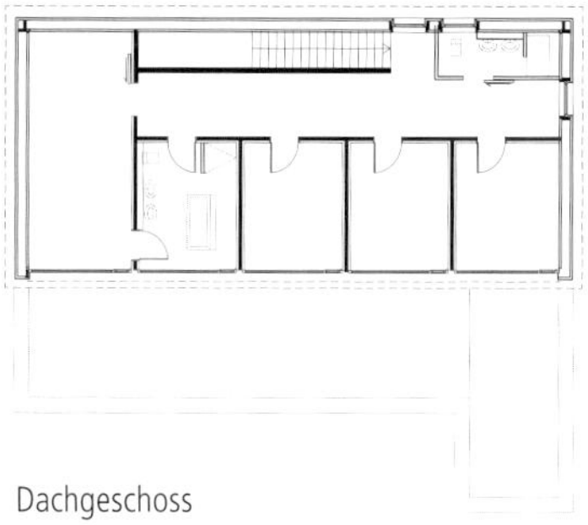
Dachgeschoss

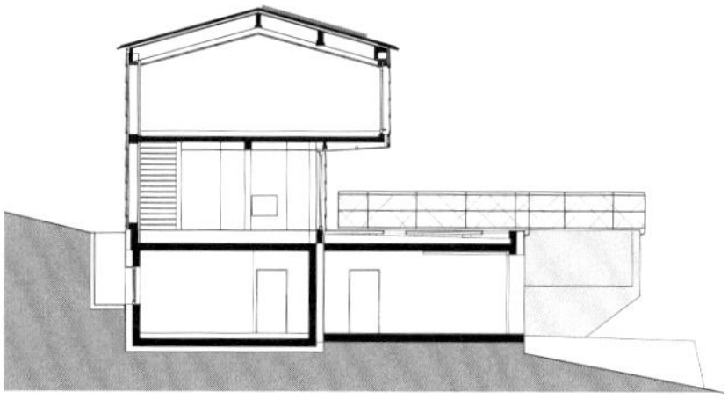
Schnitt A-A

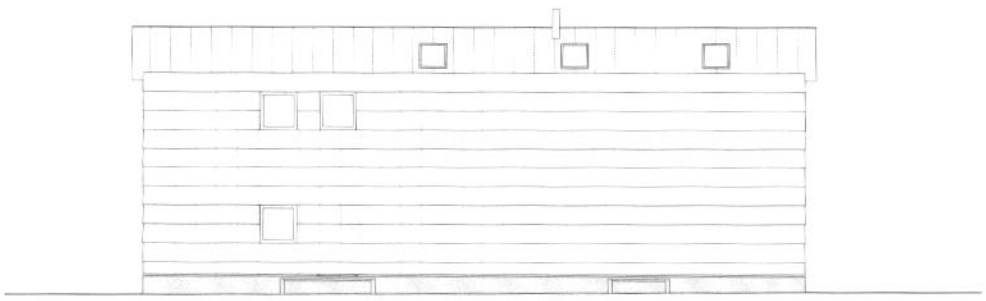
Ansicht Nord

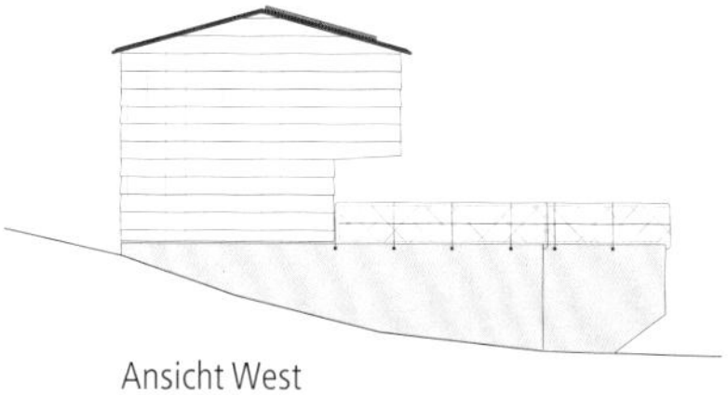
Ansicht West

Objektbeschreibung

Allgemeine Objektinformationen

Das weitläufige Grundstück des Einfamilienhauses befindet sich an einem nach Südwesten abfallenden Hang. Der Baukörper wurde dabei so positioniert, dass sich die Breitseite nach Süden zum Tal hin ausrichtet. Diese örtlichen Gegebenheiten greift das neue Gebäude auf und inszeniert den Ausblick als zentrales Entwurfsthema. Der massive Sockel bildet die Basis für einen Holzbau, der oben aufgesetzt wird.

Nutzung

1 Untergeschoss
Separater Wohnraum, Bad; Büro, HWR, Abstellraum, Flur, Saunabereich, WC, Weinkeller, Technik, Garage

1 Erdgeschoss
Wohn-/Essraum, Küche, Speisekammer, WC, Treppe, Terrasse, Pool

1 Obergeschoss
Schlafzimmer, Ankleide, Bäder, Kinderzimmer, Flur, Treppe

Nutzeinheiten

Stellplätze: 4
Wohneinheiten: 2
Wohnfläche: 320 m²

Grundstück

Bauraum: Freier Bauraum
Neigung: Hanglage
Bodenklasse: BK 1 bis BK 4

Markt

Hauptvergabezeit: 3. Quartal 2020
Baubeginn: 3. Quartal 2020
Bauende: 2. Quartal 2022
Konjunkturelle Gesamtlage: über Durchschnitt
Regionaler Baumarkt: unter Durchschnitt

Baukonstruktion

Der Neubau gründet auf einer Stahlbeton-Fundamentplatte. Die Außenwände des Untergeschosses und die darüberliegend Decke sind betoniert, die darüberliegenden Geschosse sind in Holzrahmenbauweise errichtet. Die Fassaden des Holzbaus sind mit Schindeln bekleidet, im Innenbereich ist eine Holzschalung auf der Installationsebene aufgebracht. Die Holzfenster sind mit einer Dreifachverglasung ausgeführt. Die Innenwände sind teilweise, da statisch gefordert, in Brettsperrholz gefertigt. Sämtliche Bodenbeläge der Wohnräume sind mit Massivholzdielenböden belegt, im UG kamen Natursteinfliesen zum Einsatz.

Technische Anlagen

Eine Wärmepumpe mit Erdsonden versorgt das Gebäude mit Heizwärme. Eine Fußbodenheizung verteilt die Wärme in den Räumen. Auf dem Dach ist eine Photovoltaikanlage installiert, der erzeugte Strom kann in einer Batterieeinheit gespeichert werden. Eine zentrale Lüftungsanlage mit Wärmerückgewinnung sorgt für regelmäßigen Luftaustausch. Die Pooltechnik im Keller filtert, temperiert das Wasser des Außenpools.

Sonstiges

Die notwendige Neuaufstellung eines Bebauungsplanes legte besonderen Augenmerk auf artenschutzrechtliche Belange aufgrund eines auf dem Grundstück vorhandenem Biotops. Alle sichtbaren Holzteile wurden in Weißtanne aus dem nahegelegenen Bregenzerwald gefertigt. Für die Fassade wurden eigens gefertigte Bretterschindeln aus Weißtanne verwendet. Das Gebäude wurde als KfW-Effizienzhaus 40+ nach EnEV 2016 realisiert.

Energetische Kennwerte

Gesetzliche Grundlage: EnEV 2013
Gebäudenutzfläche: 488,60 m²
Hüllfläche des beheizten Volumens: 1.015,00 m²
Spez. Transmissionswärmeverlust: 0,22 W/(m²·K)
Jahresprimärenergie: 10.653,00 kWh/a
Spez. Jahresprimärenergiebedarf: 21,80 kWh/(m²·a)
Jahresheizwärmebedarf: 5.918,00 kWh/a
Spez. Jahresheizwärmebedarf: 12,10 kWh/(m²·a)
Differenzdruck-Messverfahren: 1,50 h^{-1}

Energetische Angaben zu Außenbauteilen

Bodenplatte

U-Wert: 0,15 W/(m²·K)

Gesamtdicke: 58,20 cm	d [cm]	λ [W/(mK)]
Bodenbelag	2,00	1,000
Estrich	7,00	1,400
Dämmung	2,00	0,045
Dämmung	6,00	0,035
Abdichtung	0,20	0,170
Stahlbeton	25,00	2,500
Dämmung	16,00	0,040

Außenwand gegen Erdreich

U-Wert: 0,16 W/(m²·K)

Gesamtdicke: 47,50 cm	d [cm]	λ [W/(mK)]
Stahlbeton WU	25,00	2,500
Bitumenbahn	0,50	0,170
Dämmung	22,00	0,036

Außenwand Pool

U-Wert: 0,19 W/(m²·K)

Gesamtdicke: 37,15 cm	d [cm]	λ [W/(mK)]
Stahlbeton	25,00	2,500
Dampfsperre	0,15	0,170
Dämmung	12,00	0,024

Terrasse

U-Wert: 0,14 W/(m²·K)

Gesamtdicke: 44,55 cm	d [cm]	λ [W/(mK)]
Stahlbeton	24,00	2,500
Dampfsperre	0,15	0,170
Dämmung	10,00	0,024
Gefälledämmung	10,00	0,035
Abdichtung	0,40	0,230

Außenwand hinterlüftet

U-Wert: 0,10 W/(m²·K)

Gesamtdicke: 40,90 cm	d [cm]	λ [W/(mK)]
Holz	1,90	0,130
Holz	6,00	0,130
Dämmung	6,00	0,040
Holzfaserplatte	1,50	0,130
Dämmung	28,00	0,040
Holzfaserplatte	3,50	0,045

Decke Terrasse

U-Wert: 0,14 W/(m²·K)

Gesamtdicke: 52,00 cm	d [cm]	λ [W/(mK)]
Bodenbelag	2,00	0,130
Estrich	6,00	1,400
Dämmung FBH	2,00	0,035
Schüttung	6,00	2,000
Holz	18,00	0,130
Holz	10,00	0,130
Dämmung	10,00	0,032
Holz	8,00	0,130
Dämmung	8,00	0,032

Dach

U-Wert: 0,11 W/(m²·K)

Gesamtdicke: 50,00 cm	d [cm]	λ [W/(mK)]
GK-Platte	2,00	0,230
Luftschicht ruhend	3,00	1,875
Holzwerkstoffplatte	1,50	0,130
Holz	40,00	0,130
Dämmung	40,00	0,040
Holzfaserplatte	3,50	0,046

Planungskennwerte für Flächen und Rauminhalte nach DIN 277

Flächen des Grundstücks		Menge Einheit	% an GF
BF	Bebaute Fläche	263,00 m²	10,4
UF	Unbebaute Fläche	2.263,00 m²	89,6
GF	Grundstücksfläche	2.526,00 m²	100,0

Grundflächen des Bauwerks		Menge Einheit	% an NUF	% an BGF
NUF	Nutzungsfläche	456,04 m²	100,0	67,9
TF	Technikfläche	45,11 m²	9,9	6,7
VF	Verkehrsfläche	57,52 m²	12,6	8,6
NRF	Netto-Raumfläche	558,67 m²	122,5	83,2
KGF	Konstruktions-Grundfläche	112,83 m²	24,7	16,8
BGF	Brutto-Grundfläche	671,50 m²	147,2	100,0

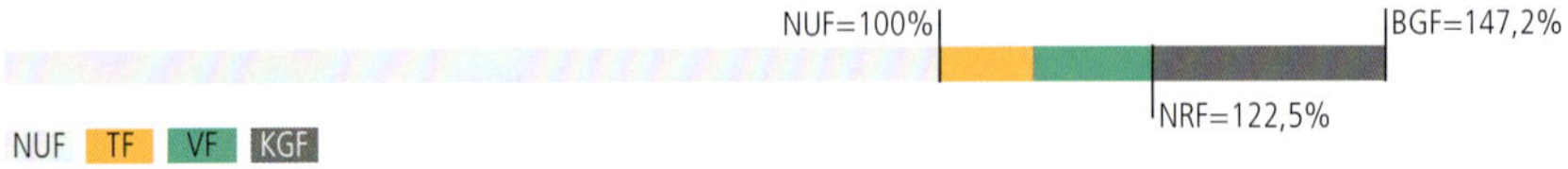

Brutto-Rauminhalt des Bauwerks		Menge Einheit	BRI/NUF (m)	BRI/BGF (m)
BRI	Brutto-Rauminhalt	1.972,99 m³	4,33	2,94

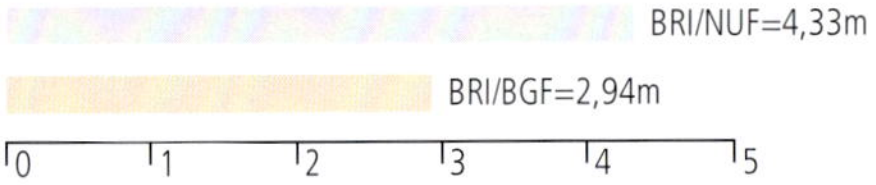

Kostenkennwerte für die Kostengruppen der 1. Ebene DIN 276

KG	Kostengruppen (1. Ebene)	Einheit	Kosten €	€/Einheit	€/m² BGF	€/m³ BRI	% 300+400
100	Grundstück	m² GF	–	–	–	–	–
200	Vorbereitende Maßnahmen	m² GF	–	–	–	–	–
300	Bauwerk – Baukonstruktionen	m² BGF	1.969.598	2.933,13	2.933,13	998,28	79,2
400	Bauwerk – Technische Anlagen	m² BGF	516.671	769,43	769,43	261,87	20,8
	Bauwerk 300+400	**m² BGF**	**2.486.269**	**3.702,56**	**3.702,56**	**1.260,15**	**100,0**
500	Außenanlagen und Freiflächen	m² AF	115.951	51,24	172,67	58,77	4,7
600	Ausstattung und Kunstwerke	m² BGF	–	–	–	–	–
700	Baunebenkosten	m² BGF	–	–	–	–	–
800	Finanzierung	m² BGF	–	–	–	–	–

KG	Kostengruppe	Menge Einheit	Kosten €	€/Einheit	%
3+4	**Bauwerk**				**100,0**
300	**Bauwerk – Baukonstruktionen**	671,50 m² BGF	1.969.598	**2.933,13**	79,2

Baugrubenaushub; Stb-Fundamentplatte, WU, Abdichtung, Schüttung, Heizestrich, Bodenfliesen; Stb-Wände, WU, Holzrahmenwände, Holzfenster, Dreifachverglasung, Holz-Eingangstüre, Sektionaltor, WDVS, Perimeterdämmung, Holzschindeln, Holzschalung auf Installationsebene, Dämmung, geflockt; Stb-Wände, Brettschichtholzwände, Holzrahmenwände, oberflächenfertig, Holztüren, Holzschalung auf Installationsebene; Stb-Decke, Brettschichtholzdecke, Stb-Treppe, Holztreppe, Dämmung, Heizestrich, Holzdielenbelag, Bodenfliesen, Holz-Terrassendielen, Terrassengeländer; Satteldach, Pfettendach mit Zwischensparrendämmung, Dämmung, Blechdach, Dachentwässerung; Außenpool in Stahlbetonbauweise; Einbauschränke

KG	Kostengruppe	Menge Einheit	Kosten €	€/Einheit	%
400	**Bauwerk – Technische Anlagen**	671,50 m² BGF	516.671	**769,43**	20,8

Gebäudeentwässerung, Kalt- und Warmwasserleitungen, Sanitärobjekte; Wasser-Wärmepumpe, Sondenbohrungen, Fußbodenheizung; zentrale Lüftungsanlage; PV-Anlage, Batteriespeicher, Elektroinstallation, Beleuchtung; Pooltechnik

KG	Kostengruppe	Menge Einheit	Kosten €	€/Einheit	%
500	**Außenanlagen und Freiflächen**	2.263,00 m² AF	115.951	**51,24**	4,7

Vegetationsflächen, Neupflanzung Gehölze, Hecken; Wiederherstellen von Bachlauf, Biotop, Schutzmaßnahmen

6100-1732
Einfamilienhaus

Kostenkennwerte für die Kosten des Bauwerks (Kostengruppen 300+400 nach DIN 276)

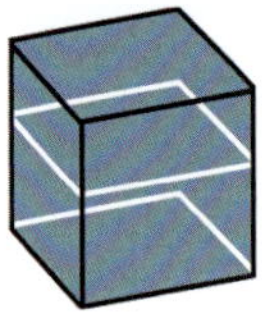

BRI 669 €/m³

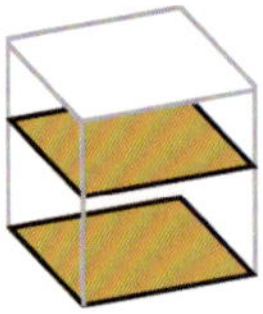

BGF 2.270 €/m²

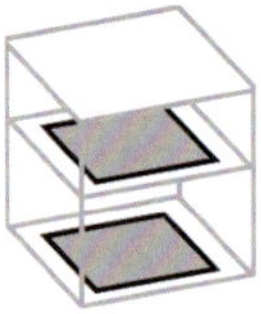

NUF 3.146 €/m²

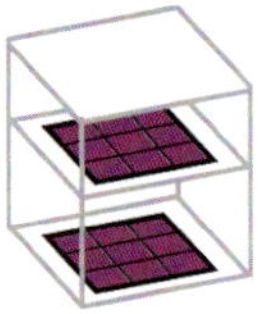

NE 3.564 €/NE

NE: Wohnfläche

Objekt:
Kennwerte: 1.Ebene DIN 276
BRI: 840 m³
BGF: 247 m²
NUF: 178 m²
Bauzeit: 44 Wochen
Bauende: 2020
Standard: mittel
Bundesland: Rheinland-Pfalz
Kreis: Ahrweiler

Architekt*in:
arminschmitz
architekt bda
Im Seifelsgraben 4
53474 Bad Neuenahr
-Ahrweiler

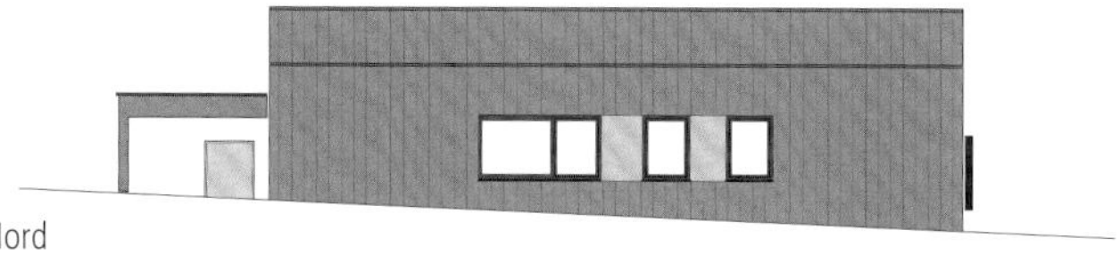

Ansicht Nord

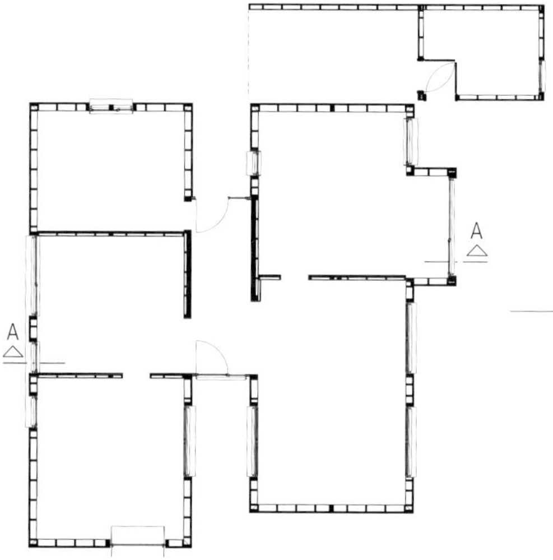

Erdgeschoss

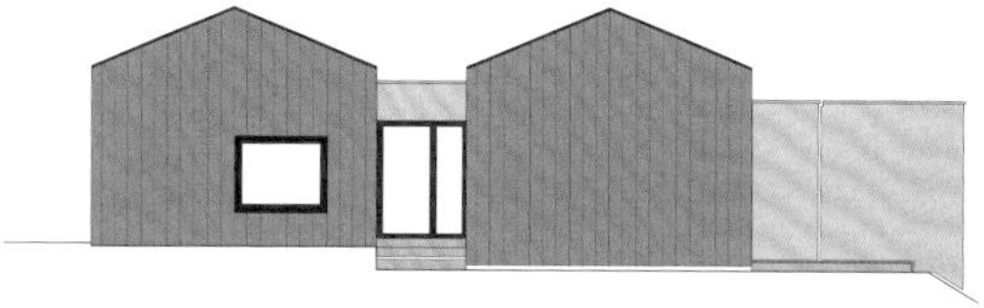

Ansicht West

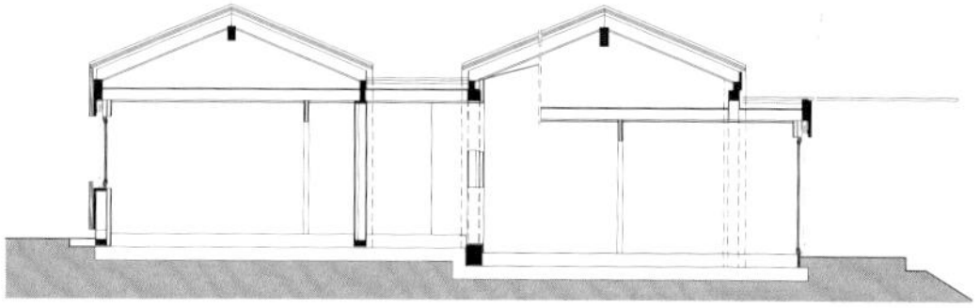

Schnitt A-A

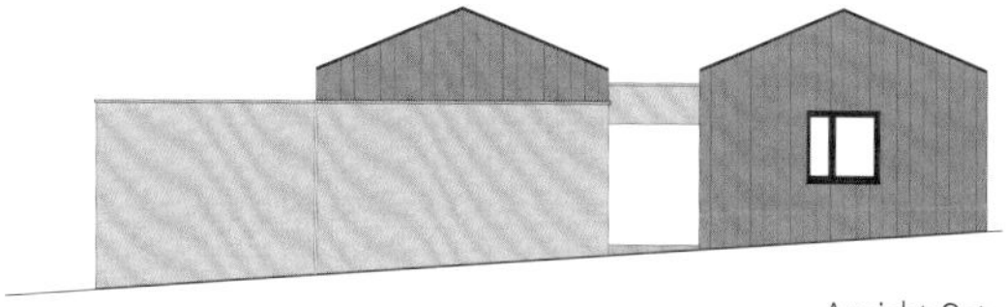

Ansicht Ost

Ansicht Süd

Objektbeschreibung

Allgemeine Objektinformationen

Die Entwurfsidee war im ländlichen Raum ein Wohnhaus mit besonderem Wohnkonzept zu erstellen und damit aus dem städtischen Trubel zu entkommen. Entstanden ist ein eingeschossiges Wohngebäude aus zwei Baukörpern mit Satteldach und dazwischen liegendem Erschließungstrakt mit Flachdach. Es ist im Holzrahmenbau errichtet und soll, durch die Bekleidung aus anthrazitbeschichteten Sinuswellen mit großen Öffnungen nach Süden, einen scheunenartigen Charakter wiedergeben.

Nutzung

1 Erdgeschoss
Eingangsbereich, Garderobe, Diele, Musikzimmer, Küche, Vorrat, Gästebad, Technik, Arbeitszimmer, Wohnzimmer, Esszimmer, Ankleide, Bad, Schlafzimmer, Carport, Stellplatz

Nutzeinheiten

Wohneinheiten: 1
Wohnfläche: 157 m^2

Grundstück

Bauraum: Freier Bauraum
Neigung: Geneigtes Gelände
Bodenklasse: BK 1 bis BK 3

Markt

Hauptvergabezeit: 3. Quartal 2019
Baubeginn: 3. Quartal 2019
Bauende: 2. Quartal 2020
Konjunkturelle Gesamtlage: Durchschnitt
Regionaler Baumarkt: unter Durchschnitt

Baukonstruktion

Die Gründung erfolgte für beide Baukörper auf Stb-Fundamentplatten. Darauf wurden die vorgefertigten Holzrahmenwände in kurzer Zeit aufgerichtet und vor Ort ausgefacht. Die Kunststofffenster sind mit einer Dreifachverglasung ausgestattet. Die hinterlüfteten Fassaden wurden mit Alu-Sinuswellen bekleidet. Die beiden Satteldächer sind zimmermannsmäßig als Sparrendächer in Vollholz ausgeführt und ebenfalls mit Stahl-Sinuswellen belegt. Die dazwischenliegenden Flachdächer sind auf der Gefälledämmung bituminös abgedichtet und mit Kies belegt. Aus den Böden kamen Eichendielen und Bodenfliesen zum Einsatz. Auf der Südseite ist eine große Holzterrasse entstanden.

Technische Anlagen

Es wurden Varianten für die Energieversorgung berechnet, dennoch hat die Bauherrschaft sich für eine Gas-Brennwerttherme entschieden. Die produzierte Wärme wird an einen Speicher übergeben, an den auch Flachkollektoren für die Warmwasserversorgung angeschlossen sind. Um eine Nachrüstung von Photovoltaikelementen zu vereinfachen, sind in den Wänden Leerrohre verlegt. Die Luftdichtheit der Gebäude wurde mit einem Blower-Door-Test geprüft.

Sonstiges

Die Holzrahmenwände wurden vorproduziert und an der Baustelle ausgefacht. Durch die hohe Planungs- und Ausführungsgenauigkeit konnten parallel zu den Wänden die Fenster gefertigt werden, dadurch dauerte die gesamte Bauzeit für das Haus nur zehn Monate.

Energetische Kennwerte

Gesetzliche Grundlage: EnEV 2013
Gebäudenutzfläche: 130,80 m^2
Gebäudevolumen: 502,60 m^3
Spez. Transmissionswärmeverlust: 0,25 W/(m^2·K)
Spez. Jahresprimärenergiebedarf: 111,15 kWh/(m^2·a)
Anlagenaufwandszahl: 1,10

Planungskennwerte für Flächen und Rauminhalte nach DIN 277

Flächen des Grundstücks		Menge Einheit	% an GF
BF	Bebaute Fläche	196,66 m²	29,0
UF	Unbebaute Fläche	482,34 m²	71,0
GF	Grundstücksfläche	679,00 m²	100,0

Grundflächen des Bauwerks		Menge Einheit	% an NUF	% an BGF
NUF	Nutzungsfläche	178,43 m²	100,0	72,2
TF	Technikfläche	8,11 m²	4,5	3,3
VF	Verkehrsfläche	14,83 m²	8,3	6,0
NRF	Netto-Raumfläche	201,37 m²	112,9	81,4
KGF	Konstruktions-Grundfläche	45,88 m²	25,7	18,6
BGF	Brutto-Grundfläche	247,25 m²	138,6	100,0

Brutto-Rauminhalt des Bauwerks		Menge Einheit	BRI/NUF (m)	BRI/BGF (m)
BRI	Brutto-Rauminhalt	839,54 m³	4,71	3,40

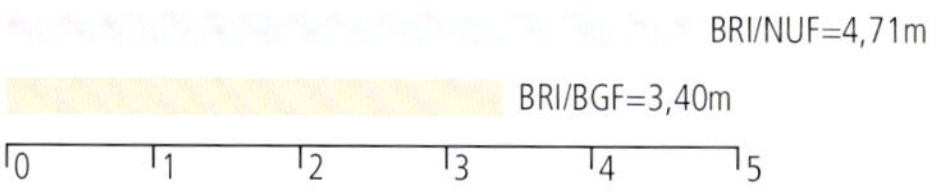

Kostenkennwerte für die Kostengruppen der 1. Ebene DIN 276

KG	Kostengruppen (1. Ebene)	Einheit	Kosten €	€/Einheit	€/m² BGF	€/m³ BRI	% 300+400
100	Grundstück	m² GF	–	–	–	–	–
200	Vorbereitende Maßnahmen	m² GF	–	–	–	–	–
300	Bauwerk – Baukonstruktionen	m² BGF	469.232	1.897,80	1.897,80	558,92	83,6
400	Bauwerk – Technische Anlagen	m² BGF	92.025	372,19	372,19	109,61	16,4
	Bauwerk 300+400	**m² BGF**	**561.257**	**2.270,00**	**2.270,00**	**668,53**	**100,0**
500	Außenanlagen und Freiflächen	m² AF	61.758	1.221,24	249,78	73,56	11,0
600	Ausstattung und Kunstwerke	m² BGF	–	–	–	–	–
700	Baunebenkosten	m² BGF	–	–	–	–	–
800	Finanzierung	m² BGF	–	–	–	–	–

KG	Kostengruppe	Menge Einheit	Kosten €	€/Einheit	%
3+4	**Bauwerk**				**100,0**
300	**Bauwerk – Baukonstruktionen**	247,25 m² BGF	469.232	**1.897,80**	83,6

Baugrubenaushub; Stb-Fundamentplatte, Abdichtung, Dämmung, Heizestrich, Eichendielen, Bodenfliesen, Kiesfilter, Sauberkeitsschicht; Holzrahmenwände, Kunststofffenster, Dreifachverglasung, Mineralfaserdämmung, hinterlüftete Alu-Sinuswellen, Putzfassade, GK-Bekleidung, Beschichtung; Holzrahmenwände, Holztüren, GK-Bekleidung, Wandfliesen, Beschichtung; Satteldach in Holzkonstruktion, MDF-Platten, Mineralwolldämmung, Abdichtung, Metall-Sinuswellen, Flachdach, OSB-Platten, Gefälledämmung, Abdichtung, Dachentwässerung, abgehängte GK-Decke, Beschichtung; Einbauschränke, Einbauküche

KG	Kostengruppe	Menge Einheit	Kosten €	€/Einheit	%
400	**Bauwerk – Technische Anlagen**	247,25 m² BGF	92.025	**372,19**	16,4

Gebäudeentwässerung, Kalt- und Warmwasserleitungen, solare Warmwasserunterstützung, Sanitärobjekte; Gas-Brennwerttherme, Fußbodenheizung, Kaminofen; Elektroinstallation, Beleuchtung; Telefonanschluss

KG	Kostengruppe	Menge Einheit	Kosten €	€/Einheit	%
500	**Außenanlagen und Freiflächen**	50,57 m² AF	61.758	**1.221,24**	11,0

Pflasterbelag, Holzdielen auf Terrasse; Bepflanzung

6100-1734
Einfamilienhaus

Kostenkennwerte für die Kosten des Bauwerks (Kostengruppen 300+400 nach DIN 276)

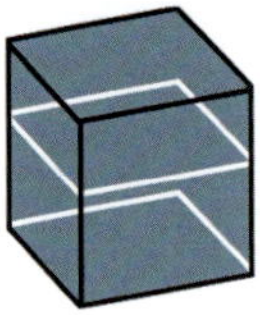

BRI 755 €/m³

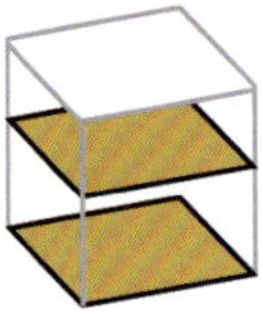

BGF 2.349 €/m²

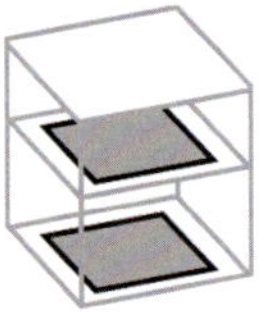

NUF 3.510 €/m²

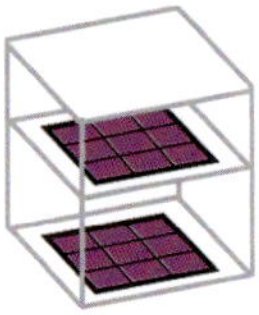

NE 3.668 €/NE

NE: Wohnfläche

Objekt:
Kennwerte: 1. Ebene DIN 276
BRI: 738 m³
BGF: 237 m²
NUF: 159 m²
Bauzeit: 91 Wochen
Bauende: 2023
Standard: mittel
Bundesland: Niedersachsen
Kreis: Rotenburg (Wümme)

Architekt*in:
Wirth Architekten
BDA PartgmbB
Mathildenstraße 17
28203 Bremen

© Caspar Sessler

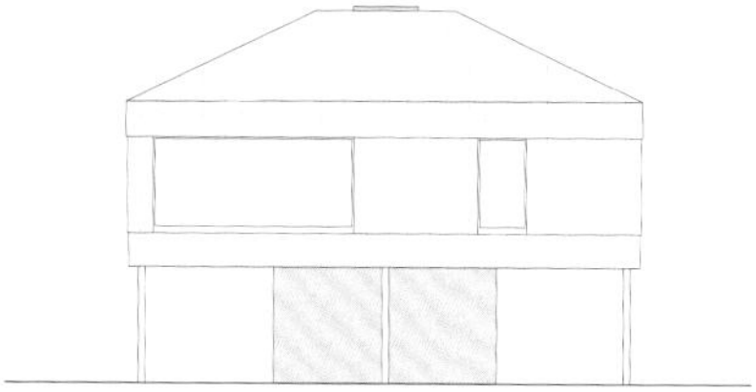

Ansicht Nord

Ansicht West

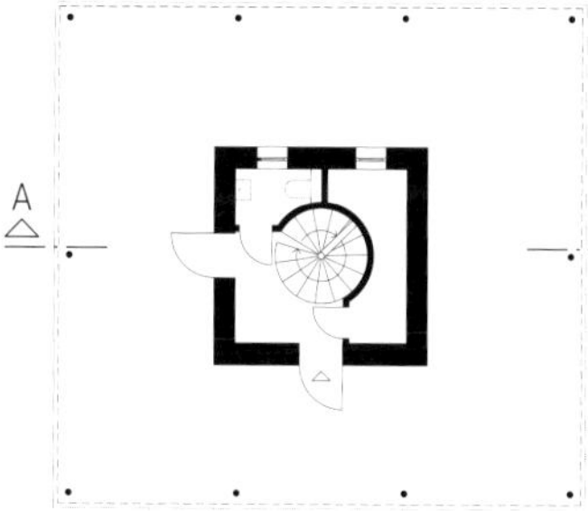

Erdgeschoss

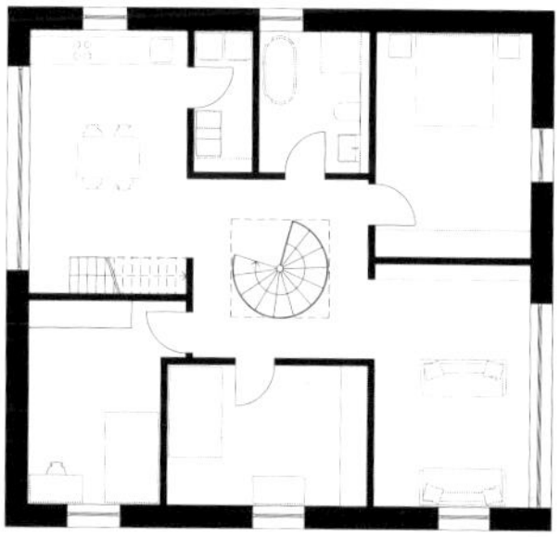

Obergeschoss

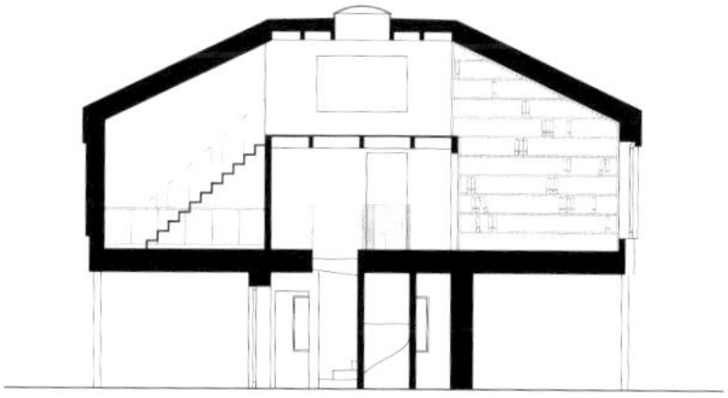

Schnitt A-A

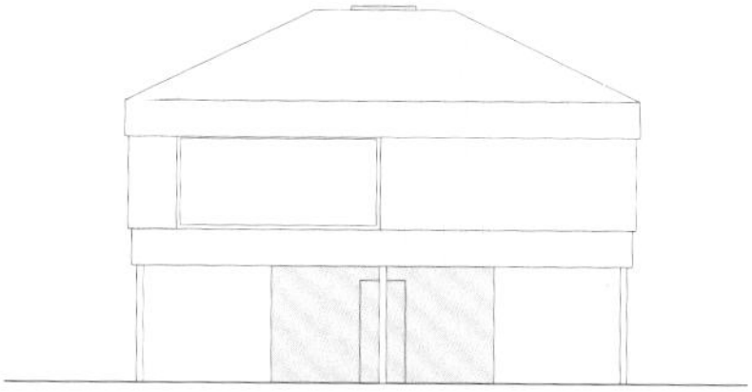

Ansicht Süd

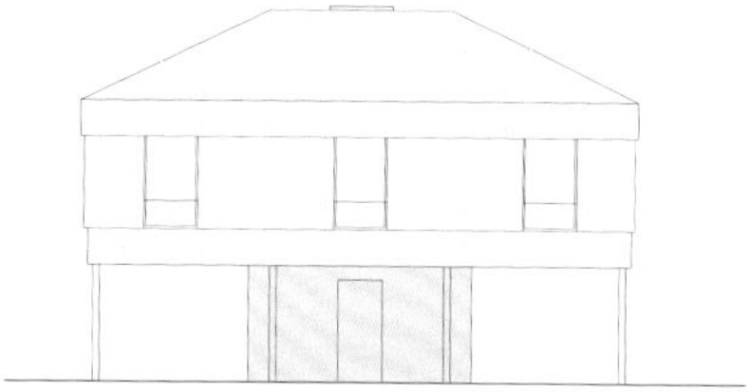

Ansicht Ost

Objektbeschreibung

Allgemeine Objektinformationen

Das außergewöhnliche Einfamilienhaus beherbergt alle Wohn- und Schlafräume im ersten Obergeschoss. Im Erdgeschoss befinden sich lediglich der Eingang, ein WC und die Haustechnik. Dadurch hat das Haus einen sehr kleinen Fußabdruck und gleichzeitig eine große umlaufende Gartenloggia. Das Grundstück wird bestmöglich genutzt.

Nutzung

1 Erdgeschoss
Entrée, WC, Technikraum

1 Obergeschoss
Wohnraum, Küche, Individualräume, Hauswirtschaftsraum, Bad

1 Dachgeschoss
Abstellräume, Lufträume

Nutzeinheiten

Wohneinheiten: 1
Wohnfläche: 152 m^2

Grundstück

Bauraum: Freier Bauraum
Neigung: Ebenes Gelände
Bodenklasse: BK 1 bis BK 3

Markt

Hauptvergabezeit: 1. Quartal 2021
Baubeginn: 2. Quartal 2021
Bauende: 1. Quartal 2023
Konjunkturelle Gesamtlage: über Durchschnitt
Regionaler Baumarkt: Durchschnitt

Baukonstruktion

Das Haus ist ein Holzrahmenbau der außen mit Faserzementwellplatten bekleidet ist. Eine Bekleidung aus zementgebundenen Spanplatten bildet die Fassade im Erdgeschoss. Grazile Stahlträger und der Treppenhauskern fangen die Lasten der Obergeschosswände ab und leiten diese in Stahlbetonfundamente ab. Eine Spindeltreppe erschließt das Obergeschoss. Die Wände sind innen mit sichtbaren OSB-Platten bekleidet, sie wurden vorgefertigt zur Baustelle geliefert, inklusive der vormontierten, festverglasten Alufenster mit Dreifachverglasung. Die Holzdachkonstruktion in Form eines Zeltdachs ist ebenfalls mit Faserzementwellplatten gedeckt. Am oberen Dachabschluss ist ein Oberlicht positioniert, das über Gitterböden natürliches Licht bis ins Erdgeschoss scheinen lässt. Die Böden sind mit Epoxidharz beschichteten Estrichen belegt.

Technische Anlagen

Zur Beheizung des Gebäudes wurde Geothermie mit einem Pufferspeicher gewählt. Die Wärmeverteilung übernimmt eine Fußbodenheizung. Zusätzlich ist auf dem Dach eine unterstützende Photovoltaikanlage installiert.

Energetische Kennwerte

Gesetzliche Grundlage: GEG 2020
Gebäudevolumen: 662,20 m^3
A/V_e-Verhältnis (Kompaktheit): 0,77 m^{-1}
Hüllfläche des beheizten Volumens: 512,50 m^2
Spez. Transmissionswärmeverlust: 0,23 W/(m^2·K)
Spez. Jahresprimärenergiebedarf: 28,80 kWh/(m^2·a)
CO_2-Emissionen: 8,95 kg/(m^2·a)
Anlagenaufwandszahl: 0,53

Planungskennwerte für Flächen und Rauminhalte nach DIN 277

Flächen des Grundstücks		Menge Einheit	% an GF
BF	Bebaute Fläche	142,31 m²	22,1
UF	Unbebaute Fläche	501,38 m²	77,9
GF	Grundstücksfläche	643,69 m²	100,0

Grundflächen des Bauwerks		Menge Einheit	% an NUF	% an BGF
NUF	Nutzungsfläche	158,84 m²	100,0	66,9
TF	Technikfläche	4,88 m²	3,1	2,1
VF	Verkehrsfläche	17,73 m²	11,2	7,5
NRF	Netto-Raumfläche	181,45 m²	114,2	76,4
KGF	Konstruktions-Grundfläche	55,90 m²	35,2	23,6
BGF	Brutto-Grundfläche	237,35 m²	149,4	100,0

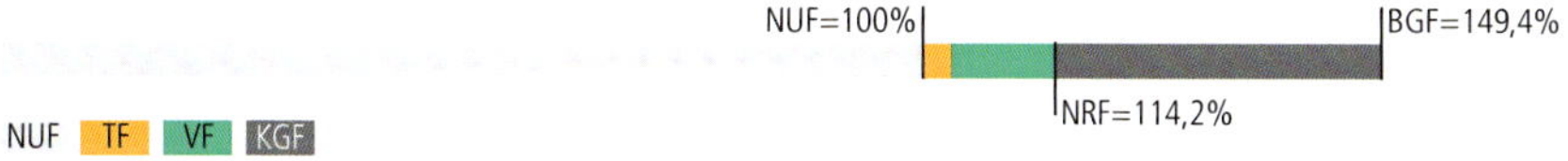

Brutto-Rauminhalt des Bauwerks		Menge Einheit	BRI/NUF (m)	BRI/BGF (m)
BRI	Brutto-Rauminhalt	738,05 m³	4,65	3,11

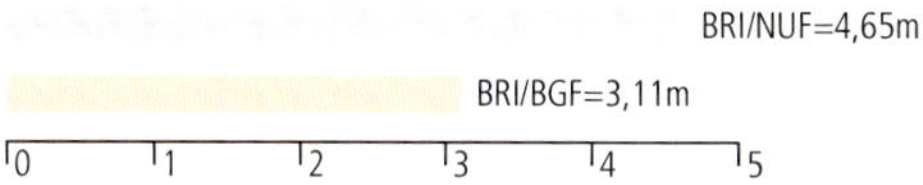

Kostenkennwerte für die Kostengruppen der 1. Ebene DIN 276

KG	Kostengruppen (1. Ebene)	Einheit	Kosten €	€/Einheit	€/m² BGF	€/m³ BRI	% 300+400
100	Grundstück	m² GF	–	–	–	–	–
200	Vorbereitende Maßnahmen	m² GF	–	–	–	–	–
300	Bauwerk – Baukonstruktionen	m² BGF	435.181	1.833,50	1.833,50	589,64	78,0
400	Bauwerk – Technische Anlagen	m² BGF	122.399	515,69	515,69	165,84	22,0
	Bauwerk 300+400	**m² BGF**	**557.579**	**2.349,19**	**2.349,19**	**755,48**	**100,0**
500	Außenanlagen und Freiflächen	m² AF	–	–	–	–	–
600	Ausstattung und Kunstwerke	m² BGF	–	–	–	–	–
700	Baunebenkosten	m² BGF	–	–	–	–	–
800	Finanzierung	m² BGF	–	–	–	–	–

KG	Kostengruppe	Menge Einheit	Kosten €	€/Einheit	%
3+4	**Bauwerk**				**100,0**
300	**Bauwerk – Baukonstruktionen**	237,35 m² BGF	435.181	**1.833,50**	78,0

Baugrubenaushub; Baugrundverbesserung, Stb-Fundamente, Stb-Bodenplatte, Dämmung, Estrich, Heizestrich, Bodenbeschichtung, Bodenfliesen, Abdichtung, Dämmung; Holzrahmenwände, Stahlstützen, Alufenster, Kunststofffenster, Dreifachverglasung, Sonnenschutzverglasung, Wärmedämmung, hinterlüftete Faserzementfassade, OSB-Sichtbekleidung, textiler Sonnenschutz; Holzständerwände, OSB-Sichtbekleidung, Wandfliesen; Holzbalkendecken, Stahltreppen, Heizestrich, Beschichtung, Bodenfliesen, Faserzementtafeln, Glasgeländer, Stahlgeländer, Treppengeländer; Holzbalkendach, Oberlicht, Dämmung, hinterlüftete Faserzement-Wellplatten, Abdichtung, GK-Dachbekleidung, Dachentwässerung; Einbauküche, Einbauschränke

KG	Kostengruppe	Menge Einheit	Kosten €	€/Einheit	%
400	**Bauwerk – Technische Anlagen**	237,35 m² BGF	122.399	**515,69**	22,0

Gebäudeentwässerung, Kalt- und Warmwasserleitungen, Sanitärobjekte; Erdwärmepumpe, Fußbodenheizung; PV-Anlage, Elektroinstallation, Beleuchtung; Datenübertragungsanlage, Rauchmelder

6100-1739
Einfamilienhaus

Kostenkennwerte für die Kosten des Bauwerks (Kostengruppen 300+400 nach DIN 276)

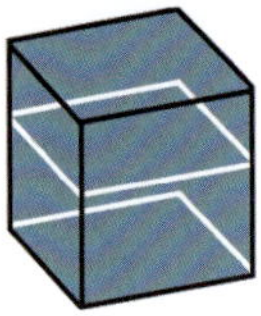

BRI 1.285 €/m³

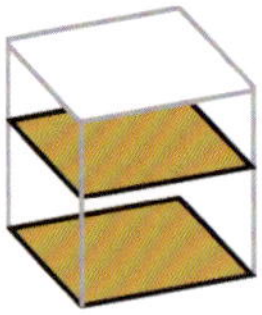

BGF 4.191 €/m²

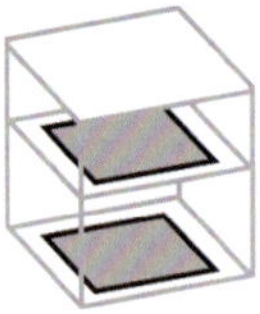

NUF 7.363 €/m²

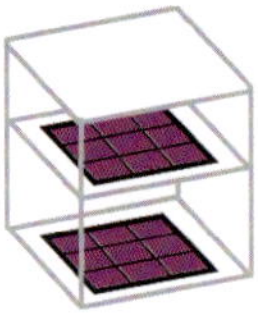

NE 8.079 €/NE

NE: Wohnfläche

Objekt:
Kennwerte: 1. Ebene DIN 276
BRI: 543 m³
BGF: 167 m²
NUF: 95 m²
Bauzeit: 70 Wochen
Bauende: 2022
Standard: mittel
Bundesland: Sachsen
Kreis: Bautzen

Architekt*in:
drauschke & fliegel
Architektur
Königsbrücker Straße 70
01099 Dresden

© Thomas Drexel

© Thomas Drexel

© Thomas Drexel

© Thomas Drexel

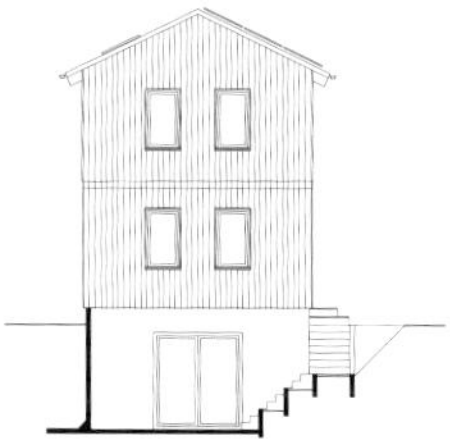

Ansicht Nord-West

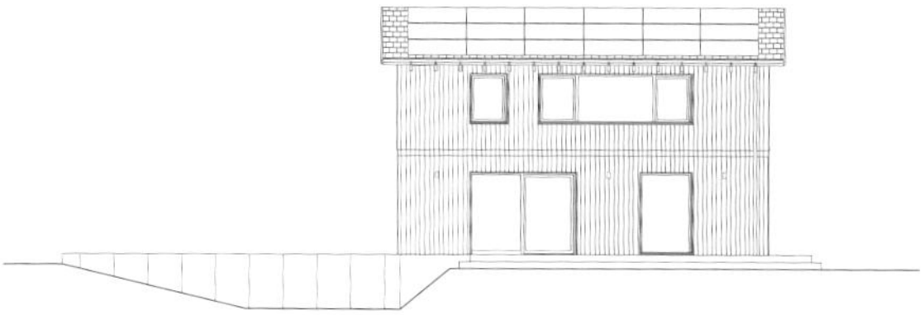

Ansicht Süd-West

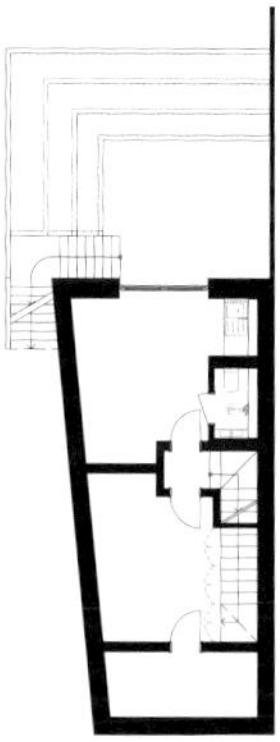

Untergeschoss

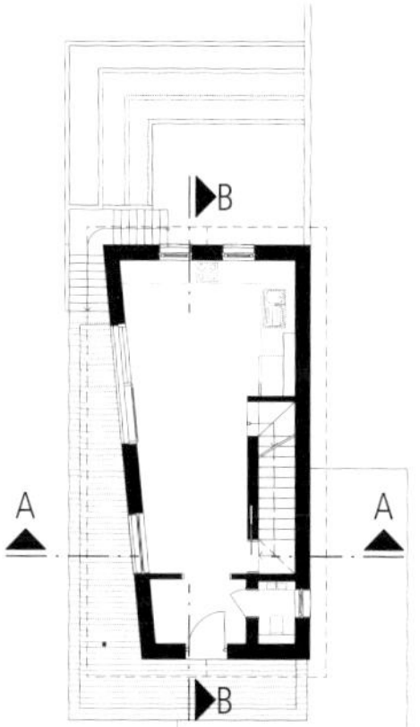

Erdgeschoss

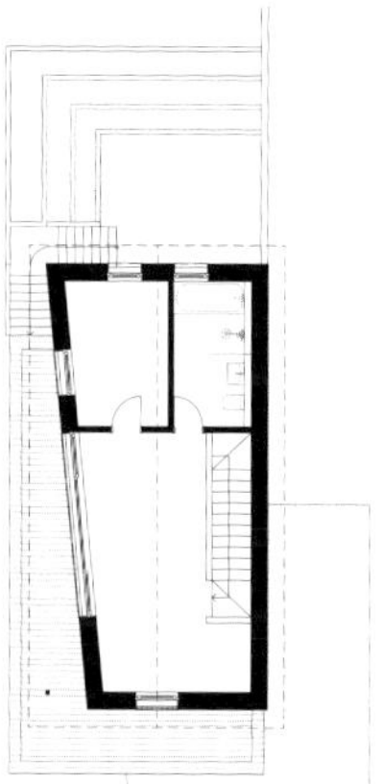

Obergeschoss

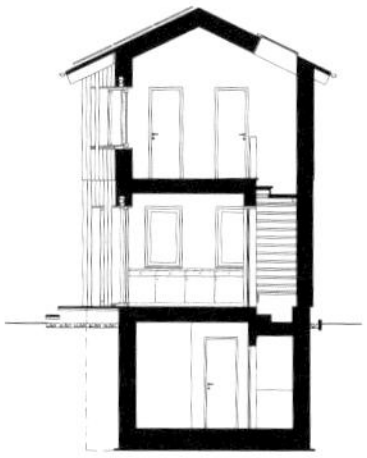

Schnitt A-A

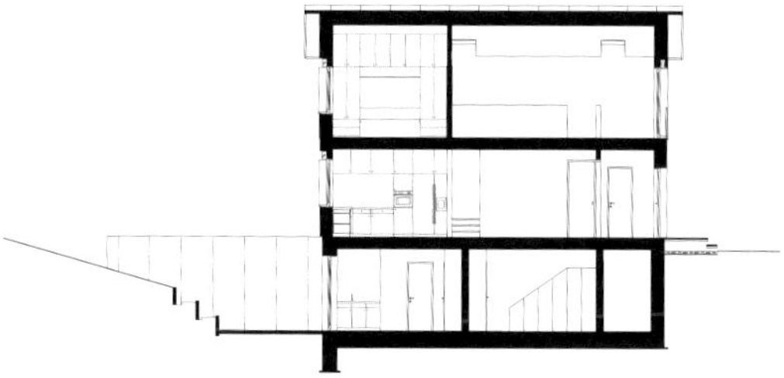

Schnitt B-B

Ansicht Süd-Ost

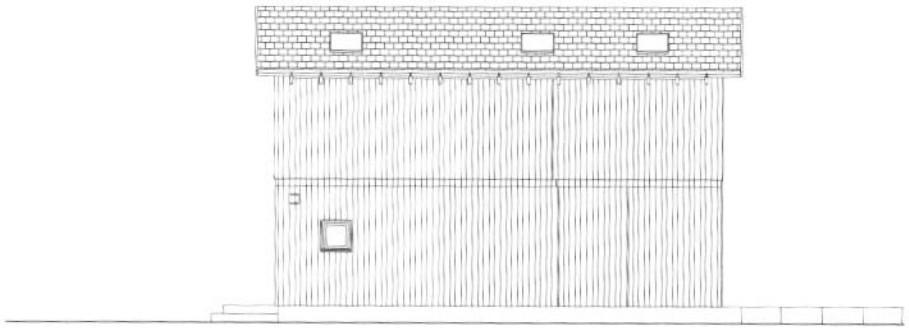

Ansicht Nord-Ost

Objektbeschreibung

Allgemeine Objektinformationen

Durch die markante Lage des Grundstücks am Waldrand und vorgeschriebener Abstände galt dieses lange Zeit als unbebaubar. Die baurechtlich zulässige Restfläche wurde zum Ausgangspunkt der konzeptionellen Idee.

Nutzung

1 Untergeschoss
Gästezimmer, Bad, Vorratsraum, Hausanschlussraum

1 Erdgeschoss
Eingang, WC, Wohnzimmer, Küche

1 Obergeschoss
Arbeitszimmer, Schlafzimmer, Bad

Nutzeinheiten

Wohnfläche: 86m²

Grundstück

Bauraum: Freier Bauraum
Neigung: Ebenes Gelände
Bodenklasse: BK 1 bis BK 3

Markt

Hauptvergabezeit: 1. Quartal 2021
Baubeginn: 2. Quartal 2021
Bauende: 4. Quartal 2022
Konjunkturelle Gesamtlage: über Durchschnitt
Regionaler Baumarkt: Durchschnitt

Besonderer Kosteneinfluss Markt
KfW 40+ Standard, Corona-Pandemie, Holzpreissteigerung

Baukonstruktion

Das unterkellerte, zweigeschossige Gebäude wurde in Holzständerbauweise mit einem flach geneigten Satteldach errichtet. Die Beplankung der Außenwände erfolgte beidseitig mit Holzweichfaserplatten. Die Gefache des Ständerwerks und der Dachsparren sind mit eingeblasenen Holzfasern gedämmt. Ein aufgebrachter Lehmputz bildet die Oberflächen der Innenwände. Die Geschossdecken sind aus Brettschichtholz gebaut und zeigen auf den Unterseiten ihr natürliches Erscheinungsbild. Die Fassaden bestehen aus einer vor vergrauten Lärchenschalung. Das Dach ist mit schwarzen Tonziegeln gedeckt.

Technische Anlagen

Neben der Erdwärmepumpe, der kontrollierten Lüftungsanlage mit Wärmerückgewinnung, einer effizienten Gebäudedämmung sowie den Dreischeibenverglasungen trägt die Photovoltaikanlage mit Batteriespeicher auf der südseitigen Dachhälfte zum Erreichen der energetischen Vorgaben bei.

Sonstiges

Im Keller befinden sich neben den Technik- und Vorratsräumen ein Gästezimmer mit eigenem Terrassenzugang. Über ein bodentiefes zweiflügliges Fenster wird dieser Bereich ähnlich gut belichtet, wie die beiden oberirdischen Vollgeschosse. Der Außenraum ist durch Stützmauern sowie eine angelegte Hangbefestigung gefasst und wird über Außentreppen in die Gartengestaltung eingebunden. Gewohnt wird im Erdgeschoss. Ein kleines Entrée eröffnet den Wohn- und Essbereich. Eine geräumige Küchenfront bildet den Abschluss der aufeinanderfolgenden Nutzungen. Die Durchgängigkeit der Räume, die Sichtachsen und Bezüge sowie der hohe Fenster Anteil verleihen der überschaubaren Grundfläche Weite und Großzügigkeit. Über eine einläufige Treppe erschließt sich der offene Dachraum. Das Obergeschoss dient als Büro und Atelier. Die Schlaf- und Badezimmer sind gerade so groß wie nötig gehalten, ohne dabei auf Komfort verzichten zu müssen.

Energetische Kennwerte

Gesetzliche Grundlage: EnEV 2013
Gebäudenutzfläche: 166,00m²
Spez. Transmissionswärmeverlust: 0,21W/(m²·K)
Spez. Jahresprimärenergiebedarf: 12,00kWh/(m²·a)
Spez. Jahresendenergiebedarf: 7,00kWh/(m²·a)
CO_2-Emissionen: 11,00kg/(m²·a)

Planungskennwerte für Flächen und Rauminhalte nach DIN 277

Flächen des Grundstücks		Menge Einheit	% an GF
BF	Bebaute Fläche	56,07 m²	4,9
UF	Unbebaute Fläche	1.093,93 m²	95,1
GF	Grundstücksfläche	1.150,00 m²	100,0

Grundflächen des Bauwerks		Menge Einheit	% an NUF	% an BGF
NUF	Nutzungsfläche	94,80 m²	100,0	56,9
TF	Technikfläche	5,70 m²	6,0	3,4
VF	Verkehrsfläche	15,70 m²	16,6	9,4
NRF	Netto-Raumfläche	116,20 m²	122,6	69,8
KGF	Konstruktions-Grundfläche	50,34 m²	53,1	30,2
BGF	Brutto-Grundfläche	166,54 m²	175,7	100,0

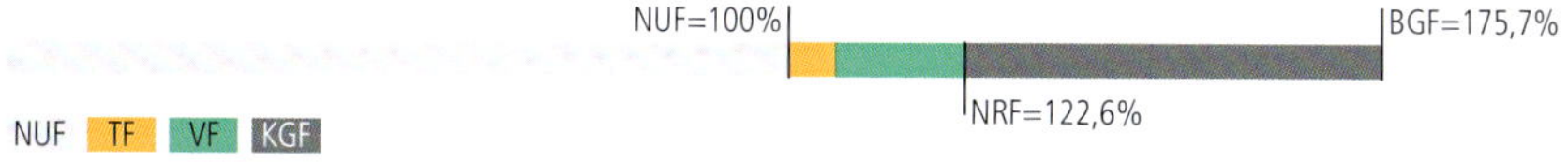

Brutto-Rauminhalt des Bauwerks		Menge Einheit	BRI/NUF (m)	BRI/BGF (m)
BRI	Brutto-Rauminhalt	543,18 m³	5,73	3,26

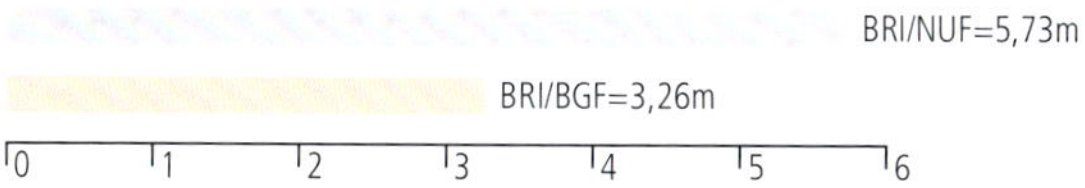

Kostenkennwerte für die Kostengruppen der 1. Ebene DIN 276

KG	Kostengruppen (1. Ebene)	Einheit	Kosten €	€/Einheit	€/m² BGF	€/m³ BRI	% 300+400
100	Grundstück	m² GF	–	–	–	–	–
200	Vorbereitende Maßnahmen	m² GF	5.339	4,64	32,06	9,83	0,8
300	Bauwerk – Baukonstruktionen	m² BGF	501.752	3.012,80	3.012,80	923,73	71,9
400	Bauwerk – Technische Anlagen	m² BGF	196.276	1.178,55	1.178,55	361,35	28,1
	Bauwerk 300+400	**m² BGF**	**698.028**	**4.191,35**	**4.191,35**	**1.285,08**	**100,0**
500	Außenanlagen und Freiflächen	m² AF	61.044	1.220,89	366,54	112,38	8,7
600	Ausstattung und Kunstwerke	m² BGF	35.605	213,79	213,79	65,55	5,1
700	Baunebenkosten	m² BGF	–	–	–	–	–
800	Finanzierung	m² BGF	–	–	–	–	–

KG	Kostengruppe	Menge Einheit	Kosten €	€/Einheit	%
200	**Vorbereitende Maßnahmen**	1.150,00 m² GF	5.339	**4,64**	0,8
	Medienerschließung des Grundstücks				
3+4	**Bauwerk**				**100,0**
300	**Bauwerk – Baukonstruktionen**	166,54 m² BGF	501.752	**3.012,80**	71,9
	Baugrubenaushub; Stb-Fundamentplatte, Abdichtung, Wärmedämmung, Estrich, Bodenfliesen, Landhausdielen, Schwarze Wanne, Sauberkeitsschicht; Stb-Halbfertigteil-Außenwände, Holzrahmenwände, Holzfaser-Einblasdämmung, Holz-Alufenster, Terrassentüren, Dreifachverglasung, Holz-Alu-Glas-Hauseingangstür, Lärchenholzfassade, vorvergraute Weichfaserplatten, Lehmputz, Verschattung; Holzrahmenwände, GK-Wände, Innentüren, Lehmputz; Massivholzdecken BSH, oberflächenfertig, Betontreppe, Holztreppe, Wärmedämmung, Bodenfliesen, Kork, Landhausdielen; Satteldachkonstruktion, Holzfaser-Einblasdämmung, Dachfenster, Tonziegeldeckung, Dachentwässerung; Zisterne				
400	**Bauwerk – Technische Anlagen**	166,54 m² BGF	196.276	**1.178,55**	28,1
	Gebäudeentwässerung, Kalt- und Warmwasserleitungen, Sanitärobjekte; Erdwärmebohrung, Wärmepumpe mit Wärmerückgewinnung, Fußbodenheizung; Lüftungsanlage; Elektroinstallation, Blitzschutzanlage, Photovoltaikanlage mit Batteriespeicher; KNX-Elektroinstallation				
500	**Außenanlagen und Freiflächen**	50,00 m² AF	61.044	**1.220,89**	8,7
	Gartengestaltung inkl. Geländeterrassierung; Holzterrasse; Oberflächenentwässerung				
600	**Ausstattung und Kunstwerke**	166,54 m² BGF	35.605	**213,79**	5,1
	Küche				

6100-1740
Einfamilienhaus

Kostenkennwerte für die Kosten des Bauwerks (Kostengruppen 300+400 nach DIN 276)

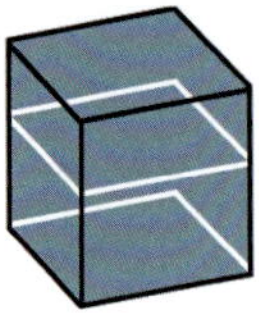

BRI 1.061 €/m^3

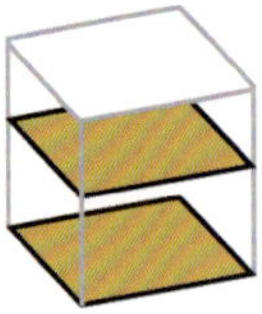

BGF 3.603 €/m^2

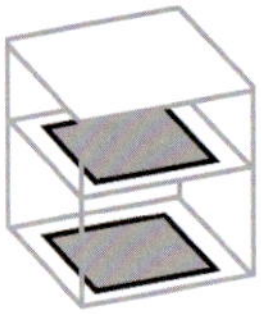

NUF 6.063 €/m^2

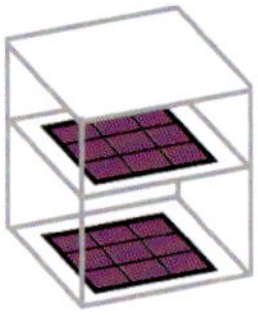

NE 5.008 €/NE

NE: Wohnfläche

Objekt:
Kennwerte: 1. Ebene DIN 276
BRI: 586 m^3
BGF: 173 m^2
NUF: 103 m^2
Bauzeit: 39 Wochen
Bauende: 2023
Standard: mittel
Bundesland: Nordrhein-Westfalen
Kreis: Soest

Architekt*in:
Zimmerei Müller GmbH
Merle Müller, Architektin
Alter Elfser Weg 6
59494 Soest

© Zimmerei Müller GmbH

© Zimmerei Müller GmbH

© Andreas Eschrich

© Andreas Eschrich

© Andreas Eschrich

© Andreas Eschrich

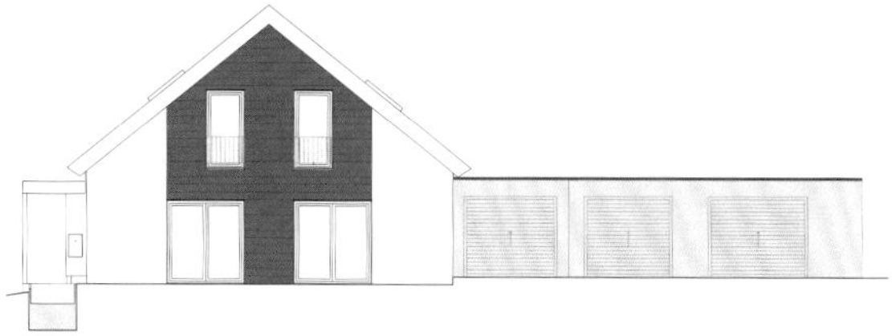

Ansicht West

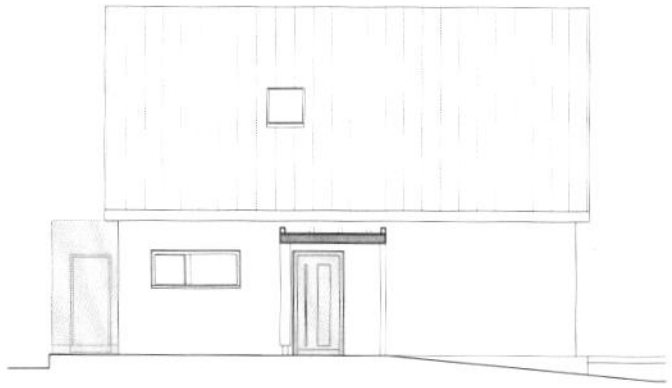

Ansicht Nord

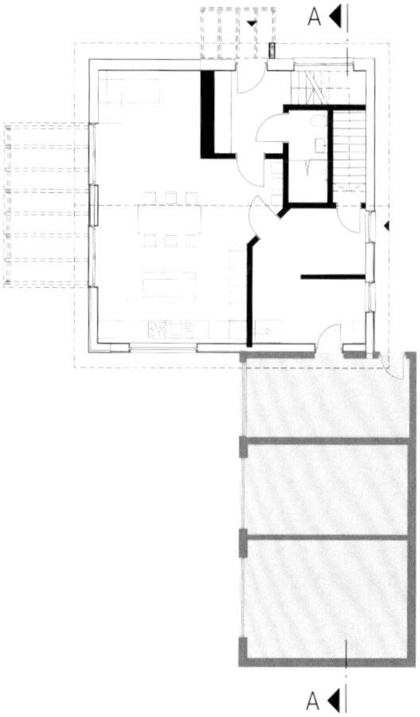

Erdgeschoss

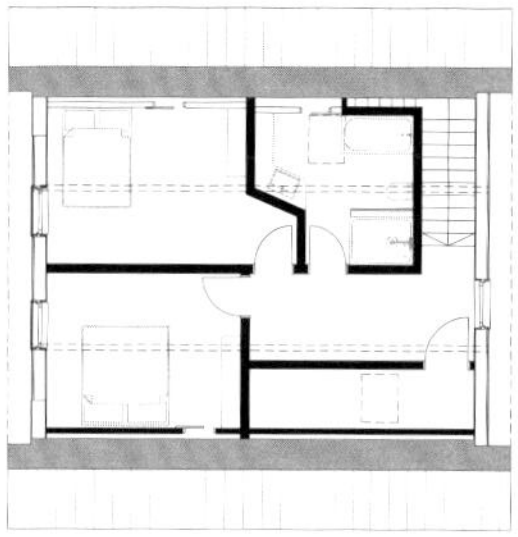

Dachgeschoss

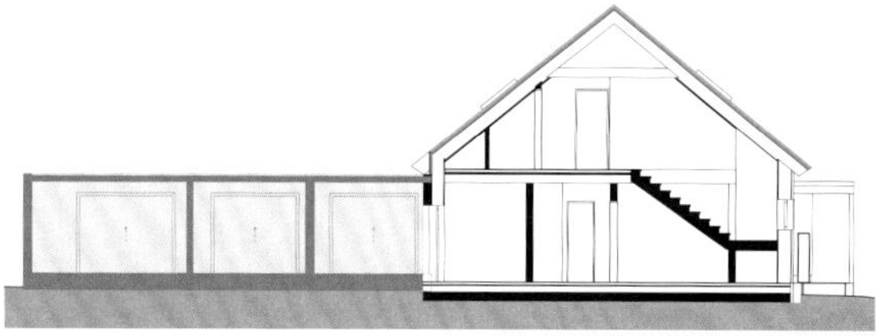

Schnitt A-A

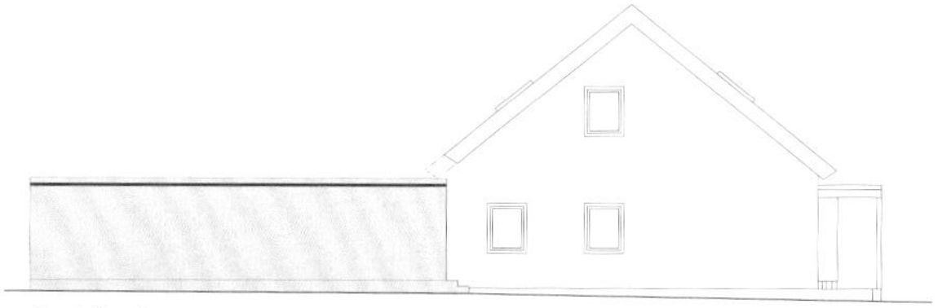

Ansicht Ost

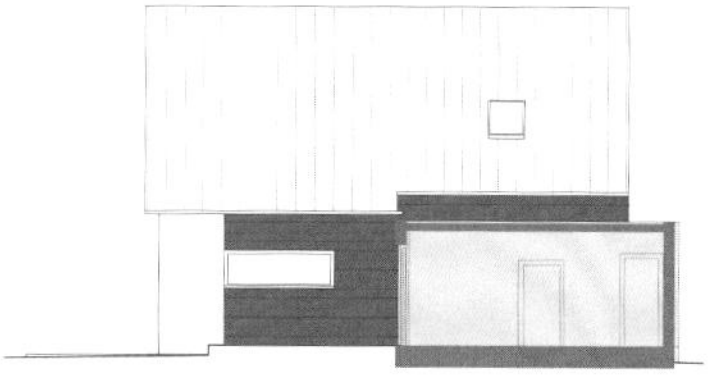

Ansicht Süd

Objektbeschreibung

Allgemeine Objektinformationen

Die Bauherren wollten sich im Alter verkleinern und wohngesund neu bauen. Das neue Einfamilienhaus wurde auf einer Grundstücksparzelle des vorherigen Eigenheims errichtet. Der Standard entspricht dem KfW 40 EE.

Nutzung

1 Erdgeschoss
HWR, Küche, Wohnen, Essen

1 Dachgeschoss
Schlafzimmer (2St), Bad, Abstellen

Nutzeinheiten

Wohnfläche: 124 m²

Grundstück

Bauraum: Beengter Bauraum
Neigung: Ebenes Gelände
Bodenklasse: BK 3

Markt

Hauptvergabezeit: 4. Quartal 2020
Baubeginn: 2. Quartal 2022
Bauende: 1. Quartal 2023
Konjunkturelle Gesamtlage: über Durchschnitt
Regionaler Baumarkt: Durchschnitt

Baukonstruktion

Aus ökologischen und energetischen Gründen wurde eine Bebauung in Holzrahmenbauweise gewählt. Hartfaserplatten dienen der Aussteifung. Die Gründung erfolgt auf einer Stahlbetonbodenplatte mit gemauertem Sockel. Gedämmt wurde mit nachwachsenden Materialien wie Stroh an der nördliche Außenwand, Jute an Außenwänden und Dach sowie Zellulose in den Installationsebenen und Innenwänden. Aus Gründen des Schallschutzes ist eine Brettschichtholzdecke über dem Erdgeschoss verbaut. Die Fassade ist mit einem hellen Kalkputz verputzt. Teilflächen und der gesamte rückwärtige Giebel sind mit einer Rombusschalung aus Lärchenholz bekleidet. Es sind Holzfenster mit Dreifachverglasung verbaut. Die Böden sind mit Eichenparkett und Fliesen belegt. Die extrabreite Innentreppe ist aus massivem Holz gefertigt und bietet Platz für einen Treppenlift. Die Wände innen sind alle mit einem Lehmputz versehen. Das Dach ist klassisch als Sparrendach mit Dachziegeln errichtet.

Technische Anlagen

Die Heizwärme wird durch eine Luft-Wärmepumpe erzeugt und mit Hilfe einer Fußbodenheizung in den Räumen verteilt. Auf der südlichen Dachfläche wurde zu einem späteren Zeitpunkt eine Photovoltaikanlage installiert und ist in den Kosten nicht enthalten ist.

Sonstiges

Der Rohbau wurde von der Holzbaufirma vorproduziert und vor Ort aufgerichtet. Dadurch verkürzte sich die Bauzeit erheblich. Es wurden einige Arbeiten in Eigenleistung erbracht, die Kosten sind aber entsprechend den Angeboten erfasst und eingerechnet worden. Die Garagen sind nicht in den Kosten enthalten.

Energetische Kennwerte

Gesetzliche Grundlage: GEG 2020
Gebäudenutzfläche: 124,79 m²
Gebäudevolumen: 552,48 m³
A/V_e-Verhältnis (Kompaktheit): 0,74 m^{-1}
Hüllfläche des beheizten Volumens: 408,50 m²
Spez. Transmissionswärmeverlust: 0,20 W/(m²·K)
Spez. Jahresprimärenergiebedarf: 30,00 kWh/(m²·a)
CO_2-Emissionen: 9,30 kg/(m²·a)
Differenzdruck-Messverfahren: 1,10 h^{-1}

Energetische Angaben zu Außenbauteilen

Bodenplatte

U-Wert: 0,20 W/(m²·K)

Gesamtdicke: 44,40 cm	d [cm]	λ [W/(mK)]
Fliesen	1,00	1,000
Estrich	4,00	1,200
Trittschalldämmung	3,00	0,040
Dämmung	8,00	0,040
Dämmung	8,00	0,040
Bitumenbahn	0,40	0,170
Stahlbeton	20,00	2,300

Außenwand Zellulose

U-Wert: 0,12 W/(m²·K)

Gesamtdicke: 42,90 cm	d [cm]	λ [W/(mK)]
Lehmfeinputz	0,30	0,910
Lehmputz auf Schilfrohrmatte	2,00	0,910
Holzfaserplatte	0,80	0,130
Dämmung	10,00	0,040
Holz	10,00	0,130
Holzfaserplatte	0,80	0,130
Dämmung	20,00	0,036
Holz	20,00	0,130
Holzfaserplatte	6,00	0,050
Außenputz	3,00	1,000

Außenwand Stroh

U-Wert: 0,15 W/(m²·K)

Gesamtdicke: 39,80 cm	d [cm]	λ [W/(mK)]
Lehmfeinputz	0,30	0,910
Lehmputz	2,00	0,910
Stroh	2,00	0,048
Putzträgerplatte	2,00	0,040
Stroh	32,00	0,048
Holz	32,00	0,130
Schilfrohrmatte	1,00	0,065
Außenputz	2,50	1,000

Dach

U-Wert: 0,13 W/(m²·K)

Gesamtdicke: 35,72 cm	d [cm]	λ [W/(mK)]
Lehmfeinputz	0,30	0,920
Lehmfeinputz	0,60	0,920
Lehmputzplatten	2,20	0,130
Jute	3,00	0,036
Dachdichtungsbahn	0,02	0,170
Jute	28,00	0,036
Holz	28,00	0,130
Holzfaserplatte	1,60	0,090

Planungskennwerte für Flächen und Rauminhalte nach DIN 277

Flächen des Grundstücks		Menge Einheit	% an GF
BF	Bebaute Fläche	244,00 m²	41,4
UF	Unbebaute Fläche	345,00 m²	58,6
GF	Grundstücksfläche	589,00 m²	100,0

Grundflächen des Bauwerks		Menge Einheit	% an NUF	% an BGF
NUF	Nutzungsfläche	102,51 m²	100,0	59,4
TF	Technikfläche	3,40 m²	3,3	2,0
VF	Verkehrsfläche	21,71 m²	21,2	12,6
NRF	Netto-Raumfläche	127,62 m²	124,5	74,0
KGF	Konstruktions-Grundfläche	44,89 m²	43,8	26,0
BGF	Brutto-Grundfläche	172,51 m²	168,3	100,0

Brutto-Rauminhalt des Bauwerks		Menge Einheit	BRI/NUF (m)	BRI/BGF (m)
BRI	Brutto-Rauminhalt	586,00 m³	5,72	3,40

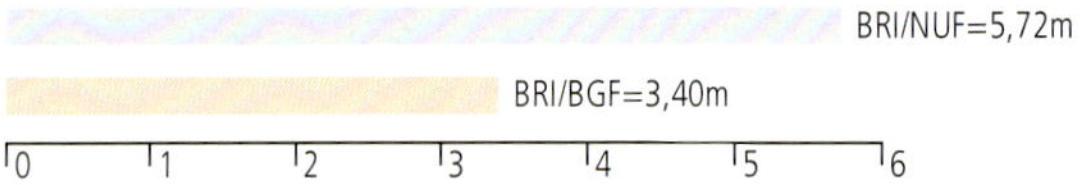

Kostenkennwerte für die Kostengruppen der 1. Ebene DIN 276

KG	Kostengruppen (1. Ebene)	Einheit	Kosten €	€/Einheit	€/m²BGF	€/m³BRI	% 300+400
100	Grundstück	m² GF	–	–	–	–	–
200	Vorbereitende Maßnahmen	m² GF	–	–	–	–	–
300	Bauwerk – Baukonstruktionen	m² BGF	505.611	2.930,91	2.930,91	862,82	81,4
400	Bauwerk – Technische Anlagen	m² BGF	115.869	671,66	671,66	197,73	18,6
	Bauwerk 300+400	**m² BGF**	**621.480**	**3.602,57**	**3.602,57**	**1.060,55**	**100,0**
500	Außenanlagen und Freiflächen	m² AF	–	–	–	–	–
600	Ausstattung und Kunstwerke	m² BGF	–	–	–	–	–
700	Baunebenkosten	m² BGF	–	–	–	–	–
800	Finanzierung	m² BGF	–	–	–	–	–

KG	Kostengruppe	Menge Einheit	Kosten €	€/Einheit	%
3+4	**Bauwerk**				**100,0**
300	**Bauwerk – Baukonstruktionen**	172,51 m² BGF	505.611	**2.930,91**	81,4

Baugrubenaushub; Stahlbetonbodenplatte, Frostschürzen, Abdichtung, Dämmung, Heizestrich, Parkett, Bodenfliesen; Holzrahmenwände, Strohdämmung, Jutedämmung, Holzfenster, Dreifachverglasung, Holztüren, Kalkputz, Rombusschalung, Lehmputz, Rollläden; Holzrahmenwände, Lehmwand, Zellulosedämmung, Holztüren, Lehmputz auf Schilfmatten, Beschichtung; Brettsperrholzdecke, Massivholztreppe, Dämmung, Heizestrich, Parkett, Bodenfliesen; Sparrendach, Holzfaserplatten, Dämmung, Ziegeldeckung, Dachentwässerung

KG	Kostengruppe	Menge Einheit	Kosten €	€/Einheit	%
400	**Bauwerk – Technische Anlagen**	172,51 m² BGF	115.869	**671,66**	18,6

Gebäudeentwässerung, Kalt- und Warmwasserleitungen, Sanitärobjekte; Luft-Wärmepumpe, Fußbodenheizung; PV-Anlage (nicht in Kosten enthalten), Elektroinstallation, Beleuchtung, Blitzschutz; Rauchmelder

6100-1742
Einfamilienhaus

Kostenkennwerte für die Kosten des Bauwerks (Kostengruppen 300+400 nach DIN 276)

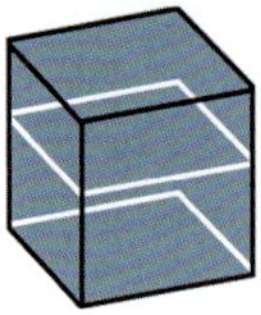

BRI 1.218€/m³

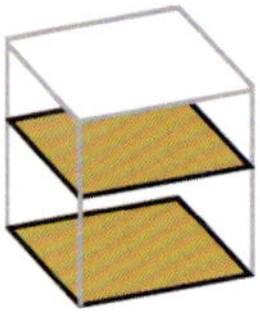

BGF 4.584€/m²

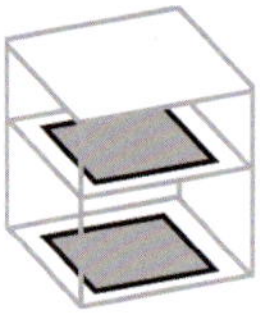

NUF 8.024€/m²

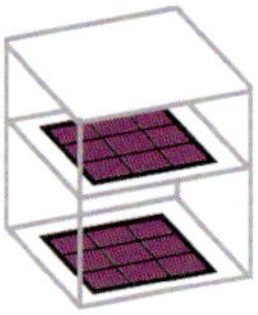

NE 6.616€/NE

NE: Wohnfläche

Objekt:
Kennwerte: 1.Ebene DIN 276
BRI: 755m³
BGF: 201m²
NUF: 115m²
Bauzeit: 26 Wochen
Bauende: 2021
Standard: hoch
Bundesland: Bayern
Kreis: Aschaffenburg

Architekt*in:
Regina Bruchhäuser
Architektin
Hochstraße 23
63755 Alzenau

© Norbert Miguletz, Frankfurt

© Norbert Miguletz, Frankfurt

Ansicht Nord

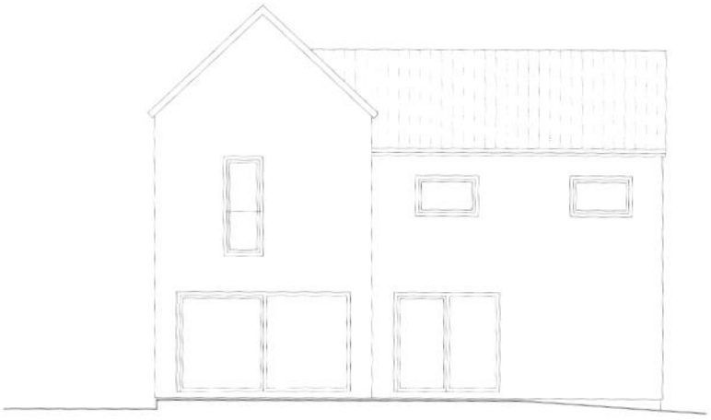

Ansicht Ost

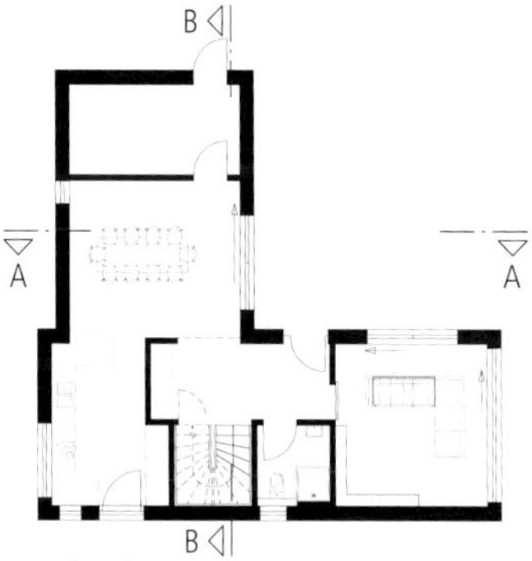

Erdgeschoss

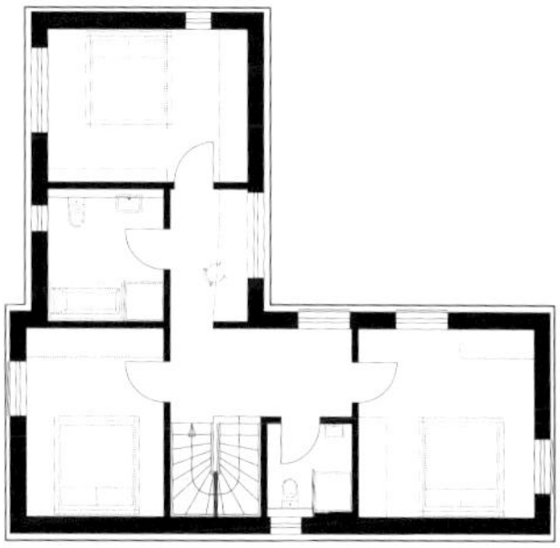

Dachgeschoss

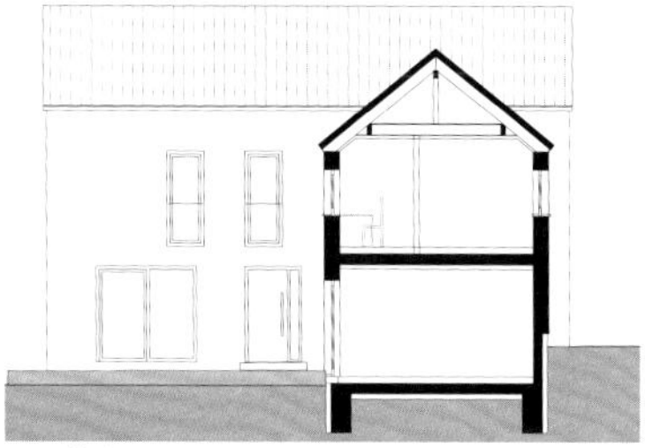

Schnitt A-A

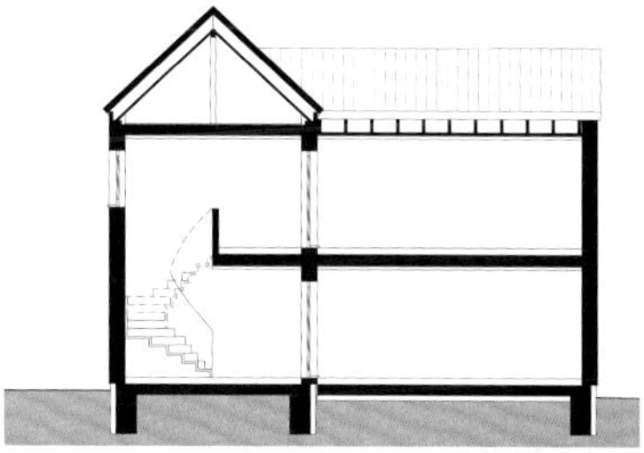

Schnitt B-B

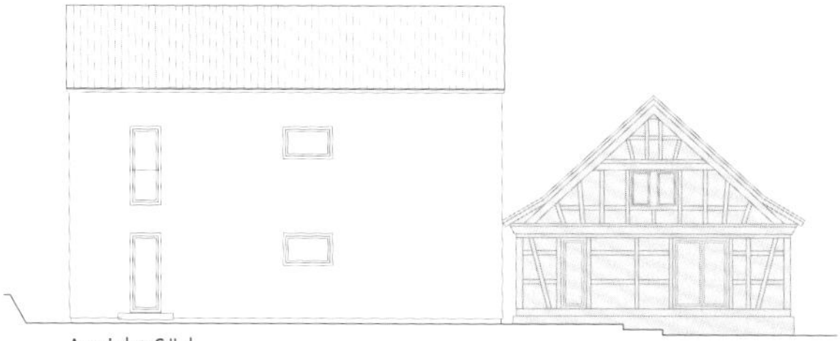

Ansicht Süd

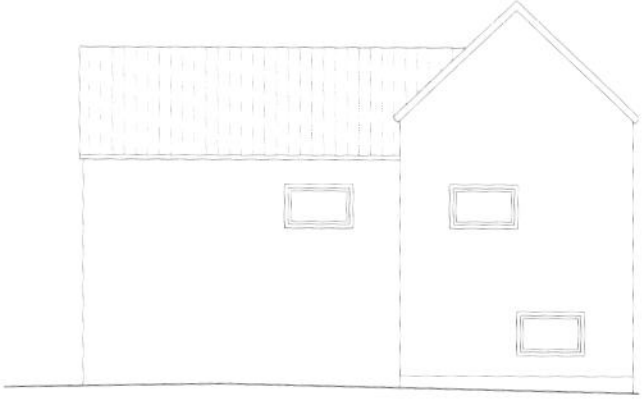

Ansicht West

Objektbeschreibung

Allgemeine Objektinformationen

Der Neubau des Einfamilienhauses schließt an die bestehenden Carports an und bildet mit dem bestehenden Wohnhaus ein denkmalgeschütztes Ensemble. Durch den rechtwinkligen Grundriss an der Grundstücksgrenze entsteht eine zentrale Gartenanlage, die von beiden Wohneinheiten genutzt wird und dem Ensemble einen Hofcharakter verleiht.

Nutzung

1 Erdgeschoss
Eingang, WC, Küche, Wohnen, Essen, Technik, Abstellen, Carport, Treppe

1 Obergeschoss
Schlafzimmer (3St), Bäder (2 St), Flur

Nutzeinheiten

Wohnfläche: 139m²

Grundstück

Bauraum: Freier Bauraum
Neigung: Ebenes Gelände
Bodenklasse: BK 3 bis BK 5

Markt

Hauptvergabezeit: 1. Quartal 2020
Baubeginn: 4. Quartal 2020
Bauende: 2. Quartal 2021
Konjunkturelle Gesamtlage: über Durchschnitt
Regionaler Baumarkt: unter Durchschnitt

Baukonstruktion

Das Gebäude gründet auf Stb-Streifenfundamenten und einer Stb-Bodenplatte. Darauf ist das Haus in Holzrahmenbauweise errichtet. Die Außenwände als Holzrahmenwände sind mit einem Wärmedämmverbundsystem bekleidet. Die Kunststofffenster mit Dreifachverglasung werden mit Raffstores verschattet. Glas-Absturzsicherungen ersetzen Brüstungen an den bodentiefen Fenstern. Die Geschossdecke ist als Massivholzdecke ausgeführt. Als Bodenbeläge kamen Bodenfliesen zur Ausführung. Die Decken sind mit Gipskarton abgehängt. Das Holzsparrendach ist mit Zellulose gedämmt und mit Biberschwanzziegeln gedeckt.

Technische Anlagen

Zwei Tiefbohrungen versorgen die Sole-Wasserwärmepumpe mit Geothermie, die sowohl den Neubau als auch das Bestandgebäude mit Heizwärme und Warmwasser versorgen. Die eingebaute Fußbodenheizung verteilt die Wärme in den Räumen. Auf dem Dach ist eine Photovoltaikanlage installiert, die einen Batteriespeicher speist.

Sonstiges

Auf dem Grundstück entstehen mit dem unter Denkmalschutz stehenden Altbau zwei Wohneinheiten mit einer gemeinsamen Außenanlage.

Energetische Kennwerte

Gesetzliche Grundlage: EnEV 2013
Gebäudenutzfläche: 241,30m²
Spez. Transmissionswärmeverlust: 0,26W/(m²·K)
Spez. Jahresprimärenergiebedarf: 41,30kWh/(m²·a)
CO_2-Emissionen: 14,50kg/(m²·a)

Planungskennwerte für Flächen und Rauminhalte nach DIN 277

Flächen des Grundstücks		Menge Einheit	% an GF
BF	Bebaute Fläche	243,20 m²	40,3
UF	Unbebaute Fläche	359,80 m²	59,7
GF	Grundstücksfläche	603,00 m²	100,0

Grundflächen des Bauwerks		Menge Einheit	% an NUF	% an BGF
NUF	Nutzungsfläche	114,61 m²	100,0	57,1
TF	Technikfläche	10,99 m²	9,6	5,5
VF	Verkehrsfläche	28,73 m²	25,1	14,3
NRF	Netto-Raumfläche	154,33 m²	134,7	76,9
KGF	Konstruktions-Grundfläche	46,27 m²	40,4	23,1
BGF	Brutto-Grundfläche	200,60 m²	175,0	100,0

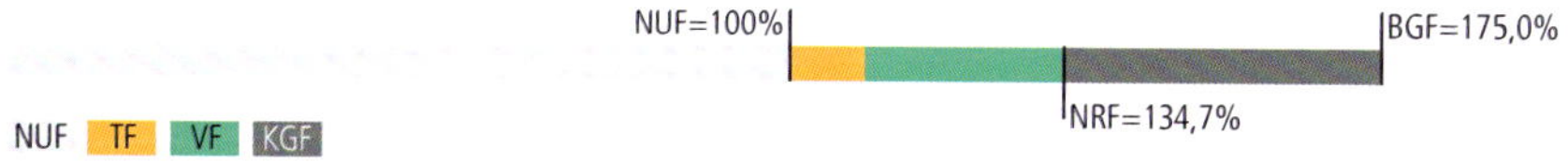

Brutto-Rauminhalt des Bauwerks		Menge Einheit	BRI/NUF (m)	BRI/BGF (m)
BRI	Brutto-Rauminhalt	755,00 m³	6,59	3,76

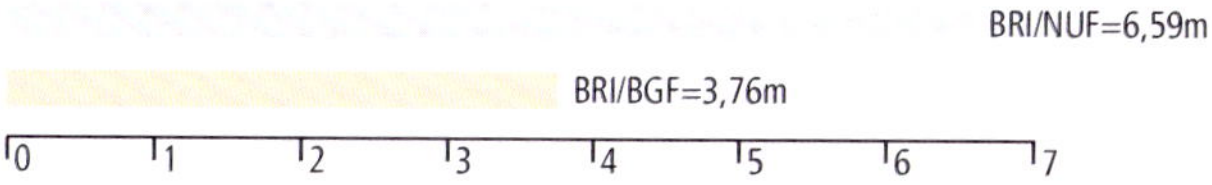

Kostenkennwerte für die Kostengruppen der 1. Ebene DIN 276

KG	Kostengruppen (1. Ebene)	Einheit	Kosten €	€/Einheit	€/m² BGF	€/m³ BRI	% 300+400
100	Grundstück	m² GF	–	–	–	–	–
200	Vorbereitende Maßnahmen	m² GF	–	–	–	–	–
300	Bauwerk – Baukonstruktionen	m² BGF	707.077	3.524,81	3.524,81	936,53	76,9
400	Bauwerk – Technische Anlagen	m² BGF	212.536	1.059,50	1.059,50	281,51	23,1
	Bauwerk 300+400	**m² BGF**	**919.614**	**4.584,32**	**4.584,32**	**1.218,03**	**100,0**
500	Außenanlagen und Freiflächen	m² AF	–	–	–	–	–
600	Ausstattung und Kunstwerke	m² BGF	115.935	577,94	577,94	153,56	12,6
700	Baunebenkosten	m² BGF	–	–	–	–	–
800	Finanzierung	m² BGF	–	–	–	–	–

KG	Kostengruppe	Menge Einheit	Kosten €	€/Einheit	%
3+4	**Bauwerk**				**100,0**
300	**Bauwerk – Baukonstruktionen**	200,60 m² BGF	707.077	**3.524,81**	76,9

Bodenarbeiten; Stb-Streifenfundamente, Stb-Bodenplatte, Abdichtung, Dämmung, Heizestrich, Bodenfliesen, Perimeterdämmung; Stb-Sockel, Holzrahmenwände, Zwischendämmung, Kunststofffenster, Dreifachverglasung, OSB-Platte, WDVS, Innenputz, Beschichtung, Wandfliesen, Raffstores, Glasbrüstungen; Holzrahmenwände, Dämmung, OSB, GK-Beplankung, Beschichtung, Holztüren, Holzschiebetüren, GK-Beplankung, Beschichtung, Wandfliesen; Holzmassivdecke, Holztreppe, Dämmung, Heizestrich, Bodenfliesen, abgehängte GK-Decken, Treppengeländer; Holzsparrendach, Zwischensparrendämmung, Zellulose, Holzfaserdämmplatten, Ziegeldeckung, Dachentwässerung

KG	Kostengruppe	Menge Einheit	Kosten €	€/Einheit	%
400	**Bauwerk – Technische Anlagen**	200,60 m² BGF	212.536	**1.059,50**	23,1

Gebäudeentwässerung, Kalt-und Warmwasserleitungen, Sanitärobjekte; zwei Tiefbohrungen Geothermie, Sole-Wasser-Wärmepumpe für beide Gebäude (Ensemble ca. 250m² Gesamtfläche/ Neubau 150m²), Fußbodenheizung; PV-Anlage, Batteriespeicher, Elektroinstallation, Beleuchtung, Blitzschutz

KG	Kostengruppe	Menge Einheit	Kosten €	€/Einheit	%
600	**Ausstattung und Kunstwerke**	200,60 m² BGF	115.935	**577,94**	12,6

Einbauküche, Einbauschränke, Glas-Duschtrennwände

6100-1744
Mehrfamilienhaus
(12 WE)

Kostenkennwerte für die Kosten des Bauwerks (Kostengruppen 300+400 nach DIN 276)

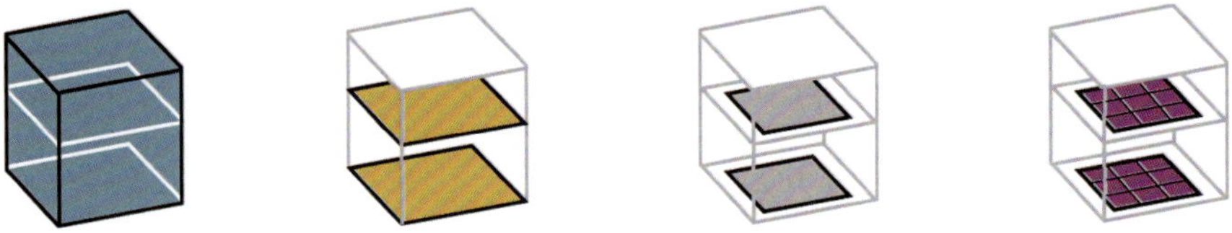

BRI 671 €/m³ **BGF 2.036 €/m²** **NUF 3.496 €/m²** **NE 3.525 €/NE**

NE: Wohnfläche

Objekt:
Kennwerte: 1. Ebene DIN 276
BRI: 4.843 m³
BGF: 1.597 m²
NUF: 930 m²
Bauzeit: 74 Wochen
Bauende: 2023
Standard: mittel
Bundesland: Hessen
Kreis: Kassel, Stadt

Architekt*in:
Christoph Harney
Architekt
Wasserweg 4a
34131 Kassel

Bauherr*in:
Kassel im Wandel e.G.
Sophie-Junghans-Straße 14
34128 Kassel

Zeichnungen

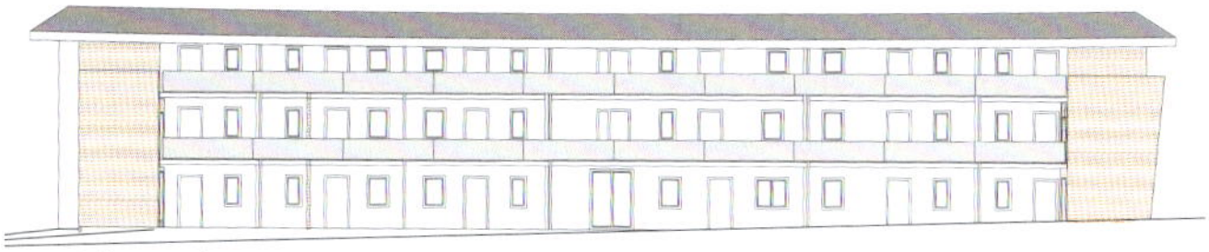
Ansicht Nord

Ansicht Ost

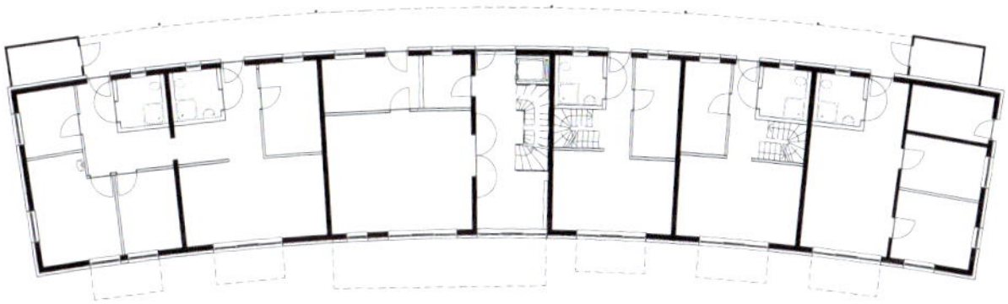
Erdgeschoss

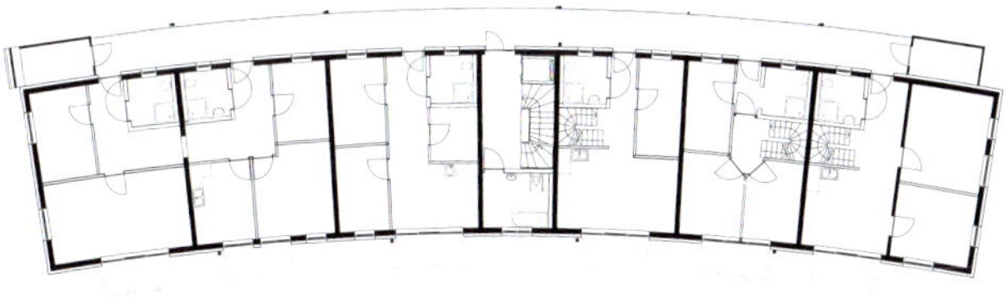
Obergeschoss

Längsschnitt

Ansicht Süd

Ansicht West

Objektbeschreibung

Allgemeine Objektinformationen

Das Wohnhaus zeichnet sich durch horizontal und vertikal teilbare und zusammenschaltbare Wohnungen aus. Ein genossenschaftliches Modellprojekt des Landes Hessen für ein "Gemeinschaftliches Wohnen für Menschen mit und ohne Geld" ermöglicht es erstmals, dass Sozialwohnungen und freifinanzierte Wohnungen zusammengeschaltet werden können. Nachträglich herausnehmbare Treppen lassen Reihenhäuser und Maisonette-Wohnungen wieder zu Einzelwohnungen werden. Die Wohnungen lassen sich somit sowohl horizontal als auch vertikal verbinden und wieder trennen.

Nutzung

1 Erdgeschoss
Wohnräume, Wohn-Essräume, Küchen, Schlafräume, Bäder, Gemeinschaftsflächen: Küche, Waschküche, Versammlungsraum, Terrassen, Hausanschlussraum

1 Obergeschoss
Wohnräume, Wohn-Essräume, Küchen, Schlafräume, Bäder, Gemeinschaftsflächen: Gemeinschaftsbad, Gruppenraum, Abstellräume, Balkone, Hausanschlussraum, Laubengänge

1 Dachgeschoss
Wohn-Essräume mit Küchen, Schlafräume, Bäder, Gemeinschaftsflächen: Besprechungsraum, Laubengänge, Dachterrassen

Nutzeinheiten

Wohneinheiten: 12
Wohnfläche: 923 m^2

Grundstück

Bauraum: Freier Bauraum
Neigung: Geneigtes Gelände
Bodenklasse: BK 1 bis BK 7

Besonderer Kosteneinfluss Grundstück
Bodenklasse 7 ist nur in Teilbereichen vorhanden.

Markt

Hauptvergabezeit: 4. Quartal 2021
Baubeginn: 4. Quartal 2021
Bauende: 2. Quartal 2023
Konjunkturelle Gesamtlage: über Durchschnitt
Regionaler Baumarkt: Durchschnitt

Baukonstruktion

Das Gebäude wurde im EG und OG in Hybridbauweise aus Mauerwerk und Stahlbeton gefertigt. Das DG ist in Holzrahmenbauweise mit Strohballenwänden erstellt, die mit Kalksowie Lehmputz bekleidet sind. Das Besondere an der elementierten Holz-Strohbauweise ist das hohe Maß an Vorfertigung, verbunden mit den feuchteregulierenden Baustoffen Stroh und Lehm. Hierdurch entsteht ein Holzbau mit Masse im Raum, der ohne Dampfbremsen auskommt. Im Bereich des Mauerwerks ist ein WDVS angebracht, die Strohballenwände wurden mit einer hinterlüfteten, gedämmten Lärchenholzfassade bekleidet. Die Holzfenster sind mit einer Dreifachverglasung ausgestattet. Als Bodenbeläge kamen Linoleum, Parkett und Bodenfliesen zur Ausführung.

Technische Anlagen

Das Gebäude wird über Nahwärme eines Biogas-Heizkraftwerks beheizt, die Verteilung erfolgt über eine Fußbodenheizung. Aufgrund der oben beschriebenen Bauweise war keine Lüftungsanlage erforderlich.

Sonstiges

Die Baustoffe Holz, Stroh, Lehm und Kalkputz sind frei von Schadstoffen und verhindert durch seine Alkalität die Bildung von Schimmel. Damit wird ein entscheidender Beitrag zur Wohngesundheit geleistet. Das Gebäude entspricht dem KfW 55 Standard.

Energetische Kennwerte

Gesetzliche Grundlage: EnEV 2013
Gebäudenutzfläche: 1.117,60 m^2
Gebäudevolumen: 3.492,50 m^3
A/V_e-Verhältnis (Kompaktheit): 0,54 m^{-1}
Hüllfläche des beheizten Volumens: 1.888,62 m^2
Spez. Transmissionswärmeverlust: 0,31 $W/(m^2 \cdot K)$
Spez. Jahresprimärenergiebedarf: 8,29 $kWh/(m^2 \cdot a)$
CO_2-Emissionen: 6,00 $kg/(m^2 \cdot a)$
Anlagenaufwandszahl: 0,17

Energetische Angaben zu Außenbauteilen

Bodenplatte

U-Wert: 0,16 W/(m²·K)

Gesamtdicke: 58,00 cm	d [cm]	λ [W/(mK)]
Estrich	7,00	1,400
Dämmung	3,00	0,040
Dämmung	18,00	0,035
Stahlbeton	30,00	2,000

Außenwand Ziegel

U-Wert: 0,14 W/(m²·K)

Gesamtdicke: 43,50 cm	d [cm]	λ [W/(mK)]
Innenputz	1,50	7,000
Ziegel	24,00	0,100
Dämmung	16,00	0,035
Außenputz	2,00	0,380

Außenwand Lehm/Stroh

U-Wert: 0,14 W/(m²·K)

Gesamtdicke: 41,00 cm	d [cm]	λ [W/(mK)]
Lehmputz	3,50	0,250
Dämmung Strohballen	34,00	0,049
Holz	34,00	0,130
Holzfaserplatte	3,50	0,045

Dach

U-Wert: 0,14 W/(m²·K)

Gesamtdicke: 39,23 cm	d [cm]	λ [W/(mK)]
GK-Platte	1,20	0,250
Luftschicht ruhend	6,00	0,375
Holz	6,00	0,130
Dampfsperre	0,03	0,017
Dämmung	28,00	0,040
Holz	28,00	0,130
Holzfaserplatte	4,00	0,045

Planungskennwerte für Flächen und Rauminhalte nach DIN 277

Flächen des Grundstücks		Menge Einheit	% an GF
BF	Bebaute Fläche	428,40 m²	21,9
UF	Unbebaute Fläche	1.530,60 m²	78,1
GF	Grundstücksfläche	1.959,00 m²	100,0

Grundflächen des Bauwerks		Menge Einheit	% an NUF	% an BGF
NUF	Nutzungsfläche	930,20 m²	100,0	58,2
TF	Technikfläche	14,59 m²	1,6	0,9
VF	Verkehrsfläche	325,74 m²	35,0	20,4
NRF	Netto-Raumfläche	1.270,53 m²	136,6	79,6
KGF	Konstruktions-Grundfläche	326,53 m²	35,1	20,4
BGF	Brutto-Grundfläche	1.597,06 m²	171,7	100,0

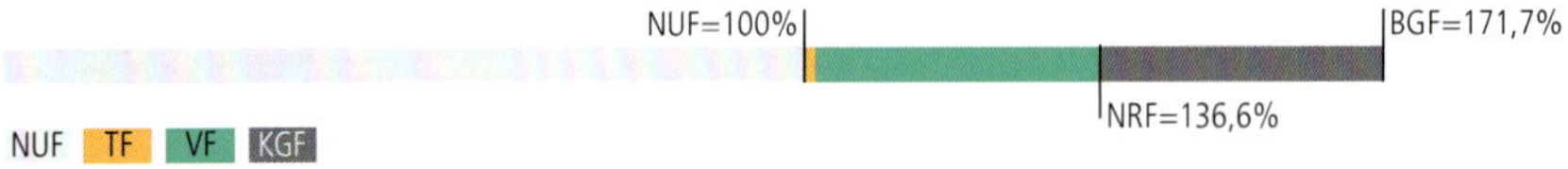

Brutto-Rauminhalt des Bauwerks		Menge Einheit	BRI/NUF (m)	BRI/BGF (m)
BRI	Brutto-Rauminhalt	4.842,73 m³	5,21	3,03

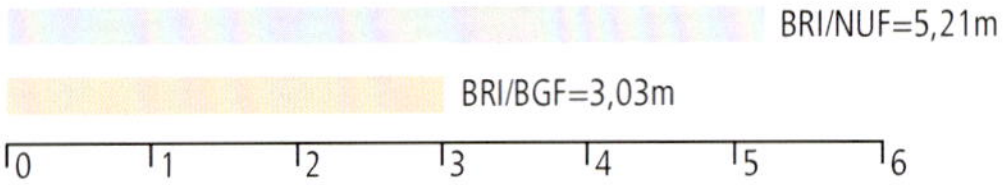

Kostenkennwerte für die Kostengruppen der 1. Ebene DIN 276

KG	Kostengruppen (1. Ebene)	Einheit	Kosten €	€/Einheit	€/m² BGF	€/m³ BRI	% 300+400
100	Grundstück	m² GF	–	–	–	–	–
200	Vorbereitende Maßnahmen	m² GF	–	–	–	–	–
300	Bauwerk – Baukonstruktionen	m² BGF	2.613.863	1.636,67	1.636,67	539,75	80,4
400	Bauwerk – Technische Anlagen	m² BGF	637.969	399,46	399,46	131,74	19,6
	Bauwerk 300+400	**m² BGF**	**3.251.832**	**2.036,14**	**2.036,14**	**671,49**	**100,0**
500	Außenanlagen und Freiflächen	m² AF	226.661	148,09	141,92	46,80	7,0
600	Ausstattung und Kunstwerke	m² BGF	–	–	–	–	–
700	Baunebenkosten	m² BGF	–	–	–	–	–
800	Finanzierung	m² BGF	–	–	–	–	–

KG	Kostengruppe	Menge Einheit	Kosten €	€/Einheit	%
3+4	**Bauwerk**				**100,0**
300	**Bauwerk – Baukonstruktionen**	1.597,06 m² BGF	2.613.863	**1.636,67**	80,4

Baugrubenaushub; Stb-Fundamentplatte, Heizestrich, Linoleum, Betonwerkstein, Parkett, Bodenfliesen, Abdichtung, Kiesfilterschicht, Dämmung; Mauerwerkswände, Holzrahmenwände mit Strohballendämmung (DG), Stb-Stützen, Holzfenster, Dreifachverglasung, WDVS (EG und OG), Wärmedämmung, hinterlüftete Lärchenholzfassade (DG), Gipsfaser-Bekleidung, teilw. Lehmputz, teilw. Kalkputz, teilw. textiler Sonnenschutz; Innenmauerwerk, GK-Wände, Wandfliesen; Stb-Decken, teilw. Sichtbeton, Stb-Fertigteilbalkone, Stb-Treppen in Sichtbeton, Stahltreppen, Heizestrich, Linoleum, Betonwerkstein, Parkett, Bodenfliesen, teilw. Schallschutzdecken, Stahlgeländer, Treppengeländer; Holzbalkendach, Oberlichter, Dämmung, Abdichtung, extensive Dachbegrünung, außenliegende Entwässerung, GK-Decke; Einbauküchen

KG	Kostengruppe	Menge Einheit	Kosten €	€/Einheit	%
400	**Bauwerk – Technische Anlagen**	1.597,06 m² BGF	637.969	**399,46**	19,6

Gebäudeentwässerung, Kalt- und Warmwasserleitungen, Sanitärobjekte; Fernwärmeversorgung, Fußbodenheizung; Elektroinstallation, teilw. Beleuchtung, Blitzschutzanlage; Datenübertragungsanlage, Fernseh- und Antennenanlagen, Rauchmelder; Personenaufzug

KG	Kostengruppe	Menge Einheit	Kosten €	€/Einheit	%
500	**Außenanlagen und Freiflächen**	1.530,60 m² AF	226.661	**148,09**	7,0

Oberbodenarbeiten, Bodenarbeiten; Geotextilien; Wege, Terrassen, Stellplätze; Winkelstützmauern, Rampen; Fahrradständer; Oberbodenauftrag, Bodenverbesserung, Böschungssicherungen, Gehölze, Stauden, Rasen, Fertigstellungspflege

6100-1752
Atelier
Ferienwohnung

Kostenkennwerte für die Kosten des Bauwerks (Kostengruppen 300+400 nach DIN 276)

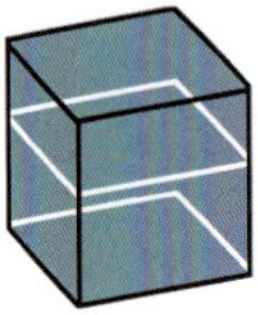

BRI 1.041 €/m^3

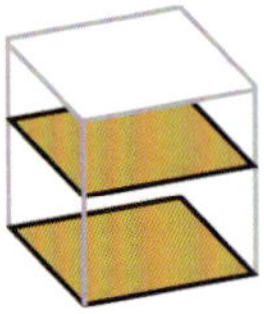

BGF 3.358 €/m^2

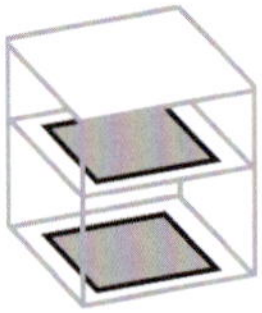

NUF 4.483 €/m^2

Objekt:
Kennwerte: 1. Ebene DIN 276
BRI: 658 m^3
BGF: 204 m^2
NUF: 153 m^2
Bauzeit: 78 Wochen
Bauende: 2024
Standard: hoch
Bundesland: Nordrhein-Westfalen
Kreis: Aachen, Städteregion

Architekt*in:
Elmar Paul Sommer
Dipl.-Ing.
Architekt + Stadtplaner
Veilchenstraße 15
52126 Monschau

Bauherr*in:
Bauherrengemeinschaft Graf
Hohestraße 7
52156 Monschau-Konzen

Zeichnungen

Ansicht Nord

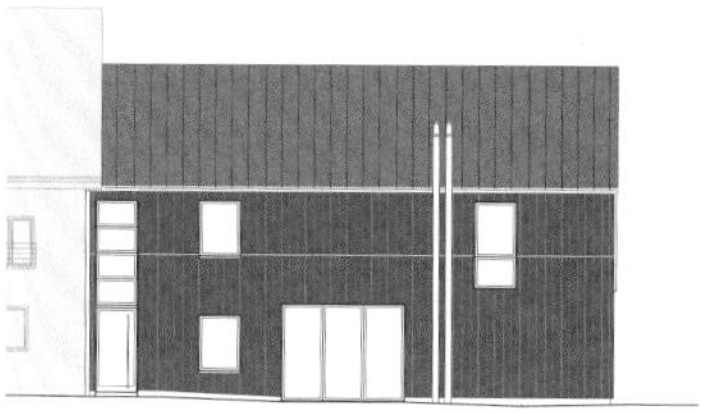

Ansicht Ost

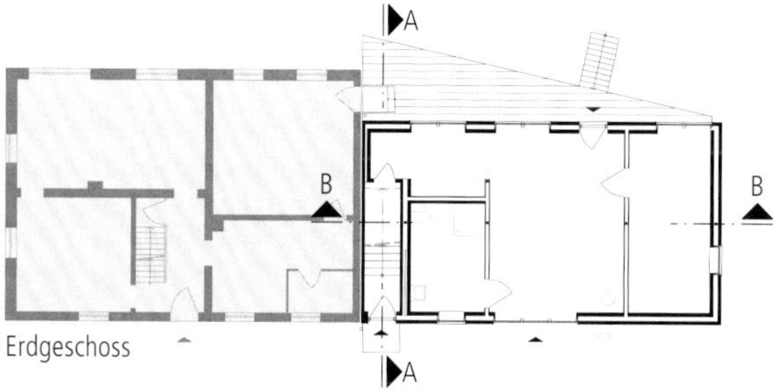

Erdgeschoss

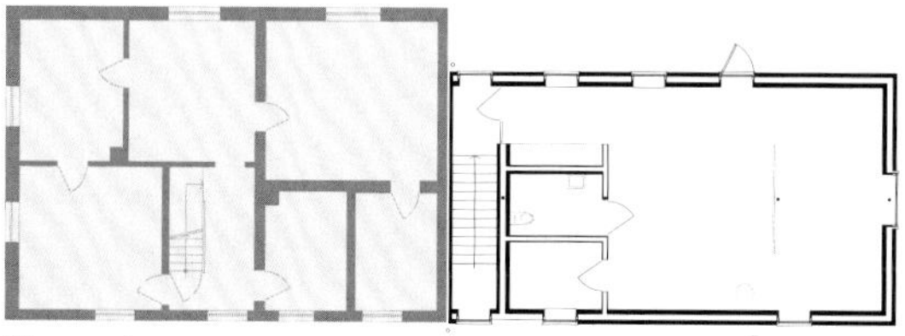

Obergeschoss

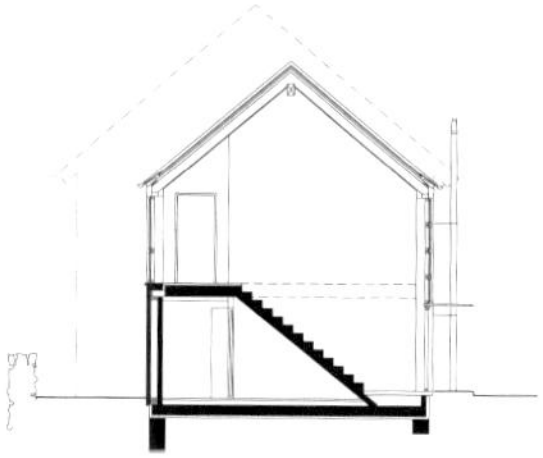

Schnitt A-A

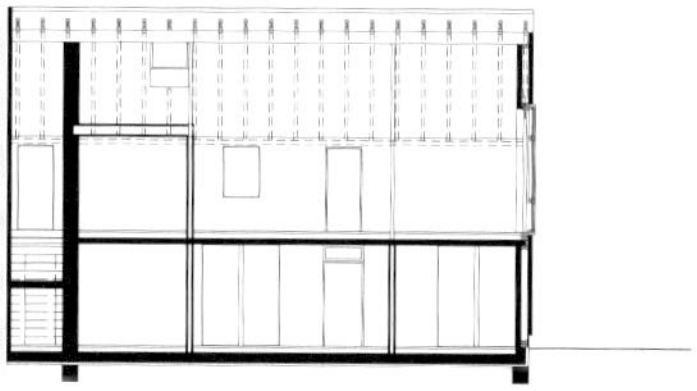

Schnitt B-B

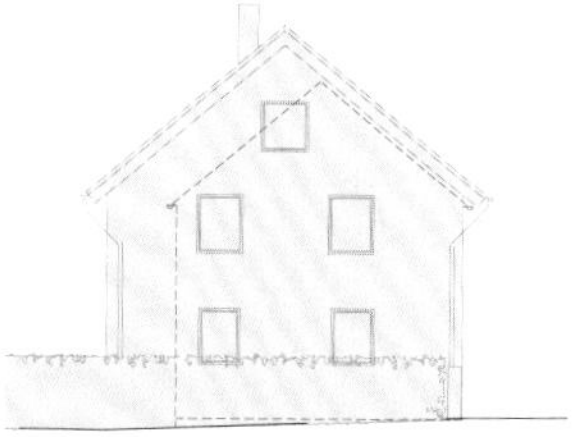

Ansicht Süd

Ansicht West

Objektbeschreibung

Allgemeine Objektinformationen

Das Haus im Dorfkern erwies sich als zu klein für eine fünfköpfige Familie und das Atelier des freiberuflich tätigen Vaters. Um den Platzbedarf zu decken, wurde ein alter, angebauter Stall abgerissen und durch einen neuen, zweigeschossigen Anbau ersetzt. Dieser Anbau besitzt einen eigenständigen Zugang und ist funktional getrennt. Im Obergeschoss befindet sich das Atelier, im Erdgeschoss die Ferienwohnung, die barrierefrei gestaltet wurde und separat erschlossen werden kann.

Nutzung

1 Erdgeschoss
Wohnzimmer, Schlafzimmer, Küche, Bad, Treppe, Terrasse

1 Obergeschoss
Atelier, Lager, WC, Küche, Treppe

1 Dachgeschoss
Galerie, Luftraum

Besonderer Kosteneinfluss Nutzung
Aufwendige Haustechnik aufgrund einer Aufrüstung der vorhandenen Heizung und Mitversorgung des Nachbarhauses über eine Fernwärmeleitung. Dazu kommen in die Wärmeversorgung eingebundene Pelletöfen, eine Solarthermie- sowie eine PV-Anlage.

Nutzeinheiten

Wohneinheiten: 1
Wohnfläche: 83 m²

Grundstück

Bauraum: Beengter Bauraum
Neigung: Geneigtes Gelände
Bodenklasse: BK 3 bis BK 4

Markt

Hauptvergabezeit: 4. Quartal 2022
Baubeginn: 4. Quartal 2022
Bauende: 2. Quartal 2024
Konjunkturelle Gesamtlage: Durchschnitt
Regionaler Baumarkt: unter Durchschnitt

Baukonstruktion

Aus Gründen der Nachhaltigkeit wurde eine Holzkonstruktion auf einer Stahlbetonbodenplatte gewählt. Da das Haus vor einem Steilhang steht, war eine Sicherung gegen Abrutschen erforderlich, die durch die teilweise auskragende Bodenplatte gewährleistet wird. Sie dient auch als Terrasse vor der Ferienwohnung. Zur Gewährleistung des Brand- und Schallschutzes wurde die Erschließungstreppe des Ateliers aus Beton erstellt. Die Geschossdecke hingegen ist als Brettstapeldecke, die Wände in Holzrahmenbauweise hergestellt. Die Alu-Holzfenster sind mit einer Dreifachverglasung ausgestattet und in die Fassaden mit hinterlüfteter Douglasienbekleidung eingebaut. Die nach außen aufschlagenden Fenster setzen sich durch verzinkte Stahlprofile von der Fassade ab. Der Boden im Wohnbereich ist mit Tannendielen belegt, im Atelier wurde der Estrichboden belassen und lediglich mit einer Versiegelung ausgestattet.

Technische Anlagen

Die vorhandene Gasheizung im bestehenden Wohnhaus wurde ausgebaut, um neben dem Neubau nun auch das benachbarte Haus der Großeltern über eine Fernwärmeleitung zu versorgen. Im Neubau sind zwei Pelletöfen mit in den Wärmekreislauf eingebunden, unterstützt durch eine Solarthermieanlage. Auf dem Dach des Anbaus wurde eine PV-Anlage installiert.

Sonstiges

Das Gebäude wurde im Rahmen der Auslobung des Holzbaupreises Eifel 2024 mit einer Anerkennung bedacht.

Energetische Kennwerte

Gesetzliche Grundlage: GEG 2020
Gebäudenutzfläche: 203,00 m²
Spez. Transmissionswärmeverlust: 0,29 W/(m²·K)
Spez. Jahresprimärenergiebedarf: 45,00 kWh/(m²·a)
Spez. Jahresendenergiebedarf: 45,00 kWh/(m²·a)
CO_2-Emissionen: 9,88 kg/(m²·a)

Planungskennwerte für Flächen und Rauminhalte nach DIN 277

Flächen des Grundstücks		Menge Einheit	% an GF
BF	Bebaute Fläche	203,87 m²	22,2
UF	Unbebaute Fläche	714,57 m²	77,8
GF	Grundstücksfläche	918,44 m²	100,0

Grundflächen des Bauwerks		Menge Einheit	% an NUF	% an BGF
NUF	Nutzungsfläche	152,81 m²	100,0	74,9
TF	Technikfläche	3,69 m²	2,4	1,8
VF	Verkehrsfläche	7,85 m²	5,1	3,8
NRF	Netto-Raumfläche	164,35 m²	107,6	80,6
KGF	Konstruktions-Grundfläche	39,64 m²	25,9	19,4
BGF	Brutto-Grundfläche	203,99 m²	133,5	100,0

Brutto-Rauminhalt des Bauwerks		Menge Einheit	BRI/NUF (m)	BRI/BGF (m)
BRI	Brutto-Rauminhalt	657,97 m³	4,31	3,23

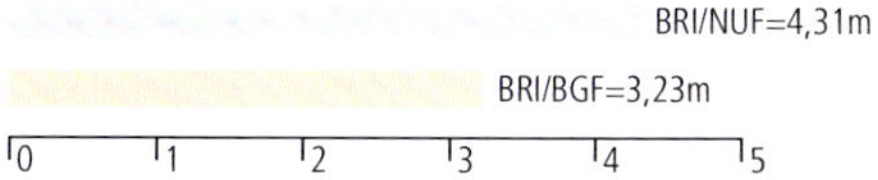

Kostenkennwerte für die Kostengruppen der 1. Ebene DIN 276

KG	Kostengruppen (1. Ebene)	Einheit	Kosten €	€/Einheit	€/m² BGF	€/m³ BRI	% 300+400
100	Grundstück	m² GF	–	–	–	–	–
200	Vorbereitende Maßnahmen	m² GF	–	–	–	–	–
300	Bauwerk – Baukonstruktionen	m² BGF	476.430	2.335,56	2.335,56	724,09	69,5
400	Bauwerk – Technische Anlagen	m² BGF	208.623	1.022,71	1.022,71	317,07	30,5
	Bauwerk 300+400	**m² BGF**	**685.053**	**3.358,27**	**3.358,27**	**1.041,16**	**100,0**
500	Außenanlagen und Freiflächen	m² AF	–	–	–	–	–
600	Ausstattung und Kunstwerke	m² BGF	–	–	–	–	–
700	Baunebenkosten	m² BGF	–	–	–	–	–
800	Finanzierung	m² BGF	–	–	–	–	–

KG	Kostengruppe	Menge Einheit	Kosten €	€/Einheit	%
3+4	**Bauwerk**				**100,0**
300	**Bauwerk – Baukonstruktionen**	203,99 m² BGF	476.430	**2.335,56**	69,5

Erdarbeiten; Stb-Bodenplatte, Stb-Frostschürzen, Dämmung, Estrich, Holzdielen, Bodenfliesen, Perimeterdämmung, Sauberkeitsschicht, Dränage; Holzrahmenwände, Holzfaserdämmstoff, Alu-Holzfenster, Dreifachverglasung, Holzaußentür, Holzdämmplatten, senkrechte Bekleidung Douglasie, Malervlies, Beschichtung, Wandfliesen; Holzrahmenwände, GK-Beplankung, Innentüren, Malervlies, Beschichtung, Wandfliesen; Brettstapel-Elementdecke, Sichtbetontreppe, Dämmung, Heizestrich, Bodenbeschichtung, Treppengeländer, Stahl-Eingangstreppe; Holzsatteldach, Dachflächenfenster, Dämmung, Dachziegel, Dachentwässerung

KG	Kostengruppe	Menge Einheit	Kosten €	€/Einheit	%
400	**Bauwerk – Technische Anlagen**	203,99 m² BGF	208.623	**1.022,71**	30,5

Gebäudeentwässerung, Kalt- und Warmwasserleitungen, Sanitärobjekte, Solarthermieanlage; Fernwärmeanschluss, Pelletöfen, Fußbodenheizung, Heizkörper; PV-Anlage, Elektroinstallation, Beleuchtung, Blitzschutz; Telefonanschluss, EDV-Verkabelung

6100-1761
Wohnen für
Geflüchtete
(13 WE)

Kostenkennwerte für die Kosten des Bauwerks (Kostengruppen 300+400 nach DIN 276)

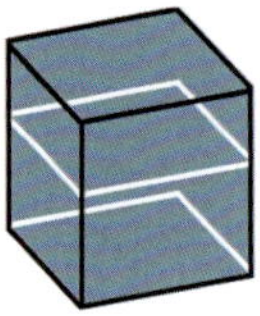

BRI 645 €/m³

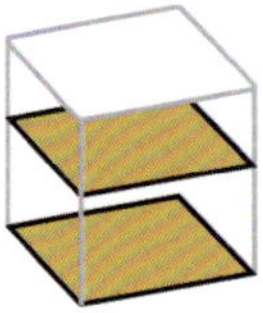

BGF 2.157 €/m²

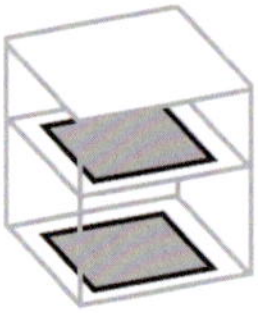

NUF 2.902 €/m²

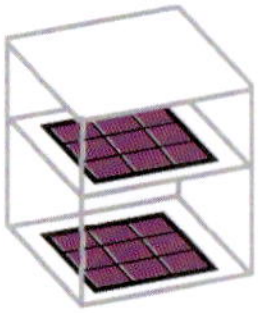

NE 3.090 €/NE

NE: Wohnfläche

Objekt:
Kennwerte: 3. Ebene DIN 276
BRI: 3.434 m³
BGF: 1.026 m²
NUF: 763 m²
Bauzeit: 39 Wochen
Bauende: 2024
Standard: mittel
Bundesland: Baden-Württemberg
Kreis: Breisgau-Hochschwarzwald

Architekt*in:
Werkgruppe Freiburg
Architekten
Hummelstraße 17
79100 Freiburg

Bauherr*in:
Stadt Müllheim
im Markgräflerland
Bismarckstraße 3
79379 Müllheim i. M.

© Werkgruppe Freiburg Architekten

© Werkgruppe Freiburg Architekten

© Werkgruppe Freiburg

© Werkgruppe Freiburg

© Werkgruppe Freiburg Architekten

Zeichnungen

Ansicht Nord

Ansicht Ost

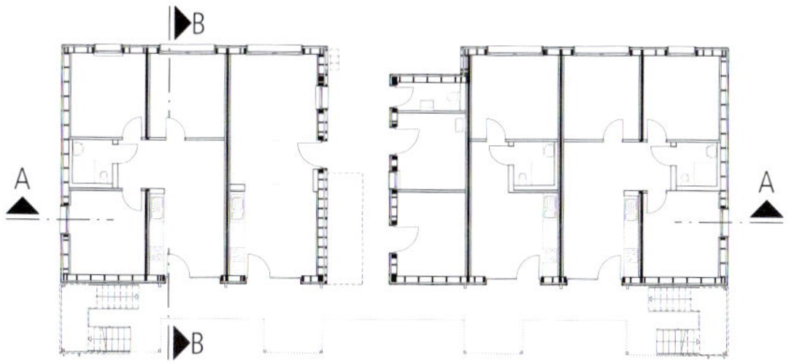

Erdgeschoss

Obergeschoss

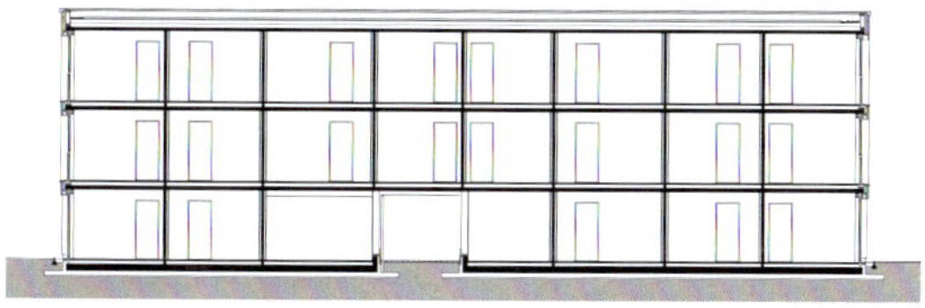

Schnitt A-A

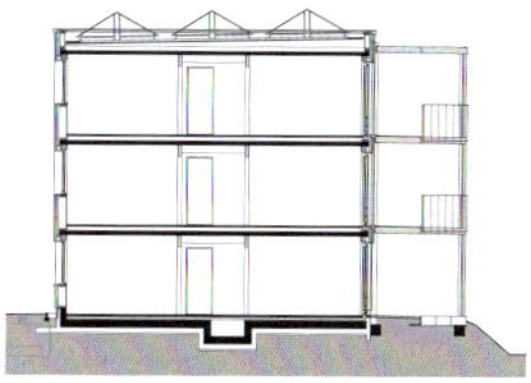

Schnitt B-B

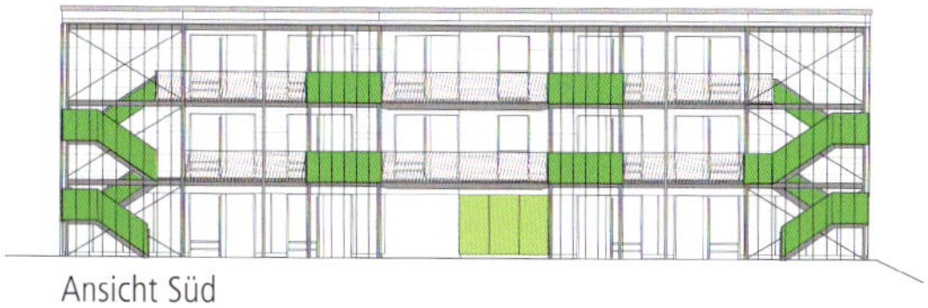

Ansicht Süd

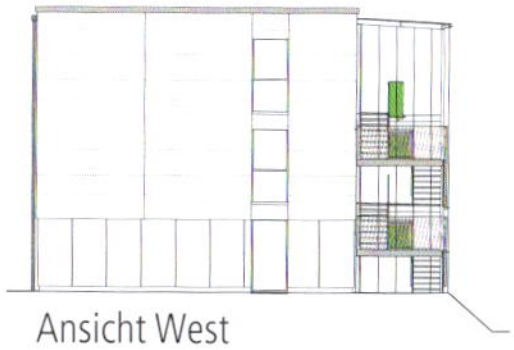

Ansicht West

Objektbeschreibung

Allgemeine Objektinformationen

Das Wohngebäude wurde als Holzrahmenbau mit tragenden Massivholzinnenwänden und Massivholzdecken in kürzester Bauzeit errichtet. Im dreigeschossigen Holzbau sind 13 Wohneinheiten unterschiedlichster Größen vorhanden und es gibt einen Gemeinschaftsraum, der nach Bedarf auch als 14. Wohnung umgenutzt werden kann.

Nutzung

1 Erdgeschoss
drei Wohnungen, Gemeinschaftsraum, Technikraum

2 Obergeschosse
zehn Wohnungen

Nutzeinheiten

Wohneinheiten: 13
Wohnfläche: 717 m^2

Grundstück

Bauraum: Beengter Bauraum
Neigung: Geneigtes Gelände
Bodenklasse: BK 3 bis BK 4

Markt

Hauptvergabezeit: 3. Quartal 2023
Baubeginn: 4. Quartal 2023
Bauende: 3. Quartal 2024
Konjunkturelle Gesamtlage: über Durchschnitt
Regionaler Baumarkt: Durchschnitt

Baukonstruktion

Die Gründung erfolgt über eine Bodenplatte aus wasserundurchlässigem Stahlbeton. Die Außenwände sind in Holzrahmenbauweise gefertigt, während die tragenden Innenwände aus massiven Brettsperrholzplatten bestehen. Im Erdgeschoss erhält das Wohnhaus eine Plattenfassade, in Obergeschossen eine hinterlüftete Holzverschalung. Die Fenster sind in Holz ausgeführt. Der an die Außenwand angebaute Laubengang samt Treppenläufen ist als Stahlkonstruktion konzipiert und mit Rankseilen verziert. Sowohl die Geschossdecken als auch das Flachdach sind aus Brettsperrholzelementen hergestellt. Als Bodenbeläge dienen Linoleum und Fliesen. Der Laubengang ist mit hochwertigen Alupaneelen belegt. Die nichttragenden Innenwände sind als Metallständer-Trockenbauwände ausgeführt. Die Wandflächen sind im Innenbereich tapeziert und gestrichen, in den Sanitärbereichen gefliest. Das Flachdach wird extensiv begrünt. Der angrenzende Laubengang wird mit Wellblech gedeckt.

Technische Anlagen

Das Gebäude wurde mit dezentralen Abluftanlagen für innenliegende Räume ausgerüstet. Beheizt wird das Gebäude über eine Fußbodenheizung, die an ein Fernwärmenetz angeschlossen ist. Auf dem Flachdach ist eine PV-Anlage aufgestellt.

Sonstiges

Energetisch erreicht das Gebäude einen KfW 40 Standard.

Planungskennwerte für Flächen und Rauminhalte nach DIN 277

Flächen des Grundstücks		Menge Einheit	% an GF
BF	Bebaute Fläche	381,08 m²	38,2
UF	Unbebaute Fläche	615,92 m²	61,8
GF	Grundstücksfläche	997,00 m²	100,0

Grundflächen des Bauwerks		Menge Einheit	% an NUF	% an BGF
NUF	Nutzungsfläche	762,93 m²	100,0	74,3
TF	Technikfläche	14,41 m²	1,9	1,4
VF	Verkehrsfläche	102,21 m²	13,4	10,0
NRF	Netto-Raumfläche	879,55 m²	115,3	85,7
KGF	Konstruktions-Grundfläche	146,92 m²	19,3	14,3
BGF	Brutto-Grundfläche	1.026,47 m²	134,5	100,0

Brutto-Rauminhalt des Bauwerks		Menge Einheit	BRI/NUF (m)	BRI/BGF (m)
BRI	Brutto-Rauminhalt	3.434,41 m³	4,50	3,35

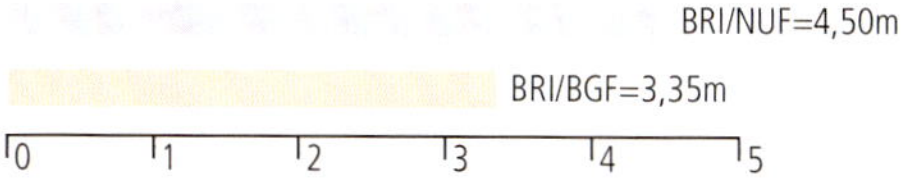

KG	Kostengruppen (2. Ebene)	Menge Einheit	Menge/NUF	Menge/BGF
310	Baugrube / Erdbau	240,46 m³ BGI	0,32	0,23
320	Gründung, Unterbau	265,45 m² GRF	0,35	0,26
330	Außenwände/Vertikale Baukonstruktionen, außen	733,80 m² AWF	0,96	0,72
340	Innenwände/Vertikale Baukonstruktionen, innen	797,53 m² IWF	1,05	0,78
350	Decken/Horizontale Baukonstruktionen	721,48 m² DEF	0,95	0,70
360	Dächer	366,22 m² DAF	0,48	0,36

6100-1761
Wohnen für Geflüchtete
(13 WE)

Kostenkennwerte für die Kostengruppen der 1. Ebene DIN 276

KG	Kostengruppen (1. Ebene)	Einheit	Kosten €	€/Einheit	€/m² BGF	€/m³ BRI	% 300+400
100	Grundstück	m² GF	–	–	–	–	–
200	Vorbereitende Maßnahmen	m² GF	12.253	12,29	11,94	3,57	0,6
300	Bauwerk – Baukonstruktionen	m² BGF	1.677.661	1.634,40	1.634,40	488,49	75,8
400	Bauwerk – Technische Anlagen	m² BGF	536.364	522,53	522,53	156,17	24,2
	Bauwerk 300+400	**m² BGF**	**2.214.025**	**2.156,93**	**2.156,93**	**644,66**	**100,0**
500	Außenanlagen und Freiflächen	m² AF	26.314	–	25,64	7,66	1,2
600	Ausstattung und Kunstwerke	m² BGF	29.858	29,09	29,09	8,69	1,3
700	Baunebenkosten	m² BGF	–	–	–	–	–
800	Finanzierung	m² BGF	–	–	–	–	–

KG	Kostengruppe	Menge Einheit	Kosten €	€/Einheit	%
200	**Vorbereitende Maßnahmen**	997,00 m² GF	12.253	**12,29**	0,6
	Roden von Bewuchs, Oberboden laden; Entsorgung, Deponiegebühren				
3+4	**Bauwerk**				**100,0**
300	**Bauwerk – Baukonstruktionen**	1.026,47 m² BGF	1.677.661	**1.634,40**	75,8
	Stb-Bodenplatte, Bodenkanal, WU, Bitumenabdichtung; Stb-Betonsockel, Holzrahmenwände, Stahlrahmen, Holztüren, Stahltüren, Holzfenster, hinterlüftete Fassade, Holzschalung, Faserzementplatten, Rankseile, Rollläden, Brettsperrholzwände, GK-Wände, Holztüren, Stahltür, Tapete, Beschichtung, Wandfliesen; Brettsperrholzdecken, BSH-Unterzüge, Laubengang, Stahltreppen, Dämmung, Estrich, Linoleum, Bodenfliesen, Alupaneele, Lasierung, Dämmung, DWD-Platten, Geländer; Flachdach, Brettsperrholz, Dachausstieg, Dämmung, Kunststoffabdichtung, Extensivbegrünung, Kies, Attikaabdeckung, Wellblech, Dachentwässerung, Seilsicherungssystem				
400	**Bauwerk – Technische Anlagen**	1.026,47 m² BGF	536.364	**522,53**	24,2
	Gebäudeentwässerung, Kalt- und Warmwasserleitungen, Sanitärobjekte; Fernwärmeanschluss, Heizungsrohre, Fußbodenheizung, Deckenstrahlplatte; Einzelraumlüfter; PV-Anlage, Elektroinstallation, Beleuchtung, Erdung; Läutewerke, Antennenanlage, Brandmeldezentrale, Datenübertragungsnetze				
500	**Außenanlagen und Freiflächen**	–	26.314	**–**	1,2
	Bodenaushub; Kontrollschächte, Regenwasser-Flachtank, Retentionszisterne, Pollerleuchten; Briefkasten				
600	**Ausstattung und Kunstwerke**	1.026,47 m² BGF	29.858	**29,09**	1,3
	Badeinrichtung, Sauberlaufmatte				

Kostenkennwerte für die Kostengruppen 300 der 2. und 3. Ebene DIN 276 (Übersicht)

KG	Kostengruppe	Menge Einheit	Kosten €	€/Einheit	% an 3+4
300	**Bauwerk – Baukonstruktionen**	**1.026,47 m² BGF**	**1.677.660,77**	**1.634,40**	**75,8**
310	**Baugrube / Erdbau**	**240,46 m³ BGI**	**24.509,64**	**101,93**	**1,1**
311	Herstellung	240,46 m³ BGI	24.509,64	101,93	1,1
312	Umschließung	–	–	–	–
313	Wasserhaltung	–	–	–	–
314	Vortrieb	–	–	–	–
319	Sonstiges zur KG 310	–	–	–	–
320	**Gründung, Unterbau**	**265,45 m² GRF**	**166.514,56**	**627,29**	**7,5**
321	Baugrundverbesserung	–	–	–	–
322	Flachgründungen und Bodenplatten	265,45 m²	58.892,58	221,86	2,7
323	Tiefgründungen	–	–	–	–
324	Gründungsbeläge	216,03 m²	52.324,13	242,21	2,4
325	Abdichtungen und Bekleidungen	292,55 m²	51.354,46	175,54	2,3
326	Dränagen	–	–	–	–
329	Sonstiges zur KG 320	265,45 m² GRF	3.943,39	14,86	0,2
330	**Außenwände/Vert. Baukonstrukt., außen**	**733,80 m² AWF**	**493.629,19**	**672,70**	**22,3**
331	Tragende Außenwände	485,18 m²	124.651,72	256,92	5,6
332	Nichttragende Außenwände	51,31 m²	4.840,81	94,34	0,2
333	Außenstützen	166,80 m	28.975,60	173,71	1,3
334	Außenwandöffnungen	197,31 m²	154.725,66	784,18	7,0
335	Außenwandbekleidungen, außen	679,20 m²	136.016,03	200,26	6,1
336	Außenwandbekleidungen, innen	426,17 m²	25.618,03	60,11	1,2
337	Element. Außenwandkonstruktionen	–	–	–	–
338	Lichtschutz zur KG 330	102,85 m²	18.801,36	182,80	0,8
339	Sonstiges zur KG 330	–	–	–	–
340	**Innenwände/Vert. Baukonstrukt., innen**	**797,53 m² IWF**	**286.216,23**	**358,88**	**12,9**
341	Tragende Innenwände	406,04 m²	122.793,79	302,42	5,5
342	Nichttragende Innenwände	314,19 m²	49.535,29	157,66	2,2
343	Innenstützen	–	–	–	–
344	Innenwandöffnungen	77,30 m²	41.971,47	542,97	1,9
345	Innenwandbekleidungen	1.290,62 m²	71.915,68	55,72	3,2
346	Elementierte Innenwandkonstruktionen	–	–	–	–
347	Lichtschutz zur KG 340	–	–	–	–
349	Sonstiges zur KG 340	–	–	–	–
350	**Decken/Horizontale Baukonstruktionen**	**721,48 m² DEF**	**443.442,98**	**614,63**	**20,0**
351	Deckenkonstruktionen	721,48 m²	216.035,54	299,43	9,8
352	Deckenöffnungen	–	–	–	–
353	Deckenbeläge	603,38 m²	138.058,51	228,81	6,2
354	Deckenbekleidungen	474,44 m²	12.599,77	26,56	0,6
355	Elementierte Deckenkonstruktionen	–	–	–	–
359	Sonstiges zur KG 350	721,48 m² DEF	76.749,16	106,38	3,5
360	**Dächer**	**366,22 m² DAF**	**169.446,56**	**462,69**	**7,7**
361	Dachkonstruktionen	365,66 m²	61.223,42	167,43	2,8
362	Dachöffnungen	0,56 m²	5.537,56	9.888,49	0,3
363	Dachbeläge	359,50 m²	91.757,70	255,24	4,1
364	Dachbekleidungen	244,71 m²	3.370,39	13,77	0,2
365	Elementierte Dachkonstruktionen	–	–	–	–
366	Lichtschutz zur KG 360	–	–	–	–
369	Sonstiges zur KG 360	366,22 m² DAF	7.557,49	20,64	0,3
370	**Infrastrukturanlagen**	**–**	**–**	**–**	**–**
380	**Baukonstruktive Einbauten**	**–**	**–**	**–**	**–**
390	**Sonst. Maßnahmen für Baukonstrukt.**	**1.026,47 m² BGF**	**93.901,60**	**91,48**	**4,2**

Kostenkennwerte für die Kostengruppen 400 der 2. und 3.Ebene DIN 276 (Übersicht)

KG	Kostengruppe	Menge Einheit	Kosten €	€/Einheit	% an 3+4
400	**Bauwerk – Technische Anlagen**	**1.026,47 m²BGF**	**536.364,36**	**522,53**	**24,2**
410	**Abwasser-, Wasser-, Gasanlagen**	**1.026,47 m²BGF**	**147.750,54**	**143,94**	**6,7**
411	Abwasseranlagen	1.026,47 m²BGF	52.118,09	50,77	2,4
412	Wasseranlagen	1.026,47 m²BGF	89.840,20	87,52	4,1
413	Gasanlagen	–	–	–	–
419	Sonstiges zur KG 410	1.026,47 m²BGF	5.792,24	5,64	0,3
420	**Wärmeversorgungsanlagen**	**1.026,47 m²BGF**	**94.628,19**	**92,19**	**4,3**
421	Wärmeerzeugungsanlagen	1.026,47 m²BGF	20.384,66	19,86	0,9
422	Wärmeverteilnetze	1.026,47 m²BGF	29.920,43	29,15	1,4
423	Raumheizflächen	1.026,47 m²BGF	44.323,09	43,18	2,0
424	Verkehrsheizflächen	–	–	–	–
429	Sonstiges zur KG 420	–	–	–	–
430	**Raumlufttechnische Anlagen**	**1.026,47 m²BGF**	**16.260,24**	**15,84**	**0,7**
431	Lüftungsanlagen	1.026,47 m²BGF	16.260,24	15,84	0,7
432	Teilklimaanlagen	–	–	–	–
433	Klimaanlagen	–	–	–	–
434	Kälteanlagen	–	–	–	–
439	Sonstiges zur KG 430	–	–	–	–
440	**Elektrische Anlagen**	**1.026,47 m²BGF**	**216.166,87**	**210,59**	**9,8**
441	Hoch- und Mittelspannungsanlagen	–	–	–	–
442	Eigenstromversorgungsanlagen	1.026,47 m²BGF	36.248,09	35,31	1,6
443	Niederspannungsschaltanlagen	–	–	–	–
444	Niederspannungsinstallationsanlagen	1.026,47 m²BGF	150.746,67	146,86	6,8
445	Beleuchtungsanlagen	1.026,47 m²BGF	21.529,70	20,97	1,0
446	Blitzschutz- und Erdungsanlagen	1.026,47 m²BGF	7.642,40	7,45	0,3
447	Fahrleitungssysteme	–	–	–	–
449	Sonstiges zur KG 440	–	–	–	–
450	**Kommunikationstechnische Anlagen**	**1.026,47 m²BGF**	**61.061,62**	**59,49**	**2,8**
451	Telekommunikationsanlagen	–	–	–	–
452	Such- und Signalanlagen	1.026,47 m²BGF	1.608,37	1,57	< 0,1
453	Zeitdienstanlagen	–	–	–	–
454	Elektroakustische Anlagen	–	–	–	–
455	Audiovisuelle Medien- u. Antennenanl.	1.026,47 m²BGF	9.637,63	9,39	0,4
456	Gefahrenmelde- und Alarmanlagen	1.026,47 m²BGF	26.351,75	25,67	1,2
457	Datenübertragungsnetze	1.026,47 m²BGF	23.463,85	22,86	1,1
458	Verkehrsbeeinflussungsanlagen	–	–	–	–
459	Sonstiges zur KG 450	–	–	–	–
460	**Förderanlagen**	**–**	**–**	**–**	**–**
461	Aufzugsanlagen	–	–	–	–
462	Fahrtreppen, Fahrsteige	–	–	–	–
463	Befahranlagen	–	–	–	–
464	Transportanlagen	–	–	–	–
465	Krananlagen	–	–	–	–
466	Hydraulikanlagen	–	–	–	–
469	Sonstiges zur KG 460	–	–	–	–
470	**Nutzungsspez. u. verfahrenstechn. Anl.**	**–**	**–**	**–**	**–**
480	**Gebäude- und Anlagenautomation**	**–**	**–**	**–**	**–**
490	**Sonst. Maßnahmen für techn. Anlagen**	**1.026,47 m²BGF**	**496,90**	**0,48**	**< 0,1**

Kostenkennwerte für Leistungsbereiche nach STLB (Kosten des Bauwerks nach DIN 276)

LB	Leistungsbereiche	Kosten €	€/m² BGF	€/m³ BRI	% an 3+4
000	Baustellen-, Sicherheitseinr. inkl. 001, 089	69.801	68,00	20,30	3,2
002	Erdarbeiten	53.291	51,90	15,50	2,4
006	Spezialtiefbauarbeiten inkl. 005	–	–	–	–
009	Entwässerungskanalarbeiten inkl. 011	14.913	14,50	4,30	0,7
010	Drän- und Versickerarbeiten	–	–	–	–
012	Mauerarbeiten	–	–	–	–
013	Betonarbeiten	94.631	92,20	27,60	4,3
014	Natur-, Betonwerksteinarbeiten	–	–	–	–
016	Zimmer- und Holzbauarbeiten	456.290	444,50	132,90	20,6
017	Stahlbauarbeiten	301.878	294,10	87,90	13,6
018	Abdichtungsarbeiten	33.125	32,30	9,60	1,5
019	Kampfmittelräumarbeiten	–	–	–	–
020	Dachdeckungsarbeiten	–	–	–	–
021	Dachabdichtungsarbeiten	57.197	55,70	16,70	2,6
022	Klempnerarbeiten	32.394	31,60	9,40	1,5
	Rohbau	**1.113.519**	**1.084,80**	**324,20**	**50,3**
023	Putz- und Stuckarbeiten, Wärmedämmsysteme	6.337	6,20	1,80	0,3
024	Fliesen- und Plattenarbeiten	47.577	46,40	13,90	2,1
025	Estricharbeiten	68.923	67,10	20,10	3,1
026	Fenster, Außentüren inkl. 029, 032	146.390	142,60	42,60	6,6
027	Tischlerarbeiten	38.900	37,90	11,30	1,8
028	Parkett-, Holzpflasterarbeiten	–	–	–	–
030	Rollladenarbeiten	18.801	18,30	5,50	0,8
031	Metallbauarbeiten inkl. 035	–	–	–	–
034	Maler- und Lackiererarb. - Beschicht. inkl. 037	36.937	36,00	10,80	1,7
036	Bodenbelagarbeiten	36.979	36,00	10,80	1,7
038	Vorgehängte hinterlüftete Fassaden	87.865	85,60	25,60	4,0
039	Trockenbauarbeiten	81.014	78,90	23,60	3,7
	Ausbau	**569.723**	**555,00**	**165,90**	**25,7**
040	Wärmeversorgungsanl. - Betriebseinr. inkl. 041	86.889	84,60	25,30	3,9
042	Gas- u. Wasseranl. - Leitung., Armat. inkl. 043	46.245	45,10	13,50	2,1
044	Abwasseranl. - Leitungen, Abläufe, Armaturen	31.493	30,70	9,20	1,4
045	Gas, Wasser, Entwässerung - Ausstattung inkl. 046	41.435	40,40	12,10	1,9
047	Dämm- und Brandschutzarb. an techn. Anlagen	22.253	21,70	6,50	1,0
049	Feuerlöschanlagen, Feuerlöschgeräte	–	–	–	–
050	Blitzschutz-/Erdungsanlagen, Überspannungssch.	7.642	7,40	2,20	0,3
053	Niederspannungsanl. - Kabel inkl. 052, 054	185.687	180,90	54,10	8,4
055	Sicherheits- u. Ersatzstromversorgungsanl.	–	–	–	–
057	Gebäudesystemtechnik	–	–	–	–
058	Leuchten und Lampen inkl. 059	21.530	21,00	6,30	1,0
060	Such, Signal, Zeit, Anten., akust. Anl. inkl. 064	11.246	11,00	3,30	0,5
061	Kommunikations- u. Übertragungsnetze inkl. 063	49.816	48,50	14,50	2,3
069	Aufzüge	–	–	–	–
070	Gebäudeautomation	–	–	–	–
075	Raumlufttechnische Anlagen inkl. 078	16.260	15,80	4,70	0,7
	Gebäudetechnik	**520.497**	**507,10**	**151,60**	**23,5**
084	Abbruch, Rückbau, Schadstoffsanierung	–	–	–	–
	Abbrucharbeiten	**–**	**–**	**–**	**–**
	Sonstige Leistungsbereiche	**10.286**	**10,00**	**3,00**	**0,5**

6100-1764
Einfamilienhaus

Kostenkennwerte für die Kosten des Bauwerks (Kostengruppen 300+400 nach DIN 276)

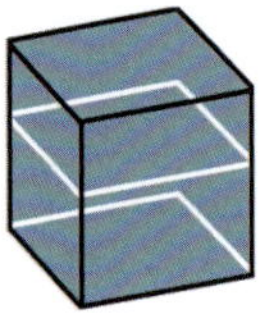

BRI 793€/m³

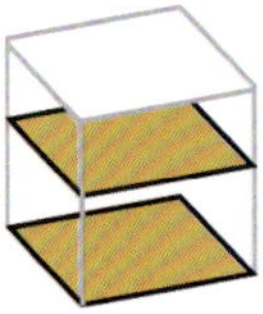

BGF 2.998€/m²

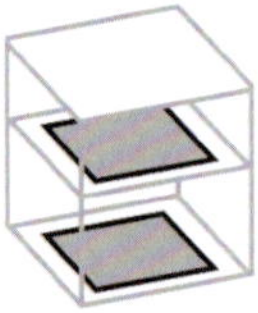

NUF 4.123€/m²

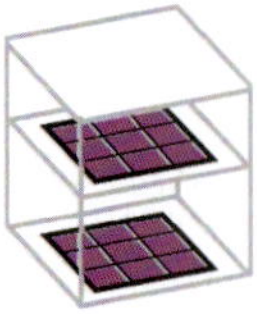

NE 7.024€/NE

NE: Wohnfläche

Objekt:
Kennwerte: 1.Ebene DIN 276
BRI: 707m³
BGF: 187m²
NUF: 136m²
Bauzeit: 52 Wochen
Bauende: 2023
Standard: hoch
Bundesland: Nordrhein-Westfalen
Kreis: Steinfurt

Architekt*in:
feldhaus architekten
partnerschaft mbb
Poststraße 12
49477 Ibbenbüren

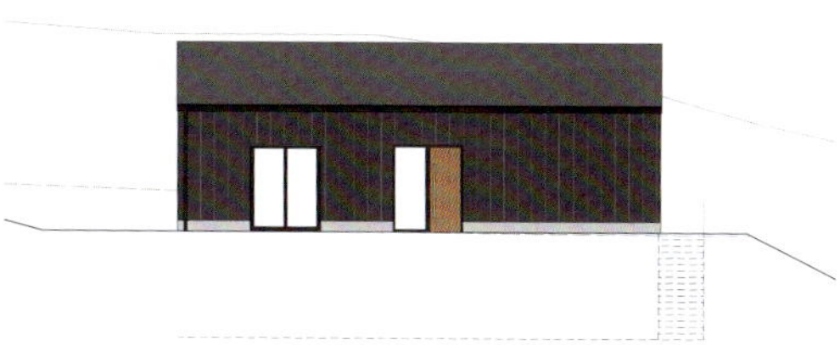

Ansicht Nord-Ost

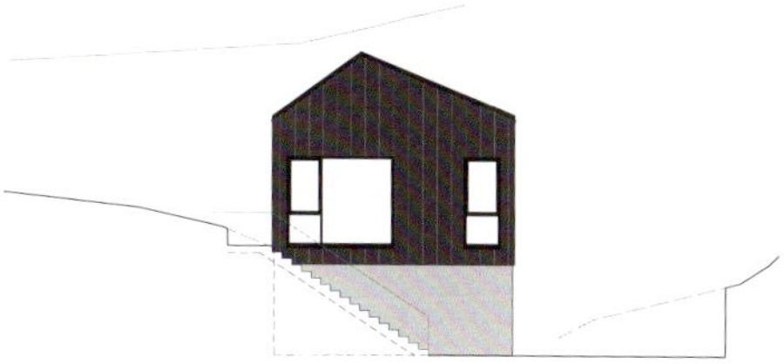

Ansicht Nord-West

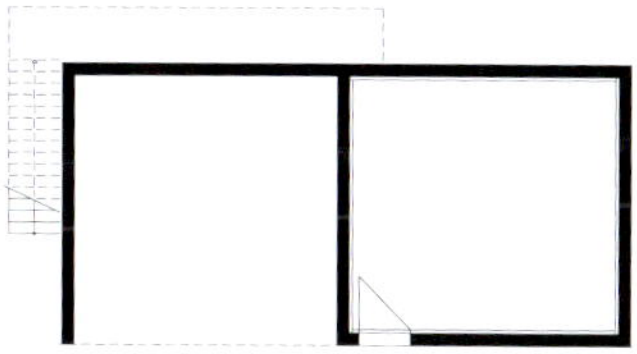

Untergeschoss

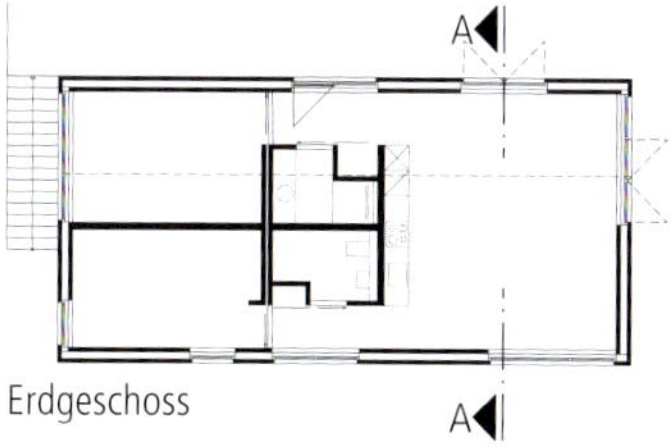

Erdgeschoss

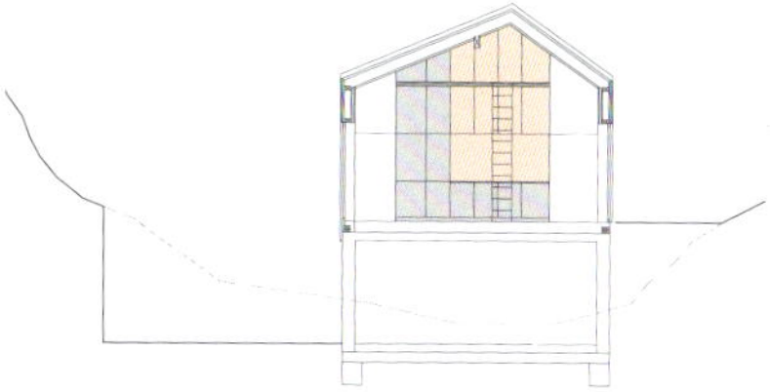

Schnitt A-A

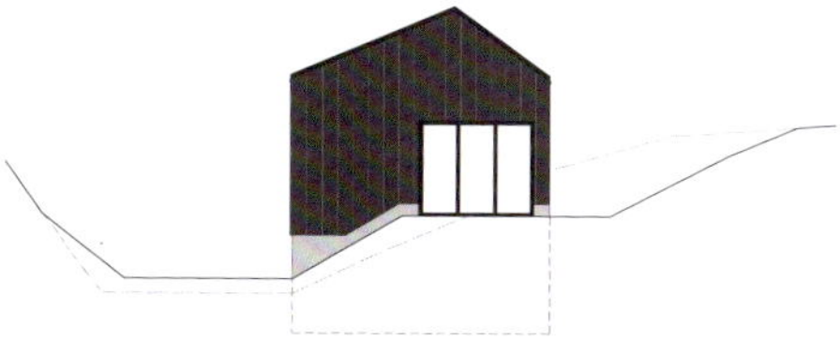

Ansicht Süd-Ost

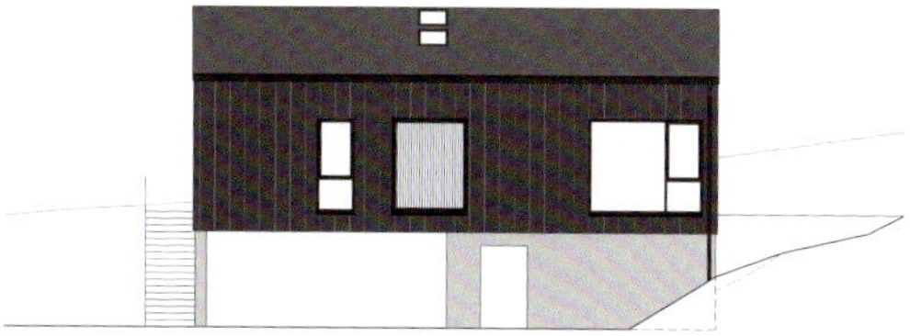

Ansicht Süd-West

Objektbeschreibung

Allgemeine Objektinformationen

Das eingeschossige Einfamilienhaus steht aufgeständert auf einem massiven Sockel. Das betonierte Untergeschoss bettet sich an zwei Seiten in das abfallende Gelände des Grundstücks. Das Erdgeschoss ist in Holzrahmenbauweise errichtet.

Nutzung

1 Untergeschoss
Carport, Technik-/Abstellraum

1 Erdgeschoss
Wohnen/Essen/Kochen, Schlafzimmer, Büro/Gast, WC, Duschraum, Flure

Nutzeinheiten

Wohnfläche: 80 m²

Grundstück

Bauraum: Freier Bauraum
Neigung: Hanglage
Bodenklasse: BK 3 bis BK 5

Markt

Hauptvergabezeit: 4. Quartal 2021
Baubeginn: 1. Quartal 2022
Bauende: 1. Quartal 2023
Konjunkturelle Gesamtlage: Durchschnitt
Regionaler Baumarkt: Durchschnitt

Baukonstruktion

Der Neubau wurde in einer additiven, hybriden Bauweise realisiert. Die Wohnräume sind in Holzrahmenbauweise ausgeführt. Das Gebäude wurde auf einen in den Hang positionierten massiven Sockel aus WU-Stahlbeton gestellt und gründet auf umlaufenden Streifenfundamenten. Die Gefache des Ständerwerks sind mit Zellulosedämmung ausgeblasen. Alle Betonflächen sind auf Sicht ausgeführt. Die Fassade ist eine vorgebrannte Holzverschalung, die hinterlüftet realisiert wurde. Die Holzfenster sind mit einer Dreifachverglasung ausgestattet. Auf der westlichen Seite des Daches wurde eine PV-Anlage installiert. Die gegenüber liegende Dachfläche wurde zusätzlich mit einem Gründach in Form von Gründachpfannen gedeckt.

Technische Anlagen

Geothermie versorgt den Neubau mit entsprechender Grundwärme. Die Wärmepumpe wird über die PV-Anlage bespeist. Eine Fußbodenheizung verteilt die Wärme im Gebäude.

Sonstiges

Die besondere, beidseitige Hanglage erforderte vorbereitende Maßnahmen der Baustelle. Im Rahmen der Außenanlagenplanung galt es den ursprünglichen Geländeverlauf wieder nach zu modellieren.

Planungskennwerte für Flächen und Rauminhalte nach DIN 277

Flächen des Grundstücks		Menge Einheit	% an GF
BF	Bebaute Fläche	95,13 m²	4,3
UF	Unbebaute Fläche	2.123,87 m²	95,7
GF	Grundstücksfläche	2.219,00 m²	100,0

Grundflächen des Bauwerks		Menge Einheit	% an NUF	% an BGF
NUF	Nutzungsfläche	135,94 m²	100,0	72,7
TF	Technikfläche	15,46 m²	11,4	8,3
VF	Verkehrsfläche	8,24 m²	6,1	4,4
NRF	Netto-Raumfläche	159,64 m²	117,4	85,4
KGF	Konstruktions-Grundfläche	27,32 m²	20,1	14,6
BGF	Brutto-Grundfläche	186,96 m²	137,5	100,0

Brutto-Rauminhalt des Bauwerks		Menge Einheit	BRI/NUF (m)	BRI/BGF (m)
BRI	Brutto-Rauminhalt	707,08 m³	5,20	3,78

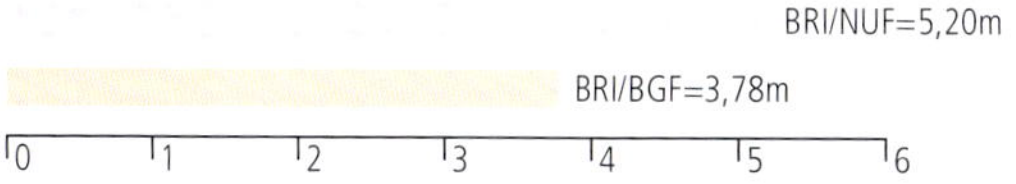

Kostenkennwerte für die Kostengruppen der 1. Ebene DIN 276

KG	Kostengruppen (1. Ebene)	Einheit	Kosten €	€/Einheit	€/m² BGF	€/m³ BRI	% 300+400
100	Grundstück	m² GF	–	–	–	–	–
200	Vorbereitende Maßnahmen	m² GF	–	–	–	–	–
300	Bauwerk – Baukonstruktionen	m² BGF	454.288	2.429,87	2.429,87	642,48	81,1
400	Bauwerk – Technische Anlagen	m² BGF	106.197	568,02	568,02	150,19	18,9
	Bauwerk 300+400	**m² BGF**	**560.485**	**2.997,89**	**2.997,89**	**792,68**	**100,0**
500	Außenanlagen und Freiflächen	m² AF	–	–	–	–	–
600	Ausstattung und Kunstwerke	m² BGF	–	–	–	–	–
700	Baunebenkosten	m² BGF	–	–	–	–	–
800	Finanzierung	m² BGF	–	–	–	–	–

KG	Kostengruppe	Menge Einheit	Kosten €	€/Einheit	%
3+4	**Bauwerk**				**100,0**
300	**Bauwerk – Baukonstruktionen**	186,96 m² BGF	454.288	**2.429,87**	81,1

Baugrubenaushub; Stb-Bodenplatten, Stb-Streifenfundamente, WU, Estrich, Beschichtung, Rasengittersteine, Perimeterdämmung, Splitt; Stb-Wände, oberflächenfertig, WU, Stahltür, Holzfenster, Dreifachverglasung, hinterlüftete Holzfassade, Holzfaserdämmung, Zellulosedämmung, Perimeterdämmung; Holzrahmenwände, Brettsperrholzwände, nichttragende Holzrahmenwände, teilw. GK-Wände, Holztüren, OSB-Bekleidung, Beschichtung; Stb-Decken, Dämmung, Heizestrich, Abdichtung, Fliesen, Holzwolle-Mehrschichtdämmplatten; Holzsparrendach, Dachflächenfenster, Dämmung, Abdichtung, Gründachpfannen, Dachentwässerung; Garderoben, Einbauregal

KG	Kostengruppe	Menge Einheit	Kosten €	€/Einheit	%
400	**Bauwerk – Technische Anlagen**	186,96 m² BGF	106.197	**568,02**	18,9

Gebäudeentwässerung, Kalt- und Warmwasserleitungen, Sanitärobjekte, Außenzapfstelle; Wärmepumpe/Geothermie, Warmwasserspeicher, Fußbodenheizung; Photovoltaikanlage, Elektroinstallation, Beleuchtung; Türsprechanlage, Rauchmelder, Datenverkabelung

6100-1766
Wohnheim
(21 Betten)
Tagesbetreuung
(22 Plätze)

Kostenkennwerte für die Kosten des Bauwerks (Kostengruppen 300+400 nach DIN 276)

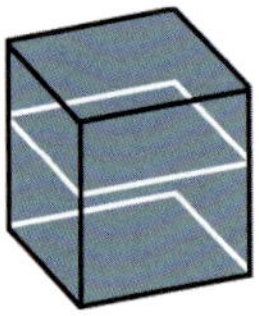

BRI 847 €/m³

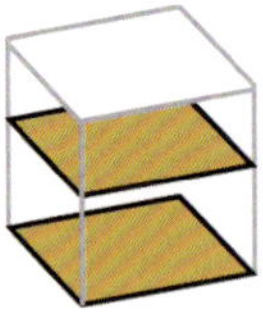

BGF 2.640 €/m²

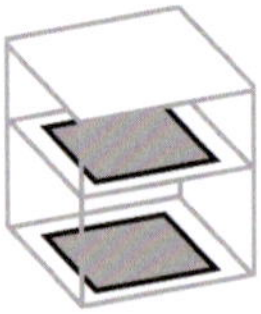

NUF 4.242 €/m²

Objekt:
Kennwerte: 1. Ebene DIN 276
BRI: 8.186 m³
BGF: 2.628 m²
NUF: 1.636 m²
Bauzeit: 87 Wochen
Bauende: 2024
Standard: hoch
Bundesland: Berlin
Kreis: Berlin, Stadt

Architekt*in:
Modersohn & Freiesleben
Architekten Part mbB
Bayernallee 47
14052 Berlin

Bauherr*in:
SKF e.V. Berlin
Schönhauser Straße 41
13158 Berlin

© Sebastian Schels

© Sebastian Schels

Kostenstand: 1. Quartal 2026, Bundesdurchschnitt, **inkl. 19% MwSt.**

Zeichnungen

Ansicht West

Ansicht Süd

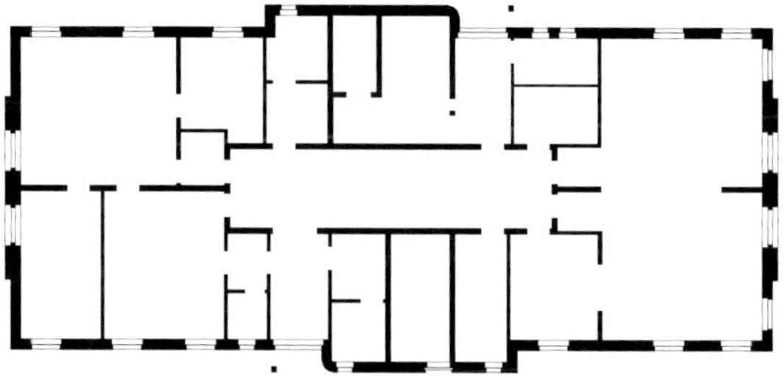
Erdgeschoss

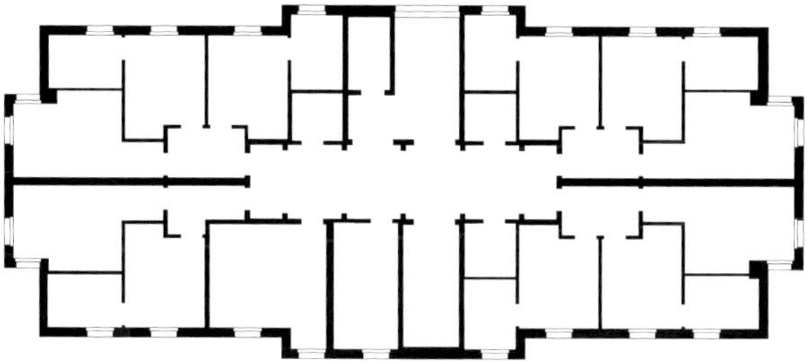
Obergeschoss

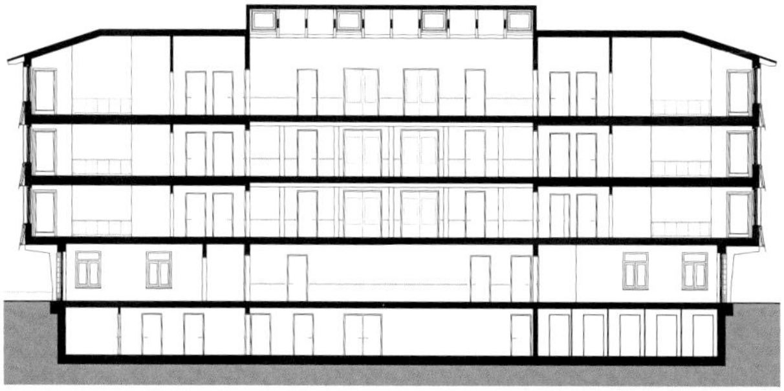
Schnitt A-A

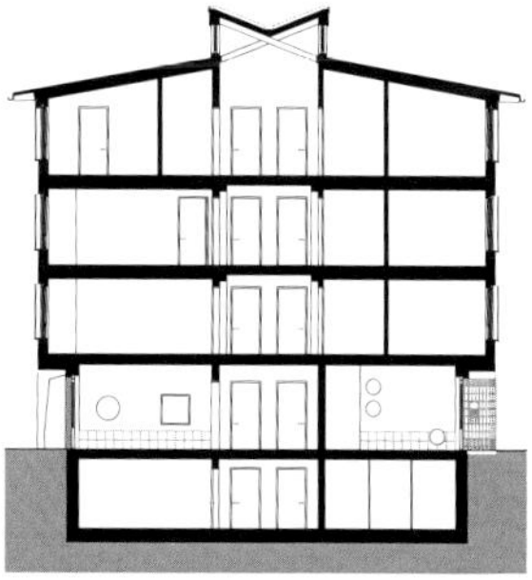
Schnitt B-B

6100-1766
Wohnheim
(21 Betten)
Tagesbetreuung
(22 Plätze)

Objektbeschreibung

Allgemeine Objektinformationen

Der Bauherr ergänzt mit dem Haus das bestehende Wohnangebot auf dem Campus. Im Erdgeschoss werden 22 Tagesgäste im Beschäftigungs- und Förderbereich mit Tagesstruktur betreut. In den darüberliegenden Etagen befindet sich das Wohnen mit Assistenzangebot für 21 Bewohner*innen mit geistiger und körperlicher Einschränkung. Jede*r Bewohner*in hat ein eigenes Zimmer mit Bad, zwei dieser Einheiten erhalten eine Wohnküche und einen eigenen Balkon.

Nutzung

1 Untergeschoss
Technik, Abstellräume, Lager, Waschküche, Flur, Treppenhäuser, Aufzug

1 Erdgeschoss
Gemeinschaftsbereiche, Ruheräume, Büros, Pflegebereiche, Küche, Beschäftigungsbereiche, Förderbereiche mit Tagesstruktur, Sanitärräume, Flure, Treppenhäuser, Aufzug

2 Obergeschosse
Wohnungen mit Assistenzangeboten, Büro, WC, Gemeinschaftsraum, Treppenhäuser, Aufzug

1 Dachgeschoss
Wohnungen mit Assistenzangeboten, Büro, WC, Gemeinschaftsraum, Treppenhäuser, Aufzug

Nutzeinheiten

Betten: 21
Pflegeplätze: 22
Wohneinheiten: 10
Wohnfläche: 1.139m^2

Grundstück

Bauraum: Freier Bauraum
Neigung: Geneigtes Gelände
Bodenklasse: BK 1 bis BK 4

Markt

Hauptvergabezeit: 3.Quartal 2022
Baubeginn: 3.Quartal 2022
Bauende: 2.Quartal 2024
Konjunkturelle Gesamtlage: über Durchschnitt
Regionaler Baumarkt: über Durchschnitt

Baukonstruktion

Das Gebäude gründet auf einer Stahlbeton-Fundamentplatte. Die beiden unteren Geschosse wurden in Massivbauweise mit Stahlbeton-Elementwänden, Kalksandsteinmauerwerk und Stahlbetondecken errichtet. Auf diesen robusten Sockelgeschossen folgen Obergeschosse in massiver Holzbauweise. Im Sockelgeschoss erhielt die Fassade ein Wärmedämmverbundsystem, wobei das Tragwerk durch sichtbare Waschbetonstützen weiterhin ablesbar bleibt. Die oberen Fassadenflächen sind gedämmt und mit einer senkrecht verlaufenden, roten Wechselfalzschalung aus Holz bekleidet. Schräg ausgestellte Schürzen aus Faserzementwellplatten überdecken die Geschossfugen, integrieren den außenliegenden Sonnenschutz und werden durch ein Stahlelement abgeschlossen, das zugleich als Brandschutzriegel dient. Im gesamten Gebäude wurden hochwertige, dreifach verglaste Holzfenster verbaut. Die tragenden Außen- und Innenwände bestehen überwiegend aus sichtbarem Holz, während die Stahlbetonwände im Treppenhaus verputzt sind. Das weit auskragende Pfettendach ist als Walmdach konstruiert und mit Bitumen abgedichtet. Oberlichtbänder entlang des Firsts sorgen für eine natürliche Belichtung des innenliegenden Flurs. Die Bodenbeläge bestehen aus Fliesen und Linoleum.

Technische Anlagen

Das Haus ist mit einer Sole-Wasser-Wärmepumpe und einer Fußbodenheizung ausgestattet. Eine Photovoltaikanlage soll zu einem späteren Zeitpunkt realisiert werden. Alle Bäder verfügen über ein Fenster zur natürlichen Belüftung – kostenintensive Abluftanlagen konnten dadurch vermieden werden. Kontrastreiche Lichtschalter, ein Notrufsystem sowie Brandmeldeanlagen sind im gesamten Gebäude installiert und erhöhen die Sicherheit und Barrierefreiheit.

Sonstiges

Das Holzhybridhaus entspricht einem Effizienzhaus 55. Es ist komplett barrierefrei und rollstuhlgerecht. Zwei Treppenhäuser garantieren die optimale Sicherheit im Notfall. Ein hoher Anteil an Vorfertigung der tragenden Außen- und Innenwände ermöglichten eine schnelle Bauzeit; der Rohbau der Obergeschosse entstand innerhalb eines Monats.

Planungskennwerte für Flächen und Rauminhalte nach DIN 277

Flächen des Grundstücks		Menge Einheit	% an GF
BF	Bebaute Fläche	2.278,00 m²	21,1
UF	Unbebaute Fläche	8.502,00 m²	78,9
GF	Grundstücksfläche	10.780,00 m²	100,0

Grundflächen des Bauwerks		Menge Einheit	% an NUF	% an BGF
NUF	Nutzungsfläche	1.635,50 m²	100,0	62,2
TF	Technikfläche	72,55 m²	4,4	2,8
VF	Verkehrsfläche	449,00 m²	27,5	17,1
NRF	Netto-Raumfläche	2.157,05 m²	131,9	82,1
KGF	Konstruktions-Grundfläche	470,74 m²	28,8	17,9
BGF	Brutto-Grundfläche	2.627,79 m²	160,7	100,0

Brutto-Rauminhalt des Bauwerks		Menge Einheit	BRI/NUF (m)	BRI/BGF (m)
BRI	Brutto-Rauminhalt	8.186,00 m³	5,01	3,12

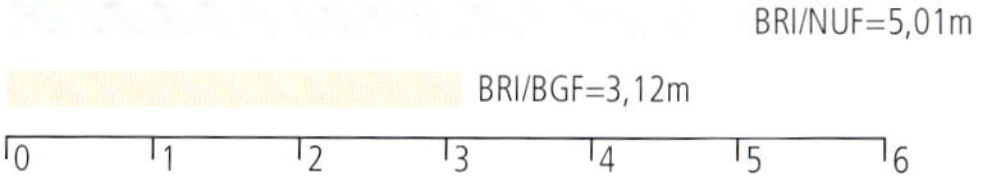

Kostenkennwerte für die Kostengruppen der 1. Ebene DIN 276

KG	Kostengruppen (1. Ebene)	Einheit	Kosten €	€/Einheit	€/m² BGF	€/m³ BRI	% 300+400
100	Grundstück	m² GF	–	–	–	–	–
200	Vorbereitende Maßnahmen	m² GF	–	–	–	–	–
300	Bauwerk – Baukonstruktionen	m² BGF	4.956.608	1.886,23	1.886,23	605,50	71,4
400	Bauwerk – Technische Anlagen	m² BGF	1.980.904	753,83	753,83	241,99	28,6
	Bauwerk 300+400	**m² BGF**	**6.937.512**	**2.640,06**	**2.640,06**	**847,48**	**100,0**
500	Außenanlagen und Freiflächen	m² AF	–	–	–	–	–
600	Ausstattung und Kunstwerke	m² BGF	–	–	–	–	–
700	Baunebenkosten	m² BGF	–	–	–	–	–
800	Finanzierung	m² BGF	–	–	–	–	–

KG	Kostengruppe	Menge Einheit	Kosten €	€/Einheit	%
3+4	**Bauwerk**				**100,0**
300	**Bauwerk – Baukonstruktionen**	2.627,79 m² BGF	4.956.608	**1.886,23**	71,4

Baugrubenaushub; Stb-Fundamentplatte, Dämmung, Estrich, Bodenbeschichtung, Bodenfliesen, Linoleum; Stb-Wände, Stb-Elementwände, KS-Mauerwerk, BSH-Wände, Waschbetonstützen, Holzfenster, Dreifachverglasung, Holz-Eingangstüren, Dämmung, Wechselfalzschalung, Faserzementplatten, WDVS, Edelkratzputz, Klinker, oberflächenfertige Holzwände, GK-Bekleidung, Beschichtung, Wandfliesen, Sonnenschutz; Stb-Wände, KS-Mauerwerk, BSH-Wände, GK-Wände, Holztüren, Stahlzargen, T30-Stahl-Glastüren, Innenfenster, Wandfliesen, Beschichtung; Stb-Decke (UG/EG), BSH-Decken, Stb-Treppen, Dämmung, Schüttung, Heizestrich, Bodenfliesen, Linoleum, abgehängte Akustikdecken, Treppengeländer, Balkongeländer, Handläufe; BSH-Pfettendach, auskragend, Oberlichter, Schalung, Dämmung, Abdichtung, Bitumendeckung, Dachentwässerung

KG	Kostengruppe	Menge Einheit	Kosten €	€/Einheit	%
400	**Bauwerk – Technische Anlagen**	2.627,79 m² BGF	1.980.904	**753,83**	28,6

Gebäudeentwässerung, Kalt- und Warmwasserleitungen, Sanitärobjekte; Wärmepumpe, Fußbodenheizung mit passiver Kühlung; Photovoltaikanlage projektiert, Starkstromtechnik, Elektroinstallation, Beleuchtung; Fernmeldetechnik, Hausalarm, Brandmeldeanlage mit Aufschaltung Feuerwehr; Personenaufzüge, dynamische Brandfallsteuerung

6100-1767
Mehrfamilienhaus
(8 WE)
TG (8 STP)

Kostenkennwerte für die Kosten des Bauwerks (Kostengruppen 300+400 nach DIN 276)

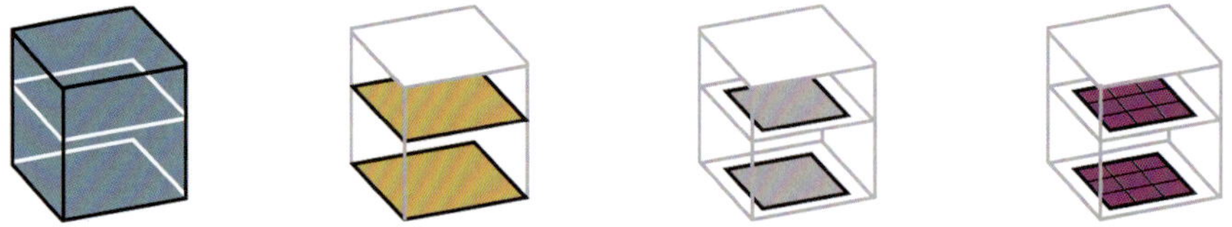

BRI	BGF	NUF	NE
739 €/m³	2.132 €/m²	3.752 €/m²	4.427 €/NE

NE: Wohnfläche

Objekt:
Kennwerte: 1. Ebene DIN 276
BRI: 3.863 m³
BGF: 1.339 m²
NUF: 761 m²
Bauzeit: 82 Wochen
Bauende: 2023
Standard: hoch
Bundesland: Nordrhein-Westfalen
Kreis: Rhein-Erft-Kreis

Architekt*in:
HKR+ Architekten
und Partner mbB
Vogelsanger Straße 68
50823 Köln

Bauherr*in:
Conrad Fetten
Kreuzstraße 34
50259 Pulheim

Ansicht Nord-Ost

Ansicht Nord-West

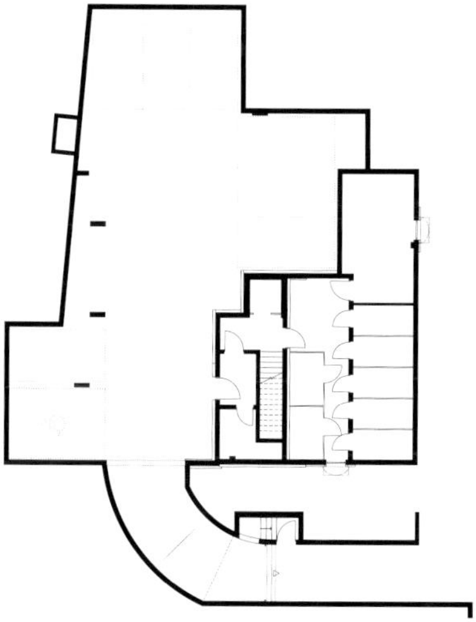

Untergeschoss

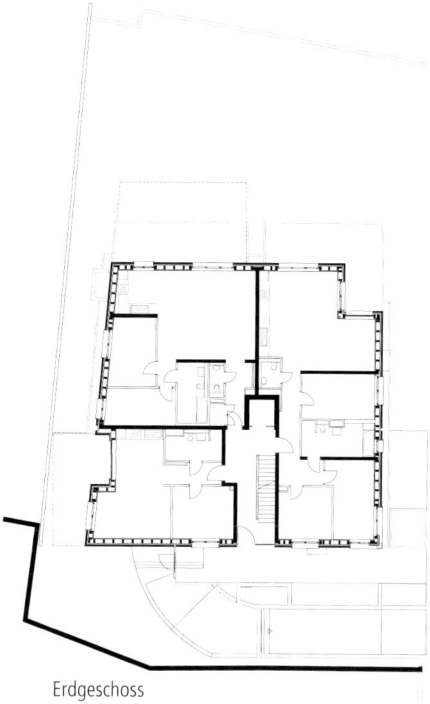

Erdgeschoss

Schnitt A-A

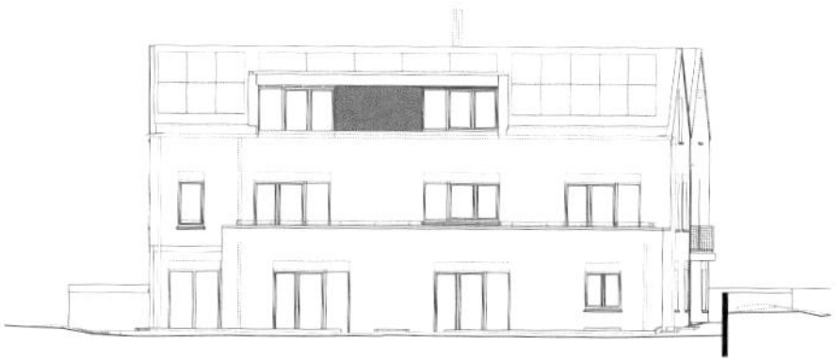

Ansicht Süd-West

Objektbeschreibung

Allgemeine Objektinformationen

Der Neubau integriert sich durch zwei ineinander schmiegende Satteldächer maßstäblich in die örtliche Bebauung. Trotz vorgefertigter Holzrahmenbauweise erscheint das Gebäude durch die Klinkerfassade als Massivbau. Die Montage eines kompletten Geschosses betrug durch die Vorfertigung nur vier Arbeitstage, danach wurden die Elementdecken verlegt und aufbetoniert.

Nutzung

1 Untergeschoss
TG (8 STP), Mieterkeller, Technik, Flur, Schleuse, Treppenhaus, Aufzug

1 Erdgeschoss
drei Wohnungen, Treppenhaus, Aufzug

1 Obergeschoss
drei Wohnungen, Treppenhaus, Aufzug

1 Dachgeschoss
zwei Wohnungen, Treppenhaus, Aufzug

Nutzeinheiten

Stellplätze: 8
Wohneinheiten: 8
Wohnfläche: 645 m²

Grundstück

Bauraum: Freier Bauraum
Neigung: Ebenes Gelände
Bodenklasse: BK 1 bis BK 4

Besonderer Kosteneinfluss Grundstück
Verbau an Ost- und Südseite, Kampfmitteluntersuchung

Markt

Hauptvergabezeit: 1. Quartal 2022
Baubeginn: 1. Quartal 2022
Bauende: 3. Quartal 2023
Konjunkturelle Gesamtlage: über Durchschnitt
Regionaler Baumarkt: unter Durchschnitt

Baukonstruktion

Das Gebäude verfügt über einen massiven Keller aus wasserdichtem Beton. Treppenhaus sowie Wohnungstrennwände sind in Stahlbeton oder Kalksandsteinmauerwerk ausgeführt. Die Außenwände bestehen aus Holzrahmenbau, dessen Gefache vollständig ausgeflockt wurden. Auf der Außenseite sorgen eine Holzweichfaserplatte und eine hinterlüftete Vorsatzschale aus Klinkern für zusätzliche Dämmung und Witterungsschutz. Die Holz-Alufenster sind mit einer Dreifachverglasung ausgestattet. Nichttragende Innenwände wurden in Holzrahmenbauweise erstellt. Die Geschossdecken bestehen aus vorgefertigten Elementdecken. Die beiden Dächer sind als konventionelle Pfettendächer konstruiert und mit Ziegeln gedeckt. In den Wohnungen sind die Böden mit Parkett und Fliesen ausgestattet, während im Treppenhaus Natursteinbeläge zur Ausführung kamen.

Technische Anlagen

Die Wärmeerzeugung erfolgt über eine Luft-Wärmepumpe, die in Kombination mit einer Photovoltaikanlage betrieben wird. Jede Wohnung ist mit einer Wohnungsstation ausgestattet, die die erzeugte Wärme effizient an die Fußbodenheizung sowie an die Warmwasserversorgung überträgt.
Ein Aufzug gewährleistet den barrierefreien Zugang zu allen Ebenen. Eine bedarfsgesteuerte, zentrale Abluftanlage sorgt für eine kontrollierte und energieeffiziente Lüftung.

Sonstiges

In der Tiefgarage befinden sich acht Pkw- sowie acht Fahrradstellplätze.

Energetische Kennwerte

Gesetzliche Grundlage: GEG 2020
Gebäudenutzfläche: 788,00 m²
Spez. Transmissionswärmeverlust: 0,22 W/(m²·K)
Spez. Jahresprimärenergiebedarf: 13,70 kWh/(m²·a)
Spez. Jahresendenergiebedarf: 11,90 kWh/(m²·a)
CO_2-Emissionen: 4,26 kg/(m²·a)

Planungskennwerte für Flächen und Rauminhalte nach DIN 277

Flächen des Grundstücks		Menge Einheit	% an GF
BF	Bebaute Fläche	464,00 m²	6,7
UF	Unbebaute Fläche	6.439,00 m²	93,3
GF	Grundstücksfläche	6.903,00 m²	100,0

Grundflächen des Bauwerks		Menge Einheit	% an NUF	% an BGF
NUF	Nutzungsfläche	760,60 m²	100,0	56,8
TF	Technikfläche	22,87 m²	3,0	1,7
VF	Verkehrsfläche	307,61 m²	40,4	23,0
NRF	Netto-Raumfläche	1.091,08 m²	143,4	81,5
KGF	Konstruktions-Grundfläche	247,46 m²	32,5	18,5
BGF	Brutto-Grundfläche	1.338,54 m²	176,0	100,0

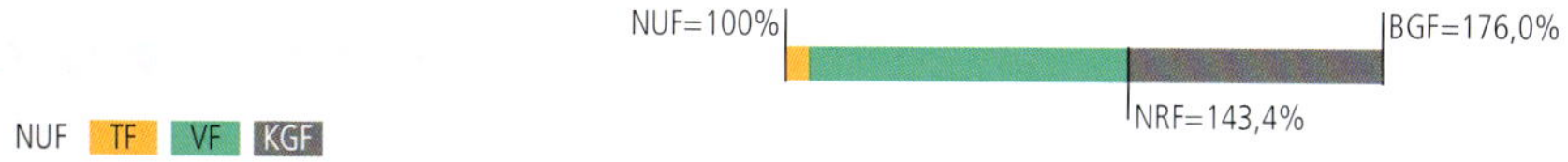

Brutto-Rauminhalt des Bauwerks		Menge Einheit	BRI/NUF (m)	BRI/BGF (m)
BRI	Brutto-Rauminhalt	3.862,90 m³	5,08	2,89

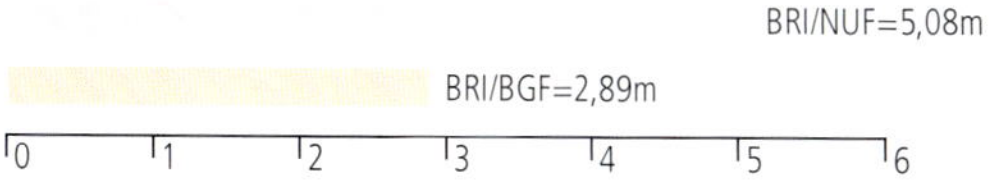

6100-1767
Mehrfamilienhaus
(8 WE)
TG (8 STP)

Kostenkennwerte für die Kostengruppen der 1. Ebene DIN 276

KG	Kostengruppen (1. Ebene)	Einheit	Kosten €	€/Einheit	€/m² BGF	€/m³ BRI	% 300+400
100	Grundstück	m² GF	–	–	–	–	–
200	Vorbereitende Maßnahmen	m² GF	–	–	–	–	–
300	Bauwerk – Baukonstruktionen	m² BGF	2.324.407	1.736,52	1.736,52	601,73	81,4
400	Bauwerk – Technische Anlagen	m² BGF	529.518	395,59	395,59	137,08	18,6
	Bauwerk 300+400	**m² BGF**	**2.853.924**	**2.132,12**	**2.132,12**	**738,80**	**100,0**
500	Außenanlagen und Freiflächen	m² AF	–	–	–	–	–
600	Ausstattung und Kunstwerke	m² BGF	–	–	–	–	–
700	Baunebenkosten	m² BGF	–	–	–	–	–
800	Finanzierung	m² BGF	–	–	–	–	–

KG	Kostengruppe	Menge Einheit	Kosten €	€/Einheit	%
3+4	**Bauwerk**				**100,0**
300	**Bauwerk – Baukonstruktionen**	1.338,54 m² BGF	2.324.407	**1.736,52**	81,4

Baugrubenaushub, Verbauarbeiten; Stb-Fundamentplatte, WU, Stb-Rampe, Gussasphalt, Bodenbeschichtung, Perimeterdämmung; Stb-Wände, WU, KS-Mauerwerk, Holzrahmenwände, ausgeflockt, Holz-Alufenster, Dreifachverglasung, Alueingangstüre, Holz-Weichfaserplatte, hinterlüftete Klinkervorsatzschale, GK-Bekleidung, Beschichtung, Wandfliesen; Holzrahmenwände, GK-Wände, Holztüren, Wohnungstüren, RS-Stahltüren, Beschichtung, Wandfliesen; Stb-Elementdecken, Stb-Treppen, Stb-Balkone, Dämmung, Heizestrich, Bodenfliesen, Naturstein, Parkett, Beschichtung, Treppengeländer, Balkon-Handlauf; Pfettendächer, Aufsparrendämmung, Abdichtung, Dachziegel, Dachentwässerung, GK-Bekleidung, Beschichtung

KG	Kostengruppe	Menge Einheit	Kosten €	€/Einheit	%
400	**Bauwerk – Technische Anlagen**	1.338,54 m² BGF	529.518	**395,59**	18,6

Gebäudeentwässerung, Kalt- und Warmwasserleitungen, Sanitärobjekte; Luft-Wasser-Wärmepumpe, Fußbodenheizung; zentrale Abluftanlage mit WRG; Photovoltaikanlage, Elektroinstallation, Beleuchtung, Blitzschutzanlage; Aufzug mit rollstuhlgeeigneter Kabine

6100-1768
Einfamilienhaus

Kostenkennwerte für die Kosten des Bauwerks (Kostengruppen 300+400 nach DIN 276)

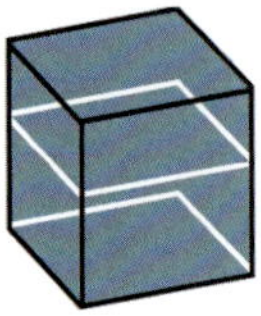

BRI 479 €/m³

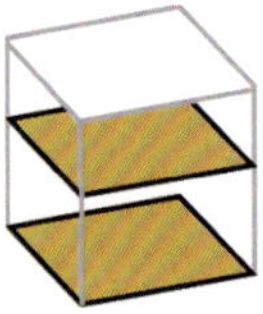

BGF 1.992 €/m²

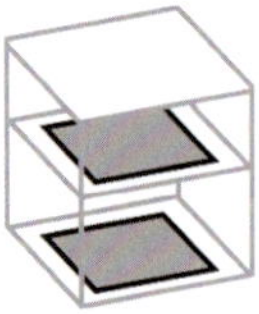

NUF 3.276 €/m²

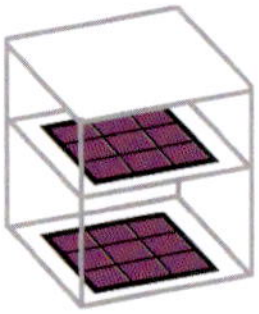

NE 2.783 €/NE

NE: Wohnfläche

Objekt:
Kennwerte: 1. Ebene DIN 276
BRI: 1.238 m³
BGF: 298 m²
NUF: 181 m²
Bauzeit: 31 Wochen
Bauende: 2022
Standard: einfach
Bundesland: Schleswig-Holstein
Kreis: Plön

Architekt*in:
LPH 1-9:
AX5 architekten
Mühlendamm 11
24113 Kiel

mit
Wolf Weiss
Alter Schulsteig 12
24620 Bönebüttel

Bauherr*in:
Sylvia und Wolf Weiss
Alter Schulsteig Nr. 12
24620 Bönebüttel

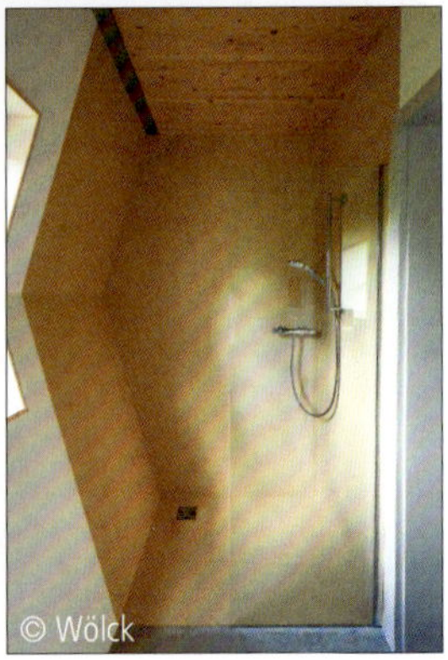

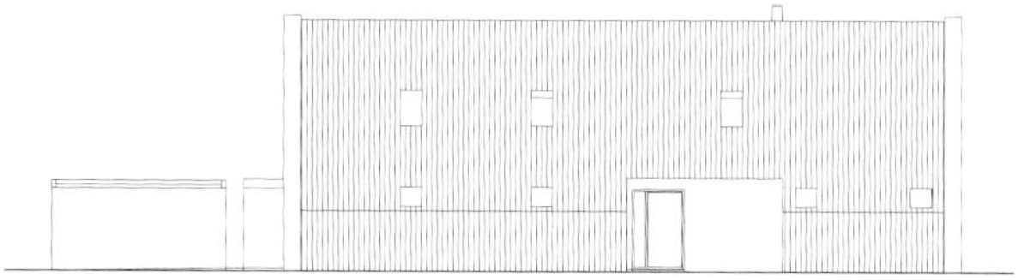

Ansicht Nord

Ansicht Ost

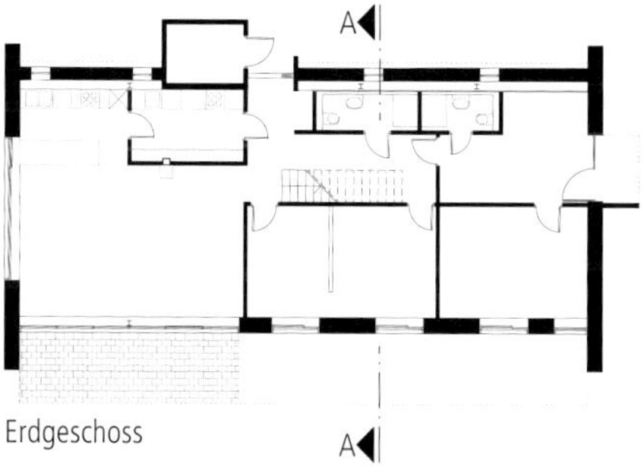

Erdgeschoss

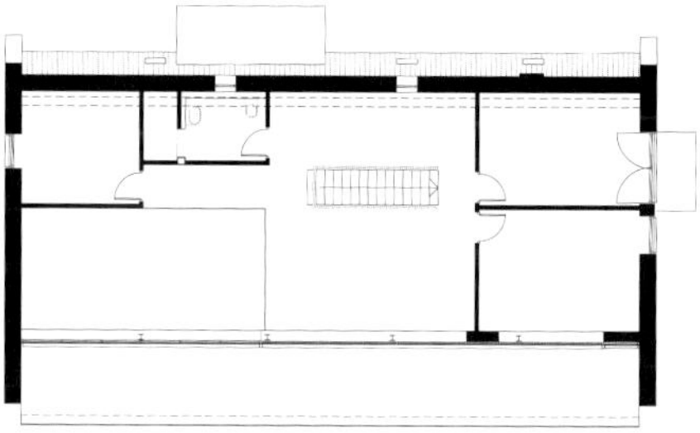

Obergeschoss

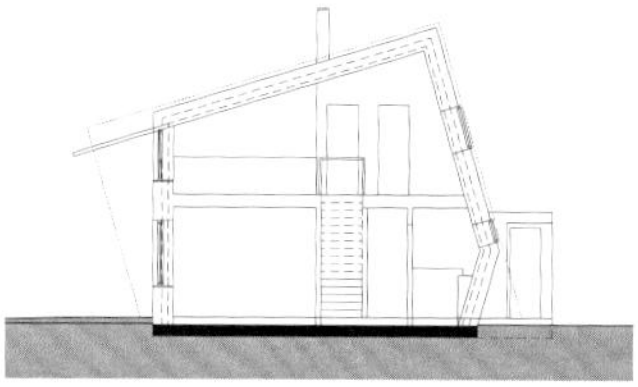

Schnitt A-A

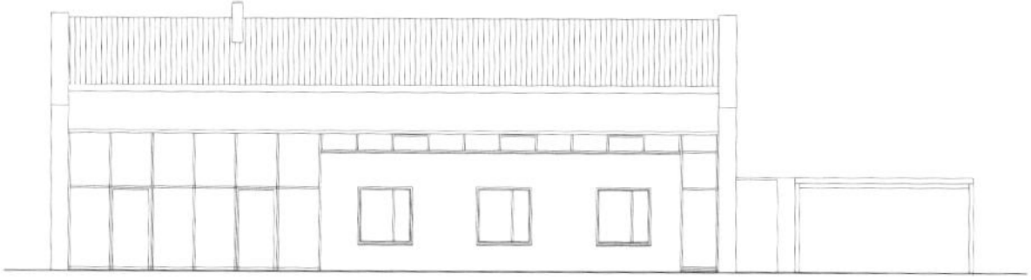

Ansicht Süd

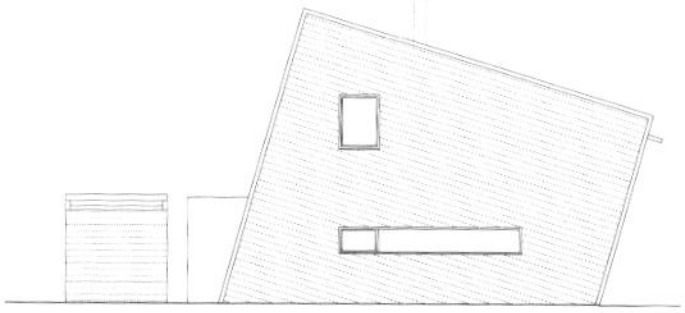

Ansicht West

Objektbeschreibung

Allgemeine Objektinformationen

Der Wunsch der Bauherren war ein offenes und lichtdurchflutetes Haus mit direktem Bezug zum Garten. Als Antwort darauf entstand eine zweigeschossige Wohnhalle mit der bis in den First geöffneten Galerie und den angrenzenden Räumen im Dachgeschoss. Das scheinbar gekippte Satteldach mit seinem „Gegenknick" verleiht den kleinen Sanitärräumen im Erdgeschoss Großzügigkeit und eine besondere Gestaltung. Im Dachgeschoss sorgen bodentiefe Fenster, die auf Augenhöhe enden, für eine besondere räumliche Dichte.

Nutzung

1 Erdgeschoss
Wohnraum, Diele mit Treppe, Küche, Schlafräume, Hauswirtschaftsraum, Hausanschlussraum, Bäder, außenliegender Abstellraum mit Carport, Terrasse

1 Obergeschoss
Galerie, Atelier, Luftraum, Treppe, Schlafraum, Bad, Abstellraum

Nutzeinheiten

Wohneinheiten: 1
Wohnfläche: 213 m^2

Grundstück

Bauraum: Freier Bauraum
Neigung: Ebenes Gelände
Bodenklasse: BK 1 bis BK 3

Markt

Hauptvergabezeit: 2. Quartal 2022
Baubeginn: 2. Quartal 2022
Bauende: 4. Quartal 2022
Konjunkturelle Gesamtlage: über Durchschnitt
Regionaler Baumarkt: unter Durchschnitt

Baukonstruktion

Das Gebäude gründet auf einer Stahlbeton-Fundamentplatte und wurde in Holzrahmenbauweise errichtet. Das gekippte Satteldach sowie die Außenwände bestehen aus vorgefertigten Holzrahmenelementen. Die dreifach verglasten Fenster und die Pfosten-Riegel-Fassaden sind in Holz-Aluminium-Ausführung gefertigt. Im Erdgeschoss wurde ein Heizestrich eingebaut, der oberflächengeschliffen und versiegelt wurde. Im gesamten Obergeschoss wurden Lärchendielen auf einer Vollholzdecke verlegt. Fassaden und Dach bestehen aus einer Kombination verzinkter Stahlblechbekleidung, einer Photovoltaikanlage und Holzschalung. Die Gartenfassade ist mit einem Wärmedämmverbundsystem versehen. Das auskragende Dach dient als effektiver Sonnenschutz.

Technische Anlagen

Beheizt wird das Haus mit einer Luft-Wärmepumpe und Fußbodenheizung. Auf dem Dach wurde eine Fotovoltaikanlage installiert.

Sonstiges

Ein zentrales Thema war die Energieeffizienz. Das Haus entspricht den KfW 40 Standards.

Energetische Kennwerte

Gesetzliche Grundlage: GEG 2020
Gebäudenutzfläche: 312,00 m^2
Spez. Transmissionswärmeverlust: 0,31 W/(m^2·K)
Spez. Jahresprimärenergiebedarf: 28,00 kWh/(m^2·a)
Spez. Jahresendenergiebedarf: 24,00 kWh/(m^2·a)
CO_2-Emissionen: 8,57 kg/(m^2·a)

Planungskennwerte für Flächen und Rauminhalte nach DIN 277

Flächen des Grundstücks		Menge Einheit	% an GF
BF	Bebaute Fläche	–	–
UF	Unbebaute Fläche	–	–
GF	Grundstücksfläche	–	–

Grundflächen des Bauwerks		Menge Einheit	% an NUF	% an BGF
NUF	Nutzungsfläche	180,94 m²	100,0	60,8
TF	Technikfläche	4,61 m²	2,5	1,5
VF	Verkehrsfläche	37,85 m²	20,9	12,7
NRF	Netto-Raumfläche	223,40 m²	123,5	75,1
KGF	Konstruktions-Grundfläche	74,24 m²	41,0	24,9
BGF	Brutto-Grundfläche	297,64 m²	164,5	100,0

Brutto-Rauminhalt des Bauwerks		Menge Einheit	BRI/NUF (m)	BRI/BGF (m)
BRI	Brutto-Rauminhalt	1.238,00 m³	6,84	4,16

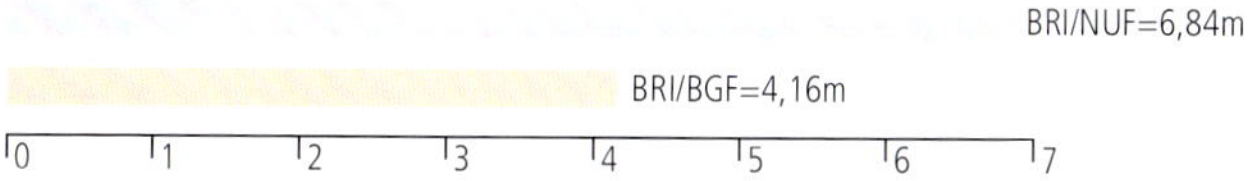

Kostenkennwerte für die Kostengruppen der 1. Ebene DIN 276

KG	Kostengruppen (1. Ebene)	Einheit	Kosten €	€/Einheit	€/m² BGF	€/m³ BRI	% 300+400
100	Grundstück	m² GF	–	–	–	–	–
200	Vorbereitende Maßnahmen	m² GF	–	–	–	–	–
300	Bauwerk – Baukonstruktionen	m² BGF	462.738	1.554,69	1.554,69	373,78	78,1
400	Bauwerk – Technische Anlagen	m² BGF	130.072	437,01	437,01	105,07	21,9
	Bauwerk 300+400	**m² BGF**	**592.810**	**1.991,70**	**1.991,70**	**478,84**	**100,0**
500	Außenanlagen und Freiflächen	m² AF	–	–	–	–	–
600	Ausstattung und Kunstwerke	m² BGF	–	–	–	–	–
700	Baunebenkosten	m² BGF	–	–	–	–	–
800	Finanzierung	m² BGF	–	–	–	–	–

KG	Kostengruppe	Menge Einheit	Kosten €	€/Einheit	%
3+4	**Bauwerk**				**100,0**
300	**Bauwerk – Baukonstruktionen**	297,64 m² BGF	462.738	**1.554,69**	78,1

Baugrubenaushub; Stb-Bodenplatte, geschliffener Heizestrich, oberflächenfertig, Beschichtung, Abdichtung, Dämmung; Holzrahmenwände, Holz-Alu-Pfosten-Riegelfassade, Holz-Alufenster, Kunststofffenster, Dreifachverglasung, Wärmedämmung, hinterlüftete Lärchenholzfassade, verzinkte Stahlblechfassade, OSB-Bekleidung, GK-Bekleidung, Naturholz; Holzrahmenwände, GK-Wände, Holztüren, GK-Bekleidung, Beschichtung; Vollholzdecke, Stahlträger, Holztreppe, Lärchenholzdielen, Glas-Treppengeländer; Holzrahmendächer, OSB-Schalung, Dachfenster, Dämmung, verzinkte Stahlblechdeckung, Abdichtung, Überdachung, OSB-Bekleidung; Einbauküche, Einbaumöbel

KG	Kostengruppe	Menge Einheit	Kosten €	€/Einheit	%
400	**Bauwerk – Technische Anlagen**	297,64 m² BGF	130.072	**437,01**	21,9

Gebäudeentwässerung, Kalt- und Warmwasserleitungen, Sanitärobjekte; Luft-Wärmepumpe, Radiavektoren, Fußbodenheizung, Schornstein; PV-Anlage (103m²), Elektroinstallation; Satellitenanlage, Rauchmelder, WLAN, Glasfaser-Internet, -Telefon

6100-1769
Reihenmittelhaus

Kostenkennwerte für die Kosten des Bauwerks (Kostengruppen 300+400 nach DIN 276)

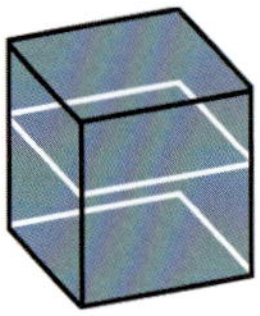

BRI 985 €/m³

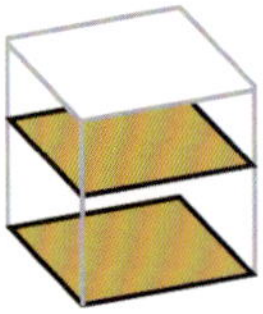

BGF 3.351 €/m²

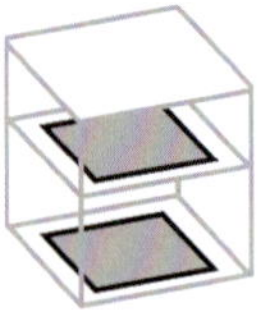

NUF 4.977 €/m²

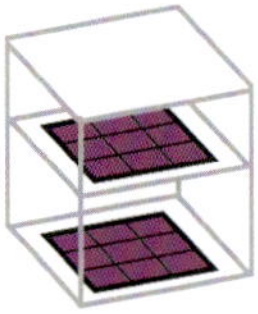

NE 4.368 €/NE

NE: Wohnfläche

Objekt:
Kennwerte: 3. Ebene DIN 276
BRI: 678 m³
BGF: 199 m²
NUF: 134 m²
Bauzeit: 30 Wochen
Bauende: 2022
Standard: hoch
Bundesland: Bremen
Kreis: Bremen, Stadt

Architekt*in:
Claudia Gräfe
Marion Schonhoven
Architektur BDA
in Partnerschaft mbB
Konsul-Smidt-Straße 8d
28217 Bremen

Ansicht Nord

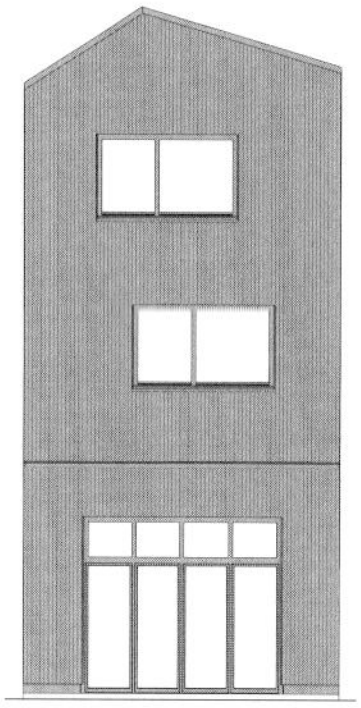

Ansicht Süd

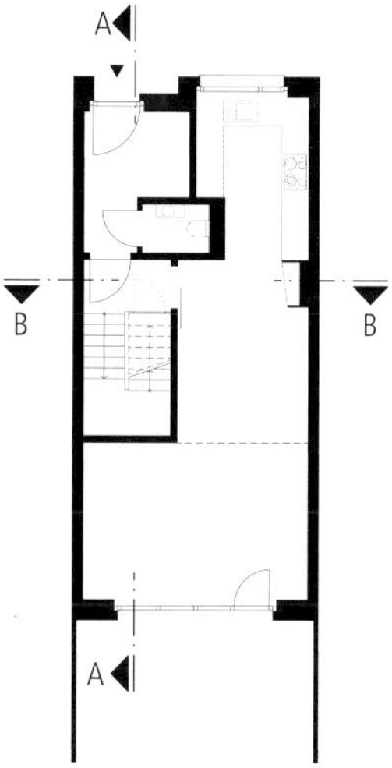

Erdgeschoss

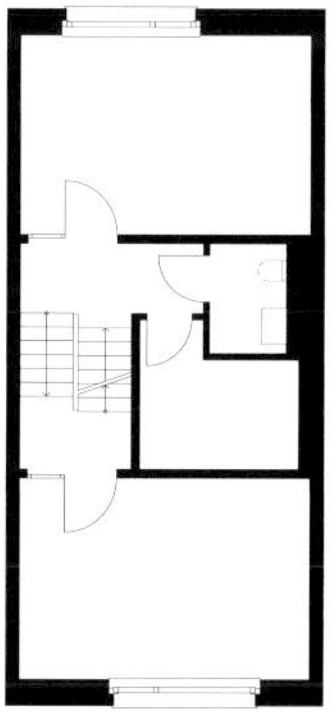

1. Obergeschoss

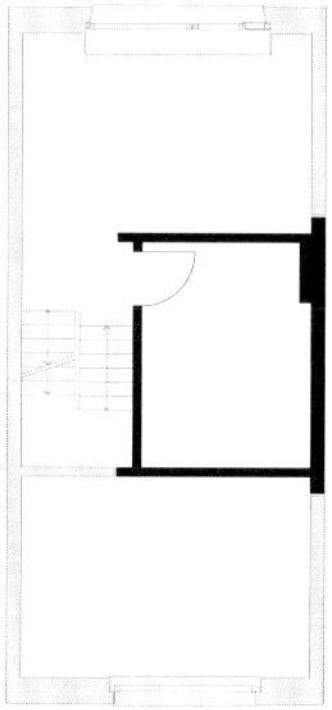

Zwischenebene

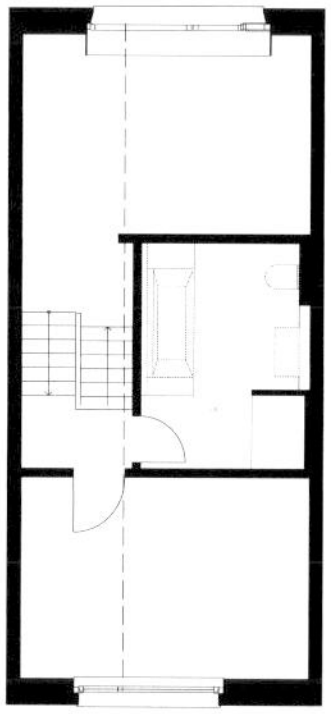

Dachgeschoss

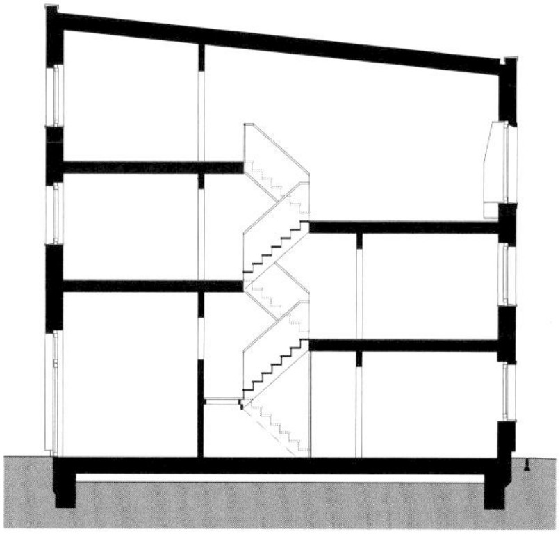

Schnitt A-A

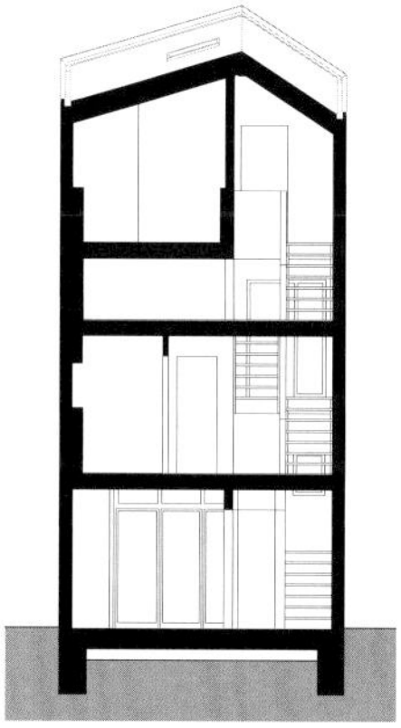

Schnitt B-B

Objektbeschreibung

Allgemeine Objektinformationen

Der Entwurf des Reihenmittelhauses ist durch eine Ideenwerkstatt für ein "Neues Bremer Haus" in Holzbauweise entstanden. Es wurde ein Haustyp entwickelt, dessen zentrales Gestaltungselement die Split-Level-Treppe ist. Die Höhenversprünge des traditionellen Altbremer Hauses (Souterrain/Hochparterre) werden im „Neuen Bremer Haus" durch höhere Wohngeschosse neu interpretiert. So entstand im Erdgeschoss ein großzügiger Wohnraum und im Obergeschoss eine Bibliothek mit anderthalbgeschossiger Raumhöhe. Ab dem Obergeschoss werden die Ebenen jeweils über halbe Treppenläufe erschlossen. Zwischen den Nebenräumen im 1.Obergeschoss und dem Dachgeschoss wurde ein Abstellraum mit nur 1,10m Raumhöhe eingeschoben. Die Treppe bildet dabei das zentrale verbindende Element zwischen allen Räumen.

Nutzung

1 Erdgeschoss
Windfang, WC, Flur, Treppe, Abstellraum, Küche, Essbereich, Wohnzimmer

1 Obergeschoss
Flur, Treppe, WC, Bad, HWR, zwei Zimmer, Abstellraum (Zwischenebene)

1 Dachgeschoss
Flur, Treppe, WC, Bad, zwei Zimmer

Nutzeinheiten

Wohneinheiten: 1
Wohnfläche: 153 m²

Grundstück

Bauraum: Baulücke
Neigung: Ebenes Gelände
Bodenklasse: BK 1 bis BK 4

Markt

Hauptvergabezeit: 4.Quartal 2021
Baubeginn: 1.Quartal 2022
Bauende: 3.Quartal 2022
Konjunkturelle Gesamtlage: über Durchschnitt
Regionaler Baumarkt: über Durchschnitt

Baukonstruktion

Das Gebäude ist in hybrider Bauweise errichtet. Die Gebäudesohle besteht aus einer Stahlbeton-Fundamentplatte. Außen- und Innenwände sind in Holzrahmenbauweise ausgeführt, während Decken- und Dachelemente aus Brettsperrholz gefertigt wurden. Sämtliche Bauteile wurden vorgefertigt; selbst die Holzfenster sind bereits in der Produktionsstätte eingebaut worden. Diese sind mit einem im Scheibenzwischenraum integrierten Sonnenschutzsystem ausgestattet. Die Fassade besteht aus einer senkrechten, grau lasierten Holzschalung aus unterschiedlich tiefen Glattkantbrettern, die ein lebendiges Relief erzeugen. Im Innenraum dominieren Holzböden, während in den Bädern Bodenfliesen verlegt wurden.

Technische Anlagen

Die Wärmeerzeugung erfolgt über eine Fernwärmeversorgung. Die Wärmeübergabe im Gebäude übernimmt eine wassergeführte Fußbodenheizung mit niedrigen Vorlauftemperaturen. Das Trinkwarmwasser wird zentral über einen Plattenwärmetauscher aus dem Nahwärmenetz erwärmt und in einem Speicher bevorratet.

Sonstiges

Das Gebäude ist im KfW 40 Standard errichtet. Das Haus konnte innerhalb von fünf Tagen montiert werden, sodass der technische Innenausbau unmittelbar im Anschluss beginnen konnte.

Energetische Kennwerte

Spez. Transmissionswärmeverlust: 0,25 W/(m²·K)
Spez. Jahresprimärenergiebedarf: 24,53 kWh/(m²·a)

Planungskennwerte für Flächen und Rauminhalte nach DIN 277

Flächen des Grundstücks		Menge Einheit	% an GF
BF	Bebaute Fläche	69,27 m²	50,2
UF	Unbebaute Fläche	68,73 m²	49,8
GF	Grundstücksfläche	138,00 m²	100,0

Grundflächen des Bauwerks		Menge Einheit	% an NUF	% an BGF
NUF	Nutzungsfläche	134,19 m²	100,0	67,3
TF	Technikfläche	1,03 m²	0,8	0,5
VF	Verkehrsfläche	17,67 m²	13,2	8,9
NRF	Netto-Raumfläche	152,89 m²	113,9	76,7
KGF	Konstruktions-Grundfläche	46,44 m²	34,6	23,3
BGF	Brutto-Grundfläche	199,33 m²	148,5	100,0

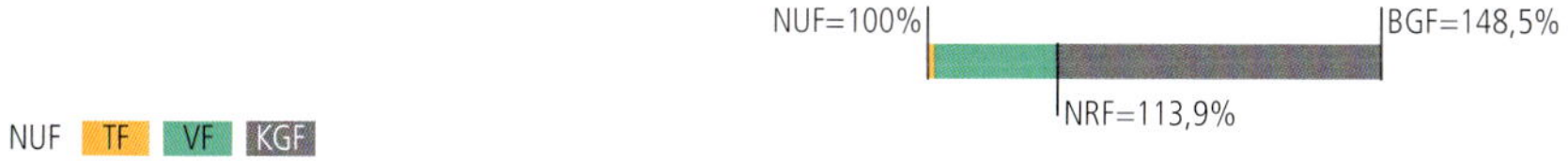

Brutto-Rauminhalt des Bauwerks		Menge Einheit	BRI/NUF (m)	BRI/BGF (m)
BRI	Brutto-Rauminhalt	678,18 m³	5,05	3,40

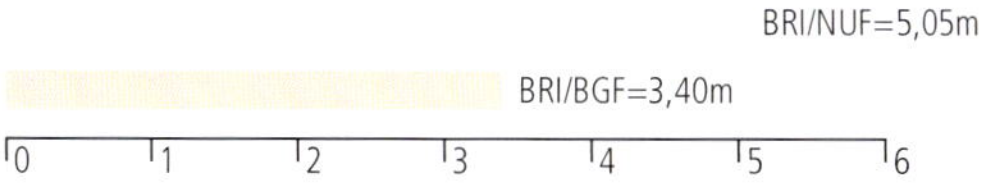

KG	Kostengruppen (2. Ebene)	Menge Einheit	Menge/NUF	Menge/BGF
310	Baugrube / Erdbau	58,10 m³ BGI	0,43	0,29
320	Gründung, Unterbau	58,10 m² GRF	0,43	0,29
330	Außenwände/Vertikale Baukonstruktionen, außen	338,63 m² AWF	2,52	1,70
340	Innenwände/Vertikale Baukonstruktionen, innen	155,96 m² IWF	1,16	0,78
350	Decken/Horizontale Baukonstruktionen	135,51 m² DEF	1,01	0,68
360	Dächer	63,05 m² DAF	0,47	0,32

Kostenkennwerte für die Kostengruppen der 1. Ebene DIN 276

KG	Kostengruppen (1. Ebene)	Einheit	Kosten €	€/Einheit	€/m² BGF	€/m³ BRI	% 300+400
100	Grundstück	m² GF	–	–	–	–	–
200	Vorbereitende Maßnahmen	m² GF	–	–	–	–	–
300	Bauwerk – Baukonstruktionen	m² BGF	547.716	2.747,78	2.747,78	807,63	82,0
400	Bauwerk – Technische Anlagen	m² BGF	120.164	602,84	602,84	177,19	18,0
	Bauwerk 300+400	**m² BGF**	**667.880**	**3.350,63**	**3.350,63**	**984,81**	**100,0**
500	Außenanlagen und Freiflächen	m² AF	31.661	460,65	158,84	46,68	4,7
600	Ausstattung und Kunstwerke	m² BGF	2.945	14,78	14,78	4,34	0,4
700	Baunebenkosten	m² BGF	–	–	–	–	–
800	Finanzierung	m² BGF	–	–	–	–	–

KG	Kostengruppe	Menge Einheit	Kosten €	€/Einheit	%
3+4	**Bauwerk**				**100,0**
300	**Bauwerk – Baukonstruktionen**	199,33 m² BGF	547.716	**2.747,78**	82,0

Stb-Streifenfundamente, Stb-Bodenplatte, Dämmung, Zementestrich, Parkett, Bodenfliesen; Stb-Wand, Holzrahmenwände; GFK-Wand, Holzstützen, Holztüren, Gipsfaser-Bekleidung, Wandfliesen, Vliestapete, Beschichtung; Brettsperrholzdecken, Linoleum, Bodenfliesen, Holzwangentreppen, Brüstungsgeländer; Brettsperrholz-Dachelemente, Dachflächenfenster, Mineralwolldämmung, Abdichtung, Dachentwässerung; Einbauschränke

KG	Kostengruppe	Menge Einheit	Kosten €	€/Einheit	%
400	**Bauwerk – Technische Anlagen**	199,33 m² BGF	120.164	**602,84**	18,0

Gebäudeentwässerung; Wasserleitungen, Sanitärobjekte; Fernwärme-Übergabestation, Fußbodenheizung; Kleinraumventilatoren; Elektroinstallation, Blitzschutz; Telefonanschluss, Klingelanlage; Rauchwarnmelder; Datenverkabelung

KG	Kostengruppe	Menge Einheit	Kosten €	€/Einheit	%
500	**Außenanlagen und Freiflächen**	68,73 m² AF	31.661	**460,65**	4,7

Betonpflasterbeläge, Traufstreifen; Sichtschutz; Kontrollschacht, Regenwasser-Versickerungsmodule; Oberbodenarbeiten

KG	Kostengruppe	Menge Einheit	Kosten €	€/Einheit	%
600	**Ausstattung und Kunstwerke**	199,33 m² BGF	2.945	**14,78**	0,4

Duschabtrennung, Spiegel

Kostenkennwerte für die Kostengruppen 300 der 2. und 3.Ebene DIN 276 (Übersicht)

KG	Kostengruppe	Menge Einheit	Kosten €	€/Einheit	% an 3+4
300	**Bauwerk – Baukonstruktionen**	**199,33 m² BGF**	**547.715,75**	**2.747,78**	**82,0**
310	**Baugrube / Erdbau**	**58,10 m³ BGI**	**5.292,38**	**91,09**	**0,8**
311	Herstellung	58,10 m³ BGI	5.292,38	91,09	0,8
312	Umschließung	–	–	–	–
313	Wasserhaltung	–	–	–	–
314	Vortrieb	–	–	–	–
319	Sonstiges zur KG 310		–	–	–
320	**Gründung, Unterbau**	**58,10 m² GRF**	**44.196,71**	**760,70**	**6,6**
321	Baugrundverbesserung	–	–	–	–
322	Flachgründungen und Bodenplatten	58,10 m²	17.296,89	297,71	2,6
323	Tiefgründungen	–	–	–	–
324	Gründungsbeläge	52,58 m²	20.255,94	385,24	3,0
325	Abdichtungen und Bekleidungen	69,35 m²	6.643,88	95,80	1,0
326	Dränagen	–	–	–	–
329	Sonstiges zur KG 320	–	–	–	–
330	**Außenwände/Vert. Baukonstrukt., außen**	**338,63 m² AWF**	**222.493,78**	**657,04**	**33,3**
331	Tragende Außenwände	292,30 m²	92.638,61	316,93	13,9
332	Nichttragende Außenwände	–	–	–	–
333	Außenstützen	2,70 m	202,58	75,03	< 0,1
334	Außenwandöffnungen	46,33 m²	57.906,50	1.249,87	8,7
335	Außenwandbekleidungen, außen	96,88 m²	47.137,21	486,55	7,1
336	Außenwandbekleidungen, innen	297,92 m²	21.897,94	73,50	3,3
337	Element. Außenwandkonstruktionen	–	–	–	–
338	Lichtschutz zur KG 330	19,26 m²	1.632,73	84,77	0,2
339	Sonstiges zur KG 330	338,63 m² AWF	1.078,24	3,18	0,2
340	**Innenwände/Vert. Baukonstrukt., innen**	**155,96 m² IWF**	**74.019,50**	**474,61**	**11,1**
341	Tragende Innenwände	130,86 m²	30.064,12	229,74	4,5
342	Nichttragende Innenwände	5,00 m²	1.366,18	273,24	0,2
343	Innenstützen	9,00 m	534,35	59,37	< 0,1
344	Innenwandöffnungen	20,10 m²	14.466,76	719,74	2,2
345	Innenwandbekleidungen	302,95 m²	27.588,08	91,06	4,1
346	Elementierte Innenwandkonstruktionen	–	–	–	–
347	Lichtschutz zur KG 340	–	–	–	–
349	Sonstiges zur KG 340	–	–	–	–
350	**Decken/Horizontale Baukonstruktionen**	**135,51 m² DEF**	**93.856,05**	**692,61**	**14,1**
351	Deckenkonstruktionen	135,51 m²	50.651,79	373,79	7,6
352	Deckenöffnungen	–	–	–	–
353	Deckenbeläge	105,01 m²	18.736,72	178,43	2,8
354	Deckenbekleidungen	–	–	–	–
355	Elementierte Deckenkonstruktionen	14,82 m²	24.300,54	1.639,71	3,6
359	Sonstiges zur KG 350	135,51 m² DEF	167,01	1,23	< 0,1
360	**Dächer**	**63,05 m² DAF**	**61.154,58**	**969,94**	**9,2**
361	Dachkonstruktionen	62,20 m²	21.106,41	339,33	3,2
362	Dachöffnungen	0,88 m²	2.285,83	2.597,54	0,3
363	Dachbeläge	63,05 m²	37.762,33	598,93	5,7
364	Dachbekleidungen	–	–	–	–
365	Elementierte Dachkonstruktionen	–	–	–	–
366	Lichtschutz zur KG 360	–	–	–	–
369	Sonstiges zur KG 360	–	–	–	–
370	**Infrastrukturanlagen**	**–**	**–**	**–**	**–**
380	**Baukonstruktive Einbauten**	**199,33 m² BGF**	**9.507,73**	**47,70**	**1,4**
390	**Sonst. Maßnahmen für Baukonstrukt.**	**199,33 m² BGF**	**37.195,00**	**186,60**	**5,6**

Kostenkennwerte für die Kostengruppen 400 der 2. und 3.Ebene DIN 276 (Übersicht)

KG	Kostengruppe	Menge Einheit	Kosten €	€/Einheit	% an 3+4
400	**Bauwerk – Technische Anlagen**	**199,33 m²BGF**	**120.164,44**	**602,84**	**18,0**
410	**Abwasser-, Wasser-, Gasanlagen**	**199,33 m²BGF**	**43.376,49**	**217,61**	**6,5**
411	Abwasseranlagen	199,33 m²BGF	5.570,27	27,94	0,8
412	Wasseranlagen	199,33 m²BGF	36.087,10	181,04	5,4
413	Gasanlagen	–	–	–	–
419	Sonstiges zur KG 410	199,33 m²BGF	1.719,12	8,62	0,3
420	**Wärmeversorgungsanlagen**	**199,33 m²BGF**	**30.885,96**	**154,95**	**4,6**
421	Wärmeerzeugungsanlagen	199,33 m²BGF	11.971,01	60,06	1,8
422	Wärmeverteilnetze	199,33 m²BGF	4.819,94	24,18	0,7
423	Raumheizflächen	199,33 m²BGF	14.094,99	70,71	2,1
424	Verkehrsheizflächen	–	–	–	–
429	Sonstiges zur KG 420	–	–	–	–
430	**Raumlufttechnische Anlagen**	**199,33 m²BGF**	**1.049,68**	**5,27**	**0,2**
431	Lüftungsanlagen	199,33 m²BGF	1.049,68	5,27	0,2
432	Teilklimaanlagen	–	–	–	–
433	Klimaanlagen	–	–	–	–
434	Kälteanlagen	–	–	–	–
439	Sonstiges zur KG 430	–	–	–	–
440	**Elektrische Anlagen**	**199,33 m²BGF**	**39.874,76**	**200,04**	**6,0**
441	Hoch- und Mittelspannungsanlagen	–	–	–	–
442	Eigenstromversorgungsanlagen	–	–	–	–
443	Niederspannungsschaltanlagen	–	–	–	–
444	Niederspannungsinstallationsanlagen	199,33 m²BGF	38.192,04	191,60	5,7
445	Beleuchtungsanlagen	–	–	–	–
446	Blitzschutz- und Erdungsanlagen	199,33 m²BGF	1.682,73	8,44	0,3
447	Fahrleitungssysteme	–	–	–	–
449	Sonstiges zur KG 440	–	–	–	–
450	**Kommunikationstechnische Anlagen**	**199,33 m²BGF**	**4.777,13**	**23,97**	**0,7**
451	Telekommunikationsanlagen	199,33 m²BGF	392,48	1,97	< 0,1
452	Such- und Signalanlagen	199,33 m²BGF	584,55	2,93	< 0,1
453	Zeitdienstanlagen	–	–	–	–
454	Elektroakustische Anlagen	–	–	–	–
455	Audiovisuelle Medien- u. Antennenanl.	–	–	–	–
456	Gefahrenmelde- und Alarmanlagen	199,33 m²BGF	1.102,30	5,53	0,2
457	Datenübertragungsnetze	199,33 m²BGF	2.697,81	13,53	0,4
458	Verkehrsbeeinflussungsanlagen	–	–	–	–
459	Sonstiges zur KG 450	–	–	–	–
460	**Förderanlagen**	**–**	**–**	**–**	**–**
461	Aufzugsanlagen	–	–	–	–
462	Fahrtreppen, Fahrsteige	–	–	–	–
463	Befahranlagen	–	–	–	–
464	Transportanlagen	–	–	–	–
465	Krananlagen	–	–	–	–
466	Hydraulikanlagen	–	–	–	–
469	Sonstiges zur KG 460	–	–	–	–
470	**Nutzungsspez. u. verfahrenstechn. Anl.**	**–**	**–**	**–**	**–**
480	**Gebäude- und Anlagenautomation**	**–**	**–**	**–**	**–**
490	**Sonst. Maßnahmen für techn. Anlagen**	**199,33 m²BGF**	**200,41**	**1,01**	**< 0,1**

Kostenkennwerte für Leistungsbereiche nach STLB (Kosten des Bauwerks nach DIN 276)

LB	Leistungsbereiche	Kosten €	€/m² BGF	€/m³ BRI	% an 3+4
000	Baustellen-, Sicherheitseinr. inkl. 001, 089	28.997	145,50	42,80	4,3
002	Erdarbeiten	9.396	47,10	13,90	1,4
006	Spezialtiefbauarbeiten inkl. 005	–	–	–	–
009	Entwässerungskanalarbeiten inkl. 011	1.598	8,00	2,40	0,2
010	Drän- und Versickerarbeiten	–	–	–	–
012	Mauerarbeiten	–	–	–	–
013	Betonarbeiten	23.839	119,60	35,20	3,6
014	Natur-, Betonwerksteinarbeiten	–	–	–	–
016	Zimmer- und Holzbauarbeiten	244.272	1.225,50	360,20	36,6
017	Stahlbauarbeiten	1.078	5,40	1,60	0,2
018	Abdichtungsarbeiten	10.260	51,50	15,10	1,5
019	Kampfmittelräumarbeiten	–	–	–	–
020	Dachdeckungsarbeiten	17.711	88,90	26,10	2,7
021	Dachabdichtungsarbeiten	–	–	–	–
022	Klempnerarbeiten	21.777	109,30	32,10	3,3
	Rohbau	**358.929**	**1.800,70**	**529,30**	**53,7**
023	Putz- und Stuckarbeiten, Wärmedämmsysteme	–	–	–	–
024	Fliesen- und Plattenarbeiten	11.625	58,30	17,10	1,7
025	Estricharbeiten	12.644	63,40	18,60	1,9
026	Fenster, Außentüren inkl. 029, 032	42.788	214,70	63,10	6,4
027	Tischlerarbeiten	58.919	295,60	86,90	8,8
028	Parkett-, Holzpflasterarbeiten	–	–	–	–
030	Rollladenarbeiten	1.633	8,20	2,40	0,2
031	Metallbauarbeiten inkl. 035	–	–	–	–
034	Maler- und Lackiererarb. - Beschicht. inkl. 037	27.578	138,40	40,70	4,1
036	Bodenbelagarbeiten	17.323	86,90	25,50	2,6
038	Vorgehängte hinterlüftete Fassaden	–	–	–	–
039	Trockenbauarbeiten	15.269	76,60	22,50	2,3
	Ausbau	**187.779**	**942,00**	**276,90**	**28,1**
040	Wärmeversorgungsanl. - Betriebseinr. inkl. 041	32.562	163,40	48,00	4,9
042	Gas- u. Wasseranl. - Leitung., Armat. inkl. 043	25.575	128,30	37,70	3,8
044	Abwasseranl. - Leitungen, Abläufe, Armaturen	3.973	19,90	5,90	0,6
045	Gas, Wasser, Entwässerung - Ausstattung inkl. 046	12.232	61,40	18,00	1,8
047	Dämm- und Brandschutzarb. an techn. Anlagen	–	–	–	–
049	Feuerlöschanlagen, Feuerlöschgeräte	–	–	–	–
050	Blitzschutz-/Erdungsanlagen, Überspannungssch.	2.612	13,10	3,90	0,4
053	Niederspannungsanl. - Kabel inkl. 052, 054	38.392	192,60	56,60	5,7
055	Sicherheits- u. Ersatzstromversorgungsanl.	–	–	–	–
057	Gebäudesystemtechnik	–	–	–	–
058	Leuchten und Lampen inkl. 059	–	–	–	–
060	Such, Signal, Zeit, Anten., akust. Anl. inkl. 064	585	2,90	0,86	< 0,1
061	Kommunikations- u. Übertragungsnetze inkl. 063	3.800	19,10	5,60	0,6
069	Aufzüge	–	–	–	–
070	Gebäudeautomation	–	–	–	–
075	Raumlufttechnische Anlagen inkl. 078	1.050	5,30	1,50	0,2
	Gebäudetechnik	**120.780**	**605,90**	**178,10**	**18,1**
084	Abbruch, Rückbau, Schadstoffsanierung	–	–	–	–
	Abbrucharbeiten	**–**	**–**	**–**	**–**
	Sonstige Leistungsbereiche	**392**	**2,00**	**0,58**	**< 0,1**

6100-1772
Mehrfamilienhaus
(9 WE, 3 STP)

Kostenkennwerte für die Kosten des Bauwerks (Kostengruppen 300+400 nach DIN 276)

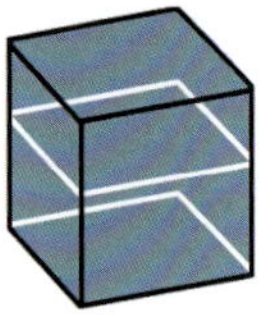

BRI 653 €/m³

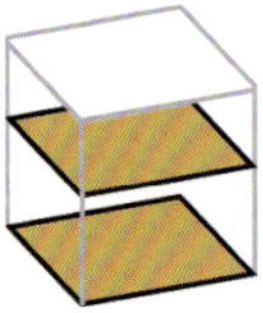

BGF 1.932 €/m²

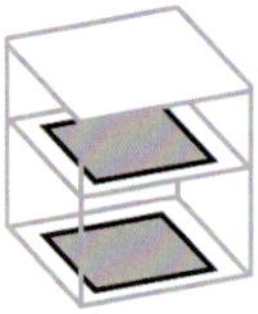

NUF 2.776 €/m²

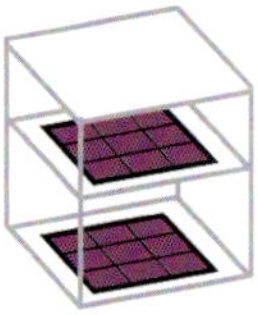

NE 3.119 €/NE

NE: Wohnfläche

Objekt:
Kennwerte: 1.Ebene DIN 276
BRI: 2.913 m³
BGF: 984 m²
NUF: 685 m²
Bauzeit: 52 Wochen
Bauende: 2024
Standard: einfach
Bundesland: Hessen
Kreis: Kassel, Stadt

Architekt*in:
foundation 5+
architekten BDA
Am alten Sudhaus 6
34119 Kassel

Übersicht Re-Use-Bauteile in der Gebäudehülle

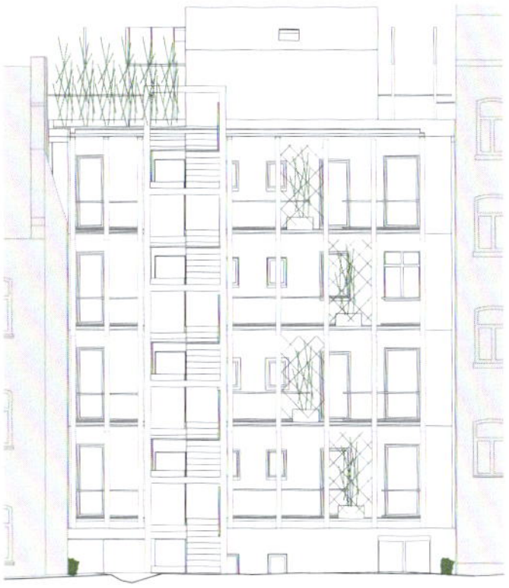

Ansicht Ost

Ansicht West

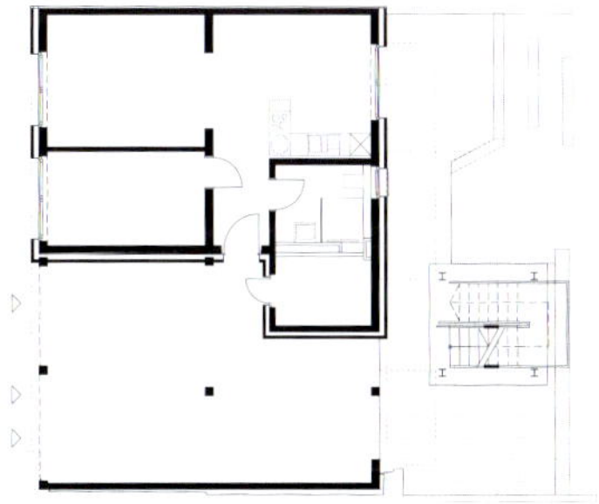

Erdgeschoss

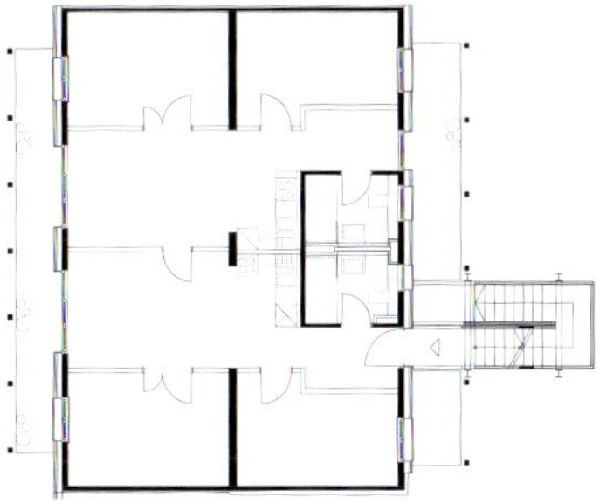

1. - 4. Obergeschoss

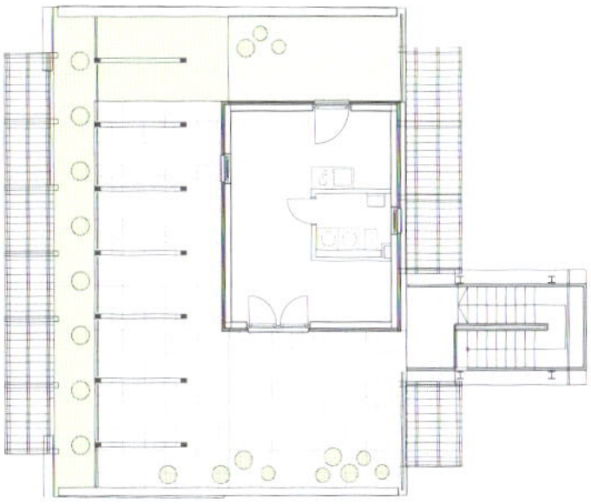

Dachgeschoss

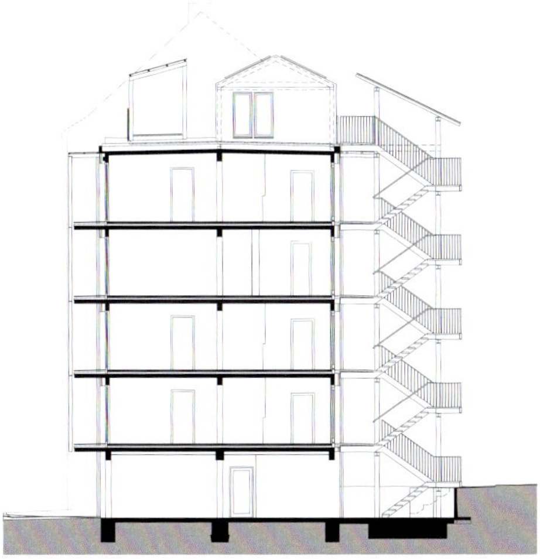

Schnitt A-A

6100-1772
Mehrfamilienhaus
(9 WE, 3 STP)

Objektbeschreibung

Allgemeine Objektinformationen

Das Suffizienzhaus U10 ist ein fünfgeschossiger Holzbau, der in Gebäudehülle und Innenausbau umfangreich auf wiederverwendete Bauteile setzt. Nach den drei Nachhaltigkeitsstrategien reduce – reuse – recycle entsteht so ein ressourcenschonendes, kostengünstiges und zugleich suffizientes Gebäude für gemeinschaftliches Wohnen. Die Grundrisse sind flexibel konzipiert und ermöglichen es, die bestehende Aufteilung von fünf Wohnungen mit minimalem Aufwand in neun Wohnbereiche (Cluster) umzuwandeln.

Nutzung

2 Erdgeschosse
Wohnküche, Schlafraum, Bad, Garagen (3 STP), Fahrradabstellbereich, Hausanschlussraum, Terrassen

4 Obergeschosse
Wohn-Essräume mit Küchen, Schlafräume, Bäder, Abstellbereich, Laubengang-Balkone

1 Dachgeschoss
Gemeinschaftsraum, WC, Technikraum, Dachterrasse

Nutzeinheiten

Stellplätze: 3
Wohneinheiten: 9
Wohnfläche: 609 m^2

Grundstück

Bauraum: Baulücke
Neigung: Geneigtes Gelände
Bodenklasse: BK 3 bis BK 5

Besonderer Kosteneinfluss Grundstück
Erhöhter Aufwand durch Trümmerschutt und felsige Bereiche sowie Bodenbelastung größer Z 2.0.

Markt

Hauptvergabezeit: 3. Quartal 2023
Baubeginn: 3. Quartal 2023
Bauende: 3. Quartal 2024
Konjunkturelle Gesamtlage: über Durchschnitt
Regionaler Baumarkt: über Durchschnitt

Baukonstruktion

Das Erdgeschoss wurde in Mauerwerk mit Ringbalken errichtet und gründet auf Stahlbetonfundamenten sowie einer Bodenplatte. Ab der Decke über dem EG setzt sich die Konstruktion in Holzmassivbauweise für Wände und Decken fort. Die Fassade des EGs ist mit gedämmtem Klinker bekleidet, während die oberen Geschosse Faserzementplatten tragen und mit Holzfenstern ausgestattet sind. Die vorgesetzten Holzbalkone sind mit leichten Sonnenschutzelementen versehen. Das Flachdach wurde in Holzmassivbauweise ausgeführt und bietet eine große Terrasse und Dachbegrünung. Die Gemeinschaftsräume sind mit einem Holzbalkendach in Satteldachform überdeckt. Auf der Dachterrasse lädt eine Pergola zum Verweilen ein. Die Erschließung des Gebäudes erfolgt über einen Stahltreppenturm an der Rückseite.

Technische Anlagen

Die Beheizung des Gebäudes erfolgt über einen Fernwärmeanschluss in Kombination mit einer Solarthermieanlage. Jede Wohneinheit ist mit einer Wohnungsstation für Heizung und Warmwasser ausgerüstet. Die Sanitärausstattung entspricht einem einfachen Standard. Für die Toilettenspülungen wird Regenwasser genutzt.

Sonstiges

Folgende Materialien wurden aus Beständen übernommen und nicht neu beschafft: zu 100% wurden Faserzementplatten (Fehlproduktion mit Farbabweichung), Klinker, Fliesen (Restbestände), Solarkollektoren, Terrassenplatten, Wellblechtafeln, Heizkörper, Sanitärobjekte wiederverwendet. Zu 50% wurden Fenster, die ursprünglich für andere Projekte produziert wurden und zu 70% Innentüren und Eingangstore eingebaut. Das Parkett wurde zu 15% aus Ausschussware eingebaut. Die Balkongeländer wurden zu 100% recycled und aus einer Fassadensanierung demontiert. Die Suche nach geeigneten Bauteilen, deren Transport sowie vorbereitende Arbeiten erfolgten in Eigenleistung durch die Bauherren. Das Gebäude entspricht dem KfW 55 Standard.

Energetische Kennwerte

Gesetzliche Grundlage: GEG 2020
Gebäudenutzfläche: 589,20 m^2
Spez. Transmissionswärmeverlust: 0,33 W/(m^2·K)
Spez. Jahresprimärenergiebedarf: 13,30 kWh/(m^2·a)
Spez. Jahresendenergiebedarf: 43,00 kWh/(m^2·a)
CO_2-Emissionen: 3,20 kg/(m^2·a)

Planungskennwerte für Flächen und Rauminhalte nach DIN 277

Flächen des Grundstücks		Menge Einheit	% an GF
BF	Bebaute Fläche	176,00 m²	49,4
UF	Unbebaute Fläche	180,00 m²	50,6
GF	Grundstücksfläche	356,00 m²	100,0

Grundflächen des Bauwerks		Menge Einheit	% an NUF	% an BGF
NUF	Nutzungsfläche	684,76 m²	100,0	69,6
TF	Technikfläche	17,74 m²	2,6	1,8
VF	Verkehrsfläche	115,04 m²	16,8	11,7
NRF	Netto-Raumfläche	817,54 m²	119,4	83,1
KGF	Konstruktions-Grundfläche	166,06 m²	24,3	16,9
BGF	Brutto-Grundfläche	983,60 m²	143,6	100,0

Brutto-Rauminhalt des Bauwerks		Menge Einheit	BRI/NUF (m)	BRI/BGF (m)
BRI	Brutto-Rauminhalt	2.912,70 m³	4,25	2,96

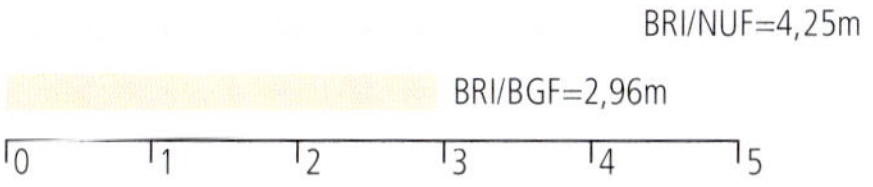

Kostenkennwerte für die Kostengruppen der 1. Ebene DIN 276

KG	Kostengruppen (1. Ebene)	Einheit	Kosten €	€/Einheit	€/m² BGF	€/m³ BRI	% 300+400
100	Grundstück	m² GF	–	–	–	–	–
200	Vorbereitende Maßnahmen	m² GF	10.313	28,97	10,49	3,54	0,5
300	Bauwerk – Baukonstruktionen	m² BGF	1.573.161	1.599,39	1.599,39	540,10	82,8
400	Bauwerk – Technische Anlagen	m² BGF	327.502	332,96	332,96	112,44	17,2
	Bauwerk 300+400	**m² BGF**	**1.900.663**	**1.932,35**	**1.932,35**	**652,54**	**100,0**
500	Außenanlagen und Freiflächen	m² AF	54.009	830,91	54,91	18,54	2,8
600	Ausstattung und Kunstwerke	m² BGF	–	–	–	–	–
700	Baunebenkosten	m² BGF	–	–	–	–	–
800	Finanzierung	m² BGF	–	–	–	–	–

KG	Kostengruppe	Menge Einheit	Kosten €	€/Einheit	%
200	**Vorbereitende Maßnahmen**	356,00 m² GF	10.313	**28,97**	0,5

Anschlussgebühren für Fernwärme, Strom und Wasser

KG	Kostengruppe	Menge Einheit	Kosten €	€/Einheit	%
3+4	**Bauwerk**				**100,0**
300	**Bauwerk – Baukonstruktionen**	983,60 m² BGF	1.573.161	**1.599,39**	82,8

Baugrubenaushub; Stb-Fundamente, Stb-Bodenplatte, Dämmung, Estrich, Parkett, Bodenfliesen, Abdichtung; KS-Mauerwerk, Massivholzwände, Holzfenster, Garagentore, Wärmedämmung, Ziegelfassade, Faserzement-Fassade, Wellblechtafeln; KS-Mauerwerk, Massivholzwände, GK-Wände mit Holz-UK, Beschichtung, Wandfliesen; Brettstapeldecken, Dämmung, Estrich, Parkett, Bodenfliesen, Stahltreppenturm, Stahlgeländer, Treppengeländer; Holz-Brettstapeldach, Holzbalkendach, Dämmung, Abdichtung, extensive Dachbegrünung, Wellblechtafeln, Holzdielen, Betonplattenbelag, außenliegende Dachentwässerung; Pergolakonstruktion

KG	Kostengruppe	Menge Einheit	Kosten €	€/Einheit	%
400	**Bauwerk – Technische Anlagen**	983,60 m² BGF	327.502	**332,96**	17,2

Gebäudeentwässerung, Regenwassernutzung, Kalt- und Warmwasserleitungen, einfache Sanitärobjekte; Fernwärmeversorgung, Solaranlage, Wohnungstationen für Heizung und Warmwasser, Plattenheizkörper; Einzelraumlüfter; Elektroinstallation; WLAN-Anlage, Rauchmelder

KG	Kostengruppe	Menge Einheit	Kosten €	€/Einheit	%
500	**Außenanlagen und Freiflächen**	65,00 m² AF	54.009	**830,91**	2,8

Oberbodenarbeiten, Bodenarbeiten; Pflasterarbeiten, Stellplätze; Staketenzaun, Stützmauer, Beeteinfassung mit Sandsteinquadern; Bepflanzung

6100-1778
Reihenhäuser
(6 WE)

Kostenkennwerte für die Kosten des Bauwerks (Kostengruppen 300+400 nach DIN 276)

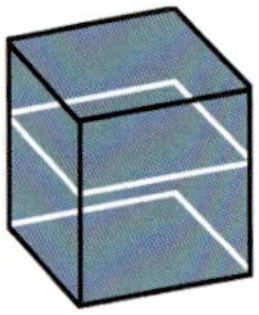

BRI 826 €/m³

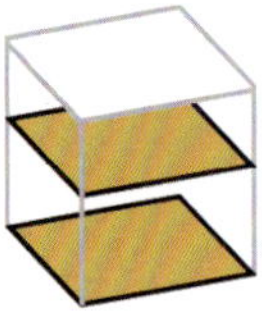

BGF 2.021 €/m²

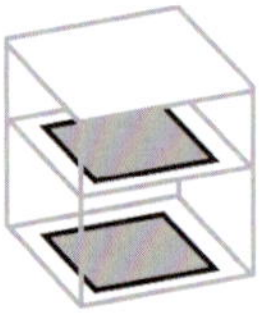

NUF 3.153 €/m²

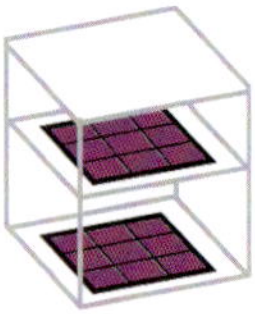

NE 3.503 €/NE

NE: Wohnfläche

Objekt:
Kennwerte: 1. Ebene DIN 276
BRI: 3.563 m³
BGF: 1.457 m²
NUF: 934 m²
Bauzeit: 87 Wochen
Bauende: 2023
Standard: mittel
Bundesland: Bayern
Kreis: Weilheim-Schongau

Architekt*in:
Hölzl Knote Frischholz
Architekten und
Innenarchitektin PartG mbB
Hauptstraße 50
83684 Tegernsee

© Hölzl Knote Frischholz

© Hölzl Knote Frischholz

© Hölzl Knote Frischholz

© Hölzl Knote Frischholz

Kostenstand: 1. Quartal 2026, Bundesdurchschnitt, **inkl. 19% MwSt.**

Ansicht Nord Häuser 1-3

Ansicht Ost Häuser 1-3

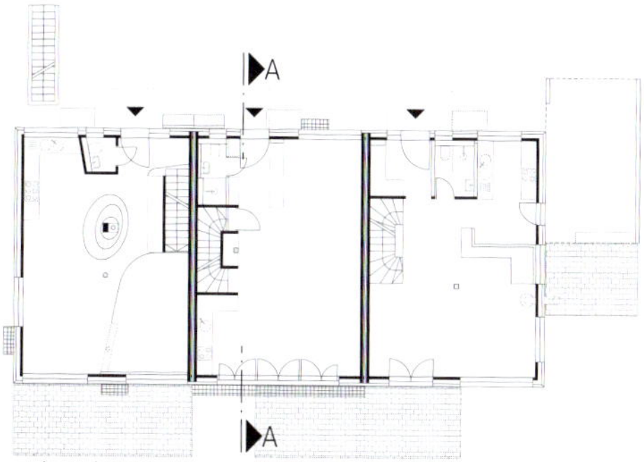

Erdgeschoss Häuser 1-3

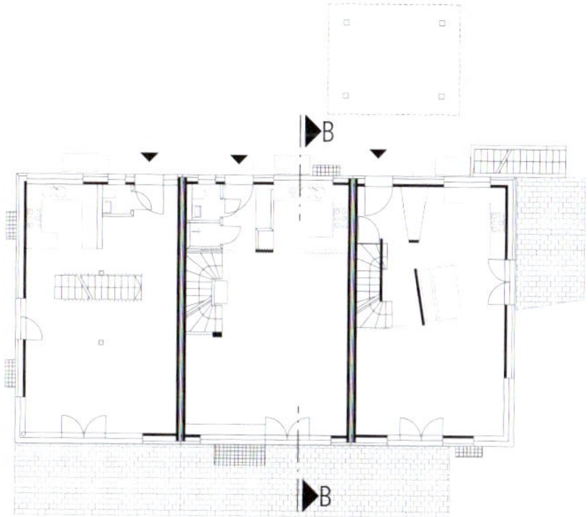

Erdgeschoss Häuser 4-6

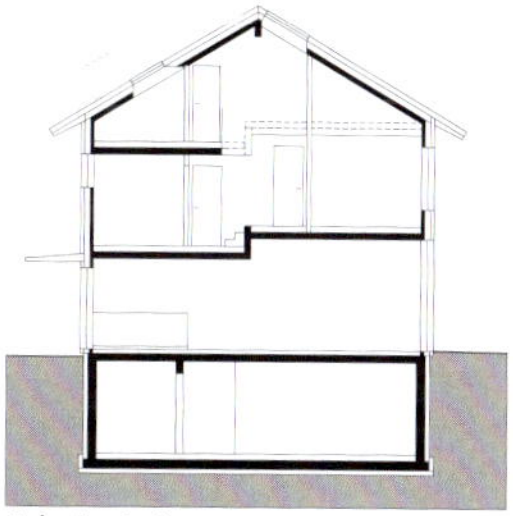
Schnitt A-A

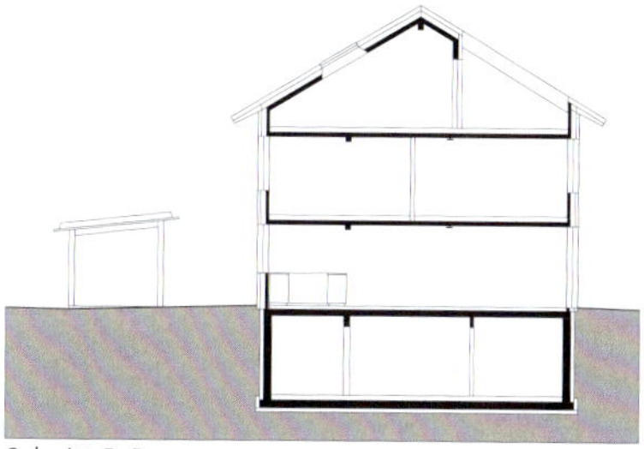
Schnitt B-B

Ansicht Süd Häuser 1-3

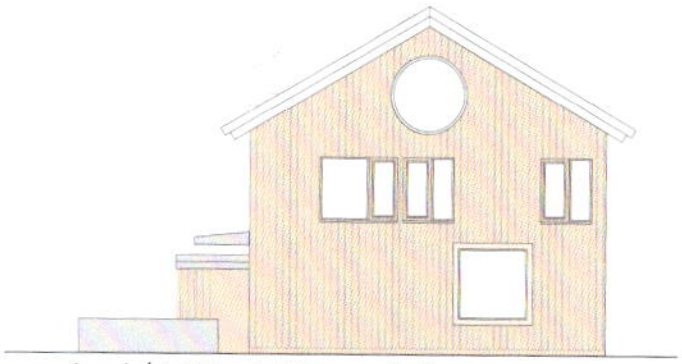
Ansicht West Häuser 1-3

Objektbeschreibung

Allgemeine Objektinformationen

Die Baugruppe hatte sich über einen Aufruf der Gemeinde gefunden. Alle Baufamilien wohnen selbst in den Häusern.

Nutzung

1 Untergeschoss
Abstellräume (5St), Wäscheräume (4St), Technik (2St), Fahrradabstellräume (2St), Hobbywerkstatt (Haus 3 ist nicht unterkellert)

1 Erdgeschoss
Wohnen/ Essen/ Kochen, WC (5St)

1 Obergeschoss
Schlafzimmer, Bad, Flur

1 Dachgeschoss
Arbeitsraum (3St), Schlafen (3St), Bad (3St), Spielraum (1St), Abstellraum (2St), Dachloggia (1St)

Besonderer Kosteneinfluss Nutzung
Projekt einer Baugruppe. Die sechs Grundrisse sind jeweils komplett individuell geplant und erstellt.

Nutzeinheiten

Stellplätze: 12
Wohneinheiten: 6
Wohnfläche: 840 m²

Grundstück

Bauraum: Freier Bauraum
Neigung: Ebenes Gelände
Bodenklasse: BK 1 bis BK 3

Markt

Hauptvergabezeit: 1. Quartal 2022
Baubeginn: 4. Quartal 2021
Bauende: 3. Quartal 2023
Konjunkturelle Gesamtlage: über Durchschnitt
Regionaler Baumarkt: unter Durchschnitt

Baukonstruktion

Die zwei Reihenhäuser mit je 3 Wohneinheiten sind in Holzmassivbauweise errichtet. Das gewählte System kommt ohne zusätzliche Dämmung aus. Die Holzfassaden der einzelnen Häuser haben unterschiedliche Lattenbreiten und Farben. Fünf der sechs Häuser sind unterkellert und besitzen einen Keller in Massivbauweise. Die Decken sind als BSH-Konstruktion ausgeführt, Holztreppen verbinden die Geschosse. Die Holzkonstruktion der Satteldächer ist mit einer Ziegeldeckung belegt.

Technische Anlagen

Die Häuser werden über eine Luft-Wasserwärmepumpe mit Anschluss an eine PV-Anlage auf dem Dach versorgt. Die Bäder sind mit einer dezentralen Lüftung ohne Wärmerückgewinnung ausgestattet. Die Luftdichtigkeit wurde mit einem Blower-Door Test geprüft.

Sonstiges

Die sechs Grundrisse sind jeweils komplett individuell. Sie reichen vom klaren Reihenhausgrundriss über Raumgefüge mit schrägen Wänden bis hin zu Einheiten mit Splitleveln. Die Farben der Haustüren konnte sich jede Baufamilie selbst aussuchen. Die energetischen Kennwerte beziehen sich auf Haus 1.

Energetische Kennwerte

Gesetzliche Grundlage: GEG 2020
Gebäudenutzfläche: 228,30 m²
Spez. Transmissionswärmeverlust: 0,30 W/(m²·K)
Spez. Jahresprimärenergiebedarf: 23,80 kWh/(m²·a)
Spez. Jahresendenergiebedarf: 22,40 kWh/(m²·a)
CO_2-Emissionen: 7,40 kg/(m²·a)

Planungskennwerte für Flächen und Rauminhalte nach DIN 277

Flächen des Grundstücks		Menge Einheit	% an GF
BF	Bebaute Fläche	400,00 m²	30,0
UF	Unbebaute Fläche	933,00 m²	70,0
GF	Grundstücksfläche	1.333,00 m²	100,0

Grundflächen des Bauwerks		Menge Einheit	% an NUF	% an BGF
NUF	Nutzungsfläche	933,60 m²	100,0	64,1
TF	Technikfläche	37,80 m²	4,0	2,6
VF	Verkehrsfläche	138,00 m²	14,8	9,5
NRF	Netto-Raumfläche	1.109,40 m²	118,8	76,2
KGF	Konstruktions-Grundfläche	347,14 m²	37,2	23,8
BGF	Brutto-Grundfläche	1.456,54 m²	156,0	100,0

Brutto-Rauminhalt des Bauwerks		Menge Einheit	BRI/NUF (m)	BRI/BGF (m)
BRI	Brutto-Rauminhalt	3.563,43 m³	3,82	2,45

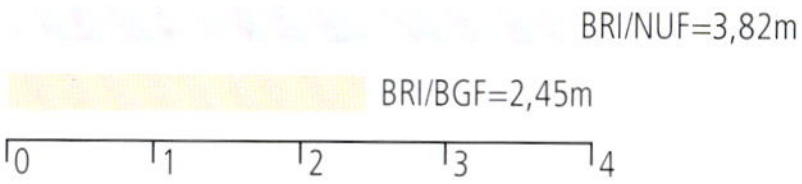

Kostenkennwerte für die Kostengruppen der 1. Ebene DIN 276

KG	Kostengruppen (1. Ebene)	Einheit	Kosten €	€/Einheit	€/m² BGF	€/m³ BRI	% 300+400
100	Grundstück	m² GF	–	–	–	–	–
200	Vorbereitende Maßnahmen	m² GF	–	–	–	–	–
300	Bauwerk – Baukonstruktionen	m² BGF	2.243.249	1.540,12	1.540,12	629,52	76,2
400	Bauwerk – Technische Anlagen	m² BGF	699.946	480,55	480,55	196,42	23,8
	Bauwerk 300+400	**m² BGF**	**2.943.195**	**2.020,68**	**2.020,68**	**825,94**	**100,0**
500	Außenanlagen und Freiflächen	m² AF	–	–	–	–	–
600	Ausstattung und Kunstwerke	m² BGF	–	–	–	–	–
700	Baunebenkosten	m² BGF	–	–	–	–	–
800	Finanzierung	m² BGF	–	–	–	–	–

KG	Kostengruppe	Menge Einheit	Kosten €	€/Einheit	%
3+4	**Bauwerk**				**100,0**
300	**Bauwerk – Baukonstruktionen**	1.456,54 m² BGF	2.243.249	**1.540,12**	76,2

Baugrubenaushub; Gründung, Stb-Bodenplatte, Abdichtung, Dämmung, Estrich, Beläge; Stb-Wände (UG), BSH-Wände (EG, OG), Holzfenster, Dreifachverglasung, Perimeterdämmung, Lärchenholzschalung, Sonnenschutz; Mauerwerkswände, GK-Wände, Holztüren, Innenputz, Beschichtungen; BSH-Decken, Holztreppen, Estrich, Beläge, Stahlgeländer; Pfettendach, Dämmung, Dachziegel, Dachentwässerung

KG	Kostengruppe	Menge Einheit	Kosten €	€/Einheit	%
400	**Bauwerk – Technische Anlagen**	1.456,54 m² BGF	699.946	**480,55**	23,8

Gebäudeentwässerung, Kalt- und Warmwasserleitungen, Sanitärobjekte; Luft-Wasserwärmepumpe, Fußbodenheizung, Kaminöfen; kontrollierte Be- und Entlüftung ohne Wärmerückgewinnung; PV-Anlage, Elektroinstallation, Beleuchtung

6100-1783
Einfamilienhaus
Garage

Kostenkennwerte für die Kosten des Bauwerks (Kostengruppen 300+400 nach DIN 276)

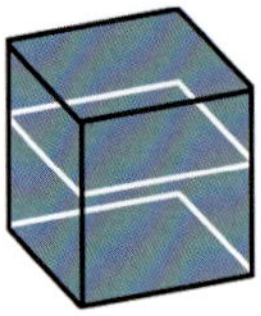

BRI 812 €/m³

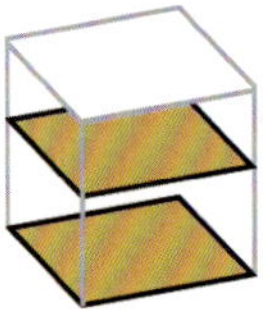

BGF 2.463 €/m²

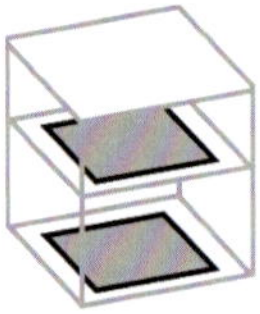

NUF 4.185 €/m²

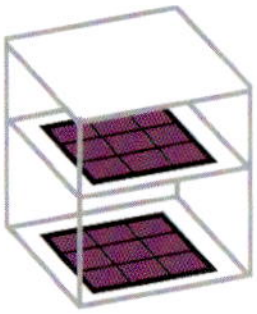

NE 5.128 €/NE

NE: Wohnfläche

Objekt:
Kennwerte: 1. Ebene DIN 276
BRI: 1.504 m³
BGF: 496 m²
NUF: 292 m²
Bauzeit: 52 Wochen
Bauende: 2024
Standard: hoch
Bundesland: Bayern
Kreis: Miesbach

Architekt*in:
Knopp Wassmer Architekten
PartG mbB
Dom-Pedro-Straße 7
80637 München

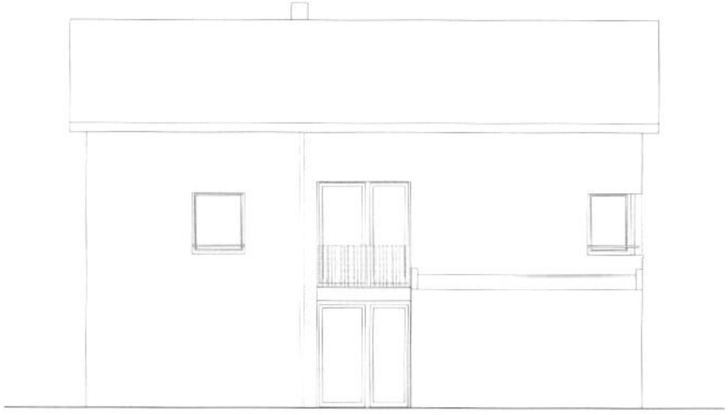

Ansicht Nord

Ansicht Ost

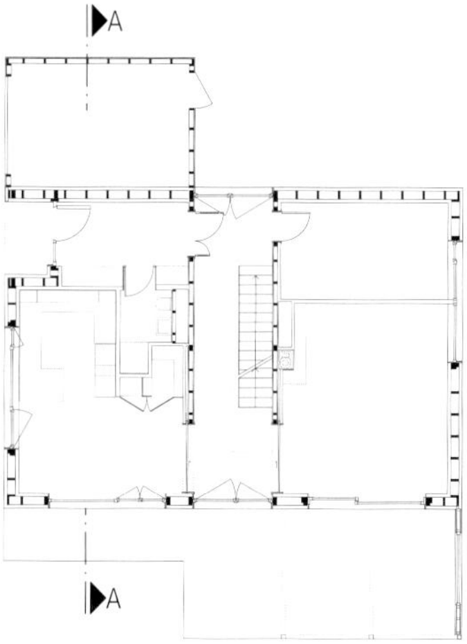

Erdgeschoss

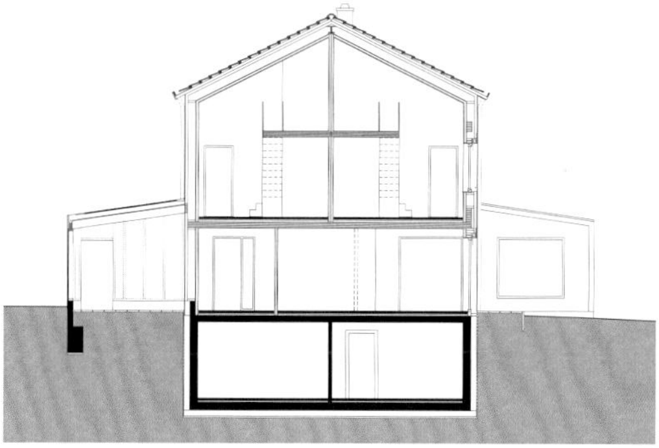

Schnitt A-A

Ansicht Süd

Ansicht West

Objektbeschreibung

Allgemeine Objektinformationen

Nachhaltiges Einfamilienhaus in Holzbauweise (Effizienzhaus 40) mit klarer, flexibler Raumstruktur und hellen, gut belichteten Räumen. Das ressourcenschonend, behaglich und ökonomisch gebaute Gebäude verfügt über zwei Vollgeschosse, ein Dachgeschoss, einen Keller, eine Garage und eine Pergola.

Nutzung

1 Untergeschoss
Abstellräume (2St), Hauswirtschaftsraum, Hobbyraum, Sauna, Technik, Flur

1 Erdgeschoss
Wohnen, Küche, Essen, Gästezimmer, Diele, Flur, WC, Garage, Terrasse

1 Obergeschoss
Schlafen, Ankleide, Kind (2St), Bäder (2St), Flur

1 Dachgeschoss
Atelier, Galerien Kind (2St), Balkon

Nutzeinheiten

Stellplätze: 2
Wohnfläche: 238 m^2

Grundstück

Bauraum: Freier Bauraum
Neigung: Ebenes Gelände
Bodenklasse: BK 1 bis BK 7

Besonderer Kosteneinfluss Grundstück
Erhöhte Kosten bei Erdarbeiten wegen Entsorgung von belastetem Bodenmaterial.

Markt

Hauptvergabezeit: 1.Quartal 2023
Baubeginn: 1.Quartal 2023
Bauende: 1.Quartal 2024
Konjunkturelle Gesamtlage: über Durchschnitt
Regionaler Baumarkt: unter Durchschnitt

Baukonstruktion

Das Untergeschoss ist in Stahlbeton (WU) mit einer Perimeterdämmung ausgeführt. Die oberen Geschosse sind in Holzbauweise mit Holzrahmenwänden, teilw. Stahlstützen und einer Zellulosedämmung errichtet. Für die Fassaden ist ein dauerhafter Strukturputz aufgebracht. Die Brettsperrholzdecken sind mit einem Heizestrich belegt. Das Dach ist als Pfettendach mit einer Ziegeldeckung ausgeführt.

Technische Anlagen

Die Beheizung erfolgt mit einer Luftwärmepumpe, das Süddach ist großflächig mit PV-Modulen belegt und im Haus sorgt eine zentrale Lüftungsanlage mit Wärmerückgewinnung für einen hohen Wohnkomfort. Die gesamte Haustechnik ist in durchgehenden Schächten gebündelt.

Sonstiges

Das Holzhaus bezieht sich auf eine schlichte, ländliche Bautypologie. Diese besteht aus einem "Vorder"- und einem "Rückhaus", - analog alter Bauernhäuser. Dazwischen liegt eine offene Treppenhalle, die der durchgängigen, großzügigen Erschließung aller Räume bis hin zum Atelier unter dem Dach dient.

Energetische Kennwerte

Gesetzliche Grundlage: GEG 2020
Gebäudenutzfläche: 427,30 m^2
Spez. Transmissionswärmeverlust: 0,25 $W/(m^2 \cdot K)$
Spez. Jahresprimärenergiebedarf: 31,90 $kWh/(m^2 \cdot a)$
Spez. Jahresendenergiebedarf: 17,70 $kWh/(m^2 \cdot a)$
CO_2-Emissionen: 9,90 $kg/(m^2 \cdot a)$

Planungskennwerte für Flächen und Rauminhalte nach DIN 277

Flächen des Grundstücks		Menge Einheit	% an GF
BF	Bebaute Fläche	164,60 m²	27,9
UF	Unbebaute Fläche	425,40 m²	72,1
GF	Grundstücksfläche	590,00 m²	100,0

Grundflächen des Bauwerks		Menge Einheit	% an NUF	% an BGF
NUF	Nutzungsfläche	291,69 m²	100,0	58,8
TF	Technikfläche	20,03 m²	6,9	4,0
VF	Verkehrsfläche	72,77 m²	24,9	14,7
NRF	Netto-Raumfläche	384,49 m²	131,8	77,6
KGF	Konstruktions-Grundfläche	111,21 m²	38,1	22,4
BGF	Brutto-Grundfläche	495,70 m²	169,9	100,0

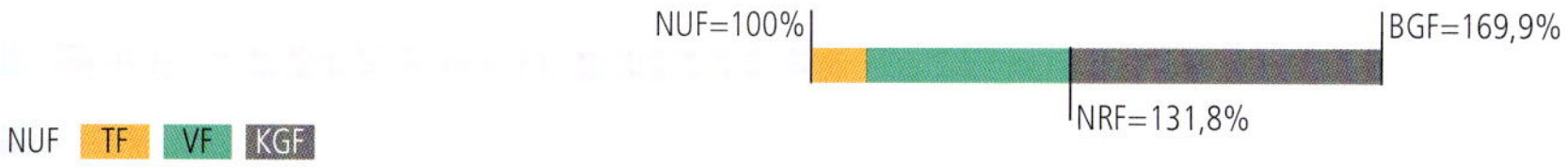

Brutto-Rauminhalt des Bauwerks		Menge Einheit	BRI/NUF (m)	BRI/BGF (m)
BRI	Brutto-Rauminhalt	1.504,03 m³	5,16	3,03

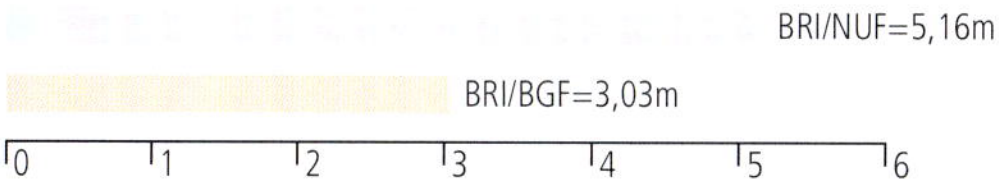

Kostenkennwerte für die Kostengruppen der 1. Ebene DIN 276

KG	Kostengruppen (1. Ebene)	Einheit	Kosten €	€/Einheit	€/m² BGF	€/m³ BRI	% 300+400
100	Grundstück	m² GF	–	–	–	–	–
200	Vorbereitende Maßnahmen	m² GF	28.950	49,07	58,40	19,25	2,4
300	Bauwerk – Baukonstruktionen	m² BGF	901.235	1.818,11	1.818,11	599,21	73,8
400	Bauwerk – Technische Anlagen	m² BGF	319.427	644,40	644,40	212,38	26,2
	Bauwerk 300+400	**m² BGF**	**1.220.663**	**2.462,50**	**2.462,50**	**811,59**	**100,0**
500	Außenanlagen und Freiflächen	m² AF	–	–	–	–	–
600	Ausstattung und Kunstwerke	m² BGF	–	–	–	–	–
700	Baunebenkosten	m² BGF	–	–	–	–	–
800	Finanzierung	m² BGF	–	–	–	–	–

KG	Kostengruppe	Menge Einheit	Kosten €	€/Einheit	%
200	**Vorbereitende Maßnahmen**	590,00 m² GF	28.950	**49,07**	2,4

Abbrucharbeiten Bestand

KG	Kostengruppe	Menge Einheit	Kosten €	€/Einheit	%
3+4	**Bauwerk**				**100,0**
300	**Bauwerk – Baukonstruktionen**	495,70 m² BGF	901.235	**1.818,11**	73,8

Baugrubenaushub; Stb-Bodenplatte, WU, Perimeterdämmung, Kiespolster (0,6m), Zementestrich, Beläge; Stb-Wände, WU (UG), Holzrahmenwände (EG-DG), teilw. Stahlstützen, Holz-Alufensterelemente, Holz-Alutürelemente, Holzfaserdämmplatten, Putz, Perimeterdämmung, Zelluloseeinblasdämmung, OSB-Platten, GK-Vorsatzschale, Beschichtung, Wandfliesen, Fenstermarkisen; Stb-Wände (UG), Mauerwerk (UG), Holzrahmenwände, teilw. Stahlstützen, GK-Wände, Holztüren; Stb-Decke (EG), Brettsperrholzdecken, Stb-Treppe, Stahltreppen, Heizestrich, Parkett, Bodenfliesen, Balkongeländer; Pfettendach, Tageslichtspot, Zellulosedämmung, Holzfaserdämmplatten, Ziegeldeckung, Dachabdichtung, Dachentwässerung; Einbaumöbel, Kücheneinrichtung

KG	Kostengruppe	Menge Einheit	Kosten €	€/Einheit	%
400	**Bauwerk – Technische Anlagen**	495,70 m² BGF	319.427	**644,40**	26,2

Gebäudeentwässerung, Kalt- und Warmwasserleitungen, Sanitärobjekte; Luft-Wärmepumpe, Heizleitungen, Fußbodenheizung, teilw. Deckenheizung und Badheizkörper; zentrale Lüftungsanlage mit Wärmerückgewinnung; PV-Anlage, Elektroinstallation KNX, Beleuchtung, Sprechanlage

6100-1786
Einfamilienhaus
Garage (2 STP)
Gartenhaus

Kostenkennwerte für die Kosten des Bauwerks (Kostengruppen 300+400 nach DIN 276)

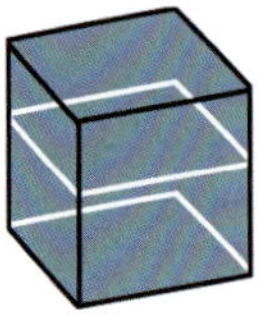

BRI 1.049 €/m^3

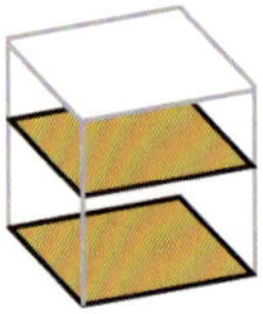

BGF 3.775 €/m^2

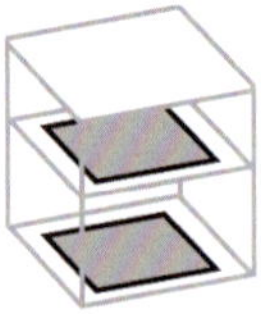

NUF 6.332 €/m^2

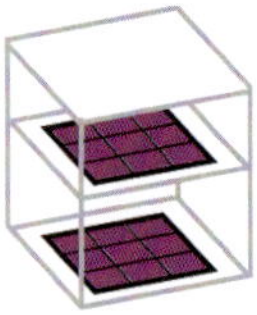

NE 6.450 €/NE

NE: Wohnfläche

Objekt:
Kennwerte: 1. Ebene DIN 276
BRI: 1.288 m^3
BGF: 358 m^2
NUF: 213 m^2
Bauzeit: 70 Wochen
Bauende: 2023
Standard: hoch
Bundesland: Hessen
Kreis: Offenbach

Architekt*in:
LIESL BAUMEISTER
Architekten
Schwarzburgstraße 65
60318 Frankfurt am Main

© Eva Hanewinckel

© Eva Hanewinckel

© Eva Hanewinckel

© Eva Hanewinckel

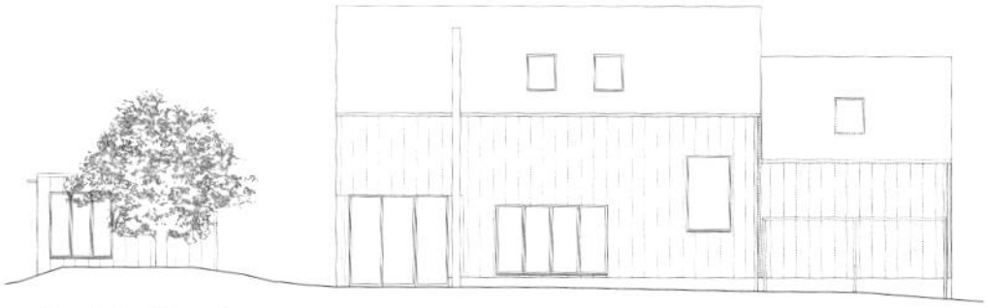

Ansicht Nord

Ansicht Ost

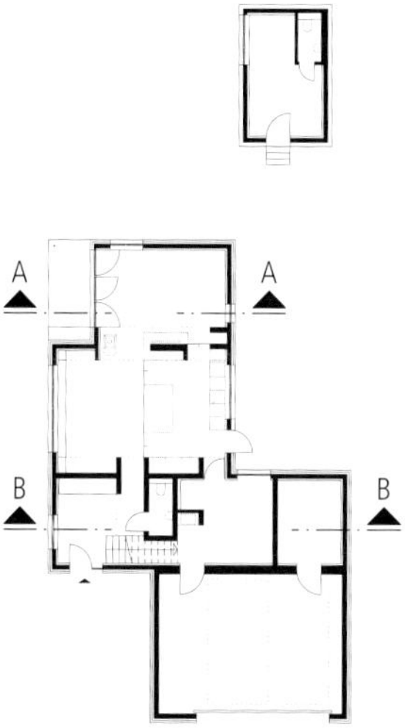

Erdgeschoss

Obergeschoss

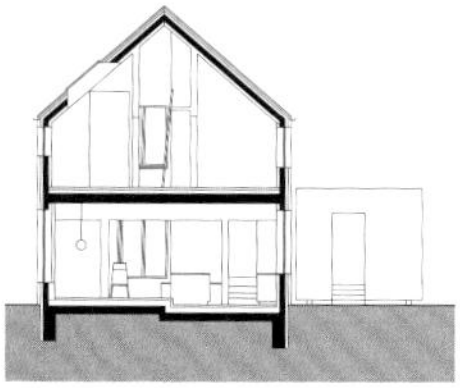

Schnitt A-A

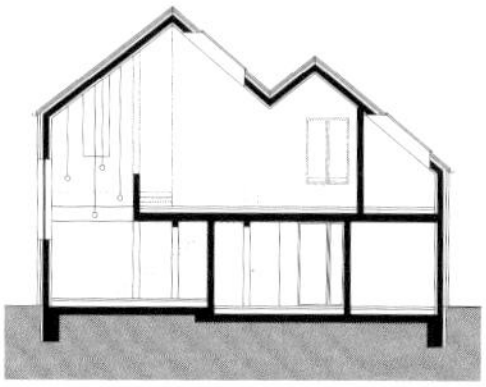

Schnitt B-B

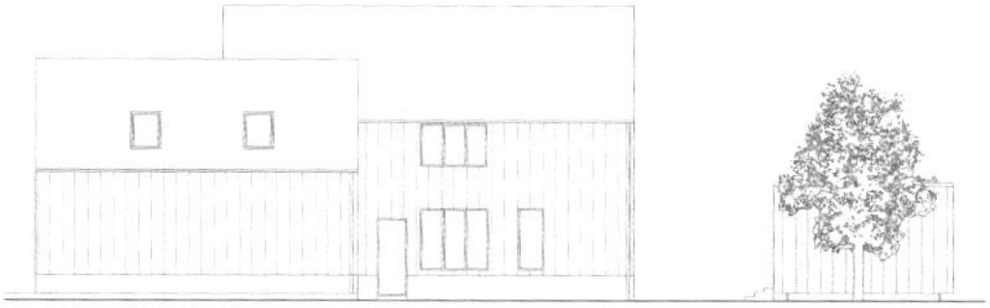

Ansicht Süd

Ansicht West

6100-1786
Einfamilienhaus
Garage (2 STP)
Gartenhaus

Objektbeschreibung

Allgemeine Objektinformationen

Das Einfamilienhaus besteht aus zwei versetzt angeordneten, rechteckigen Baukörpern. Dadurch entstehen zwei geschützte Außenbereiche: Im Westen der Eingang und im Süden ein Hof. Ein kleines Gebäude ergänzt das Ensemble. Es fasst den hofseitigen Bereich an der Küche ein und dient als Büro- und Gästehaus. Es ist an die Haustechnik angeschlossen.

Nutzung

1 Erdgeschoss
Wohnraum, Esszimmer, Küche, Hauswirtschaftsraum, Hausanschlussraum, WC, Garderobe, Garage, separates Büro-/Gästehäuschen, Terrasse

1 Dachgeschoss
Schlafräume, Bäder, Hobbyraum, Arbeitsraum, Sauna, Loggia

Nutzeinheiten

Fahrzeugstellplätze: 2
Gebäude: 2
Wohneinheiten: 1
Wohnfläche: 209 m²

Grundstück

Bauraum: Freier Bauraum
Neigung: Ebenes Gelände
Bodenklasse: BK 1 bis BK 5

Markt

Hauptvergabezeit: 1. Quartal 2022
Baubeginn: 2. Quartal 2022
Bauende: 4. Quartal 2023
Konjunkturelle Gesamtlage: über Durchschnitt
Regionaler Baumarkt: unter Durchschnitt

Baukonstruktion

Das Haus gründet auf einer Stahlbetonfundamentplatte und wurde in Holzrahmenbauweise errichtet. Vor den Ständerwänden sorgen Trockenbauvorsatzschalen für den durch die Lage an der Bundesstraße erforderlichen Schallschutz und bieten Raum für Installationen. Das Dach ist als Sparrendach ausgeführt und innenseitig mit Gipskarton bekleidet. Dach- und Wandbauteile wurden weitgehend vorgefertigt und als komplette Tafeln auf die Baustelle geliefert. Die Geschossdecke besteht aus sichtbarem Massivholz. Sowohl die Ständerwände als auch das Dach wurden mit Zellulose gedämmt. Außen erhielten Wände und Dachflächen eine Beplankung aus Holzweichfaserplatten. Dunkle Douglasienhölzer bekleiden die Holzständerwände und bilden den Abschluss des hinterlüfteten Wandaufbaus.

Technische Anlagen

Das Haus ist nicht unterkellert, daher befinden sich Hauswirtschafts- und Technikraum im Erdgeschoss. Die Fußbodenheizung wird über eine Luft-Wasser-Wärmepumpe mit Außengerät betrieben. Eine Lüftungsanlage regelt die Zu- und Abluft. Auf dem Dach ist eine Photovoltaikanlage installiert.

Sonstiges

Das Grundstück befand sich bereits im Besitz der Bauherrschaft, war jedoch für die vierköpfige Familie zu groß. Daher wurde es in zwei Grundstücke aufgeteilt. Das dazugehörige Zweifamilienhaus wurde unter der BKI-Objektnummer 6100-1787 dokumentiert.

Energetische Kennwerte

Gesetzliche Grundlage: GEG 2020
Gebäudenutzfläche: 321,00 m²
Gebäudevolumen: 1.003,00 m³
Hüllfläche des beheizten Volumens: 834,30 m²
Spez. Transmissionswärmeverlust: 0,27 W/(m²·K)
Spez. Jahresprimärenergiebedarf: 41,20 kWh/(m²·a)
Spez. Jahresendenergiebedarf: 22,90 kWh/(m²·a)
CO_2-Emissionen: 12,82 kg/(m²·a)
Anlagenaufwandszahl: 1,14

Energetische Angaben zu Außenbauteilen

Bodenplatte

U-Wert: 0,16 W/(m²·K)

Gesamtdicke: 55,50 cm	d [cm]	λ [W/(mK)]
Estrich	7,50	1,200
Trittschalldämmung	3,00	0,045
Ausgleichsdämmung	6,00	0,035
Stahlbeton	25,00	2,500
Dämmung	14,00	0,040

Außenwand hinterlüftet

U-Wert: 0,16 W/(m²·K)

Gesamtdicke: 33,00 cm	d [cm]	λ [W/(mK)]
GK-Platte	2,50	0,250
Dämmung	5,00	0,040
OSB-Platte	1,50	0,130
Dämmung	16,00	0,040
Holz	16,00	0,130
Dämmung	8,00	0,045

Decke gegen Außenluft unten

U-Wert: 0,20 W/(m²·K)

Gesamtdicke: 42,50 cm	d [cm]	λ [W/(mK)]
Estrich	7,50	1,400
Trittschalldämmung	3,00	0,045
Ausgleichsdämmung	2,00	0,035
Ausgleichsdämmung	6,00	0,035
Holz	24,00	0,130

Flachdach - Loggia

U-Wert: 0,21 W/(m²·K)

Gesamtdicke: 34,00 cm	d [cm]	λ [W/(mK)]
Dämmung	10,00	0,035
Holz	24,00	0,130

Steildach

U-Wert: 0,15 W/(m²·K)

Gesamtdicke: 31,75 cm	d [cm]	λ [W/(mK)]
GK-Platte	1,25	0,250
Dämmung	5,00	0,040
OSB-Platte	1,50	0,130
Dämmung	16,00	0,040
Holz	16,00	0,130
Dämmung	8,00	0,045

Planungskennwerte für Flächen und Rauminhalte nach DIN 277

Flächen des Grundstücks		Menge Einheit	% an GF
BF	Bebaute Fläche	196,90 m²	18,8
UF	Unbebaute Fläche	853,10 m²	81,2
GF	Grundstücksfläche	1.050,00 m²	100,0

Grundflächen des Bauwerks		Menge Einheit	% an NUF	% an BGF
NUF	Nutzungsfläche	213,36 m²	100,0	59,6
TF	Technikfläche	40,56 m²	19,0	11,3
VF	Verkehrsfläche	24,11 m²	11,3	6,7
NRF	Netto-Raumfläche	278,03 m²	130,3	77,7
KGF	Konstruktions-Grundfläche	79,80 m²	37,4	22,3
BGF	Brutto-Grundfläche	357,83 m²	167,7	100,0

Brutto-Rauminhalt des Bauwerks		Menge Einheit	BRI/NUF (m)	BRI/BGF (m)
BRI	Brutto-Rauminhalt	1.287,65 m³	6,04	3,60

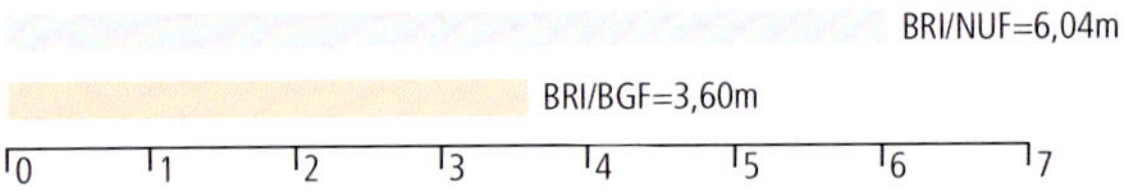

Kostenkennwerte für die Kostengruppen der 1. Ebene DIN 276

KG	Kostengruppen (1. Ebene)	Einheit	Kosten €	€/Einheit	€/m²BGF	€/m³BRI	%300+400
100	Grundstück	m²GF	–	–	–	–	–
200	Vorbereitende Maßnahmen	m²GF	–	–	–	–	–
300	Bauwerk – Baukonstruktionen	m²BGF	1.056.059	2.951,29	2.951,29	820,14	78,2
400	Bauwerk – Technische Anlagen	m²BGF	294.910	824,16	824,16	229,03	21,8
	Bauwerk 300+400	**m²BGF**	**1.350.969**	**3.775,45**	**3.775,45**	**1.049,17**	**100,0**
500	Außenanlagen und Freiflächen	m²AF	–	–	–	–	–
600	Ausstattung und Kunstwerke	m²BGF	–	–	–	–	
700	Baunebenkosten	m²BGF	–	–	–	–	–
800	Finanzierung	m²BGF	–	–	–	–	–

KG	Kostengruppe	Menge Einheit	Kosten €	€/Einheit	%
3+4	**Bauwerk**				**100,0**
300	**Bauwerk – Baukonstruktionen**	357,83 m²BGF	1.056.059	**2.951,29**	78,2

Baugrubenaushub; Bodenaustausch, Stb-Fundamente, Stb-Bodenplatte, Heizestrich als Sichtestrich, Abdichtung, Sauberkeitsschicht, Perimeterdämmung; Stb-Wände, Holzrahmenwände, Holzweichfaserplatte, OSB-Platten, Stahlstützen, Holz-Alufenster, Schallschutzverglasung, Garagentor, Zellulosedämmung, hinterlüftete Douglasien-Holzfassade, GK-Vorsatzschalen, Beschichtung, Wandfliesen, außenliegender Sonnenschutz; Holzrahmenwände, OSB, Dämmung, GK-Wände, Drehtüren, Schiebetür, Wandfliesen, Beschichtung; Stb-Decke (Garage), Brettsperrholzdecken, oberflächenfertig, Massivholztreppe, Heizestrich, Epoxid-Beschichtung, Parkett, Bodenfliesen, abgehängte GK-Decken; Holzbalkendach, Dachfenster mit außenliegendem Sonnenschutz, Metallschindeln, Dachziegel, außenliegende Dachentwässerung, teilw. abgehängte GK-Decke; Einbauküche, Einbauschränke, Einbauregale, Kaminofen

KG	Kostengruppe	Menge Einheit	Kosten €	€/Einheit	%
400	**Bauwerk – Technische Anlagen**	357,83 m²BGF	294.910	**824,16**	21,8

Gebäudeentwässerung, Kalt- und Warmwasserleitungen, Sanitärobjekte; Luft-Wasser-Wärmepumpe, Fußbodenheizung, Schornstein; kontrollierte Be- und Entlüftung mit Wärmerückgewinnung, Kühlfunktion; PV-Anlage (55m²) mit Batteriespeicher, Elektroinstallation, Beleuchtung, Blitzschutzanlage; Sauna

6100-1787
Zweifamilienhaus

Kostenkennwerte für die Kosten des Bauwerks (Kostengruppen 300+400 nach DIN 276)

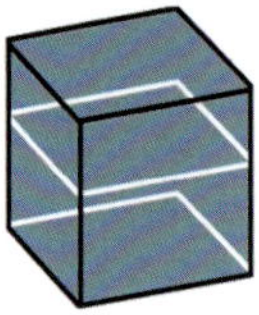

BRI 1.002 €/m³

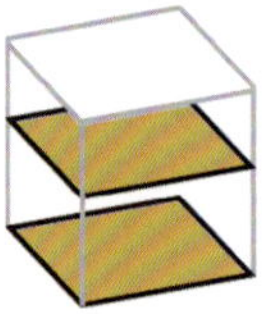

BGF 3.562 €/m²

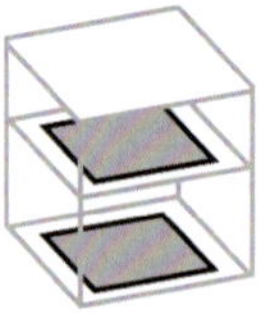

NUF 4.413 €/m²

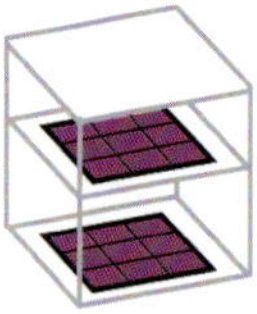

NE 4.863 €/NE

NE: Wohnfläche

Objekt:
Kennwerte: 1.Ebene DIN 276
BRI: 784 m³
BGF: 221 m²
NUF: 178 m²
Bauzeit: 48 Wochen
Bauende: 2023
Standard: mittel
Bundesland: Hessen
Kreis: Offenbach

Architekt*in:
LIESL BAUMEISTER
Architekten
Schwarzburgstraße 65
60318 Frankfurt am Main

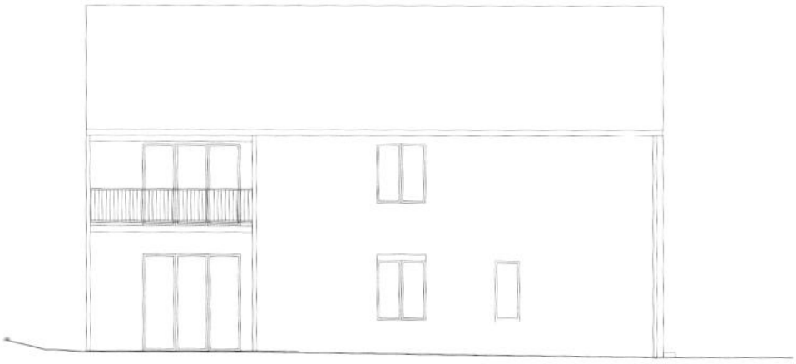

Ansicht Nord

Ansicht Ost

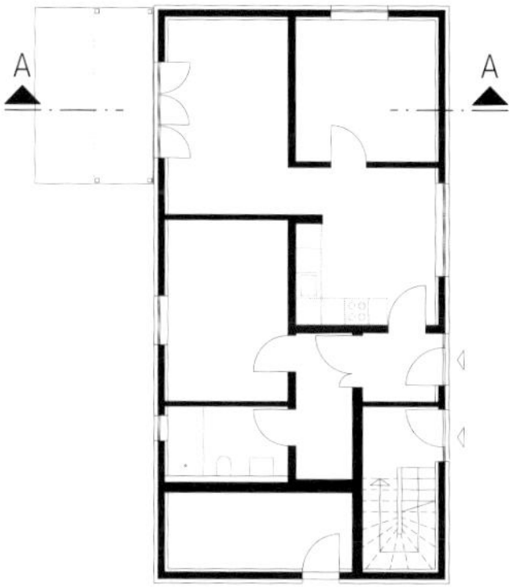

Erdgeschoss

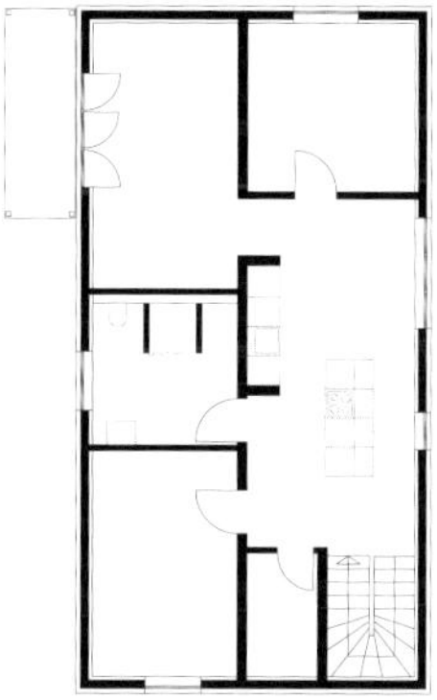

Obergeschoss

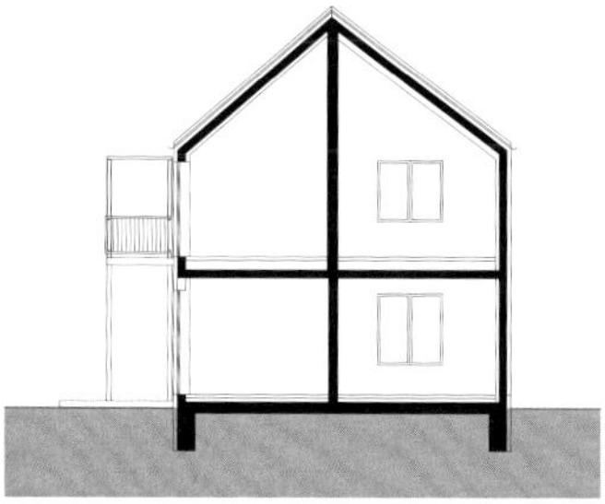

Schnitt A-A

Ansicht Süd

Ansicht West

Objektbeschreibung

Allgemeine Objektinformationen

Auf dem Grundstück entstand ein Ensemble aus insgesamt drei Baukörpern, die über einen gemeinsamen Hof erschlossen werden. Während das Einfamilienhaus von der Bauherrschaft selbst bewohnt wird, wurde das Zweifamilienhaus als Mietobjekt konzipiert. Beide Wohnungen werden über zwei separate Eingänge erschlossen. Die ebenerdige Wohnung ist vollständig barrierefrei konzipiert und kann bei Bedarf in zwei Einheiten unterteilt werden, etwa zur Unterbringung von Pflegepersonal. Die zweite Wohnung wird über einen Eingang im Erdgeschoss erschlossen und führt über eine interne Treppe in die Wohnräume im Obergeschoss.

Nutzung

1 Erdgeschoss
Wohnraum, Wohnküche, Schlafräume, Hausanschlussraum, Bad, Terrasse, Treppen/Garderobe

1 Dachgeschoss
Wohnraum, Wohnküche, Schlafraum, Arbeitsraum, Bad, Abstellraum, Balkon, Treppe

Nutzeinheiten

Wohneinheiten: 2
Wohnfläche: 162 m^2

Grundstück

Bauraum: Freier Bauraum
Neigung: Ebenes Gelände
Bodenklasse: BK 1 bis BK 5

Markt

Hauptvergabezeit: 1. Quartal 2022
Baubeginn: 2. Quartal 2022
Bauende: 2. Quartal 2023
Konjunkturelle Gesamtlage: über Durchschnitt
Regionaler Baumarkt: Durchschnitt

Baukonstruktion

Das Haus gründet auf einer Stahlbetonfundamentplatte und wurde in Holzrahmenbauweise errichtet. Vor den Außenwänden sorgen Trockenbau-Vorsatzschalen für den aufgrund der Lage an der Bundesstraße notwendigen Schallschutz und bieten zugleich Raum für Installationen. Das Dach ist als Sparrendach ausgeführt und innenseitig mit Gipskarton bekleidet. Dach- und Wandbauteile wurden weitgehend vorgefertigt und als komplette Tafeln auf die Baustelle geliefert. Die Geschossdecke zwischen Erd- und Obergeschoss besteht aus einer sichtbaren Massivholzdecke. Die Holzrahmenwände sind außen mit Holzweichfaserplatten gedämmt und verputzt. Die Holz-Alufenster verfügen über Schallschutzverglasung. Sowohl die Holzwände als auch das Sparrendach wurden mit Zellulose gedämmt

Technische Anlagen

Das Haus ist nicht unterkellert, sodass der Hausanschlussraum im Erdgeschoss untergebracht wurde. Die Fußbodenheizung wird über eine Luft-Wasser-Wärmepumpe mit Außengerät versorgt. Die Zu- und Abluft erfolgt über eine Lüftungsanlage.

Sonstiges

Das zugehörige Einfamilienhaus ist unter der BKI Objektnummer 6100-1786 dokumentiert.

Planungskennwerte für Flächen und Rauminhalte nach DIN 277

Flächen des Grundstücks		Menge Einheit	% an GF
BF	Bebaute Fläche	113,40 m²	18,6
UF	Unbebaute Fläche	497,60 m²	81,4
GF	Grundstücksfläche	611,00 m²	100,0

Grundflächen des Bauwerks		Menge Einheit	% an NUF	% an BGF
NUF	Nutzungsfläche	178,00 m²	100,0	80,7
TF	Technikfläche	5,23 m²	2,9	2,4
VF	Verkehrsfläche	22,36 m²	12,6	10,1
NRF	Netto-Raumfläche	205,59 m²	115,5	93,2
KGF	Konstruktions-Grundfläche	14,94 m²	8,4	6,8
BGF	Brutto-Grundfläche	220,53 m²	123,9	100,0

Brutto-Rauminhalt des Bauwerks		Menge Einheit	BRI/NUF (m)	BRI/BGF (m)
BRI	Brutto-Rauminhalt	783,84 m³	4,40	3,55

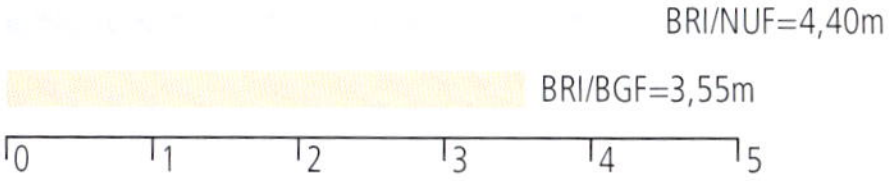

Kostenkennwerte für die Kostengruppen der 1. Ebene DIN 276

KG	Kostengruppen (1. Ebene)	Einheit	Kosten €	€/Einheit	€/m² BGF	€/m³ BRI	% 300+400
100	Grundstück	m² GF	–	–	–	–	–
200	Vorbereitende Maßnahmen	m² GF	–	–	–	–	–
300	Bauwerk – Baukonstruktionen	m² BGF	572.876	2.597,72	2.597,72	730,86	72,9
400	Bauwerk – Technische Anlagen	m² BGF	212.717	964,57	964,57	271,38	27,1
	Bauwerk 300+400	**m² BGF**	**785.594**	**3.562,30**	**3.562,30**	**1.002,24**	**100,0**
500	Außenanlagen und Freiflächen	m² AF	–	–	–	–	–
600	Ausstattung und Kunstwerke	m² BGF	–	–	–	–	–
700	Baunebenkosten	m² BGF	–	–	–	–	–
800	Finanzierung	m² BGF	–	–	–	–	–

KG	Kostengruppe	Menge Einheit	Kosten €	€/Einheit	%
3+4	**Bauwerk**				**100,0**
300	**Bauwerk – Baukonstruktionen**	220,53 m² BGF	572.876	**2.597,72**	72,9

Baugrubenaushub; Bodenaustausch, Stb-Fundamente, Stb-Bodenplatte, Dämmung, Heizestrich, Parkett, Bodenfliesen, Abdichtung, Sauberkeitsschicht, Perimeterdämmung; Holzrahmenwände, Zellulosedämmung, OSB-Platten, Alu-Holzfenster, Schallschutzverglasung, Holzweichfaserplatten, Außenwandputz, GK-Vorsatzschale innen, außenliegender Sonnenschutz; GK-Wände, Holzrahmenwände, Zellulosedämmung, OSB-Platten, Holztüren, Drehtüren, Wandfliesen, Beschichtung; Brettsperrholzdecke als Sichtdecke, Massivholztreppe, Heizestrich, Parkett, Bodenfliesen, abgehängte GK-Decke; Holzbalkendach, Zellulosedämmung, Holzweichfaserplatten, Metallschindeln, außenliegende Dachentwässerung, abgehängte GK-Decken

KG	Kostengruppe	Menge Einheit	Kosten €	€/Einheit	%
400	**Bauwerk – Technische Anlagen**	220,53 m² BGF	212.717	**964,57**	27,1

Gebäudeentwässerung, Kalt- und Warmwasserleitungen, Sanitärobjekte; Luft-Wasser-Wärmepumpe, Fußbodenheizung; kontrollierte Be- und Entlüftung mit Wärmerückgewinnung; Elektroinstallation, Beleuchtung, Blitzschutzanlage

6100-1792
Einfamilienhaus
Garage

Kostenkennwerte für die Kosten des Bauwerks (Kostengruppen 300+400 nach DIN 276)

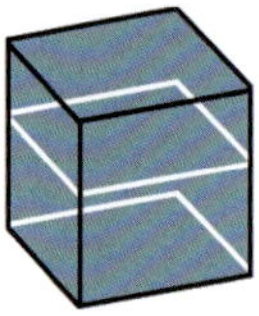

BRI 949 €/m³

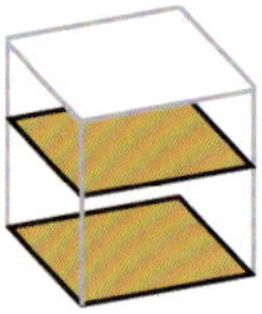

BGF 3.193 €/m²

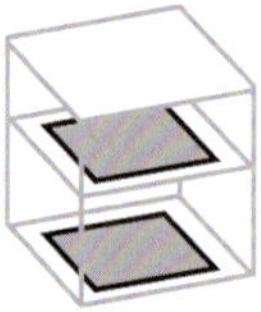

NUF 4.355 €/m²

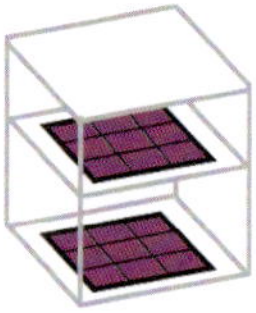

NE 5.682 €/NE

NE: Wohnfläche

Objekt:
Kennwerte: 1. Ebene DIN 276
BRI: 1.507 m³
BGF: 448 m²
NUF: 328 m²
Bauzeit: 61 Wochen
Bauende: 2023
Standard: hoch
Bundesland: Bayern
Kreis: Regensburg, Stadt

Architekt*in:
QueckArchitektur
Klosterstraße 10
93188 Pielenhofen

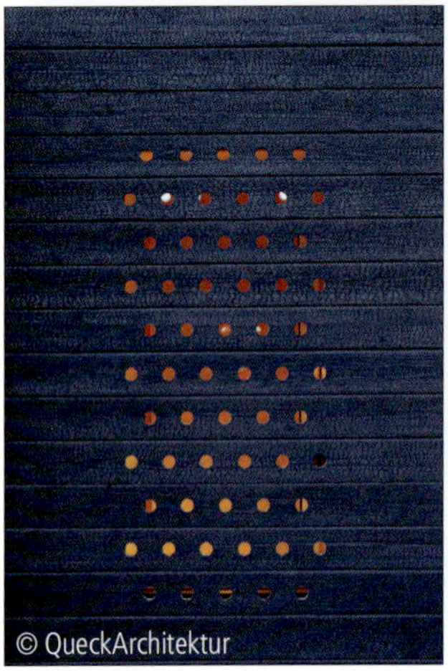

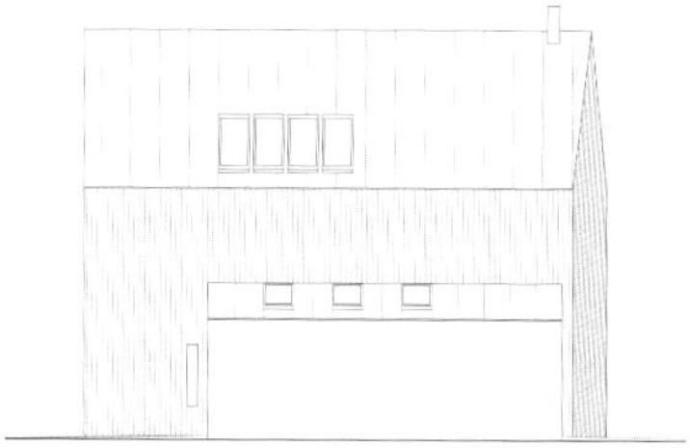

Ansicht Nord

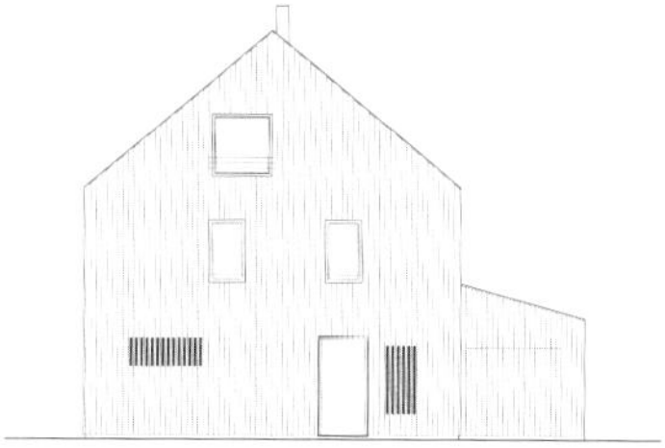

Ansicht Ost

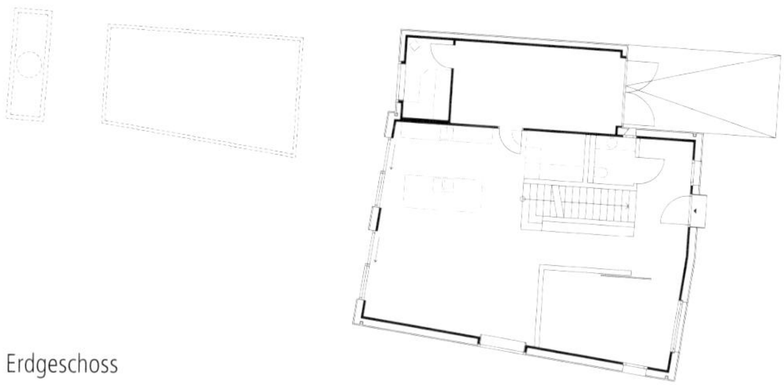

Erdgeschoss

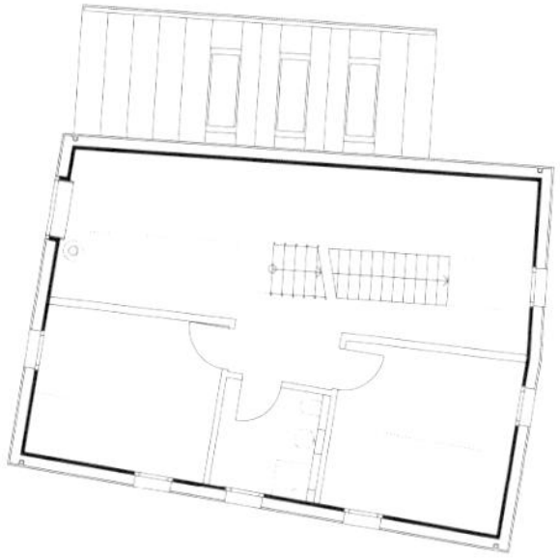

Obergeschoss

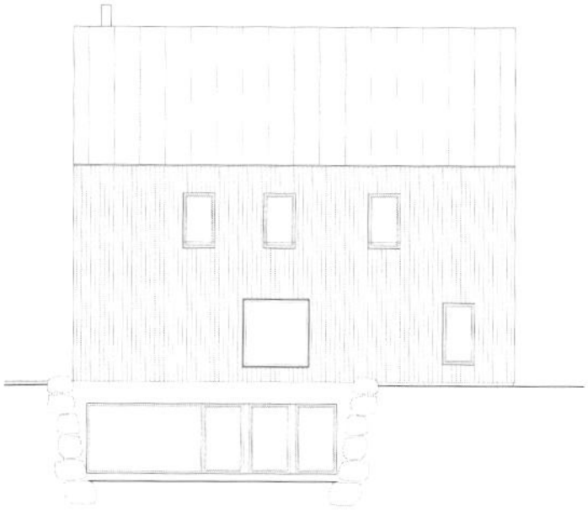

Ansicht Süd

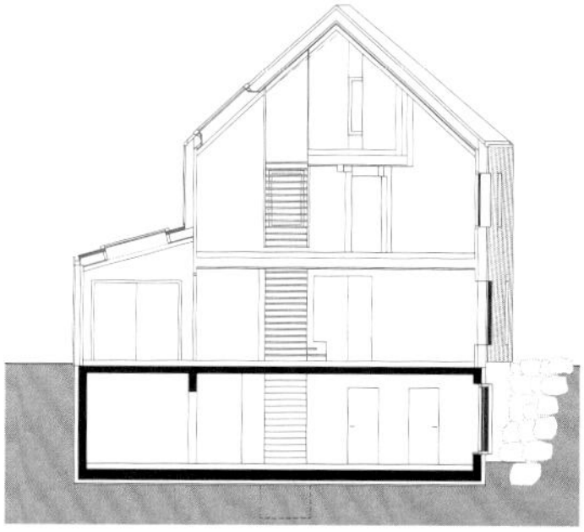

Schnitt A-A

Objektbeschreibung

Allgemeine Objektinformationen

Die Bauherrn wünschten sich einen Neubau in ökologischer Bauweise für ihre Familie. Es wurde Wert auf viel Massivholzanteil gelegt, sowie großzügige Räume zum Wohnen und Arbeiten.

Nutzung

1 Untergeschoss
Arbeitszimmer, Hauswirtschaftsraum, Technik, Werkstatt, Bad, Lager

1 Erdgeschoss
Essen, Kochen, Arbeitszimmer, Eingang, WC, Garage, Sauna

1 Obergeschoss
Wohnen, Kinderzimmer (2St), Bad, Flur

1 Dachgeschoss
Schlafzimmer, Bad, Galerie, Lufträume

Nutzeinheiten

Stellplätze: 1
Wohnfläche: 252 m^2

Grundstück

Bauraum: Beengter Bauraum
Neigung: Ebenes Gelände
Bodenklasse: BK 1 bis BK 3

Markt

Hauptvergabezeit: 3. Quartal 2021
Baubeginn: 2. Quartal 2022
Bauende: 3. Quartal 2023
Konjunkturelle Gesamtlage: Durchschnitt
Regionaler Baumarkt: Durchschnitt

Baukonstruktion

Das Gebäude ist in Massivholzbauweise (9cm Fichte) errichtet. Auf die 24cm starke Holzfaserdämmung ist eine Holzverschalung aus japanischer Zeder nach Yaki-Sugi-Art (leicht verkohlte Holzoberfläche) aufgebracht. Die Geschossdecken und auch der Dachstuhl sind als Holzbalkenkonstruktionen ausgeführt. Das Untergeschoss ist mit Fertigbetonelementen errichtet.

Technische Anlagen

Eine Luftwärmepumpe sowie eine große Photovoltaikanlage versorgen das Wohnhaus mit Energie. Die Fußbodenheizung und ein Holzofen im Wohnraum erwärmen das Gebäude.

Sonstiges

Die Giebelseite des Hauses, welche zur Straße zeigt, erhielt einen leichten Knick, da es der Wunsch des Bauherrn war, keine rein rechtwinkligen Räume zu haben. Hierdurch entstand, durch die unterschiedlich breiten Giebelwände, eine amorphe Form des Satteldaches. Obwohl das Gebäude eine klassische Form verfolgt, entwickelt sich eine spannende Wirkung durch die Geometrie außerhalb des rechten Winkels.

Planungskennwerte für Flächen und Rauminhalte nach DIN 277

Flächen des Grundstücks		Menge Einheit	% an GF
BF	Bebaute Fläche	142,39 m²	29,3
UF	Unbebaute Fläche	344,11 m²	70,7
GF	Grundstücksfläche	486,50 m²	100,0

Grundflächen des Bauwerks		Menge Einheit	% an NUF	% an BGF
NUF	Nutzungsfläche	328,47 m²	100,0	73,3
TF	Technikfläche	13,18 m²	4,0	2,9
VF	Verkehrsfläche	19,42 m²	5,9	4,3
NRF	Netto-Raumfläche	361,07 m²	109,9	80,6
KGF	Konstruktions-Grundfläche	86,93 m²	26,5	19,4
BGF	Brutto-Grundfläche	448,00 m²	136,4	100,0

Brutto-Rauminhalt des Bauwerks		Menge Einheit	BRI/NUF (m)	BRI/BGF (m)
BRI	Brutto-Rauminhalt	1.506,75 m³	4,59	3,36

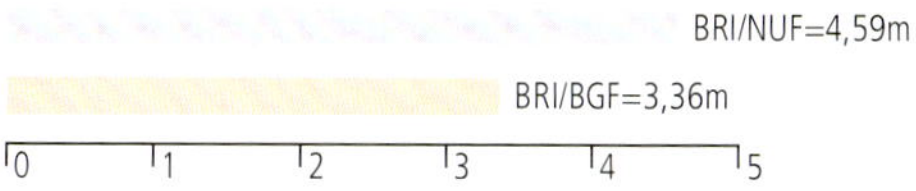

Kostenkennwerte für die Kostengruppen der 1. Ebene DIN 276

KG	Kostengruppen (1. Ebene)	Einheit	Kosten €	€/Einheit	€/m² BGF	€/m³ BRI	% 300+400
100	Grundstück	m² GF	–	–	–	–	–
200	Vorbereitende Maßnahmen	m² GF	–	–	–	–	–
300	Bauwerk – Baukonstruktionen	m² BGF	1.212.490	2.706,45	2.706,45	804,71	84,8
400	Bauwerk – Technische Anlagen	m² BGF	218.003	486,61	486,61	144,68	15,2
	Bauwerk 300+400	**m² BGF**	**1.430.493**	**3.193,06**	**3.193,06**	**949,39**	**100,0**
500	Außenanlagen und Freiflächen	m² AF	–	–	–	–	–
600	Ausstattung und Kunstwerke	m² BGF	–	–	–	–	–
700	Baunebenkosten	m² BGF	–	–	–	–	–
800	Finanzierung	m² BGF	–	–	–	–	–

KG	Kostengruppe	Menge Einheit	Kosten €	€/Einheit	%
3+4	**Bauwerk**				**100,0**
300	**Bauwerk – Baukonstruktionen**	448,00 m² BGF	1.212.490	**2.706,45**	84,8

Baugrubenaushub; Stb-Bodenplatte, Abdichtung, Dämmung, Heizestrich; Stb-Fertigteilwände, Massivholzaußenwände, Holz-Alufenster, Hebe-Schiebeelemente, Dreifachverglasung, Perimeterdämmung, Holzfaserdämmung, Holz-Fassadenbekleidung, japanische Zeder nach Yaki-Sugi-Art, GK-Bekleidung, Beschichtung, Raffstore-Außenverschattung; Holzständerwände, Stockzargentüren flächenbündig, GK-Bekleidung, Beschichtung; Stb-Geschossdecke, Holzbalkendecken, Treppen mit massiven Holz-Trittstufen, Heizestrich, Parkett Eiche, Natursteinfliesen, GK-Bekleidung; Pfettendachstuhl, Dachflächenfenster (7St), Dreifachverglasung, Doppelstehfalzdeckung mit pulverbeschichtetem Zinkblech, Dachentwässerung

KG	Kostengruppe	Menge Einheit	Kosten €	€/Einheit	%
400	**Bauwerk – Technische Anlagen**	448,00 m² BGF	218.003	**486,61**	15,2

Gebäudeentwässerung, Hebeanlage, Kalt- und Warmwasserleitungen, Sanitärobjekte; Luftwärmepumpe, Fußbodenheizung, Holzofen; PV-Anlage, Elektroinstallation, Sprechanlage, Brand-/Rauchmelder, Smart-Home-System

6100-1795
Mehrfamilienhaus
(20 WE)

Kostenkennwerte für die Kosten des Bauwerks (Kostengruppen 300+400 nach DIN 276)

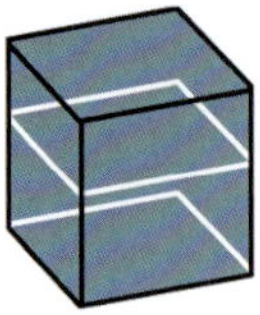

BRI 1.417 €/m³

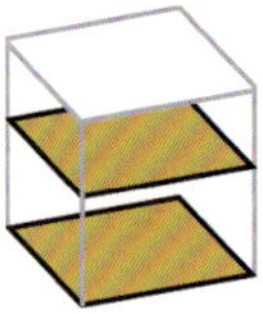

BGF 3.835 €/m²

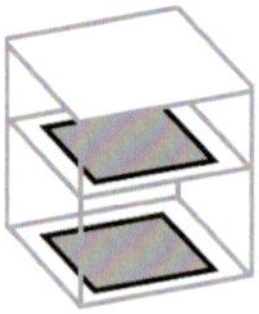

NUF 6.748 €/m²

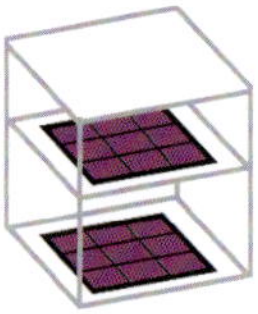

NE 6.690 €/NE

NE: Wohnfläche

Objekt:
Kennwerte: 1.Ebene DIN 276
BRI: 7.448 m³
BGF: 2.752 m²
NUF: 1.564 m²
Bauzeit: 82 Wochen
Bauende: 2023
Standard: mittel
Bundesland: Berlin
Kreis: Berlin, Stadt

Architekt*in:
STUDIO LOES GMBH
Kreuzbergstraße 37
10965 Berlin

Bauherr*in:
Jope Real Estate AG
Sandstraße 33
80335 München

Ansicht Nord

Ansicht Süd

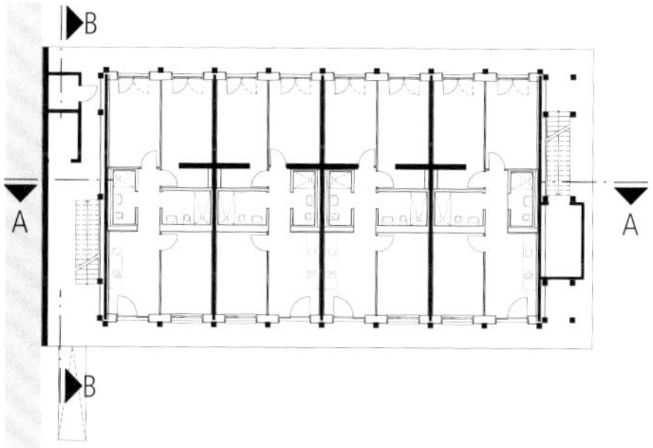

Erdgeschoss

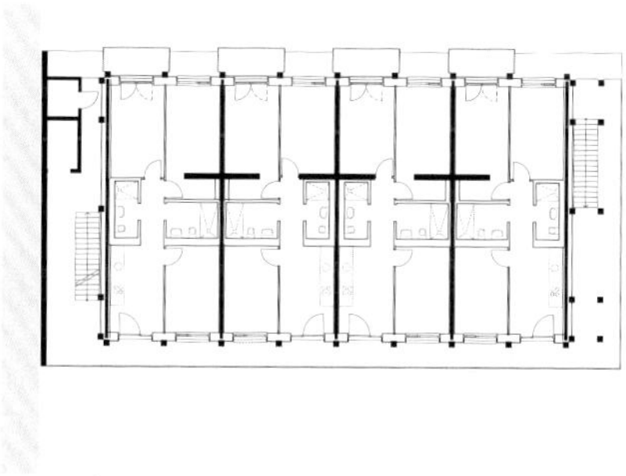

1. Obergeschoss

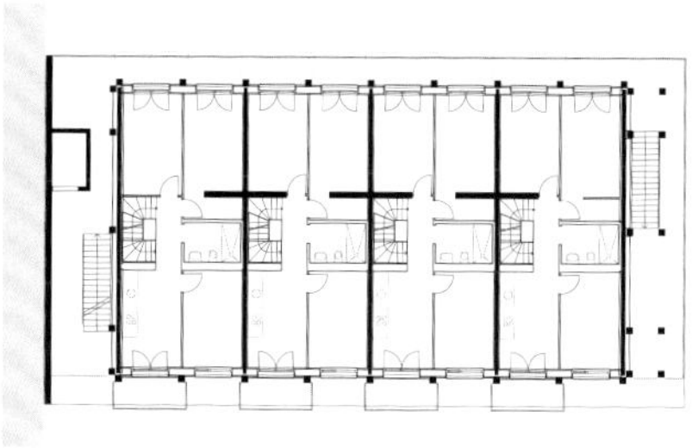

2. Obergeschoss

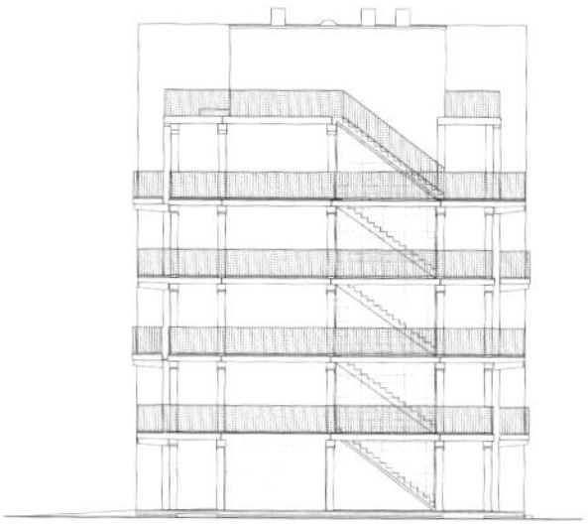

Ansicht Ost

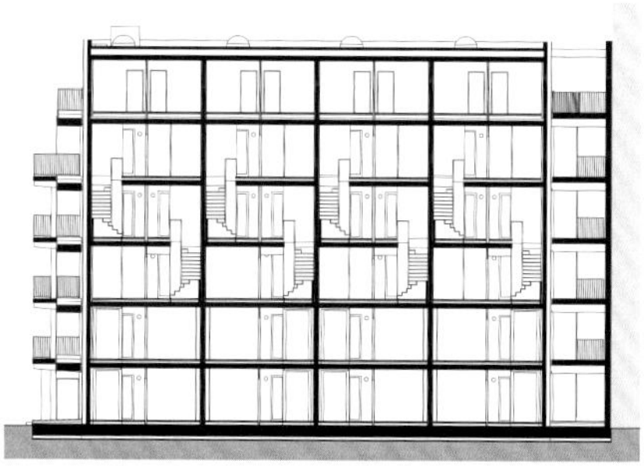

Schnitt A-A

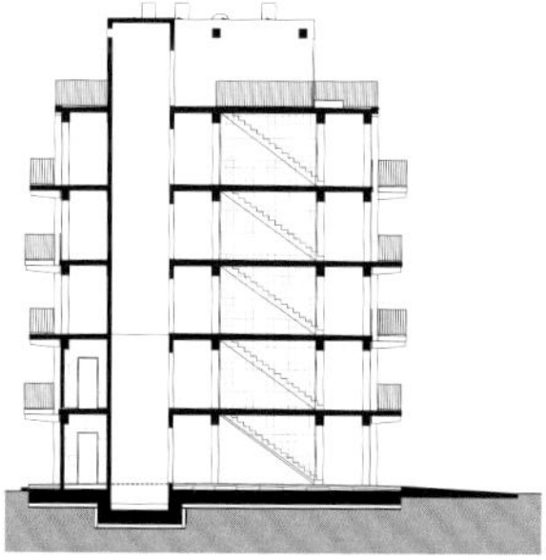

Schnitt B-B

6100-1795
Mehrfamilienhaus
(20 WE)

Objektbeschreibung

Allgemeine Objektinformationen

Das Projekt realisiert urbane Nachverdichtung auf einem beengten Hinterhofgrundstück. Ziel war die maximale Grundstücksausnutzung bei kurzer Bauzeit durch vorgefertigte Holz-Hybridbauweise. Die Grundrisse sind funktional und flächeneffizient gestaltet, ohne auf gestalterische Qualität zu verzichten. Ein vorgelagertes Exoskelett übernimmt Treppenhäuser, Laubengänge, Balkone, Gemeinschaftsflächen und Gebäudetechnik. Dadurch entstehen flexible Wohnungsgrundrisse und kommunikative Begegnungszonen. Das Zusammenspiel aus klarer Konstruktion, hoher Vorfertigung und architektonischem Anspruch ermöglicht eine nachhaltige, zeitgemäße Nachverdichtung im innerstädtischen Kontext.

Nutzung

1 Erdgeschoss
Wohn-/Schlafräume, Küchen, Bäder, Flure, Treppen, Laubengang

5 Obergeschosse
Wohn-/Schlafräume, Küchen, Bäder, Flure, Treppen, Laubengänge, Balkone

Nutzeinheiten

Wohneinheiten: 20
Wohnfläche: 1.578 m^2

Grundstück

Bauraum: Beengter Bauraum
Neigung: Ebenes Gelände
Bodenklasse: BK 3 bis BK 4

Besonderer Kosteneinfluss Grundstück
Baugrund schlecht tragfähig, Pfahlgründung mit Mikropfählen unter der Bodenplatte notwendig.

Markt

Hauptvergabezeit: 2. Quartal 2021
Baubeginn: 1. Quartal 2022
Bauende: 3. Quartal 2023
Konjunkturelle Gesamtlage: über Durchschnitt
Regionaler Baumarkt: über Durchschnitt

Baukonstruktion

Die Gründung des Gebäudes erfolgt auf Mikropfählen in Kombination mit einer Stahlbeton-Bodenplatte. Die tragende Konstruktion wird durch Wandscheiben aus Brettsperrholz sowie Decken ebenfalls in Brettsperrholzbauweise realisiert. Die Fassade ist als Holzrahmenbau konzipiert, wobei ein hoher Vorfertigungsgrad durch die Elementbauweise erreicht wird. Die Fassadenmodule werden ab Werk inklusive Bekleidung und Fenstern geliefert. Die Maisonettetreppen werden als vorgefertigte Module eingebaut, um die Montagezeiten auf der Baustelle zu minimieren. Das außenliegende Exoskelett aus Fertig- und Halbfertigteilen in Stahlbeton unterstützt zusätzlich die Tragwirkung und übernimmt statische Funktionen der Gebäudehülle.

Technische Anlagen

Die Sanitärräume werden als vorgefertigte Badmodule geliefert und eingebaut. Die haustechnischen Anlagen, einschließlich der Technikräume, sind außenliegend im Exoskelett untergebracht, um Wartung und Zugang zu erleichtern. Auf dem Dach sind Luft-Wärmepumpen installiert, die eine energieeffiziente Beheizung und Kühlung des Gebäudes sicherstellen. Ergänzend dazu ist eine Photovoltaikanlage auf dem Dach installiert. Ein Personenaufzug erschließt die Etagen barrierefrei.

Sonstiges

Das Gebäude erfüllt den KfW 40EE Standard.

Energetische Kennwerte

Gesetzliche Grundlage: GEG 2020
Gebäudenutzfläche: 1.649,00 m^2
Spez. Jahresprimärenergiebedarf: 40,00 kWh/(m^2·a)
Spez. Jahresendenergiebedarf: 23,00 kWh/(m^2·a)
CO_2-Emissionen: 12,49 kg/(m^2·a)

Planungskennwerte für Flächen und Rauminhalte nach DIN 277

Flächen des Grundstücks		Menge Einheit	% an GF
BF	Bebaute Fläche	486,40 m²	29,1
UF	Unbebaute Fläche	1.182,29 m²	70,9
GF	Grundstücksfläche	1.668,69 m²	100,0

Grundflächen des Bauwerks		Menge Einheit	% an NUF	% an BGF
NUF	Nutzungsfläche	1.564,19 m²	100,0	56,8
TF	Technikfläche	13,57 m²	0,9	0,5
VF	Verkehrsfläche	700,51 m²	44,8	25,5
NRF	Netto-Raumfläche	2.278,27 m²	145,7	82,8
KGF	Konstruktions-Grundfläche	474,00 m²	30,3	17,2
BGF	Brutto-Grundfläche	2.752,27 m²	176,0	100,0

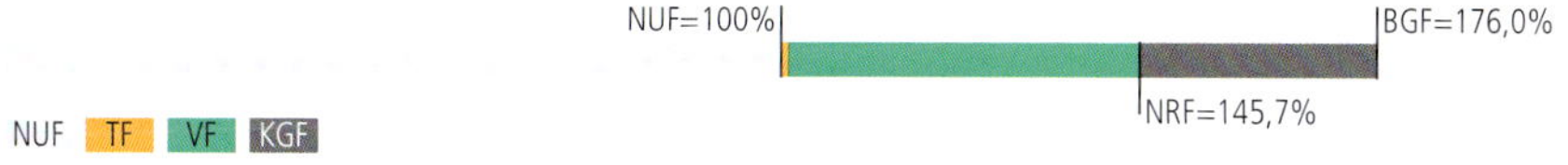

Brutto-Rauminhalt des Bauwerks		Menge Einheit	BRI/NUF (m)	BRI/BGF (m)
BRI	Brutto-Rauminhalt	7.448,00 m³	4,76	2,71

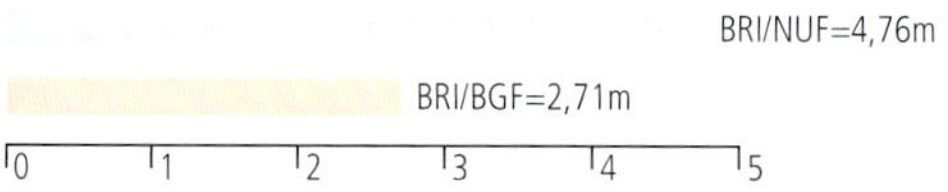

Kostenkennwerte für die Kostengruppen der 1. Ebene DIN 276

KG	Kostengruppen (1. Ebene)	Einheit	Kosten €	€/Einheit	€/m² BGF	€/m³ BRI	% 300+400
100	Grundstück	m² GF	–	–	–	–	–
200	Vorbereitende Maßnahmen	m² GF	–	–	–	–	–
300	Bauwerk – Baukonstruktionen	m² BGF	9.617.894	3.494,53	3.494,53	1.291,34	91,1
400	Bauwerk – Technische Anlagen	m² BGF	937.005	340,45	340,45	125,81	8,9
	Bauwerk 300+400	**m² BGF**	**10.554.899**	**3.834,98**	**3.834,98**	**1.417,15**	**100,0**
500	Außenanlagen und Freiflächen	m² AF	–	–	–	–	–
600	Ausstattung und Kunstwerke	m² BGF	–	–	–	–	–
700	Baunebenkosten	m² BGF	–	–	–	–	–
800	Finanzierung	m² BGF	–	–	–	–	–

KG	Kostengruppe	Menge Einheit	Kosten €	€/Einheit	%
3+4	**Bauwerk**				**100,0**
300	**Bauwerk – Baukonstruktionen**	2.752,27 m² BGF	9.617.894	**3.494,53**	91,1

Bodenarbeiten; Stb-Bodenplatte, Abdichtung, Dämmung, Estrich, oberflächenfertig; Holzrahmenwände, Brettsperrholzwände, Stb-Fertigteilstützen, Holzfenster, Dreifachverglasung, Dämmung, Holzbekleidung, Gipsfaserplatten, Beschichtung, Rollläden; Stb-Innenwände, Brettsperrholzwände, Holztüren, Holzschiebetüren, Gipsfaserplatten, Beschichtung, Wandfliesen; Stb-Exoskelett, Brettsperrholzdecken, Stb-Treppen, Stb-Balkone, Stb-Laubengänge, Sichtbeton, Dämmung, Estrich, oberflächenfertig, Balkongeländer, Treppengeländer, verzinkt; Brettsperrholzflachdach, Dämmung, Schalung, Abdichtung, Kiesdach, Dachentwässerung, Einbauschränke

KG	Kostengruppe	Menge Einheit	Kosten €	€/Einheit	%
400	**Bauwerk – Technische Anlagen**	2.752,27 m² BGF	937.005	**340,45**	8,9

Gebäudeentwässerung, Kalt- und Warmwasserleitungen, Sanitärobjekte in fertigen Badmodulen; Luft-Wärmepumpen, Fußbodenheizung; dezentrale Lüftungsanlagen mit Wärmerückgewinnung; PV-Anlage, Elektroinstallation, Beleuchtung, Blitzschutz; Personenaufzug

6100-1799
Einfamilienhaus

Kostenkennwerte für die Kosten des Bauwerks (Kostengruppen 300+400 nach DIN 276)

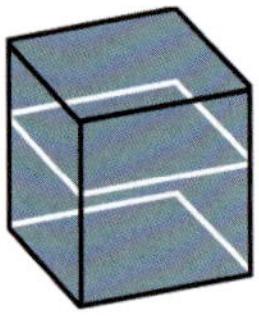

BRI 1.233 €/m^3

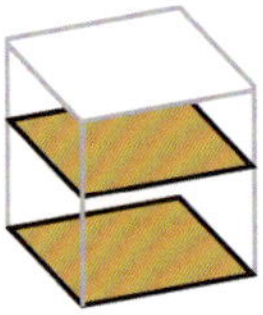

BGF 3.936 €/m^2

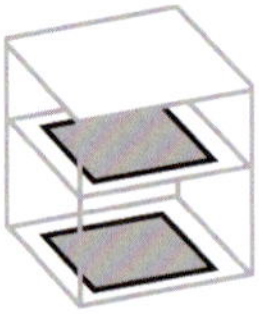

NUF 5.023 €/m^2

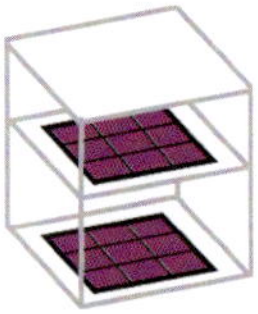

NE 5.320 €/NE

NE: Wohnfläche

Objekt:
Kennwerte: 3. Ebene DIN 276
BRI: 715 m^3
BGF: 224 m^2
NUF: 176 m^2
Bauzeit: 113 Wochen
Bauende: 2024
Standard: hoch
Bundesland: Sachsen-Anhalt
Kreis: Mansfeld-Südharz

Architekt*in:
Architekturbüro
Stefan Adlich
Spinnereistraße 7
04179 Leipzig

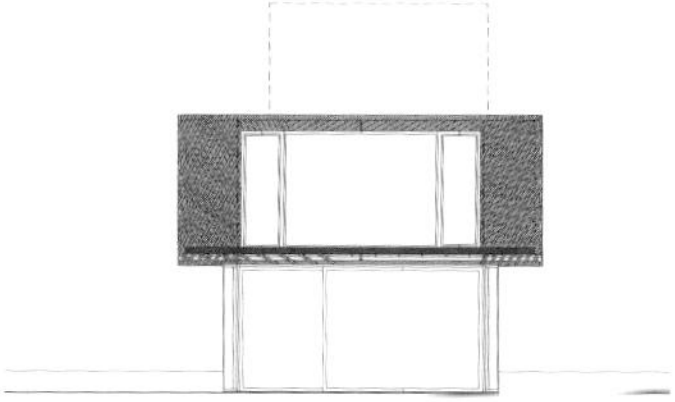

Ansicht Nord

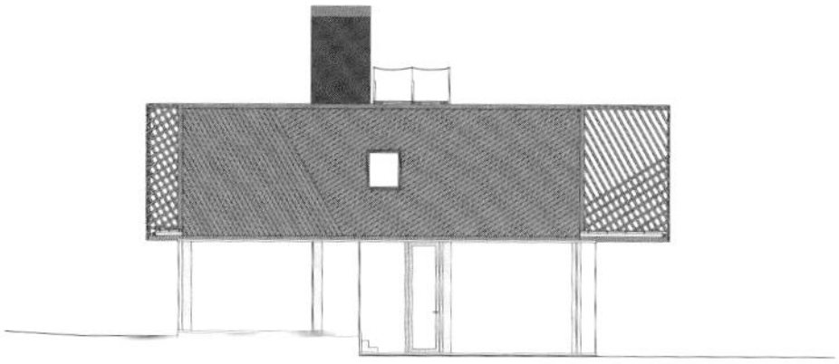

Ansicht Ost

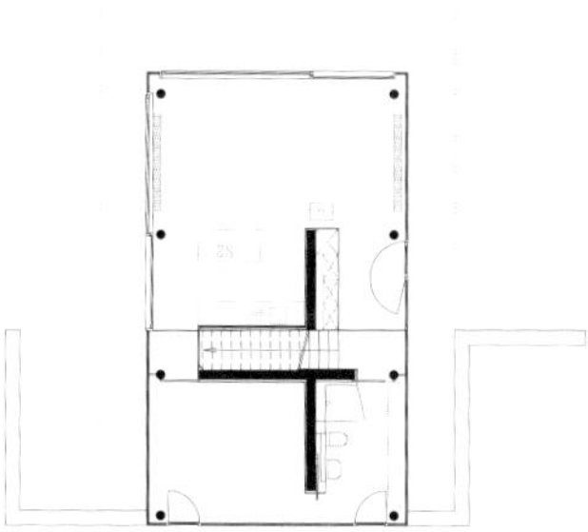

Erdgeschoss

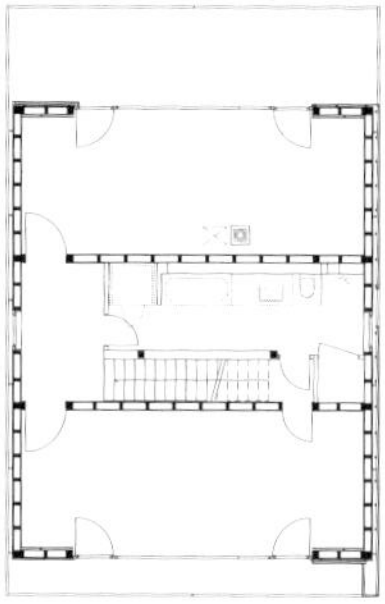

Obergeschoss

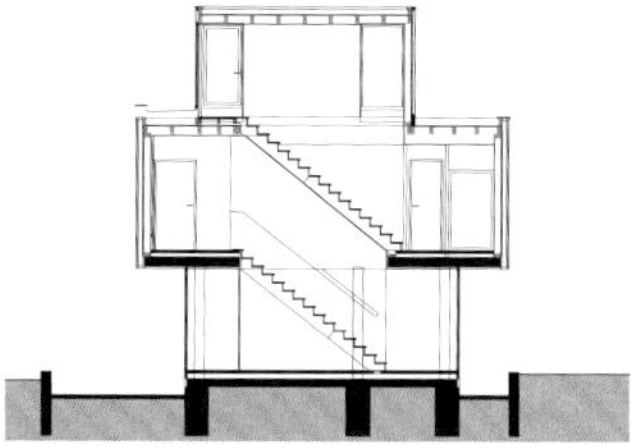

Schnitt A-A

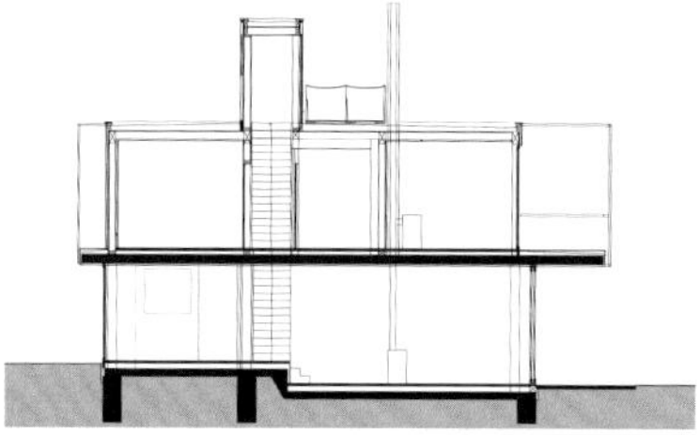

Schnitt B-B

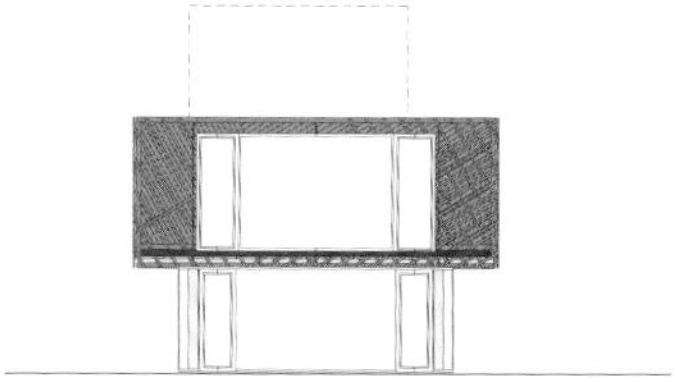

Ansicht Süd

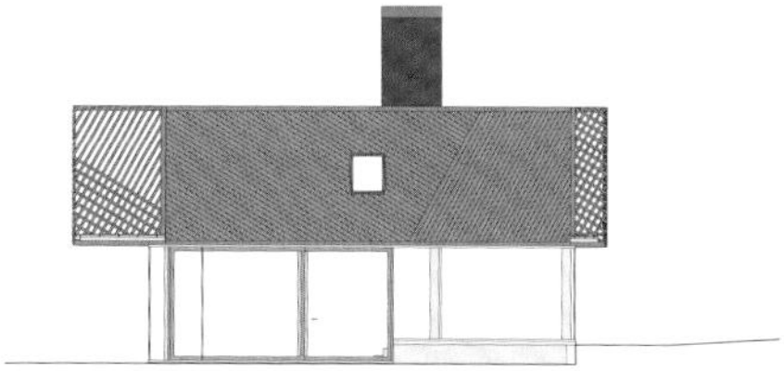

Ansicht West

Objektbeschreibung

Allgemeine Objektinformationen

Das Wohnhaus ist als Alterssitz konzipiert. Das Erdgeschoss öffnet sich ebenerdig zum großzügigen Gartengrundstück und ermöglicht einen direkten, schwellenlosen Bezug zum Außenraum. Das Obergeschoss orientiert sich in Längsrichtung zum angrenzenden See und bietet weite Ausblicke in die Landschaft.

Nutzung

1 Erdgeschoss
Wohnzimmer, Küche, Gästebad, Gästezimmer, Diele, Flur, Abstellraum

1 Obergeschoss
Schlafzimmer, Arbeitszimmer, Bad, Flur, Balkone

1 Dachgeschoss
Dachaustritt, Terrasse

Nutzeinheiten

Fahrradstellplätze: 2
Wohneinheiten: 1
Wohnfläche: 166 m^2

Grundstück

Bauraum: Freier Bauraum
Neigung: Geneigtes Gelände
Bodenklasse: BK 1 bis BK 4

Markt

Hauptvergabezeit: 1. Quartal 2022
Baubeginn: 2. Quartal 2022
Bauende: 2. Quartal 2024
Konjunkturelle Gesamtlage: Durchschnitt
Regionaler Baumarkt: unter Durchschnitt

Baukonstruktion

Die Stahlbetonbodenplatte mit einem Niveausprung von 56cm gründet auf Streifenfundamenten. Im Erdgeschoss bilden Stützen und aussteifende Wände aus Stahlbeton die tragende Konstruktion. Die Gebäudehülle ist allseitig als vollflächige Verglasung ausgebildet und besteht aus raumhohen Schiebefenstern, Fenstertüren sowie der Haustür. Die Stahlbeton-Elementdecke über dem Erdgeschoss kragt umlaufend aus und übernimmt zugleich die Funktion des Sonnenschutzes. Das Obergeschoss sowie das Flachdach sind in Holzrahmenbauweise mit Holzfaserdämmung ausgeführt. Die Holzfassade des Obergeschosses setzt sich in der aufgelockerten Einhausung des Balkons fort. Der Dachaustritt ist mit gedämmten Glaspaneelen bekleidet. Die großformatige Bodenfliesen im Erdgeschoss harmonieren mit den Furnieroberfläche der Innenwandbekleidungen, Türen und Einbaumöbel. Im Obergeschoss wurde Parkett verlegt, die Wände sind weiß beschichtet.

Technische Anlagen

Die Wärme- und Warmwasserversorgung wird über eine Luft-Wasser-Wärmepumpe realisiert. Die Heizung ist als Fußbodenheizung ausgeführt und kann auch mit Kühlfunktion betrieben werden. Die Bäder und Sanitäranlagen sind im mittleren Standard ausgeführt.

Sonstiges

Die organisch geformte Betonterrasse verbindet Innen- und Außenraum.

Energetische Kennwerte

Gesetzliche Grundlage: GEG 2020
Gebäudenutzfläche: 176,00 m^2
Spez. Transmissionswärmeverlust: 0,52 $W/(m^2 \cdot K)$
Spez. Jahresprimärenergiebedarf: 27,80 $kWh/(m^2 \cdot a)$
Spez. Jahresendenergiebedarf: 27,00 $kWh/(m^2 \cdot a)$
CO_2-Emissionen: 8,65 $kg/(m^2 \cdot a)$

Planungskennwerte für Flächen und Rauminhalte nach DIN 277

Flächen des Grundstücks		Menge Einheit	% an GF
BF	Bebaute Fläche	127,77 m²	4,8
UF	Unbebaute Fläche	2.507,23 m²	95,2
GF	Grundstücksfläche	2.635,00 m²	100,0

Grundflächen des Bauwerks		Menge Einheit	% an NUF	% an BGF
NUF	Nutzungsfläche	175,65 m²	100,0	78,4
TF	Technikfläche	1,53 m²	0,9	0,7
VF	Verkehrsfläche	16,22 m²	9,2	7,2
NRF	Netto-Raumfläche	193,40 m²	110,1	86,3
KGF	Konstruktions-Grundfläche	30,78 m²	17,5	13,7
BGF	Brutto-Grundfläche	224,18 m²	127,6	100,0

Brutto-Rauminhalt des Bauwerks		Menge Einheit	BRI/NUF (m)	BRI/BGF (m)
BRI	Brutto-Rauminhalt	715,39 m³	4,07	3,19

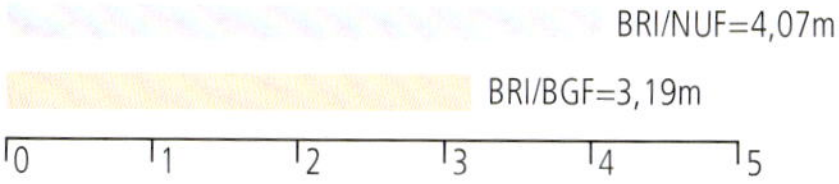

KG	Kostengruppen (2. Ebene)	Menge Einheit	Menge/NUF	Menge/BGF
310	Baugrube / Erdbau	41,00 m³ BGI	0,23	0,18
320	Gründung, Unterbau	86,25 m² GRF	0,49	0,39
330	Außenwände/Vertikale Baukonstruktionen, außen	249,88 m² AWF	1,42	1,12
340	Innenwände/Vertikale Baukonstruktionen, innen	121,05 m² IWF	0,69	0,54
350	Decken/Horizontale Baukonstruktionen	126,00 m² DEF	0,72	0,56
360	Dächer	98,50 m² DAF	0,56	0,44

Kostenkennwerte für die Kostengruppen der 1. Ebene DIN 276

KG	Kostengruppen (1. Ebene)	Einheit	Kosten €	€/Einheit	€/m² BGF	€/m³ BRI	% 300+400
100	Grundstück	m² GF	–	–	–	–	–
200	Vorbereitende Maßnahmen	m² GF	4.359	1,65	19,44	6,09	0,5
300	Bauwerk – Baukonstruktionen	m² BGF	744.937	3.322,94	3.322,94	1.041,31	84,4
400	Bauwerk – Technische Anlagen	m² BGF	137.437	613,06	613,06	192,12	15,6
	Bauwerk 300+400	**m² BGF**	**882.374**	**3.936,01**	**3.936,01**	**1.233,42**	**100,0**
500	Außenanlagen und Freiflächen	m² AF	48.183	–	214,93	67,35	5,5
600	Ausstattung und Kunstwerke	m² BGF	7.762	34,62	34,62	10,85	0,9
700	Baunebenkosten	m² BGF	–	–	–	–	–
800	Finanzierung	m² BGF	–	–	–	–	–

KG	Kostengruppe	Menge Einheit	Kosten €	€/Einheit	%
200	**Vorbereitende Maßnahmen**	2.635,00 m² GF	4.359	**1,65**	0,5
	Oberboden abtragen, lagern				
3+4	**Bauwerk**				**100,0**
300	**Bauwerk – Baukonstruktionen**	224,18 m² BGF	744.937	**3.322,94**	84,4
	Stb-Flachgründung, Abdichtung, Heizestrich, Bodenfliesen; Holzrahmenwände, Holzfenster, Holzfassade, Glas-Sandwichelemente, Holz-Glasfassade; Stb-Wände, GK-Wände, Stb-Stützen, Holzstützen, Holztüren, GK-Bekleidung, Beschichtung, Holzbekleidung, Wandfliesen; Stb-Decke, Stahltreppen, Parkett, Balkondämmung, Abdichtung, Holzdielen, WDVS, Balkonpergola; Holz-Flachdach, Zwischensparrendämmung, Gefälledämmung, Bitumenabdichtung, Dachentwässerung, Einbaumöbel				
400	**Bauwerk – Technische Anlagen**	224,18 m² BGF	137.437	**613,06**	15,6
	Gebäudeentwässerung, Kalt- und Warmwasserleitungen, Sanitärobjekte; Luft-Wasser-Wärmepumpe, Heizungsrohre, Fußbodenheizung, Bodenkonvektoren, Kaminofen, Edelstahlschornstein; Elektroinstallation, Beleuchtung, Erdung; Telefon-, Lautsprecherverkabelung				
500	**Außenanlagen und Freiflächen**	–	48.183	**–**	5,5
	Grabenaushub; Betonterrasse WU; Stb-Stützwände; Gebäudeentwässerung, Sickerrigole, Trinkwasserleitung, Regenwasserzisterne, Erdkabel				
600	**Ausstattung und Kunstwerke**	224,18 m² BGF	7.762	**34,62**	0,9
	Badregal, Spiegel				

Kostenkennwerte für die Kostengruppen 300 der 2. und 3. Ebene DIN 276 (Übersicht)

KG	Kostengruppe	Menge Einheit	Kosten €	€/Einheit	% an 3+4
300	**Bauwerk – Baukonstruktionen**	**224,18 m²BGF**	**744.937,16**	**3.322,94**	**84,4**
310	**Baugrube / Erdbau**	**41,00 m³BGI**	**3.097,85**	**75,56**	**0,4**
311	Herstellung	41,00 m³BGI	3.097,85	75,56	0,4
312	Umschließung	–	–	–	–
313	Wasserhaltung	–	–	–	–
314	Vortrieb	–	–	–	–
319	Sonstiges zur KG 310	–	–	–	–
320	**Gründung, Unterbau**	**86,25 m²GRF**	**92.998,45**	**1.078,24**	**10,5**
321	Baugrundverbesserung	–	–	–	–
322	Flachgründungen und Bodenplatten	86,25 m²	45.506,82	527,62	5,2
323	Tiefgründungen	–	–	–	–
324	Gründungsbeläge	71,00 m²	33.064,14	465,69	3,7
325	Abdichtungen und Bekleidungen	104,59 m²	14.427,50	137,94	1,6
326	Dränagen	–	–	–	–
329	Sonstiges zur KG 320	–	–	–	–
330	**Außenwände/Vert. Baukonstrukt., außen**	**249,88 m²AWF**	**265.551,37**	**1.062,72**	**30,1**
331	Tragende Außenwände	103,05 m²	24.804,43	240,70	2,8
332	Nichttragende Außenwände	–	–	–	–
333	Außenstützen	–	–	–	–
334	Außenwandöffnungen	43,03 m²	48.378,05	1.124,29	5,5
335	Außenwandbekleidungen, außen	135,01 m²	64.812,27	480,06	7,3
336	Außenwandbekleidungen, innen	95,79 m²	5.159,05	53,86	0,6
337	Element. Außenwandkonstruktionen	103,80 m²	122.397,59	1.179,17	13,9
338	Lichtschutz zur KG 330	–	–	–	–
339	Sonstiges zur KG 330	–	–	–	–
340	**Innenwände/Vert. Baukonstrukt., innen**	**121,05 m²IWF**	**111.620,09**	**922,10**	**12,6**
341	Tragende Innenwände	68,68 m²	24.772,53	360,69	2,8
342	Nichttragende Innenwände	34,89 m²	7.640,66	218,99	0,9
343	Innenstützen	29,02 m	13.678,70	471,35	1,6
344	Innenwandöffnungen	17,48 m²	20.527,97	1.174,37	2,3
345	Innenwandbekleidungen	192,94 m²	44.575,66	231,03	5,1
346	Elementierte Innenwandkonstruktionen	–	–	–	–
347	Lichtschutz zur KG 340	–	–	–	–
349	Sonstiges zur KG 340	121,05 m²IWF	424,58	3,51	< 0,1
350	**Decken/Horizontale Baukonstruktionen**	**126,00 m²DEF**	**149.184,88**	**1.184,01**	**16,9**
351	Deckenkonstruktionen	126,00 m²	68.727,17	545,45	7,8
352	Deckenöffnungen	–	–	–	–
353	Deckenbeläge	101,20 m²	39.982,97	395,09	4,5
354	Deckenbekleidungen	125,00 m²	23.466,31	187,73	2,7
355	Elementierte Deckenkonstruktionen	–	–	–	–
359	Sonstiges zur KG 350	126,00 m²DEF	17.008,41	134,99	1,9
360	**Dächer**	**98,50 m²DAF**	**63.736,92**	**647,08**	**7,2**
361	Dachkonstruktionen	98,50 m²	21.660,45	219,90	2,5
362	Dachöffnungen	–	–	–	–
363	Dachbeläge	91,40 m²	33.927,07	371,19	3,8
364	Dachbekleidungen	77,90 m²	8.149,40	104,61	0,9
365	Elementierte Dachkonstruktionen	–	–	–	–
366	Lichtschutz zur KG 360	–	–	–	–
369	Sonstiges zur KG 360	–	–	–	–
370	**Infrastrukturanlagen**	**–**	**–**	**–**	**–**
380	**Baukonstruktive Einbauten**	**224,18 m²BGF**	**34.833,60**	**155,38**	**3,9**
390	**Sonst. Maßnahmen für Baukonstrukt.**	**224,18 m²BGF**	**23.913,99**	**106,67**	**2,7**

Kostenkennwerte für die Kostengruppen 400 der 2. und 3. Ebene DIN 276 (Übersicht)

KG	Kostengruppe	Menge Einheit	Kosten €	€/Einheit	% an 3+4
400	**Bauwerk – Technische Anlagen**	**224,18 m²BGF**	**137.436,88**	**613,06**	**15,6**
410	**Abwasser-, Wasser-, Gasanlagen**	**224,18 m²BGF**	**26.134,71**	**116,58**	**3,0**
411	Abwasseranlagen	224,18 m²BGF	3.235,38	14,43	0,4
412	Wasseranlagen	224,18 m²BGF	21.529,00	96,03	2,4
413	Gasanlagen	–	–	–	–
419	Sonstiges zur KG 410	224,18 m²BGF	1.370,33	6,11	0,2
420	**Wärmeversorgungsanlagen**	**224,18 m²BGF**	**69.562,09**	**310,30**	**7,9**
421	Wärmeerzeugungsanlagen	224,18 m²BGF	27.705,11	123,58	3,1
422	Wärmeverteilnetze	224,18 m²BGF	4.250,26	18,96	0,5
423	Raumheizflächen	224,18 m²BGF	22.241,56	99,21	2,5
424	Verkehrsheizflächen	–	–	–	–
429	Sonstiges zur KG 420	224,18 m²BGF	15.365,18	68,54	1,7
430	**Raumlufttechnische Anlagen**	**–**	**–**	**–**	**–**
431	Lüftungsanlagen	–	–	–	–
432	Teilklimaanlagen	–	–	–	–
433	Klimaanlagen	–	–	–	–
434	Kälteanlagen	–	–	–	–
439	Sonstiges zur KG 430	–	–	–	–
440	**Elektrische Anlagen**	**224,18 m²BGF**	**39.818,50**	**177,62**	**4,5**
441	Hoch- und Mittelspannungsanlagen	–	–	–	–
442	Eigenstromversorgungsanlagen	–	–	–	–
443	Niederspannungsschaltanlagen	–	–	–	–
444	Niederspannungsinstallationsanlagen	224,18 m²BGF	35.537,45	158,52	4,0
445	Beleuchtungsanlagen	224,18 m²BGF	2.870,48	12,80	0,3
446	Blitzschutz- und Erdungsanlagen	224,18 m²BGF	1.410,57	6,29	0,2
447	Fahrleitungssysteme	–	–	–	–
449	Sonstiges zur KG 440	–	–	–	–
450	**Kommunikationstechnische Anlagen**	**224,18 m²BGF**	**1.921,57**	**8,57**	**0,2**
451	Telekommunikationsanlagen	224,18 m²BGF	1.574,75	7,02	0,2
452	Such- und Signalanlagen	–	–	–	–
453	Zeitdienstanlagen	–	–	–	–
454	Elektroakustische Anlagen	224,18 m²BGF	346,83	1,55	< 0,1
455	Audiovisuelle Medien- u. Antennenanl.	–	–	–	–
456	Gefahrenmelde- und Alarmanlagen	–	–	–	–
457	Datenübertragungsnetze	–	–	–	–
458	Verkehrsbeeinflussungsanlagen	–	–	–	–
459	Sonstiges zur KG 450	–	–	–	–
460	**Förderanlagen**	**–**	**–**	**–**	**–**
461	Aufzugsanlagen	–	–	–	–
462	Fahrtreppen, Fahrsteige	–	–	–	–
463	Befahranlagen	–	–	–	–
464	Transportanlagen	–	–	–	–
465	Krananlagen	–	–	–	–
466	Hydraulikanlagen	–	–	–	–
469	Sonstiges zur KG 460	–	–	–	–
470	**Nutzungsspez. u. verfahrenstechn. Anl.**	**–**	**–**	**–**	**–**
480	**Gebäude- und Anlagenautomation**	**–**	**–**	**–**	**–**
490	**Sonst. Maßnahmen für techn. Anlagen**	**–**	**–**	**–**	**–**

Kostenkennwerte für Leistungsbereiche nach STLB (Kosten des Bauwerks nach DIN 276)

LB	Leistungsbereiche	Kosten €	€/m² BGF	€/m³ BRI	% an 3+4
000	Baustellen-, Sicherheitseinr. inkl. 001, 089	21.496	95,90	30,00	2,4
002	Erdarbeiten	3.098	13,80	4,30	0,4
006	Spezialtiefbauarbeiten inkl. 005	–	–	–	–
009	Entwässerungskanalarbeiten inkl. 011	464	2,10	0,65	< 0,1
010	Drän- und Versickerarbeiten	–	–	–	–
012	Mauerarbeiten	–	–	–	–
013	Betonarbeiten	141.174	629,70	197,30	16,0
014	Natur-, Betonwerksteinarbeiten	–	–	–	–
016	Zimmer- und Holzbauarbeiten	74.462	332,20	104,10	8,4
017	Stahlbauarbeiten	–	–	–	–
018	Abdichtungsarbeiten	5.417	24,20	7,60	0,6
019	Kampfmittelräumarbeiten	–	–	–	–
020	Dachdeckungsarbeiten	–	–	–	–
021	Dachabdichtungsarbeiten	30.669	136,80	42,90	3,5
022	Klempnerarbeiten	8.968	40,00	12,50	1,0
	Rohbau	**285.747**	**1.274,60**	**399,40**	**32,4**
023	Putz- und Stuckarbeiten, Wärmedämmsysteme	15.043	67,10	21,00	1,7
024	Fliesen- und Plattenarbeiten	36.813	164,20	51,50	4,2
025	Estricharbeiten	11.770	52,50	16,50	1,3
026	Fenster, Außentüren inkl. 029, 032	195.942	874,00	273,90	22,2
027	Tischlerarbeiten	106.057	473,10	148,30	12,0
028	Parkett-, Holzpflasterarbeiten	15.397	68,70	21,50	1,7
030	Rollladenarbeiten	–	–	–	–
031	Metallbauarbeiten inkl. 035	6.612	29,50	9,20	0,7
034	Maler- und Lackiererarb. - Beschicht. inkl. 037	11.530	51,40	16,10	1,3
036	Bodenbelagarbeiten	–	–	–	–
038	Vorgehängte hinterlüftete Fassaden	35.050	156,30	49,00	4,0
039	Trockenbauarbeiten	26.781	119,50	37,40	3,0
	Ausbau	**460.994**	**2.056,40**	**644,40**	**52,2**
040	Wärmeversorgungsanl. - Betriebseinr. inkl. 041	67.158	299,60	93,90	7,6
042	Gas- u. Wasseranl. - Leitung., Armat. inkl. 043	10.745	47,90	15,00	1,2
044	Abwasseranl. - Leitungen, Abläufe, Armaturen	1.889	8,40	2,60	0,2
045	Gas, Wasser, Entwässerung - Ausstattung inkl. 046	8.071	36,00	11,30	0,9
047	Dämm- und Brandschutzarb. an techn. Anlagen	6.031	26,90	8,40	0,7
049	Feuerlöschanlagen, Feuerlöschgeräte	–	–	–	–
050	Blitzschutz-/Erdungsanlagen, Überspannungssch.	1.411	6,30	2,00	0,2
053	Niederspannungsanl. - Kabel inkl. 052, 054	35.537	158,50	49,70	4,0
055	Sicherheits- u. Ersatzstromversorgungsanl.	–	–	–	–
057	Gebäudesystemtechnik	–	–	–	–
058	Leuchten und Lampen inkl. 059	2.871	12,80	4,00	0,3
060	Such, Signal, Zeit, Anten., akust. Anl. inkl. 064	347	1,50	0,48	< 0,1
061	Kommunikations- u. Übertragungsnetze inkl. 063	1.575	7,00	2,20	0,2
069	Aufzüge	–	–	–	–
070	Gebäudeautomation	–	–	–	–
075	Raumlufttechnische Anlagen inkl. 078	–	–	–	–
	Gebäudetechnik	**135.634**	**605,00**	**189,60**	**15,4**
084	Abbruch, Rückbau, Schadstoffsanierung	–	–	–	–
	Abbrucharbeiten	**–**	**–**	**–**	**–**
	Sonstige Leistungsbereiche	**–**	**–**	**–**	**–**

6100-1800
Einfamilienhaus

Kostenkennwerte für die Kosten des Bauwerks (Kostengruppen 300+400 nach DIN 276)

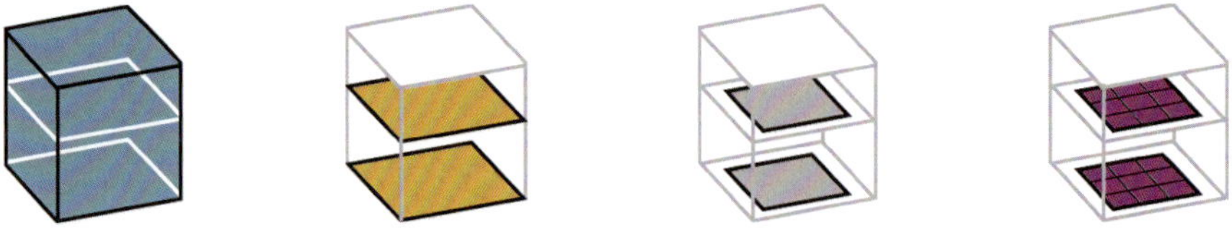

BRI 785 €/m^3 **BGF** 2.783 €/m^2 **NUF** 4.159 €/m^2 **NE** 3.196 €/NE

NE: Wohnfläche

Objekt:
Kennwerte: 1. Ebene DIN 276
BRI: 716 m^3
BGF: 202 m^2
NUF: 135 m^2
Bauzeit: 30 Wochen
Bauende: 2024
Standard: mittel
Bundesland: Brandenburg
Kreis: Barnim

Architekt*in:
dasfeine architekten
Gustav-Adolf-Straße 152
13086 Berlin

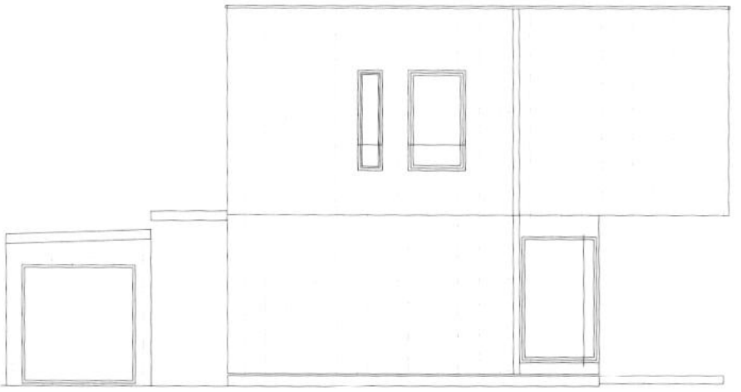

Ansicht Nord

Ansicht Ost

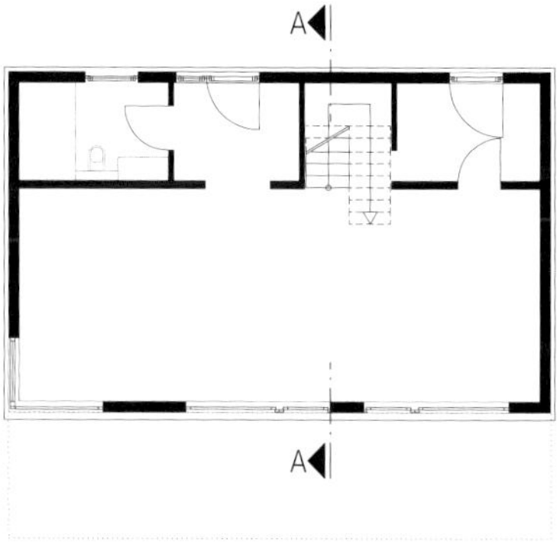

Erdgeschoss

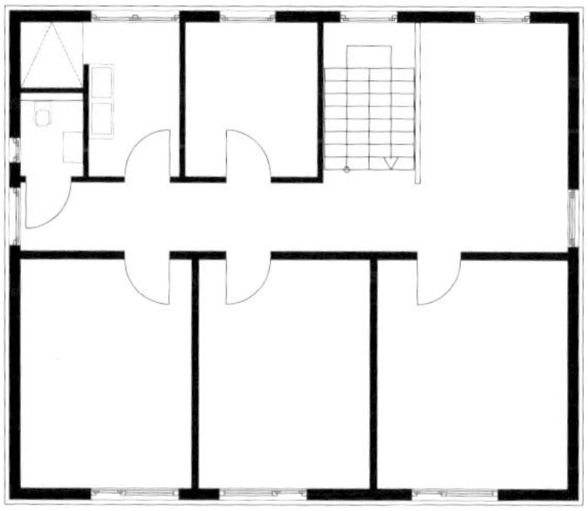

Obergeschoss

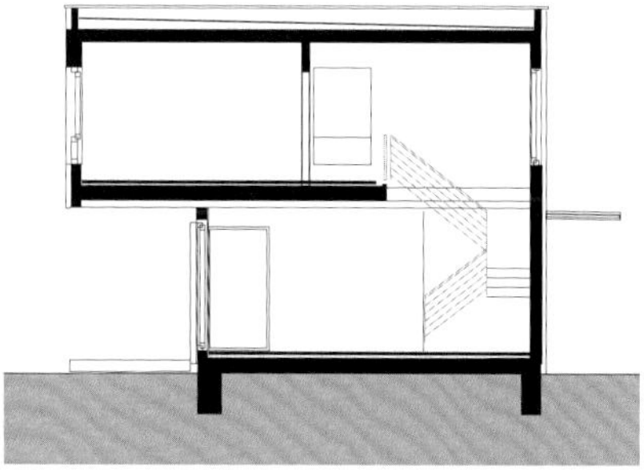

Schnitt A-A

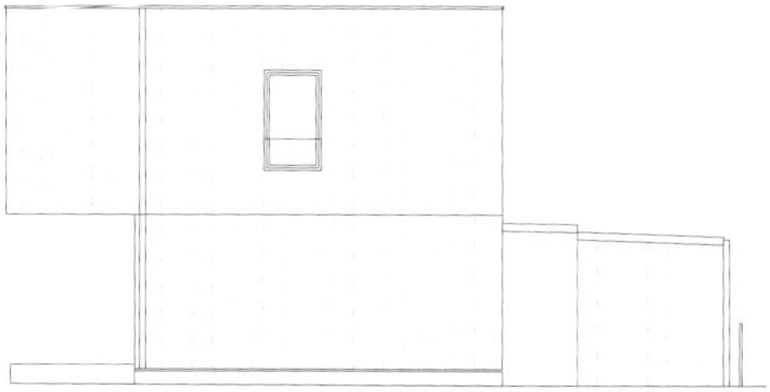

Ansicht Süd

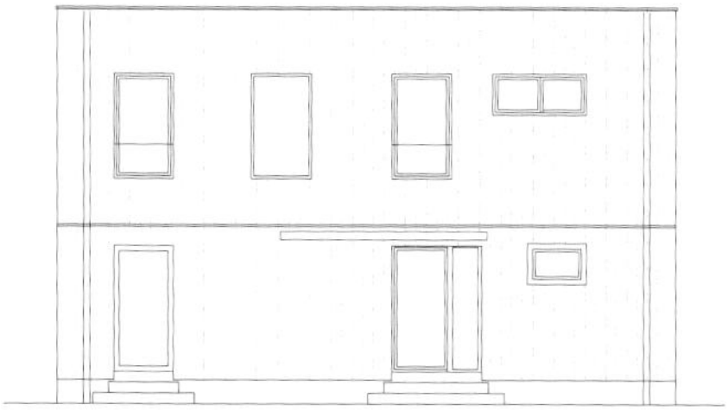

Ansicht West

Objektbeschreibung

Allgemeine Objektinformationen

Die Bauherren wünschten sich eine individuelle Planung für das selbst bewohnte Einfamilienhaus. Ein enger zeitlicher Rahmen und der Wunsch nach einer ökologischen Umsetzung führten zur Wahl einer Holzkonstruktion mit hohem Anteil an Vorfertigung.

Nutzung

1 Erdgeschoss
Wohnen, Essen, Küche, Bad/WC, Technik

1 Obergeschoss
Schlafen, Arbeiten, Bad, WC, Hauswirtschaftsraum, Lounge

Nutzeinheiten

Wohneinheiten: 1
Wohnfläche: 176 m^2

Grundstück

Bauraum: Freier Bauraum
Neigung: Ebenes Gelände
Bodenklasse: BK 1 bis BK 3

Markt

Hauptvergabezeit: 2. Quartal 2023
Baubeginn: 4. Quartal 2023
Bauende: 2. Quartal 2024
Konjunkturelle Gesamtlage: über Durchschnitt
Regionaler Baumarkt: unter Durchschnitt

Baukonstruktion

Es wurde eine Holzkonstruktion mit ausgedämmter Ständerkonstruktion gewählt. Die Vorfertigung im Werk ermöglichte die Nutzung der Wintermonate sowie eine Vorinstallation der Elektroinstallationen. Die Fenster sind als Aluminiumfenster mit Dreifachverglasung ausgeführt, die Holzfassade ist hinterlüftet und die Sichtschalung ist vorvergraut. Die Bodenplatte wurde vor Ort mit Streifenfundamenten errichtet.

Technische Anlagen

Die Wärmeversorgung wurde als Luft-Wärmepumpe mit Fußbodenheizung realisiert. Eine zusätzliche Effizienzsteigerung erfolgt durch den Einbau einer aktiven Lüftungsanlage mit Wärmerückgewinnung.

Sonstiges

Das Obergeschoss ist auskragend und schafft so einen überdachten Terrassenbereich im Erdgeschoss.

Planungskennwerte für Flächen und Rauminhalte nach DIN 277

Flächen des Grundstücks		Menge Einheit	% an GF
BF	Bebaute Fläche	–	–
UF	Unbebaute Fläche	–	–
GF	Grundstücksfläche	–	–

Grundflächen des Bauwerks		Menge Einheit	% an NUF	% an BGF
NUF	Nutzungsfläche	135,20 m²	100,0	66,9
TF	Technikfläche	5,90 m²	4,4	2,9
VF	Verkehrsfläche	26,50 m²	19,6	13,1
NRF	Netto-Raumfläche	167,60 m²	124,0	83,0
KGF	Konstruktions-Grundfläche	34,40 m²	25,4	17,0
BGF	Brutto-Grundfläche	202,00 m²	149,4	100,0

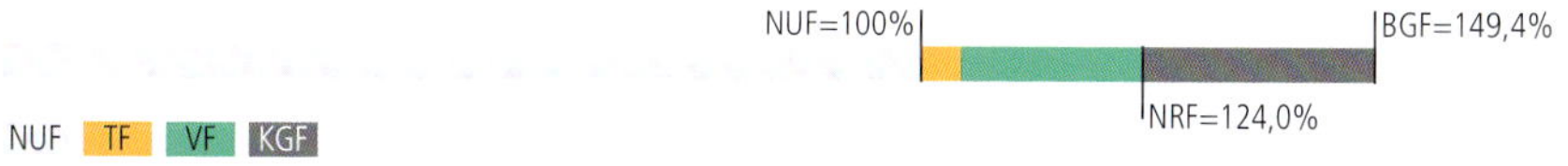

Brutto-Rauminhalt des Bauwerks		Menge Einheit	BRI/NUF (m)	BRI/BGF (m)
BRI	Brutto-Rauminhalt	715,92 m³	5,30	3,54

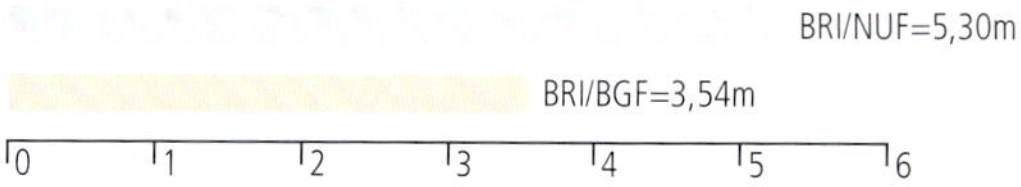

Kostenkennwerte für die Kostengruppen der 1. Ebene DIN 276

KG	Kostengruppen (1. Ebene)	Einheit	Kosten €	€/Einheit	€/m² BGF	€/m³ BRI	% 300+400
100	Grundstück	m² GF	–	–	–	–	–
200	Vorbereitende Maßnahmen	m² GF	–	–	–	–	–
300	Bauwerk – Baukonstruktionen	m² BGF	438.111	2.168,87	2.168,87	611,96	77,9
400	Bauwerk – Technische Anlagen	m² BGF	124.132	614,51	614,51	173,39	22,1
	Bauwerk 300+400	**m² BGF**	**562.243**	**2.783,38**	**2.783,38**	**785,34**	**100,0**
500	Außenanlagen und Freiflächen	m² AF	–	–	–	–	–
600	Ausstattung und Kunstwerke	m² BGF	–	–	–	–	–
700	Baunebenkosten	m² BGF	–	–	–	–	–
800	Finanzierung	m² BGF	–	–	–	–	–

KG	Kostengruppe	Menge Einheit	Kosten €	€/Einheit	%
3+4	**Bauwerk**				**100,0**
300	**Bauwerk – Baukonstruktionen**	202,00 m² BGF	438.111	**2.168,87**	77,9

Baugrubenaushub; Stb-Streifenfundamente, Stb-Bodenplatte, Dämmung, Estrich, Holzparkett, Bodenfliesen; Holzelementwände, Alufenster, Dreifachverglasung, hinterlüftete Holzfassade, Lamellenraffstores; Holzrahmenwände, Trockenbauwände; Holzbalkendecke, Estrich, Holzparkett, Bodenfliesen, Dämmung; Holzbalkenflachdach, hinterlüftet, Dachabdichtung im Gefälle, außenliegende Dachentwässerung

KG	Kostengruppe	Menge Einheit	Kosten €	€/Einheit	%
400	**Bauwerk – Technische Anlagen**	202,00 m² BGF	124.132	**614,51**	22,1

Gebäudeentwässerung, Kalt- und Warmwasserleitungen, Sanitärobjekte; Luft-Wasserwärmepumpe, Fußbodenheizung; Lüftungsanlage mit Wärmetauscher; Elektroinstallation, Beleuchtung

6100-1802
Einfamilienhaus
Doppelgarage

Kostenkennwerte für die Kosten des Bauwerks (Kostengruppen 300+400 nach DIN 276)

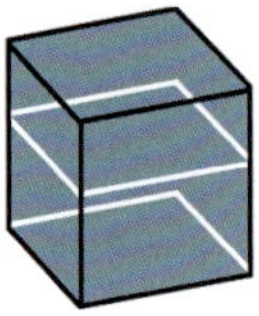

BRI **733 €/m³**

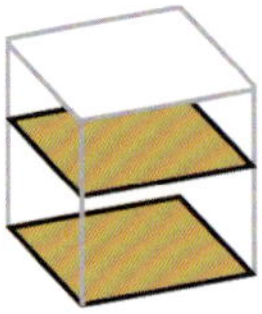

BGF **2.381 €/m²**

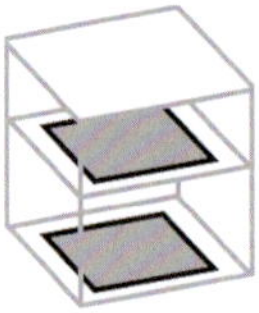

NUF **3.673 €/m²**

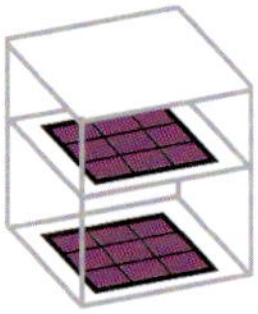

NE **4.548 €/NE**

NE: Wohnfläche

Objekt:
Kennwerte: 1. Ebene DIN 276
BRI: 1.742 m³
BGF: 537 m²
NUF: 348 m²
Bauzeit: 57 Wochen
Bauende: 2024
Standard: hoch
Bundesland: Bayern
Kreis: Rosenheim

Architekt*in:
Wimmer Architekten GbR
Kaiserstraße 36
83022 Rosenheim

© Wimmer Architekten

© Wimmer Architekten

© Wimmer Architekten

Kostenstand: 1. Quartal 2026, Bundesdurchschnitt, **inkl. 19% MwSt.**

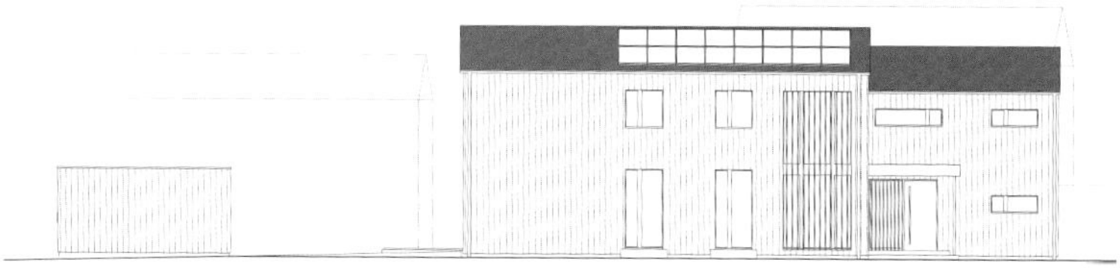

Ansicht Ost

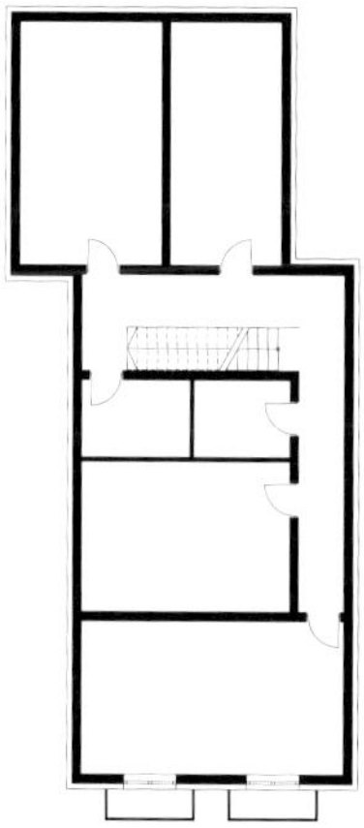

Untergeschoss

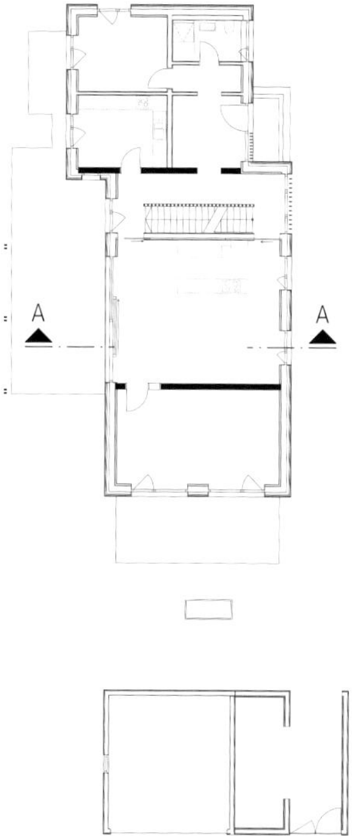

Erdgeschoss

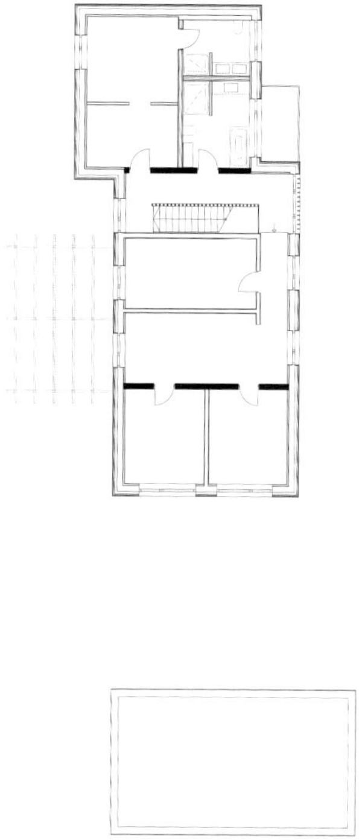

Obergeschoss

Ansicht Süd

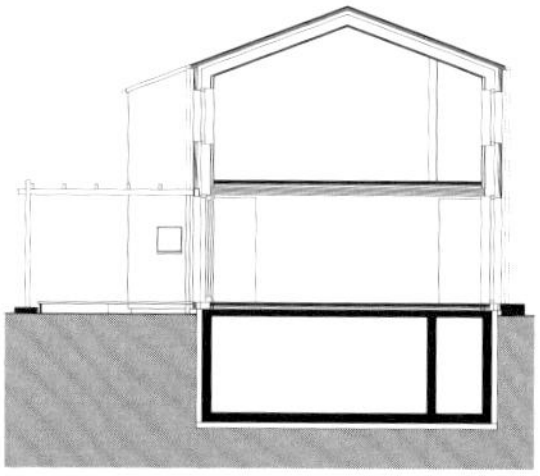

Schnitt A-A

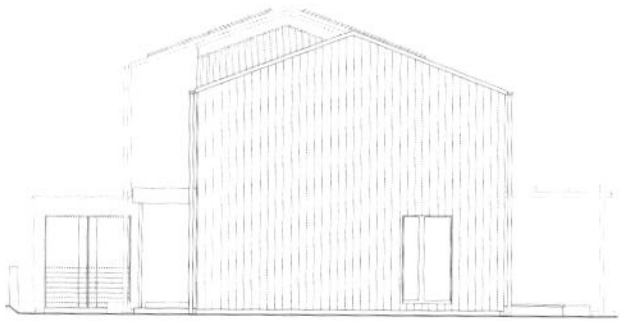

Ansicht Nord

Objektbeschreibung

Allgemeine Objektinformationen

Ursprünglicher Gedanke war, das bestehende Wohnhaus umzubauen und zu erweitern. Am Ende entschied man sich dann für einen Neubau. Das Holzhaus, Dach, Fenster und Garage wurden direkt von einem örtlichen Holzhausbauer gefertigt, weitere Gewerke erfolgten auf Empfehlung der Architekten hin im Direktauftrag nach Angebot ohne weiteren Preiswettbewerb.

Nutzung

1 Untergeschoss
Hobbyraum, Kellerraum, Lager, Vorräte, Haustechnik, Hausanschlussraum, Flur

1 Erdgeschoss
Wohnzimmer, Küche/Esszimmer, Flur/Treppenhaus, Hauswirtschaftsraum, Garderobe, Vorraum, Gästezimmer, WC/Gästebad

1 Obergeschoss
Kinderzimmer (2St), Spielen/Musik, Arbeitszimmer, Flur, Schlafzimmer, Ankleidezimmer, Bäder (2St)

Nutzeinheiten

Stellplätze: 2
Wohnfläche: 281 m²

Grundstück

Bauraum: Freier Bauraum
Neigung: Ebenes Gelände
Bodenklasse: BK 1 bis BK 3

Markt

Hauptvergabezeit: 2. Quartal 2023
Baubeginn: 3. Quartal 2023
Bauende: 3. Quartal 2024
Konjunkturelle Gesamtlage: Durchschnitt
Regionaler Baumarkt: Durchschnitt

Baukonstruktion

Das Untergeschoss des komplett unterkellerten Wohnhauses ist mit Stahlbeton-Außenwänden ausgeführt. Das Erdgeschoss und das Obergeschoss sind als Holzrahmenkonstruktion mit Zelluloseeinblasdämmung, Holz-Alufenster und einer hinterlüfteten Holzschalung aus farbig vorgestrichener Fichte mit fallenden Breiten ausgeführt. Zwei massive Stahlbeton-Wandscheiben im EG und OG dienen als kernaktivierte Wärme- und Kältespeicher. Die Brettsperrholzdecke über dem EG besitzt eine Sichtunterseite aus Weißtanne. Die Zementestriche mit Fußbodenheizung sind größtenteils mit geschliffener Oberfläche ausgeführt. Im Obergeschoss, Gäste- und Wohnzimmer sind Parkett verlegt. Wände und Böden aller Bäder besitzen hochwertige Beschichtungen. Der Pfettendachstuhl hat eine Ziegeldeckung, die Doppelgarage ein begrüntes Flachdach.

Technische Anlagen

Der Bauherr selbst ist Elektrofachingenieur und plante in Zusammenarbeit mit einem örtlichen Elektriker die Hausinstallation. Realisiert wurde eine Beheizung mittels Sole-Wasser-Wärmepumpe in Kombination mit PV-Kollektoren und einem Erdwärmetauscher. Als Heizflächen sind Heizestriche und Stb-Wände mit Bauteilaktivierung eingebaut. Diese können auch zum Kühlen verwendet werden.

Sonstiges

Nachdem vor Planungsauftrag bereits die Zusammenarbeit mit dem Holzbaubetrieb vereinbart wurde, war die Holzständerbauweise bereits gesetzt. Tatsächlich hatten architektonische Wünsche Vorrang gegenüber wirtschaftlichen Aspekten. Somit konnte mit umfangreicher Detailarbeit sowohl der formale als auch der technische Anspruch gelöst werden. Für Teile des Innenausbaus wurde ein Ausbaubetrieb beauftragt, der Teile der Möblierung, Bäder und Küche gestaltete und realisierte.

Planungskennwerte für Flächen und Rauminhalte nach DIN 277

Flächen des Grundstücks		Menge Einheit	% an GF
BF	Bebaute Fläche	–	–
UF	Unbebaute Fläche	–	–
GF	Grundstücksfläche	–	–

Grundflächen des Bauwerks		Menge Einheit	% an NUF	% an BGF
NUF	Nutzungsfläche	347,81 m²	100,0	64,8
TF	Technikfläche	11,20 m²	3,2	2,1
VF	Verkehrsfläche	51,25 m²	14,7	9,6
NRF	Netto-Raumfläche	410,26 m²	118,0	76,5
KGF	Konstruktions-Grundfläche	126,25 m²	36,3	23,5
BGF	Brutto-Grundfläche	536,51 m²	154,3	100,0

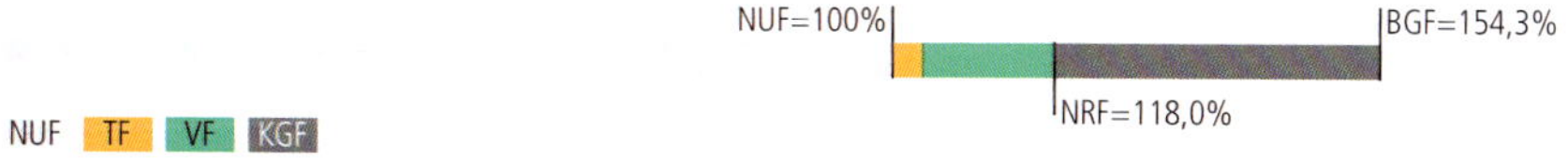

Brutto-Rauminhalt des Bauwerks		Menge Einheit	BRI/NUF (m)	BRI/BGF (m)
BRI	Brutto-Rauminhalt	1.742,00 m³	5,01	3,25

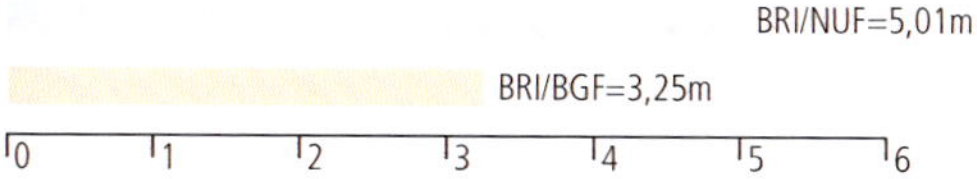

Kostenkennwerte für die Kostengruppen der 1. Ebene DIN 276

KG	Kostengruppen (1. Ebene)	Einheit	Kosten €	€/Einheit	€/m² BGF	€/m³ BRI	% 300+400
100	Grundstück	m² GF	–	–	–	–	–
200	Vorbereitende Maßnahmen	m² GF	–	–	–	–	–
300	Bauwerk – Baukonstruktionen	m² BGF	1.003.501	1.870,42	1.870,42	576,06	78,5
400	Bauwerk – Technische Anlagen	m² BGF	274.080	510,86	510,86	157,34	21,5
	Bauwerk 300+400	**m² BGF**	**1.277.582**	**2.381,28**	**2.381,28**	**733,40**	**100,0**
500	Außenanlagen und Freiflächen	m² AF	–	–	–	–	–
600	Ausstattung und Kunstwerke	m² BGF	–	–	–	–	–
700	Baunebenkosten	m² BGF	–	–	–	–	–
800	Finanzierung	m² BGF	–	–	–	–	–

KG	Kostengruppe	Menge Einheit	Kosten €	€/Einheit	%
3+4	**Bauwerk**				**100,0**
300	**Bauwerk – Baukonstruktionen**	536,51 m² BGF	1.003.501	**1.870,42**	78,5

Baugrubenaushub, Verbau (tlw.); Stb-Bodenplatte, Oberfläche geschliffen, Perimeterdämmung; Stb-Wände (UG), Holzrahmenwände, Zelluloseeinblasdämmung, Holz-Alufenster, Dreifachverglasung, hinterlüftete Holzschalung (Fichte) mit fallenden Breiten, Beschichtung, Installationsebene, GK-Bekleidung, Beschichtung, elektrische Raffstores, Insektenschutzgitter (Schlafräume); Mauerwerkswände (UG), Stb-Wandscheiben durchgehend in EG und OG als kernaktivierte Wärme- und Kältespeicher, Holzrahmenwände, Holztüren, Schiebetüren (wandintegriert), Edelstahlbeschläge, Garagentor elektrisch, Putz, GK-Bekleidung, Beschichtung; Stb-Decke, Brettsperrholzdecken (Sichtseite unten Weißtanne), Heizestrich, geschliffen, Parkett, Beschichtung (Bäder); Pfettendachstuhl, Zelluloseeinblasdämmung, Ziegeldeckung, Dachentwässerung, Brettsperrholzelemente (Weißtanne), Flachdach (Garage), extensive Dachbegrünung (Garage)

KG	Kostengruppe	Menge Einheit	Kosten €	€/Einheit	%
400	**Bauwerk – Technische Anlagen**	536,51 m² BGF	274.080	**510,86**	21,5

Gebäudeentwässerung, Kalt- und Warmwasserleitungen (Edelstahl), Sanitärobjekte; Sole-Wasser-wärmepumpe (12kW), PVT-Kollektoren (Photovoltaik-Thermische Module, 9kWp), Erdwärmetauscher, Fußbodenheizung, Bauteiltemperierung (Stb-Wände EG und OG), Kühlung über Bauteiltemperierung; PVT-Anlage, Batteriespeicher, Elektroinstallation, Bussystem (tlw.), LED-Beleuchtung, Datenübertragungsnetz, Sprechanlage

6100-1803
Wohnanlage
(6 Gebäude, 88 WE)
TG (92 STP)

Kostenkennwerte für die Kosten des Bauwerks (Kostengruppen 300+400 nach DIN 276)

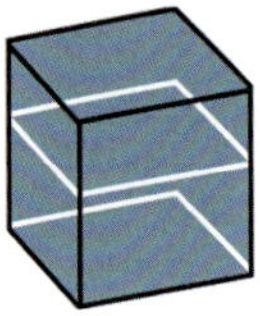

BRI 751 €/m³

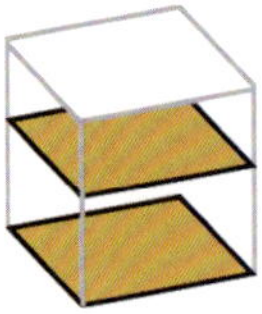

BGF 2.397 €/m²

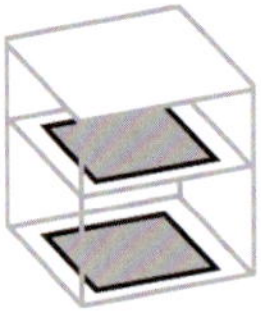

NUF 3.823 €/m²

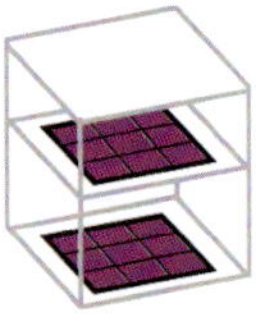

NE 5.417 €/NE

NE: Wohnfläche

Objekt:
Kennwerte: 1.Ebene DIN 276
BRI: 45.536 m³
BGF: 14.271 m²
NUF: 8.947 m²
Bauzeit: 113 Wochen
Bauende: 2023
Standard: mittel
Bundesland: Bayern
Kreis: Landsberg am Lech

Architekt*in:
WWA Architekten
Wöhr Heugenhauser
Johansen PartmbB
Agnesstraße 20
80798 München

Bauherr*in:
Kommunalunternehmen
Utting am Ammersee AöR
Eduard-Thöny-Straße 1
86919 Utting am Ammersee

Zeichnungen

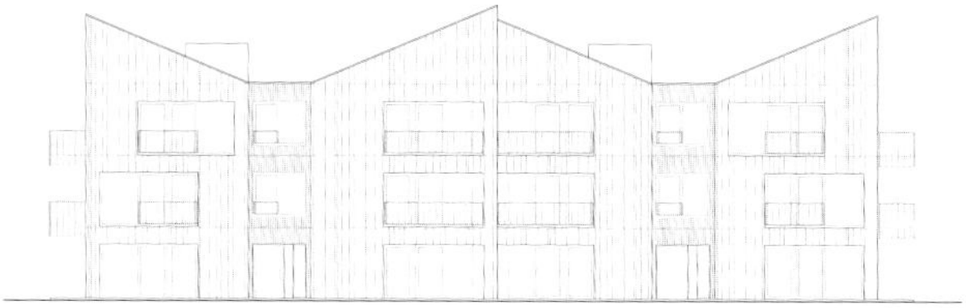

Ansicht Nord - Haus C

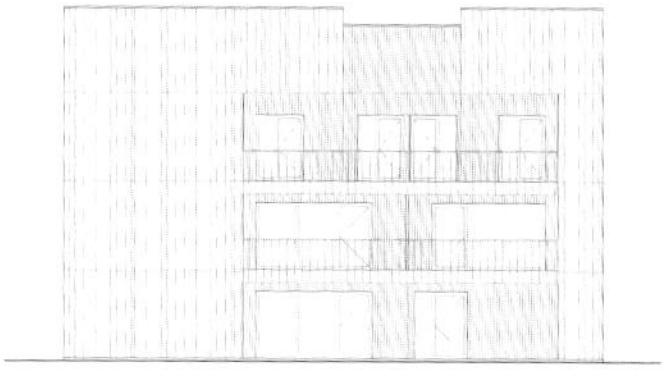

Ansicht Ost - Haus C

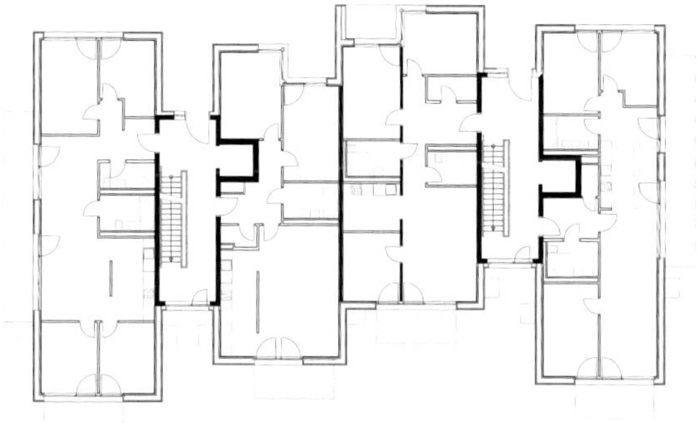

Erdgeschoss - Haus C

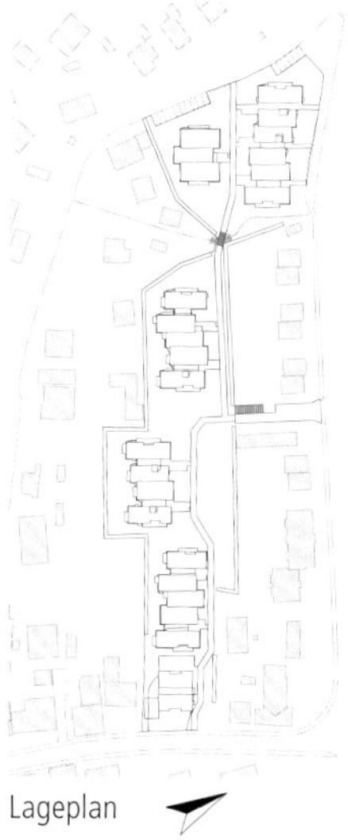

Lageplan

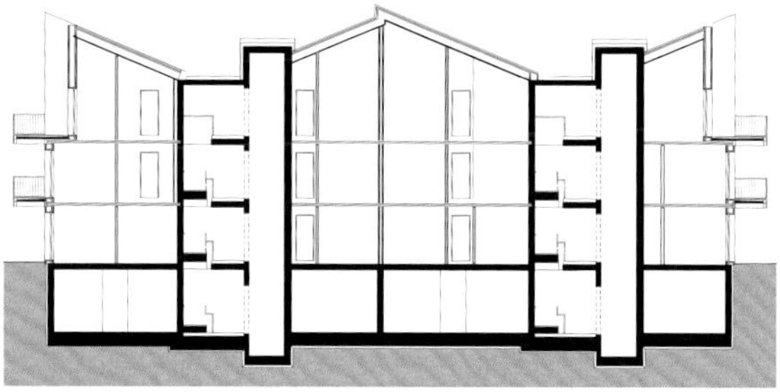

Schnitt A-A - Haus C

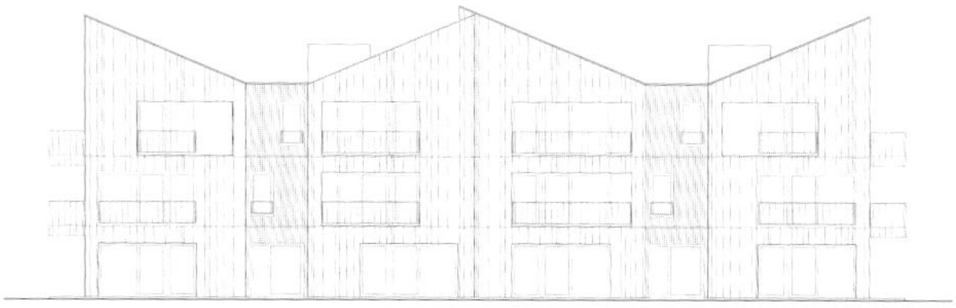

Ansicht Süd - Haus C

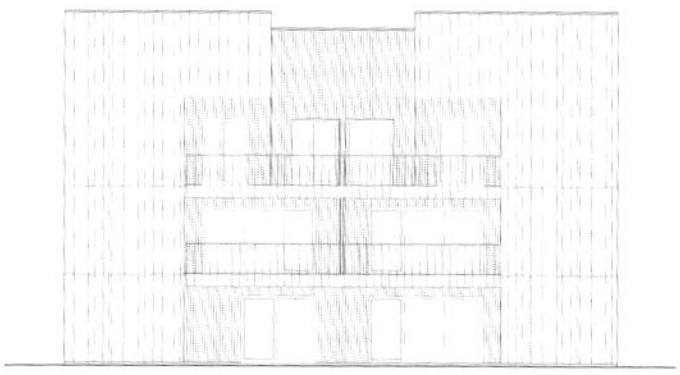

Ansicht West - Haus C

6100-1803
Wohnanlage
(6 Gebäude, 88 WE)
TG (92 STP)

Objektbeschreibung

Allgemeine Objektinformationen

Aus der Vogelperspektive betrachtet erinnert die Wohnsiedlung am Ammersee an eine Perlenkette: Die sechs Häusergruppen mit insgesamt 88 barrierefreien Einheiten erstrecken sich über mehr als 300 Meter von Ost nach West, die Freiflächen zwischen den Häusern schaffen Durchblicke. Die zwei- und dreigeschossigen Häuser wurden versetzt angeordnet und so optisch als Einzelbaukörper gestaltet. Die unterschiedlich ausgerichteten Pultdächer lockern zusätzlich die Struktur auf und erzeugen eine lebendige Dachlandschaft. Die individuellen Wohnungen reichen von Einzimmerappartements für Alleinstehende bis zu familienfreundlichen Fünfzimmerwohnungen. Zwei Wohnungen sind außerdem rollstuhlgerecht.

Nutzung

1 Untergeschoss
Parkgarage (92 STP), Fahrradräume, Keller, Technik

1 Erdgeschoss
Wohnen, Gemeinschaftsraum

1 Obergeschoss
Wohnen

1 Dachgeschoss
Wohnen

Nutzeinheiten

Stellplätze: 92
Wohneinheiten: 88
Wohnfläche: 6.315m²

Grundstück

Bauraum: Freier Bauraum
Neigung: Geneigtes Gelände
Bodenklasse: BK 1 bis BK 4

Markt

Hauptvergabezeit: 1.Quartal 2021
Baubeginn: 1.Quartal 2021
Bauende: 1.Quartal 2023
Konjunkturelle Gesamtlage: Durchschnitt
Regionaler Baumarkt: unter Durchschnitt

Baukonstruktion

Die Wohnanlage wurde in Holzhybridbauweise realisiert. Bis auf die Erschließungskerne, die als aussteifende Elemente in Stahlbeton gefertigt sind, besteht die restliche Konstruktion aus Holz. Hierfür wurden Massivholzplatten in Verbindung mit Gipsplatten verwendet. Die Außenwände sind in Holzrahmenbauweise konstruiert. Zwischen den Holzständern befindet sich eine Zellulosedämmung, die durch eine vorgelagerte Holzfaserdämmplatte ergänzt wird. Die Innenseite der Holzrahmenkonstruktion ist mit Hartgipsplatten bekleidet, die Außenseite mit einer vertikalen Holzschalung. Diese besteht aus grau lasiertem Fichtenholz. Die unterschiedlich breiten Latten mit Nut-Feder-Verbindung erzeugen ein lebendiges Fassadenbild. Die tragenden Wohnungstrennwände sind aus massivem Brettsperrholz und dazwischenliegender Schall- und Brandschutzdämmung errichtet. Die Decken sind aus Massivholzplatten als Tragekonstruktion konzipiert, die Unterseiten sind mit einer Sichtholzoberfläche ausgestattet. Die Dachkonstruktion besteht aus Sparren mit dazwischenliegender Dämmung und einer Dachabdeckung aus einzelnen Metallpaneelen. Für die gesamte Wohnanlage wurde insgesamt 1.735m³ Holz, 1.875m³ Dämmstoff und 100m³ Holzwerkstoffplatten (OSB) verwendet. Dank der Materialwahl konnte eine Einsparung von rund 1.684 Tonnen CO_2 erzielt werden.

Technische Anlagen

Die Gebäude werden mittels einer zentralen Pelletheizung mit Wärme versorgt. Eine Fußbodenheizung verteilt die Wärme in allen Räumen. In den Bädern befinden sich die Abluftanlagen, die Nachströmung erfolgt über Fensterfalzlüfter und Schallschutzlüfter. Die Dächer sind für Photovoltaikanlagen vorgerüstet, E-Ladesäulen sind im Außenbereich sowie in der TG vorhanden. Die Luftdichtheit der Gebäude wurde mit einem Blower-Door-Test geprüft.

Sonstiges

Eine Besonderheit der Wohnanlage ist ihr gemeinschaftlicher Charakter: Durch einen einladenden Rad- und Fußweg, einen Gemeinschaftsraum für örtliche Vereine und einen öffentlichen Spielplatz ist die Anlage ein sozialer Treffpunkt für alle Ortsbewohner*innen. Bis auf einige Besucher*innenparkplätze am Rande des Geländes befinden sich alle Stellplätze in der zugehörigen Tiefgarage. Dadurch ist ein vollständig autofreies und für die Öffentlichkeit zugängliches Quartier entstanden.

Planungskennwerte für Flächen und Rauminhalte nach DIN 277

Flächen des Grundstücks		Menge Einheit	% an GF
BF	Bebaute Fläche	3.312,31 m²	26,1
UF	Unbebaute Fläche	9.373,69 m²	73,9
GF	Grundstücksfläche	12.686,00 m²	100,0

Grundflächen des Bauwerks		Menge Einheit	% an NUF	% an BGF
NUF	Nutzungsfläche	8.947,25 m²	100,0	62,7
TF	Technikfläche	300,91 m²	3,4	2,1
VF	Verkehrsfläche	2.646,00 m²	29,6	18,5
NRF	Netto-Raumfläche	11.894,16 m²	132,9	83,3
KGF	Konstruktions-Grundfläche	2.376,84 m²	26,6	16,7
BGF	Brutto-Grundfläche	14.271,00 m²	159,5	100,0

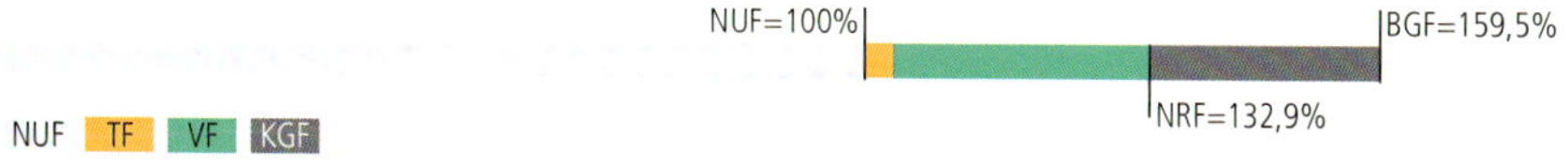

Brutto-Rauminhalt des Bauwerks		Menge Einheit	BRI/NUF (m)	BRI/BGF (m)
BRI	Brutto-Rauminhalt	45.536,00 m³	5,09	3,19

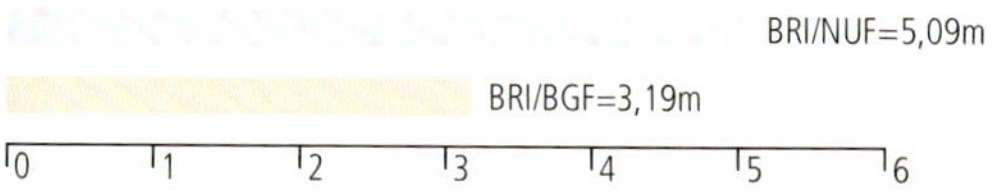

Kostenkennwerte für die Kostengruppen der 1. Ebene DIN 276

KG	Kostengruppen (1. Ebene)	Einheit	Kosten €	€/Einheit	€/m² BGF	€/m³ BRI	% 300+400
100	Grundstück	m² GF	–	–	–	–	–
200	Vorbereitende Maßnahmen	m² GF	–	–	–	–	–
300	Bauwerk – Baukonstruktionen	m² BGF	28.905.985	2.025,51	2.025,51	634,79	84,5
400	Bauwerk – Technische Anlagen	m² BGF	5.303.535	371,63	371,63	116,47	15,5
	Bauwerk 300+400	**m² BGF**	**34.209.521**	**2.397,14**	**2.397,14**	**751,26**	**100,0**
500	Außenanlagen und Freiflächen	m² AF	–	–	–	–	–
600	Ausstattung und Kunstwerke	m² BGF	–	–	–	–	–
700	Baunebenkosten	m² BGF	–	–	–	–	–
800	Finanzierung	m² BGF	–	–	–	–	–

KG	Kostengruppe	Menge Einheit	Kosten €	€/Einheit	%
3+4	**Bauwerk**				**100,0**
300	**Bauwerk – Baukonstruktionen**	14.271,00 m² BGF	28.905.985	**2.025,51**	84,5

Baugrubenaushub, Baugrubenverbau; Stb-Bodenplatte im Gefälle, flügelgeglättet, WU-Beton, Bodenbeschichtung; Stb-Wände, WU-Beton, Mauerwerk, Holzrahmenwände, Kunststofffenster, Dreifachverglasung, Sicherheitsverglasung VSG, Weißglas, Hauseingangstürelement mit Festverglasung, TG-Tore, Zellulosedämmung, Holzfaserdämmplatte, Hartgipsplatten, Holzschalung vertikal, Fichtenholz lasiert, Lamellen-Raffstoreanlagen; Stb-Erschließungskerne, Stb-Stützen, massive Brettsperrholzwände, GK-Wände, Kellertrennwände, Holzwerkstofftüren, Putz, Beschichtung; Stb-Decke, Holzmassivplattendecken (Unterseite Sichtholzoberfläche), Heizestrich, Parkett, Fliesen, Betonwerksteinbelag (Treppenhäuser); Holzsparrendach, Zwischensparrendämmung, Aluminiumdachplatten, Dachentwässerung

KG	Kostengruppe	Menge Einheit	Kosten €	€/Einheit	%
400	**Bauwerk – Technische Anlagen**	14.271,00 m² BGF	5.303.535	**371,63**	15,5

Gebäudeentwässerung, Kalt- und Warmwasserleitungen, Sanitärobjekte; Pelletheizung, Fußbodenheizung; Abluftanlage (Bäder), Nachströmung über Fensterfalzlüfter und Schallschutzlüfter; Vorrüstung für Photovoltaikanlage auf den Dächern; Elektroinstallation, Beleuchtung, E-Ladesäulen (Außenbereich, TG), Vorrüstung für Photovoltaikanlage auf den Dächern, Personenaufzüge

6100-1804
Mehrfamilienhäuser
(3 Gebäude, 28 WE)

Kostenkennwerte für die Kosten des Bauwerks (Kostengruppen 300+400 nach DIN 276)

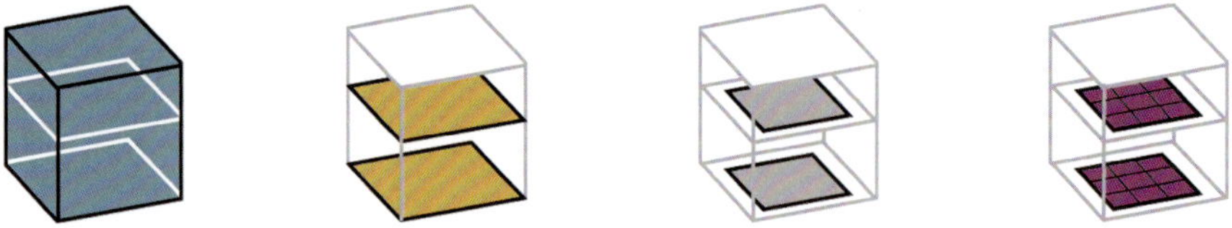

BRI 516 €/m^3 | **BGF** 1.940 €/m^2 | **NUF** 3.305 €/m^2 | **NE** 3.859 €/NE

NE: Wohnfläche

Objekt:
Kennwerte: 1.Ebene DIN 276
BRI: 15.587 m^3
BGF: 4.148 m^2
NUF: 2.435 m^2
Bauzeit: 91 Wochen
Bauende: 2022
Standard: mittel
Bundesland: Nordrhein-Westfalen
Kreis: Mettmann

Architekt*in:
baut architektur partmbb
Friesenplatz 25
50672 Köln

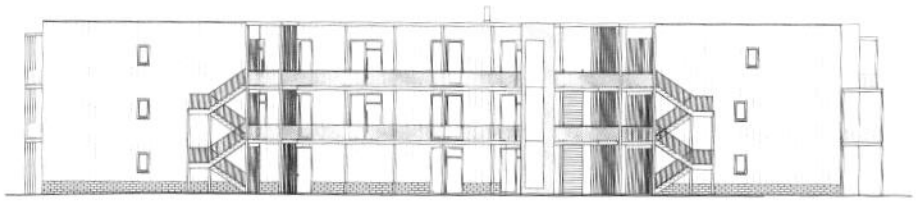
Ansicht Nord

Ansicht Ost

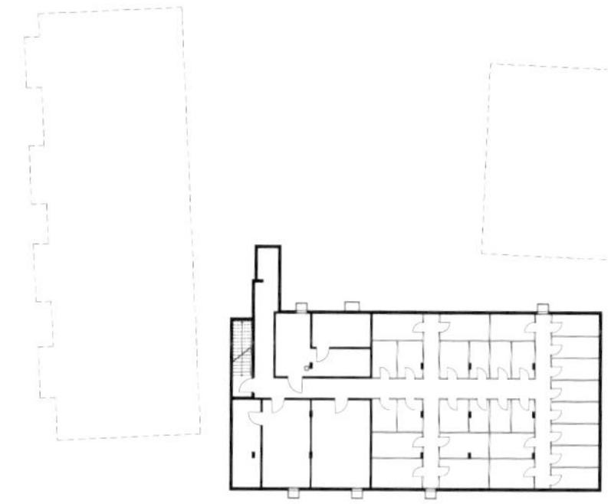
Untergeschoss

Erdgeschoss

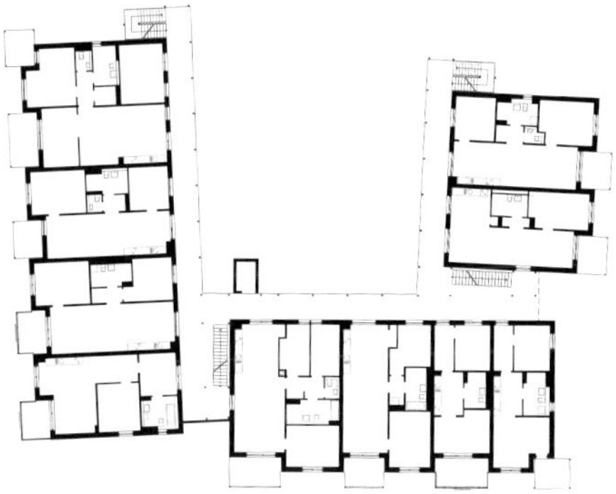
1. Obergeschoss

2. Obergeschoss

Schnitt A-A

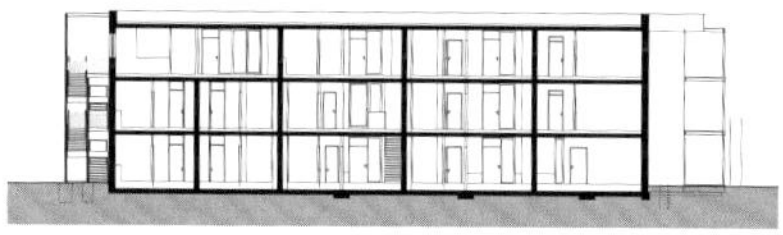
Schnitt B-B

Ansicht Süd

Ansicht West

Objektbeschreibung

Allgemeine Objektinformationen

Das gemeinschaftliche Wohnprojekt wurde von einer privaten Bauherrengruppe initiiert, die sich um ein Erbpachtgrundstück beworben hatte. Das Mehrfamilienhaus wurde anschließend durch eine Dachgenossenschaft realisiert.

Nutzung

1 Untergeschoss
Abstellräume, Heizraum, Hausanschlussraum, Pelletlager, Waschkeller, Trockenraum, Flure, Aufzug, Treppe

1 Erdgeschoss
neun Wohnungen, Fahrradabstellraum, Treppen, Aufzug

2 Obergeschosse
19 Wohnungen, Laubengänge, Treppen, Aufzug

Nutzeinheiten

Gebäude: 3
Wohneinheiten: 28
Wohnfläche: 2.085m²

Grundstück

Bauraum: Beengter Bauraum
Neigung: Ebenes Gelände
Bodenklasse: BK 3 bis BK 5

Markt

Hauptvergabezeit: 1.Quartal 2020
Baubeginn: 3.Quartal 2020
Bauende: 2.Quartal 2022
Konjunkturelle Gesamtlage: über Durchschnitt
Regionaler Baumarkt: Durchschnitt

Baukonstruktion

Die drei Gebäude gründen jeweils auf einer Stahlbetonbodenplatte und wurden überwiegend in Holzbauweise errichtet. Sie sind untereinander durch einen Laubengang aus Stahlbeton verbunden, der auf Stahlstützen gelagert ist. Aus wirtschaftlichen Gründen wurde lediglich eines der Gebäude unterkellert. Die Wände des Untergeschosses sind in Stahlbeton als Weiße Wanne ausgeführt, während die Außenwände der darüberliegenden Geschosse als Holzrahmenkonstruktionen hergestellt wurden. Die Fassaden sind mit einer Lärchenholzschalung bekleidet, die Holzfenster verfügen über eine Dreifachverglasung. Die Holz-Beton-Verbunddecken sind mit Parkett beziehungsweise Bodenfliesen belegt. Die Flachdächer sind als Massivholz-Flachdächer ausgebildet und extensiv begrünt. Vorgestellte Stahlbalkone, auf Stahlstützen gelagert und mit Überdachungen versehen, ergänzen die Baukörper.

Technische Anlagen

Die Gebäude wurden im Passivhausstandard errichtet. Die Wärmeerzeugung erfolgt über eine Pelletheizanlage in Kombination mit einer Fußbodenheizung. Die Wohneinheiten werden über dezentrale Lüftungsgeräte mit Wärmerückgewinnung belüftet. Zur Stromerzeugung sind auf allen Dachflächen Photovoltaikanlagen installiert.

Sonstiges

Eine besondere Herausforderung des Standorts ist die hohe Lärmbelastung durch benachbarte Industrieanlagen. Um dennoch ruhiges Wohnen und eine hohe Aufenthaltsqualität für die Bewohner zu gewährleisten, wurden die Gebäude U-förmig angeordnet. Drei Baukörper gruppieren sich um einen gemeinschaftlich genutzten Wohnhof. Die 28 Wohnungen werden über einen großzügigen, zum Hof orientierten Laubengang erschlossen.

Planungskennwerte für Flächen und Rauminhalte nach DIN 277

Flächen des Grundstücks		Menge Einheit	% an GF
BF	Bebaute Fläche	1.130,00 m²	31,1
UF	Unbebaute Fläche	2.501,00 m²	68,9
GF	Grundstücksfläche	3.631,00 m²	100,0

Grundflächen des Bauwerks		Menge Einheit	% an NUF	% an BGF
NUF	Nutzungsfläche	2.434,56 m²	100,0	58,7
TF	Technikfläche	74,52 m²	3,1	1,8
VF	Verkehrsfläche	722,08 m²	29,7	17,4
NRF	Netto-Raumfläche	3.231,16 m²	132,7	77,9
KGF	Konstruktions-Grundfläche	916,78 m²	37,7	22,1
BGF	Brutto-Grundfläche	4.147,94 m²	170,4	100,0

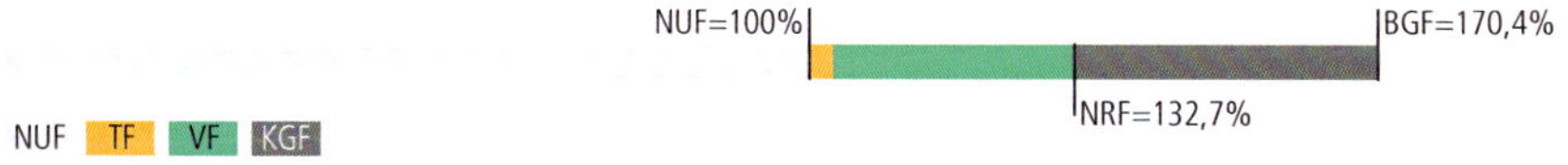

Brutto-Rauminhalt des Bauwerks		Menge Einheit	BRI/NUF (m)	BRI/BGF (m)
BRI	Brutto-Rauminhalt	15.587,06 m³	6,40	3,76

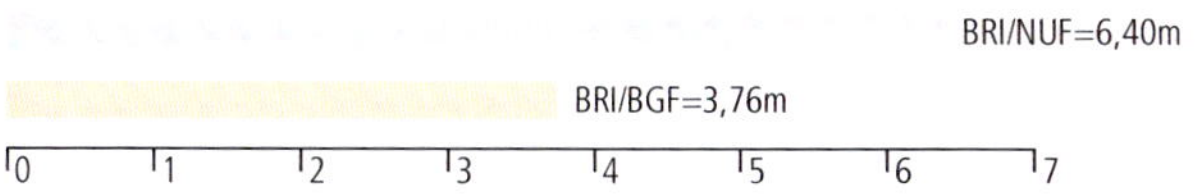

Kostenkennwerte für die Kostengruppen der 1. Ebene DIN 276

KG	Kostengruppen (1. Ebene)	Einheit	Kosten €	€/Einheit	€/m² BGF	€/m³ BRI	% 300+400
100	Grundstück	m² GF	–	–	–	–	–
200	Vorbereitende Maßnahmen	m² GF	–	–	–	–	–
300	Bauwerk – Baukonstruktionen	m² BGF	6.249.535	1.506,66	1.506,66	400,94	77,7
400	Bauwerk – Technische Anlagen	m² BGF	1.796.009	432,99	432,99	115,22	22,3
	Bauwerk 300+400	**m² BGF**	**8.045.544**	**1.939,65**	**1.939,65**	**516,17**	**100,0**
500	Außenanlagen und Freiflächen	m² AF	441.712	179,79	106,49	28,34	5,5
600	Ausstattung und Kunstwerke	m² BGF	–	–	–	–	–
700	Baunebenkosten	m² BGF	–	–	–	–	–
800	Finanzierung	m² BGF	–	–	–	–	–

KG	Kostengruppe	Menge Einheit	Kosten €	€/Einheit	%
3+4	**Bauwerk**				**100,0**
300	**Bauwerk – Baukonstruktionen**	4.147,94 m² BGF	6.249.535	**1.506,66**	77,7

Baugrubenaushub, Verbau; Stb-Bodenplatten, Abdichtung, Dämmung, Heizestrich, Parkett, Bodenfliesen, Perimeterdämmung, Sauberkeitsschicht; Stb-Wände, WU, Holzrahmenwände, Holzfenster, Dreifachverglasung, Holzaußentüren, Lärchenholzbekleidung, GK-Bekleidung, Beschichtung, Wandfliesen, Pfosten-Riegelfassaden, Lärmschutz, Raffstores; Stb-Innenwände, Holzrahmenwände, GK-Wände, Stahlstützen, Holzinnentüren, Kellertrennwände; Holz-Beton-Verbunddecken, Stb-Treppen, Stb-Laubengänge, Stahl-Treppengeländer, Geländer Laubengänge; BSH-Dachträger, Massivholz-Flachdächer, Gefälledämmung, Abdichtung, extensive Dachbegrünung, Dachentwässerung

KG	Kostengruppe	Menge Einheit	Kosten €	€/Einheit	%
400	**Bauwerk – Technische Anlagen**	4.147,94 m² BGF	1.796.009	**432,99**	22,3

Gebäudeentwässerung, Kalt- und Warmwasserleitungen, Sanitärobjekte, Wohnungsstationen; Pelletanlage, Fußbodenheizung; dezentrale Lüftungsanlagen mit Wärmerückgewinnung; PV-Anlage, Elektroinstallation, Beleuchtung, Blitzschutz; Datenverkabelung; Personenaufzug

KG	Kostengruppe	Menge Einheit	Kosten €	€/Einheit	%
500	**Außenanlagen und Freiflächen**	2.456,88 m² AF	441.712	**179,79**	5,5

Baumschutzarbeiten, Pflasterarbeiten, Asphaltbeläge auf Wegen, Terrassen, Stellplätzen, Gittersteine, Kinderspielfläche mit Sandkasten, Spielgeräte; Bepflanzung, Begrünung, Fahrradständer; Zisterne

6100-1806
Mehrfamilienhaus
(18 WE)

Kostenkennwerte für die Kosten des Bauwerks (Kostengruppen 300+400 nach DIN 276)

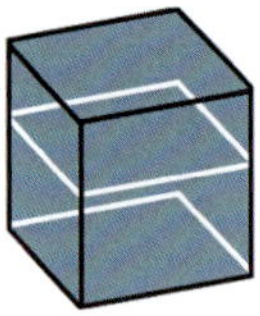

BRI **693 €/m³**

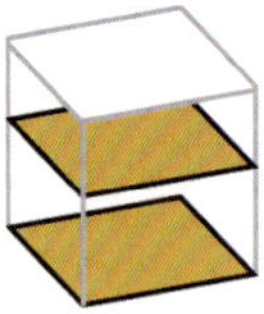

BGF **2.337 €/m²**

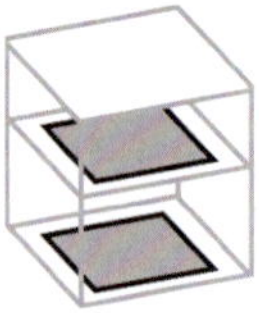

NUF **3.436 €/m²**

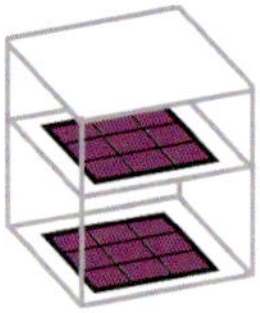

NE **3.936 €/NE**

NE: Wohnfläche

Objekt:
Kennwerte: 1.Ebene DIN 276
BRI: 7.990 m³
BGF: 2.370 m²
NUF: 1.612 m²
Bauzeit: 70 Wochen
Bauende: 2022
Standard: mittel
Bundesland: Bayern
Kreis: Neustadt a.d. Waldnaab

Architekt*in:
Weidner Architektur
Albrecht-Dürer-Straße 24a
92637 Weiden

Bauherr*in:
Landkreissiedlungswerk
Neustadt a.d. Waldnaab eG
Knorrstraße 1
92660 Neustadt a.d. Wald-
naab

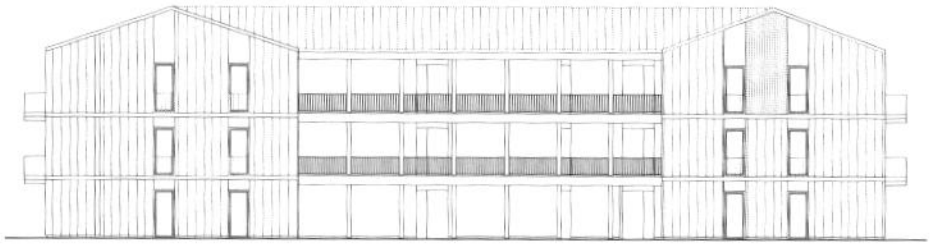
Ansicht Nord

Ansicht Ost

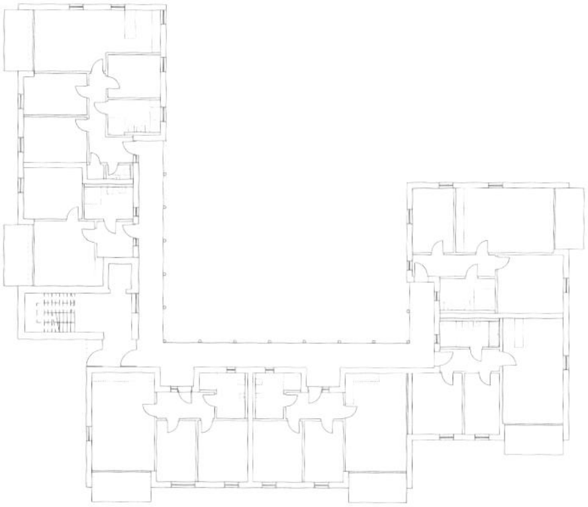
Erdgeschoss

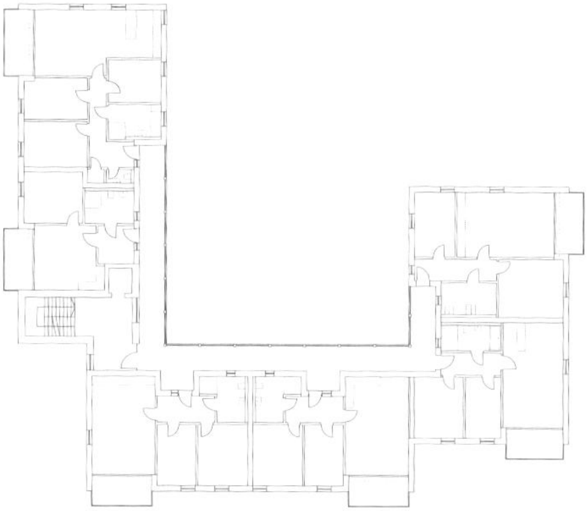
1. Obergeschoss

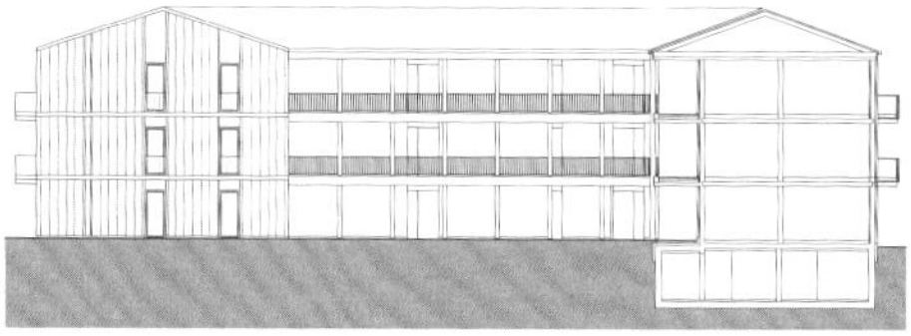
Schnitt A-A

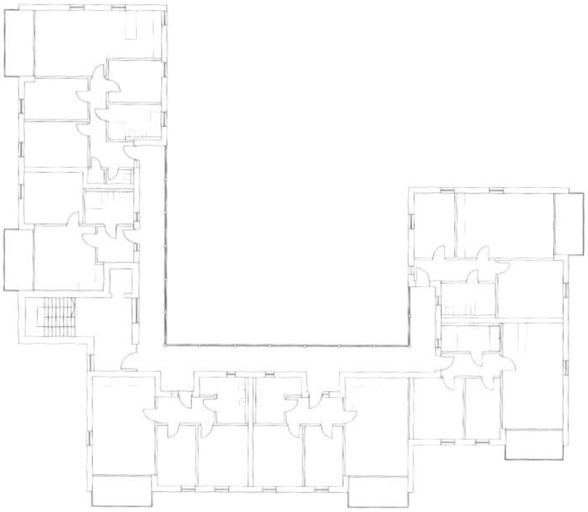
2. Obergeschoss

Ansicht Süd

Ansicht West

6100-1806
Mehrfamilienhaus
(18 WE)

Objektbeschreibung

Allgemeine Objektinformationen

Mit diesem sozial geförderten Wohnquartier mit dörflichem Charakter entstanden 18 barrierefreie Wohnungen unterschiedlichster Größe. Drei zueinander versetzte Baukörper bilden einen klaren Rahmen zur Straße und umschließen eine geschützte, gemeinschaftlich genutzte Mitte. Die Erschließung erfolgt über Laubengänge, die sich zum gemeinschaftlichen Innenhof mit Spielbereich orientieren. Private Freibereiche zur Straße und halböffentliche Zonen zum Hof schaffen vielfältige Aufenthaltsqualitäten. Die Architektur greift mit einer zeitgemäßen Satteldachform und einer vertikalen Holzfassade ortstypische Elemente auf. Holz prägt Konstruktion und Erscheinungsbild und verleiht dem Quartier eine warme, nachhaltige Anmutung.

Nutzung

1 Untergeschoss
Abstellräume, Technikräume, Waschmaschinenraum, Flure, Treppenhaus, Aufzug

1 Erdgeschoss
Sechs Wohnungen, Laubengang, Treppenhaus, Aufzug

2 Obergeschosse
Je sechs Wohnungen, Laubengang, Treppenhaus, Aufzug

Nutzeinheiten

Wohneinheiten: 18
Wohnfläche: 1.407 m^2

Grundstück

Bauraum: Freier Bauraum
Neigung: Ebenes Gelände
Bodenklasse: BK 1 bis BK 3

Markt

Hauptvergabezeit: 2. Quartal 2021
Baubeginn: 3. Quartal 2021
Bauende: 4. Quartal 2022
Konjunkturelle Gesamtlage: Durchschnitt
Regionaler Baumarkt: Durchschnitt

Besonderer Kosteneinfluss Markt
extreme Baupreissteigerungen für Holz und Stahl im Zuge der Pandemie

Baukonstruktion

Das Gebäude ruht auf einer Stahlbeton-Fundamentplatte und ist teilweise unterkellert. Das Untergeschoss wurde vollständig in Stahlbeton ausgeführt, während die Obergeschosse in Holztafelbauweise errichtet sind. Die Außenwände bestehen aus vorgefertigten Holzelementen, die fertig montiert auf der Baustelle zusammengesetzt wurden. Die Geschossdecken sind aus Brettschichtholzplatten gefertigt, wodurch die Holzstruktur in den Wohnungen sichtbar bleibt und eine warme, natürliche Raumwirkung entsteht. Das Dach ist als Sparrendachstuhl ausgeführt und mit einer hinterlüfteten Stehfalzabdichtung aus Titanzinkblech gedeckt. Zur Verschattung und Verdunklung sind alle Räume mit Rolloanlagen ausgestattet. Die Fassaden bestehen aus hinterlüfteter Fichtenholzbekleidung mit Einblasdämmung und sind überwiegend mit bodentiefen Holzfenstern mit Dreifachverglasung versehen. Verzinkte Absturzsicherungen sorgen an den Fenstern sowie an den Laubengängen für Sicherheit.

Technische Anlagen

Das Gebäude ist nahtlos an das bestehende Nahwärmenetz angebunden, wobei die Beheizung der Räume über effiziente Konvektoren erfolgt. Jede Wohnung ist mit einer modernen Abluftanlage ausgestattet, die einen stetigen Mindestluftwechsel durch kontrollierte Nachströmung gewährleistet und so für ein gesundes Raumklima sorgt. Die Wohnräume entsprechen dem heutigen Komfortstandard: Sie verfügen über Stromanschlüsse, Antennen- oder Kabelanschluss sowie eine integrierte Videosprechanlage, die Sicherheit und modernen Wohnkomfort miteinander verbindet.

Planungskennwerte für Flächen und Rauminhalte nach DIN 277

Flächen des Grundstücks		Menge Einheit	% an GF
BF	Bebaute Fläche	715,70 m²	25,1
UF	Unbebaute Fläche	2.133,20 m²	74,9
GF	Grundstücksfläche	2.848,90 m²	100,0

Grundflächen des Bauwerks		Menge Einheit	% an NUF	% an BGF
NUF	Nutzungsfläche	1.611,98 m²	100,0	68,0
TF	Technikfläche	15,00 m²	0,9	0,6
VF	Verkehrsfläche	377,73 m²	23,4	15,9
NRF	Netto-Raumfläche	2.004,71 m²	124,4	84,6
KGF	Konstruktions-Grundfläche	365,21 m²	22,7	15,4
BGF	Brutto-Grundfläche	2.369,92 m²	147,0	100,0

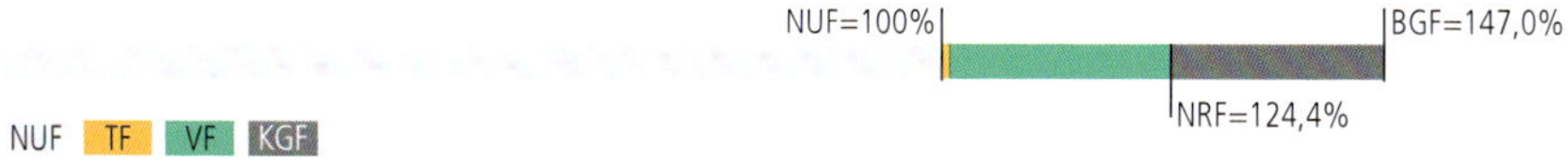

Brutto-Rauminhalt des Bauwerks		Menge Einheit	BRI/NUF (m)	BRI/BGF (m)
BRI	Brutto-Rauminhalt	7.989,66 m³	4,96	3,37

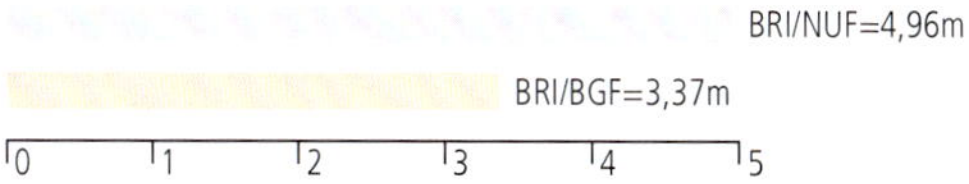

Kostenkennwerte für die Kostengruppen der 1. Ebene DIN 276

KG	Kostengruppen (1. Ebene)	Einheit	Kosten €	€/Einheit	€/m² BGF	€/m³ BRI	% 300+400
100	Grundstück	m² GF	–	–	–	–	–
200	Vorbereitende Maßnahmen	m² GF	–	–	–	–	–
300	Bauwerk – Baukonstruktionen	m² BGF	4.612.133	1.946,11	1.946,11	577,26	83,3
400	Bauwerk – Technische Anlagen	m² BGF	926.229	390,83	390,83	115,93	16,7
	Bauwerk 300+400	**m² BGF**	**5.538.362**	**2.336,94**	**2.336,94**	**693,19**	**100,0**
500	Außenanlagen und Freiflächen	m² AF	332.621	168,59	140,35	41,63	6,0
600	Ausstattung und Kunstwerke	m² BGF	–	–	–	–	–
700	Baunebenkosten	m² BGF	–	–	–	–	–
800	Finanzierung	m² BGF	–	–	–	–	–

KG	Kostengruppe	Menge Einheit	Kosten €	€/Einheit	%
3+4	**Bauwerk**				**100,0**
300	**Bauwerk – Baukonstruktionen**	2.369,92 m² BGF	4.612.133	**1.946,11**	83,3

Baugrubenaushub; Stb-Streifenfundamente, Stb-Bodenplatte, EPS-Dämmung, Estrich, Beschichtungen, Sauberkeitsschicht; Stb-Wände, Holztafelwände, Stb-Stützen, Holzfenster, Dreifachverglasung, Holzeingangstüren, Holzfaserdämmplatten, Zelluloseeinblasdämmung, Fichtenholzfassade, GK-Bekleidung, Beschichtung, Wandfliesen, Rollos; Stb-Innenwände, Holzrahmenwände, Holztüren, GK-Bekleidung, Wandfliesen, Beschichtung; Brettsperrholzdecken, Stb-Decken, Stb-Treppen, Stb-Balkon, Laubengangplatten, Dämmung, Estrich, Linoleum, Bodenfliesen, Betonterrassenplatten, Stahltreppe, Treppengeländer, Balkongeländer; Sparrendach, Dämmung, Schalung, Doppelstehfalzdeckung, Dachentwässerung

KG	Kostengruppe	Menge Einheit	Kosten €	€/Einheit	%
400	**Bauwerk – Technische Anlagen**	2.369,92 m² BGF	926.229	**390,83**	16,7

Gebäudeentwässerung, Kalt- und Warmwasserleitungen, Sanitärobjekte; Fernwärmeanschluss, Heizleitungen, Heizkörper; Abluftanlage, Elektroinstallation, Beleuchtung, Blitzschutzanlage; Sprechanlage, Datenübertragungsnetz; Aufzugsanlage

KG	Kostengruppe	Menge Einheit	Kosten €	€/Einheit	%
500	**Außenanlagen und Freiflächen**	1.973,00 m² AF	332.621	**168,59**	6,0

Pflaster auf Wegen, Rasengitterpflaster auf Stellplätzen, Kinderspielbereich: Schaukel, Sandkasten, Federtier; Nebengebäude für Mülltonnen und Fahrräder; Oberbodenarbeiten, Bepflanzung; Bäume, Rasen

6100-1811
Einfamilienhaus
Carport

Kostenkennwerte für die Kosten des Bauwerks (Kostengruppen 300+400 nach DIN 276)

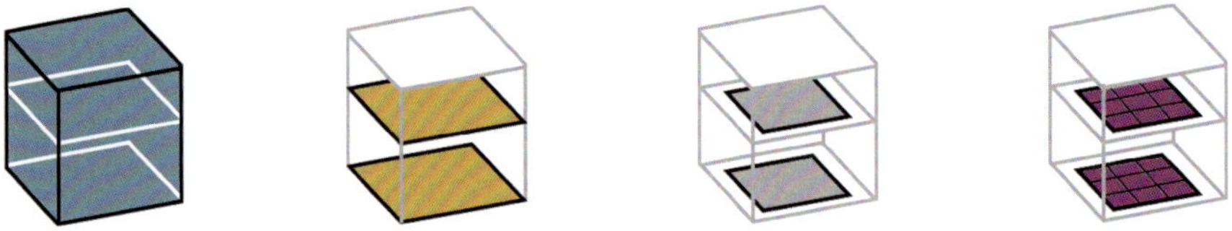

BRI 753 €/m³ | BGF 2.987 €/m² | NUF 4.434 €/m² | NE 4.840 €/NE

NE: Wohnfläche

Objekt:
Kennwerte: 1.Ebene DIN 276
BRI: 1.353 m³
BGF: 341 m²
NUF: 230 m²
Bauzeit: 61 Wochen
Bauende: 2023
Standard: hoch
Bundesland: Bayern
Kreis: Amberg, Stadt

Architekt*in:
evh_architekten gmbh
Kochkellerstraße 5
92224 Amberg

Kostenstand: 1. Quartal 2026, Bundesdurchschnitt, **inkl. 19% MwSt.**

Zeichnungen

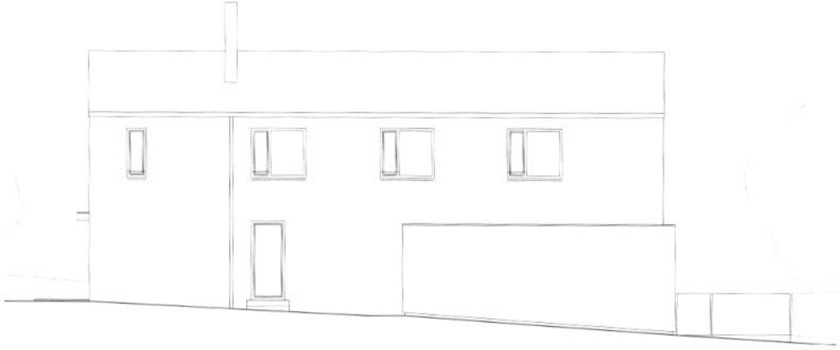
Ansicht Ost

Ansicht Nord

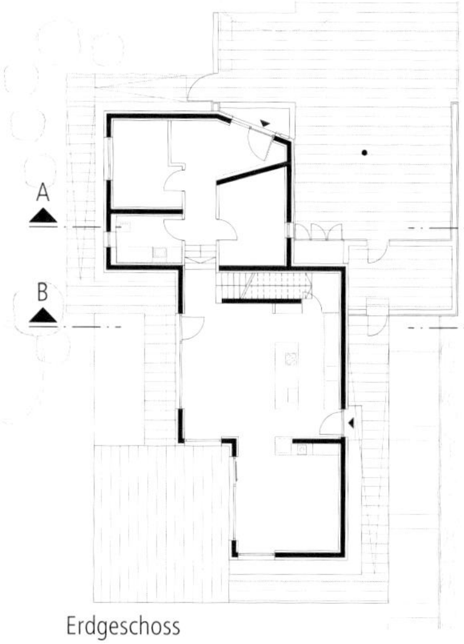

Erdgeschoss

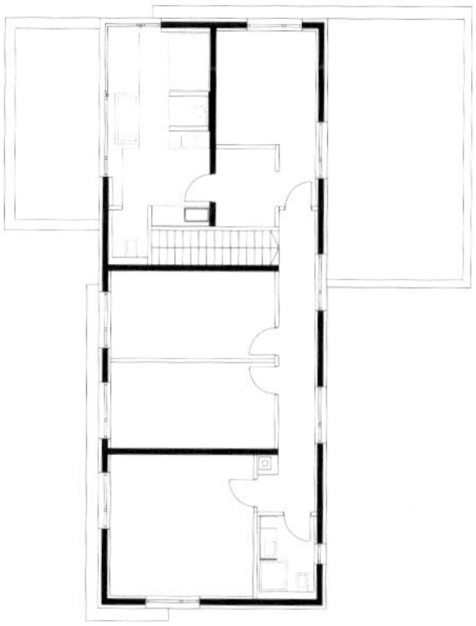
Obergeschoss

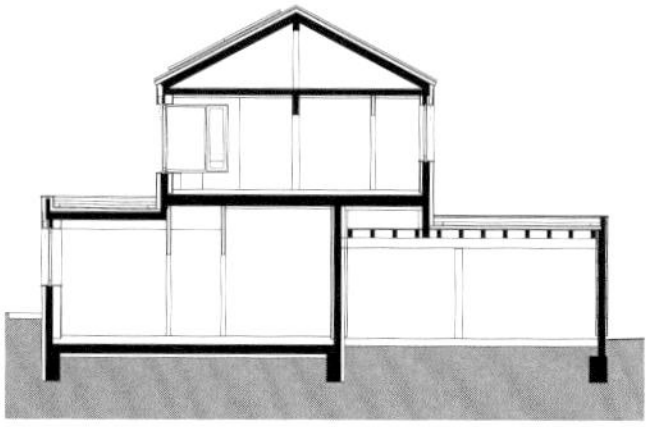
Schnitt A-A

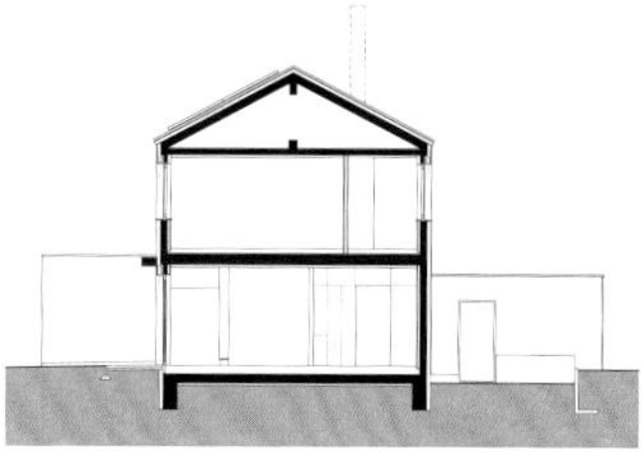
Schnitt B-B

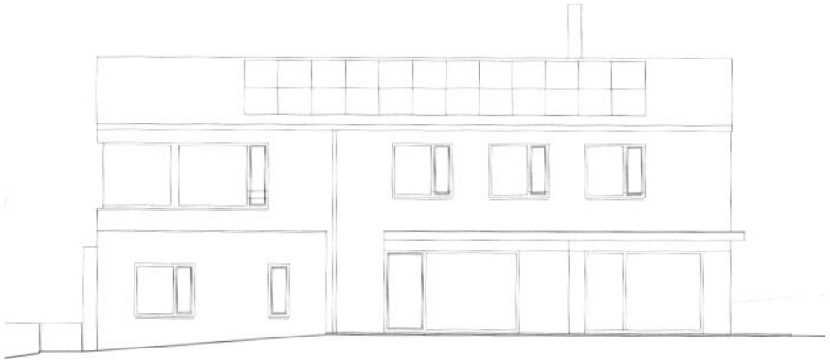
Ansicht West

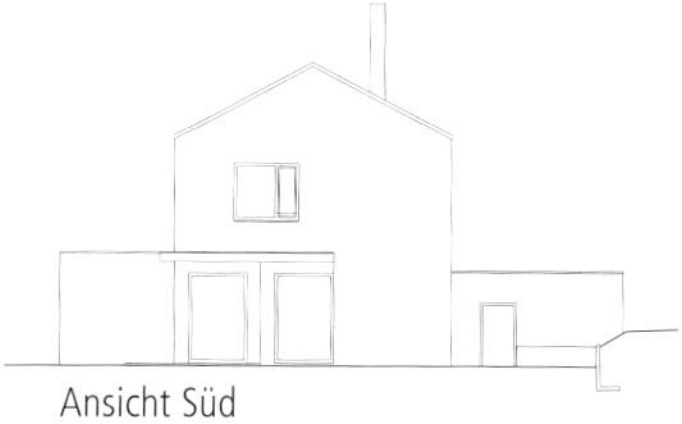
Ansicht Süd

Objektbeschreibung

Allgemeine Objektinformationen

Inmitten eines Neubaugebiets entstand ein zweigeschossiges Einfamilienhaus in Holzbauweise mit angebautem Carport. Die Vor- und Rücksprünge der Fassade verleihen dem lichtdurchfluteten Neubau eine lebendige Gestaltung und schaffen zugleich überdachte Außenbereiche wie die Terrasse und den Carport. Durch den schlanken, langgestreckten Baukörper wird das Grundstück optimal ausgenutzt.

Nutzung

1 Erdgeschoss
Diele, WC, Wohnen, Küche, Esszimmer, HWR, Technik

1 Obergeschoss
Schlafzimmer, Kinderzimmer (3St), Badezimmer (2St)

Nutzeinheiten

Fahrzeugstellplätze: 2
Stellplätze: 2
Wohnfläche: 210 m^2

Grundstück

Bauraum: Freier Bauraum
Neigung: Geneigtes Gelände
Bodenklasse: BK 1 bis BK 4

Markt

Hauptvergabezeit: 3. Quartal 2022
Baubeginn: 4. Quartal 2022
Bauende: 4. Quartal 2023
Konjunkturelle Gesamtlage: Durchschnitt
Regionaler Baumarkt: Durchschnitt

Baukonstruktion

Die Gründung erfolgte auf einer Stahlbetonbodenplatte mit umlaufender Frostschürze. Aufgrund der Hanglage wurde die Bodenplatte höhenversetzt ausgebildet, wodurch der Eingangsbereich samt Nebenräumen über vier Stufen vom eigentlichen Wohnbereich getrennt ist. Das gesamte Gebäude – einschließlich sämtlicher Wände, Decken und des Dachstuhls – wurde in Holzrahmenbauweise errichtet. Die Fassadenrücksprünge werden konstruktiv durch den gezielten Einsatz von Unter- und Überzügen ermöglicht. Die Fassade ist mit einem Wärmedämmverbundsystem versehen. Die Kunststofffenster verfügen über eine Dreifachverglasung und können mittels Lamellenraffstores verschattet werden. Das Dach ist mit Flächenziegeln eingedeckt, die Flachdachbereiche sind begrünt. Im Innenbereich kommen Parkettböden sowie großformatige Bodenfliesen zum Einsatz.

Technische Anlagen

Die Wärmeerzeugung erfolgt über eine Wärmepumpe, die die Wärme über eine Fußbodenheizung im gesamten Gebäude verteilt. Ein Kaminofen im Wohnbereich sorgt zusätzlich für eine behagliche Atmosphäre und unterstützt die Wärmeversorgung. Zur nachhaltigen Energiegewinnung wurde auf dem Dach eine Photovoltaikanlage installiert. Die Luftdichtheit des Gebäudes wurde mittels Blower-Door-Test überprüft. Für ein angenehmes und gesundes Raumklima sorgt eine kontrollierte Lüftungsanlage.

Planungskennwerte für Flächen und Rauminhalte nach DIN 277

Flächen des Grundstücks		Menge Einheit	% an GF
BF	Bebaute Fläche	213,78 m²	24,4
UF	Unbebaute Fläche	661,22 m²	75,6
GF	Grundstücksfläche	875,00 m²	100,0

Grundflächen des Bauwerks		Menge Einheit	% an NUF	% an BGF
NUF	Nutzungsfläche	229,71 m²	100,0	67,4
TF	Technikfläche	10,83 m²	4,7	3,2
VF	Verkehrsfläche	36,72 m²	16,0	10,8
NRF	Netto-Raumfläche	277,26 m²	120,7	81,3
KGF	Konstruktions-Grundfläche	63,70 m²	27,7	18,7
BGF	Brutto-Grundfläche	340,96 m²	148,4	100,0

Brutto-Rauminhalt des Bauwerks		Menge Einheit	BRI/NUF (m)	BRI/BGF (m)
BRI	Brutto-Rauminhalt	1.353,33 m³	5,89	3,97

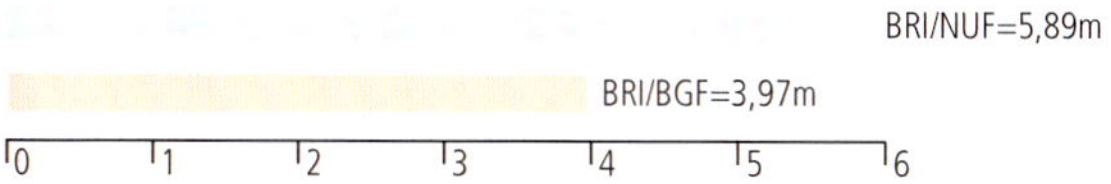

Kostenkennwerte für die Kostengruppen der 1. Ebene DIN 276

KG	Kostengruppen (1. Ebene)	Einheit	Kosten €	€/Einheit	€/m² BGF	€/m³ BRI	% 300+400
100	Grundstück	m² GF	–	–	–	–	–
200	Vorbereitende Maßnahmen	m² GF	–	–	–	–	–
300	Bauwerk – Baukonstruktionen	m² BGF	724.120	2.123,77	2.123,77	535,07	71,1
400	Bauwerk – Technische Anlagen	m² BGF	294.430	863,53	863,53	217,56	28,9
	Bauwerk 300+400	**m² BGF**	**1.018.550**	**2.987,30**	**2.987,30**	**752,63**	**100,0**
500	Außenanlagen und Freiflächen	m² AF	68.703	416,96	201,50	50,77	6,7
600	Ausstattung und Kunstwerke	m² BGF	–	–	–	–	–
700	Baunebenkosten	m² BGF	–	–	–	–	–
800	Finanzierung	m² BGF	–	–	–	–	–

KG	Kostengruppe	Menge Einheit	Kosten €	€/Einheit	%
3+4	**Bauwerk**				**100,0**
300	**Bauwerk – Baukonstruktionen**	340,96 m² BGF	724.120	**2.123,77**	71,1

Baugrubenaushub; Stb-Streifenfundamente, Stb-Bodenplatte, Frostschürzen, Abdichtung, Dämmung, Heizestrich, Parkett, Bodenfliesen, Betonpflaster, Perimeterdämmung, Sauberkeitsschicht; Holzrahmenwände, Stahlstützen, Kunststofffenster, Dreifachverglasung, Eingangselement, Verglasung, Zellulosedämmung, Holzfaserdämmung, WDVS, GK-Bekleidung, Putz, Beschichtung, Wandfliesen, Lamellenraffstores; Holzrahmenwände, Zellulosedämmung, Holztüren, Holzzargen, GK-Bekleidung, Beschichtung, Wandfliesen; Holzbalkendecken, Stahlträger, Stb-Treppe, Dämmung, Heizestrich, Parkett, Bodenfliesen, abgehängte GK-Decken, Beschichtung; Holzsparren-Dachstuhl, Holzbalken-Flachdach, Holzfaserdämmung, Zellulosedämmung, Abdichtung, Dachflächensteine, Dachbegrünung, Dachentwässerung; Einbauschränke

KG	Kostengruppe	Menge Einheit	Kosten €	€/Einheit	%
400	**Bauwerk – Technische Anlagen**	340,96 m² BGF	294.430	**863,53**	28,9

Gebäudeentwässerung, Kalt- und Warmwasserleitungen, Sanitärobjekte; Luft-Wasser-Wärmepumpe, Fußbodenheizung, integrierter Heizstrahler auf der Terrasse, Pufferspeicher, Kaminofen; zentrale Lüftungsanlage mit Wärmerückgewinnung; PV-Anlage, Elektroinstallation, BUS-System; Sauna

KG	Kostengruppe	Menge Einheit	Kosten €	€/Einheit	%
500	**Außenanlagen und Freiflächen**	164,77 m² AF	68.703	**416,96**	6,7

Betonpflasterbeläge für Wege, Einfahrt, Carport; Stabmattenzaun; Oberbodenarbeiten, Bepflanzung von Gehölzen, Rasenansaat

6100-1813
Einfamilienhaus
Garage

Kostenkennwerte für die Kosten des Bauwerks (Kostengruppen 300+400 nach DIN 276)

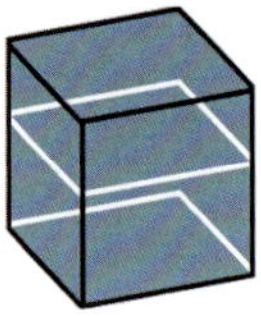

BRI 1.009€/m³

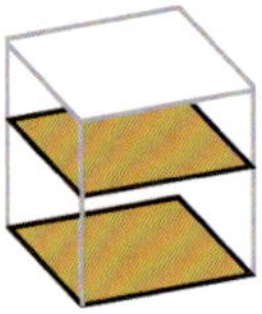

BGF 3.879€/m²

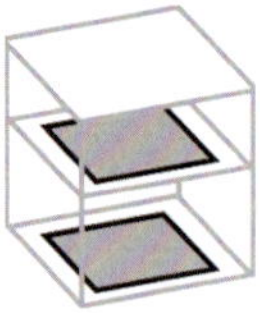

NUF 5.589€/m²

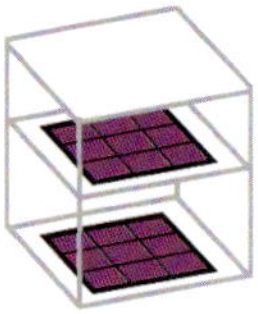

NE 5.644€/NE

NE: Wohnfläche

Objekt:
Kennwerte: 3. Ebene DIN 276
BRI: 934m³
BGF: 243m²
NUF: 169m²
Bauzeit: 52 Wochen
Bauende: 2023
Standard: hoch
Bundesland: Nordrhein-Westfalen
Kreis: Oberbergischer Kreis

Architekt*in:
bonfanti ARCHITEKTEN
Anke und Ralph Bonfanti
Im Ohler Garten 2a
51674 Wiehl-Weiershagen

Bauherr*in:
Claudia und Tilo Knoche
Klosterstraße 8
51709 Marienheide

© Wolfgang Grümer Fotodesign

© Wolfgang Grümer Fotodesign

© Wolfgang Grümer Fotodesign

© Wolfgang Grümer Fotodesign

Ansicht Nord-Ost

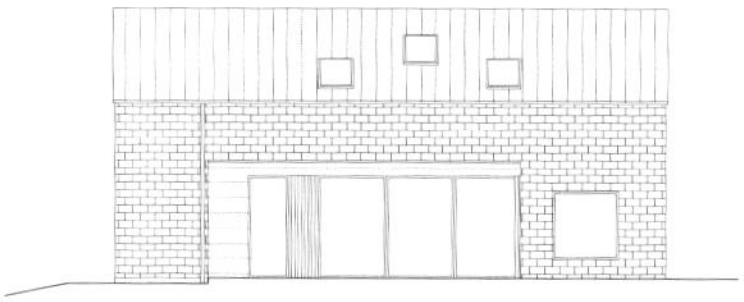

Ansicht Nord-West

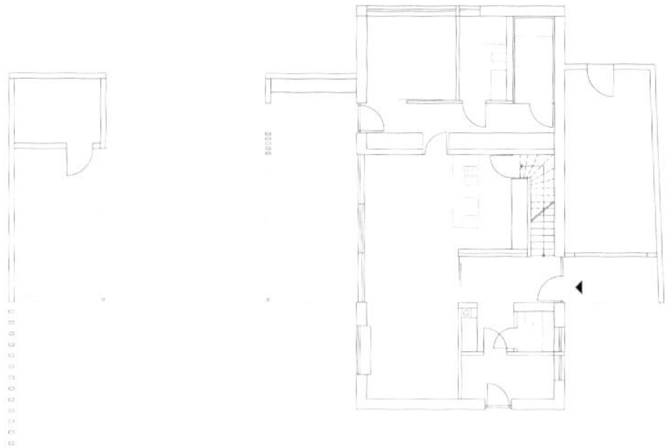

Erdgeschoss

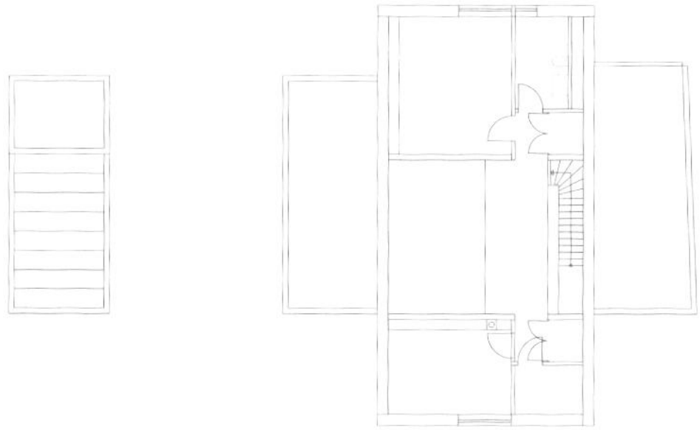

Dachgeschoss

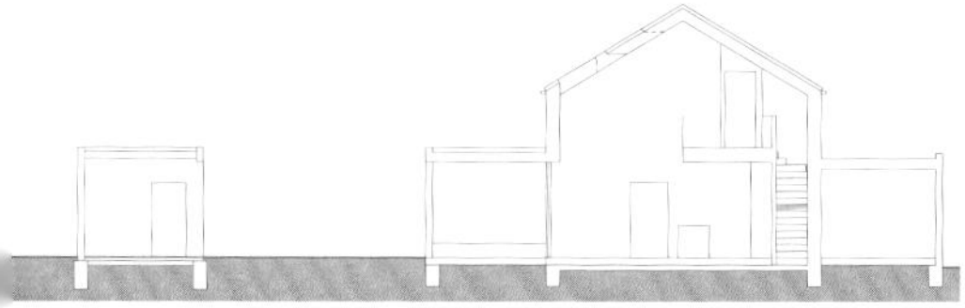

Schnitt A-A

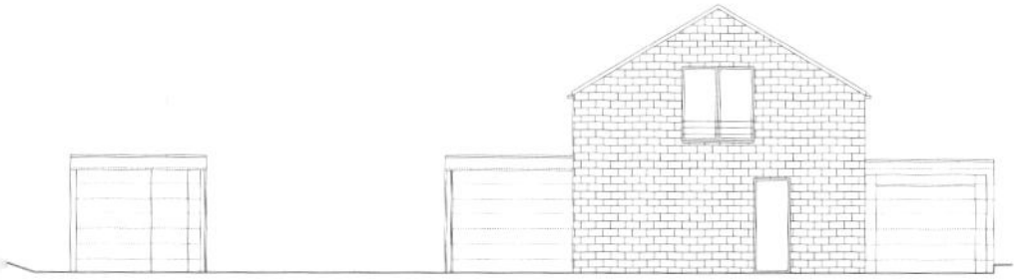

Ansicht Süd-West

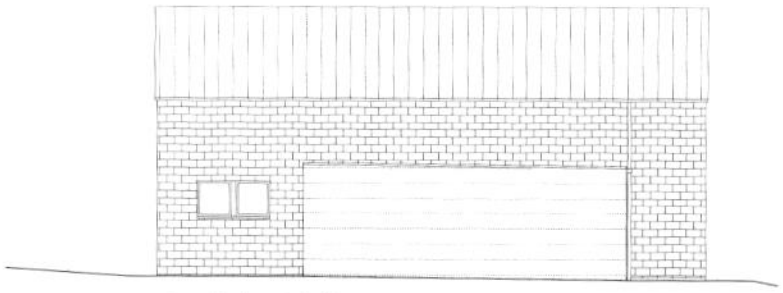

Ansicht Süd-Ost

Objektbeschreibung

Allgemeine Objektinformationen

Der nicht unterkellerte Neubau befindet sich auf einem leicht geneigten Grundstück. Ein überdachter Freisitz ähnelt optisch dem Gartenhaus mit angrenzendem Wasserbecken und verleiht dem Ensemble eine hochwertige, harmonische Gesamtwirkung. Über dem zum überdachten Terrassenbereich geöffneten Essplatz ist ein Luftraum angeordnet, der über drei Dachfenster zusätzliches Tageslicht in den gesamten Innenraum führt. Im Schlafzimmertrakt befindet sich neben dem Bad und dem Ankleideflur eine Sauna.

Nutzung

1 Erdgeschoss
Eingang, Garderobe, WC, Küche, Wohn-/Esszimmer, Ankleide, Schlafzimmer, Bad, Sauna

1 Dachgeschoss
Arbeitszimmer, Gästezimmer, Bad, Abstellraum, Technik, Galerie, Luftraum

Nutzeinheiten

Stellplätze: 1
Wohnfläche: 167 m^2

Grundstück

Bauraum: Freier Bauraum
Neigung: Ebenes Gelände
Bodenklasse: BK 3 bis BK 4

Markt

Hauptvergabezeit: 4. Quartal 2022
Baubeginn: 4. Quartal 2022
Bauende: 4. Quartal 2023
Konjunkturelle Gesamtlage: Durchschnitt
Regionaler Baumarkt: unter Durchschnitt

Baukonstruktion

Das Einfamilienhaus gründet auf einer Stahlbetonbodenplatte. Die Außenwände sind in Holzrahmenbauweise ausgeführt und mit einer Schieferfassade bekleidet. Die Fenster bestehen aus Holz-Aluprofilen und sind dreifachverglast. Innenwände und Decken wurden in Brettsperrholzbauweise hergestellt. Das Satteldach ist als klassisches Sparrendach mit Mineralwolldämmung ausgeführt und ebenfalls mit Schiefer gedeckt. Direkt an das Wohnhaus schließen eine Garage sowie eine großzügige Terrassenüberdachung an, beide in Holzbauweise errichtet. Die Terrassenüberdachung erhielt eine extensive Dachbegrünung. Als gestalterischer Kontrast zur Schieferfassade des Wohnhauses sind die Nebengebäude wie Terrassenüberdachung und Garage mit Holzlatten bekleidet. In den Innenräumen wurden Naturstein- und Parkettböden verlegt.

Technische Anlagen

Die Beheizung des Gebäudes erfolgt über eine Sole-Wasser-Wärmepumpe in Kombination mit einer flächendeckenden Fußbodenheizung. Ergänzend wurde eine geregelte Zuluftanlage installiert. In die Schieferdachfläche ist eine flächenbündig integrierte Photovoltaikanlage eingebunden.

Sonstiges

Das Gartenhaus mit Abstellraum und einer Pergolaüberdachung mit flexiblen, motorisch einstellbaren Lamellen sowie das Wasserbecken wurden in der Kostengruppe 500 dokumentiert und fließen dadurch nicht in die Kostenkennwerte mit ein.

Planungskennwerte für Flächen und Rauminhalte nach DIN 277

Flächen des Grundstücks		Menge Einheit	% an GF
BF	Bebaute Fläche	212,40 m²	20,8
UF	Unbebaute Fläche	810,48 m²	79,2
GF	Grundstücksfläche	1.022,88 m²	100,0

Grundflächen des Bauwerks		Menge Einheit	% an NUF	% an BGF
NUF	Nutzungsfläche	168,74 m²	100,0	69,4
TF	Technikfläche	4,33 m²	2,6	1,8
VF	Verkehrsfläche	15,36 m²	9,1	6,3
NRF	Netto-Raumfläche	188,43 m²	111,7	77,5
KGF	Konstruktions-Grundfläche	54,67 m²	32,4	22,5
BGF	Brutto-Grundfläche	243,10 m²	144,1	100,0

Brutto-Rauminhalt des Bauwerks		Menge Einheit	BRI/NUF (m)	BRI/BGF (m)
BRI	Brutto-Rauminhalt	934,38 m³	5,54	3,84

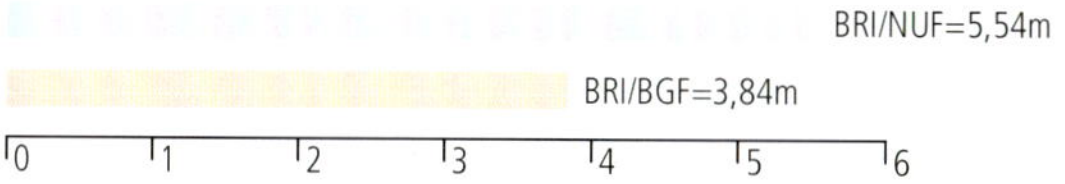

KG	Kostengruppen (2. Ebene)	Menge Einheit	Menge/NUF	Menge/BGF
310	Baugrube / Erdbau	376,70 m³ BGI	2,23	1,55
320	Gründung, Unterbau	150,02 m² GRF	0,89	0,62
330	Außenwände/Vertikale Baukonstruktionen, außen	290,83 m² AWF	1,72	1,20
340	Innenwände/Vertikale Baukonstruktionen, innen	241,73 m² IWF	1,43	0,99
350	Decken/Horizontale Baukonstruktionen	85,74 m² DEF	0,51	0,35
360	Dächer	201,84 m² DAF	1,20	0,83

Kostenkennwerte für die Kostengruppen der 1. Ebene DIN 276

KG	Kostengruppen (1. Ebene)	Einheit	Kosten €	€/Einheit	€/m² BGF	€/m³ BRI	% 300+400
100	Grundstück	m² GF	–	–	–	–	–
200	Vorbereitende Maßnahmen	m² GF	57.299	56,02	235,70	61,32	6,1
300	Bauwerk – Baukonstruktionen	m² BGF	747.618	3.075,35	3.075,35	800,12	79,3
400	Bauwerk – Technische Anlagen	m² BGF	195.448	803,98	803,98	209,17	20,7
	Bauwerk 300+400	**m² BGF**	**943.065**	**3.879,33**	**3.879,33**	**1.009,30**	**100,0**
500	Außenanlagen und Freiflächen	m² AF	270.064	307,81	1.110,92	289,03	28,6
600	Ausstattung und Kunstwerke	m² BGF	8.760	36,03	36,03	9,37	0,9
700	Baunebenkosten	m² BGF	–	–	–	–	–
800	Finanzierung	m² BGF	–	–	–	–	–

KG	Kostengruppe	Menge Einheit	Kosten €	€/Einheit	%
200	**Vorbereitende Maßnahmen**	1.022,88 m² GF	57.299	**56,02**	6,1

Abbruch von Gartenhaus, Schuppen, Garage, Stb-Bodenplatte, Fundamenten, Bewuchs roden

KG	Kostengruppe	Menge Einheit	Kosten €	€/Einheit	%
3+4	**Bauwerk**				**100,0**
300	**Bauwerk – Baukonstruktionen**	243,10 m² BGF	747.618	**3.075,35**	79,3

Stb-Fundamente, Stb-Bodenplatten, Heizestrich, Natursteinbeläge; Holzrahmen-Außenwände, Stahlstützen, Holz-Alufenster, Eingangstüren, Garagentor, Holzbekleidung, Schieferbekleidung, Malervlies, Beschichtung, Wandfliesen; Holzrahmen-Innenwände, GK-Wände, Holztüren; Holzbalkendecken, Holztreppe, Mosaikparkett, Bodenfliesen, GK-Decken; Sparrendach, Zwischensparrendämmung, Holzbalken-Flachdächer, Dachflächenfenster, Schieferdeckung, Dachbegrünung, Dachentwässerung, GK-Bekleidung, Holz-Akustikbekleidung; Einbauküche, Einbaumöbel

KG	Kostengruppe	Menge Einheit	Kosten €	€/Einheit	%
400	**Bauwerk – Technische Anlagen**	243,10 m² BGF	195.448	**803,98**	20,7

Gebäudeentwässerung, Kalt- und Warmwasserleitungen, Sanitärobjekte; Sole-Wasser-Wärmepumpe mit Kühlfunktion, Pufferspeicher, Fußbodenheizung; Lüftungsanlage mit fünf Abluftelementen; Photovoltaikmodule, Wechselrichter, Batteriespeicher, Elektroinstallation, Erdung; Telefonanschlussdose, Klingel, Sat-Anlage, Rauchmelder, Datenverkabelung

KG	Kostengruppe	Menge Einheit	Kosten €	€/Einheit	%
500	**Außenanlagen und Freiflächen**	877,37 m² AF	270.064	**307,81**	28,6

Bodenarbeiten; Stb-Fundamente, Natursteinpflaster, Natursteinplatten, Findlinge; Stb-Winkelstützwände, Holz-Sichtschutzwand, Hochbeeteinfassung, Palisadenmauer, Betonblockstufen, Gartenhaus: Holzrahmenwände, extensive Dachbegrünung, Überdachung mit Lamellen, Stahlstütze, Wasserbecken; Oberflächenentwässerung, Zisterne, Erdsondenbohrung, Elektroinstallation Gartenhaus, Außenbeleuchtung; Oberbodenarbeiten, Rasenansaat

KG	Kostengruppe	Menge Einheit	Kosten €	€/Einheit	%
600	**Ausstattung und Kunstwerke**	243,10 m² BGF	8.760	**36,03**	0,9

Duschtrennwände, Sanitärausstattung

Kostenkennwerte für die Kostengruppen 300 der 2. und 3. Ebene DIN 276 (Übersicht)

KG	Kostengruppe	Menge Einheit	Kosten €	€/Einheit	% an 3+4
300	**Bauwerk – Baukonstruktionen**	**243,10 m² BGF**	**747.617,74**	**3.075,35**	**79,3**
310	**Baugrube / Erdbau**	**376,70 m³ BGI**	**16.743,89**	**44,45**	**1,8**
311	Herstellung	376,70 m³ BGI	16.743,89	44,45	1,8
312	Umschließung	–	–	–	–
313	Wasserhaltung	–	–	–	–
314	Vortrieb	–	–	–	–
319	Sonstiges zur KG 310	–	–	–	–
320	**Gründung, Unterbau**	**150,02 m² GRF**	**120.048,01**	**800,21**	**12,7**
321	Baugrundverbesserung	–	–	–	–
322	Flachgründungen und Bodenplatten	150,02 m²	40.463,01	269,72	4,3
323	Tiefgründungen	–	–	–	–
324	Gründungsbeläge	115,32 m²	56.796,87	492,52	6,0
325	Abdichtungen und Bekleidungen	150,02 m²	22.121,31	147,46	2,3
326	Dränagen	150,02 m² GRF	666,81	4,44	< 0,1
329	Sonstiges zur KG 320	–	–	–	–
330	**Außenwände/Vert. Baukonstrukt., außen**	**290,83 m² AWF**	**232.843,09**	**800,62**	**24,7**
331	Tragende Außenwände	234,19 m²	50.605,76	216,09	5,4
332	Nichttragende Außenwände	–	–	–	–
333	Außenstützen	9,57 m	1.157,08	120,91	0,1
334	Außenwandöffnungen	56,64 m²	69.986,71	1.235,64	7,4
335	Außenwandbekleidungen, außen	249,39 m²	81.093,94	325,17	8,6
336	Außenwandbekleidungen, innen	166,04 m²	29.999,60	180,68	3,2
337	Element. Außenwandkonstruktionen	–	–	–	–
338	Lichtschutz zur KG 330	–	–	–	–
339	Sonstiges zur KG 330	–	–	–	–
340	**Innenwände/Vert. Baukonstrukt., innen**	**241,73 m² IWF**	**78.866,91**	**326,26**	**8,4**
341	Tragende Innenwände	132,23 m²	23.385,82	176,86	2,5
342	Nichttragende Innenwände	78,55 m²	10.415,69	132,60	1,1
343	Innenstützen	–	–	–	–
344	Innenwandöffnungen	30,95 m²	20.078,01	648,72	2,1
345	Innenwandbekleidungen	364,46 m²	24.987,37	68,56	2,6
346	Elementierte Innenwandkonstruktionen	–	–	–	–
347	Lichtschutz zur KG 340	–	–	–	–
349	Sonstiges zur KG 340	–	–	–	–
350	**Decken/Horizontale Baukonstruktionen**	**85,74 m² DEF**	**51.022,89**	**595,09**	**5,4**
351	Deckenkonstruktionen	85,74 m²	19.330,77	225,46	2,0
352	Deckenöffnungen	–	–	–	–
353	Deckenbeläge	71,15 m²	16.449,12	231,19	1,7
354	Deckenbekleidungen	68,28 m²	8.834,61	129,39	0,9
355	Elementierte Deckenkonstruktionen	–	–	–	–
359	Sonstiges zur KG 350	85,74 m² DEF	6.408,39	74,74	0,7
360	**Dächer**	**201,84 m² DAF**	**110.290,51**	**546,43**	**11,7**
361	Dachkonstruktionen	197,33 m²	19.881,91	100,75	2,1
362	Dachöffnungen	4,51 m²	9.883,70	2.191,51	1,0
363	Dachbeläge	206,81 m²	46.384,50	224,29	4,9
364	Dachbekleidungen	163,33 m²	31.171,48	190,85	3,3
365	Elementierte Dachkonstruktionen	–	–	–	–
366	Lichtschutz zur KG 360	4,51 m²	2.968,92	658,30	0,3
369	Sonstiges zur KG 360	–	–	–	–
370	**Infrastrukturanlagen**	**–**	**–**	**–**	**–**
380	**Baukonstruktive Einbauten**	**243,10 m² BGF**	**93.489,81**	**384,57**	**9,9**
390	**Sonst. Maßnahmen für Baukonstrukt.**	**243,10 m² BGF**	**44.312,65**	**182,28**	**4,7**

Kostenkennwerte für die Kostengruppen 400 der 2. und 3. Ebene DIN 276 (Übersicht)

KG	Kostengruppe	Menge Einheit	Kosten €	€/Einheit	% an 3+4
400	**Bauwerk – Technische Anlagen**	**243,10 m²BGF**	**195.447,59**	**803,98**	**20,7**
410	**Abwasser-, Wasser-, Gasanlagen**	**243,10 m²BGF**	**50.898,66**	**209,37**	**5,4**
411	Abwasseranlagen	243,10 m²BGF	17.270,40	71,04	1,8
412	Wasseranlagen	243,10 m²BGF	32.165,44	132,31	3,4
413	Gasanlagen	–	–	–	–
419	Sonstiges zur KG 410	243,10 m²BGF	1.462,82	6,02	0,2
420	**Wärmeversorgungsanlagen**	**243,10 m²BGF**	**51.886,16**	**213,44**	**5,5**
421	Wärmeerzeugungsanlagen	243,10 m²BGF	28.941,80	119,05	3,1
422	Wärmeverteilnetze	243,10 m²BGF	3.626,78	14,92	0,4
423	Raumheizflächen	243,10 m²BGF	13.533,29	55,67	1,4
424	Verkehrsheizflächen	–	–	–	–
429	Sonstiges zur KG 420	243,10 m²BGF	5.784,29	23,79	0,6
430	**Raumlufttechnische Anlagen**	**243,10 m²BGF**	**10.679,30**	**43,93**	**1,1**
431	Lüftungsanlagen	243,10 m²BGF	10.679,30	43,93	1,1
432	Teilklimaanlagen	–	–	–	–
433	Klimaanlagen	–	–	–	–
434	Kälteanlagen	–	–	–	–
439	Sonstiges zur KG 430	–	–	–	–
440	**Elektrische Anlagen**	**243,10 m²BGF**	**75.701,77**	**311,40**	**8,0**
441	Hoch- und Mittelspannungsanlagen	–	–	–	–
442	Eigenstromversorgungsanlagen	243,10 m²BGF	45.119,15	185,60	4,8
443	Niederspannungsschaltanlagen	–	–	–	–
444	Niederspannungsinstallationsanlagen	243,10 m²BGF	27.622,50	113,63	2,9
445	Beleuchtungsanlagen	243,10 m²BGF	74,08	0,30	< 0,1
446	Blitzschutz- und Erdungsanlagen	243,10 m²BGF	2.886,03	11,87	0,3
447	Fahrleitungssysteme	–	–	–	–
449	Sonstiges zur KG 440	–	–	–	–
450	**Kommunikationstechnische Anlagen**	**243,10 m²BGF**	**6.281,72**	**25,84**	**0,7**
451	Telekommunikationsanlagen	243,10 m²BGF	118,52	0,49	< 0,1
452	Such- und Signalanlagen	–	–	–	–
453	Zeitdienstanlagen	–	–	–	–
454	Elektroakustische Anlagen	243,10 m²BGF	192,60	0,79	< 0,1
455	Audiovisuelle Medien- u. Antennenanl.	243,10 m²BGF	1.407,46	5,79	0,1
456	Gefahrenmelde- und Alarmanlagen	243,10 m²BGF	1.244,50	5,12	0,1
457	Datenübertragungsnetze	243,10 m²BGF	3.318,64	13,65	0,4
458	Verkehrsbeeinflussungsanlagen	–	–	–	–
459	Sonstiges zur KG 450	–	–	–	–
460	**Förderanlagen**	**–**	**–**	**–**	**–**
461	Aufzugsanlagen	–	–	–	–
462	Fahrtreppen, Fahrsteige	–	–	–	–
463	Befahranlagen	–	–	–	–
464	Transportanlagen	–	–	–	–
465	Krananlagen	–	–	–	–
466	Hydraulikanlagen	–	–	–	–
469	Sonstiges zur KG 460	–	–	–	–
470	**Nutzungsspez. u. verfahrenstechn. Anl.**	**–**	**–**	**–**	**–**
480	**Gebäude- und Anlagenautomation**	**–**	**–**	**–**	**–**
490	**Sonst. Maßnahmen für techn. Anlagen**	**–**	**–**	**–**	**–**

Kostenkennwerte für Leistungsbereiche nach STLB (Kosten des Bauwerks nach DIN 276)

LB	Leistungsbereiche	Kosten €	€/m² BGF	€/m³ BRI	% an 3+4
000	Baustellen-, Sicherheitseinr. inkl. 001, 089	34.021	139,90	36,40	3,6
002	Erdarbeiten	40.721	167,50	43,60	4,3
006	Spezialtiefbauarbeiten inkl. 005	–	–	–	–
009	Entwässerungskanalarbeiten inkl. 011	11.586	47,70	12,40	1,2
010	Drän- und Versickerarbeiten	667	2,70	0,71	< 0,1
012	Mauerarbeiten	5.784	23,80	6,20	0,6
013	Betonarbeiten	39.470	162,40	42,20	4,2
014	Natur-, Betonwerksteinarbeiten	39.807	163,70	42,60	4,2
016	Zimmer- und Holzbauarbeiten	138.489	569,70	148,20	14,7
017	Stahlbauarbeiten	311	1,30	0,33	< 0,1
018	Abdichtungsarbeiten	9.223	37,90	9,90	1,0
019	Kampfmittelräumarbeiten	–	–	–	–
020	Dachdeckungsarbeiten	91.123	374,80	97,50	9,7
021	Dachabdichtungsarbeiten	–	–	–	–
022	Klempnerarbeiten	5.734	23,60	6,10	0,6
	Rohbau	**416.937**	**1.715,10**	**446,20**	**44,2**
023	Putz- und Stuckarbeiten, Wärmedämmsysteme	2.631	10,80	2,80	0,3
024	Fliesen- und Plattenarbeiten	10.927	44,90	11,70	1,2
025	Estricharbeiten	13.044	53,70	14,00	1,4
026	Fenster, Außentüren inkl. 029, 032	65.148	268,00	69,70	6,9
027	Tischlerarbeiten	125.340	515,60	134,10	13,3
028	Parkett-, Holzpflasterarbeiten	–	–	–	–
030	Rollladenarbeiten	5.784	23,80	6,20	0,6
031	Metallbauarbeiten inkl. 035	–	–	–	–
034	Maler- und Lackiererarb. - Beschicht. inkl. 037	33.608	138,20	36,00	3,6
036	Bodenbelagarbeiten	9.283	38,20	9,90	1,0
038	Vorgehängte hinterlüftete Fassaden	–	–	–	–
039	Trockenbauarbeiten	75.391	310,10	80,70	8,0
	Ausbau	**341.157**	**1.403,40**	**365,10**	**36,2**
040	Wärmeversorgungsanl. - Betriebseinr. inkl. 041	46.261	190,30	49,50	4,9
042	Gas- u. Wasseranl. - Leitung., Armat. inkl. 043	20.494	84,30	21,90	2,2
044	Abwasseranl. - Leitungen, Abläufe, Armaturen	1.892	7,80	2,00	0,2
045	Gas, Wasser, Entwässerung - Ausstattung inkl. 046	16.645	68,50	17,80	1,8
047	Dämm- und Brandschutzarb. an techn. Anlagen	994	4,10	1,10	0,1
049	Feuerlöschanlagen, Feuerlöschgeräte	–	–	–	–
050	Blitzschutz-/Erdungsanlagen, Überspannungssch.	2.886	11,90	3,10	0,3
053	Niederspannungsanl. - Kabel inkl. 052, 054	72.742	299,20	77,90	7,7
055	Sicherheits- u. Ersatzstromversorgungsanl.	–	–	–	–
057	Gebäudesystemtechnik	–	–	–	–
058	Leuchten und Lampen inkl. 059	74	0,30	0,08	< 0,1
060	Such, Signal, Zeit, Anten., akust. Anl. inkl. 064	3.793	15,60	4,10	0,4
061	Kommunikations- u. Übertragungsnetze inkl. 063	2.489	10,20	2,70	0,3
069	Aufzüge	–	–	–	–
070	Gebäudeautomation	–	–	–	–
075	Raumlufttechnische Anlagen inkl. 078	10.679	43,90	11,40	1,1
	Gebäudetechnik	**178.948**	**736,10**	**191,50**	**19,0**
084	Abbruch, Rückbau, Schadstoffsanierung	3.693	15,20	4,00	0,4
	Abbrucharbeiten	**3.693**	**15,20**	**4,00**	**0,4**
	Sonstige Leistungsbereiche	**2.330**	**9,60**	**2,50**	**0,2**

6100-1815
Einfamilienhaus
Doppelgarage

Kostenkennwerte für die Kosten des Bauwerks (Kostengruppen 300+400 nach DIN 276)

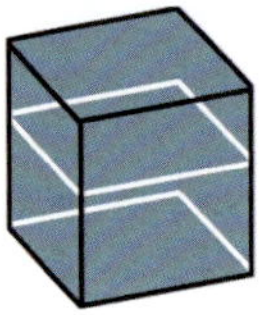

BRI 1.099€/m³

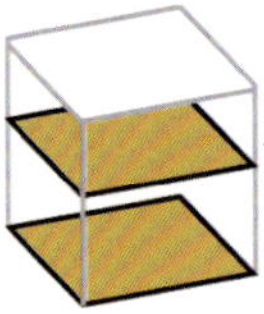

BGF 4.173€/m²

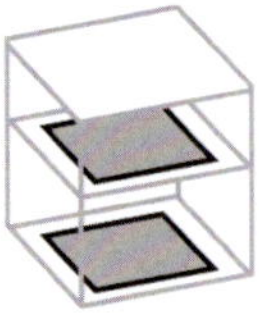

NUF 6.353€/m²

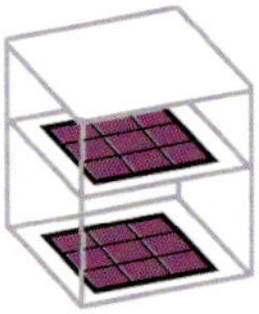

NE 6.749€/NE

NE: Wohnfläche

Objekt:
Kennwerte: 1.Ebene DIN 276
BRI: 1.493m³
BGF: 393m²
NUF: 258m²
Bauzeit: 78 Wochen
Bauende: 2023
Standard: hoch
Bundesland: Rheinland-Pfalz
Kreis: Eifelkreis Bitburg-Prüm

Architekt*in:
cl.ar Carsten Larusch
Architektur
Holunderweg 10
54634 Bitburg

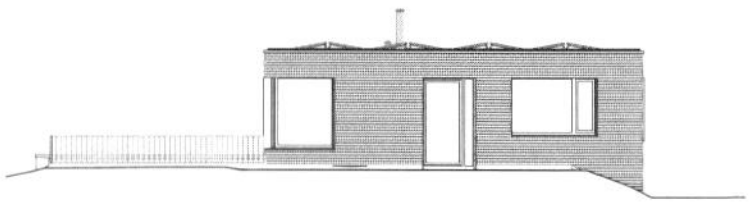
Ansicht Nord

Ansicht Ost

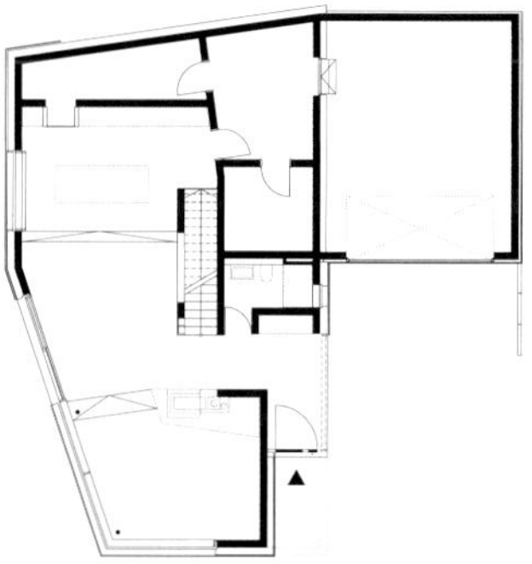
Erdgeschoss

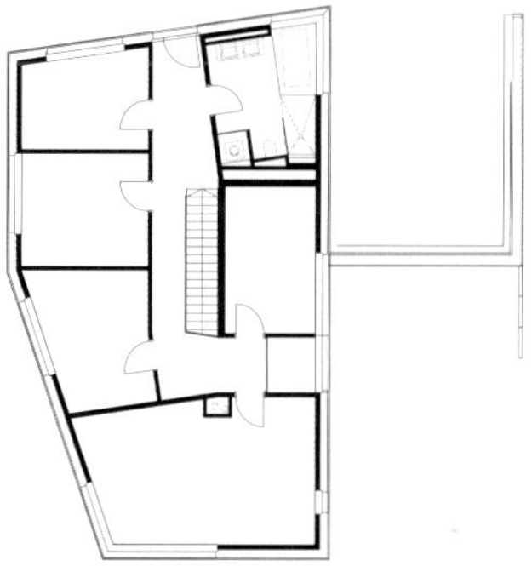
Obergeschoss

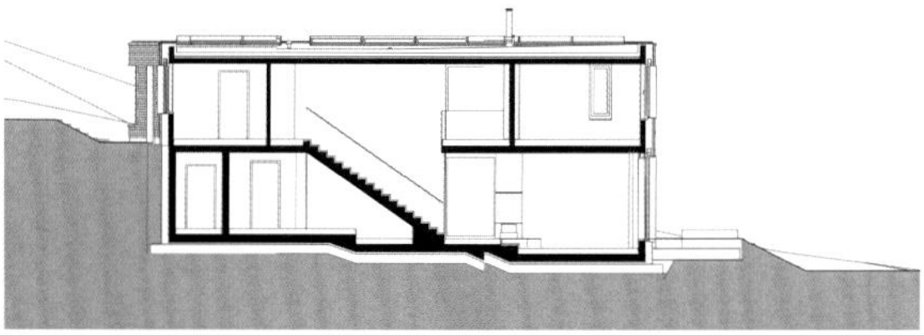
Schnitt A-A

Ansicht Süd

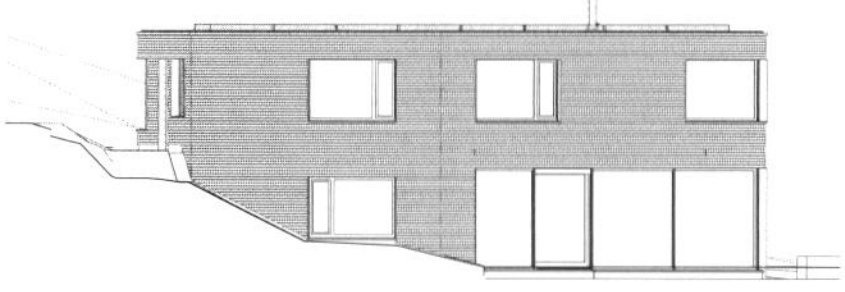
Ansicht West

Objektbeschreibung

Allgemeine Objektinformationen

Der zweigeschossige Flachdachbau mit angrenzender Doppelgarage legt sich nordseitig geschosshoch in den Hang und folgt den Gegebenheiten des Südhangs. Die Geometrie des Gebäudes geht mit abgewinkelten Fassaden auf den Sonnenverlauf ein und verbindet die Außenbereiche des oberen und unteren Gartens. Auch die Materialität passt sich der umgebenden Natur an. Die hinterlüftete Holzlamellenfassade legt sich homogen um das gesamte Gebäude. Die Oberflächen der Innenräume zeigen sich in den ursprünglichen Rohbaumaterialien Beton und Holz. Während im Erdgeschoss die Betonwände teils Sichtbeton belassen, teils weiß gestrichen wurden, so zeigen sich im Obergeschoss alle Oberflächen der Wände und Decken im konstruktiven Brettsperrholz.

Nutzung

1 Erdgeschoss
Eingangsbereich, WC, Wohnzimmer, Esszimmer, Küche, Vorratsraum, Abstellraum, Technik, Doppelgarage

1 Obergeschoss
Schlafzimmer mit Ankleidebereich, drei Kinderzimmer, Büro, Bad, Flur

Nutzeinheiten

Stellplätze: 2
Wohnfläche: 243 m²

Grundstück

Bauraum: Freier Bauraum
Neigung: Hanglage
Bodenklasse: BK 3 bis BK 6

Markt

Hauptvergabezeit: 2. Quartal 2022
Baubeginn: 2. Quartal 2022
Bauende: 4. Quartal 2023
Konjunkturelle Gesamtlage: über Durchschnitt
Regionaler Baumarkt: unter Durchschnitt

Baukonstruktion

Das Gebäude gründet auf einer tragenden Stahlbetonbodenplatte mit Schaumglasschotter als dämmenden Unterbau. Die Erdgeschosswände und die Geschossdecke sind in Stahlbeton ausgeführt, das Obergeschoss einschließlich dem Dach sind als Brettsperrholzkonstruktion errichtet. Die Aussteifung übernimmt eine durchgehende Treppenhauswand aus Stahlbeton, ansonsten kommt der Holzbau ohne Stahlträger aus. Die Leitungsführungen sind in Beton- und Holzelementen vorgefertigt und verlaufen in einer verdeckten Installationsebene oberhalb der Sichtholzdecken. Die Böden bestehen im Erdgeschoss aus geschliffenem Sichtestrich in Terrazzooptik, des weiteren aus hochwertigen Holz- und Fliesenbelägen. Die Fassade ist hochwärmegedämmt mit Zellulose-Einblasdämmung und hinterlüfteter Vorhangfassade aus Holzlamellen und zementgebundenen Platten. Fenster und Türen sind als Holz-Alukonstruktionen ausgeführt. Ein außenliegender, automatisierter Sonnenschutz sowie eine integrierte Markise sorgen für sommerlichen Wärmeschutz.

Technische Anlagen

Für eine zeitgemäße technische Ausstattung und hohen Nutzungskomfort bei minimalem Energieverbrauch sorgen eine Erd-Sole-Wärmepumpe, eine zentrale Lüftungsanlage sowie eine intelligente Gebäudesteuerung. Über die flächige Verteilung der Wärmeleistung sorgt eine Fußbodenheizung. Der Wohnbereich verfügt über eine Heimkinoanlage mit multimedia-Möbel, großer Leinwand und Einbaulautsprechern in der Betondecke. Eine Kaminanlage mit drei Glasseiten auf einem Stahlsockel bildet das raumteilende Element zwischen dem sonst offenen Wohn- und Essbereich.

Sonstiges

Mittels der Erträge aus der 18kWp-Photovoltaikanlage auf dem Flachdach, kombiniert mit der thermischen Hülle und einem Batteriespeicher wird der „Effizienzhaus 40+"-Standard erreicht, bei dem das Gebäude in der Gesamtjahresbetrachtung nachweislich mehr Energie erzeugt als es verbraucht.

Planungskennwerte für Flächen und Rauminhalte nach DIN 277

Flächen des Grundstücks		Menge Einheit	% an GF
BF	Bebaute Fläche	225,00 m²	17,9
UF	Unbebaute Fläche	1.034,00 m²	82,1
GF	Grundstücksfläche	1.259,00 m²	100,0

Grundflächen des Bauwerks		Menge Einheit	% an NUF	% an BGF
NUF	Nutzungsfläche	258,14 m²	100,0	65,7
TF	Technikfläche	8,09 m²	3,1	2,1
VF	Verkehrsfläche	36,44 m²	14,1	9,3
NRF	Netto-Raumfläche	302,67 m²	117,3	77,0
KGF	Konstruktions-Grundfläche	90,33 m²	35,0	23,0
BGF	Brutto-Grundfläche	393,00 m²	152,2	100,0

Brutto-Rauminhalt des Bauwerks		Menge Einheit	BRI/NUF (m)	BRI/BGF (m)
BRI	Brutto-Rauminhalt	1.493,00 m³	5,78	3,80

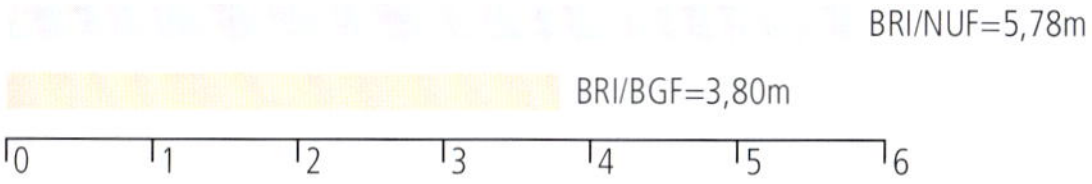

Kostenkennwerte für die Kostengruppen der 1. Ebene DIN 276

KG	Kostengruppen (1. Ebene)	Einheit	Kosten €	€/Einheit	€/m² BGF	€/m³ BRI	% 300+400
100	Grundstück	m² GF	–	–	–	–	–
200	Vorbereitende Maßnahmen	m² GF	–	–	–	–	–
300	Bauwerk – Baukonstruktionen	m² BGF	1.260.504	3.207,39	3.207,39	844,28	76,9
400	Bauwerk – Technische Anlagen	m² BGF	379.572	965,83	965,83	254,23	23,1
	Bauwerk 300+400	**m² BGF**	**1.640.076**	**4.173,22**	**4.173,22**	**1.098,51**	**100,0**
500	Außenanlagen und Freiflächen	m² AF	94.270	387,94	239,87	63,14	5,7
600	Ausstattung und Kunstwerke	m² BGF	–	–	–	–	–
700	Baunebenkosten	m² BGF	–	–	–	–	–
800	Finanzierung	m² BGF	–	–	–	–	–

KG	Kostengruppe	Menge Einheit	Kosten €	€/Einheit	%
3+4	**Bauwerk**				**100,0**
300	**Bauwerk – Baukonstruktionen**	393,00 m² BGF	1.260.504	**3.207,39**	76,9

Baugrubenaushub, Stb-Bodenplatte, Abdichtung, Dämmung, Heizestrich, Bodenfliesen, geschliffener Sichtestrich, Parkett, Schaumglasschotter; Stb-Wände, Brettsperrholzwände, Stb-Doppelwandelemente, Stahlstützen, Holz-Alufensterelemente, Dreifachverglasung, Holz-Alutüren, Garagentor, Holzfaserdämmplatten, Zelluloseeinblasdämmung, Holzfassade aus vorbewittertem Lärchenholz, HPL-Fassade, GK-Bekleidung, Beschichtung, Wandfliesen, Raffstores, integrierte Markisen; Brettsprerrholzwände, Sichtoberflächen, Stb-Doppelwandelemente, Holzinnentüren, Wandspachtelung, Beschichtung, Wandfliesen; Brettsperrholzdecke, Stb-Halbfertigdecke, Stb-Treppe, Dämmung, Heizestrich, Bodenfliesen, geschliffener Sichtestrich, Parkett, Treppengeländer, Glasgeländer; Brettsperrholzflachdach, horizontale Installationsebene, Gefälledämmung, Flachdachabdichtung, Dachentwässerung, Geländer; Einbaumöbel, geschreinerte Küche

KG	Kostengruppe	Menge Einheit	Kosten €	€/Einheit	%
400	**Bauwerk – Technische Anlagen**	393,00 m² BGF	379.572	**965,83**	23,1

Gebäudeentwässerung, Kalt- und Warmwasserleitungen, Sanitärobjekte; Wärmepumpe mit Erdsonden (Bohrungen), Fußbodenheizung, Kaminanlage; zentrale, kontrollierte Be- und Entlüftungsanlage mit WRG; PV-Anlage (18kWp), Elektroinstallation, Beleuchtung, Smart-Home-System, Wetterstation für Sonnenschutzsteuerung; Heimkinoanlage, Leinwand, Projektor, Soundsystem

KG	Kostengruppe	Menge Einheit	Kosten €	€/Einheit	%
500	**Außenanlagen und Freiflächen**	243,00 m² AF	94.270	**387,94**	5,7

Bodenarbeiten; Zufahrt mit Schotter befestigt, Terrassenbeläge, Hofbeläge mit Betonsteinplatten; Stützmauer; Oberbodenmodellierung, Rollrasen, Bepflanzung

6200-0129
Hospiz
(12 Betten)

Kostenkennwerte für die Kosten des Bauwerks (Kostengruppen 300+400 nach DIN 276)

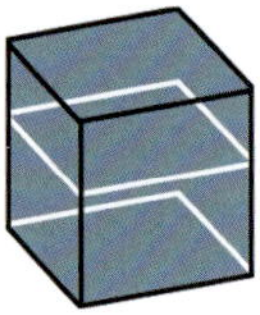

BRI 1.176 €/m³

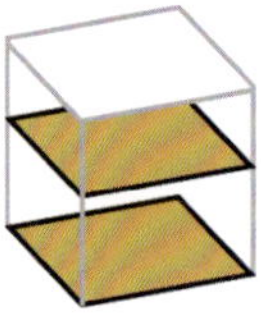

BGF 3.978 €/m²

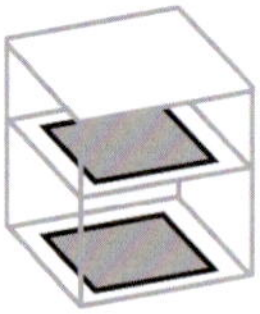

NUF 6.121 €/m²

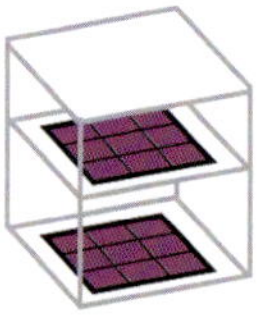

NE 657.620 €/NE

NE: Pflegeplätze

Objekt:
Kennwerte: 1. Ebene DIN 276
BRI: 6.712 m³
BGF: 1.984 m²
NUF: 1.289 m²
Bauzeit: 78 Wochen
Bauende: 2023
Standard: mittel
Bundesland: Schleswig-Holstein
Kreis: Dithmarschen

Architekt*in:
Planungsring
Mumm + Partner GbR
Krim 2
24896 Treia

Bauherr*in:
Hospiz Dithmarschen gGmbH
Heseler Weg 3a
25704 Meldorf

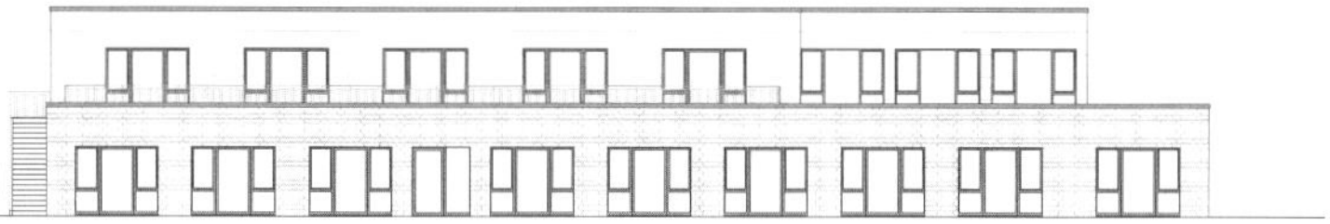

Ansicht Nord

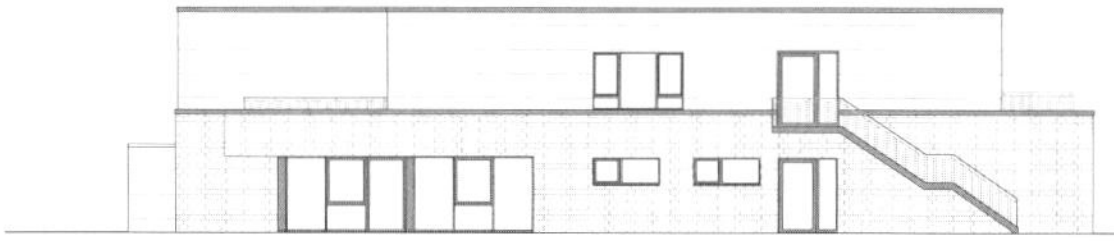

Ansicht Ost

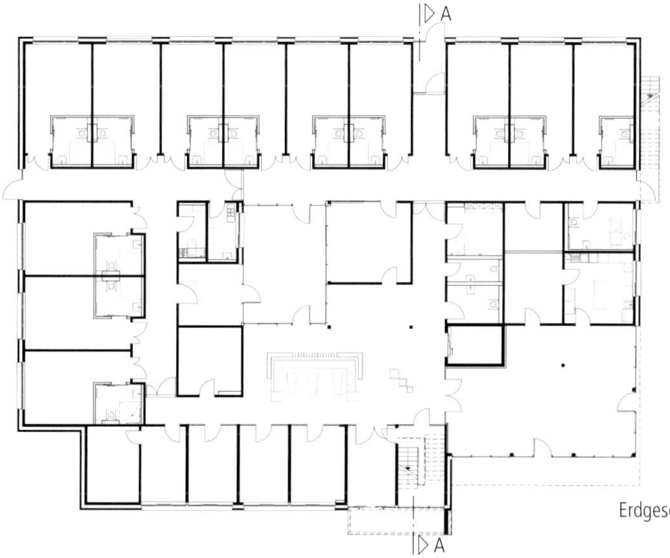

Erdgeschoss

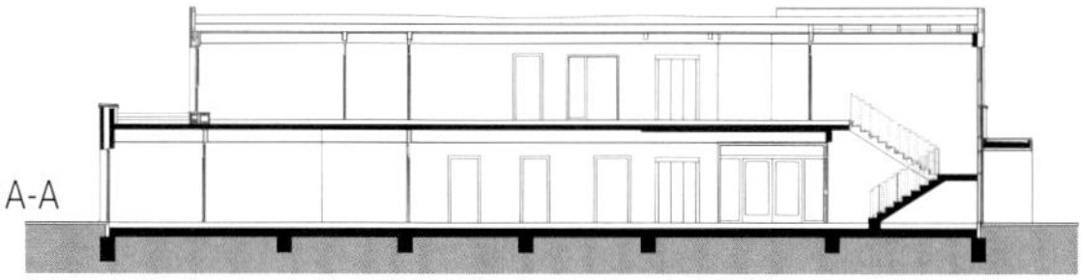

Schnitt A-A

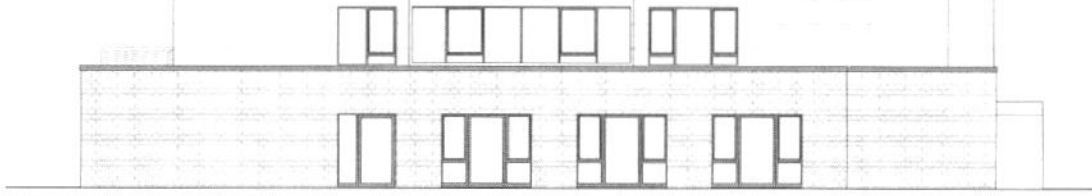

Ansicht West

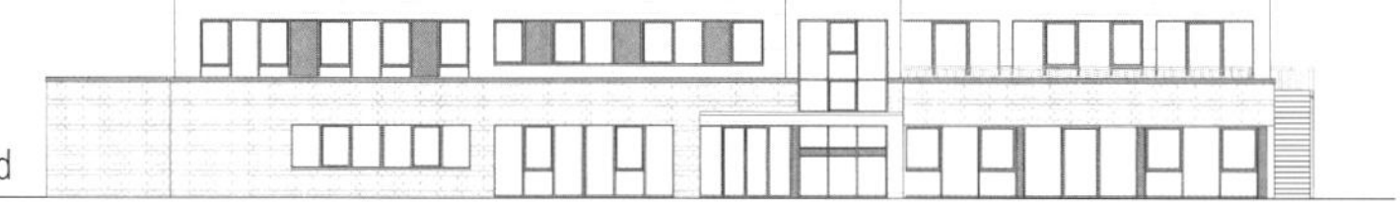

Ansicht Süd

Objektbeschreibung

Allgemeine Objektinformationen

Bei dem Neubau handelt es sich um einen zweigeschossigen Solitärbau. Das Obergeschoss wurde als Staffelgeschoss mit Terrassen ausgebildet.

Nutzung

1 Erdgeschoss
Empfangshalle, Zimmer mit Bädern, Küche, Vorbereitungsraum, Hospiz-Café, Raum der Stille, Büros, Personalraum, Hausanschlussraum, Wohlfühlbad, WCs, Abstellräume, Lagerräume, Treppenhaus, Aufzug, Terrassen

1 Obergeschoss
Kinder-Trauergruppenräume, Multifunktionsraum, Angehörigenräume mit Bad, Besprechungsraum, Schulungsraum, Teeküche, Aufenthaltsraum, Büros, Personalraum, Umkleideräume, EDV-Raum, Bäder, WCs, Abstellräume, Lager, Treppenhaus, Aufzug, Dachterrassen

Nutzeinheiten

Pflegeplätze: 12

Grundstück

Bauraum: Freier Bauraum
Neigung: Ebenes Gelände
Bodenklasse: BK 1 bis BK 4

Markt

Hauptvergabezeit: 4. Quartal 2021
Baubeginn: 1. Quartal 2022
Bauende: 3. Quartal 2023
Konjunkturelle Gesamtlage: Durchschnitt
Regionaler Baumarkt: unter Durchschnitt

Baukonstruktion

Der Neubau zeichnet sich durch eine hybride Bauweise aus, in dem das Erdgeschoss in Massivbauweise und das Staffelgeschoss in Holzbauweise realisiert wurden. Die Fassade wurde im Erdgeschoss mit Vollmauerziegeln verblendet, während im Obergeschoss eine Faserzementfassade Anwendung fand. Die Erschließung erfolgt mittels Treppe aus Stahlbetonläufen mit Betonwerksteinstufen. Die Böden sind mit PVC und Bodenfliesen belegt.

Technische Anlagen

Die benötigte Gebäudeheizung und Warmwasserbereitung wurden zentral über das öffentliche Fernwärmenetz unter Verwendung eines Erdbeckenspeichers realisiert. Die Verteilung der Heizwärme erfolgt über Fußbodenheizung. Als zusätzliche Maßnahme zur nachhaltigen Energiegewinnung wurde auf dem Flachdach eine Photovoltaik-Anlage mit einer Kapazität von 65,6kWp installiert. Die Integration eines Bettenaufzugs im Inneren des Gebäudes trägt zur effizienten vertikalen Mobilität bei. Um die Sicherstellung einer optimalen Raumluftqualität zu gewährleisten wurden dezentrale Abluftanlagen eingebaut.

Sonstiges

Die Architektur dieses Hospizes soll Wärme ausstrahlen, Ruhe vermitteln und eine Atmosphäre des Respekts für das Leben schaffen. Hierbei waren das Farb- und Materialkonzept für die Inneneinrichtung sowie das Lichtkonzept von entscheidender Bedeutung.

Energetische Kennwerte

Gesetzliche Grundlage: GEG 2020
Gebäudenutzfläche: 2.054,90 m^2
Gebäudevolumen: 6.421,61 m^3
A/V_e-Verhältnis (Kompaktheit): 0,52 m^{-1}
Hüllfläche des beheizten Volumens: 3.319,46 m^2
Spez. Transmissionswärmeverlust: 0,31 W/(m^2·K)
Spez. Jahresprimärenergiebedarf: 7,94 kWh/(m^2·a)
Spez. Jahresendenergiebedarf: 51,81 kWh/(m^2·a)

Energetische Angaben zu Außenbauteilen

Bodenplatte

U-Wert: 0,37 W/(m²·K)

Gesamtdicke: 45,50 cm	d [cm]	λ [W/(mK)]
Estrich	7,00	1,400
Dämmung	8,00	0,035
Bitumenbahn	0,50	0,170
Stahlbeton	30,00	2,100

Außenwand EG

U-Wert: 0,16 W/(m²·K)

Gesamtdicke: 50,50 cm	d [cm]	λ [W/(mK)]
Innenputz	1,50	0,350
Kalksandstein	17,50	0,560
Dämmung	18,00	0,035
Luftschicht ruhend	2,00	0,118
Ziegel	11,50	0,500

Dach EG

U-Wert: 0,15 W/(m²·K)

Gesamtdicke: 81,60 cm	d [cm]	λ [W/(mK)]
Dämmung	20,00	0,035
Stahlbeton	20,00	2,000
Luftschicht ruhend	40,00	2,222
Holzfaserplatte	1,60	0,045

Außenwand OG

U-Wert: 0,17 W/(m²·K)

Gesamtdicke: 28,25 cm	d [cm]	λ [W/(mK)]
GK-Platte	1,25	0,250
OSB-Platte	1,50	0,130
Holz	24,00	0,130
Dämmung	24,00	0,035
OSB-Platte	1,50	0,130

Dach

U-Wert: 0,14 W/(m²·K)

Gesamtdicke: 67,90 cm	d [cm]	λ [W/(mK)]
Dämmung	20,00	0,035
Holz	2,80	0,130
Holz	22,00	0,130
Luftschicht ruhend	22,00	1,375
OSB-Platte	1,50	0,130
Luftschicht ruhend	20,00	1,111
Holz	1,60	0,045

6200-0129
Hospiz
(12 Betten)

Planungskennwerte für Flächen und Rauminhalte nach DIN 277

Flächen des Grundstücks		Menge Einheit	% an GF
BF	Bebaute Fläche	1.178,54 m²	32,3
UF	Unbebaute Fläche	2.469,46 m²	67,7
GF	Grundstücksfläche	3.648,00 m²	100,0

Grundflächen des Bauwerks		Menge Einheit	% an NUF	% an BGF
NUF	Nutzungsfläche	1.289,26 m²	100,0	65,0
TF	Technikfläche	16,08 m²	1,2	0,8
VF	Verkehrsfläche	380,72 m²	29,5	19,2
NRF	Netto-Raumfläche	1.686,06 m²	130,8	85,0
KGF	Konstruktions-Grundfläche	297,74 m²	23,1	15,0
BGF	Brutto-Grundfläche	1.983,80 m²	153,9	100,0

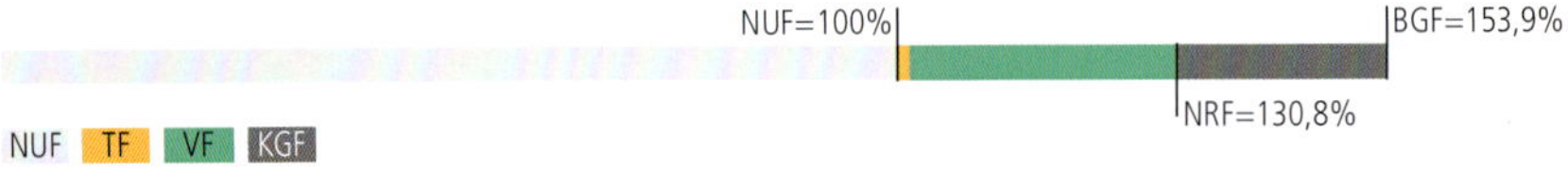

Brutto-Rauminhalt des Bauwerks		Menge Einheit	BRI/NUF (m)	BRI/BGF (m)
BRI	Brutto-Rauminhalt	6.711,52 m³	5,21	3,38

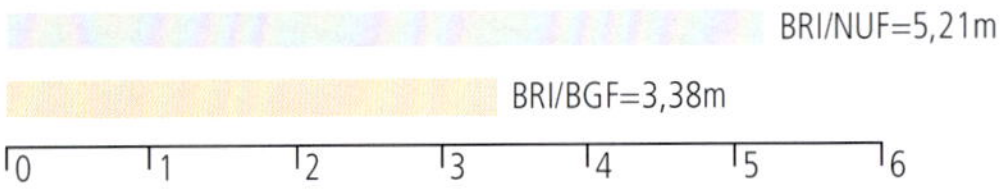

Kostenkennwerte für die Kostengruppen der 1. Ebene DIN 276

KG	Kostengruppen (1. Ebene)	Einheit	Kosten €	€/Einheit	€/m² BGF	€/m³ BRI	% 300+400
100	Grundstück	m² GF	–	–	–	–	–
200	Vorbereitende Maßnahmen	m² GF	153.557	42,09	77,41	22,88	1,9
300	Bauwerk – Baukonstruktionen	m² BGF	5.649.582	2.847,86	2.847,86	841,77	71,6
400	Bauwerk – Technische Anlagen	m² BGF	2.241.861	1.130,08	1.130,08	334,03	28,4
	Bauwerk 300+400	**m² BGF**	**7.891.442**	**3.977,94**	**3.977,94**	**1.175,81**	**100,0**
500	Außenanlagen und Freiflächen	m² AF	670.338	–	337,91	99,88	8,5
600	Ausstattung und Kunstwerke	m² BGF	–	–	–	–	–
700	Baunebenkosten	m² BGF	–	–	–	–	–
800	Finanzierung	m² BGF	–	–	–	–	–

KG	Kostengruppe	Menge Einheit	Kosten €	€/Einheit	%
200	**Vorbereitende Maßnahmen**	3.648,00 m² GF	153.557	**42,09**	1,9

Erschließung, Hausanschlüsse

KG	Kostengruppe	Menge Einheit	Kosten €	€/Einheit	%
3+4	**Bauwerk**				**100,0**
300	**Bauwerk – Baukonstruktionen**	1.983,80 m² BGF	5.649.582	**2.847,86**	71,6

Baugrubenaushub; Stb-Fundamente, Stb-Bodenplatte, Pfahlgründung, Heizestrich, Vinylboden, Bodenfliesen, Abdichtung, Dämmung; Mauerwerkswände, Stb-Wände im EG, Holzrahmenwände im OG, Alu-Pfosten-Riegelfassade, Alufenster, Dreifachverglasung, Wärmedämmung, Ziegelfassade, Faserzementfassade, Sonnenschutz-Jalousien, Motorantrieb; Innenmauerwerk, Stb-Wände, GK-Wände, Holztüren, verglast, Wandfliesen, Beschichtung, mobile Trennwände, Glastrennwände; Stb-Elementdecken, Stb-Treppen, Stahlaußentreppen, Heizestrich, Vinyl, Bodenfliesen, abgehängte GK-Decken, abgehängte Schallschutzdecken, Stahlgeländer, Treppengeländer; Holzbalkendach, Stb-Elementdach, Gefälledämmung, Abdichtung, extensive Dachbegrünung, Dachentwässerung, abgehängte GK-Decken, Schallschutzdecken, Vordach; Moduleinbauschränke, Küchen

KG	Kostengruppe	Menge Einheit	Kosten €	€/Einheit	%
400	**Bauwerk – Technische Anlagen**	1.983,80 m² BGF	2.241.861	**1.130,08**	28,4

Gebäudeentwässerung, Kalt- und Warmwasserleitungen, Sanitärobjekte; Fernwärmeversorgung, Fußbodenheizung; dezentrale Abluftanlagen; PV-Anlagen (313m²), Elektroinstallation, Beleuchtung, Sicherheitsleuchten, Blitzschutzanlage; Cat7-Datenverkabelung, Telefonanlage, Lichtrufanlage, Fernseh- und Antennenanlage, Brandmeldeanlage; Bettenaufzug; Gebäudeautomation

KG	Kostengruppe	Menge Einheit	Kosten €	€/Einheit	%
500	**Außenanlagen und Freiflächen**	–	670.338	**–**	8,5

Oberbodenarbeiten, Bodenarbeiten; Wege, Terrassen; Quellsteinbrunnen; Oberbodenauftrag, Gehölze, Stauden, Rasen

6200-0131
Wohnanlage
für Menschen mit
Behinderung (32 WE)

Kostenkennwerte für die Kosten des Bauwerks (Kostengruppen 300+400 nach DIN 276)

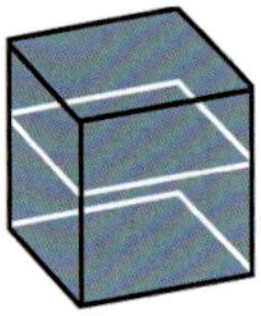

BRI 1.181 €/m³

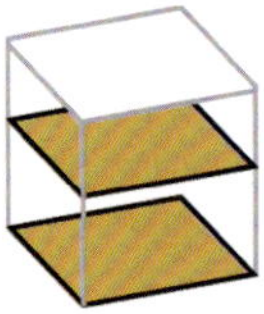

BGF 3.969 €/m²

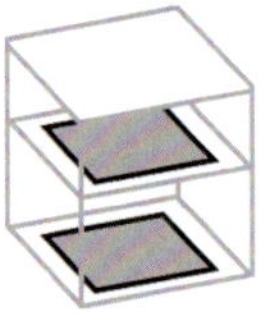

NUF 6.750 €/m²

Objekt:
Kennwerte: 1.Ebene DIN 276
BRI: 10.168 m³
BGF: 3.025 m²
NUF: 1.778 m²
Bauzeit: 104 Wochen
Bauende: 2022
Standard: mittel
Bundesland: Niedersachsen
Kreis: Osterholz

Architekt*in:
consilio pro
Kleinbahnweg 2
59519 Möhnesee-Günne

Bauherr*in:
Lilienthaler
Diakonie gGmbH
Moorhauser Landstraße 3a
28865 Lilienthal

Ansicht Süd-Ost

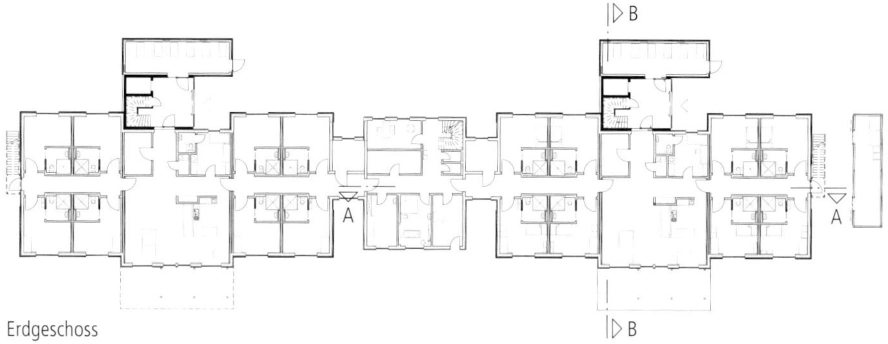

Erdgeschoss

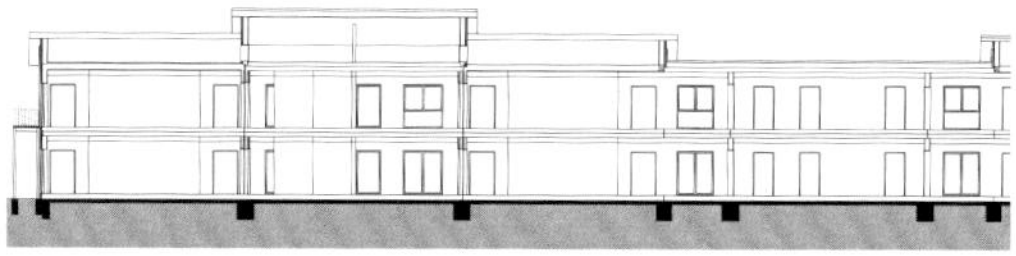

Schnitt A-A

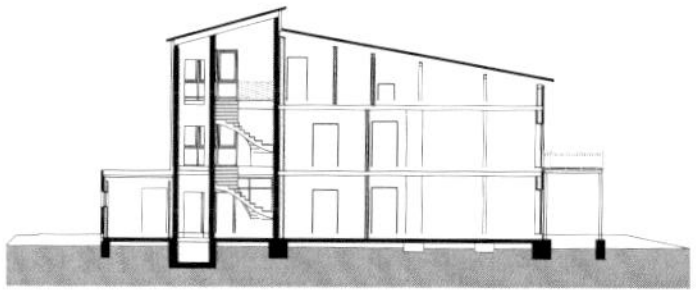

Schnitt B-B

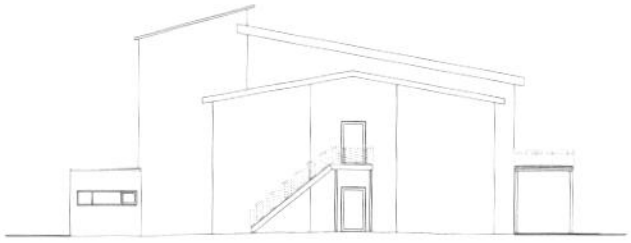

Ansicht Süd-West

Ansicht Nord-Ost

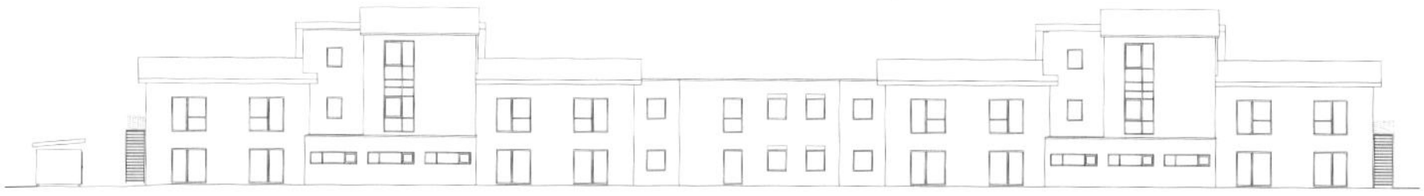

Ansicht Nord-West

6200-0131
Wohnanlage
für Menschen mit
Behinderung (32 WE)

Objektbeschreibung

Allgemeine Objektinformationen

Die neue Wohnanlage gliedert sich in zwei baugleiche zweigeschossige Baukörper, die ausschließlich dem Wohnen zugeordnet sind und durch einen Funktionsbaukörper verbunden sind. Pro Gebäude sind jeweils zwei Wohngruppen mit acht Bewohnern untergebracht. Jedes Zimmer ist mit einer rollstuhlgerechten Nasszelle ausgestattet. Die Bewohnerzimmer sind zu kleinen Raumgruppen von jeweils vier Personen zusammengeschlossen. Je Geschoss befindet sich zentral ein Wohnbereich mit Küche, an den jeweils rechts und links eine Wohngruppe mit vier Zimmern angeschlossen ist. Ziel ist es, den Menschen ein selbstbestimmtes und eigenständiges Leben zu ermöglichen und so viel Privatsphäre wie möglich zu bieten. Im eingeschobenen Gebäudezwischenteil sind die für die Betreuung und Versorgung notwendigen Funktionsräume untergebracht.

Nutzung

1 Erdgeschoss
Bewohnerzimmer, Bäder, Gemeinschaftsräume, Personalräume, Dienstzimmer, Sanitärräume, Wäscheraum, Abstellräume, Treppenhäuser, Aufzüge, Garage (E-Rollies)

1 Obergeschoss
Bewohnerzimmer, Bäder, Gemeinschaftsräume, Personalräume, Wäscheraum, Abstellräume, Treppenhäuser, Aufzüge

1 Dachgeschoss
Abstellräume, Dachboden, Technik, Treppenhäuser, Aufzüge

Nutzeinheiten

Stellplätze: 11
Zimmer: 32

Grundstück

Bauraum: Freier Bauraum
Neigung: Ebenes Gelände
Bodenklasse: BK 3 bis BK 4

Markt

Hauptvergabezeit: 1. Quartal 2020
Baubeginn: 1. Quartal 2020
Bauende: 1. Quartal 2022
Konjunkturelle Gesamtlage: Durchschnitt
Regionaler Baumarkt: Durchschnitt

Baukonstruktion

Die Gründung erfolgte durch eine Stb-Bodenplatte auf Streifenfundamenten. Die darüberliegenden Baukörper wurden überwiegend in Holzrahmenbauweise errichtet. Lediglich die vorgelagerten Erschließungs- und Eingangsbereiche sind aus brandschutztechnischen Gründen in Massivbauweise ausgeführt. Die Fassaden erhielten hinterlüftete Vorsatzschalen aus Klinker oder einen Außenputz. Die Kunststofffenster können mit Rollläden oder Raffstores verschattet werden. Die Massivholzdächer sind im Zwischenbau als Flachdach, über den Wohnbereichen als Satteldach mit Pultdachkombination ausgeführt. Die Balkone wurden als Stahl-Fertigelemente vorgesetzt.

Technische Anlagen

Für die Wärmeversorgung sind die Gebäude an das vorhandene Fernwärmenetz angeschlossen. Fußbodenheizungen verteilen die Wärme in den Gebäuden. Eine zentrale Lüftungsanlage mit Wärmerückgewinnung versorgt sämtliche Räume der Gebäude vom Dachgeschoss aus mit Frischluft. Alle Zimmer sind mit rollstuhlgerechten Bädern ausgestattet. Außerdem stehen Pflegebäder mit Badewannen zur Verfügung. Zwei Aufzüge ermöglichen die barrierefreie Erschließung aller Geschosse. Die Gebäude sind mit einer Brandmeldeanlage und einer Notrufanlage ausgestattet. Die Wohnanlage verfügt über eine Photovoltaikanlage auf dem Flachdach.

Energetische Kennwerte

Gesetzliche Grundlage: EnEV 2013
Gebäudenutzfläche: 1.932,60 m^2
Gebäudevolumen: 8.552,80 m^3
A/V_e-Verhältnis (Kompaktheit): 0,49 m^{-1}
Hüllfläche des beheizten Volumens: 4.193,50 m^2
Mittlerer U-Wert (opake Bauteile): 0,14
Mittlerer U-Wert (transparente Bauteile): 0,92
Spez. Jahresprimärenergiebedarf: 495,10 kWh/(m^2·a)

Energetische Angaben zu Außenbauteilen

Bodenplatte

U-Wert: 0,21 W/(m2·K)

Gesamtdicke: 42,50 cm	d [cm]	λ [W/(mK)]
Estrich	6,50	1,400
Dämmung	16,00	0,035
Stahlbeton	20,00	2,300

Außenwand

U-Wert: 0,15 W/(m2·K)

Gesamtdicke: 36,10 cm	d [cm]	λ [W/(mK)]
Faserzementplatte	1,20	0,580
OSB-Platte	1,20	0,130
Luftschicht ruhend	6,00	0,045
Holz	6,00	0,130
OSB-Platte	1,50	0,130
Dämmung	24,00	0,045
Holz	24,00	0,130
Holzfaserplatte	2,20	0,045

Außenwand Porenbeton

U-Wert: 0,20 W/(m2·K)

Gesamtdicke: 39,50 cm	d [cm]	λ [W/(mK)]
Innenputz	1,00	0,700
Porenbeton	36,50	0,080
Dämmung	2,00	0,090

Decke gegen unbeheizt

U-Wert: 0,13 W/(m2·K)

Gesamtdicke: 34,57 cm	d [cm]	λ [W/(mK)]
GK-Platte	1,25	0,210
Luftschicht ruhend	2,50	0,045
Holz	2,50	0,130
Dampfsperre	0,02	0,200
Dämmung	28,00	0,035
Holz	28,00	0,130
Holz	2,80	0,130

Flachdach

U-Wert: 0,14 W/(m2·K)

Gesamtdicke: 43,25 cm	d [cm]	λ [W/(mK)]
GK-Platte	1,25	0,210
Luftschicht ruhend	2,50	0,045
Holz	2,50	0,130
Holz	22,00	0,130
Dämmung	17,00	0,035
Bitumenbahn	0,25	0,170
Bitumenbahn	0,25	0,170

Pultdach

U-Wert: 0,14 W/(m2·K)

Gesamtdicke: 31,97 cm	d [cm]	λ [W/(mK)]
GK-Platte	1,25	0,210
Luftschicht ruhend	2,50	0,045
Holz	2,50	0,130
Dampfsperre	0,02	0,200
Dämmung	28,00	0,035
Holz	28,00	0,130
Dachdichtungsbahn	0,20	0,170

Planungskennwerte für Flächen und Rauminhalte nach DIN 277

Flächen des Grundstücks		Menge Einheit	% an GF
BF	Bebaute Fläche	1.463,00 m²	24,3
UF	Unbebaute Fläche	4.548,00 m²	75,7
GF	Grundstücksfläche	6.011,00 m²	100,0

Grundflächen des Bauwerks		Menge Einheit	% an NUF	% an BGF
NUF	Nutzungsfläche	1.778,27 m²	100,0	58,8
TF	Technikfläche	189,17 m²	10,6	6,3
VF	Verkehrsfläche	472,43 m²	26,6	15,6
NRF	Netto-Raumfläche	2.439,87 m²	137,2	80,7
KGF	Konstruktions-Grundfläche	584,77 m²	32,9	19,3
BGF	Brutto-Grundfläche	3.024,64 m²	170,1	100,0

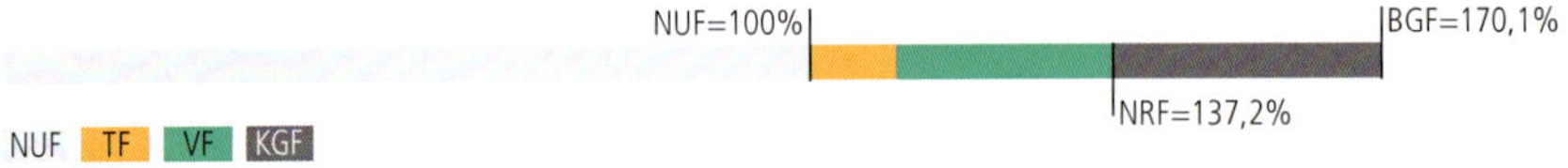

Brutto-Rauminhalt des Bauwerks		Menge Einheit	BRI/NUF (m)	BRI/BGF (m)
BRI	Brutto-Rauminhalt	10.168,13 m³	5,72	3,36

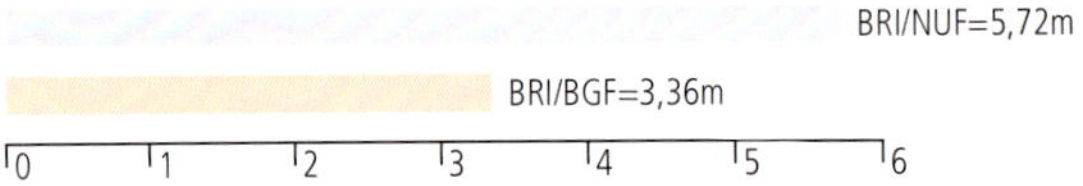

Kostenkennwerte für die Kostengruppen der 1.Ebene DIN 276

KG	Kostengruppen (1.Ebene)	Einheit	Kosten €	€/Einheit	€/m²BGF	€/m³BRI	%300+400
100	Grundstück	m²GF	–	–	–	–	–
200	Vorbereitende Maßnahmen	m²GF	–	–	–	–	–
300	Bauwerk – Baukonstruktionen	m²BGF	9.130.722	3.018,78	3.018,78	897,97	76,1
400	Bauwerk – Technische Anlagen	m²BGF	2.873.319	949,97	949,97	282,58	23,9
	Bauwerk 300+400	**m²BGF**	**12.004.041**	**3.968,75**	**3.968,75**	**1.180,56**	**100,0**
500	Außenanlagen und Freiflächen	m²AF	–	–	–	–	–
600	Ausstattung und Kunstwerke	m²BGF	–	–	–	–	–
700	Baunebenkosten	m²BGF	–	–	–	–	–
800	Finanzierung	m²BGF	–	–	–	–	–

KG	Kostengruppe	Menge Einheit	Kosten €	€/Einheit	%
3+4	**Bauwerk**				**100,0**
300	**Bauwerk – Baukonstruktionen**	3.024,64 m²BGF	9.130.722	**3.018,78**	76,1

Bodenarbeiten; Stb-Streifenfundamente, Stb-Bodenplatte, Dämmung, Heizestrich, Fliesen, Linoleum, Perimeterdämmung; Stb-Wände, Holzrahmenwände, KVH, OSB, Dämmung, Kunststofffenster, Dreifachverglasung, Alu-Eingangselemente, hinterlüftete Klinkerfassade, WDVS, GFP-Vorsatzschalen, Gipsfaserplatten, Wandfliesen, Beschichtung, Vorsatzrollläden, Raffstores; Holzrahmen-Innenwände, KVH, OSB, Dämmung, Gipsfaserplatten, Holztüren, Brandschutztüren, Beschichtung, Wandfliesen; Massivholzdecken, Stb-Treppen, Schüttung, TS-Dämmung, Heizestrich, Bodenfliesen, vorgehängte Stahlbalkone, Stahl-Fluchttreppen; Sparren-Satteldächer, Sparren-Pultdach, Massivholz-Flachdach, Gefälledämmung, Abdichtung, Lattung, Ziegeldeckung, Dachentwässerung, abgehängte GFP-Decken

KG	Kostengruppe	Menge Einheit	Kosten €	€/Einheit	%
400	**Bauwerk – Technische Anlagen**	3.024,64 m²BGF	2.873.319	**949,97**	23,9

Gebäudeentwässerung, Regenwasserspeicher, Kalt- und Warmwasserleitungen, Sanitärobjekte, rollstuhlgerechte Bewohnerbäder; Fernwärmeversorgung, Fußbodenheizung; zentrale Lüftungsanlage mit WRG; PV-Anlage, Elektroinstallation, Beleuchtung, Sicherheitsleuchten, Blitzschutz; Telekommunikation, Schwesternrufanlage, Brandmeldeanlage; Personenaufzüge

6200-0134
Studierenden-
wohnheim
(174 WE)
(211 Betten)

Kostenkennwerte für die Kosten des Bauwerks (Kostengruppen 300+400 nach DIN 276)

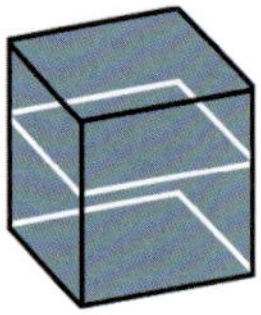
BRI 935 €/m³

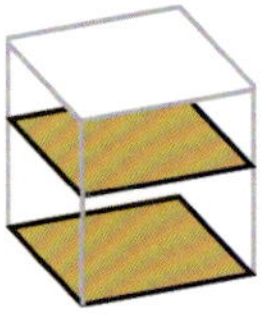
BGF 2.581 €/m²

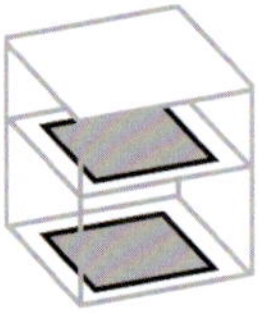
NUF 5.147 €/m²

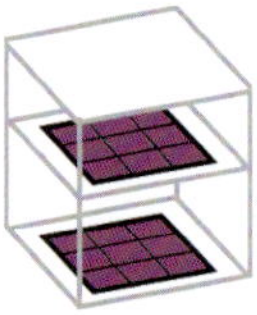
NE 127.326 €/NE
NE: Betten

Objekt:
Kennwerte: 1.Ebene DIN 276
BRI: 28.746 m³
BGF: 10.411 m²
NUF: 5.220 m²
Bauzeit: 104 Wochen
Bauende: 2022
Standard: hoch
Bundesland: Bayern
Kreis: Rosenheim, Stadt

Architekt*in:
ACMS Architekten GmbH
Friedrich-Ebert-Straße 55
42103 Wuppertal

Bauherr*in:
CampusRo
Projektentwicklungs
GmbH Co. KG
Wolfratshauser Straße 49
82049 Pullach im Isartal

Zeichnungen

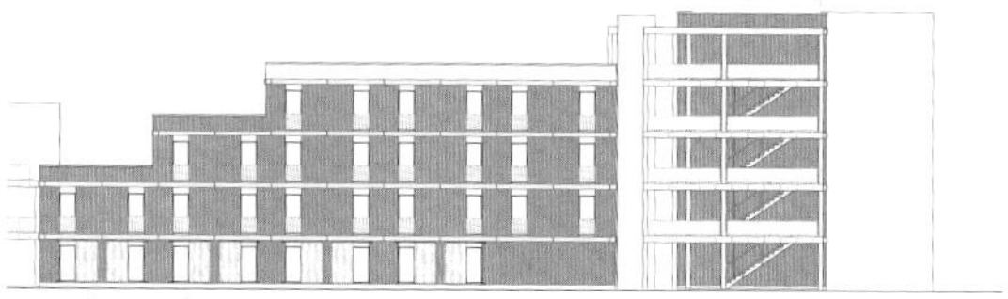
Ansicht Nord Haus A

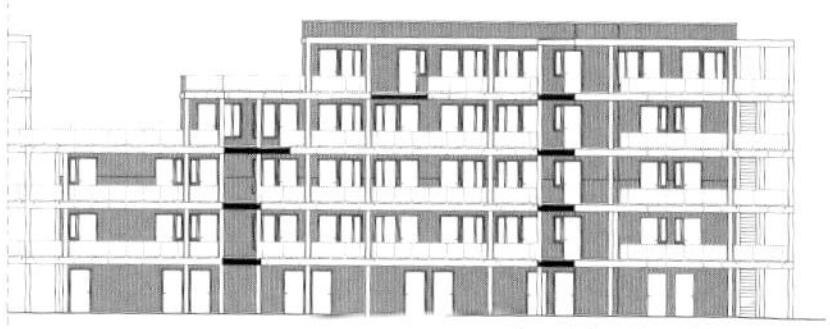
Ansicht Ost Haus A

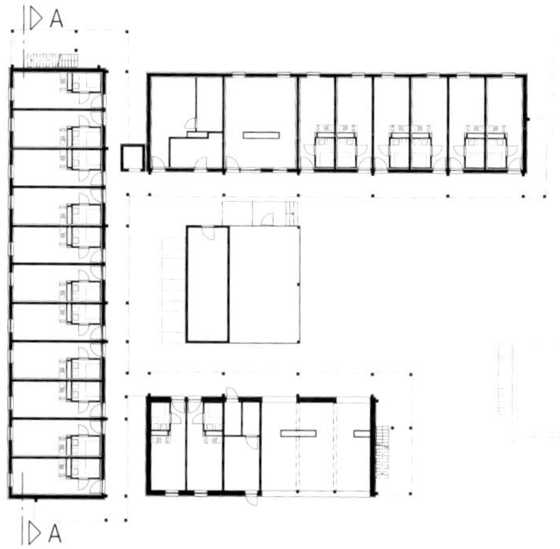

Erdgeschoss Haus A

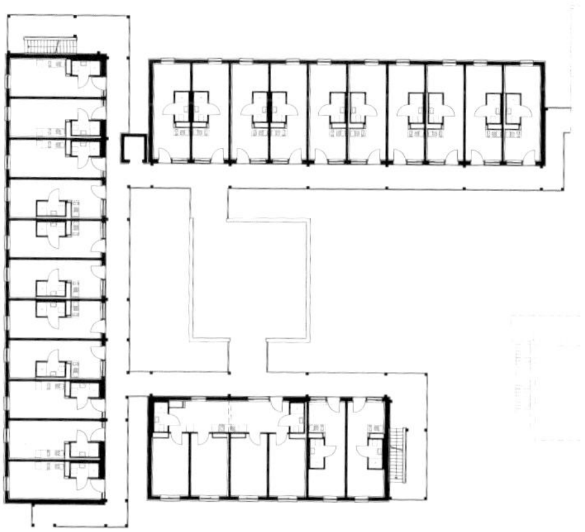
1. Obergeschoss Haus A

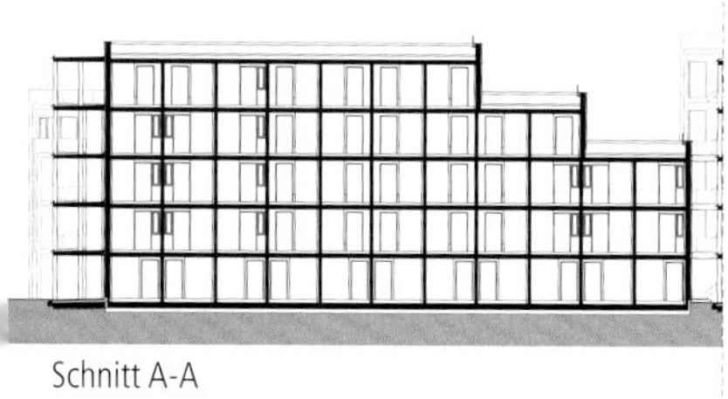
Schnitt A-A

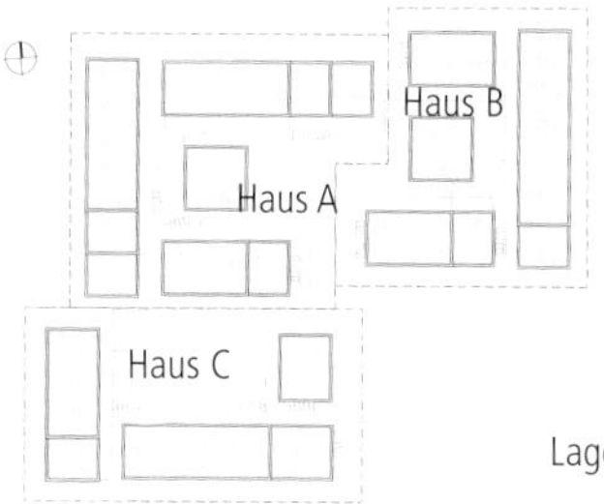

Lageplan

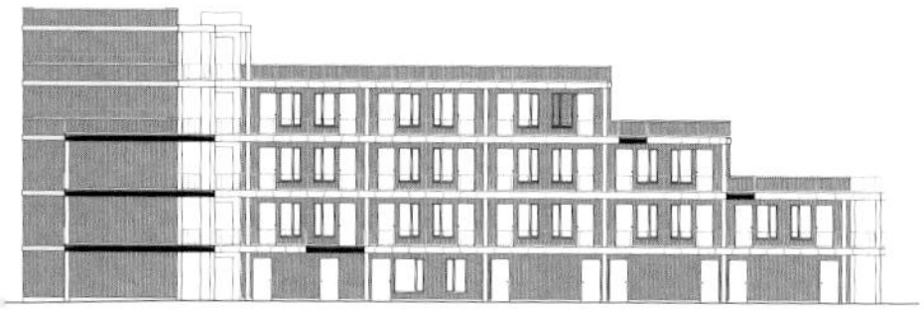
Ansicht Süd Haus A

Ansicht West Haus A

6200-0134
Studierenden-
wohnheim
(174 WE)
(211 Betten)

Objektbeschreibung

Allgemeine Objektinformationen

Der zwei- bis fünfgeschossige Wohnungsneubau in Holz-Hybridbauweise für Studierende wurde im KfW 40+ Standard errichtet und mit einer DGNB-Platin Zertifizierung ausgezeichnet. Es stehen 211 Betten in 174 Wohnungen sowie weitere Gemeinschaftsnutzungen zur Verfügung.

Nutzung

1 Untergeschoss
Technikkeller, Kriechgang

1 Erdgeschoss
Studentenappartements, Mehrzweckraum, Fitnessraum, Aufenthaltsräume, Abstellräume, Technikräume, Heizzentrale, Fahrradabstellräume, Gemeinschaftsräume, Gemeinschaftsküche, WCs, Fahrradwerkstatt, Waschlounge, Laubengang

4 Obergeschosse
Studentenappartements, Gemeinschaftsräume, Gemeinschaftsküchen, Laubengänge, Treppenhäuser, Terrassen

Nutzeinheiten

Betten: 211
Wohneinheiten: 174
Wohnfläche: 4.453 m^2

Grundstück

Bauraum: Freier Bauraum
Neigung: Ebenes Gelände
Bodenklasse: BK 3 bis BK 5

Markt

Hauptvergabezeit: 1. Quartal 2020
Baubeginn: 3. Quartal 2020
Bauende: 3. Quartal 2022
Konjunkturelle Gesamtlage: über Durchschnitt
Regionaler Baumarkt: Durchschnitt

Baukonstruktion

Auf Basis einer umfangreichen Variantenstudie, die das CO_2-Potenzial sowie die Kosten gegenüber stellte und aufgrund der hohen Anforderungen an nachhaltiges Bauen wurde eine Holz-Hybridbauweise gewählt. Die Gründung besteht aus Stahlbetonfundamentplatten in wasserdichtem WU-Beton. Der Kriechkeller ist komplett betoniert, auch die Decken über dem Erdgeschoss sind in Stahlbeton ausgeführt. Brettsperrholzwände und Holz-Beton-Verbunddecken bilden die Tragstruktur der darüberliegenden Bauteile. Holztafelwände mit hohem Vorfertigungsgrad, welche teilweise aussteifend wirken, bilden die Gebäudehülle. Erschlossen wird das Gebäude über eine offene Laubengangstruktur aus Stahlbetonfertigteilen. Die Holz- bzw. Kunststofffenster sind dreifachverglast. Als Fassaden kamen senkrechte Holzbekleidungen zur Ausführung. Die Böden sind mit Linoleum und Bodenfliesen belegt. Die Flachdächer sind begrünt. Auf einigen Dächern sind PV-Anlagen installiert.

Technische Anlagen

Für die Heizung sind die Gebäude an das zentrale Fernwärmenetz angeschlossen. Die Heizwärme wird mit Hilfe einer Fußbodenheizung verteilt. Warmwasser wird dezentral durch Trinkwasserstationen für je zwei Wohneinheiten bereitgestellt. Jedes Appartement verfügt über eine eigene dezentrale Lüftungsanlage mit Wärmerückgewinnung und ist mit eigener Unterverteilung und Zähler ausgestattet. Die PV-Anlage speist maximal 176kWp in einen 233kWh Speicher. Alle Wohneinheiten verfügen über Glasfaseranschlüsse und eine elektronische Zutrittskontrolle. Auf dem Campus wurde eine Briefkastenanlage mit elektronischer Appartementanzeige und eine Paketstation mit 40 Ablageboxen installiert.

Sonstiges

Die Herstellung der meisten Bäder erfolgte als Fertignasszellen. Der gesamte Gebäudekomplex zeichnet sich durch einen hohen Vorfertigungsgrad aus. Die energetischen Werte entsprechen dem Haus A.

Energetische Kennwerte

Gesetzliche Grundlage: EnEV 2013
Gebäudenutzfläche: 428,80 m^2
Spez. Transmissionswärmeverlust: 0,23 $W/(m^2 \cdot K)$
Spez. Jahresendenergiebedarf: 47,90 $kWh/(m^2 \cdot a)$
CO_2-Emissionen: -14,80 $kg/(m^2 \cdot a)$

Planungskennwerte für Flächen und Rauminhalte nach DIN 277

Flächen des Grundstücks		Menge Einheit	% an GF
BF	Bebaute Fläche	2.872,47 m²	34,0
UF	Unbebaute Fläche	5.570,71 m²	66,0
GF	Grundstücksfläche	8.443,18 m²	100,0

Grundflächen des Bauwerks		Menge Einheit	% an NUF	% an BGF
NUF	Nutzungsfläche	5.219,90 m²	100,0	50,1
TF	Technikfläche	765,22 m²	14,7	7,4
VF	Verkehrsfläche	2.609,48 m²	50,0	25,1
NRF	Netto-Raumfläche	8.594,60 m²	164,7	82,6
KGF	Konstruktions-Grundfläche	1.815,97 m²	34,8	17,4
BGF	Brutto-Grundfläche	10.410,57 m²	199,4	100,0

Brutto-Rauminhalt des Bauwerks		Menge Einheit	BRI/NUF (m)	BRI/BGF (m)
BRI	Brutto-Rauminhalt	28.746,02 m³	5,51	2,76

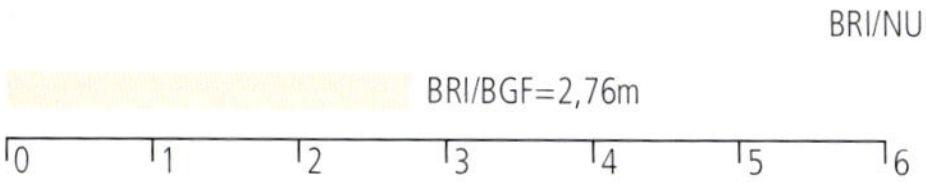

Kostenkennwerte für die Kostengruppen der 1. Ebene DIN 276

KG	Kostengruppen (1. Ebene)	Einheit	Kosten €	€/Einheit	€/m² BGF	€/m³ BRI	% 300+400
100	Grundstück	m² GF	–	–	–	–	–
200	Vorbereitende Maßnahmen	m² GF	–	–	–	–	–
300	Bauwerk – Baukonstruktionen	m² BGF	21.159.772	2.032,53	2.032,53	736,09	78,8
400	Bauwerk – Technische Anlagen	m² BGF	5.706.074	548,10	548,10	198,50	21,2
	Bauwerk 300+400	**m² BGF**	**26.865.846**	**2.580,63**	**2.580,63**	**934,59**	**100,0**
500	Außenanlagen und Freiflächen	m² AF	–	–	–	–	–
600	Ausstattung und Kunstwerke	m² BGF	–	–	–	–	–
700	Baunebenkosten	m² BGF	–	–	–	–	–
800	Finanzierung	m² BGF	–	–	–	–	–

KG	Kostengruppe	Menge Einheit	Kosten €	€/Einheit	%
3+4	**Bauwerk**				**100,0**
300	**Bauwerk – Baukonstruktionen**	10.410,57 m² BGF	21.159.772	**2.032,53**	78,8

Baugrubenaushub; Stb-Bodenplatten, WU, Dämmung, Estrich, Heizestrich, Linoleum, Bodenfliesen, Perimeterdämmung, Bodenaustausch; Stb-Wände, WU, Sichtoberflächen, Brettsperrholz-Außenwände, Holztafelwände, Stb-Stützen, Kunststofffenster, Holzfenster, Dreifachverglasung, Holz-Eingangstüren, Dämmung, hinterlüftete Holzbekleidung, GK-Beplankung, Wandfliesen, Beschichtung, Pfosten-Riegelfassaden, Raffstores; Stb-Wände, Sichtoberflächen, Brettsperrholzwände, GK-Wände, Rohrrahmentüren, Holztüren, GK-Vorsatzschalen, Wandfliesen, Beschichtung; Stb-Decken, Stb-Fertigteildecken, Holz-Beton-Verbunddecken, Stb-Laubengänge, Stb-Treppen, Heizstrich, Linoleum, Bodenfliesen, Terrassenplatten, abgehängte GK-Decken, Treppengeländer, Absturzsicherung Edelstahlnetze, Geländer Laubengänge; Holz-Beton-Verbunddach, Gefälledämmung, Abdichtung, Dachentwässerung, Gründach, Terrassenplatten, Kies, Stahltreppen, Absturzsicherungen; Fertignasszellen

KG	Kostengruppe	Menge Einheit	Kosten €	€/Einheit	%
400	**Bauwerk – Technische Anlagen**	10.410,57 m² BGF	5.706.074	**548,10**	21,2

Gebäudeentwässerung, Kalt- und Warmwasserleitungen, dezentrale Wassererwärmung, Wasseraufbereitung, Sanitärobjekte; Anschluss an Fernwärme, Wärmeverteilnetz, Fußbodenheizung; Wohnraumlüftung WRG; PV-Anlage, Batteriespeicher, Elektroinstallation, Beleuchtung, Blitzschutz; Glasfasernetz, elektronische Zutrittskontrolle; Personenaufzüge; Gebäudeautomation

6200-0135
Übergangswohnheim
(48 Betten)

Holz-Raumzellen

Kostenkennwerte für die Kosten des Bauwerks (Kostengruppen 300+400 nach DIN 276)

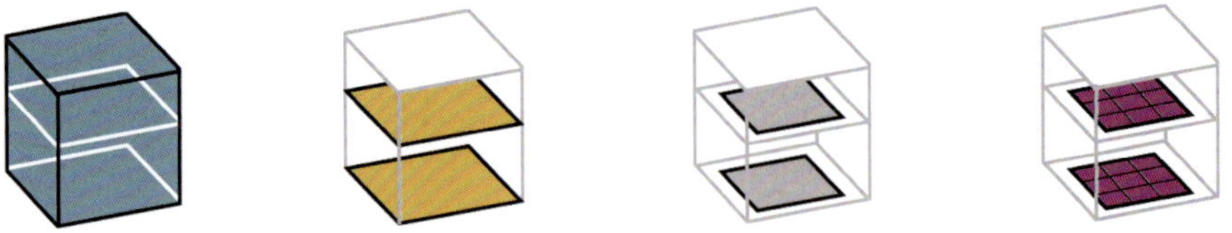

BRI 1.062 €/m³ | **BGF 3.431 €/m²** | **NUF 4.508 €/m²** | **NE 56.629 €/NE**

NE: Betten

Objekt:
Kennwerte: 1.Ebene DIN 276
BRI: 2.559 m³
BGF: 792 m²
NUF: 603 m²
Bauzeit: 31 Wochen
Bauende: 2023
Standard: mittel
Bundesland: Nordrhein-Westfalen
Kreis: Viersen

Architekt*in:
W. u. J. Derix
GmbH & Co.
Dam 63
41372 Niederkrüchten

Bauherr*in:
Gemeinde Schwalmtal
Markt 20
41366 Schwalmtal

Ausführung:
W. u. J. Derix
GmbH & Co.
Dam 63
41372 Niederkrüchten

Zeichnungen

6200-0135
Übergangswohnheim
(48 Betten)

Ansicht West

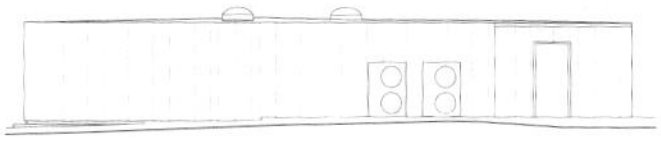

Ansicht Nord

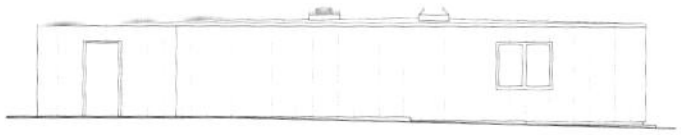

Ansicht Süd

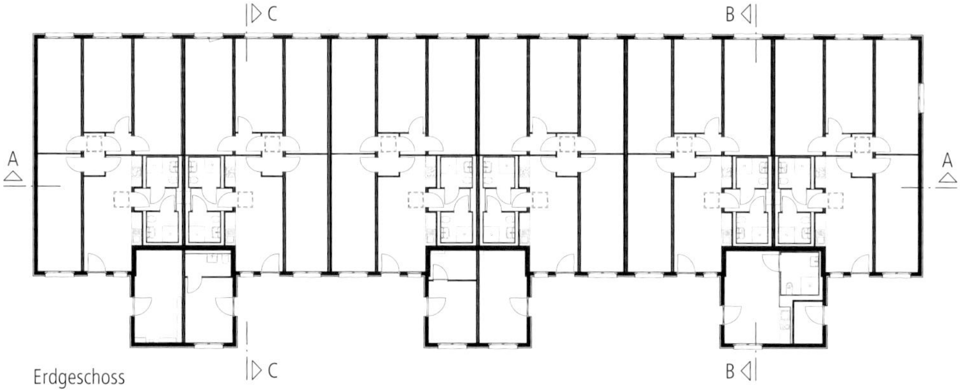

Erdgeschoss

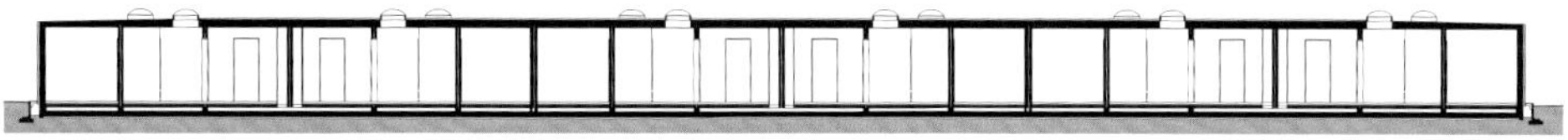

Schnitt A-A

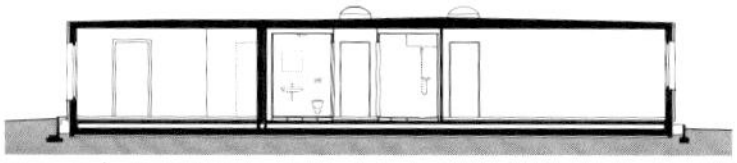

Schnitt B-B

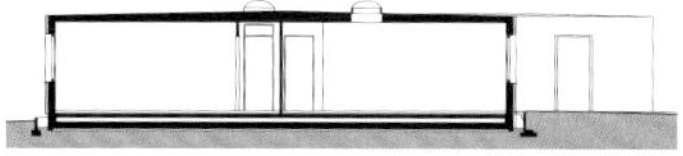

Schnitt C-C

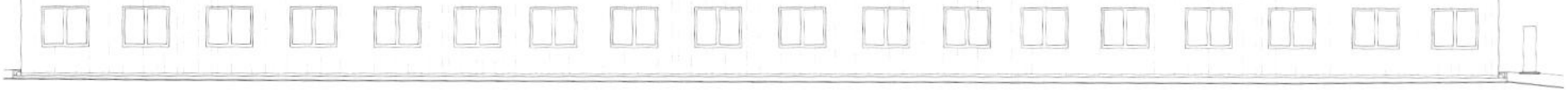

Ansicht Ost

Objektbeschreibung

Allgemeine Objektinformationen

Das eingeschossige Unterkunftsgebäude mit 48 Betten wurde parallel zu einem Bestandgebäude mit 44 Betten auf dem Grundstück positioniert. Das Gebäude hat eine Größe von ca. 52x13 bzw. 17m. Die sechs Wohnungen sind paarweise gespiegelt und haben einen zentralen Aufenthaltsraum mit Küche, von dem jeweils vier Zimmer und zwei Bäder abgehen. Die östliche Gebäudeseite wird zur Erschließung der Wohnungen genutzt und ist durch die hervorstehenden Nebenräume zoniert. Entlang des Fußwegs sind zudem die Fahrrad- und Mopedstellplätze sowie der Grillplatz und die Tischgruppen mit Überdachung angeordnet.

Nutzung

1 Erdgeschoss
Wohnräume, Aufenthaltsräume, Hausmeisterräume, Bäder, Wasch- und Trockenräume, Lagerräume, Hausanschlussraum, Technikräume

Nutzeinheiten

Betten: 48
Wohneinheiten: 6
Wohnfläche: 613 m²

Grundstück

Bauraum: Freier Bauraum
Neigung: Ebenes Gelände
Bodenklasse: BK 1 bis BK 4

Markt

Hauptvergabezeit: 2. Quartal 2022
Baubeginn: 2. Quartal 2023
Bauende: 4. Quartal 2023
Konjunkturelle Gesamtlage: Durchschnitt
Regionaler Baumarkt: unter Durchschnitt

Baukonstruktion

Das Gebäude besteht aus 24 Holzmodulen, hergestellt aus Brettsperrholz und Brettschichtholz. Die Gründung erfolgt über eine Stahlbetonbodenplatte. Zwischen der Stb-Bodenplatte und den Holzmodulen wurde ein Nivellement hergestellt, welches gleichzeitig als Dämm- und Installationsebene dient. Die Holzmodule sind zu ca. 80% im Werk vorgefertigt, inklusive Fertigbädern, vorinstallierter Elektroinstallation inkl. Leuchten, Schaltern und Steckdosen sowie Fenstern und der Fassade. Die für den Transport witterungsgeschützten Module wurden vor Ort nur noch platziert. Im Anschluss fand die Montage der Dachkonstruktion über alle Module hinweg statt, die Fugen zwischen den Modulen wurden geschlossen und die Fassadenhölzer ergänzt. Im Innenraum wurden alle Medien verbunden und ein Fußbodenaufbau hergestellt. Die Wand- und Deckenoberflächen sind in allen Bereichen - außer den Nassbereichen - als Sichtholzoberflächen ausgeführt. Es sind Holzfenster mit elektrischen Rollläden verbaut.

Technische Anlagen

Die zentrale Haustechnik ist im Hausanschlussraum aufgestellt und über Trassen auf der Stb-Bodenplatte in die einzelnen Wohnungen geführt. Die Wärmeerzeugung für Heizungswärme und Brauchwasser wird durch Luft-Wasser-Wärmepumpen und Elektrospeicher gewährleistet. Die Wärmeverteilung erfolgt über eine Fußbodenheizung im Nassestrich in den Wohnräumen und in den Fertigbädern mit elektrischen Handtuchheizkörpern. Jede Wohnung besitzt eine eigene Elektro-Unterverteilung. Die Beleuchtung erfolgt über LED-Deckenlampen im Innen- und Wandleuchten im Außenbereich. Auf der Dachfläche wurde eine PV-Anlage in Ost/West Ausrichtung mit einer Leistung von 90kWp mit 32kWh Batteriespeicher montiert.

Sonstiges

Der Modulhersteller wurde als Totalunternehmer mit der Planung und Ausführung des Bauvorhabens beauftragt.

Energetische Kennwerte

Gesetzliche Grundlage: GEG 2020
Gebäudevolumen: 2.363,01 m³
A/V_e-Verhältnis (Kompaktheit): 0,87 m^{-1}
Hüllfläche des beheizten Volumens: 2.049,71 m²
Spez. Transmissionswärmeverlust: 0,31 W/(m²·K)
Spez. Jahresprimärenergiebedarf: 33,90 kWh/(m²·a)
CO_2-Emissionen: 10,50 kg/(m²·a)

Planungskennwerte für Flächen und Rauminhalte nach DIN 277

Flächen des Grundstücks		Menge Einheit	% an GF
BF	Bebaute Fläche	792,29 m2	19,6
UF	Unbebaute Fläche	3.258,71 m2	80,4
GF	Grundstücksfläche	4.051,00 m2	100,0

Grundflächen des Bauwerks		Menge Einheit	% an NUF	% an BGF
NUF	Nutzungsfläche	603,01 m2	100,0	76,1
TF	Technikfläche	23,03 m2	3,8	2,9
VF	Verkehrsfläche	48,18 m2	8,0	6,1
NRF	Netto-Raumfläche	674,22 m2	111,8	85,1
KGF	Konstruktions-Grundfläche	118,07 m2	19,6	14,9
BGF	Brutto-Grundfläche	792,29 m2	131,4	100,0

Brutto-Rauminhalt des Bauwerks		Menge Einheit	BRI/NUF (m)	BRI/BGF (m)
BRI	Brutto-Rauminhalt	2.559,10 m3	4,24	3,23

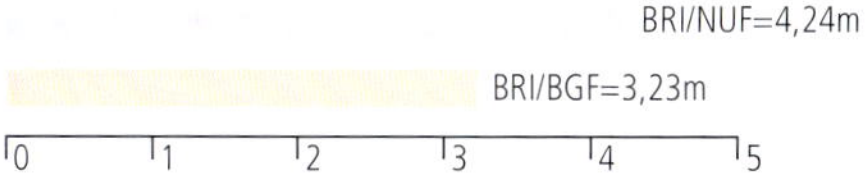

Kostenkennwerte für die Kostengruppen der 1. Ebene DIN 276

KG	Kostengruppen (1. Ebene)	Einheit	Kosten €	€/Einheit	€/m² BGF	€/m³ BRI	% 300+400
100	Grundstück	m² GF	–	–	–	–	–
200	Vorbereitende Maßnahmen	m² GF	–	–	–	–	–
300	Bauwerk – Baukonstruktionen	m² BGF	1.863.765	2.352,38	2.352,38	728,29	68,6
400	Bauwerk – Technische Anlagen	m² BGF	854.403	1.078,40	1.078,40	333,87	31,4
	Bauwerk 300+400	**m² BGF**	**2.718.169**	**3.430,77**	**3.430,77**	**1.062,16**	**100,0**
500	Außenanlagen und Freiflächen	m² AF	–	–	–	–	–
600	Ausstattung und Kunstwerke	m² BGF	–	–	–	–	–
700	Baunebenkosten	m² BGF	–	–	–	–	–
800	Finanzierung	m² BGF	–	–	–	–	–

KG	Kostengruppe	Menge Einheit	Kosten €	€/Einheit	%
3+4	**Bauwerk**				**100,0**
300	**Bauwerk – Baukonstruktionen**	792,29 m² BGF	1.863.765	**2.352,38**	68,6

Baugrubenaushub; Stb-Bodenplatte, Heizestrich, Linoleum, Abdichtung, Kiesfilterschicht, Dämmung; Modulbauelemente in Brettschichtholz und Brettsperrholzplatten, Holzfenster, Wärmedämmung, hinterlüftete Lärchenholzfassade, elektrische Rollläden; Innenwände als Modulbauelemente in Brettschichtholz und Brettsperrholzplatten, Bäder als Fertignasszellen; Modulbauelemente mit Brettsperrholz-Stapeldach, Oberlichter, Gefälledämmung, Abdichtung, außenliegende Entwässerung; Warn- und Hinweisschilder

KG	Kostengruppe	Menge Einheit	Kosten €	€/Einheit	%
400	**Bauwerk – Technische Anlagen**	792,29 m² BGF	854.403	**1.078,40**	31,4

Gebäudeentwässerung, Kalt- und Warmwasserleitungen, Sanitärobjekte; Luft-Wasser-Wärmepumpe, Fußbodenheizung, zentrale elektrische Warmwasserbereitung; mechanische Be- und Entlüftung; Elektroinstallation, PV-Anlage mit Batteriespeicher, Beleuchtung, Blitzschutzanlage; Satellitenanlage; Feuerlöscher

6200-0136
Übergangswohnheim
(120 Betten)

Holz-Raumzellen

Kostenkennwerte für die Kosten des Bauwerks (Kostengruppen 300+400 nach DIN 276)

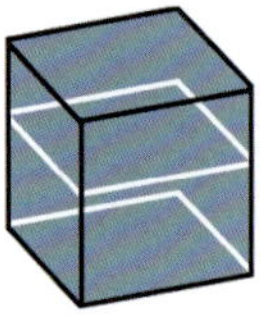
BRI 781 €/m³

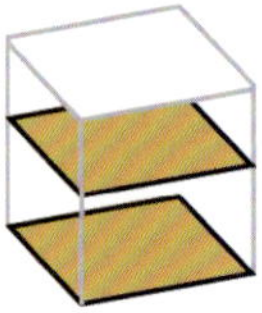
BGF 2.638 €/m²

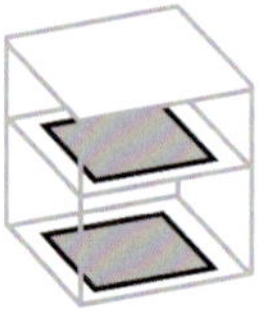
NUF 3.673 €/m²

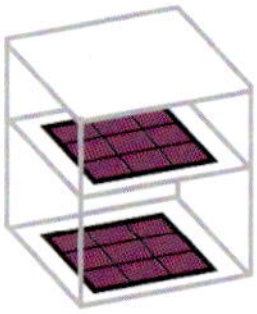
NE 27.482 €/NE

NE: Betten

Objekt:
Kennwerte: 1.Ebene DIN 276
BRI: 4.223 m³
BGF: 1.250 m²
NUF: 898 m²
Bauzeit: 30 Wochen
Bauende: 2024
Standard: mittel
Bundesland: Nordrhein-Westfalen
Kreis: Wesel

Architekt*in:
LPH 1-4:
Dienstleistungsbetrieb
Stadt Xanten
Karthaus 2
46509 Xanten

LPH 5-9:
W. u. J. Derix
GmbH & Co.
Dam 63
41372 Niederkrüchten

Bauherr*in:
Dienstleistungsbetrieb
Stadt Xanten
Karthaus 2
46509 Xanten

Ausführung:
W. u. J. Derix
GmbH & Co
Dam 63
41372 Niederkrüchten

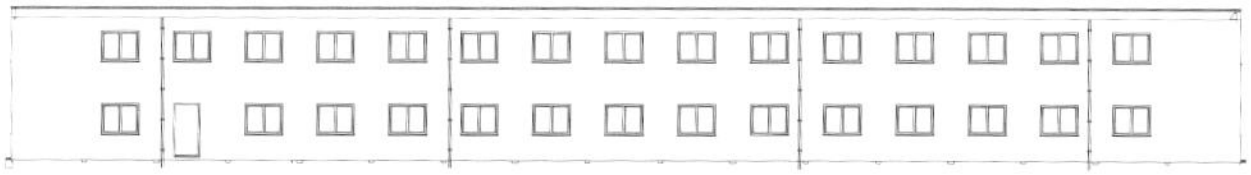
Ansicht Nord

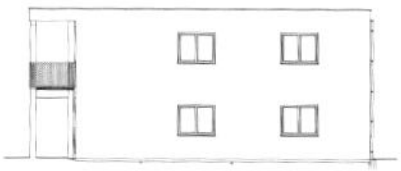
Ansicht Ost

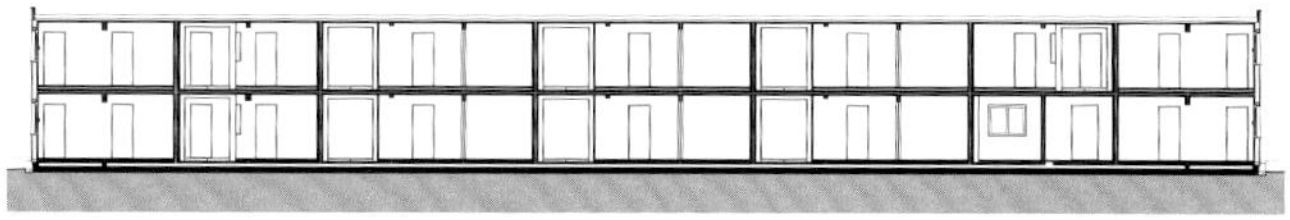
Schnitt A-A

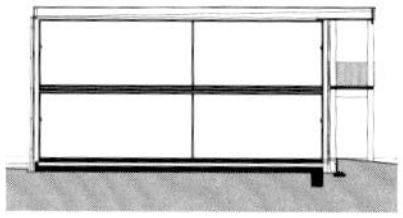
Schnitt C-C

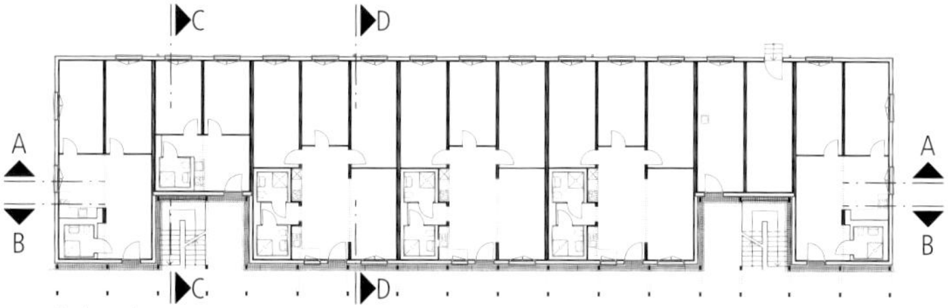

Erdgeschoss

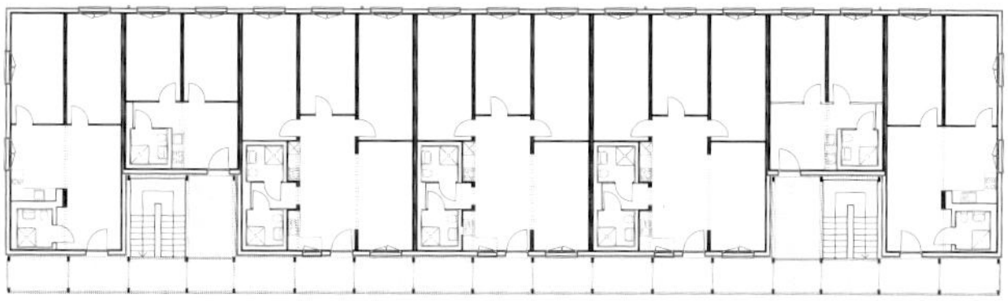
Obergeschoss

Schnitt B-B

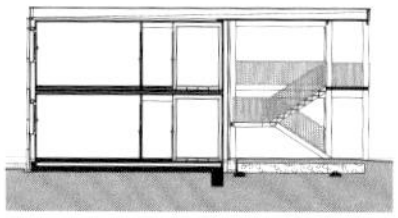
Schnitt D-D

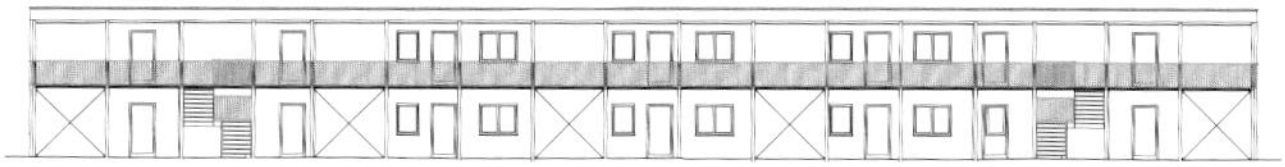
Ansicht Süd

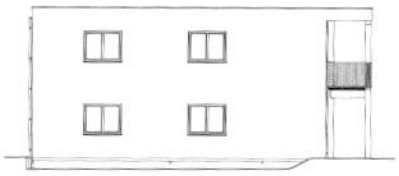
Ansicht West

6200-0136
Übergangswohnheim
(120 Betten)

Objektbeschreibung

Allgemeine Objektinformationen

Das Gebäude (Grundfläche 51x12m) ist zweigeschossig und erhielt zwei außenliegende Treppen und einen Laubengang, der zur Erschließung der oberen Wohnungen dient. Alle Wohnungen werden direkt vom Freien aus erschlossen. Die 2-4 Zimmerwohnungen verfügen über Wohnbereiche, Küchen und Bäder sowie Schlafräume für die Bewohner. Der Hausanschluss- und Technikraum sind von der Rückseite erdgeschossig zugänglich.

Nutzung

1 Erdgeschoss
Wohnräume, Aufenthaltsräume, Büroräume, Bäder, Waschraum, Hausanschlussraum, Treppen

1 Obergeschoss
Wohnräume, Aufenthaltsräume, Bäder, Laubengang

Nutzeinheiten

Betten: 120
Wohnfläche: 898 m²

Grundstück

Bauraum: Freier Bauraum
Neigung: Ebenes Gelände
Bodenklasse: BK 1 bis BK 4

Markt

Hauptvergabezeit: 2. Quartal 2023
Baubeginn: 3. Quartal 2023
Bauende: 2. Quartal 2024
Konjunkturelle Gesamtlage: Durchschnitt
Regionaler Baumarkt: Durchschnitt

Baukonstruktion

Das Gebäude besteht aus 34 Holzmodulen, hergestellt aus Brettsperrholz und Brettschichtholz. Alle tragenden Bauteile sind gemäß „Anforderungen an den Brandschutz bei der Unterbringung von Flüchtlingen in Raumzellengebäuden in Holzbauweise" in der Gebäudeklasse 3 feuerhemmend ausgeführt. Es wurde auf einer Stb-Bodenplatte gegründet und ist barrierefrei zugänglich. Zwischen der Bodenplatte und den Holzmodulen wurde ein Nivellement hergestellt, welches gleichzeitig als Dämm- und Installationsebene dient. Die Holzmodule wurden im Werk zu ca. 70% vorgefertigt. Der Ausbau beinhaltet den Einbau vorgefertigter Bäder, vorinstallierte Elektroinstallationen inkl. Leuchten, Schalter und Steckdosen sowie Fenster und Dämmebene.

Technische Anlagen

Die zentrale Haustechnik wurde im HA-Raum aufgestellt und über Trassen und in Vertikalschächten in die einzelnen Wohnungen geführt. Die Wärmeerzeugung für die Heizungswärme und das Brauchwasser erfolgt durch Fernwärme, eine Fußbodenheizung verteilt die Wärme in den Wohnräumen. In den Bädern hängen zusätzlich elektrische Wandheizkörper. Die Bäder wurden bereits im Werk so vormontiert, dass vor Ort nur noch die Medien angeschlossen werden mussten. Jede Wohneinheit besitzt eine eigene Elektro-Unterverteilung.

Sonstiges

Die für den Transport witterungsgeschützten Module wurden vor Ort nur noch platziert. Nach erfolgter Montage wurden alle Stoßbereiche zwischen den Modulen geschlossen und die Fassadenbekleidung aus Mineralwolleplatten ergänzt. Die Dachkonstruktion wurde im Anschluss über alle Module hinweg montiert. Im Innenraum wurden alle Medien verbunden und der Fußbodenaufbau hergestellt. Auf der Dachfläche kann nachträglich ein PV-Anlage installiert werden.

Energetische Kennwerte

Gesetzliche Grundlage: GEG 2020
Gebäudenutzfläche: 1.058,40 m²
Gebäudevolumen: 3.307,60 m³
A/V_e-Verhältnis (Kompaktheit): 0,59 m^{-1}
Hüllfläche des beheizten Volumens: 1.946,00 m²
Spez. Transmissionswärmeverlust: 0,33 W/(m²·K)
Spez. Jahresprimärenergiebedarf: 42,70 kWh/(m²·a)
CO_2-Emissionen: 12,15 kg/(m²·a)

Energetische Angaben zu Außenbauteilen

Bodenplatte ohne Keller

U-Wert: 0,21 W/(m²·K)

Gesamtdicke: 52,51 cm	d [cm]	λ [W/(mK)]
Estrich	7,00	1,400
PE-Folie	0,01	2,300
Dämmung	3,00	0,040
Brettsperrholz	10,00	0,130
Holz	12,00	0,130
Dämmung	12,00	0,035
Abdichtung	0,50	0,170
Stahlbeton	20,00	2,300

Außenwand hinterlüftet

U-Wert: 0,21 W/(m²·K)

Gesamtdicke: 24,02 cm	d [cm]	λ [W/(mK)]
Brettsperrholz	8,00	0,130
Holz	16,00	0,130
Dämmung	16,00	0,035
Fassadenbahn	0,02	0,170

Dach

U-Wert: 0,24 W/(m²·K)

Gesamtdicke: 20,90 cm	d [cm]	λ [W/(mK)]
Brettsperrholz	8,00	0,130
Dampfsperre	0,40	0,170
Dämmung	12,00	0,035
Abdichtung	0,50	0,170

Planungskennwerte für Flächen und Rauminhalte nach DIN 277

Flächen des Grundstücks		Menge Einheit	% an GF
BF	Bebaute Fläche	2.801,31 m²	17,6
UF	Unbebaute Fläche	13.140,69 m²	82,4
GF	Grundstücksfläche	15.942,00 m²	100,0

Grundflächen des Bauwerks		Menge Einheit	% an NUF	% an BGF
NUF	Nutzungsfläche	897,80 m²	100,0	71,8
TF	Technikfläche	20,49 m²	2,3	1,6
VF	Verkehrsfläche	156,87 m²	17,5	12,5
NRF	Netto-Raumfläche	1.075,16 m²	119,8	86,0
KGF	Konstruktions-Grundfläche	175,22 m²	19,5	14,0
BGF	Brutto-Grundfläche	1.250,38 m²	139,3	100,0

Brutto-Rauminhalt des Bauwerks		Menge Einheit	BRI/NUF (m)	BRI/BGF (m)
BRI	Brutto-Rauminhalt	4.223,00 m³	4,70	3,38

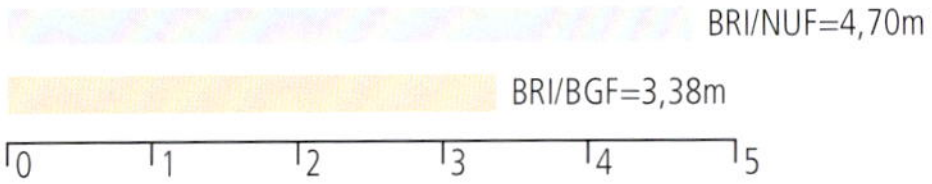

Kostenkennwerte für die Kostengruppen der 1.Ebene DIN 276

KG	Kostengruppen (1.Ebene)	Einheit	Kosten €	€/Einheit	€/m² BGF	€/m³ BRI	% 300+400
100	Grundstück	m² GF	–	–	–	–	–
200	Vorbereitende Maßnahmen	m² GF	–	–	–	–	–
300	Bauwerk – Baukonstruktionen	m² BGF	2.623.707	2.098,33	2.098,33	621,29	79,6
400	Bauwerk – Technische Anlagen	m² BGF	674.178	539,18	539,18	159,64	20,4
	Bauwerk 300+400	**m² BGF**	**3.297.885**	**2.637,51**	**2.637,51**	**780,93**	**100,0**
500	Außenanlagen und Freiflächen	m² AF	–	–	–	–	–
600	Ausstattung und Kunstwerke	m² BGF	–	–	–	–	–
700	Baunebenkosten	m² BGF	–	–	–	–	–
800	Finanzierung	m² BGF	–	–	–	–	–

KG	Kostengruppe	Menge Einheit	Kosten €	€/Einheit	%
3+4	**Bauwerk**				**100,0**
300	**Bauwerk – Baukonstruktionen**	1.250,38 m² BGF	2.623.707	**2.098,33**	79,6

Baugrubenaushub; Stb-Bodenplatte, Dämmung, Heizestrich, Vinyl, Abdichtung, Kiesfilterschicht, Dämmung; Modulbauelemente in Brettschichtholz/Brettsperrholzplatten, Holzfenster, Eingangstüre, verglast, Wärmedämmung, hinterlüftete HPL-Vorhangfassade, Rollläden; Innenwände als Modulbauelemente in Brettschichtholz/Brettsperrholzplatten, oberflächenfertig, Holztüren, Stahlumfassungszargen, Fertignasszellen; vorgestellte Stahlkonstruktion als Laubengang mit Beton-Lauffläche, Stahltreppe; Modulbauelemente mit Brettsperrholzdach, Oberlichter, Gefälledämmung, Abdichtung, außenliegende Dachentwässerung; Einbauküchen

KG	Kostengruppe	Menge Einheit	Kosten €	€/Einheit	%
400	**Bauwerk – Technische Anlagen**	1.250,38 m² BGF	674.178	**539,18**	20,4

Gebäudeentwässerung, Kalt- und Warmwasserleitungen, Sanitärobjekte; Fernwärme, Fußbodenheizung, Badheizkörper; mechanische Be- und Entlüftung; Elektroinstallation, Beleuchtung, Blitzschutzanlage; Satellitenanlage; Brandwarnanlage

6200-0141
Übergangswohnheim
(81 Betten)

Holz-Raumzellen

Kostenkennwerte für die Kosten des Bauwerks (Kostengruppen 300+400 nach DIN 276)

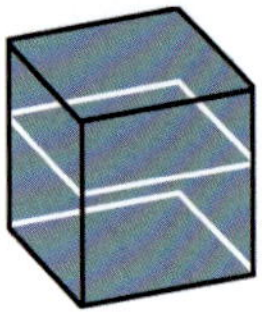
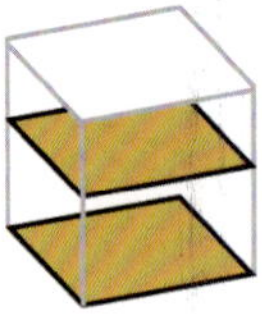
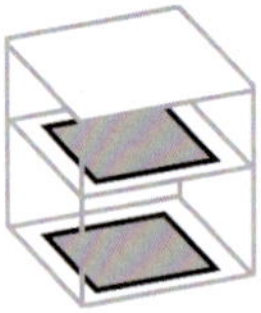
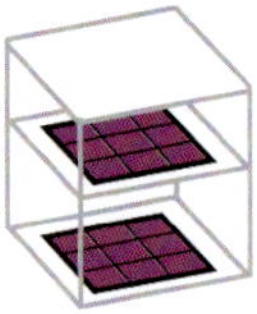

BRI	BGF	NUF	NE
774 €/m³	2.401 €/m²	3.416 €/m²	28.046 €/NE

NE: Betten

Objekt:
Kennwerte: 3.Ebene DIN 276
BRI: 2.934 m³
BGF: 946 m²
NUF: 665 m²
Bauzeit: 30 Wochen
Bauende: 2024
Standard: mittel
Bundesland: Nordrhein-Westfalen
Kreis: Heinsberg

Architekt*in:
W. u. J. Derix
GmbH & Co.
Dam 63
41372 Niederkrüchten

Ausführung:
W. u. J. Derix
GmbH & Co.
Dam 63
41372 Niederkrüchten

© DERIX-Gruppe

© DERIX-Gruppe

© DERIX-Gruppe

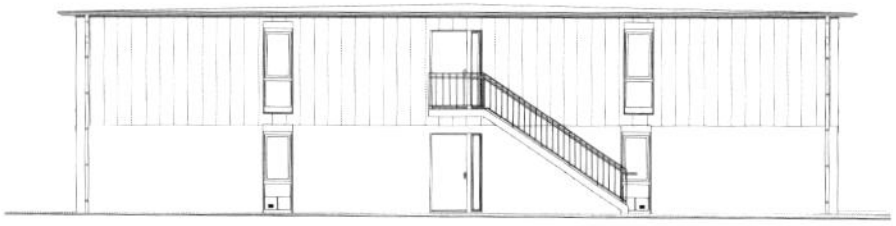

Ansicht Nord-Ost

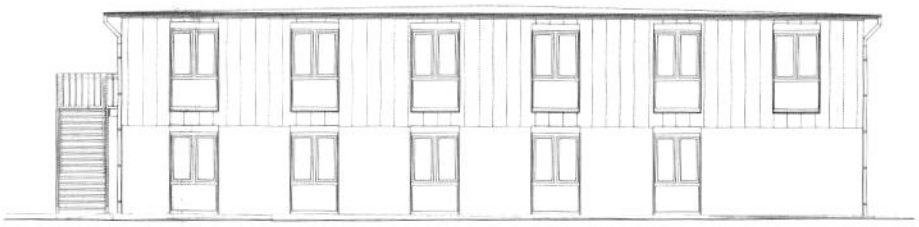

Ansicht Nord-West

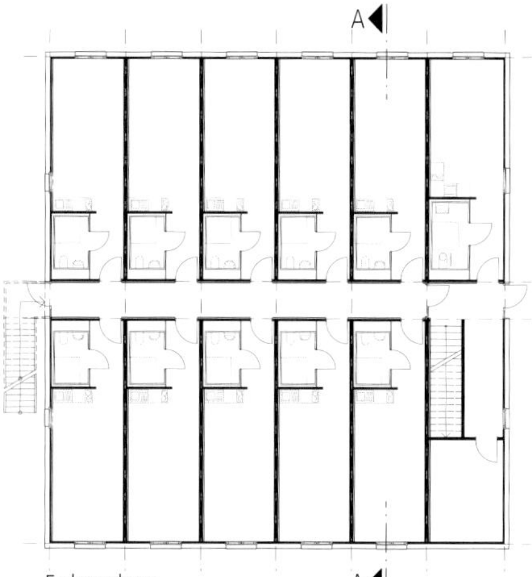

Erdgeschoss

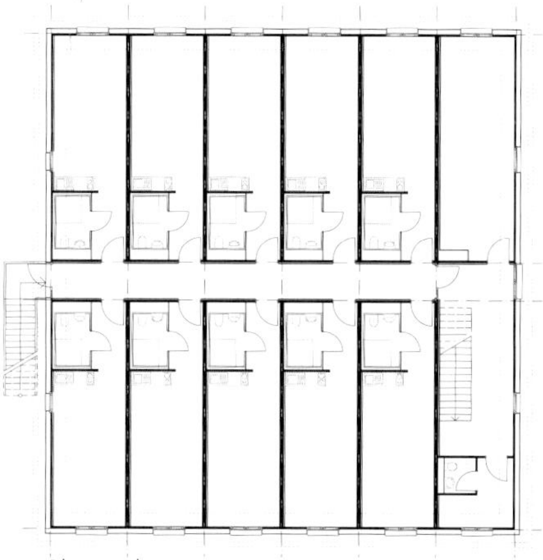

Obergeschoss

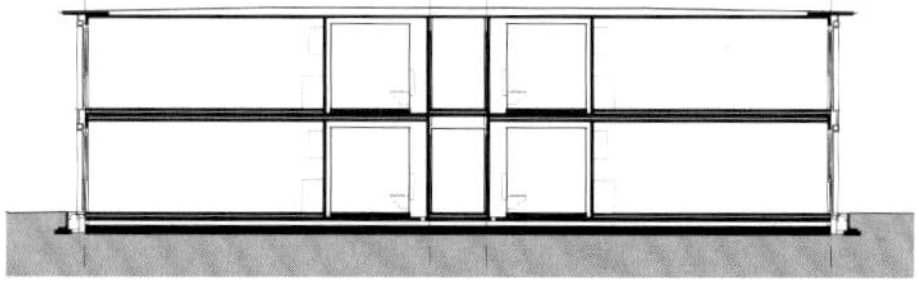

Schnitt A-A

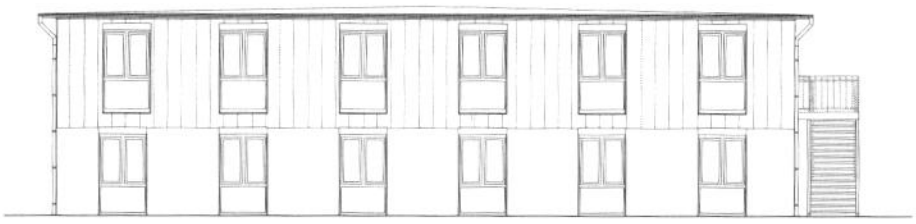

Ansicht Süd-Ost

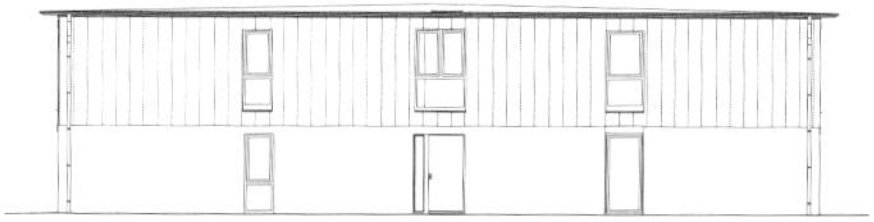

Ansicht Süd-West

Objektbeschreibung

Allgemeine Objektinformationen

Das zweigeschossige Gebäude mit einer Grundfläche von 21,82x21,05m bietet für 81 Personen Unterkunft. Die 21 Wohnungen werden auf beiden Geschossen über einen zentralen Flur erschlossen. Eine Wohnung ist barrierefrei ausgeführt. Im Obergeschoss befinden sich ein gemeinschaftlich genutzter Waschraum und das Hausmeisterbüro, der Technikraum ist im Erdgeschoss untergebracht. Die Erschließung erfolgt über eine Innentreppe und eine außenliegende Fluchttreppe.

Nutzung

1 Erdgeschoss
Wohnräume mit Bad (11St), Technikraum, Flur

1 Obergeschoss
Wohnräume mit Bad (10St), Büro, WC, Waschraum, Flur

Nutzeinheiten

Betten: 81
Wohneinheiten: 21
Wohnfläche: 722m²

Grundstück

Bauraum: Freier Bauraum
Neigung: Ebenes Gelände
Bodenklasse: BK 1 bis BK 4

Markt

Hauptvergabezeit: 1. Quartal 2023
Baubeginn: 3. Quartal 2023
Bauende: 2. Quartal 2024
Konjunkturelle Gesamtlage: Durchschnitt
Regionaler Baumarkt: Durchschnitt

Baukonstruktion

Das Gebäude besteht aus 24 Holzmodulen, hergestellt aus Brettsperrholz und Brettschichtholz. Alle tragenden Bauteile sind feuerhemmend ausgeführt. Zwischen der Stahlbetonbodenplatte und den Holzmodulen wurde ein Nivellement hergestellt, welches gleichzeitig als Dämm- und Installationsebene dient. Die Holzmodule sind im Werk zu ca. 80% vorgefertigt und beinhalten bereits fertige Bäder, vorinstallierte Elektroinstallationen mit Leuchten, Schalter und Steckdosen sowie Fenster und Fassade. Die für den Transport witterungsgeschützten Module wurden vor Ort nur noch platziert. Nach erfolgter Montage wurden alle Stoßbereiche zwischen den Modulen geschlossen und die vorkommissionierten Fassadenhölzer zu einer Lärchenholz- bzw. HPL-Fassade ergänzt. Die Montage des Fußbodenaufbaus sowie der Dachkonstruktion erfolgte im Anschluss über alle Module hinweg.

Technische Anlagen

Die zentrale Haustechnik ist im Technikraum aufgestellt und wird über Trassen auf der Stahlbetonbodenplatte und über Vertikalschächte in die einzelnen Wohnungen geführt. Die Wärmeerzeugung für Heizungswärme und Brauchwasser ist durch einen bauseitigen Fernwärmeanschluss gewährleistet. Die Wärmeverteilung erfolgt über Heizkörper in den Wohnräumen und in den Bädern. Die Bäder sind in einfachem Standard mit Waschtisch, WC und Dusche und einer Abluft ausgestattet. Die Fertigbäder wurden bereits im Werk eingebaut, sodass vor Ort nur noch die Medien zur Versorgung angeschlossen werden mussten. Jede Einheit besitzt eine eigene Elektro-Unterverteilung. Die Beleuchtung erfolgt innen über LED-Deckenlampen und Wandleuchten im Außenbereich. Auf der Dachfläche wurde eine PV-Anlage mit einer installierten Leistung von 29,52kWp und einer Speicherkapazität von 9,2kWh errichtet.

Energetische Kennwerte

Gesetzliche Grundlage: GEG 2020
Gebäudenutzfläche: 876,10m²
Gebäudevolumen: 2.737,90m³
A/V_e-Verhältnis (Kompaktheit): 0,52m^{-1}
Hüllfläche des beheizten Volumens: 1.433,10m²
Spez. Transmissionswärmeverlust: 0,32W/(m²·K)
Spez. Jahresprimärenergiebedarf: 21,19kWh/(m²·a)
Spez. Jahresendenergiebedarf: 96,60kWh/(m²·a)

Energetische Angaben zu Außenbauteilen

Bodenplatte

U-Wert: 0,22 W/(m²·K)

Gesamtdicke: 53,25 cm	d [cm]	λ [W/(mK)]
Estrich	3,00	0,580
Trittschalldämmung	2,00	0,040
Schüttung	6,00	0,700
Brettsperrholz	10,00	0,130
Holz	12,00	0,130
Dämmung	12,00	0,035
Bitumenbahn	0,25	0,230
Stahlbeton	20,00	2,500

Außenwand

U-Wert: 0,25 W/(m²·K)

Gesamtdicke: 22,02 cm	d [cm]	λ [W/(mK)]
Brettsperrholz	8,00	0,130
Holz	14,00	0,130
Dämmung	14,00	0,035
Abdichtung	0,02	0,700

Flachdach

U-Wert: 0,24 W/(m²·K)

Gesamtdicke: 20,50 cm	d [cm]	λ [W/(mK)]
Brettsperrholz	8,00	0,130
Bitumenbahn	0,25	0,230
Dämmung	12,00	0,035
Dachdichtungsbahn	0,25	0,200

Planungskennwerte für Flächen und Rauminhalte nach DIN 277

Flächen des Grundstücks		Menge Einheit	% an GF
BF	Bebaute Fläche	514,27 m²	43,5
UF	Unbebaute Fläche	668,07 m²	56,5
GF	Grundstücksfläche	1.182,34 m²	100,0

Grundflächen des Bauwerks		Menge Einheit	% an NUF	% an BGF
NUF	Nutzungsfläche	665,07 m²	100,0	70,3
TF	Technikfläche	14,94 m²	2,2	1,6
VF	Verkehrsfläche	101,14 m²	15,2	10,7
NRF	Netto-Raumfläche	781,15 m²	117,5	82,6
KGF	Konstruktions-Grundfläche	164,83 m²	24,8	17,4
BGF	Brutto-Grundfläche	945,98 m²	142,2	100,0

Brutto-Rauminhalt des Bauwerks		Menge Einheit	BRI/NUF (m)	BRI/BGF (m)
BRI	Brutto-Rauminhalt	2.933,81 m³	4,41	3,10

KG	Kostengruppen (2. Ebene)	Menge Einheit	Menge/NUF	Menge/BGF
310	Baugrube / Erdbau	–	–	–
320	Gründung, Unterbau	450,00 m² GRF	0,68	0,48
330	Außenwände/Vertikale Baukonstruktionen, außen	491,00 m² AWF	0,74	0,52
340	Innenwände/Vertikale Baukonstruktionen, innen	889,56 m² IWF	1,34	0,94
350	Decken/Horizontale Baukonstruktionen	441,00 m² DEF	0,66	0,47
360	Dächer	505,46 m² DAF	0,76	0,53

Kostenkennwerte für die Kostengruppen der 1.Ebene DIN 276

KG	Kostengruppen (1.Ebene)	Einheit	Kosten €	€/Einheit	€/m² BGF	€/m³ BRI	% 300+400
100	Grundstück	m² GF	–	–	–	–	–
200	Vorbereitende Maßnahmen	m² GF	14.667	12,41	15,50	5,00	0,6
300	Bauwerk – Baukonstruktionen	m² BGF	1.737.216	1.836,42	1.836,42	592,14	76,5
400	Bauwerk – Technische Anlagen	m² BGF	534.539	565,06	565,06	182,20	23,5
	Bauwerk 300+400	**m² BGF**	**2.271.755**	**2.401,48**	**2.401,48**	**774,34**	**100,0**
500	Außenanlagen und Freiflächen	m² AF	–	–	–	–	–
600	Ausstattung und Kunstwerke	m² BGF	–	–	–	–	–
700	Baunebenkosten	m² BGF	–	–	–	–	–
800	Finanzierung	m² BGF	–	–	–	–	–

KG	Kostengruppe	Menge Einheit	Kosten €	€/Einheit	%
200	**Vorbereitende Maßnahmen**	1.182,34 m² GF	14.667	**12,41**	0,6
	Grasnarbe abziehen				
3+4	**Bauwerk**				**100,0**
300	**Bauwerk – Baukonstruktionen**	945,98 m² BGF	1.737.216	**1.836,42**	76,5
	Baugrundverbesserung, Stb-Bodenplatte, Abdichtung, Dämmung, Brettsperrholz-Modulböden, TSD, Zementestrich, Vinylbelag, Bodenfliesen; Brettsperrholz-Modulwände, Kunststofffenster, Alu-Außentüren, vorgehängte Holz-/HPL-Fassaden, UV-Schutzbeschichtung, Kunststoff-Rollläden; Brettsperrholz-Modulinnenwände, Wohnungseingangstüren, Holztüren, GK-Vorsatzschalen, Tapete, Dispersionsbeschichtung, HPL-Bekleidungen; Brettsperrholz-Moduldecken/-böden, Brettsperrholz-Fertigteiltreppe, GK-Decken, Malervlies, Dispersionsbeschichtung, Stahl-Außentreppe; Brettsperrholz-Modulflachdach, Lichtkuppel, Gefälledämmung, Kunststoffabdichtung, Dachentwässerung				
400	**Bauwerk – Technische Anlagen**	945,98 m² BGF	534.539	**565,06**	23,5
	Gebäudeentwässerung, Kalt- und Warmwasserleitungen, Sanitärobjekte; Fernwärmeübergabestation, Pufferspeicher, Heizungsrohre, Heizkörper; Entlüftung innenliegender Bäder; Photovoltaikanlage, Batteriespeicher, Elektroinstallation, Beleuchtung, Erdung; Notrufanlage, Sat-Anlage, Branderkennungsanlage, Datennetzwerk				

Kostenkennwerte für die Kostengruppen 300 der 2. und 3. Ebene DIN 276 (Übersicht)

KG	Kostengruppe	Menge Einheit	Kosten €	€/Einheit	% an 3+4
300	**Bauwerk – Baukonstruktionen**	**945,98 m² BGF**	**1.737.216,47**	**1.836,42**	**76,5**
310	**Baugrube / Erdbau**	**–**	**–**	**–**	**–**
311	Herstellung	–	–	–	–
312	Umschließung	–	–	–	–
313	Wasserhaltung	–	–	–	–
314	Vortrieb	–	–	–	–
319	Sonstiges zur KG 310	–	–	–	–
320	**Gründung, Unterbau**	**450,00 m² GRF**	**346.291,70**	**769,54**	**15,2**
321	Baugrundverbesserung	450,00 m²	43.242,09	96,09	1,9
322	Flachgründungen und Bodenplatten	450,00 m²	215.052,50	477,89	9,5
323	Tiefgründungen	–	–	–	–
324	Gründungsbeläge	342,00 m²	71.625,39	209,43	3,2
325	Abdichtungen und Bekleidungen	492,00 m²	16.371,72	33,28	0,7
326	Dränagen	–	–	–	–
329	Sonstiges zur KG 320	–	–	–	–
330	**Außenwände/Vert. Baukonstrukt., außen**	**491,00 m² AWF**	**426.864,62**	**869,38**	**18,8**
331	Tragende Außenwände	383,82 m²	55.637,68	144,96	2,4
332	Nichttragende Außenwände	–	–	–	–
333	Außenstützen	–	–	–	–
334	Außenwandöffnungen	107,18 m²	135.465,38	1.263,91	6,0
335	Außenwandbekleidungen, außen	410,00 m²	185.316,88	451,99	8,2
336	Außenwandbekleidungen, innen	316,64 m²	20.630,36	65,15	0,9
337	Element. Außenwandkonstruktionen	–	–	–	–
338	Lichtschutz zur KG 330	97,00 m²	29.814,29	307,36	1,3
339	Sonstiges zur KG 330	–	–	–	–
340	**Innenwände/Vert. Baukonstrukt., innen**	**889,56 m² IWF**	**397.384,41**	**446,72**	**17,5**
341	Tragende Innenwände	662,06 m²	168.920,93	255,14	7,4
342	Nichttragende Innenwände	131,00 m²	18.352,60	140,10	0,8
343	Innenstützen	–	–	–	–
344	Innenwandöffnungen	96,50 m²	83.769,86	868,08	3,7
345	Innenwandbekleidungen	1.586,12 m²	126.341,01	79,65	5,6
346	Elementierte Innenwandkonstruktionen	–	–	–	–
347	Lichtschutz zur KG 340	–	–	–	–
349	Sonstiges zur KG 340	–	–	–	–
350	**Decken/Horizontale Baukonstruktionen**	**441,00 m² DEF**	**280.605,39**	**636,29**	**12,4**
351	Deckenkonstruktionen	441,00 m²	174.336,14	395,32	7,7
352	Deckenöffnungen	–	–	–	–
353	Deckenbeläge	347,00 m²	67.110,73	193,40	3,0
354	Deckenbekleidungen	382,98 m²	15.303,99	39,96	0,7
355	Elementierte Deckenkonstruktionen	9,19 m²	23.854,52	2.595,70	1,1
359	Sonstiges zur KG 350	–	–	–	–
360	**Dächer**	**505,46 m² DAF**	**243.881,25**	**482,49**	**10,7**
361	Dachkonstruktionen	505,46 m²	103.838,87	205,43	4,6
362	Dachöffnungen	1,08 m²	5.096,26	4.718,76	0,2
363	Dachbeläge	505,46 m²	111.273,95	220,14	4,9
364	Dachbekleidungen	391,00 m²	15.303,91	39,14	0,7
365	Elementierte Dachkonstruktionen	–	–	–	–
366	Lichtschutz zur KG 360	–	–	–	–
369	Sonstiges zur KG 360	505,46 m² DAF	8.368,26	16,56	0,4
370	**Infrastrukturanlagen**	**–**	**–**	**–**	**–**
380	**Baukonstruktive Einbauten**	**–**	**–**	**–**	**–**
390	**Sonst. Maßnahmen für Baukonstrukt.**	**945,98 m² BGF**	**42.189,11**	**44,60**	**1,9**

Kostenkennwerte für die Kostengruppen 400 der 2. und 3. Ebene DIN 276 (Übersicht)

KG	Kostengruppe	Menge Einheit	Kosten €	€/Einheit	% an 3+4
400	**Bauwerk – Technische Anlagen**	**945,98 m²BGF**	**534.538,90**	**565,06**	**23,5**
410	**Abwasser-, Wasser-, Gasanlagen**	**945,98 m²BGF**	**157.329,32**	**166,31**	**6,9**
411	Abwasseranlagen	945,98 m²BGF	106.097,39	112,16	4,7
412	Wasseranlagen	945,98 m²BGF	40.833,53	43,17	1,8
413	Gasanlagen	–	–	–	–
419	Sonstiges zur KG 410	945,98 m²BGF	10.398,41	10,99	0,5
420	**Wärmeversorgungsanlagen**	**945,98 m²BGF**	**97.932,83**	**103,53**	**4,3**
421	Wärmeerzeugungsanlagen	945,98 m²BGF	17.643,53	18,65	0,8
422	Wärmeverteilnetze	945,98 m²BGF	51.566,43	54,51	2,3
423	Raumheizflächen	945,98 m²BGF	28.722,87	30,36	1,3
424	Verkehrsheizflächen	–	–	–	–
429	Sonstiges zur KG 420	–	–	–	–
430	**Raumlufttechnische Anlagen**	**945,98 m²BGF**	**17.270,08**	**18,26**	**0,8**
431	Lüftungsanlagen	945,98 m²BGF	17.270,08	18,26	0,8
432	Teilklimaanlagen	–	–	–	–
433	Klimaanlagen	–	–	–	–
434	Kälteanlagen	–	–	–	–
439	Sonstiges zur KG 430	–	–	–	–
440	**Elektrische Anlagen**	**945,98 m²BGF**	**216.502,60**	**228,87**	**9,5**
441	Hoch- und Mittelspannungsanlagen	–	–	–	–
442	Eigenstromversorgungsanlagen	945,98 m²BGF	69.027,98	72,97	3,0
443	Niederspannungsschaltanlagen	–	–	–	–
444	Niederspannungsinstallationsanlagen	945,98 m²BGF	119.965,82	126,82	5,3
445	Beleuchtungsanlagen	945,98 m²BGF	23.569,11	24,92	1,0
446	Blitzschutz- und Erdungsanlagen	945,98 m²BGF	3.939,70	4,16	0,2
447	Fahrleitungssysteme	–	–	–	–
449	Sonstiges zur KG 440	–	–	–	–
450	**Kommunikationstechnische Anlagen**	**945,98 m²BGF**	**45.504,05**	**48,10**	**2,0**
451	Telekommunikationsanlagen	–	–	–	–
452	Such- und Signalanlagen	945,98 m²BGF	701,72	0,74	< 0,1
453	Zeitdienstanlagen	–	–	–	–
454	Elektroakustische Anlagen	–	–	–	–
455	Audiovisuelle Medien- u. Antennenanl.	945,98 m²BGF	9.362,20	9,90	0,4
456	Gefahrenmelde- und Alarmanlagen	945,98 m²BGF	26.477,89	27,99	1,2
457	Datenübertragungsnetze	945,98 m²BGF	8.962,26	9,47	0,4
458	Verkehrsbeeinflussungsanlagen	–	–	–	–
459	Sonstiges zur KG 450	–	–	–	–
460	**Förderanlagen**	**–**	**–**	**–**	**–**
461	Aufzugsanlagen	–	–	–	–
462	Fahrtreppen, Fahrsteige	–	–	–	–
463	Befahranlagen	–	–	–	–
464	Transportanlagen	–	–	–	–
465	Krananlagen	–	–	–	–
466	Hydraulikanlagen	–	–	–	–
469	Sonstiges zur KG 460	–	–	–	–
470	**Nutzungsspez. u. verfahrenstechn. Anl.**	**–**	**–**	**–**	**–**
480	**Gebäude- und Anlagenautomation**	**–**	**–**	**–**	**–**
490	**Sonst. Maßnahmen für techn. Anlagen**	**–**	**–**	**–**	**–**

Kostenkennwerte für Leistungsbereiche nach STLB (Kosten des Bauwerks nach DIN 276)

LB	Leistungsbereiche	Kosten €	€/m² BGF	€/m³ BRI	% an 3+4
000	Baustellen-, Sicherheitseinr. inkl. 001, 089	37.961	40,10	12,90	1,7
002	Erdarbeiten	43.242	45,70	14,70	1,9
006	Spezialtiefbauarbeiten inkl. 005	–	–	–	–
009	Entwässerungskanalarbeiten inkl. 011	–	–	–	–
010	Drän- und Versickerarbeiten	–	–	–	–
012	Mauerarbeiten	–	–	–	–
013	Betonarbeiten	51.289	54,20	17,50	2,3
014	Natur-, Betonwerksteinarbeiten	–	–	–	–
016	Zimmer- und Holzbauarbeiten	669.418	707,60	228,20	29,5
017	Stahlbauarbeiten	–	–	–	–
018	Abdichtungsarbeiten	33.627	35,50	11,50	1,5
019	Kampfmittelräumarbeiten	–	–	–	–
020	Dachdeckungsarbeiten	–	–	–	–
021	Dachabdichtungsarbeiten	108.727	114,90	37,10	4,8
022	Klempnerarbeiten	16.012	16,90	5,50	0,7
	Rohbau	**960.275**	**1.015,10**	**327,30**	**42,3**
023	Putz- und Stuckarbeiten, Wärmedämmsysteme	–	–	–	–
024	Fliesen- und Plattenarbeiten	42.263	44,70	14,40	1,9
025	Estricharbeiten	66.581	70,40	22,70	2,9
026	Fenster, Außentüren inkl. 029, 032	137.848	145,70	47,00	6,1
027	Tischlerarbeiten	83.770	88,60	28,60	3,7
028	Parkett-, Holzpflasterarbeiten	–	–	–	–
030	Rollladenarbeiten	29.814	31,50	10,20	1,3
031	Metallbauarbeiten inkl. 035	23.855	25,20	8,10	1,1
034	Maler- und Lackiererarb. - Beschicht. inkl. 037	92.365	97,60	31,50	4,1
036	Bodenbelagarbeiten	29.892	31,60	10,20	1,3
038	Vorgehängte hinterlüftete Fassaden	185.317	195,90	63,20	8,2
039	Trockenbauarbeiten	83.390	88,20	28,40	3,7
	Ausbau	**775.096**	**819,40**	**264,20**	**34,1**
040	Wärmeversorgungsanl. - Betriebseinr. inkl. 041	81.174	85,80	27,70	3,6
042	Gas- u. Wasseranl. - Leitung., Armat. inkl. 043	21.070	22,30	7,20	0,9
044	Abwasseranl. - Leitungen, Abläufe, Armaturen	106.097	112,20	36,20	4,7
045	Gas, Wasser, Entwässerung - Ausstattung inkl. 046	26.242	27,70	8,90	1,2
047	Dämm- und Brandschutzarb. an techn. Anlagen	22.599	23,90	7,70	1,0
049	Feuerlöschanlagen, Feuerlöschgeräte	–	–	–	–
050	Blitzschutz-/Erdungsanlagen, Überspannungssch.	3.940	4,20	1,30	0,2
053	Niederspannungsanl. - Kabel inkl. 052, 054	187.074	197,80	63,80	8,2
055	Sicherheits- u. Ersatzstromversorgungsanl.	–	–	–	–
057	Gebäudesystemtechnik	–	–	–	–
058	Leuchten und Lampen inkl. 059	23.569	24,90	8,00	1,0
060	Such, Signal, Zeit, Anten., akust. Anl. inkl. 064	10.064	10,60	3,40	0,4
061	Kommunikations- u. Übertragungsnetze inkl. 063	35.440	37,50	12,10	1,6
069	Aufzüge	–	–	–	–
070	Gebäudeautomation	–	–	–	–
075	Raumlufttechnische Anlagen inkl. 078	17.270	18,30	5,90	0,8
	Gebäudetechnik	**534.539**	**565,10**	**182,20**	**23,5**
084	Abbruch, Rückbau, Schadstoffsanierung	–	–	–	–
	Abbrucharbeiten	**–**	**–**	**–**	**–**
	Sonstige Leistungsbereiche	**1.846**	**2,00**	**0,63**	**< 0,1**

Kostenstand: 1. Quartal 2026, Bundesdurchschnitt, **inkl. 19% MwSt**

6400-0120
Jugendfreizeitstätte
(3 Gruppen)
(100 Kinder)

Kostenkennwerte für die Kosten des Bauwerks (Kostengruppen 300+400 nach DIN 276)

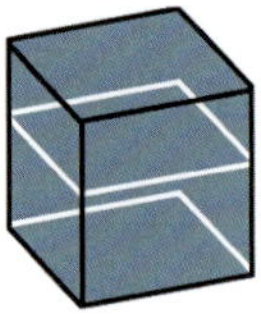

BRI 786 €/m³

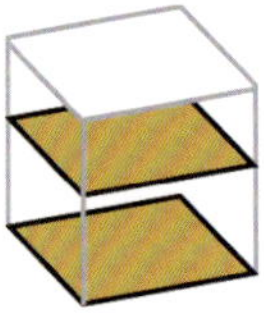

BGF 3.267 €/m²

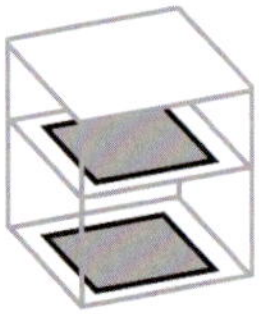

NUF 4.998 €/m²

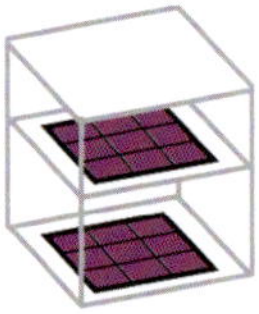

NE 25.969 €/NE
NE: Kinder

Objekt:
Kennwerte: 3.Ebene DIN 276
BRI: 3.304 m³
BGF: 795 m²
NUF: 520 m²
Bauzeit: 43 Wochen
Bauende: 2021
Standard: mittel
Bundesland: Bayern
Kreis: Schweinfurt, Stadt

Architekt*in:
brück.jordan
architekten ingenieure
PartGmbB
Landwehrstraße 31
97070 Würzburg

Bauherr*in:
Stadt Schweinfurt
Markt 1
97421 Schweinfurt

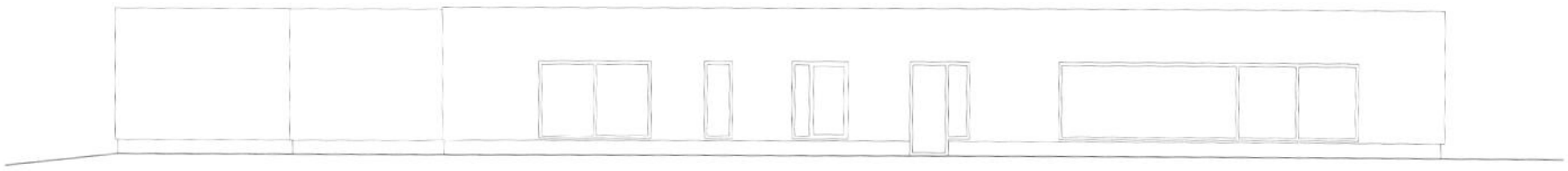

Ansicht Nord-West

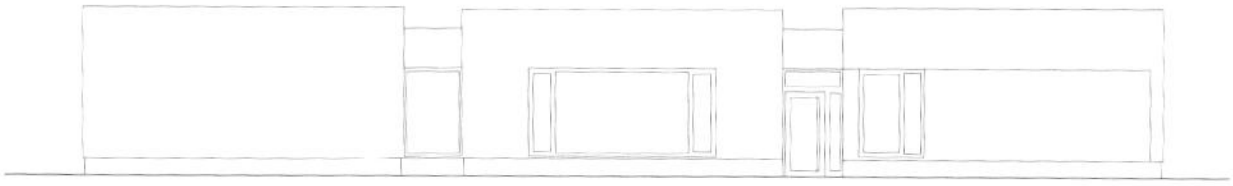

Ansicht Nord-Ost

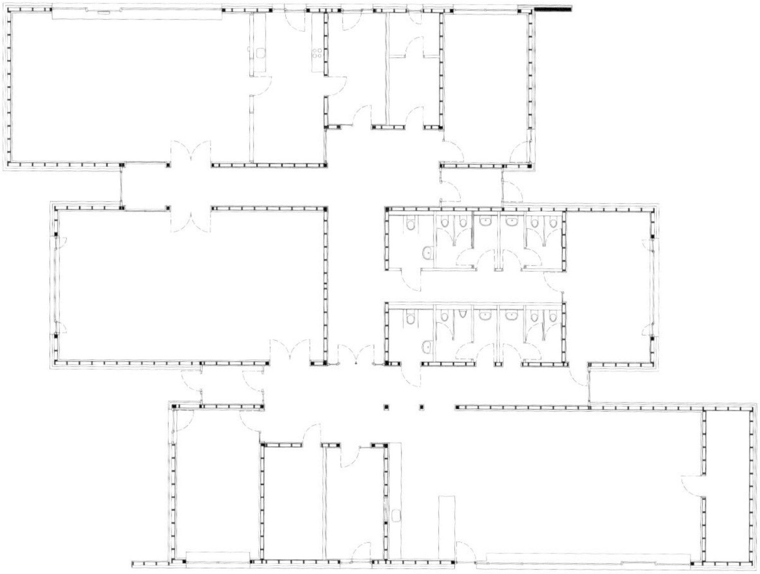

Erdgeschoss

Querschnitt

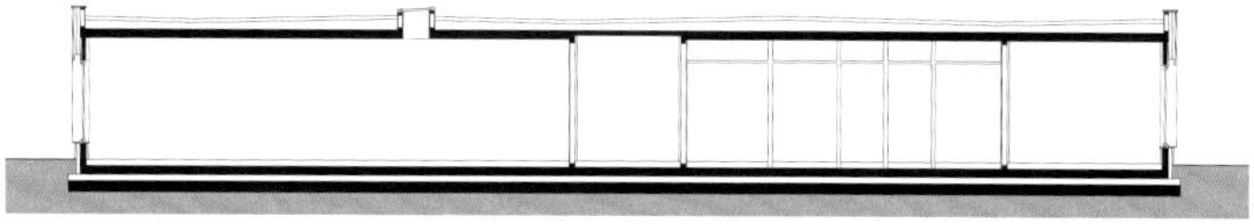

Längsschnitt

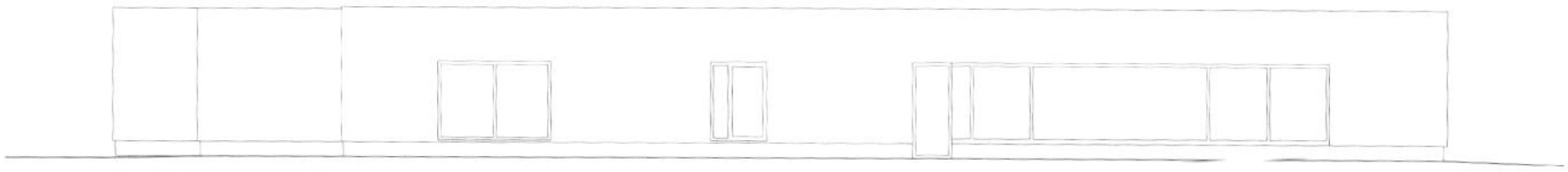

Ansicht Süd-Ost

Objektbeschreibung

Allgemeine Objektinformationen

Die neue Jugendfreizeitstätte befindet sich auf einem ebenen Grundstück mit altem Baumbestand, das von bestehenden Wegen umschlossen ist. Die drei Nutzungseinheiten für Jugendliche, Kinder und zur gemeinschaftlichen Nutzung können zusammen und getrennt voneinander genutzt werden. Dem Konzept entsprechend ist der eingeschossige Baukörper in drei Gebäudeteile gegliedert, die seitlich zueinander versetzt angeordnet sind. Ihre Innenbereiche sind großzügig und offen gestaltet.

Nutzung

1 Erdgeschoss
Gruppenräume (2St), Begegnungsräume (2St), Multifunktionsraum, Werkstatt, Küche, Sanitärräume, Büros (2St), Abstellräume (2St), Windfang (2St), Flure (3St), Technikraum, Putzraum

Nutzeinheiten

Gruppen: 3
Kinder: 100

Grundstück

Bauraum: Freier Bauraum
Neigung: Ebenes Gelände
Bodenklasse: BK 3 bis BK 5

Markt

Hauptvergabezeit: 2. Quartal 2020
Baubeginn: 2. Quartal 2020
Bauende: 2. Quartal 2021
Konjunkturelle Gesamtlage: Durchschnitt
Regionaler Baumarkt: Durchschnitt

Baukonstruktion

Das nicht unterkellerte Gebäude gründet auf einer tragenden, unterseitig gedämmten Stahlbetonbodenplatte. Die tragenden und aussteifenden Wände wurden als Holzrahmenbau mit gedämmter Holzständerkonstruktion mit innen- und außenseitig vorgesetzter Holzbekleidung ausgeführt. Die Außenfassade ist mit einer hinterlüfteten Holzfassade aus sägerauen Lärchenleisten unterschiedlicher Breite ummantelt. Die zueinander in der Höhe versetzten Flachdächer sind aus Brettsperrholz mit Folienabdichtung und extensiver Dachbegrünung ausgeführt. Im Multifunktionsraum wurde ein festverglastes Oberlicht eingebaut. Die Innenwandbekleidungen bestehen aus Fichte-Dreischichtplatten, die mit einer pigmentieren Lasur behandelt wurden. Die oberen Wandbereiche sind mit akustisch wirksamen Bekleidungen ausgestattet. Als Fußbodenbeläge wurden Linoleum und keramische Fliesen gewählt.

Technische Anlagen

Die Wärmeversorgung der Jugendfreizeitstätte wird über einen Fernwärmeanschluss gewährleistet. Jede der drei Nutzungseinheiten besitzt eine eigene Lüftungsanlage mit Wärmerückgewinnung. In die unbehandelten Massivholzdecken sind deckenbündig LED-Linienleuchten integriert worden. Das Dachniederschlagswasser wird in Rigolen gesammelt und versickert.

Energetische Kennwerte

Gesetzliche Grundlage: EnEV 2013
Gebäudenutzfläche: 682,00 m^2
Gebäudevolumen: 2.182,80 m^3
Hüllfläche des beheizten Volumens: 2.025,50 m^2
Spez. Transmissionswärmeverlust: 0,20 $W/(m^2 \cdot K)$
Mittlerer U-Wert (opake Bauteile): 0,10
Mittlerer U-Wert (transparente Bauteile): 0,82
Spez. Jahresprimärenergiebedarf: 58,52 $kWh/(m^2 \cdot a)$
Spez. Jahresendenergiebedarf: 78,69 $kWh/(m^2 \cdot a)$
Differenzdruck-Messverfahren: 0,53 h^{-1}

Energetische Angaben zu Außenbauteilen

Bodenplatte

U-Wert: 0,14 W/(m²·K)

Gesamtdicke: 55,00 cm	d [cm]	λ [W/(mK)]
Estrich	5,00	1,400
Trittschalldämmung	2,00	0,040
Dämmung	8,00	0,035
Stahlbeton	24,00	2,500
Dämmung	16,00	0,039

Außenwand

U-Wert: 0,15 W/(m²·K)

Gesamtdicke: 27,80 cm	d [cm]	λ [W/(mK)]
Holz	1,80	0,130
Holz	16,00	0,130
Dämmung	16,00	0,035
Holzfaserplatte	10,00	0,035

Dach

U-Wert: 0,11 W/(m²·K)

Gesamtdicke: 44,40 cm	d [cm]	λ [W/(mK)]
Holz	24,00	0,170
Bitumenbahn	0,40	0,170
Dämmung	14,00	0,026
Dämmung	6,00	0,026

Planungskennwerte für Flächen und Rauminhalte nach DIN 277

Flächen des Grundstücks		Menge Einheit	% an GF
BF	Bebaute Fläche	794,87 m²	50,2
UF	Unbebaute Fläche	787,13 m²	49,8
GF	Grundstücksfläche	1.582,00 m²	100,0

Grundflächen des Bauwerks		Menge Einheit	% an NUF	% an BGF
NUF	Nutzungsfläche	519,58 m²	100,0	65,4
TF	Technikfläche	15,95 m²	3,1	2,0
VF	Verkehrsfläche	128,71 m²	24,8	16,2
NRF	Netto-Raumfläche	664,24 m²	127,8	83,6
KGF	Konstruktions-Grundfläche	130,63 m²	25,1	16,4
BGF	Brutto-Grundfläche	794,87 m²	153,0	100,0

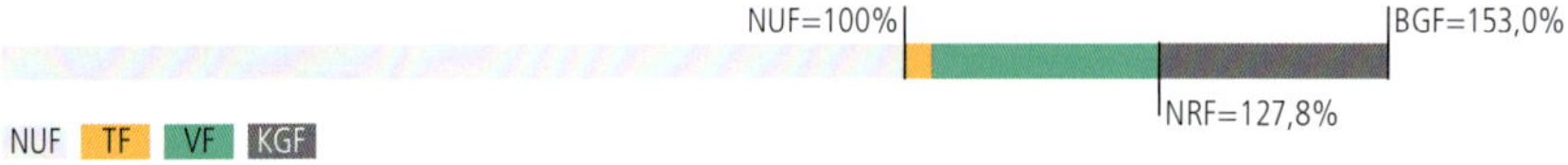

Brutto-Rauminhalt des Bauwerks		Menge Einheit	BRI/NUF (m)	BRI/BGF (m)
BRI	Brutto-Rauminhalt	3.304,49 m³	6,36	4,16

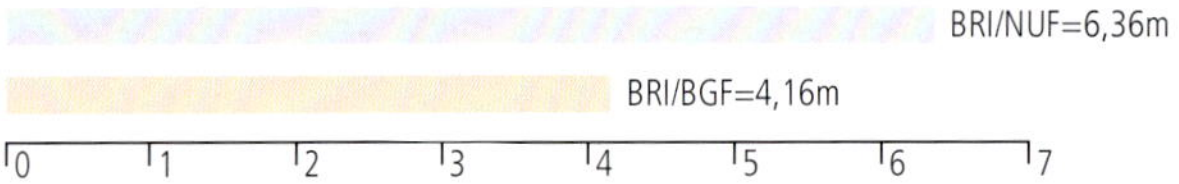

KG	Kostengruppen (2. Ebene)	Menge Einheit	Menge/NUF	Menge/BGF
310	Baugrube / Erdbau	767,14 m³ BGI	1,48	0,97
320	Gründung, Unterbau	694,88 m² GRF	1,34	0,87
330	Außenwände/Vertikale Baukonstruktionen, außen	641,93 m² AWF	1,24	0,81
340	Innenwände/Vertikale Baukonstruktionen, innen	662,75 m² IWF	1,28	0,83
350	Decken/Horizontale Baukonstruktionen	–	–	–
360	Dächer	805,56 m² DAF	1,55	1,01

Kostenkennwerte für die Kostengruppen der 1. Ebene DIN 276

KG	Kostengruppen (1. Ebene)	Einheit	Kosten €	€/Einheit	€/m² BGF	€/m³ BRI	% 300+400
100	Grundstück	m² GF	–	–	–	–	–
200	Vorbereitende Maßnahmen	m² GF	27.528	17,40	34,63	8,33	1,1
300	Bauwerk – Baukonstruktionen	m² BGF	1.926.298	2.423,41	2.423,41	582,93	74,2
400	Bauwerk – Technische Anlagen	m² BGF	670.574	843,63	843,63	202,93	25,8
	Bauwerk 300+400	**m² BGF**	**2.596.872**	**3.267,04**	**3.267,04**	**785,86**	**100,0**
500	Außenanlagen und Freiflächen	m² AF	80.025	101,12	100,68	24,22	3,1
600	Ausstattung und Kunstwerke	m² BGF	12.238	15,40	15,40	3,70	0,5
700	Baunebenkosten	m² BGF	–	–	–	–	–
800	Finanzierung	m² BGF	–	–	–	–	–

KG	Kostengruppe	Menge Einheit	Kosten €	€/Einheit	%
200	**Vorbereitende Maßnahmen**	1.582,00 m² GF	27.528	**17,40**	1,1
	Sichern von Versorgungsleitungen, Abbruch von Betonfundamenten, Grundstück freimachen, Gehölze roden, Oberbodenarbeiten; Asphaltfläche erneuern; Entsorgung, Deponiegebühren				
3+4	**Bauwerk**				**100,0**
300	**Bauwerk – Baukonstruktionen**	794,87 m² BGF	1.926.298	**2.423,41**	74,2
	Bodenaushub; Stb-Flachgründung, Abdichtung, Heizestrich, Linoleum, Bodenfliesen, Epoxidharzbeschichtung, Perimeterdämmung; Holzrahmenwände, Stb-Wände, Holzrahmenattika, Stahlstützen, Holzfenster, hinterlüftete Holzfassade, Holzmehrschichtbekleidung, offene Holzleistenschalung, Wandfliesen, Sonnenschutz; GK-Wände, Holztüren, WC-Trennwände; Brettsperrholz-Flachdach, Oberlicht, Dachbegrünung, Dachentwässerung, GK-Decken, Beschichtung; Einbaumöbel, Einbauküchen; Schließanlage				
400	**Bauwerk – Technische Anlagen**	794,87 m² BGF	670.574	**843,63**	25,8
	Gebäudeentwässerung, Kalt- und Warmwasserleitungen, Sanitärobjekte; Fernwärmeanschluss, Heizungsrohre, Heizkörper, Fußbodenheizung; Lüftungsgeräte mit WRG, Elektroinstallation, Beleuchtung, Erdung; Telefonverkabelung, Sprechanlagen, Rufsignalanlagen, Antennenanlage, Branderkennungsanlage, Brandmelder, EDV-Verkabelung; Feuerlöscher; Gebäudeautomation				
500	**Außenanlagen und Freiflächen**	791,35 m² AF	80.025	**101,12**	3,1
	Bodenarbeiten; Versickerungsrigolen, Geländeentwässerung				
600	**Ausstattung und Kunstwerke**	794,87 m² BGF	12.238	**15,40**	0,5
	Sanitärausstattung				

Kostenkennwerte für die Kostengruppen 300 der 2. und 3.Ebene DIN 276 (Übersicht)

KG	Kostengruppe	Menge Einheit	Kosten €	€/Einheit	% an 3+4
300	**Bauwerk – Baukonstruktionen**	**794,87 m² BGF**	**1.926.298,16**	**2.423,41**	**74,2**
310	**Baugrube / Erdbau**	**767,14 m³ BGI**	**44.891,98**	**58,52**	**1,7**
311	Herstellung	767,14 m³ BGI	44.891,98	58,52	1,7
312	Umschließung	–	–	–	–
313	Wasserhaltung	–	–	–	–
314	Vortrieb	–	–	–	–
319	Sonstiges zur KG 310	–	–	–	–
320	**Gründung, Unterbau**	**694,88 m² GRF**	**320.922,26**	**461,84**	**12,4**
321	Baugrundverbesserung	–	–	–	–
322	Flachgründungen und Bodenplatten	694,88 m²	138.800,50	199,75	5,3
323	Tiefgründungen	–	–	–	–
324	Gründungsbeläge	668,13 m²	99.205,10	148,48	3,8
325	Abdichtungen und Bekleidungen	798,44 m²	82.916,67	103,85	3,2
326	Dränagen	–	–	–	–
329	Sonstiges zur KG 320	–	–	–	–
330	**Außenwände/Vert. Baukonstrukt., außen**	**641,93 m² AWF**	**568.224,55**	**885,18**	**21,9**
331	Tragende Außenwände	380,56 m²	94.790,66	249,08	3,7
332	Nichttragende Außenwände	145,25 m²	21.237,80	146,22	0,8
333	Außenstützen	36,05 m	4.003,61	111,06	0,2
334	Außenwandöffnungen	116,12 m²	92.341,45	795,22	3,6
335	Außenwandbekleidungen, außen	614,98 m²	206.615,80	335,97	8,0
336	Außenwandbekleidungen, innen	546,65 m²	116.227,68	212,62	4,5
337	Element. Außenwandkonstruktionen	–	–	–	–
338	Lichtschutz zur KG 330	88,58 m²	33.007,54	372,63	1,3
339	Sonstiges zur KG 330	–	–	–	–
340	**Innenwände/Vert. Baukonstrukt., innen**	**662,75 m² IWF**	**326.414,50**	**492,52**	**12,6**
341	Tragende Innenwände	374,17 m²	78.503,13	209,81	3,0
342	Nichttragende Innenwände	163,49 m²	20.006,15	122,37	0,8
343	Innenstützen	–	–	–	–
344	Innenwandöffnungen	111,51 m²	114.463,44	1.026,49	4,4
345	Innenwandbekleidungen	716,83 m²	105.210,24	146,77	4,1
346	Elementierte Innenwandkonstruktionen	13,58 m²	8.231,55	606,15	0,3
347	Lichtschutz zur KG 340	–	–	–	–
349	Sonstiges zur KG 340	–	–	–	–
350	**Decken/Horizontale Baukonstruktionen**	**–**	**–**	**–**	**–**
351	Deckenkonstruktionen	–	–	–	–
352	Deckenöffnungen	–	–	–	–
353	Deckenbeläge	–	–	–	–
354	Deckenbekleidungen	–	–	–	–
355	Elementierte Deckenkonstruktionen	–	–	–	–
359	Sonstiges zur KG 350	–	–	–	–
360	**Dächer**	**805,56 m² DAF**	**435.213,71**	**540,26**	**16,8**
361	Dachkonstruktionen	802,00 m²	190.327,00	237,32	7,3
362	Dachöffnungen	3,56 m²	2.384,90	669,92	< 0,1
363	Dachbeläge	794,43 m²	220.305,04	277,31	8,5
364	Dachbekleidungen	79,53 m²	13.795,13	173,46	0,5
365	Elementierte Dachkonstruktionen	–	–	–	–
366	Lichtschutz zur KG 360	–	–	–	–
369	Sonstiges zur KG 360	805,56 m² DAF	8.401,64	10,43	0,3
370	**Infrastrukturanlagen**	**–**	**–**	**–**	**–**
380	**Baukonstruktive Einbauten**	**794,87 m² BGF**	**102.254,64**	**128,64**	**3,9**
390	**Sonst. Maßnahmen für Baukonstrukt.**	**794,87 m² BGF**	**128.376,52**	**161,51**	**4,9**

Kostenkennwerte für die Kostengruppen 400 der 2. und 3. Ebene DIN 276 (Übersicht)

KG	Kostengruppe	Menge Einheit	Kosten €	€/Einheit	% an 3+4
400	**Bauwerk – Technische Anlagen**	**794,87 m²BGF**	**670.573,63**	**843,63**	**25,8**
410	**Abwasser-, Wasser-, Gasanlagen**	**794,87 m²BGF**	**100.926,70**	**126,97**	**3,9**
411	Abwasseranlagen	794,87 m²BGF	47.464,57	59,71	1,8
412	Wasseranlagen	794,87 m²BGF	47.021,72	59,16	1,8
413	Gasanlagen	–	–	–	–
419	Sonstiges zur KG 410	794,87 m²BGF	6.440,41	8,10	0,2
420	**Wärmeversorgungsanlagen**	**794,87 m²BGF**	**120.463,15**	**151,55**	**4,6**
421	Wärmeerzeugungsanlagen	794,87 m²BGF	29.809,39	37,50	1,1
422	Wärmeverteilnetze	794,87 m²BGF	57.777,48	72,69	2,2
423	Raumheizflächen	794,87 m²BGF	32.876,29	41,36	1,3
424	Verkehrsheizflächen	–	–	–	–
429	Sonstiges zur KG 420	–	–	–	–
430	**Raumlufttechnische Anlagen**	**794,87 m²BGF**	**137.379,44**	**172,83**	**5,3**
431	Lüftungsanlagen	794,87 m²BGF	137.379,44	172,83	5,3
432	Teilklimaanlagen	–	–	–	–
433	Klimaanlagen	–	–	–	–
434	Kälteanlagen	–	–	–	–
439	Sonstiges zur KG 430	–	–	–	–
440	**Elektrische Anlagen**	**794,87 m²BGF**	**202.520,64**	**254,78**	**7,8**
441	Hoch- und Mittelspannungsanlagen	–	–	–	–
442	Eigenstromversorgungsanlagen	–	–	–	–
443	Niederspannungsschaltanlagen	–	–	–	–
444	Niederspannungsinstallationsanlagen	794,87 m²BGF	115.436,58	145,23	4,4
445	Beleuchtungsanlagen	794,87 m²BGF	64.504,84	81,15	2,5
446	Blitzschutz- und Erdungsanlagen	794,87 m²BGF	22.579,22	28,41	0,9
447	Fahrleitungssysteme	–	–	–	–
449	Sonstiges zur KG 440	–	–	–	–
450	**Kommunikationstechnische Anlagen**	**794,87 m²BGF**	**43.125,12**	**54,25**	**1,7**
451	Telekommunikationsanlagen	794,87 m²BGF	3.715,09	4,67	0,1
452	Such- und Signalanlagen	794,87 m²BGF	7.922,10	9,97	0,3
453	Zeitdienstanlagen	–	–	–	–
454	Elektroakustische Anlagen	–	–	–	–
455	Audiovisuelle Medien- u. Antennenanl.	794,87 m²BGF	3.858,65	4,85	0,1
456	Gefahrenmelde- und Alarmanlagen	794,87 m²BGF	14.142,53	17,79	0,5
457	Datenübertragungsnetze	794,87 m²BGF	13.486,76	16,97	0,5
458	Verkehrsbeeinflussungsanlagen	–	–	–	–
459	Sonstiges zur KG 450	–	–	–	–
460	**Förderanlagen**	**–**	**–**	**–**	**–**
461	Aufzugsanlagen	–	–	–	–
462	Fahrtreppen, Fahrsteige	–	–	–	–
463	Befahranlagen	–	–	–	–
464	Transportanlagen	–	–	–	–
465	Krananlagen	–	–	–	–
466	Hydraulikanlagen	–	–	–	–
469	Sonstiges zur KG 460	–	–	–	–
470	**Nutzungsspez. u. verfahrenstechn. Anl.**	**794,87 m²BGF**	**743,22**	**0,94**	**< 0,1**
480	**Gebäude- und Anlagenautomation**	**794,87 m²BGF**	**65.415,35**	**82,30**	**2,5**
490	**Sonst. Maßnahmen für techn. Anlagen**	**–**	**–**	**–**	**–**

6400-0120
Jugendfreizeitstätte
(3 Gruppen)
(100 Kinder)

Kostenkennwerte für Leistungsbereiche nach STLB (Kosten des Bauwerks nach DIN 276)

LB	Leistungsbereiche	Kosten €	€/m² BGF	€/m³ BRI	% an 3+4
000	Baustellen-, Sicherheitseinr. inkl. 001, 089	113.529	142,80	34,40	4,4
002	Erdarbeiten	79.612	100,20	24,10	3,1
006	Spezialtiefbauarbeiten inkl. 005	–	–	–	–
009	Entwässerungskanalarbeiten inkl. 011	–	–	–	–
010	Drän- und Versickerarbeiten	–	–	–	–
012	Mauerarbeiten	–	–	–	–
013	Betonarbeiten	163.217	205,30	49,40	6,3
014	Natur-, Betonwerksteinarbeiten	–	–	–	–
016	Zimmer- und Holzbauarbeiten	370.445	466,00	112,10	14,3
017	Stahlbauarbeiten	4.004	5,00	1,20	0,2
018	Abdichtungsarbeiten	73.867	92,90	22,40	2,8
019	Kampfmittelräumarbeiten	–	–	–	–
020	Dachdeckungsarbeiten	–	–	–	–
021	Dachabdichtungsarbeiten	186.846	235,10	56,50	7,2
022	Klempnerarbeiten	58.691	73,80	17,80	2,3
	Rohbau	**1.050.211**	**1.321,20**	**317,80**	**40,4**
023	Putz- und Stuckarbeiten, Wärmedämmsysteme	–	–	–	–
024	Fliesen- und Plattenarbeiten	20.857	26,20	6,30	0,8
025	Estricharbeiten	39.013	49,10	11,80	1,5
026	Fenster, Außentüren inkl. 029, 032	115.574	145,40	35,00	4,5
027	Tischlerarbeiten	396.269	498,50	119,90	15,3
028	Parkett-, Holzpflasterarbeiten	–	–	–	–
030	Rollladenarbeiten	33.008	41,50	10,00	1,3
031	Metallbauarbeiten inkl. 035	–	–	–	–
034	Maler- und Lackiererarb. - Beschicht. inkl. 037	10.474	13,20	3,20	0,4
036	Bodenbelagarbeiten	34.510	43,40	10,40	1,3
038	Vorgehängte hinterlüftete Fassaden	189.681	238,60	57,40	7,3
039	Trockenbauarbeiten	46.610	58,60	14,10	1,8
	Ausbau	**885.997**	**1.114,60**	**268,10**	**34,1**
040	Wärmeversorgungsanl. - Betriebseinr. inkl. 041	114.296	143,80	34,60	4,4
042	Gas- u. Wasseranl. - Leitung., Armat. inkl. 043	19.820	24,90	6,00	0,8
044	Abwasseranl. - Leitungen, Abläufe, Armaturen	28.740	36,20	8,70	1,1
045	Gas, Wasser, Entwässerung - Ausstattung inkl. 046	33.381	42,00	10,10	1,3
047	Dämm- und Brandschutzarb. an techn. Anlagen	22.333	28,10	6,80	0,9
049	Feuerlöschanlagen, Feuerlöschgeräte	743	0,94	0,22	< 0,1
050	Blitzschutz-/Erdungsanlagen, Überspannungssch.	22.579	28,40	6,80	0,9
053	Niederspannungsanl. - Kabel inkl. 052, 054	115.437	145,20	34,90	4,4
055	Sicherheits- u. Ersatzstromversorgungsanl.	–	–	–	–
057	Gebäudesystemtechnik	65.415	82,30	19,80	2,5
058	Leuchten und Lampen inkl. 059	64.505	81,20	19,50	2,5
060	Such, Signal, Zeit, Anten., akust. Anl. inkl. 064	11.781	14,80	3,60	0,5
061	Kommunikations- u. Übertragungsnetze inkl. 063	31.344	39,40	9,50	1,2
069	Aufzüge	–	–	–	–
070	Gebäudeautomation	–	–	–	–
075	Raumlufttechnische Anlagen inkl. 078	123.663	155,60	37,40	4,8
	Gebäudetechnik	**654.037**	**822,80**	**197,90**	**25,2**
084	Abbruch, Rückbau, Schadstoffsanierung	–	–	–	–
	Abbrucharbeiten	**–**	**–**	**–**	**–**
	Sonstige Leistungsbereiche	**6.628**	**8,30**	**2,00**	**0,3**

6400-0126
Gemeindehaus
(140 Sitzplätze)

Kostenkennwerte für die Kosten des Bauwerks (Kostengruppen 300+400 nach DIN 276)

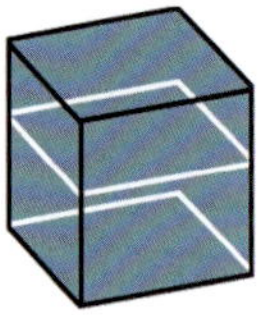

BRI 757 €/m³

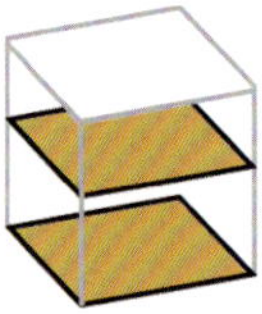

BGF 4.097 €/m²

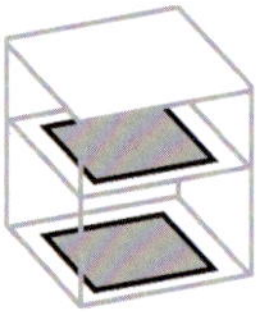

NUF 6.152 €/m²

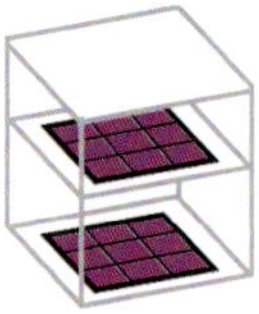

NE 9.599 €/NE

NE: Sitzplätze

Objekt:
Kennwerte: 1. Ebene DIN 276
BRI: 1.776 m³
BGF: 328 m²
NUF: 218 m²
Bauzeit: 61 Wochen
Bauende: 2021
Standard: hoch
Bundesland: Bayern
Kreis: Landshut

Architekt*in:
Bindhammer Architekten,
Stadtplaner und Beratender
Ingenieur Part mbB
Kapellenberg 18
84092 Bayerbach

Bauherr*in:
Kath. Kirchenstiftung
Mariä Himmelfahrt
84092 Bayerbach

Ansicht Nord

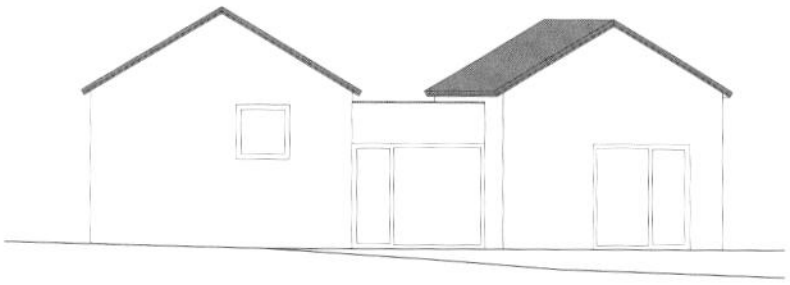

Ansicht Ost

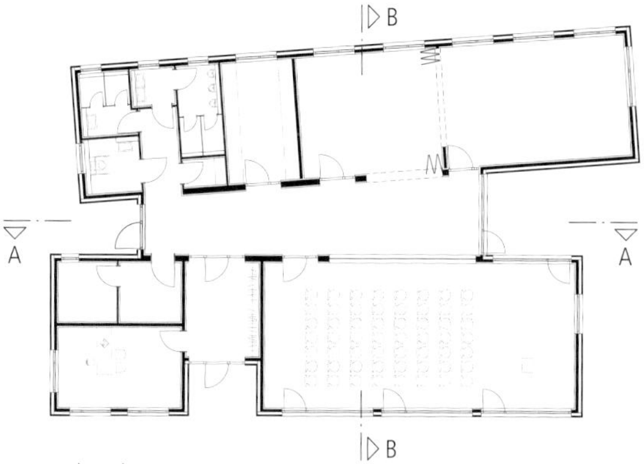

Erdgeschoss

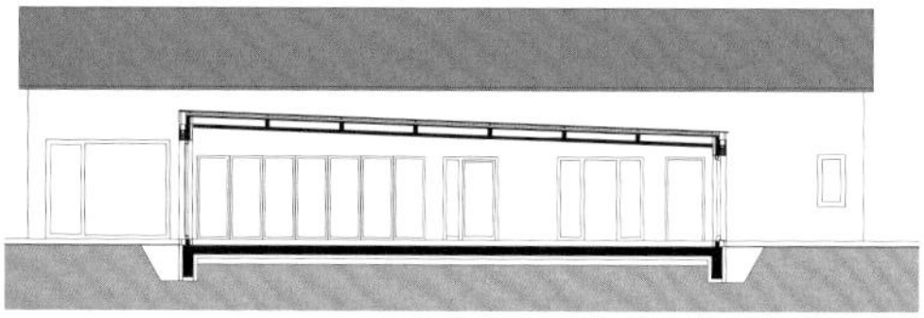

Schnitt A-A

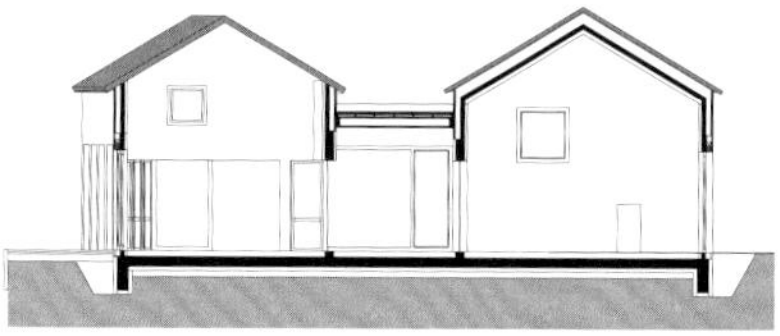

Schnitt B-B

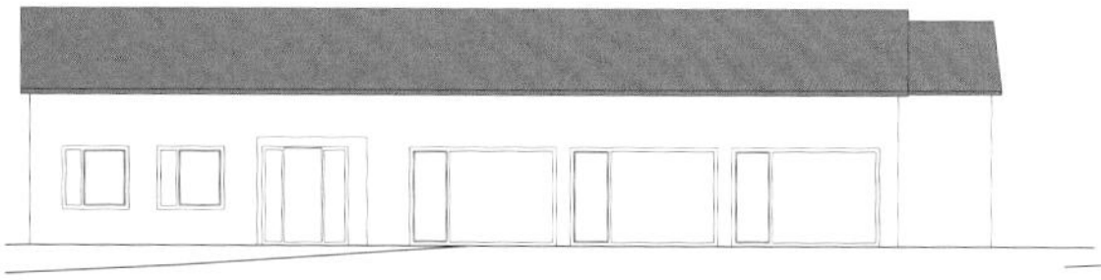

Ansicht Süd

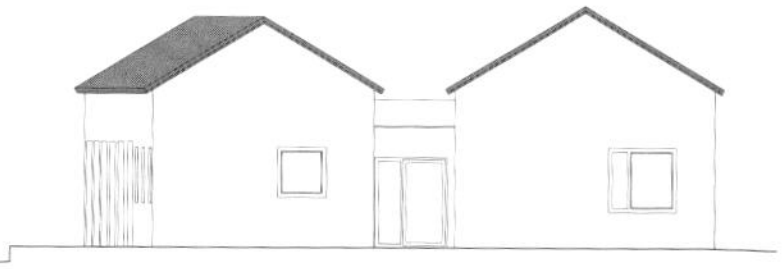

Ansicht West

Objektbeschreibung

Allgemeine Objektinformationen

Entlang eines zentralen, lichtdurchfluteten Foyers mit Pultdach werden zwei zueinander versetzte Langhäuser mit steilen Satteldächern miteinander verbunden. Der Neubau dient der Kirchenstiftung und den kirchlichen Gruppen, wie z.B. den Ministranten und dem Kirchenchor, die mit zahlreichen Veranstaltungen am kulturellen Leben in der Gemeinde mitwirken. Der eingeschossige Bau ist ebenerdig und barrierefrei zugänglich und entspricht den heutigen Baustandards an eine nachhaltige Bauweise.

Nutzung

1 Erdgeschoss
Großer Pfarrsaal, zwei Gruppenräume, Pfarrbüro, Foyer, Garderobe, Windfang, Teeküche, WC-Räume, Technik, Abstellraum, Flur

Nutzeinheiten

Arbeitsplätze: 1
Sitzplätze: 140

Grundstück

Bauraum: Freier Bauraum
Neigung: Ebenes Gelände
Bodenklasse: BK 1 bis BK 3

Markt

Hauptvergabezeit: 3. Quartal 2020
Baubeginn: 4. Quartal 2020
Bauende: 4. Quartal 2021
Konjunkturelle Gesamtlage: über Durchschnitt
Regionaler Baumarkt: unter Durchschnitt

Baukonstruktion

Das Bauwerk wurde in Holzmassivbauweise errichtet und ist mit einem Wärmedämmverbundsystem ummantelt. Es gründet auf einer Stahlbeton-Bodenplatte. Das Dachtragwerk ist als Faltwerk ausgebildet. Die Dachflächen wirken als Scheiben, die die Lasten auf die Querwände übertragen. Das Faltwerk ist analog dem Schiffsbau "auf Spant" gebaut. Das Dach des Zwischenbaus wurde mit flach geneigtem Trapezblech auf Balkenlage gedeckt. Unterseitig sind die Dächer mit Holz-Akustikelementen bekleidet. Für die Fassadenelemente wurden außen flächenbündige Holz-Aluelemente mit Dreifachverglasung verbaut. Die tragenden Holzwände sind im Innenbereich in Sichtholz belassen, alle weiteren Wände sind in Trockenbauweise beplankt. Die Gruppenräume können mit Hilfe einer Faltwand verbunden werden. Als Fußbodenbelag wurde in den Haupträumen ein Holzparkett im englischen Verband verlegt, die Sanitärräume und der Eingangsbereich erhielten einen Fliesenbelag.

Technische Anlagen

Für die Beheizung ist eine Luft-Wärmepumpe installiert. Die Verteilung der Wärme erfolgt über eine Fußbodenheizung. Warmwasser wird dezentral bereitet.

Sonstiges

Das gewählte Sichtholz stellt als Baustoff einen Bezug zum alten Pfarrgarten und seinen großen Bäumen her. Die Holzmassivbauweise ist umweltfreundlich, hat gute Wärme- und Schallschutzeigenschaften und gibt den Räumen eine angenehme Atmosphäre.

Energetische Kennwerte

Gesetzliche Grundlage: GEG 2020
Gebäudenutzfläche: 235,00 m^2
Mittlerer U-Wert (opake Bauteile): 0,14
Mittlerer U-Wert (transparente Bauteile): 0,80
Spez. Jahresprimärenergiebedarf: 107,70 kWh/(m^2·a)
CO_2-Emissionen: 33,50 kg/(m^2·a)

Energetische Angaben zu Außenbauteilen

Bodenplatte

U-Wert: 0,17 W/(m²·K)

Gesamtdicke: 52,02 cm	d [cm]	λ [W/(mK)]
Fliesen	1,50	1,000
Estrich	5,50	1,400
PE-Folie	0,02	0,300
Dämmung	3,00	0,040
Dämmung	5,00	0,035
Stahlbeton	25,00	2,100
Dämmung	12,00	0,035

Außenwand

U-Wert: 0,17 W/(m²·K)

Gesamtdicke: 38,50 cm	d [cm]	λ [W/(mK)]
GK-Platte	2,50	0,210
Holz	6,00	0,130
Holz	8,00	0,130
Holz	16,00	0,130
Dämmung	16,00	0,035
Holzfaserplatte	4,00	0,045
Außenputz	2,00	1,000

Decke gegen Außenluft unten

U-Wert: 0,16 W/(m²·K)

Gesamtdicke: 34,50 cm	d [cm]	λ [W/(mK)]
Holz	8,00	0,130
Holz	20,00	0,130
Dämmung	20,00	0,035
Holzfaserplatte	4,00	0,040
GK-Platte	2,50	0,210

Dach Foyer

U-Wert: 0,15 W/(m²·K)

Gesamtdicke: 33,03 cm	d [cm]	λ [W/(mK)]
Holz	8,00	0,130
PE-Folie	0,03	0,200
Holzfaserplatte	20,00	0,040
Holzfaserplatte	5,00	0,045

Dach

U-Wert: 0,17 W/(m²·K)

Gesamtdicke: 33,23 cm	d [cm]	λ [W/(mK)]
Holz	8,00	0,130
PE-Folie	0,03	0,200
Holz	20,00	0,130
Dämmung	20,00	0,039
Holzfaserplatte	5,20	0,045

Planungskennwerte für Flächen und Rauminhalte nach DIN 277

Flächen des Grundstücks		Menge Einheit	% an GF
BF	Bebaute Fläche	335,00 m²	10,2
UF	Unbebaute Fläche	2.938,00 m²	89,8
GF	Grundstücksfläche	3.273,00 m²	100,0

Grundflächen des Bauwerks		Menge Einheit	% an NUF	% an BGF
NUF	Nutzungsfläche	218,47 m²	100,0	66,6
TF	Technikfläche	6,02 m²	2,8	1,8
VF	Verkehrsfläche	45,47 m²	20,8	13,9
NRF	Netto-Raumfläche	269,96 m²	123,6	82,3
KGF	Konstruktions-Grundfläche	58,04 m²	26,6	17,7
BGF	Brutto-Grundfläche	328,00 m²	150,1	100,0

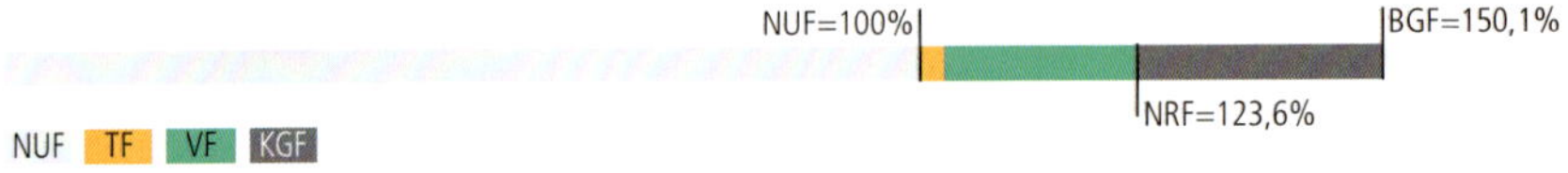

Brutto-Rauminhalt des Bauwerks		Menge Einheit	BRI/NUF (m)	BRI/BGF (m)
BRI	Brutto-Rauminhalt	1.776,00 m³	8,13	5,42

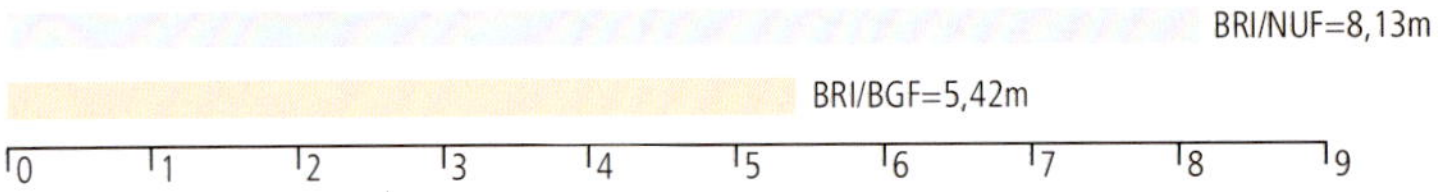

Kostenkennwerte für die Kostengruppen der 1. Ebene DIN 276

KG	Kostengruppen (1. Ebene)	Einheit	Kosten €	€/Einheit	€/m² BGF	€/m³ BRI	% 300+400
100	Grundstück	m² GF	–	–	–	–	–
200	Vorbereitende Maßnahmen	m² GF	–	–	–	–	–
300	Bauwerk – Baukonstruktionen	m² BGF	1.036.465	3.159,96	3.159,96	583,60	77,1
400	Bauwerk – Technische Anlagen	m² BGF	307.453	937,36	937,36	173,12	22,9
	Bauwerk 300+400	**m² BGF**	**1.343.918**	**4.097,31**	**4.097,31**	**756,71**	**100,0**
500	Außenanlagen und Freiflächen	m² AF	–	–	–	–	–
600	Ausstattung und Kunstwerke	m² BGF	–	–	–		–
700	Baunebenkosten	m² BGF	–	–	–	–	–
800	Finanzierung	m² BGF	–	–	–	–	–

KG	Kostengruppe	Menge Einheit	Kosten €	€/Einheit	%
3+4	**Bauwerk**				**100,0**
300	**Bauwerk – Baukonstruktionen**	328,00 m² BGF	1.036.465	**3.159,96**	77,1

Baugrubenaushub; Stb-Streifenfundamente, Stb-Bodenplatte, Abdichtung, Heizestrich, Parkett, Bodenfliesen, Dämmung, Schottertragschicht, Sauberkeitsschicht; Holz-Massivbauwände, Holz-Alu-fenster, Dreifachverglasung, Drehtüranlagen, WDVS mit Besenstrichputz, GK-Bekleidungen, Wand-fliesen, Raffstores; Holz-Massivbauwände, GK-Wände, Holztüren, GK-Bekleidung, Beschichtung, Wandfliesen, Faltwand, WC-Trennwände; Satteldächer: Dachtragwerk, Holz als Faltwerk, Dämmung, Abdichtung, Dachziegel, Zwischenbau: Holzstapeldach, Holzfaserdämmung, Abdichtung, Trapez-blech, Dachentwässerung, Holzakustikelemente; Einbauküche, Einbauschränke

KG	Kostengruppe	Menge Einheit	Kosten €	€/Einheit	%
400	**Bauwerk – Technische Anlagen**	328,00 m² BGF	307.453	**937,36**	22,9

Gebäudeentwässerung, Kaltwasserleitungen, dezentrale Warmwasserbereitung, Durchlauferhitzer, Sanitärobjekte; Luft-Wärmepumpe mit Pufferspeicher, Heizleitungen, Fußbodenheizung; Elektro-installation, Beleuchtung, EDV-Technik

6400-0129
Dorfgemein-
schaftshaus

Kostenkennwerte für die Kosten des Bauwerks (Kostengruppen 300+400 nach DIN 276)

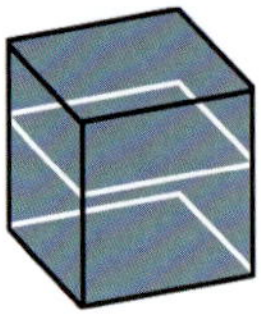
BRI 660 €/m³

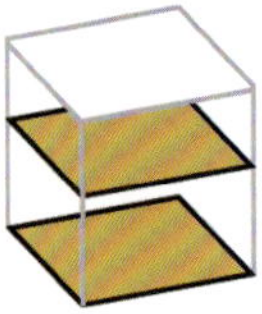
BGF 3.715 €/m²

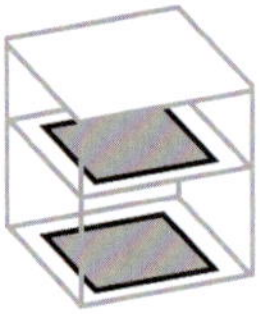
NUF 4.419 €/m²

Objekt:
Kennwerte: 1.Ebene DIN 276
BRI: 810 m³
BGF: 144 m²
NUF: 121 m²
Bauzeit: 70 Wochen
Bauende: 2022
Standard: mittel
Bundesland: Bayern
Kreis: Tirschenreuth

Architekt*in:
HILGARTH Architekten-
Stadtplaner
Egerstraße 44
DE 95615 Marktredwitz
Albisstraße 27
CH 8038 Zürich

Bauherr*in:
Markt Mähring
Großkonreuth 24
95695 Mähring

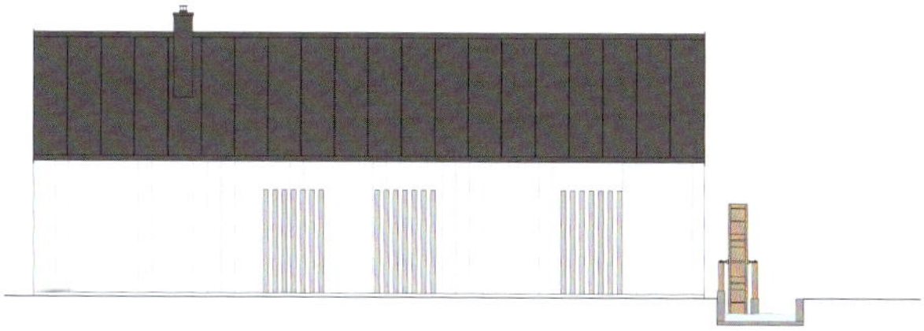

Ansicht Nord

Ansicht West

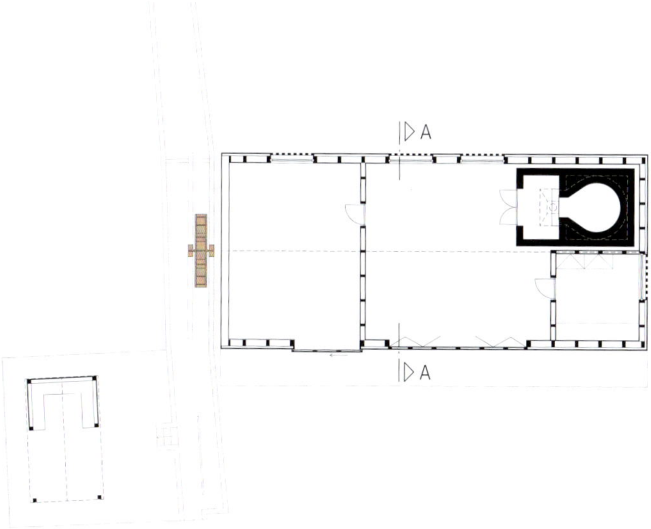

Erdgeschoss

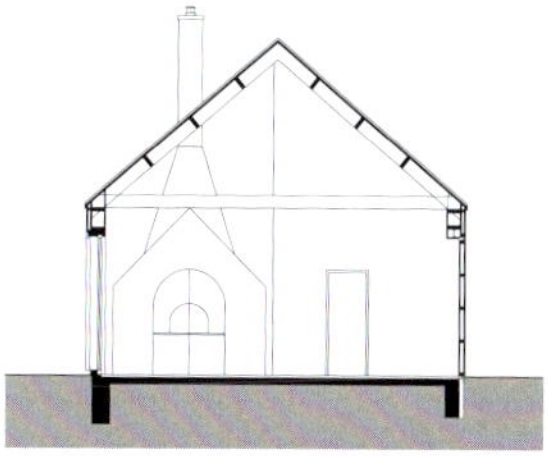

Schnitt A-A

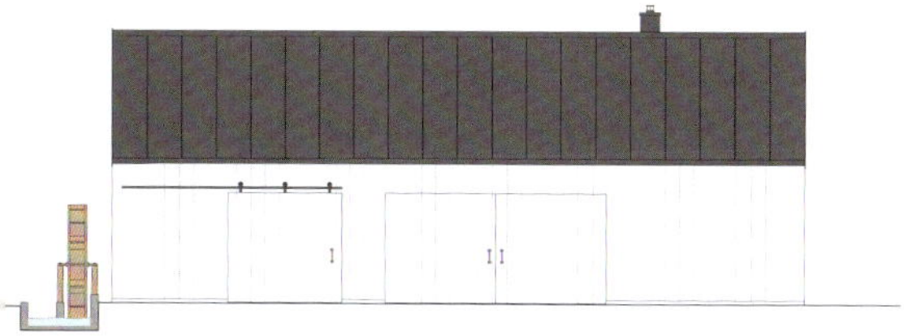

Ansicht Süd

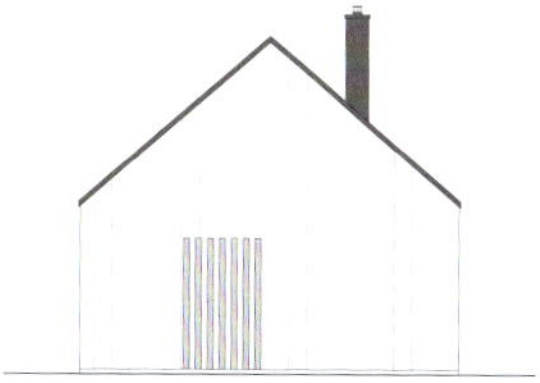

Ansicht Ost

Objektbeschreibung

Allgemeine Objektinformationen

Das Gemeinschaftshaus für alle Dorfbewohner wurde in der Ortsmitte im Zuge der Neugestaltung des Dorfplatzes errichtet. Die erforderliche Stellplätze sind entlang der anliegenden Straße erstellt worden.

Nutzung

1 Erdgeschoss
Vereinsraum, Mehrzweckraum, Vorbereitungsraum, Backofen

Grundstück

Bauraum: Freier Bauraum
Neigung: Ebenes Gelände
Bodenklasse: BK 3 bis BK 5

Markt

Hauptvergabezeit: 3. Quartal 2020
Baubeginn: 3. Quartal 2020
Bauende: 1. Quartal 2022
Konjunkturelle Gesamtlage: über Durchschnitt
Regionaler Baumarkt: unter Durchschnitt

Baukonstruktion

Der Neubau ist in Holzbauweise erstellt worden. Die Gründung erfolgte auf Stahlbeton-Streifenfundamenten und einer Stahlbetonbodenplatte, welche flügelgeglättet ist. Die Wände bestehen aus einer Holzrahmenkonstruktion, je nach statischen Erfordernissen aus Konstruktions-Vollholz oder Brettschichtholz mit einer OSB-Beplankung. Das zimmermannsmäßig erstellte Dach ist mit Kupferblech in Doppelstehfalztechnik gedeckt. Für die Fassade fiel die Wahl auf eine geölten Lerchenholzverschalung. Die Alufenster sind mit einer Doppelverglasung ausgeführt. Die Wände sind mit Steinwolle gedämmt, im Bereich des Backofens erhielt die Wand eine Brandschutzbekleidung. Die Westfassade ist bis in eine Höhe von drei Metern betoniert und mit Naturstein bekleidet.

Technische Anlagen

Das Gebäude wird nicht beheizt. Eine Wasser- und Abwasseranlage mit Ausgussbecken ist im Vorbereitungsraum erstellt. Es ist eine Niederspannungsinstallation mit Steckdosen und Schaltstelen ausgeführt.

Sonstiges

Im Dorfgemeinschaftshaus wurde ein Holzbackofen nach historischem Vorbild eingebaut.

Planungskennwerte für Flächen und Rauminhalte nach DIN 277

Flächen des Grundstücks		Menge Einheit	% an GF
BF	Bebaute Fläche	144,00 m²	3,8
UF	Unbebaute Fläche	3.657,00 m²	96,2
GF	Grundstücksfläche	3.801,00 m²	100,0

Grundflächen des Bauwerks		Menge Einheit	% an NUF	% an BGF
NUF	Nutzungsfläche	121,06 m²	100,0	84,1
TF	Technikfläche	–	–	–
VF	Verkehrsfläche	–	–	–
NRF	Netto-Raumfläche	121,06 m²	100,0	84,1
KGF	Konstruktions-Grundfläche	22,94 m²	18,9	15,9
BGF	Brutto-Grundfläche	144,00 m²	118,9	100,0

Brutto-Rauminhalt des Bauwerks		Menge Einheit	BRI/NUF (m)	BRI/BGF (m)
BRI	Brutto-Rauminhalt	810,46 m³	6,70	5,63

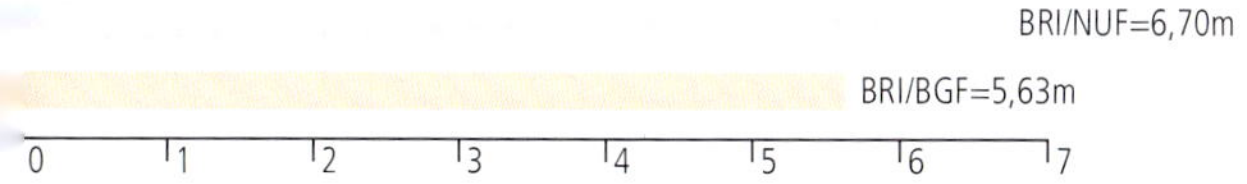

Kostenkennwerte für die Kostengruppen der 1. Ebene DIN 276

KG	Kostengruppen (1. Ebene)	Einheit	Kosten €	€/Einheit	€/m² BGF	€/m³ BRI	% 300+400
100	Grundstück	m² GF	–	–	–	–	–
200	Vorbereitende Maßnahmen	m² GF	–	–	–	–	–
300	Bauwerk – Baukonstruktionen	m² BGF	494.100	3.431,25	3.431,25	609,65	92,4
400	Bauwerk – Technische Anlagen	m² BGF	40.846	283,65	283,65	50,40	7,6
	Bauwerk 300+400	**m² BGF**	**534.946**	**3.714,90**	**3.714,90**	**660,05**	**100,0**
500	Außenanlagen und Freiflächen	m² AF	–	–	–	–	–
600	Ausstattung und Kunstwerke	m² BGF	–	–	–	–	–
700	Baunebenkosten	m² BGF	–	–	–	–	–
800	Finanzierung	m² BGF	–	–	–	–	–

KG	Kostengruppe	Menge Einheit	Kosten €	€/Einheit	%
3+4	**Bauwerk**				**100,0**
300	**Bauwerk – Baukonstruktionen**	144,00 m² BGF	494.100	**3.431,25**	92,4

Bodenarbeiten; Stb-Streifenfundamente, Stb-Bodenplatte, flügelgeglättet, Abdichtung, Bodenfliesen; Stb-Wand, Holzrahmenwände, OSB-Beplankung, Steinwolledämmung, Alufenster, Zweifachverglasung, Schiebetor, Schiebe-Falttor, hinterlüftete Lärchenholzbekleidung, Brandschutzbekleidung bei Backofen, Wandfliesen; Holzrahmenwände, OSB-Beplankung, oberflächenfertig, Steinwolledämmung, Stahltüren, Wandfliesen; Steildach, Sparrendach, OSB-Schalung, Doppelstehfalzdeckung, Kupfer, Dachentwässerung; Holzbackofen, Pavillon, dreiseitig geschlossene Holzkonstruktion, Sitzbänke

KG	Kostengruppe	Menge Einheit	Kosten €	€/Einheit	%
400	**Bauwerk – Technische Anlagen**	144,00 m² BGF	40.846	**283,65**	7,6

Gebäudeentwässerung; Kaltwasserleitungen, Ausgussbecken; Schornstein für Holzbackofen; Elektroinstallation, Blitzschutzanlage

6400-0130
Gemeindehaus
(199 Sitzplätze)

Kostenkennwerte für die Kosten des Bauwerks (Kostengruppen 300+400 nach DIN 276)

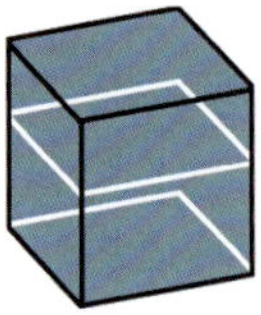
BRI 918 €/m³

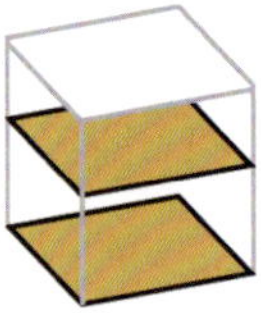
BGF 4.882 €/m²

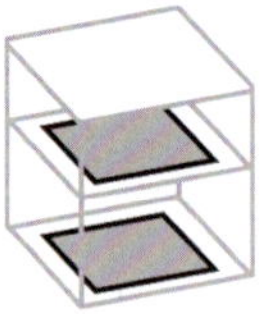
NUF 7.947 €/m²

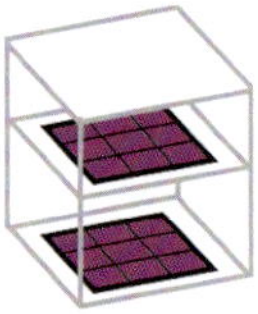
NE 14.597 €/NE

NE: Sitzplätze

Objekt:
Kennwerte: 1.Ebene DIN 276
BRI: 3.166 m³
BGF: 595 m²
NUF: 366 m²
Bauzeit: 70 Wochen
Bauende: 2023
Standard: mittel
Bundesland: Bayern
Kreis: Erlangen-Höchstadt

Architekt*in:
PLAN@K Architekten
Kress PartGmbB
Luitpoldstraße 30
91052 Erlangen

Bauherr*in:
Evang.-luth. Kirchengemeinde
Heroldsberg
Kirchenweg 2
90562 Heroldsberg

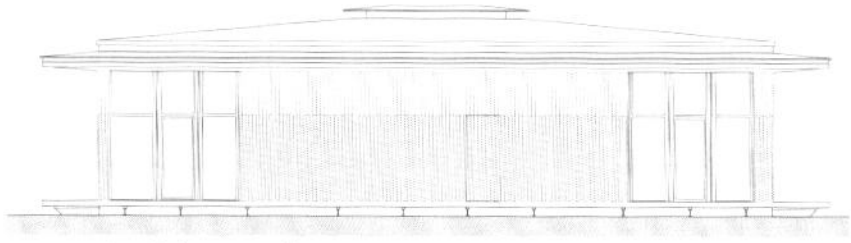

Ansicht Nord-Ost

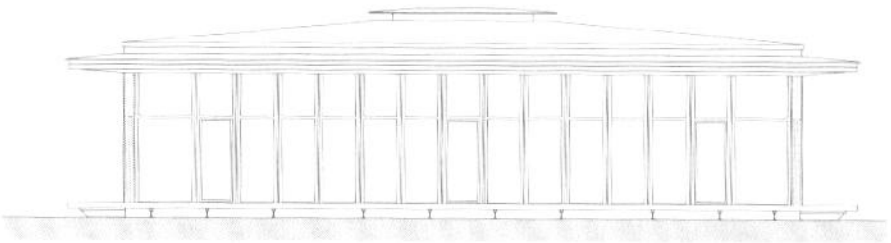

Ansicht Süd-Ost

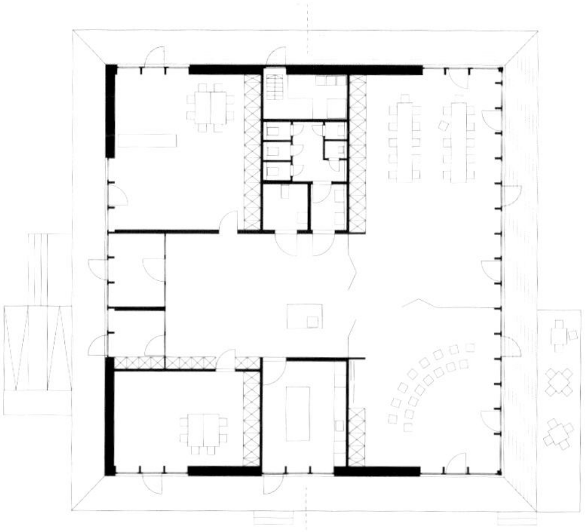

Erdgeschoss

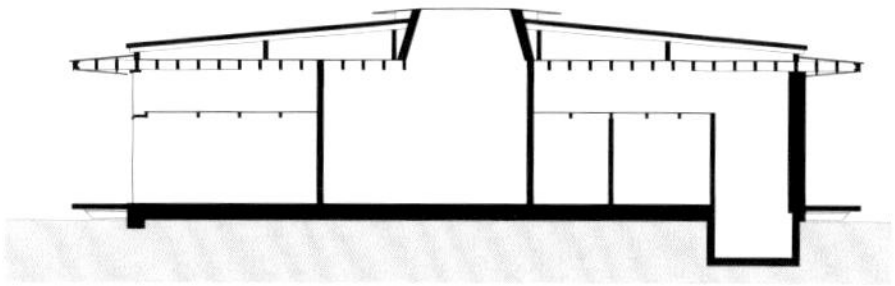

Schnitt A-A

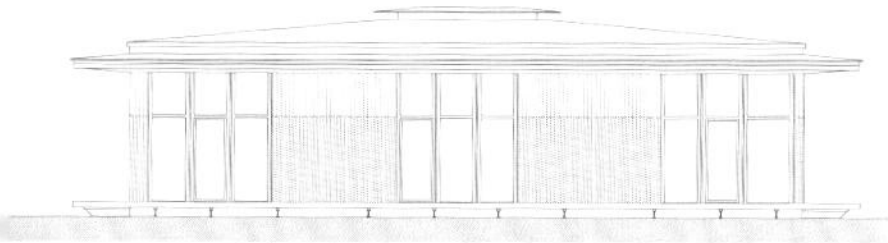

Ansicht Süd-West

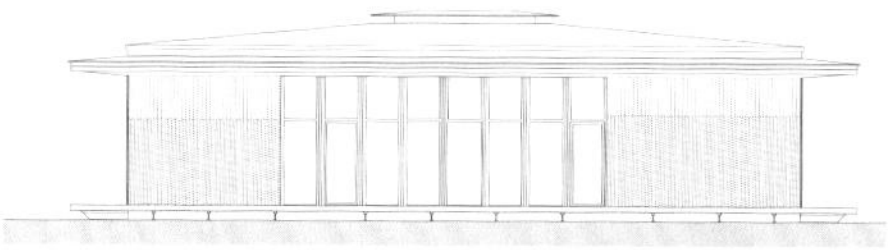

Ansicht Nord-West

Objektbeschreibung

Allgemeine Objektinformationen

In einer Talsenke unterhalb von vier historischen Schlössern und der gotischen Gemeindekirche wird ein gläserner Pavillon als Gemeindehaus implantiert. Der freistehende Bau aus Holz ist auf duktilen Pfählen mit Hilfe einer Stahlbeton-Bodenplatte gegründet. Die gesamte Konstruktion wurde hochwärmegedämmt und im Rahmen der Regeln der Kirchengemeinde für nachhaltiges Bauen errichtet.

Nutzung

1 Erdgeschoss
Foyer, Säle, Küche, WCs

Nutzeinheiten

Sitzplätze: 199

Grundstück

Bauraum: Beengter Bauraum
Neigung: Ebenes Gelände
Bodenklasse: BK 1 bis BK 6

Markt

Hauptvergabezeit: 1. Quartal 2021
Baubeginn: 3. Quartal 2021
Bauende: 1. Quartal 2023
Konjunkturelle Gesamtlage: über Durchschnitt
Regionaler Baumarkt: Durchschnitt

Baukonstruktion

Aufgrund des schwierigen Baugrunds musste die Gründung mit Bohrpfählen ausgeführt werden. Die Primärkonstruktion ist ein Holzrahmenbau mit aussteifenden Innenwänden aus Massivholz und einem Flachdach als Balkenlage. Die nichttragenden Innenwände sind in Trockenbau ausgeführt und teilweise als mobile Elementwände errichtet, die eine flexible Raumgröße ermöglichen. Raumhohe Holz-Alufenster unterbrechen die Holzlattenfassade und bieten Zugang zur auskragenden, umlaufenden Holzterrasse. Im Kaltdach mit extensiver Begrünung sitzt zentral ein dreifachverglastes Oberlicht, das viel Licht ins Foyer leitet. Die Böden sind mit Stabparkett und Linoleum belegt.

Technische Anlagen

Die technische Ausstattung beruht auf einer szenariengestützten Strategie zur möglichst autarken regenerativen Versorgung. Primärwärmeenergieerzeuger ist eine Sole-Wasser-Wärmepumpe mit Geothermie-Bohrungen, die eine Fußbodenheizungen versorgt. Für den benötigten Luftwechsel ist eine zentrale Lüftung mit Wärmerückgewinnung installiert. Der Stromverbrauch wird fast vollständig über eine Photovoltaik-Anlage mit Batteriespeicher gedeckt.

Energetische Kennwerte

Gesetzliche Grundlage: EnEV 2013
Spez. Jahresprimärenergiebedarf: 73,00 kWh/(m^2·a)

Planungskennwerte für Flächen und Rauminhalte nach DIN 277

Flächen des Grundstücks		Menge Einheit	% an GF
BF	Bebaute Fläche	595,00 m²	21,9
UF	Unbebaute Fläche	2.125,00 m²	78,1
GF	Grundstücksfläche	2.720,00 m²	100,0

Grundflächen des Bauwerks		Menge Einheit	% an NUF	% an BGF
NUF	Nutzungsfläche	365,53 m²	100,0	61,4
TF	Technikfläche	9,54 m²	2,6	1,6
VF	Verkehrsfläche	168,73 m²	46,2	28,4
NRF	Netto-Raumfläche	543,80 m²	148,8	91,4
KGF	Konstruktions-Grundfläche	51,20 m²	14,0	8,6
BGF	Brutto-Grundfläche	595,00 m²	162,8	100,0

Brutto-Rauminhalt des Bauwerks		Menge Einheit	BRI/NUF (m)	BRI/BGF (m)
BRI	Brutto-Rauminhalt	3.165,50 m³	8,66	5,32

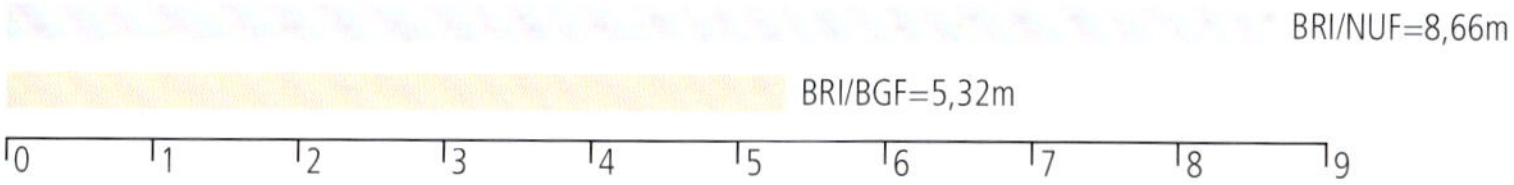

Kostenkennwerte für die Kostengruppen der 1. Ebene DIN 276

KG	Kostengruppen (1. Ebene)	Einheit	Kosten €	€/Einheit	€/m² BGF	€/m³ BRI	% 300+400
100	Grundstück	m² GF	–	–	–	–	–
200	Vorbereitende Maßnahmen	m² GF	54.385	19,99	91,40	17,18	1,9
300	Bauwerk – Baukonstruktionen	m² BGF	2.245.826	3.774,50	3.774,50	709,47	77,3
400	Bauwerk – Technische Anlagen	m² BGF	658.897	1.107,39	1.107,39	208,15	22,7
	Bauwerk 300+400	**m² BGF**	**2.904.723**	**4.881,89**	**4.881,89**	**917,62**	**100,0**
500	Außenanlagen und Freiflächen	m² AF	685.279	–	1.151,73	216,48	23,6
600	Ausstattung und Kunstwerke	m² BGF	96.689	162,50	162,50	30,54	3,3
700	Baunebenkosten	m² BGF	–	–	–	–	–
800	Finanzierung	m² BGF	–	–	–	–	–

KG	Kostengruppe	Menge Einheit	Kosten €	€/Einheit	%
200	**Vorbereitende Maßnahmen**	2.720,00 m² GF	54.385	**19,99**	1,9

Abbruch von Altfundamenten, Entsorgung, Deponiegebühren

KG	Kostengruppe	Menge Einheit	Kosten €	€/Einheit	%
3+4	**Bauwerk**				**100,0**
300	**Bauwerk – Baukonstruktionen**	595,00 m² BGF	2.245.826	**3.774,50**	77,3

Baugrubenaushub; Stb-Streifenfundamente, Stb-Bodenplatte, Stb-Eingangsrampe/-Treppe, Bohrpfahlgründung, Abdichtung, Dämmung, Holzfaserplatte, Heizestrich, Stab-Parkett, Linoleum, Holz-Terrassendielen auf Stahlkragarmen, Glasschaumschotter; Holzrahmenwände, Zellulosedämmung, Holzstützen, Holz-Alufenster/-türen, Markisen, textile Vorhänge, Eingangsgeländer; Massivholzwände, oberflächenfertig, GK-Wände, GK-Vorsatzschalen, massive Innentüren, Beschichtung, mobile Elementwände, Sanitärtrennwände; Holzbalkendach, Schalung, Holzweichfaserdämmung, Oberlicht, Dachabdichtung, extensive Begrünung, Attika-Stehfalzbleche, Dachentwässerung, Akustiksegel; Einbauschränke, Küche, Theke

KG	Kostengruppe	Menge Einheit	Kosten €	€/Einheit	%
400	**Bauwerk – Technische Anlagen**	595,00 m² BGF	658.897	**1.107,39**	22,7

Gebäudeentwässerung, Kalt- und Warmwasserleitungen, Sanitärobjekte; Sole-Wasser-Wärmepumpe, Fußbodenheizung; Be- und Entlüftung mit Wärmerückgewinnung; Photovoltaik, Batteriespeicher, Elektroinstallation, LED-Beleuchtung

KG	Kostengruppe	Menge Einheit	Kosten €	€/Einheit	%
500	**Außenanlagen und Freiflächen**	–	685.279	**–**	23,6

Pflasterbeläge auf Wegen, Zufahrt; Gartenhaus; Oberflächenentwässerung, Retensionsflächen, Geothermiebohrungen; Pflanzflächen, Baumerhaltung, Rasen

KG	Kostengruppe	Menge Einheit	Kosten €	€/Einheit	%
600	**Ausstattung und Kunstwerke**	595,00 m² BGF	96.689	**162,50**	3,3

Schrankwand, Sonderkonstruktion, Ambo, mobiles Kreuz, Altarstein auf Festwiese

6400-0134
Gemeindezentrum
(100 Sitzplätze)

Kostenkennwerte für die Kosten des Bauwerks (Kostengruppen 300+400 nach DIN 276)

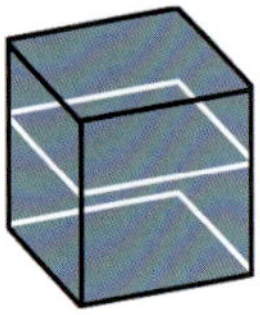

BRI 793 €/m³

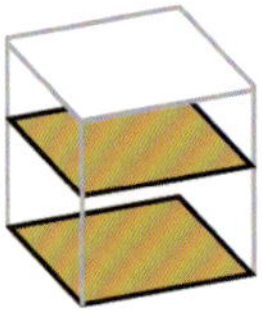

BGF 3.355 €/m²

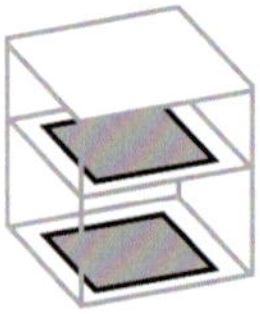

NUF 5.145 €/m²

Objekt:
Kennwerte: 1. Ebene DIN 276
BRI: 4.437 m³
BGF: 1.048 m²
NUF: 684 m²
Bauzeit: 83 Wochen
Bauende: 2024
Standard: mittel
Bundesland: Sachsen
Kreis: Leipzig, Stadt

Architekt*in:
Irlenbusch von Hantelmann
Architekten BDA
Industriestraße 95
04229 Leipzig

Bauherr*in:
SEB Städtischer
Eigenbetrieb Behindertenhilfe
Riebeckstraße 63
04317 Leipzig

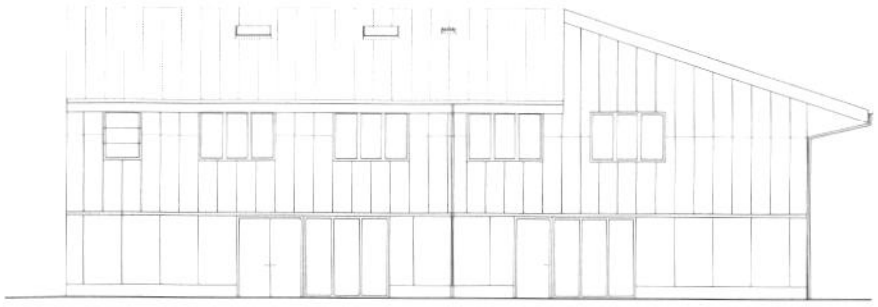
Ansicht Nord

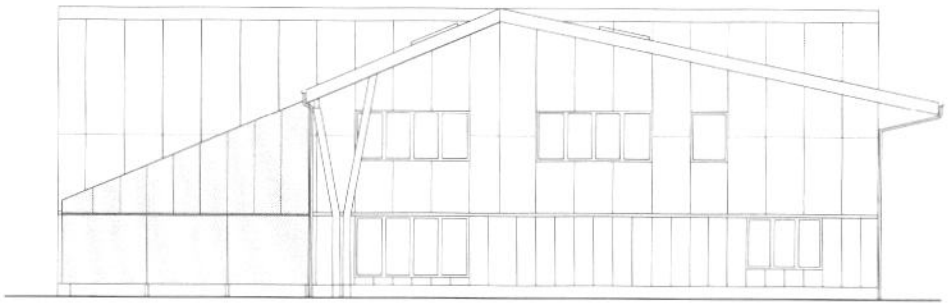
Ansicht Ost

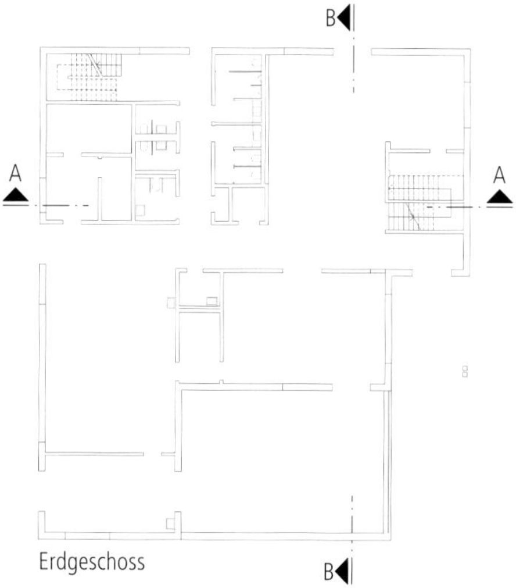

Erdgeschoss

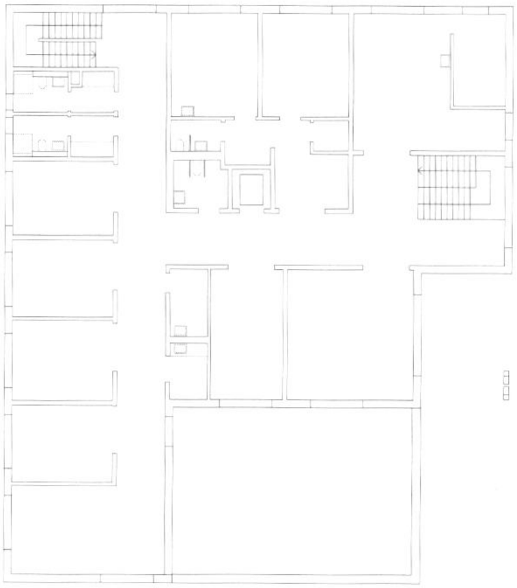
Obergeschoss

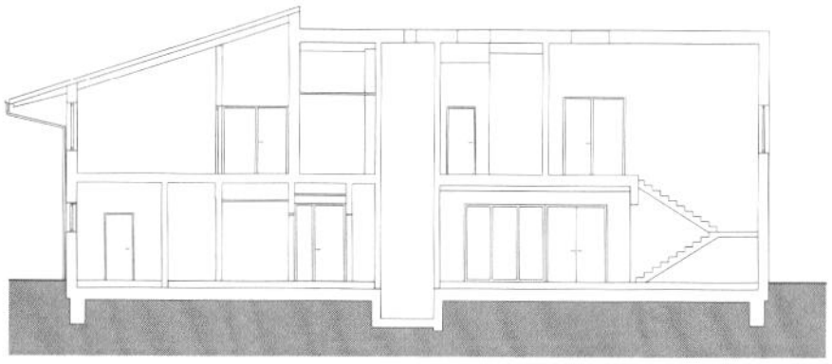
Schnitt A-A

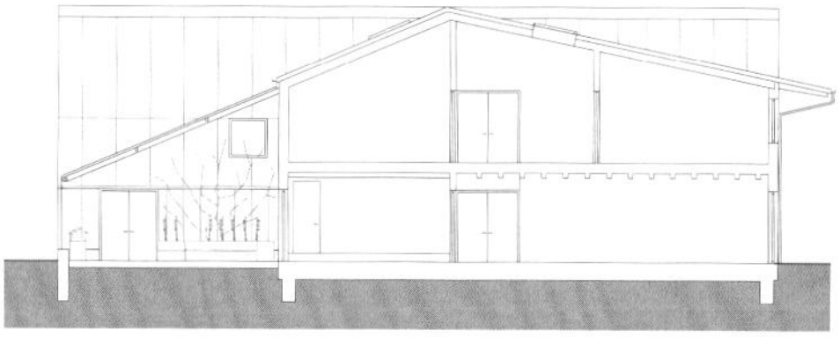
Schnitt B-B

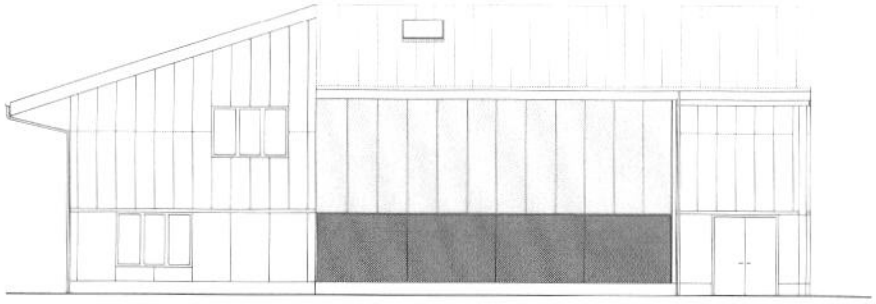
Ansicht Süd

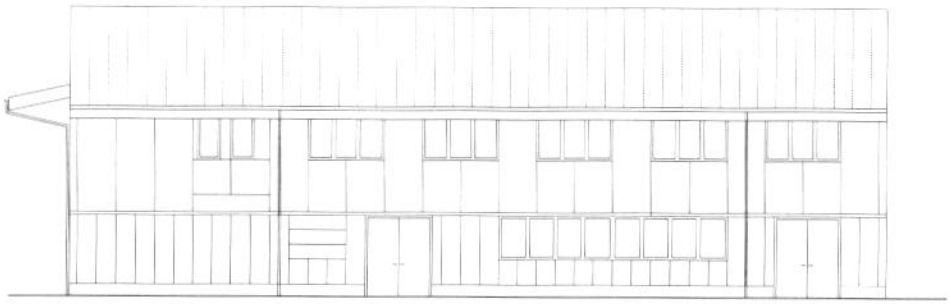
Ansicht West

Objektbeschreibung

Allgemeine Objektinformationen

Die Pläne des Gemeindezentrums gehen auf das Ergebnis eines Architekturwettbewerbs zurück. Das Gebäude, das der Öffentlichkeit zur Verfügung steht, wurde in Holztafelbauweise errichtet. Neben einer großzügigen Eingangsüberdachung befindet sich ein Wintergarten, der für Veranstaltungen angemietet werden kann.

Nutzung

1 Erdgeschoss
Foyer, Veranstaltungssaal, Speisesaal/Café, Küche, Aufenthaltsräume, Fahrradwerkstatt, WCs, Treppenhäuser, Aufzug

1 Obergeschoss
Verwaltungsräume, Büros, Besprechungsraum, Therapie-, Atelier-, Sporträume, WCs, Umkleideräume, Teeküche, Flure, Treppenhäuser, Aufzug

Nutzeinheiten

Sitzplätze: 100

Grundstück

Bauraum: Freier Bauraum
Neigung: Ebenes Gelände
Bodenklasse: BK 3 bis BK 4

Markt

Hauptvergabezeit: 1. Quartal 2023
Baubeginn: 3. Quartal 2022
Bauende: 2. Quartal 2024
Konjunkturelle Gesamtlage: unter Durchschnitt
Regionaler Baumarkt: über Durchschnitt

Baukonstruktion

Der Neubau wurde als zweigeschossiges Gebäude in Holztafelbauweise errichtet und auf Stahlbeton-Streifenfundamenten sowie einer Stahlbeton-Fundamentplatte gegründet. Die Außenwände sind mit großformatigen Faserzementplatten bekleidet, während Holzfenster mit Zweifachverglasung für natürliche Belichtung sorgen. Die Geschossdecke besteht aus Brettsperrholzelementen, die in den großen Räumen nach statischen Erfordernissen auf Holzbalken aufliegen. Als Bodenbeläge kamen Linoleum sowie beschichteter Betonestrich zur Ausführung. Das Sparrendach ist mit Trapezblech gedeckt. Im Innenraum bleiben die OSB-Platten der Wand- und Dachkonstruktion sichtbar und verleihen dem Gebäude einen rohen, materialauthentischen Charakter. Der vorgelagerte Wintergarten ist ungedämmt. Das einfachverglaste Dach lässt sich mittels eines innenliegenden Textilvorhangs verschatten.

Technische Anlagen

Die Wärmeversorgung erfolgt über einen Anschluss an das städtische Fernwärmenetz. In den Werkstätten verlaufen die Leitungen offen unter der Decke, was nicht nur eine einfache Zugänglichkeit für Wartungsarbeiten gewährleistet, sondern zugleich den technisch-funktionalen Charakter der Innenräume unterstreicht. Das anfallende Regenwasser wird in einer unterirdischen Zisterne gesammelt und für die Bewässerung der angrenzenden Freiflächen genutzt, wodurch ein ressourcenschonender Betrieb unterstützt wird.

Energetische Kennwerte

Gesetzliche Grundlage: GEG 2020
Gebäudenutzfläche: 837,00 m^2
Spez. Jahresprimärenergiebedarf: 67,17 kWh/(m^2·a)
CO_2-Emissionen: 33,42 kg/(m^2·a)

Planungskennwerte für Flächen und Rauminhalte nach DIN 277

Flächen des Grundstücks		Menge Einheit	% an GF
BF	Bebaute Fläche	586,00 m²	26,5
UF	Unbebaute Fläche	1.624,00 m²	73,5
GF	Grundstücksfläche	2.210,00 m²	100,0

Grundflächen des Bauwerks		Menge Einheit	% an NUF	% an BGF
NUF	Nutzungsfläche	683,50 m²	100,0	65,2
TF	Technikfläche	20,00 m²	2,9	1,9
VF	Verkehrsfläche	218,50 m²	32,0	20,8
NRF	Netto-Raumfläche	922,00 m²	134,9	88,0
KGF	Konstruktions-Grundfläche	126,00 m²	18,4	12,0
BGF	Brutto-Grundfläche	1.048,00 m²	153,3	100,0

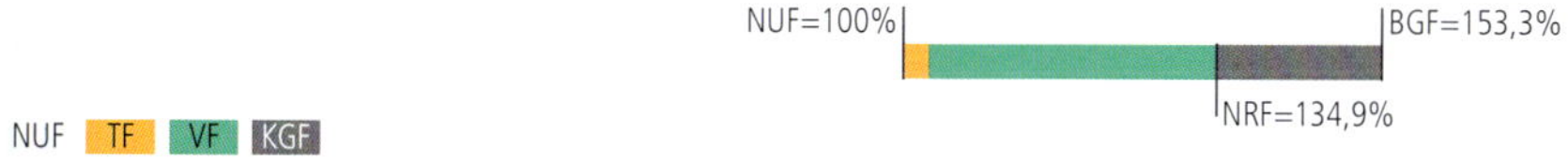

Brutto-Rauminhalt des Bauwerks		Menge Einheit	BRI/NUF (m)	BRI/BGF (m)
BRI	Brutto-Rauminhalt	4.437,00 m³	6,49	4,23

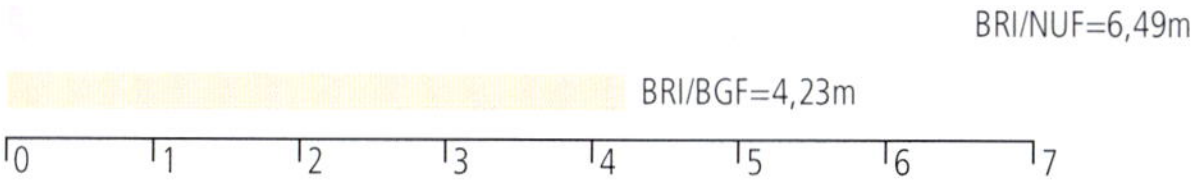

Kostenkennwerte für die Kostengruppen der 1. Ebene DIN 276

KG	Kostengruppen (1. Ebene)	Einheit	Kosten €	€/Einheit	€/m² BGF	€/m³ BRI	% 300+400
100	Grundstück	m² GF	–	–	–	–	–
200	Vorbereitende Maßnahmen	m² GF	150.260	67,99	143,38	33,87	4,3
300	Bauwerk – Baukonstruktionen	m² BGF	2.670.137	2.547,84	2.547,84	601,79	75,9
400	Bauwerk – Technische Anlagen	m² BGF	846.410	807,64	807,64	190,76	24,1
	Bauwerk 300+400	**m² BGF**	**3.516.547**	**3.355,48**	**3.355,48**	**792,55**	**100,0**
500	Außenanlagen und Freiflächen	m² AF	313.416	–	299,06	70,64	8,9
600	Ausstattung und Kunstwerke	m² BGF	14.606	13,94	13,94	3,29	0,4
700	Baunebenkosten	m² BGF	–	–	–	–	–
800	Finanzierung	m² BGF	–	–	–	–	–

KG	Kostengruppe	Menge Einheit	Kosten €	€/Einheit	%
200	**Vorbereitende Maßnahmen**	2.210,00 m² GF	150.260	**67,99**	4,3
	Anschlusskosten, Wasser, Fernwärme, Strom, Telekommunikation				
3+4	**Bauwerk**				**100,0**
300	**Bauwerk – Baukonstruktionen**	1.048,00 m² BGF	2.670.137	**2.547,84**	75,9
	Baugrubenaushub; Stb-Streifenfundamente, Stb-Fundamentplatte, Abdichtung, Wärmedämmung, Estrich, Beschichtung, Perimeterdämmung; Holztafelwände, Wärmedämmung, Holzfenster, Zweifachverglasung, Hinterlüftung, Faserzementbekleidung, Beschichtung, Wintergartenverglasung; Holztafel-Innenwände, GK-Wände, Holzstützen, Holztüren, Glastüren, GK-Bekleidung, OSB-Platten, Beschichtung; Holzbalken, Brettsperrholzdecken, Holztreppen, Wärmedämmung, Estrich, Linoleum, abgehängte Decken; Pfettendach, Oberlichter, OSB-Schalung, Wärmedämmung, Trapezblechdeckung, Dachentwässerung, Wintergarten-Dachverglasung, Verschattung				
400	**Bauwerk – Technische Anlagen**	1.048,00 m² BGF	846.410	**807,64**	24,1
	Gebäudeentwässerung, Kalt- und Warmwasserleitungen, dezentrale elektrische Warmwasserbereitung, Sanitärobjekte; Fernwärmeanschluss, Fußbodenheizung; Elektroinstallation, Beleuchtung; Personenaufzug				
500	**Außenanlagen und Freiflächen**	–	313.416	**–**	8,9
	Freianlagen				
600	**Ausstattung und Kunstwerke**	1.048,00 m² BGF	14.606	**13,94**	0,4
	Küchenausstattung				

6400-0135
Wohnpflegeheim
(2 Gruppen)
(14 Kinder)

Kostenkennwerte für die Kosten des Bauwerks (Kostengruppen 300+400 nach DIN 276)

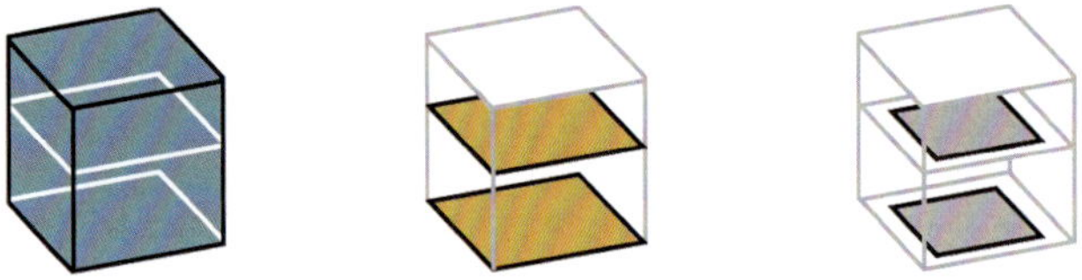

BRI 916 €/m³ | BGF 3.273 €/m² | NUF 5.533 €/m²

Objekt:
Kennwerte: 1. Ebene DIN 276
BRI: 4.696 m³
BGF: 1.315 m²
NUF: 778 m²
Bauzeit: 91 Wochen
Bauende: 2024
Standard: hoch
Bundesland: Bayern
Kreis: Rosenheim

Architekt*in:
eap Architekten .
Stadtplaner PartGmbB
Kreittmayrstraße 15
80335 München

© Florian Schreiber

© eap Architekten . Stadtplaner

© Florian Schreiber

© Florian Schreiber

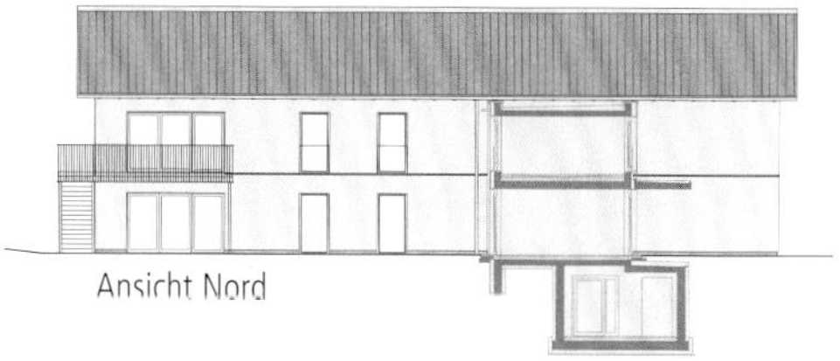
Ansicht Nord

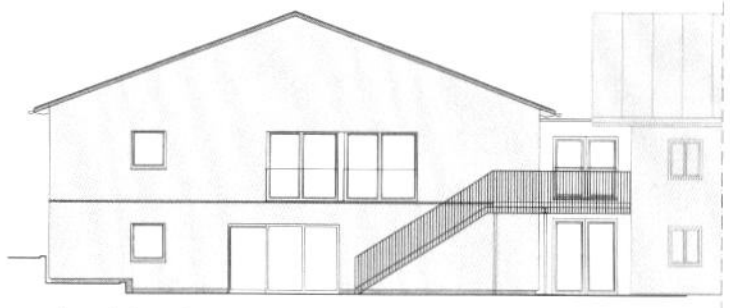
Ansicht Ost

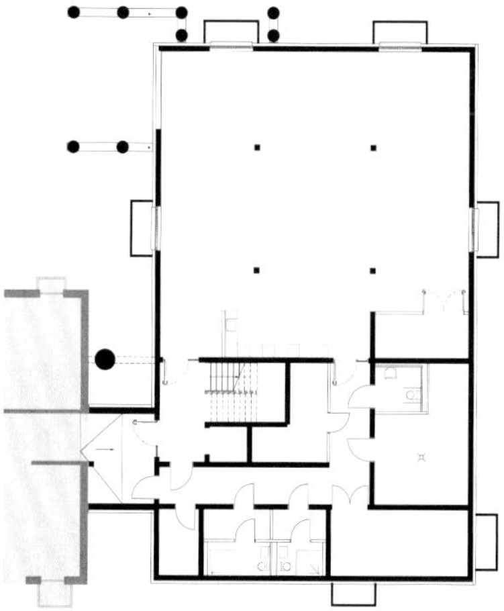
Untergeschoss

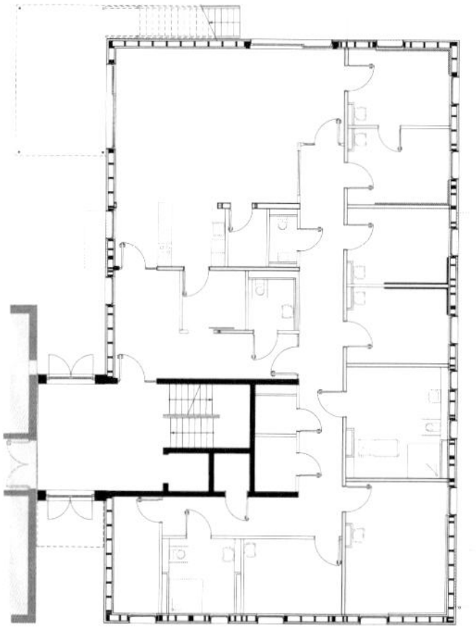
Erdgeschoss

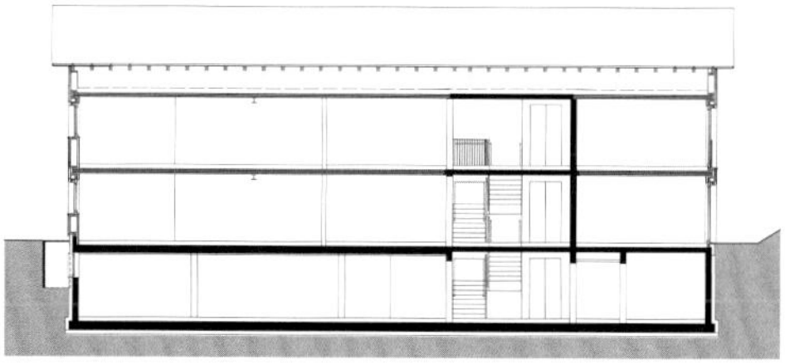
Schnitt A-A

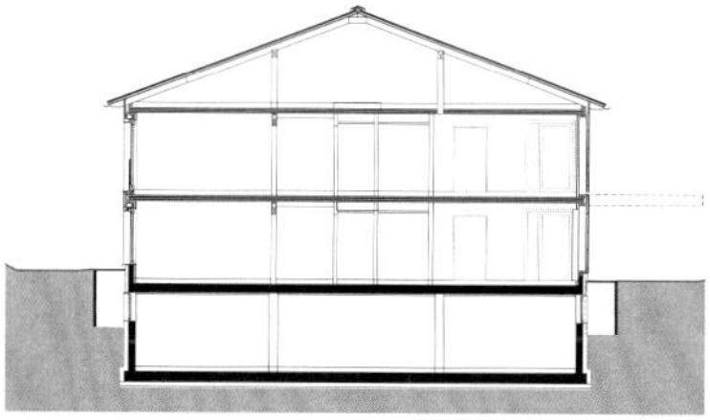
Schnitt B-B

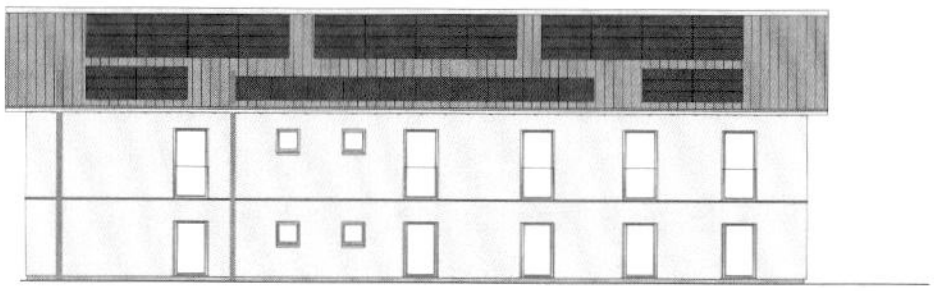
Ansicht Süd

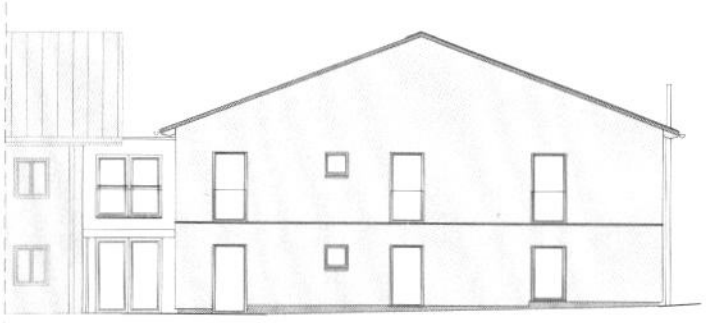
Ansicht West

6400-0135
Wohnpflegeheim
(2 Gruppen)
(14 Kinder)

Objektbeschreibung

Allgemeine Objektinformationen

Das Wohnpflegeheim für Kinder wurde um einen Neubau für zwei Wohngruppen mit je sieben Betten erweitert. Form und Höhe des Gebäudes ähneln den drei bestehenden Gebäuden, jedoch mit anderen Materialien. Dies schafft Harmonie und setzt einen neuen Akzent an diesem Ort.

Nutzung

1 Untergeschoss
Multifunktionsraum mit Küche, Sanitärräume, Technik, Flur, Treppenhaus, Aufzug

1 Erdgeschoss
Eingangsbereich, Aufenthaltsraum mit Küche, Pflegezimmer, Büro, WCs, Pflegebäder, Abstellräume, Flur, Treppenhaus, Aufzug

1 Obergeschoss
Eingangsbereich, Aufenthaltsraum mit Küche, Pflegezimmer, Büro, WCs, Pflegebäder, Abstellräume, Flur, Treppenhaus, Aufzug

Nutzeinheiten

Gruppen: 2
Kinder: 14
Pflegeplätze: 14
Wohnfläche: 902 m²

Grundstück

Bauraum: Beengter Bauraum
Neigung: Geneigtes Gelände
Bodenklasse: BK 3 bis BK 5

Markt

Hauptvergabezeit: 3. Quartal 2022
Baubeginn: 3. Quartal 2022
Bauende: 2. Quartal 2024
Konjunkturelle Gesamtlage: Durchschnitt
Regionaler Baumarkt: unter Durchschnitt

Baukonstruktion

Das Untergeschoss ist auf einer Stahlbeton-Fundamentplatte gegründet und vollständig in Stahlbetonbauweise ausgeführt. Die beiden darüberliegenden Pflegeetagen sind in Holzrahmenbauweise errichtet. Die Fassaden sind mit einer senkrechten Holzverschalung versehen und mit größtenteils bodentiefen Holzfenstern ausgestattet, die über eine Dreifachverglasung und außenliegendem Sonnenschutz verfügen. Für die Geschossdecken wurde Brettsperrholz mit sichtbarer Unterseite verbaut, wodurch die natürliche Holzoberfläche im Innenraum erlebbar bleibt. Das flach geneigte Sparrendach ist als Kaltdach ausgebildet und mit einer Metalldeckung versehen. Als Bodenbeläge kamen Bodenfliesen und Linoleum zum Einsatz.

Technische Anlagen

Die Beheizung erfolgt durch eine Luft-Wasser-Wärmepumpe, die für Spitzenlasten durch einen Gas-Brennwertkessel unterstützt wird. Die Wärmeverteilung ist als Fußbodenheizung mit Einzelraumregelung ausgeführt. Die zentrale Warmwasserversorgung erfolgt über die Heizungsanlage mit solarthermischer Unterstützung; Etwa 60% des erforderlichen Luftwechsels wird durch Fensterlüftung realisiert, der verbleibende Anteil wird über eine zentrale Lüftungsanlage mit Wärmerückgewinnung sichergestellt.

Sonstiges

Mit dem Neubau wird das bestehende Ensemble um einen hofartigen Platz ergänzt und nahezu geschlossen. Dieser geschützte, introvertierte Gemeinschaftshof steht den Bewohnern als zentraler Begegnungsraum zur Verfügung. Zu ihm orientieren sich die Gruppenräume sowie die daran anschließenden privaten Freibereiche, was den Zusammenhalt und den Austausch zwischen den Gruppen fördert. Am südöstlichen Grundstücksrand bleibt eine großzügige Grünfläche erhalten, die einen weiten und reizvollen Blick in die umliegende Berglandschaft eröffnet. Der Anschluss an die öffentliche Straße gestaltete sich sehr anspruchsvoll.

Energetische Kennwerte

Gesetzliche Grundlage: GEG 2020
Gebäudenutzfläche: 1.296,80 m²
Spez. Transmissionswärmeverlust: 0,24 W/(m²·K)
Spez. Jahresprimärenergiebedarf: 18,10 kWh/(m²·a)
Spez. Jahresendenergiebedarf: 18,40 kWh/(m²·a)
CO_2-Emissionen: 5,50 kg/(m²·a)

Planungskennwerte für Flächen und Rauminhalte nach DIN 277

Flächen des Grundstücks		Menge Einheit	% an GF
BF	Bebaute Fläche	1.696,81 m²	40,4
UF	Unbebaute Fläche	2.502,19 m²	59,6
GF	Grundstücksfläche	4.199,00 m²	100,0

Grundflächen des Bauwerks		Menge Einheit	% an NUF	% an BGF
NUF	Nutzungsfläche	777,62 m²	100,0	59,2
TF	Technikfläche	66,77 m²	8,6	5,1
VF	Verkehrsfläche	232,91 m²	30,0	17,7
NRF	Netto-Raumfläche	1.077,30 m²	138,5	82,0
KGF	Konstruktions-Grundfläche	237,20 m²	30,5	18,0
BGF	Brutto-Grundfläche	1.314,50 m²	169,0	100,0

Brutto-Rauminhalt des Bauwerks		Menge Einheit	BRI/NUF (m)	BRI/BGF (m)
BRI	Brutto-Rauminhalt	4.696,36 m³	6,04	3,57

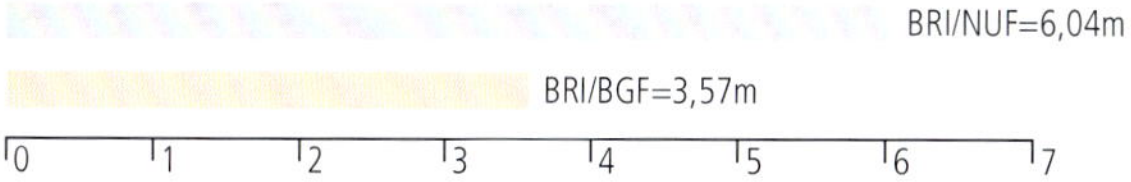

Kostenkennwerte für die Kostengruppen der 1. Ebene DIN 276

KG	Kostengruppen (1. Ebene)	Einheit	Kosten €	€/Einheit	€/m² BGF	€/m³ BRI	% 300+400
100	Grundstück	m² GF	–	–	–	–	–
200	Vorbereitende Maßnahmen	m² GF	–	–	–	–	–
300	Bauwerk – Baukonstruktionen	m² BGF	2.723.228	2.071,68	2.071,68	579,86	63,3
400	Bauwerk – Technische Anlagen	m² BGF	1.579.129	1.201,31	1.201,31	336,25	36,7
	Bauwerk 300+400	**m² BGF**	**4.302.357**	**3.273,00**	**3.273,00**	**916,10**	**100,0**
500	Außenanlagen und Freiflächen	m² AF	–	–	–	–	–
600	Ausstattung und Kunstwerke	m² BGF	–	–	–	–	–
700	Baunebenkosten	m² BGF	–	–	–	–	–
800	Finanzierung	m² BGF	–	–	–	–	–

KG	Kostengruppe	Menge Einheit	Kosten €	€/Einheit	%
3+4	**Bauwerk**				**100,0**
300	**Bauwerk – Baukonstruktionen**	1.314,50 m² BGF	2.723.228	**2.071,68**	63,3

Baugrubenaushub, Verbau; Bodenaustausch, Bodenverbesserung; Stb-Fundamentplatte, WU, Abdichtung, Dämmung, Estrich, Parkett, Linoleum, Perimeterdämmung; Stb-Wände, WU, Holzrahmenwände, Holzfenster mit Dreifachverglasung, Holz-Eingangstüren, hinterlüftete Holzfassade, GK-Bekleidung, Beschichtung, Wandfliesen, außenliegender textiler Sonnenschutz, Fliegenschutz; Stb-Innenwände, Holzrahmenwände, GK-Wände, Holzstützen, Stahlstützen, HPL-beschichtete Holztüren, Holzglastüren, Brand-/Rauchschutztüren, Metallrahmen, GK-Bekleidung, Beschichtung, Wandfliesen, Holzlamellen; Stahlbetondecken, Stb-Treppen, Brettschichtdecken, Schallschutzschüttung, Heizestrich, Parkett, Linoleum, Natursteinbeläge, Terrassendielen, abgehängte Holzwolle-Akustikplatten, Stahlgeländer, Treppengeländer, Außentreppe aus Stahl, Stahlbalkonelemente; Sparrendach, Schalung, Dämmung, Dachabdichtung, Metalldeckung, Dachentwässerung

KG	Kostengruppe	Menge Einheit	Kosten €	€/Einheit	%
400	**Bauwerk – Technische Anlagen**	1.314,50 m² BGF	1.579.129	**1.201,31**	36,7

Gebäudeentwässerung, Kalt- und Warmwasserleitungen, Sanitärobjekte; Luft-Wasser-Wärmepumpe, Spitzenlast mit Gas-Brennwertkessel, Fußbodenheizung, Einzelraumregelung, Warmwasserbereitung mit Solarunterstützung; zentrale Lüftungsanlage mit Wärmerückgewinnung; PV-Anlage, Notstromanlage, Elektroinstallation, Beleuchtung, Sicherheitsbeleuchtungsanlagen, Blitzschutz; Antennenanlage, BMA, Lichtrufanlage; Aufzugsanlage

6400-0138
Begegnungszentrum
(80 Sitzplätze)

Kostenkennwerte für die Kosten des Bauwerks (Kostengruppen 300+400 nach DIN 276)

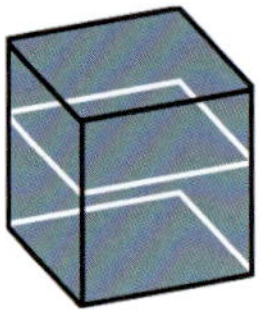

BRI 1.404 €/m³

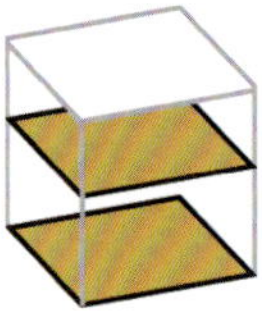

BGF 5.390 €/m²

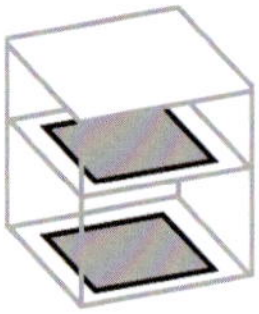

NUF 7.711 €/m²

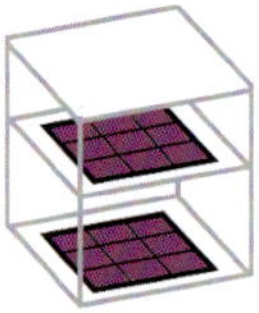

NE 17.177 €/NE

NE: Sitzplätze

Objekt:
Kennwerte: 1.Ebene DIN 276
BRI: 979 m³
BGF: 255 m²
NUF: 178 m²
Bauzeit: 74 Wochen
Bauende: 2023
Standard: mittel
Bundesland: Bayern
Kreis: Kelheim

Architekt*in:
Deppisch Architekten GmbH
Obere Hauptstr. 26
85354 Freising

Bauherr*in:
Evang.-Luth. Kirchengemeinde Mainburg
84048 Mainburg

© Marius Ballasus

© Marius Ballasus

© Marius Ballasus

© Marius Ballasus

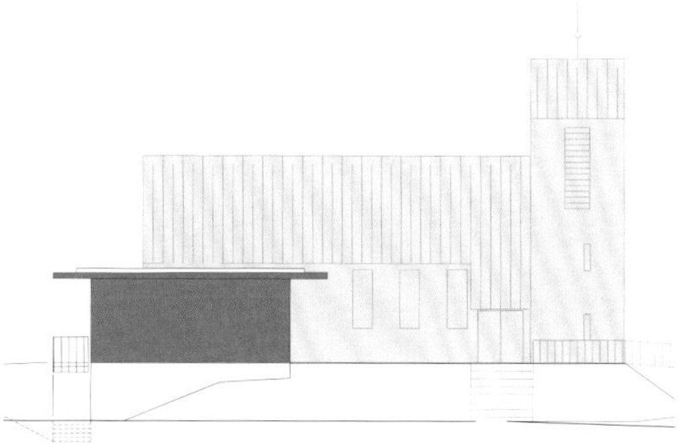

Ansicht Ost

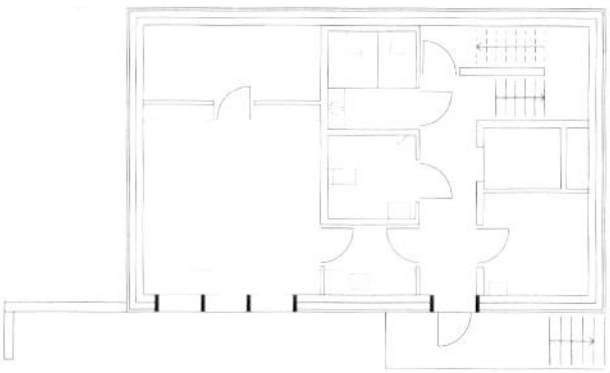

Untergeschoss

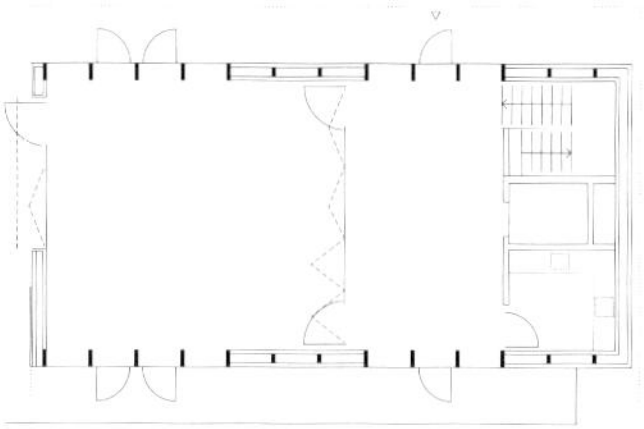

Erdgeschoss

Schnitt A-A

Schnitt B-B

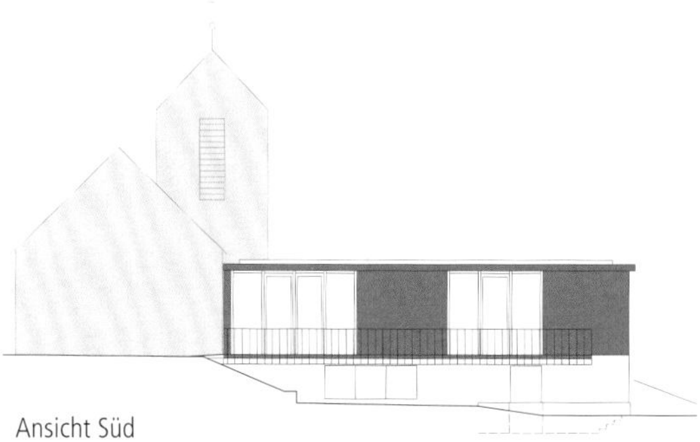

Ansicht Süd

6400-0138
Begegnungszentrum
(80 Sitzplätze)

Objektbeschreibung

Allgemeine Objektinformationen

Der Ersatzneubau für das alte Pfarrhaus neben der Kirche ordnet sich in seiner Höhe der Trauflinie unter, lässt den Kirchturm frei stehen und schafft für Veranstaltungen einen fließenden Übergang zwischen Vorplatz, Innenraum und Garten. Der neue große Saal mit Foyer und Küche ist nun ebenerdig mit dem Kirchenraum verbunden. Das neue Gebäude fügt sich mit dem Sockelgeschoss und dem leichten Eingangsgeschoss in ökologischer Holzbauweise in die natürliche Hanglage ein. Die dunkel lasierte Holzfassade des Neubaus bildet zusammen mit der einfachen Kirche einen beruhigenden, gleichzeitig lebendigen Ort in der Wohnhaus-Nachbarschaft. Die neuen hellen Innenräume können jetzt gemeinschaftlich und mit den Außenflächen zusammen genutzt werden. Mittels mobiler Trennwände sind verschiedene Belegungskonzepte bis hin zur Erweiterung des Kirchenraums möglich. Das Haus ist eine vielfältig nutzbare interkulturelle, interreligiöse und barrierefreie Begegnungsstätte.

Nutzung

1 Untergeschoss
Jugendraum, Teeküche, WC, Lager, Technik

1 Erdgeschoss
Saal, Foyer, Küche

Nutzeinheiten

Sitzplätze: 80

Grundstück

Bauraum: Beengter Bauraum
Neigung: Hanglage
Bodenklasse: BK 2 bis BK 5

Markt

Hauptvergabezeit: 2. Quartal 2022
Baubeginn: 2. Quartal 2022
Bauende: 4. Quartal 2023
Konjunkturelle Gesamtlage: Durchschnitt
Regionaler Baumarkt: Durchschnitt

Baukonstruktion

Das Gebäude gründet auf einer Stb-Bodenplatte, der Baugrund ist durch Bodenstabilisierungsmaßnahmen verbessert worden. Das Sockelgeschoss ist als Stb-Konstruktion mit gestockter Sichtbetonoberfläche erstellt, darüber das Eingangsgeschoss in Holzbauweise. Die hinterlüftete Fassade hat eine Außenwandbekleidung aus lasierter Tanne. Holzständer-Außenwände sind innenseitig mit lasierten Dreischichtlatten bekleidet. Das Dach besteht aus massiven, sichtbar belassenen Brettschichtholzelementen, die über die gesamte Gebäudebreite spannen und auf der Eingangs- sowie Balkonseite ein großzügiges schützendes Vordach bilden.

Technische Anlagen

Heizquelle ist eine Luft-Wasserwärmepumpe mit Fußbodenheizung als Wärmeübertragung. Die Warmwasserbereitung erfolgt dezentral über Durchlauferhitzer. Die bauliche und technische Ausstattung im Saal ist auf inklusive Raumakustik ausgerichtet. Aufgrund der wechselnden Benutzung der Räume ist die Lüftungstechnik bis auf den Grundbedarf reduziert und es wird auf bewusstes Fensterlüften gesetzt.

Sonstiges

Die Bauteile der Gebäudehülle sind nach Effizienzhaus-55-Standard ausgeführt.

Energetische Kennwerte

Gesetzliche Grundlage: GEG 2020
Gebäudenutzfläche: 184,20 m^2
Spez. Jahresprimärenergiebedarf: 88,20 kWh/(m^2·a)
CO_2-Emissionen: 27,50 kg/(m^2·a)

Planungskennwerte für Flächen und Rauminhalte nach DIN 277

Flächen des Grundstücks		Menge Einheit	% an GF
BF	Bebaute Fläche	336,48 m²	20,5
UF	Unbebaute Fläche	1.307,52 m²	79,5
GF	Grundstücksfläche	1.644,00 m²	100,0

Grundflächen des Bauwerks		Menge Einheit	% an NUF	% an BGF
NUF	Nutzungsfläche	178,21 m²	100,0	69,9
TF	Technikfläche	9,40 m²	5,3	3,7
VF	Verkehrsfläche	21,93 m²	12,3	8,6
NRF	Netto-Raumfläche	209,54 m²	117,6	82,2
KGF	Konstruktions-Grundfläche	45,41 m²	25,5	17,8
BGF	Brutto-Grundfläche	254,95 m²	143,1	100,0

Brutto-Rauminhalt des Bauwerks		Menge Einheit	BRI/NUF (m)	BRI/BGF (m)
BRI	Brutto-Rauminhalt	978,66 m³	5,49	3,84

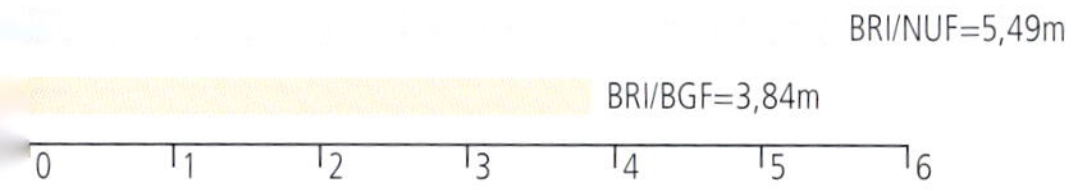

Kostenkennwerte für die Kostengruppen der 1. Ebene DIN 276

KG	Kostengruppen (1. Ebene)	Einheit	Kosten €	€/Einheit	€/m² BGF	€/m³ BRI	% 300+400
100	Grundstück	m² GF	–	–	–	–	–
200	Vorbereitende Maßnahmen	m² GF	–	–	–	–	–
300	Bauwerk – Baukonstruktionen	m² BGF	1.079.096	4.232,58	4.232,58	1.102,63	78,5
400	Bauwerk – Technische Anlagen	m² BGF	295.065	1.157,35	1.157,35	301,50	21,5
	Bauwerk 300+400	**m² BGF**	**1.374.161**	**5.389,92**	**5.389,92**	**1.404,13**	**100,0**
500	Außenanlagen und Freiflächen	m² AF	–	–	–	–	–
600	Ausstattung und Kunstwerke	m² BGF	–	–	–	–	–
700	Baunebenkosten	m² BGF	–	–	–	–	–
800	Finanzierung	m² BGF	–	–	–	–	–

KG	Kostengruppe	Menge Einheit	Kosten €	€/Einheit	%
3+4	**Bauwerk**				**100,0**
300	**Bauwerk – Baukonstruktionen**	254,95 m² BGF	1.079.096	**4.232,58**	78,5

Baugrubenaushub; Gründungspolster, Bodenstabilisierung, Stb-Bodenplatte, Trittschalldämmung, Zementheizestrich, Mehrschichtparkett, Bodenfliesen, Perimeterdämmung (UG); Stb-Doppelaußenwände nachbearbeitet (UG), Holzrahmenwände (EG), Elementfenster (UG), Element-Fensterfassade (EG), gedämmte Fensterfalzlüfter als Nachströmöffnung, Dreifachverglasung, Zellulosedämmung, hinterlüftete Außenwandbekleidung (EG), Tanne lasiert, Vorsatzschalenbekleidung, Fichte-Dreischichtplatten, lasiert; Trockenbauwände, mobile Trennwände; Stb-Decke (UG), Stb-Treppe, Schüttung, Trittschalldämmung, Zementheizestrich, Mehrschichtparkett, Bodenfliesen, auskragender Stb-Balkon, Stahlgeländer; Brettschichtholz-Dachkonstruktion, Gefälledämmung, Flachdachabdichtung, extensive Dachbegrünung, Fichtelamellen-Akustikdecken, Dachentwässerung

KG	Kostengruppe	Menge Einheit	Kosten €	€/Einheit	%
400	**Bauwerk – Technische Anlagen**	254,95 m² BGF	295.065	**1.157,35**	21,5

Gebäudeentwässerung, Kaltwasserleitungen, Sanitärobjekte; Luft-Wasserwärmepumpe, Fußbodenheizung, dezentrale Warmwasserbereitung über Durchlauferhitzer; Abluft-Einzellüfter ohne Wärmerückgewinnung; Elektroinstallation, Beleuchtung, Blitzschutzanlage; Lautsprecheranlage, Hörgeräte-Induktionsschleife, Beamer; Plattformaufzug (Rollstuhl und Bestuhlung)

6400-0140
Gemeindehaus
Bibliothek
Mehrzweckraum
(80 Sitzplätze)

Kostenkennwerte für die Kosten des Bauwerks (Kostengruppen 300+400 nach DIN 276)

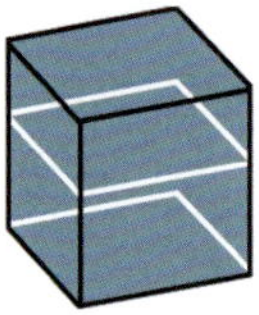

BRI 1.096 €/m³

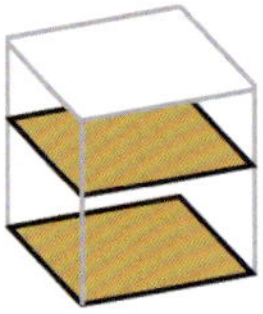

BGF 4.431 €/m²

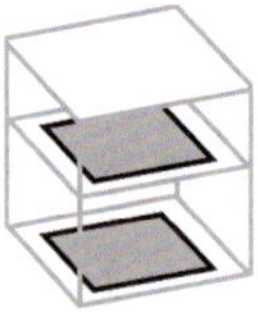

NUF 6.849 €/m²

Objekt:
Kennwerte: 1.Ebene DIN 276
BRI: 5.310 m³
BGF: 1.314 m²
NUF: 850 m²
Bauzeit: 130 Wochen
Bauende: 2024
Standard: hoch
Bundesland: Bayern
Kreis: Traunstein

Architekt*in:
Lechner · Lechner
Architekten GmbH
St.-Oswald-Straße 2
83278 Traunstein

Bauherr*in:
Gemeinde Fridolfing
Hadrianstraße 28
83413 Fridolfing

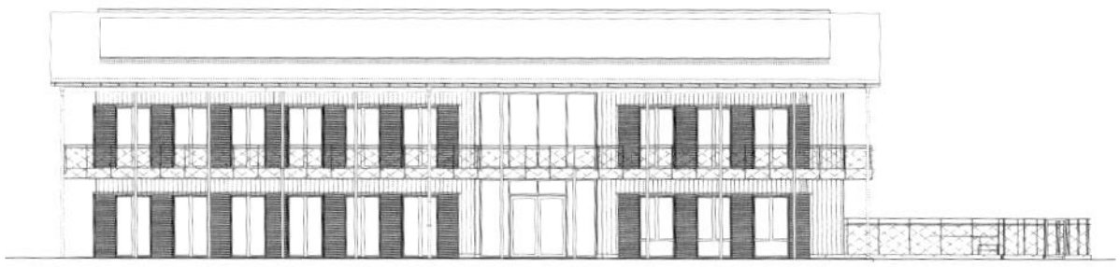

Ansicht Nord-Ost

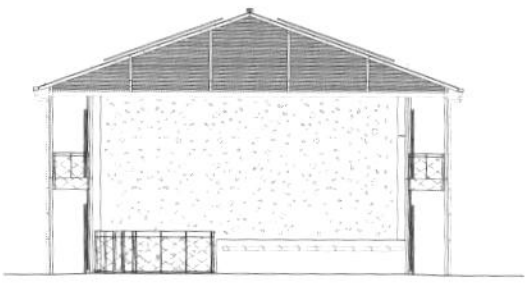

Ansicht Nord-West

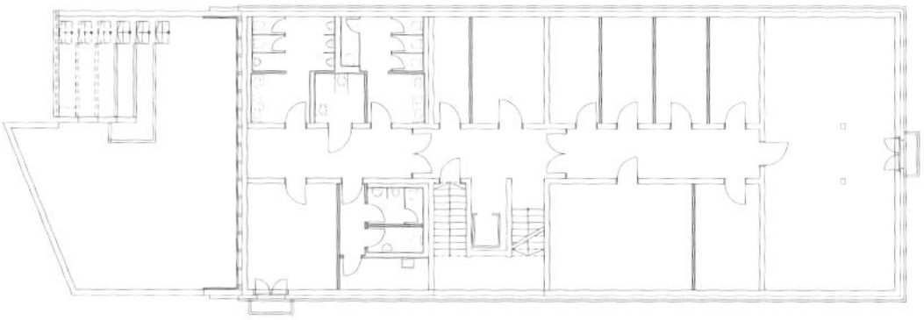

Untergeschoss

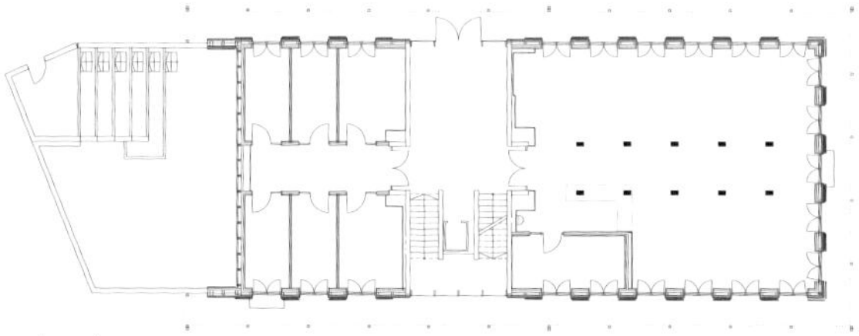

Erdgeschoss

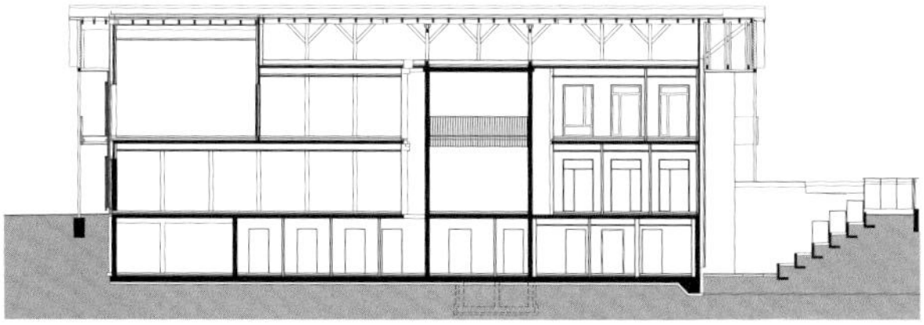

Schnitt A-A

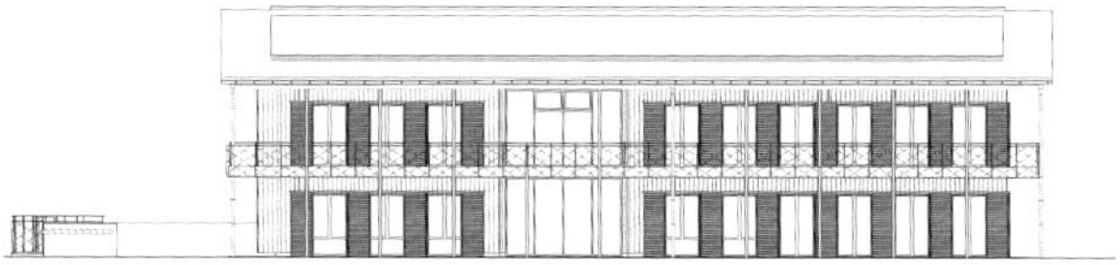

Ansicht Süd-West

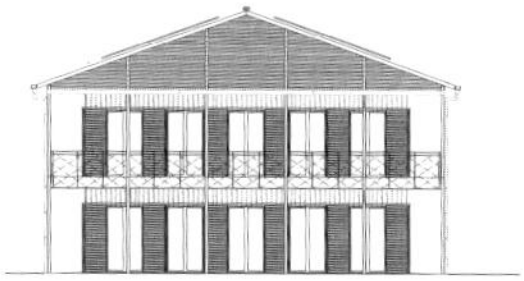

Ansicht Süd-Ost

6400-0140
Gemeindehaus
Bibliothek
Mehrzweckraum
(80 Sitzplätze)

Objektbeschreibung

Allgemeine Objektinformationen

Rund um die ortsbildprägende Gemeindewiese entstanden zwei Neubauten. Der zweigeschossige, unterkellerte Holzmassivbau im Süden vereint vielfältige gemeinschaftliche Nutzungen und beherbergt die Gemeindeverwaltung, eine Bibliothek, einen Mehrzweckraum, einen Trauraum sowie Räumlichkeiten für Vereine. Die westliche Giebelaußenwand ist als Kletterwand gestaltet und setzt einen markanten gestalterischen Akzent.

Nutzung

1 Untergeschoss
Archiv, Hausmeister, Lager, Technikräume, öffentliche WCs, Personal WCs, Treppenhaus, Aufzug

1 Erdgeschoss
Gemeindebüros, Bibliothek, Treppenhaus, Aufzug

1 Obergeschoss
Mehrzweckraum, Trauzimmer mit Foyer, Vereinsräume, Treppenhaus, Aufzug

1 Dachgeschoss
Dachraum, nicht nutzbar

Nutzeinheiten

Arbeitsplätze: 4
Sitzplätze: 80

Grundstück

Bauraum: Freier Bauraum
Neigung: Ebenes Gelände
Bodenklasse: BK 3 bis BK 4

Markt

Hauptvergabezeit: 4. Quartal 2021
Baubeginn: 1. Quartal 2022
Bauende: 3. Quartal 2024
Konjunkturelle Gesamtlage: über Durchschnitt
Regionaler Baumarkt: unter Durchschnitt

Besonderer Kosteneinfluss Markt
Kostensteigerungen durch Coronakrise, Ukrainekrieg

Baukonstruktion

Die Gründung des unterkellerten Gebäudes erfolgte über eine Stahlbetonbodenplatte. Das aus brandschutzrechtlichen Gründen massiv errichtete Treppenhaus wurde in Sichtbetonqualität realisiert. Die zugehörige Decke ist als Sichtbeton-Lamellendecke ausgebildet. Die darüber liegenden Geschossdecken wurden als Brettstapeldecken ausgeführt. Aufgrund der Schallschutzanforderungen wurden die Außenwände aus Brettsperrholzwänden in Kombination mit freischwingenden Vorsatzschalen hergestellt. In die Fassade aus Wechselfalzschalung mit Holzfaserdämmung sind raumhohe Holzfenster integriert, die mit zweiteiligen Schiebeläden aus Holzlamellen ausgestattet sind. Eine Pfosten-Riegelfassade akzentuiert das zweigeschossige Treppenhaus. Das hinterlüftete Satteldach mit Edelstahldeckung trägt eine Photovoltaikanlage. Die filigrane Balkonkonstruktion aus verzinkten, zweigeschossigen Stahlstützen gründet auf Punktfundamenten. Die Nutzräume sind mit hochwertigen Holzlamellen-Abhangdecken sowie Stabparkett ausgestattet, im Treppenhaus wurde Naturstein verlegt.

Technische Anlagen

Das Gebäude ist an das gemeindliche Fernwärmenetz angeschlossen. Die Wärmeverteilung erfolgt über eine Fußbodenheizung. Die Warmwasserbereitung ist dezentral organisiert; die öffentlichen WC-Anlagen erhielten ausschließlich Kaltwasseranschlüsse. Die Be- und Entlüftung erfolgt kontrolliert über eine zentrale Lüftungsanlage mit Wärmerückgewinnung. Die elektrische Gebäudeautomation ist über ein KNX-Bussystem realisiert. Sämtliche Bereiche sind mit energieeffizienter LED-Beleuchtung ausgestattet.

Sonstiges

Die Platzgestaltung mit der Maibaumwiese wurde ebenfalls erneuert. Der zweite Holzmassivbau im Norden ist unter der BKI-Objektnummer 6400-0141 dokumentiert.

Energetische Kennwerte

Gesetzliche Grundlage: GEG 2020
Gebäudenutzfläche: 976,10 m²
Hüllfläche des beheizten Volumens: 1.832,20 m²
Mittlerer U-Wert (opake Bauteile): 0,13
Mittlerer U-Wert (transparente Bauteile): 0,97
Spez. Jahresprimärenergiebedarf: 56,77 kWh/(m²·a)
Spez. Jahresendenergiebedarf: 76,92 kWh/(m²·a)
CO_2-Emissionen: 28,88 kg/(m²·a)

Energetische Angaben zu Außenbauteilen

Bodenplatte Fliesen

U-Wert: 0,19 W/(m2·K)

Gesamtdicke: 57,80 cm	d [cm]	λ [W/(mK)]
Fliesen	1,50	1,300
Estrich	7,50	1,200
Verlegeplatten FBH	0,30	0,220
Dämmung	3,00	0,035
Dämmung	3,00	0,035
Bitumenbahn	0,50	0,230
Stahlbeton	30,00	2,300
Dämmung	12,00	0,038

Bodenplatte Naturstein

U-Wert: 0,19 W/(m2·K)

Gesamtdicke: 58,00 cm	d [cm]	λ [W/(mK)]
Naturstein	2,00	203,000
Estrich	7,20	1,200
Verlegeplatten FBH	0,30	0,220
Dämmung	3,00	0,035
Dämmung	3,00	0,035
Bitumenbahn	0,50	0,230
Stahlbeton	30,00	2,300
Dämmung	12,00	0,038

Außenwand gegen Erdreich

U-Wert: 0,23 W/(m2·K)

Gesamtdicke: 41,00 cm	d [cm]	λ [W/(mK)]
Stahlbeton	25,00	205,000
Dämmung	16,00	0,038

Außenwand hinterlüftet - Keller

U-Wert: 0,26 W/(m2·K)

Gesamtdicke: 42,00 cm	d [cm]	λ [W/(mK)]
Stahlbeton	24,00	2,500
Dämmung	18,00	0,040
Holz	18,00	0,130

Außenwand hinterlüftet

U-Wert: 0,16 W/(m2·K)

Gesamtdicke: 36,00 cm	d [cm]	λ [W/(mK)]
GK-Platte	1,25	0,250
GK-Platte	1,25	0,250
Dämmung	6,00	0,035
Holz	6,00	0,130
Holz	10,00	0,130
Dämmung	14,00	0,040
Holz	14,00	0,130
Holzfaserplatte	3,50	0,050

Außenwand hinterlüftet - Schallschutz

U-Wert: 0,17 W/(m2·K)

Gesamtdicke: 36,00 cm	d [cm]	λ [W/(mK)]
GK-Platte	1,25	0,250
GK-Platte	1,25	0,250
Dämmung	4,00	0,035
Holz	4,00	0,130
Luftschicht ruhend	2,00	0,139
Holz	2,00	0,130
Holz	10,00	0,130
Dämmung	14,00	0,040
Holz	14,00	0,130
Holzfaserplatte	3,50	0,050

Außenwand hinterlüftet - Kletterwand

U-Wert: 0,16 W/(m2·K)

Gesamtdicke: 36,00 cm	d [cm]	λ [W/(mK)]
GK-Platte	1,25	0,250
GK-Platte	1,25	0,250
Dämmung	6,00	0,035
Holz	6,00	0,130
Holz	10,00	0,130
Dämmung	14,00	0,040
Holz	14,00	0,130
Holzfaserplatte	3,50	0,050

Decke gegen kalten Dachraum - Holz

U-Wert: 0,15 W/(m2·K)

Gesamtdicke: 42,60 cm	d [cm]	λ [W/(mK)]
Holz	14,00	0,130
Dampfbremse	0,10	2,300
Schüttung gebunden	6,00	0,700
Dämmung	20,00	0,040
OSB-Platte	2,50	0,130

Decke gegen kalten Dachraum - Stahlbeton

U-Wert: 0,11 W/(m2·K)

Gesamtdicke: 61,60 cm	d [cm]	λ [W/(mK)]
Stahlbeton	26,00	2,300
Dampfbremse	0,10	2,300
Holzfaserplatte	33,00	0,040
OSB-Platte	2,50	0,130

Energetische Angaben zu Außenbauteilen

Wand gegen kalten Dachraum

U-Wert: 0,15W/(m²·K)

Gesamtdicke: 37,00cm	d[cm]	λ[W/(mK)]
GK-Platte	1,25	0,250
GK-Platte	1,25	0,250
Dämmung	7,00	0,035
Holz	7,00	0,130
Holz	10,00	0,130
Dämmung	14,00	0,040
Holz	14,00	0,130
Holzfaserplatte	3,50	0,050

Dach

U-Wert: 0,14W/(m²·K)

Gesamtdicke: 33,60cm	d[cm]	λ[W/(mK)]
GK-Platte	1,25	0,250
GK-Platte	1,25	0,250
Dämmung	3,00	0,035
Holz	3,00	0,130
Dampfbremse	0,10	2,300
Dämmung	22,00	0,035
Holz	22,00	0,130
Holzfaserplatte	6,00	0,050

Planungskennwerte für Flächen und Rauminhalte nach DIN 277

Flächen des Grundstücks		Menge Einheit	% an GF
BF	Bebaute Fläche	1.559,51 m²	34,6
UF	Unbebaute Fläche	2.945,49 m²	65,4
GF	Grundstücksfläche	4.505,00 m²	100,0

Grundflächen des Bauwerks		Menge Einheit	% an NUF	% an BGF
NUF	Nutzungsfläche	849,89 m²	100,0	64,7
TF	Technikfläche	54,55 m²	6,4	4,2
VF	Verkehrsfläche	183,02 m²	21,5	13,9
NRF	Netto-Raumfläche	1.087,46 m²	128,0	82,8
KGF	Konstruktions-Grundfläche	226,12 m²	26,6	17,2
BGF	Brutto-Grundfläche	1.313,58 m²	154,6	100,0

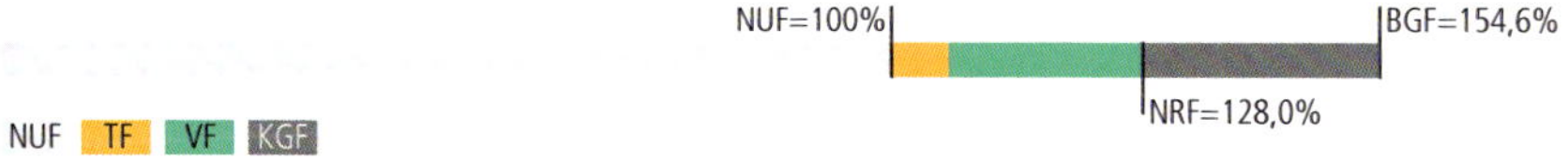

Brutto-Rauminhalt des Bauwerks		Menge Einheit	BRI/NUF (m)	BRI/BGF (m)
BRI	Brutto-Rauminhalt	5.309,79 m³	6,25	4,04

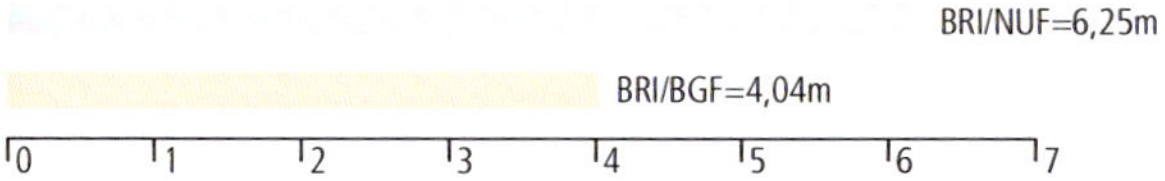

Kostenkennwerte für die Kostengruppen der 1. Ebene DIN 276

KG	Kostengruppen (1. Ebene)	Einheit	Kosten €	€/Einheit	€/m^2 BGF	€/m^3 BRI	% 300+400
100	Grundstück	m^2 GF	–	–	–	–	–
200	Vorbereitende Maßnahmen	m^2 GF	–	–	–	–	–
300	Bauwerk – Baukonstruktionen	m^2 BGF	4.482.356	3.412,32	3.412,32	844,17	77,0
400	Bauwerk – Technische Anlagen	m^2 BGF	1.338.554	1.019,01	1.019,01	252,09	23,0
	Bauwerk 300+400	**m^2 BGF**	**5.820.910**	**4.431,33**	**4.431,33**	**1.096,26**	**100,0**
500	Außenanlagen und Freiflächen	m^2 AF	–	–	–	–	–
600	Ausstattung und Kunstwerke	m^2 BGF	194.621	148,16	148,16	36,65	3,3
700	Baunebenkosten	m^2 BGF	–	–	–	–	–
800	Finanzierung	m^2 BGF	–	–	–	–	–

KG	Kostengruppe	Menge Einheit	Kosten €	€/Einheit	%
3+4	**Bauwerk**				**100,0**
300	**Bauwerk – Baukonstruktionen**	1.313,58 m^2 BGF	4.482.356	**3.412,32**	77,0

Baugrubenaushub, Stb-Bodenplatte, WU, Dämmung, Heizestrich, Natursteinbelag, Bodenfliesen, Beschichtung, Perimeterdämmung, Sauberkeitsschicht; Stb-Wände, WU, Brettsperrholzwände, Stahlstützen, Brettsperrholzstützen, Holzfenster, Dreifachverglasung, Haupteingangstür, zweilagige Holzfaserdämmung, vertikale Lärchen-Wechselfalzschalung, Lamellenbekleidung an Giebelwänden, Kletterwand, GK-Vorsatzschalen, Beschichtung, Wandfliesen, Brettschicht-Vorsatzschalen, Alu-Pfosten-Riegelfassade, Holz-Schiebeläden; Stb-Innenwände, Sichtbeton, Brettsperrholzwände, GK-Wände, Brettsperrholzstützen, Holztüren, Verglasungen, Holz-Innenfenster, GK-Bekleidung, Beschichtung, Wandfliesen, WC-Trennwände; Stb-Decken, Sichtbeton, Brettstapeldecken, oberflächenfertig, Stb-Treppen, Holzwerkstoffplatten, Dämmung, Ausgleichsschüttung, Heizestrich, Parkett, Bodenfliesen, Natursteinbelag, Balkonbeläge aus Holzdielen, Lärche, GK-abgehängte Decken, Holz-Schlitzdecke, umlaufende Stahlbalkon-Konstruktion, Stahlgeländer, Umwehrung Edelstahlnetz, Treppengeländer; Pfettendach, Holzfaserdämmung, Schalung, hinterlüftete Doppelstehfalzdeckung, verzinntes Edelstahl, Dachentwässerung, abgehängte Holzschlitzdecke; Bibliothekstheke, Wandregale, Teeküchen, Garderoben

KG	Kostengruppe	Menge Einheit	Kosten €	€/Einheit	%
400	**Bauwerk – Technische Anlagen**	1.313,58 m^2 BGF	1.338.554	**1.019,01**	23,0

Gebäudeentwässerung, Kaltwasserleitungen, Hebeanlage, Durchlauferhitzer, Sanitärobjekte; Übergabestation Fernwärmeanschluss, Pufferspeicher, Fußbodenheizung; kontrollierte Be- und Entlüftungsanlage mit WRG; PV-Anlage, Elektroinstallation, LED-Beleuchtung, Blitzschutzanlage; Sprechanlage, Datenübertragungsnetz; Aufzugsanlage; Gebäudeautomation; Schließanlage

KG	Kostengruppe	Menge Einheit	Kosten €	€/Einheit	%
600	**Ausstattung und Kunstwerke**	1.313,58 m^2 BGF	194.621	**148,16**	3,3

Möblierung Bibliothek, Bestuhlung, Tische, Regale, Möblierung Trauzimmer

6400-0141
Jugendtreff
Veranstaltungssaal
(60 Sitzplätze)

Kostenkennwerte für die Kosten des Bauwerks (Kostengruppen 300+400 nach DIN 276)

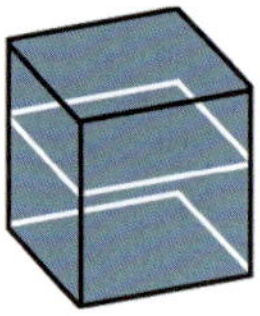

BRI 1.016 €/m³

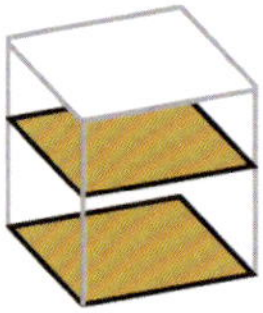

BGF 3.811 €/m²

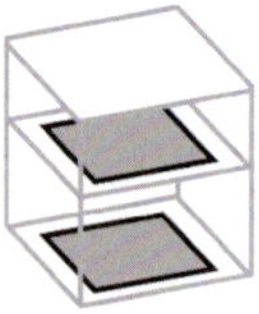

NUF 5.410 €/m²

Objekt:
Kennwerte: 1. Ebene DIN 276
BRI: 4.078 m³
BGF: 1.088 m²
NUF: 766 m²
Bauzeit: 130 Wochen
Bauende: 2024
Standard: hoch
Bundesland: Bayern
Kreis: Traunstein

Architekt*in:
Lechner · Lechner
Architekten GmbH
St.-Oswald-Straße 2
83278 Traunstein

Bauherr*in:
Gemeinde Fridolfing
Hadrianstraße 28
83413 Fridolfing

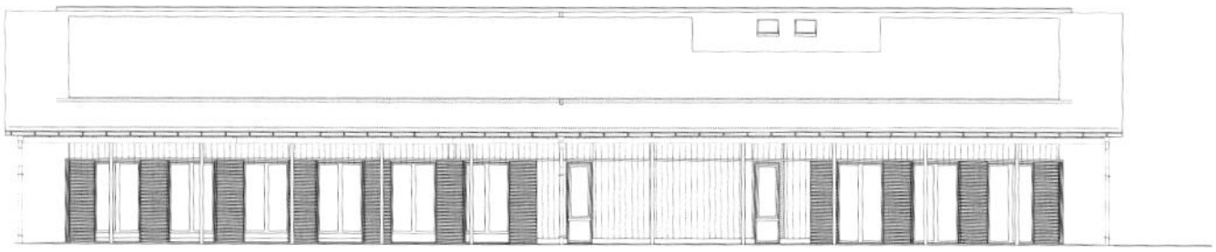

Ansicht Nord-West

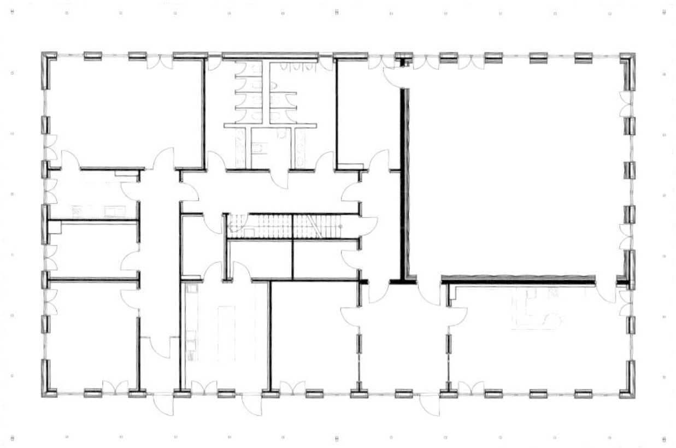

Erdgeschoss

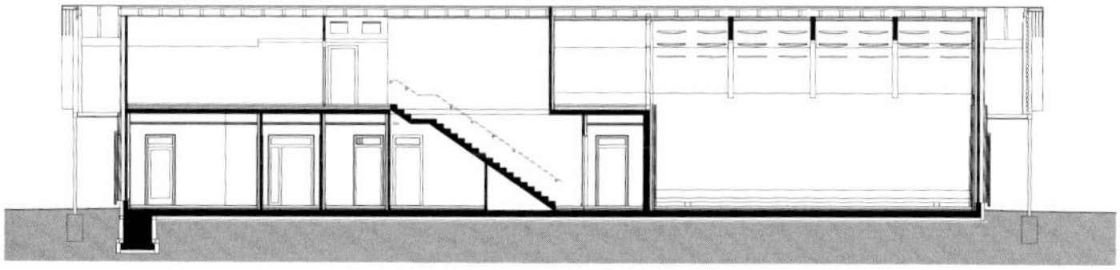

Schnitt A-A

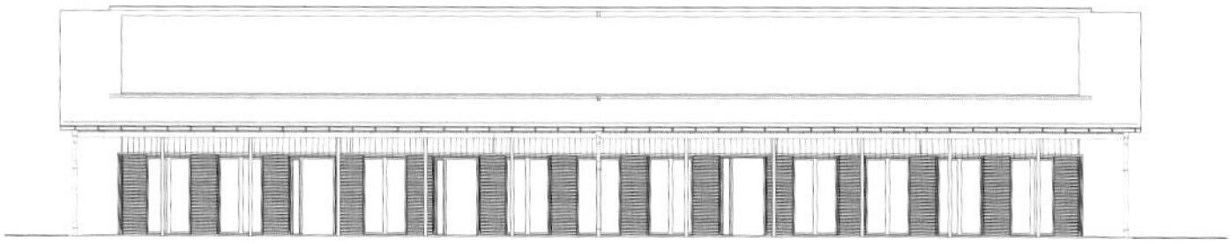

Ansicht Süd-Ost

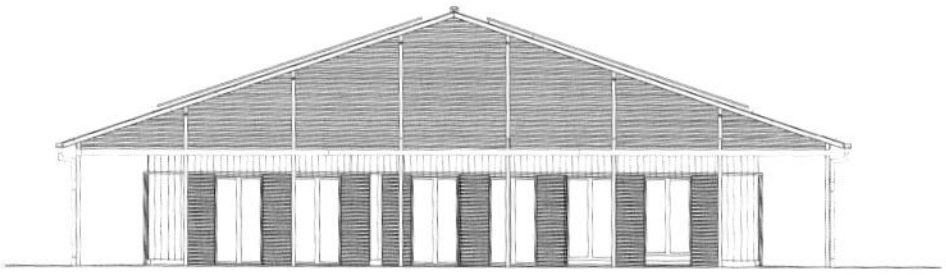

Ansicht Nord-Ost

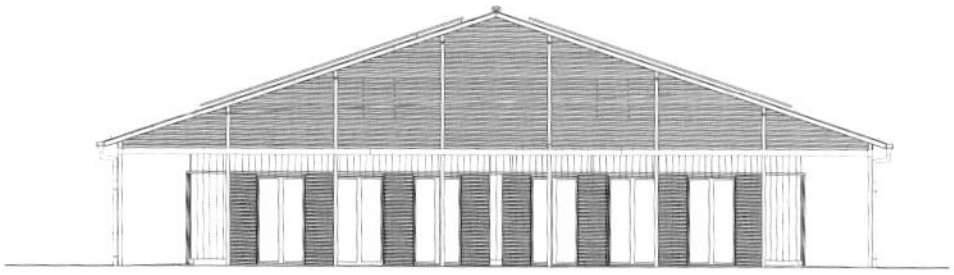

Ansicht Süd-West

6400-0141
Jugendtreff
Veranstaltungssaal
(60 Sitzplätze)

Objektbeschreibung

Allgemeine Objektinformationen

Rund um die ortsbildprägende Gemeindewiese entstanden zwei Neubauten. Der eingeschossige, nicht unterkellerte Holzmassivbau im Norden beherbergt einen Jugendtreff, sowie diverse Vereinsräume und ein Probenraum für den ortsansässigen Musikverein. Eine Vorbereitungsküche mit direktem Zugang ins Freie dient als Küche für Außenveranstaltungen auf der Gemeindewiese. Das Dachgeschoss wird von der Gemeinde und den Vereinen als Abstellfläche genutzt.

Nutzung

1 Erdgeschoss
Eingangsfoyer, Vereinsräume, Jugendtreff, Probenraum, WC-Anlagen, Küche für Außenbereich, Flure, Treppe

1 Dachgeschoss
Abstellräume, Flure, Treppe

Nutzeinheiten

Sitzplätze: 60

Grundstück

Bauraum: Freier Bauraum
Neigung: Ebenes Gelände
Bodenklasse: BK 3 bis BK 4

Markt

Hauptvergabezeit: 4.Quartal 2021
Baubeginn: 1.Quartal 2022
Bauende: 3.Quartal 2024
Konjunkturelle Gesamtlage: über Durchschnitt
Regionaler Baumarkt: unter Durchschnitt

Besonderer Kosteneinfluss Markt
Kostensteigerungen durch Coronakrise, Ukrainekrieg

Baukonstruktion

Die Gründung des Gebäudes erfolgte über eine Stahlbetonbodenplatte. Als Außenwandkonstruktion mussten hohe Anforderungen durch Schallemission und Schallimmission erfüllt werden. Brettsperrholzwände inkl. freischwingende Vorsatzschalen im Innenraum wurden notwendig. Die Geschossdecke ins Dachgeschoss wurde als Brettstapeldecke ausgeführt. In den Fassadenaufbau aus Wechselfalz-Schalung mit zweilagiger Holzfaserdämmung wurden raumhohe zweiflüglige Holzfenster gesetzt. Alle Fenster haben zweiteilige Schiebeläden aus Holzlamellen erhalten. Das hinterlüftete Satteldach in Edelstahldeckung trägt eine PV-Anlage. Der Dachüberstand wird von filigranen, verzinkten Stahlstützen getragen, die auf einfachen Punktfundamenten gründen. Die Nutzräume wurden mit hochwertigen Holzlamellen-Abhangdecken sowie Stabparkett ausgestattet. Beim Proberaum der Blasmusik mussten hohe raumakustische Anforderungen erfüllt werden. Durch die Ausbildung gerader und konvex gestaltete raumakustischen Wandschalen und Deckensegel konnten diese Anforderungen realisiert werden.

Technische Anlagen

Das Gebäude wurde an das gemeindliche Fernwärmenetz angeschlossen. Das Nordgebäude besitzt keinen eigenen Haustechnikraum. Der Fernwärmeanschluss erfolgt über eine Anbindung an das Gebäude im Süden. Eine Fußbodenheizung verteilt die Wärme. Die Be- und Entlüftung erfolgt kontrolliert über eine zentrale Lüftungsanlage mit Wärmerückgewinnung. Die elektrische Gebäudeautomation ist über ein KNX-Bussystem realisiert. Sämtliche Bereiche sind mit energieeffizienter LED-Beleuchtung ausgestattet.

Sonstiges

Im Kontext zum Baudenkmal entstand ein klar strukturierter Neubau. Die Platzgestaltung mit der Maibaumwiese wurde ebenfalls erneuert. Der zweite Holzmassivbau im Süden ist unter der BKI-Objektnummer 6400-0140 dokumentiert.

Energetische Kennwerte

Gesetzliche Grundlage: GEG 2020
Gebäudenutzfläche: 943,00 m^2
Hüllfläche des beheizten Volumens: 1.789,60 m^2
Mittlerer U-Wert (opake Bauteile): 0,13
Mittlerer U-Wert (transparente Bauteile): 0,91
Spez. Jahresprimärenergiebedarf: 50,03 kWh/(m^2·a)
CO_2-Emissionen: 14,00 kg/(m^2·a)

Energetische Angaben zu Außenbauteilen

Bodenplatte

U-Wert: 0,18 W/(m²·K)

Gesamtdicke: 53,00 cm	d [cm]	λ [W/(mK)]
Holz	1,00	0,180
Estrich	7,20	1,200
Verlegeplatte FBH	0,30	0,220
Dämmung	3,00	0,035
Dämmung	4,00	0,035
Bitumenbahn	0,50	0,230
Stahlbeton	25,00	2,300
Dämmung	12,00	0,038

Außenwand

U-Wert: 0,16 W/(m²·K)

Gesamtdicke: 36,00 cm	d [cm]	λ [W/(mK)]
GK-Platte	1,25	0,250
GK-Platte	1,25	0,250
Holz	6,00	0,130
Dämmung	6,00	0,035
Holz	10,00	0,130
Holz	14,00	0,130
Dämmung	14,00	0,040
Dämmung	3,50	0,050

Außenwand Akustik

U-Wert: 0,14 W/(m²·K)

Gesamtdicke: 44,50 cm	d [cm]	λ [W/(mK)]
Holz	2,00	0,130
Holz	3,00	0,130
Dämmung	3,00	0,040
Holz	3,00	0,130
Luftschicht ruhend	3,00	0,180
GK-Platte	1,25	0,250
GK-Platte	1,25	0,250
Holz	6,00	0,130
Dämmung	6,00	0,035
Holz	10,00	0,130
Holz	14,00	0,130
Dämmung	14,00	0,040
Dämmung	4,00	0,050

Außenwand

U-Wert: 0,21 W/(m²·K)

Gesamtdicke: 29,00 cm	d [cm]	λ [W/(mK)]
Holz	10,00	0,130
Holz	14,00	0,130
Dämmung	14,00	0,040
Holz	4,00	0,050
Holz	1,00	0,130

Dach

U-Wert: 0,14 W/(m²·K)

Gesamtdicke: 32,35 cm	d [cm]	λ [W/(mK)]
GK-Platte	1,25	0,250
Holz	3,00	0,130
Dämmung	3,00	0,035
Dampfbremse	0,10	2,300
Holz	22,00	0,130
Dämmung	22,00	0,035
Dämmung	6,00	0,050

Dach Akustik

U-Wert: 0,12 W/(m²·K)

Gesamtdicke: 43,85 cm	d [cm]	λ [W/(mK)]
GK-Platte	1,25	0,250
Holz	3,00	0,130
Dämmung	3,00	0,035
Holz	6,00	0,130
Luftschicht ruhend	6,00	0,375
GK-Platte	1,25	0,250
GK-Platte	1,25	0,250
Holz	3,00	0,130
Dämmung	3,00	0,035
Dampfbremse	0,10	2,300
Holz	22,00	0,130
Dämmung	22,00	0,035
Holz	6,00	0,050

Planungskennwerte für Flächen und Rauminhalte nach DIN 277

Flächen des Grundstücks		Menge Einheit	% an GF
BF	Bebaute Fläche	900,00 m²	20,0
UF	Unbebaute Fläche	3.605,00 m²	80,0
GF	Grundstücksfläche	4.505,00 m²	100,0

Grundflächen des Bauwerks		Menge Einheit	% an NUF	% an BGF
NUF	Nutzungsfläche	766,01 m²	100,0	70,4
TF	Technikfläche	58,11 m²	7,6	5,3
VF	Verkehrsfläche	121,93 m²	15,9	11,2
NRF	Netto-Raumfläche	946,05 m²	123,5	87,0
KGF	Konstruktions-Grundfläche	141,53 m²	18,5	13,0
BGF	Brutto-Grundfläche	1.087,58 m²	142,0	100,0

Brutto-Rauminhalt des Bauwerks		Menge Einheit	BRI/NUF (m)	BRI/BGF (m)
BRI	Brutto-Rauminhalt	4.078,04 m³	5,32	3,75

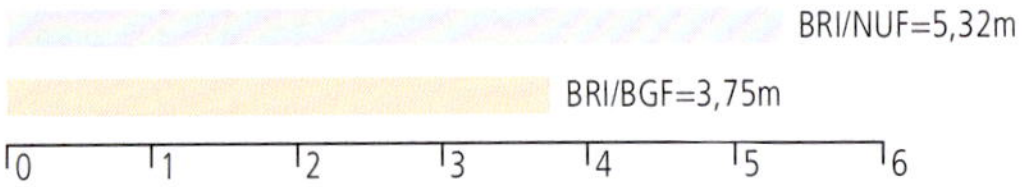

Kostenkennwerte für die Kostengruppen der 1.Ebene DIN 276

KG	Kostengruppen (1.Ebene)	Einheit	Kosten €	€/Einheit	€/m² BGF	€/m³ BRI	% 300+400
100	Grundstück	m² GF	–	–	–	–	–
200	Vorbereitende Maßnahmen	m² GF	–	–	–	–	–
300	Bauwerk – Baukonstruktionen	m² BGF	3.206.483	2.948,27	2.948,27	786,28	77,4
400	Bauwerk – Technische Anlagen	m² BGF	937.933	862,40	862,40	230,00	22,6
	Bauwerk 300+400	**m² BGF**	**4.144.416**	**3.810,68**	**3.810,68**	**1.016,28**	**100,0**
500	Außenanlagen und Freiflächen	m² AF	–	–	–	–	–
600	Ausstattung und Kunstwerke	m² BGF	125.119	115,04	115,04	30,68	3,0
700	Baunebenkosten	m² BGF	–	–	–	–	–
800	Finanzierung	m² BGF	–	–	–	–	–

KG	Kostengruppe	Menge Einheit	Kosten €	€/Einheit	%
3+4	**Bauwerk**				**100,0**
300	**Bauwerk – Baukonstruktionen**	1.087,58 m² BGF	3.206.483	**2.948,27**	77,4

Baugrubenaushub, Stb-Bodenplatte, WU, Dämmung, Heizestrich, Natursteinbelag, Bodenfliesen, Beschichtung, Perimeterdämmung, Sauberkeitsschicht; Brettsperrholzwände, Stahlstützen, Holzfenster, Dreifachverglasung, Alu-Haupteingangstüre, zweilagige Holzfaserdämmung, vertikale Lärchen-Wechselfalzschalung, Lamellenbekleidung an Giebelwänden, GK-Vorsatzschalen, Beschichtung, Wandfliesen, Brettschicht-Vorsatzschalen, Holz-Schiebeläden; Brettsperrholzwände, GK-Wände, Holztüren, Verglasungen, GK-Bekleidung, Beschichtung, Wandfliesen, WC-Trennwände; Brettstapeldecke, oberflächenfertig, Brettsperrholztreppe, Ausgleichsschüttung, Estrich, Epoxidharzbodenbeschichtung, GK-Decken, Holz-Schlitzdecke; Pfettendach, Brettschichtholzbinder, hinterlüftete Doppelstehfalzdeckung, verzinntes Edelstahl, Dachentwässerung, MDF-Deckensegel; Wandregale, Teeküchen, Garderoben

KG	Kostengruppe	Menge Einheit	Kosten €	€/Einheit	%
400	**Bauwerk – Technische Anlagen**	1.087,58 m² BGF	937.933	**862,40**	22,6

Gebäudeentwässerung, Kaltwasserleitungen, Durchlauferhitzer, Sanitärobjekte; Übergabestation Fernwärmeanschluss, Pufferspeicher, Fußbodenheizung; kontrollierte Be- und Entlüftungsanlage mit WRG; PV-Anlage, Elektroinstallation, LED-Beleuchtung, Sicherheitsleuchten, Blitzschutzanlage; Sprechanlage, Datenübertragungsnetz; Kücheneinrichtung; Gebäudeautomation; Schließanlage

KG	Kostengruppe	Menge Einheit	Kosten €	€/Einheit	%
600	**Ausstattung und Kunstwerke**	1.087,58 m² BGF	125.119	**115,04**	3,0

Möblierung Bestuhlung, Klapptische Jugendräume, Bestuhlung Probenraum, Notenständer

6500-0065
Mensa
(70 Sitzplätze)

Kostenkennwerte für die Kosten des Bauwerks (Kostengruppen 300+400 nach DIN 276)

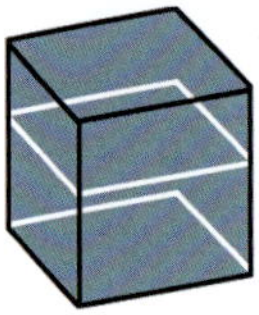

BRI 924 €/m^3

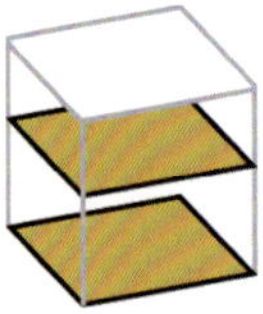

BGF 4.363 €/m^2

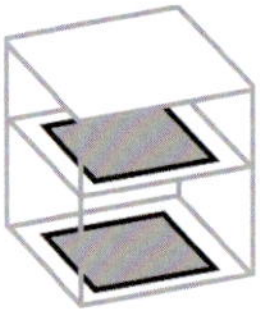

NUF 6.096 €/m^2

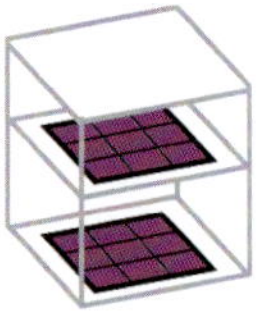

NE 21.727 €/NE

NE: Sitzplätze

Objekt:
Kennwerte: 1. Ebene DIN 276
BRI: 1.646 m^3
BGF: 349 m^2
NUF: 250 m^2
Bauzeit: 148 Wochen
Bauende: 2023
Standard: mittel
Bundesland: Baden-Württemberg
Kreis: Main-Tauber-Kreis

Architekt*in:
punkt4 architekten
Part mbB
Friedrichsstraße 20
34117 Kassel

Bauherr*in:
Stadt Wertheim
Referat Stadtplanung
Mühlenstraße 26
97877 Wertheim

© René Graf

© René Graf

© René Graf

© René Graf

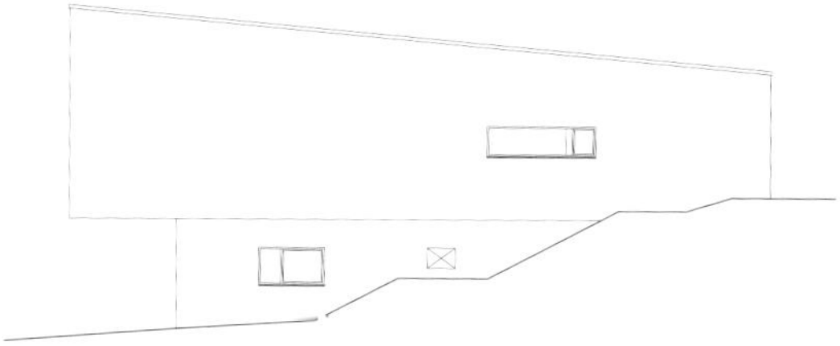
Ansicht Nord-West

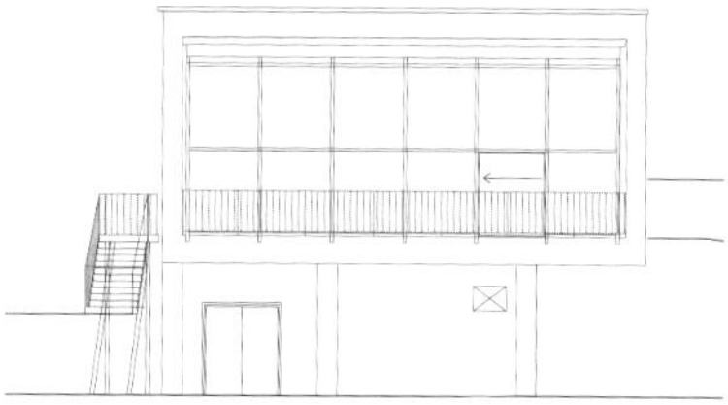
Ansicht Nord-Ost

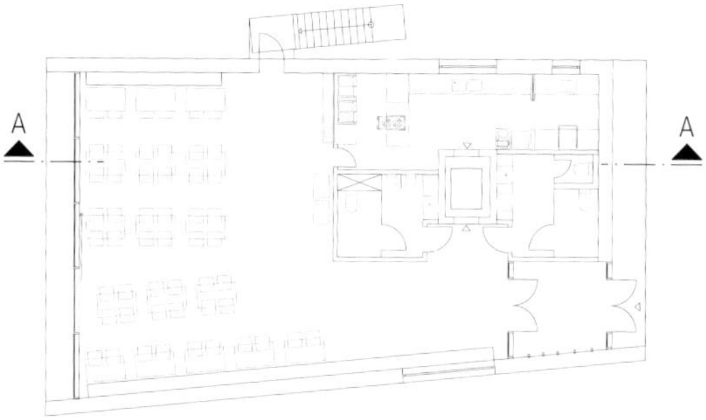

Erdgeschoss

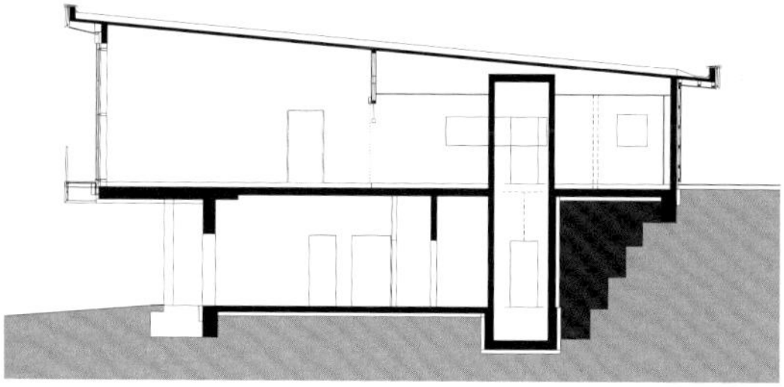
Schnitt A-A

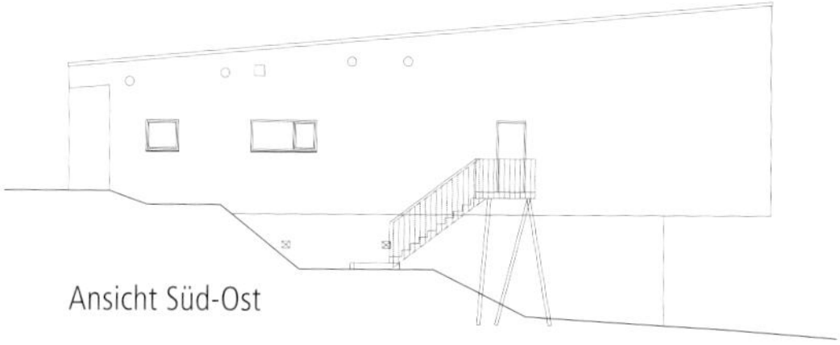
Ansicht Süd-Ost

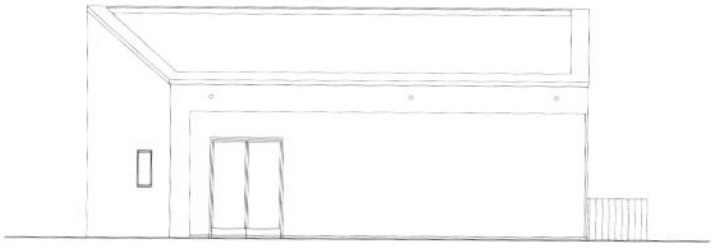
Ansicht Süd-West

Objektbeschreibung

Allgemeine Objektinformationen

Der Neubau der Mensa mit angeschlossener Küche verfügt über 70 Sitzplätze und fungiert als Bindeglied zwischen Schule und Gemeindezentrum. Neben der Nutzung für den Schulbetrieb steht der Raum auch als Veranstaltungsort für örtliche Institutionen zur Verfügung. Durch die geschickte Ausnutzung der Topografie können sowohl das Untergeschoss als auch das Erdgeschoss barrierefrei erreicht werden. Das Untergeschoss dient dabei vorrangig der Anlieferung sowie den Personalbereichen.

Nutzung

1 Untergeschoss
Personalraum, Lager, WC, Technikraum, Aufzug

1 Erdgeschoss
Speisesaal, Küche, WCs, Aufzug, Balkon

Nutzeinheiten

Sitzplätze: 70

Grundstück

Bauraum: Freier Bauraum
Neigung: Hanglage
Bodenklasse: BK 5 bis BK 7

Markt

Hauptvergabezeit: 3.Quartal 2020
Baubeginn: 3.Quartal 2020
Bauende: 2.Quartal 2023
Konjunkturelle Gesamtlage: Durchschnitt
Regionaler Baumarkt: Durchschnitt

Baukonstruktion

Das Gebäude gründet auf Stahlbetonfundamenten und einer Stahlbetonbodenplatte. Der Sockel wurde monolithisch aus hochwärmedämmenden Ziegeln errichtet und zum Hang hin durch eine Betonstützwand abgefangen. Über der Stahlbeton-Geschossdecke erhebt sich das Obergeschoss in Holzrahmenbauweise mit einem Holzbinder-Pultdach. Zur Stadtseite öffnet sich das Haus mit einer großzügigen Holz-Alu-Pfostenriegelfassade; von der vorgelagerten Terrasse aus lässt sich der Ausblick genießen. Die Fassade ist mit langlebigen Lärchenholzleisten bekleidet. Innen sorgen akustisch wirksame Sperrholzoberflächen für eine angenehme Raumakustik. Der Bodenbelag besteht durchgängig aus einem fugenlosen Acrylharzboden mit unterschiedlichen Rutschfestigkeitsklassen.

Technische Anlagen

Die Wärmeversorgung des Gebäudes erfolgt über einen Fernwärmeanschluss. Die Wärmeabgabe in den Räumen wird durch Röhrenradiatoren und Plattenheizkörper gewährleistet. Für die Raumluftqualität ist eine zentrale Be- und Entlüftungsanlage mit Wärmerückgewinnung installiert. Auf dem Dach wird mit Photovoltaikmodulen Eigenstrom erzeugt. Die sanitären Anlagen umfassen barrierefreie WC-Bereiche gemäß den Anforderungen der DIN 18040.

Planungskennwerte für Flächen und Rauminhalte nach DIN 277

Flächen des Grundstücks		Menge Einheit	% an GF
BF	Bebaute Fläche	156,60 m²	10,6
UF	Unbebaute Fläche	1.315,40 m²	89,4
GF	Grundstücksfläche	1.472,00 m²	100,0

Grundflächen des Bauwerks		Menge Einheit	% an NUF	% an BGF
NUF	Nutzungsfläche	249,50 m²	100,0	71,6
TF	Technikfläche	23,00 m²	9,2	6,6
VF	Verkehrsfläche	17,43 m²	7,0	5,0
NRF	Netto-Raumfläche	289,93 m²	116,2	83,2
KGF	Konstruktions-Grundfläche	58,66 m²	23,5	16,8
BGF	Brutto-Grundfläche	348,59 m²	139,7	100,0

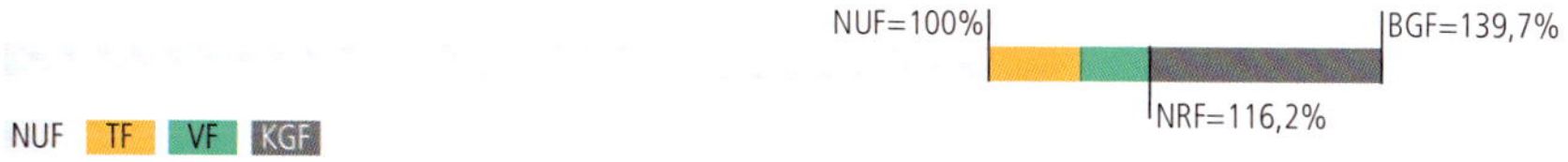

Brutto-Rauminhalt des Bauwerks		Menge Einheit	BRI/NUF (m)	BRI/BGF (m)
BRI	Brutto-Rauminhalt	1.646,00 m³	6,60	4,72

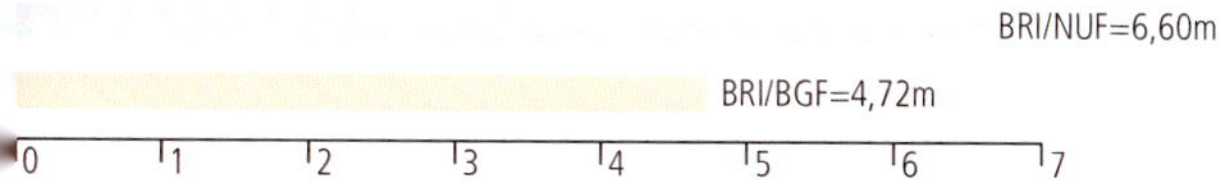

Kostenkennwerte für die Kostengruppen der 1. Ebene DIN 276

KG	Kostengruppen (1. Ebene)	Einheit	Kosten €	€/Einheit	€/m² BGF	€/m³ BRI	% 300+400
100	Grundstück	m² GF	–	–	–	–	–
200	Vorbereitende Maßnahmen	m² GF	–	–	–	–	–
300	Bauwerk – Baukonstruktionen	m² BGF	1.043.789	2.994,32	2.994,32	634,14	68,6
400	Bauwerk – Technische Anlagen	m² BGF	477.109	1.368,68	1.368,68	289,86	31,4
	Bauwerk 300+400	**m² BGF**	**1.520.898**	**4.363,00**	**4.363,00**	**924,00**	**100,0**
500	Außenanlagen und Freiflächen	m² AF	–	–	–	–	–
600	Ausstattung und Kunstwerke	m² BGF	–	–	–	–	–
700	Baunebenkosten	m² BGF	–	–	–	–	–
800	Finanzierung	m² BGF	–	–	–	–	–

KG	Kostengruppe	Menge Einheit	Kosten €	€/Einheit	%
3+4	**Bauwerk**				**100,0**
300	**Bauwerk – Baukonstruktionen**	348,59 m² BGF	1.043.789	**2.994,32**	68,6

Baugrubenaushub; Hangabfangung in Beton, Stb-Fundamente, Stb-Fundamentabtreppung, Stb-Bodenplatte, Beschichtung, Abdichtung, Kiesfilterschicht, Perimeterdämmung, Dränage; monolithische Mauerwerkswände, Stb-Stützwand, Holzrahmenwände, Holzfenster, Holz-Alu Pfosten-Riegelfassade, Lärchenholz-Leistenbekleidung, Wärmedämmung, Sperrholzbekleidung, Alu-Sonnenschutzlamellen; Ziegel-Mauerwerk, Stb-Wände, GK-Wände, Glaswand, Holztüren, Stahltüren, Wandfliesen, Beschichtung, WC-Trennwände; Stb-Decke, Stahlbalkon, Estrich, Acrylharzbeschichtung, Stahl-Fluchttreppe, Stahlgeländer, Treppengeländer; Brettschichtholzdach, Dämmung, Abdichtung, Attika, Dachentwässerung, abgehängte GK-Decken, Eingangsüberdachung

KG	Kostengruppe	Menge Einheit	Kosten €	€/Einheit	%
400	**Bauwerk – Technische Anlagen**	348,59 m² BGF	477.109	**1.368,68**	31,4

Gebäudeentwässerung, Kalt- und Warmwasserleitungen, Sanitärobjekte; Fernwärmeversorgung, Röhrenradiatoren, Plattenheizkörper; kontrollierte Be- und Entlüftung mit Wärmerückgewinnung, Abluftanlage, RWA-Anlage; PV-Anlage, Elektroinstallation, Beleuchtung, Blitzschutzanlage; Rauchmelder, Datenübertragungsanlage; Personenaufzug; küchentechnische Anlage, Feuerlöscher; Regeleinrichtungen

6600-0038
Gästehaus
Seminarhotel
(28 Betten)

Holz-Raumzellen

Kostenkennwerte für die Kosten des Bauwerks (Kostengruppen 300+400 nach DIN 276)

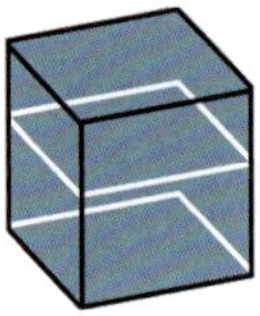

BRI 860 €/m³

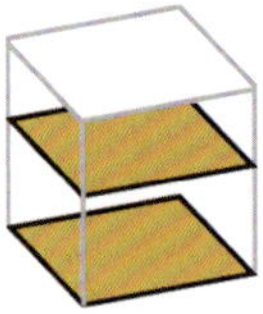

BGF 2.730 €/m²

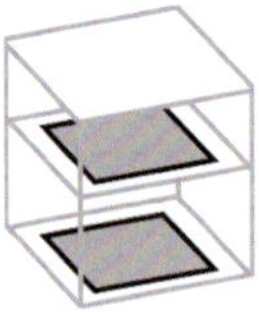

NUF 3.725 €/m²

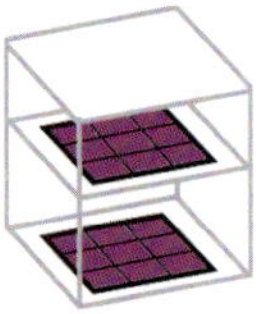

NE 75.687 €/NE

NE: Betten

Objekt:
Kennwerte: 1.Ebene DIN 276
BRI: 2.463 m³
BGF: 776 m²
NUF: 569 m²
Bauzeit: 22 Wochen
Bauende: 2024
Standard: mittel
Bundesland: Hessen
Kreis: Rheingau-Taunus-Kreis

Architekt*in:
A-Z Architekten BDA
Schwalbacher Str. 93
65183 Wiesbaden

Bauherr*in:
Caroline Engel
Schulstraße 4
65388 Schlangenbad

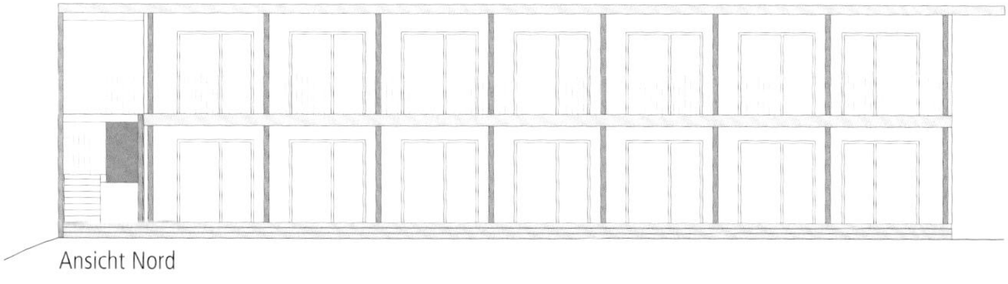

Ansicht Nord

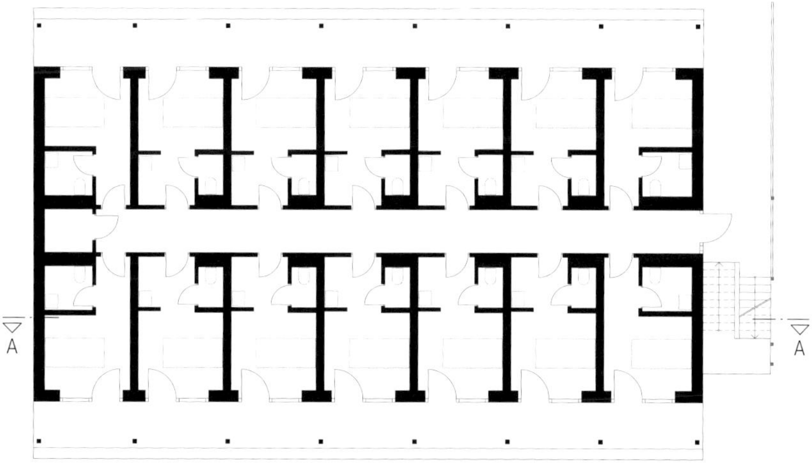

Erdgeschoss

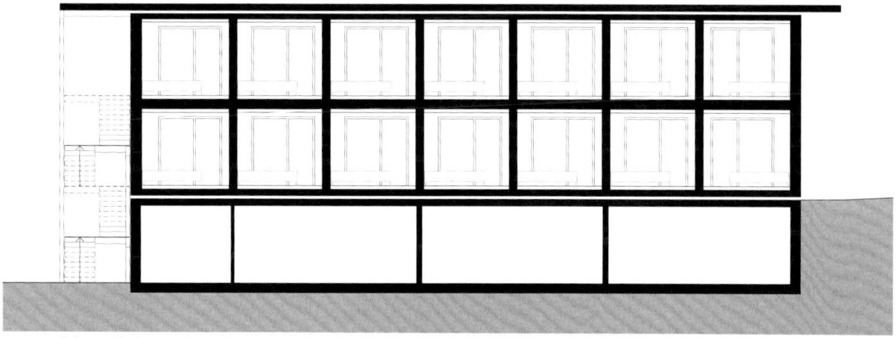

Schnitt A-A

6600-0038
Gästehaus
Seminarhotel
(28 Betten)

Objektbeschreibung

Allgemeine Objektinformationen

Das nachhaltige Gästehaus mit 28 Betten aus vorgefertigten Holzmodulen ist eine Erweiterung des langjährig genutzten Seminarhauses und bietet nun ausreichend Platz für Interessierte. Die Wirtschaftlichkeit der Vorfertigung machte sich bei diesem Projekt besonders bemerkbar. Innerhalb weniger Monate konnte der gesamte Neubau fertiggestellt werden.

Nutzung

1 Untergeschoss
Duschen, WCs, Waschraum, Lagerräume, Hausanschlussraum

1 Erdgeschoss
Gästezimmer mit Bädern, Hauswirtschaftsraum, Terrassen

1 Obergeschoss
Gästezimmer mit Bädern, Hauswirtschaftsraum, Balkone

Nutzeinheiten

Betten: 28

Grundstück

Bauraum: Beengter Bauraum
Neigung: Geneigtes Gelände
Bodenklasse: BK 5

Markt

Hauptvergabezeit: 4. Quartal 2022
Baubeginn: 3. Quartal 2023
Bauende: 1. Quartal 2024
Konjunkturelle Gesamtlage: unter Durchschnitt
Regionaler Baumarkt: unter Durchschnitt

Baukonstruktion

Das Gebäude wurde im UG mit Beton-Fertigteilen errichtet, die auf der Baustelle fertig montiert wurden. Die aufgehenden Geschosse sind in Holzmodulbauweise errichtet, bei der jeweils zwei Einzelzimmer pro Modul errichtet wurden. Die Holzmodule wurden in der Werkhalle vorgefertigt, auf der Baustelle montiert und angeschlossen.

Technische Anlagen

Das Gebäude wird mit einer Luft-Wasser-Split-Wärmepumpe beheizt. Zusätzlich wurde eine PV-Anlage mit 35,64kWp (88 Module) ausgeführt, ein Energiespeicher, ein Batteriespeicher, eine Fußbodenheizung sowie ein Gas-Brennwertgerät zur Unterstützung bei der Warmwasserbereitung.

Sonstiges

Durch die Vorfertigung der Module war es nach zweiwöchiger Montage vor Ort möglich, alle Elektro- und Sanitärarbeiten zu erledigen. Die gesamte Möblierung, die sanitären Anlagen und Leerrohre für Elektro und Sanitär wurden ebenfalls mit den Modulen aus der Werkstatt an die Baustelle transportiert und mussten vor Ort lediglich installiert werden.

Energetische Kennwerte

Gesetzliche Grundlage: GEG 2020
Gebäudenutzfläche: 485,00 m^2
Gebäudevolumen: 1.515,04 m^3
A/V_e-Verhältnis (Kompaktheit): 0,63 m^{-1}
Hüllfläche des beheizten Volumens: 947,40 m^2
Mittlerer U-Wert (opake Bauteile): 0,15
Mittlerer U-Wert (transparente Bauteile): 0,95
Mittlerer U-Wert (Glasdächer, etc.): 1,10
Spez. Jahresprimärenergiebedarf: 86,64 kWh/(m^2·a)

Energetische Angaben zu Außenbauteilen

Bodenplatte

U-Wert: 0,19 W/(m²·K)

Gesamtdicke: 26,55 cm	d [cm]	λ [W/(mK)]
OSB-Platte	1,50	0,130
Dampfbremse	0,05	0,500
Dämmung	25,00	0,040
Holz	25,00	0,130

Außenwand

U-Wert: 0,18 W/(m²·K)

Gesamtdicke: 29,05 cm	d [cm]	λ [W/(mK)]
GK-Platte	1,25	0,250
GK-Platte	1,25	0,250
Dämmung	5,00	0,035
Holz	5,00	0,130
Dampfbremse	0,05	0,500
OSB-Platte	1,50	0,130
Dämmung	15,00	0,040
Holz	15,00	0,130
Holzfaserplatte	4,00	0,045
Außenputz	1,00	1,000

Dach

U-Wert: 0,15 W/(m²·K)

Gesamtdicke: 38,00 cm	d [cm]	λ [W/(mK)]
GK-Platte	1,25	0,250
Luftschicht ruhend	6,00	1,875
GK-Platte	1,25	0,250
GK-Platte	1,25	0,250
Dämmung	7,00	0,035
Holz	7,00	0,130
Dampfbremse	0,05	0,500
Dämmung	20,00	0,035
Holz	20,00	0,130
OSB-Platte	1,20	0,130

Planungskennwerte für Flächen und Rauminhalte nach DIN 277

Flächen des Grundstücks		Menge Einheit	% an GF
BF	Bebaute Fläche	306,19 m²	6,7
UF	Unbebaute Fläche	4.234,01 m²	93,3
GF	Grundstücksfläche	4.540,20 m²	100,0

Grundflächen des Bauwerks		Menge Einheit	% an NUF	% an BGF
NUF	Nutzungsfläche	568,96 m²	100,0	73,3
TF	Technikfläche	28,59 m²	5,0	3,7
VF	Verkehrsfläche	62,64 m²	11,0	8,1
NRF	Netto-Raumfläche	660,19 m²	116,0	85,1
KGF	Konstruktions-Grundfläche	115,96 m²	20,4	14,9
BGF	Brutto-Grundfläche	776,15 m²	136,4	100,0

Brutto-Rauminhalt des Bauwerks		Menge Einheit	BRI/NUF (m)	BRI/BGF (m)
BRI	Brutto-Rauminhalt	2.463,00 m³	4,33	3,17

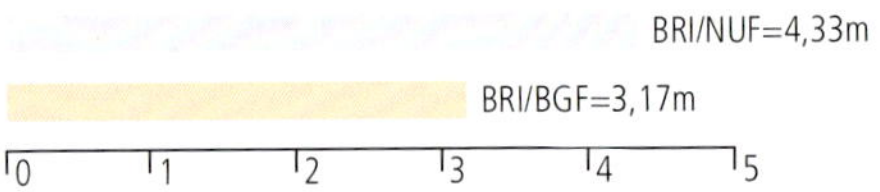

Kostenkennwerte für die Kostengruppen der 1. Ebene DIN 276

KG	Kostengruppen (1. Ebene)	Einheit	Kosten €	€/Einheit	€/m² BGF	€/m³ BRI	% 300+400
100	Grundstück	m² GF	–	–	–	–	–
200	Vorbereitende Maßnahmen	m² GF	–	–	–	–	–
300	Bauwerk – Baukonstruktionen	m² BGF	1.895.057	2.441,61	2.441,61	769,41	89,4
400	Bauwerk – Technische Anlagen	m² BGF	224.184	288,84	288,84	91,02	10,6
	Bauwerk 300+400	**m² BGF**	**2.119.241**	**2.730,45**	**2.730,45**	**860,43**	**100,0**
500	Außenanlagen und Freiflächen	m² AF	–	–	–	–	–
600	Ausstattung und Kunstwerke	m² BGF	–	–	–	–	–
700	Baunebenkosten	m² BGF	–	–	–	–	–
800	Finanzierung	m² BGF	–	–	–	–	–

KG	Kostengruppe	Menge Einheit	Kosten €	€/Einheit	%
3+4	**Bauwerk**				**100,0**
300	**Bauwerk – Baukonstruktionen**	776,15 m² BGF	1.895.057	**2.441,61**	89,4

Baugrubenaushub, Baugrubenverbau, Wasserhaltung; Baugrundverbesserung, Stb-Stützenfundamente, Stb-Fundamentplatte WU-Beton, Beschichtung, Abdichtung, Kiesfilterschicht, Perimeterdämmung, Dränage; Stb-Wände in WU-Sichtbeton (KG), Holzmodulbau-Wände, Stahlstützen, Alufenster, Dreifachverglasung, teilw. Schallschutzverglasung, Wärmedämmung, Putzfassade, hinterlüftete Lärchenholzfassade, Gipsfaserbekleidung, teilw. textiler Sonnenschutz; Stb-Wände in Sichtbeton (KG), Holzmodulbau-Trennwände, GK-Wände, Wandfliesen; Stb-Decke in Sichtbeton (KG), Holz-Brettstapel-Modulbau-Decken, Stahl-Außentreppen, Estrich, Heizestrich, Natursteinbelag (Treppen), Parkett, Teppichboden, Bodenfliesen, Holzbelag (Balkone), Stahlgeländer, Treppengeländer; Holz-Brettstapel-Moduldach, Dämmung, Abdichtung, Attika, Dachentwässerung, Eingangsüberdachung; Einbauschränke, Garderoben, Einbauregale

KG	Kostengruppe	Menge Einheit	Kosten €	€/Einheit	%
400	**Bauwerk – Technische Anlagen**	776,15 m² BGF	224.184	**288,84**	10,6

Gebäudeentwässerung, Kalt- und Warmwasserleitungen, Sanitärobjekte; Gas-Brennwerttherme, Luft-Wasser-Wärmepumpe, Fußbodenheizung; Einzelraumlüfter, kontrollierte Be- und Entlüftung mit Wärmerückgewinnung; Elektroinstallation, Beleuchtung, Sicherheitsleuchten; Rauchmelder; Feuerlöscher, elektronische Zugangskontrolle mit Chipkarten

6600-0039
Boardinghouse
(40 Zimmer)

Kostenkennwerte für die Kosten des Bauwerks (Kostengruppen 300+400 nach DIN 276)

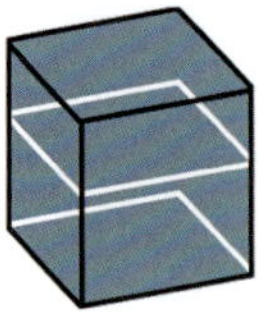

BRI 1.128€/m³

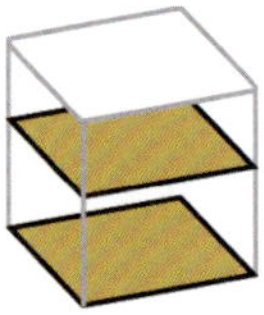

BGF 3.374€/m²

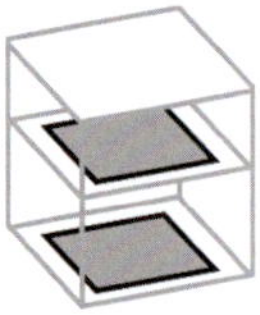

NUF 6.358€/m²

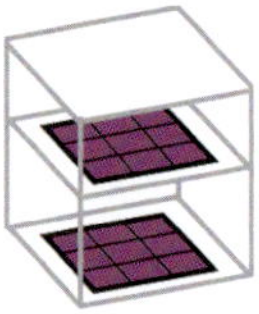

NE 131.168€/NE

NE: Betten

Objekt:
Kennwerte: 1.Ebene DIN 276
BRI: 9.306 m³
BGF: 3.110 m²
NUF: 1.650 m²
Bauzeit: 100 Wochen
Bauende: 2023
Standard: hoch
Bundesland: Bayern
Kreis: Rosenheim, Stadt

Architekt*in:
ACMS Architekten GmbH
Friedrich-Ebert-Straße 55
42103 Wuppertal

Bauherr*in:
Campus Ro
Projektentwicklungs
GmbH Co. KG
Wolfratshauser Straße 49
82049 Pullach im Isartal

Zeichnungen

Ansicht Nord

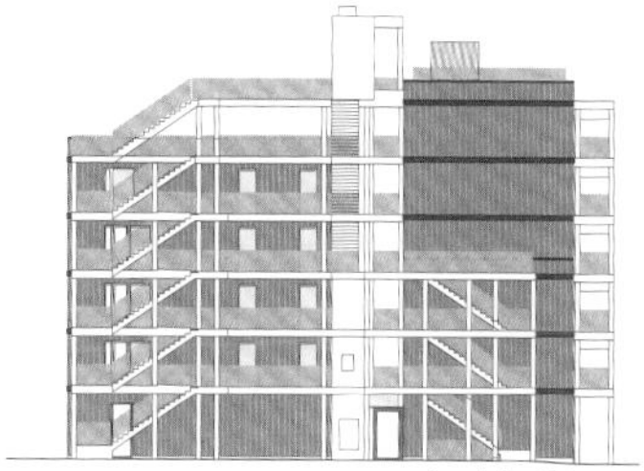
Ansicht West

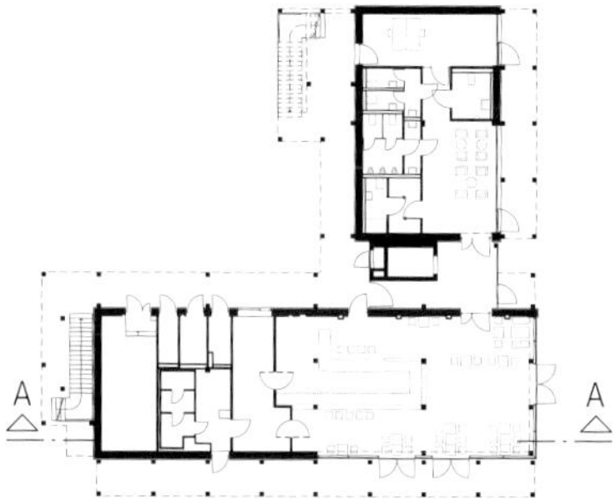

Erdgeschoss

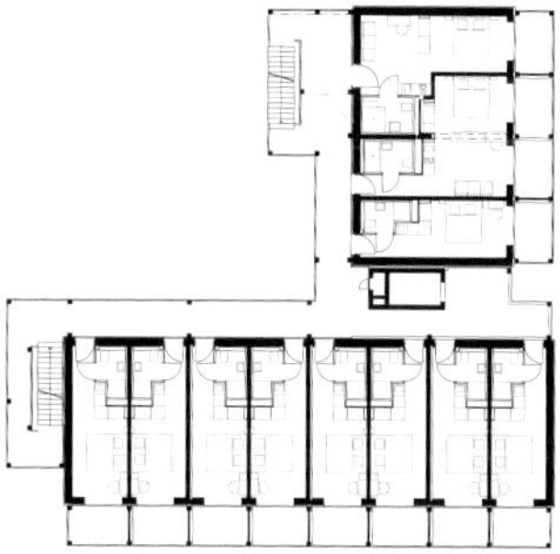
1. -2. Obergeschoss

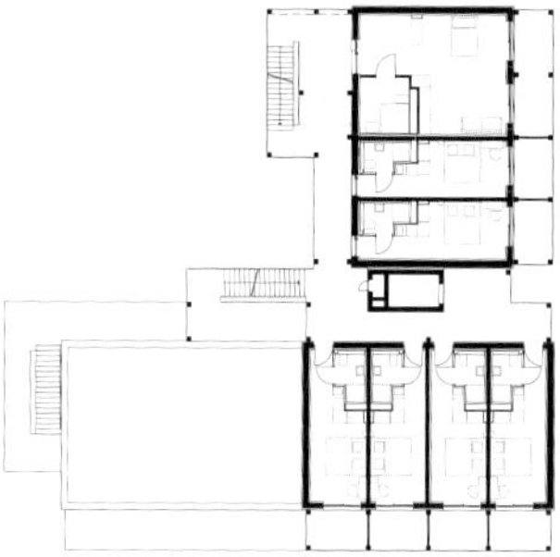
4. Obergeschoss

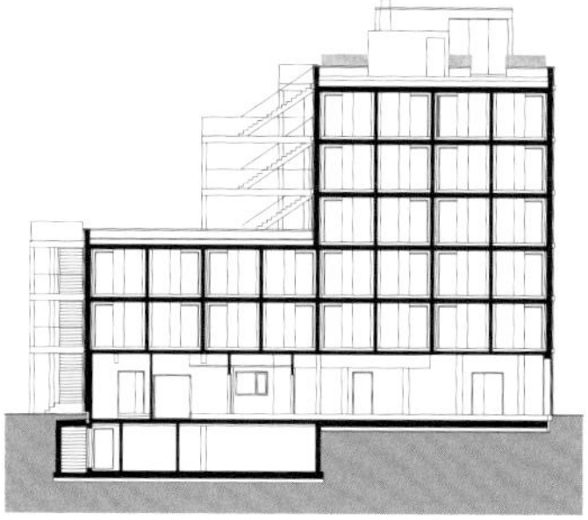
Schnitt A-A

Ansicht Süd

Ansicht Ost

Objektbeschreibung

Allgemeine Objektinformationen

Das drei- bis sechsgeschossige Boardinghouse ist in Holz-Hybridbauweise errichtet. Es stehen 40 Zimmer sowie ein Café mit Dachterrasse zur Verfügung. Die Erschließung der einzelnen Zimmer erfolgt über offene Laubengänge.

Nutzung

1 Untergeschoss
Technik, Abstellraum, Flur, außenliegende Treppen, Aufzug

1 Erdgeschoss
Café, Theke, Küche, Küchennebenräume, Technik, Büro, Empfang, Seminarraum, Sanitärräume, Flure, außenliegende Treppen, Aufzug

5 Obergeschosse
Appartements mit Bäder, Balkone, Laubengänge mit Treppen, Aufzug

1 Dachgeschoss
Laubengang mit Treppen, Dachterrasse, Theke, Aufzug

Nutzeinheiten

Betten: 80
Zimmer: 40

Grundstück

Bauraum: Freier Bauraum
Neigung: Ebenes Gelände
Bodenklasse: BK 3 bis BK 6

Markt

Hauptvergabezeit: 1. Quartal 2020
Baubeginn: 4. Quartal 2021
Bauende: 4. Quartal 2023
Konjunkturelle Gesamtlage: über Durchschnitt
Regionaler Baumarkt: Durchschnitt

Baukonstruktion

Auf Basis einer umfangreichen Variantenstudie, die das CO_2 Potenzial, sowie die Kosten gegenüber stellte und aufgrund der hohen Anforderungen an nachhaltiges Bauen wurde eine Holz-Hybridbauweise gewählt. Gegründet ist das Gebäude auf einer Stahlbetonfundamentplatte. Die Teilunterkellerung ist in Stahlbeton ausgeführt. Brettsperrholzwände und Holz-Beton-Verbunddecken bilden die Tragstruktur. Holztafelwände mit hohem Vorfertigungsgrad, welche teilweise aussteifend wirken, bilden die Gebäudehülle. Die Innenwände sind als Brettsperrholz- und Gipskartonwände hergestellt. Erschlossen wird das Gebäude über eine offene Laubengangstruktur aus Stahlbetonfertigteilen. Die Kunststoff- und Holzfenster sind mit einer Dreifachverglasung ausgestattet, die Fassaden mit Wechselfalzschalung bekleidet. Das Flachdach mit Kiesschüttung ist mit einer PV-Anlage bestückt, bzw. im Bereich der Dachterrasse mit Betonplatten belegt. Die Böden sind mit Parkett, Linoleum und Bodenfliesen ausgeführt.

Technische Anlagen

Beheizt wird das Boardinghouse über einen zentralen Fernwärmeanschluss, verteilt wird die Wärme über eine Fußbodenheizung. Über dezentrale Trinkwasserstationen wird das Warmwasser für je zwei Appartements bereitet. Es sind dezentrale Wohnraumlüftungen mit WRG eingebaut. Die Bäder sind teilweise rollstuhlgerecht ausgestattet. Jedes Appartement ist mit einem eigenen Glasfaseranschluss ausgestattet und mit einer elektronischen Zutrittskontrolle ausgestattet. Der Aufzug ist behindertengerecht ausgeführt. Es wurde eine Brandmeldeanlage eingebaut. Die Fluchtwege sind mit einer Sicherheitsbeleuchtung mit Zentralbatterie ausgestattet.

Sonstiges

Das Gebäude entspricht dem KfW 40 Standard und ist mit einer DGNB-Platin Zertifizierung ausgezeichnet. Die energetischen Werte betreffen das Gebäude D1, dem kleineren Gebäudeteil.

Energetische Kennwerte

Gesetzliche Grundlage: GEG 2020
Gebäudenutzfläche: 441,70 m^2
Spez. Jahresprimärenergiebedarf: 59,70 kWh/(m^2·a)
CO_2-Emissionen: 16,20 kg/(m^2·a)

Planungskennwerte für Flächen und Rauminhalte nach DIN 277

Flächen des Grundstücks		Menge Einheit	% an GF
BF	Bebaute Fläche	570,07 m²	6,8
UF	Unbebaute Fläche	7.873,11 m²	93,2
GF	Grundstücksfläche	8.443,18 m²	100,0

Grundflächen des Bauwerks		Menge Einheit	% an NUF	% an BGF
NUF	Nutzungsfläche	1.650,38 m²	100,0	53,1
TF	Technikfläche	142,63 m²	8,6	4,6
VF	Verkehrsfläche	819,01 m²	49,6	26,3
NRF	Netto-Raumfläche	2.612,02 m²	158,3	84,0
KGF	Konstruktions-Grundfläche	497,74 m²	30,2	16,0
BGF	Brutto-Grundfläche	3.109,76 m²	188,4	100,0

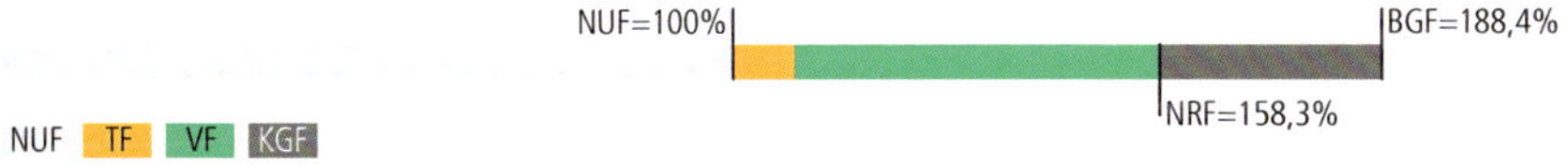

Brutto-Rauminhalt des Bauwerks		Menge Einheit	BRI/NUF (m)	BRI/BGF (m)
BRI	Brutto-Rauminhalt	9.306,49 m³	5,64	2,99

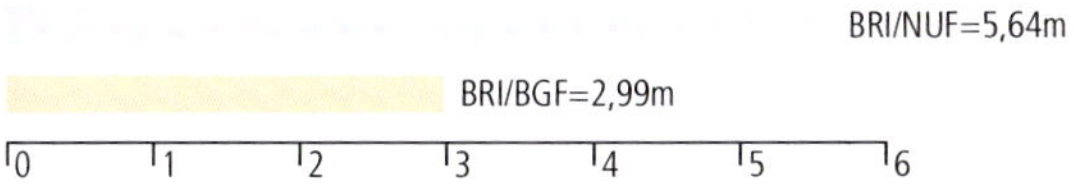

Kostenkennwerte für die Kostengruppen der 1. Ebene DIN 276

KG	Kostengruppen (1. Ebene)	Einheit	Kosten €	€/Einheit	€/m² BGF	€/m³ BRI	% 300+400
100	Grundstück	m² GF	–	–	–	–	–
200	Vorbereitende Maßnahmen	m² GF	–	–	–	–	–
300	Bauwerk – Baukonstruktionen	m² BGF	8.420.737	2.707,84	2.707,84	904,82	80,2
400	Bauwerk – Technische Anlagen	m² BGF	2.072.738	666,53	666,53	222,72	19,8
	Bauwerk 300+400	**m² BGF**	**10.493.475**	**3.374,37**	**3.374,37**	**1.127,54**	**100,0**
500	Außenanlagen und Freiflächen	m² AF	–	–	–	–	–
600	Ausstattung und Kunstwerke	m² BGF	–	–	–	–	–
700	Baunebenkosten	m² BGF	–	–	–	–	–
800	Finanzierung	m² BGF	–	–	–	–	–

KG	Kostengruppe	Menge Einheit	Kosten €	€/Einheit	%
3+4	**Bauwerk**				**100,0**
300	**Bauwerk – Baukonstruktionen**	3.109,76 m² BGF	8.420.737	**2.707,84**	80,2

Baugrubenaushub; Stb-Bodenplatten, WU, Dämmung, Estrich, Perimeterdämmung; Stb-Wände, WU, Sichtoberflächen, Brettsperrholz-Außenwände, Holztafelwände, Stb-Stützen, Kunststofffenster, Holzfenster, Dreifachverglasung, Holz-Eingangstüren, Dämmung, hinterlüftete Holzbekleidung, GK-Beplankung, Wandfliesen, Beschichtung, Pfosten-Riegelfassaden, Raffstores; Stb-Wände, Sichtoberflächen, Brettsperrholzwände, GK-Wände, Rohrrahmentüren, Holztüren, GK-Vorsatzschalen, Wandfliesen, Beschichtung; Stb-Decken, Stb-Fertigteildecken, Holz-Beton-Verbunddecken, Stb-Laubengänge, Stb-Treppen, Heizstrich, Linoleum, Bodenfliesen, Reaktionsharzböden, Terrassenplatten, abgehängte GK-Decken, Treppengeländer, Absturzsicherung Edelstahlnetze, Geländer Laubengänge; Holz-Beton-Verbundflachdach, Gefälledämmung, Abdichtung, Dachentwässerung, Gründach, Terrassenplatten, Kies, Stahltreppen, Absturzsicherungen; Fertignasszellen

KG	Kostengruppe	Menge Einheit	Kosten €	€/Einheit	%
400	**Bauwerk – Technische Anlagen**	3.109,76 m² BGF	2.072.738	**666,53**	19,8

Gebäudeentwässerung, Kalt- und Warmwasserleitungen, dezentrale Wassererwärmung, Wasseraufbereitung, Sanitärobjekte; Anschluss an Fernwärme, Wärmeverteilnetz, Fußbodenheizung; Wohnraumlüftung WRG, Küchenlüftung über Lüftungsdecke; PV-Anlage, Elektroinstallation, Beleuchtung, Blitzschutz; Glasfasernetz, elektronische Zutrittskontrolle; Personenaufzüge; Gebäudeautomation

Gewerbegebäude

7

7300-0112
Funktionsgebäude
Bahnhof

Kostenkennwerte für die Kosten des Bauwerks (Kostengruppen 300+400 nach DIN 276)

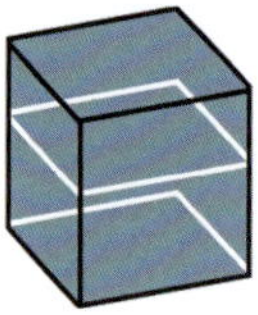

BRI 1.634 €/m^3

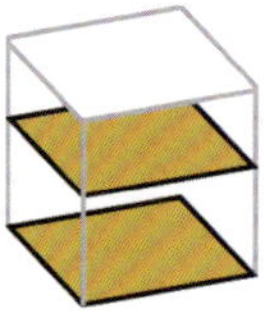

BGF 3.524 €/m^2

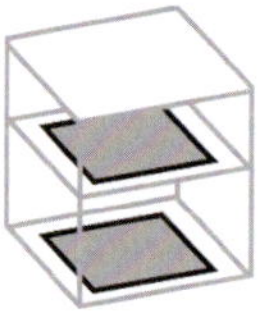

NUF 8.429 €/m^2

Objekt:
Kennwerte: 1. Ebene DIN 276
BRI: 657 m^3
BGF: 305 m^2
NUF: 127 m^2
Bauzeit: 22 Wochen
Bauende: 2022
Standard: mittel
Bundesland: Baden-Württemberg
Kreis: Alb-Donau-Kreis

Architekt*in:
ott_architekten BDA
partnerschaft mbB
Heinrich-Kahn-Straße 3
89150 Laichingen

Bauherr*in:
Verband Region
Schwäbische Alb

Ansicht Nord

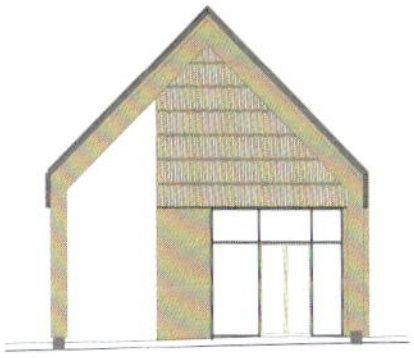

Ansicht Ost

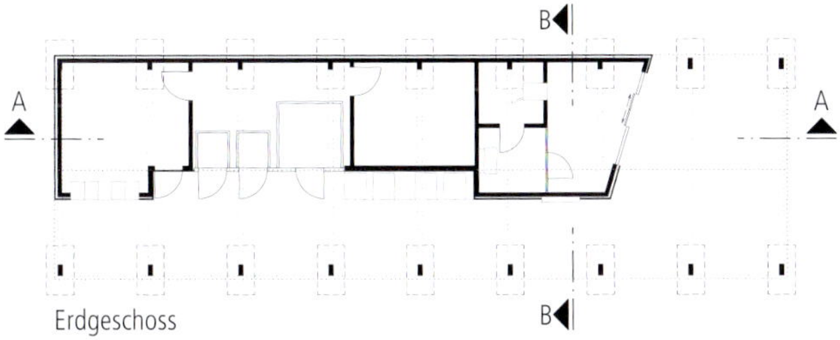

Erdgeschoss

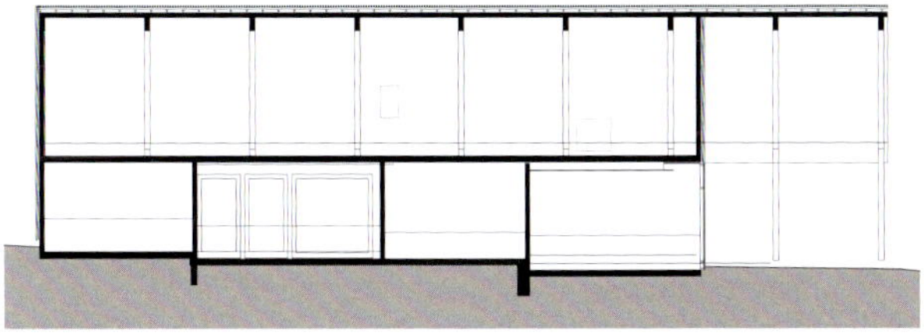

Schnitt A-A

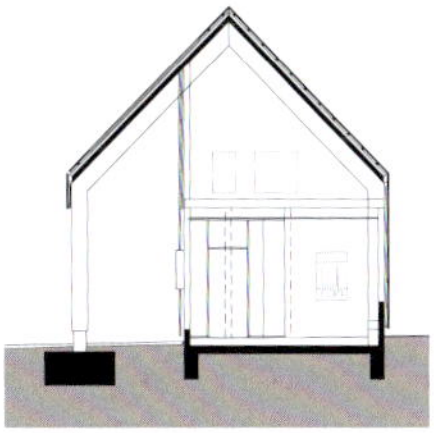

Schnitt B-B

Ansicht Süd

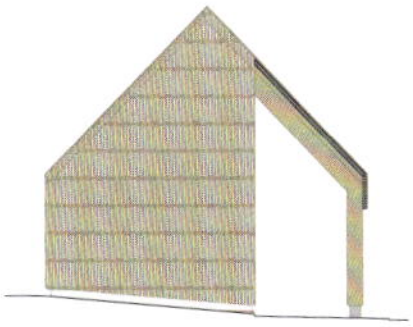

Ansicht West

Objektbeschreibung

Allgemeine Objektinformationen

Für den Bahnhof Merklingen-Schwäbische Alb wurde ein Neubau eines Funktionsgebäudes errichtet. Dieser ist mit Technik- und Funktionsraum, öffentlicher WC-Anlage und Bank Service Center (SB) ausgestattet.

Nutzung

1 Erdgeschoss
Technik- und Funktionsraum, öffentliche WC-Anlage, Bank Service Center (SB)

1 Obergeschoss
Technik, Abstellfläche

Grundstück

Bauraum: Freier Bauraum
Neigung: Geneigtes Gelände
Bodenklasse: BK 1 bis BK 6

Markt

Hauptvergabezeit: 1. Quartal 2022
Baubeginn: 2. Quartal 2022
Bauende: 4. Quartal 2022
Konjunkturelle Gesamtlage: Durchschnitt
Regionaler Baumarkt: unter Durchschnitt

Baukonstruktion

Die Baukonstruktion aus gekrümmten Brettschicht-Holzbindern umfasst ein steiles Satteldach mit rechteckigem Grundriss, das sowohl die bebaute Fläche als auch eine angrenzende Freifläche überdacht. Das Dach ist mit einer Stehfalzdeckung aus Blech eingedeckt. Die Fassade ist mit einer senkrechten Holz-Lamellenbekleidung versehen.

Technische Anlagen

Eine Photovoltaikanlage auf der Süd-Dachfläche dient der Stromversorgung. Die WC-Anlagen sind aus Edelstahl hergestellt. Im Außenbereich unter dem Dach befinden sich Fahrkartenautomaten und ein Bildschirm.

Sonstiges

Damit das Gebäude in die Landschaft und zur Region passt, wurde die Form einer Feldscheune nachempfunden. Das kleinere Fahrradhaus, welches unter der Objektnummer 7800-0046 dokumentiert ist, ist an der Zufahrt gelegen und markiert den Anfangspunkt des Fußgängerbereichs. Das größere Funktionsgebäude liegt etwas höher und bildet optisch den Endpunkt. Das Gebäude ist barrierefrei erschlossen.

Planungskennwerte für Flächen und Rauminhalte nach DIN 277

Flächen des Grundstücks		Menge Einheit	% an GF
BF	Bebaute Fläche	–	–
UF	Unbebaute Fläche	–	–
GF	Grundstücksfläche	24.708,00 m²	100,0

Grundflächen des Bauwerks		Menge Einheit	% an NUF	% an BGF
NUF	Nutzungsfläche	127,31 m²	100,0	41,8
TF	Technikfläche	35,67 m²	28,0	11,7
VF	Verkehrsfläche	110,51 m²	86,8	36,3
NRF	Netto-Raumfläche	273,49 m²	214,8	89,8
KGF	Konstruktions-Grundfläche	31,01 m²	24,4	10,2
BGF	Brutto-Grundfläche	304,50 m²	239,2	100,0

Brutto-Rauminhalt des Bauwerks		Menge Einheit	BRI/NUF (m)	BRI/BGF (m)
BRI	Brutto-Rauminhalt	656,70 m³	5,16	2,16

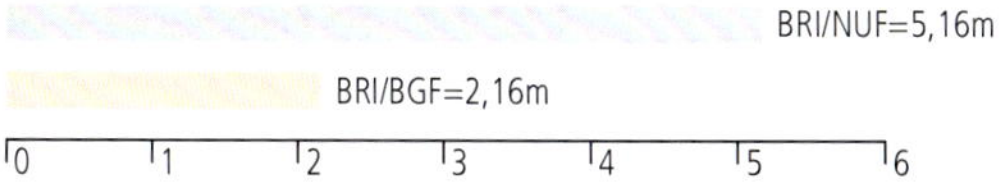

Kostenkennwerte für die Kostengruppen der 1. Ebene DIN 276

KG	Kostengruppen (1. Ebene)	Einheit	Kosten €	€/Einheit	€/m² BGF	€/m³ BRI	% 300+400
100	Grundstück	m² GF	–	–	–	–	–
200	Vorbereitende Maßnahmen	m² GF	–	–	–	–	–
300	Bauwerk – Baukonstruktionen	m² BGF	690.944	2.269,11	2.269,11	1.052,15	64,4
400	Bauwerk – Technische Anlagen	m² BGF	382.143	1.254,99	1.254,99	581,91	35,6
	Bauwerk 300+400	**m² BGF**	**1.073.087**	**3.524,09**	**3.524,09**	**1.634,06**	**100,0**
500	Außenanlagen und Freiflächen	m² AF	–	–	–	–	–
600	Ausstattung und Kunstwerke	m² BGF	–	–	–	–	–
700	Baunebenkosten	m² BGF	–	–	–	–	–
800	Finanzierung	m² BGF	–	–	–	–	–

KG	Kostengruppe	Menge Einheit	Kosten €	€/Einheit	%
3+4	**Bauwerk**				**100,0**
300	**Bauwerk – Baukonstruktionen**	304,50 m² BGF	690.944	**2.269,11**	64,4

Stb-Fundamente, Stb-Bodenplatte, Bodenfliesen; Holzständerwände, Dreigelenk-Rahmenträger BSH Lärche, Stahl-Stützenfüße, Metall-Glas-Fensterelement, automatische Glas-Schiebetür, zweiflüglig, Holz-Lamellenfassade, hinterlüftet; Holzständerwände, Holztüren, Wandbekleidung mit Holzlamellen, Glastrennwand, teilw. beklebt; Holzdecke, Durchstiegsluke, abgehängte GK-Decke; Nebenträgerlage, Foliendach, Holzschalung, Stehfalzdeckung, Dachentwässerung

KG	Kostengruppe	Menge Einheit	Kosten €	€/Einheit	%
400	**Bauwerk – Technische Anlagen**	304,50 m² BGF	382.143	**1.254,99**	35,6

Gebäudeentwässerung, Kalt- und Warmwasserleitungen, Sanitär-Einbaumodule; Infrarot-Deckenstrahlplatten; Photovoltaikanlage, Elektroinstallation, Beleuchtung

7300-0114
Werkstattgebäude
(10 AP)

Kostenkennwerte für die Kosten des Bauwerks (Kostengruppen 300+400 nach DIN 276)

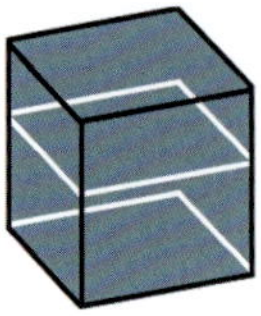

BRI 2.613 €/m³

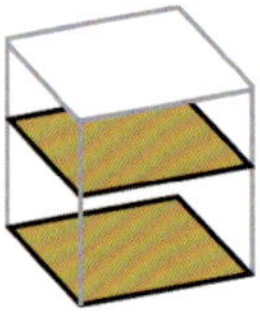

BGF 9.691 €/m²

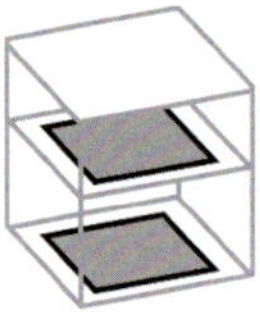

NUF 13.226 €/m²

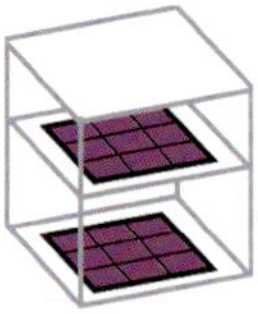

NE 222.201 €/NE

NE: Arbeitsplätze

Objekt:
Kennwerte: 1.Ebene DIN 276
BRI: 850 m³
BGF: 229 m²
NUF: 168 m²
Bauzeit: 96 Wochen
Bauende: 2022
Standard: hoch
Bundesland: Bayern
Kreis: Passau, Stadt

Architekt*in:
Arc Architekten
Partnerschaft mbB
Alfons-Hundsrucker-Straße 11
84364 Bad Birnbach

Bauherr*in:
Freistaat Bayern
vertr. d. Staatliches
Bauamt Passau
Am Schanzl 2
94032 Passau

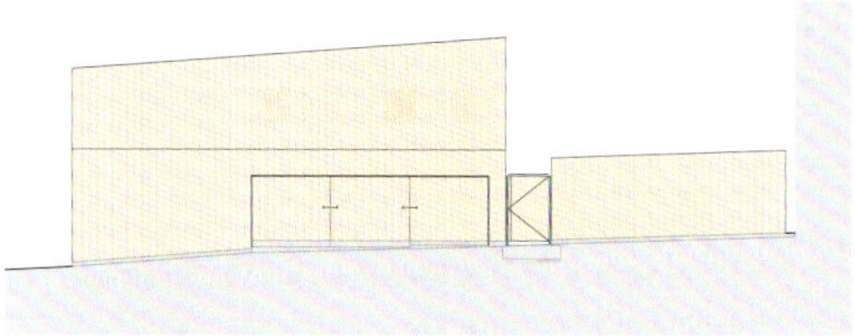

Ansicht Nord

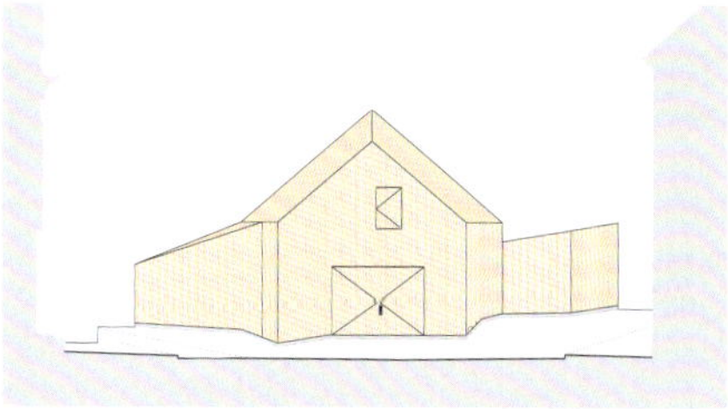

Ansicht Ost

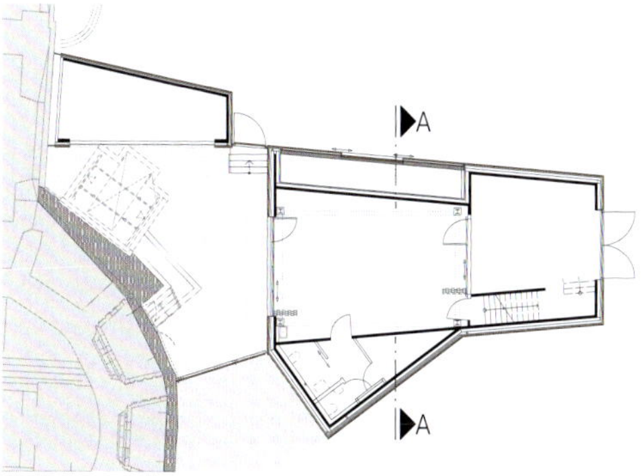

Erdgeschoss

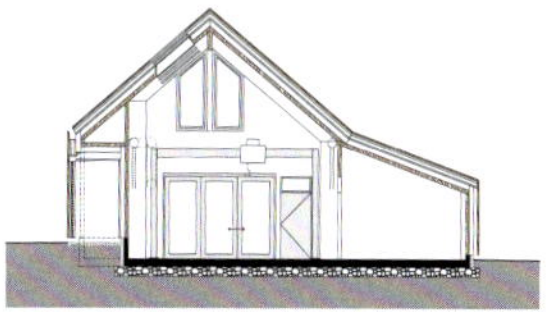

Schnitt A-A

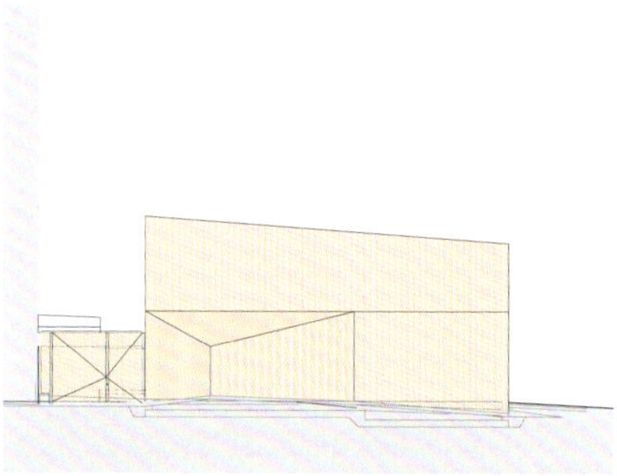

Ansicht Süd

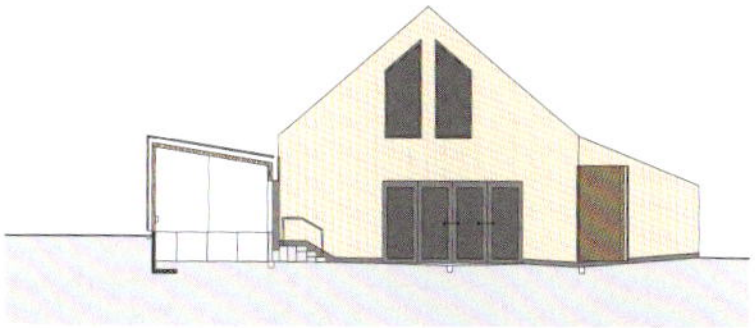

Ansicht West

Objektbeschreibung

Allgemeine Objektinformationen

An historisch bedeutender Stelle in der Altstadt neben dem Dom wurde die Bauhütte als zurückhaltender Holzbau errichtet. Das alte Werkstattgebäude erfüllte nicht mehr die betrieblichen Anforderungen an eine Steinmetzwerkstatt und musste erneuert werden. Im Zuge des Neubaus hielt eine moderne Werkstattausstattung mit Krananlage, Lüftungs- und Absauganlage Einzug in den schlichten Baukörper. Alle Öffnungen und Fenster, auch die Dachoberlichter, verbergen sich hinter dem hölzernen, transparenten Kleid der Fassade.

Nutzung

1 Erdgeschoss
Werkstatt, Werkhof, Lagerräume, WCs, Technikräume

1 Dachgeschoss
Restaurierungsgalerie

Nutzeinheiten

Arbeitsplätze: 10

Grundstück

Bauraum: Freier Bauraum
Neigung: Ebenes Gelände
Bodenklasse: BK 1 bis BK 3

Markt

Hauptvergabezeit: 2. Quartal 2020
Baubeginn: 2. Quartal 2020
Bauende: 1. Quartal 2022
Konjunkturelle Gesamtlage: über Durchschnitt
Regionaler Baumarkt: Durchschnitt

Baukonstruktion

Gegründet wird der 140m² große Holzbau auf einer Stahlbetonbodenplatte mit einem Sockel aus Sichtbeton. Auch die Stahlbetonelemente sind als Fertigteile demontierbar hergestellt und mit Glasschaumschotter gedämmt. Aus ökologischen und nachhaltigen Gründen sind die Wände, Decken und Dächer in Massivholzbauweise mit hohem Vorfertigungsgrad errichtet. Alle Holzelemente sind aus heimischen Hölzern gefertigt und innen sichtbar geschliffen belassen. Brettsperrholz und -Schichtholzteile der komplexen Geometrie sind im 3D-Modell dimensioniert und wurden von der Holzbaufirma mit BIM konfektioniert und Just-In-Time auf beengtem Platz geliefert. Die Holzfenster und Oberlichter verschwinden optisch hinter der senkrechten Holzbekleidung, die wie ein Kleid die Bebauung umhüllt. Anschlüsse und Auflager wurden auf Einfachheit, schnelle Montage und mögliche Demontage entwickelt.

Technische Anlagen

Durch einen Fernwärmeanschluss kann die Werkstatt nutzungsoptimiert über Deckenstrahlplatten beheizt werden. Abwärme wird ebenfalls genutzt. Die WC-Räume werden mit Heizkörpern beheizt. Alle Installationen sind flexibel und wirtschaftlich sichtbar verlegt. Eine moderne Werkstattausstattung wie Krananlage, Lüftungs- und Absauganlage wurde eingebaut.

Sonstiges

Die Größe der vorgefertigten Gebäudeelemente wurden statisch und produktionstechnisch optimiert, vor allem musste auch der Transport durch die enge Altstadt bei der Planung berücksichtigt werden.

Energetische Kennwerte

Gesetzliche Grundlage: EnEV 2013
Gebäudenutzfläche: 158,00 m²
Spez. Jahresprimärenergiebedarf: 98,80 kWh/(m²·a)
CO_2-Emissionen: 34,50 kg/(m²·a)

Planungskennwerte für Flächen und Rauminhalte nach DIN 277

Flächen des Grundstücks		Menge Einheit	% an GF
BF	Bebaute Fläche	229,28 m²	64,8
UF	Unbebaute Fläche	124,72 m²	35,2
GF	Grundstücksfläche	354,00 m²	100,0

Grundflächen des Bauwerks		Menge Einheit	% an NUF	% an BGF
NUF	Nutzungsfläche	168,00 m²	100,0	73,3
TF	Technikfläche	6,00 m²	3,6	2,6
VF	Verkehrsfläche	12,00 m²	7,1	5,2
NRF	Netto-Raumfläche	186,00 m²	110,7	81,1
KGF	Konstruktions-Grundfläche	43,28 m²	25,8	18,9
BGF	Brutto-Grundfläche	229,28 m²	136,5	100,0

Brutto-Rauminhalt des Bauwerks		Menge Einheit	BRI/NUF (m)	BRI/BGF (m)
BRI	Brutto-Rauminhalt	850,21 m³	5,06	3,71

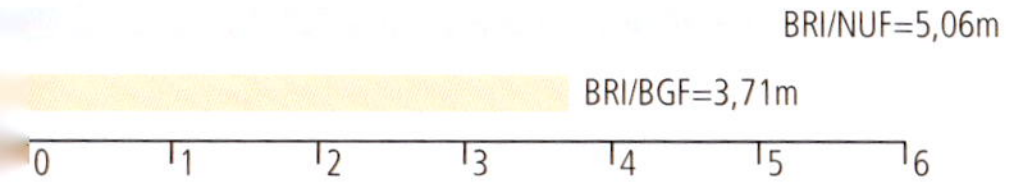

Kostenkennwerte für die Kostengruppen der 1. Ebene DIN 276

KG	Kostengruppen (1. Ebene)	Einheit	Kosten €	€/Einheit	€/m²BGF	€/m³BRI	% 300+400
100	Grundstück	m²GF	–	–	–	–	–
200	Vorbereitende Maßnahmen	m²GF	–	–	–	–	–
300	Bauwerk – Baukonstruktionen	m²BGF	1.525.487	6.653,38	6.653,38	1.794,25	68,7
400	Bauwerk – Technische Anlagen	m²BGF	696.523	3.037,87	3.037,87	819,24	31,3
	Bauwerk 300+400	**m²BGF**	**2.222.010**	**9.691,25**	**9.691,25**	**2.613,48**	**100,0**
500	Außenanlagen und Freiflächen	m²AF	–	–	–	–	–
600	Ausstattung und Kunstwerke	m²BGF	–	–	–	–	–
700	Baunebenkosten	m²BGF	–	–	–	–	–
800	Finanzierung	m²BGF	–	–	–	–	–

KG	Kostengruppe	Menge Einheit	Kosten €	€/Einheit	%
3+4	**Bauwerk**				**100,0**
300	**Bauwerk – Baukonstruktionen**	229,28 m²BGF	1.525.487	**6.653,38**	68,7

Erdarbeiten; Stb-Fundamentplatte, Fertigteil, Glasschaumschotter; Stb-Aufkantung, Brettsperrholzwände, Schiebetore, Holztüren, Dämmung, Pappe, senkrechte Lattenbekleidung, Brettsperrholzplatten; Brettsperrholzwände, Faserzementwände, Holzstützen, Holztüren; Brettsperrholzdecke, Brettsperrholztreppe; Brettsperrholzdach, Dachflächenfenster, Dämmung

KG	Kostengruppe	Menge Einheit	Kosten €	€/Einheit	%
400	**Bauwerk – Technische Anlagen**	229,28 m²BGF	696.523	**3.037,87**	31,3

Gebäudeentwässerung, Kaltwasserleitungen, Sanitärobjekte, Durchlauferhitzer; Fernwärmeanschluss, Deckenstrahlplatten, Heizkörper; Elektroinstallation, Beleuchtung; Entstaubungsanlage 6.000m³/h, Absaugung, Druckluftkompressor 11kW

7300-0116
Betriebsgebäude
Lagerhalle

Kostenkennwerte für die Kosten des Bauwerks (Kostengruppen 300+400 nach DIN 276)

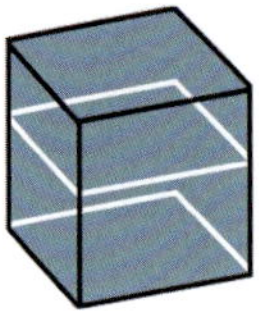

BRI 214 €/m³

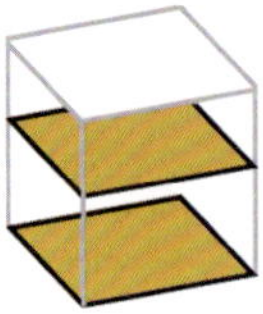

BGF 1.111 €/m²

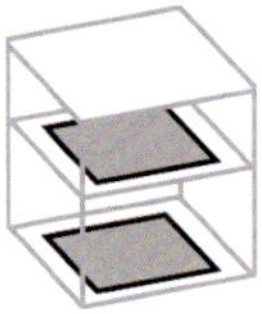

NUF 1.321 €/m²

Objekt:
Kennwerte: 1.Ebene DIN 276
BRI: 2.986 m³
BGF: 574 m²
NUF: 483 m²
Bauzeit: 30 Wochen
Bauende: 2024
Standard: mittel
Bundesland: Nordrhein-Westfalen
Kreis: Kleve

Architekt*in:
Michael van Ooyen
Freie Architekten
Partnerschaft mbB
Hochstraße 11
47638 Straelen

Bauherr*in:
Ramona van Ooyen
Am Pannofen 63
47602 Geldern

Zeichnungen

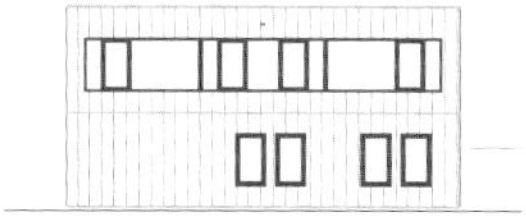
Ansicht Nord

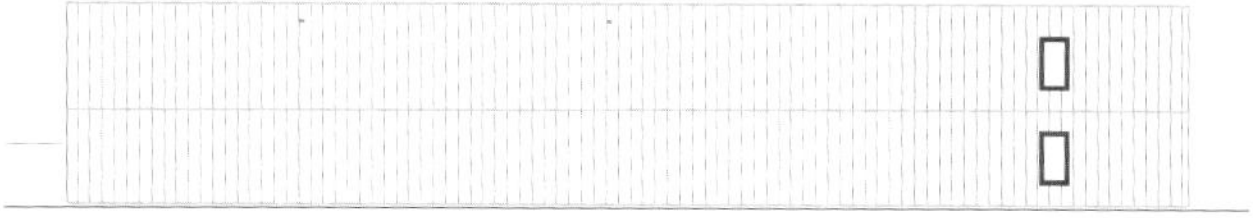
Ansicht Ost

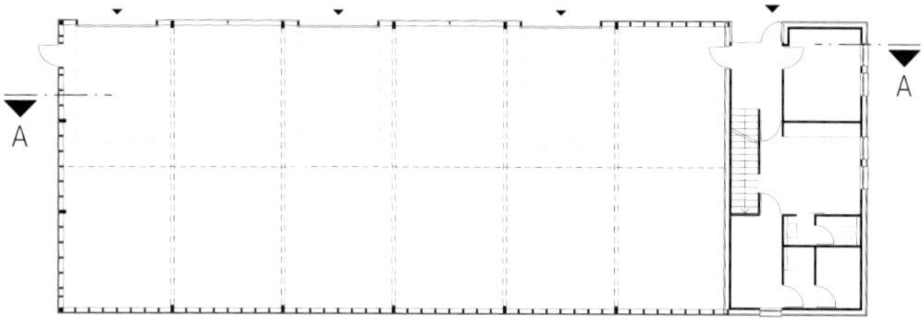

Erdgeschoss

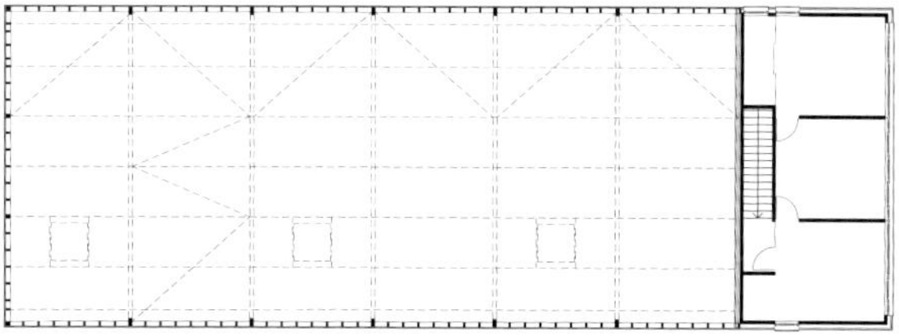
Obergeschoss

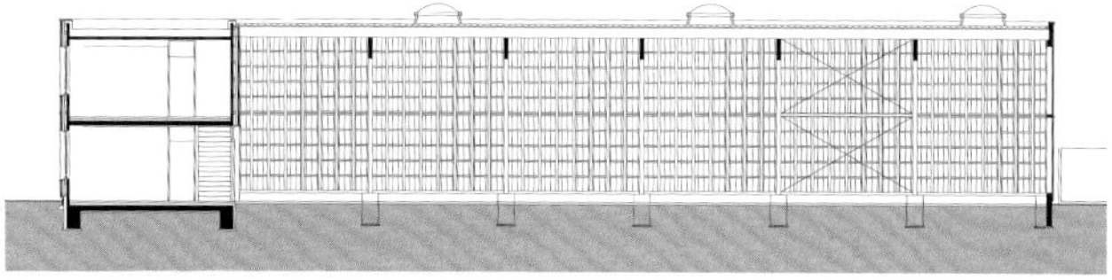
Schnitt A-A

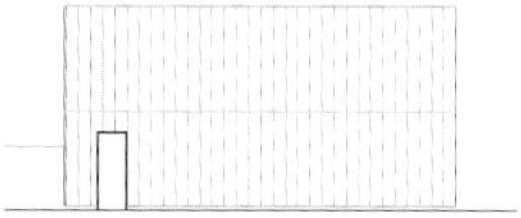
Ansicht Süd

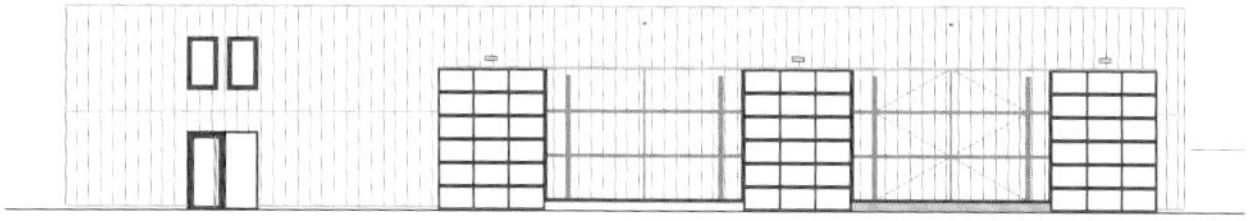
Ansicht West

Objektbeschreibung

Allgemeine Objektinformationen

Beim Bau des kompakt gestalteten Neubaus, der sich in einen zweigeschossigen Sozial- und Verwaltungsbereich sowie eine unmittelbar angrenzende Lagerhalle gliedert, stand die Nachhaltigkeit im Mittelpunkt der Planung. Das Betriebsgebäude wurde als Holzbau konzipiert. Durch den hohen Vorfertigungsgrad der Bauteile konnte die Bauzeit deutlich verkürzt werden.

Nutzung

1 Erdgeschoss
Eingang, Werkstatt, Personal-, Pausenraum, WC, Umkleideraum, Hausanschlussraum, Lagerhalle

1 Obergeschoss
Büros, Besprechungsraum, Flur, Luftraum Lagerhalle

Nutzeinheiten

Bürofläche: 58 m²
Lagerfläche: 367 m²

Grundstück

Bauraum: Freier Bauraum
Neigung: Ebenes Gelände
Bodenklasse: BK 3 bis BK 4

Markt

Hauptvergabezeit: 2. Quartal 2023
Baubeginn: 3. Quartal 2023
Bauende: 1. Quartal 2024
Konjunkturelle Gesamtlage: Durchschnitt
Regionaler Baumarkt: unter Durchschnitt

Baukonstruktion

Die Gründung des Gebäudes besteht aus Streifenfundamenten in Verbindung mit einer Stahlbetonbodenplatte im Bürobereich, im Lagerbereich wurde Verbundpflaster verlegt. Sowohl die Geschossdecke als auch das Flachdach über den Büroräumen sind in Leimholz-Massivbauweise ausgeführt. Das Dach der Lagerhalle ist aufgrund der großen Spannweiten als Dreifeldträgerkonstruktion aus Brettschichtholzträgern ausgebildet. Auf den darüberliegenden Sandwichelementen wurden eine Gefälledämmung sowie die Dachabdichtung aufgebracht. Oberlichter im Hallendach sorgen für eine gleichmäßige, natürliche Belichtung der Hallenflächen. Die tragenden Außenwände im Büro bestehen aus vorgefertigten Brettsperrholz-Elementen, außenliegender WD und Lärchenholzbekleidung, die Außenwände der Halle nur aus Lattung, Konterlattung und Lärchenholzbekleidung. Die Fenster sind mit einer Dreifachverglasung ausgestattet. Die Fassaden erhalten eine senkrechte, unbehandelte Lärchenholzschalung, die dem Gebäude eine robuste und natürliche Anmutung verleiht. Die Lagerhalle blieb bewusst ungedämmt und ist mit drei Sektionaltoren sowie transluzenten Stegplatten-Lichtelementen ausgestattet. Als Bodenbelag kam in den Personal- und Büroräumen ein elastischer Kautschukbelag zum Einsatz.

Technische Anlagen

Die Wärmeversorgung des Gebäudes erfolgt über eine Luft-Wasser-Wärmepumpe in Splitbauweise, die sowohl die Beheizung als auch die Kühlung in den Sommermonaten sicherstellt. Die Verteilung der Wärme und Kälte erfolgt über eine flächendeckende Fußbodenheizung. Die Warmwasserbereitung ist dezentral organisiert. Zur Steuerung und Überwachung der technischen Anlagen wurde ein Bussystem installiert. Darüber hinaus ist das Gebäude mit einer Brandmeldeanlage (BMA) sowie einer Einbruchmeldeanlage ausgestattet, um einen hohen Sicherheitsstandard zu gewährleisten.

Sonstiges

Entstanden ist ein moderner Neubau, der durch die Verwendung von nachhaltigen Baustoffen die Philosophie des Unternehmens widerspiegelt und Platz für seine weitere Entwicklung bietet.

Planungskennwerte für Flächen und Rauminhalte nach DIN 277

Flächen des Grundstücks		Menge Einheit	% an GF
BF	Bebaute Fläche	470,50 m²	19,5
UF	Unbebaute Fläche	1.936,50 m²	80,5
GF	Grundstücksfläche	2.407,00 m²	100,0

Grundflächen des Bauwerks		Menge Einheit	% an NUF	% an BGF
NUF	Nutzungsfläche	482,50 m²	100,0	84,1
TF	Technikfläche	5,30 m²	1,1	0,9
VF	Verkehrsfläche	15,03 m²	3,1	2,6
NRF	Netto-Raumfläche	502,83 m²	104,2	87,7
KGF	Konstruktions-Grundfläche	70,77 m²	14,7	12,3
BGF	Brutto-Grundfläche	573,60 m²	118,9	100,0

Brutto-Rauminhalt des Bauwerks		Menge Einheit	BRI/NUF (m)	BRI/BGF (m)
BRI	Brutto-Rauminhalt	2.985,67 m³	6,19	5,21

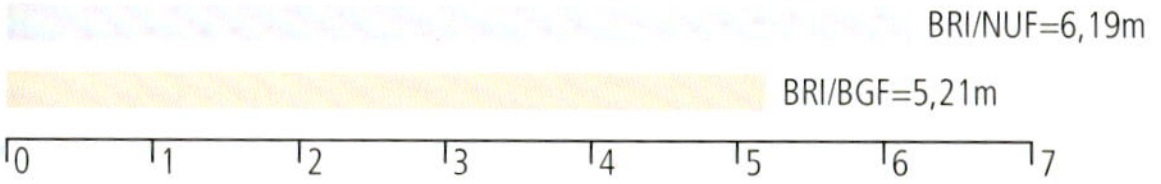

Kostenkennwerte für die Kostengruppen der 1. Ebene DIN 276

KG	Kostengruppen (1. Ebene)	Einheit	Kosten €	€/Einheit	€/m² BGF	€/m³ BRI	% 300+400
100	Grundstück	m² GF	–	–	–	–	–
200	Vorbereitende Maßnahmen	m² GF	3.723	1,55	6,49	1,25	0,6
300	Bauwerk – Baukonstruktionen	m² BGF	528.660	921,65	921,65	177,07	82,9
400	Bauwerk – Technische Anlagen	m² BGF	108.818	189,71	189,71	36,45	17,1
	Bauwerk 300+400	**m² BGF**	**637.477**	**1.111,36**	**1.111,36**	**213,51**	**100,0**
500	Außenanlagen und Freiflächen	m² AF	147.743	–	257,57	49,48	23,2
600	Ausstattung und Kunstwerke	m² BGF	–	–	–	–	–
700	Baunebenkosten	m² BGF	–	–	–	–	–
800	Finanzierung	m² BGF	–	–	–	–	–

KG	Kostengruppe	Menge Einheit	Kosten €	€/Einheit	%
200	**Vorbereitende Maßnahmen**	2.407,00 m² GF	3.723	**1,55**	0,6

Erschließung Wasser, Anschlüsse für Abwasser, Strom, Glasfaser

KG	Kostengruppe	Menge Einheit	Kosten €	€/Einheit	%
3+4	**Bauwerk**				**100,0**
300	**Bauwerk – Baukonstruktionen**	573,60 m² BGF	528.660	**921,65**	82,9

Sozial- und Bürotrakt: Stb-Streifenfundamente, Stb-Bodenplatte, Abdichtung, Dämmung, Heizestrich, Kautschukbelag; tragende Leimholz-Außenwände, Kunststofffenster, Dreifachverglasung, Mineralwolldämmung, UK, Fichtenholzbekleidung, innenseitige Beschichtung; Leimholz-Innenwände Sichtqualität, Holztüren, HPL-beschichtet; Leimholzdecken, Sichtqualität, Dämmung, Heizestrich, Linoleum, Lasurbeschichtung; Leimholz-Dreifeldträger, Leimholz-Flachdach, Oberlichter, Gefalledämmung, Abdichtung, Lasurbeschichtung, Dachentwässerung; Einbauküche
Hallenbereich: Stb-Einzelfundamente, Beton-Verbundpflaster; Stb-Aufkantung, Rahmenholzwände, Sektionaltore, Stegplatten-Lichtelemente aus Polycarbonat, UK, unbehandelte Lärchenholzbekleidung; BSH-Binder-Konstruktion, Pfetten, Sandwichpaneele, RWA-Lichtkuppeln, Dachentwässerung

KG	Kostengruppe	Menge Einheit	Kosten €	€/Einheit	%
400	**Bauwerk – Technische Anlagen**	573,60 m² BGF	108.818	**189,71**	17,1

Gebäudeentwässerung, Kalt- und Warmwasserleitungen, Sanitärobjekte, Durchlauferhitzer; Luft-Wasser-Wärmepumpe, Split-Ausführung für Heizung/Kühlung, Fußbodenheizung; Einzelraumlüfter; Elektroinstallation mit Bus-System, Beleuchtung; Einbruchmeldeanlage, Brandmeldeanlage

KG	Kostengruppe	Menge Einheit	Kosten €	€/Einheit	%
500	**Außenanlagen und Freiflächen**	–	147.743	**–**	23,2

Hofbefestigung, Beton-Verbund-Pflaster; Boxen für Schüttgut; Schiebetor; Rigole; Pflanzstreifen

7600-0089
Rettungswache
(2 Fahrzeuge)

Kostenkennwerte für die Kosten des Bauwerks (Kostengruppen 300+400 nach DIN 276)

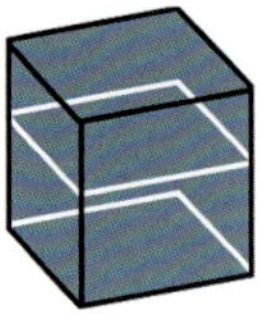

BRI 507 €/m^3

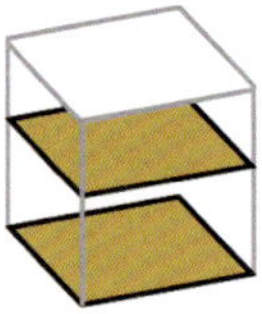

BGF 1.817 €/m^2

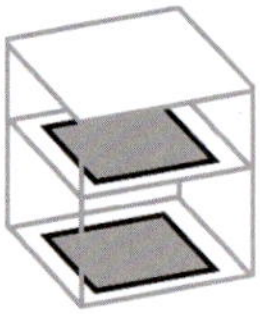

NUF 2.400 €/m^2

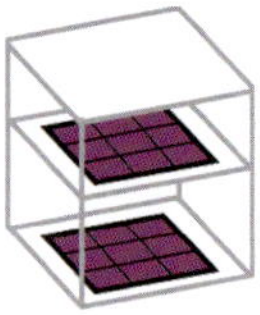

NE 294.960 €/NE

NE: Fahrzeugstellplätze

Objekt:
Kennwerte: 3.Ebene DIN 276
BRI: 1.164 m^3
BGF: 325 m^2
NUF: 246 m^2
Bauzeit: 22 Wochen
Bauende: 2019
Standard: mittel
Bundesland: Bayern
Kreis: Oberallgäu

Architekt*in:
brack architekten
Brennergasse 9
87435 Kempten

Bauherr*in:
Xaver Weixler
Halde 54
87471 Durach

© Matthias Baumgartner

© Matthias Baumgartner

© Matthias Baumgartner

© Matthias Baumgartner

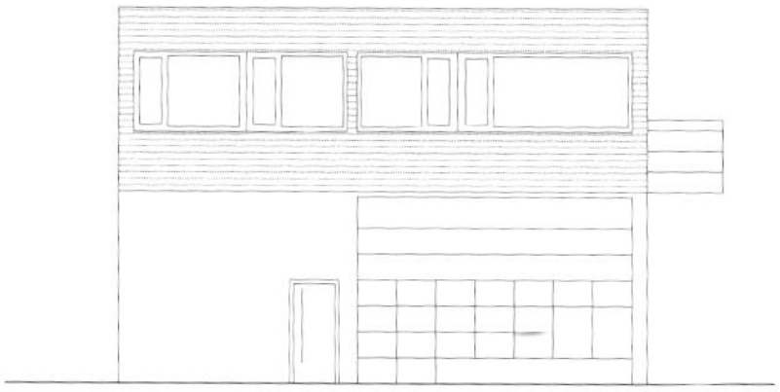

Ansicht Nord

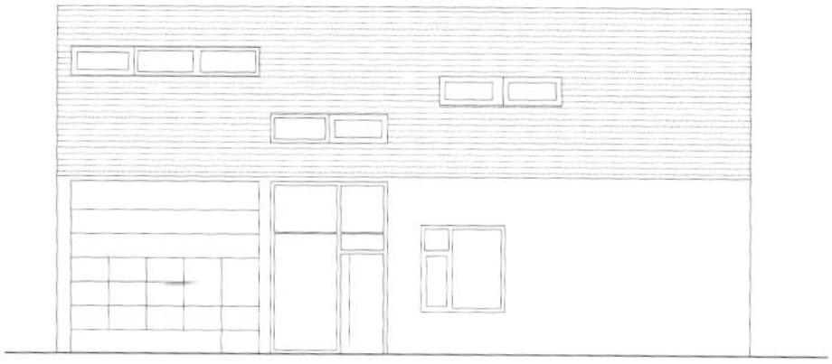

Ansicht Ost

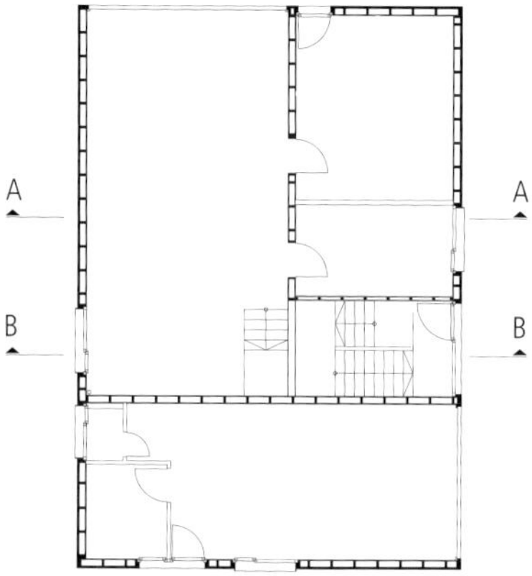

Erdgeschoss

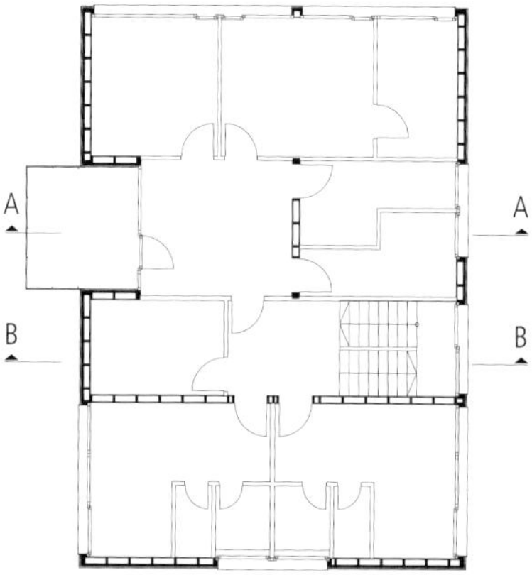

Obergeschoss

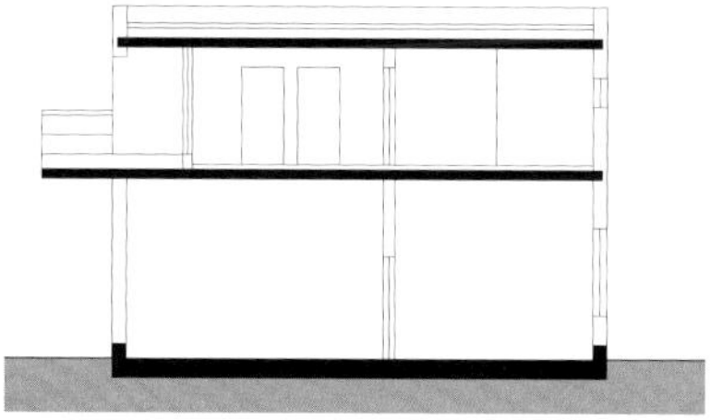

Schnitt A-A

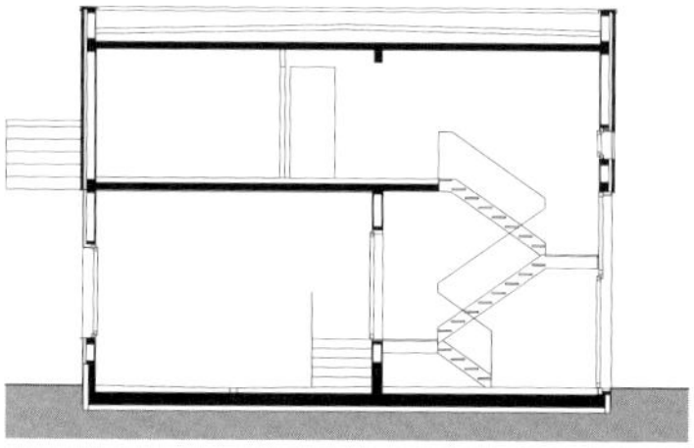

Schnitt B-B

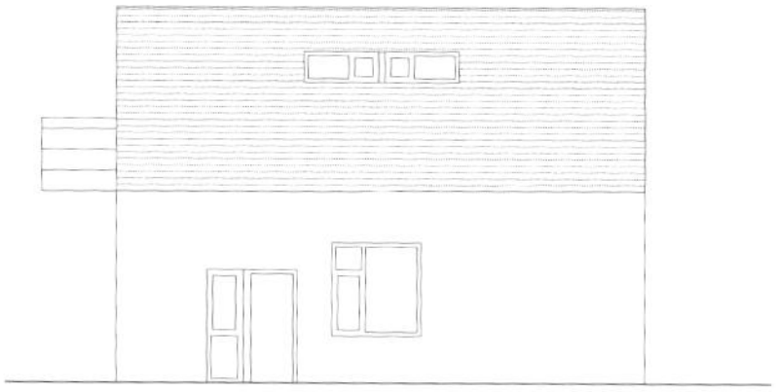

Ansicht Süd

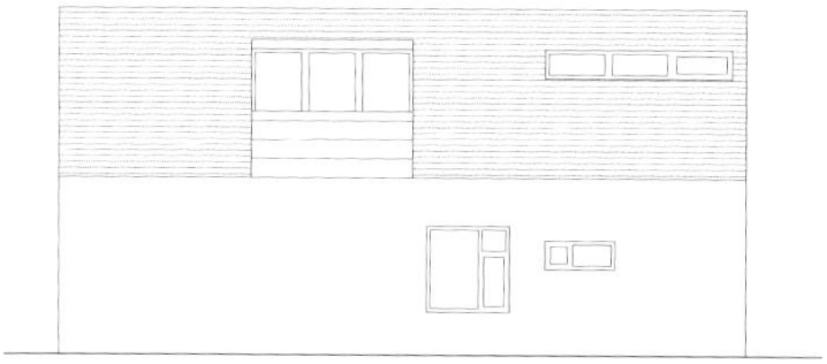

Ansicht West

Objektbeschreibung

Allgemeine Objektinformationen

Die zweigeschossige Rettungswache wurde für die Nutzung von zwei Rettungsdiensten im Wechselbetrieb gebaut. Der Neubau musste innerhalb von sechs Monaten geplant und errichtet werden.

Nutzung

1 Erdgeschoss
Garage, Werkstatt, Lager, Büro, Hygiene-/Putzraum, WC, Technik

1 Dachgeschoss
Umkleiden, Duschen, WCs, Aufenthalt, Teeküche, Ruheräume, Verwaltung, Wachleiter, Putz-/Wäscheraum, Balkon

Nutzeinheiten

Fahrzeugstellplätze: 2

Grundstück

Bauraum: Freier Bauraum
Neigung: Ebenes Gelände
Bodenklasse: BK 3 bis BK 4

Markt

Hauptvergabezeit: 4. Quartal 2018
Baubeginn: 4. Quartal 2018
Bauende: 2. Quartal 2019
Konjunkturelle Gesamtlage: Durchschnitt
Regionaler Baumarkt: unter Durchschnitt

Besonderer Kosteneinfluss Markt
Bauherr ist Inhaber des auf dem Grundstück ansässigen Gewerbebetriebs und hat Eigenleistung eingebracht

Baukonstruktion

Das nicht unterkellerte Bauwerk gründet auf einer Stahlbetonbodenplatte. Die tragenden Wände entstanden in Holzrahmenbauweise mit Holzfaserdämmung und OSB-Schalung. Das Erdgeschoss erhielt eine Putzfassade, das Obergeschoss ist mit einer hinterlüfteten Rhombusschalung bekleidet. Decke und Flachdach wurden aus Brettsperrholz gefertigt. Die Treppenanlage und die Balkongeländer sind aus verzinktem Stahl. Im Erdgeschoss erhielt der Heizestrich eine Epoxidharzbeschichtung, im Obergeschoss ist er mit Linoleum und Kautschuk belegt. Das Dach wurde extensiv begrünt.

Technische Anlagen

Das Gebäude wird mit Fernwärme durch einen auf dem Grundstück ansässigen Gewerbebetrieb versorgt. Die Wärmeverteilung erfolgt über eine Fußbodenheizung. Eine Frischwasserstation im Neubau dient der Warmwasserbereitung. Das Flachdach ist für eine spätere Eigenstromversorgung durch eine Photovoltaikanlage vorbereitet.

Sonstiges

Die Schlosser- und Malerarbeiten wurden in Eigenleistung erbracht, sind aber in den Kosten enthalten. Da die Konzession zum Betrieb der Rettungswache vorläufig auf zehn Jahre terminiert ist, wurde das Gebäude so realisiert, dass später eine Umnutzung in einen Gewerbebetrieb, optional mit einer Betriebsleiterwohnung, möglich ist.

Energetische Kennwerte

Gesetzliche Grundlage: EnEV 2013
Gebäudenutzfläche: 275,90 m^2
Gebäudevolumen: 1.087,90 m^3
A/V_e-Verhältnis (Kompaktheit): 0,62 m^{-1}
Hüllfläche des beheizten Volumens: 672,30 m^2
Mittlerer U-Wert (opake Bauteile): 0,17
Mittlerer U-Wert (transparente Bauteile): 1,00
Spez. Jahresprimärenergiebedarf: 49,70 kWh/($m^2 \cdot a$)

Energetische Angaben zu Außenbauteilen

Bodenplatte

U-Wert: 0,31 W/(m²·K)

Gesamtdicke: 46,02 cm	d [cm]	λ [W/(mK)]
Estrich	11,00	1,400
PE-Folie	0,02	0,200
Stahlbeton	25,00	2,100
Dämmung	10,00	0,035

Außenwand

U-Wert: 0,18 W/(m²·K)

Gesamtdicke: 32,15 cm	d [cm]	λ [W/(mK)]
GK-Platte	1,25	0,210
OSB-Platte	1,50	0,130
Holz	16,00	0,130
Dämmung	16,00	0,038
Holzfaserplatte	6,00	0,044
Luftschicht ruhend	5,00	0,313
Holz	2,40	0,130

Dach

U-Wert: 0,15 W/(m²·K)

Gesamtdicke: 51,01 cm	d [cm]	λ [W/(mK)]
Holz	14,00	0,200
PE-Folie	0,01	0,300
Dämmung	20,00	0,035
Abdichtung	2,00	0,170
Substrat	15,00	2,100

Planungskennwerte für Flächen und Rauminhalte nach DIN 277

Flächen des Grundstücks		Menge Einheit	% an GF
BF	Bebaute Fläche	749,09 m²	27,1
UF	Unbebaute Fläche	2.010,51 m²	72,9
GF	Grundstücksfläche	2.759,60 m²	100,0

Grundflächen des Bauwerks		Menge Einheit	% an NUF	% an BGF
NUF	Nutzungsfläche	245,82 m²	100,0	75,7
TF	Technikfläche	4,00 m²	1,6	1,2
VF	Verkehrsfläche	24,89 m²	10,1	7,7
NRF	Netto-Raumfläche	274,71 m²	111,8	84,6
KGF	Konstruktions-Grundfläche	49,92 m²	20,3	15,4
BGF	Brutto-Grundfläche	324,63 m²	132,1	100,0

Brutto-Rauminhalt des Bauwerks		Menge Einheit	BRI/NUF (m)	BRI/BGF (m)
BRI	Brutto-Rauminhalt	1.163,78 m³	4,73	3,59

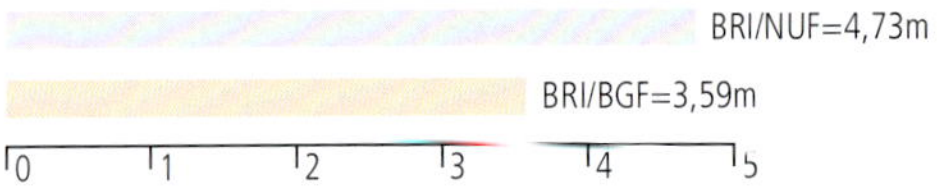

KG	Kostengruppen (2. Ebene)	Menge Einheit	Menge/NUF	Menge/BGF
310	Baugrube / Erdbau	93,44 m³ BGI	0,38	0,29
320	Gründung, Unterbau	149,88 m² GRF	0,61	0,46
330	Außenwände/Vertikale Baukonstruktionen, außen	381,90 m² AWF	1,55	1,18
340	Innenwände/Vertikale Baukonstruktionen, innen	342,23 m² IWF	1,39	1,05
350	Decken/Horizontale Baukonstruktionen	164,04 m² DEF	0,67	0,51
360	Dächer	161,82 m² DAF	0,66	0,50

Kostenkennwerte für die Kostengruppen der 1. Ebene DIN 276

KG	Kostengruppen (1. Ebene)	Einheit	Kosten €	€/Einheit	€/m² BGF	€/m³ BRI	% 300+400
100	Grundstück	m² GF	–	–	–	–	–
200	Vorbereitende Maßnahmen	m² GF	5.185	1,88	15,97	4,46	0,9
300	Bauwerk – Baukonstruktionen	m² BGF	525.863	1.619,88	1.619,88	451,86	89,1
400	Bauwerk – Technische Anlagen	m² BGF	64.056	197,32	197,32	55,04	10,9
	Bauwerk 300+400	**m² BGF**	**589.919**	**1.817,21**	**1.817,21**	**506,90**	**100,0**
500	Außenanlagen und Freiflächen	m² AF	21.097	54,79	64,99	18,13	3,6
600	Ausstattung und Kunstwerke	m² BGF	1.923	5,93	5,93	1,65	0,3
700	Baunebenkosten	m² BGF	–	–	–	–	–
800	Finanzierung	m² BGF	–	–	–	–	–

KG	Kostengruppe	Menge Einheit	Kosten €	€/Einheit	%
200	**Vorbereitende Maßnahmen**	2.759,60 m² GF	5.185	**1,88**	0,9
	Abbruch Bodenplatte, Entsorgung				
3+4	**Bauwerk**				**100,0**
300	**Bauwerk – Baukonstruktionen**	324,63 m² BGF	525.863	**1.619,88**	89,1
	Stb-Bodenplatte, Heizestrich, Epoxidharzbeschichtung, Perimeterdämmung; Holzrahmen-Außenwände, Holzrahmenattika, BSH-Stütze, Kunststofffenster, Sektionaltore, Eingangstüren, hinterlüftete Holzfassade, Putz, Beschichtung; Holzrahmen-Innenwände, GK-Wände, Holztüren, GK-Bekleidung, Wandfliesen, Beschichtung, Brettsperrholzdecke, Linoleum, Kautschukboden, Stahlwangentreppen, Balkongeländer; Brettsperrholzdach, Dämmung, extensive Dachbegrünung, Dachentwässerung				
400	**Bauwerk – Technische Anlagen**	324,63 m² BGF	64.056	**197,32**	10,9
	Gebäudeentwässerung, Kalt- und Warmwasserleitungen, Sanitärobjekte; Heizungsrohre, Fußbodenheizung; Einzelraumlüfter; Elektroinstallation, Beleuchtung, Blitzschutz; Satellitenanlage, Datenübertragungsnetz				
500	**Außenanlagen und Freiflächen**	385,03 m² AF	21.097	**54,79**	3,6
	Grobplanum; Asphaltbelag; Entwässerungsrinne; Oberboden andecken				
600	**Ausstattung und Kunstwerke**	324,63 m² BGF	1.923	**5,93**	0,3
	Duschabtrennung, Sanitärausstattung				

Kostenkennwerte für die Kostengruppen 300 der 2. und 3.Ebene DIN 276 (Übersicht)

KG	Kostengruppe	Menge Einheit	Kosten €	€/Einheit	% an 3+4
300	**Bauwerk – Baukonstruktionen**	**324,63 m² BGF**	**525.862,94**	**1.619,88**	**89,1**
310	**Baugrube / Erdbau**	**93,44 m³ BGI**	**2.405,98**	**25,75**	**0,4**
311	Herstellung	93,44 m³ BGI	2.405,98	25,75	0,4
312	Umschließung	–	–	–	–
313	Wasserhaltung	–	–	–	–
314	Vortrieb	–	–	–	–
319	Sonstiges zur KG 310	–	–	–	–
320	**Gründung, Unterbau**	**149,88 m² GRF**	**60.380,29**	**402,86**	**10,2**
321	Baugrundverbesserung	–	–	–	–
322	Flachgründungen und Bodenplatten	149,88 m²	29.552,97	197,18	5,0
323	Tiefgründungen	–	–	–	–
324	Gründungsbeläge	136,84 m²	21.980,18	160,63	3,7
325	Abdichtungen und Bekleidungen	149,88 m²	8.847,12	59,03	1,5
326	Dränagen	–	–	–	–
329	Sonstiges zur KG 320	–	–	–	–
330	**Außenwände/Vert. Baukonstrukt., außen**	**381,90 m² AWF**	**191.200,21**	**500,66**	**32,4**
331	Tragende Außenwände	261,70 m²	49.294,87	188,36	8,4
332	Nichttragende Außenwände	29,84 m²	4.688,51	157,12	0,8
333	Außenstützen	2,56 m	67,78	26,48	< 0,1
334	Außenwandöffnungen	90,36 m²	57.529,35	636,67	9,8
335	Außenwandbekleidungen, außen	298,03 m²	66.926,89	224,56	11,3
336	Außenwandbekleidungen, innen	220,83 m²	12.692,80	57,48	2,2
337	Element. Außenwandkonstruktionen	–	–	–	–
338	Lichtschutz zur KG 330	–	–	–	–
339	Sonstiges zur KG 330	–	–	–	–
340	**Innenwände/Vert. Baukonstrukt., innen**	**342,23 m² IWF**	**87.931,02**	**256,94**	**14,9**
341	Tragende Innenwände	113,72 m²	23.475,32	206,43	4,0
342	Nichttragende Innenwände	199,83 m²	22.486,42	112,53	3,8
343	Innenstützen	5,12 m	134,54	26,28	< 0,1
344	Innenwandöffnungen	28,68 m²	20.352,14	709,63	3,4
345	Innenwandbekleidungen	596,44 m²	21.482,60	36,02	3,6
346	Elementierte Innenwandkonstruktionen	–	–	–	–
347	Lichtschutz zur KG 340	–	–	–	–
349	Sonstiges zur KG 340	–	–	–	–
350	**Decken/Horizontale Baukonstruktionen**	**164,04 m² DEF**	**79.457,49**	**484,38**	**13,5**
351	Deckenkonstruktionen	149,51 m²	31.009,96	207,41	5,3
352	Deckenöffnungen	–	–	–	–
353	Deckenbeläge	130,49 m²	19.808,51	151,80	3,4
354	Deckenbekleidungen	86,79 m²	5.641,33	65,00	1,0
355	Elementierte Deckenkonstruktionen	14,53 m²	17.555,50	1.208,22	3,0
359	Sonstiges zur KG 350	164,04 m² DEF	5.442,21	33,18	0,9
360	**Dächer**	**161,82 m² DAF**	**85.186,69**	**526,43**	**14,4**
361	Dachkonstruktionen	152,25 m²	33.090,33	217,34	5,6
362	Dachöffnungen	–	–	–	–
363	Dachbeläge	161,82 m²	52.096,36	321,94	8,8
364	Dachbekleidungen	–	–	–	–
365	Elementierte Dachkonstruktionen	–	–	–	–
366	Lichtschutz zur KG 360	–	–	–	–
369	Sonstiges zur KG 360	–	–	–	–
370	**Infrastrukturanlagen**	**–**	**–**	**–**	**–**
380	**Baukonstruktive Einbauten**	**–**	**–**	**–**	**–**
390	**Sonst. Maßnahmen für Baukonstrukt.**	**324,63 m² BGF**	**19.301,25**	**59,46**	**3,3**

Kostenkennwerte für die Kostengruppen 400 der 2. und 3. Ebene DIN 276 (Übersicht)

KG	Kostengruppe	Menge Einheit	Kosten €	€/Einheit	% an 3+4
400	**Bauwerk – Technische Anlagen**	**324,63 m²BGF**	**64.056,43**	**197,32**	**10,9**
410	**Abwasser-, Wasser-, Gasanlagen**	**324,63 m²BGF**	**25.628,15**	**78,95**	**4,3**
411	Abwasseranlagen	324,63 m²BGF	12.231,34	37,68	2,1
412	Wasseranlagen	324,63 m²BGF	11.808,76	36,38	2,0
413	Gasanlagen	–	–	–	–
419	Sonstiges zur KG 410	324,63 m²BGF	1.588,06	4,89	0,3
420	**Wärmeversorgungsanlagen**	**324,63 m²BGF**	**14.079,68**	**43,37**	**2,4**
421	Wärmeerzeugungsanlagen	–	–	–	–
422	Wärmeverteilnetze	324,63 m²BGF	4.405,03	13,57	0,7
423	Raumheizflächen	324,63 m²BGF	9.674,65	29,80	1,6
424	Verkehrsheizflächen	–	–	–	–
429	Sonstiges zur KG 420	–	–	–	–
430	**Raumlufttechnische Anlagen**	**324,63 m²BGF**	**3.085,43**	**9,50**	**0,5**
431	Lüftungsanlagen	324,63 m²BGF	3.085,43	9,50	0,5
432	Teilklimaanlagen	–	–	–	–
433	Klimaanlagen	–	–	–	–
434	Kälteanlagen	–	–	–	–
439	Sonstiges zur KG 430	–	–	–	–
440	**Elektrische Anlagen**	**324,63 m²BGF**	**18.454,29**	**56,85**	**3,1**
441	Hoch- und Mittelspannungsanlagen	–	–	–	–
442	Eigenstromversorgungsanlagen	–	–	–	–
443	Niederspannungsschaltanlagen	–	–	–	–
444	Niederspannungsinstallationsanlagen	324,63 m²BGF	8.163,30	25,15	1,4
445	Beleuchtungsanlagen	324,63 m²BGF	5.705,53	17,58	1,0
446	Blitzschutz- und Erdungsanlagen	324,63 m²BGF	4.585,46	14,13	0,8
447	Fahrleitungssysteme	–	–	–	–
449	Sonstiges zur KG 440	–	–	–	–
450	**Kommunikationstechnische Anlagen**	**324,63 m²BGF**	**2.808,88**	**8,65**	**0,5**
451	Telekommunikationsanlagen	–	–	–	–
452	Such- und Signalanlagen	–	–	–	–
453	Zeitdienstanlagen	–	–	–	–
454	Elektroakustische Anlagen	–	–	–	–
455	Audiovisuelle Medien- u. Antennenanl.	324,63 m²BGF	1.404,44	4,33	0,2
456	Gefahrenmelde- und Alarmanlagen	–	–	–	–
457	Datenübertragungsnetze	324,63 m²BGF	1.404,44	4,33	0,2
458	Verkehrsbeeinflussungsanlagen	–	–	–	–
459	Sonstiges zur KG 450	–	–	–	–
460	**Förderanlagen**	**–**	**–**	**–**	**–**
461	Aufzugsanlagen	–	–	–	–
462	Fahrtreppen, Fahrsteige	–	–	–	–
463	Befahranlagen	–	–	–	–
464	Transportanlagen	–	–	–	–
465	Krananlagen	–	–	–	–
466	Hydraulikanlagen	–	–	–	–
469	Sonstiges zur KG 460	–	–	–	–
470	**Nutzungsspez. u. verfahrenstechn. Anl.**	**–**	**–**	**–**	**–**
480	**Gebäude- und Anlagenautomation**	**–**	**–**	**–**	**–**
490	**Sonst. Maßnahmen für techn. Anlagen**	**–**	**–**	**–**	**–**

Kostenkennwerte für Leistungsbereiche nach STLB (Kosten des Bauwerks nach DIN 276)

LB	Leistungsbereiche	Kosten €	€/m² BGF	€/m³ BRI	% an 3+4
000	Baustellen-, Sicherheitseinr. inkl. 001, 089	19.301	59,50	16,60	3,3
002	Erdarbeiten	2.406	7,40	2,10	0,4
006	Spezialtiefbauarbeiten inkl. 005	–	–	–	–
009	Entwässerungskanalarbeiten inkl. 011	–	–	–	–
010	Drän- und Versickerarbeiten	–	–	–	–
012	Mauerarbeiten	–	–	–	–
013	Betonarbeiten	46.950	144,60	40,30	8,0
014	Natur-, Betonwerksteinarbeiten	–	–	–	–
016	Zimmer- und Holzbauarbeiten	182.426	561,90	156,80	30,9
017	Stahlbauarbeiten	–	–	–	–
018	Abdichtungsarbeiten	4.685	14,40	4,00	0,8
019	Kampfmittelräumarbeiten	–	–	–	–
020	Dachdeckungsarbeiten	–	–	–	–
021	Dachabdichtungsarbeiten	45.894	141,40	39,40	7,8
022	Klempnerarbeiten	9.827	30,30	8,40	1,7
	Rohbau	**311.488**	**959,50**	**267,70**	**52,8**
023	Putz- und Stuckarbeiten, Wärmedämmsysteme	11.468	35,30	9,90	1,9
024	Fliesen- und Plattenarbeiten	7.842	24,20	6,70	1,3
025	Estricharbeiten	10.753	33,10	9,20	1,8
026	Fenster, Außentüren inkl. 029, 032	35.137	108,20	30,20	6,0
027	Tischlerarbeiten	9.882	30,40	8,50	1,7
028	Parkett-, Holzpflasterarbeiten	–	–	–	–
030	Rollladenarbeiten	–	–	–	–
031	Metallbauarbeiten inkl. 035	44.487	137,00	38,20	7,5
034	Maler- und Lackiererarb. - Beschicht. inkl. 037	25.506	78,60	21,90	4,3
036	Bodenbelagarbeiten	13.792	42,50	11,90	2,3
038	Vorgehängte hinterlüftete Fassaden	–	–	–	–
039	Trockenbauarbeiten	55.509	171,00	47,70	9,4
	Ausbau	**214.375**	**660,40**	**184,20**	**36,3**
040	Wärmeversorgungsanl. - Betriebseinr. inkl. 041	13.566	41,80	11,70	2,3
042	Gas- u. Wasseranl. - Leitung., Armat. inkl. 043	5.845	18,00	5,00	1,0
044	Abwasseranl. - Leitungen, Abläufe, Armaturen	10.086	31,10	8,70	1,7
045	Gas, Wasser, Entwässerung - Ausstattung inkl. 046	7.275	22,40	6,30	1,2
047	Dämm- und Brandschutzarb. an techn. Anlagen	2.935	9,00	2,50	0,5
049	Feuerlöschanlagen, Feuerlöschgeräte	–	–	–	–
050	Blitzschutz-/Erdungsanlagen, Überspannungssch.	4.585	14,10	3,90	0,8
053	Niederspannungsanl. - Kabel inkl. 052, 054	8.163	25,10	7,00	1,4
055	Sicherheits- u. Ersatzstromversorgungsanl.	–	–	–	–
057	Gebäudesystemtechnik	–	–	–	–
058	Leuchten und Lampen inkl. 059	5.706	17,60	4,90	1,0
060	Such, Signal, Zeit, Anten., akust. Anl. inkl. 064	1.404	4,30	1,20	0,2
061	Kommunikations- u. Übertragungsnetze inkl. 063	1.404	4,30	1,20	0,2
069	Aufzüge	–	–	–	–
070	Gebäudeautomation	–	–	–	–
075	Raumlufttechnische Anlagen inkl. 078	3.085	9,50	2,70	0,5
	Gebäudetechnik	**64.056**	**197,30**	**55,00**	**10,9**
084	Abbruch, Rückbau, Schadstoffsanierung	–	–	–	–
	Abbrucharbeiten	**–**	**–**	**–**	**–**
	Sonstige Leistungsbereiche	**–**	**–**	**–**	**–**

7600-0111
Feuerwehrhaus
(8 Fahrzeuge)

Kostenkennwerte für die Kosten des Bauwerks (Kostengruppen 300+400 nach DIN 276)

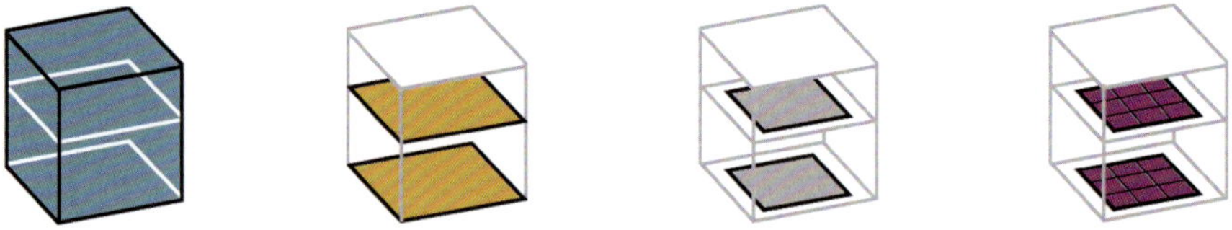

BRI 836 €/m³ | **BGF** 3.406 €/m² | **NUF** 5.323 €/m² | **NE** 1.715.293 €/NE

NE: Fahrzeugstellplätze

Objekt:
Kennwerte: 1.Ebene DIN 276
BRI: 16.421 m³
BGF: 4.029 m²
NUF: 2.578 m²
Bauzeit: 157 Wochen
Bauende: 2022
Standard: mittel
Bundesland: Baden-Württemberg
Kreis: Enzkreis

Architekt*in:
wulf architekten gmbh
Breitscheidstraße 8
70174 Stuttgart

Bauherr*in:
Gemeinde Straubenhardt
Ittersbacher Straße 1
75334 Straubenhardt

© Brigida González

Zeichnungen

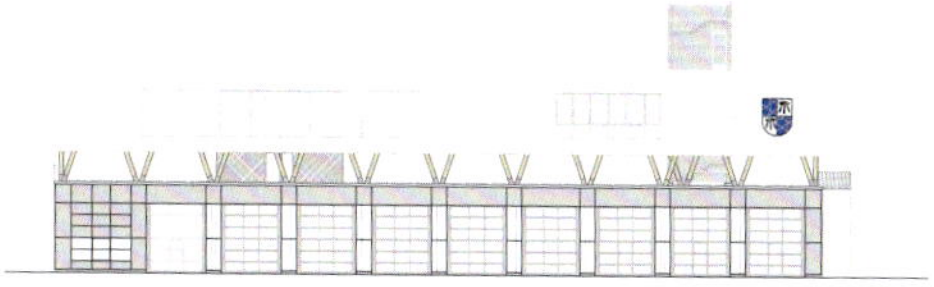

Ansicht Nord

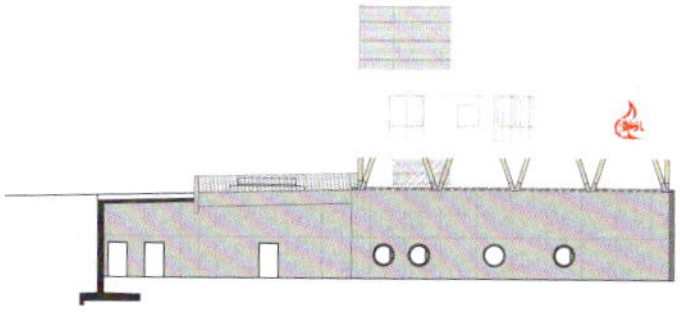

Ansicht Ost

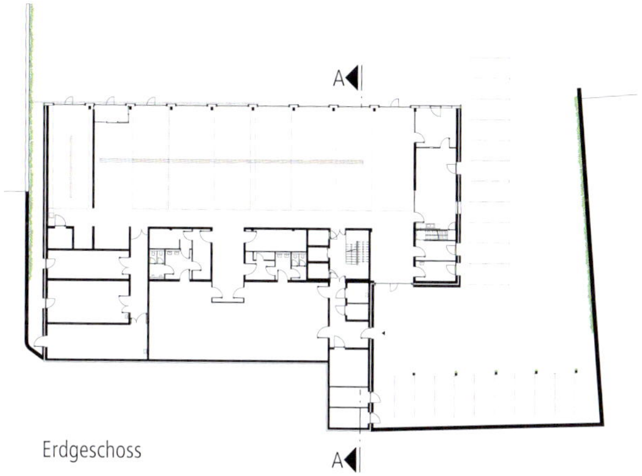

Erdgeschoss

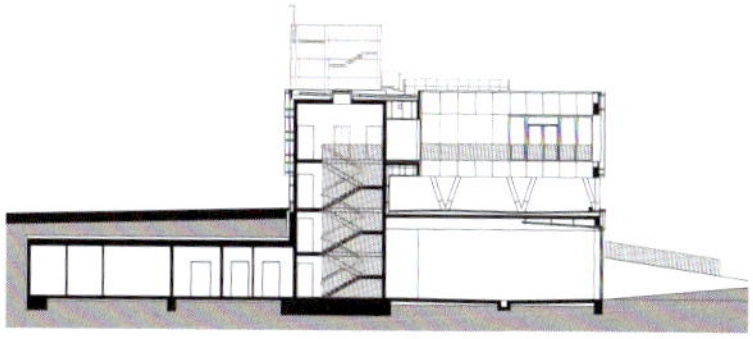

Schnitt A-A

2. Obergeschoss

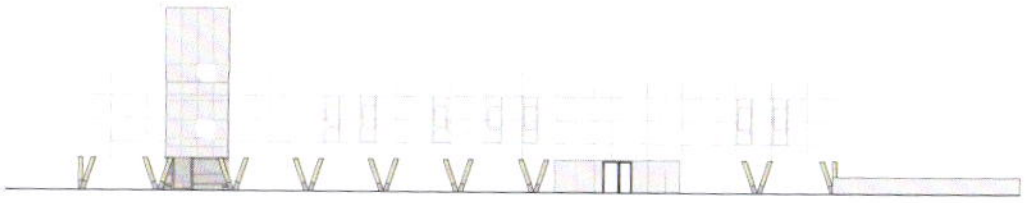

Ansicht Süd

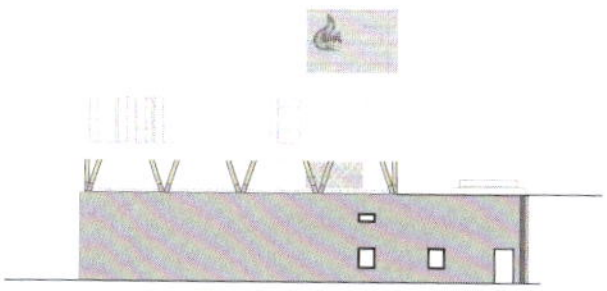

Ansicht West

7600-0111
Feuerwehrhaus
(8 Fahrzeuge)

Objektbeschreibung

Allgemeine Objektinformationen

Der Neubau des Feuerwehrhauses führt sechs bislang eigenständige Feuerwehrabteilungen an einem strategisch günstig gelegenen Standort zusammen. Die gesamte Planung erfolgte nach dem Kreislaufprinzip »Cradle to Cradle« (dt. von der Wiege zur Wiege) und basiert auf einem bewussten Umgang mit Ressourcen und dem Anspruch, daß verbaute Materialien schadstofffrei, einfach trennbar und wieder verwendbar sind.

Nutzung

2 Erdgeschosse
Fahrzeughalle, Fernmeldezentrale, Bereitschafts- und Stabsraum, Funkwerkstatt, Sanitätsraum, zentraler Anlaufpunkt, Multifunktionsraum, Umkleiden, Duschen, WCs, Trockenraum, Werkstatt, Lagerbereiche, Atemschutz-Werkstatt, Gefahrgutlager, Abstellraum, HLS-Raum, ELT-Raum, Notstromversorgung

2 Obergeschosse
Pkw-Parkdeck, Übungsturm, Kompressorraum, Serverraum, Lager, Lüftungstechnik, Technikräume, ELT-Raum

1 Dachgeschoss
Büros, Küche, Aufenthaltsraum, Schulungsraum, Jugendraum, Kleiderkammer, Archiv, Lagerräume, WCs, Abstellraum, ELT-Raum, Dachterrasse

Nutzeinheiten

Fahrzeugstellplätze: 8

Grundstück

Bauraum: Freier Bauraum
Neigung: Hanglage
Bodenklasse: BK 4 bis BK 7

Markt

Hauptvergabezeit: 1.Quartal 2019
Baubeginn: 1.Quartal 2019
Bauende: 1.Quartal 2022
Konjunkturelle Gesamtlage: über Durchschnitt
Regionaler Baumarkt: unter Durchschnitt

Besonderer Kosteneinfluss Markt
Die gesamte Planung erfolgte nach dem Kreislaufprinzip »Cradle to Cradle« (dt. von der Wiege zur Wiege).

Baukonstruktion

Das Straßengeschoss schiebt sich als massiver Sockel aus Stahlbeton in den Hang. Auf dem Sockel entwickelt sich das Gebäude im offenen Hanggeschoss zu einem Holzbau. Der Fußpunkt der V-Stützen besteht aus Stahlbeton, der Rest der Stützen aus Massivholz. Sie tragen das gesamte Obergeschoss aus Massivholzwänden, welches durch eine Alu-Pfosten-Riegel-Fassade sowie Aluminiumfenster abgeschlossen wird. Der Übungsturm ist eine reine Stahlkonstruktion und erstreckt sich vom Hang- ins Obergeschoss. Den vertikalen Verbindungspunkt aller Geschosse bildet ein Erschließungskern aus Stahlbeton. Innen sind Stahlbeton-, Brettsperrholz- und Mauerwerkswände verbaut, Böden bestehen aus Estrich, Linoleum und Fliesen. Treppen sind aus Stahlbeton mit Stahlgeländern, ergänzt durch Schallschutzdecken. Das Dach kombiniert Stahlbeton- und BSH-Holzbalkenkonstruktionen, mit Dachverglasung, Abdichtung und extensiver Dachbegrünung. Elemente wie Sektionaltore und Verschattungssysteme komplettieren das Gebäude funktional.

Technische Anlagen

Das Gebäude ist an die Nahwärme des Ortes angeschlossen. Die technischen Einrichtungen wurden konzeptbedingt reduziert. Eine Be- und Entlüftungsanlage stellt die Luftführung sicher, ergänzt durch eine Abgasabsauganlage. Bei Netzausfall garantiert eine Notstromversorgung Betriebssicherheit. Das Gebäude verfügt zudem über eine Brandmeldeanlage und einen Personenaufzug. Eine Blitzschutzanlage ist integriert.

Sonstiges

Durch den Einsatz von recyclefähigen und schadstoffarmen Materialien, die sich bei einem Rückbau einfach trennen und wieder verwenden lassen, ist das Gebäude ein wertvolles Rohstoffdepot. Das neue Feuerwehrhaus, bundesweit einer der ersten Cradle to Cradle-Bauten, ist ein richtungsweisendes Gebäude, das mit seinem Vorbildcharakter als wichtiger Impulsgeber für zukünftige Entwicklungen wirkt.

Energetische Kennwerte

Gesetzliche Grundlage: EnEV 2013
Gebäudenutzfläche: 2.513,00 m²
Spez. Jahresprimärenergiebedarf: 58,00 kWh/(m²·a)
CO_2-Emissionen: 34,00 kg/(m²·a)

Planungskennwerte für Flächen und Rauminhalte nach DIN 277

Flächen des Grundstücks		Menge Einheit	% an GF
BF	Bebaute Fläche	1.595,20 m²	26,4
UF	Unbebaute Fläche	4.440,80 m²	73,6
GF	Grundstücksfläche	6.036,00 m²	100,0

Grundflächen des Bauwerks		Menge Einheit	% an NUF	% an BGF
NUF	Nutzungsfläche	2.577,80 m²	100,0	64,0
TF	Technikfläche	186,35 m²	7,2	4,6
VF	Verkehrsfläche	805,09 m²	31,2	20,0
NRF	Netto-Raumfläche	3.569,24 m²	138,5	88,6
KGF	Konstruktions-Grundfläche	459,51 m²	17,8	11,4
BGF	Brutto-Grundfläche	4.028,75 m²	156,3	100,0

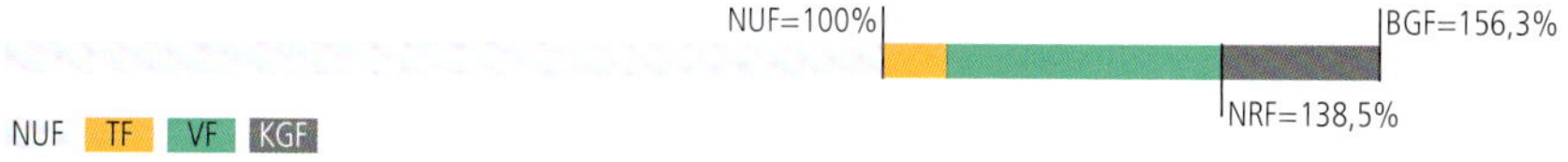

Brutto-Rauminhalt des Bauwerks		Menge Einheit	BRI/NUF (m)	BRI/BGF (m)
BRI	Brutto-Rauminhalt	16.421,27 m³	6,37	4,08

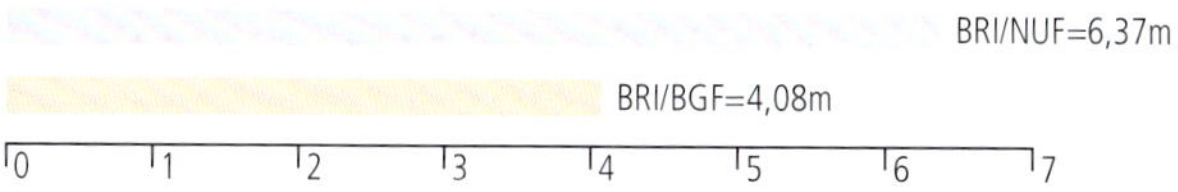

Kostenkennwerte für die Kostengruppen der 1. Ebene DIN 276

KG	Kostengruppen (1. Ebene)	Einheit	Kosten €	€/Einheit	€/m² BGF	€/m³ BRI	% 300+400
100	Grundstück	m² GF	–	–	–	–	–
200	Vorbereitende Maßnahmen	m² GF	–	–	–	–	–
300	Bauwerk – Baukonstruktionen	m² BGF	11.739.195	2.913,86	2.913,86	714,88	85,5
400	Bauwerk – Technische Anlagen	m² BGF	1.983.149	492,25	492,25	120,77	14,5
	Bauwerk 300+400	**m² BGF**	**13.722.344**	**3.406,10**	**3.406,10**	**835,64**	**100,0**
500	Außenanlagen und Freiflächen	m² AF	–	–	–	–	–
600	Ausstattung und Kunstwerke	m² BGF	–	–	–	–	–
700	Baunebenkosten	m² BGF	–	–	–	–	–
800	Finanzierung	m² BGF	–	–	–	–	–

KG	Kostengruppe	Menge Einheit	Kosten €	€/Einheit	%
3+4	**Bauwerk**				**100,0**
300	**Bauwerk – Baukonstruktionen**	4.028,75 m² BGF	11.739.195	**2.913,86**	85,5

Baugrubenaushub; Stb-Fundamentplatte, Stb-Fundamente, Stb-Bodenplatte, WU-Beton, teilw. Estrich, Bodenfliesen, Abdichtung, Perimeterdämmung; Stb-Wände, Stb-Kern in aufgehenden Holzgeschossen, teilw. Sichtbeton, teilw. WU-Beton, Mauerwerkswände, Brettsperrholzwände, Stb-Stützen, Stb-Sockel mit Holzstützen, Übungsturm Stahlkonstruktion, Alu-Pfosten-Riegelfassade, Aluminiumfenster, Sektionaltore, Wärmedämmung, Sichtbetonfassade, Stahlnetzfassade, Alu-Blechfassade, Alu-Streckmetallfassade, Verschattungssysteme; Innenmauerwerk, Stb-Wände, Brettsperrholz-Innenwände, Stb-Sockel mit Holzstützen, Wandfliesen, WC-Trennwände; Stb-Decken, Brettsperrholzdecken, Stb-Treppen, Estrich, Linoleum, Bodenfliesen, Gussasphalt, Schallschutzdecken, Stahlgeländer, Dämmung, Treppengeländer; Stb-Dach, BSH-Holzbalkendach, Dachverglasung, Dämmung, Abdichtung, Attika, extensive Dachbegrünung, Entwässerung, Dämmung; Teeküchen

KG	Kostengruppe	Menge Einheit	Kosten €	€/Einheit	%
400	**Bauwerk – Technische Anlagen**	4.028,75 m² BGF	1.983.149	**492,25**	14,5

Gebäudeentwässerung, Kalt- und Warmwasserleitungen, Feuerlöschleitung, Sanitärobjekte; Fernwärmeversorgung, Plattenheizkörper; Be- und Entlüftungsanlage, Dachlüfter Küche, Abgasabsauganlage; Elektroinstallation, Beleuchtung mit Steuerungssystemen, Sicherheitsleuchten, Notstromversorgung, Blitzschutzanlage; Datenübertragungsanlage, Sprech- und Zugangskontrollanlage, Lautsprecheranlage, Fernseh- und Antennenanlagen, Brandmeldeanlage; Personenaufzug; Steuerung Verschattungssysteme

7700-0096
Wirtschaftsgebäude

Kostenkennwerte für die Kosten des Bauwerks (Kostengruppen 300+400 nach DIN 276)

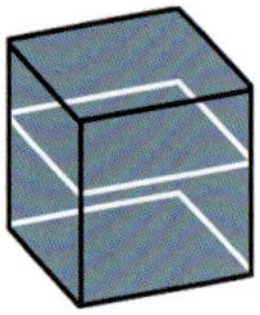

BRI 526 €/m³

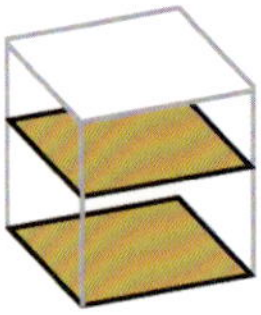

BGF 1.287 €/m²

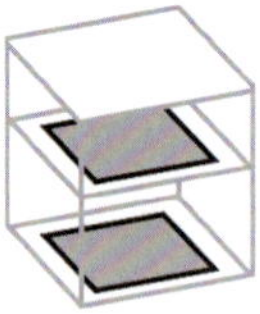

NUF 1.561 €/m²

Objekt:
Kennwerte: 1.Ebene DIN 276
BRI: 171 m³
BGF: 70 m²
NUF: 58 m²
Bauzeit: 22 Wochen
Bauende: 2024
Standard: einfach
Bundesland: Thüringen
Kreis: Jena, Stadt

Architekt*in:
Smits + Tandler
Freie Architekten
und Ingenieure
Partnerschaft BDA
Wenigemarkt 5
99084 Erfurt

© Smits + Tandler

© Smits + Tandler

Ansicht Nord

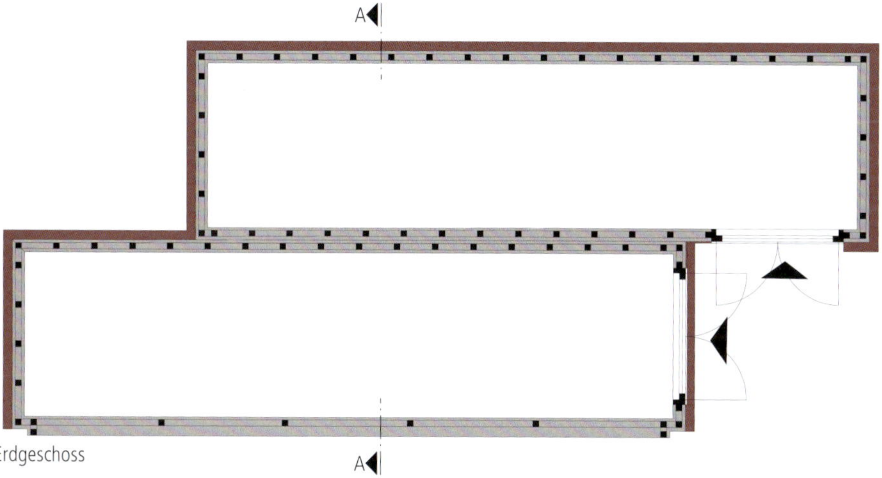

Erdgeschoss

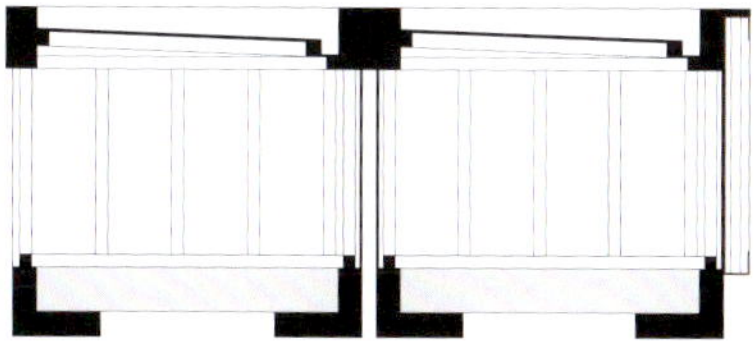

Schnitt A-A

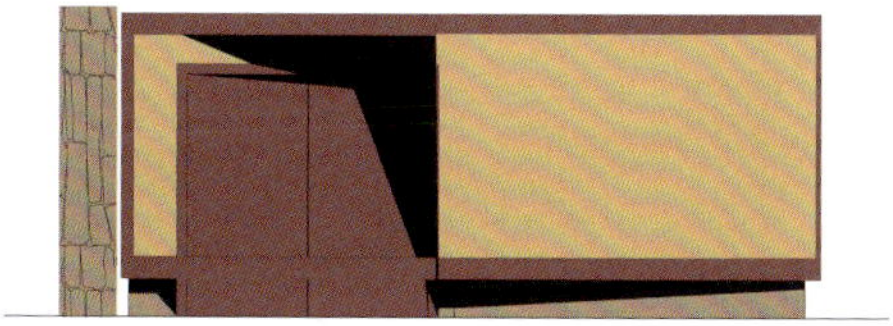

Ansicht Ost

Ansicht West

Objektbeschreibung

Allgemeine Objektinformationen

Für die Aufbewahrung von Gartengeräten zur Pflege und Erhaltung des Friedhofs ist im westlichen Teil des Grundstücks ein neues Wirtschaftsgebäude entstanden, welches die einsturzgefährdeten Betonbaracken ersetzt. Zwei langgestreckte, zehn Meter lange Kuben, die zueinander verschoben sind, ergeben an der Friedhofsmauer eine hofähnliche Eingangssituation.

Nutzung

1 Erdgeschoss
Abstellräume

Nutzeinheiten

Lagerfläche: 58 m²

Grundstück

Bauraum: Freier Bauraum
Neigung: Ebenes Gelände
Bodenklasse: BK 1 bis BK 3

Markt

Hauptvergabezeit: 3. Quartal 2023
Baubeginn: 3. Quartal 2023
Bauende: 1. Quartal 2024
Konjunkturelle Gesamtlage: Durchschnitt
Regionaler Baumarkt: über Durchschnitt

Baukonstruktion

Der Neubau gründet auf einer Stahlbeton-Bodenplatte mit umlaufender Aufkantung. Die Wände sind in einer Holz-Rahmenkonstruktion erstellt. Als Fassade wurden Siebdruckplatten gewählt, die mit Totholzstämmen bekleidet sind. Im Sockel- und Traufbereich befinden sich Aufkantungen aus Cortenstahl. Die Eingangstüren sind ebenfalls in Cortenstahl ausgeführt. Das Flachdach ist mit einer Kunststoffbahn abgedichtet.

Technische Anlagen

Das Gebäude wird nicht beheizt, es wurden lediglich die Allgemeinbeleuchtung und eine Steckdose installiert.

Sonstiges

Eine auffällig unauffällige Fassade aus natürlichen Totholzstangen thematisiert den jahrhundertealten Baumbestand des Friedhofs.

Planungskennwerte für Flächen und Rauminhalte nach DIN 277

Flächen des Grundstücks		Menge Einheit	% an GF
BF	Bebaute Fläche	69,80 m²	–
UF	Unbebaute Fläche	–	–
GF	Grundstücksfläche	–	–

Grundflächen des Bauwerks		Menge Einheit	% an NUF	% an BGF
NUF	Nutzungsfläche	57,58 m²	100,0	82,5
TF	Technikfläche	–	–	–
VF	Verkehrsfläche	–	–	–
NRF	Netto-Raumfläche	57,58 m²	100,0	82,5
KGF	Konstruktions-Grundfläche	12,22 m²	21,2	17,5
BGF	Brutto-Grundfläche	69,80 m²	121,2	100,0

Brutto-Rauminhalt des Bauwerks		Menge Einheit	BRI/NUF (m)	BRI/BGF (m)
BRI	Brutto-Rauminhalt	171,00 m³	2,97	2,45

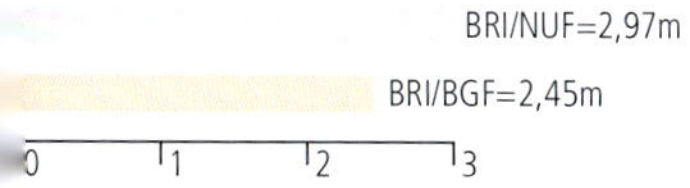

Kostenkennwerte für die Kostengruppen der 1. Ebene DIN 276

KG	Kostengruppen (1. Ebene)	Einheit	Kosten €	€/Einheit	€/m² BGF	€/m³ BRI	% 300+400
100	Grundstück	m² GF	–	–	–	–	–
200	Vorbereitende Maßnahmen	m² GF	–	–	–	–	–
300	Bauwerk – Baukonstruktionen	m² BGF	89.337	1.279,91	1.279,91	522,44	99,4
400	Bauwerk – Technische Anlagen	m² BGF	528	7,57	7,57	3,09	0,6
	Bauwerk 300+400	**m² BGF**	**89.866**	**1.287,48**	**1.287,48**	**525,53**	**100,0**
500	Außenanlagen und Freiflächen	m² AF	–	–	–	–	–
600	Ausstattung und Kunstwerke	m² BGF	–	–	–	–	–
700	Baunebenkosten	m² BGF	–	–	–	–	–
800	Finanzierung	m² BGF	–	–	–	–	–

KG	Kostengruppe	Menge Einheit	Kosten €	€/Einheit	%
3+4	**Bauwerk**				**100,0**
300	**Bauwerk – Baukonstruktionen**	69,80 m² BGF	89.337	**1.279,91**	99,4

Erdaushub; Stb-Bodenplatte, Besenstrich; Stb-Aufkantung, Holzrahmenwände, Cortenstahltüren, Siebdruckplatten, Bekleidung Baumstämme; Holzrahmen-Flachdach, Siebdruckplatten, Kunststoff-abdichtung, Cortenstahl-Attika, Dachentwässerung

KG	Kostengruppe	Menge Einheit	Kosten €	€/Einheit	%
400	**Bauwerk – Technische Anlagen**	69,80 m² BGF	528	**7,57**	0,6

Allgemeinbeleuchtung, Steckdose

7700-0100
Salzlagerhalle

Kostenkennwerte für die Kosten des Bauwerks (Kostengruppen 300+400 nach DIN 276)

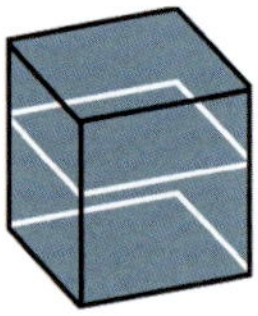

BRI 262 €/m³

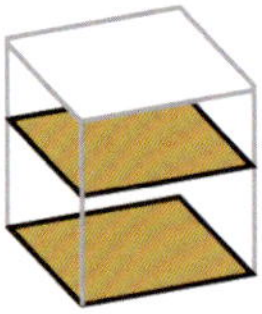

BGF 2.778 €/m²

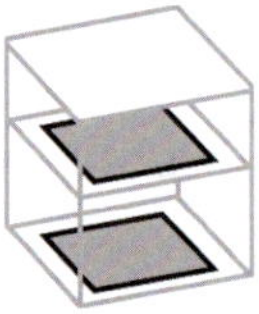

NUF 3.229 €/m²

Objekt:
Kennwerte: 1.Ebene DIN 276
BRI: 3.870 m³
BGF: 365 m²
NUF: 314 m²
Bauzeit: 70 Wochen
Bauende: 2023
Standard: mittel
Bundesland: Bayern
Kreis: Miesbach

Planer*in:
Dr. Gollwitzer, Dr. Linse und
Partner Ingenieure mbB
Karlstraße 42
80333 München

Architekt*in:
Architekturbüro Ilg
Lipowskystraße 8
81373 München

Bauherr*in:
Die Autobahn GmbH
des Bundes
Niederlassung Südbayern
Seidlstraße 7-11
80335 München

Erdgeschoss

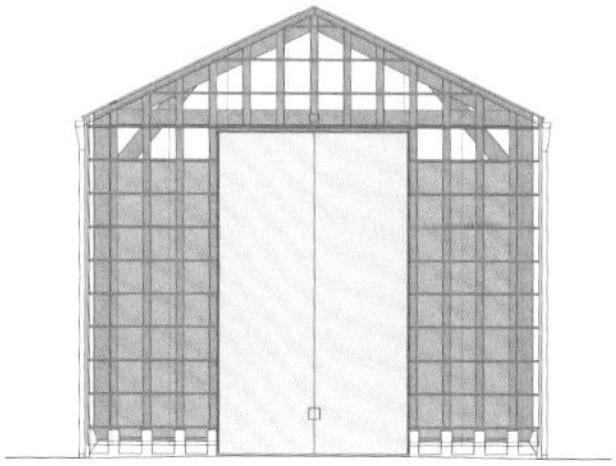
Ansicht Ost

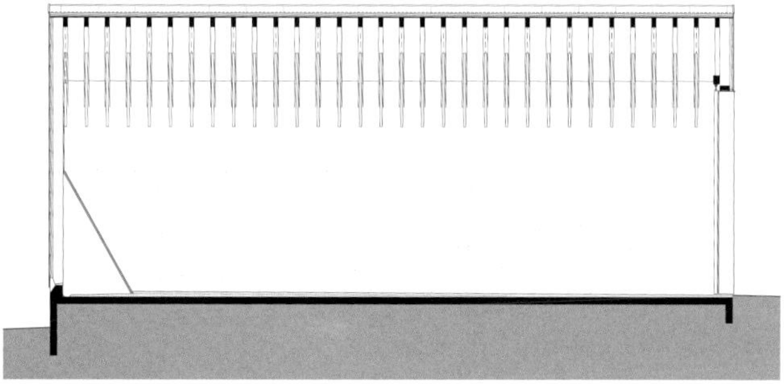
Schnitt B-B

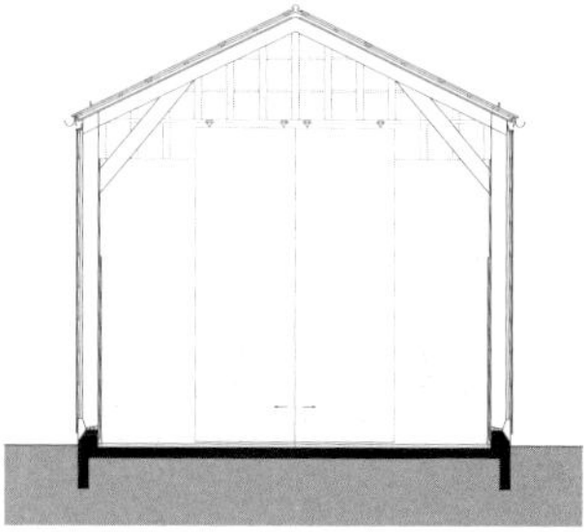
Schnitt A-A

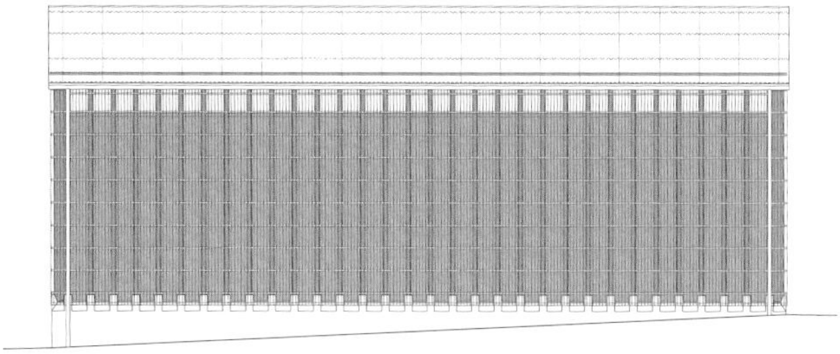
Ansicht Süd

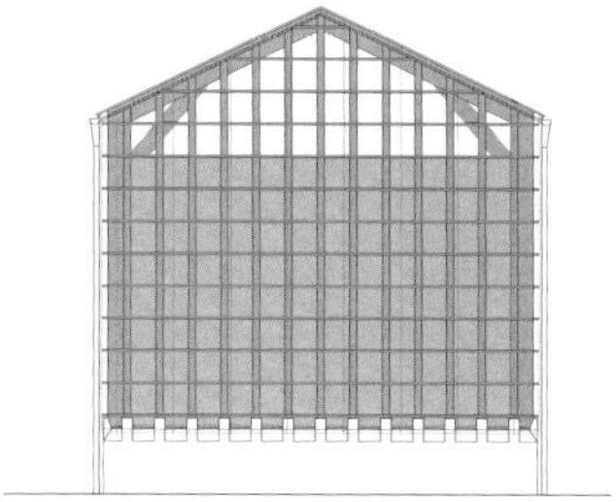
Ansicht West

Objektbeschreibung

Allgemeine Objektinformationen

An einer Autobahnausfahrt wurde ein Autobahnstützpunkt mit Salzlagerhalle errichtet. Die Lagerkapazität für Streusalz umfasst ca. 1.800 Tonnen bei einem Lagervolumen von 1.500 m^3. Die Holzwände können 5m hoch mit Salz angeschüttet und anschließend noch bis zu einer Gesamthöhe von 6m angeböscht werden.

Nutzung

1 Erdgeschoss
Lagerhalle für Streusalz

Nutzeinheiten

Gebäude: 1
Lagerfläche: 314 m^2

Grundstück

Bauraum: Freier Bauraum
Neigung: Geneigtes Gelände
Bodenklasse: BK 1 bis BK 4

Markt

Hauptvergabezeit: 3. Quartal 2021
Baubeginn: 3. Quartal 2021
Bauende: 1. Quartal 2023
Konjunkturelle Gesamtlage: über Durchschnitt
Regionaler Baumarkt: Durchschnitt

Baukonstruktion

Die Halle gründet auf Stahlbeton-Frostschürzen und einer Stahlbeton-Bodenplatte. Das Tragwerk der Halle ist aus verleimten Holzbauelementen mit Verbindungen aus Eichenholzdübeln und -zapfen in Anlehnung an historische, zimmermannsmäßige Verbindungen hergestellt. Je zwei Wandelemente und zwei Dachelemente wurden bauseits zu insgesamt 16 klassischen Dreigelenkrahmen verdübelt und aufgestellt. Bauseits ergänzte Kopfbänder erzeugen die Rahmenecken. Der Salzdruck wird hier über den Gebäude-Holzrahmen abgetragen und steift das Gebäude verformungsarm in Querrichtung aus. Alle Wandelemente werden über Eichenholznägel zu einer Gesamtscheibe gekoppelt und steifen das Gebäude in Längsrichtung aus. Der einseitige Salzdruck auf die Giebelrückwand wird durch dreiecksförmige Querschotte aus Brettsperrholz gehalten. Die Fassade besteht aus Acrylglas-Wellplatten, die auf einer horizontalen Holzunterkonstruktion verschraubt sind. Die Wellplatten sind im Abstand von 52cm von den Furnierschichtplatten entfernt, sodass die Fassade und der Innenraum der Halle gut durchlüftet werden und zur Überprüfung der Holzfeuchte von außen optimal einsehbar sind.

Technische Anlagen

Das Gebäude ist unbeheizt und wird mittels Leuchtstoffröhren erhellt. Das Licht scheint bei Benutzung durch die transparente Fassade nach außen und ist nachts ein Orientierungspunkt an der Autobahn A8.

Sonstiges

Die Herausforderung bei der Planung von Salzlagerhallen ist die hohe Aggressivität von Salz. Holz ist der einzige Baustoff, der Salz widerstehen kann. Hauptschwachpunkt sind dabei in der Regel die korrosionsanfälligen, kurzlebigen Verbindungsmittel. Die Lösung war eine stahlfreie Konstruktion, wie hier ausgeführt.

Planungskennwerte für Flächen und Rauminhalte nach DIN 277

Flächen des Grundstücks		Menge Einheit	% an GF
BF	Bebaute Fläche	–	–
UF	Unbebaute Fläche	–	–
GF	Grundstücksfläche	–	–

Grundflächen des Bauwerks		Menge Einheit	% an NUF	% an BGF
NUF	Nutzungsfläche	314,00 m²	100,0	86,0
TF	Technikfläche	–	–	–
VF	Verkehrsfläche	–	–	–
NRF	Netto-Raumfläche	314,00 m²	100,0	86,0
KGF	Konstruktions-Grundfläche	51,00 m²	16,2	14,0
BGF	Brutto-Grundfläche	365,00 m²	116,2	100,0

Brutto-Rauminhalt des Bauwerks		Menge Einheit	BRI/NUF (m)	BRI/BGF (m)
BRI	Brutto-Rauminhalt	3.870,00 m³	12,33	10,60

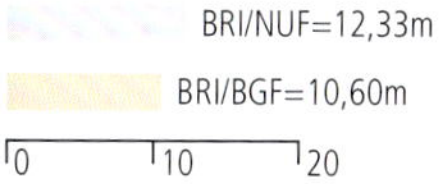

Kostenkennwerte für die Kostengruppen der 1. Ebene DIN 276

KG	Kostengruppen (1. Ebene)	Einheit	Kosten €	€/Einheit	€/m² BGF	€/m³ BRI	% 300+400
100	Grundstück	m² GF	–	–	–	–	–
200	Vorbereitende Maßnahmen	m² GF	–	–	–	–	–
300	Bauwerk – Baukonstruktionen	m² BGF	988.691	2.708,74	2.708,74	255,48	97,5
400	Bauwerk – Technische Anlagen	m² BGF	25.190	69,01	69,01	6,51	2,5
	Bauwerk 300+400	**m² BGF**	**1.013.881**	**2.777,76**	**2.777,76**	**261,98**	**100,0**
500	Außenanlagen und Freiflächen	m² AF	–	–	–	–	–
600	Ausstattung und Kunstwerke	m² BGF	–	–	–	–	–
700	Baunebenkosten	m² BGF	–	–	–	–	–
800	Finanzierung	m² BGF	–	–	–	–	–

KG	Kostengruppe	Menge Einheit	Kosten €	€/Einheit	%
3+4	**Bauwerk**				**100,0**
300	**Bauwerk – Baukonstruktionen**	365,00 m² BGF	988.691	**2.708,74**	97,5

Bodenarbeiten, Stb-Frostschürzen, Stb-Bodenplatte, Betonfertigteilzähnung in Betonsockel, Asphaltbodenbelag; werksverleimte Furnierplatten-Rippen-Elemente, Eichenholzdübel, transparente Acryl-Wellplatten, sägeraue Holzschalung als Anschüttbekleidung, Brettsperrholz-Schiebetor, Furnierplattenbekleidung; Satteldach aus Furnierplatten-Rippen-Elementen, Bitumenabdichtung, Faserzementdeckung, Dachentwässerung

KG	Kostengruppe	Menge Einheit	Kosten €	€/Einheit	%
400	**Bauwerk – Technische Anlagen**	365,00 m² BGF	25.190	**69,01**	2,5

Innenbeleuchtung

7700-0101
Lagerhalle (4 AP)

Kostenkennwerte für die Kosten des Bauwerks (Kostengruppen 300+400 nach DIN 276)

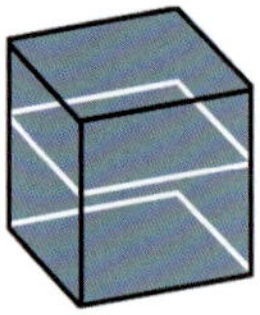

BRI 172 €/m³

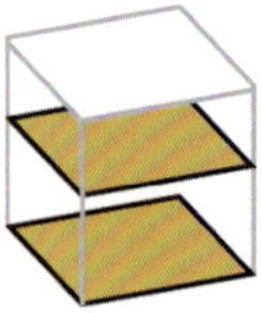

BGF 1.188 €/m²

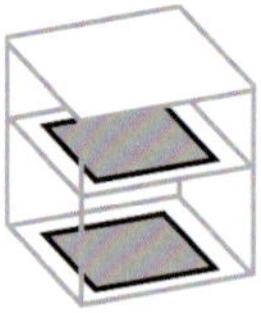

NUF 1.550 €/m²

Objekt:
Kennwerte: 1.Ebene DIN 276
BRI: 13.054 m³
BGF: 1.885 m²
NUF: 1.445 m²
Bauzeit: 65 Wochen
Bauende: 2025
Standard: hoch
Bundesland: Bayern
Kreis: München

Architekt*in:
STUDIO LEK
Albrecht Heidecker Sack
Architekt:innen PartG mbB
Kreittmayrstraße 32
80335 München

© Matthias Kestel

© Matthias Kestel

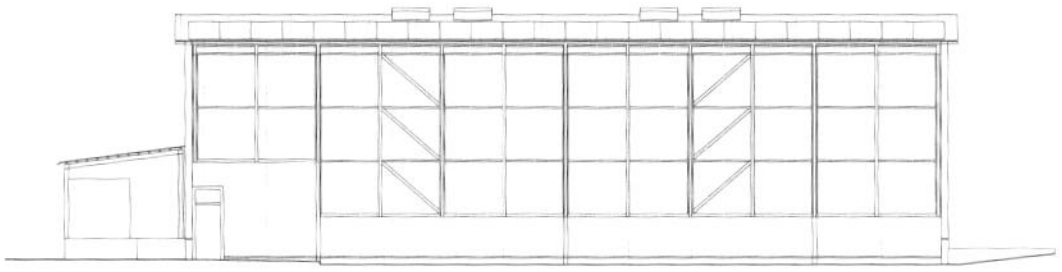

Ansicht Nord-West

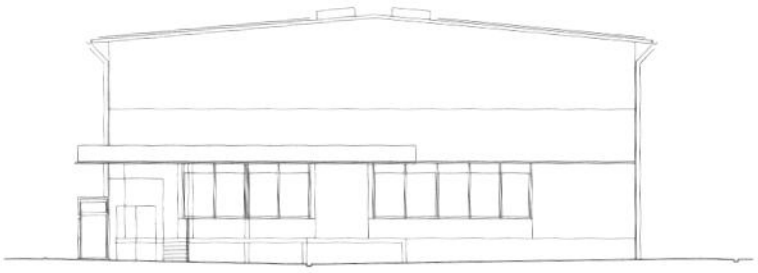

Ansicht Nord-Ost

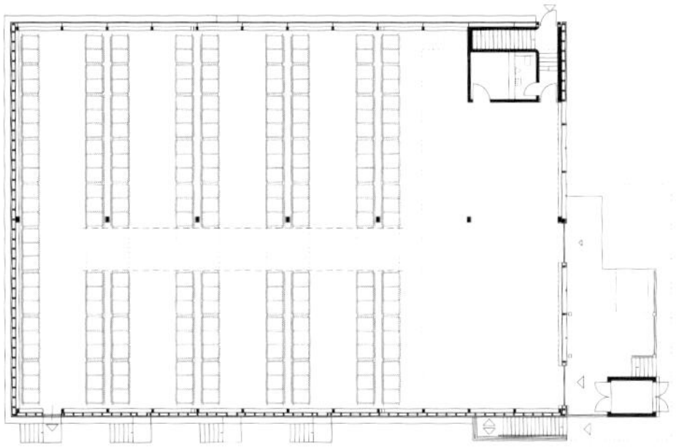

Erdgeschoss

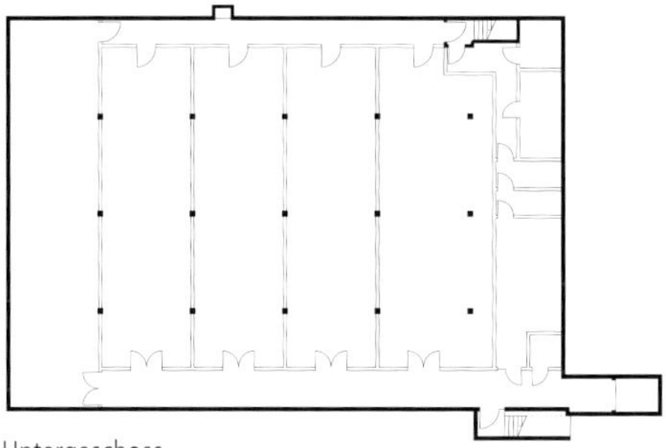

Untergeschoss

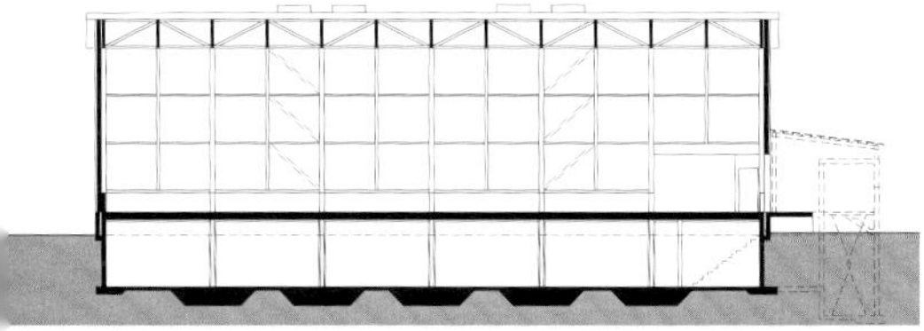

Schnitt A-A

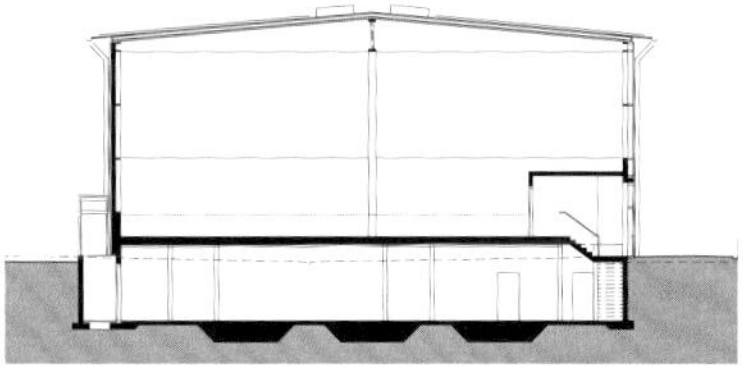

Schnitt B-B

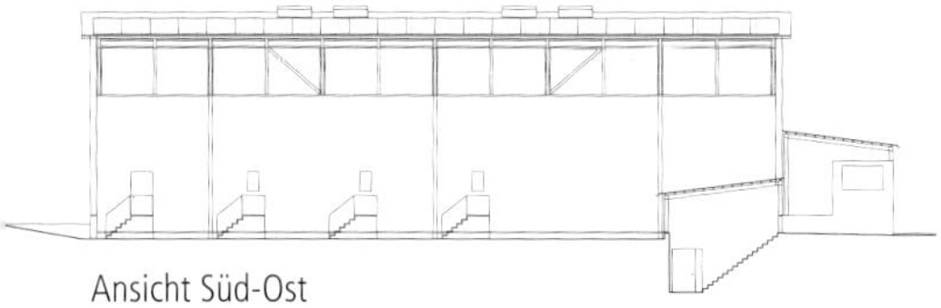

Ansicht Süd-Ost

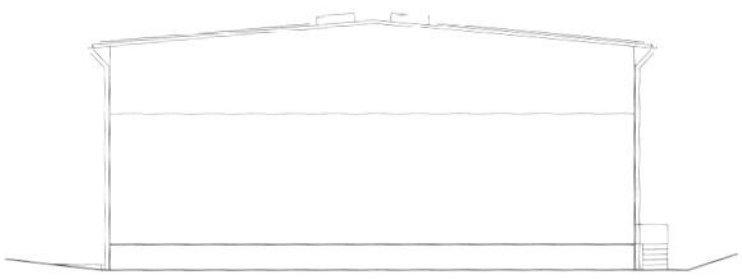

Ansicht Süd-West

Objektbeschreibung

Allgemeine Objektinformationen

Das Lagergebäude wurde vollständig unterkellert errichtet. Während das Untergeschoss ungedämmt ausgeführt ist, erhielt die darüberliegende Lagerhalle eine Wärmedämmung. Ein weit auskragendes Stahldach überspannt die Anlieferzone und bietet zusätzlichen Witterungsschutz. Durch eine Befreiung von den festgesetzten Baugrenzen konnte das Grundstück optimal ausgenutzt werden; die Zugänge zum Untergeschoss durften außerhalb der Baugrenzen angeordnet werden.

Nutzung

1 Untergeschoss
Lagerfläche, Hausanschlussräume, Technikräume

1 Erdgeschoss
Lagerhalle: Palettenlager, Wareneingang, Warenausgang

1 Obergeschoss
Lagerfläche

Nutzeinheiten

Arbeitsplätze: 4
Lagerfläche: 1.441 m^2

Grundstück

Bauraum: Freier Bauraum
Neigung: Geneigtes Gelände
Bodenklasse: BK 3 bis BK 5

Besonderer Kosteneinfluss Grundstück
effiziente Ausnutzung des Grundstücks, kurze Planungs- und Bauzeit

Markt

Hauptvergabezeit: 4.Quartal 2023
Baubeginn: 2.Quartal 2024
Bauende: 3.Quartal 2025
Konjunkturelle Gesamtlage: über Durchschnitt
Regionaler Baumarkt: unter Durchschnitt

Baukonstruktion

Die Lagerhalle ist voll unterkellert und steht auf einem massiven Betonsockel, der mit einem Stahlbetonrammbord ausgeführt wurde. Das Kellergeschoss wurde in WU-Beton ausgeführt. Das Tragwerk der darüberliegenden Halle ist in Holzbauweise mit großen Spannweiten und Hebetragwerk errichtet. Die Tragverbindungen sind einfach gehalten und größtenteils gesteckt ausgeführt. Eine großflächige, transluzente Fassadenöffnung aus Polycarbonat sorgt für eine gleichmäßige Tageslichtversorgung. Die Außenwände bestehen aus vorgefertigten Holzelementen mit Einblasdämmung, das Hallendach wird von Brettschichtholzbindern in Verbindung mit Trapezblech getragen. Im Bereich der Kommissionierung wurde eine Stahlbühne mit automatisiertem Kleinteilelager eingebaut.

Technische Anlagen

Die Halle wird über einen Fernwärmeanschluss beheizt; die Wärmeverteilung erfolgt über Deckensegel, die ebenfalls zur sommerlichen Kühlung eingesetzt werden. Die natürliche Fensterlüftung bildet die Grundlage des Lüftungskonzepts und wird durch dezentrale Abluftanlagen in den Abstellräumen, den WCs sowie den Technikräumen im Untergeschoss ergänzt. Darüber hinaus ist die Lagerhalle mit einer Gebäudeautomation inklusive Wetterstation ausgestattet.

Sonstiges

Direkt neben dem Lagergebäude steht das dazugehörige Bürogebäude, das mit der BKI-Objektnummer 1300-0344 dokumentiert wurde.

Planungskennwerte für Flächen und Rauminhalte nach DIN 277

Flächen des Grundstücks		Menge Einheit	% an GF
BF	Bebaute Fläche	1.376,25 m²	73,5
UF	Unbebaute Fläche	497,25 m²	26,5
GF	Grundstücksfläche	1.873,50 m²	100,0

Grundflächen des Bauwerks		Menge Einheit	% an NUF	% an BGF
NUF	Nutzungsfläche	1.444,87 m²	100,0	76,7
TF	Technikfläche	69,80 m²	4,8	3,7
VF	Verkehrsfläche	123,40 m²	8,5	6,5
NRF	Netto-Raumfläche	1.638,07 m²	113,4	86,9
KGF	Konstruktions-Grundfläche	246,43 m²	17,1	13,1
BGF	Brutto-Grundfläche	1.884,50 m²	130,4	100,0

Brutto-Rauminhalt des Bauwerks		Menge Einheit	BRI/NUF (m)	BRI/BGF (m)
BRI	Brutto-Rauminhalt	13.053,71 m³	9,04	6,93

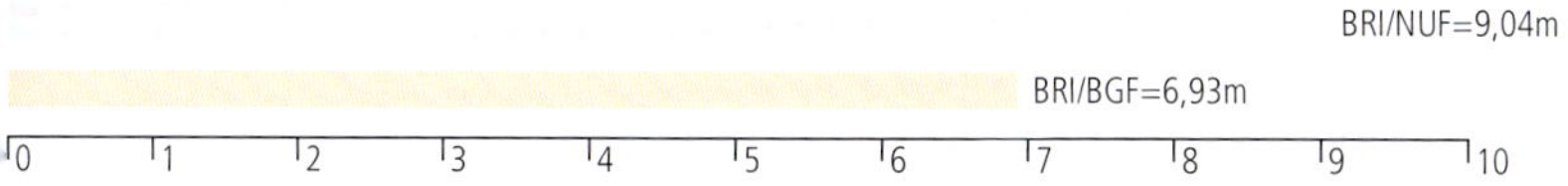

Kostenkennwerte für die Kostengruppen der 1. Ebene DIN 276

KG	Kostengruppen (1. Ebene)	Einheit	Kosten €	€/Einheit	€/m² BGF	€/m³ BRI	% 300+400
100	Grundstück	m² GF	–	–	–	–	–
200	Vorbereitende Maßnahmen	m² GF	–	–	–	–	–
300	Bauwerk – Baukonstruktionen	m² BGF	1.636.609	868,46	868,46	125,38	73,1
400	Bauwerk – Technische Anlagen	m² BGF	602.602	319,77	319,77	46,16	26,9
	Bauwerk 300+400	**m² BGF**	**2.239.212**	**1.188,23**	**1.188,23**	**171,54**	**100,0**
500	Außenanlagen und Freiflächen	m² AF	–	–	–	–	–
600	Ausstattung und Kunstwerke	m² BGF	–	–	–	–	–
700	Baunebenkosten	m² BGF	–	–	–	–	–
800	Finanzierung	m² BGF	–	–	–	–	–

KG	Kostengruppe	Menge Einheit	Kosten €	€/Einheit	%
3+4	**Bauwerk**				**100,0**
300	**Bauwerk – Baukonstruktionen**	1.884,50 m² BGF	1.636.609	**868,46**	73,1

Baugrubenaushub, Stb-Fundamente, Stb-Bodenplatte, flügelgeglättet; Stb-Wände, WU, Stb-Stützen, Stb-Aufkantung, Stahlstützen, vorgefertigte Holzelemente, Polycarbonatfassade, Holz-Alu-Fensterelemente, Stahl-Türelemente, Rolltor, Zelluloseeinblasdämmung, Fichte-Holzfassade, Holzplatten, oberflächenfertig, Einbruchschutzgitter; KS-Mauerwerk, GK-Wände, Stb-Wände, Sichtbeton, Holzstützen auf Stb-Sockel, Stahltüren, Beschichtung; Stb-Decken, flügelgeglättet, Stb-Treppen, Holzfaserdämmung, Geländer, Handläufe; BSH-Binder, Fachwerkträger, Trapezblech, Lichtkuppeln, Dämmung, Wellblech hinterlüftet, Dachentwässerung, seilgeführte Absturzsicherung

KG	Kostengruppe	Menge Einheit	Kosten €	€/Einheit	%
400	**Bauwerk – Technische Anlagen**	1.884,50 m² BGF	602.602	**319,77**	26,9

Gebäudeentwässerung, Rigolen, Kaltwasserleitungen, Warmwasser dezentral, Sanitärobjekte; Fernwärme, Heizleitungen, Deckenstrahlplatten; Tischrückkühler; dezentrale Lüftung im Sanitärbereich; Elektroinstallation, Beleuchtung, Blitzschutzanlage; Sprechanlage, Gebäudeautomation, KNX, Datenübertragung; Lastenaufzug, Überladebrücke, Personenaufzug, Hubbühne

7800-0034
Fahrradparkhaus
(604 STP)

Kostenkennwerte für die Kosten des Bauwerks (Kostengruppen 300+400 nach DIN 276)

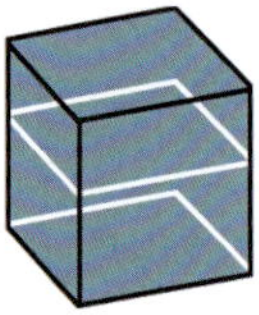

BRI 637 €/m³

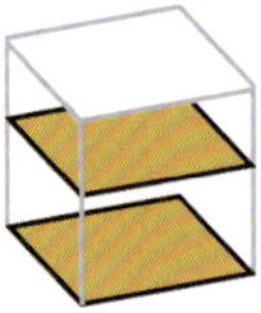

BGF 2.317 €/m²

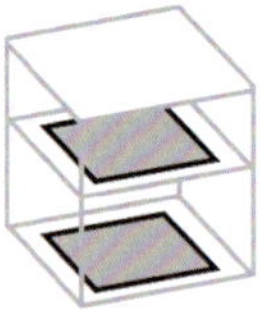

NUF 4.502 €/m²

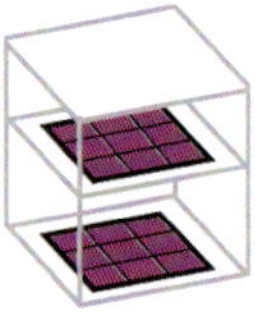

NE 5.059 €/NE

NE: Stellplätze

Objekt:
Kennwerte: 1. Ebene DIN 276
BRI: 4.800 m³
BGF: 1.319 m²
NUF: 679 m²
Bauzeit: 100 Wochen
Bauende: 2022
Standard: mittel
Bundesland: Brandenburg
Kreis: Barnim

Architekt*in:
Leitplan GmbH
Planungs- und Entwicklungsgesellschaft
Uhlandstraße 97
10715 Berlin

© Michael Ryan

© Michael Ryan

© Michael Ryan

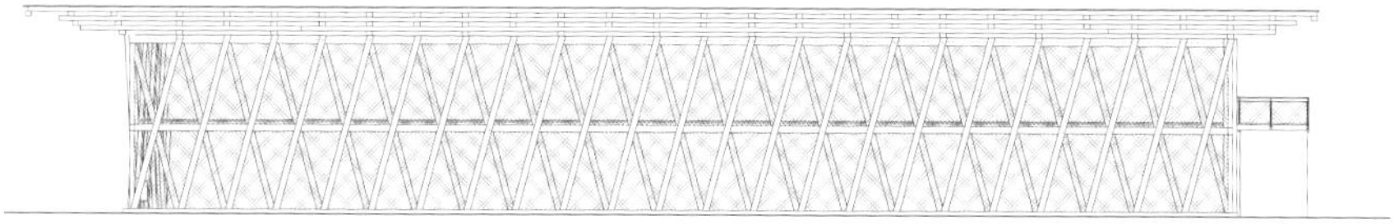

Ansicht Nord

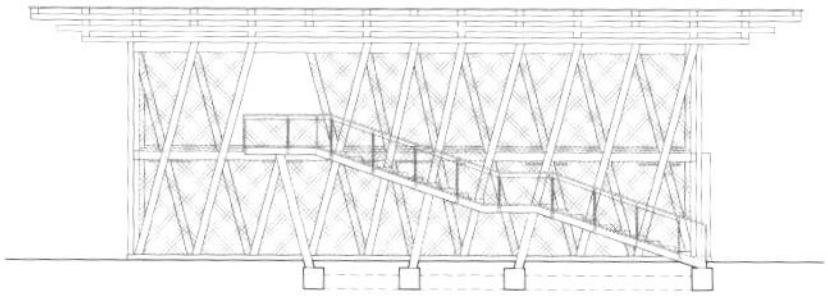

Ansicht West

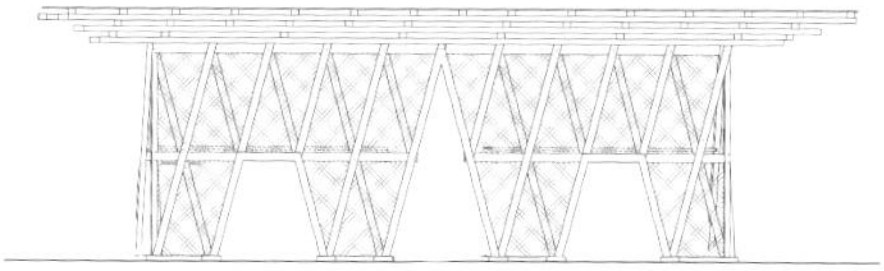

Ansicht Ost

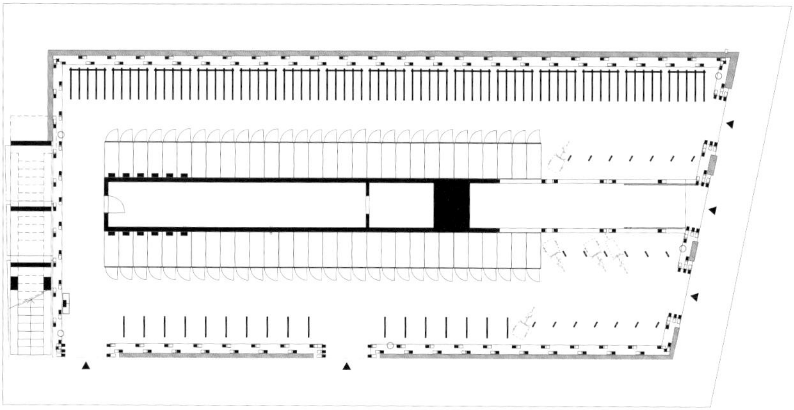

Erdgeschoss

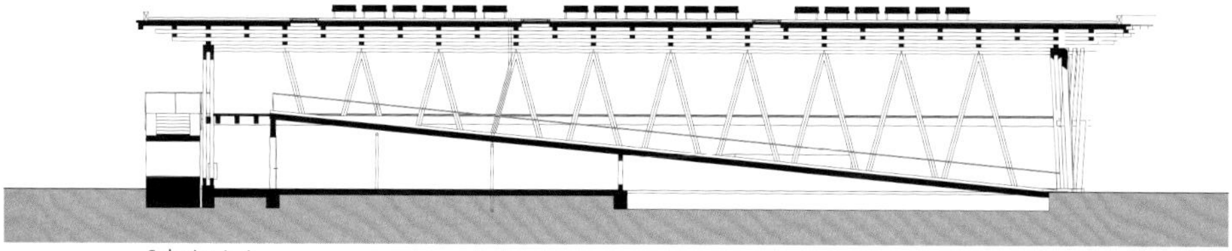

Schnitt A-A

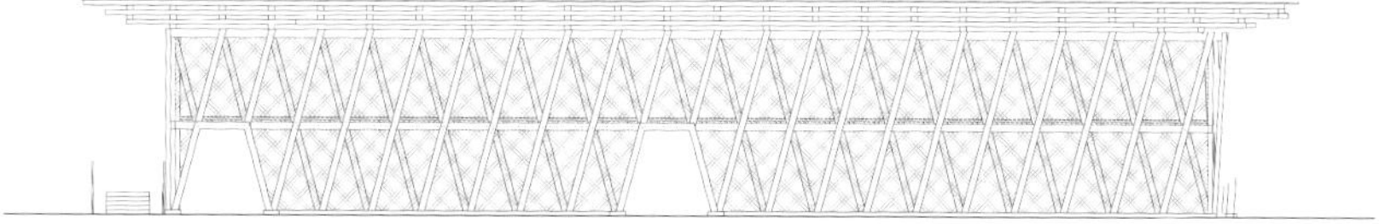

Ansicht Süd

Objektbeschreibung

Allgemeine Objektinformationen

Das Fahrradparkhaus am Hauptbahnhof bietet Platz für 604 Fahrräder. Aufgrund der insgesamt fünf Eingänge und einer Fahrradrampe ins Obergeschoss ermöglicht es den Pendlern und Pendlerinnen des Personennahverkehrs ein schnelles und unkompliziertes Abstellen der Fahrräder.

Nutzung

1 Erdgeschoss
Parkflächen für Fahrräder

1 Obergeschoss
Parkflächen für Fahrräder

Nutzeinheiten

Stellplätze: 604

Grundstück

Bauraum: Freier Bauraum
Neigung: Ebenes Gelände
Bodenklasse: BK 3 bis BK 5

Markt

Hauptvergabezeit: 2. Quartal 2020
Baubeginn: 3. Quartal 2020
Bauende: 2. Quartal 2022
Konjunkturelle Gesamtlage: Durchschnitt
Regionaler Baumarkt: Durchschnitt

Baukonstruktion

Das zweigeschossige Bauwerk gründet auf Stahlbeton-Streifenfundamenten. Eine Stahlbeton-Bodenplatte befindet sich nur unter der Rampe im Haustechnikraum. Diese Rampe ebenfalls aus Stahlbeton erschließt das Obergeschoss. Das Dach, die Fassade und die Trägerkonstruktion sind aus Lärchenbrettschichthölzern gefertigt. Edelstahl-Seilnetze bilden den Fassadenabschluss. Auf der 840m^2 großen Dachfläche wurde eine bienenfreundliche Begrünung aufgebracht. Das Parkhaus für 604 Fahrradstellplätzen ist mit Doppelparkern, Anlehnbügeln und abschließbaren Boxen (teilweise mit Strom für E-Bikes) eingerichtet. Es bietet auch Stellplätze für Lastenräder und Anhänger.

Technische Anlagen

Die Stromversorgung durch 18 Photovoltaik-Module auf dem Dach ermöglicht nahezu eine Selbstversorgung des benötigten Strombedarfs, sowohl für die Beleuchtung als auch für die Ladesäulen.

Sonstiges

Das Fahrradparkhaus wurde 2022 als eines von fünf Leuchtturmprojekten in Deutschland mit dem Deutschen Verkehrswendepreis ausgezeichnet und erhielt im Rahmen des Deutschen Ingenieurbaupreises 2022 eine Auszeichnung.

Planungskennwerte für Flächen und Rauminhalte nach DIN 277

Flächen des Grundstücks		Menge Einheit	% an GF
BF	Bebaute Fläche	673,00 m²	63,3
UF	Unbebaute Fläche	390,00 m²	36,7
GF	Grundstücksfläche	1.063,00 m²	100,0

Grundflächen des Bauwerks		Menge Einheit	% an NUF	% an BGF
NUF	Nutzungsfläche	678,75 m²	100,0	51,5
TF	Technikfläche	39,07 m²	5,8	3,0
VF	Verkehrsfläche	390,18 m²	57,5	29,6
NRF	Netto-Raumfläche	1.108,00 m²	163,2	84,0
KGF	Konstruktions-Grundfläche	211,00 m²	31,1	16,0
BGF	Brutto-Grundfläche	1.319,00 m²	194,3	100,0

Brutto-Rauminhalt des Bauwerks		Menge Einheit	BRI/NUF (m)	BRI/BGF (m)
BRI	Brutto-Rauminhalt	4.800,00 m³	7,07	3,64

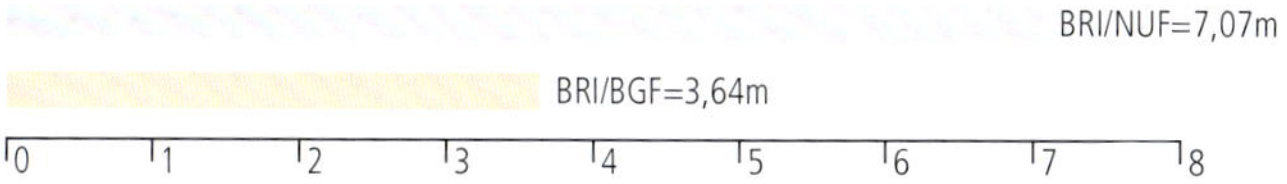

Kostenkennwerte für die Kostengruppen der 1. Ebene DIN 276

KG	Kostengruppen (1. Ebene)	Einheit	Kosten €	€/Einheit	€/m² BGF	€/m³ BRI	% 300+400
100	Grundstück	m² GF	–	–	–	–	–
200	Vorbereitende Maßnahmen	m² GF	–	–	–	–	–
300	Bauwerk – Baukonstruktionen	m² BGF	2.827.923	2.143,99	2.143,99	589,15	92,5
400	Bauwerk – Technische Anlagen	m² BGF	227.996	172,86	172,86	47,50	7,5
	Bauwerk 300+400	**m² BGF**	**3.055.919**	**2.316,85**	**2.316,85**	**636,65**	**100,0**
500	Außenanlagen und Freiflächen	m² AF	234.988	602,53	178,16	48,96	7,7
600	Ausstattung und Kunstwerke	m² BGF	478.595	362,85	362,85	99,71	15,7
700	Baunebenkosten	m² BGF	–	–	–	–	–
800	Finanzierung	m² BGF	–	–	–	–	–

KG	Kostengruppe	Menge Einheit	Kosten €	€/Einheit	%
3+4	**Bauwerk**				**100,0**
300	**Bauwerk – Baukonstruktionen**	1.319,00 m² BGF	2.827.923	**2.143,99**	92,5

Bodenarbeiten; Stb-Streifenfundamente, Stb-Bodenplatte, Stb-Aufkantung, Bodenbeschichtung, Betonpflaster, Sauberkeitsschicht; Tragwerk: Brettschichtstützen, Lärchenholz, Edelstahlnetze; Stb-Rampe mit Trittstufen, Stb-Treppe mit Schiebestreifen, Beschichtung, Brettschicht-Holzbalkendecke, Lärchenholz, Geländer; Flachdach: Stapelroste, BSH-Balken, Lärchenholz, BFU-Platten, Abdichtung, Attikableche, extensive Dachbegrünung, Dachentwässerung

KG	Kostengruppe	Menge Einheit	Kosten €	€/Einheit	%
400	**Bauwerk – Technische Anlagen**	1.319,00 m² BGF	227.996	**172,86**	7,5

Gebäudeentwässerung; PV-Anlage, Beleuchtung, Ladestationen für E-Bikes

KG	Kostengruppe	Menge Einheit	Kosten €	€/Einheit	%
500	**Außenanlagen und Freiflächen**	390,00 m² AF	234.988	**602,53**	7,7

Rigole, Pflasterarbeiten

KG	Kostengruppe	Menge Einheit	Kosten €	€/Einheit	%
600	**Ausstattung und Kunstwerke**	1.319,00 m² BGF	478.595	**362,85**	15,7

Fahrradboxen, Fahrradanlehnbügel, Doppelstockparker

7800-0037
Parkhaus (77 STP)

Kostenkennwerte für die Kosten des Bauwerks (Kostengruppen 300+400 nach DIN 276)

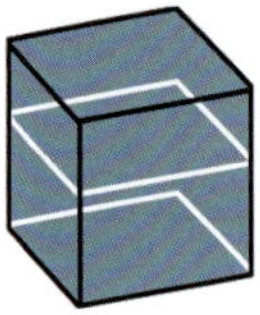

BRI 370 €/m³

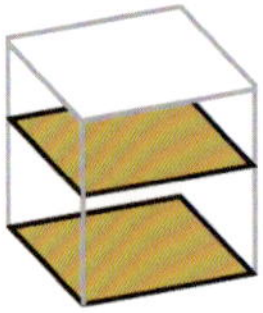

BGF 1.114 €/m²

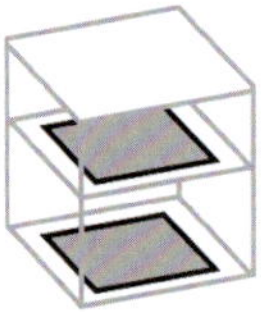

NUF 1.995 €/m²

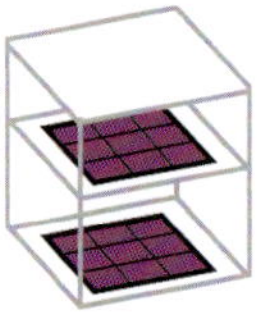

NE 30.647 €/NE

NE: Stellplätze

Objekt:
Kennwerte: 3. Ebene DIN 276
BRI: 6.384 m³
BGF: 2.118 m²
NUF: 1.183 m²
Bauzeit: 39 Wochen
Bauende: 2020
Standard: mittel
Bundesland: Hessen
Kreis: Groß-Gerau

Architekt*in:
kg5 architekten GmbH
Alte Farbwerke
Ronsdorfer Straße 74 Halle 17
40233 Düsseldorf

Bauherr*in:
GeWoBau
Rüsselsheim mbH
Markstraße 40
65428 Rüsselsheim

© Andreas Wiese

© Andreas Wiese

© Andreas Wiese

© Andreas Wiese

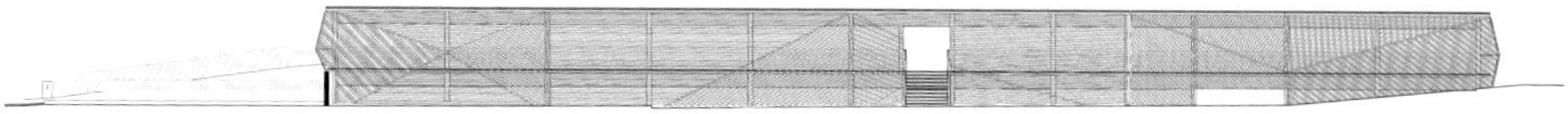

Ansicht Nord

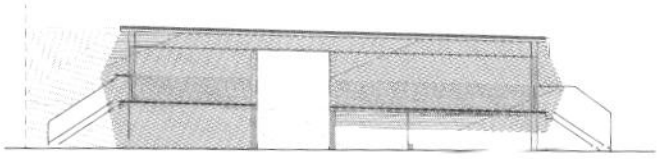

Ansicht Ost

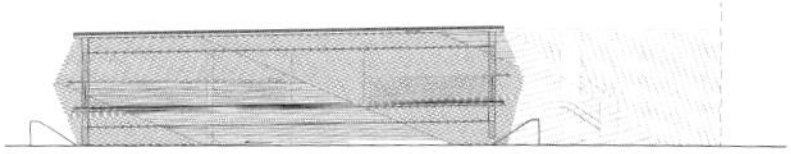

Ansicht West

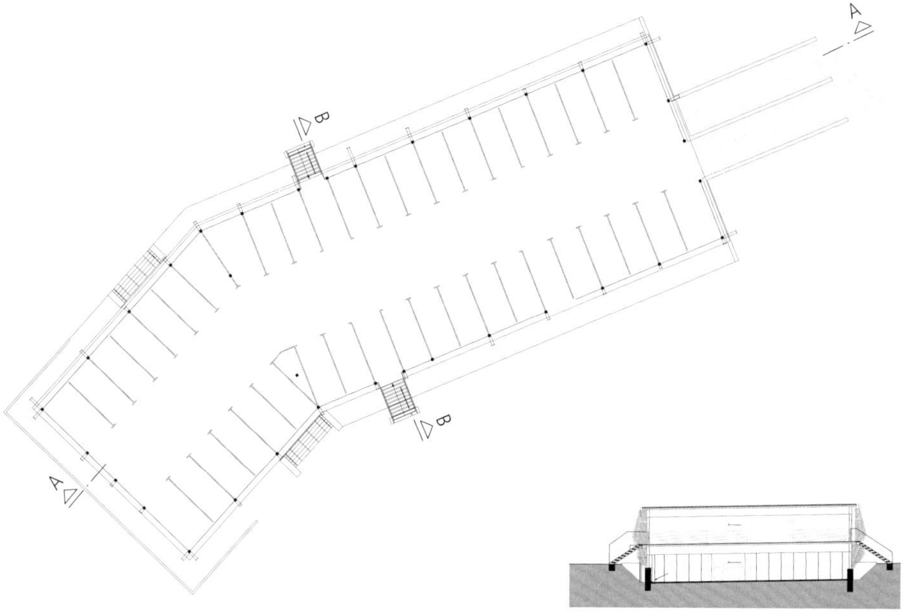

Erdgeschoss

Schnitt B-B

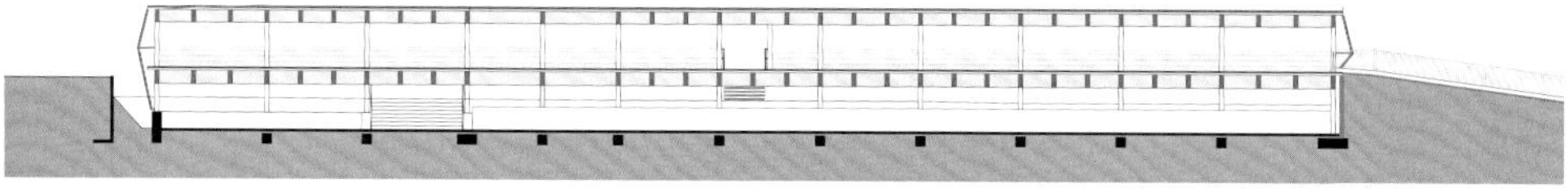

Schnitt A-A

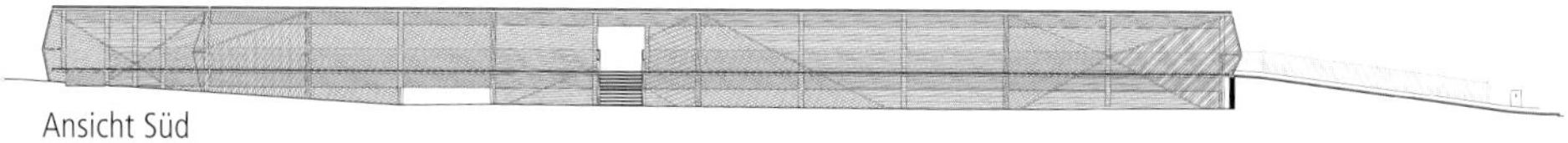

Ansicht Süd

Objektbeschreibung

Allgemeine Objektinformationen

Der Neubau des Parkhauses mit 77 Stellplätzen für die Anwohner der umliegenden Hochhäuser soll durch seine Bauweise als Holzbau in Kontrast zur Wohnbebauung des Umfeldes stehen.

Nutzung

1 Untergeschoss
Parkplätze, Fahrgasse, Rampe

1 Erdgeschoss
Parkplätze, Fahrgasse, Rampe

Nutzeinheiten

Stellplätze: 77

Grundstück

Bauraum: Beengter Bauraum
Neigung: Geneigtes Gelände
Bodenklasse: BK 3 bis BK 4

Markt

Hauptvergabezeit: 1. Quartal 2020
Baubeginn: 1. Quartal 2020
Bauende: 4. Quartal 2020
Konjunkturelle Gesamtlage: Durchschnitt
Regionaler Baumarkt: Durchschnitt

Baukonstruktion

Die Gründung erfolgt auf Stb-Streifen- und Einzelfundamenten. Die Tragkonstruktion besteht aus Stahlstützen die BSH-Binder und Brettsperrholz-Deckenelemente tragen. Darüber ist eine Abdichtung mit Asphaltbelag verlegt. Das Stützraster wurde auf 5x16m festgelegt. Als Fassade wurden unregelmäßige Stahlelemente in Dreiecksformen mit Rahmenhölzern bekleidet und bilden einen transparenten, lebendigen Raumabschluss. Auf dem Dach, ebenfalls aus Brettsperrholzelementen, wurde eine extensive Dachbegrünung ausgeführt. Der Boden des Erdgeschosses besteht aus Betonpflaster auf einer Schottertragschicht.

Technische Anlagen

Für den reibungslosen Parkbetrieb wurde eine Ampelanlage sowie eine Schranke installiert. Im Technikraum befindet sich die Elektroverteilung für die Beleuchtung des Gebäudes. Sonst sind keine weiteren technischen Einbauten nötig.

Sonstiges

Das Parkhaus wurde in ein abgeböschtes Gelände gesetzt und mit einer umlaufenden Gabionenmauer begrenzt. Auf der unteren Ebene des Gebäudes verläuft beidseitig eine Freitreppe und verbindet die beiden Höfe der umgebenden Wohnbebauung miteinander.

Planungskennwerte für Flächen und Rauminhalte nach DIN 277

Flächen des Grundstücks		Menge Einheit	% an GF
BF	Bebaute Fläche	1.105,13 m²	–
UF	Unbebaute Fläche	–	–
GF	Grundstücksfläche	–	–

Grundflächen des Bauwerks		Menge Einheit	% an NUF	% an BGF
NUF	Nutzungsfläche	1.183,11 m²	100,0	55,9
TF	Technikfläche	16,20 m²	1,4	0,8
VF	Verkehrsfläche	777,86 m²	65,7	36,7
NRF	Netto-Raumfläche	1.977,17 m²	167,1	93,4
KGF	Konstruktions-Grundfläche	140,83 m²	11,9	6,6
BGF	Brutto-Grundfläche	2.118,00 m²	179,0	100,0

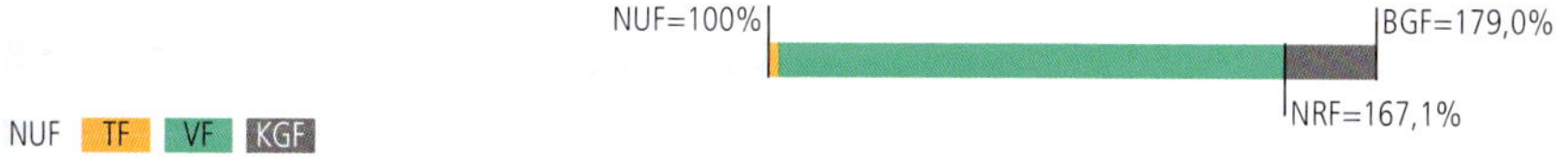

Brutto-Rauminhalt des Bauwerks		Menge Einheit	BRI/NUF (m)	BRI/BGF (m)
BRI	Brutto-Rauminhalt	6.383,69 m³	5,40	3,01

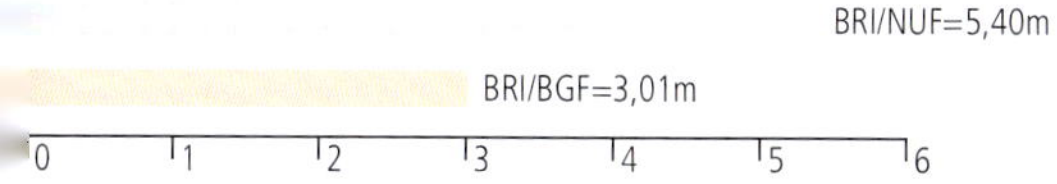

KG	Kostengruppen (2. Ebene)	Menge Einheit	Menge/NUF	Menge/BGF
310	Baugrube / Erdbau	1.028,59 m³ BGI	0,87	0,49
320	Gründung, Unterbau	984,84 m² GRF	0,83	0,47
330	Außenwände/Vertikale Baukonstruktionen, außen	911,65 m² AWF	0,77	0,43
340	Innenwände/Vertikale Baukonstruktionen, innen	–	–	–
350	Decken/Horizontale Baukonstruktionen	981,78 m² DEF	0,83	0,46
360	Dächer	969,94 m² DAF	0,82	0,46

Kostenkennwerte für die Kostengruppen der 1. Ebene DIN 276

KG	Kostengruppen (1. Ebene)	Einheit	Kosten €	€/Einheit	€/m² BGF	€/m³ BRI	% 300+400
100	Grundstück	m² GF	–	–	–	–	–
200	Vorbereitende Maßnahmen	m² GF	156.075	–	73,69	24,45	6,6
300	Bauwerk – Baukonstruktionen	m² BGF	2.181.443	1.029,95	1.029,95	341,72	92,4
400	Bauwerk – Technische Anlagen	m² BGF	178.408	84,23	84,23	27,95	7,6
	Bauwerk 300+400	**m² BGF**	**2.359.851**	**1.114,19**	**1.114,19**	**369,67**	**100,0**
500	Außenanlagen und Freiflächen	m² AF	16.120	–	7,61	2,53	0,7
600	Ausstattung und Kunstwerke	m² BGF	–	–	–	–	–
700	Baunebenkosten	m² BGF	–	–	–	–	–
800	Finanzierung	m² BGF	–	–	–	–	–

KG	Kostengruppe	Menge Einheit	Kosten €	€/Einheit	%
200	**Vorbereitende Maßnahmen**	–	156.075	–	6,6
	Abbruch von Parkpalette, Pflasterbelägen, Betonteilen; Entsorgung, Deponiegebühren; Kampfmittelsondierung				
3+4	**Bauwerk**				**100,0**
300	**Bauwerk – Baukonstruktionen**	2.118,00 m² BGF	2.181.443	**1.029,95**	92,4
	Erdarbeiten, Baugrubenverbau; Stb-Streifenfundamente; Schottertragschicht, Recyclingmaterial, Betonverbundpflaster, Parkplatzmarkierung; Doppelwandelemente, Stahlstützen, Stahlrahmen-Fassadenelemente, diagonal montierte Lärchenkanthölzer, Aussteifungsverbände; Brettsperrholzdecken, BSH-Binder, Stahltreppen, Holzfaserdämmung, Bitumenabdichtung, Gussasphalt, Anprallgitter; Brettsperrholzdach, BSH-Binder, Kunststoffabdichtung, Dränelemente, Extensivsubstrat, Saatgut, Dachentwässerung, Absturzsicherungen				
400	**Bauwerk – Technische Anlagen**	2.118,00 m² BGF	178.408	**84,23**	7,6
	Gebäudeentwässerung; Elektroinstallation, LED-Beleuchtung, Sicherheitsbeleuchtung; Ampelanlage, Einfahrtsschranke				
500	**Außenanlagen und Freiflächen**	–	16.120	–	0,7
	Stb-Winkelstützwände				

Kostenkennwerte für die Kostengruppen 300 der 2. und 3. Ebene DIN 276 (Übersicht)

KG	Kostengruppe	Menge Einheit	Kosten €	€/Einheit	% an 3+4
300	**Bauwerk – Baukonstruktionen**	**2.118,00 m² BGF**	**2.181.443,16**	**1.029,95**	**92,4**
310	**Baugrube / Erdbau**	**1.028,59 m³ BGI**	**165.694,22**	**161,09**	**7,0**
311	Herstellung	1.028,59 m³ BGI	129.351,45	125,76	5,5
312	Umschließung	364,50 m²	36.342,79	99,71	1,5
313	Wasserhaltung	–	–	–	–
314	Vortrieb	–	–	–	–
319	Sonstiges zur KG 310	–	–	–	–
320	**Gründung, Unterbau**	**984,84 m² GRF**	**220.751,29**	**224,15**	**9,4**
321	Baugrundverbesserung	–	–	–	–
322	Flachgründungen und Bodenplatten	984,84 m²	142.698,27	144,89	6,0
323	Tiefgründungen	–	–	–	–
324	Gründungsbeläge	959,48 m²	68.501,81	71,39	2,9
325	Abdichtungen und Bekleidungen	271,00 m²	9.551,21	35,24	0,4
326	Dränagen	–	–	–	–
329	Sonstiges zur KG 320	–	–	–	–
330	**Außenwände/Vert. Baukonstrukt., außen**	**911,65 m² AWF**	**548.795,23**	**601,98**	**23,3**
331	Tragende Außenwände	111,65 m²	45.524,27	407,74	1,9
332	Nichttragende Außenwände	–	–	–	–
333	Außenstützen	195,96 m	142.775,03	728,59	6,1
334	Außenwandöffnungen	–	–	–	–
335	Außenwandbekleidungen, außen	875,10 m²	360.495,92	411,95	15,3
336	Außenwandbekleidungen, innen	–	–	–	–
337	Element. Außenwandkonstruktionen	–	–	–	–
338	Lichtschutz zur KG 330	–	–	–	–
339	Sonstiges zur KG 330	–	–	–	–
340	**Innenwände/Vert. Baukonstrukt., innen**	**–**	**–**	**–**	**–**
341	Tragende Innenwände	–	–	–	–
342	Nichttragende Innenwände	–	–	–	–
343	Innenstützen	–	–	–	–
344	Innenwandöffnungen	–	–	–	–
345	Innenwandbekleidungen	–	–	–	–
346	Elementierte Innenwandkonstruktionen	–	–	–	–
347	Lichtschutz zur KG 340	–	–	–	–
349	Sonstiges zur KG 340	–	–	–	–
350	**Decken/Horizontale Baukonstruktionen**	**981,78 m² DEF**	**598.476,69**	**609,58**	**25,4**
351	Deckenkonstruktionen	969,94 m²	399.516,70	411,90	16,9
352	Deckenöffnungen	–	–	–	–
353	Deckenbeläge	970,00 m²	160.832,48	165,81	6,8
354	Deckenbekleidungen	–	–	–	–
355	Elementierte Deckenkonstruktionen	11,84 m²	12.055,41	1.018,19	0,5
359	Sonstiges zur KG 350	981,78 m² DEF	26.072,11	26,56	1,1
360	**Dächer**	**969,94 m² DAF**	**577.219,41**	**595,11**	**24,5**
361	Dachkonstruktionen	969,94 m²	401.151,16	413,58	17,0
362	Dachöffnungen	–	–	–	–
363	Dachbeläge	970,00 m²	172.857,87	178,20	7,3
364	Dachbekleidungen	–	–	–	–
365	Elementierte Dachkonstruktionen	–	–	–	–
366	Lichtschutz zur KG 360	–	–	–	–
369	Sonstiges zur KG 360	969,94 m² DAF	3.210,38	3,31	0,1
370	**Infrastrukturanlagen**	**–**	**–**	**–**	**–**
380	**Baukonstruktive Einbauten**	**–**	**–**	**–**	**–**
390	**Sonst. Maßnahmen für Baukonstrukt.**	**2.118,00 m² BGF**	**70.506,30**	**33,29**	**3,0**

Kostenkennwerte für die Kostengruppen 400 der 2. und 3. Ebene DIN 276 (Übersicht)

KG	Kostengruppe	Menge Einheit	Kosten €	€/Einheit	% an 3+4
400	**Bauwerk – Technische Anlagen**	**2.118,00 m²BGF**	**178.407,79**	**84,23**	**7,6**
410	**Abwasser-, Wasser-, Gasanlagen**	**2.118,00 m²BGF**	**31.866,84**	**15,05**	**1,4**
411	Abwasseranlagen	2.118,00 m²BGF	31.866,84	15,05	1,4
412	Wasseranlagen	–	–	–	–
413	Gasanlagen	–	–	–	–
419	Sonstiges zur KG 410	–	–	–	–
420	**Wärmeversorgungsanlagen**	**–**	**–**	**–**	**–**
421	Wärmeerzeugungsanlagen	–	–	–	–
422	Wärmeverteilnetze	–	–	–	–
423	Raumheizflächen	–	–	–	–
424	Verkehrsheizflächen	–	–	–	–
429	Sonstiges zur KG 420	–	–	–	–
430	**Raumlufttechnische Anlagen**	**–**	**–**	**–**	**–**
431	Lüftungsanlagen	–	–	–	–
432	Teilklimaanlagen	–	–	–	–
433	Klimaanlagen	–	–	–	–
434	Kälteanlagen	–	–	–	–
439	Sonstiges zur KG 430	–	–	–	–
440	**Elektrische Anlagen**	**2.118,00 m²BGF**	**111.276,43**	**52,54**	**4,7**
441	Hoch- und Mittelspannungsanlagen	–	–	–	–
442	Eigenstromversorgungsanlagen	–	–	–	–
443	Niederspannungsschaltanlagen	–	–	–	–
444	Niederspannungsinstallationsanlagen	2.118,00 m²BGF	18.043,18	8,52	0,8
445	Beleuchtungsanlagen	2.118,00 m²BGF	88.020,72	41,56	3,7
446	Blitzschutz- und Erdungsanlagen	2.118,00 m²BGF	5.212,53	2,46	0,2
447	Fahrleitungssysteme	–	–	–	–
449	Sonstiges zur KG 440	–	–	–	–
450	**Kommunikationstechnische Anlagen**	**2.118,00 m²BGF**	**35.264,54**	**16,65**	**1,5**
451	Telekommunikationsanlagen	–	–	–	–
452	Such- und Signalanlagen	–	–	–	–
453	Zeitdienstanlagen	–	–	–	–
454	Elektroakustische Anlagen	–	–	–	–
455	Audiovisuelle Medien- u. Antennenanl.	–	–	–	–
456	Gefahrenmelde- und Alarmanlagen	–	–	–	–
457	Datenübertragungsnetze	–	–	–	–
458	Verkehrsbeeinflussungsanlagen	2.118,00 m²BGF	35.264,54	16,65	1,5
459	Sonstiges zur KG 450	–	–	–	–
460	**Förderanlagen**	**–**	**–**	**–**	**–**
461	Aufzugsanlagen	–	–	–	–
462	Fahrtreppen, Fahrsteige	–	–	–	–
463	Befahranlagen	–	–	–	–
464	Transportanlagen	–	–	–	–
465	Krananlagen	–	–	–	–
466	Hydraulikanlagen	–	–	–	–
469	Sonstiges zur KG 460	–	–	–	–
470	**Nutzungsspez. u. verfahrenstechn. Anl.**	**–**	**–**	**–**	**–**
480	**Gebäude- und Anlagenautomation**	**–**	**–**	**–**	**–**
490	**Sonst. Maßnahmen für techn. Anlagen**	**–**	**–**	**–**	**–**

Kostenkennwerte für Leistungsbereiche nach STLB (Kosten des Bauwerks nach DIN 276)

LB	Leistungsbereiche	Kosten €	€/m² BGF	€/m³ BRI	% an 3+4
000	Baustellen-, Sicherheitseinr. inkl. 001, 089	70.506	33,30	11,00	3,0
002	Erdarbeiten	181.345	85,60	28,40	7,7
006	Spezialtiefbauarbeiten inkl. 005	–	–	–	–
009	Entwässerungskanalarbeiten inkl. 011	10.501	5,00	1,60	0,4
010	Drän- und Versickerarbeiten	–	–	–	–
012	Mauerarbeiten	–	–	–	–
013	Betonarbeiten	151.364	71,50	23,70	6,4
014	Natur-, Betonwerksteinarbeiten	–	–	–	–
016	Zimmer- und Holzbauarbeiten	922.623	435,60	144,50	39,1
017	Stahlbauarbeiten	352.121	166,30	55,20	14,9
018	Abdichtungsarbeiten	–	–	–	–
019	Kampfmittelräumarbeiten	–	–	–	–
020	Dachdeckungsarbeiten	238.357	112,50	37,30	10,1
021	Dachabdichtungsarbeiten	–	–	–	–
022	Klempnerarbeiten	44.680	21,10	7,00	1,9
	Rohbau	**1.971.499**	**930,80**	**308,80**	**83,5**
023	Putz- und Stuckarbeiten, Wärmedämmsysteme	–	–	–	–
024	Fliesen- und Plattenarbeiten	–	–	–	–
025	Estricharbeiten	–	–	–	–
026	Fenster, Außentüren inkl. 029, 032	–	–	–	–
027	Tischlerarbeiten	–	–	–	–
028	Parkett-, Holzpflasterarbeiten	–	–	–	–
030	Rollladenarbeiten	–	–	–	–
031	Metallbauarbeiten inkl. 035	12.055	5,70	1,90	0,5
034	Maler- und Lackiererarb. - Beschicht. inkl. 037	11.297	5,30	1,80	0,5
036	Bodenbelagarbeiten	–	–	–	–
038	Vorgehängte hinterlüftete Fassaden	–	–	–	–
039	Trockenbauarbeiten	–	–	–	–
	Ausbau	**23.353**	**11,00**	**3,70**	**1,0**
040	Wärmeversorgungsanl. - Betriebseinr. inkl. 041	–	–	–	–
042	Gas- u. Wasseranl. - Leitung., Armat. inkl. 043	1.414	0,67	0,22	< 0,1
044	Abwasseranl. - Leitungen, Abläufe, Armaturen	17.217	8,10	2,70	0,7
045	Gas, Wasser, Entwässerung - Ausstattung inkl. 046	–	–	–	–
047	Dämm- und Brandschutzarb. an techn. Anlagen	1.010	0,48	0,16	< 0,1
049	Feuerlöschanlagen, Feuerlöschgeräte	–	–	–	–
050	Blitzschutz-/Erdungsanlagen, Überspannungssch.	5.213	2,50	0,82	0,2
053	Niederspannungsanl. - Kabel inkl. 052, 054	17.739	8,40	2,80	0,8
055	Sicherheits- u. Ersatzstromversorgungsanl.	–	–	–	–
057	Gebäudesystemtechnik	–	–	–	–
058	Leuchten und Lampen inkl. 059	105.760	49,90	16,60	4,5
060	Such, Signal, Zeit, Anten., akust. Anl. inkl. 064	17.526	8,30	2,70	0,7
061	Kommunikations- u. Übertragungsnetze inkl. 063	–	–	–	–
069	Aufzüge	–	–	–	–
070	Gebäudeautomation	–	–	–	–
075	Raumlufttechnische Anlagen inkl. 078	–	–	–	–
	Gebäudetechnik	**165.878**	**78,30**	**26,00**	**7,0**
084	Abbruch, Rückbau, Schadstoffsanierung	–	–	–	–
	Abbrucharbeiten	**–**	**–**	**–**	**–**
	Sonstige Leistungsbereiche	**199.121**	**94,00**	**31,20**	**8,4**

7800-0046
Fahrradhaus
(62 STP)

Kostenkennwerte für die Kosten des Bauwerks (Kostengruppen 300+400 nach DIN 276)

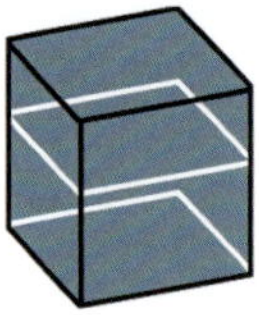

BRI 669€/m³

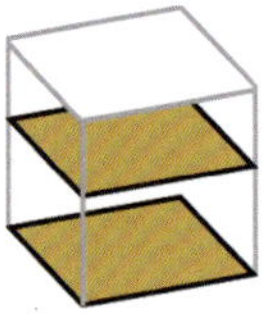

BGF 3.674€/m²

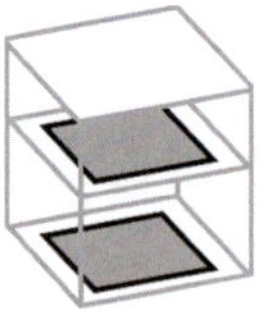

NUF 5.261€/m²

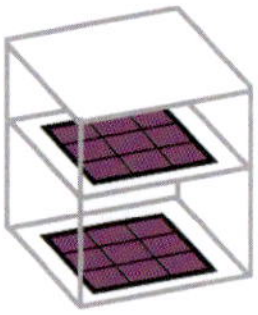

NE 7.959€/NE

NE: Stellplätze

Objekt:
Kennwerte: 1.Ebene DIN 276
BRI: 738m³
BGF: 134m²
NUF: 94m²
Bauzeit: 22 Wochen
Bauende: 2022
Standard: mittel
Bundesland: Baden-Württemberg
Kreis: Alb-Donau-Kreis

Architekt*in:
ott_architekten BDA
partnerschaft mbB
Heinrich-Kahn-Straße 3
89150 Laichingen

Bauherr*in:
Verband Region
Schwäbische Alb

© Steffen Roller Photography

© Steffen Roller Photography

© Steffen Roller Photography

Ansicht Nord

Ansicht Ost

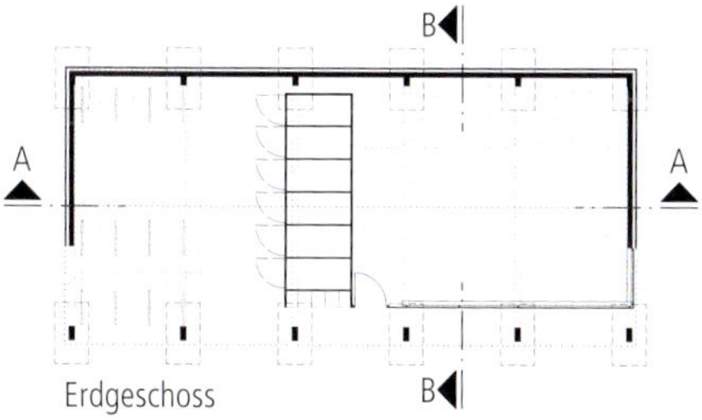

Erdgeschoss

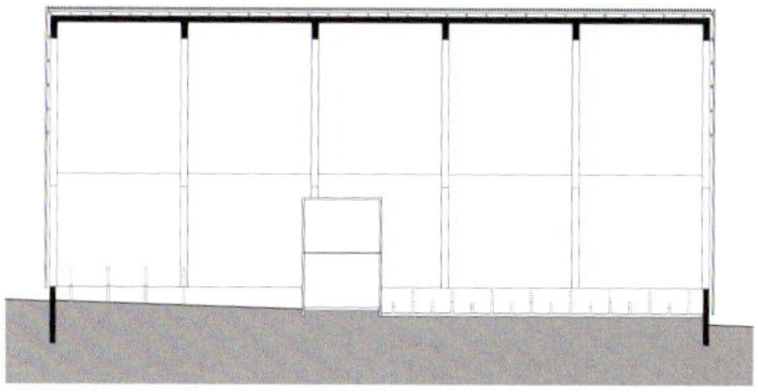

Schnitt A-A

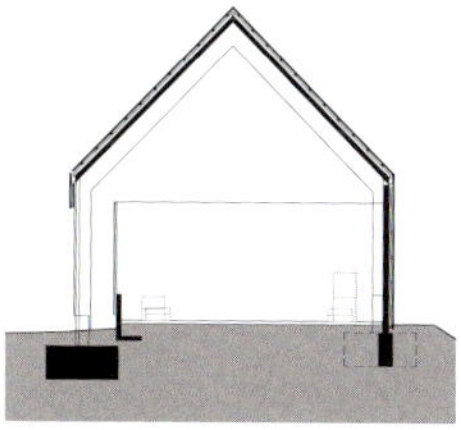

Schnitt B-B

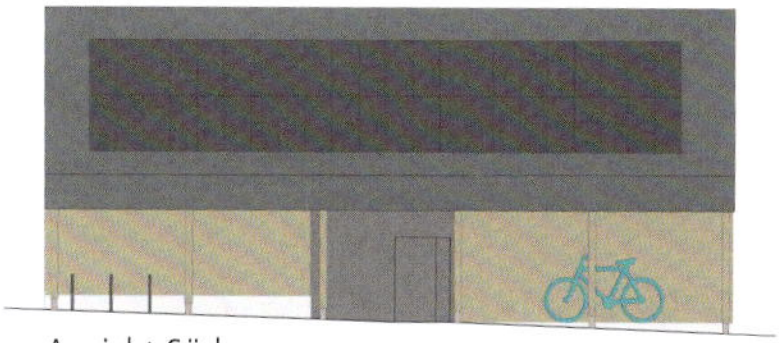

Ansicht Süd

Ansicht West

7800-0046
Fahrradhaus
(62 STP)

Objektbeschreibung

Allgemeine Objektinformationen

Für den Bahnhof Merklingen-Schwäbische Alb wurde ein Neubau eines Fahrradparkhauses mit Abstellmöglichkeit für 62 Fahrräder sowie 21 Schließfächer mit integrierter Ladesteckdose errichtet.

Nutzung

1 Erdgeschoss
Fahrradstellplätze, Fahrradboxen, Schließfächer mit integrierter Ladesteckdose

Nutzeinheiten

Stellplätze: 62

Grundstück

Bauraum: Freier Bauraum
Neigung: Geneigtes Gelände
Bodenklasse: BK 1 bis BK 6

Markt

Hauptvergabezeit: 1.Quartal 2022
Baubeginn: 2.Quartal 2022
Bauende: 4.Quartal 2022
Konjunkturelle Gesamtlage: Durchschnitt
Regionaler Baumarkt: unter Durchschnitt

Baukonstruktion

Die Baukonstruktion aus gekrümmten Brettschicht-Holzbindern umfasst ein steiles Satteldach mit rechteckigem Grundriss, das sowohl die Abstellmöglichkeiten für die Fahrräder, sowie die Schließfächer, überdacht. Das Dach ist mit einer Stehfalzdeckung aus Blech eingedeckt. Die Fassade ist mit einer senkrechten Holz-Lamellenbekleidung versehen.

Technische Anlagen

Eine Photovoltaikanlage auf der Süd-Dachfläche dient der Stromversorgung.

Sonstiges

Damit das Gebäude in die Landschaft und zur Region passt, wurde die Form einer Feldscheune nachempfunden. Das kleinere Fahrradhaus, an der Zufahrt gelegen, markiert den Anfangspunkt des Fußgängerbereichs. Das größere Funktionsgebäude, welches unter der Objektnummer 7300-0112 dokumentiert ist, liegt etwas höher und bildet optisch den Endpunkt. Das Gebäude ist barrierefrei erschlossen.

Planungskennwerte für Flächen und Rauminhalte nach DIN 277

Flächen des Grundstücks		Menge Einheit	% an GF
BF	Bebaute Fläche	–	–
UF	Unbebaute Fläche	–	–
GF	Grundstücksfläche	24.708,00 m²	100,0

Grundflächen des Bauwerks		Menge Einheit	% an NUF	% an BGF
NUF	Nutzungsfläche	93,80 m²	100,0	69,8
TF	Technikfläche	–	–	–
VF	Verkehrsfläche	30,10 m²	32,1	22,4
NRF	Netto-Raumfläche	123,90 m²	132,1	92,3
KGF	Konstruktions-Grundfläche	10,40 m²	11,1	7,7
BGF	Brutto-Grundfläche	134,30 m²	143,2	100,0

Brutto-Rauminhalt des Bauwerks		Menge Einheit	BRI/NUF (m)	BRI/BGF (m)
BRI	Brutto-Rauminhalt	737,50 m³	7,86	5,49

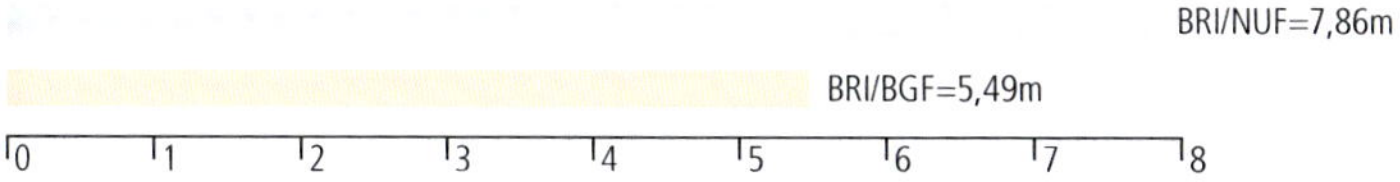

Kostenkennwerte für die Kostengruppen der 1. Ebene DIN 276

KG	Kostengruppen (1. Ebene)	Einheit	Kosten €	€/Einheit	€/m² BGF	€/m³ BRI	% 300+400
100	Grundstück	m² GF	–	–	–	–	–
200	Vorbereitende Maßnahmen	m² GF	–	–	–	–	–
300	Bauwerk – Baukonstruktionen	m² BGF	427.957	3.186,57	3.186,57	580,28	86,7
400	Bauwerk – Technische Anlagen	m² BGF	65.510	487,79	487,79	88,83	13,3
	Bauwerk 300+400	**m² BGF**	**493.467**	**3.674,36**	**3.674,36**	**669,11**	**100,0**
500	Außenanlagen und Freiflächen	m² AF	–	–	–	–	–
600	Ausstattung und Kunstwerke	m² BGF	–	–	–	–	–
700	Baunebenkosten	m² BGF	–	–	–	–	–
800	Finanzierung	m² BGF	–	–	–	–	–

KG	Kostengruppe	Menge Einheit	Kosten €	€/Einheit	%
3+4	**Bauwerk**				**100,0**
300	**Bauwerk – Baukonstruktionen**	134,30 m² BGF	427.957	**3.186,57**	86,7

Stb-Fundamente, Stb-Bodenplatte, Pflasterbelag; Holzständerwände, Dreigelenk-Rahmenträger BSH Lärche, Stahl-Stützenfüße, Metallgitter-Türelement, Holz-Lamellenfassade, hinterlüftet; Nebenträgerlage, Foliendach, Holzschalung, Stehfalzdeckung, Dachentwässerung; Fahrradboxen, Schließfachanlage, Ladestationen für Fahrräder, Servicestation/Toolstation, Fahrradanlehnbügel, Sammelgarage (Hoch-Tief-Parker)

KG	Kostengruppe	Menge Einheit	Kosten €	€/Einheit	%
400	**Bauwerk – Technische Anlagen**	134,30 m² BGF	65.510	**487,79**	13,3

Gebäudeentwässerung; Photovoltaikanlage, Elektroinstallation, Beleuchtung

7800-0049
Doppelgarage
Carport
(4 STP)

Kostenkennwerte für die Kosten des Bauwerks (Kostengruppen 300+400 nach DIN 276)

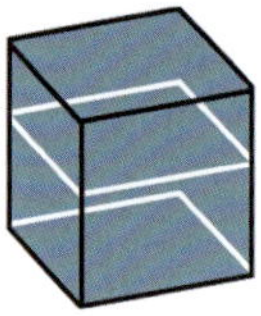

BRI 580 €/m^3

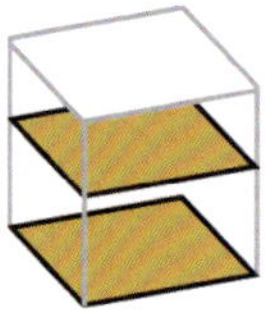

BGF 1.955 €/m^2

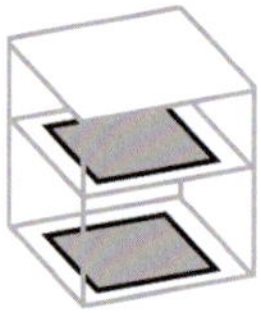

NUF 2.113 €/m^2

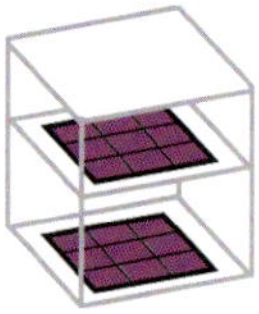

NE 45.785 €/NE

NE: Stellplätze

Objekt:
Kennwerte: 3.Ebene DIN 276
BRI: 316 m^3
BGF: 94 m^2
NUF: 87 m^2
Bauzeit: 31 Wochen
Bauende: 2024
Standard: hoch
Bundesland: Nordrhein-Westfalen
Kreis: Mettmann

Architekt*in:
Glück Höng
Beratender Ingenieur
und Architekt PartGmbB
Sohnstraße 19
40237 Düsseldorf

© PHILIP KISTNER

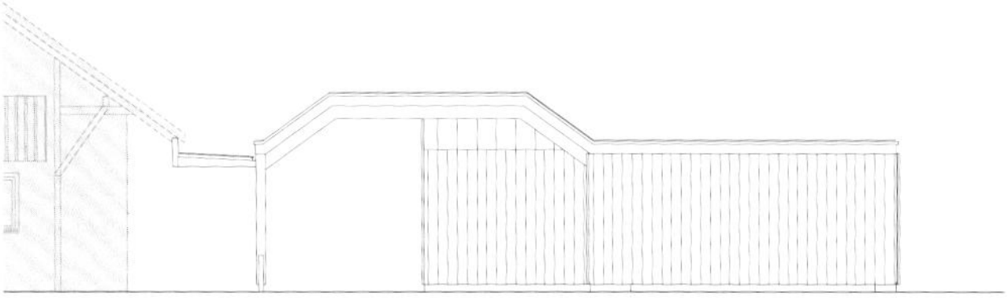

Ansicht Ost

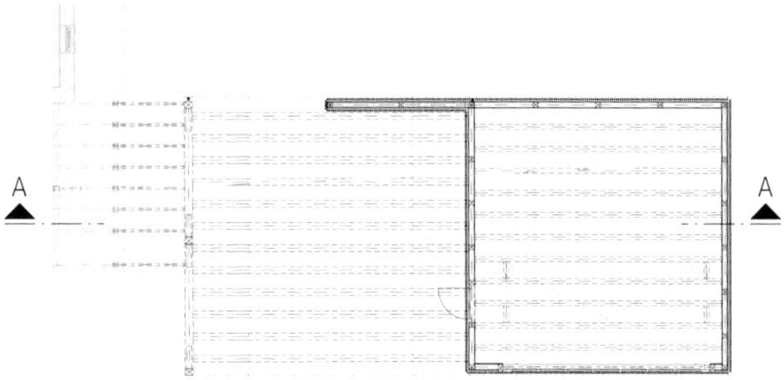

Erdgeschoss

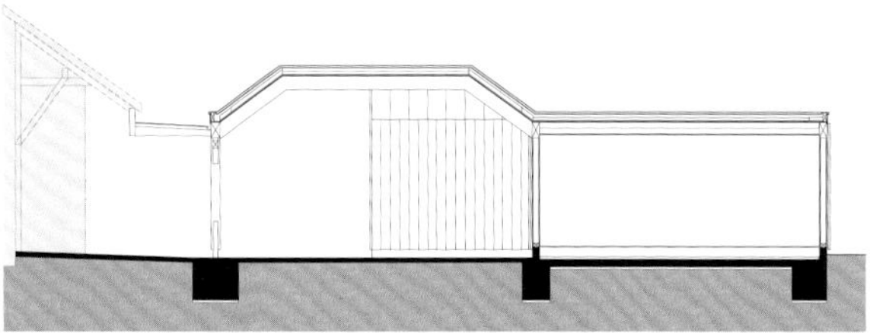

Schnitt A-A

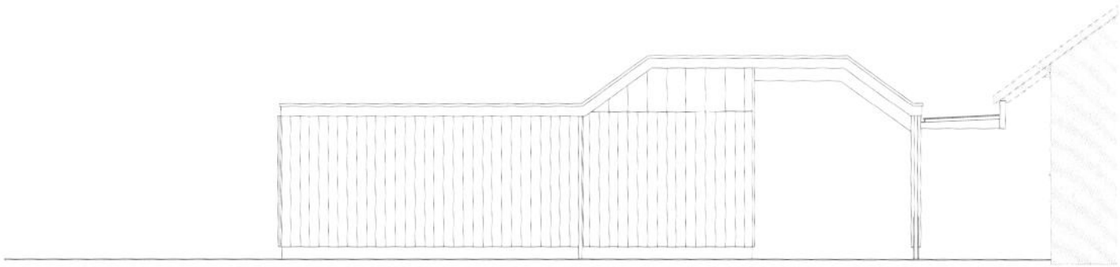

Ansicht West

7800-0049
Doppelgarage
Carport
(4 STP)

Objektbeschreibung

Allgemeine Objektinformationen

Seitlich an das Einfamilienhaus wurde eine neue Doppelgarage mit angeschlossenem Doppelcarport angebaut. Um im Carport einen Pferdeanhänger unterstellen zu können, wurde dieser mit einer Überhöhe von mehr als 3,50m ausgeführt. Der Eingangsbereich des Hauses, der zwischen Carport und Bestandsgebäude liegt, erhält eine transparente Überdachung. Die ökologisch nachhaltige Konstruktion überzeugt durch ihre moderne, klare Ästhetik.

Nutzung

1 Erdgeschoss
Doppelgarage, Carport

Nutzeinheiten

Stellplätze: 4

Grundstück

Bauraum: Beengter Bauraum
Neigung: Ebenes Gelände
Bodenklasse: BK 1 bis BK 3

Markt

Hauptvergabezeit: 2. Quartal 2024
Baubeginn: 2. Quartal 2024
Bauende: 4. Quartal 2024
Konjunkturelle Gesamtlage: Durchschnitt
Regionaler Baumarkt: Durchschnitt

Baukonstruktion

Die Gründung der neuen Doppelgarage erfolgt auf umlaufenden Streifenfundamenten sowie auf einer Bodenplatte. Die Stützen des Carports gründen auf Einzelfundamenten mit einbetonierten Stützenfüßen Die tragende Konstruktion der Doppelgarage und des Carports besteht aus Holzträgern und Brettschichtholzstützen. Die geschlossenen Wandbereiche stehen auf umlaufenden Betonaufkantungen und sind beidseitig mit Sperrholzplatten beplankt. Die dazwischenliegenden Hohlräume sind mit Holzfaserdämmung ausgefüllt. Das Flachdach der Garage ist mit Sparren und hinterlüfteter Dämmebene ausgeführt. Die Lasten des Carportdachs werden über eine Knickträger-Sparrenkonstruktion abgetragen; die Verbindungen der Sparren im Knickpunkt sind als biegesteife Anschlüsse ausgeführt. Sowohl das Flachdach als auch das Steildach wurden extensiv begrünt. Die Fassaden werden mit vertikalen Holzlatten bekleidet. Für eine durchgängige Fassadenoptik ist auch das Garagentor entsprechend von außen beplankt worden.

Technische Anlagen

Es wurden keine technischen Anlagen verbaut.

Sonstiges

Das Objekt wurde vollständig mithilfe einer 3D-BIM-Planung realisiert. Die Zimmermannsverbindungen wurden dabei möglichst stahlreduziert ausgeführt. Im Zuge der Neubebauung wurde eine Zisterne mit einem Speichervolumen von 10.000 Litern sowie eine Sickerrigole im Erdreich eingebaut.

Planungskennwerte für Flächen und Rauminhalte nach DIN 277

Flächen des Grundstücks		Menge Einheit	% an GF
BF	Bebaute Fläche	219,00 m²	16,7
UF	Unbebaute Fläche	1.093,00 m²	83,3
GF	Grundstücksfläche	1.312,00 m²	100,0

Grundflächen des Bauwerks		Menge Einheit	% an NUF	% an BGF
NUF	Nutzungsfläche	86,69 m²	100,0	92,6
TF	Technikfläche	–	–	–
VF	Verkehrsfläche	–	–	–
NRF	Netto-Raumfläche	86,69 m²	100,0	92,6
KGF	Konstruktions-Grundfläche	6,97 m²	8,0	7,4
BGF	Brutto-Grundfläche	93,66 m²	108,0	100,0

Brutto-Rauminhalt des Bauwerks		Menge Einheit	BRI/NUF (m)	BRI/BGF (m)
BRI	Brutto-Rauminhalt	315,82 m³	3,64	3,37

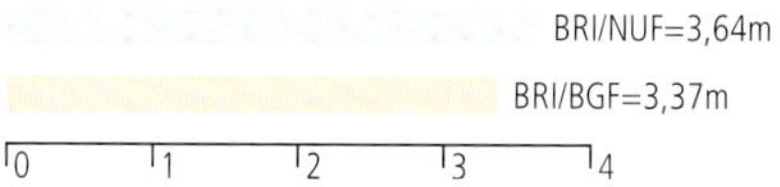

KG	Kostengruppen (2. Ebene)	Menge Einheit	Menge/NUF	Menge/BGF
310	Baugrube / Erdbau	132,62 m³ BGI	1,53	1,42
320	Gründung, Unterbau	–	–	–
330	Außenwände/Vertikale Baukonstruktionen, außen	78,52 m² AWF	0,91	0,84
340	Innenwände/Vertikale Baukonstruktionen, innen	–	–	–
350	Decken/Horizontale Baukonstruktionen	–	–	–
360	Dächer	99,20 m² DAF	1,14	1,06

Kostenkennwerte für die Kostengruppen der 1. Ebene DIN 276

KG	Kostengruppen (1. Ebene)	Einheit	Kosten €	€/Einheit	€/m² BGF	€/m³ BRI	% 300+400
100	Grundstück	m² GF	–	–	–	–	–
200	Vorbereitende Maßnahmen	m² GF	30.796	23,47	328,81	97,51	16,8
300	Bauwerk – Baukonstruktionen	m² BGF	183.142	1.955,39	1.955,39	579,89	100,0
400	Bauwerk – Technische Anlagen	m² BGF	–	–	–	–	–
	Bauwerk 300+400	**m² BGF**	**183.142**	**1.955,39**	**1.955,39**	**579,89**	**100,0**
500	Außenanlagen und Freiflächen	m² AF	68.535	665,39	731,74	217,01	37,4
600	Ausstattung und Kunstwerke	m² BGF	–	–	–	–	–
700	Baunebenkosten	m² BGF	–	–	–	–	–
800	Finanzierung	m² BGF	–	–	–	–	–

KG	Kostengruppe	Menge Einheit	Kosten €	€/Einheit	%
200	**Vorbereitende Maßnahmen**	1.312,00 m² GF	30.796	**23,47**	16,8
	Abbruch von Carport, Garage, Pflasterbelägen, Asphaltbelägen, Fundamenten; Entsorgung, Deponiegebühren; Geländeoberfläche abräumen, Oberboden lagern				
3+4	**Bauwerk**				**100,0**
300	**Bauwerk – Baukonstruktionen**	93,66 m² BGF	183.142	**1.955,39**	100,0
	Fundamentaushub; Stb-Fundamente, Stb-Bodenplatte, Zementestrich; Stb-Aufkantungen, Holzrahmenwände, BSH Träger, Holzfaserdämmung, OSB-Beplankung, Brettsperrholz-Schalung, BSH-Stützen, Garagen-Schwingtor, Nebeneingangstür, Acrylglas-Belichtung, Fassadenbahn, vertikale Schalung; BSH-Dachträger, OSB-Schalung, Bitumenabdichtung, Dachbegrünung, Dachentwässerung				
500	**Außenanlagen und Freiflächen**	103,00 m² AF	68.535	**665,39**	37,4
	Oberbodenarbeiten; Frostschutzschicht, Betonplatten; Geländeentwässerung, Zisterne, Sickerrigole				

Kostenkennwerte für die Kostengruppen 300 der 2. und 3.Ebene DIN 276 (Übersicht)

KG	Kostengruppe	Menge Einheit	Kosten €	€/Einheit	% an 3+4
300	**Bauwerk – Baukonstruktionen**	**93,66 m² BGF**	**183.141,67**	**1.955,39**	**100,0**
310	**Baugrube / Erdbau**	**132,62 m³ BGI**	**17.847,14**	**134,57**	**9,7**
311	Herstellung	132,62 m³ BGI	17.847,14	134,57	9,7
312	Umschließung	–	–	–	–
313	Wasserhaltung	–	–	–	–
314	Vortrieb	–	–	–	–
319	Sonstiges zur KG 310	–		–	–
320	**Gründung, Unterbau**	**–**	**19.960,87**	**–**	**10,9**
321	Baugrundverbesserung	–	–	–	–
322	Flachgründungen und Bodenplatten	47,95 m²	14.564,72	303,75	8,0
323	Tiefgründungen	–	–	–	–
324	Gründungsbeläge	30,70 m²	3.907,55	127,28	2,1
325	Abdichtungen und Bekleidungen	35,73 m²	1.488,60	41,66	0,8
326	Dränagen	–	–	–	–
329	Sonstiges zur KG 320	–	–	–	–
330	**Außenwände/Vert. Baukonstrukt., außen**	**78,52 m² AWF**	**55.507,81**	**706,93**	**30,3**
331	Tragende Außenwände	63,46 m²	15.676,86	247,04	8,6
332	Nichttragende Außenwände	–	–	–	–
333	Außenstützen	7,50 m	2.136,03	284,80	1,2
334	Außenwandöffnungen	15,06 m²	20.720,50	1.375,86	11,3
335	Außenwandbekleidungen, außen	69,09 m²	16.974,41	245,69	9,3
336	Außenwandbekleidungen, innen	–	–	–	–
337	Element. Außenwandkonstruktionen	–	–	–	–
338	Lichtschutz zur KG 330	–	–	–	–
339	Sonstiges zur KG 330	–	–	–	–
340	**Innenwände/Vert. Baukonstrukt., innen**	**–**	**–**	**–**	**–**
341	Tragende Innenwände	–	–	–	–
342	Nichttragende Innenwände	–	–	–	–
343	Innenstützen	–	–	–	–
344	Innenwandöffnungen	–	–	–	–
345	Innenwandbekleidungen	–	–	–	–
346	Elementierte Innenwandkonstruktionen	–	–	–	–
347	Lichtschutz zur KG 340	–	–	–	–
349	Sonstiges zur KG 340	–	–	–	–
350	**Decken/Horizontale Baukonstruktionen**	**–**	**–**	**–**	**–**
351	Deckenkonstruktionen	–	–	–	–
352	Deckenöffnungen	–	–	–	–
353	Deckenbeläge	–	–	–	–
354	Deckenbekleidungen	–	–	–	–
355	Elementierte Deckenkonstruktionen	–	–	–	–
359	Sonstiges zur KG 350	–	–	–	–
360	**Dächer**	**99,20 m² DAF**	**71.985,70**	**725,66**	**39,3**
361	Dachkonstruktionen	99,20 m²	24.832,22	250,32	13,6
362	Dachöffnungen	–	–	–	–
363	Dachbeläge	99,20 m²	43.665,61	440,18	23,8
364	Dachbekleidungen	36,30 m²	3.487,88	96,08	1,9
365	Elementierte Dachkonstruktionen	–	–	–	–
366	Lichtschutz zur KG 360	–	–	–	–
369	Sonstiges zur KG 360	–	–	–	–
370	**Infrastrukturanlagen**	**–**	**–**	**–**	**–**
380	**Baukonstruktive Einbauten**	**–**	**–**	**–**	**–**
390	**Sonst. Maßnahmen für Baukonstrukt.**	**93,66 m² BGF**	**17.840,16**	**190,48**	**9,7**

7800-0049
Doppelgarage
Carport
(4 STP)

Kostenkennwerte für die Kostengruppen 400 der 2. und 3. Ebene DIN 276 (Übersicht)

KG	Kostengruppe	Menge Einheit	Kosten €	€/Einheit	% an 3+4
400	**Bauwerk – Technische Anlagen**	**–**	**–**	**–**	**–**
410	**Abwasser-, Wasser-, Gasanlagen**	**–**	**–**	**–**	**–**
411	Abwasseranlagen	–	–	–	–
412	Wasseranlagen	–	–	–	–
413	Gasanlagen	–	–	–	–
419	Sonstiges zur KG 410	–	–	–	–
420	**Wärmeversorgungsanlagen**	**–**	**–**	**–**	**–**
421	Wärmeerzeugungsanlagen	–	–	–	–
422	Wärmeverteilnetze	–	–	–	–
423	Raumheizflächen	–	–	–	–
424	Verkehrsheizflächen	–	–	–	–
429	Sonstiges zur KG 420	–	–	–	–
430	**Raumlufttechnische Anlagen**	**–**	**–**	**–**	**–**
431	Lüftungsanlagen	–	–	–	–
432	Teilklimaanlagen	–	–	–	–
433	Klimaanlagen	–	–	–	–
434	Kälteanlagen	–	–	–	–
439	Sonstiges zur KG 430	–	–	–	–
440	**Elektrische Anlagen**	**–**	**–**	**–**	**–**
441	Hoch- und Mittelspannungsanlagen	–	–	–	–
442	Eigenstromversorgungsanlagen	–	–	–	–
443	Niederspannungsschaltanlagen	–	–	–	–
444	Niederspannungsinstallationsanlagen	–	–	–	–
445	Beleuchtungsanlagen	–	–	–	–
446	Blitzschutz- und Erdungsanlagen	–	–	–	–
447	Fahrleitungssysteme	–	–	–	–
449	Sonstiges zur KG 440	–	–	–	–
450	**Kommunikationstechnische Anlagen**	**–**	**–**	**–**	**–**
451	Telekommunikationsanlagen	–	–	–	–
452	Such- und Signalanlagen	–	–	–	–
453	Zeitdienstanlagen	–	–	–	–
454	Elektroakustische Anlagen	–	–	–	–
455	Audiovisuelle Medien- u. Antennenanl.	–	–	–	–
456	Gefahrenmelde- und Alarmanlagen	–	–	–	–
457	Datenübertragungsnetze	–	–	–	–
458	Verkehrsbeeinflussungsanlagen	–	–	–	–
459	Sonstiges zur KG 450	–	–	–	–
460	**Förderanlagen**	**–**	**–**	**–**	**–**
461	Aufzugsanlagen	–	–	–	–
462	Fahrtreppen, Fahrsteige	–	–	–	–
463	Befahranlagen	–	–	–	–
464	Transportanlagen	–	–	–	–
465	Krananlagen	–	–	–	–
466	Hydraulikanlagen	–	–	–	–
469	Sonstiges zur KG 460	–	–	–	–
470	**Nutzungsspez. u. verfahrenstechn. Anl.**	**–**	**–**	**–**	**–**
480	**Gebäude- und Anlagenautomation**	**–**	**–**	**–**	**–**
490	**Sonst. Maßnahmen für techn. Anlagen**	**–**	**–**	**–**	**–**

Kostenkennwerte für Leistungsbereiche nach STLB (Kosten des Bauwerks nach DIN 276)

LB	Leistungsbereiche	Kosten €	€/m² BGF	€/m³ BRI	% an 3+4
000	Baustellen-, Sicherheitseinr. inkl. 001, 089	10.065	107,50	31,90	5,5
002	Erdarbeiten	19.681	210,10	62,30	10,7
006	Spezialtiefbauarbeiten inkl. 005	–	–	–	–
009	Entwässerungskanalarbeiten inkl. 011	–	–	–	–
010	Drän- und Versickerarbeiten	–	–	–	–
012	Mauerarbeiten	–	–	–	–
013	Betonarbeiten	17.007	181,60	53,90	9,3
014	Natur-, Betonwerksteinarbeiten	–	–	–	–
016	Zimmer- und Holzbauarbeiten	86.973	928,60	275,40	47,5
017	Stahlbauarbeiten	–	–	–	–
018	Abdichtungsarbeiten	–	–	–	–
019	Kampfmittelräumarbeiten	–	–	–	–
020	Dachdeckungsarbeiten	–	–	–	–
021	Dachabdichtungsarbeiten	41.490	443,00	131,40	22,7
022	Klempnerarbeiten	–	–	–	–
	Rohbau	**175.216**	**1.870,80**	**554,80**	**95,7**
023	Putz- und Stuckarbeiten, Wärmedämmsysteme	–	–	–	–
024	Fliesen- und Plattenarbeiten	–	–	–	–
025	Estricharbeiten	3.908	41,70	12,40	2,1
026	Fenster, Außentüren inkl. 029, 032	–	–	–	–
027	Tischlerarbeiten	–	–	–	–
028	Parkett-, Holzpflasterarbeiten	–	–	–	–
030	Rollladenarbeiten	–	–	–	–
031	Metallbauarbeiten inkl. 035	–	–	–	–
034	Maler- und Lackiererarb. - Beschicht. inkl. 037	–	–	–	–
036	Bodenbelagarbeiten	–	–	–	–
038	Vorgehängte hinterlüftete Fassaden	–	–	–	–
039	Trockenbauarbeiten	–	–	–	–
	Ausbau	**3.908**	**41,70**	**12,40**	**2,1**
040	Wärmeversorgungsanl. - Betriebseinr. inkl. 041	–	–	–	–
042	Gas- u. Wasseranl. - Leitung., Armat. inkl. 043	–	–	–	–
044	Abwasseranl. - Leitungen, Abläufe, Armaturen	–	–	–	–
045	Gas, Wasser, Entwässerung - Ausstattung inkl. 046	–	–	–	–
047	Dämm- und Brandschutzarb. an techn. Anlagen	–	–	–	–
049	Feuerlöschanlagen, Feuerlöschgeräte	–	–	–	–
050	Blitzschutz-/Erdungsanlagen, Überspannungssch.	–	–	–	–
053	Niederspannungsanl. - Kabel inkl. 052, 054	–	–	–	–
055	Sicherheits- u. Ersatzstromversorgungsanl.	–	–	–	–
057	Gebäudesystemtechnik	–	–	–	–
058	Leuchten und Lampen inkl. 059	–	–	–	–
060	Such, Signal, Zeit, Anten., akust. Anl. inkl. 064	–	–	–	–
061	Kommunikations- u. Übertragungsnetze inkl. 063	–	–	–	–
069	Aufzüge	–	–	–	–
070	Gebäudeautomation	–	–	–	–
075	Raumlufttechnische Anlagen inkl. 078	–	–	–	–
	Gebäudetechnik	**–**	**–**	**–**	**–**
084	Abbruch, Rückbau, Schadstoffsanierung	–	–	–	–
	Abbrucharbeiten	**–**	**–**	**–**	**–**
	Sonstige Leistungsbereiche	**4.018**	**42,90**	**12,70**	**2,2**

7800-0050
Parkhaus
(347 STP)

Kostenkennwerte für die Kosten des Bauwerks (Kostengruppen 300+400 nach DIN 276)

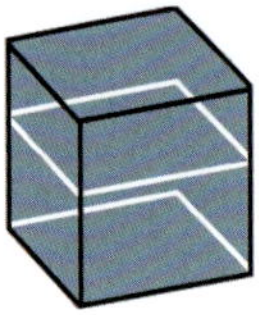

BRI 272 €/m³

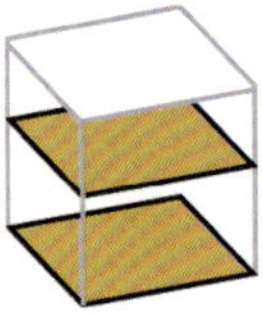

BGF 1.027 €/m²

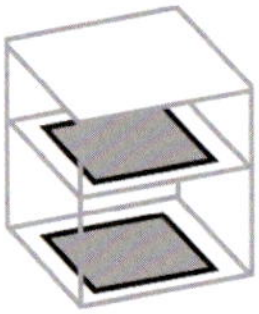

NUF 2.366 €/m²

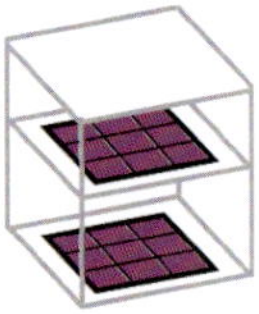

NE 32.187 €/NE

NE: Stellplätze

Objekt:
Kennwerte: 1.Ebene DIN 276
BRI: 41.014 m³
BGF: 10.876 m²
NUF: 4.721 m²
Bauzeit: 96 Wochen
Bauende: 2024
Standard: hoch
Bundesland: Baden-Württemberg
Kreis: Esslingen

Architekt*in:
hermann+bosch architekten
Vogelrainstraße 25
70199 Stuttgart

Bauherr*in:
Stadt Wendlingen
am Neckar
Am Marktplatz 2
73240 Wendlingen

© Roland Halbe

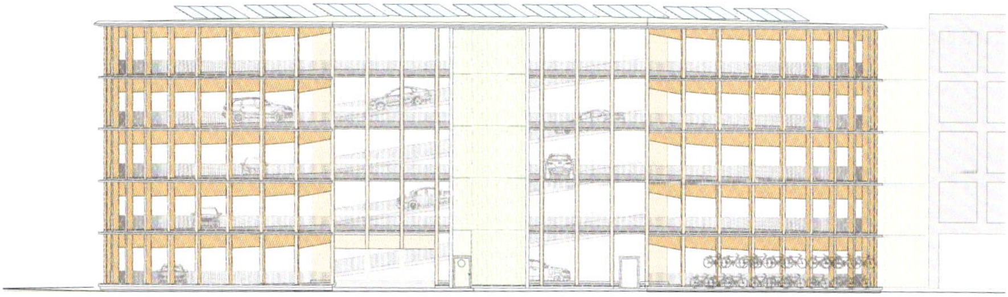

Ansicht Süd (c) herrmann+bosch architekten

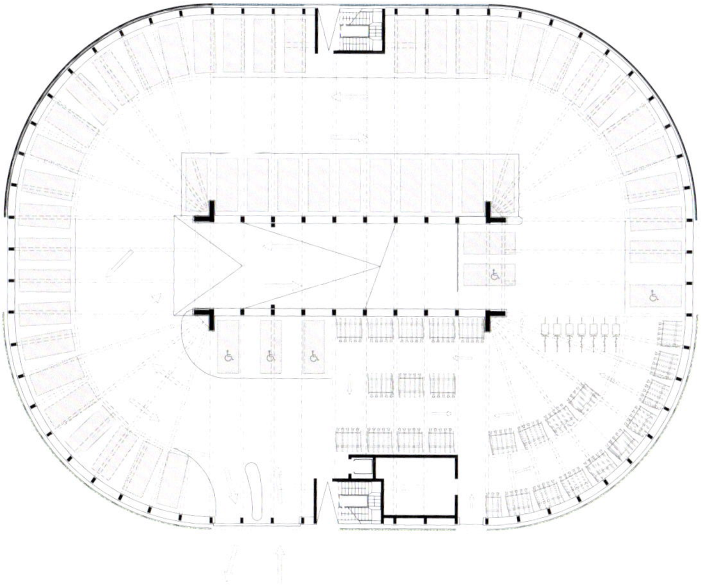

Erdgeschoss (c) herrmann+bosch architekten

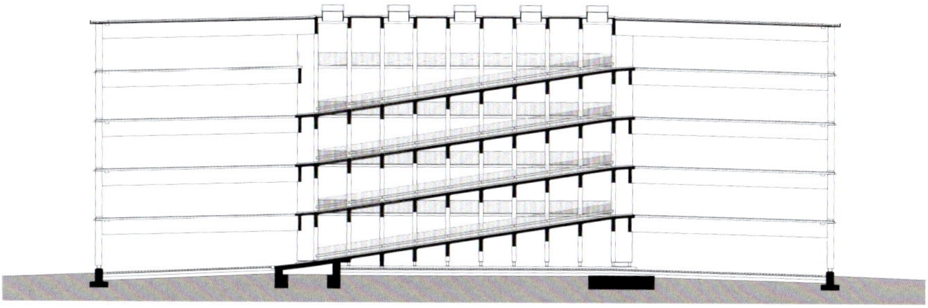

Schnitt A-A (c) herrmann+bosch architekten

Objektbeschreibung

Allgemeine Objektinformationen

Nach einem einstimmigen Beschluss des Gemeinderats, ein Parkhaus in Holzbauweise zu errichten, wurde der Entwurf des Architekten umgesetzt. Das Gebäude erfüllt den städtebaulichen Anspruch eines attraktiven Entrées zum geplanten Innenstadtquartier. Die ovale Bauform ist rückbaufähig konzipiert und ermöglicht perspektivisch eine Umnutzung zu Gewerbe- oder Wohnflächen.

Nutzung

1 Erdgeschoss
55 Kfz-Stellplätze, 4 Kfz-Stellplätze mit E-Ladestationen, 5 barrierefreie Kfz-Stellplätze, 215 Fahrradstellplätze

4 Obergeschosse
je 72 Kfz-Stellplätze

Nutzeinheiten

Fahrradstellplätze: 215
Stellplätze: 347

Grundstück

Bauraum: Freier Bauraum
Neigung: Ebenes Gelände
Bodenklasse: BK 3 bis BK 5

Markt

Hauptvergabezeit: 3. Quartal 2022
Baubeginn: 4. Quartal 2022
Bauende: 3. Quartal 2024
Konjunkturelle Gesamtlage: über Durchschnitt
Regionaler Baumarkt: Durchschnitt

Baukonstruktion

Das Gebäude gründet auf Stahlbetonfundamenten. Die beiden Treppenhaustürme sowie die Rampen sind in Stahlbeton ausgeführt; sämtliche weiteren Bauteile wie Stützen, Träger und Decken bestehen aus Holz. An der Nordseite ist aus Lärm- und Blendschutzgründen eine geschlossene, transluzente Profilglasfassade angeordnet, während im Süden ein Edelstahlnetz die Gebäudehülle bildet. Dieses dient als Rankhilfe für bodengebundene Kletterpflanzen.

Technische Anlagen

Im südlichen Treppenturm befindet sich eine Aufzugsanlage. Zudem wurden eine partielle Videoüberwachung sowie eine bewegungsmeldergesteuerte Beleuchtung installiert. Es besteht die Möglichkeit, bis zu 15 Fahrräder zu laden und zu reparieren. An den Kfz-Stellplätzen wurden vier Ladesäulen errichtet, die bei Bedarf auf bis zu 40 Ladepunkte erweitert werden können. Auf dem Dach ist eine Photovoltaikanlage installiert. Das anfallende Regenwasser wird in einer Zisterne gesammelt oder über separate Entwässerungsmulden zur Versickerung geführt.

Sonstiges

Die großzügigen Parkgeschosse sind in ihrer Geschosshöhe bereits für eine spätere Umnutzung zu Wohn- und Arbeitsräumen ausgelegt. Die zentrale Rampenanlage kann von oben geschossweise zurückgebaut und durch einen lichtbringenden Innenhof ersetzt werden. Die prägnante Holzträgerstruktur, natürliche Materialien und Fassadenbegrünung schaffen eine nachhaltige Aufenthaltsqualität – für ein zukünftiges Leben im (Park)Haus.

Planungskennwerte für Flächen und Rauminhalte nach DIN 277

Flächen des Grundstücks		Menge Einheit	% an GF
BF	Bebaute Fläche	2.312,00 m²	71,4
UF	Unbebaute Fläche	926,00 m²	28,6
GF	Grundstücksfläche	3.238,00 m²	100,0

Grundflächen des Bauwerks		Menge Einheit	% an NUF	% an BGF
NUF	Nutzungsfläche	4.721,26 m²	100,0	43,4
TF	Technikfläche	26,00 m²	0,6	0,2
VF	Verkehrsfläche	5.252,74 m²	111,3	48,3
NRF	Netto-Raumfläche	10.000,00 m²	211,8	91,9
KGF	Konstruktions-Grundfläche	876,00 m²	18,6	8,1
BGF	Brutto-Grundfläche	10.876,00 m²	230,4	100,0

Brutto-Rauminhalt des Bauwerks		Menge Einheit	BRI/NUF (m)	BRI/BGF (m)
BRI	Brutto-Rauminhalt	41.014,00 m³	8,69	3,77

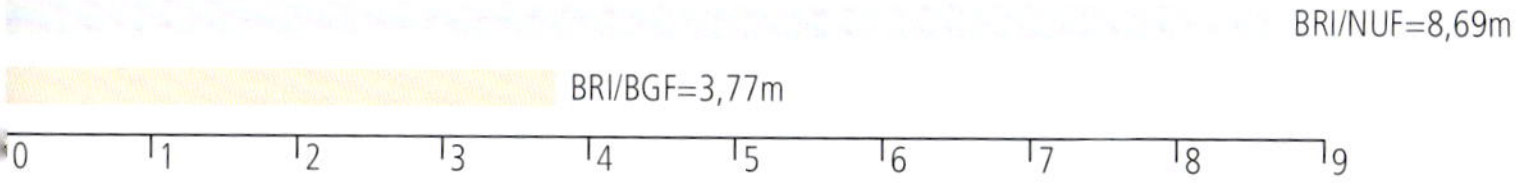

Kostenkennwerte für die Kostengruppen der 1. Ebene DIN 276

KG	Kostengruppen (1. Ebene)	Einheit	Kosten €	€/Einheit	€/m² BGF	€/m³ BRI	% 300+400
100	Grundstück	m² GF	–	–	–	–	–
200	Vorbereitende Maßnahmen	m² GF	25.788	7,96	2,37	0,63	0,2
300	Bauwerk – Baukonstruktionen	m² BGF	10.386.965	955,04	955,04	253,25	93,0
400	Bauwerk – Technische Anlagen	m² BGF	781.787	71,88	71,88	19,06	7,0
	Bauwerk 300+400	**m² BGF**	**11.168.753**	**1.026,92**	**1.026,92**	**272,32**	**100,0**
500	Außenanlagen und Freiflächen	m² AF	226.614	244,72	20,84	5,53	2,0
600	Ausstattung und Kunstwerke	m² BGF	93.941	8,64	8,64	2,29	0,8
700	Baunebenkosten	m² BGF	–	–	–	–	–
800	Finanzierung	m² BGF	–	–	–	–	–

KG	Kostengruppe	Menge Einheit	Kosten €	€/Einheit	%
200	**Vorbereitende Maßnahmen**	3.238,00 m² GF	25.788	**7,96**	0,2
	Herrichten des Baugrundstücks, Erschließung				
3+4	**Bauwerk**				**100,0**
300	**Bauwerk – Baukonstruktionen**	10.876,00 m² BGF	10.386.965	**955,04**	93,0
	Erdarbeiten; Stb-Fundamente, Frostschutzschicht, Gussasphalt; BSH-Stützen, Stahl-Stützenfüße, Stahlprofil-Unterkonstruktion, Profilbauglas-Fassade, Rankgerüst mit Edelstahlgitter, Kletterpflanzen; Stb-Treppenhauswände, BSH-Stützen; BSH-Unterzüge, Brettsperrholzdecken BBS Sichtqualität, Betonfertigteilrampen, Stb-Fertigteiltreppen, Abdichtung, Gussasphalt, integrierte Verdunstungsrinnen, Treppengeländer, Geländer; BSH-Unterzüge, Brettsperrholzdach BBS Sichtqualität, Oberlichter, Wetterschutzgitter, Dachabdichtung, Dränmatte, extensive Dachbegrünung, Dachentwässerung				
400	**Bauwerk – Technische Anlagen**	10.876,00 m² BGF	781.787	**71,88**	7,0
	Photovoltaikanlage, Elektroinstallation, Beleuchtung, Ladestationen für E-Bikes und Pkw; Videoüberwachung; Personenaufzug				
500	**Außenanlagen und Freiflächen**	926,00 m² AF	226.614	**244,72**	2,0
	Außenanlagen				
600	**Ausstattung und Kunstwerke**	10.876,00 m² BGF	93.941	**8,64**	0,8
	Ausstattung, Kunstwerk				

Kulturgebäude

9

- 9100 Gebäude für kulturelle und musische Zwecke

9200 Empfangsgebäude bei Verkehrsanlagen
9300 Gebäude für Tierhaltung
9400 Gebäude für Pflanzenhaltung
9500 Schutzbauwerke, Schutzbauten
9600 Justizvollzugsanstalten
9700 Friedhofsanlagen
9900 Gebäude sonstiger Art

9100-0219
Musikschule

Kostenkennwerte für die Kosten des Bauwerks (Kostengruppen 300+400 nach DIN 276)

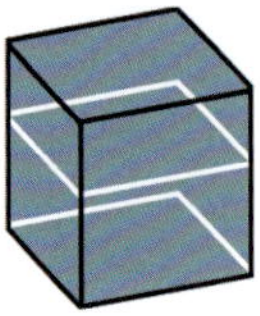

BRI 806 €/m³

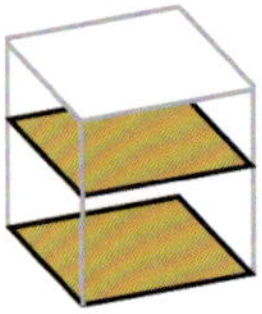

BGF 3.419 €/m²

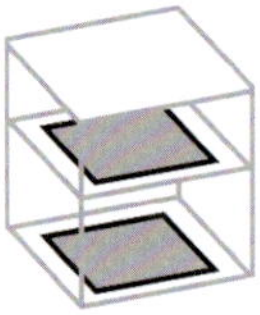

NUF 4.958 €/m²

Objekt:
Kennwerte: 1.Ebene DIN 276
BRI: 1.019 m³
BGF: 240 m²
NUF: 166 m²
Bauzeit: 78 Wochen
Bauende: 2022
Standard: hoch
Bundesland: Nordrhein-Westfalen
Kreis: Bielefeld, Stadt

Architekt*in:
SIEKER ARCHITEKTEN
Siechenmarschstraße 8
33615 Bielefeld

Bauherr*in:
Musicus e.V.
Mühlheimer Straße 18
33649 Bielefeld

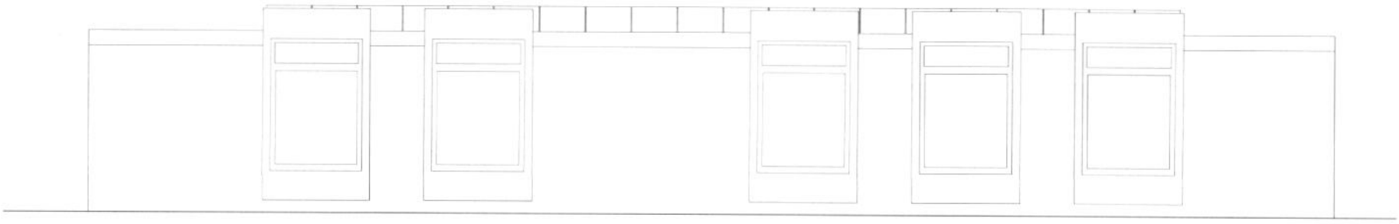

Ansicht Süd-West

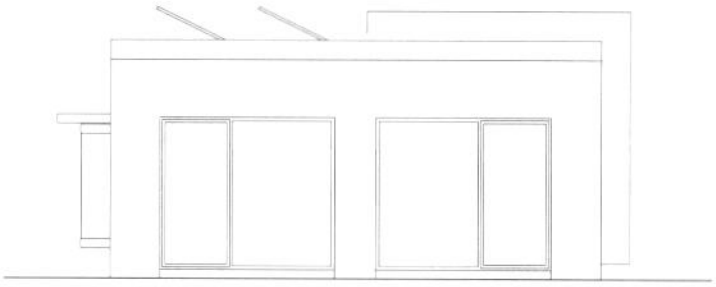

Ansicht Nord-West

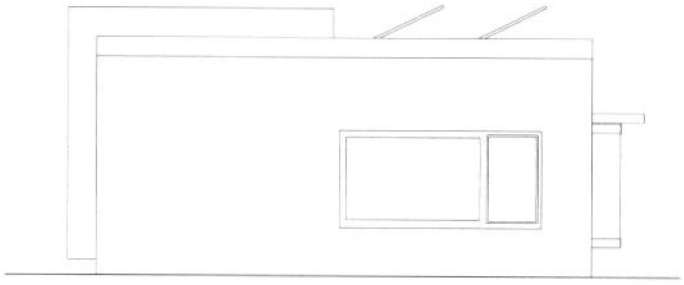

Ansicht Süd-Ost

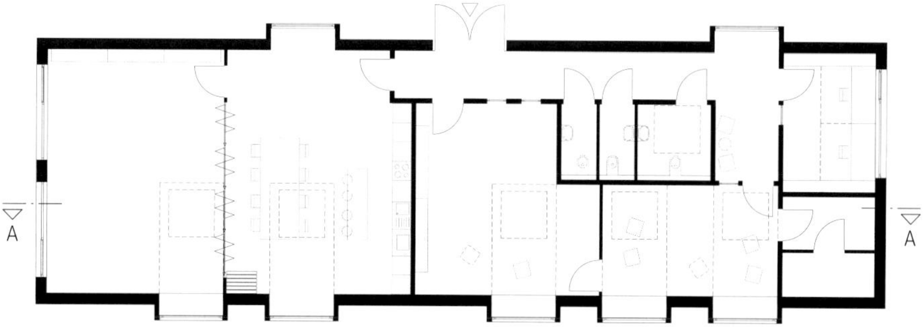

Erdgeschoss

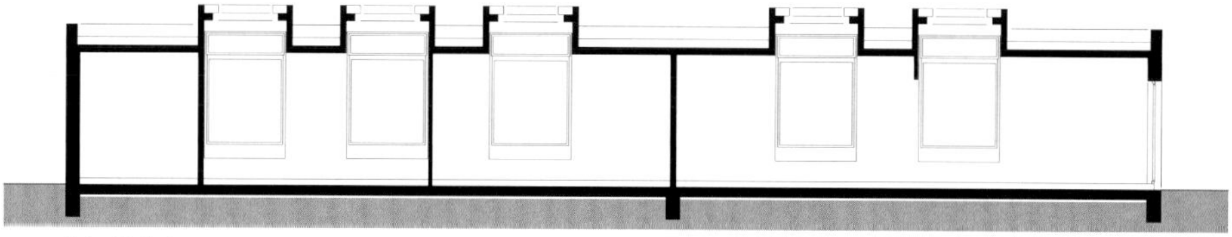

Schnitt A-A

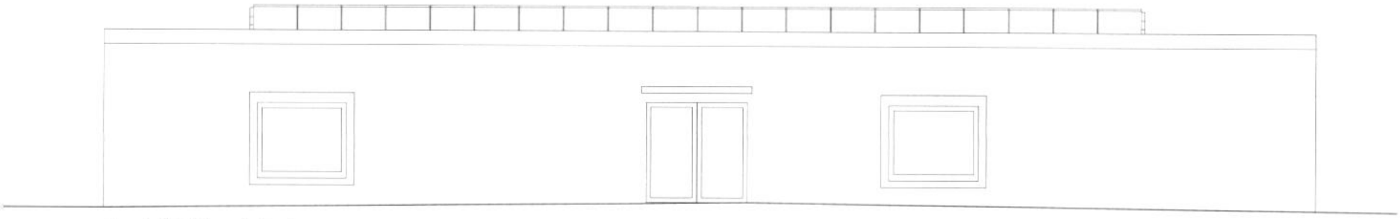

Ansicht Nord-Ost

Objektbeschreibung

Allgemeine Objektinformationen

Das energieautarke Schulgebäude besticht durch seine barrierefreien, lichtdurchfluteten Unterrichtsräume und eine hervorragende Akustik.

Nutzung

1 Erdgeschoss
Eingang, Flur, Büro, Veranstaltungsraum, Treff/Küche, Musikräume, WCs, Abstellen, Technik

Grundstück

Bauraum: Beengter Bauraum
Neigung: Ebenes Gelände
Bodenklasse: BK 1 bis BK 4

Markt

Hauptvergabezeit: 2. Quartal 2021
Baubeginn: 2. Quartal 2021
Bauende: 4. Quartal 2022
Konjunkturelle Gesamtlage: über Durchschnitt
Regionaler Baumarkt: über Durchschnitt

Baukonstruktion

Der eingeschossige Neubau gründet auf Stb-Streifenfundamenten und einer Stb-Bodenplatte. Die hochwärmegedämmten Außenwände in Holzrahmenbauweise sind mit Lärche bekleidet. Die Holzfenster wurden mit einer Dreifachverglasung ausgestattet. Das Flachdach ist auf der Gefälledämmung mit einer Abdichtung und einer extensiven Dachbegrünung ausgeführt. Sämtliche Zugänge und Räume sind barrierefrei hergestellt. Ein mobiles Trennwandsystem bietet hohe Variabilität in der Nutzung. Ein eingebauter Schwingboden mit elektrischen Schallkopplern ermöglicht selbst Menschen mit Gehöreinschränkungen Musik zu erspüren.

Technische Anlagen

Die Beheizung erfolgt mittels einer Luft-Wärmepumpe in Kombination mit einer Fußbodenheizung. Es wurde eine aufgeständerte Photovoltaikanlage mit Batteriespeicher installiert. Die Elektrotechnik ist mit einem KNX-Bus-System ausgestattet.

Sonstiges

Die Musikschule gehört zu einer Kunstschule zur Förderung von Menschen mit Behinderung.

Energetische Kennwerte

Gesetzliche Grundlage: GEG 2020
Gebäudenutzfläche: 308,66 m^2
Gebäudevolumen: 964,56 m^3
Hüllfläche des beheizten Volumens: 829,00 m^2
Mittlerer U-Wert (opake Bauteile): 0,14
Mittlerer U-Wert (transparente Bauteile): 0,90
Mittlerer U-Wert (Vorhangfassade): 0,90
Mittlerer U-Wert (Glasdächer, etc.): 0,90
Spez. Jahresprimärenergiebedarf: 61,00 kWh/(m^2·a)

Energetische Angaben zu Außenbauteilen

Bodenplatte

U-Wert: 0,19 W/(m²·K)

Gesamtdicke: 46,50 cm	d [cm]	λ [W/(mK)]
Fliesen	1,50	1,000
Estrich	6,50	1,400
Trittschalldämmung	3,50	0,040
Dämmung	9,00	0,035
Stahlbeton	20,00	2,100
Dämmung	6,00	0,040

Außenwand hinterlüftet

U-Wert: 0,15 W/(m²·K)

Gesamtdicke: 32,25 cm	d [cm]	λ [W/(mK)]
GK-Platte	1,25	0,250
Holz	6,00	0,130
Dämmung	6,00	0,038
OSB-Platte	1,50	1,300
Holz	20,00	0,130
Dämmung	20,00	0,040
Holzfaserplatte	3,50	0,047

Decke gegen Außenluft unten - Erker

U-Wert: 0,26 W/(m²·K)

Gesamtdicke: 19,10 cm	d [cm]	λ [W/(mK)]
OSB-Platte	1,50	0,130
Holz	16,00	0,130
Dämmung	16,00	0,040
Faserzementplatte	1,60	0,350

Außenwand - Erker

U-Wert: 0,28 W/(m²·K)

Gesamtdicke: 18,25 cm	d [cm]	λ [W/(mK)]
GK-Platte	1,25	0,250
OSB-Platte	1,50	0,130
Holz	12,00	0,130
Dämmung	12,00	0,040
Holz	3,50	0,047

Decke gegen Außenluft oben - Erker

U-Wert: 0,24 W/(m²·K)

Gesamtdicke: 22,85 cm	d [cm]	λ [W/(mK)]
GK-Platte	1,25	0,210
Holz	3,00	0,130
Luftschicht ruhend	3,00	0,156
Bitumenbahn	0,20	0,170
Holz	16,00	0,130
Dämmung	16,00	0,038
Holz	2,40	0,130

Dach

U-Wert: 0,11 W/(m²·K)

Gesamtdicke: 59,15 cm	d [cm]	λ [W/(mK)]
GK-Platte	1,25	0,210
Holz	2,50	0,130
Luftschicht ruhend	2,50	0,156
Holz	24,00	0,130
Luftschicht ruhend	24,00	1,875
Holz	2,40	0,130
Bitumenbahn	0,20	0,170
Dämmung	20,00	0,035
Gefälledämmung	8,00	0,035
Bitumenbahn	0,30	0,170
Bitumenbahn	0,50	0,170

Planungskennwerte für Flächen und Rauminhalte nach DIN 277

Flächen des Grundstücks		Menge Einheit	% an GF
BF	Bebaute Fläche	–	–
UF	Unbebaute Fläche	–	–
GF	Grundstücksfläche	–	–

Grundflächen des Bauwerks		Menge Einheit	% an NUF	% an BGF
NUF	Nutzungsfläche	165,66 m²	100,0	69,0
TF	Technikfläche	4,02 m²	2,4	1,7
VF	Verkehrsfläche	23,16 m²	14,0	9,6
NRF	Netto-Raumfläche	192,84 m²	116,4	80,3
KGF	Konstruktions-Grundfläche	47,37 m²	28,6	19,7
BGF	Brutto-Grundfläche	240,21 m²	145,0	100,0

Brutto-Rauminhalt des Bauwerks		Menge Einheit	BRI/NUF (m)	BRI/BGF (m)
BRI	Brutto-Rauminhalt	1.018,86 m³	6,15	4,24

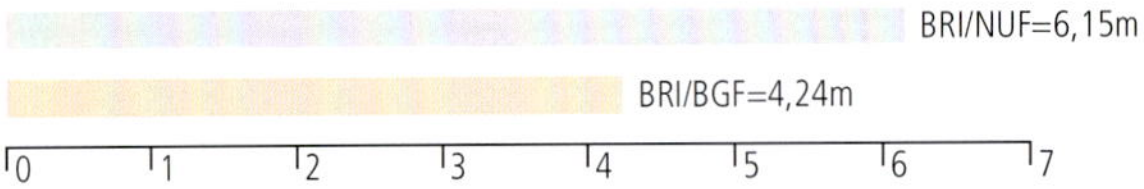

Kostenkennwerte für die Kostengruppen der 1.Ebene DIN 276

KG	Kostengruppen (1.Ebene)	Einheit	Kosten €	€/Einheit	€/m² BGF	€/m³ BRI	% 300+400
100	Grundstück	m² GF	–	–	–	–	–
200	Vorbereitende Maßnahmen	m² GF	–	–	–	–	–
300	Bauwerk – Baukonstruktionen	m² BGF	636.148	2.648,30	2.648,30	624,37	77,5
400	Bauwerk – Technische Anlagen	m² BGF	185.202	771,00	771,00	181,77	22,5
	Bauwerk 300+400	**m² BGF**	**821.350**	**3.419,30**	**3.419,30**	**806,15**	**100,0**
500	Außenanlagen und Freiflächen	m² AF	–	–	–	–	–
600	Ausstattung und Kunstwerke	m² BGF	–	–	–	–	–
700	Baunebenkosten	m² BGF	–	–	–	–	–
800	Finanzierung	m² BGF	–	–	–	–	–

KG	Kostengruppe	Menge Einheit	Kosten €	€/Einheit	%
3+4	**Bauwerk**				**100,0**
300	**Bauwerk – Baukonstruktionen**	240,21 m² BGF	636.148	**2.648,30**	77,5

Baugrubenaushub; Stb-Streifenfundamente, Stb-Bodenplatte, Abdichtung, Dämmung, Heizestrich, Schwingboden, Vinylboden, Bodenfliesen; Holzrahmen-Außenwände, Holzfenster, Holztüren, Dreifachverglasung, hinterlüftete Holzbekleidung, Einblasdämmung, OSB-Platten, GK-Platten, Wandbeschichtung, Raffstores; Holzständerwände, GK-Wände, Holz-Innentüren, Wandfliesen, Wandbeschichtung, mobiles Trennwandsystem; Holzbalkenlage, Gefälledämmung, Abdichtung, extensive Dachbegrünung, Attikaabdeckung, Dachentwässerung, GK-Bekleidung, Rasterdecke; Einbauschränke, Garderoben, Einbauküche

KG	Kostengruppe	Menge Einheit	Kosten €	€/Einheit	%
400	**Bauwerk – Technische Anlagen**	240,21 m² BGF	185.202	**771,00**	22,5

Gebäudeentwässerung, Kalt- und Warmwasserleitungen, Sanitärobjekte; Luft-Wasser-Wärmepumpe, Heizungsrohre, Fußbodenheizung; Abluftanlage für innenliegende Sanitärräume; Photovoltaikanlage, Batteriespeicher, Elektroinstallation, LED-Beleuchtung, Einbauleuchten, Telefonanschluss, Rauchmelder, Brandmeldeanlage, Datenübertragungsnetz; KNX-Bus-System

9100-0232
Gemeindesaal
(492 Sitzplätze)
Gaststätte
(60 Sitzplätze)

Kostenkennwerte für die Kosten des Bauwerks (Kostengruppen 300+400 nach DIN 276)

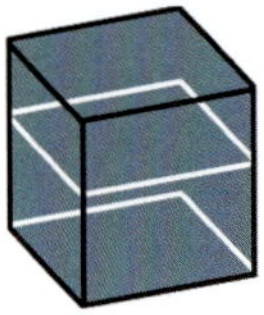

BRI **1.021 €/m³**

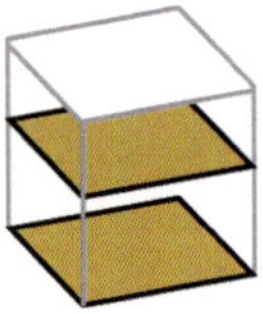

BGF **4.603 €/m²**

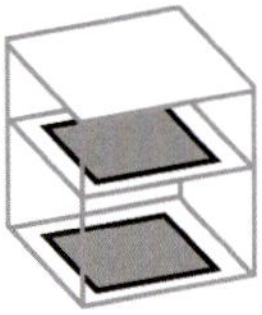

NUF **7.527 €/m²**

Objekt:
Kennwerte: 1.Ebene DIN 276
BRI: 10.277 m³
BGF: 2.280 m²
NUF: 1.394 m²
Bauzeit: 143 Wochen
Bauende: 2023
Standard: hoch
Bundesland: Bayern
Kreis: Unterallgäu

Architekt*in:
f64 Architekten und
Stadtplaner GmbH
Leonhardstraße 17
87437 Kempten

Bauherr*in:
Markt Legau
Marktplatz 1
87764 Legau

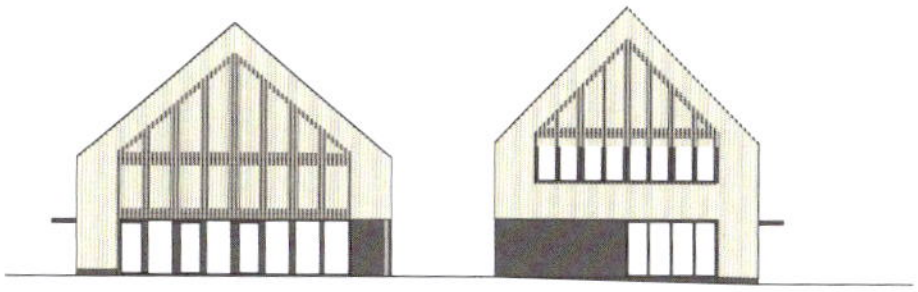

Ansicht Nord

Ansicht West

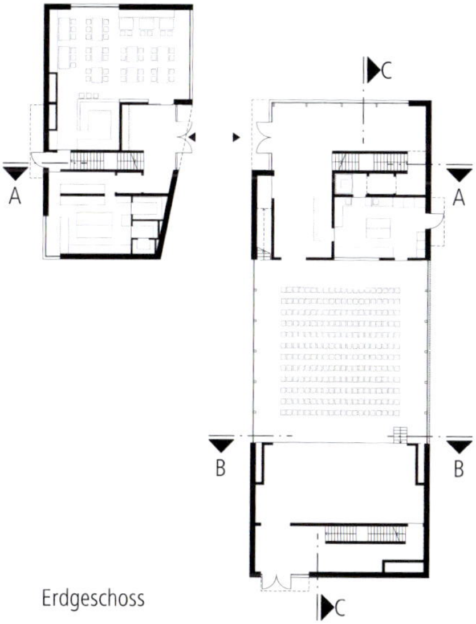

Erdgeschoss

1. Obergeschoss

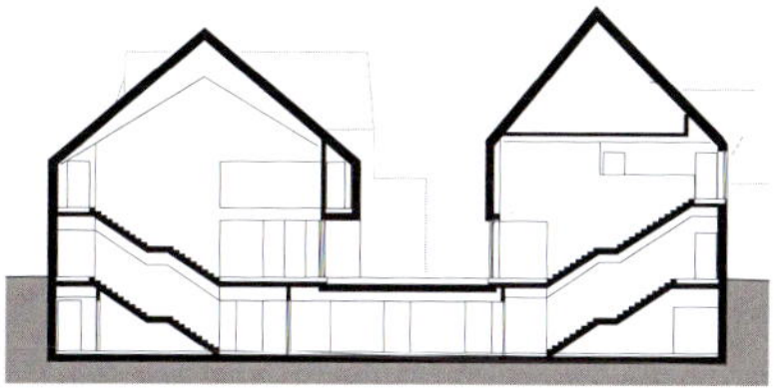

Schnitt A-A

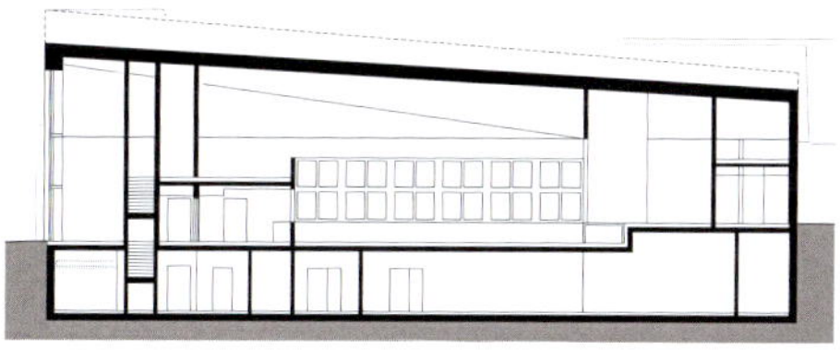

Schnitt C-C

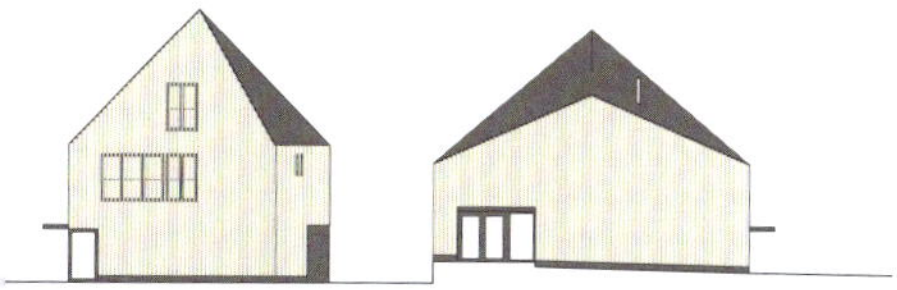

Ansicht Süd

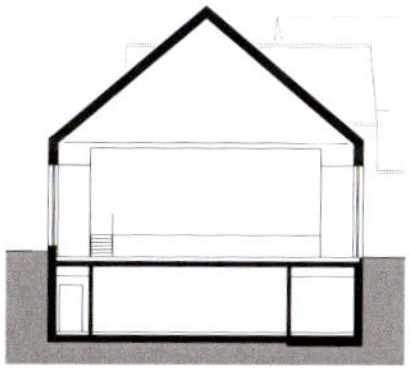

Schnitt B-B

9100-0232
Gemeindesaal
(492 Sitzplätze)
Gaststätte
(60 Sitzplätze)

Objektbeschreibung

Allgemeine Objektinformationen

Nach der Schließung des alten Gasthofs schien ein wichtiger Treffpunkt der Dorfkultur im Herzen des Marktes verloren zu gehen. Ein Ensemble aus zwei maßstäblich in die Dorfstruktur integrierten Häusern in Holzbauweise mit steilen Satteldächern, verbindet Gemeindesaal und Gasthof. Die Bündelung der Nutzung in einem Gebäude hätte den Maßstab des Ortes gesprengt, die Aufteilung in zwei Gebäudekörper erlaubte dagegen spannende, durchlässige Freiräume und vielfältige Bezüge zwischen innen und außen.

Nutzung

1 Untergeschoss
Garderobe, Sanitärräume, Lager, Technik, Kegelbahn, Probenraum, Flure, Treppen, Aufzüge

1 Erdgeschoss
Gemeindesaal: Foyer, Saal, Bühne, Catering, Treppe, Aufzug
Gaststätte: Windfang, Gastraum, Küche, Lagerräume, Treppe, Aufzug

1 Obergeschoss
Gemeindesaal: Galerie, Technik, Treppe, Aufzug
Gaststätte: Foyer, Büro, WCs, Lager, Veranstaltungs-/Mehrzweckraum, Treppe, Aufzug

1 Dachgeschoss
Gaststätte: Abstellraum, Aufenthaltsraum

Nutzeinheiten

Gebäude: 2
Sitzplätze: 552

Grundstück

Bauraum: Freier Bauraum
Neigung: Ebenes Gelände
Bodenklasse: BK 3 bis BK 4

Markt

Hauptvergabezeit: 2. Quartal 2020
Baubeginn: 3. Quartal 2020
Bauende: 2. Quartal 2023
Konjunkturelle Gesamtlage: Durchschnitt
Regionaler Baumarkt: unter Durchschnitt

Baukonstruktion

Beide Baukörper sind als Holzbauten auf einem Kellergeschoss in Stahlbeton erstellt. Ab dem Erdgeschoss bilden Holzrahmenwände das Tragwerk. Die Fassaden außen sind mit Fichtenholz bekleidet, im Innenraum überwiegen Oberflächen aus Tannenholz. Alles darf ohne Oberflächenbehandlung patinieren. Die Holz-Alufenster sind mit Dreifachverglasungen ausgestattet. Die Stahlbetontreppen sind ebenfalls mit Holz belegt. Eine statische Besonderheit ist das Dach des Saals. Gedämmte Hohlkastenelemente sind so verbunden, dass sie zwei steife Dachscheiben bilden und statisch wie ein Faltwerk funktionieren. Die Böden sind mit Eichenparkett und Bodenfliesen belegt, im Foyer liegt bayerischer Granitboden.

Technische Anlagen

Die Nahwärmeversorgung erfolgt über eine vorhandene Pellets-Anlage in einem Nachbargebäude. Zusätzlich garantiert ein Gasbrennwertgerät in Spitzenzeiten die Wärmeversorgung. Zwei zentrale Lüftungsanlagen mit Wärmerückgewinnung sorgen für regelmäßigen Luftwechsel. Es wurden luftgekühlte Kompressionskältemaschinen eingebaut. Zwei Personenaufzüge erschließen die beiden Häuser barrierefrei. Die Küche wurde mit küchentechnischer Ausstattung bestückt. Außerdem wurden eine induktive Höranlage, ein projektbezogenes Lichtkonzept und eine Brandmeldeanlage installiert.

Sonstiges

Die ruhige Gestaltung in Holz spielt mit dem Bild landwirtschaftlicher Bauten, wie sie auch im Dorf zu finden sind. Eine offene Schalung aus unterschiedlich starken und breiten Latten verspricht ein ruhiges, äußeres Erscheinungsbild, soll sich jedoch von Tenne und Stadel durch die Feinheit im Detail abheben und bildet eine neue lebendige Dorfmitte. Beide Gebäude wurden im Effizienzhaus 55-Standard realisiert. Durch die Verwendung von 430m³ Holz aus regionaler Herkunft und Dämmung aus nachwachsenden Rohstoffen ist der CO_2-Fußabdruck reduziert.

Energetische Kennwerte

Gesetzliche Grundlage: EnEV 2013
Gebäudenutzfläche: 1.882,00 m²
Spez. Jahresprimärenergiebedarf: 154,00 kWh/(m²·a)
CO_2-Emissionen: 11,00 kg/(m²·a)

Planungskennwerte für Flächen und Rauminhalte nach DIN 277

Flächen des Grundstücks		Menge Einheit	% an GF
BF	Bebaute Fläche	566,91 m²	16,6
UF	Unbebaute Fläche	2.849,59 m²	83,4
GF	Grundstücksfläche	3.416,50 m²	100,0

Grundflächen des Bauwerks		Menge Einheit	% an NUF	% an BGF
NUF	Nutzungsfläche	1.394,25 m²	100,0	61,2
TF	Technikfläche	185,97 m²	13,3	8,2
VF	Verkehrsfläche	213,29 m²	15,3	9,4
NRF	Netto-Raumfläche	1.793,51 m²	128,6	78,7
KGF	Konstruktions-Grundfläche	486,41 m²	34,9	21,3
BGF	Brutto-Grundfläche	2.279,92 m²	163,5	100,0

Brutto-Rauminhalt des Bauwerks		Menge Einheit	BRI/NUF (m)	BRI/BGF (m)
BRI	Brutto-Rauminhalt	10.276,55 m³	7,37	4,51

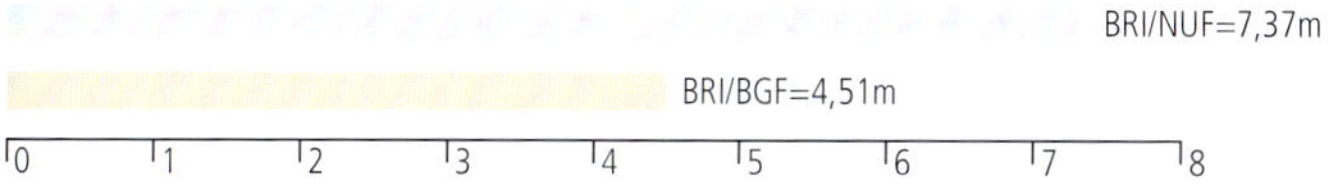

9100-0232
Gemeindesaal
(492 Sitzplätze)
Gaststätte
(60 Sitzplätze)

Kostenkennwerte für die Kostengruppen der 1. Ebene DIN 276

KG	Kostengruppen (1. Ebene)	Einheit	Kosten €	€/Einheit	€/m² BGF	€/m³ BRI	% 300+400
100	Grundstück	m² GF	–	–	–	–	–
200	Vorbereitende Maßnahmen	m² GF	–	–	–	–	–
300	Bauwerk – Baukonstruktionen	m² BGF	7.034.157	3.085,27	3.085,27	684,49	67,0
400	Bauwerk – Technische Anlagen	m² BGF	3.460.603	1.517,86	1.517,86	336,75	33,0
	Bauwerk 300+400	**m² BGF**	**10.494.761**	**4.603,13**	**4.603,13**	**1.021,23**	**100,0**
500	Außenanlagen und Freiflächen	m² AF	–	–	–	–	–
600	Ausstattung und Kunstwerke	m² BGF	–	–	–	–	–
700	Baunebenkosten	m² BGF	–	–	–	–	–
800	Finanzierung	m² BGF	–	–	–	–	–

KG	Kostengruppe	Menge Einheit	Kosten €	€/Einheit	%
3+4	**Bauwerk**				**100,0**
300	**Bauwerk – Baukonstruktionen**	2.279,92 m² BGF	7.034.157	**3.085,27**	67,0

Baugrubenaushub; Stb-Fundamentplatte, WU, Dämmung, Estrich, Bodenfliesen, Eicheparkett, Estrichbeschichtung, Perimeterdämmung; Stb-Wände, WU, Holzrahmenwände, Mineralwolldämmung, Zellulosedämmung, Holzstützen, Holz-Alufenster, Dreifachverglasung, Holz-Alutüren, senkrechte Fichtenholzbekleidung außen, Tannenholzbekleidung innen; Stb-Wände, Holzrahmenwände, Massivholzwände, GF-Wände, Holztüren, Stahltüren, Wandbekleidungen Weißtanne; Stb-Decken über UG, Holzdecken, Stb-Fertigteiltreppen, Dämmung, Estrich, Bodenfliesen, Eicheparkett, abgehängte GK-Lochdecken, Holzdecken, Treppengeländer, Galeriegeländer, Handläufe; Satteldächer aus vorgefertigten Hohlkastenelementen, Dämmung, Ziegeldeckung, Dachentwässerung, abgehängte Holzfaserplatten; Holz-Einbaumöbel, Kegelbahn

KG	Kostengruppe	Menge Einheit	Kosten €	€/Einheit	%
400	**Bauwerk – Technische Anlagen**	2.279,92 m² BGF	3.460.603	**1.517,86**	33,0

Gebäudeentwässerung, Kalt- und Warmwasserleitungen, Sanitärobjekte; Nahwärmeanschluss an Pelletheizung, Gas-Brennwertgerät, Warmwasser über Heizwärmeerzeuger, Fußbodenheizung; zentrale Lüftungsanlagen mit Wärmerückgewinnung, Lüftungskanäle, luftgekühlte Kompressionskältemaschinen; Elektroinstallation, Beleuchtung, Blitzschutz; induktive Höranlage, Brandmeldeanlage; Personenaufzüge; küchentechnische Anlagen; Gebäudeautomation

9100-0233
Aussichtsturm

Kostenkennwerte für die Kosten des Bauwerks (Kostengruppen 300+400 nach DIN 276)

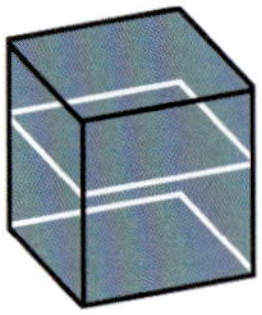

BRI 2.193 €/m³

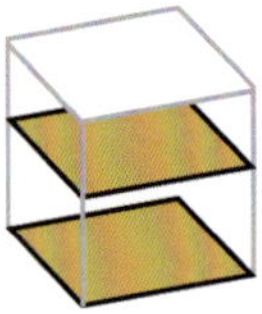

BGF 13.196 €/m²

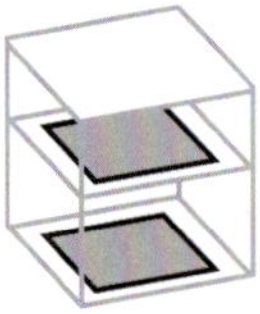

NUF 24.315 €/m²

Objekt:
Kennwerte: 1. Ebene DIN 276
BRI: 882 m³
BGF: 146 m²
NUF: 80 m²
Bauzeit: 48 Wochen
Bauende: 2021
Standard: mittel
Bundesland: Schleswig-Holstein
Kreis: Ostholstein

Architekt*in:
Tang & Buhl Architekten PartGmbB
Gottschedstraße 4
13357 Berlin

Bauherr*in:
Tourismusservice Fehmarn
23769 Fehmarn

© Ignacio Bandera

© Ignacio Bandera

© Ignacio Bandera

© Ignacio Bandera

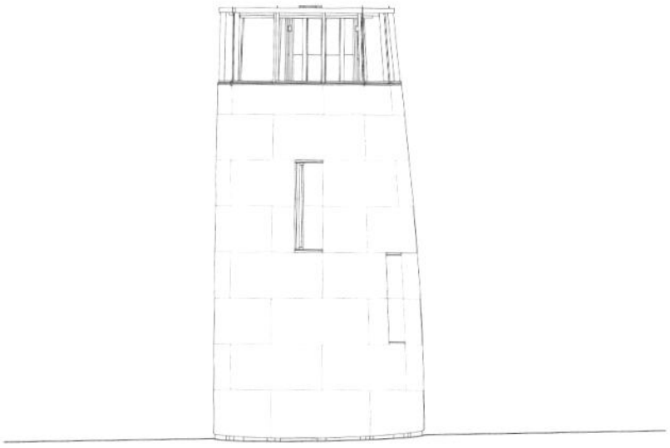

Ansicht Nord

Ansicht Ost

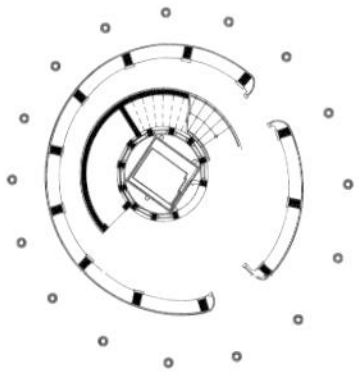

Erdgeschoss

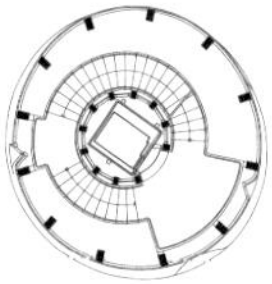

Zwischenhalt

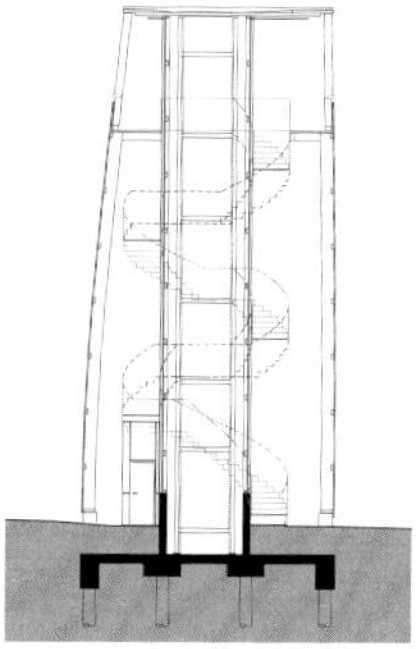

Schnitt A-A

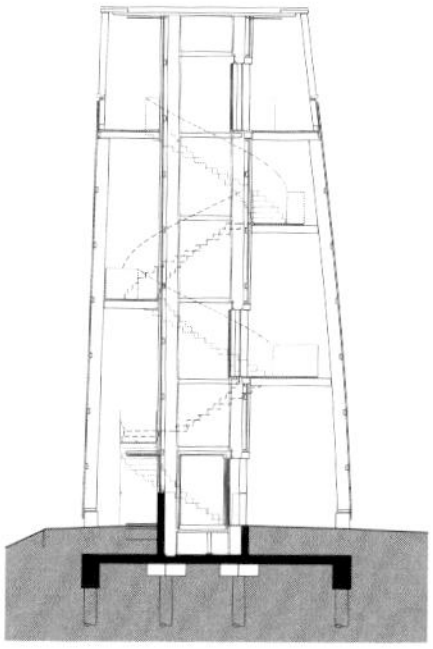

Schnitt B-B

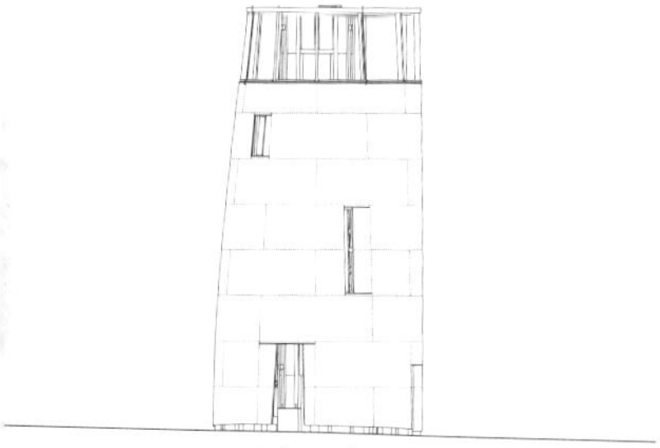

Ansicht Süd

Ansicht West

Objektbeschreibung

Allgemeine Objektinformationen

Öffentlicher Aussichtsturm als Attraktion auf einer überwiegend touristisch genutzten Landzunge.

Nutzung

1 Erdgeschoss
Eingang

1 Dachgeschoss
Aussichtsplattform

Grundstück

Bauraum: Freier Bauraum
Neigung: Ebenes Gelände
Bodenklasse: BK 1 bis BK 3

Markt

Hauptvergabezeit: 3. Quartal 2020
Baubeginn: 4. Quartal 2020
Bauende: 4. Quartal 2021
Konjunkturelle Gesamtlage: über Durchschnitt
Regionaler Baumarkt: unter Durchschnitt

Baukonstruktion

Der Turm wurde als Holzskelett mit einer aussteifenden Schale aus Furnierschichtholz konstruiert. Eine Holzschindelfassade schützt die Holzkonstruktion vor Feuchtigkeit. Eine gewendelte Stahltreppe mit frei tragenden Läufen führt auf die ebenfalls aus Stahlblechen konstruierte Aussichtsplattform. Der innere Kern wurde vorgefertigt und als fertiges Bauteil angeliefert und aufgerichtet. Die Gründung erfolgte mittels gerammter Betonpfähle.

Technische Anlagen

Im Turm befindet sich ein Personenaufzug.

Planungskennwerte für Flächen und Rauminhalte nach DIN 277

Flächen des Grundstücks		Menge Einheit	% an GF
BF	Bebaute Fläche	57,20 m²	< 0,1
UF	Unbebaute Fläche	641.423,80 m²	100,0
GF	Grundstücksfläche	641.481,00 m²	100,0

Grundflächen des Bauwerks		Menge Einheit	% an NUF	% an BGF
NUF	Nutzungsfläche	79,50 m²	100,0	54,3
TF	Technikfläche	–	–	–
VF	Verkehrsfläche	43,70 m²	55,0	29,8
NRF	Netto-Raumfläche	123,20 m²	155,0	84,1
KGF	Konstruktions-Grundfläche	23,29 m²	29,3	15,9
BGF	Brutto-Grundfläche	146,49 m²	184,3	100,0

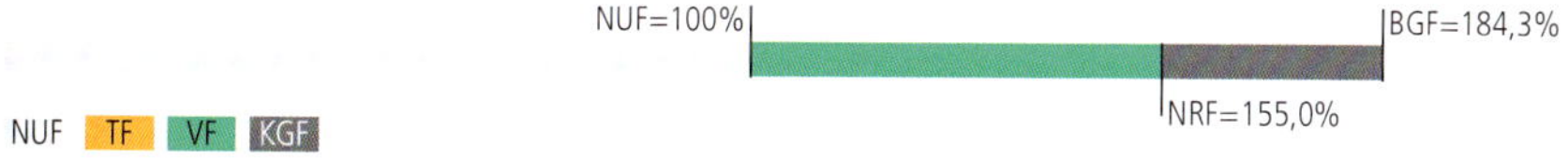

Brutto-Rauminhalt des Bauwerks		Menge Einheit	BRI/NUF (m)	BRI/BGF (m)
BRI	Brutto-Rauminhalt	881,50 m³	11,09	6,02

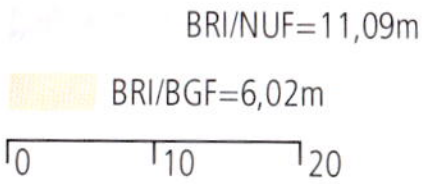

Kostenkennwerte für die Kostengruppen der 1. Ebene DIN 276

KG	Kostengruppen (1. Ebene)	Einheit	Kosten €	€/Einheit	€/m² BGF	€/m³ BRI	% 300+400
100	Grundstück	m² GF	–	–	–	–	–
200	Vorbereitende Maßnahmen	m² GF	–	–	–	–	–
300	Bauwerk – Baukonstruktionen	m² BGF	1.612.691	11.008,88	11.008,88	1.829,49	83,4
400	Bauwerk – Technische Anlagen	m² BGF	320.343	2.186,79	2.186,79	363,41	16,6
	Bauwerk 300+400	**m² BGF**	**1.933.034**	**13.195,67**	**13.195,67**	**2.192,89**	**100,0**
500	Außenanlagen und Freiflächen	m² AF	–	–	–	–	–
600	Ausstattung und Kunstwerke	m² BGF	–	–	–	–	–
700	Baunebenkosten	m² BGF	–	–	–	–	–
800	Finanzierung	m² BGF	–	–	–	–	–

KG	Kostengruppe	Menge Einheit	Kosten €	€/Einheit	%
3+4	**Bauwerk**				**100,0**
300	**Bauwerk – Baukonstruktionen**	146,49 m² BGF	1.612.691	**11.008,88**	83,4

Gerammte Betonpfähle (Spezialtiefbau); Stb-Bodenplatte; Stb-Wand- und Stützenfüße, Holzskelett mit aussteifender Furnierschichtholz-Fassadenschale; Boden Stahlblech (Aussichtsplattform), Treppe Stahlblech (freitragend), Bodenbeschichtung, Brüstungen Stahlblech

KG	Kostengruppe	Menge Einheit	Kosten €	€/Einheit	%
400	**Bauwerk – Technische Anlagen**	146,49 m² BGF	320.343	**2.186,79**	16,6

Beleuchtung; Aufzugsanlage

9100-0234
Bürgerhaus
Veranstaltungssaal
(150 Sitzplätze)

Kostenkennwerte für die Kosten des Bauwerks (Kostengruppen 300+400 nach DIN 276)

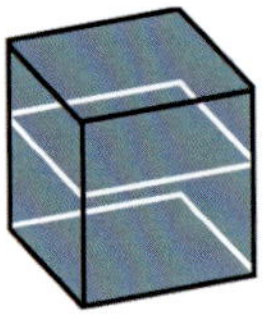

BRI **721 €/m³**

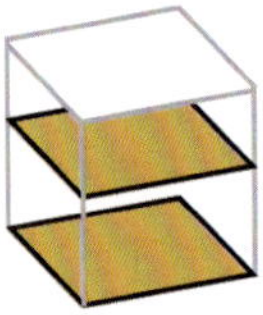

BGF **3.190 €/m²**

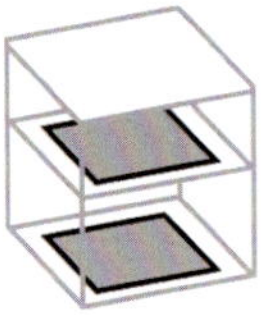

NUF **3.815 €/m²**

Objekt:
Kennwerte: 1.Ebene DIN 276
BRI: 1.719 m³
BGF: 389 m²
NUF: 325 m²
Bauzeit: 74 Wochen
Bauende: 2025
Standard: einfach
Bundesland: Brandenburg
Kreis: Märkisch-Oderland

Architekt*in:
Atelier Fanelsa
Erkelenzdamm 59/61
10999 Berlin

Bauherr*in:
Gemeinde Prötzel
i.V. Amt Barnim-Oderbruch
Freienwalder Straße 48
16269 Wriezen

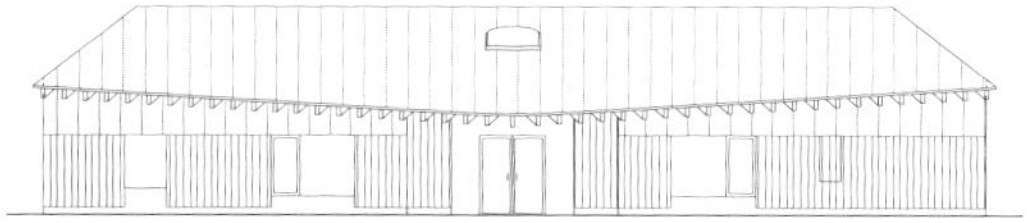

Ansicht Nord-West

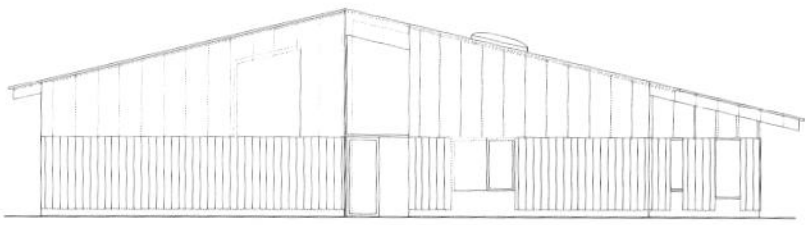

Ansicht Nord-Ost

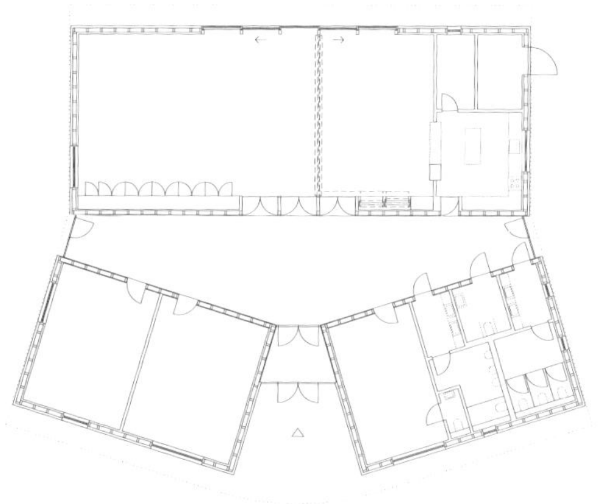

Erdgeschoss

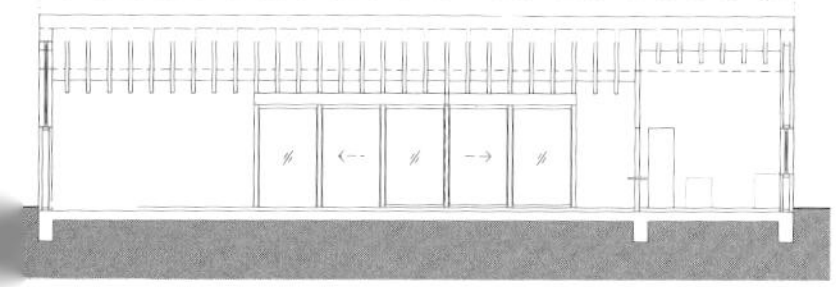

Schnitt A-A

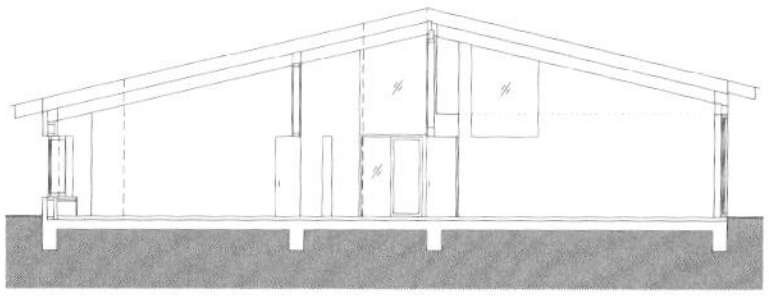

Schnitt B-B

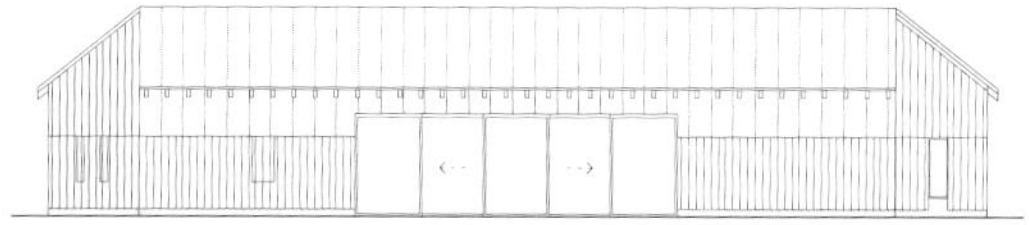

Ansicht Süd-Ost

Ansicht Süd-West

9100-0234
Bürgerhaus
Veranstaltungssaal
(150 Sitzplätze)

Objektbeschreibung

Allgemeine Objektinformationen

Das eingeschossige Gebäude in Holzbauweise versteht sich als lebendiger Treffpunkt für die gesamte Dorfgemeinschaft. Unter einem großzügigen, schützenden Dach vereint es vielfältige Nutzungen: Herzstück des Hauses ist der teilbare Saal, der für Feiern, kulturelle Veranstaltungen und Versammlungen zur Verfügung steht. Durch die direkte Anbindung an die Küche ist auch eine Cafénutzung möglich. Ergänzt wird das Raumangebot durch drei flexibel nutzbare Räume, die Platz für Vereinsarbeit, Bildungs- und Bewegungsangebote, eine Bibliothek sowie für gesundheitsbezogene, medizinische und soziale Dienstleistungen bieten.

Nutzung

1 Erdgeschoss
Foyer, Veranstaltungssaal, Küche, Abstellraum, WCs, Büro, Bibliothek, Bewegungsraum

Nutzeinheiten

Sitzplätze: 150

Grundstück

Bauraum: Freier Bauraum
Neigung: Ebenes Gelände
Bodenklasse: BK 3 bis BK 5

Markt

Hauptvergabezeit: 3. Quartal 2023
Baubeginn: 3. Quartal 2023
Bauende: 1. Quartal 2025
Konjunkturelle Gesamtlage: unter Durchschnitt
Regionaler Baumarkt: unter Durchschnitt

Baukonstruktion

Das Gebäude ist als robust ausgeführter Holzbau realisiert, dessen Konstruktion bewusst auf regionale Handwerksbetriebe und klassische Zimmermannsarbeit ausgerichtet ist. Die tragende Struktur besteht aus einer Holzrahmenbauweise mit sichtbaren Dachbalken, großzügigen Dachüberständen und durchlaufenden Sparren, die innen wie außen ablesbar bleiben. Außenwände und Dach sind durchgängig mit Holzfaserdämmung versehen und gewährleisten damit eine hohe ökologische und energetische Qualität. Die Fassade ist mit einer fein strukturierten, diffusionsoffen lasierten Holzschalung bekleidet, das Dach erhielt eine Metalldeckung. Im Innenraum prägen natürliche Holzoberflächen in Verbindung mit klaren, reduzierten Details das Erscheinungsbild. Fenster und Türen sind in Holz ausgeführt und werden durch eine langlebige Pfosten-Riegelfassade mit wettergeschützter Aluminiumabdeckung ergänzt. Der konstruktive Holzschutz erfolgt über eine unbehandelte Betonaufkantung aus der Bodenplatte. Die Planung folgt konsequent den Prinzipien von Einfachheit, Nachhaltigkeit und Langlebigkeit und setzt auf eine Bauweise, die von regionalen kleinen und mittelständischen Betrieben gut umgesetzt werden kann.

Technische Anlagen

Das Bürgerhaus wird über eine hocheffiziente Luft-Wasser-Wärmepumpe beheizt, welche die benötigte Wärme aus Umweltenergie bereitstellt und die Anforderungen des Gebäudeenergiegesetzes erfüllt. Die Wärmeverteilung erfolgt über eine niedrigtemperaturige Fußbodenheizung mit indirekt beheiztem Speicher, wodurch ein gleichmäßiges und energieeffizientes Raumklima entsteht. Die Lüftung wird nutzerabhängig über öffenbare Fenster mit definierten Tag- und Nachtluftwechselraten sichergestellt, sodass auch der sommerliche Wärmeschutz ohne aktive Kühlung gewährleistet ist. Ergänzend sorgt eine energieeffiziente LED-Beleuchtung für eine bedarfsgerechte Ausleuchtung aller Nutzungsbereiche, während die Sanitäranlagen neben den regulären WC-Einheiten ein großzügiges barrierefreies WC für eine inklusive Nutzung des Gebäudes umfassen.

Energetische Kennwerte

Gesetzliche Grundlage: GEG 2020
Gebäudenutzfläche: 339,60 m^2
Spez. Jahresprimärenergiebedarf: 169,20 kWh/(m^2·a)
CO_2-Emissionen: 52,60 kg/(m^2·a)

Planungskennwerte für Flächen und Rauminhalte nach DIN 277

Flächen des Grundstücks		Menge Einheit	% an GF
BF	Bebaute Fläche	388,50 m²	5,7
UF	Unbebaute Fläche	6.484,50 m²	94,3
GF	Grundstücksfläche	6.873,00 m²	100,0

Grundflächen des Bauwerks		Menge Einheit	% an NUF	% an BGF
NUF	Nutzungsfläche	324,84 m²	100,0	83,6
TF	Technikfläche	6,46 m²	2,0	1,7
VF	Verkehrsfläche	–	–	–
NRF	Netto-Raumfläche	331,30 m²	102,0	85,3
KGF	Konstruktions-Grundfläche	57,20 m²	17,6	14,7
BGF	Brutto-Grundfläche	388,50 m²	119,6	100,0

Brutto-Rauminhalt des Bauwerks		Menge Einheit	BRI/NUF (m)	BRI/BGF (m)
BRI	Brutto-Rauminhalt	1.718,65 m³	5,29	4,42

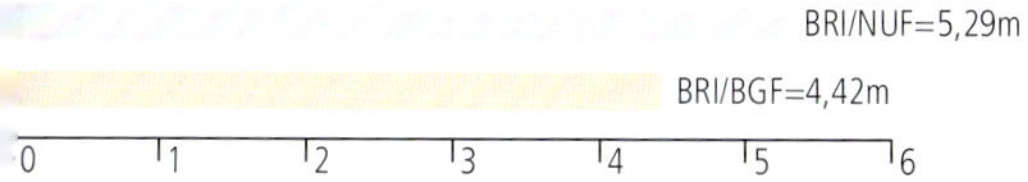

Kostenkennwerte für die Kostengruppen der 1. Ebene DIN 276

KG	Kostengruppen (1. Ebene)	Einheit	Kosten €	€/Einheit	€/m² BGF	€/m³ BRI	% 300+400
100	Grundstück	m² GF	–	–	–	–	–
200	Vorbereitende Maßnahmen	m² GF	–	–	–	–	–
300	Bauwerk – Baukonstruktionen	m² BGF	1.009.315	2.597,98	2.597,98	587,27	81,4
400	Bauwerk – Technische Anlagen	m² BGF	229.921	591,82	591,82	133,78	18,6
	Bauwerk 300+400	**m² BGF**	**1.239.236**	**3.189,80**	**3.189,80**	**721,05**	**100,0**
500	Außenanlagen und Freiflächen	m² AF	–	–	–	–	–
600	Ausstattung und Kunstwerke	m² BGF	–	–	–	–	–
700	Baunebenkosten	m² BGF	–	–	–	–	–
800	Finanzierung	m² BGF	–	–	–	–	–

KG	Kostengruppe	Menge Einheit	Kosten €	€/Einheit	%
3+4	**Bauwerk**				**100,0**
300	**Bauwerk – Baukonstruktionen**	388,50 m² BGF	1.009.315	**2.597,98**	81,4

Baugrubenaushub; Stb-Streifenfundamente, Stb-Bodenplatte, Abdichtung, Dämmung, Heizestrich, Bodenfliesen, Parkett, Linoleum; Stb-Aufkantung, Holzrahmenwände, Holzfaserdämmung, Holzfaserplatten, OSB-Platten, Holzfenster, Eingangstüranlage, Holzbekleidung, Beschichtung, Gipsfaserbekleidung, Beschichtung, Wandfliesen, Pfosten-Riegelfassade, Festverglasungen; Holztafelwände, Holzrahmenwände, Dämmung, Holzfaserplatten, Holztüren, GK-Bekleidung, Beschichtung, Wandfliesen, Sanitärtrennwände, Schiebetrennwand; Holzsparren-Satteldach, Holzfaserdämmung, Lichtkuppeln, Trapezblechdeckung, Holzbekleidung, Dachentwässerung

KG	Kostengruppe	Menge Einheit	Kosten €	€/Einheit	%
400	**Bauwerk – Technische Anlagen**	388,50 m² BGF	229.921	**591,82**	18,6

Gebäudeentwässerung, Kaltwasserleitungen, Sanitärobjekte, Warmwasserbereiter; Luft-Wasser-Wärmepumpe, Fußbodenheizung; Elektroinstallation, Beleuchtung, Blitzschutz; Fernmeldeverkabelung, Rettungswegkennzeichnung, Datenübertragungsnetz

Kostenkennwerte für die Kosten des Bauwerks (Kostengruppen 300+400 nach DIN 276)

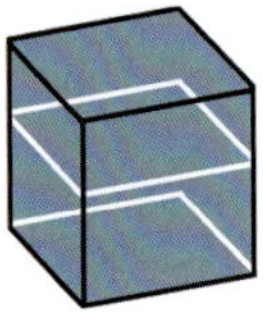

BRI 1.078 €/m³

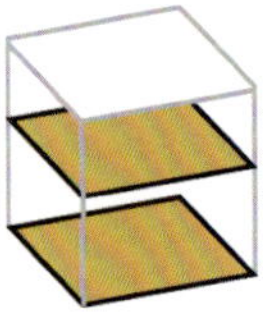

BGF 5.936 €/m²

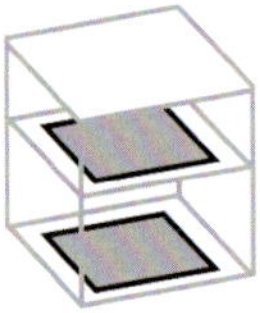

NUF 9.106 €/m²

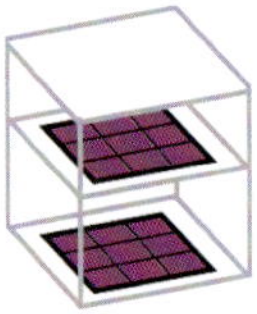

NE 15.151 €/NE

NE: Sitzplätze

Objekt:
Kennwerte: 3. Ebene DIN 276
BRI: 1.617 m³
BGF: 294 m²
NUF: 191 m²
Bauzeit: 91 Wochen
Bauende: 2022
Standard: hoch
Bundesland: Sachsen
Kreis: Dresden, Stadt

Architekt*in:
Reiter Architekten GmbH
Moritzburger Weg 67
01109 Dresden

Bauherr*in:
Neuapostolische Kirche
Nord- und Ostdeutschland
K.d.ö.R.

© STEFFEN SPITZNER

© STEFFEN SPITZNER

© STEFFEN SPITZNER

© STEFFEN SPITZNER

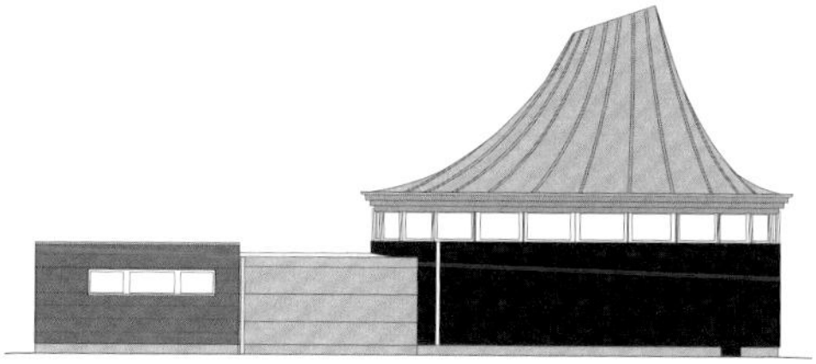

Ansicht Nord

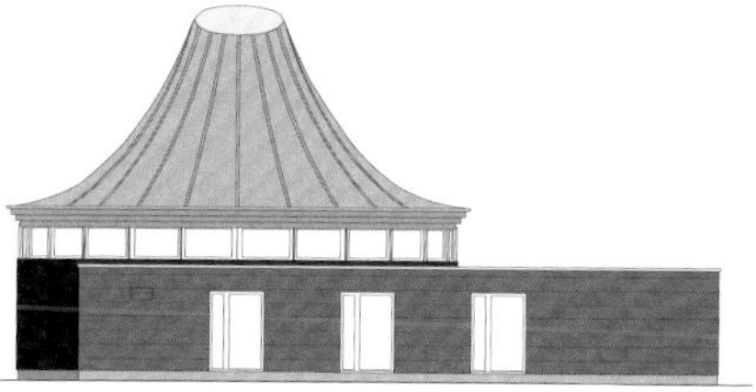

Ansicht Ost

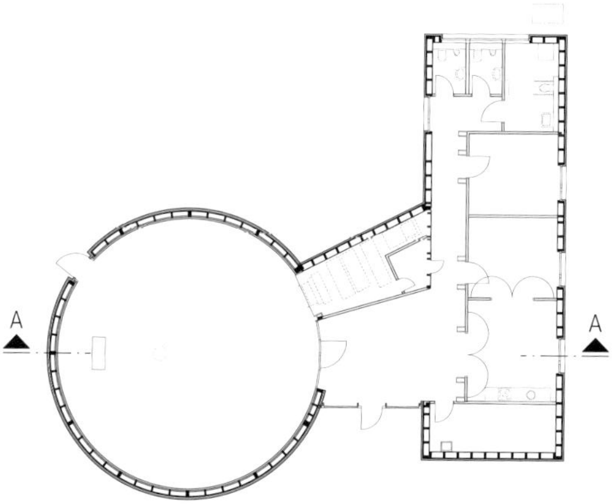

Erdgeschoss

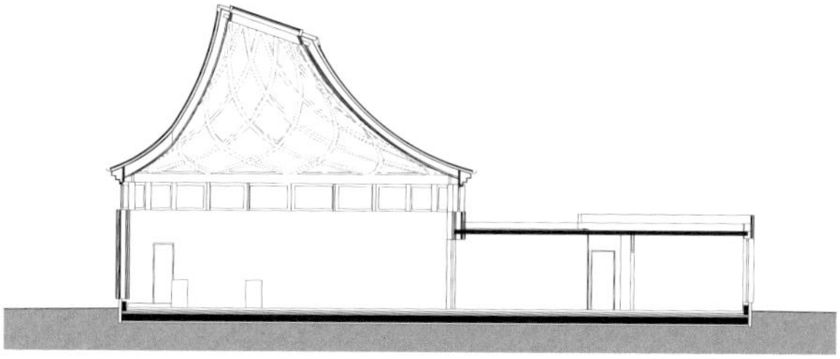

Schnitt A-A

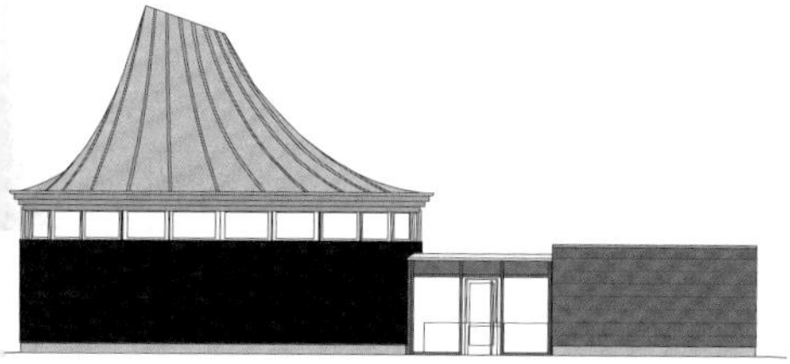

Ansicht Süd

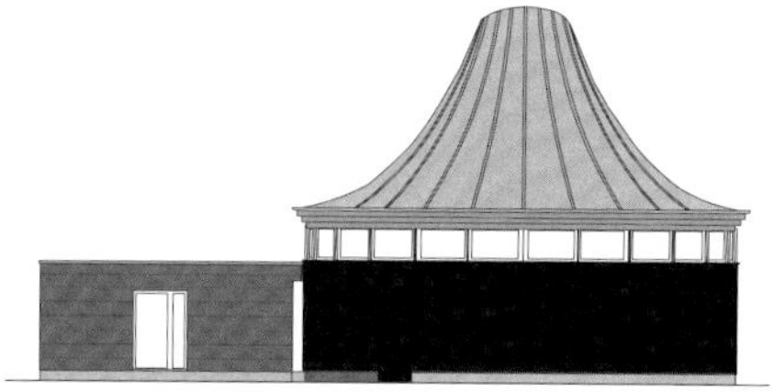

Ansicht West

Objektbeschreibung

Allgemeine Objektinformationen

Der Kirchenneubau mit Nebenräumen der Neuapostolischen Kirche ist eine Holzkonstruktion mit einem kreisrunden Kirchensaal und einem Kuppeldach aus Holz. Der Kirchensaal bietet Platz für 115 Gottesdienstbesucher. Das runde Oberlicht im Kuppeldach schafft eine besondere Verbindung zwischen Himmel und Erde.

Nutzung

1 Erdgeschoss
Foyer, Kirchensaal, Orgel, Technikraum, Gemeinderäume, Sanitärräume

Nutzeinheiten

Sitzplätze: 115
Versammlungsraumfläche: 113 m^2

Grundstück

Bauraum: Freier Bauraum
Neigung: Ebenes Gelände
Bodenklasse: BK 1 bis BK 5

Markt

Hauptvergabezeit: 2. Quartal 2021
Baubeginn: 1. Quartal 2021
Bauende: 4. Quartal 2022
Konjunkturelle Gesamtlage: Durchschnitt
Regionaler Baumarkt: Durchschnitt

Baukonstruktion

Das Gebäude gründet auf einer Stb-Bodenplatte auf Schaumglasschotter. Der Heizestrich erhielt eine strapazierfähige Bodenbeschichtung. Die Wände des Neubaus sind als Holzrahmenbau realisiert worden. Außen erhielt der Kirchensaal eine Rhombusschalung aus Lärche, das Nebengebäude eine Holzschalung aus Fichte. Innen sind die Wände des Kirchensaals mit Schilfrohrmatten und Lehmputz bekleidet. Im Nebengebäude sind die Wände mit GK-Platten beplankt und beschichtet. Die Sanitärräumen haben eine scheuerbeständige Beschichtung. Das Brettsperrholz-Flachdach über den Nebenräumen ist in Sichtqualität ausgeführt und erhielt eine Dachabdichtung. Das Kuppeldach über dem Kirchensaal ist ein Rippengewölbe, das aus 24 rautenförmig angeordneten und räumlich gebogenen, verdrehten Rippen besteht. Die Oberfläche der gebogenen Leimholzbinder wurde mit einem 5-Achs-Roboter in eine kuppelgerechte Form gefräst. Das Dach erstreckt sich zeltartig nach oben bis zu einem runden Oberlicht und ist mit Titanzink gedeckt. Durch ein umlaufendes Fensterband aus buntem Kirchenglas wirkt die Kuppel als schwebe sie über der Wand.

Technische Anlagen

Die Beheizung der Kirche erfolgt mit einer Luft-Wasser-Wärmepumpe und wird über eine Fußbodenheizung in den Aufenthaltsbereichen verteilt, der Altarbereich und die Orgel werden ausgespart. Zusätzlich wird im Kirchensaal über eine Lüftungsanlage für frische Luft gesorgt. Der Kirchensaal ist mit einer professionellen digitalen Lautsprecheranlage ausgestattet, eine besondere Herausforderung, da der runde Raum variabel bestuhlbar ist und akustisch hohe Anforderungen stellt. Die gesamte Anlage lässt sich bequem über ein Tablet oder ein Wandbedienfeld steuern. Ergänzend ist eine funkbasierende Hörunterstützungsanlage installiert, die schwerhörigen Gemeindemitgliedern eine klare Tonwiedergabe garantiert.

Sonstiges

Um die komplexe Holzkonstruktion umzusetzen wurde das Planungsteam frühzeitig um 3D-Spezialisten erweitert. Die erstellten Daten konnten direkt an die Fertigung übergeben werden, die Montage und die Ablaufplanung gestaltete sich jedoch trotzdem sehr aufwendig. Maßbezüge am Rohbau waren nicht möglich.

Planungskennwerte für Flächen und Rauminhalte nach DIN 277

Flächen des Grundstücks		Menge Einheit	% an GF
BF	Bebaute Fläche	293,54 m²	30,4
UF	Unbebaute Fläche	672,90 m²	69,6
GF	Grundstücksfläche	966,44 m²	100,0

Grundflächen des Bauwerks		Menge Einheit	% an NUF	% an BGF
NUF	Nutzungsfläche	191,34 m²	100,0	65,2
TF	Technikfläche	12,21 m²	6,4	4,2
VF	Verkehrsfläche	43,67 m²	22,8	14,9
NRF	Netto-Raumfläche	247,22 m²	129,2	84,2
KGF	Konstruktions-Grundfläche	46,32 m²	24,2	15,8
BGF	Brutto-Grundfläche	293,54 m²	153,4	100,0

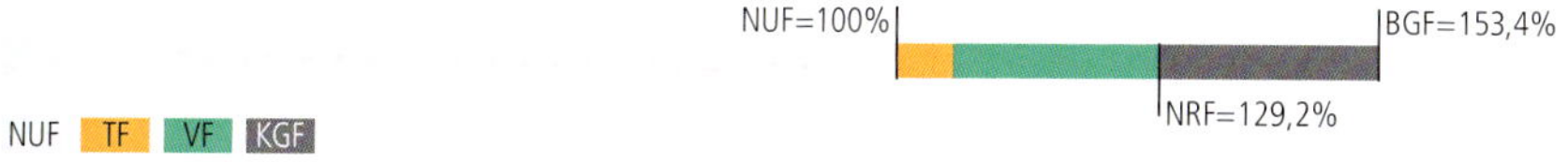

Brutto-Rauminhalt des Bauwerks		Menge Einheit	BRI/NUF (m)	BRI/BGF (m)
BRI	Brutto-Rauminhalt	1.617,00 m³	8,45	5,51

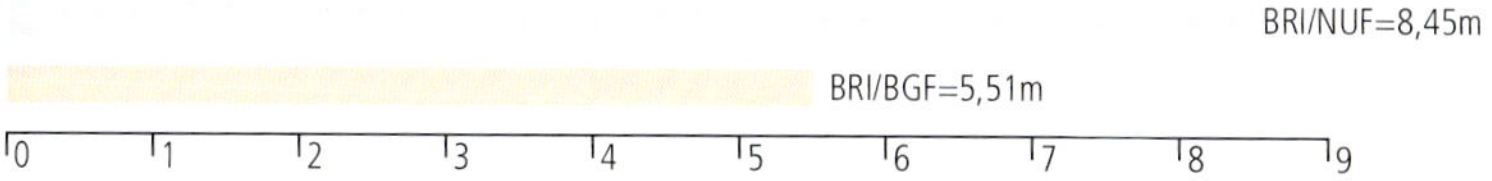

KG	Kostengruppen (2. Ebene)	Menge Einheit	Menge/NUF	Menge/BGF
310	Baugrube / Erdbau	305,46 m³ BGI	1,60	1,04
320	Gründung, Unterbau	281,28 m² GRF	1,47	0,96
330	Außenwände/Vertikale Baukonstruktionen, außen	383,30 m² AWF	2,00	1,31
340	Innenwände/Vertikale Baukonstruktionen, innen	178,20 m² IWF	0,93	0,61
350	Decken/Horizontale Baukonstruktionen	–	–	–
360	Dächer	380,84 m² DAF	1,99	1,30

Kostenkennwerte für die Kostengruppen der 1. Ebene DIN 276

KG	Kostengruppen (1. Ebene)	Einheit	Kosten €	€/Einheit	€/m² BGF	€/m³ BRI	% 300+400
100	Grundstück	m² GF	–	–	–	–	–
200	Vorbereitende Maßnahmen	m² GF	3.963	4,10	13,50	2,45	0,2
300	Bauwerk – Baukonstruktionen	m² BGF	1.442.757	4.915,03	4.915,03	892,24	82,8
400	Bauwerk – Technische Anlagen	m² BGF	299.636	1.020,77	1.020,77	185,30	17,2
	Bauwerk 300+400	**m² BGF**	**1.742.393**	**5.935,80**	**5.935,80**	**1.077,55**	**100,0**
500	Außenanlagen und Freiflächen	m² AF	18.255	–	62,19	11,29	1,0
600	Ausstattung und Kunstwerke	m² BGF	103.303	351,92	351,92	63,89	5,9
700	Baunebenkosten	m² BGF	–	–	–	–	–
800	Finanzierung	m² BGF	–	–	–	–	–

KG	Kostengruppe	Menge Einheit	Kosten €	€/Einheit	%
200	**Vorbereitende Maßnahmen**	966,44 m² GF	3.963	**4,10**	0,2

Baumschutz, Abbruch von Zaun, Bauschutt räumen, abfahren, Grasnarbe abtragen; Entsorgung, Deponiegebühren

KG	Kostengruppe	Menge Einheit	Kosten €	€/Einheit	%
3+4	**Bauwerk**				**100,0**
300	**Bauwerk – Baukonstruktionen**	293,54 m² BGF	1.442.757	**4.915,03**	82,8

Stb-Bodenplatte, Estrich, Beschichtung, Schaumglasschotter, Perimeterdämmung; Stb-Sockel, Holzrahmenwände, Holzfenster, Holz-Alutür, Holzschalung, Dämmung, Putz, Beschichtung, GK-Bekleidung, Beschichtung, Schilfrohrmatten, Lehmputz, Holz-Alu-Pfosten-Riegelfassade; Metallständerwände, Holztüren, Beschichtung, Holzschalung; Flachdach: Brettsperrholz, Sichtqualität, Dämmung, Dachabdichtung, Kuppeldach: Kreuzrippen, Sichtqualität, Sichtschalung, Dämmung, Oberlicht, Dämmung, Dachschalung, Doppelstehfalzdeckung, Dachentwässerung; Einbauküche, Altarstein, Altarpodest

KG	Kostengruppe	Menge Einheit	Kosten €	€/Einheit	%
400	**Bauwerk – Technische Anlagen**	293,54 m² BGF	299.636	**1.020,77**	17,2

Gebäudeentwässerung, Kalt- und Warmwasserleitungen, Sanitärobjekte; Luft-Wasser-Wärmepumpe, Systemboden, Fußbodenheizung; Lüftungsanlage mit WRG, Multiboden, Zuluftkanäle; Elektroinstallation, Notlichtsystem, Beleuchtung, Blitzschutz; Telefonleitungen, Notrufset, Leuchtmelder-Läutewerke, Türklingel, ELA-Anlagen, Infrarot-Schwerhörigenanlage, Videokamera, LED-TV, RWA-Anlage, Feuchtemonitoring, Datenkabel

KG	Kostengruppe	Menge Einheit	Kosten €	€/Einheit	%
500	**Außenanlagen und Freiflächen**	–	18.255	**–**	1,0

Frostschutzschicht; Abwasserrohre, Kontrollschacht, Stb-Regenrückhaltung

KG	Kostengruppe	Menge Einheit	Kosten €	€/Einheit	%
600	**Ausstattung und Kunstwerke**	293,54 m² BGF	103.303	**351,92**	5,9

Rednerpult, Blumenständer, Klapptische, Stapelstühle, Sanitäreinrichtung; Metallgestell für Taufstein, Opferstock, Einschubleisten für Liedanzeige; Oberlichtband, Kunstverglasung; Logo-Schriftzüge, Beschriftungen

Kostenkennwerte für die Kostengruppen 300 der 2. und 3. Ebene DIN 276 (Übersicht)

KG	Kostengruppe	Menge Einheit	Kosten €	€/Einheit	% an 3+4
300	**Bauwerk – Baukonstruktionen**	**293,54 m² BGF**	**1.442.757,28**	**4.915,03**	**82,8**
310	**Baugrube / Erdbau**	**305,46 m³ BGI**	**21.797,90**	**71,36**	**1,3**
311	Herstellung	305,46 m³ BGI	21.797,90	71,36	1,3
312	Umschließung	–	–	–	–
313	Wasserhaltung	–	–	–	–
314	Vortrieb	–	–	–	–
319	Sonstiges zur KG 310	–	–	–	–
320	**Gründung, Unterbau**	**281,28 m² GRF**	**158.320,74**	**562,86**	**9,1**
321	Baugrundverbesserung	–	–	–	–
322	Flachgründungen und Bodenplatten	281,28 m²	46.006,84	163,56	2,6
323	Tiefgründungen	–	–	–	–
324	Gründungsbeläge	247,22 m²	72.125,38	291,75	4,1
325	Abdichtungen und Bekleidungen	342,37 m²	40.188,52	117,38	2,3
326	Dränagen	–	–	–	–
329	Sonstiges zur KG 320	–	–	–	–
330	**Außenwände/Vert. Baukonstrukt., außen**	**383,30 m² AWF**	**377.532,58**	**984,95**	**21,7**
331	Tragende Außenwände	304,79 m²	159.237,14	522,45	9,1
332	Nichttragende Außenwände	–	–	–	–
333	Außenstützen	–	–	–	–
334	Außenwandöffnungen	63,56 m²	62.534,61	983,87	3,6
335	Außenwandbekleidungen, außen	283,98 m²	102.701,41	361,65	5,9
336	Außenwandbekleidungen, innen	256,91 m²	32.530,84	126,62	1,9
337	Element. Außenwandkonstruktionen	14,95 m²	18.032,40	1.206,18	1,0
338	Lichtschutz zur KG 330	–	1.396,22	–	< 0,1
339	Sonstiges zur KG 330	383,30 m² AWF	1.099,95	2,87	< 0,1
340	**Innenwände/Vert. Baukonstrukt., innen**	**178,20 m² IWF**	**58.493,51**	**328,25**	**3,4**
341	Tragende Innenwände	–	–	–	–
342	Nichttragende Innenwände	145,81 m²	24.408,40	167,40	1,4
343	Innenstützen	–	–	–	–
344	Innenwandöffnungen	32,39 m²	28.916,25	892,75	1,7
345	Innenwandbekleidungen	253,10 m²	5.168,88	20,42	0,3
346	Elementierte Innenwandkonstruktionen	–	–	–	–
347	Lichtschutz zur KG 340	–	–	–	–
349	Sonstiges zur KG 340	–	–	–	–
350	**Decken/Horizontale Baukonstruktionen**	**–**	**–**	**–**	**–**
351	Deckenkonstruktionen	–	–	–	–
352	Deckenöffnungen	–	–	–	–
353	Deckenbeläge	–	–	–	–
354	Deckenbekleidungen	–	–	–	–
355	Elementierte Deckenkonstruktionen	–	–	–	–
359	Sonstiges zur KG 350	–	–	–	–
360	**Dächer**	**380,84 m² DAF**	**654.033,15**	**1.717,34**	**37,5**
361	Dachkonstruktionen	316,47 m²	384.977,99	1.216,48	22,1
362	Dachöffnungen	5,31 m²	24.317,10	4.579,49	1,4
363	Dachbeläge	375,53 m²	208.031,35	553,97	11,9
364	Dachbekleidungen	302,95 m²	33.627,18	111,00	1,9
365	Elementierte Dachkonstruktionen	–	–	–	–
366	Lichtschutz zur KG 360	–	–	–	–
369	Sonstiges zur KG 360	380,84 m² DAF	3.079,52	8,09	0,2
370	**Infrastrukturanlagen**	**–**	**–**	**–**	**–**
380	**Baukonstruktive Einbauten**	**293,54 m² BGF**	**36.012,50**	**122,68**	**2,1**
390	**Sonst. Maßnahmen für Baukonstrukt.**	**293,54 m² BGF**	**136.566,89**	**465,24**	**7,8**

Kostenkennwerte für die Kostengruppen 400 der 2. und 3. Ebene DIN 276 (Übersicht)

KG	Kostengruppe	Menge Einheit	Kosten €	€/Einheit	% an 3+4
400	**Bauwerk – Technische Anlagen**	**293,54 m²BGF**	**299.636,21**	**1.020,77**	**17,2**
410	**Abwasser-, Wasser-, Gasanlagen**	**293,54 m²BGF**	**37.300,27**	**127,07**	**2,1**
411	Abwasseranlagen	293,54 m²BGF	7.238,00	24,66	0,4
412	Wasseranlagen	293,54 m²BGF	28.597,86	97,42	1,6
413	Gasanlagen	–	–	–	–
419	Sonstiges zur KG 410	293,54 m²BGF	1.464,42	4,99	< 0,1
420	**Wärmeversorgungsanlagen**	**293,54 m²BGF**	**82.493,25**	**281,03**	**4,7**
421	Wärmeerzeugungsanlagen	293,54 m²BGF	46.768,49	159,33	2,7
422	Wärmeverteilnetze	293,54 m²BGF	16.939,89	57,71	1,0
423	Raumheizflächen	293,54 m²BGF	18.784,86	63,99	1,1
424	Verkehrsheizflächen	–	–	–	–
429	Sonstiges zur KG 420	–	–	–	–
430	**Raumlufttechnische Anlagen**	**293,54 m²BGF**	**76.211,02**	**259,63**	**4,4**
431	Lüftungsanlagen	293,54 m²BGF	76.211,02	259,63	4,4
432	Teilklimaanlagen	–	–	–	–
433	Klimaanlagen	–	–	–	–
434	Kälteanlagen	–	–	–	–
439	Sonstiges zur KG 430	–	–	–	–
440	**Elektrische Anlagen**	**293,54 m²BGF**	**51.182,39**	**174,36**	**2,9**
441	Hoch- und Mittelspannungsanlagen	–	–	–	–
442	Eigenstromversorgungsanlagen	–	–	–	–
443	Niederspannungsschaltanlagen	–	–	–	–
444	Niederspannungsinstallationsanlagen	293,54 m²BGF	36.275,48	123,58	2,1
445	Beleuchtungsanlagen	293,54 m²BGF	4.383,98	14,93	0,3
446	Blitzschutz- und Erdungsanlagen	293,54 m²BGF	10.522,93	35,85	0,6
447	Fahrleitungssysteme	–	–	–	–
449	Sonstiges zur KG 440	–	–	–	–
450	**Kommunikationstechnische Anlagen**	**293,54 m²BGF**	**52.449,28**	**178,68**	**3,0**
451	Telekommunikationsanlagen	293,54 m²BGF	1.545,84	5,27	< 0,1
452	Such- und Signalanlagen	293,54 m²BGF	926,17	3,16	< 0,1
453	Zeitdienstanlagen	–	–	–	–
454	Elektroakustische Anlagen	293,54 m²BGF	32.619,03	111,12	1,9
455	Audiovisuelle Medien- u. Antennenanl.	293,54 m²BGF	2.681,52	9,14	0,2
456	Gefahrenmelde- und Alarmanlagen	293,54 m²BGF	12.843,59	43,75	0,7
457	Datenübertragungsnetze	293,54 m²BGF	1.833,15	6,24	0,1
458	Verkehrsbeeinflussungsanlagen	–	–	–	–
459	Sonstiges zur KG 450	–	–	–	–
460	**Förderanlagen**	**–**	**–**	**–**	**–**
461	Aufzugsanlagen	–	–	–	–
462	Fahrtreppen, Fahrsteige	–	–	–	–
463	Befahranlagen	–	–	–	–
464	Transportanlagen	–	–	–	–
465	Krananlagen	–	–	–	–
466	Hydraulikanlagen	–	–	–	–
469	Sonstiges zur KG 460	–	–	–	–
470	**Nutzungsspez. u. verfahrenstechn. Anl.**	**–**	**–**	**–**	**–**
480	**Gebäude- und Anlagenautomation**	**–**	**–**	**–**	**–**
490	**Sonst. Maßnahmen für techn. Anlagen**	**–**	**–**	**–**	**–**

Kostenkennwerte für Leistungsbereiche nach STLB (Kosten des Bauwerks nach DIN 276)

LB	Leistungsbereiche	Kosten €	€/m² BGF	€/m³ BRI	% an 3+4
000	Baustellen-, Sicherheitseinr. inkl. 001, 089	113.201	385,60	70,00	6,5
002	Erdarbeiten	21.798	74,30	13,50	1,3
006	Spezialtiefbauarbeiten inkl. 005	–	–	–	–
009	Entwässerungskanalarbeiten inkl. 011	–	–	–	–
010	Drän- und Versickerarbeiten	–	–	–	–
012	Mauerarbeiten	368	1,30	0,23	< 0,1
013	Betonarbeiten	102.367	348,70	63,30	5,9
014	Natur-, Betonwerksteinarbeiten	6.287	21,40	3,90	0,4
016	Zimmer- und Holzbauarbeiten	692.279	2.358,40	428,10	39,7
017	Stahlbauarbeiten	–	–	–	–
018	Abdichtungsarbeiten	10.335	35,20	6,40	0,6
019	Kampfmittelräumarbeiten	–	–	–	–
020	Dachdeckungsarbeiten	–	–	–	–
021	Dachabdichtungsarbeiten	39.448	134,40	24,40	2,3
022	Klempnerarbeiten	112.668	383,80	69,70	6,5
	Rohbau	**1.098.751**	**3.743,10**	**679,50**	**63,1**
023	Putz- und Stuckarbeiten, Wärmedämmsysteme	29.693	101,20	18,40	1,7
024	Fliesen- und Plattenarbeiten	–	–	–	–
025	Estricharbeiten	62.771	213,80	38,80	3,6
026	Fenster, Außentüren inkl. 029, 032	90.665	308,90	56,10	5,2
027	Tischlerarbeiten	60.783	207,10	37,60	3,5
028	Parkett-, Holzpflasterarbeiten	–	–	–	–
030	Rollladenarbeiten	1.396	4,80	0,86	< 0,1
031	Metallbauarbeiten inkl. 035	1.100	3,70	0,68	< 0,1
034	Maler- und Lackiererarb. - Beschicht. inkl. 037	44.835	152,70	27,70	2,6
036	Bodenbelagarbeiten	2.109	7,20	1,30	0,1
038	Vorgehängte hinterlüftete Fassaden	–	–	–	–
039	Trockenbauarbeiten	31.497	107,30	19,50	1,8
	Ausbau	**324.851**	**1.106,70**	**200,90**	**18,6**
040	Wärmeversorgungsanl. - Betriebseinr. inkl. 041	85.119	290,00	52,60	4,9
042	Gas- u. Wasseranl. - Leitung., Armat. inkl. 043	12.420	42,30	7,70	0,7
044	Abwasseranl. - Leitungen, Abläufe, Armaturen	7.076	24,10	4,40	0,4
045	Gas, Wasser, Entwässerung - Ausstattung inkl. 046	15.051	51,30	9,30	0,9
047	Dämm- und Brandschutzarb. an techn. Anlagen	9.531	32,50	5,90	0,5
049	Feuerlöschanlagen, Feuerlöschgeräte	–	–	–	–
050	Blitzschutz-/Erdungsanlagen, Überspannungssch.	10.523	35,80	6,50	0,6
053	Niederspannungsanl. - Kabel inkl. 052, 054	36.276	123,60	22,40	2,1
055	Sicherheits- u. Ersatzstromversorgungsanl.	–	–	–	–
057	Gebäudesystemtechnik	–	–	–	–
058	Leuchten und Lampen inkl. 059	4.384	14,90	2,70	0,3
060	Such, Signal, Zeit, Anten., akust. Anl. inkl. 064	36.227	123,40	22,40	2,1
061	Kommunikations- u. Übertragungsnetze inkl. 063	16.223	55,30	10,00	0,9
069	Aufzüge	–	–	–	–
070	Gebäudeautomation	–	–	–	–
075	Raumlufttechnische Anlagen inkl. 078	75.017	255,60	46,40	4,3
	Gebäudetechnik	**307.846**	**1.048,70**	**190,40**	**17,7**
084	Abbruch, Rückbau, Schadstoffsanierung	–	–	–	–
	Abbrucharbeiten	**–**	**–**	**–**	**–**
	Sonstige Leistungsbereiche	**10.945**	**37,30**	**6,80**	**0,6**

Anhang

Verzeichnis der Architektur- und Planungsbüros

Verzeichnis der Architektur- und Planungsbüros	Obj.-Nr.
A-Z Architekten BDA; Wiesbaden	6600-0038
AAg Architekten GmbH; Heidelberg mit Stadt Heidelberg - Hochbauamt; Heidelberg	4400-0389, 4400-0428
abdelkader Architekten bda Partnerschaft mbB; Münster	4400-0403
ACMS Architekten GmbH; Wuppertal	6200-0134, 6600-0039
Arc Architekten Partnerschaft mbB; Bad Birnbach	7300-0114
Architekt Peter Naumburg; Mamming	4400-0433
Architekturbüro Huber; Kempten	6100-1730
Architekturbüro Stefan Adlich; Leipzig	6100-1799
Architektur- und Ingenieurbüro Siegmund Bölke und Partner mbB; Treuenbrietzen	1300-0341
Architektur.SCHÖN; Wiesbaden	4100-0248
Arge: Katrin Gallner & Christine Hastenteufel; Ransbach-Baumbach	3100-0039
arminschmitz architekt bda; Bad Neuenahr-Ahrweiler	6100-1732
ASUNA Dipl.Ing. (FH) Architekt Dirk Stenzel; Leipzig	6100-1721
Atelier Fanelsa; Berlin	9100-0234
AX5 Architekten (LPH 1-9); Kiel mit Wolf Weiss; Bönebüttel	6100-1768
Bau Eins Architekten - Andernach Bahnemann - PartGmbB; Kaiserslautern	4400-0432
baut architektur partmbb; Köln	6100-1804
Bindhammer Architekten, Stadtplaner und Beratender Ingenieur Part mbB; Bayerbach	6400-0126
BKS Architekten GmbH; Lübbecke	4100-0271
bonfanti ARCHITEKTEN Anke und Ralph Bonfanti; Wiehl-Weiershagen	6100-1593, 6100-1813
brack architekten; Kempten	6100-1672, 7600-0089
brüchner-hüttemann pasch bhp Architekten + Generalplaner GmbH; Bielefeld	5600-0013
brück.jordan architekten Ingenieure PartGmbB; Würzburg	6400-0120
BUCHER | HÜTTINGER - ARCHITEKTUR INNEN ARCHITEKTUR; Betzenstein	6100-1671
Carina Zoth Freie Architektin; Westernohe	6100-1727
Christl + Bruchhäuser GmbH; Frankfurt am Main	4100-0267
Christoph Harney Architekt; Kassel	6100-1744
cl.ar Carsten Larusch Architektur; Bitburg	6100-1815
Claudia Gräfe, Marion Schonhoven Architektur BDA in Partnerschaft mbB; Bremen	6100-1769
consilio pro; Möhnesee-Günne	6200-0131
cubus plan GmbH; Berlin	4400-0398
D:4 Architektur; Berlin	4400-0431
dasfeine architekten; Berlin	6100-1800
Deppisch Architekten GmbH; Freising	6400-0138
Dienstleistungsbetrieb Stadt Xanten (LPH 1-4); Xanten mit W. u. J. Derix GmbH & Co. (LPH 5-9); Niederkrüchten	6200-0136
drauschke & fliegel Architektur; Dresden	6100-1739
Dr. Gollwitzer, Dr. Linse und Partner Ingenieure mbB; München mit Architekturbüro Ilg; München	7700-0100
eap Architekten . Stadtplaner PartGmbB; München	6400-0135
Elmar Paul Sommer Dipl.-Ing. Architekt + Stadtplaner; Monschau	6100-1752
evh_architekten GmbH; Amberg	6100-1811
f64 Architekten und Stadtplaner GmbH; Kempten	9100-0232
feldhaus Architekten partnerschaft mbb; Ibbenbüren	6100-1764
Fischer Rüdenauer Architekten PartmbB; Stuttgart mit Karl Kaffenberger Architektur; Erbach	4400-0401
foundation 5+ architekten BDA; Kassel	4400-0430, 6100-1772
Fuchs und Rudolph Architekten und Stadtplaner; München	5100-0148
Glück Höng Beratender Ingenieur und Architekt PartGmbB; Düsseldorf	7800-0049

Verzeichnis der Architektur- und Planungsbüros	Obj.-Nr.
Goergens Miklautz Partner GmbB (LPH 1-5); München	
mit dreier + Lauterbach architekten und ingenieure GmbH (LPH 6-9); München	4100-0257, 4400-0419
graadwies GmbH; Kiel	1300-0331
grotheer architektur; Wyk auf Föhr	6100-1696
hermann+bosch Architekten; Stuttgart	7800-0050
HILGARTH Architekten-Stadtplaner; Marktredwitz/CH-Zürich	4400-0408, 6400-0129
HKR+ Architekten und Partner mbB; Köln	6100-1767
Hölzl Knote Frischholz Architekten und Innenarchitektin PartG mbB; Tegernsee	6100-1778
Irlenbusch von Hantelmann Architekten BDA; Leipzig	6400-0134
Jan Braker Architekt; Hamburg	4400-0435
JURETZKA ARCHITEKTEN PartG mbB; Weiden	4400-0436
K9 Architekten Borgards Lösch Pichl Piribauer BDA DWB; Freiburg	4400-0367
kg5 architekten GmbH; Düsseldorf	7800-0037
Knoche Architektur PartGmbB; Leipzig	4400-0423
Knopp Wassmer Architekten PartG mbB; München	6100-1783
köhler architekten + beratende Ingenieure GmbH; Gauting	4400-0417
Lechner · Lechner Architekten GmbH; Traunstein	6400-0140, 6400-0141
Martin Wäsler Architekturbüro; Glonn	6100-1710
Leitplan GmbH Planungs- und Entwicklungsgesellschaft; Berlin	7800-0034
LIESL BAUMEISTER Architekten; Frankfurt am Main	6100-1786, 6100-1787
MICHAEL KOPPETSCH ARCHITEKT; Burscheid	4400-0437
Michael van Ooyen Freie Architekten Partnerschaft mbB; Straelen	7300-0116
Modersohn & Freiesleben Architekten Part mbB; Berlin	6100-1766
MRO Partnerschaft mbB Architekt Kahnert Beratender Ingenieur Martens; Hamburg	5100-0144
MTTR ARCHITEKTEN+STADTPLANER; Berlin	
mit studioplus Tobias Buschbeck; Berlin	4400-0409
mz3 Architekten ingenieure GmbH; Mainz	4400-0434
Numrich Albrecht Klumpp Gesellschaft von Architekten mbH; Berlin	4200-0042
OKF Architekten GmbH; Osnabrück	4400-0395
ott_architekten BDA partnerschaft mbB; Laichingen	7300-0112, 7800-0046
Peter Gröbmayr GmbH & Co.KG; Glonn	6100-1702
pfanzelt architekten GmbH; Lechbruck am See	6100-1715
pier7 architekten gmbh; Düsseldorf	1300-0330
PLAN@K Architekten Kress PartGmbB; Erlangen	6400-0130
Planungsring Mumm + Partner GbR; Treia	6200-0129
prosa Architektur + Stadtplanung BDA Quasten Rauh PartGmbB; Darmstadt	4100-0274
prosa Architektur + Stadtplanung BDA; Darmstadt	4500-0021
punkt4 Architekten Part mbB; Kassel	6500-0065
pwpMAS Architekten PartG mbB; Darmstadt	1300-0318
ra plus | mevißen hillmann, harder hille architektenpartnerschaft mbB; Hannover	4400-0407
Reiter Architekten GmbH; Dresden	9100-0235
QueckArchitektur; Pielenhofen	6100-1792
Regina Bruchhäuser Architektin; Alzenau	6100-1742
SES Architektur; Bad Doberan	6100-1718
Shakti Haus; Bad König	1300-0349
SIEKER ARCHITEKTEN; Bielefeld	1300-0342, 9100-0219
Smits + Tandler Freie Architekten und Ingenieure Partnerschaft BDA; Erfurt	7700-0096
Stadt Regensburg, Amt für Hochbau; Regensburg	4400-0424
Stadtverwaltung Wittlich, Dipl.-Ing. (FH) Christian Gerhardy; Wittlich	4400-0418
STUDIO LEK Albrecht Heidecker Sack Architekt:innen PartG mbB; München	1300-0344, 7700-0101
STUDIO LOES GMBH; Berlin	6100-1795

sunder plaßmann . noll plan+bau GmbH; Kassel	6100-1698
Tang & Buhl Architekten PartGmbB; Berlin	9100-0233
TRU Architekten Partnerschaft mbB; Berlin	4400-0427
VON M GmbH; Stuttgart	1300-0335
W. u. J. Derix GmbH & Co.; Niederkrüchten	6200-0135, 6200-0141
Weidner Architektur; Weiden	6100-1806
Werkgruppe Freiburg Architekten; Freiburg	6100-1761
Wimmer Architekten GbR; Rosenheim	6100-1802
Wirth Architekten BDA PartgmbB; Bremen	6100-1734
Wolfgang Helmle Freier Architekt; Ellwangen	4400-0333
wulf architekten GmbH; Stuttgart	7600-0111
WWA Architekten Wöhr Heugenhauser Johansen PartmbB; München	6100-1803
ZIEBELL + PARTNER Architektur- und Planungs GmbH; Lübeck	4400-0392
Zimmerei Müller GmbH, Merle Müller, Architektin; Soest	6100-1740
ZRS Architekten GvA mbH; Berlin	6100-1685

Der Herausgeber dankt den genannten Büros für die zur Verfügung gestellten Objektdaten.

Nutzen Sie die Vorteile Ihrer Projekt-Veröffentlichung in den BKI-Produkten:
- Dokumentierte Kosten Ihres Projektes nach DIN 276
- Ausbau und Erweiterung Ihrer bürointernen Baukostendaten für Folgeprojekte
- Dokumentationsunterlagen als Referenz für Ihre Projekt-Akquise
- Aufwandsentschädigung von bis zu 700,- €
- Aufnahme Ihrer Bürodaten in die Liste der BKI Architekt*innen und Planer*innen
- Kostenloses Fachbuch

Weitere Informationen unter www.bki.de/bki-verguetung.html

Anhang

Regionalfaktoren

Regionalfaktoren Deutschland

Diese Faktoren geben Aufschluss darüber, inwieweit die Baukosten in einer bestimmten Region Deutschlands teurer oder günstiger liegen als im Bundesdurchschnitt. Sie können dazu verwendet werden, die BKI Baukosten an das besondere Baupreisniveau einer Region anzupassen.
Hinweis: Alle Angaben wurden durch Untersuchungen des BKI weitgehend verifiziert. Dennoch können Abweichungen zu den angegebenen Werten entstehen. In Grenznähe zu einem Land-/Stadtkreis mit anderen Baupreisfaktoren sollte dessen Baupreisniveau mit berücksichtigt werden, da die Übergänge zwischen den Land-/ Stadtkreisen fließend sind. Die Besonderheiten des Einzelfalls können ebenfalls zu Abweichungen führen.
Für die größeren Inseln Deutschlands wurden separate Regionalfaktoren ermittelt. Dazu wurde der zugehörige Landkreis in Festland und Inseln unterteilt. Alle Inseln eines Landkreises erhalten durch dieses Verfahren den gleichen Regionalfaktor. Der Regionalfaktor des Festlandes erhält keine Inseln mehr und ist daher gegenüber früheren Ausgaben verringert.

Land- / Stadtkreis / Insel	Bundeskorrekturfaktor
Aachen, Städteregion	0,926
Ahrweiler	0,982
Aichach-Friedberg	1,077
Alb-Donau-Kreis	1,015
Altenburger Land	0,852
Altenkirchen (Westerwald)	0,985
Altmarkkreis Salzwedel	0,833
Altötting	0,973
Alzey-Worms	0,983
Amberg, Stadt	1,100
Amberg-Sulzbach	1,023
Ammerland	0,794
Amrum, Insel	1,288
Anhalt-Bitterfeld	0,815
Ansbach	1,032
Ansbach, Stadt	1,068
Aschaffenburg	1,124
Aschaffenburg, Stadt	1,093
Augsburg	1,098
Augsburg, Stadt	1,265
Aurich, Festlandanteil	0,735
Aurich, Inselanteil	1,199
Bad Dürkheim	0,983
Bad Kissingen	1,045
Bad Kreuznach	0,963
Bad Tölz-Wolfratshausen	1,216
Baden-Baden, Stadtkreis	1,063
Baltrum, Insel	1,199
Bamberg	1,048
Bamberg, Stadt	1,160
Barnim	0,879
Bautzen	0,894
Bayreuth	1,077
Bayreuth, Stadt	1,042
Berchtesgadener Land	1,131
Bergstraße	1,008
Berlin, Stadt	1,141
Bernkastel-Wittlich	1,022
Biberach	1,020
Bielefeld, Stadt	0,870
Birkenfeld	1,033
Bochum, Stadt	0,912
Bodenseekreis	0,990
Bonn, Stadt	0,920
Borken	0,901
Borkum, Insel	1,100
Bottrop, Stadt	0,794
Brandenburg an der Havel, Stadt	0,969
Braunschweig, Stadt	0,726
Breisgau-Hochschwarzwald	1,117
Bremen, Stadt	0,921
Bremerhaven, Stadt	0,946
Burgenlandkreis	0,930
Böblingen	1,083
Börde	0,877
Calw	1,032
Celle	0,834
Cham	0,887
Chemnitz, Stadt	0,878
Cloppenburg	0,784
Coburg	1,016
Coburg, Stadt	1,155
Cochem-Zell	1,065
Coesfeld	0,943
Cottbus, Stadt	1,030
Cuxhaven	0,758
Dachau	1,228
Dahme-Spreewald	0,925
Darmstadt, Stadt	1,066
Darmstadt-Dieburg	1,017
Deggendorf	0,978

Delmenhorst, Stadt	0,774
Dessau-Roßlau, Stadt	0,860
Diepholz	0,791
Dillingen a.d.Donau	1,054
Dingolfing-Landau	0,942
Dithmarschen	1,033
Donau-Ries	0,993
Donnersbergkreis	0,919
Dortmund, Stadt	0,757
Dresden, Stadt	0,911
Duisburg, Stadt	0,949
Düren	0,950
Düsseldorf, Stadt	0,983
Ebersberg	1,361
Eichsfeld	0,906
Eichstätt	1,065
Eifelkreis Bitburg-Prüm	0,961
Elbe-Elster	0,842
Emden, Stadt	0,703
Emmendingen	1,146
Emsland	0,794
Ennepe-Ruhr-Kreis	0,875
Enzkreis	1,003
Erding	1,118
Erfurt, Stadt	0,926
Erlangen, Stadt	1,101
Erlangen-Höchstadt	1,026
Erzgebirgskreis	0,918
Essen, Stadt	0,839
Esslingen	1,035
Euskirchen	0,859
Fehmarn, Insel	1,164
Flensburg, Stadt	0,808
Forchheim	1,126
Frankenthal (Pfalz), Stadt	0,888
Frankfurt (Oder), Stadt	0,871
Frankfurt am Main, Stadt	1,019
Freiburg im Breisgau, Stadtkreis	1,120
Freising	1,105
Freudenstadt	1,033
Freyung-Grafenau	0,980
Friesland, Festlandanteil	0,775
Friesland, Inselanteil	1,442
Fulda	1,039
Föhr, Insel	1,288
Fürstenfeldbruck	1,216
Fürth	0,993
Fürth, Stadt	1,076
Garmisch-Partenkirchen	1,268
Gelsenkirchen, Stadt	0,891
Gera, Stadt	0,906
Germersheim	1,002
Gießen	1,010
Gifhorn	0,848
Goslar	0,752
Gotha	0,876
Grafschaft Bentheim	0,792
Greiz	0,925
Groß-Gerau	1,058
Göppingen	0,998
Görlitz	0,893
Göttingen	0,856
Günzburg	1,054
Gütersloh	0,872
Hagen, Stadt	0,884
Halle (Saale), Stadt	0,709
Hamburg, Freie und Hansestadt	1,106
Hameln-Pyrmont	0,829
Hamm, Stadt	0,866
Hannover, Region	0,904
Harburg	0,904
Harz	0,819
Havelland	0,999
Haßberge	1,131
Heidekreis	0,862
Heidelberg, Stadtkreis	1,119
Heidenheim	1,032
Heilbronn	1,023
Heilbronn, Stadtkreis	1,011
Heinsberg	0,920
Helgoland, Insel	1,410
Helmstedt	0,834
Herford	0,871
Herne, Stadt	0,922
Hersfeld-Rotenburg	0,985
Herzogtum Lauenburg	0,975
Hiddensee, Insel	1,126
Hildburghausen	0,882
Hildesheim	0,794
Hochsauerlandkreis	0,895
Hochtaunuskreis	1,063
Hof	1,152
Hof, Stadt	1,123
Hohenlohekreis	1,034
Holzminden	0,766
Höxter	0,867
Ilm-Kreis	0,860
Ingolstadt, Stadt	1,093
Jena, Stadt	1,088
Jerichower Land	0,813
Juist, Insel	1,199

Kaiserslautern	0,970
Kaiserslautern, Stadt	0,977
Karlsruhe	0,953
Karlsruhe, Stadtkreis	1,098
Kassel	1,019
Kassel, Stadt	0,933
Kaufbeuren	1,160
Kelheim	0,982
Kempten (Allgäu)	1,140
Kiel, Stadt	1,209
Kitzingen	1,077
Kleve	0,915
Koblenz, Stadt	0,938
Konstanz	1,025
Krefeld, Stadt	0,836
Kronach	1,108
Kulmbach	1,130
Kusel	0,956
Kyffhäuserkreis	0,891
Köln, Stadt	0,936
Lahn-Dill-Kreis	1,014
Landau in der Pfalz, Stadt	1,000
Landsberg am Lech	1,130
Landshut	0,967
Landshut, Stadt	1,039
Langeoog, Insel	1,052
Leer, Festlandanteil	0,743
Leer, Inselanteil	1,100
Leipzig	0,941
Leipzig, Stadt	0,859
Leverkusen, Stadt	0,805
Lichtenfels	1,006
Limburg-Weilburg	0,980
Lindau (Bodensee)	1,071
Lippe	0,903
Ludwigsburg	1,037
Ludwigshafen am Rhein, Stadt	1,033
Ludwigslust-Parchim	0,911
Lörrach	0,992
Lübeck, Hansestadt	0,921
Lüchow-Dannenberg	0,850
Lüneburg	0,851
Magdeburg, Stadt	0,851
Main-Kinzig-Kreis	0,996
Main-Spessart	1,104
Main-Tauber-Kreis	1,027
Main-Taunus-Kreis	1,005
Mainz, Stadt	0,938
Mainz-Bingen	1,032
Mannheim, Stadtkreis	1,049
Mansfeld-Südharz	0,882
Marburg-Biedenkopf	1,031
Mayen-Koblenz	0,972
Mecklenburgische Seenplatte	0,879
Meißen	0,891
Memmingen	1,016
Merzig-Wadern	0,951
Mettmann	0,869
Miesbach	1,306
Miltenberg	1,180
Minden-Lübbecke	0,848
Mittelsachsen	0,902
Märkisch-Oderland	0,890
Märkischer Kreis	0,873
Mönchengladbach, Stadt	0,895
Mühldorf a.Inn	1,047
Mülheim an der Ruhr, Stadt	0,905
München	1,340
München, Stadt	1,546
Münster, Stadt	0,863
Neckar-Odenwald-Kreis	1,074
Neu-Ulm	1,059
Neuburg-Schrobenhausen	1,064
Neumarkt i.d.OPf.	0,944
Neumünster, Stadt	0,906
Neunkirchen	0,975
Neustadt a.d.Aisch-Bad Windsheim	1,037
Neustadt a.d.Waldnaab	1,047
Neustadt an der Weinstraße, Stadt	0,915
Neuwied	0,949
Nienburg (Weser)	0,740
Norderney, Insel	1,199
Nordfriesland, Festlandanteil	1,163
Nordfriesland, Inselanteil	1,288
Nordhausen	0,820
Nordsachsen	0,893
Nordwest-Mecklenburg, Inselanteil	1,224
Nordwestmecklenburg, Festlandanteil	0,947
Northeim	0,874
Nürnberg, Stadt	1,037
Nürnberger Land	1,165
Oberallgäu	1,107
Oberbergischer Kreis	0,898
Oberhausen, Stadt	0,852
Oberhavel	1,024
Oberspreewald-Lausitz	0,889
Odenwaldkreis	0,995
Oder-Spree	0,968
Offenbach	0,958
Offenbach am Main, Stadt	0,970
Oldenburg	0,853
Oldenburg (Oldb), Stadt	0,815
Olpe	0,968
Ortenaukreis	1,024

Osnabrück	0,828
Osnabrück, Stadt	0,760
Ostalbkreis	1,075
Ostallgäu	1,051
Osterholz	0,833
Ostholstein, Festlandanteil	0,957
Ostholstein, Inselanteil	1,164
Ostprignitz-Ruppin	0,939
Paderborn	0,888
Passau	0,971
Passau, Stadt	1,007
Peine	0,815
Pellworm, Insel	1,288
Pfaffenhofen a.d.Ilm	1,082
Pforzheim, Stadtkreis	0,976
Pinneberg, Festlandanteil	0,973
Pinneberg, Inselanteil	1,410
Pirmasens, Stadt	0,961
Plön	1,027
Poel, Insel	1,224
Potsdam, Stadt	1,007
Potsdam-Mittelmark	0,973
Prignitz	0,803
Rastatt	1,024
Ravensburg	0,960
Recklinghausen	0,889
Regen	0,901
Regensburg	1,044
Regensburg, Stadt	1,063
Rems-Murr-Kreis	1,057
Remscheid, Stadt	0,860
Rendsburg-Eckernförde	0,922
Reutlingen	0,984
Rhein-Erft-Kreis	0,914
Rhein-Hunsrück-Kreis	1,023
Rhein-Kreis Neuss	0,924
Rhein-Lahn-Kreis	1,005
Rhein-Neckar-Kreis	1,062
Rhein-Pfalz-Kreis	0,988
Rhein-Sieg-Kreis	0,927
Rheingau-Taunus-Kreis	1,010
Rheinisch-Bergischer Kreis	0,896
Rhön-Grabfeld	1,133
Rosenheim	1,207
Rosenheim, Stadt	1,252
Rostock	0,941
Rostock, Stadt	1,001
Rotenburg (Wümme)	0,744
Roth	1,073
Rottal-Inn	0,960
Rottweil	0,991
Rügen, Insel	1,126
Saale-Holzland-Kreis	0,821
Saale-Orla-Kreis	0,940
Saalekreis	0,874
Saalfeld-Rudolstadt	0,918
Saarbrücken, Regionalverband	0,923
Saarlouis	0,944
Saarpfalz-Kreis	0,945
Salzgitter, Stadt	0,770
Salzlandkreis	0,841
Schaumburg	0,799
Schleswig-Flensburg	0,901
Schmalkalden-Meiningen	0,966
Schwabach, Stadt	1,061
Schwalm-Eder-Kreis	0,962
Schwandorf	0,993
Schwarzwald-Baar-Kreis	0,903
Schweinfurt	1,069
Schweinfurt, Stadt	1,042
Schwerin, Stadt	1,119
Schwäbisch Hall	0,928
Segeberg	0,940
Siegen-Wittgenstein	0,934
Sigmaringen	0,976
Soest	0,847
Solingen, Stadt	0,878
Sonneberg	0,877
Speyer, Stadt	1,049
Spiekeroog, Insel	1,052
Spree-Neiße	0,744
St. Wendel	0,944
Stade	0,808
Starnberg	1,361
Steinburg	0,952
Steinfurt	0,885
Stendal	0,728
Stormarn	0,921
Straubing, Stadt	1,223
Straubing-Bogen	1,051
Stuttgart, Stadtkreis	1,114
Suhl, Stadt	0,880
Sylt, Insel	1,288
Sächsische Schweiz-Osterzgebirge	0,951
Sömmerda	0,875
Südliche Weinstraße	1,041
Südwestpfalz	0,954
Teltow-Fläming	0,961
Tirschenreuth	1,059
Traunstein	1,133
Trier, Stadt	1,066
Trier-Saarburg	1,063
Tuttlingen	1,061
Tübingen	1,029

Uckermark	0,895
Uelzen	0,844
Ulm, Stadtkreis	1,120
Unna	0,898
Unstrut-Hainich-Kreis	0,805
Unterallgäu	0,980
Usedom, Insel	1,060
Vechta	0,855
Verden	0,761
Viersen	0,918
Vogelsbergkreis	0,949
Vogtlandkreis	0,948
Vorpommern-Greifswald, Festlandanteil	0,981
Vorpommern-Greifswald, Inselanteil	1,060
Vorpommern-Rügen, Festlandanteil	0,972
Vorpommern-Rügen, Inselanteil	1,126
Vulkaneifel	0,975
Waldeck-Frankenberg	0,950
Waldshut	1,049
Wangerooge, Insel	1,442
Warendorf	0,890
Wartburgkreis	0,958
Weiden i.d.OPf., Stadt	1,003
Weilheim-Schongau	1,156
Weimar, Stadt	1,187
Weimarer Land	0,902
Weißenburg-Gunzenhausen	1,007
Werra-Meißner-Kreis	0,956
Wesel	0,904
Wesermarsch	0,808
Westerwaldkreis	0,994
Wetteraukreis	0,971
Wiesbaden, Stadt	0,985
Wilhelmshaven, Stadt	0,858
Wittenberg	0,758
Wittmund, Festlandanteil	0,804
Wittmund, Inselanteil	1,052
Wolfenbüttel	0,821
Wolfsburg, Stadt	0,817
Worms, Stadt	1,019
Wunsiedel i.Fichtelgebirge	1,125
Wuppertal, Stadt	0,832
Würzburg	1,095
Würzburg, Stadt	1,158
Zingst, Insel	1,126
Zollernalbkreis	1,000
Zweibrücken, Stadt	1,055
Zwickau	0,918

Regionalfaktoren Österreich

Bundesland	**Korrekturfaktor**
Burgenland	1,006
Kärnten	1,092
Niederösterreich	0,924
Oberösterreich	1,044
Salzburg	1,091
Steiermark	1,014
Tirol	1,095
Vorarlberg	1,083
Wien	1,153

Regionalfaktoren für den Europa-Raum

Land	**Korrekturfaktor**
Albanien	0,345
Belgien	0,616
Bosnien und Herzegowina	0,317
Bulgarien	0,446
Dänemark	0,833
Deutschland	1,000
Estland	0,518
Finnland	0,826
Frankreich	0,783
Griechenland	0,477
Irland	0,664
Island	0,785
Italien	0,562
Kroatien	0,368
Lettland	0,544
Litauen	0,500
Luxemburg	0,859
Malta	0,584
Mazedonien	0,359
Montenegro	0,356
Niederlande	0,823
Norwegen	0,838
Österreich	1,081
Polen	0,466
Portugal	0,440
Rumänien	0,385
Schweden	0,937
Schweiz	1,042
Serbien	0,371
Slowakei	0,500
Slowenien	0,473
Spanien	0,540
Tschechien	0,507
Türkei	0,357
Ungarn	0,462
Zypern	0,491